U0287254

本丛书名由中国科学院院士母国光先生题写

光学与光子学丛书

《光学与光子学丛书》编委会

中国科学院科学出版基金资助出版

光学与光子学丛书

近代光学系统设计概论

宋菲君　陈　笑　刘　畅　著

科学出版社

北　京

内 容 简 介

本书根据作者和美国光学设计师流行的设计方法,以"简练、实用,凡是计算机能做的尽量交给计算机做"的理念,介绍准直镜、柯克、天塞、双高斯、远摄、反远摄、远心、投影、变焦、广角、显微、红外等各类光学成像系统的设计方法和流程,讨论物理模型的建立、部件选型、高效评价函数的设置,并给出大量的设计实例和 ZEMAX 设计程序。教学和实践证明,只要认真研读本书有关章节,参考书中的实例,根据合理的技术指标,遵循规范的流程,系统总是沿着最速下降路径平稳快速收敛、自动更换玻璃,能得到性能符合要求、结构紧凑、成本合理的设计结果。

本书可作为光电信息和其他相关专业的研究生的教材或教学参考书,也可供科研工作者和工程师参考。

图书在版编目(CIP)数据

近代光学系统设计概论/宋菲君,陈笑,刘畅著. —北京:科学出版社,2019.6
(光学与光子学丛书)
 ISBN 978-7-03-061225-0

Ⅰ.①近… Ⅱ.①宋…②陈…③刘… Ⅲ.①光学系统-系统设计-概论
Ⅳ.①O43

中国版本图书馆 CIP 数据核字(2019) 第 092499 号

责任编辑:刘凤娟 孔晓慧 / 责任校对:彭珍珍
责任印制:吴兆东 / 封面设计:无极书装

科学出版社 出版
北京东黄城根北街 16 号
邮政编码:100717
http://www.sciencep.com
北京建宏印刷有限公司 印刷
科学出版社发行 各地新华书店经销

*

2019 年 6 月第 一 版 开本:720×1000 B5
2022 年 1 月第四次印刷 印张:60 插页:1
字数:1 176 000
定价:299.00 元
(如有印装质量问题,我社负责调换)

序 一

　　近代光学工程是物理学的一个重要分支，进入"光子学"时代，世界各国的科学家和光学工程师仍然在设计各类光学系统，以满足各领域不同的应用需求，从巨型拼镜面天文望远镜、超高精度光刻机物镜，到日常生活使用的显微镜、望远镜、照相机；性能优越、成本合理的光学系统是准确获取目标信息的基本保障。近年来，光学成像和变换系统进入更加细分的应用领域，特点更鲜明，要求更特殊，更具个性。同时，光学设计也是我国光信息科学与工程、测控仪器等专业的重要课程。

　　宋菲君于 1966 年以优秀的成绩毕业于北京大学物理系，他曾长期在企业界工作。在担任大恒新纪元科技股份有限公司副总裁兼总工程师期间，他继续从事物理学的科研工作，承担光学工程设计项目。正如美国国际光学工程学会（SPIE）授予宋菲君 Fellow 的公告中所述："宋菲君在光学信息处理和光学工程领域获得突出的成就，他的特点在于同时在光学研究界和产业界作出了贡献。" 特别是他曾为欧美客户设计过大量光学系统，大部分投产运用。该书正是宋菲君研究员多年设计工作的总结，是宋菲君和美国专家共同策划、参考美国的专著和大学的教程写成的。该书的特点在于以物理学的概念、理论和方法创建物理模型，基于信息论的 etendue 分析建立 $F\text{-}\omega$ 空间，流畅地设计各类光学系统。

　　该书内容非常丰富，涵盖了各类经典和近代的成像系统的设计方法，同时给出大量国外先进的设计实例。设计流程简练、实用，凡是计算机能做的工作尽量交给计算机做，使得光学设计变得容易学、容易做。该书的部分章节也曾多次作为大学光学设计课程和 ZEMAX 设计软件培训短课程的教材。研究生和各界读者认真研读该书，做完练习，就可以学会基本光学系统的设计方法，为进一步的研究和工程设计打下基础。

　　我曾和宋菲君研究员长期合作，很高兴为他的书作序。

中国科学院院士　杨国桢

2018 年 7 月于北京

序 二

光学从来没有像现在这样与社会休戚相关。如果没有通信的主干网，没有显示屏，没有摄像模组，现代的手机还是手机吗？当今社会的互联网，照明的灯具，太阳能电池，日常生活中的电视机、传真机、复印机、相机，智慧城市的监控，甚至就连超市中收银台的扫码仪，都离不开光或基于光的技术与产品。光学技术与光学产品不知不觉之中已经是我们日常生活中不可或缺的，更不用说在信息技术产业、集成电路芯片制备、自动化生产线中。人类在认识自然、探索太空中更是离不开光学与光学技术。正是因为如此，我们认为，光与基于光的技术是现代社会的使能技术，推动着人类文明的进步。

近年来，光学设计已经不属于科研范畴，而是广泛应用的设计工具。作为工具最重要的属性是实用。该书正是论述这些在日常与社会中广泛应用的光学系统的设计方法与技术的教材。该书作者根据自己长期领导我国顶尖光学企业的经验，特别是进入信息社会之后，光学产品与社会需求的变化，对光学成像以及各种光束调控产品提出了更高的要求，传统复杂的光学系统得到更为丰富的技术与器件的支持而变得普及，产品的大批量生产使技术更加细分等状况，重新构建了这本现代光学系统，特别是成像系统的设计教材。该书设计流程规范、简练、实用。该书的特色是容易学、容易上手，不仅适用于光学专业的学生，还适用于其他专业的学生和科研人员。读者认真研读该书，做完练习，就可以学会基本光学系统的设计方法，为进一步的研究和工程设计打下基础。

我于 20 世纪 90 年代初认识宋菲君老师，拜读过宋老师的《近代光学信息处理》一书。当时宋老师还在中国科学院，刚从国外进修回来，是我国知名的光学信息处理领域的专家。进入大恒新纪元科技股份有限公司后，宋老师在企业工作很忙，但他一直是以学者的形象活跃在国内外的光学舞台，继续从事物理学的科研工作，承担光学工程设计项目，参加学术会议，是我国著名的学者型企业家。近年来，会光学设计的人越来越少，社会急需大量懂光学系统的人。为此，宋老师比较心急，多次与我谈起如何加强培养光学系统设计人才的事宜，并亲自为大学生开设光学设计课程。该书的部分章节就曾多次作为大学光学设计课程和 ZEMAX 设计软件培训短课程的教材。

该书积著了宋老师多年从事光学技术研究与产业发展的经验，内容非常丰富，涵盖了各类经典和近代的成像系统的设计方法，给出大量国际先进的设计实例；设计流程规范、简练、实用，同时结合光学系统设计程序，使得光学设计变得容易学、容易做。该书是近年来国内外比较少见的一本系统性的光学成像与光学系统设计教材，认真研读该书，多做设计练习，就可以学会基本光学系统的设计方法，为进一步的研究和工程设计打下基础。因此，该书是一部本科生与研究生以及光学从业者获得光学设计知识的绝好教材。

浙江大学光电科学与工程学院

2018 年 7 月于杭州

前　　言

近代光学系统包括光学工程、电子工程和软件工程三大子系统，是光、机、电和计算机硬件、软件的复合系统，涵盖了待测目标信息的激活、提取、传输、探测、处理、显示和反馈的全过程，光学成像是这个信息处理链中的一个重要的不可或缺的环节。世界各国的光学工程师和科学家一直在设计各类光学系统，以满足不同的应用需求。大学和研究所实验室的光学平台上，搭建着各种光学系统，进行各领域的科研工作。性能优越、成本合理的镜头则是构建光学仪器、光电系统的基本单元，是准确获取目标信息的基本保障。进入"光子学"时代，光学成像和变换系统进入更加细分的应用领域，特点更鲜明，要求更特殊，更具个性。同时，光学设计也是我国光信息科学与工程、测控仪器等专业的重要课程。

传统的光学系统设计，是从理想光学公式出发得出系统初始结构，再以"三级像差"（即初级像差）理论为基础，"由像差决定光学结构系统"，也就是由初级像差确定结构参数，例如 $P\text{-}W$ 方法，再通过预先的估算和多次光线追迹（ray tracing），对高级像差进行补偿，这是一个"矫揉造作"的困难设计过程。由于像差方程没有解析解，且高级像差复杂和不可预知，任何一个系统的设计，特别是像差的优化平衡，都颇费时日，也很难达到高性能。

我于 1966 年从北京大学物理系毕业之后几十年的业务生涯中，曾三次担任显微镜的主任设计师，主持设计多款物理光学仪器系统，特别是担任大恒新纪元科技股份有限公司副总裁兼总工程师期间，与美国和欧洲的许多客户及光学设计师交流，设计过多种光学系统和部件，大部分投产出口，应用领域非常广泛，涵盖了光通信、光学测量、监控、投影显示、激光测距、激光加工、3D 打印和医疗仪器等多个领域。

三年前，美国 SMA Optical Technologies 公司的 CEO Stephen Arnold 先生建议我给研究生讲授光学设计课程，并写一册《近代光学系统设计概论》。他协助我策划了课程和专著的理念、风格与内容，并向我详细介绍了美国的光学设计课程，寄给我在美国最流行的三种光学设计专著。

Stephen 是经验丰富、水平很高的光学设计专家。对于光学设计课程和著作，我们共同的理念就是简练、实用，凡是计算机能做的尽量交给计算机做。对于一些简单的物镜，恰当设置评价函数（即 merit function，或优化函数），选择典型的初始结构后，可以经优化直接得到满意的结果。对于由多个组件构成的较复杂的系统，则根据技术指标和要求，首先建立理想光学模型，对各组件选型，或从数据库中找到透镜实例作为初始结构, 设置评价函数后进入像差平衡和全局优化。设计师的任务, 在于建立物理模型、选型、设置高效的评价函数。只要技术指标合理, 遵循规范的流程, 系统总是沿着最速下降路径平稳快速收敛, 自动更换玻璃, 一般都能得到性能符合要求、结构紧凑、成本合理的设计结果。Stephen 建议课程要高度互动, 让学生在课堂上就学会各种典型系统的设计方法和流程, 而不必过多讲授诸如三级像差等传统理论。

基于这样的理念, 我先后为北京信息科技大学的二年级本科生, 以及中国科学院大学、中央民族大学、北京工业大学的研究生讲授光学设计课程（48~64 学时, 含课程设计）, 并为中国科学院光电研究院和国防科技大学开设光学设计短课程（15 课时）。讲课时间和课堂设计实践时间大体为 1:1, 均获得很好的效果, 听课的学生和教师对教学效果非常赞许, 相当部分学生毕业后从事与光学相关领域的研发设计工作。

本书除了讲授设计方法和流程, 还提供了大量典型的设计实例, 这些设计的主要来源如下:

(1) 本人为国外客户做的设计, 以及客户提供的设计。

(2) 美国和日本的设计专利。

(3) Warren J. Smith 的著作 *Modern Lens Design* (McGraw Hill) 的设计实例(用 [WS-*N*] 的形式表示, *N* 为该书页码)。

(4) Stephen 提供的设计实例。

绝大部分实例都历经较大幅度的修改, 大部分系统的玻璃更换为成都光明光电股份有限公司（CDGM）的玻璃。

本书第 1 章阐述透镜设计理念和方法的演变, 介绍近代光学设计流程。虑及部分本科生和研究生没有学过应用光学, 第 2 章讲述应用光学最基本的内容, 使本书成为完整的教程。第 3 章讨论成像质量评价, 比较空域评价（弥散斑、特性曲线）和频域评价（传递函数）, 介绍表征光学信息和能量传递性能的 etendue（空间带宽积）分析。从第 4 章起, 详细介绍各类典型物镜的设计方法, 给出较多的设计实例, 讨论如何根据 etendue 分析, 在 F（光圈数）-ω（角视场）空间中选择初始结构, 以及如何进行优化和像质评价。读者认真研读本书, 做完练习, 就可以学会基本光学系统的设计方法, 为进一步的研究和工程设计打下基础。

本书第二作者陈笑承担教学任务, 为几届本科生和研究生讲授光学设计课程, 并负责全书的统稿; 第三作者刘畅负责整理全书的程序及图表, 编写各章附录, 以及封底二维码内的全部程序和资料; 科学出版社刘凤娟担任本书的责任编辑, 对本书的写作规范、风格提出重要的建议, 恰当、高效地掌控了写作、编辑、排版的协同进度。我想借此机会, 感谢她们作出的重要贡献! 和她们合作写成此书, 也是一段珍贵的缘分。

　　我在学术界和企业界的朋友及研究生参加了本书的编写,在此一并表示感谢。考虑到部分读者和学生未必了解光学材料和加工过程,专门聘请成都光明光电股份有限公司孙伟和李小春编写了附录 A"光学玻璃";请中国科学院光电技术研究所徐丽和成都炬科光学科技有限公司黄立新、郭强编写了附录 B"光学加工和在线测量";请工茹编写了附录 C "光学镀膜";请中国科学院光电技术研究所杨文志编写了附录 D"光学元件的测量";请中国航空工业集团北京长城计量测试技术研究所段小艳编写了附录 E "反射棱镜"。

　　近年来,超分辨成像和红外光学发展很快,请中国科学院半导体研究所胡诗铭、俞育德编写了 21.16 节,简单介绍 "突破光学衍射极限的超分辨成像技术";请中国电子科技集团第十一研究所曾庆泰撰写了 25.6 节 "红外接收器件"。

　　由于设计激光系统的广泛需求,请中国科学院光电研究院唐熊忻和郭广妍编写了 23.2 节 "激光定倍及连续变倍扩束镜",请王延伟编写了 23.4 节 "用非序列模式生成多高斯激光匀光线光源";请中央民族大学理学院禤颖仪编写了 23.5 节 "利用异形棱镜对激光束整形";请陈巧编写了附录 F "光栅、DMD 和微透镜阵列"。

　　北京信息科技大学牛春辉、李晓英,北京工业大学戎路曾担任我的助教,协助我完成了教学任务;中国科学院长春光学精密机械与物理研究所张新研究员、上海大学王朔中教授和大恒新纪元科技股份有限公司马为高级工程师提供重要资料,在此表示感谢!

　　感谢中国科学院物理研究所聂玉昕研究员和半导体研究所俞育德研究员对本书的大力推荐。

　　中国科学院物理研究所杨国桢院士,浙江大学刘旭教授为本书写序,在此深表谢忱!

宋菲君

2018 年 5 月 4 日写于北京

目　　录

第1章 概　　述

1.1　光学成像系统的最新进展

进入"光子学"时代, 光学成像系统仍然是人类获取信息的主要途径之一。成像质量好、成本合理的镜头是构建光学仪器、光电系统的基本单元, 是准确获取目标像信息的基本保障。图 1.1 为哈勃卫星拍摄的蟹状星云照片, 图 1.2 为美国国家航空航天局 (NASA) 的 Horizons 太空飞船拍摄的冥王星高清照片。图 1.3 为高级显微镜拍摄的人类胚胎照片。这些高清晰度照片为人类提供了观察目标的丰富信息。

图 1.1　哈勃卫星拍摄的蟹状星云照片　　图 1.2　美国 NASA 的 Horizons 太空飞船拍摄的冥王星高清照片

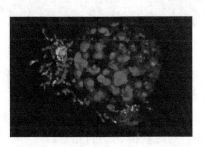

图 1.3　高级显微镜拍摄的人类胚胎照片

近年来，成像系统的进展具有以下特征：

1. 微型化

例如，手机照相机和内窥镜。一般手机照相机的物镜直径仅为 3.5~6.5mm，由 5~6 片玻璃和树脂透镜构成，包括非球面镜，如图 1.4 所示。早期的手机照相机上还有 "Zeiss" 和 "Tessa" 的标记，表明物镜由德国蔡司厂设计，是传统的天塞物镜的变形。

图 1.4　手机照相机物镜构成示意图

2. 大型化

图 1.5 为激光核聚变的科研装置，用到多片直径巨大的聚焦镜。

图 1.5　激光核聚变装置

图 1.6(a) 为中国国家天文台大天区面积多目标光纤光谱天文望远镜 (LAMOST)，应用主动光学技术控制拼接镜面反射镜，口径达 4m，视场达 5°，在曝光 1.5h 内可以观测到暗达 20.5 等的天体。在焦面上可放置 4000 根光纤，将遥远天体的光传输到多台光谱仪中，同时获得它们的光谱。

图 1.6(b) 为美国夏威夷莫纳克亚 (Mauna Kea) 的凯克Ⅰ (Keck Ⅰ) 和凯克Ⅱ (Keck Ⅱ)"双子星座" 天文望远镜，两台主镜口径为 10m，各由 36 块六角镜面拼接

组成，每块镜面口径均为 1.8m，而厚度仅为 10cm，通过主动光学支撑系统，使镜面保持极高的精度。焦面设备包括近红外照相机、高分辨率 CCD 探测器和高色散光谱仪。

图 1.6(c) 为欧洲南方天文台在智利建造的甚大望远镜 (VLT)，由 4 台相同的口径为 8.2m 的望远镜组成，组合的等效口径可达 16m。4 台望远镜既可以单独使用，也可以组成光学干涉仪进行高分辨率观测。目前正在计划建造更大的 30m 级的望远镜。

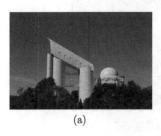

(a) (b) (c)

图 1.6   (a) 中国国家天文台大天区面积多目标光纤光谱天文望远镜 (LAMOST)；(b) 美国夏威夷莫纳克亚 (Mauna Kea) 凯克Ⅰ (KeckⅠ) 和凯克Ⅱ (KeckⅡ)"双子星座"天文望远镜；(c) 欧洲南方天文台在智利建造的甚大望远镜 (VLT)

3. 混合化

采用光电混合图像信息处理，有可能显著提高原始成像系统的性能。例如，手机物镜采用数字编码技术扩大景深，技术进步的重心已倾向 IT 技术。图 1.7(a) 和 (b) 分别是未离焦和离焦情况下目标的像，离焦后图像变得模糊。采取光电混合处理后的像见图 1.7(c)~(e)，可以看出离焦后图像仍有很高的清晰度。

(a) 未离焦 (b) 离焦 (c) 未离焦 (d) 轻微离焦 (e) 较大离焦
(经光电混合处理后) (经光电混合处理后) (经光电混合处理后)

图 1.7   手机照相机拍摄的像

另一个重要的例子是"自适应光学"。来自遥远天体的光波进入大气层后，由于大气湍动，波前发生畸变，像的弥散增大，从而使天文望远镜的分辨率大大下降。利用自适应光学，实时、精密地测出波面，通过算法重构原来的波面，发出指令，经多像素构成的变形镜 (DM) 实时补偿波前，就可得到接近衍射极限的像。这是光电混合信息处理的一个著名的成功案例。图 1.8 给出望远镜观察天空 "银极"(即以银河为赤道的南北极) 附近的像。图 1.8(a) 为未加自适应校正系统的像，分辨率很低，每个点都变成弥散斑，细节观察不到；图 1.8(b) 为加了自适应校正系统的像，清晰度大大提高，发现了 "银极" 附近的许多天体的细微目标。

(a) 未经自适应校正   (b) 经过自适应校正

图 1.8 望远镜观察 "银极" 附近的像

4. 集成化

传统的光学系统是所谓的 "分立元件"。在一些应用中，如光通信和集成光学中，要求多路并行传输、体积小、结构紧凑、可靠性好，唯一的解决方案就是集成化。图 1.9(a) 为光波分复用器 (WDM) 示意图，半导体集成光子学部件中成像功能是由光波导实现的；图 1.9(b) 是微透镜阵列的照片。未来手机照相机物镜也将从目前的 "垂直集成" 改为 "横向集成"，成像概念改变不大，但传统的 "透镜" 单元的功能将被光子集成部件替代，加工工艺的形式更接近半导体工艺。

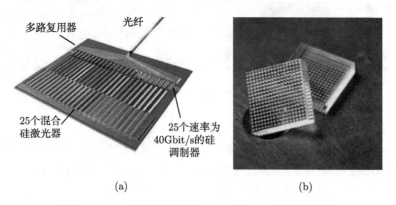

(a)   (b)

图 1.9   (a) 光波分复用器 (WDM)；(b) 微透镜阵列

进入"光子学"时代，传统的光学成像仍然是这个信息处理链中的一个重要的不可或缺的环节，大量传统光学仪器仍在各领域广泛应用，只是指标更高，性能更好。例如，各类平场复消色差 (apochromatic) 显微镜；高级别的大地测量仪器、望远镜；大相对孔径、大变焦单反照相机；看得更远、精确度更高的军用瞄准、测距仪；各类医疗光学仪器；具备特色的投影仪 (包括袖珍的 pico 微型投影仪) 等。

近年来，近代光学设计继续发展，成像系统进入更加细分的应用领域，例如，分辨率高达 16nm 的光刻机物镜；虚拟现实 (VR) 和增强现实 (AR) 所用的自由曲面生成；极低畸变、蓝光高透的 3D 打印光学系统；360° 周视全景中的折反射光学；超大倍率变焦系统；多光谱共口径光学系统等。其特点更鲜明，技术指标更特殊，更具个性化。

1.2 光学玻璃的进展

光学玻璃的近代化具备两个重要特征或趋势：产品性能的多元化和品种的密集化。

第一个特征始于 20 世纪 40 年代高折射率、低色散的镧冕 (LaK) 和镧火石 (LaF) 玻璃的开发，它是光学玻璃近代化的里程碑。20 世纪六七十年代，包含 LaK 和 LaF 的光刻机物镜成为新生代高分辨率物镜的标志；随后又陆续开发出更高折射率、中色散的重镧火石 (ZLaF) 玻璃。

图 1.10 为成都光明光电股份有限公司 (CDGM) 的玻璃坐标系，横轴为阿贝数 ν_d，纵轴为 d 光 ($\lambda = 0.588\mu m$) 折射率 n_d。可以看出，新添的品种使得光学玻璃的"定义域"向上和向左扩大，图中右上角的 H-ZLAF92(n_d=2.0033，ν_d=28.32) 和左下角的 N-FK56(n_d=1.4343，ν_d=94.95) 代表两个发展方向。

光学玻璃开发的另一个趋势是寻求偏离阿贝正常色散直线的特殊相对色散玻璃，例如，CDGM 的 TF、TK；肖特 (SCHOTT) 公司的短火石 (KzF)、特短火石 (KzFS)、长冕 (LgSK)；保谷 (HOYA) 的反常色散冕 (ADC)、反常色散火石 (ADF) 等。近年来，参数接近 CaF_2 晶体的 N-FK56、H-FK71 等也陆续上市，这些玻璃成为半复消色差和复消色差物镜不可或缺的材料。复消色差意味着 F、d 和 C 三条或更多条谱线对应的球差曲线一致收敛，对长焦距航拍物镜、高级显微物镜和光刻机物镜至关重要。图 1.11(a) 为焦距 $f' = 1000mm$，相对孔径为 1:10(F=10.0) 的长焦距双胶合物镜；图 1.11(b) 为采用 H-K9L 和 H-ZF1 组合物镜的光学传递函数 (MTF)，最上面的曲线为衍射极限系统(diffraction limited system) 的 MTF，可以看出，中频和高频的 MTF 比衍射极限低得多。如用 N-FK56L 和 H-QF6 分别代替 H-K9L 和 H-ZF1，经优化后，物镜的 MTF 非常逼近衍射极限，参见图 1.11(c)，可见特殊相对色散玻璃的功能。

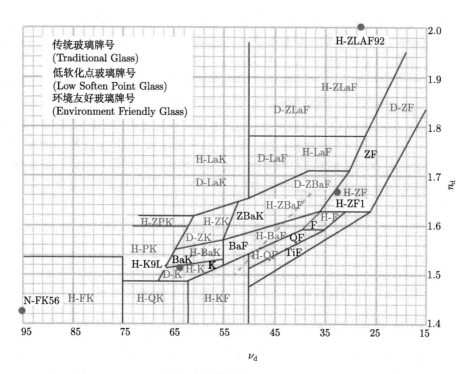

图 1.10 CDGM 的玻璃坐标图 (N-FK56 为 SCHOTT 的产品)

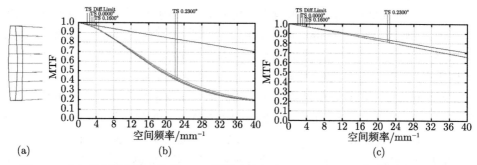

图 1.11 (a) 长焦距双胶合物镜；(b) 普通玻璃组合（H-K9L/H-ZF1）的消色差物镜的 MTF，SPT≈16μm；(c) 含有特殊相对色散玻璃组合（N-FK56L/H-QF6）的复消色差物镜的 MTF，SPT≈3μm

SPT 为弥散斑的半径

　　光学玻璃的另一个进展是品种大量增加，使得折射率 n_d 和阿贝数 ν_d 在扩大后的定义域中密集分布，n_d 和 ν_d 从"分立化"的参数演变为"准连续"的参数。据最近的统计，CDGM 有 205 种无色光学玻璃，SCHOTT 有 118 种，HOYA 有 182 种，小原 (OHARA) 有 156 种。

多样化、密集化的光学材料为光学设计师提供了更多的选择。可以说光学设计的进展过程中，光学材料工程师功不可没。

1.3 新一代光学设计软件的开发

近年来，计算机取得巨大进展，新一代光学设计软件的主要特征是多功能化和智能化。

光学成像设计的典型软件 ZEMAX 因功能齐全、价格适中，是用户最多的设计软件。新一代的软件，除了光线追迹 (ray tracing) 和优化 (optimization) 等基本功能以外，还具有非序列 (non-sequential)、多组态 (multi-configuration)、热分析 (thermal analysis)、偏振分析 (polarization analysis)、公差设定 (tolerance budgeting) 等功能，可以处理多光束、高斯光束、棱镜、光栅、数字微反射镜 (DMD)、微机电系统 (MEMS) 等特殊器件。特别是 "全局优化"(global optimization) 功能中的 HAMMER 优化，具备自动选择玻璃的功能。

光学设计的主要优化方法是 "阻尼最小二乘法"，在评价函数(merit function，业内常简称 m.f.) 的约束之下，以透镜的曲率半径 R 和间隔 T 作为变量，寻求评价函数的极小值。

运用 HAMMER 优化，可以充分发挥软件的智能化功能，即将光学玻璃作为变量，选择最优化或比较优化的玻璃组合。参与优化的自变量，不仅包括连续变量 R_m 和 $T_m(m=1, 2, \cdots, M；M$ 为系统的总面数)，还包括准连续的变量 n_k 和 $\nu_k(k=1, 2, \cdots, K；K$ 为透镜总数)。优化分成两步：第一步为在一个基本的玻璃组合下对 R 和 T 进行优化，达到极小值；第二步为自动更换玻璃，同时修改 R 和 T 进行补偿。对于较简单的系统，只需第一步，这一步完成得比较快；对于较复杂、指标较高的系统，在初步设计完成后还需换玻璃。第二步常常需要足够长的时间。通常设计师在妥善设置 m.f.，完成初步设计，使得 m.f. 平稳收敛后，让计算机做长时间的 HAMMER 优化，例如一夜，第二天一早往往发现系统跳到 m.f. 曲面的另一个更深的区域，收敛到 m.f. 更低的极小值。费时虽多，但 HAMMER 优化是软件自动完成的，业内称之为 "over night auto-optimization"。

也就是说，新一代光学设计软件在 $2M + 2K$ 维空间中优化，其中 $2M$ 为曲率半径和间隔，$2K$ 为折射率和阿贝数。历经这两步设计，中等复杂的系统可以达到或逼近 m.f. 真正的最小值，复杂系统也可达到较好的技术指标。可以说设计软件的智能化，把光学设计从专家、大师手中解放出来，使得年轻设计人员可以设计中等复杂的光学系统。在设计实践课堂上，由于操作软件更加熟练，学生比教师算得快的情况屡见不鲜。

1.4   近代光学设计的特点

1.4.1   传统光学设计

光学设计具有悠久的历史, 多年来, 大学教师、光学公司和光学设计所 (design house) 的光学设计师设计出不同类型、不同参数的透镜系统, 历经投产和修改更新, 达到要求的指标。这些成功的设计案例在手册、光学镜头专利和数据库中都能查到。

传统的光学系统设计, 是从理想光学公式出发得出系统初始结构, 再以初级像差 (即 "三级像差") 理论为基础, "由像差决定光学结构系统", 也就是由初级像差确定结构参数, 如 P-W 方法, 并通过预先的估算和多次光线追迹对高级像差进行补偿。

由于光学设计没有解析解, 且高级像差复杂和不可预知, 任何一个系统的设计, 特别是像差的优化平衡, 都颇费时日, 也很难达到最高的性能。

光学玻璃的选择更是一个矫揉造作的困难设计过程。传统光学玻璃品种少, 覆盖区域 (折射率 n_d 和阿贝数 ν_d) 很小, 参数间隔较大, 是分立化的参数。何种类型的设计应采用何种材料, 当像差不满足要求时须更换何种玻璃, 虽有公式初步估算, 但基本上靠经验。

以上情况决定了复杂、优秀的光学设计主要依靠经验, 复杂、高级的光学系统设计只有光学专家、大师才能胜任。

1.4.2   近代光学设计理念和设计流程

光学设计的近代化, 首先是设计理念和流程发生了重大的改变, 国内外流行的设计理念, 或 "新概念" 光学设计的理念, 在于 "充分利用计算机软件的功能, 把计算机能做的事尽量交给计算机去做"。光学设计的理论基础仍是应用光学, 设计的出发点还是理想光学, 设计师仍然需要懂得像差, 但初步设计后一般不再进行三级像差和 P-W 计算。

1.4.3   小视场物镜的直接设计

望远物镜、准直镜等小视场物镜的性能, 用相对孔径或光圈数 $F(F = f'/D, f'$ 为焦距, D 为输入孔径) 一个技术指标就可以确定了, 焦距 f' 可以通过 "缩放" 来改变。以往的经验表明, 校正好可见光中心波长黄绿光 (d 光) 的球差, 并使蓝光 (F 光) 和红光 (C 光) 的球差曲线在 0.707 孔径相交, 就确保了轴上和近轴区域的像质, 构成所谓 "消色差" 物镜。

新一代软件具有 "设计像差曲线" 的功能。图 1.12(a)、(b) 和 (c) 分别是双分离透镜、双胶合透镜 + 直角棱镜和三片式望远物镜, 图 1.12(d)、(e) 和 (f) 为对应的纵向像差 (longitudinal aberration) 曲线, 均满足规范的消色差条件。这些类别的物镜设计有快捷、标准的流程。

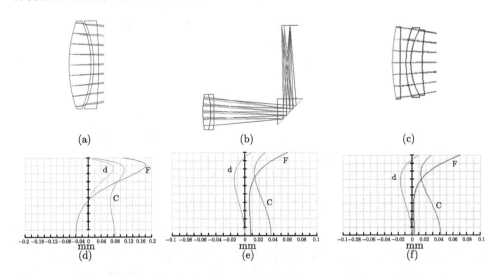

图 1.12 (a) 双分离透镜; (b) 双胶合透镜 + 直角棱镜; (c) 三片式望远物镜; (d)、(e) 和 (f) 分别为对应的纵向像差曲线 (彩图见封底二维码)

1.4.4 etendue 分析和光学系统的 F-ω 空间

除了望远物镜、准直镜以外, 绝大部分成像系统希望看到更大的视场, 俗称 "视野", 可用物方线视场 y 或视场角 (field angle)ω 来表示; 其次, 任何成像系统都希望观察到目标的细节, 希望系统具有高分辨。从经验和光学理论可知, 相对孔径越大, 即光圈数 F 越小, 分辨率越高。因此, F 和 ω 决定了图像的信息量。关于信息量更完整的讨论称为 "etendue 分析", 国际业界既用 etendue 来分析信息量, 又用它来估算系统传递的能量。

图 1.13 给出一系列天塞物镜 (方形) 和双高斯物镜 (圆形) 的典型设计。双高斯物镜的 etendue 比天塞物镜大, 所以能承担较大的孔径 (F 较小) 和角视场。图中虚线大体上为两类物镜的分界线。所谓 "典型" 设计, 指的是该物镜经历了充分的设计, 像质非常好, 典型设计的焦距 $f' = 100$mm, 可以按照设计所要求的焦距进行 "缩放"。典型物镜在 F-ω 空间内的分布 "充分稠密": 对于任何新的设计指标 (F^*, ω^*), 总能在它的邻域内找到至少一个典型设计, 其参数 (F, ω) 与设计指标相近。以该典型设计为初始设计, 经优化很快可以达到要求。本书为大部分常用物镜提供了典型设计, 该数据库还可以随时添加新的设计, 成为物镜库。

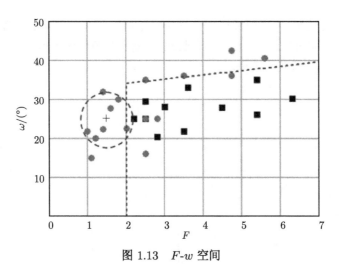

图 1.13 F-w 空间

双高斯 (及其变形) 物镜 (圆形)；天塞物镜 (方形)；设计指标 (+)

图 1.13 中 + 号为新的设计指标，它的邻域由图中虚线圆表示，可以看见邻域内有若干个高斯物镜，也有一个天塞物镜。从一个或几个典型设计出发进行后续优化，可获得最终设计。图 1.14(a) 和 (b) 分别为典型的天塞物镜和变形双高斯物镜。天塞物镜是优秀的设计。该结构简单，视场较大，像质好，曾是 135 相机物镜的主要选型。目前一些手机照相机仍然采用变形的天塞物镜。双高斯及其变形物镜则是单反相机物镜的首选设计。

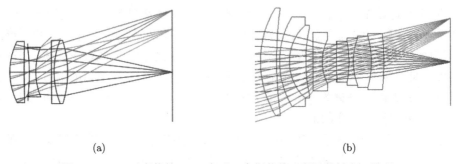

(a)   (b)

图 1.14   (a) 天塞物镜；(b) 变形双高斯物镜 (彩图见封底二维码)

1.4.5   复杂系统设计

对于包含两个以上组件的较复杂的系统 (如远摄、反远摄、远心、投影物镜等)，则需要首先建立理想光学模型，确定每个组件的参数并选型，然后进入优化。

建立模型是至关重要的环节，在本书有关章节将详细分析讨论。建模后，设计工作的重点将放在选型，以及评价函数的设置和动态修改上，使系统快速收敛。光学设计流程如图 1.15 所示。图 1.16 给出远心物镜、变焦投影物镜和反远摄物镜的设计结果。

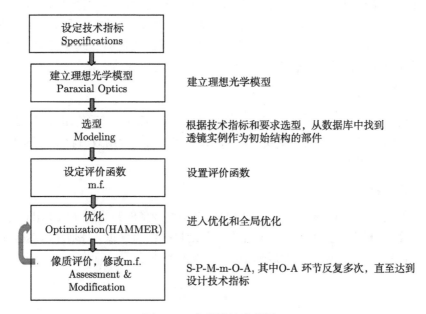

图 1.15 光学设计流程图

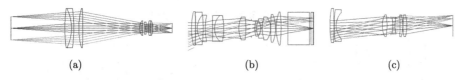

| (a) | (b) | (c) |

图 1.16 (a) 远心物镜；(b) 变焦投影物镜；(c) 反远摄物镜 (彩图见封底二维码)

1.5 像质评价指标和评价函数

1.5.1 像差

在传统的光学设计年代，由像差决定光学系统结构，并根据像差来评估设计的像质 (成像质量)。近年来，流行的评价理念不再区分各类单项像差，主要考量综合像差，如特性曲线 (transverse ray fan) 和弥散斑 (blur spot size)。弥散斑图又称 "点列图"(spot diagram，简称 SPT 图)，即物面上一点通过光学系统后对应像面上的光强分布，也称点扩散函数 (point spreading function，PSF)。MTF 也常用于最终评价。

　　近年来，直接目视的仪器减少了，绝大部分像面上安装图像探测器如 CCD、CMOS 等像素器件。设像素的边长为 p，根据抽样定律，最小分辨长度为 $2p$。如果弥散斑 SPT 的 RMS 半径 $\leqslant p$，就能达到探测器的最高分辨率，因此 SPT 成为最直接的评价指标。只在一些特定的场合，如小视场的望远物镜或准直镜，仍然用球差和纵向色差类评价系统性能。

1.5.2　评价函数

　　自动设计程序运用最小二乘法，在 $2M+2K$ 维空间寻求评价函数 Φ 的极小值，因此评价函数的设定是至关重要的。ZEMAX 软件的评价函数由若干 "模块" 构成，大体分成四种类型。

1. 设计指标

　　例如，焦距 f'(操作符为 EFFL)、有限共轭距成像的共轭距 L(TTHI$_{0\sim M}$，其中 M 为面数)、横向放大率 β(PMAG) 等，并给目标值和权重。必须注意这些指标不能矛盾，例如，在有限共轭距成像情况下，焦距满足关系

$$f' = \frac{-\beta L}{(1-\beta)^2} \tag{1.1}$$

显然只能对 f'、β 和 L 三个参数中的两个给权。表 1.1 为焦距和横向放大率模块，其中 ZEMAX 中操作数 EFFL 为焦距，PMAG 为横向放大率，REAR 为像高。

表 1.1　焦距和横向放大率模块

Type	Surf	Wav	H_x	H_y	P_x	P_y	Tag.	Wt.	Val.	Ctrb.
EFFL AND PMAG										
PMAG		2					−0.214	0.020	−0.214	3.15×10^{-4}
EFFL		2					100.000	0.020	99.994	9.35×10^{-3}
REAR	8	2	0.000	1.000	0.000	0.000	0.000	0.000	13.925	0.000

2. 边界条件

　　第二类是 "边界条件"，例如，玻璃最小边缘厚度和玻璃最小中心厚度(MNEG、MNCG) 及相应的最大厚度 (MXEG、MXCG)，空气最小中心间隔 (MNCA) 和空气最小边缘间隔 (MNEA)，物镜总长等。同样，这些边界值的目标也不能相互矛盾，例如，负透镜的中心厚度的最小值太大，边缘厚度的最小值太小就会优化不下去。所有边界条件都给权，正常情况下，每项条件的 "贡献"(Ctrb.) 应当为 0 或非常小，表征该条件得到满足。如果 Ctrb. 为一个有限值而且不趋于 0，可能该条件有矛盾之处，必须首先解决。表 1.2 为透镜组中心和边缘厚度控制模块。

表 1.2　透镜组中心和边缘厚度控制模块

Type	Surf1	Surf2	注解	Tag.	Wt.	Val.	Ctrb.
			BOUNDING FOR THE CENTRAL AND EDGE THICKNESS				
MNCA	1	8	空气最小中心间隔	0.100	0.020	0.100	0.000
MNEA	1	8	空气最小边缘间隔	0.100	0.020	0.100	0.000
MNCG	1	8	玻璃最小中心厚度	1.000	0.020	0.100	0.000
MNEG	1	8	玻璃最小边缘厚度	0.800	0.020	0.100	0.000
MXCG	1	8	玻璃最大中心厚度	4.000	0.020	0.100	0.000
MXEG	1	8	玻璃最大边缘厚度	3.000	0.020	0.100	0.000

3. 观察项

有些量是临时观察用的，例如，某条光线在某一面的高度 (REAX、REAY)，一部分光学系统的焦距 (EFLY) 等。这些参数只计算不给权重，若给权重，就变成设计指标的一部分。表 1.1 的像高 REAR 就是观察项。

4. 弥散斑及光程差

由操作数 DMFS 为前导，如表 1.3 所示。一般采用默认的评价函数，既可选弥散斑半径 RMS Spot Radius，又可选波前误差 Wavefront, 即光程差 OPD, 也可根据设计要求自行设定。

表 1.3　弥散斑模块

DMFS										
	Default merit function...									
TRAR										

评价函数表最能体现设计师的风格，应简明扼要，既不能遗漏，又不能重复。如设置得当，优化时 m.f. 的值持续减小直至极小值，系统平稳快速收敛。

1.6　本章小结

本章首先介绍光学成像的最新进展，分析近代光学系统的发展趋势：微型化、大型化、(光电) 混合化和集成化；讲述光学玻璃的最新进展对光学设计近代化的贡献；指出新一代光学设计软件的特点：多功能化和智能化；讨论近代光学设计的理念和流程；最后举例介绍像质评价指标和评价函数。

第 2 章 应用光学基础

2.1 引 言

2.1.1 光学设计和应用光学

应用光学是光学设计的重要理论基础。本章简单讨论应用光学中与光学设计密切相关的若干内容,包括理想光学成像、光焦度和偏角公式、光学材料、成像的基本参数 (视场、孔径和放大率等)、焦深、主面和焦面、孔径光阑和视场光阑、渐晕、光度学等基本概念。应用光学作为一门完整的课程,包含丰富的内容。建议对此有兴趣的读者查阅参考书目 [12] 和 [13]。

2.1.2 成像系统的一般模型

一个实际的光学成像系统通常由若干透镜构成,这些透镜不一定是 “薄” 的,反射棱镜可以等效为平行平板,相当于两个表面的曲率半径均为无限大的透镜特例。我们进一步假定透镜成实像,在相反的情况下 (如采用目镜的望远镜和显微镜),总可以把眼作为最后一块透镜,它最终把虚像转换成实像。

如果一个透镜的厚度比它的直径小得多,就称为 “薄” 透镜。图 2.1 是薄透镜成像示意图,这是最简单的成像系统。透镜的两个表面的球心连线称为光轴。如果透镜一面是球面,另一面是平面 (称平凸透镜),则从球面中心向平面作垂线,该垂线就是光轴。薄透镜成像是理想光学的例子,理想光学描述的是物和像都位于光轴近旁的成像特性。

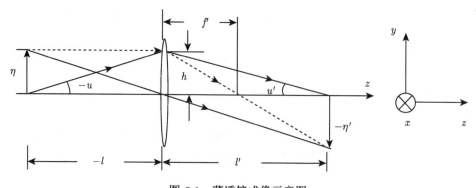

图 2.1 薄透镜成像示意图

2.1.3　符号规则

1. 坐标系

图 2.1 为薄透镜成像示意图，规定 z 轴向右，代表光线的正方向，y 轴向上，x、y、z 轴构成右手坐标系。向右传播的光线称为正向光线，向左传播的光线称为反向光线。

2. 符号规则

直线量以某个参考点为起点，向右、向上的线段为正；向左、向下的线段为负。各类不同直线量的起始点不同。例如，曲率半径以球面顶点为原点，焦距 (effective focal length)f' 以主点 (principal point) 为原点；后截距 (back focal length, BFL) 从成像透镜组的最后一个球面顶点算起到像面；物高 (object height)η、像高 (image height)η' 则从光轴算起。

3. 空间角度

光线的空间角度以锐角来衡量，光线的会聚角从光轴算起到光线；入射角和折射角均从光线算起到法线，顺时针为正，逆时针为负。例如，图 2.1 中物方孔径角 (object space aperture angle)u 为负，像方孔径角 (image space aperture angle)u' 为正。

在光学系统图上，所有的长度和角度都以正值来表示。图 2.1 中，像高 η' 为负，以 $-\eta'$ 标注；物距 (object distance，OD) 和物方孔径角均为负，分别以 $-l$ 和 $-u$ 标注；其他量均为正。

4. 共轭距和系统长度

从物面到像面的距离称 "共轭距"(conjugation length)。显然有

$$L = -l + l' \tag{2.1}$$

从系统 (不包含物面) 的第一个表面算到像面的距离称 "系统长度"(system length)，业内又称之为 "total track"。在单个薄透镜的情况下，系统长度近似等于像距 l'，但在厚透镜及透镜组情况下，系统长度和像距并不一致，甚至差别很大。

2.1.4　理想光学

成像系统将空间分成物空间 (object space) 和像空间 (image space)，有时称 "物方" 和 "像方"。如果物空间中一个物点 P 发出的发散球面波经过成像系统变换成一个会聚球面波，球面波中心为 P'，则此系统称为理想光学系统，亦即理想光学

系统将物方的同心光束转换成像方的同心光束。图 2.2 表示一个理想光学系统 L，其中 P_0 为光轴上一个物点，它的像点 P_0' 在光轴上；P_1 为光轴外一个物点，它的像点 P_1' 在光轴外。

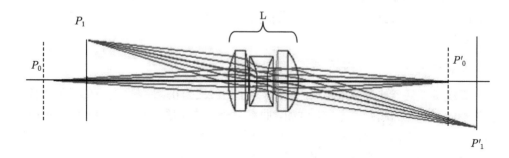

图 2.2　理想光学系统

L-成像透镜；P_0，P_0'-光轴上的物点和像点；P_1，P_1'-光轴外的物点和像点

理想光学研究光线在理想光学系统中的传递和变换，具有以下特点：

(1) 物方每一个点对应像方一个点 (共轭点)，又称 "点点成像"。

(2) 物方每一条直线对应像方一条直线 (共轭线)。

(3) 物方每一个平面对应像方一个平面 (共轭面)。

如果系统是轴对称的，还具有以下特征：

(4) 光轴上任何一点 (物点) 的共轭点 (像点) 也在光轴上。

(5) 任何垂直于光轴的平面 (物平面) 的共轭面仍与光轴垂直。

(6) 在垂直于光轴的物平面内横向放大率相同，亦即二维成像过程中像与物为相似图形，其比率称为横向放大率(transverse magnification)，记为 β。

(7) 在垂直于光轴但位置不同的物平面内的横向放大率一般不相同。

理想光学系统只是实际光学系统的近似模型。当物点发射的光束的孔径角足够小，满足

$$\sin u \approx \tan u \approx u \tag{2.2}$$

且轴外物点和光轴的距离与系统的参数 (如焦距) 的比足够小时，实际成像系统的行为可以用理想光学来近似描述。它是高斯首先提出来的，因此又称高斯光学 (Gaussian optics)或傍轴光学 (paraxial optics)。

理想光学系统相对于实际光学系统大大简化，是实际成像系统的初级近似，在以下各章将会看到，基于理想光学成像的简化模型，对构建和设计合理可行的成像系统具有指导意义。

2.2 薄透镜成像、光焦度和偏角公式

2.2.1 光线经过薄透镜的折射

本节在傍轴光学或理想光学的框架内讨论薄透镜的成像公式。透镜是由两个球面构成的基本成像单元, 两个表面的曲率半径分别为 r_1 和 r_2, 中心厚度为 d, 外径为 D, 球面之间的介质折射率为 n, 通常透镜置于空气中, 物方和像方的折射率均为 1。当透镜的中心厚度 d 与其外径 D 相比足够小时, 称为薄透镜, 成像公式为

$$\frac{1}{l'} - \frac{1}{l} = \frac{1}{f'} \tag{2.3}$$

焦距的表达式为

$$f' = \frac{r_1 r_2}{(n-1)(r_2 - r_1)} \tag{2.4}$$

2.2.2 光焦度与偏角

参见图 2.1, 在透镜前表面, 入射光束的最大高度 h 称入射高。以 h 乘 (2.3) 式, 得到如下结果:

$$\frac{h}{f'} = \frac{h}{l'} - \frac{h}{l} = u' - u = \Delta u \tag{2.5}$$

式中, $h/l' = u'$, $h/l = u$。$\Delta u = u' - u$ 称为偏角, 由于图中 $u < 0$, 偏角为物方的孔径角 $|u|$ 和像方的孔径角 u' 相加。透镜的光焦度定义为

$$\varphi = \frac{1}{f'} \tag{2.6}$$

(2.5) 式可改写为

$$h\varphi = u' - u = \Delta u \tag{2.7}$$

亦即偏角为入射高和光焦度的积。所谓 "成像", 就是用透镜或透镜组把物平面上一点 (在最简单的情况下为轴上点)P 射出的发散球面波变换成会聚球面波, 会聚点就是像点 P'。

定义透镜的横向放大率

$$\beta = \frac{\eta'}{\eta} \tag{2.8}$$

由图 2.1 可知

$$\beta = \frac{\eta'}{\eta} = \frac{l'}{l} = \frac{h}{u'} \cdot \frac{u}{h} = \frac{u}{u'} \tag{2.9}$$

将上式代入 (2.7) 式得到

$$h\varphi = (1 - \beta) u' \tag{2.10}$$

由于光线的 "可回溯性"，为了使光线追迹收敛，在放大的实际应用场合，如显微镜、投影机等，也都是以实际的 "像"(如投影机的投影屏) 作为光学设计的 "物"，而以实际的 "物"(即发射源，如投影机的空间光调制器液晶显示器 (LCD)，或数字光处理器 (DLP) 的数字微反射镜 (DMD)) 作为 "像"，业内称为 "反追"(reversed ray-tracing), $|\beta| < 1$，即成缩小像。

图 2.3 为 8× 胶片投影机 (slide projector，即幻灯机) 的光学系统示意图。物面为投影平面，它其实是成像平面；像面为 1 in(1 英寸) 照相反转片 (36mm×24mm)，又称 1 幅胶片，由接近平行聚光镜照亮，投影到屏幕上。胶片其实是物平面，这是一个光线反追的典型例子。

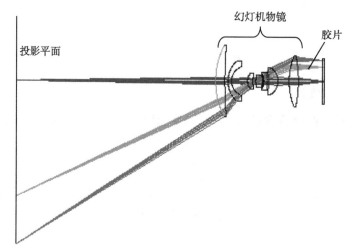

图 2.3   1 in(1 幅) 幻灯机物镜 [EX-1] 的 "反追" 光路 (彩图见封底二维码)

当 $|\beta| \ll 1$ 时 (如高倍显微镜和投影机)，$l' \approx f'$，(2.10) 式简写为

$$h\varphi = \frac{h}{f'} \approx u' = \frac{1}{2F} \tag{2.11}$$

其中，F 为 "光圈数" 或 "F 数"，

$$F = \frac{f'}{D} = \frac{f'}{2h} \tag{2.12}$$

式中，$D = 2h$ 为透镜的有效孔径。为了把物面上尽可能多的图像信息传递到像平面上，并得到高清晰度的像，希望 u' 尽量大或 F 尽量小，也就是加大光圈 (即减小 F 数)，由 (2.11) 式，此时要求入射高 h 和光焦度 φ 的乘积加大，也就是采用较大孔径、较小焦距的透镜 (或透镜组)。

以后会看到，入射高 h 和光焦度 φ 的增大总是产生更大的像差，使成像质量 (以下简称 "像质") 变差。为了获得高像质的像，系统采用多个镜片，各镜片采用

不同的光学材料 (主要是光学玻璃), 通过光学设计优化。

在一个复杂透镜系统中, 一般使各透镜组尽量平均分担总的偏角。

2.2.3 分离薄透镜的偏角公式

图 2.4 为两片分离薄透镜成像示意图。设两个透镜 L_1 和 L_2 的光焦度分别为 φ_1 和 φ_2, 间隔为 d, 物面到 L_1 的距离为 $-l$, 物面、像面和光轴的交点分别为 P 和 P'。由 P 发射、孔径角为 $-u$ 的光线在 L_1 上的入射高 $h_1 = h$, 经 L_1 折射后的孔径角 $u'_1 = u_2$, 在 L_2 上的入射高为 h_2。经过 L_2 的折射, 孔径角 $u'_2 = u'$, L_2 到像面的距离为 l'。

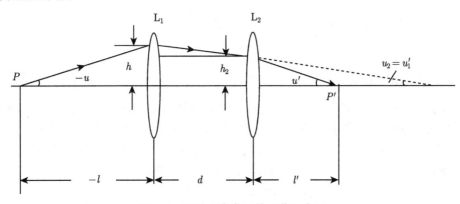

图 2.4 两片分离薄透镜成像示意图

第一透镜的偏角公式为

$$h\varphi_1 = u'_1 - u = u_2 - u \tag{2.13}$$

从中解出

$$u_2 = h\varphi_1 + u \tag{2.14}$$

h_2 可由下式算出:

$$h_2 = h - du_2 = h - d(h\varphi_1 + u) \tag{2.15}$$

第二透镜的偏角公式为

$$h_2\varphi_2 = u'_2 - u_2 = u' - u_2 \tag{2.16}$$

将 (2.14) 式和 (2.15) 式代入 (2.16) 式得到

$$h(\varphi_1 + \varphi_2 - d\varphi_1\varphi_2) = u' - u + du\varphi_2 \tag{2.17}$$

如果物距为 ∞, 则 $u = 0$, 代入上式得到

$$h(\varphi_1 + \varphi_2 - d\varphi_1\varphi_2) = u' \tag{2.18}$$

可见两个薄透镜的合成光焦度

$$\varphi = \varphi_1 + \varphi_2 - d\varphi_1\varphi_2 \tag{2.19}$$

将上式代入 (2.18) 式得到

$$h\varphi = u' \tag{2.20}$$

后截距为

$$\text{BFL} = l' = \frac{h_2}{u'} = \frac{h - d\,(h\varphi_1 + u)}{u'} = (1 - d\varphi_1)\,f' - d\beta \tag{2.21}$$

由 (2.19) 式得到焦距公式

$$\frac{1}{f'} = \frac{1}{f_1'} + \frac{1}{f_2'} - \frac{d}{f_1'f_2'} \tag{2.22}$$

2.2.4   分离薄透镜设计

现在举一个例子说明上述公式的应用。假定我们要求设计一个由两组分离薄透镜构成的可见光波段准直系统，要求视场全角 $2\omega = 6°$，数值孔径 $\text{NA} = u' = 0.2$，输入光束的直径 $D = 2h = 24\text{mm}$，系统总长 $L < 75\text{mm}$，并要求透镜的间隔 $d \approx 30\text{mm}$，则后截距 $l' = 45\text{mm}$。理想光学的初步计算如下：

由 (2.20) 式算出系统光焦度和焦距分别为

$$\varphi = \frac{u'}{h} = 0.0167, \quad f' = \frac{1}{\varphi} = 60\text{mm} \tag{2.23}$$

注意在准直系统中 $u = 0$，则 $\beta = 0$，由 (2.21) 式得到

$$\varphi_1 = \frac{f' - l'}{f'd} = 0.00833, \quad f_1' = 120\text{mm} \tag{2.24}$$

代入 (2.19) 式，得到

$$\varphi_2 = \frac{\varphi - \varphi_1}{1 - d\varphi_1} = 0.0111, \quad f_2' = 90\text{mm} \tag{2.25}$$

从上述初始数据出发，利用光学设计软件 ZEMAX，设置系统前组为 K9 和 ZF2 构成的消色差双胶合透镜，后组为 ZF2 单片平凸透镜，平面朝向像面，两组的焦距分别符合初始数据的要求。设间隔 $d = 27\text{mm}$，得到初始系统，其结构大体符合要求，在评价函数中设定焦距和系统总长，进行初步优化，得到两组分离式准直物镜 [EX-2]。

图 2.5(a) 为经过优化后的系统图，(b) 为弥散斑。材料换成 H-ZPK1、H-ZLAF76 和 H-LAK1，0 视场弥散斑半径 $\text{SPT}_0 = 10\mu\text{m}$，0.7 视场弥散斑半径 $\text{SPT}_{0.7} = 6\mu\text{m}$，

全视场弥散斑半径 $\mathrm{SPT}_1 = 16\mu\mathrm{m}$，像高 $y' = f'\tan\omega = 3.17\mathrm{mm}$，前后组焦距变成 89mm 和 118mm，对应的光焦度分别为 $\varphi_1 = 0.011$ 和 $\varphi_2 = 0.0085$，光焦度与初始设计的差别不大，技术指标则全部符合要求，就此完成了较高像质的准直透镜组设计。这是一款优秀的设计。

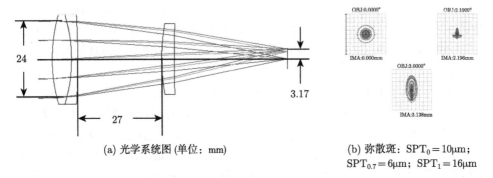

(a) 光学系统图 (单位：mm) (b) 弥散斑：$\mathrm{SPT}_0 = 10\mu\mathrm{m}$；$\mathrm{SPT}_{0.7} = 6\mu\mathrm{m}$；$\mathrm{SPT}_1 = 16\mu\mathrm{m}$

图 2.5 两组分离式准直物镜 [EX-2](彩图见封底二维码)

2.3 光波的波段和材料

任何成像系统都只能在一个给定的波段内获得符合技术指标要求的清晰像。最常用的波段为可见光 (visible, 简写为 VIS)，大量目视仪器或用 CCD、CMOS 为探测器的仪器在可见光波段使用。一般 "可见光窄波段"($0.45 \sim 0.65\mu\mathrm{m}$)，总计不过 200nm；"可见光宽波段"($0.43 \sim 0.67\mu\mathrm{m}$)，总计为 240nm。通常选择 3 条或更多的 "标识谱线" 来进行光线追迹及像差计算。可见光常用的蓝、黄绿、红三条标识谱线为 F($0.48613\mu\mathrm{m}$)、d($0.58756\mu\mathrm{m}$) 和 C($0.65627\mu\mathrm{m}$)。

光学玻璃从可见光到近红外波段具有高度的透明性、高度的物理及化学均匀性，因此光学常数特定而精确，主要包含折射率 (如 d 光的折射率 n_d) 和阿贝常数 $\nu_\mathrm{d} = (n_\mathrm{d} - 1)/(n_\mathrm{F} - n_\mathrm{C})$。根据光学常数，分为冕牌玻璃 (K) 和火石玻璃 (F) 两大类，冕牌与火石玻璃掺入氟、磷、钡、镧等元素，各自形成细分系列，成为绝大部分常用光学系统的材料，可以说光学仪器和光学设计的发展与光学玻璃的进展是同步的，参见本书附录 A。大多数实际的光学系统，需要将两种或多种不同的玻璃组合使用以减小像差。

近年来，光学应用向红外波段大幅度扩展，红外光学已广泛应用于人体的体温筛查、工业温度监测、夜视、热成像及红外制导等。通常红外波段指的是 1~3μm、3~5μm 和 8~14μm 三个波段，称三个红外窗口，又称三个 "大气窗口"，天文望远镜的适用波段已经扩展到近、中、远红外。红外波段也可分为近红外(NIR, 0.76~2μm)、中红外(MIR, 2~20μm) 和远红外(FIR, 20~300μm)，远红外已经接近太赫兹波段及微波。

　　随着波长的变短,几乎所有的物理效应都变得更加强烈。此外,作为分辨率极限的艾里斑半径 $r_{\text{Airy}} = 0.61\lambda/\text{NA}$,其中 NA 为数值孔径。在给定的数值孔径下,波长变短有利于提高分辨率,这对于高分辨的半导体光刻和精密测量显然具有吸引力。紫外波段 (UV) 位于紫光和 X 射线之间,波长范围为 400~10nm,又分为近紫外 (NUV,又称 UVA,400~315nm)、中紫外 (MUV,又称 UVB,315~280nm) 和远紫外 (FUV,又称 UVC,280~190nm),再向短波延伸就达到真空紫外,波长 λ <200nm。

　　当波长超出可见光范围后,适用材料制约了光学设计。适用于不同波段的光学材料差别很大。可见光仪器的主要材料为光学玻璃,但由于吸收,光学玻璃的适用范围为可见光到近红外光。红外波段则采用硅 (Si, 透过波段为 1.36~11μm)、锗 (Ge, 2.0~15μm)、硒化锌 (ZnSe, 0.55~18μm) 等红外晶体。适用于紫外波段的主要材料为氟化钙 (CaF$_2$,0.23~9.7μm)、熔石英 (fused silica,0.21~3.71μm)、蓝宝石 (sapphire,0.2~5.5μm) 等晶体。

　　本书主要讲述可见光成像系统的设计,这一波段的光学设计发展历史最悠久,技术最成熟。本书第 25 章介绍红外物镜。

2.4　光学系统图、视场和孔径

2.4.1　光学系统图

　　图 2.6 为一个典型的成像系统,以下简称 "系统" 或 "物镜"。图中标出物面 (在 ZEMAX 程序中简记为 OBJ)、像面 (IMA) 和光阑面 (STO),同时标出物高 $-y$(由于物高为负值,图中加负号)、像高 y' 等参数。对其余参数说明如下:

　　(1) **共轭距**:从物面到像面的距离。共轭距既可能为无限 (infinite conjugate),又可能为有限 (finite conjugate)。

　　(2) **物距**(OD):从物面到物镜第一表面的距离,在无限共轭时就填写 infinity。该定义与应用光学不同,在应用光学中,物距的终点为前主面。

　　(3) **后截距**(BFL):从物镜最后表面到像面的距离,英文直译为 "后焦距",显然与应用光学的定义也不相同。本书中使用术语 "后截距"。

　　(4) **物镜长度**(vertex length, VL):从物镜的第一面顶点到最后一面顶点的距离。

　　(5) **系统长度**(system track):从物镜第一面到像面的距离,即 VL+BFL。

　　(6) **大视场主光线**:由轴外物点发出,经过孔径光阑中心的光线。在物空间,主光线与光轴的夹角 ω 称视场角。在像空间,主光线与光轴的夹角记为 ω'。一般

情况下 ω' 与 ω 未必相等，但视场角通常指的是 ω，即物方视场角。

(7) 0 视场大孔径光线：又称 "轴上大孔径光线"，简称 "轴上大光线"，系由轴上物点发出并通过光阑边缘的光线。该光线与光轴的夹角，在物空间为物方孔径角 u(由于从光轴到光线的方向为逆时针，图中加负号)，在像空间为像方孔径角 u'。

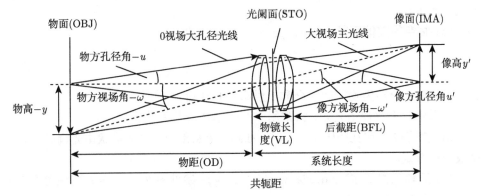

图 2.6 光学成像系统及符号 (Ⅰ)

虚线表示主光线

2.4.2 视场

视场 (field of view，FOV) 有四种表示方法。

(1) 视场角：又称角视场，无限共轭时常用该参数表示角视场大小。光学设计中通常用半视场角 (half field of view, HFOV)ω，而应用中则常用全视场角 2ω 表示。例如，市场上所谓的 "120° 广角镜"，即 $\omega=60°$。

(2) 物高：图中 $-y$。通常取物高为负，使得像高 y' 为正。注意物高在无限共轭时不适用。

(3) 近轴光像高(paraxial image height)：又称高斯像高 (Gaussian image height)，即用理想光学算出的像高，本书用 η' 表示。

(4) 实际像高(real image height)：这是像高的另一种定义，本书用 y' 表示。由于光学系统有像差，一般 $y' \neq \eta'$。近年来，CCD、CMOS 等矩形阵列探测器 (像素探测器) 用于探测记录像面的光强分布，此时 y' 或 η' 表示探测器对角线长度的一半。

2.4.3 孔径

孔径 (aperture) 有六种表示法。

(1) 输入孔径直径(entrance pupil diameter)：图 2.7 中用 D 表示。

(2) 像空间数值孔径(image space NA′)：定义为

$$\text{NA}' = n' \sin u' \tag{2.26}$$

其中，n' 和 u' 分别为像空间的介质折射率和孔径角。一个完善校正像差的光学成像物镜在像面上的最小分辨长度为

$$r_{\text{Airy}} = 0.61 \frac{\lambda}{\text{NA}'} \tag{2.27}$$

即艾里斑半径。

(3) 物空间数值孔径(object space NA)：定义为

$$\text{NA} = n \sin u \tag{2.28}$$

其中，n 和 u 分别为物空间的介质折射率和孔径角。

本书中在不致混淆之处，常常用 NA 表示像方数值孔径。

(4) 由光阑确定孔径(float by stop size)：光束孔径及截面形状由光阑的孔径大小及形状决定。

(5) 近轴工作 F 数(paraxial working $F/\#$)：参见图 2.7，在像方孔径角不大的情况下，近轴工作 F 数定义为

$$F_{\text{w}} = \frac{1}{2u'} \tag{2.29}$$

注意在 ZEMAX 中 F 数还有一个定义，即**像空间 F 数**(image space $F/\#$)，可以在设计报告 (Reports\Prescription Data) 中查到，定义为

$$F = \frac{1}{2u'_{\infty}} \tag{2.30}$$

即物距为无限时的 F 数，参见图 2.7。此时艾里斑半径可表示为

$$r_{\text{Airy}} = 1.22 \lambda F \tag{2.31}$$

当物距为无限时，$F_{\text{w}} = F$。当物距有限时，显然有 $u' < u'_{\infty}$，从而 $F_{\text{w}} > F$。本书中在不致混淆之处，通常用 F 表示 F_{w}。

(6) 物方孔径角：$|u|$。

以上关于视场和孔径的定义，在设计时只能各选一个。

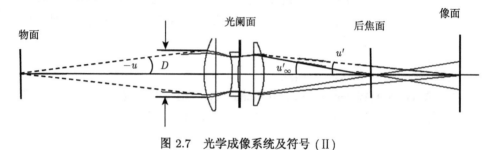

图 2.7　光学成像系统及符号 (II)

2.4.4 归一化

在光学设计中对视场和孔径实施归一化处理，即以最大视场或最大孔径为 1。例如，视场三细分时采用序列 0、0.707 和 1，分别称 0 视场、0.707 视场和 1 视场 (或全视场)，六细分时采用 0、0.3、0.5、0.707、0.85 和 1。有时 0.707 视场简称 0.7 视场。孔径的细分与此类似。

2.5 放 大 率

2.5.1 横向放大率和纵向放大率

傍轴光学的横向放大率定义为像高与物高的比，已经由 2.2 节 (2.9) 式给出：

$$\beta = \frac{\eta'}{\eta} = \frac{u}{u'} \tag{2.32}$$

当物方折射率 n 和像方折射率 n' 不为 1 时，表达式为

$$\beta = \frac{\eta'}{\eta} = \frac{n}{n'} \cdot \frac{u}{u'} \tag{2.33}$$

上式更加准确的形式为

$$n\eta \sin u = n'\eta' \sin u' \tag{2.34}$$

又称 "阿贝正弦条件"(Abbe sine condition)，是成像系统必须满足的条件。在第 3 章将会看到它进一步的含义。

通常被成像的物体是三维的，让我们来求系统沿光轴方向的线段放大率，称纵向或轴向放大率。对透镜成像公式 (2.3) 求导数，得到 $n = n' = 1$ 时的轴向放大率

$$\alpha = \frac{\Delta l'}{\Delta l} = \left(\frac{l'}{l}\right)^2 = \beta^2 \tag{2.35}$$

图 2.3 所示的胶片投影机物镜的横向放大率 $\beta = -0.125 = -1/8$，而纵向放大率 $\alpha = -0.015625 = -1/64$。由于横向放大率和纵向放大率不一致，三维物体经系统成像后物像不再成比例。

当物像空间的折射率不为 1 时，(2.35) 式变为

$$\alpha = \frac{n'}{n}\beta^2 \tag{2.36}$$

2.5.2　角放大率

1. 孔径角放大率

一对共轭光线的孔径角之比定义为孔径角放大率, 简称角放大率:

$$\gamma = \frac{u'}{u} \tag{2.37}$$

由 (2.32) 式,

$$\gamma = \frac{1}{\beta} \tag{2.38}$$

当物像空间的折射率不一致时, (2.38) 式变成

$$\gamma = \frac{n}{n'} \cdot \frac{1}{\beta} \tag{2.39}$$

横向放大率、纵向放大率和角放大率间的关系为

$$\alpha\gamma = \beta \tag{2.40}$$

2. 视场角放大率

ZEMAX 程序中还定义了主光线角放大率 (chief ray angular magnification), 描述主光线经过系统后的角度演变, 简称 "视场角放大率", 可以在设计报告 (prescription) 中查到, 不要与上面所定义的角放大率 γ 混淆。在理想光学中, 如果物方和像方的折射率相等 (如在空气中), 过单薄透镜中心 (相当于孔径光阑中心) 的光线 (即主光线) 的角度不变, 即物方与像方的视场角 ω 和 ω' 相等, 从而视场角放大率等于 1。

但对于复杂的光学系统, 二者往往不相等。图 2.8 为柯克物镜 [CK-3] 系统图, 用虚线表示 1 视场 ($\omega = 25°$) 和 0.1 视场 ($\omega = 2.5°$) 的主光线, 相应的视场角

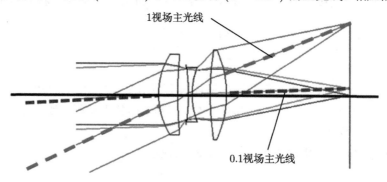

图 2.8　柯克物镜 [CK-3] 的视场角放大率

虚线分别为 1 视场 ($\omega = 25°$) 及 0.1 视场 ($\omega = 2.5°$) 的主光线

放大率并不相等，分别为 0.884 和 0.935，小视场的主光线放大率已经接近于 1。而图 2.3 所示的胶片投影机，由于像方主光线与光轴接近平行，视场角放大率只有 0.059。

2.6 焦　深

2.6.1 离焦

大量被观察样品是三维的，希望光学成像系统具有纵深观察的功能。例如，望远镜所观察的深度从几十米到几百米甚至几千米，希望在该范围内望远镜都能清晰成像。而图像探测器一般是二维器件，如 CCD、CMOS，亦即光学系统把一个具有纵向深度的物空间投射到一个二维像平面上。符合成像公式 (2.2 节 (2.3) 式) 的物平面称理想物平面，它的像最清晰，与该物平面接近的平面的像也比较清晰。当被成像平面偏离理想物平面 Δl 时，引起像平面偏离理想像平面 $\Delta l'$。由 (2.35) 式得

$$\Delta l' = \beta^2 \Delta l \tag{2.41}$$

上式表明，当物平面相对于理想位置移动 Δl 时，对应的像平面移动 $\Delta l'$。如果像平面维持原来的位置，物平面的图像清晰度将下降，称为离焦。让我们来研究离焦的最大允许值，在该离焦下像质基本清晰。

如图 2.9 所示，由于像差和衍射效应，一个物点的像是一个弥散斑，离焦则引起弥散斑直径变大。对于任何成像系统，总有一个清晰度变化尚不大的弥散斑尺度 $2B$，在目视系统中，B 取决于衍射极限对应的艾里斑半径。在使用 CCD 或 CMOS 探测图像时，设像素边长为 p，则 B 由二倍像素边长确定 (参见第 3 章): $B = 2p$，亦即

$$B = \begin{cases} 0.61\lambda/\mathrm{NA} = 1.22\lambda F, & \text{目视系统} \\ 2p, & \text{像素阵列} \end{cases} \tag{2.42}$$

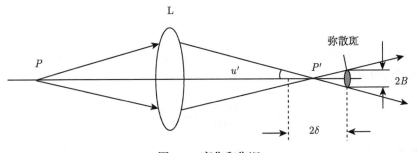

图 2.9　离焦和焦深

P, P'-物点和像点；$2B$-弥散斑直径；δ-离焦量；u'-像方孔径角

与 B 对应的离焦量就是焦深 (depth of focusing)，用 δ_{DOF} 或 DOF 表示，由图 2.9 可知

$$\delta_{\mathrm{DOF}} = \mathrm{DOF} = \frac{B}{u'} = \frac{B}{\mathrm{NA}} \tag{2.43}$$

对于目视系统和像素阵列，焦深为

$$\delta'_{\mathrm{DOF}} = \mathrm{DOF} = \begin{cases} 0.61\lambda/u'^2 = 0.61\lambda/\mathrm{NA}^2 = 2.44\lambda F^2, & \text{目视系统} \\ 2p/u' = 2p/\mathrm{NA} = 4pF, & \text{像素阵列} \end{cases} \tag{2.44}$$

由上式可见，给定成像系统后，焦深是由衍射效应或探测器的像素结构所限定的最高分辨率对应的纵向深度。

2.6.2　衍射极限成像系统的焦深

根据定义，衍射极限成像系统将物点辐射的发散球面波转换成会聚球面波，如图 2.10 所示，会聚球面波 (实线) 对应的球心 P' 就是理想像点，与出射光瞳 D 对应的弧高为

$$h = R - \sqrt{R^2 - \left(\frac{D}{2}\right)^2} \approx \frac{(D/2)^2}{2R} \tag{2.45}$$

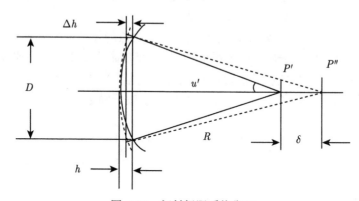

图 2.10　衍射极限系统焦深

出现离焦时观察点移到 P'' 点。对 (2.45) 式求导数就得到对应的波面 (虚线) 与原来的波面的最大波像差：

$$\Delta h \approx -\frac{(D/2)^2}{2R^2}\Delta R = \frac{u'^2}{2}\Delta R \tag{2.46}$$

设瑞利条件得到满足

$$\Delta h = \frac{\lambda}{4} \tag{2.47}$$

代入 (2.46) 式得到衍射极限焦深的表达式：

$$\delta'_{\text{DOF}} = \Delta R = \frac{\lambda}{2u'^2} = \frac{\lambda}{2\text{NA}^2} = 2\lambda F^2 \tag{2.48}$$

与 (2.44) 式大致相同。

2.6.3 物方焦深和像方焦深

由于物方和像方孔径角一般不同，焦深的数值也不同。例如，将 2.2 节的幻灯机物镜当作照相物镜，假设在像面上安置 1024 像素 ×768 像素探测器，像素尺寸 p=0.035mm，相对孔径为 1:4.5($F = 4.5$)，从而像方的焦深

$$\delta'_{\text{DOF}} = 4Fp = 0.63\text{mm} \tag{2.49}$$

相应的物方焦深

$$\delta_{\text{DOF}} = \frac{\delta'_{\text{DOF}}}{\alpha} = \frac{\delta'_{\text{DOF}}}{\beta^2} = 40.32\text{mm} \tag{2.50}$$

亦即当系统调节到最佳成像位置时，探测器移动 δ'_{DOF} 或物面移动 δ_{DOF}，将不至于影响分辨率。

2.7 光学系统的基面和基点

2.7.1 主平面、焦平面和节平面

光学系统的基面和基点是指一些特殊的共轭面和共轭点，共有四对基点 (或者基面)。图 2.11(a) 为一个三片式柯克成像物镜，Σ 表示它的第一个表面，Σ' 表示最后一个表面。引一条光线 AB 与光轴平行，与光轴的距离 (入射高) 为 h，该光线通过系统后出射的光线为 CF'，与光轴相交于 F'，与光轴的交角为 u'。F' 称像方焦点或后焦点，过 F' 与光轴正交的平面就是像方焦面或后焦面。

如果 AB 延长线与 CF' 的反向延长线相交于 H'，过 H' 作平面垂直于光轴，称为 "像方主面"(principal plane in image space)，像方主面与光轴的交点称为像方主点。则有

$$\frac{h}{\tan u'} \approx \frac{h}{u'} = f' \tag{2.51}$$

上式用到近轴近似：$\tan u' \approx u'$，其中 f' 为像方主面与像方焦面的距离。正因为上式与焦距的定义相符，f' 就是焦距 (focal length)。

将一束平行光反向沿光轴射入系统，就可以用类似的方法得到物方主面 (principal plane in object space) H，物方主面与光轴的交点称为物方主点，如图 2.11(b)

所示。像空间中的 (后) 焦距、像距均从像方主面起算, 物空间的 (前) 焦距、物距均从前主面起算。其实薄透镜也有主面, 只是前后主面间隔很近, 所以焦距、物像距近似从透镜中心 (简称 "光心") 起算。

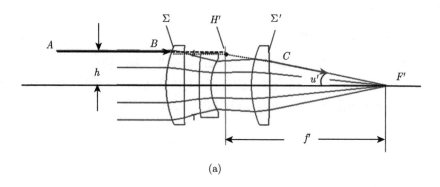

(a)

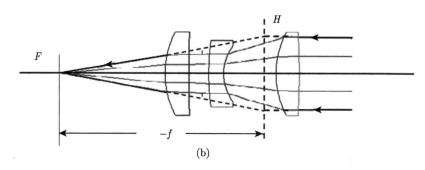

(b)

图 2.11 (a) 像方主面; (b) 物方主面

用 "物方" "像方" 来定义基点和基面显然比 "前" "后" 更加确切, 如图 2.11 中, 像方主面就位于物方主面之前 (左面)。但在光学设计业界, "前焦面" "后焦面" 这样的称呼还是常见。

2.7.2 透镜

计入厚度后, 单个透镜的主面一般并不位于透镜中心, 焦距也必须从主面算起。图 2.12 给出平凸透镜、双凸透镜、平凹透镜、双凹透镜和弯月透镜的前后主面位置。其中只有双凸透镜和双凹透镜的两个主面都在透镜内, 平凸/凹透镜的物方/像方主面与凸/凹面重合, 而弯月透镜的主面可能在透镜以外。

平凸透镜是常用的透镜, 它的像方主面与透镜平面的间距为 d/n, 其中 d 和 n 分别为厚度和折射率, 这样一来, 物方焦面与凸面的距离恰为焦距 f', 而像方焦面与平面的距离为 $f' - d/n$, 见图 2.13。这些参数常常用到。

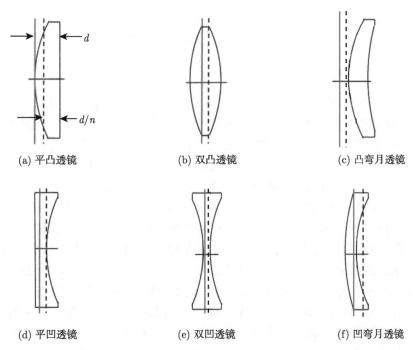

图 2.12 物方主面 H(实线) 和像方主面 H'(虚线)

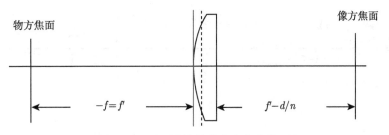

图 2.13 平凸透镜的物方和像方焦面

2.7.3 透镜的基点和基面

主点、焦点为光学系统的 "基点"，主面和焦面称系统的 "基面"，均为成像系统的属性，与物的位置无关。它们又是概念上的平面，在系统中并没有真实的物理平面和它对应，既可能在系统内部，也可能在系统之外。除此之外，基点还包括 "节点"，基面还有 "节面"。

对于透镜和光学系统基点和基面的详细讨论，基点和基面的位置计算，请参见参考书目 [12] 和 [13]。

2.8 光阑、光瞳和渐晕

2.8.1 光阑和光瞳

任何实际光学系统中都有一个孔径光阑, 简称光阑 (stop), 它限制了入射光束的孔径。在简单透镜成像的情况下, 透镜的镜框充当孔径光阑。孔径光阑通过它前面的光学系统所成的像称为入瞳 (entrance pupil), 通过它后面的光学系统所成的像称为出瞳 (exit pupil)。由几何光学可知, 凡是通过入瞳的光束, 将通过光阑和出瞳。简单说, 入瞳和出瞳就是整个光学系统的物和像, 二者共轭。在物空间, 入瞳的作用是限制入射光束的宽度; 在像空间, 出瞳的作用是限制出射光束的宽度。

图 2.14 为光学系统简图, 除物面和像面外, 图中只画出系统的第一个和最后一个表面。图中给出孔径光阑 (S)、入瞳 (S_0) 和出瞳 (S') 的位置。在物空间, 来自 P 点的轴外光束通过入瞳 S_0 进入透镜组, 经过光阑前透镜的折射后通过光阑 S, 再经过后面透镜的折射, 最终射出透镜组会聚到像面上形成轴外像点 P'。在物空间看不到光阑, 只能看到入瞳; 在像空间只看到出瞳。而实际上限制光束的却是光阑。在实际系统中, 入瞳、光阑和出瞳的位置没有固定的顺序, 孔径光阑也可能和入瞳或出瞳重合。

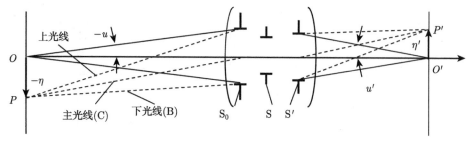

图 2.14 光学系统简图 (标出光阑和光瞳)

O- 轴上物点; O'-轴上像点; P-轴外物点; P'-轴外像点; S-光阑; S_0-入瞳; S'-出瞳

2.8.2 光阑的直径和弥散

首先假设光阑是圆形的。当光阑直径增大时, 入射光束的孔径角 u、出射光束的孔径角 u' 也随之增大, 较大孔径的光束传递了更丰富的高频信息, 像面的照度也会增大。图 2.15 为双胶合准直镜, 光阑在第一面, 与入瞳重合。表 2.1 给出输入光束直径 $2h(=$ 光阑直径) 和弥散斑的均方根 (RMS) 半径的对应关系, 准直光束焦斑 (像) 的弥散随光阑直径增大而增大, 像质变差。必须取一个恰当的中间值。本例中 $2h$ 取 7.5mm, 兼顾了信息量、像的照度和像质。

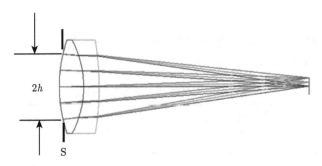

图 2.15 双胶合准直镜 (光阑与入瞳重合, 直径为 $2h$)(彩图见封底二维码)

表 2.1 双胶合准直镜的输入光束直径和弥散斑的均方根 (RMS) 半径

$2h$/mm	SPT_0/μm	$SPT_{0.7}$/μm	SPT_1/μm
9	16.1	15.3	13
7.5	4.2	3.7	4
6	0.9	1.4	3.8
4.5	0.5	1.1	3.1

注: SPT_n 为弥散斑的 RMS 半径, 下标 $n = 0, 0.7, 1$ 分别表示 0 视场, 0.7 视场和 1(最大) 视场。

2.8.3 光阑的位置和渐晕

图 2.16(a) 为一个典型的柯克三片式物镜 [EX-3], 放大倍率 $\beta = -0.6$, 光圈数 $F=6.9$。其光阑位于第二、三透镜之间, 轴上、轴外像差校正得很好, 参见表 2.2。如果保持以上参数不变, 仅使光阑在系统中的位置发生变化, 入瞳的位置和直径也随之变化。图 2.16(b) 表示光阑移到第一、二透镜之间, 这一操作对轴上光束没有

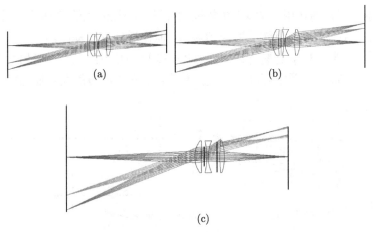

(a)　　　　　　　　　　　(b)

(c)

图 2.16 柯克三片式物镜 [EX-3] 的光阑位置和渐晕 (彩图见封底二维码)

(a) 光阑位于第二、三透镜之间; (b) 光阑移到第一、二透镜之间; (c) 光阑移到第一透镜前, 大视场光束部分被拦, 出现渐晕

影响，但轴外光束变化很大，弥散也显著加大。图 2.16(c) 表示当光阑移到第一透镜前，轴上光束仍无变化，但轴外视场光束不但弥散更大，而且边缘光束被第三透镜拦掉，形成 "渐晕"(vignetting)。

表 2.2　光阑移动时的弥散斑变化

No.	$\text{SPT}_0/\mu\text{m}$	$\text{SPT}_{0.7}/\mu\text{m}$	$\text{SPT}_1/\mu\text{m}$
a	14	20	22
c	14	387	392

所谓渐晕，就是大视场的部分光束被镜框 (或专门设置的光阑) 遮拦。大视场像的照度本来就低 (参见 2.9 节)，渐晕使大视场的照度进一步降低，参见图 2.17。在光学设计中，要审慎地安排光阑的位置，尽量使光阑位于系统的对称中心附近，如图 2.16(a) 所示。

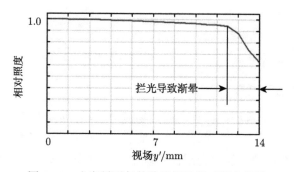

图 2.17　由渐晕引起的边缘视场相对照度异常

渐晕也有积极的作用。许多广角物镜大视场大孔径光线的像差很大，恰当利用拦光，拦掉这部分光线，虽然照度受到影响，但像质却有所提高。

图 2.18(a) 为变形双高斯物镜 [WS-347]，全视场角 $2\omega = 30°$，但相对孔径则高达 1:1.06($F=1.06$)。从图中可以看出，大视场的下光线近旁的大孔径光束部分被透

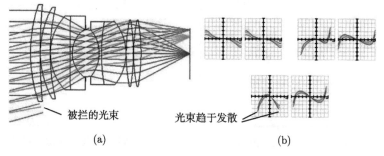

(a)   (b)

图 2.18　(a) 变形双高斯物镜 [WS-347]，大视场下方部分光束被拦；(b) 特性曲线: 左下图表示大视场大孔径趋于发散的光线被拦掉 (彩图见封底二维码)

镜前片拦掉, 形成渐晕。从图 2.18(b)"特性曲线" 可以看到, 被拦掉的光束趋于发散, 虽然影响了照度, 但像质却有所提高。有关特性曲线的说明见 3.6 节。

2.9 光度学基础: 成像系统像面的照度

2.9.1 辐射通量和光通量

光波在电磁波中只占一个很小的波段, 研究光波强弱的学科称光度学, 而研究各种电磁波辐射的学科称辐射度学。

辐射通量可表为

$$\Psi = \int \psi(\lambda) \mathrm{d}\lambda \tag{2.52}$$

其中, $\psi(\lambda)$ 描述辐射能的频谱分布, 称辐射能量的谱密度。

检测器的频谱与辐照通量有密切关系, 例如, 人眼只对 $0.4 \sim 0.7\mu m$ 的电磁波谱有响应, 峰值位于 $0.555\mu m$, 这段电磁波称可见光。图 2.19 给出较明亮环境下人眼的谱密度, 称为适光性视见函数, 简称视见函数 (vision function), 记为 $V(\lambda)$。当环境较暗时谱线将整体向短波移动。

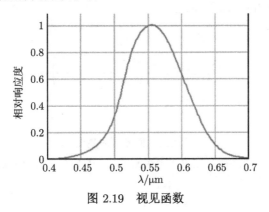

图 2.19 视见函数

如果研究光波对人眼产生的各种效应, 辐射通量需用视见函数加权, 变为光通量:

$$\Phi = \int V(\lambda) \psi(\lambda) \mathrm{d}\lambda \tag{2.53}$$

单位为 "流明"(lumen, 记为 lm)。本书主要研究可见光物镜设计及相关课题, 在第 25 章简单介绍红外物镜。

近年来, CCD、CMOS、焦平面阵列 (focal plane array, FPA) 等阵列探测器发展很快, 在许多领域中代替人眼, 在这些应用中应当考虑器件的光谱响应度函数。

2.9.2　发光强度和亮度

当光源的线度足够小，或光源的线度有限，但成像距离足够远，从而眼睛或探测器无法分辨光源中的细节时，就称之为点光源，如天空中的恒星或远处的灯。

点光源沿某一方向 r 的发光强度 I 定义为该方向单位立体角内辐射的光通量：

$$I = \frac{\mathrm{d}\Phi}{\mathrm{d}\Omega} \tag{2.54}$$

单位为坎德拉 (candela，记为 cd)。

在现实世界中的大多数情形，光源都有一定的面积，即面光源或扩展光源。这里所谓的面光源，既可以是主动发光，也可以是被动发光，例如被别的光源照亮而发生散射的面光源。

如图 2.20 所示，面光源上一个面元 $\mathrm{d}\sigma$ 向某一方向 r 近旁的一个元立体角 $\mathrm{d}\Omega$ 发光，r 与面元的法线 n 的夹角为 θ，通过 $\mathrm{d}\Omega$ 的光通量为 $\mathrm{d}\Phi$，则沿 r 方向的亮度 B 定义为沿此方向单位投影面积的发光强度，即

$$B = \frac{\mathrm{d}\Phi}{\mathrm{d}\Omega \mathrm{d}\sigma^*} = \frac{\mathrm{d}\Phi}{\mathrm{d}\Omega \mathrm{d}\sigma \cos\theta} \tag{2.55}$$

其中，$\mathrm{d}\sigma^*$ 为 $\mathrm{d}\sigma$ 在 r 方向上的投影。亮度的单位为熙提 (stilb，记为 sb)，为 "流明/(米^2·球面度)"(lm / (m^2 · sr))。

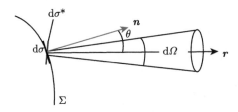

图 2.20　面光源的亮度

面元 $\mathrm{d}\sigma$ 的法线为 n; $\mathrm{d}\sigma^*$ 的法线为 r; $\mathrm{d}\sigma^*$ 为 $\mathrm{d}\sigma$ 在 r 方向的投影

2.9.3　余弦发射体

面光源的光强一般是方向的函数，如果该函数正比于 $\cos\theta$，且和亮度无关，就称为 "余弦发射体"，又称 "朗伯体"。(2.55) 式可改写为

$$I = \frac{\mathrm{d}\Phi}{\mathrm{d}\Omega} = B\mathrm{d}\sigma \cos\theta = B\mathrm{d}\sigma^* \tag{2.56}$$

当亮度保持不变时，朗伯体沿法线方向的光强最强，随着角度 θ 的增大，面元的投影 $\mathrm{d}\sigma^*$ 逐步变小，光强逐渐减弱，当 $\theta = \pi/2$ 时光强变为 0，如图 2.21 所示。自然界许多物体表面非常接近朗伯体，如白墙、磨砂玻璃、雪面、普通的纸张等。

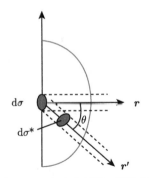

图 2.21 余弦发射体 (朗伯体)

一个理想的漫射表面, 不论照射它的光来自何方, 将均匀散射, 沿各个方向的散射光符合朗伯定律。图 2.22 表示朗伯体的辐射特性, 图中各个方向的散射元 $d\sigma$ 的亮度 B 相等, 尽管散射元面积 $d\sigma$ 不同, 在 r 方向却有相同的投影面元 $d\sigma^*$, 因而从 r 方向看进去亮度是相同的。

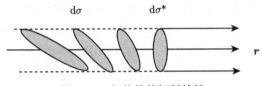

图 2.22 朗伯体的辐射特性

2.9.4 光学系统像的轴上点的亮度和照度

图 2.23 为一个光学成像系统简图。物空间光轴上的一个与光轴垂直的面元 $d\sigma$ 经过透镜 L 后的像为 $d\sigma'$, D 为透镜的入瞳直径。由 $d\sigma$ 发射的光通量为

$$\Phi = \int B(u)\sigma d\Omega \approx B\sigma\pi\left(\frac{D/2}{-l}\right)^2 = B\sigma\pi u^2 \tag{2.57}$$

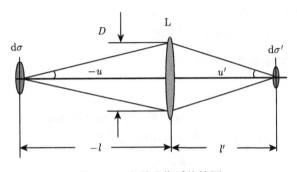

图 2.23 光学成像系统简图

由上式解出亮度

$$B = \frac{\Phi}{\pi\sigma u^2} \tag{2.58}$$

该光通量经透镜变换后照亮像面的面元 $\mathrm{d}\sigma'$，则从入瞳出射的光通量为

$$\Phi' = \pi B'\sigma'u'^2 \tag{2.59}$$

面元 $\mathrm{d}\sigma'$ 的亮度则为

$$B' = \frac{\Phi'}{\pi\sigma'u'^2} \tag{2.60}$$

假定光学系统的成像损耗系数为 τ，则像面亮度与物面亮度之比为

$$\frac{B'}{B} = \frac{\Phi'}{\Phi}\frac{\sigma u^2}{\sigma'u'^2} = \frac{\Phi'}{\Phi} = \tau \tag{2.61}$$

上式表明，如果忽略损耗，光学成像过程中亮度不变，亦即亮度与物像位置和放大率无关。由于光学成像满足正弦条件：横向放大率和角放大率成反比 (参见 2.5 节 (2.38) 式)。当像被放大时，孔径角变小，虽然单位面积发射的光通量减小，但它集中在较小的孔径角内，从单位面积向单位孔径角发射的光通量维持不变。

　　假设在像面上放一个屏，则屏将被照亮。照射到单位面积上的光通量定义为照度，即

$$E = \frac{\mathrm{d}\Phi'}{\mathrm{d}\sigma'} \tag{2.62}$$

单位为勒克斯 (lux，记为 lx)，即流明/米^2。由 (2.57) 式，当物距较大时，下式成立：

$$E = \frac{\Phi'}{\sigma'} = B\tau\pi u'^2 = B\tau\pi\left(\frac{D/2}{f'}\right)^2 = \frac{B\tau\pi}{4F^2} \tag{2.63}$$

其中，F 为光圈数，即相对孔径的倒数：

$$F = \frac{f'}{D} \tag{2.64}$$

(2.63) 式表示像的照度与光圈数的平方成反比，亦即加大相对孔径不仅有利于提高信息量，还能以平方的速率增加像的照度。

2.9.5　光学系统轴外像点的照度

1. 几何光学推导

图 2.24 中 Q 为轴上像点，Q^* 为轴外像点，对应的视场角为 ω。像点离轴后对应的孔径角 u'^* 也相应变小。由该图的几何关系可以算出

$$u'^* = \frac{h\cos\omega}{f'/\cos\omega} = \frac{h}{f'}\cos^2\omega$$

$$= u' \cos^2 \omega \tag{2.65}$$

代入 (2.63) 式得到

$$E^* = B\tau\pi u'^2 \cos^4 \omega = \frac{B\tau\pi}{4F^2} \cos^4 \omega \tag{2.66}$$

最后一步相当于物距为无限的情况。轴外点与轴上点照度的比为

$$R_\omega = \frac{E^*}{E_0} = \frac{E_\omega}{E_0} = \cos^4 \omega \tag{2.67}$$

图 2.25 为一个双高斯物镜的像面相对照度曲线。

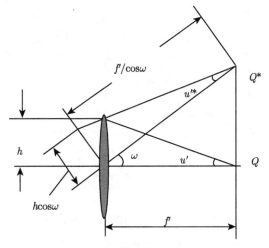

图 2.24　轴外像点的照明

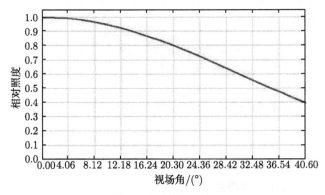

图 2.25　双高斯物镜的像面相对照度曲线

当 $\omega = 40.5°$ 时, 相对照度为 0.396

2. 一般情况的亮度和照度

图 2.26 中 L 为透镜, 假设在角视场为 ω 的物面上有一个面元 $d\sigma$(图中用实线表示), $d\sigma$ 的法线和光轴的夹角为 ω, $d\sigma$ 经透镜成的像为 $d\sigma'$, 连接轴外物、像点并通过透镜中心的直线又称 "次光轴"。设物面的亮度为 B, 透镜相对于 $d\sigma$ 的立体角为 $d\Omega$, 则由 $d\sigma$ 发射并进入透镜孔径的光通量为

$$d\Phi = Bd\Omega d\sigma \cos \omega \tag{2.68}$$

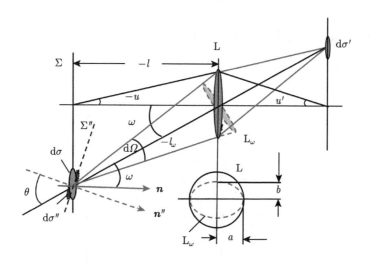

图 2.26   轴外像点的照明 (一般情况)

Σ: 物面与像面平行; Σ'': 物面法线 $\boldsymbol{n}''$ 与光轴夹角为 θ

其中, 立体角近似等于透镜孔径在次光轴方向的投影 L_ω 的面积, 除以轴外像点的像距 l_ω 的平方, 即

$$d\Omega \approx \frac{\pi ab}{(-l_\omega)^2} = \pi \left(\frac{a}{l}\right)^2 \cos^3 \omega = \pi u^2 \cos^3 \omega \tag{2.69}$$

L_ω 为椭圆, 其半长轴和半短轴分别为 a 和 b, 且有

$$b = a \cos \omega \tag{2.70}$$

将 (2.69) 式代入 (2.68) 式就得到

$$d\Phi = B\pi u^2 \cos^4 \omega d\sigma \tag{2.71}$$

$d\sigma'$ 面元上的照度为

$$E = \frac{d\Phi'}{d\sigma'} = B\tau\pi u^2 \cos^4 \omega \frac{d\sigma}{d\sigma'} = B\tau\pi \left(\frac{u}{\beta}\right)^2 \cos^4 \omega = B\tau\pi u'^2 \cos^4 \omega \qquad (2.72)$$

式中，τ 为透镜中的损耗，与 (2.61) 式一致。

可见斜光束的照度下降由三个因素贡献：物面和"次光轴"不垂直贡献余弦因子 $\cos\omega$；次光轴本身的倾斜导致孔径角变小贡献 $\cos^2 \omega$；从轴外物点看过去，透镜孔径变成椭圆贡献 $\cos\omega$。

更一般的情况下，物平面 Σ'' 法线 $\boldsymbol{n}''$ 与光轴夹角为 θ，面元以 $d\sigma''$ 表示，物平面倾斜贡献的因子不是 $\cos\omega$ 而是 $\cos\theta$，则 (2.63) 式变为

$$d\Phi = B d\Omega d\sigma \cos\theta \qquad (2.73)$$

像面照度变为

$$E = B\tau\pi u'^2 \cos^3 \omega \cos\theta \qquad (2.74)$$

2.9.6 相对照度的余弦四次方定律与软件计算结果的比对

表 2.3 的第二列为 13 个"柯克物镜"(参见第 7 章) 的视场角 ω，由于物方视场角和像方视场角略有差别，表中列出平均值 $\bar{\omega}$。第三列照度 $RI' = \cos^4 \bar{\omega}$，第三列 RI'' 为软件计算出来的相对照度，可以在程序的路径 Analysis\Miscellaneous\Relative Illumination 中查到。可以看出，用 $\cos^4 \omega$ 计算与软件计算结果差别不大，参见图 2.27。

表 2.3　系列柯克物镜在不同视场角下的照度比较

序号	$\omega/(°)$	RI'	RI''
1	6.4	0.98	0.97
2	8.9	0.95	0.97
3	11.6	0.92	0.91
4	15.5	0.86	0.90
5	20.9	0.76	0.81
6	23.6	0.71	0.84
7	26.0	0.65	0.68
8	28.4	0.59	0.64
9	27.5	0.62	0.70
10	27.8	0.61	0.58
11	32.8	0.49	0.54
12	34.5	0.46	0.53
13	34.5	0.46	0.45

图 2.27 的横坐标为柯克物镜序号，纵坐标为 RI' 及 RI''；图 2.28 给出柯克物镜 [CK-13] 的相对照度，实线和虚线分别为 ZEMAX 计算结果和 $\cos^4 \omega$ 计算结果，差别不大。

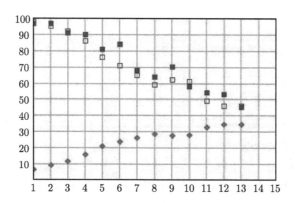

图 2.27　纵坐标: 角视场 ω(◆, 单位: (°)); 相对照度计算 (单位: %): $\cos^4\omega$(□), 软件 (■)。
横坐标: 柯克物镜序号

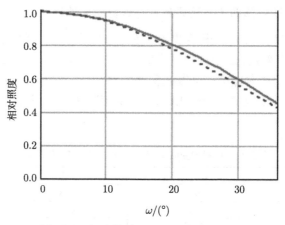

图 2.28　柯克物镜 [CK-13] 的相对照度

　　在复杂的系统中, 物方视场角 ω 和像方视场角 ω' 可能差别较大, 致使照度的计算变得复杂, 用 $\cos^4\bar{\omega}$ 计算相对误差变大, 但照度随着视场变大而下降的趋势是正确的。

2.9.7　倾斜安置监控物镜的照度估算实例

　　例如一个停车场, 用一个全视场角 $2\omega = 70°$ 的物镜监控, 物镜光轴与地面夹角为 $45°$, 物镜安置在 $20\mathrm{m}$ 的灯杆上, 如图 2.29 所示。容易导出

$$\begin{cases} x' = h\tan(\phi - \omega) \\ x_0 = h\tan\phi \\ x'' = h\tan(\phi + \omega) \\ x = h\tan\theta \end{cases} \quad (2.75)$$

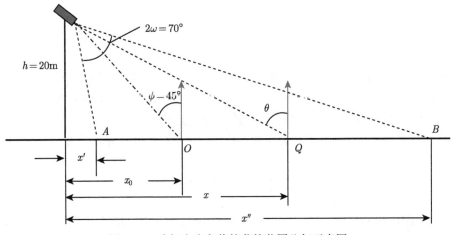

图 2.29　路灯上广角物镜监控范围几何示意图

将 h、ω 和 ϕ 的值代入 (2.74) 式得到图 2.30(a) 的相对照度分布，图中虚线为监控照相机光轴所对准的地面位置，横轴为地面坐标，灯杆坐标为 0。可以看出，在倾角 $\phi = 45°$ 时最靠近相机的 A 点最亮，A 点也是物镜所监测视场的边缘；当 $\phi = 25°$ 时 (图 2.30(b))，灯杆下地面最亮；当 $\phi = 12°$ 时 (图 2.30(c))，最亮位置很接近光轴与地面交点 O。

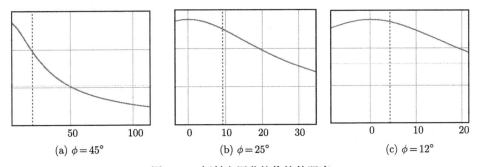

(a) $\phi = 45°$	(b) $\phi = 25°$	(c) $\phi = 12°$

图 2.30　倾斜安置监控物镜的照度

全视场角 $2\omega = 70°$，监控照相机高度 $h = 20\mathrm{m}$；横轴为地面被检测范围 ($x' \sim x''$)，单位为 m，虚线为相机光轴对准的地面位置 (x_0)；纵轴为相对照度

2.10　光通量传递的 etendue 分析

如果忽略光学系统的损耗，就得到

$$\sigma\pi u^2 = \sigma'\pi u'^2, \quad B = B' \tag{2.76}$$

如果 M 个成像系统串联, 则有

$$\sigma_1 \pi u_1^2 = \sigma_2 \pi u_2^2 = \cdots = \sigma_M \pi u_M^2, \quad B_1 = B_2 = \cdots = B_M \qquad (2.77)$$

$\sigma_i \left(\pi u_i^2 \right)$ 为成像面积和立体角的乘积, 即二维 etendue。我们得到结论:

(1) 如果忽略光学系统的损耗, 所有的像 (包括中间像) 的亮度相等, 并与物的亮度相等, 物像位置和放大、缩小不能改变像的亮度。

(2) etendue 不仅是系统传递信息的度量, 也是传递光通量的度量。

2.11 本 章 小 结

本章用较少的篇幅, 讲解应用光学中与光学设计有关的部分内容, 包括成像系统的一般模型, 理想光学 (即傍轴光学) 的基本规律; 介绍光学材料, 成像系统的基本参数 (焦距、视场、孔径等); 介绍放大率的三种表示方法; 给出焦深的概念; 定义光学系统的基点和基面; 简要讨论光阑、光瞳和渐晕效应。最后介绍光度学的基本概念: 亮度和照度。

第3章 成像信息的传递和像质评价

3.1 引 言

在第 2 章我们主要讨论了理想光学,亦称高斯光学。理想光学系统满足 "点点成像" 条件,无论轴上物点还是轴外物点,它们的共轭像也是点,分别位于轴上和轴外,并满足理想光学的成像规律。理想光学只是实际成像系统的初级近似或近轴近似。此外,我们也证明了:理想光学系统为二维成像系统,其纵向放大率和横向放大率遵循不相同的规律。对于小角度孔径角 u,高斯光学采用如下近似:

$$\sin u \approx u, \quad \cos u \approx 1 \tag{3.1}$$

满足该近似的区域称近轴区域 (paraxial region)。实际光学系统中,点光源的像是一个弥散斑,无论轴上还是轴外,都不满足 "点点成像" 的条件,形成像差 (aberration)。为了得到比较精确的近似,在正弦和余弦的展开式中多取一项:

$$\sin u \approx u - \frac{u^3}{3!}, \quad \cos u \approx 1 - \frac{u^2}{2!} \tag{3.2}$$

得到的像差称 "三级像差",又称 "初级像差"。满足该近似的区域称 "赛德尔区域"(Seidel region),研究赛德尔区域中成像规律和像差的理论称为 "三级像差理论"。经典光学设计深入讨论 "三级像差" 理论,研究初级像差系数与系统参数 (半径、厚度、间隔)、材料 (折射率、阿贝数) 的关联,发展 "由像差决定光学系统结构" 的算法,并讨论高级像差 (如二级和更高级的像差) 与初级像差的平衡与补偿。近年来,随着计算机的高度发达和功能强大的设计软件的出现,三级像差理论的应用逐渐减少,对此感兴趣的读者可参阅本书的参考书目。

本章将简单介绍光学成像系统的像差,描述几何像差和光学传递函数如何应用于成像质量的评价,最后介绍表征光学信息传递性能的空间带宽积 (etendue) 分析。

3.2 衍射极限系统和近衍射极限系统

3.2.1 衍射极限系统

如果光学系统将一个发散球面波转换成会聚球面波,该系统就称为衍射极限系统,如图 3.1 所示。如果系统有像差,输出的波前会发生畸变。注意,衍射极限系统虽然将发散的球面波转换成会聚的球面波，但从波动光学的角度来看，由于孔径光阑的直径是有限的，只有光阑内一部分球面波前通过系统，显然引起了信息的缺失，会聚波的中心不再是一个点，而是艾里斑，如图 3.2 所示。如果以它的第一个暗环作为艾里斑弥散的度量，得到

$$r_{\text{Airy}} = 0.61\lambda/u' = 0.61\lambda/\text{NA} \tag{3.3}$$

式中，NA 为数值孔径。上式也可改写为

$$r_{\text{Airy}} = 1.22\lambda F \tag{3.4}$$

式中，F 为光圈数。

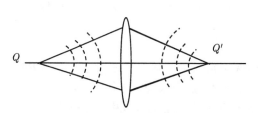

图 3.1　衍射极限系统将发散球面波转换成会聚球面波

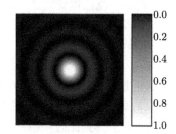

图 3.2　艾里斑

3.2.2　近衍射极限系统

一个视场和孔径都不大的系统，经过精确设计、精密加工调试后，性能接近于衍射极限系统，就称 "近衍射极限系统"。图 3.3(a) 为 30× 复消色差显微物镜光学系统图，由弥散斑图 (b) 可见，弥散斑大小与艾里斑 (图中实线的圆) 很接近，可见这款物镜的性能接近衍射极限，该物镜还将在第 20 章详细介绍。

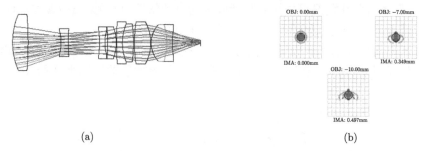

　　　　　　(a)　　　　　　　　　　　　　　　　(b)

图 3.3　(a)30× 复消色差显微物镜光学系统图；(b) 弥散斑图 (图中的圆为艾里斑)(彩图见封底二维码)

3.3 光线追迹

3.3.1 主光线和点扩散函数

图 3.4 为一个简化的光学成像系统图，系统的元件没有画出，仅画出以下平面：

(1) 物平面：归一化坐标为 H_x, H_y；

(2) 入瞳平面：归一化坐标为 P_x, P_y；

(3) 出瞳平面：归一化坐标为 P'_x, P'_y；

(4) 像面：又称参考像面，设计中可能要调整像面的位置，以得到最佳的效果。

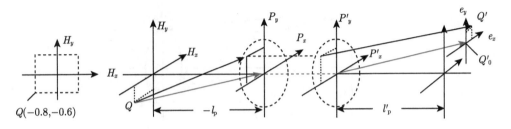

(a) 局部放大图   (b) 系统图，图中虚线的圆表示入瞳和出瞳

图 3.4 光线追迹

从物面上一点 $Q(H_x, H_y)$ 发出两条光线：

主光线：通过入瞳中心 $(P_x, P_y) = (0,0)$，经过系统后由出瞳面中心 $(P'_x, P'_y) = (0,0)$ 射出，与像面的交点为 Q'_0，并以 Q'_0 为原点建立子坐标系 (横向像差坐标系) e_x, e_y。

任意光线：通过入瞳上一点 (P_x, P_y)，经过系统后由出瞳面一点 (P'_x, P'_y) 射出，与像面的像差坐标系的交点为 $Q'(e_x, e_y)$，e_x 和 e_y 就是该光线的像差。

以上过程称为光线追迹，业内称为 "描光线"，是光学设计最基本的操作，现在由软件完成。通过光学系统的任意一条光线由 "光线矢量" (H_x, H_y, P_x, P_y) 完全确定。注意，H_x 和 H_y 均对物面的最大视场归一化，矩形视场以半对角线归一化；P_x 和 P_y 则以入瞳面的半径归一化。例如，图 3.4 中 Q 点的坐标 $(H_x, H_y)=(-0.8, -0.6)$。

Q 点的像不再是一个点，而是弥散斑 (SPT)，又称 "点扩散函数"(PSF)。由于设计、加工和调试的误差，SPT 的弥散比艾里斑大。SPT 与艾里斑的差别就是像差。从几何光学的角度来看，如果物空间的一点发射的任意光线和主光线与像平面交点不重合，e_x 和 e_y 不为零，违背了 "点点成像"，就形成像差。

图 3.4 表示有限物距的情况, 光线由物面坐标 (H_x, H_y) 和光瞳面坐标 (P_x, P_y) 确定, 称 "两点式" 光线; 如果物距为无限, H_x 和 H_y 分别表示光线矢量的方向余弦, 称 "点向式" 光线。

3.3.2　上光线、下光线和 "大光线"

图 3.5 中 Q 为轴外物点, R 为入瞳中心, QR 就是主光线, QA 称子午上光线, QB 称子午下光线, 光线矢量分别为 $(H_x, H_y, 0, 1)$ 和 $(H_x, H_y, 0, -1)$, 业内称上、下光线为 "大光线"。QC 和 QD 则是对称的弧矢大光线, 光线矢量分别为 $(H_x, H_y, 1, 0)$ 和 $(H_x, H_y, -1, 0)$。

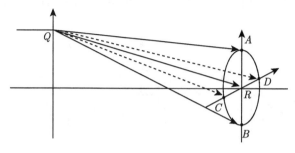

图 3.5　射入入瞳的光线

由此可见, 大光线指的是通过入瞳边缘的最大孔径角光线, 对应光阑坐标为 +1 为或 -1, 又称 1 孔径或全孔径光线。与之相应, 孔径角为 $0.7(P_y=0.7)$ 的光线称 0.7 孔径光线, 孔径角为 $0.5(P_y=0.5)$ 的光线称 0.5 孔径光线等。

大光线是相对于近轴光线而言的实际光线, 业内又称大光线对应的光束为 "宽光束", 近轴光线则称 "小光线" 或 "细光束"。

3.4　球差和纵向色差

3.4.1　球差

孔径增大后, 轴上点大光线和近轴光线在像空间与光轴的交点位置不一致, 引起的效应就是球差 (spherical aberration), 参见图 3.6。球差对整个视场都有影响, 未校正球差的透镜组整体视场都得不到清晰像, 校正了球差和色差的纵向像差 (longitudinal aberration) 曲线见图 3.7。随着孔径和视场的增大, 球差增大且产生高级项, 还出现了子午球差和弧矢球差的差别。

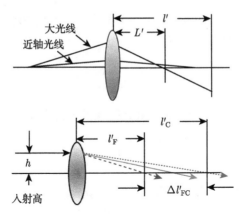

图 3.6 球差和色差的定义

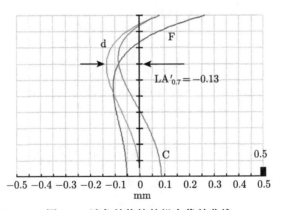

图 3.7 消色差物镜的纵向像差曲线

F(蓝光, 0.4861μm)、d(黄绿光, 0.5876μm)、C(红光, 0.6563μm)

轴上球差可表为

$$2n'u'^2\mathrm{LA}' = S_\mathrm{I}P_y^2 + S_\mathrm{I}^\mathrm{I}P_y^4 \tag{3.5}$$

其中，S_I 为初级球差系数，S_I^I 为高级球差系数，P_y 为子午面 (yz 平面) 归一化的入射高，见图 3.4。在 "三级像差理论" 中，则称为三级和五级球差系数。

只考虑初级球差，并设 $P_y = 1$(最大孔径)，就得到

$$\mathrm{LA}' = \frac{S_\mathrm{I}}{2n'u'^2} \tag{3.6}$$

可见球差近似与初级球差系数成正比。

在 (3.5) 式中如设边缘光线 ($P_y = 1$) 的球差为 0，得到

$$2n'u'^2\mathrm{LA}' = S_\mathrm{I}^\mathrm{I}P_y^2\left(P_y^2 - 1\right) \tag{3.7}$$

这是二次抛物线方程, 见图 3.8。入射光 0 孔径和最大孔径球差均为 0, 在 0.707 孔径处球差最大, 称 "带球差", 并有

$$\text{LA}' = -\frac{S_\text{I}^\text{I}}{8n'u'^2} \tag{3.8}$$

亦即边缘光线球差校正到 0 时, 最大剩余带球差出现在 0.707 孔径, 数值与二级球差系数成正比。

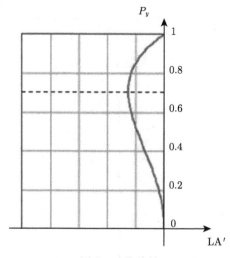

图 3.8　带球差

初级、二级和更高级的像差又称三级、五级和高级像差, 本书中在不同场合可能采用不同的称呼。

3.4.2　纵向色差

大多数应用场合由白光照明, 包括自然光、白炽灯、发光二极管 (LED) 等, 因此仅考虑单色光是不够的, 至少还需考虑以下因素:

(1) 照明光源的光谱;

(2) 探测器的光谱响应特性;

(3) 构成成像系统的材料的透射光谱 (吸收光谱)。

由于构成光学系统透镜材料的色散效应, 光学系统在不同色光下的行为是有差别的, 统称色差。在可见光应用中, 通常用 F(λ=0.4861μm)、d(λ=0.5876μm) 和 C(λ=0.6563μm) 三条谱线来校正色差。

纵向色差 (longitudinal chromatic aberration) 又称轴向色差或位置色差, 参见图 3.6。

一个由薄透镜组成的系统的初级色差系数 C_I 可表为

$$C_I = \sum_{k=1}^{K} \left(h^2 \frac{\varphi}{\nu}\right)_k \tag{3.9}$$

其中, $\varphi_k = 1/f_k'$ 是第 k 个透镜的光焦度, h_k 为轴上大光线在透镜上的高度, f_k' 为焦距, ν_k 为透镜材料的阿贝数:

$$\nu_k = \frac{n_d - 1}{n_F - n_C} \tag{3.10}$$

n_F、n_d 和 n_C 分别为 F 光、d 光和 C 光的折射率, 阿贝数表征玻璃的色散效应。例如, 双胶合消色差物镜的正负透镜分别由冕牌玻璃 (K) 和火石玻璃 (F) 构成, 并满足条件:

$$\begin{cases} \varphi_1 + \varphi_2 = \varphi \\ \dfrac{\varphi_1}{\nu_1} + \dfrac{\varphi_2}{\nu_2} \approx 0 \end{cases} \tag{3.11}$$

第 4 章双胶合消色差物镜 [DB-4] 的参数如表 3.1 所示, 计算结果 φ =0.01($f' = 100$mm), $\varphi_1/\nu_1 + \varphi_2/\nu_2 = 2 \times 10^{-6} \approx 0$, F 光和 C 光球差曲线在 0.7 孔径 ($P_y = 0.707$) 相交, 纵向色差校正得很好。

表 3.1   双胶合消色差物镜 [DB-4] 的参数

	φ_k	ν_k	玻璃
正透镜	0.021	64.20	H-K9L
负透镜	−0.011	33.84	H-ZF1

对 d 光校正了球差, 对 F 光和 C 光校正了纵向色差的成像系统比较符合目视系统的性能要求。近年来, 常用 CCD、CMOS 作为像面探测器件, 此时应当考虑这些器件的光谱特性, 选用不同的标识谱线, 或对 F 光、d 光和 C 光给出不同的权重。

对于望远物镜、准直镜等小视场系统而言, 校正了球差和纵向色差, 就满足了成像质量的基本要求, 称为 "消色差" 物镜。

3.5   轴外像差

大部分成像系统要观察较大的 "视野", 即视场。随着视场的变大, 像差呈非线性增大的趋势。大视场光线呈现不对称 (彗差)、像场弯曲 (场曲)、子午面光线和弧矢面光线焦点不重合 (像散) 和畸变等效应。随着视场变大, 还出现横向色差。为了确保大视场的像质, 光学系统从两个方向变得复杂化: ① 增加元件; ② 采用不同的玻璃材料, 包含特种玻璃。

3.5.1　彗差

彗差 (coma) 表示上下光线关于主光线的不对称度，即

$$K_T' = y' - \frac{1}{2}\left(y_A' + y_B'\right) \tag{3.12}$$

参见图 3.9。如果主光线通过上下光线的交点，彗差就等于 0。具有彗差的弥散斑图非常类似彗星的尾，因而得名。即使在近轴区域，子午和弧矢彗差还是不一致。

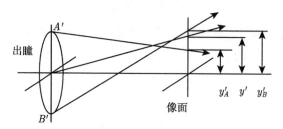

图 3.9　子午彗差

3.5.2　场曲和像散

1. 细光束的聚焦特性

设在波面 Σ 上取一个面积元 $d\sigma$，如图 3.10 所示，图中 KK' 和 LL' 分别表示主截线，对应的曲率半径分别为极大和极小。由微分几何可知，$d\sigma$ 上各点的法线分别通过两条空间分离、互相正交的直线，它们分别与 KK' 和 LL' 的切线垂直，称弧矢焦线和子午焦线。细光束的这种现象称为像散。

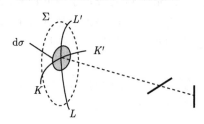

图 3.10　子午焦线和弧矢焦线

2. 细光束场曲和像散的表达式

在光学系统中，子午面细光束和弧矢面细光束的行为不相同，场曲 x_t' 和 x_s' 分别表示子午和弧矢"邻主光线"交点与像面的距离，参见图 3.11，彼此的距离就是像散：

$$\Delta x' = x_t' - x_s' \tag{3.13}$$

像散不为 0, 表示轴外细光束有两个焦点: 子午焦点和弧矢焦点; 当像散为 0 时, 细光束的子午像面和弧矢像面重合, 但一般而言重合的像面仍然弯曲, 称为佩茨瓦尔 (Petzval) 场曲 x'_p, 对应的曲面的半径即为佩茨瓦尔半径 (Petzval radius of curvature), 经常用来估算光学系统的像面的弯曲。

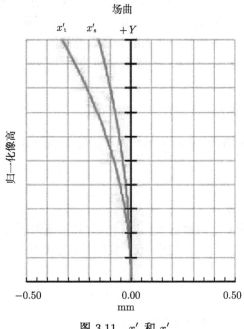

图 3.11 x'_t 和 x'_s

3. 大光束子午场曲和弧矢场曲

上下光线的交点与像面的距离 X'_t 称子午边缘光线场曲; 由出瞳上 C'、D' 出射的弧矢边缘光线的交点与像面的距离 X'_s 称弧矢边缘光线场曲, 参见图 3.12。

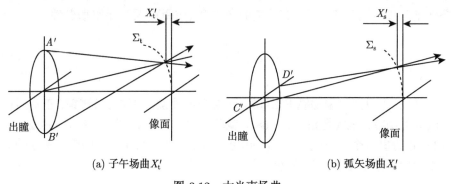

(a) 子午场曲 X'_t (b) 弧矢场曲 X'_s

图 3.12 大光束场曲

当入射孔径角趋于 0 时, 对应的场曲分别趋于 x_t' 和 x_s', 即 "细光束" 场曲:

$$X_t'|_{A',B'\to R} \to x_t' \text{和} X_s'|_{C',D'\to R} \to x_s' \tag{3.14}$$

邻主光线对应于无限细的光束, 其本身是没有弥散的, 但轴外宽光束的最佳焦点位置与 x_t' 和 x_s' 有一定的关联, 常常用 x_t'、x_s' 和 Δx 等细光束像差参数来引导宽光束像差的校正。Δx 与宽光束焦点的分离近似相等。大光束场曲是由轴外球差和细光束场曲共同贡献的, X_t' 和 X_s' 描出来的曲面 Σ_t' 和 Σ_s' 与轴外最佳像面大体上对应。

4. 薄透镜组的场曲公式

设系统由 K 个薄透镜组成, 则场曲的初级像差系数 S_{IV} 可近似表达为

$$S_{\mathrm{IV}} = J^2 \sum_{k=1}^{K} \frac{\varphi_k}{n_k} \tag{3.15}$$

其中, $\varphi_k = 1/f_k'$ 为第 k 个透镜的光焦度, n_k 为该透镜的折射率, J 为拉格朗日不变量 (Lagrange invariant), 又称拉格朗日-亥姆霍兹不变量或 "光学不变量"(optical invariant):

$$J = n\eta u = n'\eta'u' \tag{3.16}$$

对于密接透镜组, S_{IV} 满足如下近似条件:

$$S_{\mathrm{IV}} = J^2 \sum_{k=1}^{K} \frac{\varphi_k}{n_k} \approx \frac{J^2}{\bar{n}} \sum_{k=1}^{K} \varphi_k \approx \frac{J^2}{\bar{n}} \varphi \neq 0 \tag{3.17}$$

式中, $\bar{n}$ 为平均折射率, $\varphi = 1/f'$ 为整组的光焦度。由 (3.17) 式可知, 焦距不为 0 导致场曲系数 $S_{\mathrm{IV}} \neq 0$, 于是得到结论: 密接透镜组构不成平场透镜, 校正场曲的必要条件是正负透镜分离, 既具有给定的光焦度 (焦距), 又满足平场条件:

$$S_{\mathrm{IV}} = J^2 \sum_{k=1}^{K} \frac{\varphi_k}{n_k} \approx 0 \tag{3.18}$$

图 3.13(a) 为柯克型物镜 [CK-13], 两端为正透镜, 中间为负透镜, 正负透镜之间有较大的间隔, 全视场角 $2\omega = 68°$, 佩茨瓦尔 (Petzval) 半径 $R_{\mathrm{Petz}} = -297\mathrm{mm}$。图 3.13(b) 给出六个归一化视场, $Y=0, 0.3, 0.5, 0.71, 0.85$ 和 1 的弥散斑 SPT, 可以看出弥散斑差别不大, 视场很平。

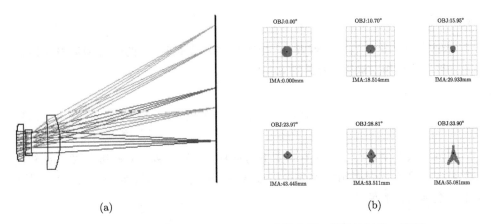

(a)   (b)

图 3.13   (a) 柯克型物镜 [CK-13]；(b) 弥散斑图 (彩图见封底二维码)

5. 厚弯月透镜校正场曲

设厚弯月透镜的两个表面对应的曲率半径分别为 R_1 和 R_2，此时透镜光焦度为

$$\varphi = (n-1)(\rho_2 - \rho_1) + \frac{(n-1)^2}{n}d\rho_1\rho_2 \tag{3.19}$$

式中，$\rho_1 = 1/R_1$，$\rho_2 = 1/R_2$。佩茨瓦尔和

$$S_{\mathrm{IV}} = J^2 \frac{n-1}{n}(\rho_1 - \rho_2) \tag{3.20}$$

如设 $R_1 = R_2 = R$，$f' = 1/\varphi = 100\mathrm{mm}$，$d = 12, n = 1.6204$(玻璃牌号为 H-ZK9A)，并要求 $S_{\mathrm{IV}} = 0$，就解出 $R = 16.98\mathrm{mm}$，参见图 3.14。

如果加大厚度，并使 $R_2 < R_1$，可使 $S_{\mathrm{IV}} < 0$(参见参考书目 [19] 和 [22])。许多平场物镜，特别是密接型物镜均采用厚弯月透镜产生负的场曲，增大整个系统的佩茨瓦尔半径，达到平场或半平场的效果。图 3.15 为 40×平场复消色差显微物镜，$R_{\mathrm{Petz}} = 316\mathrm{mm}$。

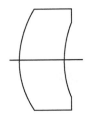

图 3.14   厚弯月透镜

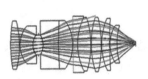

图 3.15   40×平场复消色差显微物镜 (彩图见封底二维码)

3.5.3　畸变

由理想光学导出的理想像高 η' 与实际主光线高度 y' 的差称为畸变 (distortion)，常用的是相对畸变 (参见图 3.16)：

$$\mathrm{DT} = \frac{\eta' - y'}{\eta'} \times 100\% \tag{3.21}$$

在目视系统中，小于 3% 的畸变不易觉察。但机器视觉对畸变的要求比较高，光学系统的剩余畸变要用软件来进一步修正。畸变是不同视场细光束或光线的放大率不准确引起的像差。

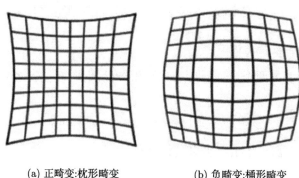

(a) 正畸变:枕形畸变　　　　　(b) 负畸变:桶形畸变

图 3.16　畸变

3.5.4　横向色差

具有相同光线坐标 (H_x, H_y, P_x, P_y) 的不同波长光线与参考像面的交点不同，就构成横向色差 (lateral color)。一般来说，横向色差由两部分构成：第一部分是纵向色差导致的横向色差；第二部分称为倍率色差。一般来讲，不同波长色光的主光线高度并不相等。F 光和 C 光像高的差 $\Delta y'_{\mathrm{CF}} = y'_{\mathrm{C}} - y'_{\mathrm{F}}$ 称倍率色差，$\Delta y'_{\mathrm{CF}}$ 与 d 光像高 y' 的比值作为相对倍率色差

$$\eta_{\mathrm{CF}} = \frac{\Delta y'_{\mathrm{CF}}}{y'} \tag{3.22}$$

薄透镜组的倍率色差系数 C_{II} 与结构参数的关系可表为

$$C_{\mathrm{II}} = \sum_{k=1}^{K} \left(h h_{\mathrm{p}} \frac{\varphi}{\nu} \right)_k \tag{3.23}$$

其中, h 和 h_p 分别为轴上大光线和轴外主光线在透镜上的高度。

初级像差系数列在表 3.2 中。

表 3.2 初级像差系数

系数	名称
S_I	初级球差系数
S_{II}	初级彗差系数
S_{III}	初级像散系数
S_{IV}	初级场曲系数
S_V	初级畸变系数
C_I	初级纵向色差系数
C_{II}	初级倍率色差系数

3.6 特性曲线和弥散斑图(点列图)

3.6.1 光线的扇形分布和特性曲线

设 Q 为物面上一点, R 为主光线与入瞳面的交点。在入瞳的纵轴上取一系列不同的坐标 P_y, 定义了一个由 Q 点发出的光束, 呈扇形分布, 光学设计工作者形象地称之为 "ray fan", 参见图 3.17。

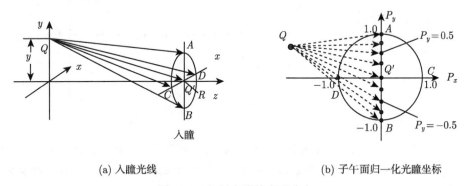

(a) 入瞳光线　　　　　　　　　　(b) 子午面归一化光瞳坐标

图 3.17 入射光线的扇形分布

经过系统后从出瞳射出的光线与像面相交。图 3.18 给出第 k 根光线的交点 Q'_k 与主光线交点 Q' 的差 Δ_k, 称子午光束的横向像差, 又称子午特性曲线 (tangential H-tan$U$)。Δ 既含有 y 分量 e_y, 又含有 x 分量 e_x, 但一般情况下 y 分量是主要的。当 Q 点在子午面上 ($H_x{=}0$) 时, 由于对称性, Δ 中只有 y 分量。

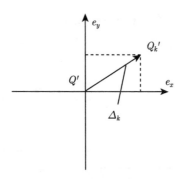

图 3.18   像面上任意光线和主光线的偏差

与此相应，由 Q 发出经过入瞳横轴的一系列光线，经过系统后从出瞳射出与像面相交，这些交点与 Q' 的差 Δ 称弧矢光束的横向像差，又称弧矢特性曲线 (sagittal H-$\tan U$)。Δ 既含有 x 分量 $\Delta x'$，又含有 y 分量 $\Delta y'$，但一般情况下 x 分量是主要的。

特性曲线描述了轴外宽光束的横向像差。子午光束的特性曲线不对称，而弧矢光束的特性曲线关于原点是对称的。图 3.19(a) 为八片式大视场变形双高斯物镜，全视场 60°，光圈数 F =2.5. 图中描出 0、0.7 和 1.0 三个归一化视场的光线；图 (b) 为 0.7 视场的子午特性曲线 e_y 和弧矢特性曲线 e_x。

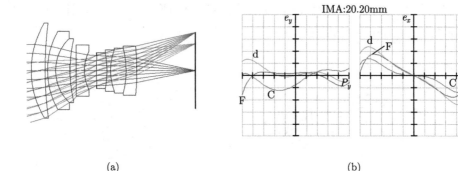

(a)   (b)

图 3.19   (a) 八片式大视场变形双高斯物镜；(b) 特性曲线 (彩图见封底二维码)

(b) 中左图：e_y，全视场子午特性曲线 $\Delta y'$，P_y 为 y 方向的光瞳坐标；(b) 中右图：e_x，弧矢特性曲线 $\Delta x'$，P_x 为 x 方向的光瞳坐标

此外，不同色光的特性曲线不相同，引起的弥散统称为横向色差。图 3.19(b) 给出了 F、d、C 三色光的特性曲线。一些探测器的响应波段与可见光不一致，就需要用不同的特征波长。对于给定的轴外视场，波段的加宽总使得弥散变大。

普通镜头中心视场清晰度较高，边缘视场弥散较大，如常规显微物镜。如果各视场的清晰度相当，就称平场物镜。高级镜头都要求平场。

3.6.2 弥散斑图

对于给定的视场，光学设计软件计算入瞳范围内均匀分布的多个波长、多根光线在参考像面上的交点分布，称为弥散斑图或点列图，在软件中称为 "spot diagram"，并用统计方法算出弥散斑的均方根半径 ε，光学设计业界称之为 spots，简记为 SPT。图 3.20 给出八片式双高斯物镜 [DG-6] 的 SPT。以主光线的交点 (轴外像点) 为参考点，计算与该点最远的点，对应的距离称为弥散斑的几何半径，同时用最小二乘法计算各点和参考点的平均距离，称弥散斑的 RMS 半径。RMS 半径 ε 表征轴外像点的弥散程度。注意这是光线与像面交点的二维分布，而 ray fan 则是由轴外物点在子午面和弧矢面的两组光线与像面交点的高度相对于主光线交点高度 (像高) 差的一维分布。

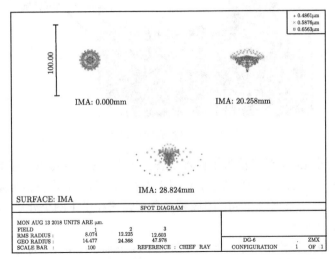

图 3.20　八片式双高斯物镜 [DG-6] 的 SPT(彩图见封底二维码)

图中 RMS RADIUS 为弥散斑 (RMS) 半径, GEO RADIUS 为 (最大) 几何半径

特性曲线和弥散斑是像质评价的综合指标，包含了各类单色光像差 (球差、彗差、像散、场曲等) 的贡献。近年来，光学设计和像质评价的时髦方法是直接考察特性曲线和弥散斑等综合指标，一般不再区分单项像差的贡献量。

3.7　光学传递函数

3.7.1　声音频率和图像频率

一个管弦乐队由弦乐器、木管乐器、铜管乐器、打击乐器和竖琴构成。演奏的优美乐曲包含非常广泛的音调，最高的音频由短笛吹奏出来，最低的音频则由低音提琴演奏出来。好的音乐厅、高级的音响应当具备准确、完备传递各种音频的性能。音频是声波振动的 "时间频率"。

参见图 3.21，一幅画面 (不考虑颜色)、一个场景也是由各种 "空间频率" 的分量构成的，亮度缓慢变化的天空背景、粗大的结构是图像的低频，急剧变化和微细结构 (如图中的枝叶) 则是图像的高频。一个性能和质量好的光学成像系统，要求对图像的低频、中频和高频均有高的传递能力，才能确保探测到的图像具有高保真度。

图 3.21　图像的低频和高频

根据傅里叶光学，光学信号不仅可以在空域中表示，也可以在频域中表示。光学成像质量不仅可以在空域中评价，也可以在频域中评价。声音信号是一维的，单位是赫兹，即 s^{-1}；与音频不同，图像频率具有弧矢和子午两个分量，即 x 和 y 两个分量，单位是 mm^{-1}。

经典光学像质评价常常采用 "分辨率板"(resolution chart)作为目标，如图 3.22(a) 所示，用物镜观察 x、y 两组 (或 x、y、$+45°$、$-45°$ 四组) 分辨率渐次增大的黑白线条组，其中一组的条纹垂直分布，另一组水平分布，代表 x 和 y 两个分量，检测物镜可以分辨到哪一组，对应的分辨率即物镜的最高频率。图形图像处理工作者还常应用图 3.22(b) 所示的分辨率板，其中包括各种复杂的分辨率图案。

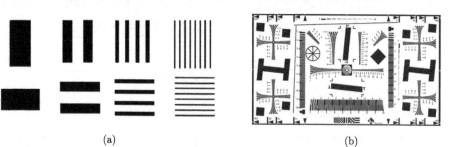

(a)   (b)

图 3.22　分辨率板

任何品质的镜头, 对于全黑或全白的 "零频" 总是能够响应的, 就取零频的传递函数值为 1. 对于空间频率较低的分辨率板, 一般的镜头也能分清线条; 频率越高, 响应就越差, 成像光学系统类似于 "低频滤波器"。当频率高到一定程度, 镜头对分辨率板的线条几乎无法分辨时, 就达到极限分辨率, 即截止空间频率, 简称截止频率 ν_c。高于极限分辨率的细节不能分辨。

设输入信号为余弦光栅, 空间频率为 ν, 光强分布为

$$i(x) = 1 + \cos(2\pi\nu x) \tag{3.24}$$

输入信号为满幅调制, 参见图 3.23(a)。

设系统的输出为

$$o(x) = 1 + m(\nu)\cos[2\pi\nu x + \varphi(\nu)] \tag{3.25}$$

输出信号的调制度 $m(\nu)$ 即该频率下的调制传递函数 (modulation transfer function, MTF):

$$\mathrm{MTF}(\nu) = m(\nu) \tag{3.26}$$

由于衍射效应及设计、加工和材料等因素, 输出信号的调制度下降, 参见图 3.23(b)。品质好的光学成像系统, 应当对图像的低频到高频都有很好的传递能力, 对应的各个频率的 MTF 应当接近衍射极限系统的 MTF。

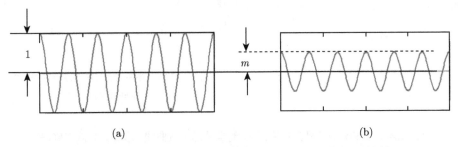

图 3.23   (a) 输入满幅调制信号, 调制度 =1; (b) 输出信号, 调制度 =m

光学传递函数为复函数, (3.25) 式中的相位项 $\varphi(\nu)$ 称相位传递函数 (phase transfer function, PTF)。在光学设计中主要考量调制传递函数, 在谈及光学传递函数 (OTF) 时, 往往指的是 MTF, 这两个名词是混用的。

3.7.2   衍射极限系统的光学传递函数

设物平面被非相干光照明, 物面上一点发出的发散球面波经过成像系统的变换, 会聚到像面。由于衍射效应和像差的共同作用, 在像面上形成弥散斑, 称点扩散函数 (PSF), PSF 的傅里叶变换就是光学传递函数。

衍射极限系统光学传递函数的表达式为

$$
\mathrm{OTF}\,(u,v) = \begin{cases} \dfrac{2}{\pi}\left[\arccos\left(\dfrac{\nu}{\nu_c}\right) - \left(\dfrac{\nu}{\nu_c}\right)\sqrt{1 - \left(\dfrac{\nu}{\nu_c}\right)^2}\right], & \nu < \nu_c \\ 0, & \text{其他} \end{cases} \tag{3.27}
$$

式中，ν 为空间频率，ν_c 为衍射极限系统的截止频率，

$$
\nu_c = \frac{2a}{\lambda f'} = \frac{1}{\lambda F} \tag{3.28}
$$

其中，a 为入瞳半径。

图 3.24(a) 为 $63\times$ 平场显微物镜，数值孔径 $\mathrm{NA} = \sin u' = 0.69$；图 3.24(b) 为光学传递函数 (MTF) 曲线，最上面的一条即衍射极限的 MTF，随空间频率增大单调下降。由 (3.28) 式算出当 $\lambda = 5.876 \times 10^{-4}\mathrm{mm}$ 时的截止频率为 $2.35 \times 10^3 \mathrm{mm}^{-1}$。图中给出 0 视场 (轴上点)、0.7 视场和 1 视场 (最大视场)MTF 曲线，实际物镜的 MTF 比衍射极限低。某些物镜的 MTF 曲线在中高频区间还可能出现振荡，但超出截止频率后 MTF 一律为零。

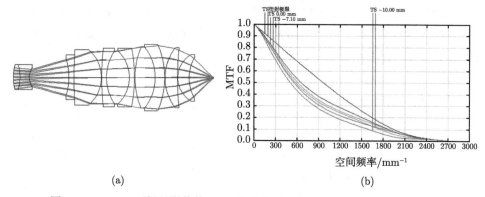

(a)   (b)

图 3.24　(a)$63\times$平场显微物镜；(b) 光学传递函数曲线 (彩图见封底二维码)

3.7.3　用光学传递函数来评价像质

MTF 既用于光学成像设计的评价，又用于测量镜头系统的像质，具有以下特点：

(1) MTF 有 s(又称弧矢) 和 t(又称子午) 一对正交分量，即 x 和 y 分量。除 0 视场以外，轴外视场的 s 分量和 t 分量 MTF 一般不相同。

(2) 不同视场的 MTF 是不相同的。

(3) 通常使用的是宽波段成像，如可见光，必要时要对波长加权，得到的是不同波长光线加权平均的多色光 MTF(polychromatic MTF)。在可见光波段，光学设

计习惯上使用 F、d 和 C 三条光线。

(4) 在衍射极限近似下，$\mathrm{MTF_t}=\mathrm{MTF_s}$。一般实际物镜 0 视场的 MTF 比衍射极限曲线略低，大视场的 MTF 则低得多。

(5) 通常用户会给出两个空间频率下的 MTF 的指标，如 $\mathrm{MTF}(\nu_c)$ 和 $\mathrm{MTF}(\nu_c/2)$（ν_c 为截止频率）。MTF 的高频成分和截止频率决定了图像的分辨率，而低频和中频决定了图形的基本框架结构的清晰度。低频和中频响应是决定成像清晰度的主要因素，不能片面追求高频响应。

(6) 根据经验，高级物镜要求 $\mathrm{MTF}|_{\nu_c/2} \geqslant 0.75$，$\mathrm{MTF}|_{\nu_c} \geqslant 0.5$，普通物镜要求 $\mathrm{MTF}|_{\nu_c/2} \geqslant 0.5$，$\mathrm{MTF}|_{\nu_c} \geqslant 0.25$。注意，此处截止频率 ν_c 既可能由衍射极限决定，更可能由探测器的像素决定，参见 3.10 节。

3.8 高斯型弥散斑的传递函数、半峰全宽和分辨率

3.8.1 贝塞尔函数的积分公式

本节要用到如下贝塞尔函数和高斯函数的积分公式 [1]：

$$\mathrm{I}_1\left(p\right) = \int_0^\infty \mathrm{e}^{-px^2}\,\mathrm{d}x = \frac{1}{2}\sqrt{\frac{\pi}{p}}, \quad p > 0 \tag{3.29}$$

$$\mathrm{I}_2\left(p,n\right) = \int_0^\infty x^{2n}\mathrm{e}^{-px^2}\,\mathrm{d}x = \frac{(2n-1)!!}{2\left(2p\right)^n}\sqrt{\frac{\pi}{p}}, \quad p > 0 \tag{3.30}$$

$$\mathrm{I}_3\left(p,q,\beta\right) = \int_0^\infty x^{q+1}\mathrm{e}^{-px^2}\mathrm{J}_q\left(\beta x\right)\,\mathrm{d}x = \frac{\beta^q}{(2p)^{q+1}}\mathrm{e}^{-\frac{\beta^2}{4p}}, \quad p > 0,\ \mathrm{Re}q > -1 \tag{3.31}$$

式中，$\mathrm{J}_q\left(\beta x\right)$ 为 q 阶贝塞尔函数。

3.8.2 弥散斑的 RMS 半径

图 3.20 为双高斯物镜 [DG-6] 的弥散斑图，注意弥散斑是用光线追迹方法算出来的，并不等于 PSF。但对于几何像差比衍射效应大得多的系统 (称 "大像差系统")，弥散主要由几何像差决定，弥散斑和点扩散函数 (PSF) 有很好的相关性。该透镜轴上点像差校正得很好，0 视场的弥散斑具有轴对称性，$\mathrm{SPT}_0=0.0081\mathrm{mm}$，$F = 2.5$，艾里斑半径 $r_{\mathrm{Airy}} = 1.22\lambda F = 0.0018\mathrm{mm}$，显然 r_{Airy} 远小于弥散斑半径 SPT。设弥散斑光强分布函数可以用高斯分布来近似：

$$\mathrm{PSF} = g\left(r\right) = \mathrm{e}^{-\alpha r^2} \tag{3.32}$$

该函数的 RMS 半径可以用积分算出:

$$\varepsilon^2 = \frac{\int\limits_{-\infty}^{\infty} r^2 g(r)\,\mathrm{d}r}{\int\limits_{-\infty}^{\infty} g(r)\,\mathrm{d}r} = \frac{\mathrm{I}_2(\alpha,1)}{\mathrm{I}_1(\alpha)} = \frac{1}{2\alpha} \tag{3.33}$$

由 $\varepsilon = \mathrm{SPT}_0 (= 0.0081\mathrm{mm})$ 得到

$$\alpha = \frac{1}{2\varepsilon^2} = 7.6 \times 10^3 \mathrm{mm}^{-2} \tag{3.34}$$

3.8.3 弥散斑的半峰全宽和分辨率

高斯函数的半峰全宽 (full width of half maximum,FWHM)如图 3.25 所示,由下式算出:

$$g(r) = \mathrm{e}^{-\alpha r^2} = 0.5 \tag{3.35}$$

以 (3.34) 式代入,得到

$$\mathrm{FWHM} = 2r|_{g(r)=0.5} = 2\sqrt{2\ln 2}\,\varepsilon = 2.35\varepsilon = 0.019\mathrm{mm} \tag{3.36}$$

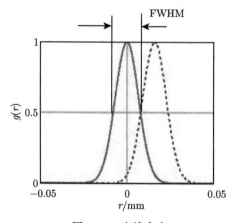

图 3.25 半峰全宽

图 3.25 给出弥散斑半峰全宽图,两个高斯函数相距 FWHM 时恰能分辨,显然,2ε 或 FWHM 相当于图像的最小分辨长度,得到分辨率的两种定义:

$$\begin{cases} R = \dfrac{1}{2\varepsilon} = 62\mathrm{mm}^{-1} \\[2mm] R = \dfrac{1}{\mathrm{FWHM}} = 53\mathrm{mm}^{-1} \end{cases} \tag{3.37}$$

两种定义差别不大。

3.8.4 MTF 的解析表达式

如将 SPT 的表达式 $g(r)$ 近似作为点扩散函数 PSF，就可算出光学传递函数 $G(\nu)$。在轴对称的情况下，OTF 为 PSF 的傅里叶–贝塞尔变换 (Fourier-Bessel transform)：

$$G(\nu) = B\{g(r)\} = \int_0^\infty r \exp\left(-\alpha r^2\right) J_0(2\pi r\nu)\, \mathrm{d}r$$

$$= I_3(\alpha, 0, 2\pi\nu) = \mathrm{e}^{-\frac{(\pi\nu)^2}{\alpha}} = \exp\left[-2(\pi\nu\varepsilon)^2\right] \tag{3.38}$$

最后一步运用了归一化处理。相应的传递函数曲线见图 3.26(b)。图 3.26(a) 为软件算出来的传递函数，可以看出二者的形状和变化趋势大体相同，低频和中频很接近，主要差异在于高频。(3.38) 式可以看作 OTF 的初级近似。

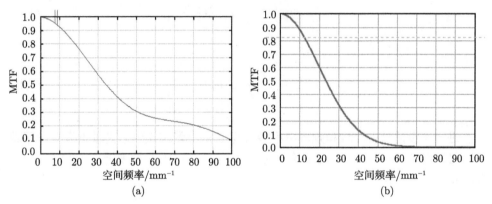

图 3.26　(a) 双高斯物镜 [DG-6]0 视场的 MTF；(b) 由 SPT 近似得到的 MTF

3.8.5 1/e² 带宽

在傅里叶光学中必须考虑正负空间频率，以 OTF 下降到 $1/e^2$ 定义信号带宽，得到

$$\Delta\nu = \frac{2}{\pi\varepsilon} = 78.6\,\mathrm{mm}^{-1} \tag{3.39}$$

又设

$$\Delta x = 2\varepsilon = 0.016\,\mathrm{mm} \tag{3.40}$$

由 (3.39) 式、(3.40) 式得到

$$\Delta x \Delta\nu = \frac{4}{\pi} \approx 1.3 \tag{3.41}$$

(3.41) 式等价于不确定关系式，表明光学信号的弥散越小，带宽越大。

3.8.6　等效带宽

点扩散函数 $g(r)$ 和它的频谱 $G(\nu)$ 的关系为傅里叶变换:

$$G(\nu) = \int_{-\infty}^{\infty} g(x) \exp(-\mathrm{i}2\pi\nu x)\mathrm{d}x \tag{3.42}$$

$$g(x) = \int_{-\infty}^{\infty} G(\nu) \exp(\mathrm{i}2\pi\nu x)\mathrm{d}\nu \tag{3.43}$$

由 (3.42) 式、(3.43) 式可得

$$G(0) = \int_{-\infty}^{\infty} g(x)\mathrm{d}x \tag{3.44}$$

$$g(0) = \int_{-\infty}^{\infty} G(\nu)\mathrm{d}\nu \tag{3.45}$$

进一步设信号在空域和频域中不显著为 0 的分量都集中在光轴近旁有限区域内, 则我们可以用下面的方法近似度量 $g(x)$ 和 $G(\nu)$ 的弥散或展宽的程度: 引入 $\Delta\tilde{x}$ 和 $\Delta\tilde{\nu}$

$$\Delta\tilde{x} = \frac{\displaystyle\int_{-\infty}^{\infty} g(x)\mathrm{d}x}{g(0)} \tag{3.46}$$

$$\Delta\tilde{\nu} = \frac{\displaystyle\int_{-\infty}^{\infty} G(\nu)\mathrm{d}\nu}{G(0)} \tag{3.47}$$

$\Delta\tilde{\nu}$ 的物理意义: 如一个矩形高度等于 $G(0)$, 面积与曲线 $G(\nu)$ 下的面积相同, 则它的宽度 $\Delta\tilde{\nu}$ 称为 "等效带宽", 由 Goodman 提出 [2], 它是频谱曲线展宽程度的某种度量, 参见图 3.27, $G(\nu)$ 越宽, $\Delta\tilde{\nu}$ 越大, 因而常用来评价系统的性能。图 3.27 中矩形面积与 $G(\nu)$ 包络下的面积相等, 矩形的宽度即为等效带宽。$\Delta\tilde{x}$ 又称 "等效线宽"。

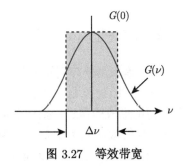

图 3.27 等效带宽

以高斯型的 $g(r)$ 和 $G(\nu)$ 代入 (3.46) 式和 (3.47) 式得到

$$\Delta \tilde{x} = \int_{-\infty}^{\infty} \mathrm{e}^{-\frac{r^2}{2\varepsilon^2}} \mathrm{d}r = 2\mathrm{I}_1 \left(\frac{1}{2\varepsilon^2}\right) = \sqrt{2\pi}\varepsilon = 0.0203\mathrm{mm} \tag{3.48}$$

$$\Delta \tilde{\nu} = \int_{-\infty}^{\infty} \mathrm{e}^{-2(\pi\varepsilon\nu)^2} \mathrm{d}\nu = 2\mathrm{I}_1 \left(2\pi^2\varepsilon^2\right) = \frac{1}{\sqrt{2\pi}\varepsilon} = 49.3\mathrm{mm}^{-1} \tag{3.49}$$

由 (3.46) 式、(3.47) 式得到

$$\Delta \tilde{x} \Delta \tilde{\nu} = 1 \tag{3.50}$$

上式具有普遍意义。由于 $\Delta \tilde{x}$ 和 $\Delta \tilde{\nu}$ 分别表征信号在空域和频域的展宽，上式意味着信号在空域和频域中的展宽是互相制约的，是不确定关系的另一个表达式。

至此已经得到高斯型点扩散函数的空间宽度和频带宽度的不同表达式，参见表 3.3。各种定义对应数值的差别并不大，线宽 Δx 和带宽 $\Delta \nu$ 本来就没有严格的定义；此外，高斯型点扩散函数仅在高像质物镜的中心视场才近似适用。但表 3.3 提出的各种定义仍具有参考价值，即使在中大视场，也可以用 2ε 来估算最小分辨长度，半带宽相当于分辨率。

表 3.3 高斯型点扩散函数的 Δx 和 $\Delta \nu$

名称	Δx			$\Delta \nu$			
	弥散斑RMS 直径	半峰全宽	等效线宽	RMS 半径带宽	半峰全宽带宽	$1/\mathrm{e}^2$ 带宽	等效带宽
符号	2ε	FWHM	$\Delta \tilde{x}$	$1/(2\varepsilon)$	1/FWHM		$\Delta \tilde{\nu}$
高斯型物镜实例数值	0.016(mm)	0.019(mm)	0.020(mm)	63(mm^{-1})	53(mm^{-1})	78(mm^{-1})	49(mm^{-1})

3.9　像素探测器阵列 CCD、CMOS 和器件截止频率

近年来，CCD、CMOS、FPA 等探测器阵列发展迅速，高清晰度镜头与探测器阵列相结合，可广泛用于机器视觉、监控监测、智能交通和各种精密测量中。

阵列探测器件对物体通过物镜形成的像进行抽样探测，参见图 3.28。设探测器像素尺寸为 p，又假定系统所测量的最高频率正弦信号为 $\sin\left[2\pi\left(x/d\right)\right]$，其空间周期为 d，空间频率为 $\tilde{\nu}_{c}=1/d$。根据抽样定律，要对该信号准确测量，对应于一个空间周期，至少需要有两个像素，一个测波峰，一个测波谷，因此有

$$\tilde{\nu}_{c}=\frac{1}{2p}=\frac{1}{d}, \quad p=\frac{d}{2}=\frac{1}{2\tilde{\nu}_{c}} \tag{3.51}$$

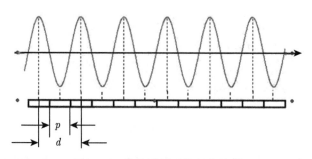

图 3.28　像素阵列对信号的抽样

使用阵列探测器时，器件的截止频率 $\tilde{\nu}_{c}$ 决定了系统的最高分辨率，如信号的频率比 $\tilde{\nu}_{c}$ 高，抽样将不完全，抽样值的集合不能完全确定信号。截止频率 $\tilde{\nu}_{c}$ 的倒数 $2p$ 就是探测器所决定的最小分辨长度，也是信号的空间不确定度。(3.51) 式表明，信号的空间不确定度越小，带宽越宽。(3.51) 式显然也是不确定关系的表达式。

表 3.4 为常用的显示模式。

表 3.4　像素阵列器件的显示模式

模式	水平像素	垂直像素
VGA	640	480
SVGA	800	600
XGA	1024	768
SXGA	1400	1050
UXGA	1600	1200
1080p	1920	1080

3.10　光学信号的 etendue 分析

3.10.1　空间带宽积和一维 etendue 分析

图 3.29 为一个简化的光学系统, 由无限远射来的平行光射入系统, 入射高为 h, 像方的视场角为 ω', 轴上大光线孔径角为 u', 像高为 η', 焦距为 f'。在简单的系统中物方视场角与像方视场角相等, 即 $\omega = \omega'$。

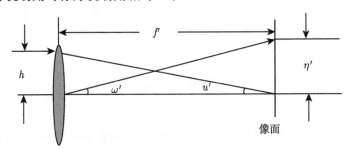

图 3.29　拉格朗日不变量和 etendue 分析

通常希望成像系统能够看到充分大的 "视野", 即视场, 由角视场 ω' 或线视场 η' 表征; 另一方面, 又希望看清丰富的细节, 即要求分辨率足够高。在衍射极限系统中, 像面上的最小分辨长度

$$r_{\mathrm{Airy}} = 0.61\frac{\lambda}{u'} \approx \frac{\lambda}{2u'} \tag{3.52}$$

信息量取决于线视场 $2\eta'$ 的范围内可分辨的单元数:

$$N = \frac{2\eta'}{r_{\mathrm{Airy}}} \approx \frac{4\eta'u'}{\lambda} \tag{3.53}$$

在介质折射率不为 1 的情况下, 上式改写为

$$N = \frac{4}{\lambda}n\eta u = \frac{4}{\lambda}n'\eta'u' = \frac{4}{\lambda}J \tag{3.54}$$

式中, J 为拉格朗日不变量:

$$J = n\eta u = n'\eta'u' \tag{3.55}$$

(3.54) 式表明系统所能传递的信息量取决于拉格朗日不变量。由于最小分辨长度 r_{Airy} 的倒数相当于信号的频带宽度, (3.52) 式又称 "空间带宽积"(space-bandwidth product, SBP), 在物距无限时还可表为

$$N = \frac{4}{\lambda}n'h\omega' = \frac{2}{\lambda}\frac{n'f'\omega'}{F} \tag{3.56}$$

以空间带宽积来分析成像系统信息传递的方法，业内称为 etendue 分析。为了对比不同焦距物镜的信息量，可以按焦距归一化，这样一来，etendue 就正比于 ω/F，在下文中常以 ω/F 来分析对比系统传递信息的能力。

3.10.2　探测器和光学系统的 etendue 匹配

1. 空间匹配

首先讨论空间的匹配。通常阵列器件 (CCD、CMOS) 置于系统的像面，探测器的尺寸决定了信号的空间大小，器件的宽 a 和高 b 就决定了成像系统的视场：

$$\eta_x = a = N_x p, \quad \eta_y = b = N_y p \tag{3.57}$$

系统的放大率要根据物面的大小和探测器的尺寸决定。

2. 空间带宽积匹配

3.9 节讲过，单像素长度为 p 的阵列探测器所能测到的最高空间频率为 $\tilde{\nu}_c = 1/(2p)$，相应的带宽 $\Delta\tilde{\nu}_c = 2\tilde{\nu}_c = 1/p$，因此器件 x 方向的空间带宽积为

$$\text{SBP}_x = a \cdot \Delta\tilde{\nu}_c = N_x \tag{3.58}$$

整个器件的空间带宽积就是

$$\text{SBP} = N_x N_y = N \tag{3.59}$$

由于最小可分辨长度为 $2p$，水平方向和垂直方向最多可分辨的单元数分别为

$$\tilde{N}_x = \frac{a}{2p} = \frac{N_x}{2}, \quad \tilde{N}_y = \frac{b}{2p} = \frac{N_y}{2} \tag{3.60}$$

器件最多可分辨单元 (点) 数为

$$\tilde{N} = \tilde{N}_x \tilde{N}_y = \frac{N}{4} \tag{3.61}$$

例如，一个像素数为 $1920 \times 1080(200$ 万像素) 的器件的最稠密可分辨点阵为 5.2×10^5 (50 万 "点")，器件决定的分辨率一般远低于衍射极限分辨率。设物镜的相对孔径为 1:2.5，$\lambda = 0.5876\mu\text{m}$，算出极限分辨率 $\nu_c = 558\text{mm}^{-1}$。常用的显示模式 XGA 的像素数为 1024×768，如采用 1/3in CCD，器件尺寸为 $4.8\text{mm} \times 3.6\text{mm}$，$p=4.7\mu\text{m}$，对应器件的截止频率 $\nu_{dc} = 106\text{mm}^{-1}$，$\nu_{dc} \ll \nu_c$，显然器件的带宽限制了整个系统的带宽，器件的空间带宽积远低于光学系统的衍射极限空间带宽积。

在光学设计中，首先根据分辨率的要求选定阵列探测器，器件的分辨率 ($\nu_{dc} = 1/(2p)$) 应高于使用要求的分辨率，器件的分辨率 ν_{dc} 决定了 MTF 的截止频率。

3.10.3　光学系统的 etendue 指标

1. MTF 的要求

光学设计应确保全视场低、中、高频率均有足够高的 MTF。例如，在截止频率一半即 $\nu_{dc}/2$ 处 MTF>0.75，在 ν_{dc} 处 MTF>0.5。加工后的镜头 MTF 还会有所降低。

2. 对弥散斑半径 ε 的要求

由上节所述，系统的最小分辨长度 $\approx 2\varepsilon$，ε 为弥散斑的 RMS 半径。而像素阵列的最小分辨长度为 $2p$，因此要求

$$\varepsilon \leqslant p \tag{3.62}$$

这是一个很高的要求，即使在视场中心达到此要求，在 0.7 视场和 1 视场要求也可适当降低。加工装配后性能还会下降，可利用软件的公差分析 (tolerancing)操作来模拟加工、装配和材料参数误差导致的弥散斑变大。过高的要求必然导致材料和加工成本的提升。光学设计和加工的过程与像差平衡一样，是对性能指标和成本费用的一个折中。

在第 2 章我们谈到，etendue 还是能量传输的度量。在设计中，首先计算实际应用指标算出来的 etendue(空间带宽积)，然后选择和设计部件，构建系统，并确保系统的 etendue 高于客户要求的 etendue，为设计加工留下余地。在以下各章中将会看到各种设计实例。

3.11　本 章 小 结

本章介绍光线追迹和各种像差的定义，强调特性曲线和弥散斑图等综合像差指标在近代光学像质评价中的意义，讨论光学传递函数的概念和应用，提出高斯型弥散斑的物理模型，得到传递函数的近似解析解，据此研究最小分辨长度、半峰全宽和光学信号的带宽，以及像素型探测器的分辨率和截止频率，最后介绍光学信号的空间带宽积和 etendue 分析。

参 考 文 献

[1] Gradshteyn I S, Ryzhik I M. Table of Integrals, Series, and Products. Cambridge: Academic Press, 1980.

[2] Goodman J W. Introduction to Fourier Optics. 3rd ed. Englewood: Roberts & Company, 2005.

第4章　双胶合和双分离消色差物镜

4.1　双胶合消色差物镜

4.1.1　双胶合消色差物镜简介

双胶合消色差物镜 (简称"双胶合物镜") 由冕牌玻璃的正透镜和火石玻璃的负透镜胶合而成，参见图 4.1，它有三个表面曲率半径和两片玻璃厚度参数，以满足焦距的设定要求，并可校正球差和轴向色差，孔径 D 最大可做到 100mm。由于高级球差的限制，相对孔径 $D/f' \leqslant 1{:}4$(对应光圈数 $F \geqslant 4$)，最大视场角 $2\omega \leqslant 6°$，主要用作聚焦、准直和望远物镜，是实验室和工业上应用最为广泛的透镜组之一。

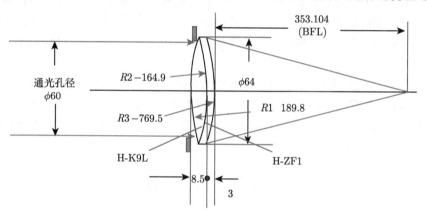

图 4.1　双胶合消色差物镜 [DB-1] (长度单位：mm)

典型双胶合物镜 [DB-1] 的结构参数见表 4.1，其中 OBJ、STO 和 IMA 分别表示物平面、光阑和像平面；Semi-Diameter 表示透镜表面外径的一半，可以设定，用 (U) 表示，如第 1 面。由于胶合透镜三个面的外径一致，所以第 2、第 3 面用 "Pickup"(P)，使这两个面的外径跟随第 1 面外径。OBJ 对应的间隔 $T0$ 为物距，其实这只是业界的俗称，真正的物距从物面算到前主面。$T0$ 标注为 Infinity 表示物距为无限。$T3$ 的标注 (marginal ray height: M) 表示该间隔是由近轴小孔径光线确定的焦点位置。

最重要的技术指标包括适用波段、孔径、视场和焦距。可见光波段用三根标识谱线 F(蓝光, 0.4861μm)、d(黄绿光, 0.5876μm)、C(红光, 0.6563μm) 表示。孔径有多种表示方式，在准直镜情况下一般用相对孔径 (或 F 数) 表示。当物体在无限远时，视场用角度 ω 或像高 y' 给出。适用波段、孔径、视场和焦距必须在透镜参数中预先设定。

表 4.1　双胶合物镜 [DB-1] 结构参数　　　　　（长度单位：mm）

No.	Radius(曲率半径)	Thickness(厚度/间距)	Glass(材料)	Semi-Diameter(半孔径)
OBJ	Infinity	Infinity		
STO	189.0	8.500	H-K9L	32.000(U)
2	−164.9	3.000	H-ZF1	32.000(P)
3	−769.5	353.109(M)		32.000(P)
IMA	Infinity			

注：OBJ、STO 和 IMA 分别表示物平面、光阑和像平面，光阑面和第 1 面重合。Semi-Diameter 表示透镜表面外径的一半。波段：可见光 (VIS)；$F = 6.0$；$2\omega = 6°$；$f' = 360$mm。

4.1.2　球差和纵向色差

图 4.2 给出 [DB-1] 的纵向像差曲线，又称球差–色差曲线。纵坐标为归一化的输入孔径的高度 (h) 或孔径角 (u')，横坐标以近轴光线和光轴的交点为原点，其他孔径光线与光轴的交点和原点的距离就是球差 LA。图中 d 光 (波段中心光线) 大体上贴着纵轴，最大孔径处 (归一化的 "1 孔径") 校正略微 "过头"($\mathrm{LA}_1 > 0$)，中孔径带 (如归一化的 "0.7 孔径") 校正略微不足 ($\mathrm{LA}_{0.7} < 0$)，各孔径的球差都不大，正是理想的球差校正情况。此外，F、C 曲线在 0.7 孔径相交，表示在 0.7 的归一化孔径内的光线纵向色差 $\Delta l' = l'_{\mathrm{C}} - l'_{\mathrm{F}} > 0$，0.7 孔径外 $\Delta l' = l'_{\mathrm{C}} - l'_{\mathrm{F}} < 0$，两部分孔径各占全孔径面积的一半，如图 4.3 所示。F 光和 C 光球差曲线和纵轴的距离都不远，说明该设计实现了球差和纵向色差的有效校正。图 4.2 正是典型的消色差物镜的纵向像差曲线。

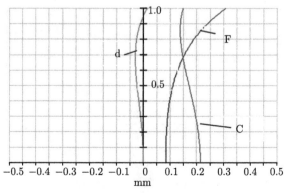

图 4.2　双胶合物镜 [DB-1] 的纵向像差曲线

曲线对应的横坐标为球差 LA，横坐标 ±0.5mm

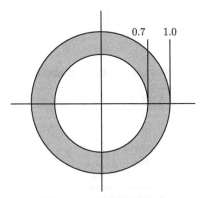

图 4.3 入瞳面色差分布

在入瞳面上,F 光校正过头部分和 C 光校正过头部分面积大体相等

实际上, 归一化视场和孔径更为细致的分割为: 0.3 (对应入瞳面积 ≈10%),
0.5(25%), 0.707(50%), 0.85(75%) 和 1.0(100%)。

应当注意, 准直光一般从正透镜方射入, 双胶合透镜只在这种情况下校正像
差, 不能反过来用, 这一结论有普遍性。所有的成像物镜都必须在给定的条件 (波
段、视场、孔径、物像距、周围介质) 下按正确的方向使用, 偏离既定的使用条件,
就不能获得满意的像质。

4.1.3 弥散斑和轴外像差

由于像差, 物空间一个 "点" 的像变成弥散斑, 又称点列图 (SPT), 在 ZE-
MAX 中用 RMS 半径来衡量弥散的程度。显然弥散斑越小, 能量越集中, 越接
近 "点点成像"。图 4.4 给出该设计在不同视场角下的 SPT。我们看到, 视场增大

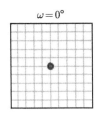

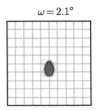

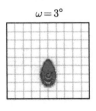

图 4.4 [DB-1]的弥散斑 (彩图见封底二维码)

时，弥散斑增大，还出现不对称的彗差。当 ω 增加到 $3°$ 时，彗差就很明显，可见双胶合消色差准直镜的可用视场是非常有限的。

对于双胶合物镜，可用变量为三个表面的曲率 $R1$，$R2$，$R3$，厚度不作变量；在保证焦距的前提下，可校正的像差为球差、纵向色差；观察项为弥散斑 (SPT)。

4.2　双胶合消色差物镜的信息量和定义区间

当波段确定后，成像系统的信息量可以由视场角 ω 和光圈数 F 来表示，参见 3.10 节。视场即 "视野"。视场角 ω 越大，观察到的空间范围越大。使用照相机的经验告诉我们，光圈数 $F(F = 1 / (2u'))$ 越小，孔径角 u' 越大，照片就能分辨更多的细节。由 3.10 节，F 越小，带宽越大。

双胶合消色差物镜的视场很有限，所以它所能承载的信息只用相对孔径 (或光圈数 F) 一个参数就可表达。

表 4.2 为一系列设计得较好的双胶合消色差物镜，焦距全部为 $f'=100.0$mm，所有物镜都由常用的玻璃 H-K9L 和 H-ZF1 组成，其光圈数从 $F=3.0$ 到 $F=10.0$，按照 $1/F$ 的等差级数递减分布，称 "F-序列 (典型) 双胶合消色差物镜"，又称双胶合消色差物镜的 "参考设计"，其结构参数见附录 4.1。

表 4.2　F-序列典型双胶合消色差物镜主要技术指标 ($f'=100.0$mm)

设计	[DB-2]	[DB-3]	[DB-4]	[DB-5]	[DB-6]	[DB-7]
F	3.0	3.5	4.2	5.2	6.8	10.0
$1/F$	0.33	0.29	0.24	0.19	0.15	0.10
$D/$mm	35	31	26	22	17	12

参考设计参数 F 及 $1/F$ 的分布如图 4.5 所示。其 F 分布为

$$F \in [3.0, 10.0] \tag{4.1}$$

$1/F$ 分布为

$$1/F \in [0.10, 0.33] \tag{4.2}$$

上述区间称为焦距 "归一化" F-序列双胶合消色差物镜的定义区间。参考设计的参数 $1/F$ 在区间内的分布大体均匀、充分稠密，大部分常规双胶合消色差物镜均可由上述参考设计经简单优化得到。

图 4.6 给出不同相对孔径 (或 F 数) 下的 SPT。可以看出，随着 F 数的变小，弥散非线性地增大。其中光圈数 $F = 3$(设计 [DB-2]) 差不多就达到双胶合物镜的最大相对孔径或最小 F 数。

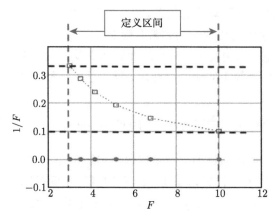

图 4.5　F-序列双胶合消色差物镜的定义区间

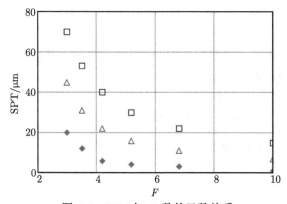

图 4.6　SPT 与 F 数的函数关系

方块、三角和菱形分别表示 SPT_1、$SPT_{0.7}$ 和 SPT_0

在定义域的另一端 ($F > 10$)，焦距加长 (如 $f' > 1000mm$) 将导致双胶合透镜的二级光谱急剧变大，这将在第 6 章讲述。$F = 3.0$ 及 $F = 10.0$ 分别称为 F-序列典型双胶合消色差物镜定义区间的左、右极限。

4.3　初级球差和高级球差

图 4.7 为物镜 [DB-4] 的球差–色差曲线，标出了初级球差和高级球差。初级球差函数为直线，如图中虚线所示。如果系统只有初级球差，总能把它完全校正 (与纵轴重合)。二级 (或更高级) 的球差为二次 (或更高次) 曲线。存在高级球差时，所有入射高 (所有孔径角) 的光线的球差不可能同时校正，通常将接近最大孔径 (如 "0.9 孔径") 的球差校正为 0，其余孔径的剩余球差就比较小。一般来说，光圈数 F 越小 (相对孔径越大)，剩余高级球差就越大。典型设计的一般做法是将 "1 孔径"

球差校正略微过头，"0.7 孔径" 球差校正略微不足。"0.7 孔径" 附近的剩余球差又称 "剩余带球差"(residuals of zone spherical aberration)。

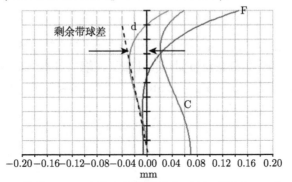

图 4.7 物镜 [DB-4] 的初级球差和高级球差 (横坐标 ±0.20mm)

双胶合消色差物镜消除了轴上及近轴像差，最大孔径可做到 100mm，是实验室和工业上应用最为广泛的透镜组之一。由于高级球差的限制，其相对孔径不大，最大视场角仅几度，主要用作聚焦、准直和望远物镜。

4.4 双胶合消色差物镜设计方法

4.4.1 流行的设计方法

过去设计双胶合物镜都从 P-W 方法算出初始结构，再用程序优化。由于计算机软件发展很快，功能强大，加上各类光学设计手册中可以查到设计得很好的参考物镜，因此可以根据技术指标对已有设计进行修改缩放，必要时进行后续优化。以下给出设计实例。

4.4.2 设计指标四要素："适用波段、相对孔径、视场和焦距"

一般物镜的主要设计指标称为 "设计指标四要素"：

(1) 适用波段：波段必须事前给定，可见光波段就用 F、d 和 C 三条谱线；激光或荧光成像时要专门设定波长。

(2) 孔径：孔径有各种表示法，在准直镜情况下常用光圈值 F 数，也可用入射光瞳直径 D_0，即入射光束的孔径。

(3) 视场：当物面位于无限远时，一般采用半视场角 ω(简称 "视场角")；当物面位于有限远时，既可以用像高 y'，也可用视场角。

(4) 焦距。

4.4.3 双胶合物镜对像差的校正

双胶合物镜只能校正轴上及近轴的球差和纵向色差，所以视场不大。设计双胶合物镜，首先确定 F 数，从表 4.2 中选取与 F 数接近的物镜作为参考设计。可以说，F 数是选取参考设计的唯一指标。

4.4.4　焦距缩放

焦距通过按比例缩放的办法处理，即系统进行相似变换，所有的线性量 $(R, T, D$ 等) 都乘以缩放系数 γ，所有角度量保持不变。在缩放过程中，所有的线性像差都按缩放系数 γ 缩放。在 "Lens Data Editor" 的 "Tools\Modify\Make Focal" 菜单中输入所要求的焦距，就完成了操作。

4.4.5　设计实例

1. 设定技术指标

要求设计的双胶合物镜 [DB-8] 的技术指标如表 4.3 所示。假定选用 CANON D30 型 CCD 作为图像探测器 (参见图 4.8)，像高 y' 为 CCD 对角线的一半，$y' =$ 13.63mm，像高 y' 与视场角 ω 的关系为

$$\omega = \arctan\frac{y'}{f'} = 3.25° \tag{4.3}$$

焦距、视场角和像高的关系如图 4.9 所示。

表 4.3　双胶合消色差物镜 [DB-8] 技术指标

设计编码	备注	波段	$F = f'/D$	视场 $\omega/(°)$	焦距 f'/mm
[DB-8]	双胶合	VIS	4.5	3.25	240
[DB-4]	参考设计	VIS	4.2	3.0	100

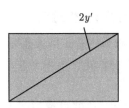

图 4.8　CANON D30 型 CCD

2. 选择参考设计

(1) 由于 F=4.5，和表 4.2 的设计 [DB-4] 相近，就选它为参考设计。

3. 设定四参数：波段、孔径、视场和焦距

(2) 焦距缩放到 f'=240mm。

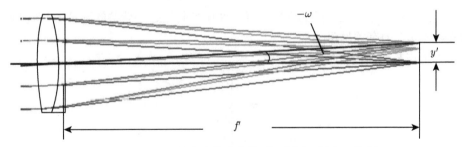

图 4.9 焦距、视场角和像高的关系 (彩图见封底二维码)

(3) 修改其他技术指标:

a. 设置波段: 在菜单 "Wav" 下选取波长 =F, d, C。

b. 修改相对孔径: 在菜单 "Gen\Aperture\Paraxial Working F/#" 下设定 F =4.5。

c. 修改视场角: 打开菜单 "Fie\Angle (Deg)", 一般初始设计时选择三个视场, 第 1 视场为 "0 视场"; 第 2 视场为 "0.7 视场", 即 0.707ω=2.29°; 第 3 视场为 "1 视场", 即 ω=3.25°。

4. 设置变量

(4) 释放所有的透镜外径 Semi-Dia.(U), 删去 U, 使外径可变。

(5) 设各面半径为变量 (标识符为 "V"), $T3$ 设为 (M), 即以近轴光线像面为参考面。

5. 设置评价函数

(6) 在 "Editor" 菜单或用快捷键 F6 进入评价函数 (merit function)表, 在菜单 "Tools\Load" 下调用评价函数 ACHROMATIC-3(参见附录 4.4), 除弥散斑外, 只给定焦距 (EFFL=240)、球差和纵向色差的权重, 在 4.5 节还要专门讨论。

6. 优化

(7) 优化: 在菜单 "Opt" 中执行优化操作, 一般很快达到要求, 打开菜单 "Analysis\Miscellaneous\Longitudinal Aberration" 就能看到纵向像差曲线 (一般称为球差–色差曲线) 如图 4.10 所示。在预先恰当给定玻璃对后, 双胶合透镜可用的变量只有三个半径, 可以校正球差和轴向色差, 并满足焦距要求。

7. 设计后处理

(8) 为了装配和加工工艺便利, 通常要将物镜外径适当放大, 留出 1mm 左右的镜框 "压边量"; 透镜厚度取整数或一位小数, 称为 "厚度圆整"; 透镜的各面曲率半径还要尽量采用加工厂的标准半径, 称为 "对样板", 请参阅附录 B "光学加工和在线测量" 的有关说明。

以上正是通用的设计流程。

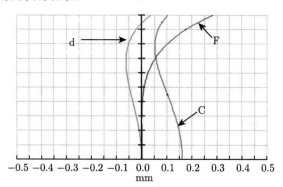

图 4.10　设计 [DB-8] 的球差–色差曲线 (横坐标 ±0.5mm)

4.5　评价函数的 "SPHERICAL" (球差校正) 模块和 "ACHROMATIC" (色差校正) 模块

双胶合透镜使用评价函数 "ACHROMATIC", 由两 "节" 组成, 第一节为技术指标 (如焦距 EFFL) 及两个像差校正模块, 分别为 "SPHERICAL" (球差校正) 模块和 "ACHROMATIC" (色差校正) 模块, 分别介绍如下。

4.5.1　焦距 EFFL

EFFL 表示系统焦距, 参见表 4.4, 其中 "Wav" 表示波长, 一般取中间波长 (d 光, 即第 2 波长); "Tag." "Wt." "Val." 和 "Ctrb." 分别表示目标值、权重、计算值和该项对总体评价函数的贡献。每次调用评价函数 (简称 m.f.) 时都要检查此项, 焦距必须和最终指标一致。

表 4.4　系统焦距 (EFFL) 的设置

	Wav	Tag.	Wt.	Val.	Ctrb.
2: BLNK	EFFL(焦距)				
3: EFFL	2	100	0.1	100	0

4.5.2　"ACHROMATIC" (色差校正) 模块

首先取子午面 (yz 平面) 内与光轴平行 (视场角 $\omega=0$, 视场坐标, 即光线的方向余弦 H_x 和 H_y 均为 0)、归一化入射高为 0.7(光瞳坐标, 即光束的孔径 $P_x=0$,

P_y=0.7) 的 F 光和 C 光。在表 4.5 中,操作数 (operands) $\text{TRAY}_{\text{F},0.7}$ 和 $\text{TRAY}_{\text{C},0.7}$ 分别表示它们和参考像面的交点与光轴的距离,称为这两条光线的横向球差,如图 4.11 所示。当 $\text{TRAY}_{\text{F},0.7} \neq \text{TRAY}_{\text{C},0.7}$ 时,F 光和 C 光的球差曲线就不能在 0.7 孔径相交,如图 4.11 (a) 所示。如果 $\text{TRAY}_{\text{F},0.7} = \text{TRAY}_{\text{C},0.7}$,交点正好位于 0.7 孔径,如图 4.11(b) 所示。图中,$(\text{TRAY}_{\text{C},0.7} - \text{TRAY}_{\text{F},0.7})$ 显然就是横向色差,与纵向色差 $\Delta L_{\text{CF},0.7}$ 的关系为

$$\Delta L_{\text{CF},0.7} = (\text{TRAY}_{\text{C},0.7} - \text{TRAY}_{\text{F},0.7})/u' \tag{4.4}$$

表 4.5　纵向色差校正模块

Oper#	Type	Wav	H_x	H_y	P_x	P_y	Tag.	Wt.	Val.	Ctrb.
3	BLNK	ACHROMATIC 纵向色差校正模块								
4	AXCL						0	0	0.16	0
5	TRAY	1	0	0	0	0.7	0	0	4×10^{-3}	0
6	TRAY	3	0	0	0	0.7	0	0	4×10^{-3}	0
7	DIFF	5	6				0	0	0	0
8	CONS						100	0	100	0
9	PROD	7	8				0	0.1	0.017	0

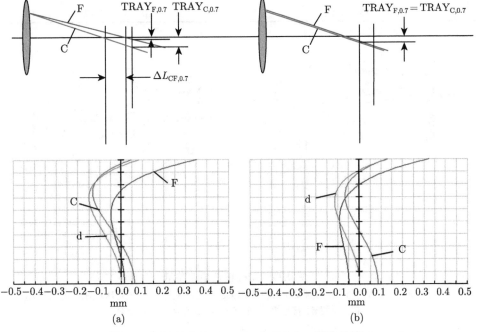

图 4.11　(a) $\text{TRAY}_{\text{F},0.7} \neq \text{TRAY}_{\text{C},0.7}$ 导致色差;

(b) $\text{TRAY}_{\text{F},0.7} = \text{TRAY}_{\text{C},0.7}$ 色差得到校正

表 4.5 第 5、6 两行计算 $\mathrm{TRAY}_{F,0.7}$ 和 $\mathrm{TRAY}_{C,0.7}$，第 7 行计算它们的差；第 8 行设定常数 100；第 9 行 $\mathrm{PROD}(\mathrm{op}\#1{=}7,\ \mathrm{op}\#2{=}8)$ 计算 $100\times(\mathrm{TRAY}_{F,0.7}$ $-\mathrm{TRAY}_{C,0.7})$，目的是加强它在优化运算中的分量。在这一行加权，运算结果 F 光和 C 光球差曲线在 0.7 孔径相交，如图 4.11(b) 所示。这一方法称 "横向色差校正法"。

4.5.3　"SPHERICAL"(球差校正) 模块

球差校正模块如表 4.6 所示，其中 TRAY_1 表示平行于光轴的大光线 ($H_x{=}0$，$H_y{=}0$，$P_x{=}0$，$P_y{=}1.0$) 与像面的交点的横向球差；$\mathrm{TRAY}_{0.6}$ 表示平行于光轴、入射高归一化值为 0.6 的光线 ($H_x{=}0$，$H_y{=}0$，$P_x{=}0$，$P_y{=}0.6$) 与像面的交点的横向像差，如图 4.12(a) 所示。

表 4.6　球差校正模块

Oper#	Type		Wav	H_x	H_y	P_x	P_y	Tag.	Wt.	Val	Ctrb.
10	BLNK	SPHERICAL	球差模块								
11	TRAY		2	0	0	0	1.0	0	0	4.0×10^{-3}	0
12	TRAY		2	0	0	0	0.6	0	0	-3.9×10^{-3}	0
13	SUMM	11	12					0	0	7.7×10^{-5}	0
14	PROD	13	8					0	0.1	7.7×10^{-3}	0

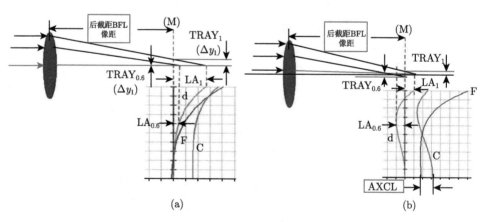

图 4.12　球差校正模块图示

(a) 未校正，其中 TRAY 和 LA 分别是横向和纵向球差，下标为孔径; (b) 校正球差后，LA_1 和 $\mathrm{LA}_{0.6}$ 近似大小相等，符号相反，AXCL 表示近轴小光线的色差

评价函数表 (表 4.6) 的第 11、12 两行分别计算 TRAY_1 与 $\mathrm{TRAY}_{0.6}$，第 13 行 $\mathrm{SUMM}(\mathrm{op}\#1{=}11,\ \mathrm{op}\#2{=}12)$ 为 TRAY_1 与 $\mathrm{TRAY}_{0.6}$ 的求和运算：横向

球差 TRAY 和纵向球差 LA 对应。第 14 行 PROD(op#1=13，op#2=8) 计算 $100 \times (\mathrm{TRAY}_1 + \mathrm{TRAY}_{0.6})$，为的是加强它在优化运算中的分量。在这一行加权，运算结果迫使 TRAY_1 与 $\mathrm{TRAY}_{0.6}$ 大小接近，符号相反，球差就校正了，如图 4.12(b) 所示。

4.5.4 评价函数第 2 节 "默认评价函数"(default merit functlon) 的弥散斑校正设置

评价函数的第 2 节用于校正弥散斑、波像差等，以 "DMFS" 引导，在 "Sequential merit function" 中选择 "RMS\Spot Radius" 就完成了弥散斑校正设置。也可根据设计者的习惯选择波像差等评价函数。

4.6 有限共轭距双胶合成像系统设计

4.6.1 有限共轭距时关于 "孔径" 的几个定义

以上各例都假定物平面在无限远，如果是有限共轭，打开菜单 "Gen\Aperture"，系统的孔径定义如下：

(1) 入瞳孔径 (entrance pupil diameter)，即图 4.13 中的 $2h$。

(2) 像空间光圈数 (image space $F/\#$)：无限共轭时 (图 4.13 中的虚线所示) 的 F 数，即

$$F_{\mathrm{IMA}} = \frac{f'}{2h} = \frac{1}{2\tan u'_{\mathrm{m}\infty}} \approx \frac{1}{2u'_{\mathrm{m}\infty}} \tag{4.5}$$

其中，下标 m 表示最大孔径光线。

(3) 物空间数值孔径 (object space numerical aperture)：

$$\mathrm{NA} = n|\sin u_{\mathrm{m}}| \tag{4.6}$$

其中，n 为物空间的折射率，NA 取正值。

(4) 系统孔径由光阑决定 (float by stop size)：需要给定孔径光阑的大小。

(5) 近轴光工作 F 数 (paraxial working $F/\#$)：

$$F_{\mathrm{PRX}} = \frac{l'}{2h} = \frac{1}{2\tan u'_{\mathrm{m}}} \approx \frac{1}{2u'_{\mathrm{m}}} \tag{4.7}$$

一般来讲，F_{IMA} 略小于 F_{PRX}。当物距较大，孔径角较小时，就有近似关系式：

$$F_{\mathrm{IMA}} \approx F_{\mathrm{PRX}} \approx \frac{1}{2u'_{\mathrm{m}\infty}} \tag{4.8}$$

(6) 物空间光束半孔径角 (object cone angle)，以度计。

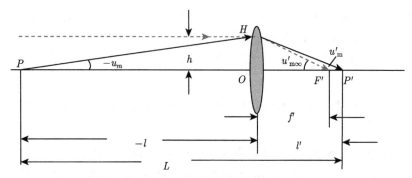

图 4.13　有限共轭距成像示意图
图中 u 和 u' 的下标 m 表示边缘光线, 即最大孔径光线;
下标 ∞ 表示无限共轭光线与光轴的交点, 即后焦点

4.6.2　有限共轭距双胶合消色差准直镜设计方法

设物平面在有限远, 物距比像距大得多, 即 $|l| \gg l'$, 则有

$$l' \approx f', \quad L \approx -l + f', \quad \beta = \frac{l'}{l} \approx \frac{f'}{l} \tag{4.9}$$

如在上例中, 设物距为 1000, 令 $T0=1000$, 重新优化很快收敛。注意 Semi-Dia. 要释放, 完成设计后重新设定。

有限共轭物镜设计常需要经过 HAMMER 优化更换玻璃, 参见 4.8.2 节。

4.7　双分离消色差物镜设计

4.7.1　双胶合消色差物镜的设计极限

在以上各节谈过, 焦距归一化的双胶合物镜的性能, 由它的相对孔径或 F 数决定。更准确地说, 在可见波段, 焦距归一化 (如归一化为 100) 的双胶合消色差物镜所能达到的性能主要取决于 F 数。

图 4.6 给出了双胶合物镜的弥散斑 SPT 和 F 数的函数关系。其中设计 [DB-2] 的 $F = 3$, 最大视场 ($\omega = 3°$) 的弥散斑已经相当大 (70μm), 这也差不多就是双胶合物镜所能承担的最大相对孔径。图 4.14 标出球差–色差曲线中的剩余带球差, 0.7 孔径和 1 孔径的剩余球差 $LA'_{0.7} = -0.11$, $LA'_1 = 0.13$, 已经达到极限。

国际业界称大相对孔径的物镜为 "fast"("快"), 因为快速曝光要求像的照度增大, 从而要求增大相对孔径。在这种情况下, 双胶合就显得不足, 得修改设计。

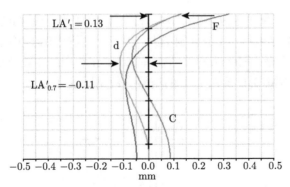

图 4.14　设计 [DB-2] 的剩余带球差 (横坐标 ±0.5mm)

4.7.2　双分离消色差物镜设计方法

双胶合物镜能校正轴上像差, 用途很广, 但在相对孔径加大时胶合面会引入过校正 (校正过头) 的高级负球差, 如图 4.14 所示。如果将设计 [DB-2] 的胶合面分离, 加入一个小的空气间隔重新优化, 就可能校正部分高级球差。设计流程如下:

(1) 选择 [DB-2] 为参考设计, 另存为 [DB-2]-SPLIT(表 4.7)。

(2) 利用插入 (Insert) 操作在两个透镜中间插入一行, 令 $T2=0.5$(V)。

(3) 加载评价函数表 ACHROMATIC-3, 加入间隔控制模块 (表 4.8)。操作数 CTGT (Surf=2) 要求新增加的透镜间隔大于 0.1, 同时设定焦距 EFFL=100mm, 给定相应的权重。

表 4.7　双胶合消色差物镜 [DB-2]-SPLIT 技术指标

设计	备注	波段	$F = f'/D$	视场 $\omega/(°)$	焦距 f'/mm
[DB-2]-SPLIT	双分离	VIS	3.0	3.0	100
[DB-2]	参考设计 (双胶合)	VIS	3.0	3.0	100

表 4.8　评价函数表间隔控制模块

		Surf	Tag.	Wt.	Val.	Ctrb.
2	BLNK	GAP CONTROL 间隔控制模块				
3	CTGT	2	0.1	1		
4	BLNK	EFFL				
5	EFFL		100	0.1		

(4) 设各面半径为变量 (标识符为 "V"), $T3$ 设为 (M), 即以近轴光线像面为参考面; 释放所有的透镜外径 Semi-Dia.。

(5) 优化, 结果存文件。

图 4.15 为双分离消色差物镜 [DB-2]-SPLIT 的球差–色差曲线。尽管分离的间隔不大 (≈1mm)，$R2$ 和 $R3$ 的差别不大，但球差曲线出现了更高级的分量，使得曲线整体更靠近纵轴，剩余球差 $LA'_{0.85} = 0.08$，比相应的双胶合物镜的球差减小，从而弥散变小。物镜 [DB-2]-SPLIT 的结构参数见附录 4.2。

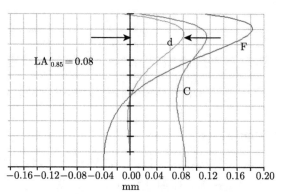

图 4.15   设计 [DB-2]-SPLIT 的高级球差 (横坐标 ±0.20mm)

4.8   带棱镜 (平板) 的双胶合消色差物镜

4.8.1   棱镜 (平板) 的加入

在光路中常常带有平板玻璃，如分光镜、棱镜等。图 4.16(a) 就是双胶合消色差物镜通过一个 45° 直角棱镜反射的情况，表 4.9 为技术指标。由于 F 数与 [DB-5]

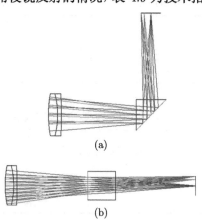

图 4.16   (a) 双胶合消色差物镜通过一个 45° 直角棱镜反射的情况；

(b) 等效平板 (彩图见封底二维码)

一致，我们就用 [DB-5] 作为参考设计，把棱镜等效为 H-K9L 的平板，如图 4.16(b) 所示，平板厚度与棱镜中光轴的长度一致，在物镜后插入厚度为 16mm 的 H-K9L 平板。

表 4.9　双胶合消色差物镜 [DB-5]-PRISM 技术指标

设计	备注	波段	$F = f'/D$	视场 $\omega/(°)$	焦距 f'/mm
[DB-5]-PRISM	双胶合带有 45° 直角棱镜	VIS	5.2	3.0	100
[DB-5]	参考设计 (双胶合)	VIS	5.2	3.0	100

4.8.2　HAMMER 优化和更换玻璃

当等效平板厚度过大时，优化结果的色差–球差曲线如图 4.17(a) 所示，纵向色差校正得不理想，说明所用的玻璃对不适用。此时可以启动换玻璃程序，步骤如下：

(1) 玻璃为 "可替换" 操作：设正透镜的玻璃可替换，即 "H-K9L(Substitute: S)"，也可设正、负透镜均为 "可替换"。

(2) 玻璃供应商选择：在 Gen\Glass Catalog 菜单里选定玻璃供应商，如 CDGM。ZEMAX 软件默认的供应商是 SCHOTT，如没有特别的要求，供应商只选一家就够了。第 21 章显微物镜设计中，将看到 CDGM 的玻璃品种尚不够，必须同时选择 SCHOTT 作为供应商。

(3) HAMMER 优化：启动 Tools\Design\Hammer Optimization 或启动快捷键 HAM，很快得到新的玻璃组合 H-BAK7/H-ZF3(注意玻璃对不唯一)。该设计 [DB-5]-PRISM 色差和球差均符合要求，见图 4.17(b)。

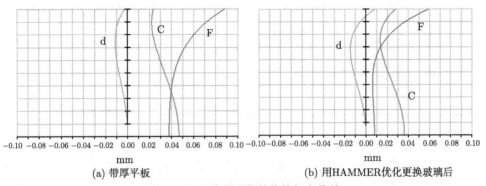

(a) 带厚平板　　　　　　(b) 用HAMMER优化更换玻璃后

图 4.17　双胶合消色差物镜纵向像差

在传统的设计中，在不同的系统配置下玻璃的选择是根据 P-W 法计算出来的，在近代设计中，设定玻璃可替换，用 HAMMER 优化就可达到优选玻璃的目的。存文件为 [DB-5]-PLATE。

4.8.3　将平板改为 45° 反射棱镜

为了显示正确的光学系统, 需将等效平板改成 45° 直角反射棱镜。步骤如下:

1. 反射棱镜的数据编辑

参见表 4.10, 在物镜最后表面与像面间插入第 5~8 行, 代替平板。说明如下:

(1) 第 4 行的玻璃即棱镜材料 H-K9L, 厚度 $T4$=8.0; 在 Type\Aperture\Rectangular Apt. 中设定棱镜的正方形孔径为 16×16, 即设 X Half-Width=8.0, Y Half-Width=8.0。

(2) 第 5、7 两行的形式改为 "Coord. Break"(坐标断点), 并设两面分别绕 X 轴反向旋转 45°。第 6 面的 Gls 填写为 MIRROR(反射面), 并设该面为矩形孔径, 为 16×22.6, 即设 X Half-Width=8.0, Y Half-Width=11.3。

(3) 第 6 面的 Gls 填写为 MIRROR(反射面), 并设该面为矩形孔径, 为 16×22.6, 即设 X Half-Width=8.0, Y Half-Width=11.3。

(4) 第 8 面的孔径设为正方形 16×16。

(5) 由于反射后坐标轴反向, 从第 7 面往下所有的长度填写负值; 存文件为 [DB-5]-45DEG-PRISM.

表 4.10　反射棱镜的数据编辑

No.	Type	Comments	R	T	Gls
3	Standard	(物镜第 3 面)	−141.74	40.000	
4	Standard	APT 16×16	Inf	8.000	H-K9L
5	Coord. Break			0.000	
6	Standard	APT 16×22.6	Inf	0.000	MIRROR
7	Coord. Break			−8.000	—
8	Standard	APT 16×16	Inf	−46.214(M)	
IMA			Inf		—

No.	Semi-Dia.	Decen-Ter X	Decen-Ter Y	Tilt About X	Tilt About Y
3	11.000(P)				
4	7.775				
5	0.000	0.000	0.000	−45.000	0.000
6	10.985				
7	0.000	0.000	0.000	−45.000(P)	0.000
8	7.298				
IMA	5.292				

2. 结果显示

结果只能用 "L3d" 显示, 如图 4.16(a) 所示。注意, 优化及 HAMMER 优化都得在平板下进行, 以确保计算结果的可靠性。物镜 [DB-5]-PRISM 的结构参数见附录 4.3。此外, 45° 反射棱镜的插入操作还可以用非序列 (non-sequential) 方法实现。

4.9　本章小结

本章介绍最简单但又是最常用的双胶合消色差物镜的主要像差 —— 球差和纵向色差, 讲述该类物镜的信息量和定义区间, 讨论初级球差和高级球差的平衡, 详细介绍双胶合消色差物镜的设计方法和评价函数的设置, 并讨论有限共轭距物镜和双分离物镜的设计, 在带棱镜 (平板) 物镜设计中讲述更换玻璃的 HAMMER 优化, 以及插入反射棱镜操作。

附录 4.1 技术指标、像差曲线和结构参数 [1]

[DB-2] 技术指标

波段	F	y'/mm	ω/(°)	f'/mm	BFL/mm	VL/mm	OD	SPT/μm 0	SPT/μm 0.7	SPT/μm 1
VIS	3	5.2	3	100	93.3	11	Inf	17	46	73

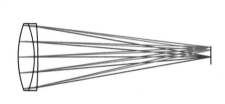

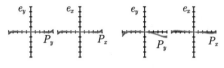

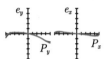

(a) 双胶合消色差物镜 [DB-2]   (b) 特性曲线(±500μm)

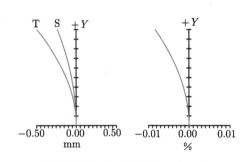

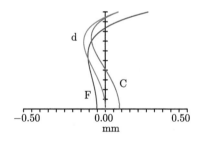

(c) 场曲(±0.50mm)和畸变(±0.01%)   (d) 球差–色差曲线(±0.50mm)

[DB-2] 结构参数   (长度单位: mm)

No.	R	T	Gls	Semi-Dia.
OBJ	Inf	Inf		Inf
1	52.700	9.000	H-K9L	17.500(U)
2	−45.800	2.000	H-ZF1	17.500(U)
3	−209.200	93.282(M)		17.500(U)
IMA	Inf	—		5.195

---

1 本书各章附录彩图可扫描封底二维码查看。

[DB-3] 技术指标

波段	F	y'/mm	$\omega/(°)$	f'/mm	BFL/mm	VL/mm	OD	SPT/μm		
								0	0.7	1
VIS	3.5	5.2	3	100	95.0	8.5	Inf	12	31	53

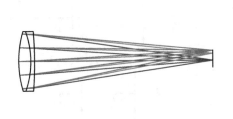

(a) 双胶合消色差物镜 [DB-3]

(b) 特性曲线(±200μm)

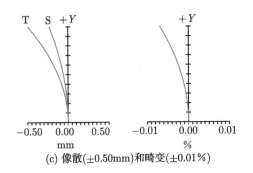

(c) 像散(±0.50mm)和畸变(±0.01%)

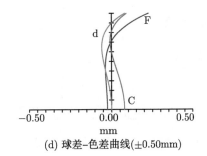

(d) 球差–色差曲线(±0.50mm)

[DB-3] 结构参数 （长度单位：mm）

No.	R	T	Gls	Semi-Dia.
OBJ	Inf	Inf		Inf
STO	53.300	6.500	H-K9L	15.500(U)
2	−45.500	2.000	H-ZF1	15.500(U)
3	−201.300	95.046(M)		15.500(U)
IMA	Inf	—		5.226

[DB-4] 技术指标

波段	F	y'/mm	$\omega/(°)$	f'/mm	BFL/mm	VL/mm	OD	SPT/μm		
								0	0.7	1
VIS	4.2	5.2	3	100	95.2	8	Inf	6	22	40

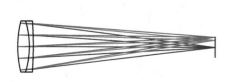

(a) 双胶合消色差物镜 [DB-4]

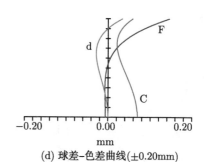

(b) 特性曲线(±200μm)

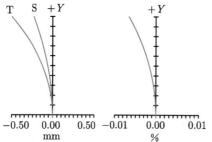

(c) 像散(±0.50mm)和畸变(±0.01%)

(d) 球差–色差曲线(±0.20mm)

[DB-4] 结构参数   （长度单位: mm）

No.	R	T	Gls	Semi-Dia.
OBJ	Inf	Inf		Inf
1	53.100	6.000	H-K9L	13.000(U)
2	−45.000	2.000	H-ZF1	13.000(U)
3	−201.000	95.243(M)		13.000(U)
IMA	Inf	—		5.241

[DB-5] 技术指标

波段	F	y'/mm	ω/(°)	f'/mm	BFL/mm	VL/mm	OD	SPT/μm 0	0.7	1
VIS	5.2	5.2	3	100	96.0	7	Inf	4	16	30

(a) 双胶合消色差物镜[DB-5]

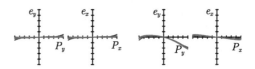

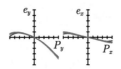

(b) 特性曲线(±100μm)

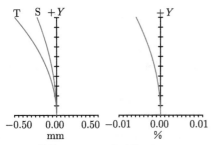

(c) 像散(±0.50mm)和畸变(±0.01%)

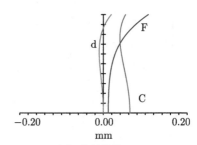

(d) 球差–色差曲线(±0.20mm)

[DB-5] 结构参数   (长度单位: mm)

No.	R	T	Gls	Semi-Dia.
OBJ	Inf	Inf		Inf
1	53.100	5.000	H-K9L	11.000(U)
2	−44.800	2.000	H-ZF1	11.000(U)
3	−200.800	95.958(M)		11.000(U)
IMA	Inf	—		5.255

[DB-6] 技术指标

波段	F	y'/mm	$\omega/(°)$	f'/mm	BFL/mm	VL/mm	OD	SPT/μm 0	0.7	1
VIS	6.8	5.2	3	100	97.1	7	Inf	2	12	23

(a) 双胶合消色差物镜[DB-6]

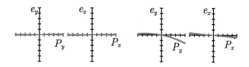

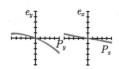

(b) 特性曲线(±100μm)

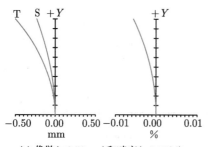

(c) 像散(±0.50mm)和畸变(±0.01%)

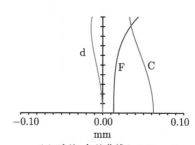

(d) 球差-色差曲线(±0.10mm)

[DB-6] 结构参数   (长度单位：mm)

No.	R	T	Gls	Semi-Dia.
OBJ	Inf	Inf		Inf
1	52.600	5.000	H-K9L	8.500(U)
2	−45.200	2.000	H-ZF1	8.500(U)
3	−209.700	96.051(M)		8.500(U)
IMA	Inf	—		5.267

[DB-7] 技术指标

波段	F	y'/mm	$\omega/(°)$	f'/mm	BFL/mm	VL/mm	OD	SPT/μm		
								0	0.7	1
VIS	10	5.2	3	100	95.9	7	Inf	1	7	15

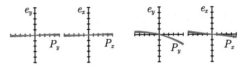

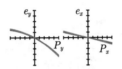

(a) 双胶合消色差物镜[DB-7]　　　　　(b) 特性曲线(±50μm)

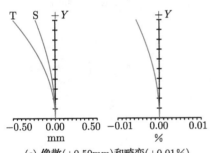

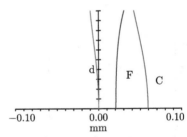

(c) 像散(±0.50mm)和畸变(±0.01%)　　　　(d) 球差-色差曲线(±0.10mm)

[DB-7] 结构参数　　　　　　　　　　　　（长度单位：mm）

No.	R	T	Gls	Semi-Dia.
OBJ	Inf	Inf		Inf
1	52.200	5.000	H-K9L	6.000(U)
2	−45.100	2.000	H-ZF1	6.000(U)
3	−214.000	95.929(M)		6.000(U)
IMA	Inf	—		5.260

附录 4.2　[DB-2]-SPLIT 技术指标像差曲线和结构参数

[DB-2]-SPLIT 技术指标

波段	F	y'/mm	ω/(°)	f'/mm	BFL/mm	VL/mm	OD	SPT/μm		
								0	0.7	1
VIS	3	5.2	3	100	91.0	12.1	Inf	11	26	57

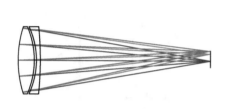

(a) 双胶合消色差物镜[DB-2]-SPLIT

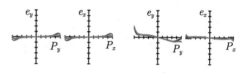

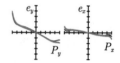

(b) 特性曲线(±200μm)

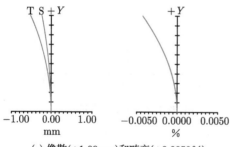

(c) 像散(±1.00mm)和畸变(±0.0050%)

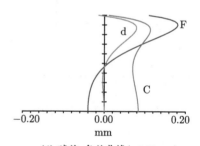

(d) 球差–色差曲线(±0.20mm)

[DB-2]-SPLIT 结构参数　　　　　　　　　　（长度单位: mm）

No.	R	T	Gls	Semi-Dia.
OBJ	Inf	Inf		Inf
STO	52.215	9.000	H-K9L	17.500(U)
2	−43.270	1.102		17.500(U)
3	−41.281	2.000	H-ZF1	17.500(U)
4	−180.563	90.978(M)		17.500(U)
IMA	Inf	—		5.398

附录 4.3　[DB-5]-PRISM 技术指标、像差曲线和结构参数

[DB-5]-PRISM 技术指标

波段	F	y'/mm	$\omega/(°)$	f'/mm	BFL/mm	VL/mm	OD	SPT/μm		
								0	0.7	1
VIS	5.2	5.3	3	100	102.21	7	Inf	4	11	24

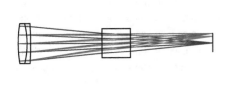

(a) 双胶合消色差物镜[DB-5]-PRISM

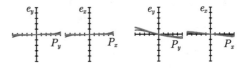

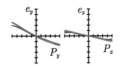

(b) 特性曲线(±50μm)

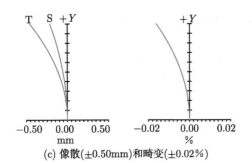

(c) 像散(±0.50mm)和畸变(±0.02%)

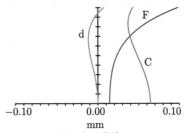

(d) 球差–色差曲线(±0.10mm)

[DB-5]-PRISM 结构参数　　　　　　　　（长度单位：mm）

No.	R	T	Gls	Semi-Dia.
OBJ	Inf	Inf		Inf
1	68.597(V)	5.000	H-BAK7(S)	11.000(U)
2	−45.336(V)	2.000	H-ZF3	11.000(U)
3	−141.740(V)	40.000		9.597
STO	Inf	16.000	H-K9L	7.775
5	Inf	46.214(M)		8.000(U)
IMA	Inf			5.292

附录 4.4　评价函数 ACHROMATIC-3

Oper#	Type	Surf1	Surf2	H_x	H_y	P_x	P_y	Tag.	Wt.	Val.	Ctrb.
1	BLNK	ACHROMATIC-3									
2	BLNK	EFFL									
3	EFFL		2					100.00	0.100	99.961	2.751
4	BLNK	ACHROMATIC									
5	AXCL	0	0	0.000				0.000	0.000	0.139	0.000
6	TRAY		1	0.000	0.000	0.000	0.700	0.000	0.000	−0.010	0.000
7	TRAY		3	0.000	0.000	0.000	0.700	0.000	0.000	-9.951×10^{-3}	0.000
8	DIFF	6	7					0.000	0.000	-1.052×10^{-4}	0.000
9	CONS							100.000	0.000	100.000	0.000
10	PROD	8	9					0.000	0.100	−0.011	5.645×10^{-7}
11	BLNK	SPHERICAL									
12	TRAY		2	0.000	0.000	0.000	1.000	0.000	0.000	0.014	0.000
13	TRAY		2	0.000	0.000	0.000	0.600	0.000	0.000	−0.013	0.000
14	SUMM	12	13					0.000	0.000	1.136×10^{-3}	0.000
15	PROD	14	9					0.000	0.100	0.114	6.582×10^{-5}
16	BLNK										
17	DMFS										
18	BLNK	Default merit function: RMS wavefront chief GQ 3rings 6 arms									
19	......	......									
20											

第5章　三片及四片式消色差准直镜/望远物镜

5.1　引　言

第 4 章谈到，双分离的结构有助于减小剩余带球差。当相对孔径继续增大，使得 F 数从图 4.5 的左方超出定义域后，更有效的方法是增加一片冕牌玻璃的正透镜，成为 "2+1" 式结构，由正透镜负担一部分光焦度，或者索性把系统拆成三片分离式，甚至四片式，修改的结果都将增加自由度，减小剩余带球差。

本章介绍三片及四片式准直镜/望远物镜的典型结构，这些物镜的 F 数从 1.8 到 15.0，与双胶合、双分离物镜的 F 数有重叠。

5.2　光焦度与偏角

薄透镜成像如图 5.1 所示，成像公式为

$$\frac{1}{f'} = \frac{1}{l'} - \frac{1}{l} \tag{5.1}$$

用 h 乘 (5.1) 式得到

$$\frac{h}{f'} = \frac{h}{l'} - \frac{h}{l} \tag{5.2}$$

这样一来，薄透镜的成像公式就可表为

$$h\varphi = u' - u = \Delta u \tag{5.3}$$

其中，Δu 称 "偏角"；φ 称光焦度，是焦距的倒数：

$$\varphi = 1/f' \tag{5.4}$$

在透镜组中，每个透镜都承担一定的偏角，最终将物方的点光源辐射的光线会聚到像点，把发散球面波变换成会聚球面波。

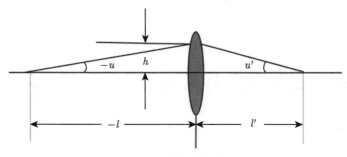

图 5.1　薄透镜成像

对于两个或多个密接的透镜组合, 合成的光焦度为各透镜光焦度之和:

$$\varphi = \sum_n \varphi_n \tag{5.5}$$

显然入射高 h 越大, 光焦度 φ 越大 (焦距越小), 承担的偏角越大。第 4 章讲到双胶合物镜相对孔径增大时, 剩余球差变大, 会引起严重的像差, 特别是过大的剩余带球差, 造成弥散增大, 像质变坏。改为双分离物镜, 可以校正部分高级像差。更有效的解决方案是增加一个单片透镜, 变成 "2+1", 由这个单片透镜承担一部分甚至大部分偏角。

5.3　"双胶合 + 单片" 物镜与双胶合透镜性能比对

物镜 [TE-1] 为双胶合加一个单片构成的三片式物镜, 如图 5.2(a) 所示, 简称 "2+1", 其相对孔径为 1:3, 视场角 ω=3.0°。图 5.2(b) 为轴上像差曲线, 球差和色差校正得很好, 剩余带球差只有 −0.023mm; 0 视场、0.7 视场和 1 视场的弥散斑分别为 7μm、19μm 和 42μm, 用符号表示为 SPT=(7,19,42)μm。

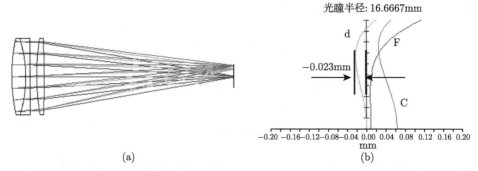

图 5.2　(a) "双胶合 + 单片" 物镜 [TE-1], F=3.0, ω=3.0°, 弥散斑 SPT=(7,19,42)μm; (b) 球差–色差曲线 (横坐标 ±0.20mm) (彩图见封底二维码)

为作对比, 图 5.3 给出相对孔径和角视场完全相同的双胶合物镜 [DB-2] 及其像差曲线, 技术指标完全相同, 球差、色差也都经过校正, 但剩余带球差达到 −0.135mm, 大约是 "2+1" 物镜的 6 倍, 弥散斑 SPT=(17,46,73)μm。显然, 增加一个单片后像质得到明显改善。

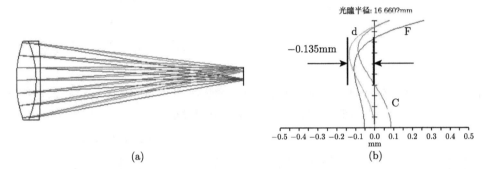

(a)　　　　　　　　　　(b)

图 5.3　(a) 双胶合物镜 [DB-2], F=3.0, ω=3.0°, 弥散斑 SPT=(17,46,73)μm; (b) 球差–色差曲线 (横坐标 ±0.5mm)(彩图见封底二维码)

[TE-1]的双胶合透镜与单片透镜的焦距和偏角分别如表 5.1 所示, 单片透镜承担的偏角约占物镜偏角的 2/3, 双胶合透镜只承担 1/3 的偏角, 其主要的功能为校正单片透镜的剩余像差。这样的结构和光焦度分配是光学设计中提高像质的常用方法, 以后在别的物镜中还会看到。

表 5.1　"2+1" 物镜组件的焦距和光焦度

	f'/mm	$\Delta u = h\varphi$
双胶合	293.6	0.057
单片	144.9	0.111
组合	100.0	0.168

5.4　三片及四片式物镜典型设计

5.4.1　"2+1" 型三片式物镜

图 5.4 为 "双胶合 + 单片" 物镜 [TE-2], F 数达到 1.8, 视场角 ω=3.0°, 成像质量尚好, SPT=(15,32,66)μm。

图 5.5 为另一个 "2+1" 物镜 [TE-3], F=2.0, 视场角 ω=3.0°, 像质与 [TE-2] 极相似。由于相对孔径略小, 弥散也小一些, SPT=(12,26,58)μm。

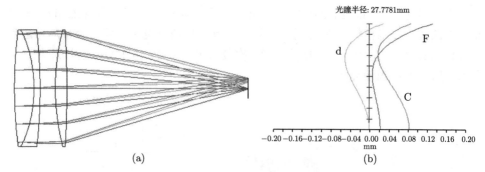

图 5.4   (a)"2+1" 物镜 [TE-2]，F=1.8，ω=3.0°，弥散斑 SPT=(15,32,66)μm; (b) 球差—色差
曲线 (横坐标 ±0.20mm)(彩图见封底二维码)

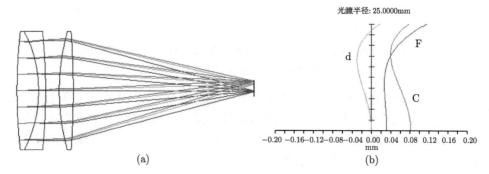

图 5.5   (a)"2+1" 物镜 [TE-3]，F=2.0，ω=3.0°，弥散斑 SPT=(12,26,57)μm; (b) 球差—色差
曲线 (横坐标 ±0.20mm)(彩图见封底二维码)

5.4.2   "1+2" 型三片式物镜

三片式也常常设计成 "1+2" 的形式，如 [TE-4]，参见图 5.6，F=2.2，视场角
ω=2.0°。

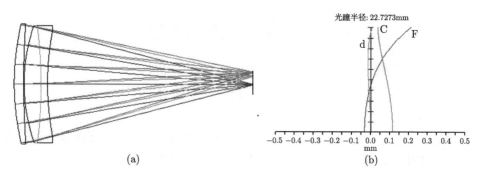

图 5.6   (a)"1+2" 物镜 [TE-4]，F=2.2，ω=2.0°，弥散斑 SPT=(12,10,23)μm; (b) 球差—色差
曲线 (横坐标 ±0.5mm)(彩图见封底二维码)

"1+2" 物镜 [WS-85] 的弥散斑 SPT=(5,4,5)μm，如此小的弥散是由于相对孔径较小，F=2.8，而视场又略小，ω=1.75°，参见图 5.7。

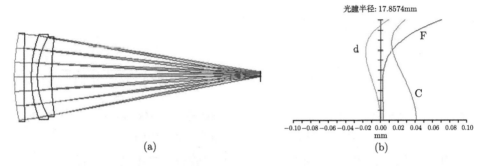

(a)　　　　　(b)

图 5.7　(a) "1+2" 物镜 [WS-85]，F=2.8，ω=1.75°，弥散斑 SPT=(5,4,5)μm; (b) 球差–色差曲线 (横坐标 ±0.10mm)(彩图见封底二维码)

"1+2" 物镜 [TE-5](F=4.0，ω=1.0°) 的系统图参见图 5.8(a)。由于相对孔径较小，弥散斑接近 1DL(指 1 倍衍射极限的艾里斑，DL 即 diffraction limited 的缩写)。图 5.8(b) 给出 [TE-5] 的弥散斑图，可以看出弥散斑与艾里斑的线度大体相同。另一例弥散斑接近 1DL 的 "1+2" 物镜 [TE-6] 参见附录 5.1。

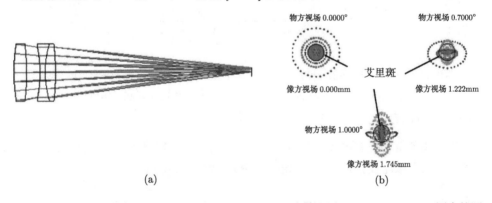

(a)　　　　　(b)

图 5.8　(a) "1+2" 物镜 [TE-5]，F=4.0，ω=1.0°; (b) 弥散斑图，SPT=(3,3,3)μm，图中的圆为艾里斑 (彩图见封底二维码)

5.4.3　三胶合和四胶合物镜

[TE-7] 为三胶合物镜，F=3.0，ω=1.0°。由于视场角不大，全视场的像质比较均匀。三片透镜的玻璃分别为 H-ZK10 和高折射率、低色散的 H-LAF4 (750-350，表示 $n_d \approx 1.750, \nu_d \approx 35.0$) 和 H-ZLAF68(883-408)，两个胶合面使得轴上像差校正得很好，参见图 5.9。

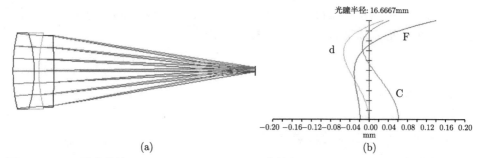

图 5.9　(a) 三胶合物镜 [TE-7]，$F=3.0$，$\omega=1.0°$，弥散斑 SPT$=(8,8,8)\mu$m；(b) 球差–色差曲线 (横坐标 ±0.20mm)(彩图见封底二维码)

[TE-8] 为四胶合物镜，$F=4.5$，$\omega=1.0°$。与三胶合物镜相似，视场角不大，全视场的像质比较均匀，参见图 5.10。第三片透镜采用特殊色散玻璃 KZFS11，加上三个胶合面，使得轴上像差校正得很好，球差出现高级量，特别是二级光谱得到很好的校正 (参见第 6 章)，全视场弥散斑接近 1DL。

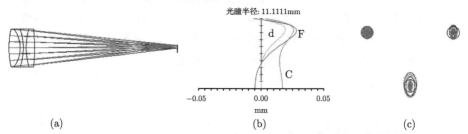

图 5.10　(a) 四胶合物镜 [TE-8]，$F=4.5$，$\omega=1.0°$；(b) 球差–色差曲线 (横坐标 ±0.05mm)；(c) 弥散斑图，SPT$=(1,1,3)\mu$m(彩图见封底二维码)

5.4.4　三分离和四分离物镜

三分离使得物镜有更多的自由度。图 5.11 为三分离物镜 [TE-9]，光圈数 $F=2.5$，$\omega=3.0°$。轴上像差校正得很好，弥散斑 SPT$=(24,14,35)\mu$m。

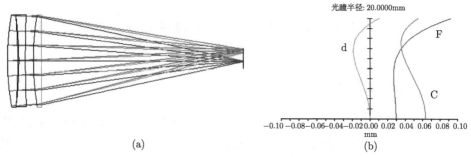

图 5.11　(a) 三分离物镜 [TE-9]，$F=2.5$，$\omega=3.0°$，弥散斑 SPT$=(8,21,48)\mu$m；(b) 球差–色差曲线 (横坐标 ±0.10mm)(彩图见封底二维码)

图 5.12(a) 为四分离物镜 [TE-10]，F=4.0，而角视场达到 ω=5.0°。由于变量多，特别是透镜之间拉开距离，有利于视场的增大，已经不属于密接透镜组 (参见第 7 章的叙述)。图 5.12(b) 和 (c) 分别为球差–色差曲线和弥散斑图，SPT=(6,6,5)μm，能量相对集中，其主体部分已经接近艾里斑。

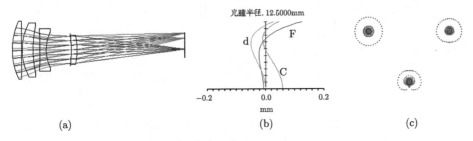

图 5.12   (a) 四分离物镜 [TE-10]，F=4.0，ω=5.0°；(b) 球差–色差曲线 (横坐标 ±0.2mm)；(c) 弥散斑图，SPT=(6,6,5)μm(彩图见封底二维码)

5.5   长入瞳距物镜

在一些特殊的应用中，孔径光阑位于物镜前方较远处，例如，用望远镜通过前方的一个小孔来观察，该小孔即孔径光阑，与入瞳重合，它与物镜的间距等于入瞳距，被称为 "长入瞳距" 物镜。此时系统非常不对称，通过光阑中心大视场的主光线通过物镜时被抬高约 $l_P\omega$，其中 l_P 和 ω 分别为入瞳距和视场角，参见图 5.13。这将不利于像差的校正，通常该类物镜的相对孔径和视场角都不大。

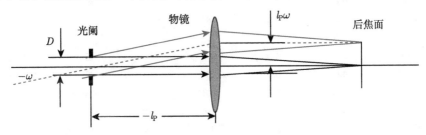

图 5.13   光阑位于物镜前方的系统

图 5.14 为长入瞳距物镜 [TE-11]，其光阑位于物镜前 49.3mm 处，大约相当于焦距之半，相对孔径和视场均不大。在本例中采用两片 N-FK56(相当于 CAF2)，二级光谱校正得很好 (参见第 6 章)，F、d、C 三条谱线靠得很近，弥散很小，像质很好，SPT=(0.3,3.9,6.4)μm。

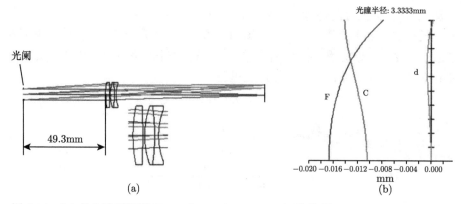

图 5.14　(a) 长入瞳距物镜 [TE-11]，$F=15$，$\omega=3.05°$；弥散斑 SPT$=(0.3,3.9,6.4)\mu m$；
　　　　(b) 球差–色差曲线 (彩图见封底二维码)

　　三片式和四片式消色差准直物镜典型设计的技术指标参见表 5.2，结构参数见附录 5.1。

表 5.2　三片式和四片式消色差准直物镜典型设计的技术指标

设计编码	F	$\omega/(°)$	SPT/μm			备注 *
			0	0.7	1	
[TE-1]	3.0	3.0	7	19	42	"2+1"
[TE-2]	1.8	3.0	15	32	66	"2+1"
[TE-3]	2.0	3.0	12	26	57	"2+1"
[TE-4]	2.2	2.0	11	10	23	"1+2"
[TE-5]	4.0	1.0	3	3	3	"1+2"
[TE-6]	6.0	2.0	3.7	3	4	"1+2"
[TE-7]	3.0	1.0	8	8	8	
[TE-8]	4.5	1.0	1	1	3	
[TE-9]	2.5	3.0	8	21	48	"1+1+1"
[TE-10]	4.0	5.0	6	6	5	"1+1+1+1"
[TE-11]	15.0	3.5	0.3	3.9	6.4	"1+2"
[TE-12]	3.0	3.0	116	139	163	"2+1"
[TE-13]	3.0	3.0	13	18	31	"2+1"
[TE-14]	3.0	3.0	11	33	58	
[TE-15]	2.2	2.0	10	8	17	"1+2"
[TE-16]	3.3	5.0	25	32	58	"1+2"
[TE-17]	8.0	1.0	1.3	1.8	2.6	
[WS-81]	2.8	1.75	5	3.6	5	
[WS-85]	2.8	1.75	4.6	3.8	5	"1+2"

注: * "2+1" 表示双胶合 + 单片；"1+2" 表示单片 + 双胶合。

5.6 "双胶合 + 单片" ("2+1") 物镜设计 (I)

5.6.1 前后组参数计算

双胶合 ╷ 单片物镜 [TE-12] 的设计指标如表 5.3 所示。

表 5.3 双胶合 + 单片物镜 [TE-12] 和 [TE-13] 设计指标

设计	备注	波段	$F = f'/D$	视场 $\omega/(°)$	焦距 f'/mm
[TE-12]	双胶合 + 单片	VIS	3.0	3.0	100.0
[TE-13]	双胶合 + 单片	VIS	3.0	3.0	100.0

设双胶合透镜和单片透镜的光焦度之比

$$\frac{\varphi_1}{\varphi_2} = \frac{f_2'}{f_1'} = 0.5 \tag{5.6}$$

两个密接透镜的合成焦距为

$$\frac{1}{f_1'} + \frac{1}{f_2'} = \frac{f_1'f_2'}{f_1' + f_2'} = f' = 100.0\text{mm} \tag{5.7}$$

从而算出

$$f_1' = 300.0\text{mm}, \quad f_2' = 150.0\text{mm} \tag{5.8}$$

又从 F 和 f' 的值算出入射高

$$h = 16.7\text{mm} \tag{5.9}$$

这样就有

$$F_1 = \frac{f_1'}{h} = 17.9, \quad F_2 = \frac{f_2'}{h} = 9.0 \tag{5.10}$$

5.6.2 设计流程

(1) 双胶合透镜初始结构：由于相对孔径很小，可以选用上一节 [DB-7]，将焦距缩放到 300mm，设入射高 (Entrance Pupil Dia.) 为 16.7mm，另存为 [TE-12]-FRONT，不必优化。

(2) 单片透镜初始结构：设单片透镜为平凸型，平面在后。任选玻璃，如 H-ZK9A($n_\text{d} = 1.6204$)，根据理想光学定理，透镜的曲率半径

$$R = (n-1) f_2' = 93.06\text{mm} \tag{5.11}$$

取厚度为 4.0mm，将单片透镜插入双胶合后面，另存为 [TE-12]-COMBINER，参见图 5.15，初始结构参数见表 5.4。合成后焦距为 102.0mm，波长、相对孔径和视场都符合要求。

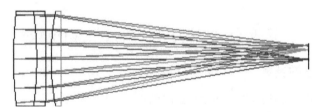

图 5.15　[TE-12]初始结构 (彩图见封底二维码)

表 5.4　[TE-12]的初始结构参数　　　　　　　　　　　(长度单位: mm)

No.	R	T	Gls	Semi-Dia.
OBJ	Inf	Inf		Inf
STO	156.703(V)	9.006(V)	H-K9L	18.000(U)
2	−135.389(V)	3.602(V)	H-ZF1	18.000(P)
3	642.423(V)	2.000		18.000(P)
4	93.060(V)	4.000(V)	H-ZK9A	18.000(P)
5	Inf(V)	96.462(M)		18.000(P)
IMA	Inf			5.789

设置如下:

a. 所有半径、透镜厚度均作为变量;

b. 透镜间隔不作为变量;

c. 透镜材料选为可替代 (S);

d. 选择近轴光线像面 (M);

e. 透镜外径取 36.0mm(Semi-Dia.=18.0mm)。

(3) 设定评价函数为 ACHROMATIC-5: 与双胶合消色差物镜的评价函数相比, 增加了对透镜的中心厚度、边缘厚度的边界条件模块 ("BOUNDING OF THE CENTRAL AND EDGE THICKNESS"), 参见表 5.5, 将透镜的中心厚度及边缘厚度作为变量, 增加了设计的自由度, 最后再做调整。

表 5.5　中心厚度、边缘厚度的边界条件模块

No.	Type	Surf1	Surf2	Tag.	Wt.	Val.	Ctrb.	备注
26	MNCT	1	5	0.2	0.02	0.2	0.0	最小中心间隔
27	MNET	1	5	0.2	0.02	0.2	0.0	最小边缘间隔
28	MNCG	1	5	1.6	0.02	1.6	0.0	最小玻璃中心厚度
29	MNEG	1	5	1.3	0.02	1.3	0.0	最小玻璃边缘厚度
30	MXCG	1	5	6.0	0.02	6.0	0.0	最大玻璃中心厚度
31	MXEG	1	5	5.0	0.02	5.0	0.0	最大玻璃边缘厚度

注: Surf1 为受控的第一面; Surf2 为受控的最后一面。

(4) 优化及 HAMMER 优化: 在 Gen\Glass Catalog 中只保留 CDGM, 令其中 "BOUNDING OF THE CENTRAL AND EDGE THICKNESS" 模块的权为 0.02(即透镜厚度作为变量), 即可进行优化及 HAMMER 优化, 结果如图 5.16 所示, 弥散

斑比 [TE-1] 略小，其中负透镜的玻璃为特高折射率、中等色散的 H-ZLAF78(900-371)。

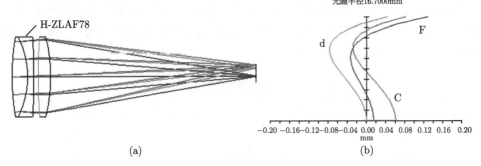

光瞳半径16.7000mm

(a)   (b)

图 5.16   (a) 物镜 [TE-12], F=3.0, ω=3.0°, 弥散斑 SPT=(8,19,38)μm；(b) 球差–色差曲线
(横坐标 ±0.20mm)(彩图见封底二维码)

5.7 "双胶合 + 单片"("2+1") 物镜设计 (II)

"2+1" 物镜毕竟简单，可以采取从双胶合入手、单片透镜设为平板的简化流程。物镜 [TE-13] 的设计指标见表 5.3。

(1) 将设计 [DB-2](F=3.0, ω=3.0°) 调出，更名为 [TE-13]。

(2) 在第 3 行之后用 Insert 操作插入两行。

(3) 在第 4、5 行插入单片透镜：令 $T4$=2mm(间隔), $T5$=4mm(单片透镜厚度)，Gls4=H-ZK9A, $R4$=$R5$=Inf, 即插入透镜为平板。

(4) 所有的透镜外径 =38.0mm(Semi-Dia.=19.0mm)。

(5) 设各面半径为变量 (V)，$T5$ 设为 (M)。

(6) 所有玻璃改为 "可替代"(S)。

(7) 调用评价函数 "ACHROMATIC-4"，见附录 5.2。

(8) 优化并 HAMMER 优化就满足要求。

(9) 物镜外径留出 "压边量"，透镜厚度 "圆整"。

结果如图 5.17 所示，像质与 [TE-12] 相比并无实质性的差别，但设计流程显然更简单。

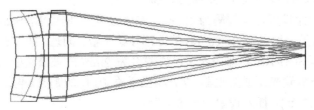

图 5.17   "2+1" 物镜 [TE-13](彩图见封底二维码)

表 5.6 为 [TE-13] 物镜组件的焦距和光焦度, 可以看出, [TE-13] 经过 HAMMER 优化后, 前组变成负光焦度的双胶合弯月透镜, 有利于减小像面弯曲, 使得全视场的像质更加均匀; 单片透镜不仅承担了系统的光焦度, 甚至补偿了前组的剩余负光焦度, 使得前组有足够的自由度来平衡单片的剩余像差, 前后两个组件的功能区分明确, 这是很典型的设计。

表 5.6   [TE-13]物镜组件的焦距和光焦度

	f'/mm	$h\varphi$
双胶合	−563.6	−0.030
单片	93.79	0.178
组合	100.0	0.167

注意这种从平板入手设计的例子并不多, 一般只适用于简单系统。

5.8   分光棱镜的插入操作

在一些光学系统中, 常用分光棱镜进行红绿蓝三色光的合束或分束。图 5.18 就是一个典型的分光棱镜分束系统。分光棱镜的插入操作流程如下。

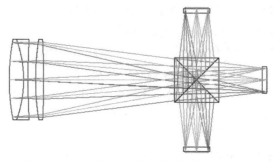

图 5.18   X 型分光棱镜 (彩图见封底二维码)

插入平板及 HAMMER 优化换玻璃操作:

(1) 选择 [TE-1] 为参考设计, 另存为 [TE-1]-P。

(2) 利用 Insert 操作在 IMA 像面前插入 4 行。

(3) 在 $T6$ 面设置厚度间隔为 20mm, Gls 设置为 H-K9L, Semi-Dia. 设置为 10mm, 即插入了一块 20mm×20mm 的方形棱镜平板, 同理, 在 $T8$ 面设置厚度为 2mm, Gls 设置为 H-K9L, 即插入了一块厚度为 2mm 的玻璃盖板。此时 $T9$ 面预留 0.5mm 用于放置光源或接收器, $T7$ 相当于原 BFL 的距离, 再进行 HAMMER 优化 (参见 4.8.2 节)。插入设置如表 5.7 所示。

表 5.7 参数插入设置表 (长度单位: mm)

No.	R	T	Gls	Semi-Dia.
OBJ	Inf	Inf		Inf
1	94.706	6.700	H-K9L	18.000(U)
2	−50.905	2	F5	18.000(P)
3	320.615	3.5		18.000(P)
4	109.798	3.810	H-LAK61	18.000(U)
5	−356.017	60		18.000(U)
6	Inf	20.000	H-K9L	10.000(U)
7	Inf	19.950		5.000(U)
8	Inf	2.000	H-K9L	6.000(U)
9	Inf	0.500		6.000(U)
IMA	Inf	—		6.000(U)

(4) 再利用 Insert 操作在玻璃盖板 $T7$ 面前插入 4 行, 双击 $T7$ 及 $T9$ 的 surf\type, 修改 type 类型中的 Standard 为 Coordinate Break(坐标断点)。同时在 General\Misc. 菜单 Global Coordinate Reference Surface 中, 设置第 6 面为参考面。

(5) 在编辑器 Editors 中调用多组态编辑器 Multi-Configuration Editor, 快捷键为 F7。插入 3 个 Config, 分别定义分光棱镜光束的三个方向, 包括两个反射方向和一个透射方向。

(6) 在 Multi-Configuration Editor 编辑器里设置参数如表 5.8 所示。

表 5.8 Multi-Configuration Editor 参数表

Active		Config1	Config2	Config3	设置
1:GLSS	8		MIRROR	MIRROR	分光棱镜的反射面
2:PAR3	7	0.0	45.0	−45.0	反射面的法线旋转角
3:PAR3	9	0.0	45.0	−45.0	反射面的法线旋转角
4:APMN	8	10.0	10.0	10.0	分光面 (矩形) 的 X 边长之半
5:APMX	8	10.0	14.142	14.142	Y 边长之半
6:THIC	6	20.000	10.0	10.0	玻璃厚度: $T6_1$ 为透射, $T6_2$ 及 $T6_3$ 为反射
7:THIC	9	0.0	−10.0	−10.0	玻璃厚度: $T7_2$ 及 $T7_3$ 为反射
8:THIC	11	19.95	−19.95(P)	−19.95(P)	BFL
9:THIC	12	2.0	−2.0	−2.0	盖板玻璃
10:THIC	13	0.5	−0.5	−0.5	空隙

通过以上设置设计出直角分光棱镜, 利用 GLSS 来更换组态、定义反射面, 并设置棱镜分光面的反射角、矩形孔径和玻璃厚度, 参见表 5.8 最后一列的说明。

由于反射镜的作用, MIRROR 镜后的系统光路方向相反, 故 Config2 和 Config3 的 $T11$ 至 $T13$ 面要加负号; 透射棱镜的厚度 $T6$ 直接设为 20.000mm, 反射棱镜的

厚度在 $T6$ 面 (反射面前) 和 $T9$ 面 (反射面后) 分别设置为 10.0mm 和 −10.0mm。

(7) 在 3D Layout 中选择 Configuration 为 All(各组态图形叠加)，即输出图 5.18 所示结果，存文件 [TE-1]-BS-PRISM。

5.9　带有棱镜的望远系统设计

5.9.1　低倍开普勒望远镜

三片式和四片式准直物镜常常用作望远镜物镜。低倍望远镜通常为开普勒型，由物镜和目镜构成，并带有棱镜。棱镜有两个作用：①转向，如将光轴旋转 90° 或 45°，以便观察；②物镜对目标成倒像，经过反射棱镜后还原为正像。

图 5.19 为三片式准直镜作为望远物镜，经过阿米西棱镜 (Amici prism，又称屋脊直角棱镜) 转向 90° 成中间像，再和对称目镜组合而成低倍望远镜。技术指标如表 5.9 所示。

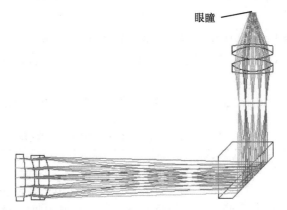

图 5.19　三片式望远物镜、阿米西棱镜和对称目镜组合为低倍望远镜 (彩图见封底二维码)

表 5.9　低倍望远镜技术指标

物镜孔径 D_0	倍率 M	物镜焦距 f_1'	目镜焦距 f_2'	目镜转角
22.0mm	6.67	150.00mm	22.50mm	90°

5.9.2　低倍开普勒望远镜设计方法

1. 阿米西棱镜几何

阿米西棱镜如图 5.20 所示。设正方形入射面边长为 $2a$=24mm，并设入射点 O(正方形中心) 为坐标原点，则出射点 K 的坐标为 $(1.7071a, 1.7071a)$=(20.48, 20.48)，

棱镜内光轴长度为

$$d = 1.7071 \times (2a) = 40.97\text{mm} \tag{5.12}$$

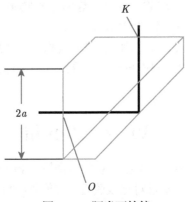

图 5.20   阿米西棱镜

O-入射点；K-出射点

2. 物镜选择

选择三片式物镜 [TE-6]，焦距缩放到 150mm，在物镜后 100mm 处加上 40.97mm 厚的 K9 玻璃平板，经过 HAMMER 优化更换玻璃。

3. 非序列编辑

(1) 将玻璃平板所在的行更换成非序列元件 "Non-Sequential Component"，并在该行填写表 5.10，其中 Exit Loc 表示出射点 K 的坐标，Exit Tilt 表示出射光轴的方向。注意出射点必须位于棱镜外部靠近出射点处。

表 5.10   非序列表面的参数表

Surf: Type	Exit Loc X	Exit Loc Y	Exit Loc Z	Exit Tilt X	Exit Tilt Y	Exit Tilt Z
Non-Sequential Component	0.0	20.5	20.5	−90	0.0	0.0
非序列元件	出射点 X 坐标	出射点 Y 坐标	出射点 Z 坐标		出射光轴旋转	

(2) 在 Editors\Non-Sequential Components 中填写表 5.11。

表 5.11   **Non-Sequential Component Editor: Component Group on Surf. 6**

Obj Type	Comment	$\cdots$	Material	Scale	Is	Volume	$\cdots$
Polygon object	Amici_roof.POB	$\cdots$	H-K9L	12.000	1	$\cdots$	
多边形物体	阿米西棱镜		材料	尺度 (=a)			

程序会自动插入大小和方向符合要求的棱镜。

4. 目镜选择

例如, 选择对称式目镜 (可从本书第 20 章中任选一款), 缩放焦距到 22.5mm, 接到物镜的后焦面上即可。注意, 目镜前焦面需和物镜后焦面重合。不同视场的光束经过目镜后变成平行光束, 相交在出瞳面上。为了显示方便, 在出瞳面后加一个 Paraxial 面 (理想透镜), 令焦距为 17mm(相当于 "简约眼" 焦距), 适当调整该面的 "Thickness", 如 $T16=16.2$mm, 就得到收敛的结果, 参见图 5.19。存文件 [TE-6]-f150+AMICI。

5.10　本 章 小 结

当相对孔径继续增大时, 双胶合或双分离物镜的剩余像差过大, 有效的解决方案为增加一片到两片透镜。本章对比双胶合 + 单片 ("2+1") 物镜与双胶合物镜的像质, 给出三片式及四片式物镜的典型设计, 介绍两种 "2+1" 物镜的设计方法, 并描述以三片式准直镜作为物镜, 带有 X 型分光棱镜的系统, 以及带有正像反射棱镜和目镜的低倍望远系统的设计方法。

附录 5.1 技术指标、像差曲线和结构参数

[TE-1] 技术指标

波段	F	y'/mm	$\omega/(°)$	f'/mm	BFL/mm	VL/mm	OD	SPT/μm		
								0	0.7	1
VIS	3.0	5.3	3	100	93.4	16.0	Inf	7	19	42

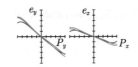

(a) 三片式消色差准直物镜[TE-1]

(b) 特性曲线 (±100μm)

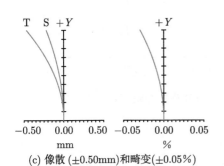

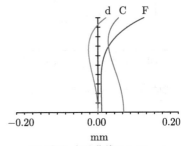

(c) 像散 (±0.50mm)和畸变(±0.05%)

(d) 球差–色差曲线(±0.20mm)

[TE-1] 结构参数 （长度单位: mm）

No.	R	T	Gls	Semi-Dia.
OBJ	Inf	Inf		Inf
STO	84.400(V)	6.700(V)	H-K9L(S)	18.000(U)
2	−60.100(V)	2.000(V)	H-ZF1(S)	18.000(P)
3	1048.500(V)	3.500(V)		18.000(P)
4	102.200(V)	3.810(V)	H-ZK9A(S)	18.000(U)
5	−734.600(V)	93.453(M)		18.000(P)
IMA	Inf			5.314

[TE-2] 技术指标

波段	F	y'/mm	$\omega/(°)$	f'/mm	BFL/mm	VL/mm	OD	SPT/μm 0	SPT/μm 0.7	SPT/μm 1
VIS	1.8	5.37	3	100	95.7	28.0	Inf	15	32	66

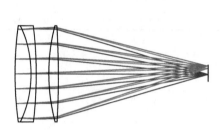

(a) 三片式消色差准直物镜[TE-2]

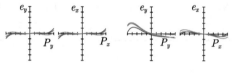

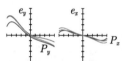

(b) 特性曲线 (±200μm)

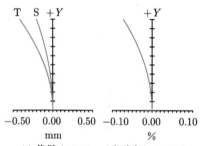

(c) 像散 (±0.50mm)和畸变(±0.10%)

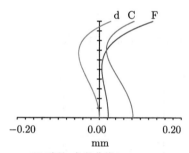

(d) 球差–色差曲线(±0.20mm)

[TE-2] 结构参数　　　　　　　　　　（长度单位：mm）

No.	R	T	Gls	Semi-Dia.
OBJ	Inf	Inf		Inf
STO	222.247(V)	10.344(V)	QF8(S)	30.000(U)
2	−67.675(V)	3.500(V)	H-ZF62(S)	30.000(P)
3	−240.789(V)	8.042(V)		30.000(P)
4	115.880(V)	6.129(V)	H-ZLAF78(S)	30.000(P)
5	−512.611(V)	95.714(V)		30.000(P)
IMA	Inf			5.367

[TE-3] 技术指标

波段	F	y'/mm	$\omega/(°)$	f'/mm	BFL/mm	VL/mm	OD	SPT/μm		
								0	0.7	1
VIS	2.0	5.3	3	100	95.5	30.0	Inf	12	26	57

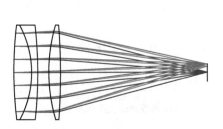

(a) 三片式消色差准直物镜[TE-3]

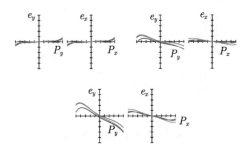

(b) 特性曲线 (±200μm)

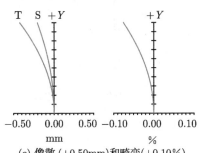

(c) 像散 (±0.50mm)和畸变(±0.10%)

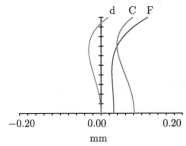

(d) 球差–色差曲线(±0.20mm)

[TE-3] 结构参数 (长度单位: mm)

No.	R	T	Gls	Semi-Dia.
OBJ	Inf	Inf		Inf
STO	252.414(V)	11.408(V)	H-QF3(S)	30.000(U)
2	−62.862(V)	4.000(V)	H-ZF62(S)	30.000(P)
3	−262.385(V)	7.210(V)		30.000(P)
4	106.810(V)	7.413(V)	H-ZLAF53A(S)	30.000(P)
5	−404.641(V)	95.533(M)		30.000(P)
IMA	Inf			5.323

[TE-4] 技术指标

波段	F	y'/mm	$\omega/(°)$	f'/mm	BFL/mm	VL/mm	OD	SPT/μm		
								0	0.7	1
VIS	2.2	3.5	2	100	90.3	12.6	Inf	12	10	23

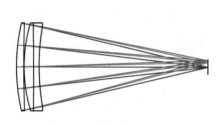

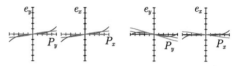

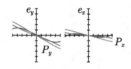

(a) 三片式消色差准直物镜[TE-4]　　　　　　(b) 特性曲线 (±100μm)

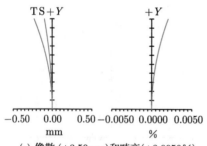

(c) 像散 (±0.50mm)和畸变 (±0.0050%)

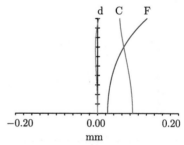

(d) 球差–色差曲线(±0.20mm)

[TE-4] 结构参数　　　　　　　　　　（长度单位：mm）

No.	R	T	Gls	Semi-Dia.
OBJ	Inf	Inf		Inf
STO	98.347(V)	4.000(V)	N-LAK33B(S)	23.000(U)
2	617.898(V)	0.200(V)		22.679
3	71.762(V)	5.405(V)	N-LASF44(S)	23.000(U)
4	−2214.703(V)	3.000(V)	P-SF68(S)	23.000(U)
5	122.839(V)	90.286(M)		21.014
IMA	Inf			3.543

[TE-5] 技术指标

波段	F	y'/mm	$\omega/(°)$	f'/mm	BFL/mm	VL/mm	OD	SPT/μm		
								0	0.7	1
VIS	4.0	1.8	1	100	89.2	18.8	Inf	3	3	3

(a) 三片式消色差准直物镜[TE-5]

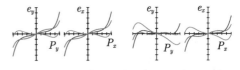

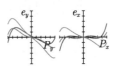

(b) 特性曲线 (±10μm)

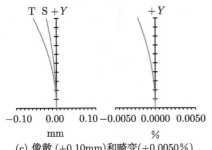

(c) 像散 (±0.10mm)和畸变(±0.0050%)

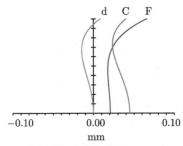

(d) 球差–色差曲线(±0.10mm)

[TE-5] 结构参数　　　　　　　　　　　（长度单位: mm）

No.	R	T	Gls	Semi-Dia.
OBJ	Inf	Inf		Inf
STO	83.266(V)	5.677(V)	N-PSK58(S)	13.000(U)
2	−106.162(V)	6.076(V)		13.000(U)
3	−60.685(V)	2.390(V)	SF3(S)	11.562
4	43.334(V)	4.681(V)	N-LASF9HT(S)	13.000(U)
5	−114.127(V)	89.203(M)		13.000(U)
IMA	Inf			1.751

[TE-6] 技术指标

波段	F	y'/mm	ω/(°)	f'/mm	BFL	VL/mm	OD	SPT/μm		
								0	0.7	1
VIS	6.0	3.5	2	100	99.7	13.6	Inf	3.7	3.0	4.0

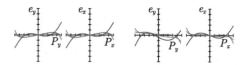

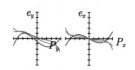

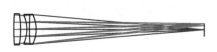

(a) 三片式消色差准直物镜[TE-6]

(b) 特性曲线 (±10μm)

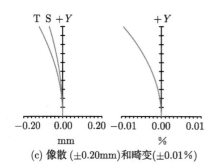

(c) 像散 (±0.20mm)和畸变(±0.01%)

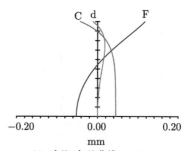

(d) 球差-色差曲线(±0.20mm)

[TE-6] 结构参数　　　　　　　　　　　（长度单位：mm）

No.	R	T	Gls	Semi-Dia.
OBJ	Inf	Inf		Inf
STO	130.087(V)	4.000(V)	N-PSK53(S)	9.000(U)
2	−54.260(V)	3.804(V)		9.000(U)
3	−18.908(V)	1.618(V)	KZFS12(S)	8.064
4	109.713(V)	4.176(V)	TIF3(S)	8.600(U)
5	−18.600(V)	99.662(M)		8.600(U)
IMA	Inf			3.500

[TE-7] 技术指标

波段	F	y'/mm	$\omega/(°)$	f'/mm	BFL/mm	VL/mm	OD	SPT/μm 0	SPT/μm 0.7	SPT/μm 1
VIS	3.0	1.8	1	100	91.6	18.9	Inf	8	8	8

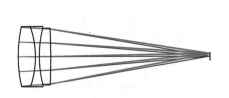

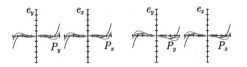

(a) 三片式消色差准直物镜[TE-7]

(b) 特性曲线 (±50μm)

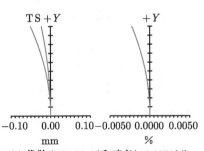

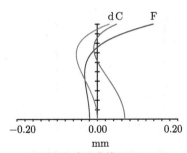

(c) 像散 (±0.10mm)和畸变(±0.0050%)

(d) 球差–色差曲线(±0.20mm)

[TE-7] 结构参数　　　　　　　　　　（长度单位：mm）

No.	R	T	Gls	Semi-Dia.
OBJ	Inf	Inf		Inf
STO	77.526(V)	9.830(V)	H-ZK10(S)	17.000(U)
2	−51.845(V)	2.307(V)	H-LAF4(S)	17.000(U)
3	62.435(V)	6.721(V)	H-ZLAF68(S)	16.000(U)
4	−352.526(V)	91.638(V)		16.000(U)
IMA	Inf			1.756

[TE-8] 技术指标

波段	F	y'/mm	$\omega/(°)$	f'/mm	BFL/mm	VL/mm	OD	SPT/μm		
								0	0.7	1
VIS	4.5	1.8	1	100	90.9	16.7	Inf	1	1	3

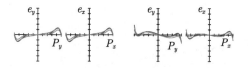

(a) 三片式消色差准直物镜[TE-8]

(b) 特性曲线 (±10μm)

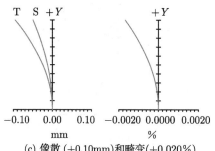

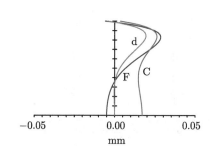

(c) 像散 (±0.10mm)和畸变 (±0.020%)

(d) 球差–色差曲线(±0.05mm)

[TE-8] 结构参数　　　　　　　　　　　　　（长度单位：mm）

No.	R	T	Gls	Semi-Dia.
OBJ	Inf	Inf		Inf
STO	48.945(V)	7.001(V)	K5G20(S)	11.500(U)
2	−18.600(V)	2.000(V)	P-BK7(S)	11.500(P)
3	−32.744(V)	2.000(V)	N-KZFS11(S)	11.500(P)
4	36.885(V)	5.701(V)	K5G20(S)	11.500(P)
5	−90.008(V)	90.938(M)		11.500(P)
IMA	Inf			1.752

[TE-9] 技术指标

波段	F	y'/mm	$\omega/(°)$	f'/mm	BFL/mm	VL/mm	OD	SPT/μm		
								0	0.7	1
VIS	2.5	5.3	3	100	94.3	16.0	Inf	8	21	48

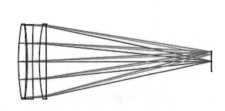

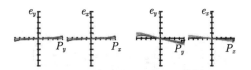

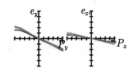

(a) 三片式消色差准直物镜[TE-9]　　　　　　(b) 特性曲线 (±200μm)

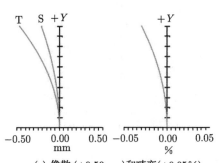

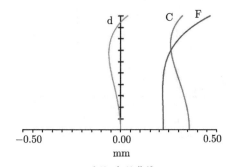

(c) 像散 (±0.50mm)和畸变(±0.05%)　　　　(d) 球差–色差曲线 0.5

[TE-9] 结构参数　　　　　　　　　　　　（长度单位：mm）

No.	R	T	Gls	Semi-Dia.
OBJ	Inf	Inf		Inf
STO	118.939(V)	4.500(V)	N-LAF34(S)	20.330(U)
2	−232.427(V)	0.675(V)		20.330(U)
3	−146.654(V)	3.000(V)	SF59(S)	19.985(U)
4	563.131(V)	3.864(V)		20.275(U)
5	103.308(V)	4.000(V)	LASFN31(S)	20.332(U)
6	Inf	94.354(M)		20.332(U)
IMA	Inf			5.328

[TE-10] 技术指标

波段	F	y'/mm	ω/(°)	f'/mm	BFL/mm	VL/mm	OD	SPT/μm 0	SPT/μm 0.7	SPT/μm 1
VIS	4.0	8.8	5	100	60.0	36.0	Inf	6	6	5

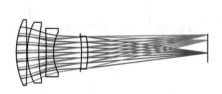

(a) 三片式消色差准直物镜[TE-10]

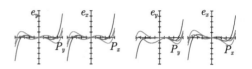
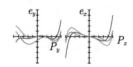

(b) 特性曲线 (±20μm)

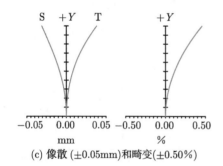

(c) 像散 (±0.05mm)和畸变(±0.50%)

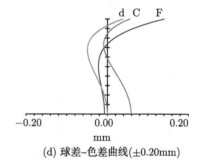

(d) 球差–色差曲线(±0.20mm)

[TE-10] 结构参数　　　　　　　　　　（长度单位：mm）

No.	R	T	Gls	Semi-Dia.
OBJ	Inf	Inf		Inf
1	37.624(V)	5.280(V)	N-PSK57(S)	16.000(U)
2	−614.959(V)	0.282(V)		16.000(U)
3	32.313(V)	6.000(V)	PSK52(S)	14.800(U)
4	65.106(V)	3.695(V)		13.168
5	−257.584(V)	3.544(V)	SF5(S)	11.700(U)
6	22.209(V)	13.340(V)		9.953
STO	Inf	0.613(V)		7.836
8	−68.680(V)	3.246(V)	N-SF64	8.000(U)
9	−37.167(V)	60.000(M)		7.775
IMA	Inf			8.801

[TE-11] 技术指标

波段	F	y'/mm	ω/(°)	f'/mm	BFL/mm	VL/mm	OD	SPT/μm		
								0	0.7	1
VIS	15.0	6.1	3.5	100	89.5	6.4	Inf	0.3	3.9	6.4

(a) 三片式消色差准直物镜[TE-11]

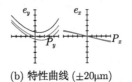

(b) 特性曲线 (±20μm)

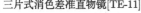

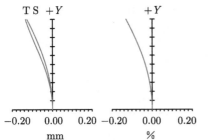

(c) 像散 (±0.20mm)和畸变(±0.20%)

(d) 球差-色差曲线(±0.02mm)

[TE-11] 结构参数　　　　　　　（长度单位：mm）

No.	R	T	Gls	Semi-Dia.
OBJ	Inf	Inf		Inf
STO	Inf	49.327(V)		3.333(U)
2	35.378(V)	2.466(V)	N-FK56(S)	7.399(U)
3	−373.862(V)	0.493(V)		7.399(U)
4	22.196(V)	2.466(V)	N-FK56(S)	7.399(U)
5	−52.457(V)	0.987(V)	LITHOSIL-(S)	7.399(U)
6	18.637(V)	89.493(M)		6.413(U)
IMA	Inf			6.125

[TE-12] 技术指标

波段	F	y'/mm	ω/(°)	f'/mm	BFL/mm	VL/mm	OD	SPT/μm		
								0	0.7	1
VIS	3	5.8	3	102.1	96.5	18.6	Inf	116	139	163

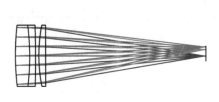

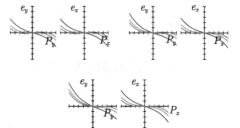

(a) 三片式消色差准直物镜[TE-12]　　　　　　　(b) 特性曲线 (±500μm)

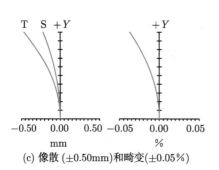

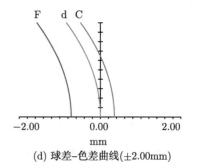

(c) 像散 (±0.50mm) 和畸变 (±0.05%)　　　　(d) 球差-色差曲线(±2.00mm)

[TE-12] 结构参数　　　　　　　　　　（长度单位：mm）

No.	R	T	Gls	Semi-Dia.
OBJ	Inf	Inf		Inf
STO	156.703(V)	9.006(V)	H-K9L	18.000(U)
2	−135.389(V)	3.602(V)	H-ZF1	18.000(P)
3	−642.423(V)	2.000		18.000(P)
4	93.060(V)	4.000(V)	H-ZK9A	18.000(P)
5	Inf(V)	96.462(M)		18.000(P)
IMA	Inf			5.789

[TE-13] 技术指标

波段	F	y'/mm	$\omega/(°)$	f'/mm	BFL/mm	VL/mm	OD	SPT/μm		
								0	0.7	1
VIS	3.0	5.3	3	100	107.8	19.0	Inf	13	18	31

(a) 三片式消色差准直物镜[TE-13]

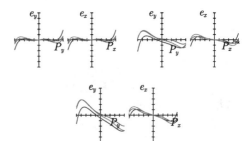

(b) 特性曲线 ($\pm100\mu$m)

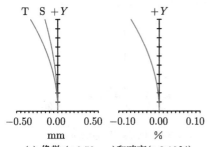

(c) 像散 (±0.50mm)和畸变($\pm0.10\%$)

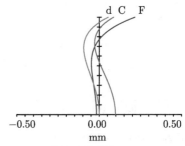

(d) 球差-色差曲线(±0.50mm)

[TE-13] 结构参数　　　　　　　　　　（长度单位：mm）

No.	R	T	Gls	Semi-Dia.
OBJ	Inf	Inf		Inf
STO	−54.641(V)	7.500(V)	H-ZK10(S)	17.000(U)
2	−31.710(V)	3.500(V)	ZF52(S)	19.500(U)
3	−54.823(V)	2.000(V)		19.500(P)
4	147.252(V)	6.000(V)	H-ZLAF68(S)	19.500(P)
5	−173.672(V)	107.804(M)		19.500(P)
IMA	Inf			5.267

[TE-14] 技术指标

波段	F	y'/mm	ω/(°)	f'/mm	BFL/mm	VL/mm	OD	SPT/μm		
								0	0.7	1
VIS	3.0	5.4	3	100	90.5	19.0	Inf	12	33	58

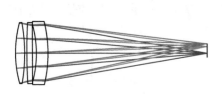

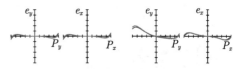

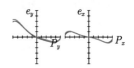

(a) 三片式消色差准直物镜[TE-14]　　　　　(b) 特性曲线 (±200μm)

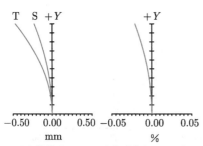

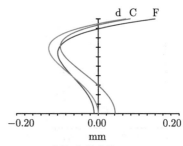

(c) 像散 (±0.50mm)和畸变(±0.05%)　　　　(d) 球差–色差曲线(±0.20mm)

[TE-14] 结构参数　　　　　　　　　　　　（长度单位：mm）

No.	R	T	Gls	Semi-Dia.
OBJ	Inf	Inf		Inf
STO	62.902(V)	5.333(V)	LITHOTEC-CAF2(S)	17.000(U)
2	−92.858(V)	1.333(V)		17.000(U)
3	296.114(V)	3.333(V)	LITHOTEC-CAF2(S)	17.000(U)
4	−3508.074(V)	2.333(V)		17.000(U)
5	−57.881(V)	6.667(V)	SF59(S)	15.848
6	−72.922(V)	90.520(M)		17.600(U)
IMA	Inf			5.371

[TE-15] 技术指标

波段	F	y'/mm	$\omega/(°)$	f'/mm	BFL/mm	VL/mm	OD	SPT/μm 0	0.7	1
VIS	2.2	3.5	2	100	85.5	25.5	Inf	10	8	17

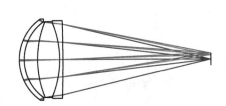

(a) 三片式消色差准直物镜[TE-15]

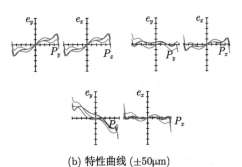

(b) 特性曲线 (±50μm)

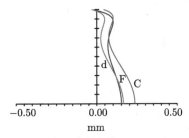

(c) 像散 (±0.20mm)和畸变(±0.02%)

(d) 球差–色差曲线(±0.50mm)

[TE-15] 结构参数　　　　　　　　　　　（长度单位：mm）

No.	R	T	Gls	Semi-Dia.
OBJ	Inf	Inf		Inf
STO	27.705(V)	2.860(V)	SF59(S)	23.000(U)
2	26.040(V)	7.820(V)		21.500(U)
3	55.522(V)	12.870(V)	LAK23(S)	21.500(U)
4	−53.442(V)	1.910(V)	LAF9(S)	21.317
5	−732.115(V)	85.539(V)		22.000(U)
IMA	Inf			3.526

[TE-16] 技术指标

波段	F	y'/mm	$\omega/(°)$	f'/mm	BFL/mm	VL/mm	OD	SPT/μm 0	0.7	1
VIS	3.3	8.7	5	100	101.5	14.5	Inf	25	32	58

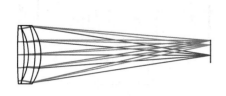

(a) 三片式消色差准直物镜[TE-16]

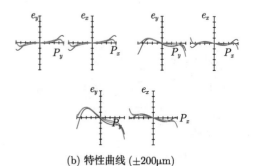

(b) 特性曲线 (±200μm)

(c) 像散 (±1.00mm)和畸变(±0.10%)

(d) 球差-色差曲线(±0.50mm)

[TE-16] 结构参数　　　　　　（长度单位：mm）

No.	R	T	Gls	Semi-Dia.
OBJ	Inf	Inf		Inf
STO	345.255(V)	3.991(V)	N-LAF36(S)	17.000(U)
2	−70.788(V)	2.677(V)		17.000(P)
3	−28.837(V)	4.200(V)	SF58(S)	15.241
4	−45.030(V)	3.594(V)	LLF6(S)	17.000(U)
5	−29.316(V)	101.543(M)		17.000(P)
IMA	Inf			8.757

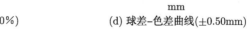

[TE-17] 技术指标

波段	F	y'/mm	ω/(°)	f'/mm	BFL/mm	VL/mm	OD	SPT/μm 0	0.7	1
VIS	8.0	1.7	1	100	97.2	6.2	Inf	1.3	1.8	2.6

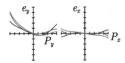
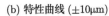

(a) 三片式消色差准直物镜[TE-17]

(b) 特性曲线 (±10μm)

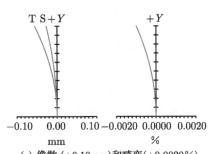

(c) 像散 (±0.10mm)和畸变(±0.0020%)

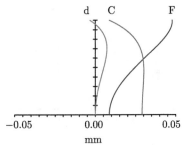

(d) 球差–色差曲线(±0.05mm)

[TE-17] 结构参数　　　　　　　　（长度单位：mm）

No.	R	T	Gls	Semi-Dia.
OBJ	Inf	Inf		Inf
STO	50.545(V)	2.000(V)	BK7HT(S)	6.500(U)
2	−30.070(V)	0.123(V)		6.500(P)
3	−30.796(V)	1.857(V)	KZFSN4(S)	6.500(P)
4	24.327(V)	0.192(V)		6.500(P)
5	24.289(V)	1.985(V)	LLF2(S)	6.500(P)
6	−100.390(V)	97.161(M)		6.500(P)
IMA	Inf			1.754

[WS-81] 技术指标

波段	F	y'/mm	ω/(°)	f'/mm	BFL/mm	VL/mm	OD	SPT/μm 0	0.7	1
VIS	2.8	1.8	1.75	100	82.1	18.2	Inf	5.0	3.6	5.0

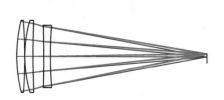

(a) 三片式消色差准直物镜[WS-81]

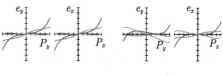
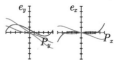

(b) 特性曲线 (±20μm)

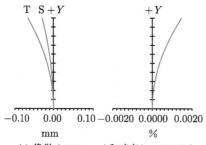

(c) 像散 (±0.10mm)和畸变(±0.0020%)

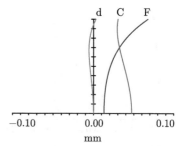

(d) 球差–色差曲线(±0.10mm)

[WS-81] 结构参数　　　　　　　　（长度单位：mm）

No.	R	T	Gls	Semi-Dia.
OBJ	Inf	Inf		Inf
STO	70.405(V)	4.500(V)	LITHOTEC-CAF2(S)	18.500(U)
2	−236.078(V)	0.100(V)		18.500(U)
3	60.735(V)	4.500(V)	H-K9L(S)	18.500(U)
4	413.653(V)	5.571(V)		16.938
5	−521.003(V)	3.500(V)	H-ZF52A(S)	16.000(U)
6	184.813(V)	82.108(M)		15.072
IMA	Inf			1.761

[WS-85] 技术指标

波段	F	y'/mm	$\omega/(°)$	f'/mm	BFL/mm	VL/mm	OD	SPT/μm 0	SPT/μm 0.7	SPT/μm 1
VIS	2.8	1.8	1.75	100	88.2	15.6	Inf	4.6	3.8	5.0

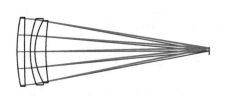

(a) 三片式消色差准直物镜[WS-85]

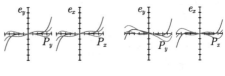
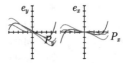

(b) 特性曲线 (±20μm)

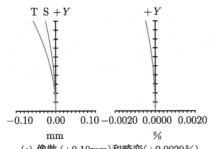

(c) 像散 (±0.10mm)和畸变(±0.0020％)

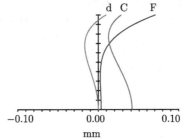

(d) 球差–色差曲线(±0.10mm)

[WS-85] 结构参数　　　　　　　　　　　　(长度单位：mm)

No.	R	T	Gls	Semi-Dia.
OBJ	Inf	Inf		Inf
STO	88.976(V)	4.000(V)	N-PSK57(S)	18.300(U)
2	554.302(V)	3.122(V)		17.729
3	49.309(V)	2.500(V)	SF1(S)	17.600(U)
4	31.979(V)	6.000(V)	N-PK51(S)	16.500(U)
5	112.991(V)	88.172(M)		16.027
IMA	Inf			1.760

附录 5.2　评　价　函　数

Oper#	Type	Surf1	Surf2	H_x	H_y	P_x	P_y	Tag.	Wt.	Val.	Ctrb.
1	BLNK	ACHROMATIC-4									
2	BLNK	PMAG AND EFFL									
3	PMAG		2					0.000	0.000	0.000	0.000
4	EFFL		2					100.00	0.100	99.961	2.751
5	REAR	6	2	0.000	1.000	0.000	0.000	0.000	0.000	3.492	0.000
6	BLNK	CONJUGATE									
7	TTHI	0	3					0.000	0.000	1.000×10^{10}	0.000
8	BLNK	ACHROMATIC									
9	AXCL	0	0	0.000				0.000	0.000	0.139	0.000
10	TRAY		1	0.000	0.000	0.000	0.700	0.000	0.000	−0.010	0.000
11	TRAY		3	0.000	0.000	0.000	0.700	0.000	0.000	-9.951×10^{-3}	0.000
12	DIFF	10	11					0.000	0.000	-1.052×10^{-4}	0.000
13	CONS							100.000	0.000	100.000	0.000
14	PROD	12	13					0.000	0.100	0.000	0.000
15	BLNK	SPHERICAL									
16	TRAY		2	0.000	0.000	0.000	1.000	0.000	0.000	0.014	0.000
17	TRAY		2	0.000	0.000	0.000	0.600	0.000	0.000	−0.013	0.000
18	SUMM	16	17					0.000	0.000	1.136×10^{-3}	0.000
19	PROD	18	13					0.000	0.100	1.553×10^{-3}	6.582×10^{-5}
20	BLNK	VL									
21	TTHI	1	4					0.000	0.000	12.605	0.000
22	OPLT	21						0.000	0.000	13.000	0.000
23	BLNK	PETZ									
24	PETZ							0.000	0.000	−173.99	0.000
25	BLNK	BOUNDING OF THE CENTRAL AND EDGE THICKNESS									
26	MNCT	1	5					0.200	0.020	0.200	0.000
27	MNET	1	5					0.200	0.020	0.200	0.000
28	MNCG	1	5					1.600	0.020	1.600	0.000
29	MNEG	1	5					1.300	0.020	1.300	0.000
30	MXCG	1	5					6.000	0.020	6.000	0.000
31	MXEG	1	5					5.000	0.020	5.000	0.000
22	BLNK	Default merit function: RMS wavefront chief GQ 3rings 6 arms									
19	......	......									
20											

第6章 二级光谱和复消色差航摄望远物镜

6.1 长焦距双胶合消色差准直镜的二级光谱

根据放大率公式，当物距很大时，放大率近似与焦距成正比：

$$\frac{1}{f'} = \left(\frac{1}{l'} - \frac{1}{l}\right)_{|l| \gg l'} \approx \frac{1}{l'}, \quad l' \approx f', \quad \beta = y'/y = l'/l \approx f'/l \tag{6.1}$$

航空拍摄情况下物距非常大。如果飞行高度 (物距)$=10000$m，则实际放大率公式 (只考虑绝对值) 为

$$\beta \approx f'/l = f'/10000 \tag{6.2}$$

为了看清远处目标的细节，需要足够的放大倍率，这就需要长焦距的物镜。假定我们要设计一个口径为 100mm，$F=10$，焦距为 1m 的双胶合消色差航摄望远物镜 [DB-21]，指标如表 6.1 所示。设用 XGA(1024×768)$1/2$in CCD 探测，边长为 6.4mm$\times 4.8$mm，像素边长 $p=6.25\mu$m，器件半对角线长即像高 $y'=4$mm。这正是双胶合消色差物镜 F 数所能达到定义域右端的极限情况 (参见表 4.2)。

表 6.1　长焦距望远物镜 [DB-21] 技术指标

设计	备注	波段	$F=f'/D$	视场 $\omega/(°)$, $y'/$mm	焦距 $f'/$mm
[DB-21]	双胶合	VIS	10	0.23, 4	1000

物镜 [DB-21] 是由物镜 [DB-7] 经焦距缩放到 1000mm，并对厚度稍加整理、优化后得到的。对应结构参数见附录 6 [DB-21]，优化时调用评价函数 "ACHROMATIC"，球差–色差曲线见图 6.1(a)。

我们看到，C 光虽与 F 光在 0.7 孔径附近相交，但交点与 d 光仍有距离 δ，称为二级光谱 (secondary color)。小相对孔径长焦距物镜的球差并不大，但 F、C 光的交点和 d 光最佳焦面有较大距离，其效应相当于蓝光和红光相对于绿光 "离焦"，δ 就是离焦量。图 6.1(b) 中三个视场的弥散图形非常类似，RMS 半径几乎一致，均大于 CCD 的最小分辨距离 $2p$，分辨率达不到要求。

图 6.2 为 [DB-21] 对应的光学传递函数 (MTF)，截止频率 $\nu_c = 1/(2p) = 80$mm^{-1}，其中 p 为探测器像素尺寸。各视场 MTF 从低频到高频比较一致，均远低于衍射极限的 MTF，与离焦 MTF 非常像。该物镜的清晰度较差，没有实用价值。

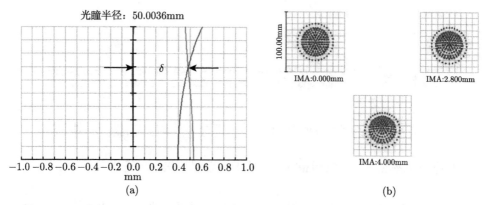

图 6.1　(a) 物镜 [DB-21] 的球差–色差曲线，二级光谱 $\delta \approx 0.48$mm；(b) SPT_0=16μm,
$\mathrm{SPT}_{0.7}$=16μm, SPT_1=16μm

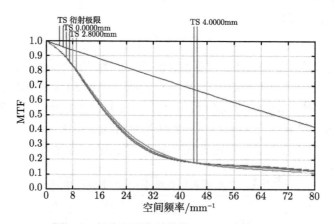

图 6.2　长焦距消色差物镜 [DB-21] 的 MTF

截止频率 $\nu_\mathrm{c}=1/(2p)=80$mm^{-1}，其中 p 为探测器像素尺寸

6.2　二级光谱的波像差

图 6.3 为二级光谱波像差示意图。P' 为 d 光焦点，波面为实线圆弧；P'' 为 F、C 光共同焦点，波面为虚线圆弧。由于二级光谱 δ 的影响，F、C 光对应的波面与 d 光对应的波面不重合，其偏差 (图中用 Δh 表示)

$$W \approx -\frac{(D/2)^2}{2R^2}\Delta R = \frac{u'^2}{2}\delta = \frac{\delta}{8F^2} \sim \frac{f'}{F^2}, \quad W \sim (\mathrm{NA})^2 f' \tag{6.3}$$

即二级光谱引起的波像差与光圈数 F 的平方成反比 (与数值孔径 NA 的平方成正比)，与焦距成正比。对于长焦距望远物镜、航拍物镜、大数值孔径显微物镜、大相

对孔径光刻机物镜等高分辨成像物镜，二级光谱对像质影响很大。校正了二级光谱的系统，称为"复消色差"(apochromatic)。对比图 4.7 和图 6.1(a) 可以看出，在中短焦距、较大相对孔径 (如 $F<6$) 情况下，由于存在高级球差，二级光谱对像质的影响并不突出，而在小相对孔径 (如 $F>6$)、长焦距 (如 $f'>300\text{mm}$) 物镜情况下，二级光谱成为主要像差。

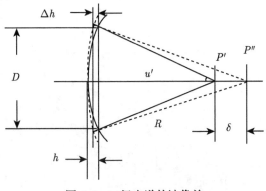

图 6.3　二级光谱的波像差

增加透镜个数，采用复杂系统无助于校正二级光谱，复消色差可通过特殊材料实现。

6.3　光学玻璃的色散特性和阿贝公式

6.3.1　光学玻璃所用的特征谱线

光学玻璃采用一系列特征谱线来表征其技术参数，这些谱线如表 6.2 所示，基本上覆盖了近紫外、可见到近红外光谱。

表 6.2　光学玻璃的特征谱线

光谱线	i	h	g	F′	F	e	d
波长/nm	365.01	404.66	435.84	479.99	486.13	546.07	587.56
光谱线	D	(He-Ne)	C′	C	r	t	
波长/nm	589.29	632.80	643.85	656.27	706.52	1013.98	

6.3.2　中部色散和相对部分色散

通常用阿贝数来表征玻璃的"中部色散"：

$$\nu_{\text{d}} = \frac{n_{\text{d}} - 1}{n_{\text{F}} - n_{\text{C}}} \tag{6.4}$$

ν_d 的下标往往略去不写。阿贝数 ν 越大，色散越小。图 6.4 为光学玻璃的 n-ν 分布图。

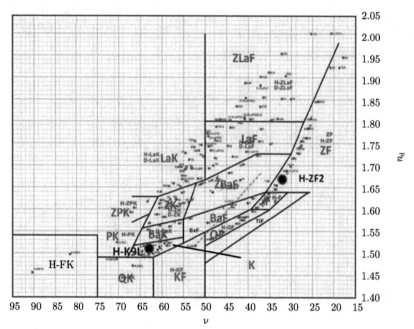

图 6.4　光学玻璃的 n-ν 分布图

纵坐标为折射率 n_d，横坐标为阿贝数 ν

二级光谱指的是两种色光 (如 F，C) 消色差后对于第三种色光 (如 d) 的剩余色差，因此有必要讨论光学玻璃的 "相对部分色散"。波长 X 对于 Y 的相对部分色散定义为

$$P_{XY} = \frac{n_X - n_Y}{n_F - n_C} \tag{6.5}$$

例如，F 光相对于 d 光的相对部分色散

$$P_{Fd} = \frac{n_F - n_d}{n_F - n_C} \tag{6.6}$$

6.3.3　阿贝公式和反常材料

绝大部分 "正常玻璃" 的相对部分色散近似遵循 "阿贝公式"：

$$P_{XY} = A_{XY} + B_{XY}\nu_d \tag{6.7}$$

当 X=F，Y=d，并对 F、C 光校正了纵向色差后，双胶合物镜的二级光谱可近似表为

$$\delta|_{FC,d} = f'\frac{dP_{Fd}}{d\nu} = Bf' \approx -0.00049f' \tag{6.8}$$

以焦距 $=1000\mathrm{mm}$ 代入 (6.8) 式，得到 $\delta=-0.49$，与图 6.1 的结果大体一致。(6.8) 式所示直线由图 6.5 所示。可以看到，几乎所有的玻璃都接近阿贝直线，表明正常玻璃的二级光谱仅决定于焦距，更换其他正常光学玻璃无助于二级光谱的校正。若要校正二级光谱，就得寻求偏离阿贝直线的"反常材料"。

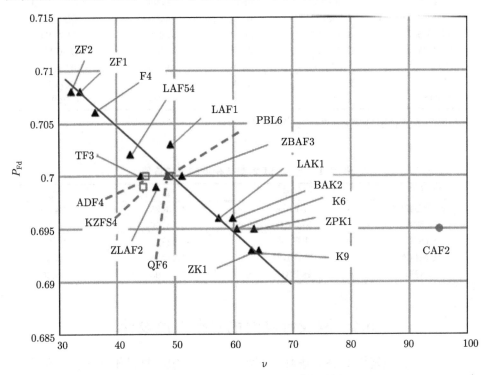

图 6.5　阿贝公式（图中直线）和"反常材料"CAF2

玻璃牌号前的附加字母 H、N 等未标注

氟化钙 CAF2 ($P_{\mathrm{Fd}}=0.695$, $\nu_{\mathrm{d}}=95$) 是与阿贝直线偏离很大的"反常材料"。复消色差物镜最有效的方法，正是用 CAF2 做正透镜，并采用 P_{Fd} 相近、阿贝数 ν 相差大的光学玻璃做负透镜。与这些条件相近的玻璃有 CDGM 的 QF6、H-LAF54，SCHOTT 的 N-KZFS4，OHARA 的 PBL6，HOYA 的 ADF4 等。各玻璃的参数如表 6.3 所示。根据该表的数据，可以预先估算出二级光谱的值为

$$\delta = f'\frac{\mathrm{d}P_{\mathrm{Fd}}}{\mathrm{d}\nu_{\mathrm{d}}} \approx -0.0001f' = -0.1 \tag{6.9}$$

二级光谱校正得很好。

近年来，各光学玻璃公司争相研制生产参数与晶体 CAF2 相近的玻璃，SCHOTT、HOYA、OHARA、SUMITA(住田) 等的产品见表 6.4，CDGM 的产品

也将批量投产。

表 6.3　与 CAF2 配对的光学玻璃

材料	n_d	ν_d	P_{Fd}	供应商
CAF2	1.4338	95.0	0.695	INFRARED
QF6	1.53172	51.49	0.700	CDGM
N-KZFS4	1.61336	44.49	0.699	SCHOTT
H-LAF54	1.79952	42.24	0.702	CDGM
PBL6	1.531717	48.9	0.700	OHARA
ADF4	1.612498	44.8	0.700	HOYA
ZF1*	1.64769	33.8	0.708	CDGM

注: * ZF1 并不满足复消色差条件, 列在表中作为比对。

表 6.4　与 CAF2 参数相近的光学玻璃

生产厂	牌号	n_d	ν_d
SCHOTT	N-FK56	1.43425	94.95
HOYA	FCD100	1.43700	95.10
OHARA	FPL53	1.43875	94.96
SUMITA	CAFK95	1.43426	94.85
CDGM	H-FK95	1.43700	94.50

6.4　双胶合复消色差准直镜设计

我们说, 正透镜用 CAF2 是确定无疑的, 但负透镜的材料却有不确定性, 因为二级光谱只是像差之一。阿贝数相差大、相对部分色散 P_{Fd} 差值小的 "CAF2–玻璃" 对是复消色差的必要条件, 但不充分。在复消色差准直镜设计中, 与 CAF2 配对玻璃的选择是至关要紧的。现在就来介绍复消色差物镜设计流程, 其中负透镜材料由程序自动选择。

(1) 将 [DB-21] 中的正透镜材料更换为晶体 CAF2, 负透镜玻璃不变 (ZF1)。

(2) 释放所有的透镜外径 Semi-Dia., 将焦距缩放到 1000mm, 检查确定 $F=10$, $\omega=0.23°$ ($y'=4$mm)。

(3) 设各面半径为变量 ("V"), $T3$ 设为 (M); $T1=12.0$mm, $T2=7.0$mm。

(4) 调用 "ACHROMATIC" 评价函数, 在其中设 EFFL$=1000$mm, 并设置球差和色差的权重为 0, 即在复消色差设计中, 追求最小的弥散, 并不要求标准的球差–色差校正。

(5) 优化并另存为 [AP-7]M, 为中间设计。

(6) 在 "Gen" 菜单中选择供应商 "INFRARED" 和 "CDGM"。

(7) 令玻璃 ZF1 为 "S"(substitute)，即该材料可以在 CDGM 的目录中替换。

(8) 选择 "HAM"(HAMMER) 优化，同时观察 MTF，启动优化后一般很快找到 QF6，MTF 接近衍射极限。

(9) 如果将 ZF1 改成 SCHOTT 对应的 SF2，在 "Gen" 菜单中选择 "INFRARED" 和 "SCHOTT"，启动 HAM 优化，将选出 N-KZFS4。

(10) 将透镜外圆适当加大，留出 "压边量"，完成设计 [AP-7]。

双胶合透镜共有三个变量 $R1$、$R2$ 和 $R3$，HAMMER 优化使得玻璃可替换，增加了两个重要的变量 n 和 ν。玻璃的折射率和阿贝数的分布相当密集，可认为是准连续的，就能在给定供应商的玻璃表中选出最佳组合。

图 6.6 为物镜 [AP-7] 的球差–色差曲线。二级光谱 $\delta_{0.8} = -0.1$，与 (6.9) 式的结果一致，比普通消色差大大改善。在复消色差的情况下，F、d、C 三色光的球差曲线和纵轴很接近，三色光的弥散很小，不必按第 4 章的规范校正球差–色差。

光瞳半径: 49.9965mm

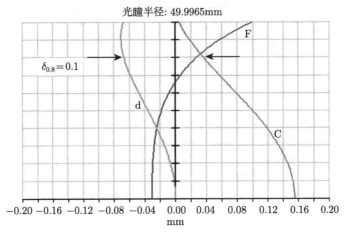

图 6.6 物镜 [AP-7] 的球差–色差曲线

在表 6.5 中给出八个设计的结果，设计的像差曲线和结构参数见附录 6。其中 [AP-8] 的物镜为三片式 (双胶合 + 单片) 复消色差物镜，因而相对孔径增大，焦距变小，使得结构紧凑，在 ZEMAX 中材料选用 CAF2。

图 6.7(a) 为物镜 [AP-7] 的 MTF 曲线，最靠上方的曲线为衍射极限 MTF，可见设计已非常接近衍射极限。图 6.7(b) 为弥散斑 SPT，图中的圆为艾里斑，所有视场的弥散斑均小于艾里斑，业内称之为小于 "1DL" (1 × 衍射极限)。

在 "P-ν" 平面上，HAMMER 优化选择出来的玻璃 QF6、N-KZFS4、ADF4 和 PBL6 位于一个小区域中，它们的相对部分色散几乎相等 ($P_{\mathrm{Fd}} \approx 0.700$)，与 CAF2 的值很近 ($P_{\mathrm{Fd}} \approx 0.695$)，而阿贝数差别很大 ($\Delta\nu \approx 50$)。接近该区域的 TF3、H-LAF54、LAF50、LAF53 与 CAF2 配对的结果性能略有下降。

表 6.5   复消色差物镜 [AP-1]∼[AP-8] 技术指标(波段：VIS)

设计	F	视场		焦距	材料 1	材料 2	SPT/μm		
		$\omega/(°)$, y'/mm		f'/mm	GLS1	GLS2	0	0.7	1
[AP-1]	8	0.23, 3.2		800	CAF2	QF6	3.7	3.7	3.7
[AP-2]	10	0.23, 4		1000	CAF2	N-KZFS4	2	2	2
[AP-3]	10	0.23, 4		1000	CAF2	H-LAF54	4	4	4
[AP-4]	10	0.23, 4		1000	CAF2	H-LAF50A	3	11	16
[AP-5]	10	0.23, 4		1000	CAF2	H-LAF53	2	10	14
[AP-6]	10	0.23, 4		1000	CAF2	TF3	4	5	5
[AP-7]	10	0.23, 4		1000	CAF2	QF6	2	2	2
[AP-8]	4.8	0.23, 1.9		500	CAF2/TF3*	H-ZPK2	2.8	2.8	2.8

注：* 胶合透镜。

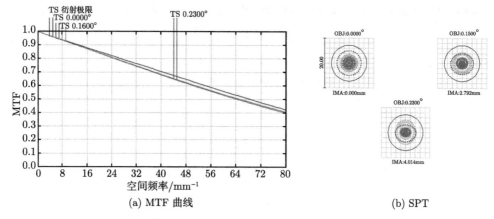

(a) MTF 曲线   (b) SPT

图 6.7   物镜 [AP-7](CAF2/QF6) (彩图见封底二维码)

6.5   光学设计的极限

由于阻尼最小二乘法对应的评价函数具有多个极小值，每次优化一般都能达到极小值，但未必是 (一般都不是) 最小值。我们常常讨论光学设计达到评价函数最小值的判定标准。其实，衍射极限就是评价函数达到最小值的标识，因为任何常规设计都不会超越衍射极限。由此判定，上述双胶合复消色差物镜的设计均十分接近评价函数的最小值，亦即接近该类物镜的设计极限。这是光学设计中极少的情况。

附录 6　技术指标、像差曲线和结构参数

[DB-21] 技术指标

波段	F	y′/mm	ω/(°)	f′/mm	BFL/mm	VL/mm	OD	SPT/μm 0	0.7	1
VIS	10	4.0	0.23	1000	989.2	30.0	Inf	16	16	16

(a) 复消色差望远物镜[DB-21]

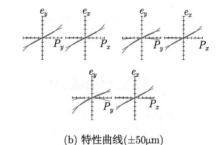

(b) 特性曲线(±50μm)

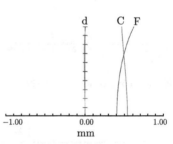

(c) 像散(±0.05mm)和畸变(±0.0020%)

(d) 球差-色差曲线(±1.00mm)

[DB-21]结构参数　　　　　　　　　　　(长度单位: mm)

No.	R	T	Gls	Semi-Dia.
OBJ	Inf	Inf		Inf
1	525.135(V)	12.000	H-K9L	50.000(U)
2	−456.913(V)	7.000	ZF1(S)	50.000(U)
3	−2134.845(V)	989.241(M)		50.000(U)
IMA	Inf			4.036

[AP-1] 技术指标

波段	F	y'/mm	$\omega/(°)$	f'/mm	BFL/mm	VL/mm	OD	SPT/μm		
								0	0.7	1
VIS	8.0	3.2	0.23	800	791.2	19.0	Inf	3.7	3.7	3.7

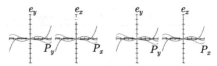

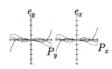

(a) 复消色差望远物镜[AP-1]　　　　　(b) 特性曲线(±10μm)

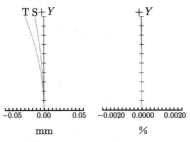

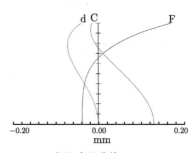

(c) 像散(±0.05mm)和畸变(±0.0020%)　　　(d) 球差–色差曲线(±0.20mm)

[AP-1]结构参数　　　　　　　(长度单位：mm)

No.	R	T	Gls	Semi-Dia.
OBJ	Inf	Inf		Inf
STO	443.814(V)	12.000	CAF2	52.000(U)
2	−274.976(V)	7.000	QF6(S)	52.000(U)
3	−840.858	791.228(M)		52.000(U)
IMA	Inf			3.220

[AP-2] 技术指标

波段	F	y'/mm	$\omega/(°)$	f'/mm	BFL/mm	VL/mm	OD	SPT/μm		
								0	0.7	1
VIS	10	4.0	0.23	1000	992.0	19.0	Inf	2	2	2

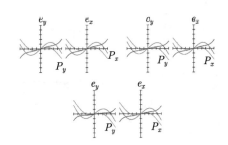

(a) 复消色差望远物镜[AP-2]　　　　　　　(b) 特性曲线(±10μm)

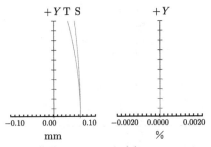

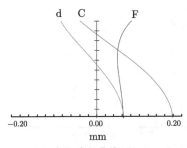

(c) 像散(±0.10mm)和畸变(±0.0020%)　　　(d) 球差–色差曲线(±0.20mm)

[AP-2]结构参数　　　　　　　　（长度单位：mm）

No.	R	T	Gls	Semi-Dia.
OBJ	Inf	Inf		Inf
STO	556.450(V)	12.000	CAF2	52.000(U)
2	−394.463(V)	7.000	N-KZF4(S)	52.000(U)
3	−904.900(V)	991.990(M)		52.000(U)
IMA	Inf			4.020

[AP-3] 技术指标

波段	F	y'/mm	ω/(°)	f'/mm	BFL/mm	VL/mm	OD	SPT/μm 0	SPT/μm 0.7	SPT/μm 1
VIS	10	4.0	0.23	1000	995.0	19.0	Inf	4	4	4

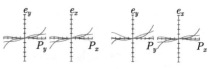

(a) 复消色差望远物镜[AP-3]　　　　　　　　(b) 特性曲线(±10μm)

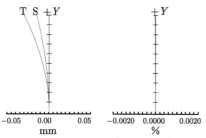

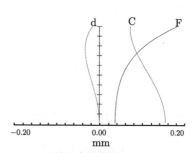

(c) 像散(±0.05mm)和畸变(±0.0020%)　　　　(d) 球差-色差曲线(±0.20mm)

[AP-3]结构参数　　　　　　　　　　（长度单位：mm）

No.	R	T	Gls	Semi-Dia.
OBJ	Inf	Inf		Inf
STO	619.800(V)	12.000	CAF2	52.000(U)
2	−393.400(V)	7.000	H-LAF54(S)	52.000(U)
3	−649.900(V)	995.012(M)		52.000(U)
IMA	Inf			4.027

[AP-4] 技术指标

波段	F	y'/mm	ω/(°)	f'/mm	BFL/mm	VL/mm	OD	SPT/μm 0	SPT/μm 0.7	SPT/μm 1
VIS	10	4.0	0.23	1000	988.6	16.7	Inf	3	11	16

(a) 复消色差望远物镜[AP-4]

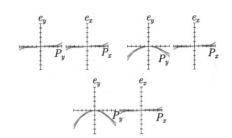

(b) 特性曲线(±50μm)

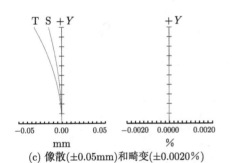

(c) 像散(±0.05mm)和畸变(±0.0020%)

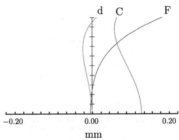

(d) 球差-色差曲线(±0.20mm)

[AP-4]结构参数 (长度单位: mm)

No.	R	T	Gls	Semi-Dia.
OBJ	Inf	Inf		Inf
STO	350.194(V)	11.147	CAF2	52.000(U)
2	−506.953(V)	5.573	H-LAF50A(S)	52.000(U)
3	−1806.723(V)	988.555(M)		52.000(U)
IMA	Inf			3.988

[AP-5] 技术指标

波段	F	y'/mm	ω/(°)	f'/mm	BFL/mm	VL/mm	OD	SPT/μm 0	0.7	1
VIS	10	4.0	0.23	1000	988.4	17.4	Inf	2	10	14

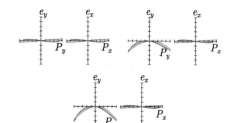

(a) 复消色差望远物镜[AP-5]

(b) 特性曲线(±50μm)

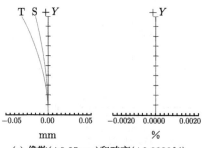

(c) 像散(±0.05mm)和畸变(±0.0020%)

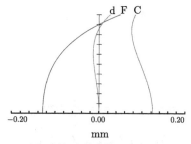

(d) 球差–色差曲线(±0.20mm)

[AP-5]结构参数　　　　　　　　　　　　（长度单位：mm）

No.	R	T	Gls	Semi-Dia.
OBJ	Inf	Inf		Inf
STO	363.056(V)	11.603	CAF2	52.000(U)
2	−498.983(V)	5.802	H-LAF53(S)	52.000(U)
3	−1752.650(V)	988.397(M)		52.000(U)
IMA	Inf			3.988

[AP-6] 技术指标

波段	F	y'/mm	$\omega/(°)$	f'/mm	BFL/mm	VL/mm	OD	SPT/μm 0	0.7	1
VIS	10	4.0	0.23	1000	992.3	18.0	Inf	4	5	5

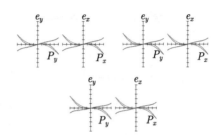

(a) 复消色差望远物镜[AP-6]　　　　　　　　(b) 特性曲线(±20μm)

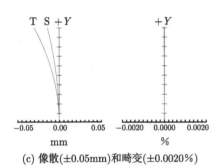

(c) 像散(±0.05mm)和畸变(±0.0020%)

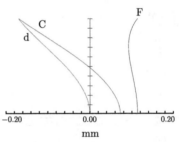

(d) 球差-色差曲线(±0.20mm)

[AP-6]结构参数　　　　　　　　　　　(长度单位：mm)

No.	R	T	Gls	Semi-Dia.
OBJ	Inf	Inf		Inf
STO	558.800(V)	12.000	CAF2	52.000(U)
2	−393.800(V)	6.000	TF3(S)	52.000(U)
3	−901.500(V)	992.312(M)		52.000(U)
IMA	Inf			4.025

[AP-7] 技术指标

波段	F	y'/mm	$\omega/(°)$	f'/mm	BFL/mm	VL/mm	OD	SPT/μm 0	0.7	1
VIS	10	4.0	0.23	1000	989.7	21.0	Inf	2	2	2

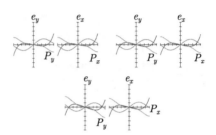

(a) 复消色差望远物镜[AP-7]

(b) 特性曲线(±20μm)

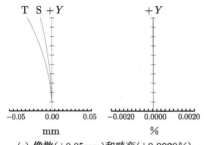

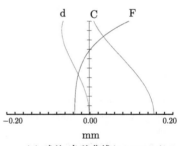

(c) 像散(±0.05mm)和畸变(±0.0020%)

(d) 球差–色差曲线(±0.20mm)

[AP-7]结构参数　　　　　　　　　　　　　　（长度单位：mm）

No.	R	T	Gls	Semi-Dia.
OBJ	Inf	Inf		Inf
STO	556.838(V)	16.000	CAF2	52.000(U)
2	−341.724(V)	5.000	QF6(S)	52.000(U)
3	−1042.506(V)	989.689(M)		52.000(U)
IMA	Inf			4.019

[AP-8] 技术指标

波段	F	y'/mm	$\omega/(°)$	f'/mm	BFL/mm	VL/mm	OD	SPT/μm		
								0	0.7	1
VIS	4.8	1.9	0.23	480	470.0	40.5	Inf	2.8	2.8	2.8

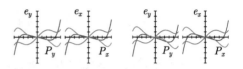

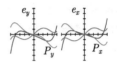

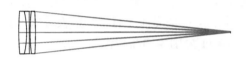

(a) 复消色差望远物镜[AP-8]

(b) 特性曲线(±10μm)

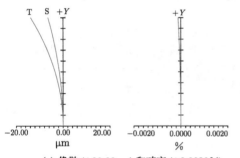

(c) 像散 (±20.00μm) 和畸变 (±0.0020%)

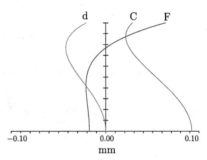

(d) 球差-色差曲线(±0.10mm)

[AP-8]结构参数 (长度单位: mm)

No.	R	T	Gls	Semi-Dia.
OBJ	Inf	Inf		Inf
STO	589.282(V)	19.200	CAF2	50.009
2	−225.062(V)	6.400	TF3(S)	49.745
3	−1.592E+004(V)	2.133		49.808
4	427.154(V)	12.800	H-ZPK1(S)	49.843
5	−914.314(V)	469.973(M)		49.494
IMA	Inf			1.930

第 7 章　柯 克 物 镜

7.1　有限共轭距成像系统

从本节起我们要讲述中大视场物镜的光学系统设计。图 7.1 为典型有限共轭距柯克物镜成像系统，柯克物镜由三片透镜构成，在像面前还有一块盖板玻璃 (如探测器的保护玻璃)，共计 12 个面，序号 0 和 11 分别为物面和像面。

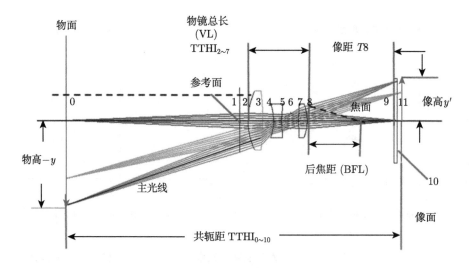

图 7.1　有限共轭距柯克物镜成像系统

图中用数字指示表面的序号；虚线画出与光轴平行的光线，它与光轴的交点是后焦点

系统的垂轴参数和轴向参数由表 7.1 列出，同时给出系统的其他参数及英文名，以及对应的 ZEMAX 符号或操作数，其中 Tn 表示透镜数据表中的第 n 个间隔，$\text{TTHI}_{m,n}$ 为算符 (即优化过程的操作数 operand)，表示从第 m 个表面到第 $n+1$ 个表面之间的距离，可表为从 m 到 n 间隔的和 $(n > m)$，即

$$\text{TTHI}_{m,n}\big|_{n \geqslant m} = \sum_{k=m}^{n} T_k \tag{7.1}$$

在应用光学中，像距和焦距分别定义为后主面到像面和后焦面的距离，但在光学设计业界，像距 (image distance) 通常指物镜最后表面到像面的距离。在本例中，

由于像面前有一块保护玻璃,有意义的像距则为物镜最后表面到保护玻璃前表面的距离 $T8$,这个间隔表示物镜和探测器组件之间真正可用的空间距离。

表 7.1 光学成像系统的参数说明

参数名	符号	英文	定义或说明	ZEMAX 符号
物高	y	object height		$REAR_0$
理想像高	η'	paraxial image height	又称近轴像高	
实际像高	y'	real image height		$REAR_{11}$
放大率	β	magnification	即横向放大率	PMAG
共轭距	L	conjugate	物面到像面的距离	$TTHI_{0,10}$
物距	OD	object distance	物面到物镜第一表面距离	$T0$
像距	ID	image distance	物镜最后表面到像面距离	$T8$
物镜总长	VL	vertex length from first to last lens surface	从物镜第一表面到物镜最后表面之间的距离	$TTHI_{2,7}$
焦距	f'	focal length	从后主面到后焦面的距离	EFFL
后焦距	BFL	back focal length	物镜最后表面到后焦面的距离	
波段	WB	waveband	可见光一般用 VIS 表示,并采用 F, d, C 谱线	Wav
光圈数或 F 数	$F, F/\#$	focal number	F 数为相对孔径的倒数,$F = f'/D = 1/(2u')$, D 为入瞳直径, u' 为像方孔径角	

后焦距 (back focal length, BFL) 指的是物镜最后表面到后焦面的距离,与应用光学的定义也不同。在无限共轭距时后焦距和像距相等,在有限共轭距时则不等。为了避免误解,我们宁肯直接称它为 BFL。

本书中像高 η' 指的是傍轴光学像高。由于像差 (如畸变), η' 一般和实际像高 y' 有一些差别,本书一般使用 y'。

无限共轭距系统也可仿此定义。

7.2 典型的柯克物镜

7.2.1 典型的柯克物镜 [CK-A]、[CK-B]

至今为止介绍过的 "密接透镜组" 只能对轴上和近轴视场成清晰像,视场只有几度。为了对较大视场和孔径成像,并校正各种像差,需要由多个镜片构成较复杂的光学系统提供更多的变量,如曲率半径、表面间隔和材料参数等。

图 7.2 为柯克三片式物镜 [CK-A]。其中六个表面曲率半径 ($R2 \sim R5$, $R7$, $R8$)、三片薄透镜之间的间隔 T'、T'',以及三个玻璃的参数等均可变,这为校正近轴、轴外像差并确定系统焦距提供了足够的自由度。光阑位于间隔 T' 或 T'' 内,系统关于光阑大体对称,非对称像差 (如彗差、像散、放大率色差等) 不大,像质较好。

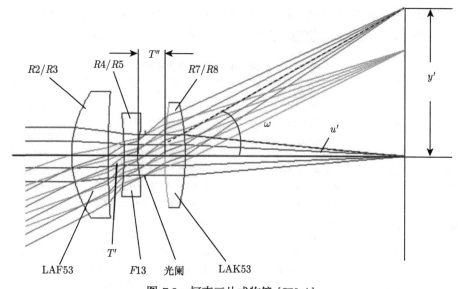

图 7.2　柯克三片式物镜 [CK-A]

第 1 面为参考面 (图中未画出); $T' = T3$; $T'' = T5 + T6$

　　柯克物镜结构不复杂, 全视场 2ω 最大可达 $70°$, F 数最小到 2.4, 用途非常广泛。柯克物镜曾用作 135 照相机的物镜, 胶片投影机物镜, 各类中等视场、中等相对孔径仪器和成像系统的物镜。

　　物镜 [CK-A] 是一款胶片投影机物镜, 在像面 (实际为物面) 上安置 135 胶片, 尺寸为 $24\text{mm} \times 36\text{mm}$, 对角线为 43.2mm, 理想像高 $\eta' = 21.6\text{mm}$, 实际像高 $y' = 21.3\text{mm}$, 三片正负透镜分离, 使全视场角达 $52.5°$, 是密接透镜系统完全达不到的。表 7.2 为系统技术指标, 表中同时给出 etendue 值 ($=\omega/F$, ω 的单位为 rad), 还给出 0 视场、0.7 视场和 1 视场的弥散斑均方根 (RMS) 半径。物镜结构参数见附录 7.1 中。

表 7.2　柯克物镜 [CK-A] 的主要技术指标

波段	F	y'/mm	ω/(°)	f'/mm	BFL/mm	VL/mm	OD	(ω/F)/rad	SPT$_{0,0.7,1.0}$/μm		
VIS	5.6	21.3	26.25	43.80	31.86	16.58	Inf	0.082	8	24	15

　　图 7.3 给出 [CK-A] 的主要像差曲线, 在中大视场成像情况下, 一般不再评价球差和轴向色差, 而是将注意力转向表征中大视场的像差。图 7.3(a) 给出子午和弧矢特性曲线; 图 7.3(b) 为弥散斑, SPT$=(8,24,15)$μm, 表明这款物镜的像质很好。

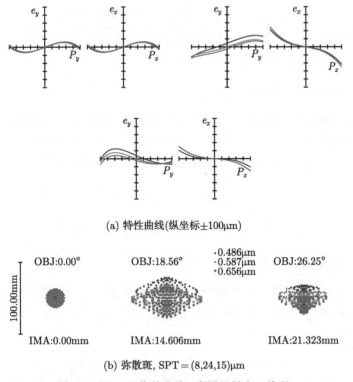

(a) 特性曲线(纵坐标±100μm)

OBJ:0.00° OBJ:18.56° OBJ:26.25°

· 0.486μm
· 0.587μm
· 0.656μm

100.00mm

IMA:0.00mm IMA:14.606mm IMA:21.323mm

(b) 弥散斑, SPT = (8,24,15)μm

图 7.3 [CK-A]像差曲线 (彩图见封底二维码)

图 7.4 是柯克物镜 [CK-B]，技术指标和结构参数如表 7.3 所示。这是一款有限距成像的柯克物镜，全视场角 2ω 达到 53.5°，光圈数 F=6.1，物高 y=−52mm，像高 y'=10.9mm。弥散斑 SPT=(4,5,7)μm，像质也很好。

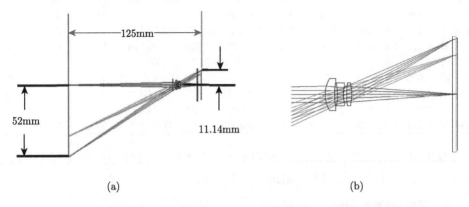

125mm

52mm

11.14mm

(a) (b)

图 7.4 (a) 有限共轭距柯克物镜 [CK-B] 成像系统；(b) 柯克物镜局部放大

(彩图见封底二维码)

表 7.3 柯克物镜 [CK-B] 的主要技术指标

波段	F	y'/mm	ω/(°)	f'/mm	BFL/mm	VL/mm	OD	(ω/F)/rad	SPT$_{0,0.7,1.0}$/μm		
VIS	6.1	10.9	26.73	18.08	19.68	5.99	97.83	0.076	4	5	7

7.2.2 柯克物镜的佩茨瓦尔半径

在 3.5.2 节我们曾讲过用初级场曲的佩茨瓦尔 (Petzval) 半径 R_{Petz} 来考量平场效果，在评价函数表中，应用算符 PETZ 就算出 [CK-A] 和 [CK-B] 的佩茨瓦尔半径 R_{Petz} 分别为 −96.2mm 和 −63.9mm，分别为焦距的 2.8 倍和 3.5 倍，可见像场很平。

7.3 柯克物镜的定义域和 F-ω 空间

7.3.1 柯克物镜的参考设计

表 7.4 列出 13 个柯克物镜参考设计的主要参数。这些物镜经过充分优化，F (光圈数) 从 2.5 到 8.0，全视场角 2ω 从 13° 到近 70°，所有的物镜焦距均为 100mm，物距 OD=∞。

表 7.4 柯克物镜的参考设计 (f'=100mm，OD=Inf)

序号	ω/F /rad	F	ω /(°)	y' /mm	R_{Petz} /f'	Gls1	Gls2	Gls3	SPT$_0$ /μm	SPT$_{0.7}$ /μm	SPT$_1$ /μm
[CK-1]	0.045	2.5	6.4	11.157	−1.6	H-LAK53A	ZF4	H-LAF68	19	20	32
[CK-2]	0.112	2.5	16	28.2	−3.0	H-ZLAF2	ZF12	H-ZLAF50B	29	39	45
[CK-3]	0.174	2.5	25	45.4	−2.6	H-ZLAF78	ZF52	H-ZLAF50B	49	59	83
[CK-4]	0.207	2.5	29.5	56.7	−2.8	H-ZLAF68	ZF12	H-ZLAF68	93	103	175
[CK-5]	0.059	3.5	11.9	21.0	−4.0	H-LAK2	ZF3	H-LAK53A	8	16	17
[CK-6]	0.125	3.5	25	45.6	−3.1	H-ZLAF68	ZF13	H-ZLAF68	25	33	40
[CK-7]	0.078	4.5	20	36.3	−2.8	H-LAK59	H-ZF3	H-ZLAF51	22	27	39
[CK-8]	0.123	4.5	31.8	59.8	−2.3	D-LAK70	H-F51	H-LAK6A	52	61	77
[CK-9]	0.028	5.6	9.1	16	−7.2	H-ZLAF68	ZF51	H-LAF50A	2	3	4
[CK-10]	0.082	5.6	28.2	48.4	−3.8	H-ZLAF2	H-F51	H-LAK53A	10	49	56
[CK-11]	0.075	6.3	27	49.7	−3.8	H-ZLAF2	F13	H-LAK53A	12	18	20
[CK-12]	0.094	6.3	34	65.2	−3.1	H-LAK52	H-F4	H-LAF50A	32	51	59
[CK-13]	0.072	8.0	33.9	70.1	−3.0	H-ZLAF68	F6	H-ZPK2	58	38	75

参见图 7.5，这些物镜大体分布在图虚线限定的 F-ω 区域内，称为柯克物镜的定义域。这 13 个物镜的参数在附录 7.1 中给出。

7.3.2 柯克物镜的平场特性分析

表 7.4 中还给出佩茨瓦尔半径 R_{Petz} 与焦距 f' 的比，发现比值的绝对值均大

于 1, 有的还高达 7, 说明柯克物镜的像场很平。

柯克物镜居中的负透镜采用高折射率、高色散的火石 (F) 或重火石 (ZF) 玻璃, 负光焦度较大; 而两端的正透镜却采用高折射率、低色散的镧冕 (LAK)、镧火石 (LAF) 或重镧冕 (ZLAF) 玻璃。由 (3.15) 式:

$$S_{\mathrm{IV}} = J^2 \sum_{k=1}^{K} \frac{\varphi_k}{n_k} \tag{7.2}$$

以 [CK-7] 为例, 将三个透镜的光焦度和折射率列在表 7.5 中。可以看出, 中间的负透镜贡献的 φ/n 很大, 几乎抵消了两端正透镜的 φ/n 值, 所以合成后场曲系数 S_{IV} 较小, 确保了平场效果。将 $\sum (\varphi/n)$ 和拉格朗日不变量 J 的值代入 (7.2) 式就得到 S_{IV}。像差系数也可从 Analysis\Aberration Coefficients 中查到。

表 7.5   [CK-7]透镜的光焦度和折射率

透镜	φ	n	φ/n
1	0.016	1.700	0.0091
2	-0.028	1.735	-0.016
3	0.019	1.816	0.011
Σ			0.0036
$J = 4.04$; $S_{\mathrm{IV}} = 0.067$			

以往按照以上原则和三级像差理论选择玻璃, 确定光焦度和结构参数, 未必能够得到最优化的结果, 近代光学设计中以上手续由计算机和设计软件自动完成。在 7.4 节中将会介绍设计方法。

7.3.3   柯克物镜的定义域和 etendue 分析

以光圈数 F 为横坐标, 以物方角视场 ω 为纵坐标建立 etendue 坐标系, 又称 F-ω 空间, 在其中柯克物镜定义域可以用以下公式表示:

$$\begin{cases} F \leqslant 8 \\ F \geqslant 2.5 \\ 5 \leqslant \omega \leqslant 1.01F + 27 \end{cases} \tag{7.3}$$

其中, 第一、二式为垂直于横坐标的直线, 第三式为倾斜的直线及平行于横坐标的直线, (7.3) 式构成如图 7.5 所示的直角梯形。其主要特征如下:

(1) 典型的参考设计在 F-ω 定义域内的分布充分稠密。即对于指标位于该区域内的任何新设计 (F, ω), 总可以在其邻域内找到指标比较接近的参考设计。从该参考设计出发, 优化过程平稳收敛。

(2) 从上方逸出定义域，则视场角 ω 过大；从左方逸出定义域，则 F 过小 (相对孔径过大)，都将导致设计困难或趋于发散。

(3) 以焦距归一化的 etendue 值 ω/F，表示为图中过原点并通过物镜相应的坐标点 (F,ω) 射线的斜率。由图可见，大相对孔径、大视场角的物镜 [CK-4] 对应的射线斜率最大 ($\omega/F=0.207$)，小相对孔径、小视场角的物镜 [CK-9] 对应的射线斜率最小 ($\omega/F=0.028$)，可见 etendue 表征了物镜所承载的信息量及光通量。

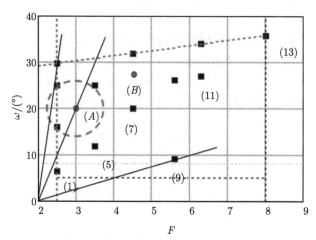

图 7.5　柯克物镜的定义域：F-ω 空间

由 7.4 节的设计例子可以看到，柯克物镜的设计原则上已经解决了。

7.4　柯克物镜设计

7.4.1　无限共轭距柯克物镜设计

表 7.6 给出要求设计的无限共轭距柯克物镜 [CK-3]A 的技术指标。在图 7.5 所示的 F-ω 空间中标出该设计的坐标 A，在它的邻域 (以 A 为圆心的圆) 内，有三个参考设计，我们选择 [CK-3]，相应的技术指标也列在表 7.6 中。可以看出，两个设计的 F 及 ω 参数相近。

表 7.6　无限共轭距柯克物镜 [CK-3]A 的技术指标 (波段：VIS；探测器：1in CCD，$2\eta'=16$mm)

设计编码	备注	ω/F	F	$\omega/(°)$	y'/mm	f/mm	β	OD
[CK-3]A	新设计	0.116	3.0	20	8.0	21.78	0	Inf
[CK-3]	参考设计	0.174	2.5	25	46.6	100	0	Inf

设计流程如下：

A. 下载并编辑 Lens Data Editor [CK-3]。

(1) 调出参考设计 [CK-3]，另存为 [CK-3]A。

(2) 焦距缩放 (make focal，参见 4.4.4 节)：$f'=21.78$mm。

(3) 修改技术指标：

a. 光圈数 $F=3.0$；

b. 在视场菜单 Fie 中设定像高：视场 $y_1'/y_{0.7}'/y_0'=8.0$mm$/5.7$mm$/0$mm，如表 7.7 所示。

	表 7.7 视场设定	(长度单位：mm)
	X 视场	Y 视场
1	0	0
2	0	5.7
3	0	8.0

图 7.6 为视场示意图，图中矩形表示探测器，全视场为一个圆，半径为 y'，Y 轴与探测器对角线重合。其中 Y 方向最大视场等于探测器对角线的一半 y'。Y 轴上三个小圆点分别表示 0 视场、0.7 视场及 1 视场。在简单光学系统情况下，我们只考虑子午面 (YZ 平面) 中光线的传播及成像特性，只需给定 Y-Field。在一些情况下，还需给定 X-Field。

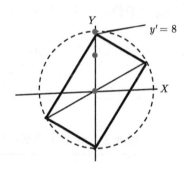

图 7.6 视场示意图

图中的圆（虚线）表示视场，矩形表示探测器表面

(4) 所有半径 (除 OBJ, STO 和 IMA 外) 及间隔设为变量 (V)，释放所有 Semi-Dia.。

B. 下载并编辑 Merit Function Editor："FIXED-3A-SIMPLE"，检查、修改以下内容。

(5) 焦距 EFFL$=21.78$mm, W (权重)$=0.02$。

(6) 物镜长度 (VL) 给上限：TTHI$_{1,6}$ <10.5mm。

(7) 像距 (image distance) 给下限，$T7 > 15\text{mm}$。

(8) 最大畸变 DIMX $< 2(\%)$，$(5) \sim (8)$ 四项权重不为 0。

(9) 设定玻璃和空气的中心厚度与边缘厚度的边界条件 (上下限)，并给权重。参见 7.7 节评价函数中关于模块 "bounding for the thickness of centers and edges" 的说明。

(10) 检查其他项目，需检查有无 Contribution 特别大的不合理项目。

C. 优化。

(11) 优化，直到达到要求。

(12) 必要时进行 HAMMER 优化：首先设三个玻璃为 (S)，即 "可替代"，在 Gen. 菜单中选定玻璃供应商 (如 CDGM)，即可实施 HAMMER 优化。

D. 工艺调整。

(13) 厚度圆整，给 "压边量"，对样板。

以上各点是典型的设计流程。评价函数 FIXED-3A-SIMPLE 将在 7.7 节介绍，并在附录 7.2 中给出。

表 7.8 为设计结果的指标和结构参数，图 7.7(a) 为设计 [CK-3]A 优化后的结构示意图，(b) 为 SPT 图。设计结果像质很好，像场很平，$R_{\text{Petz}}/f' = -2.8$。

表 7.8-1　柯克物镜 [CK-3]A 的设计指标

波段	ω/F	F	$\omega/(°)$	y'/mm	f'/mm	BFL/mm	VL/mm	OD	SPT$_{0,0.7,1}/\mu\text{m}$		
VIS	0.117	3.0	20	8.0	21.78	15.91	10.50	Inf	3	8	7

表 7.8-2　柯克物镜 [CK-3]A 的结构参数　　(长度单位：mm)

No.	R	T	Gls	Semi-Dia.
OBJ	Inf	Inf		Inf
1	9.918(V)	2.501(V)	LASFN31(S)	4.793
2	47.001(V)	1.917(V)		4.143
STO	Inf	0.136(V)		2.776
4	−28.299(V)	0.999(V)	SFL57	2.776
5	9.020(V)	2.446(V)		2.853
6	27.022(V)	2.500(V)	N-LASF41(S)	4.688
7	−15.812(V)	15.916(V)		4.998
IMA	Inf	—		7.818

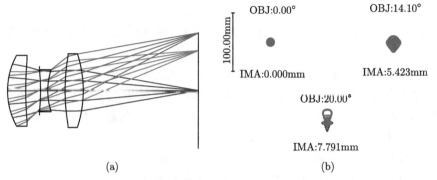

图 7.7 (a) 柯克物镜 [CK-3]A 优化后的结构示意图；(b) 弥散斑图，$SPT_{0,0.7,1}=(3,8,7)\mu m$

(彩图见封底二维码)

7.4.2 有限共轭距柯克物镜设计

表 7.9 给出有限共轭距柯克物镜 [CK-8]B 的设计指标。依照 7.4.1 节的法则，在 $F\text{-}\omega$ 定义域中标出新设计的坐标 (B)，在它的邻域内找到参考设计 [CK-8]。

表 7.9 有限共轭距柯克物镜 [CK-8]B 的设计指标

(波段：VIS；探测器 KAF-5100CE CCD，$y'=11.14mm$)   (长度单位：mm)

设计编码	备注	ω/F	F	$\omega/(°)$	y'	f	β	L
[CK-8]B	新设计	0.088	4.5	22.78	11.14	21.98	−0.214	151
[CK-8]	参考设计	0.123	4.5	31.8	59.8	100	0	Inf

设计流程如下：

A. 参数计算：由于参考设计为无限共轭距，而新设计为有限共轭距，首先计算有关的参数。

(1) 由成像公式算出物距、像距和视场角如下：

$$
\begin{cases}
l = \dfrac{L}{\beta - 1} = -124mm \\
l' = \beta l = 26.53mm \\
\omega = \arctan\left(\dfrac{y'}{l'}\right) = 22.78°
\end{cases}
\tag{7.4}
$$

B. 下载并编辑 Lens Data Editor [CK-8]。

(2) 调出 [CK-8]，另存为 [CK-8]B。

(3) 焦距缩放，$f'=21.98mm$。

(4) 修改技术指标：$F=4.5$，$\omega=22.78°/16.1°$ (1 视场及 0.7 视场，0 视场省略)。

(5) 所有半径 (除 OBJ, STO 和 IMA 外) 及间隔设为变量 (V)，释放所有 Semi-Dia.。

(6) 设物距, 作为初级近似, 设 $T0=124\text{mm}$。

C. 下载并编辑 Merit Function Editor ("FIXED-3A-SIMPLE"), 检查、修改以下内容:

(7) 根据理想光学计算设定焦距和物距后, 放大率 $=-0.211$, 已非常接近设计指标。在焦距、共轭距和放大率三个参数中选定两个给权, 如 EFFL$=21.98\text{mm}$, 权重 $W=0.02$; PMAG(放大率)$=-0.214$, 权重 $W=1$; 令共轭距的权重 $W=0$。

(8) 物镜长度 (VL) 给上限: $\text{TTHI}_{1,6} < 7.0\text{mm}$。

(9) 像距 (image distance) 给下限: $T7 > 15\text{mm}$。

(10) 畸变 DIMX$<2(\%)$, (5)~(8) 四项权重不为 0。

(11) 设定玻璃和空气的中心厚度与边缘厚度的边界条件 (上下限), 并给权重。参见 7.7 节评价函数中关于 "中心和边缘厚度边界条件" 模块的说明。

(12) 检查其他项目, 需检查有无 Contribution 特别大的不合理项目。

D. 优化。

(13) 优化, 直到达到要求, PMAG$(\beta)=-0.2160$。

(14) HAMMER 优化, 首先设三个玻璃为 (S), 即 "可替代", 在 Gen. 菜单中选定玻璃供应商 (如 CDGM), 即可实施 HAMMER 优化。

E. 工艺调整。

(15) 厚度圆整, 给 "压边量", 对样板。

设计结果及结构参数见表 7.10, 像差曲线见图 7.8。

表 7.10-1　柯克物镜 [CK-8]B 的设计结果

波段	F	y'/mm	$\omega/(°)$	f'/mm	BFL/mm	VL/mm	OD/mm	ω/F	SPT$_{0,0.7,1}/\mu\text{m}$		
VIS	4.5	11.1	22.8	21.98	22.9	6.8	122.648	0.088	6	10	11

表 7.10-2　柯克物镜 [CK-8]B 的结构参数　(长度单位: mm)

No.	R	T	Gls	Semi-Dia.
OBJ	Inf	122.648(V)		53.338
1	7.110(V)	2.500(V)	D-LAK70(S)	4.500(U)
2	16.396(V)	0.629(V)		3.085
3	−18.142(V)	0.992(V)	H-F51(S)	3.500(U)
4	7.636(V)	0.537(V)		2.512
STO	Inf	0.462(V)		2.481
6	16.421(V)	1.656(V)	H-LAK6A(S)	4.000(U)
7	−12.367(V)	22.875(V)		4.000(P)
IMA	Inf	—		11.066

经过优化, $T0=122.648\text{mm}$, 与初始值略有差别。有限共轭距物镜设计流程与无限共轭距设计的差别并不大。

7.4.3 探测器和传递函数

设计 [CK-8]B 的探测器为 Kodak KAF-5100 CCD，边长为 17.8mm×13.4mm，对角线长度为 22.48mm(y'=11.24mm)，显示模式为 XGA，像素数为 1024×768，像素边长 p=0.0178mm，所以调制传递函数的截止频率

$$\nu_c = \frac{1}{2p} = 28.09\text{mm}^{-1} \tag{7.5}$$

该设计的调制传递函数如图 7.8(c) 所示，低、中频的 MTF 都达到或接近 0.8，高频 MTF 也高于 0.4，表明物镜对于图像信息的传递性能较好。

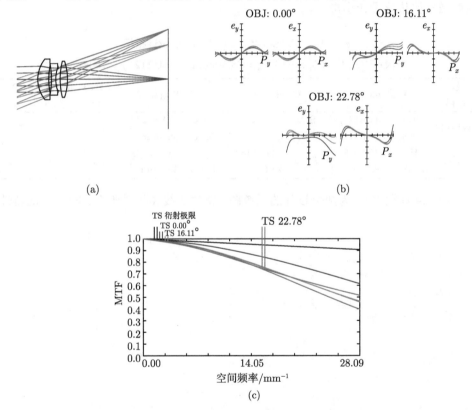

图 7.8 (a) 柯克物镜 [CK-8]B；(b) 特性曲线 (纵坐标 ±50μm)；(c) MTF(ν_c=28.09mm^{-1})

(彩图见封底二维码)

7.5 玻璃的选配和演变

柯克三片式物镜的玻璃选配很有讲究，一般正透镜为冕 (K)、钡冕 (BAK) 或重冕 (ZK) 类玻璃，折射率高 ($n_d > 1.55$)，色散相对较低 (阿贝数 $\nu > 50$)，负透

镜用高折射率、高色散的火石玻璃，包括轻火石 (QF)、火石 (F) 和重火石 (ZF) 等类别。

近年来，由于高折射率、低色散的镧冕 (LAK)、镧火石 (LAF)、重镧火石 (ZLAF) 等新型光学玻璃的批量投产，柯克物镜的设计有了更多的选择，参见表 7.4。

表 7.11 给出典型的传统设计 [WS-132] 和更新设计 [CK-2] 所用的玻璃与弥散斑对比，这两款柯克物镜的技术指标完全相同，传统设计正透镜采用 ZK6，负透镜采用 ZF1，但更新设计采用了折射率更高的玻璃 H-ZLAF2、ZF12 和 ZLAF50B，使得弥散斑比传统设计小得多。

表 7.11　[WS-132]和 [CK-2] 的设计指标

(波段: VIS, F=4.5, ω=16°, y'=28.5mm, ω/F=0.112, f'=100mm)

设计编码	Gls1(n_d/ν)		Gls2(n_d/ν)		Gls3(n_d/ν)		SPT$_0$ /μm	SPT$_{0.7}$ /μm	SPT$_1$ /μm
[WS-132]	SK4 (ZK6)	(1.6127/ 58.4mm^{-1})	SF2 (ZF1)	(1.6477/ 33.8mm^{-1})	SK4 (ZK6)	(1.6127/ 58.4mm^{-1})	120	95	76
[CK-2]	H-ZLAF2	(1.8028/ 58.4mm^{-1})	ZF12	(1.7618/ 26.6mm^{-1})	ZLA-F50B	(1.8040/ 46.6mm^{-1})	29	39	45

图 7.9 和图 7.10 为两个设计的系统图、特性曲线和相对照度。[CK-2] 的特性

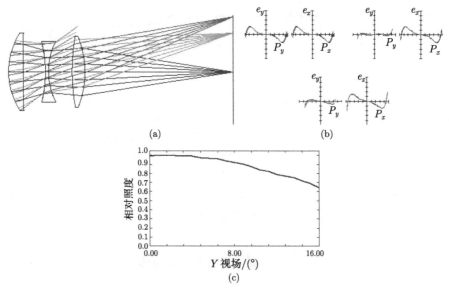

图 7.9　(a) [WS-132] 系统图；(b) 特性曲线 (纵坐标为 500μm)；(c) 相对照度

(彩图见封底二维码)

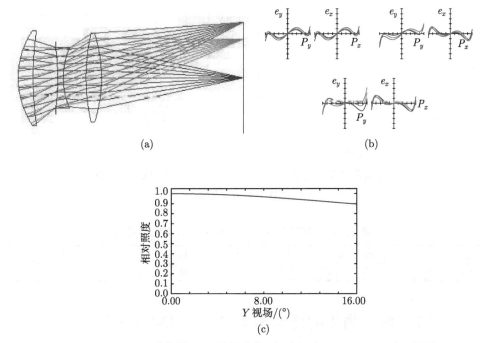

图 7.10 (a) [CK-2] 系统图；(b) 特性曲线 (纵坐标为 200μm)；(c) 相对照度
(彩图见封底二维码)

曲线的弥散显然比 [WS-132] 小。此外，[WS-132] 有拦光，使得中大视场的相对照度出现渐晕，而 [CK-2] 完全没有拦光，相对照度曲线平直得多。

7.6 近紫外–深红超宽带柯克物镜

在科研和工业应用中，有时需要宽带的成像物镜，波段覆盖近紫外到深红 (0.7μm)，甚至近红外。大部分光学玻璃的透过率在 0.4μm 就变得很低，近紫外物镜必须采用晶体。设计 [WS-145]U 是对原设计 [WS-145] 修改形成的，采用 CAF2 和熔石英两种紫外高透材料，中心波长取为 0.405μm。虽然视场和相对孔径不算大，但适用波段涵盖近紫外到深红 (0.27~0.73μm)，SPT 不大，是一款非常有特色的超宽波段成像物镜。

图 7.11 为该物镜的系统图及 SPT 特性曲线，表 7.12 给出物镜的技术指标，详细信息见附录 7.1。

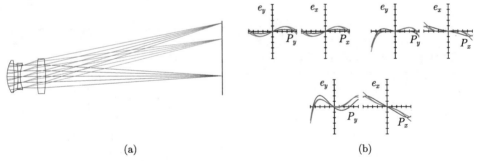

(a)   (b)

图 7.11　(a) 宽带柯克物镜 [WS-145]U；(b) SPT 特性曲线 (纵坐标 ±100μm)

(彩图见封底二维码)

表 7.12　宽带柯克物镜 [WS-145]U 的技术指标

波段/μm	F	y'/mm	$\omega/(°)$	f'/mm	BFL/mm	VL/mm	OD	ω/F	SPT$_{0,0.7,1}$/μm		
0.27~0.73	8.0	24.74	14.01	100	84.52	18.78	Inf	0.031	11	22	28

7.7　柯克物镜的评价函数 "FIXED-3A-SIMPLE"

由于视场增大，柯克物镜既要顾及轴上球差、色差，更须校正轴外像差，因此原来用于准直镜的评价函数 "ACHROMATIC" 等不再适用。以下介绍柯克物镜的评价函数 "FIXED-3A-SIMPLE"，以后各章谈及的中大视场固定焦距物镜的评价函数，基本上是 "FIXED-3A-SIMPLE" 的变形。评价函数依然分两节，以无限共轭物镜为例，第 1 节包含以下模块。

7.7.1　角视场模块

该模块用于计算物方视场角 ω。给定系统视场 Fie 时，既可能给定角视场 ω，也可以给定物高 y 或像高 y'。在后一情况下，有必要在评价函数表 m.f. 中计算物方视场，参见表 7.13，先计算第 1 面 (参考面) 最大视场主光线的角度 RANG(弧度)，再乘以常数 CONS(=180°/3.1416=57.30°) 变成角度。该模块只做计算观察，不给权。

表 7.13　角视场 (Angle field) 模块

	Surf	Wav	H-P*		Tag.	Wt.	Val.	Ctrb.
2: BLNK	Angle field							
3: RANG	1	2	(0,1,0,0)	$\cdots$		0	0.458	
4: CONS					57.29	0		
5: PROD	(Op#) 3	(Op#) 4				0	26.248	

注: * 为 H_x, H_y, P_x, P_y 的简写。

7.7.2 放大率和焦距模块

该模块如表 7.14 所示，其中 PMAG 为有限共轭距下近轴光线的横向放大率 β，在无限共轭时 $\beta=0$；EFFL 表示焦距，目标值为 100mm，加权 0.02；$REAR_8$ (0,1,0,0) 为主光线的像高 y'，为观察项，不给权。

表 7.14　放大率 (PMAG) 和焦距 (EFFL) 模块

	Surf	Wav	H-P*	Tag.	Wt.	Val.	Ctrb.
6: BLNK	PMAG and EFFL						
7: PMAG				0	0	0.458	0
8: EFFL				100	0.02	100	0
9: REAR	8		(0,1,0,0)	0	0	11.134	0

注: * 为 H_x, H_y, P_x, P_y 的简写。

7.7.3 共轭距、物镜长度、物距、像距和畸变模块

共轭距、物镜长度、物距和像距在图 7.1 和表 7.1 中说明了，其中物镜长度用 OPLT("参数小于" 操作符) 给上限，像距用 CTGT("间隔大于" 操作符) 给下限，相对畸变则用操作符 DIMX 给定目标值，相当于给出畸变的上限，见表 7.15。

表 7.15　共轭距、物镜长度、物距、像距和畸变模块

				Tag.	Wt.	Val.	Ctrb.
10: BLNK*	Conjugate						
11: TTHI	0	7		0	0	1.0×10^{10}	0
12: BLNK	VL						
13: TTHI	1	6		0	0	37.875	0
14: OPLT	13			40	0	40	0
15: BLNK	Image distance						
16: CTGT	7		(0,1,0,0)	85	0.02	85	0
17: BLNK	OD						
18: CTVA	0		(0,1,0,0)	0	0	1.0×10^{10}	0
19: BLNK	DT						
20: DIMX	0	2		0.2	0.001	0.2	0

注: *BLNK 为注释行。

注意，在大视场物镜设计时不再刻意校正轴上像差 (球差和纵向色差)，而追求各视场弥散一致趋于 0，这由第 2 节弥散斑的默认评价函数来统一要求。而畸变是各视场放大率不一致导致的像差，它并不构成弥散，必须单独提要求。

7.7.4 中心和边缘厚度边界条件模块

大视场物镜由分离的透镜构成，透镜间隔和厚度为设计变量。在一般情况下，透镜的厚度不能太大 (除非是校正场曲的弯月透镜和不晕半球等特殊情况)，否则

既增加了物镜重量，又提高了材料成本；正透镜的边缘厚度和负透镜的中心厚度又不能太小，以保证加工工艺要求，这部分在附录 B 中要专门谈及。所以在评价函数中要给定这些量的边界条件。

如表 7.16 所示，第 23 行 MNCA 给定全部中心间隔 (厚度) 的下限为 0.1mm；第 24 行给定全部边缘间隔 (厚度) 的下限为 0.001mm，当两个透镜的间隔为 0.001mm 时，相当于两个透镜的边缘直接接触，要进行特别设计，既要确保精度，又须避免接触引起的棱边破损。下文将给出例子。

第 25、26 行分别给出透镜玻璃的中心厚度和边缘厚度的下限。一般来说，为了保障加工后的透镜不变形，中心厚度与透镜直径之比应当大于 0.1，但也不尽然，随着材料性能和曲率半径可以有不同的边界条件。

第 28、29 行分别给出透镜的中心厚度和边缘厚度的上限，这个值过大，会使透镜过厚，既不便加工，又增大了重量。

对于不同直径的透镜，以上条件，特别是第 25、26 和 28、29 行会有不同的目标值。通常的做法，开始优化时边界条件给得松，等像差校正得差不多后再根据使用条件和加工、装配要求细致地修改边界条件。

表 7.16　中心和边缘厚度边界条件模块 (bounding for the thickness of centers and edges)

	Surf1	Surf2	Tag.	Wt.	Val.	Ctrb.
22: BLNK bounding for the thickness of centers and edges						
23: MNCA(最小中心间隔)	1	7	0.1	0.02	0.1	0.0
24: MNEA(最小边缘间隔)	1	7	0.001	0.02	0.001	0.0
25: MNCG(最小玻璃中心厚度)	1	7	2.0	0.02	2	0.0
26: MNEG(最小玻璃边缘厚度)	1	7	1.0	0.02	1	0.0
27: BLNK						
28: MXCG(最大玻璃中心厚度)	1	7	10.0	0.02	10	0.0
29: MXEG(最大玻璃边缘厚度)	1	7	1.0	0.02	1	0.0

7.7.5　"默认评价函数" 设置

第 2 节以 DMFS 开头，为"默认评价函数设置" (default merit function)，目的是迫使各视场、各孔径的所有色光的弥散斑收敛于最小值。对于光线收敛的判别及弥散斑中心有不同的选择：

A. 选择 "弥散斑"(RMS spot radius)。

B. 选择 "波像差"(wavefront)。

本章选择 A。参考点还有如下选择：

C. 选择主光线与像面交点。

D. 选择弥散斑自身的中心。

本章选择 C。

7.7.6 设置评价函数的要点

A. 评价函数 (merit function) 分类。

(1) "参数计算和观察项", 如视场角, 只用于观察, 不加权。

(2) "参与优化的目标项", 如焦距, 有限共轭距物镜的共轭距、放大率 (PMAG) 等, 既提出目标值, 又给权。如满足要求, 返回目标值 Tag.; 近似满足时 Ctrb. 很小; 偏差较大时 Ctrb. 较大。

(3) 边界条件, 设定参数或指标的上下限。

a. 上限: 要求系统、物镜长度不能太长; 要求像差 (如畸变) 不得超过某个值。

b. 下限: 要求中心间隔、边缘间隔适当, 透镜不能交叠。

c. 上限 + 下限: 透镜中心厚度和边缘厚度, 既不过薄又不过厚。

不同的设计有不同的目标, 选哪些目标, 如何给权非常关键。既不能漏选, 又不能互相矛盾, 例如, 正透镜中心厚度的上限太小, 边缘厚度的下限又太大, 就会矛盾, 其表现就是最后一项 Ctrb. 很大, 优化操作不收敛, 就得释放其中之一。

B. 宽严适度。过严会导致收敛很慢甚至不收敛, 过宽得不到优秀的设计结果。所谓 "收敛", 指的是优化 (optimization) 菜单中的 m.f. 的值要持续、平稳递减到较小的水平。设计得当时, 系统平稳收敛, m.f. 快速趋于极小值, 但未必是最小值, 只要满足指标即可。

C. 评价函数是光学设计的灵魂, 设定方式多种多样, 充分体现了设计师的不同风格。光学设计师是理想主义者, 总是追求完美, 但永远达不到, 也没有必要。这个世界不存在完美。

7.8 光阑像差和光线对准操作

在上文中 (如 2.8 节) 多次谈到光阑对光束的限制作用, 光阑在物空间的像 —— 入瞳的作用是限制入射光束的宽度, 光阑在像空间的像 —— 出瞳的作用则是限制出射光束的宽度。ZEMAX 在傍轴光学近似下计算光阑通过它前方的透镜所成的像, 即入瞳, 并利用入瞳来排布进入系统的光线。既然光阑和入瞳之间是成像的关系, 必然也有像差, 称为 "光阑像差", 体现在两方面: 入瞳位置和入瞳形状均可能有误差。这样一来, 通过入瞳进入系统的光线未必恰好充满光阑, 就导致像差计算的偏差。

在 "慢系统"(slow system, 即小相对孔径系统) 和适度的视场角 (modest field angle, 即中偏小视场角) 的情况下, 或者说对于不太大的 etendue, 光阑像差的影响尚不显著，但在快系统 (fast system)，即大相对孔径、大视场角物镜的情况下，光阑像差的影响就不可忽略。ZEMAX 中在路径 Gen\Ray Aiming(光线对准) 下有三个选项：

(1) Off：忽略光阑像差；

(2) Paraxial: 校正初级光阑像差；

(3) Real: 完全校正光阑像差。

校正光阑像差后确保进入系统入瞳的光束充满光阑并均匀分布。这个结果是通过逐次插值迭代完成的，颇费机时。通常在大相对孔径、大视场角物镜的情况下必须使 Ray Aiming 操作 On，但一般场合 Paraxial 校正就足够了。

以 etendue 最大的 [CK-4] 为例，光阑像差校正前后的 SPT 如表 7.17 所示，差别已经不能忽略。

表 7.17   光阑像差对 [CK-4] 弥散斑的影响

Ray Aiming	$\mathrm{SPT}_{0,0.7,1}/\mu\mathrm{m}$		
Off	91	104	177
Paraxial	87	99	220

在由多个组件构成的较长系统中，光阑像差可能导致光线逸出系统，在投影物镜特别是显微镜系统中还要讲述。

7.9 本 章 小 结

本章讲述视场角较大的物镜设计，从最简单而又常用的柯克物镜开始。介绍典型的柯克物镜及 $F\text{-}\omega$ 空间分布，即相对孔径和视场分布；讲述无限共轭距和有限共轭距柯克物镜的设计方法；讨论构成物镜光学玻璃的演变；介绍一款近紫外–深红的宽带物镜；详细介绍中大视场物镜设计的评价函数；最后分析光阑像差和光线对准操作。

附录 7.1 技术指标、像差曲线和结构参数

[CK-A] 技术指标

波段	F	y'/mm	ω/(°)	f'/mm	BFL/mm	VL/mm	OD	ω/F	SPT/μm 0	SPT/μm 0.7	SPT/μm 1
VIS	5.6	21.3	26.25	43.80	31.86	16.58	Inf	0.082	8	24	15

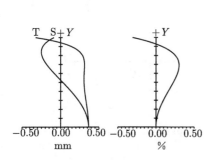

(a) 像散(±0.50mm)和畸变(±0.50%)

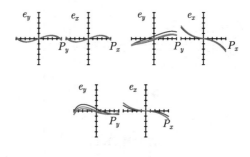

(b) 特性曲线(±100μm)

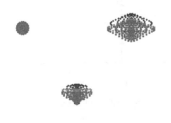

(c) SPT = (8,24,15)μm

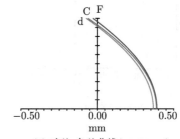

(d) 球差-色差曲线(±0.50mm)

[CK-A]结构参数 (长度单位: mm)

No.	R	T	Gls	Semi-Dia.
OBJ	Inf	Inf		Inf
1	Inf	10.000		14.729(U)
2	15.274(V)	5.386(V)	H-LAK1(S)	9.000(U)
3	125.983(V)	2.308(V)		9.000(P)
4	−51.024(V)	2.000(V)	ZF2(S)	6.000(U)
5	15.536(V)	1.093(V)		3.500(U)
STO	Inf	2.800(V)		2.895(U)
7	44.488(V)	2.993(V)	H-LAK1(S)	7.500(U)
8	−32.148(V)	31.855(V)		7.500(P)
IMA	Inf	—		21.314

[CK-B] 技术指标

波段	F	y'/mm	$\omega/(°)$	f'/mm	BFL/mm	VL/mm	OD	ω/F	SPT/μm		
									0	0.7	1
VIS	6.1	10.9	26.73	18.08	19.68	5.99	97.83	0.076	4	5	7

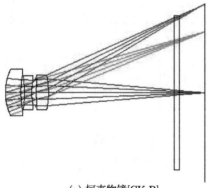

(a) 柯克物镜[CK-B]

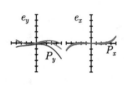

(b) 特性曲线(±50μm)

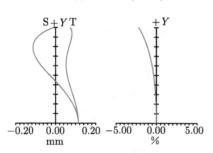

(c) 像散(±0.20mm)和畸变(±5.00%)

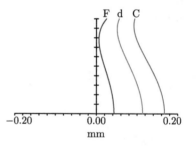

(d) 球差-色差曲线(±0.20mm)

[CK-B]结构参数　　　　　　　　　　（长度单位：mm）

No.	R	T	Gls	Semi-Dia.
OBJ	Inf	97.826(V)		51.994
1	Inf	2.000		4.184
2	6.588(V)	1.947(V)	H-ZLAF55A(S)	2.882
3	11.887(V)	0.460(V)		2.160
4	−13.465(V)	0.996(V)	ZF11(S)	2.075
5	7.350(V)	0.490(V)		1.653
STO	Inf	0.099(V)		1.540
7	16.012(V)	1.500	H-ZLAF50B(S)	1.720
8	−10.235(V)	15.783(V)		2.121
9	Inf	0.700	H-K9L	9.303
10	Inf	3.200		9.499
IMA	Inf	—		10.948

[CK-1] 技术指标

波段	F	y'/mm	$\omega/(°)$	f'/mm	BFL/mm	VL/mm	OD	ω/F	SPT/μm 0	0.7	1
VIS	2.5	11.2	6.4	100	92.0	37.9	Inf	0.045	19	20	32

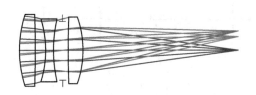

(a) 柯克物镜[CK-1]

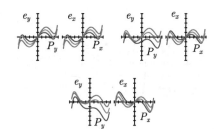

(b) 特性曲线(±100μm)

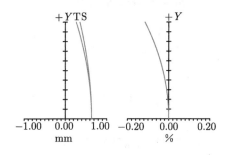

(c) 像散(±1.00mm)和畸变(±0.20%)

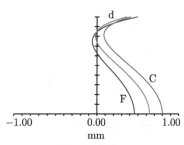

(d) 球差-色差曲线(±1.00mm)

[CK-1]结构参数　　　　　　　(长度单位：mm)

No.	R	T	Gls	Semi-Dia.
OBJ	Inf	Inf		Inf
1	65.808(V)	9.470(V)	H-LAK53A(S)	20.933(U)
2	−670.287(V)	6.162(V)		19.747
3	−60.024(V)	4.651(V)	ZF4(S)	18.284
4	78.663(V)	5.405(V)		17.598
STO	Inf	3.418(V)		17.735
6	506.924(V)	8.769(V)	H-ZLAF68(S)	20.000
7	−57.398(V)	92.015(V)		20.000
IMA	Inf	—		11.157

[CK-2] 技术指标

波段	F	y'/mm	ω/(°)	f'/mm	BFL/mm	VL/mm	OD	ω/F	SPT/μm		
									0	0.7	1
VIS	2.5	28.2	16.0	100	74.4	43.7	Inf	0.112	29	39	45

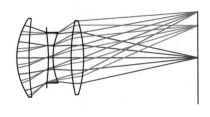

(a) 柯克物镜[CK-2]

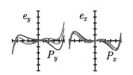

(b) 特性曲线(±200μm)

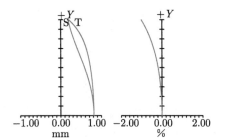

(c) 像散(±1.00mm)和畸变(±2.00%)

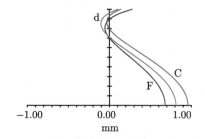

(d) 球差-色差曲线(±1.00mm)

[CK-2]结构参数   (长度单位：mm)

No.	R	T	Gls	Semi-Dia.
OBJ	Inf	Inf		Inf
1	42.061(V)	8.000(V)	H-ZLAF2(S)	24.143
2	164.640(V)	11.721(V)		23.217
STO	In	1.112(V)		15.568
4	−119.137(V)	2.968(V)	ZF12(S)	15.537
5	38.327(V)	11.883(V)		15.305
6	102.228(V)	8.016(V)	H-ZLAF50B	22.324
7	−73.932(V)	74.403(V)		22.684
IMA	Inf	—		28.298

[CK-3] 技术指标

波段	F	y'/mm	ω/(°)	f'/mm	BFL/mm	VL/mm	OD	ω/F	SPT/μm 0	0.7	1
VIS	2.5	45.4	25.0	100	78.0	43.3	Inf	0.174	49	59	83

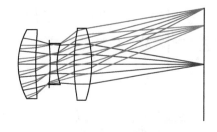

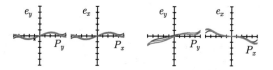

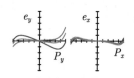

(a) 柯克物镜[CK-3]　　　　　　　　(b) 特性曲线(±50μm)

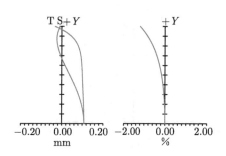

(c) 像散(±0.20mm)和畸变(±2.00%)

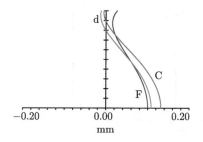

(d) 球差-色差曲线(±0.20mm)

[CK-3]结构参数　　　　　　　　　　（长度单位：mm）

No.	R	T	Gls	Semi-Dia.
OBJ	Inf	Inf(V)		Inf
1	47.103(V)	12.171(V)	H-ZLAF78(S)	25.140(U)
2	223.881(V)	5.515(V)		21.898(U)
STO	Inf	1.404(V)		15.831(U)
4	−127.324(V)	2.374(V)	ZF52(S)	15.900(U)
5	46.268(V)	11.312(V)		16.883(U)
6	174.359(V)	10.559(V)	H-ZLAF50B	27.568(U)
7	−65.675(V)	78.033(V)		28.209(U)
IMA	Inf	—		45.439

[CK-4] 技术指标

波段	F	y'/mm	ω/(°)	f'/mm	BFL/mm	VL/mm	OD	ω/F	SPT/μm 0	0.7	1
VIS	2.5	56.7	29.5	100	82.8	37.3	Inf	0.207	91	103	175

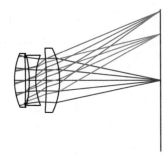

(a) 柯克物镜[CK-4]

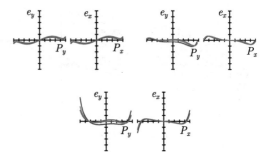

(b) 特性曲线(±1000μm)

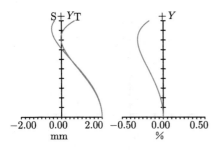

(c) 像散(±2.00mm)和畸变(±0.50％)

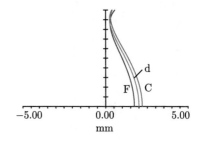

(d) 球差-色差曲线(±5.00mm)

[CK-4]结构参数　　　　　　（长度单位：mm）

No.	R	T	Gls	Semi-Dia.
OBJ	Inf	Inf		Inf
1	52.662(V)	9.163(V)	H-ZLAF68(S)	21.484
2	−471.391(V)	0.059(V)		19.358
STO	Inf	2.996(V)		18.341
4	−91.481(V)	5.278(V)	ZF12(S)	18.449
5	54.036(V)	8.773(V)		20.025
6	−288.241(V)	11.025(V)	H-ZLAF68(S)	23.310
7	−58.003(V)	82.802(V)		25.752
IMA	Inf	—		56.747

[CK-5] 技术指标

波段	F	y'/mm	ω/(°)	f'/mm	BFL/mm	VL/mm	OD	ω/F	SPT/μm 0	SPT/μm 0.7	SPT/μm 1
VIS	3.5	21.0	11.9	100	79.2	44.3	Inf	0.059	8	16	17

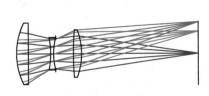

(a) 柯克物镜[CK-5]

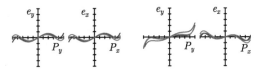

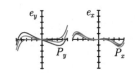

(b) 特性曲线(±100μm)

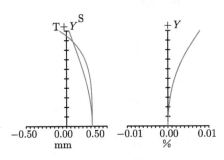

(c) 像散(±0.50mm)和畸变(±0.01%)

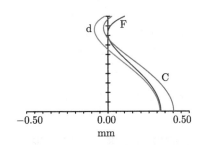

(d) 球差-色差曲线(±0.50mm)

[CK-5]结构参数　　　　(长度单位：mm)

No.	R	T	Gls	Semi-Dia.
OBJ	Inf	Inf		Inf
1	45.755(V)	8.000(V)	H-LAK2(S)	20.436
2	−3690.276(V)	15.274(V)		19.424
3	−49.851(V)	1.999(V)	ZF3(S)	10.798
4	40.050(V)	1.395(V)		10.103
STO	Inf	12.068(V)		10.103
6	185.757(V)	5.613(V)	H-LAK53A	15.385
7	−43.376(V)	79.242(V)		15.788
IMA	Inf	—		20.999

[CK-6] 技术指标

波段	F	y'/mm	ω/(°)	f'/mm	BFL/mm	VL/mm	OD	ω/F	SPT/μm		
									0	0.7	1
VIS	3.5	45.6	25.0	100	84.0	33.5	Inf	0.125	25	33	40

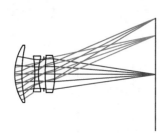

(a) 柯克物镜[CK-6]

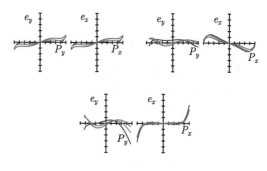

(b) 特性曲线(±200μm)

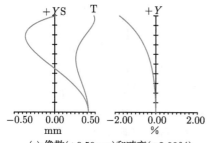

(c) 像散(±0.50mm)和畸变(±2.00%)

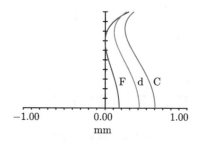

(d) 球差-色差曲线(±1.00mm)

[CK-6]结构参数　　　　　　　　　　　　　(长度单位：mm)

No.	R	T	Gls	Semi-Dia.
OBJ	Inf	Inf		Inf
1	41.996(V)	6.141(V)	H-ZLAF68(S)	22.322
2	95.880(V)	10.707(V)		21.194
3	−85.277(V)	2.995(V)	ZF13(S)	14.521
4	46.733(V)	4.574(V)		12.706
STO	Inf	1.089(V)		11.812
6	120.202(V)	8.001(V)	H-ZLAF68(S)	13.500
7	−62.048(V)	84.017(V)		15.132
IMA	Inf	—		45.642

[CK-7] 技术指标

波段	F	y'/mm	$\omega/(°)$	f'/mm	BFL/mm	VL/mm	OD	ω/F	SPT/μm 0	SPT/μm 0.7	SPT/μm 1
VIS	4.5	36.3	20	100	80.0	30.6	Inf	0.078	22	27	39

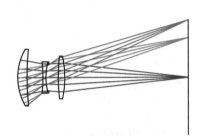

(a) 柯克物镜[CK-7]

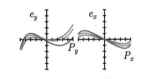

(b) 特性曲线(±200μm)

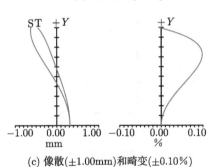

(c) 像散(±1.00mm)和畸变(±0.10%)

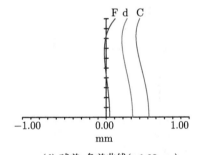

(d) 球差-色差曲线(±1.00mm)

[CK-7]结构参数　　　　　　　(长度单位：mm)

No.	R	T	Gls	Semi-Dia.
OBJ	Inf	Inf		Inf
1	35.325(V)	6.020(V)	H-LAK59(S)	17.920
2	171.572(V)	10.305(V)		17.023
3	−80.802(V)	1.997(V)	H-ZF3(S)	9.977
4	37.225(V)	1.871(V)		8.823
STO	Inf	6.215(V)		8.526
6	125.465(V)	4.168(V)	H-ZLAF51(S)	12.998
7	−61.871(V)	79.992(V)		13.507
IMA	Inf	—		36.381

[CK-8] 技术指标

波段	F	y'/mm	ω/(°)	f'/mm	BFL/mm	VL/mm	OD	ω/F	SPT/μm		
									0	0.7	1
VIS	4.5	59.8	31.8	100	84.05	25.81	Inf	0.123	52	61	77

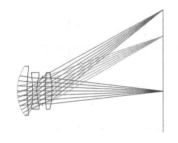

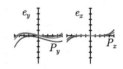

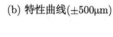

(a) 柯克物镜[CK-8]　　　　　　　　(b) 特性曲线(±500μm)

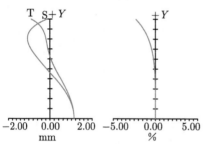

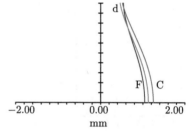

(c) 像散(±2.00mm)和畸变(±5.00%)　　　(d) 球差-色差曲线(±2.00mm)

[CK-8]结构参数　　　　　　　　（长度单位：mm）

No.	R	T	Gls	Semi-Dia.
OBJ	Inf	Inf		Inf
1	32.065(V)	7.194(V)	D-LAK70(S)	17.988
2	116.808(V)	4.164(V)		16.188
3	−103.016(V)	3.410(V)	H-F51(S)	13.393
4	34.708(V)	4.110(V)		10.684
STO	Inf	2.126(V)		9.365
6	114.578(V)	4.811(V)	H-LAK6A(S)	12.349
7	−61.500(V)	84.053(V)		13.415
IMA	Inf	—		59.871

[CK-9] 技术指标

波段	F	y'/mm	$\omega/(°)$	f'/mm	BFL/mm	VL/mm	OD	ω/F	SPT/μm 0	0.7	1
VIS	5.6	16.0	9.1	100	87.5	39.4	Inf	0.028	2	3	4

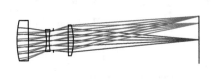

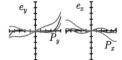

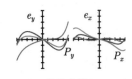

(a) 柯克物镜[CK-9]

(b) 特性曲线($\pm20\mu$m)

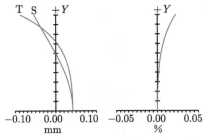

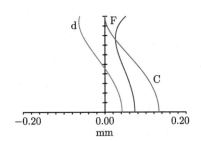

(c) 像散(±0.10mm)和畸变($\pm0.05\%$)

(d) 球差-色差曲线(±0.20mm)

[CK-9]结构参数 （长度单位：mm）

No.	R	T	Gls	Semi-Dia.
OBJ	Inf	Inf		Inf
1	58.398(V)	8.000(V)	H-ZLAF68(S)	13.700(U)
2	−671.924(V)	12.582(V)		12.460(U)
3	−41.991(V)	2.000(V)	ZF51(S)	7.425(U)
4	45.377(V)	2.909(V)		7.008(U)
STO	Inf	10.288(V)		6.747(U)
6	561.492(V)	3.624(V)	H-LAF50A(S)	10.087(U)
7	−36.172(V)	87.452(V)		10.419(U)
IMA	Inf	—		16.027

[CK-10] 技术指标

波段	F	y'/mm	$\omega/(°)$	f'/mm	BFL/mm	VL/mm	OD	ω/F	SPT/μm		
									0	0.7	1
VIS	5.6	48.4	28.2	100	89.2	23.8	Inf	0.082	10	19	56

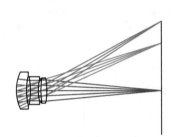

(a) 柯克物镜[CK-10]

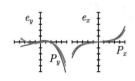

(b) 特性曲线(±200μm)

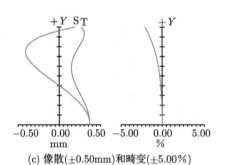

(c) 像散(±0.50mm)和畸变(±5.00%)

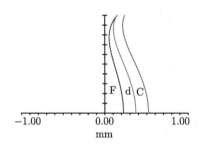

(d) 球差-色差曲线(±1.00mm)

[CK-10]结构参数   （长度单位：mm）

No.	R	T	Gls	Semi-Dia.
OBJ	Inf	Inf		Inf
1	31.645(V)	8.000(V)	H-ZLAF2(S)	14.050(U)
2	46.695(V)	2.986(V)		11.062(U)
3	−57.610(V)	6.059(V)	H-F51(S)	10.551(U)
4	35.468(V)	1.979(V)		8.225(U)
STO	Inf	0.097(V)		7.896(U)
6	59.807(V)	4.666(V)	H-LAK53A(S)	8.561(U)
7	−49.537(V)	89.189(V)		9.573(U)
IMA	Inf	—		48.464(U)

[CK-11] 技术指标

波段	F	y'/mm	ω/(°)	f'/mm	BFL/mm	VL/mm	OD	ω/F	SPT/μm		
									0	0.7	1
VIS	6.3	49.7	27.0	100	92.0	20.3	Inf	0.075	12	18	20

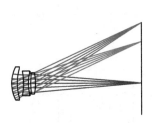

(a) 柯克物镜[CK-11]

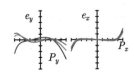

(b) 特性曲线(±100μm)

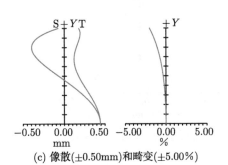

(c) 像散(±0.50mm)和畸变(±5.00%)

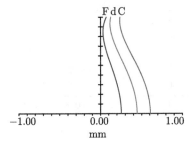

(d) 球差-色差曲线(±1.00mm)

[CK-11]结构参数　　　　　　　　　（长度单位：mm）

No.	R	T	Gls	Semi-Dia.
OBJ	Inf	Inf		Inf
1	29.372(V)	4.785(V)	H-ZLAF2(S)	13.700(U)
2	42.751(V)	5.368(V)		12.076(U)
3	−48.716(V)	4.098(V)	F13(S)	10.199(U)
4	35.598(V)	1.525(V)		8.495(U)
STO	Inf	0.496(V)		8.352(U)
6	61.915(V)	4.053(V)	H-LAK53A(S)	8.057(U)
7	−44.647(V)	91.989(V)		8.827(U)
IMA	Inf	—		49.750(U)

[CK-12] 技术指标

波段	F	y'/mm	ω/(°)	f'/mm	BFL/mm	VL/mm	OD	ω/F	SPT/μm		
									0	0.7	1
VIS	6.3	65.2	34.0	100	90.7	18.1	Inf	0.094	32	51	59

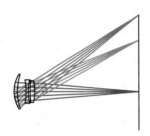

(a) 柯克物镜[CK-12]

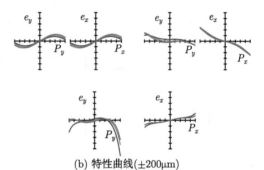

(b) 特性曲线(±200μm)

(c) 像散(±2.00mm)和畸变(±2.00%)

(d) 球差-色差曲线(±2.00mm)

[CK-12]结构参数　　　　　　（长度单位：mm）

No.	R	T	Gls	Semi-Dia.
OBJ	Inf	Inf		Inf
1	28.150(V)	2.839(V)	H-LAK52(S)	14.728
2	44.150(V)	7.654(V)		14.089
3	−46.296(V)	1.971(V)	H-F4(S)	9.987
4	39.609(V)	1.492(V)		8.637
STO	Inf	0.092(V)		8.416
6	73.502(V)	4.009(V)	H-LAF50A(S)	8.238
7	−44.491(V)	90.729(V)		9.309
IMA	Inf	—		65.215

[CK-13] 技术指标

波段	F	y'/mm	ω/(°)	f'/mm	BFL/mm	VL/mm	OD	ω/F	SPT/μm		
									0	0.7	1
VIS	8	70.1	33.9	100	89.8	25.3	Inf	0.072	58	38	75

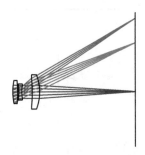

(a) 柯克物镜[CK-13]

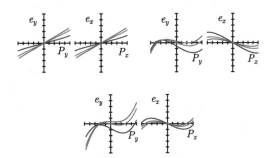

(b) 特性曲线(±200μm)

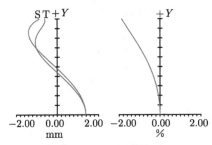

(c) 像散(±2.00mm)和畸变(±2.00%)

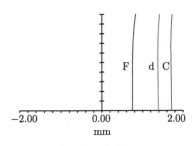

(d) 球差-色差曲线(±2.00mm)

[CK-13]结构参数　　　　　　　　　　(长度单位：mm)

No.	R	T	Gls	Semi-Dia.
OBJ	Inf	Inf		Inf
1	48.626(V)	4.408(V)	H-ZLAF68(S)	10.229(U)
2	−122.363(V)	1.152(V)		8.873(U)
3	−56.518(V)	2.972(V)	F6(S)	7.089(U)
4	39.533(V)	0.554(V)		5.651(U)
STO	Inf	9.170(V)		5.651(U)
6	−131.783(V)	7.007(V)	H-ZPK2(S)	12.732(U)
7	−40.565(V)	89.782(V)		15.154(U)
IMA	Inf	—		70.118

[WS-145]U 技术指标

波段	F	y'/mm	ω/(°)	f'/mm	BFL/mm	VL/mm	OD	ω/F	SPT/μm		
									0	0.7	1
0.27; 0.405; 0.73	8.0	24.74	14.01	100	84.52	18.78	Inf	0.031	11	22	28

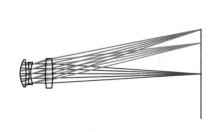

(a) 柯克物镜[WS-145]U

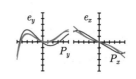

(b) 特性曲线(±100μm)

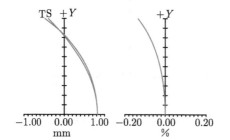

(c) 像散(±1.00mm)和畸变(±0.20%)

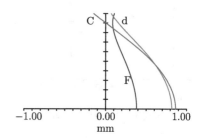

(d) 球差-色差曲线(±1.00mm)

[WS-145]U 结构参数   (长度单位: mm)

No.	R	T	Gls	Semi-Dia.
OBJ	Inf	Inf		Inf
1	15.008(V)	3.423(V)	CAF2(S)	7.568
2	−69.643(V)	1.880(V)		7.224
3	−37.842(V)	1.001(V)	F_SILICA(S)	6.164
4	14.932(V)	1.087(V)		5.399
STO	Inf	7.394(V)		5.385
6	64.624(V)	3.996(V)	CAF2(S)	7.648
7	−61.379(V)	84.521(V)		8.173
IMA	Inf	—		24.742

附录 7.2 评价函数 "FIXED-3A-SIMPLE"

Oper#	Type	Surf1	Surf2	H_x	H_y	P_x	P_y	Tag.	Wt.	Val.	Ctrb.
1	BLNK	FIXED-3A-SIMPLE									
2	BLNK	ANGLE FIELD									
3	RANG	0	2	0.000	1.000	0.000	0.000	0.000	0.000	0.515	0.000
4	CONS							57.290	0.000	57.290	0.000
5	PROD	3	4					0.000	0.000	29.497	0.000
6	BLNK	EFFL AND PMAG									
7	PMAG	0	2					-0.214	0.000	0.000	0.000
8	EFFL		2					100.000	0.020	99.969	0.054
9	REAR	8	2	0.000	1.000	0.000	0.000	0.000	0.000	55.460	0.000
10	BLNK	CONJUGATE									
11	TTHI	0	7					0.000	0.000	1.000×10^{10}	0.000
12	BLNK	VL									
13	TTHI	1	6					0.000	0.000	37.294	0.000
14	OPLT	13						38.000	0.000	38.000	0.000
15	BLNK	IMAGE DISTANCE									
16	CTGT	7						12.705	0.020	12.705	0.000
17	BLNK	OD									
18	CTGT	0						0.000	0.000	0.000	0.000
19	BLNK	DT									
20	DIMX	0	2	0				15.000	1.000×10^{-3}	15.000	0.000
21	BLNK	BOUNDING FOR THE EDGES									
22	MNCA	1	7					0.100	1.000×10^{-2}	0.100	0.000
23	MNEA	1	7					1.000×10^{-3}	1.000×10^{-2}	1.000×10^{-3}	0.000
24	MNCG	1	7					1.000	1.000×10^{-2}	1.000	0.000
25	MNEG	1	7					0.500	1.000×10^{-2}	0.500	0.000
26	BLNK										
27	MXCG	1	7					12.000	1.000×10^{-2}	12.000	0.000
28	MXEG	1	7					12.000	1.000×10^{-2}	12.000	0.000
29	DMFS										
30	BLNK	Default merit function:RMS wavefront chief chief GQ 3rings 6 arms									
31	......	......									
32											

第8章 天塞物镜及其变形

8.1 引 言

天塞 (Tessar) 物镜是在柯克物镜的基础上演变而来的，或者说它是柯克三片式物镜的改进型。由于把柯克物镜的一个正透镜改为双胶合，增加了一个胶合面，并添加了一种玻璃，变量更多，像质很好。该透镜发明多年，过去是照相机常用的物镜，如今还在手机、卡片式数码相机中广泛使用。

8.2 典型的天塞物镜

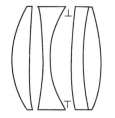

图 8.1 天塞物镜 [TS-1]

图 8.1 为早年由鲁道夫 (Rodolph) 设计的天塞物镜 [TS-1]。该物镜曾用作照相机物镜。焦距缩放到 100mm 后的技术指标、像差曲线及结构参数列在附录 8.1 中。

图 8.2～图 8.4 列出三款典型的天塞物镜 [TS-2]、[TS-7] 和 [TS-10] 的系统图以及特性曲线，附录 8.1 给出相应的结构参数。

由于第三片透镜采用双胶合结构，改善了轴上和近轴像质。天塞物镜 [TS-2] 的相对孔径及视场角和柯克物镜 [CK-3] 完全相同，但像质明显优于柯克物镜，参见表 8.1 及附录 7.1。

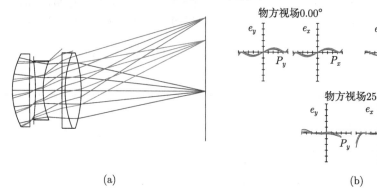

(a)   (b)

图 8.2 (a) 天塞物镜 [TS-2] (F=2.5, ω=25.0°)；(b) 特性曲线 (横坐标 ±500μm)

(彩图见封底二维码)

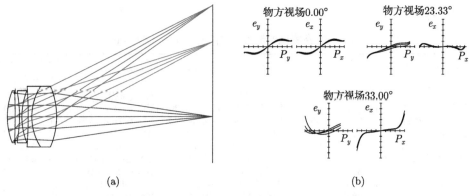

图 8.3 　(a) 天塞物镜 [TS-7] (F=3.6, ω=33.0°)；(b) 特性曲线 ($\pm$500μm)

(彩图见封底二维码)

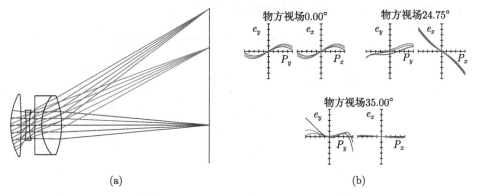

图 8.4 　(a) 天塞物镜 [TS-10] (F=5.8, ω=35.0°)；(b) 特性曲线 ($\pm$200μm)

(彩图见封底二维码)

表 8.1 　天塞物镜 [TS-2] 与柯克物镜 [CK-3] 对比

设计编码	F	ω/(°)	SPT/μm		
			0	0.7	1
[CK-3]	2.5	25.0	45	61	98
[TS-2]	2.5	25.0	35	49	54

8.3　天塞物镜的 F-ω 空间

表 8.2 列出 11 个典型天塞物镜参考设计的参数。这些物镜经过充分优化，F (光圈数) 从 2.2 到 6.3，全视场角 2ω 从 40° 到 70°，所有的物镜焦距均为 100mm，物距 OD=∞(Inf)。图 8.5 为天塞物镜的 F-ω 空间分布，即定义域。图中的虚线给出柯克物镜的 F-ω 定义域。可以看出，天塞物镜从左、上两个方向超出了柯克物

镜的定义域。

表 8.2　天塞物镜参考设计 (f'=100mm, OD=Inf)

设计编码	ω/F	F	$\omega/(°)$	y'/mm	Gls1*	Gls2*	Gls3*/Gls4*	SPT/μm		
								0	0.7	1
[TS-1]	0.20	2.2	25.0	45.1	H-ZLAF68	H-ZF52	H-ZF50/H-ZF68	58	111	82
[TS-2]	0.17	2.5	25.0	45.2	H-ZLAF68	H-ZLAF76	H-ZH5/H-ZLAF68	35	49	54
[TS-3]	0.21	2.5	29.5	45.2	H-ZLAF68	H-ZLAF76	H-ZF6/H-ZLAF68	61	79	82
[TS-4]	0.13	2.8	20.3	36.5	H-LAK59	H-ZF1	BAF5/H-LAF2	29	31	33
[TS-5]	0.16	3.0	28.0	51.8	H-LAF50A	H-QF14	H-F2/H-LAK61	38	46	86
[TS-6]	0.11	3.5	21.8	39.7	H-LAK1	F2	BAF3/H-LAK51	23	35	28
[TS-7]	0.16	3.6	33.0	62.7	H-LAF3A	ZF1	H-BAK8/D-ZK79	48	86	99
[TS-8]	0.11	4.5	27.8	51.2	D-LAK70	H-TF3L	H-QF14/H-LAK54	28	26	44
[TS-9]	0.08	5.4	26.0	47.3	H-ZBAF1	BAF2	ZF1/H-ZBAF20	47	53	68
[TS-10]	0.11	5.8	35.0	67.5	H-BAK5	H-QF1	BAF4/H-ZK10	36	84	38
[TS-11]	0.07	6.3	25.0	45.9	H-LAK11	BAF5	QF1/H-LAK1	10	14	17

注：Gls1*～Gls4* 顺序表示第 1～第 4 透镜的玻璃。

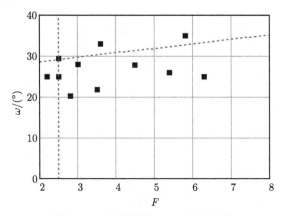

图 8.5　天塞物镜的 F-ω 空间分布

各天塞物镜数据在附录 8.1 中给出。注意，这些物镜只是参考设计而不是最终设计，一般都未曾经历工艺修正，没有留压边量。

8.4　拦光操作

我们把 [TS-7] 的系统图和 1 视场的特性曲线重新画在图 8.6 中，其中 (a) 为系统图，(b) 为全视场 (1 视场) 的特性曲线。仔细考察可以发现，由于胶合透镜直径为 34mm，靠近上光线的光束被胶合物镜的外径拦掉，从特性曲线 (图 8.6(b)) 中看出被拦光束的弥散很大。拦光后 1 视场 SPT=99μm。

如果加大胶合透镜的直径到 42mm，参见图 8.6(c)，则弥散很大的那部分光束 (图 8.6(d) 虚线之间的部分) 将进入系统参与成像，弥散斑半径变成 134μm。

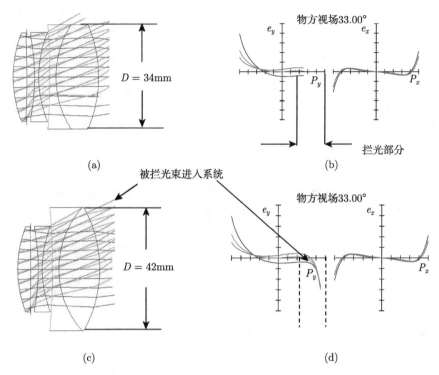

图 8.6 (a) [TS-7] 系统图；(b) 1 视场子午特性曲线 (左) 和弧矢特性曲线 (右)；(c) 将胶合透镜直径扩大为 42mm 的系统图；(d) 1 视场特性曲线 (彩图见封底二维码)

对于大视场大孔径物镜，拦光操作往往是改善像质的有效举措。由于拦掉的只是小部分边缘光束，一般对相对照度的影响不大。在第 9 章中我们会再次看到拦光改善像质的例子。

8.5 变形天塞物镜

如果柯克物镜的前正透镜或中间的负透镜改成双胶合，就构成变形天塞物镜，例如 [WS-208]U 和 [WS-209]，参见图 8.7 和图 8.8。从图 8.8 可以看出 [WS-209]的拦光过度，影响到大视场甚至中视场的相对照度，参见图 8.10(a)。将该设计的Semi-Dia. 释放进一步优化，得到 [WS-209]U，见图 8.9(a)。从特性曲线图 8.9(b) 可以看出，拦光已经不存在，相对照度得到明显改善；由于特性曲线收敛较好 (更靠近横轴)，像质也有提高。[WS-209]U 的资料见附录 8.1。

此外，天塞物镜还有中间的负透镜变为双胶合的情况，如图 8.11 中 [TS-12]N所示，其光圈数 $F=1.9$，$\omega=17.6°$，其相对孔径超过表 8.2 中所有参考设计范围。

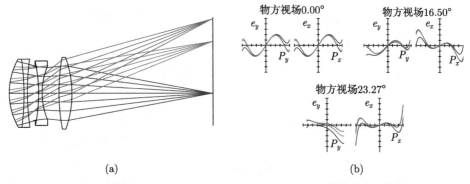

(a)   (b)

图 8.7　(a) 变形天塞物镜 [WS-208]U (F=2.8, ω=23.3°)；(b) 特性曲线 (横坐标 ±200μm)

(彩图见封底二维码)

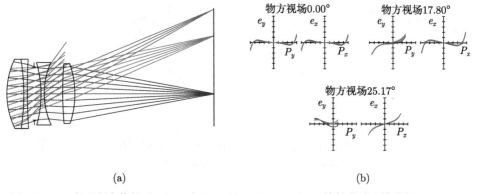

(a)   (b)

图 8.8　(a) 变形天塞物镜 [WS-209] (F=2.8, ω=25.1°)；(b) 特性曲线 (横坐标 ±500μm)

(彩图见封底二维码)

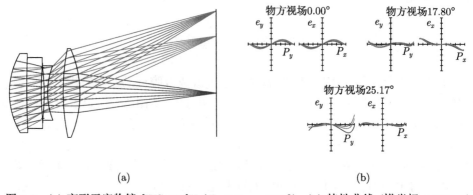

(a)   (b)

图 8.9　(a) 变形天塞物镜 [WS-209]U (F=2.8, ω=25.2°)；(b) 特性曲线 (横坐标 ±500μm)

(彩图见封底二维码)

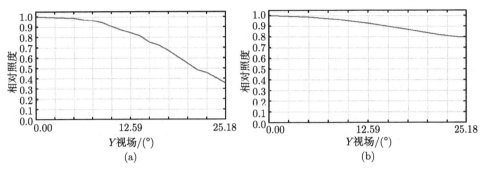

图 8.10 相对照度

(a) [WS-209]；(b) [WS-209]U

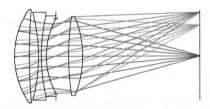

图 8.11 变形天塞物镜 [TS-12]N (光圈数 $F=1.9$，$\omega=17.6°$) (彩图见封底二维码)

8.6 海利亚物镜

将柯克物镜的前后正透镜都变成双胶合，就得到海利亚 (Heliar) 物镜，又称 Pentac 物镜，不仅变量增加，其结构比天塞物镜更加对称，像质有了进一步提高。[HL-1] 为典型的海利亚物镜，如图 8.12 所示。甚至有中间负透镜也改成双胶合型的设计，如 [WS-219]，如图 8.13 所示。

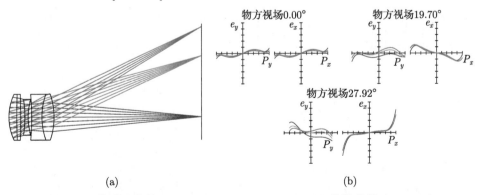

图 8.12 海利亚物镜 [HL-1] ($F=4.5$，$\omega=27.92°$)；(b) 特性曲线 ($\pm200\mu m$)

(彩图见封底二维码)

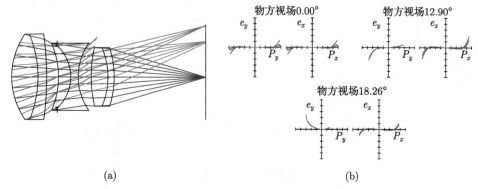

(a)   (b)

图 8.13   海利亚物镜 [WS-219] (F=1.8, ω=18.2°)；(b) 特性曲线 ($\pm$200μm)

(彩图见封底二维码)

天塞物镜的评价函数见附录 8.2，适用于各类天塞及其变形物镜。

8.7   本 章 小 结

本章介绍一类有重要应用价值的物镜：天塞物镜及其变形的多个典型设计，对应技术指标的 F-ω 空间充分稠密。讨论"拦光操作"及其对像面相对照度的影响。最后介绍另一类重要的设计 —— 海利亚物镜。

附录 8.1　天塞及其变形物镜技术指标、像差曲线和结构参数

[TS-1] 技术指标

波段	F	y'/mm	$\omega/(°)$	f'/mm	BFL/mm	VL/mm	OD	ω/F	SPT/μm		
									0	0.7	1
VIS	2.2	45.1	25.0	100	75.5	50.5	Inf	0.2	58	111	82

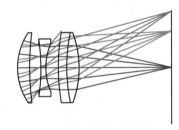

(a) 天塞物镜[TS-1]

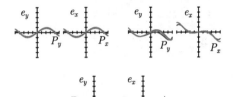

(b) 特性曲线(±500μm)

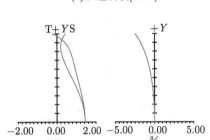

(c) 像散(±2.00mm)和畸变(±5.00%)

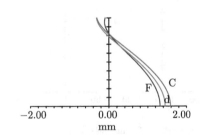

(d) 球差-色差曲线(±2.00mm)

[TS-1]结构参数　　　　　　　　　　(长度单位：mm)

No.	R	T	Gls	Semi-Dia.
OBJ	Inf	Inf		Inf
1	49.069(V)	10.000(V)	H-ZLAF68(S)	28.000(U)
2	219.603(V)	7.556(V)		28.000(P)
STO	Inf	1.697(V)		18.067
4	−153.312(V)	3.986(V)	H-ZF52A(S)	23.000(U)
5	48.315(V)	10.244(V)		19.338
6	158.083(V)	7.000(V)	H-ZF50(S)	28.000(U)
7	133.008(V)	10.005(V)	H-ZLAF68(S)	28.000(P)
8	−79.484(V)	75.531(V)		28.000(P)
IMA	Inf	—		45.140

[TS-2] 技术指标

波段	F	y'/mm	ω/(°)	f'/mm	BFL/mm	VL/mm	OD	ω/F	SPT/μm 0	0.7	1
VIS	2.5	45.2	25.0	100	79.8	44.9	Inf	0.17	35	49	54

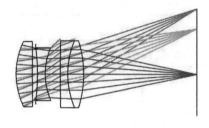

(a) 天塞物镜[TS-2]

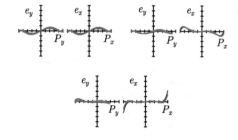

(b) 特性曲线(±500μm)

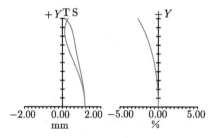

(c) 像散(±2.00mm)和畸变(±5.00%)

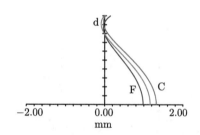

(d) 球差-色差曲线(±2.00mm)

[TS-2]结构参数　　　　　　　　　（长度单位：mm）

No.	R	T	Gls	Semi-Dia.
OBJ	Inf	Inf		Inf
1	48.025(V)	12.014(V)	H-ZLAF68(S)	22.230
2	1285.240(V)	2.410(V)		19.038
STO	Inf	1.170(V)		17.466
4	−139.285(V)	5.395(V)	H-ZLAF76(S)	17.437
5	44.470	10.684(V)		18.029
6	2452.559(V)	5.125(V)	H-ZF5(S)	23.000(U)
7	57.869(V)	11.386(V)	H-ZLAF68(S)	23.000(P)
8	−72.114(V)	79.843(V)	H-ZLAF68(S)	23.000(P)
IMA	Inf	—		45.215

[TS-3] 技术指标

波段	F	y'/mm	ω/(°)	f'/mm	BFL/mm	VL/mm	OD	ω/F	SPT/µm		
									0	0.7	1
VIS	2.5	45.2	29.5	100	79.62	50.33	Inf	0.21	61	79	82

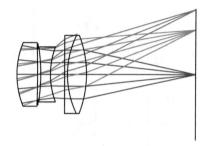

(a) 天塞物镜[TS-3]

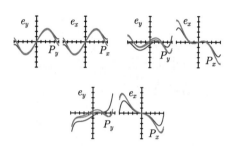

(b) 特性曲线(±200µm)

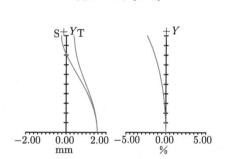

(c) 像散(±2.00mm)和畸变(±5.00%)

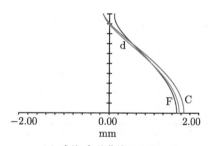

(d) 球差-色差曲线(±2.00mm)

[TS-3]结构参数　　　　　　　（长度单位：mm）

No.	R	T	Gls	Semi-Dia.
OBJ	Inf	Inf		Inf
1	55.237(V)	15.027(V)	H-ZLAF68(S)	22.000(U)
2	−662.801(V)	0.390(V)		22.000(P)
STO	Inf	1.953(V)		17.791
4	−117.012(V)	6.978(V)	H-ZLAF76(S)	17.745
5	51.987	10.203(V)		18.998
6	−3.254E+004(V)	1.985(V)	H-ZF6(S)	27.000(U)
7	59.651(V)	13.791(V)	H-ZLAF68(S)	27.000(P)
8	−70.935(V)	79.616(V)		27.000(P)
IMA	Inf	—		45.238

[TS-4] 技术指标

波段	F	y'/mm	ω/(°)	f'/mm	BFL/mm	VL/mm	OD	ω/F	SPT/μm 0	SPT/μm 0.7	SPT/μm 1
VIS	2.8	36.5	20.3	100	76.45	39.87	Inf	0.13	29	31	33

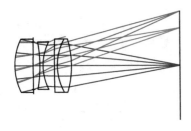

(a) 天塞物镜[TS-4]

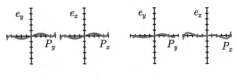

(b) 特性曲线(±500μm)

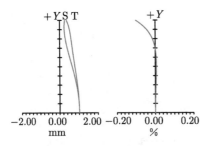

(c) 像散(±2.00mm)和畸变(±0.20%)

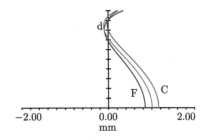

(d) 球差-色差曲线(±2.00mm)

[TS-4]结构参数　　　　　　　　　　（长度单位：mm）

No.	R	T	Gls	Semi-Dia.
OBJ	Infinity	Infinity		Infinity
1	37.726(V)	13.002(V)	H-LAK59(S)	18.000(U)
2	2943.500(V)	0.514(V)		18.000(U)
STO	Inf	4.185(V)		15.872
4	−87.785(V)	1.999(V)	H-ZF1(S)	16.000(U)
5	33.500	8.203(V)		16.000(U)
6	796.171(V)	2.000(V)	BAF5(S)	18.000(U)
7	36.782(V)	10.650(V)	H-LAF2(S)	18.000(P)
8	−59.667(V)	76.448(V)		18.000(P)
IMA	Inf			36.494

[TS-5] 技术指标

波段	F	y'/mm	$\omega/(°)$	f'/mm	BFL/mm	VL/mm	OD	ω/F	SPT/μm		
									0	0.7	1
VIS	3.0	51.8	28.0	100	82.10	38.10	Inf	0.16	38	46	86

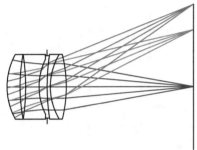

(a) 天塞物镜[TS-5]

(b) 特性曲线(±500μm)

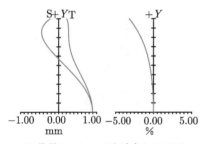

(c) 像散(±1.00mm)和畸变(±5.00%)

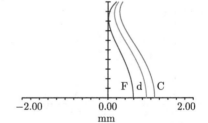

(d) 球差-色差曲线(±2.00mm)

[TS-5]结构参数　　　　　　　　（长度单位：mm）

No.	R	T	Gls	Semi-Dia.
OBJ	Inf	Inf		Inf
	40.229(V)	8.393(V)	H-LAF50A(S)	20.000(U)
2	103.273(V)	3.609(V)		20.000(P)
3	−128.836(V)	8.690(V)	H-QF14(S)	20.000(U)
4	37.401(V)	5.040(V)		17.044(U)
STO	Inf	0.074(V)		19.251
6	129.686(V)	1.992(V)	H-F2(S)	20.000(U)
7	37.827(V)	10.293(V)	H-LAK61(S)	20.000(P)
8	−78.931(V)	82.098(V)		20.000(P)
IMA	Inf	—		51.814

[TS-6] 技术指标

波段	F	y'/mm	ω/(°)	f'/mm	BFL/mm	VL/mm	OD	ω/F	SPT/μm		
									0	0.7	1
VIS	3.5	39.7	21.8	100	83.13	35.16	Inf	0.11	23	35	28

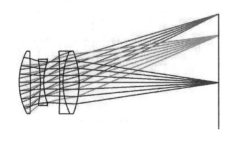

(a) 天塞物镜[TS-6]

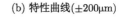

(b) 特性曲线(±200μm)

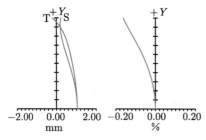

(c) 像散(±2.00mm)和畸变(±0.20%)

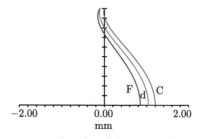

(d) 球差-色差曲线(±2.00mm)

[TS-6]结构参数   (长度单位: mm)

No.	R	T	Gls	Semi-Dia.
OBJ	Inf	Inf		Inf
1	37.347(V)	6.831(V)	H-LAK1(S)	18.000(U)
2	−754.099(V)	6.226(V)		18.000(P)
3	−68.780(V)	1.988(V)	F2(S)	13.259
4	34.250(V)	2.146(V)		11.804
STO	Inf	6.389(V)		11.792
6	−356.564(V)	2.000(V)	BAF3(S)	18.000(U)
7	41.259(V)	9.582(V)	H-LAK51(S)	18.000(P)
8	−48.708 (V)	83.130(V)		18.000(P)
IMA	Inf	—		39.744

[TS-7] 技术指标

波段	F	y'/mm	ω/(°)	f'/mm	BFL/mm	VL/mm	OD	ω/F	SPT/μm		
									0	0.7	1
VIS	3.6	62.7	33.0	100	90.08	29.43	Inf	0.16	48	86	99

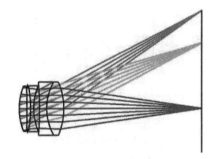

(a) 天塞物镜[TS-7]

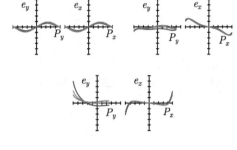

(b) 特性曲线(±500μm)

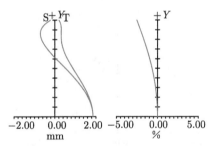

(c) 像散(±2.00mm)和畸变(±5.00%)

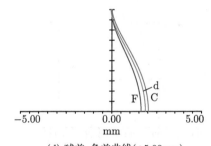

(d) 球差-色差曲线(±5.00mm)

[TS-7]结构参数　　　　　　　　(长度单位：mm)

No.	R	T	Gls	Semi-Dia.
OBJ	Inf	Inf(V)		Infinity
1	38.842(V)	5.111(V)	H-LAF3A(S)	14.515(U)
2	−312.971(V)	0.444(V)		13.707(U)
STO	Inf	1.922(V)		13.160(U)
4	−72.152(V)	1.989(V)	ZF1(S)	13.430(U)
5	37.342(V)	3.732(V)		14.584(U)
6	−213.952(V)	4.775(V)	H-BAK8(S)	17.000(U)
7	34.038(V)	11.463(V)	D-ZK79(S)	17.000(P)
8	−42.509(V)	90.078(V)		17.000(P)
IMA	—	—		62.670

[TS-8] 技术指标

波段	F	y'/mm	ω/(°)	f'/mm	BFL/mm	VL/mm	OD	ω/F	SPT/μm		
									0	0.7	1
VIS	4.5	51.2	27.8	100	89.14	30.01	Inf	0.11	28	26	44

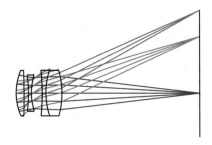

(a) 天塞物镜[TS-8]

(b) 特性曲线(±100μm)

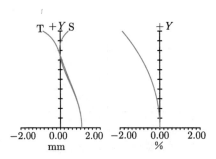

(c) 像散(±2.00mm)和畸变(±2.00%)

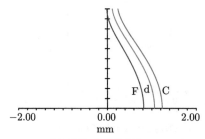

(d) 球差-色差曲线(±2.00mm)

[TS-8]结构参数   (长度单位: mm)

No.	R	T	Gls	Semi-Dia.
OBJ	Inf	Inf		Inf
1	33.797(V)	5.260(V)	D-LAK70(S)	14.000(U)
2	−408.745(V)	3.042(V)		14.000(U)
3	−76.057(V)	1.986(V)	H-TF3L(S)	11.119
4	31.284(V)	1.602(V)		9.626
STO	Inf	5.343(V)		9.620
6	−136.938(V)	2.304(V)	H-QF14(S)	14.000(U)
7	42.881(V)	10.471(V)	H-LAK54(S)	14.000(P)
8	−49.335(V)	89.139(V)		14.000(P)
IMA	inf	—		51.249

[TS-9] 技术指标

波段	F	y'/mm	$\omega/(°)$	f'/mm	BFL/mm	VL/mm	OD	ω/F	SPT/μm		
									0	0.7	1
VIS	5.4	47.3	26.0	100	91.25	27.31	Inf	0.08	47	53	68

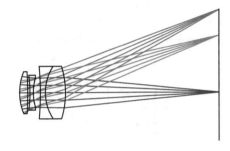

(a) 天塞物镜[TS-9]

(b) 特性曲线(±200μm)

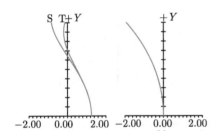

(c) 像散(±2.00mm)和畸变(±2.00%)

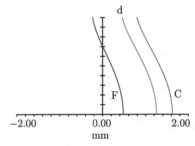

(d) 球差-色差曲线(±2.00mm)

[TS-9]结构参数　　　　　　　　（长度单位：mm）

No.	R	T	Gls	Semi-Dia.
OBJ	Inf	Inf		Infinity
1	30.318(V)	4.864(V)	H-ZBAF1(S)	12.000(U)
2	−175.811(V)	1.360(V)		12.000(P)
3	−67.553(V)	1.972(V)	BAF2(S)	9.925
4	28.288(V)	1.226(V)		8.326
STO	Inf	2.918(V)		8.335
6	−164.084(V)	2.969(V)	ZF1(S)	15.000(U)
7	26.526(V)	12.000(V)	H-ZBAF20(S)	15.000(P)
8	−48.713(V)	91.249(V)		15.000(P)
IMA	Inf	—		47.317

[TS-10] 技术指标

波段	F	y'/mm	ω/(°)	f'/mm	BFL/mm	VL/mm	OD	ω/F	SPT/μm		
									0	0.7	1
VIS	5.8	67.5	35.0	100	89.85	30.91	Inf	0.10	36	84	38

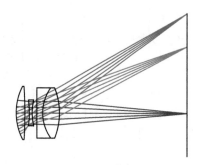

(a) 天塞物镜[TS-10]

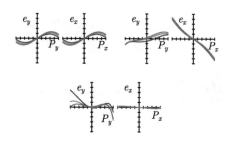

(b) 特性曲线(±200μm)

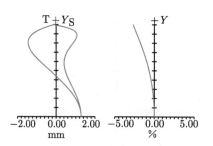

(c) 像散(±2.00mm)和畸变(±5.00%)

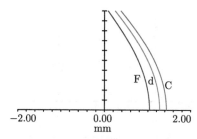

(d) 球差-色差曲线(±2.00mm)

[TS-10]结构参数　　　　　　　　（长度单位：mm）

No.	R	T	Gls	Semi-Dia.
OBJ	Inf	Inf		Inf
1	35.969(V)	6.424(V)	H-BAK5(S)	18.000(U)
2	−265.960(V)	3.138(V)		18.000(P)
3	−60.446(V)	1.953(V)	H-QF1(S)	8.732
4	36.158(V)	0.992(V)		7.557
STO	Inf	2.293(V)		7.564
6	−1193.657(V)	4.110(V)	BAF4(S)	9.289
7	27.599(V)	12.002(V)	H-ZK10(S)	17.000(U)
8	−44.453(V)	89.849(V)		17.000(U)
IMA	Inf	—		67.483

[TS-11] 技术指标

波段	F	y'/mm	$\omega/(°)$	f'/mm	BFL/mm	VL/mm	OD	ω/F	SPT/μm 0	SPT/μm 0.7	SPT/μm 1
VIS	6.3	45.9	25.0	100	90.8	25.5	Inf	0.069	10	14	17

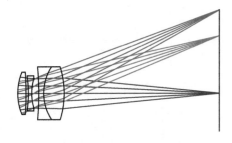

(a) 天塞物镜[TS-11]

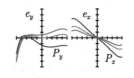

(b) 特性曲线(±200μm)

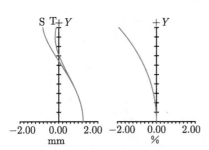

(c) 像散(±2.00mm)和畸变(±2.00%)

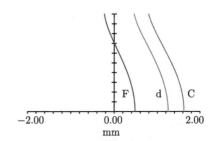

(d) 球差-色差曲线(±2.00mm)

[TS-11]结构参数　　　　　　　　　　（长度单位：mm）

No.	R	T	Gls	Semi-Dia.
OBJ	Inf	Inf		Infinity
1	29.563(V)	4.608(V)	H-LAK11(S)	11.271(U)
2	−169.015(V)	2.142(V)		11.271(P)
3	−60.390(V)	1.998(V)	BAF5(S)	8.343(U)
4	26.599(V)	1.005(V)		6.894(U)
STO	Inf	4.471(V)		6.845(U)
6	−86.007(V)	3.765(V)	QF1(S)	13.500(U)
7	35.469(V)	7.501(V)	H-LAK1(S)	13.500(P)
8	−40.146(V)	90.843(V)		13.500(P)
IMA	Inf	—		45.869

[WS-208]U 技术指标

波段	F	y'/mm	ω/(°)	f'/mm	BFL/mm	VL/mm	OD	ω/F	SPT/μm 0	0.7	1
VIS	2.8	41.75	23.3	100	79.9	36.2	Inf	0.145	48	54	55

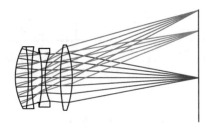

(a) 变形天塞物镜[WS-208]U

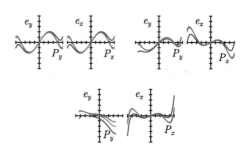

(b) 特性曲线(±200μm)

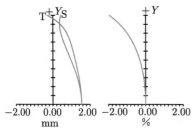

(c) 像散(±2.00mm)和畸变(±2.00%)

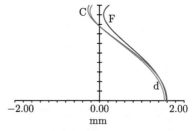

(d) 球差-色差曲线(±2.00mm)

[WS-208]U 结构参数　　　　　　　(长度单位：mm)

No.	R	T	Gls	Semi-Dia.
OBJ	Inf	Inf		Inf
1	37.762(V)	8.672(V)	LAK9G15(S)	19.000(U)
2	−129.770(V)	2.003(V)	N-BAK4(S)	19.000(P)
3	130.665(V)	4.437(V)		19.000(P)
STO	Inf	1.972(V)		15.153
5	−86.400(V)	1.975(V)	SF5(S)	18.000(U)
6	38.000	9.710(V)		15.000(U)
7	109.668(V)	7.420(V)	LAK23(S)	20.000(U)
8	−57.289(V)	79.863(V)		20.000(P)
IMA	Inf	—		41.751

[WS-209] 技术指标

波段	F	y'/mm	ω/(°)	f'/mm	BFL/mm	VL/mm	OD	ω/F	SPT/μm 0	0.7	1
VIS	2.8	49.7	25.1	100	79.8	39.6	Inf	0.156	75	94	127

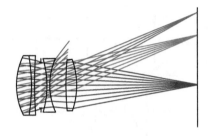

(a) 变形天塞物镜[WS-209]

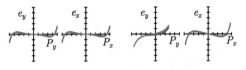
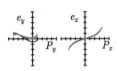

(b) 特性曲线(±500μm)

(c) 像散(±1.00mm)和畸变(±1.00%)

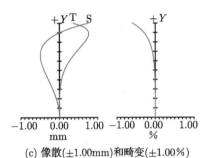
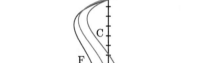

(d) 球差-色差曲线(±1.00mm)

[WS-209]结构参数　　　　　（长度单位：mm）

No.	R	T	Gls	Semi-Dia.
OBJ	Inf	Inf		Inf
1	42.970(V)	9.800(V)	LAK9(S)	19.200(U)
2	−115.330(V)	2.100(V)	LLF7	19.200(P)
3	306.840(V)	4.160(V)		19.200(P)
STO	Inf	4.000(V)		14.618
5	−59.060(V)	1.870(V)	SF7(S)	17.300(U)
6	40.930	10.640(V)		17.300(U)
7	183.920(V)	7.050(V)	LAK9(S)	16.500(U)
8	−48.910(V)	79.831(V)		16.500(P)
IMA	Inf			49.726

[WS-209]U 技术指标

波段	F	y'/mm	$\omega/(°)$	f'/mm	BFL/mm	VL/mm	OD	ω/F	SPT/μm 0	SPT/μm 0.7	SPT/μm 1
VIS	2.8	45.6	25.2	100	77.2	39.62	Inf	0.157	52	50	67

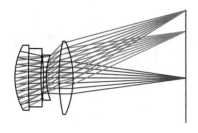

(a) 变形天塞物镜[WS-209]U

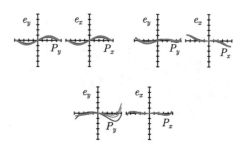

(b) 特性曲线(±500μm)

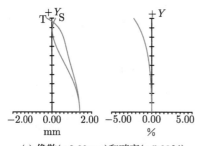

(c) 像散(±2.00mm)和畸变(±5.00%)

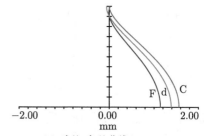

(d) 球差-色差曲线(±2.00mm)

[WS-209]U 结构参数   （长度单位：mm）

No.	R	T	Gls	Semi-Dia.
OBJ	Inf	Inf		Inf
1	42.564(V)	9.924(V)	H-ZLAF52(S)	21.826(U)
2	484.200(V)	8.515(V)	D-ZK3(S)	19.567(U)
3	143.117(V)	0.810(V)		14.137(U)
STO	Inf	0.911(V)		14.005(U)
5	−117.143(V)	1.985(V)	H-ZF6(S)	14.021(U)
6	40.930	8.785(V)		15.052(U)
7	117.924(V)	9.582(V)	H-LAK59(S)	23.795(U)
8	−59.881(V)	77.221(V)		24.437(U)
IMA	Inf	—		45.555

[TS-12]N 技术指标

波段	F	y'/mm	ω/(°)	f'/mm	BFL/mm	VL/mm	OD	ω/F	SPT/μm		
									0	0.7	1
VIS	1.9	31.06	17.6	100	82.03	43.86	Inf	0.157	86	77	98

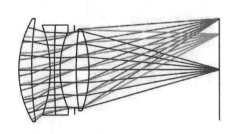

(a) 变形天塞物镜[TS-12]N

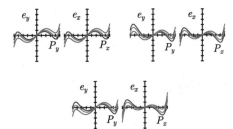

(b) 特性曲线(±500μm)

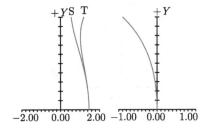

(c) 像散(±2.00mm)和畸变(±1.00%)

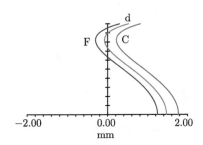

(d) 球差-色差曲线(±2.00mm)

[TS-12]N 结构参数　　　　　　　　(长度单位: mm)

No.	R	T	Gls	Semi-Dia.
OBJ	Inf	Inf		Inf
1	61.188(V)	8.031(V)	H-ZLAF78(S)	31.360
2	205.417(V)	11.604(V)		30.618
3	−79.081(V)	2.536(V)	F5(S)	27.000(U)
4	570.122(V)	3.477(V)	H-KF6(S)	27.000(U)
5	56.701(V)	9.237(V)		23.587
STO	Inf	0.978(V)		23.136
7	197.820(V)	8.000(V)	H-ZLAF3(S)	24.516
8	−71.644(V)	82.031(V)		24.924
IMA	Inf	—		31.061

[HL-1]N 技术指标

波段	F	y'/mm	$\omega/(°)$	f'/mm	BFL/mm	VL/mm	OD	ω/F	SPT/μm		
									0	0.7	1
VIS	4.5	51.6	28.0	100	91.9	27.0	Inf	0.109	15	33	58

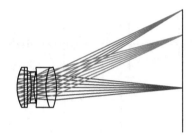

(a) 海利亚物镜[HL-1]N

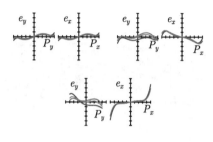

(b) 特性曲线(±200μm)

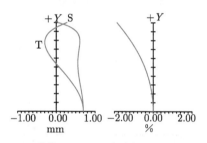

(c) 像散(±1.00mm)和畸变(±2.00%)

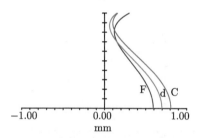

(d) 球差-色差曲线(±1.00mm)

[HL-1]N 结构参数   （长度单位：mm）

No.	R	T	Gls	Semi-Dia.
OBJ	Inf	Inf		Inf
1	31.842(V)	5.008(V)	H-LAK11(S)	14.000(U)
2	417.125(V)	2.436(V)	D-ZF10(S)	14.000(U)
3	−449.109(V)	2.686(V)		14.000(P)
4	−68.065(V)	1.992(V)	H-ZLAF53A(S)	10.970
5	35.125(V)	1.377(V)		9.428
STO	Inf	0.850(V)		9.388
7	−152.609(V)	6.414(V)	QF5(S)	14.000(U)
8	40.311	7.638(V)	H-LAF50A	14.000(P)
9	−42.391	91.937(V)		14.000(P)
IMA	Inf	—		51.608

[WS-219] 技术指标

波段	F	y'/mm	ω/(°)	f'/mm	BFL/mm	VL/mm	OD	ω/F	SPT/μm 0	0.7	1
VIS	1.8	34.3	18.2	100	60.55	69.20	Inf	0.18	13	50	37

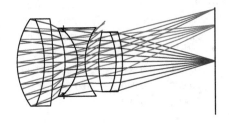

(a) 海利亚物镜[WS-219]

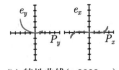

(b) 特性曲线(±2000μm)

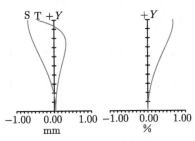

(c) 像散(±1.00mm)和畸变(±1.00%)

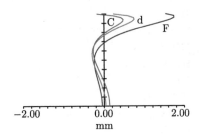

(d) 球差-色差曲线(±2.00mm)

[WS-219]结构参数　　　　　　　(长度单位: mm)

No.	R	T	Gls	Semi-Dia.
OBJ	Inf	Inf		Infinity
1	48.800(V)	18.000(V)	SK15(S)	28.000(U)
2	−69.300(V)	5.700(V)	F13(S)	28.000(U)
3	−208.400(V)	7.000(V)		28.000(P)
STO	Inf	0.900		19.815
5	−53.700(V)	8.2000(V)	SK15(S)	22.000(U)
6	−27.600	4.900(V)	LF6(S)	22.000(U)
7	37.100(V)	9.000(V)		22.000(U)
8	81.700(V)	11.400(V)	SK15(S)	19.200(U)
9	−47.800(V)	4.100(V)	LLF2(S)	19.200(U)
10	−63.200(V)	60.550(V)		19.200(U)
IMA	Inf	—		34.296

附录 8.2 评价函数 TESSA

Oper#	Type	Surf1	Surf2	H_x	H_y	P_x	P_y	Tag.	Wt.	Val.	Ctrb.
1	BLNK	TESSA									
2	BLNK	ANGLE FOV									
3	RANG	0	2	0.000	1.000	0.000	0.000	0.000	0.000	0.438	0.000
4	CONS							57.295	0.000	57.295	0.000
5	PROD	3	4					25.167	0.020	25.167	0.000
6	BLNK	EFFL AND PMAG									
7	PMAG		2					−0.214	0.000	0.000	0.000
8	EFFL		2					100.000	0.020	100.000	0.000
9	REAR	8	2	0.000	1.000	0.000	0.000	0.000	0.000	10.479	0.000
10	BLNK	CONJUGATE									
11	TTHI	0	0	0.000				0.000	0.000	1.00×10^{10}	0.000
12	BLNK	VL									
13	TTHI	1	7					0.000	0.000	40.512	0.000
14	OPLT	13						65.000	0.020	65.000	0.000
15	BLNK	IMAGE DISTANCE									
16	CTGT	8						70.000	0.020	70.000	0.000
17	BLNK	OD									
18	CTVA	0						0.000	0.000	1.00×10^{10}	0.000
19	BLNK	DT									
20	DIMX	0	2	0				2.500	1.000×10^{-3}	2.500	0.000
21	BLNK										
22	BLNK	BOUNDING FOR THE EDGES									
23	MNCA	1	8					0.100	1.000×10^{-2}	0.100	0.000
24	MNEA	1	8					0.100	1.000×10^{-2}	0.100	0.000
25	MNCG	1	8					2.000	1.000×10^{-2}	2.000	0.000
26	MNEG	1	8					2.000	1.000×10^{-2}	2.000	0.000
27	BLNK										
28	MXCG	1	8					10.000	1.000×10^{-2}	10.000	0.000
29	MXEG	1	8					10.000	1.000×10^{-2}	10.000	0.000
30	DMFS										
31	BLNK	Default merit function: RMS wavefront chief GQ 3rings 6 arms									
32	......	......									
33											

第9章 双高斯物镜及其变形

9.1 引　言

双高斯物镜又称比奥塔 (Biotar) 物镜。双高斯及其变形物镜 (常统称双高斯物镜) 是一种发展多年的常用物镜，参见图 9.1。它是由六片四组透镜构成，前后各有一片单透镜，前片单透镜为弯月形，或前后两片均为弯月形，光阑位于两组双胶合透镜之间，光阑前后玻璃的选择也往往相同或相近，系统接近对称。胶合组的负透镜常用重火石玻璃 (ZF)，正透镜用钡火石 (BaF)、重冕 (ZK) 玻璃，前后两块正透镜则用冕 (BaK)、重冕 (ZK) 玻璃。近年来，由于新型光学玻璃的大批投产，倾向于使用镧系玻璃，如镧冕 (LaK)、镧火石 (LaF) 和重镧火石 (ZLaF) 玻璃。

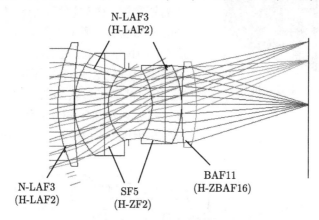

图 9.1　双高斯物镜 (采用 SCHOTT 玻璃，括号内为对应的 CDGM 玻璃)
(彩图见封底二维码)

该物镜最早的原型只是一对弯月形透镜，中间是光阑，是由数学家高斯提议作为望远物镜的，后来几经改进，演变成图 9.1 的形式。从物理上看，近对称结构必然导致各种非对称像差较小，如彗差、畸变、倍率色差等。轴上像差也容易校正。以往焦距 50mm 照相机物镜大都采用双高斯物镜。

双高斯物镜的缺点是大视场大孔径的边缘光线在两个相对的凹面上的入射角很大，产生了很大的像差。解决的方案之一是拉大两个凹面的距离，使凹面倾向于对光阑中心同心，但这样做物镜会加长。为了使双高斯物镜的 "视野"(视场) 更大、速度更快 (加大相对孔径或减小 F 数，使得相机快门的曝光时间更短)，前后组常常变得复杂化，例如，把前后组的单透镜分别或同时分成两个甚至三个透镜，分担光焦度；或把胶合透镜用分离透镜代替，派生出各种双高斯变形物镜。在 9.5 节将介绍典型的双高斯物镜。

各类中偏大孔径 (相对孔径 1:2 以上) 以及中偏大视场 (全视场角 60° 以上) 的物镜大都采用双高斯及其变形设计，具有特别性能的远摄、反远摄物镜和投影物镜等也都从双高斯物镜演变而来。

9.2 单反相机物镜

单镜头反光照相机 (single-lens reflex，SLR) 简称单反相机，见图 9.2，像质很好，体积不大，重量较轻，价格适中，是大批量生产的常用照相机。单反相机的物镜参见图 9.3，在标准双高斯物镜后面增加了一片正透镜，承担部分光焦度，形成七片五组的变形双高斯物镜，像质较好，焦距为 50mm，又称 50mm 标准头，通常光圈数 F 从 2.8 到 2.0，后截距 BFL 为 0.5 倍焦距到 0.9 倍焦距。在足够长的后截距内，容纳了可转动的反光镜装置，[DG-0] 就是一款 SLR 的 50mm 标准镜头，技术指标见表 9.1，图 9.3 为系统示意图，结构参数见附录 9.1 (参考书目 [4] 第 77 页实例)。

图 9.2 单反相机

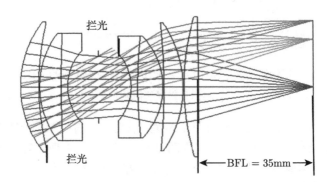

图 9.3 单反相机 50mm 标准物镜 [DG-0] (彩图见封底二维码)

表 9.1 单反相机 50mm 物镜 [DG-0] 的技术指标 (长度单位: mm)

设计	F	y'	$\omega/(°)$	f'	BFL	VL	OD	ω/F	β
[DG-0]	1.8	20.8	21.6	50	35	54.7	Inf	0.21	—

单反相机 (包括其他型号的相机) 的探测器原来是感光胶片，例如 35mm 胶片。近年来，感光胶片逐渐被 CCD、CMOS 等阵列探测器代替，但像面尺寸不变，为 36mm×24mm，对角线长度为 43.2mm，又称 "全画幅" 单反相机；为了减小相机的体积和重量，又推出了所谓 "半画幅" 单反相机，称 APS (advanced photo system) 画幅，有 APS-H、APS-P 和 APS-C 三种规格，参见表 9.2，各厂商的 APS-C 尺寸略有不同。

表 9.2　APS 胶片及 CCD/CMOS 系列 (长度单位: mm)

名称		宽 × 长	对角线	备注
全画幅		36×24	43.2	胶片、CCD
半画幅	APS-H	30.3×16.6	34.5	胶片
		28.7×19.1	34.5	CCD
	APS-C	24.9×16.6	29.9	胶片、CCD
		22.5×15.0	27.0	CCD
		23.6×15.8	28.4	CCD
		23.7×15.6	26.7	CCD
		22.2×14.8	31.9	CCD
全景	APS-P	30.3×10.0		胶片、CCD

9.3　拦光和斜光束渐晕

双高斯物镜大视场大孔径光线的弥散很大。在该物镜的发展早期，解决的方案是限制各组物镜的孔径，拦掉大视场斜光束中弥散大的部分。从图 9.3 可以看出，大视场的上部边缘光束被第二片弯月透镜拦掉，下部边缘光束被第一片弯月透镜拦掉。

当视场增大时，由于倾斜照明，像面上的照度服从余弦定理 (参见 2.9 节):

$$E(\omega) = \cos^4 \omega \tag{9.1}$$

式中，ω 为视场角，参见图 9.4(a)。随着视场角增大，像的照度减小。

由于拦光，上述效应加剧，使大视场的照度晕暗，称为 "斜光束渐晕" (vignetting)。图 9.4(b) 为照相物镜 [DG-0] 的相对照度曲线。图 9.4(c) 给出 4:3 的底片 (探测器) 上的相对照度分布，0 视场相对照度为 100%，0.707 视场相对照度为 83%，0.85 视场相对照度为 73%，角上最大视场的相对照度仅为 58%。但中心附近直到 0.707 视场的照度变化尚不显著，一般并不影响拍摄效果。

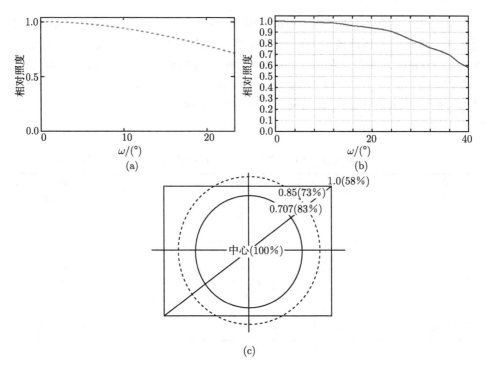

图 9.4　(a) 相对照度的 $\cos^4 \omega$ 曲线；(b) 拦光导致的斜光束渐晕；(c) 4:3 像面上的相对照度
分布

9.4　换玻璃操作

物镜 [DG-0] 所有的玻璃都是德国 SCHOTT 厂生产的。为了降低成本和方便
采购，可以换作 CDGM 生产的玻璃。

表 9.3 第一列为物镜用到的六种 SCHOTT 厂的玻璃牌号，第二列为玻璃的代
号，系六位数字，前三位是 d 光折射率 n_d 的前三位小数 (第四位四舍五入)，后三
位为阿贝数 ν_d 的两位整数及第一位小数。

表 9.3　SCHOTT 玻璃与 CDGM 玻璃对照表

SCHOTT 玻璃	代号	CDGM 玻璃	代号
BASF2	664-359	ZBAF4	664-355
LAKN13	693-533	H-LAK2	692-545
SF2	647-338	H-ZF1	648-338
SF8	689-311	H-ZF10	689-312
LAK8	713-538	H-LAK7	713-538
LAKN12	677-551	H-LAK5A	678-555

在 Gla\Catalog 路径下找到 CDGM 的玻璃目录, 按照折射率检索 (sort by index) 可以找到参数相近的玻璃, 其玻璃牌号和代号分别列在表 9.3 第三、四列。可以看出, 对应玻璃间的代号差得不多 (例如, 前三位和后三位的差别不大)。如将 SCHOTT 玻璃换成代号相近的 CDGM 玻璃, 逐次略加优化, 就可得到使用 CDGM 玻璃的更新设计。

换玻璃是光学设计常用的操作。如果有一款或两款玻璃参数差别较大, 或找不到参数相近的对应玻璃, 优化的结果可能并不理想, 此时需要通过 HAMMER 优化在整个产品目录中选玻璃, 或修改设计, 例如, 增加透镜, 加胶合面, 或将胶合透镜分成两个透镜等。

9.5 双高斯物镜的典型设计

双高斯物镜及其变形物镜经过多年的发展, 积累了大量优秀的设计, 并应用在多个领域。表 9.4 给出 17 款双高斯及其变形物镜, 由于结构合理, 参数多, 该类物镜的信息容量 etendue$=\omega/F$ 大, 其 F 数从 1 到 5.7, 全视场角 2ω 从 32° 到 85°。大部分参考设计均未拦光, 所以相对照度的均匀性较好。在实际使用中, 可以适当设计拦光。

[DG-5] 为典型的双高斯物镜, 其光圈数 $F=2$, 全视场角 $2\omega=45°$ 参见图 9.5。与 [WS-308] 相比, [DG-5] 这款物镜没有拦光。

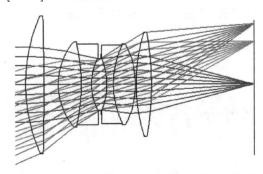

图 9.5 双高斯物镜 [DG-5] (彩图见封底二维码)

[DG-1] 为变形双高斯物镜, 由 9 片透镜构成, 参见图 9.6。相对于常规的双高斯物镜, 它的前后组已经相当复杂化。其光圈数 F 达到 1.2, 全视场角 $2\omega=40°$, etendue$=0.291$, 信息容量很大。

[DG-6] 的光圈数 $F=2.5$, 全视场角 $2\omega=32°$, 属于中等视场物镜, 参见图 9.7。在设计过程中, 后组演变为四胶合透镜, 工艺较复杂, 但像质非常好, 各视场的弥散斑 SPT 均不超过 15μm。

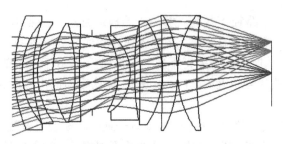

图 9.6　双高斯变形物镜 [DG-1] (彩图见封底二维码)

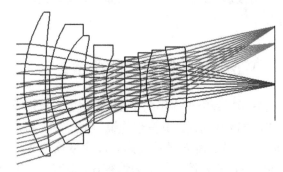

图 9.7　双高斯变形物镜 [DG-6] (彩图见封底二维码)

[DG-8]的结构形式与 [DG-1] 物镜相似，见图 9.8，只是第一片负透镜的负光焦度更大，与整组的距离也更远，获得更大的视场角 ($2\omega=70°$)，其后截距 (BFL) 甚至超过焦距，属于 "反远摄" 物镜，将在第 12 章介绍。

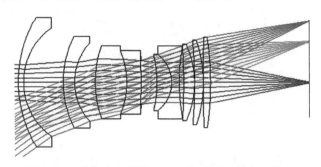

图 9.8　双高斯变形物镜 [DG-8] (彩图见封底二维码)

[DG-12]为标准的双高斯物镜，虽然没有 "变形" 复杂化，但全视场角 2ω 达到 85°，为广角物镜，参见图 9.9。这款物镜的特点就是极低的畸变，全视场的畸变均在 0.05% 以内，像散也很小，这正是双高斯物镜近对称结构的结果。

图 9.10 为 [WS-352]，系七片式变形双高斯大孔径物镜，$F=1.4$，全视场角 $2\omega=64°$，信息容量 etendue 高达 0.359。

[WS-347]为八片式变形双高斯物镜，前后单片透镜均分裂成两片，光圈数 $F=$ 1.1，全视场角 $2\omega=30.2°$，信息容量 etendue=0.238。这是一款实用的大相对孔径物镜，图 9.11(a) 为光学系统。由图 9.11(b) 特性曲线可以看出，虽采用拦光操作，但仅拦掉子午大视场的小部分边缘光束，弧矢大视场没有拦光，斜光束渐晕不算严重，参见图 9.11(c)。

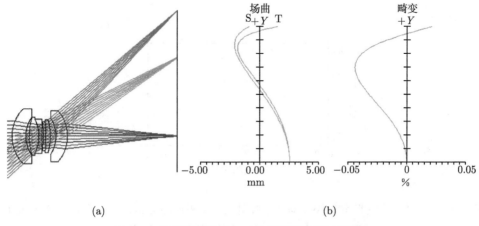

(a)   (b)

图 9.9   双高斯物镜 [DG-12] (彩图见封底二维码)

(a) 系统图；(b) x'_t, x'_s (±5.00mm) 和 DT ($\pm0.05\%$) 曲线

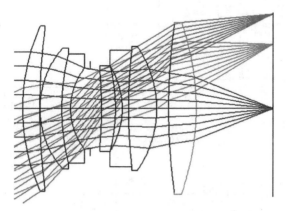

图 9.10   双高斯变形物镜 [WS-352] (彩图见封底二维码)

[WS-348]也是八片物镜 (图 9.12)，光阑前三片，光阑后五片，相对孔径比 [WS-347] 大，$F=1$，全视场角 $2\omega=43.6°$，信息容量 etendue=0.380。但大视场的子午光束拦光较多，弧矢光束也有部分拦光，导致比较严重的渐晕。

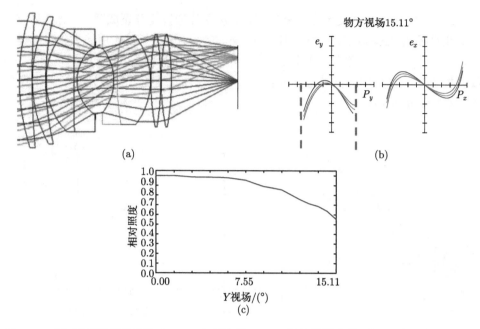

图 9.11　(a) 双高斯变形物镜 [WS-347] 系统图；(b) 1 视场特性曲线 (左：子午，虚线外光束被拦；右：弧矢)；(c) 相对照度 (彩图见封底二维码)

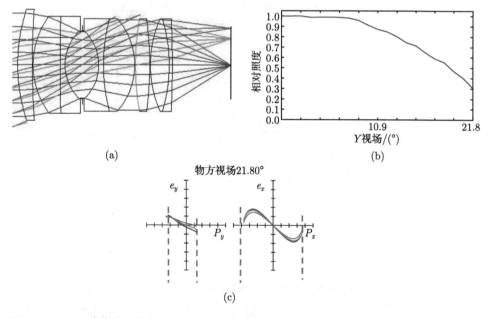

图 9.12　(a) 双高斯变形物镜 [WS-348] 系统图；(b) 相对照度；(c) 1 视场特性曲线：虚线外的子午 (左)、弧矢 (右) 光束被拦 (彩图见封底二维码)

9.6 双高斯物镜的 F-ω 空间

表 9.4 列出 17 个双高斯及变形物镜的典型设计, 包含 DG-系列和 WS-系列物镜。图 9.13 表示 DG-系列 (圆形)、WS-系列 (三角) 和天塞 (方块) 等不同物镜的

表 9.4 双高斯及其变形物镜参考设计 (f'=100mm, OD=Inf)

设计	ω/F	F	$\omega/(°)$	y'/mm	E (透镜数)	BFL/mm	SPT/μm		
							0	0.7	1
[DG-1]	0.291	1.20	20.0	35.3	9	86.15	68	71	123
[DG-2]	0.278	1.45	22.3	39.9	7	68.03	70	95	133
[DG-3]	0.302	1.65	27.7	50.9	9	96.24	38	67	108
[DG-4]	0.227	1.80	23.4	41.6	7	70.00	26	65	129
[DG-5]	0.196	2.00	22.5	39.9	6	69.22	49	106	69
[DG-6]	0.112	2.50	16.0	28.8	8	45.00	8	12	13
[DG-7]	0.174	2.50	25.0	46.5	8	54.74	33	59	78
[DG-8]	0.244	2.50	35.0	67.7	9	110.6	35	65	56
[DG-9]	0.156	2.80	25.0	45.6	9	51.00	26	29	30
[DG-10]	0.180	3.50	36.0	74.0	8	41.42	24	33	24
[DG-11]	0.132	4.75	36.0	69.7	6	73.7	39	82	38
[DG-12]	0.156	4.75	42.5	89.6	6	80.00	71	107	134
[DG-13]	0.124	5.70	40.6	85.2	8	35.00	8	14	26
[WS-308]	0.192	1.70	18.7	37.4	6	61.4	42	85	117
[WS-352]	0.359	1.40	32.0	62.4	7	50.00	141	182	130
[WS-347]	0.238	1.10	15.1	28.2	8	55.74	113	123	197
[WS-348]	0.380	1.00	21.8	34.4	8	60.30	78	181	142

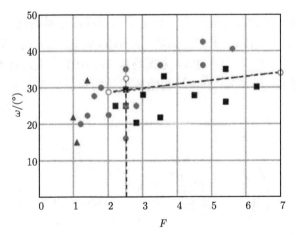

图 9.13 F-ω 空间

双高斯 (及其变形) 物镜: DG-系列 (圆形) 和 WS-系列 (三角); 天塞物镜 (方块)

参数 F 和 ω；虚线以内的区域则为柯克物镜的定义域。可见双高斯物镜分布在最外面，光圈数 F 达到 1.0、全视场角 2ω 达到 81°。以这些双高斯物镜作为原型，可以设计各类中偏大孔径、中偏大视场的物镜。附录 9.1 给出了 17 个双高斯物镜的像差曲线和结构参数。

9.7 双高斯扫描仪物镜

双高斯物镜不仅用于无限共轭距成像，还常用于有限共轭距成像。扫描仪是常用的办公设备，近代扫描仪采用 "接触式图像传感器"(contact image sensor, CIS)，紧贴在被扫描文件图纸下方采集图像。但传统的复印、扫描仪，尤其是高解析度照片扫描仪则采用光学系统成像，物镜为有限共轭距物镜，要求高保真、高分辨和极低的畸变。

扫描仪的分辨率用 dpi (dots per inch) 表示，即每英寸可分辨点数，其倒数为最小分辨长度。常用的分辨率及对应的最小分辨长度见表 9.5。双高斯及其变形物镜因同时具有高分辨率和低畸变，成为高档扫描仪物镜的首选。

表 9.5 扫描仪的分辨率

分辨率/dpi	最小分辨长度/μm
600	42.3
1200	21.2
1500	16.9
2500	10.2
4000	6.4

图 9.14 中 [DG(SCN)-1] 是一款 4000dpi 扫描仪高分辨物镜，为七片变形双高斯物镜，共轭距 $L=401$mm。像方光圈数 (paraxial working $F/\#$) 等于 8.4，无限远光圈数 (image space $F/\#$) 等于 6.7，全视场角 $2\omega=51.7°$，放大倍率 $\beta=-0.236$，像高 $y'=72$mm，焦距 $f'=59.13$mm。物镜各视场的弥散均在 5μm 以下，满足扫描仪的分辨率要求。

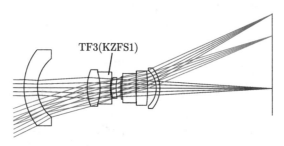

图 9.14 扫描仪双高斯物镜 [DG(SCN)-1] (彩图见封底二维码)

为了提高清晰度，要求物镜为"半复消色差"，前组双胶合负透镜采用特种玻璃 TF3，或 SCHOTT 玻璃 KZSF1。

图 9.15 中 [DG(SCN)-2] 是另一款 4000dpi 扫描仪高分辨物镜，为八片变形双高斯物镜，共轭距 L=270mm。像方光圈数 (paraxial working $F/\#$) 等于 9.7，无限远光圈数 (image space $F/\#$) 等于 5.5，全视场角 2ω=27.3°，放大倍率接近于 -1 (β=-0.925)，像高 y' =31.5mm，焦距 f' = 69.31mm。物镜也是半复消色差型，两片负透镜使用特种玻璃 KZSF1，胶合透镜的负透镜使用 N-KZSF2。

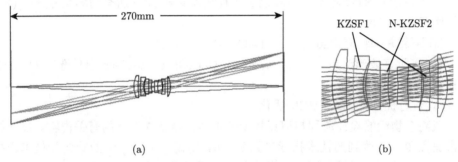

(a)   (b)

图 9.15 双高斯扫描物镜 [DG(SCN)-2] (彩图见封底二维码)

9.8 双高斯照相机物镜设计

由于双高斯积累了许多成功的设计，可以从表 9.4 中选择 F 和 ω 相近的初始设计，从该设计出发修改参数进行优化。假定我们要设计一个 50mm 焦距的照相机物镜 [DG-14]，设计指标与 [DG-0] 大体一致，如表 9.6 所示。

表 9.6 50mm 照相机物镜技术指标和设计结果

设计	ω/F	F	ω		y'/mm	f'/mm	DT	BFL/mm	SPT/μm		
			(°)	rad					0	0.7	1
[DG-14](设计目标)	0.232	1.8	24	0.42	21.6	50.0		>35			
[DG-0](传统设计)	0.227	1.8	23.4	0.41	21.6	50.0		35.0	12	32	60
[DG-4](参考设计)	0.227	1.8	23.4	0.41	41.4	100.0	−0.4%	70.0	27	64	126
[DG-14]-A(设计结果 A)	0.232	1.8	24	0.42	20.7	50.0	−0.4%	35.0	13	33	64
[DG-14]-B(设计结果 B)	0.232	1.8	24	0.42	20.7	50	−0.4%	35.0	14	27	31

设计流程如下：

1. 简单焦距缩放设计

(1) 初始设计选型：从表 9.4 中选定 [DG-4]，主要指标 F、ω 非常接近要求。调出 [DG-4]，另存为 [DG-14]-A。

(2) 将焦距缩放到 50mm。

(3) 设定波长 (Wav) 为可见光 (F-d-C)，像高 $y'=21.6$mm，F 不变。设计达到的技术指标与 [DG-0] 几乎一致，如果要求不高，这一设计结果就可使用。

2. 优化更新设计

如果希望获得更优秀的性能，将 [DG-14]-A 另存为 [DG-14]-B。

(1) 在路径 Gen\Ray Aiming 中设定 Paraxial，自动校正光阑像差。

(2) 除 OBJ、STO 和 IMA 外，所有半径设为变量 (V)，所有间隔设为变量 (V)，释放所有 Semi-Dia.。

(3) 下载并编辑评价函数 FIXED-3A-SIMPLE。

(4) 将所有玻璃改为 CDGM 玻璃，在 Gen\Glass Catalogs 中只选定 CDGM，并设定为可更换 (S)。

(5) 进行优化并 HAMMER 优化。

双高斯物镜的设计流程与柯克物镜差不多，详见 7.4 节的有关内容。设计结果参见图 9.16，达到的技术指标参见表 9.6。物镜 [DG-14]-B 的结构和技术指标与 [DG-0] 都接近，但大视场的弥散小得多；更重要的特点在于物镜 [DG-14]-B 没

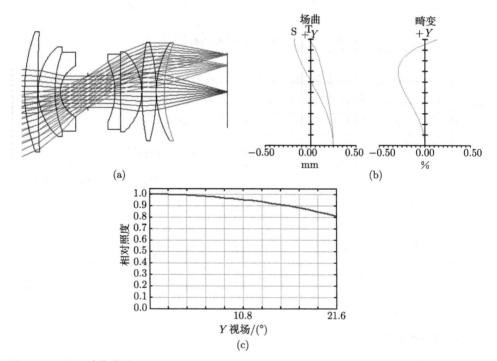

图 9.16　(a) 双高斯物镜 [DG-14]-B；(b) x'_t, x'_s (±0.50mm) 和 DT (±0.50%) 曲线；(c) 相对照度 (彩图见封底二维码)

有拦光，所以边视场的照度提高了，整个视场的照明比 [DG-0] 均匀得多。主要原因在于新设计采用了更高折射率和低相对色散的玻璃，获得更优秀的性能，参见表 9.7，玻璃的更替需要通过足够长时间的 HAMMER 优化完成。可见材料的进步对于光学设计的贡献。

表 9.7　两个设计的玻璃材料对比

设计 [DG-14]-A			设计 [DG-14]-B		
Gls	n_d	ν_d/mm^{-1}	Gls	n_d	ν_d/mm^{-1}
BASF2(ZBAF4)	1.6645	35.8	H-LAK5A	1.6779	55.2
LAKN12(H-LAK6A)	1.6935	53.3	H-ZLAF68	1.8830	40.8
SF2(H-ZF1)	1.6477	33.8	H-F2	1.6129	37.0
SF8(ZF10)	1.6889	31.2	D-ZF93	2.0017	20.7
LAK8(H-LAK7)	1.7130	53.8	H-ZLAF50B	1.8040	46.6
LAKN12(H-LAK5A)	1.6779	55.2	H-ZLAF69	1.8160	45.6
LAK8(H-LAK7)	1.7130	53.8	D-ZLAF86L	1.8537	40.6

9.9　本章小结

双高斯及其变形设计是中偏大相对孔径、中偏大视场成像系统的首选设计，由于结构接近对称，像质很好，用途很广。本章以单反相机物镜为例分析双高斯物镜的结构特点，讨论拦光和斜光束渐晕效应，介绍换玻璃操作，给出一系列双高斯及其变形物镜的典型设计和 F-ω 空间，简略介绍有限共轭距的中高精度扫描仪物镜，最后详细介绍双高斯物镜的设计流程。

附录 9.1 技术指标、像差曲线和结构参数

[DG-0] 技术指标

波段	F	y'/mm	ω/(°)	f'/mm	BFL/mm	VL/mm	OD	ω/F	SPT/μm 0	0.7	1
VIS	1.8	20.8	21.6	50	35	54.7	Inf	0.21	11	31	60

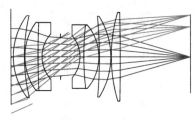

(a) 双高斯物镜[DG-0]

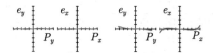

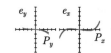

(b) 特性曲线(±500μm)

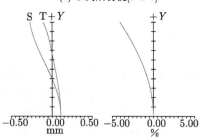

(c) 像散(±0.50mm)和畸变(±5.00%)

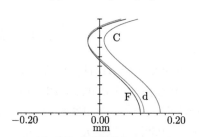

(d) 球差-色差曲线(±0.20mm)

[DG-0]结构参数   (长度单位: mm)

No.	R	T	Gls	Semi-Dia.
OBJ	Inf	Inf		Inf
1	Inf	1.000		23.739(U)
2	33.004(V)	5.679(V)	BASF2(S)	20.336(U)
3	83.692(V)	0.273(V)		20.336 (P)
4	28.066(V)	6.646(V)	LAKN13(S)	16.864(U)
5	354.337(V)	1.984(V)	SF2(S)	16.864(U)
6	16.333(V)	9.548(V)		11.300(U)
STO	Inf	9.970(V)		9.550(U)
8	−15.495(V)	2.009(V)	SF8(S)	10.416(U)
9	139.370(V)	7.713(V)	LAK8(S)	15.750(U)
10	−23.704(V)	0.273(V)		15.750(P)
11	−212.378(V)	5.853(V)	LAKN12(S)	20.000(U)
12	−36.485(V)	0.273(V)		20.000(P)
13	76.051(V)	4.489(V)	LAK8(S)	22.000(U)
14	−1150.193(V)	35.000(V)		22.000(P)
IMA	Inf			20.811

[DG-1] 技术指标

波段	F	y'/mm	ω/(°)	f'/mm	BFL/mm	VL/mm	OD	ω/F	SPT/μm		
									0	0.7	1
VIS	1.2	35.3	20.0	10	86.15	210	Inf	0.291	68	71	123

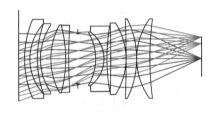

(a) 双高斯物镜[DG-1]

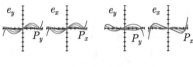

(b) 特性曲线(±500μm)

(c) 像散(±1.00mm)和畸变(±5.00%)

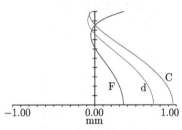

(d) 球差-色差曲线(±1.00mm)

[DG-1]结构参数 (长度单位: mm)

No.	R	T	Gls	Semi-Dia.
OBJ	Inf	Inf		Inf
1	Inf	10.000(V)		73.508(U)
2	160.820(V)	9.010(V)	H-BAK7(S)	64.892(U)
3	84.988(V)	12.580(V)		57.825(U)
4	170.250(V)	4.999(V)	H-QF1(S)	57.826(U)
5	96.841(V)	17.571(V)		55.232(U)
6	112.700(V)	25.181(V)	H-ZLAF68(S)	55.817(U)
7	−209.139(V)	5.000(V)	K4A(S)	55.095(U)
8	840.394(V)	14.944(V)		49.534(U)
STO	Inf	29.807(V)		41.080(U)
10	−83.738(V)	13.851(V)	H-ZLAF55A(S)	42.976(U)
11	−54.349(V)	4.999(V)	H-ZF7LA(S)	44.010(U)
12	319.350(V)	6.432(V)		53.683(U)
13	−1483.209(V)	25.667(V)	H-LAK6A(S)	54.525(U)
14	−105.846(V)	0.105(V)		58.708(U)
15	−1570.030(V)	17.700(V)	H-LAF6LA(S)	64.722(U)
16	−141.245(V)	0.091(V)		65.372(U)
17	110.302(V)	22.064(V)	H-ZK14(S)	65.174(U)
18	484.914(V)	86.154(V)		63.856(U)
IMA	Inf			35.344

[DG-2] 技术指标

波段	F	y'/mm	ω/(°)	f'/mm	BFL/mm	VL/mm	OD	ω/F	SPT/μm		
									0	0.7	1
VIS	1.45	39.9	22.3	100	68.03	92.5	Inf	0.278	70	95	133

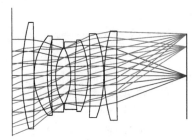

(a) 双高斯物镜[DG-2]

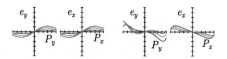

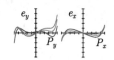

(b) 特性曲线(±500μm)

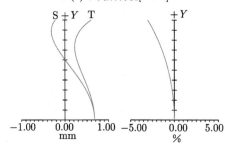

(c) 像散(±1.00mm)和畸变(±5.00%)

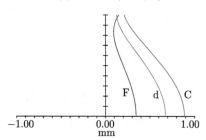

(d) 球差-色差曲线(±1.00mm)

[DG-2]结构参数 　　　　　　　(长度单位: mm)

No.	R	T	Gls	Semi-Dia.
OBJ	Inf	Inf		Inf
1	Inf	10.000		57.087(U)
2	207.244(V)	11.215(V)	H-ZLAF78(S)	50.431(U)
3	−2776.921(V)	0.185(V)		48.920(U)
4	58.773(V)	13.000(V)	H-LAF6LA(S)	37.611(U)
5	130.394(V)	3.845(V)		34.366(U)
6	806.067(V)	4.182(V)	BAF78(S)	34.420(U)
7	50.620(V)	8.654(V)		26.880(U)
STO	Inf	6.205(V)		26.226(U)
9	−58.522	4.207(V)	H-ZF52A(S)	26.226(U)
10	309.601(V)	13.064(V)	H-ZLAF68(S)	31.990(U)
11	−80.832(V)	2.136(V)		33.832(U)
12	−790.349(V)	12.999(V)	H-LAF10L(S)	37.902(U)
13	−112.509(V)	0.528(V)		39.691(U)
14	152.655(V)	12.280(V)	H-LAF52(S)	42.220(U)
15	1769.192(V)	68.027(V)		42.019(U)
IMA	Inf	—		39.923

[DG-3] 技术指标

波段	F	y'/mm	ω/(°)	f'/mm	BFL/mm	VL/mm	OD	ω/F	SPT/μm 0	SPT/μm 0.7	SPT/μm 1
VIS	1.65	50.9	27.7	100	96.24	223.8	Inf	0.302	38	67	108

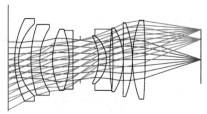

(a) 双高斯物镜[DG-3]

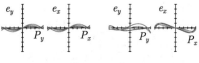

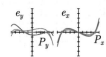

(b) 特性曲线(±500μm)

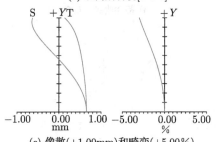

(c) 像散(±1.00mm)和畸变(±5.00%)

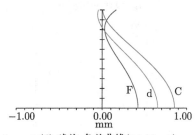

(d) 球差-色差曲线(±1.00mm)

[DG-3]结构参数　　　　　　　　　　(长度单位：mm)

No.	R	T	Gls	Semi-Dia.
OBJ	Inf	Inf		Inf
1	Inf	10.000		83.693(U)
2	149.469(V)	6.565(V)	H-BAK7(S)	69.456(U)
3	81.137(V)	21.394(V)		60.679(U)
4	178.373(V)	15.450(V)	H-QF1(S)	59.541(U)
5	94.320(V)	21.925(V)		53.202(U)
6	114.457(V)	28.594V)	H-ZLAF1(S)	51.480(U)
7	−144.336(V)	6.476(V)	K4A(S)	49.396(U)
8	4747.693(V)	12.396(V)		42.623(U)
STO	Inf	31.545(V)		33.356(U)
10	−78.928(V)	13.389(V)	H-ZLAF1(S)	38.914(U)
11	−51.512(V)	5.998(V)	ZF13(S)	40.475(U)
12	401.921(V)	5.345(V)		51.548(U)
13	−653.118(V)	17.591(V)	H-LAF6LA(S)	51.535(U)
14	−100.077(V)	0.094(V)		53.706(U)
15	−3719.136(V)	15.462(V)	H-LAF6LA(S)	61.152(U)
16	−167.776(V)	0.100(V)		62.222(U)
17	193.889(V)	21.436(V)	H-LAK7(S)	66.287(U)
18	−907.908(V)	96.242(V)		65.867(U)
IMA	Inf	—		50.970

[DG-4] 技术指标

波段	F	y'/mm	$\omega/(°)$	f'/mm	BFL/mm	VL/mm	OD	ω/F	SPT/μm		
									0	0.7	1
VIS	1.8	41.6	23.4	100	70.00	109.5	Inf	0.227	26	65	129

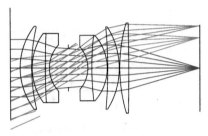

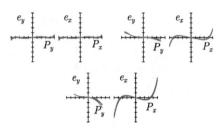

(a) 双高斯物镜[DG-4]　　　　　　　　(b) 特性曲线(±500μm)

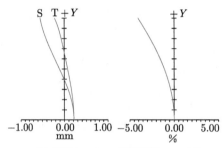

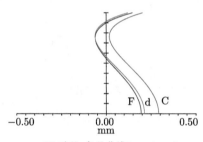

(c) 像散(±1.00mm)和畸变(±5.00%)　　　(d) 球差-色差曲线(±0.50mm)

[DG-4]结构参数　　　　　　　　（长度单位：mm）

No.	R	T	Gls	Semi-Dia.
OBJ	Inf	Inf		Inf
1	Inf	10.000		50.935(U)
2	66.007(V)	11.358(V)	BASF2(S)	40.672(U)
3	167.384(V)	0.546(V)		39.200(U)
4	56.132(V)	13.293(V)	LAKN13(S)	33.728(U)
5	708.674(V)	3.968(V)	SF2(S)	33.728(U)
6	32.666(V)	19.096(V)		22.600(U)
STO	Inf	19.939(V)		19.099(U)
8	−30.990(V)	4.018(V)	SF8(S)	20.832(U)
9	278.740(V)	15.425(V)	LAK8(S)	31.992(U)
10	−47.407(V)	0.546(V)		31.992(U)
11	−424.756(V)	11.706(V)	LAKN12(S)	40.200(U)
12	−72.971(V)	0.546(V)		40.200(U)
13	152.102(V)	8.978(V)	LAK8(S)	44.000(U)
14	−2300.385(V)	70.000(V)		44.000(U)
IMA	Inf	—		41.628

[DG-5] 技术指标

波段	F	y'/mm	$\omega/(°)$	f'/mm	BFL/mm	VL/mm	OD	ω/F	SPT/μm		
									0	0.7	1
VIS	2.0	39.9	22.5	100	69.22	84.6	Inf	0.196	49	106	69

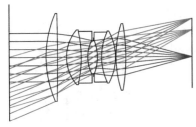

(a) 双高斯物镜[DG-5]

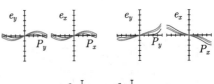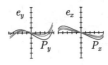

(b) 特性曲线(±500μm)

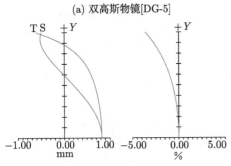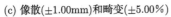

(c) 像散(±1.00mm)和畸变(±5.00%)

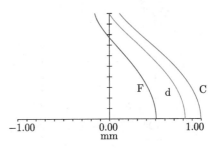

(d) 球差-色差曲线(±1.00mm)

[DG-5]结构参数　　　　　　　　　（长度单位：mm）

No.	R	T	Gls	Semi-Dia.
OBJ	Inf	Inf		Inf
1	Inf	38.462(V)		65.226(U)
2	109.191(V)	12.321(V)	H-K50(S)	45.232(U)
3	−1877.774(V)	9.689(V)		44.381(U)
4	43.361(V)	15.386(V)	H-BAK2(S)	28.218(U)
5	−119.002(V)	6.924(V)	D-LAF53(S)	26.664(U)
6	38.286(V)	6.108(V)		17.993(U)
STO	Inf	3.995(V)		16.935(U)
8	−45.820(V)	4.386(V)	QF3(S)	17.367(U)
9	59.378(V)	14.890(V)	H-ZPK1(S)	25.725(U)
10	−54.116(V)	0.577(V)		26.805(U)
11	110.966(V)	10.319(V)	H-LAK61(S)	34.062(U)
12	−195.031(V)	69.223(V)		34.292(U)
IMA	Inf	—		39.888(U)

[DG-6] 技术指标

波段	F	y'/mm	ω/(°)	f'/mm	BFL/mm	VL/mm	OD	ω/F	SPT/μm		
									0	0.7	1
VIS	2.5	28.8	16.0	100	45.00	82.5	Inf	0.112	8	12	13

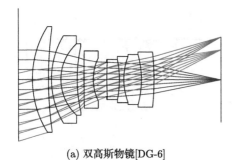

(a) 双高斯物镜[DG-6]

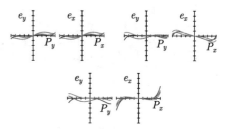

(b) 特性曲线(±100μm)

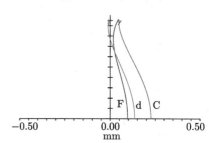

(c) 像散(±0.20mm)和畸变(±1.00%)

(d) 球差-色差曲线(±0.50mm)

[DG-6]结构参数　　　　　　　　　　　　　（长度单位：mm）

No.	R	T	Gls	Semi-Dia.
OBJ	Inf	Inf		Inf
1	Inf	10.000		41.433(U)
2	67.294(V)	10.884(V)	H-ZK9A(S)	35.636(U)
3	255.622(V)	2.021(V)		34.410(U)
4	56.476(V)	6.557(V)	ZF8(S)	29.459(U)
5	32.798(V)	11.004(V)	H-LAF10L(S)	24.055(U)
6	99.183(V)	4.709(V)		22.120(U)
7	1338.122(V)	6.377(V)	ZF4(S)	19.285(U)
8	32.222(V)	9.157(V)		14.400(U)
STO	Inf	0.100(V)		11.449(U)
10	316.986(V)	8.339(V)	H-LAK4L(S)	11.616(U)
11	−70.242(V)	3.000(V)	D-K59(S)	13.534(U)
12	43.944(V)	12.000(V)	H-LAK53A(S)	15.607(U)
13	−63.094(V)	8.394(V)	H-ZK20(S)	16.864(U)
14	−181.590(V)	45.000(V)		18.576(U)
IMA	Inf	—		28.841

[DG-7] 技术指标

波段	F	y'/mm	ω/(°)	f'/mm	BFL/mm	VL/mm	OD	ω/F	SPT/μm 0	SPT/μm 0.7	SPT/μm 1
VIS	2.5	46.5	25.0	100	54.74	77.4	Inf	0.174	33	59	78

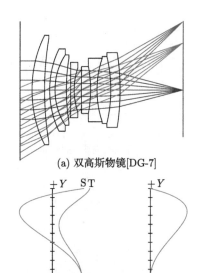

(a) 双高斯物镜[DG-7]

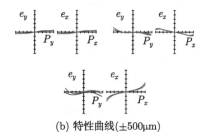

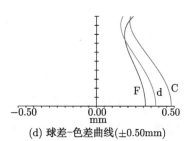

(b) 特性曲线(±500μm)

(c) 像散(±0.50mm)和畸变(±0.50%)

(d) 球差-色差曲线(±0.50mm)

[DG-7]结构参数　　　　　　　　（长度单位：mm）

No.	R	T	Gls	Semi-Dia.
OBJ	Inf	Inf		Inf
1	Inf	10.000		47.226(U)
2	68.169(V)	11.139(V)	H-ZK9A(S)	37.363(U)
3	168.383(V)	4.540(V)		35.358(U)
4	52.163(V)	4.711(V)	ZF8(S)	28.098(U)
5	36.437(V)	10.026(V)	H-LAF10L(S)	24.022(U)
6	106.904(V)	3.821(V)		21.636(U)
7	−2216.236(V)	3.112(V)	ZF4(S)	18.887(U)
8	37.422(V)	6.175(V)		15.184(U)
STO	Inf	0.085(V)		13.157(U)
10	434.752(V)	8.066(V)	H-LAK4L(S)	13.437(U)
11	−68.338(V)	5.689(V)	D-K59(S)	16.069(U)
12	54.217(V)	12.015(V)	H-LAK53A(S)	21.654(U)
13	−78.524(V)	8.016(V)	H-ZK20(S)	22.873(U)
14	−132.669(V)	54.739(V)		25.527(U)
IMA	Inf	—		46.522

[DG-8] 技术指标

波段	F	y'/mm	$\omega/(°)$	f'/mm	BFL/mm	VL/mm	OD	ω/F	SPT/μm 0	0.7	1
VIS	2.5	67.7	35.0	100	110.6	215.0	Inf	0.244	35	65	56

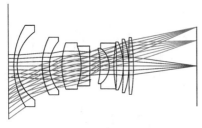

(a) 双高斯物镜[DG-8]

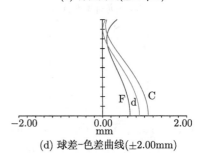

(b) 特性曲线($\pm500\mu$m)

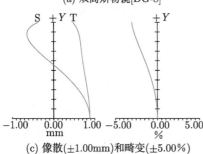

(c) 像散(±1.00mm)和畸变($\pm5.00\%$)

(d) 球差-色差曲线(±2.00mm)

[DG-8]结构参数　　　　　　　　　　　　（长度单位：mm）

No.	R	T	Gls	Semi-Dia.
OBJ	Inf	Inf		Inf
1	Inf	10.000		92.220(U)
2	134.318(V)	6.000(V)	H-BAK8(S)	71.003(U)
3	72.284(V)	44.462(V)		59.566(U)
4	108.362(V)	12.814(V)	H-QF1(S)	50.211(U)
5	64.301(V)	22.729(V)		43.055(U)
6	118.811(V)	35.001(V)	H-ZLAF1(S)	40.370(U)
7	−89.202(V)	15.855(V)	K4A(S)	34.743(U)
8	−922.445(V)	0.098(V)		24.421(U)
STO	Inf	18.359(V)		24.065(U)
10	−120.091(V)	16.329(V)	H-ZBAF20(S)	29.437(U)
11	−38.582(V)	8.443(V)	H-ZF4(S)	30.882(U)
12	217.982(V)	4.487(V)		39.972(U)
13	−692.566(V)	12.194(V)	H-LAK3(S)	39.968(U)
14	−98.628(V)	0.100(V)		41.914(U)
15	−504.385(V)	9.750(V)	H-ZLAF50B(S)	45.602(U)
16	−144.112(V)	0.110(V)		46.815(U)
17	3604.794(V)	7.910(V)	H-LAK59(S)	49.058(U)
18	−346.627(V)	110.633(V)		49.663(U)
IMA	Inf	—		67.719

[DG-9] 技术指标

波段	F	y'/mm	$\omega/(°)$	f'/mm	BFL/mm	VL/mm	OD	ω/F	SPT/μm 0	SPT/μm 0.7	SPT/μm 1
VIS	2.8	45.6	25.0	100	51.0	76.0	Inf	0.156	26	29	30

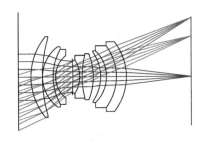

(a) 双高斯物镜[DG-9]

(b) 特性曲线(±200μm)

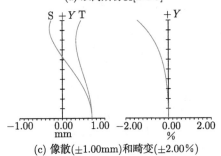

(c) 像散(±1.00mm)和畸变(±2.00%)

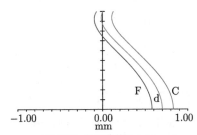

(d) 球差-色差曲线(±1.00mm)

[DG-9]结构参数   (长度单位: mm)

No.	R	T	Gls	Semi-Dia.
OBJ	Inf	Inf		Inf
1	Inf	10.000		41.386(U)
2	48.883(V)	9.001(V)	H-LAK4L(S)	31.399(U)
3	105.321(V)	0.099(V)		30.196(U)
4	28.642(V)	8.498(V)	H-LAF2(S)	23.444(U)
5	42.971(V)	1.981(V)	H-ZF10(S)	21.339(U)
6	20.972(V)	13.181(V)		16.583(U)
STO	Inf	0.513(V)		11.842(U)
8	−136.831(V)	5.475(V)	H-QK1(S)	11.843(U)
9	−23.487(V)	2.000(V)	H-QF56(S)	12.850(U)
10	65.907(V)	8.828(V)	H-LAF2(S)	16.656(U)
11	−47.011(V)	5.778(V)		17.892(U)
12	−33.135(V)	4.706(V)	H-LAK4L(S)	19.121(U)
13	−27.446(V)	8.014(V)	H-K5(S)	20.119(U)
14	−38.923(V)	7.968(V)	H-QK1(S)	24.014(U)
15	−43.032(V)	51.004(V)		27.034(U)
IMA	Inf	—		45.616

[DG-10] 技术指标

波段	F	y'/mm	ω/(°)	f'/mm	BFL/mm	VL/mm	OD	ω/F	SPT/μm		
									0	0.7	1
VIS	3.5	74.0	36.0	100	41.4	128.0	Inf	0.180	24	33	24

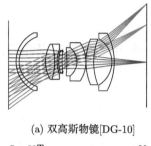

(a) 双高斯物镜[DG-10]

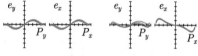
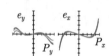

(b) 特性曲线(±200μm)

(c) 像散(±1.00mm)和畸变(±5.00%)

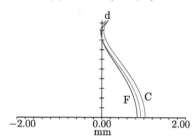

(d) 球差-色差曲线(±2.00mm)

[DG-10]结构参数   （长度单位：mm）

No.	R	T	Gls	Semi-Dia.
OBJ	Inf	Inf		Inf
1	Inf	10.000		60.425(U)
2	40.997(V)	3.998(V)	H-ZK2(S)	36.679(U)
3	33.197(V)	34.541(V)		31.717(U)
4	44.900(V)	12.051(V)	ZBAF2(S)	22.462(U)
5	−72.938(V)	2.997(V)	H-F2(S)	22.462(U)
6	40.735(V)	2.264(V)		15.542(U)
7	48.216(V)	4.331(V)	H-LAF2(S)	14.553(U)
8	92.764(V)	0.913(V)		12.999(U)
STO	Inf	5.234(V)		12.998(U)
10	−177.756(V)	13.001(V)	H-LAK50A(S)	16.082(U)
11	−22.951(V)	11.657(V)	D-ZLAF85L(S)	18.099(U)
12	−43.100(V)	0.100(V)		24.374(U)
13	73.832(V)	10.189(V)	H-ZK11(S)	28.895(U)
14	79.461(V)	23.723(V)		29.043(U)
15	−34.126(V)	3.000(V)	H-QF8(S)	29.451(U)
16	−78.321(V)	41.424(V)		36.596(U)
IMA	Inf	—		74.023

[DG-11] 技术指标

波段	F	y'/mm	$\omega/(°)$	f'/mm	BFL/mm	VL/mm	OD	ω/F	SPT/μm		
									0	0.7	1
VIS	4.75	69.7	36.0	100	73.7	62.5	Inf	0.132	39	82	38

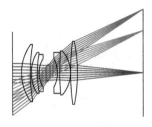

(a) 双高斯物镜[DG-11]

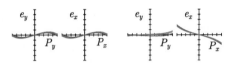

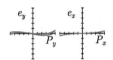

(b) 特性曲线(±500μm)

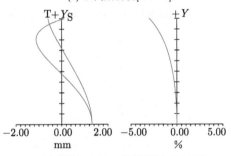

(c) 像散(±2.00mm)和畸变(±5.00%)

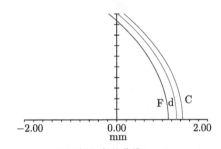

(d) 球差-色差曲线(±2.00mm)

[DG-11]结构参数　　　　　　　　　　　　　　　(长度单位：mm)

No.	R	T	Gls	Semi-Dia.
OBJ	Inf	Inf		Inf
1	Inf	10.000		46.202(U)
2	52.623(V)	9.860(V)	BAF2(S)	31.390(U)
3	178.440(V)	1.190(V)		29.924(U)
4	41.735(V)	6.829(V)	H-ZK6(S)	22.529(U)
5	111.731(V)	1.998(V)	F4(S)	20.360(U)
6	29.511(V)	8.891(V)		15.639(U)
STO	Inf	10.441(V)		8.009(U)
8	−32.994(V)	2.511(V)	QF3(S)	15.764(U)
9	285.776(V)	12.007(V)	H-ZK6(S)	22.452(U)
10	−36.521(V)	0.097(V)		24.165(U)
11	257.868(V)	7.676(V)	H-ZK11(S)	33.929(U)
12	−176.332(V)	73.665(V)		34.628(U)
IMA	Inf	—		69.711

[DG-12] 技术指标

波段	F	y'/mm	ω/(°)	f'/mm	BFL/mm	VL/mm	OD	ω/F	SPT/μm		
									0	0.7	1
VIS	4.75	89.6	42.5	100	80.0	40.0	Inf	0.156	71	107	134

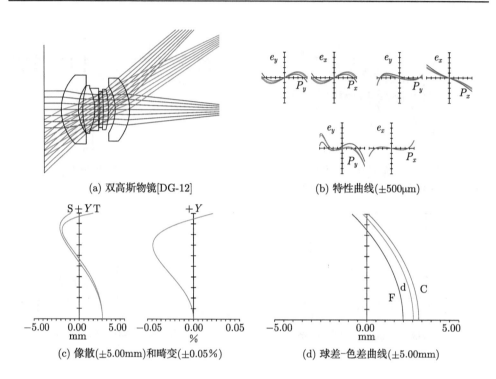

(a) 双高斯物镜[DG-12]　　　　　　　　(b) 特性曲线(±500μm)

(c) 像散(±5.00mm)和畸变(±0.05%)　　　　　(d) 球差-色差曲线(±5.00mm)

[DG-12]结构参数　　　　　　　　　　　（长度单位：mm）

No.	R	T	Gls	Semi-Dia.
OBJ	Inf	Inf		Inf
1	Inf	10.000		36.083(U)
2	27.485(V)	10.000(V)	H-F51(S)	19.492(U)
3	23.482(V)	2.417(V)		13.582(U)
4	46.178(V)	7.018(V)	H-K2(S)	13.469(U)
5	−25.144(V)	1.999(V)	H-QF3(S)	11.930(U)
6	139.041(V)	0.366(V)		8.607(U)
STO	Inf	0.611(V)		8.477(U)
8	−73.444(V)	2.000(V)	K4A(S)	8.633(U)
9	−118.945(V)	3.123(V)	H-LAF10L(S)	10.200(U)
10	−42.628(V)	3.976(V)		11.428(U)
11	−24.425(V)	8.413(V)	H-LAK7(S)	13.143(U)
12	−27.461(V)	80.000(V)		17.864(U)
IMA	Inf	—		89.554

[DG-13] 技术指标

波段	F	y'/mm	ω/(°)	f'/mm	BFL/mm	VL/mm	OD	ω/F	SPT/μm		
									0	0.7	1
VIS	5.7	85.2	40.6	100	35.0	226.2	Inf	0.124	8	14	26

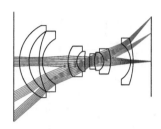

(a) 双高斯物镜[DG-13]

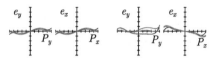

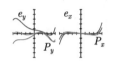

(b) 特性曲线(±100μm)

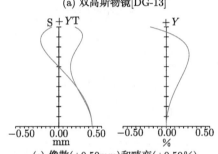

(c) 像散(±0.50mm)和畸变(±0.50%)

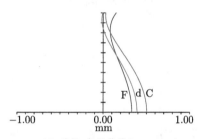

(d) 球差-色差曲线(±1.00mm)

[DG-13]结构参数　　　　　　　(长度单位：mm)

No.	R	T	Gls	Semi-Dia.
OBJ	Inf	Inf		Inf
1	Inf	10.000		115.579(U)
2	77.891(V)	18.998(V)	BAF3(S)	69.828(U)
3	67.846(V)	19.912(V)		58.751(U)
4	130.267(V)	6.626(V)	H-K50(S)	58.751(U)
5	50.309(V)	51.355(V)		44.248(U)
6	51.347(V)	17.424(V)	ZBAF51(S)	29.642(U)
7	22.863(V)	15.574(V)	H-ZK14(S)	19.542(U)
STO	148.547(V)	10.266(V)		16.807(U)
9	Inf	0.099(V)		9.172(U)
10	1954.852(V)	9.162(V)	H-K10(S)	9.278(U)
11	41.442(V)	19.000(V)	H-LAK5A(S)	15.021(U)
12	−21.231(V)	13.272(V)	D-LAF79(S)	17.550(U)
13	−68.966(V)	39.517(V)		24.589(U)
14	−41.878(V)	4.950(V)	H-BAK3(S)	34.740(U)
15	−130.646(V)	35.001(V)		45.314(U)
IMA	Inf	—		85.240

[WS-308] 技术指标

波段	F	y'/mm	$\omega/(°)$	f'/mm	BFL/mm	VL/mm	OD	ω/F	SPT/μm		
									0	0.7	1
VIS	1.7	37.4	18.7	100	61.4	75.7	Inf	0.192	42	85	117

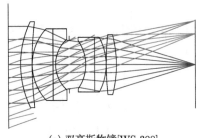

(a) 双高斯物镜[WS-308]

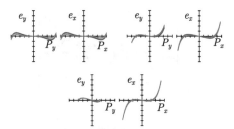

(b) 特性曲线(±500μm)

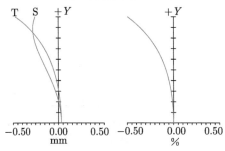

(c) 像散(±0.50mm)和畸变(±0.50%)

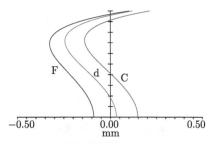

(d) 球差-色差曲线(±0.50mm)

[WS-308]结构参数   (长度单位：mm)

No.	R	T	Gls	Semi-Dia.
OBJ	Inf	Inf		Inf
1	Inf	10.000		48.962(U)
2	75.050(V)	9.00(V)	LAF3(S)	33.000(U)
3	270.700(V)	0.100(V)		33.000(U)
4	39.270(V)	16.500(V)	BAF11(S)	27.500(U)
5	Inf(V)	2.000(V)	SF5(S)	27.500(U)
6	25.650(V)	10.990(V)		19.500(U)
STO	Inf	13.000(V)		18.580(U)
8	−31.870(V)	7.030(V)	SF5(S)	18.500(U)
9	Inf(V)	8.980(V)	LAF3(S)	21.000(U)
10	−43.510(V)	0.100(V)		21.000(U)
11	221.140(V)	7.980(V)	BAF11(S)	23.000(U)
12	−88.790(V)	61.418(V)		23.000(U)
IMA	Inf			37.429

[WS-352] 技术指标

波段	F	y′/mm	ω/(°)	f′/mm	BFL/mm	VL/mm	OD	ω/F	SPT/μm 0	0.7	1
VIS	1.4	62.4	32.0	100	50.0	112.2	Inf	0.359	141	182	130

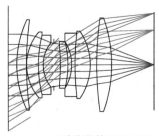

(a) 双高斯物镜[WS-352]

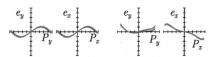

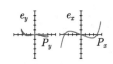

(b) 特性曲线(±1000μm)

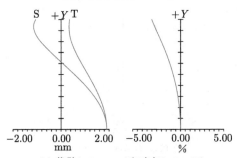

(c) 像散(±2.00mm)和畸变(±5.00%)

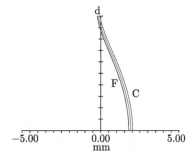

(d) 球差-色差曲线(±5.00mm)

[WS-352]结构参数　　　　　　　　　　(长度单位：mm)

No.	R	T	Gls	Semi-Dia.
OBJ	Inf	Inf		Inf
1	Inf	10.000		65.937(U)
2	123.128(V)	11.231(V)	H-LAF10L(S)	52.379(U)
3	374.481(V)	0.183(V)		50.726(U)
4	57.597(V)	13.938(V)	LASFN31(S)	38.158(U)
5	139.904(V)	5.677(V)	N-SF10(S)	34.373(U)
6	40.718(V)	12.669(V)		25.756(U)
STO	Inf	7.447(V)		25.163(U)
8	−272.351(V)	8.982(V)	N-LASF44(S)	24.242(U)
9	−109.940(V)	4.427(V)		27.115(U)
10	−50.035(V)	3.972(V)	SF53(S)	27.035(U)
11	317.248(V)	18.011(V)	H-ZLAF50B(S)	36.718(U)
12	−68.140(V)	7.673(V)		39.027(U)
13	378.027(V)	17.999(V)	LASFN30(S)	53.201(U)
14	−155.254(V)	49.998(V)		54.167(U)
IMA	Inf	—		62.449

[WS-347] 技术指标

波段	F	y'/mm	ω/(°)	f'/mm	BFL/mm	VL/mm	OD	ω/F	SPT/μm		
									0	0.7	1
VIS	1.1	28.2	15.1	100	55.74	112.2	Inf	0.359	113	123	197

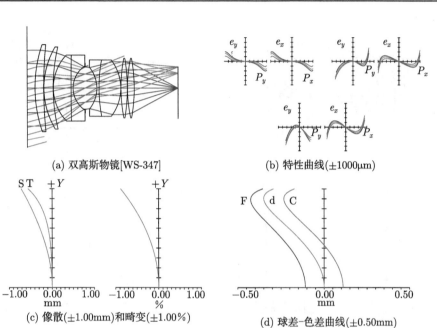

(a) 双高斯物镜[WS-347]　　　　　　(b) 特性曲线(±1000μm)

(c) 像散(±1.00mm)和畸变(±1.00%)　　　　(d) 球差-色差曲线(±0.50mm)

[WS-347]结构参数　　　　　　　　　　　　（长度单位：mm）

No.	R	T	Gls	Semi-Dia.
OBJ	Inf	Inf		Inf
1	Inf	10.000		73.637(U)
2	164.120(V)	10.990(V)	SF5(S)	54.000(U)
3	559.280(V)	0.230(V)		54.000(U)
4	100.120(V)	11.450(V)	BAF10(S)	51.000(U)
5	213.540(V)	0.230(V)		51.000(U)
6	58.040(V)	22.950(V)	LAK9(S)	41.000(U)
7	2551.000(V)	2.580(V)	SF5(S)	41.000(U)
8	32.390(V)	15.660(V)		27.500(U)
STO	Inf	15.000(V)		26.384(U)
10	−40.420(V)	2.740(V)	SF15(S)	26.000(U)
11	192.980(V)	27.920(V)	SF16(S)	35.000(U)
12	−55.530(V)	0.230(V)		35.000(U)
13	192.980(V)	7.980(V)	LAK9(S)	37.000(U)
14	−225.280(V)	0.230(V)		37.000(U)
15	175.100(V)	8.480(V)	LAK9(S)	37.000(U)
16	−203.530(V)	55.742(V)		37.000(U)
IMA	Inf	—		28.194

[WS-348] 技术指标

波段	F	y'/mm	ω/(°)	f'/mm	BFL/mm	VL/mm	OD	ω/F	SPT/μm 0	SPT/μm 0.7	SPT/μm 1
VIS	1.0	34.4	21.8	100	60.3	159.0	Inf	0.380	78	181	142

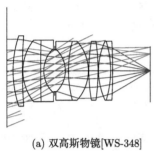

(a) 双高斯物镜[WS-348]

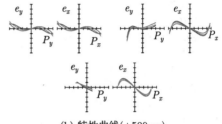

(b) 特性曲线(±500μm)

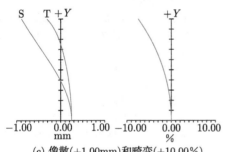

(c) 像散(±1.00mm)和畸变(±10.00%)

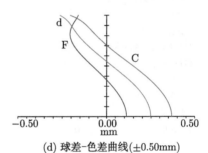

(d) 球差-色差曲线(±0.50mm)

[WS-348]结构参数　　　　　　　　　　（长度单位：mm）

No.	R	T	Gls	Semi-Dia.
OBJ	Inf	Inf		Inf
1	Inf	10.000		88.192(U)
2	171.230(V)	14.930(V)	BASF51(S)	55.000(U)
3	763.940(V)	0.770(V)		55.000(U)
4	75.810(V)	28.560(V)	LAK9(S)	48.000(U)
5	2028.000(V)	4.950(V)	F8(S)	48.000(U)
6	46.060(V)	17.550(V)		34.500(U)
STO	Inf	17.000(V)		32.800(U)
8	−44.590(V)	4.950(V)	H-ZF2(S)	33.500(U)
9	174.400(V)	31.780(V)	LAK14(S)	46.000(U)
10	−67.790(V)	0.770(V)		46.000(U)
11	261.370(V)	14.660(V)	LAK14(S)	46.000(U)
12	−324.360(V)	0.770(V)		46.000(U)
13	107.500(V)	19.190(V)	LAK14(S)	46.000(U)
14	−154.110(V)	3.070(V)	SF18(S)	46.000(U)
15	−959.770(V)	60.300		46.000(U)
IMA	Inf	—		34.395

附录 9.2　FIXED-3A-SIMPLE 优化函数

Oper#	Type	Surf1	Surf2	H_x	H_y	P_x	P_y	Tag.	Wt.	Val.	Ctrb.
1	BLNK	FIXED-3A-SIMPLE									
2	BLNK	ANGLE FIELD									
3	RANG	0	2	0.000	1.000	0.000	0.000	0.000	0.000	0.515	0.000
4	CONS							57.290	0.000	57.290	0.000
5	PROD	3	4					0.000	0.000	29.497	0.000
6	BLNK	EFFL AND PMAG									
7	PMAG	0	2					−0.214	0.000	0.000	0.000
8	EFFL		2					100.000	0.02	99.969	0.054
9	REAR	16	2	0.000	1.000	0.000	0.000	0.000	0.000	55.460	0.000
10	BLNK	CONJUGATE									
11	TTHI	0	15					0.000	0.000	1.000×10^{10}	0.000
12	BLNK	VL									
13	TTHI	2	14					0.000	0.000	37.294	0.000
14	OPLT	13						38.000	0.000	38.000	0.000
15	BLNK	IMAGE DISTANCE									
16	CTGT	7						12.705	0.02	12.705	0.000
17	BLNK	OD									
18	CTGT	0						0.000	0.000	0.000	0.000
19	BLNK	DT									
20	DIMX	0	2	0				15.000	1.000×10^{-3}	15.000	0.000
21	BLNK	BOUNDING FOR THE EDGES									
22	MNCA	2	15					0.100	1.000×10^{-2}	0.100	0.000
23	MNEA	2	15					1.000×10^{-3}	1.000×10^{-2}	1.000×10^{-3}	0.000
24	MNCG	2	15					1.000	1.000×10^{-2}	1.000	0.000
25	MNEG	2	15					0.500	1.000×10^{-2}	0.500	0.000
26	BLNK										
27	MXCG	2	15					12.000	1.000×10^{-2}	12.000	0.000
28	MXEG	2	15					12.000	1.000×10^{-2}	12.000	0.000
29	DMFS										
30	BLNK	Default merit function:RMS wavefront chief chief GQ 3rings 6 arms									
31	......	......									
32											

第10章　有限共轭距近对称成像物镜

10.1　引　言

迄今为止，我们讲述的绝大部分为无限共轭距成像物镜，以及物或像在无限远的准直物镜，称无限共轭。其实在科研或工程应用中，大部分物镜为有限共轭距成像，即物距和像距均为有限的情况，有限共轭距成像又称有限物距成像。

有一类成像非常特殊，即 $-1\times$ 成像，物高等于像高，此时物像完全对称。从物理上看，对称的物镜结构应当会给出较高的像质，各类非对称像差将自动归零；接近 $-1\times$ 的低倍成像也有近似的特点。

本章将给出低倍 ($|\beta|$ 从 0.5 到 1) 全对称、近对称和非对称结构物镜的典型设计，介绍有限共轭距物镜的 "等 E(etendue) 过渡"，即 "等偏角过渡" 物镜的设计方法。

10.2　有限共轭距成像的理想光学基本公式

10.2.1　共轭距 L、横向放大率 β 和焦距 f'

有限共轭距成像的基本关系式如下：

$$f' = \frac{-\beta L}{(1-\beta)^2} \tag{10.1}$$

(10.1) 式表明，共轭距 L、横向放大率 β 和焦距 f' 三个基本参数只有两个是独立的，亦即在 ZEMAX 评价函数中只能对其中两个给权。本章中我们一般认定横向放大率 β 和焦距 f' 为独立变量。

10.2.2　物高 y、像高 y' 和孔径角

给定横向放大率 β 后，物高 y 和像高 y' 中只有一个是独立的，由下面的公式给定：

$$\beta = \frac{y'}{y} = \frac{u}{u'} \tag{10.2}$$

10.2.3　偏角公式和光圈数 F

薄透镜成像的偏角公式为

$$\frac{h}{f'} = h\varphi = \Delta u = u' - u \tag{10.3}$$

关于相对孔径, 有两种定义:

(1) "image space $F/\#$", 指的是平行光入射时的光圈数, 不论物距为无限还是有限, 即

$$F_{\text{ima}} = F_\infty = \frac{f'}{D} = \frac{1}{2u'_\infty} \tag{10.4}$$

式中, D 为入瞳直径, 即入射光直径; u'_∞ 为平行光入射形成的孔径角。

(2) "paraxial working $F/\#$", 定义为给定共轭距下像方孔径角对应的光圈数, 即

$$F_{\text{working}} = F_{\text{w}} = \frac{l'}{D} = \frac{1}{2u'} \tag{10.5}$$

式中, l' 为像距, 是在傍轴光学或理想光学的框架下定义的。在物距为无限时 $F_{\text{w}} = F_{\text{ima}}$, 但在有限共轭距时二者不相等, 一般 $F_{\text{w}} > F_{\text{ima}}$。本章采用 F_{w} 来标注物镜的相对孔径。

以上公式为所有设计的基础。

10.3　全对称成像

当横向放大率 $\beta = -1$ 时, 像高与物高相等, $y' = -y$, 称 "对称" 成像; 当 $y' \approx -y$ 时, 称 "近对称" 成像。此时常常选择完全对称的光学结构, 使得非对称像差, 如彗差、畸变和倍率色差等自动校正。

10.3.1　全对称 $-1\times$ 双高斯型物镜典型设计

设计 [LM-1][1] 为 $-1\times$ 全对称成像物镜, 光阑在前后两组透镜中间, 如图 10.1(a) 所示, 为典型的双高斯结构, 前两片和后两片透镜材料均为特殊色散玻璃 N-PSK53, 其部分色散 $\text{dP}_{\text{gF}} = 0.0053$, 这有利于校正二级光谱 (参见 21.6 节)。物镜相对孔径不大 ($F=12.5$), 但角视场不小 ($\omega = 27.4°$)。

两端透镜材料为 TIFN5($\text{dP}_{\text{gF}} = 0.0096$)。图 10.1(b) 为特性曲线, (c) 为畸变, 从数据表查出各视场的畸变均为 0, 各视场倍率色差 (放大率色差) 也等于 0, 这是对称结构非常重要的性能特点。物镜弥散不大, $\text{SPT}=(6, 18, 22)\mu\text{m}$(即 $\text{SPT}_0=6\mu\text{m}$, $\text{SPT}_{0.7}=18\mu\text{m}$, $\text{SPT}_1=22\mu\text{m}$)。

此外, 前后两组透镜完全对称, 减少了加工的品种。

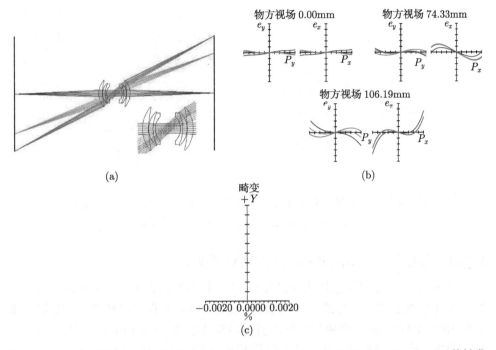

图 10.1 (a) 全对称 $-1\times$ 物镜 [LM-1]，F=12.5，ω=27.4°，SPT=(6, 18, 22)μm；(b) 特性曲线 (横坐标 ±100μm)；(c) 畸变 (±0.0020%) (彩图见封底二维码)

设计 [LM-2][2] 和 [LM-3][3] 也是全对称双高斯物镜，参见图 10.2 和图 10.3. 其中 [LM-2] 的相对孔径为 1:4.8，角视场 ω=10.0°，采用特高折射率、中等色散的重镧冕玻璃 LASF35(202-291) 前片、特种玻璃 N-PSK57(dP$_{gF}$ = 0.0171) 和高折射率高色散的 SF55(762-279) 双胶合. 由图 10.2(b) 可以看出特性曲线收敛得很好. [LM-3] 的相对孔径较小 (F=20.0)，角视场 ω=20.6°，像质容易做好，弥散斑 SPT≈1DL.

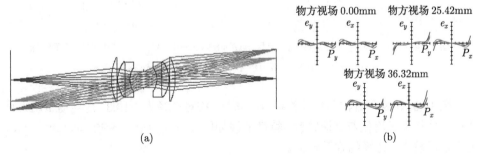

图 10.2 (a) 全对称双高斯物镜 [LM-2]，F=4.8，ω=10.0°，SPT=(11, 19, 21)μm；(b) 特性曲线 (横坐标 ±100μm) (彩图见封底二维码).

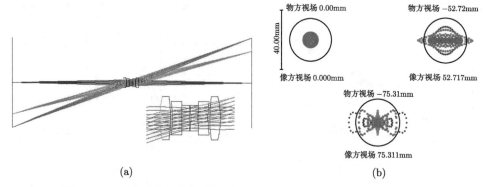

(a)　　　　　　　　　　　　　　　　　(b)

图 10.3　(a) 全对称双高斯物镜 [LM-3]，$F=20.0$，$\omega=20.6°$；(b) 弥散
斑，SPT$=(3,9,7)\mu$m，$R_{\text{Airy}}=14.4\mu$m (彩图见封底二维码)

10.3.2　全对称 $-1\times$ 三片式和四片式物镜典型设计

图 10.4(a) 为全对称三片式物镜 [LM-4][4]，相对孔径为 1:8.2，角视场 $\omega=10.0°$，结构大体相当于柯克三片式物镜，两端透镜材料为高折射率低色散的重镧冕玻璃 N-LASF31A(883-408)，居中的为特高折射率重冕玻璃 SF58(918-215)，特性曲线如图 10.4(b) 所示。结构虽简单，但性能并不差，SPT$=(16, 18, 18)\mu$m。

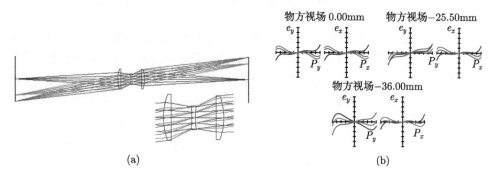

(a)　　　　　　　　　　　　　　　　　(b)

图 10.4　(a) 全对称三片式物镜 [LM-4]，$F=8.2$，$\omega=10.0°$；(b) 特性曲线 (横坐标
$\pm100\mu$m)，SPT$=(16, 18, 18)\mu$m (彩图见封底二维码)

图 10.5(a) 为全对称四片式物镜 [LM-5][5]，相对孔径为 1:19.3，角视场 $\omega=29.9°$，结构大体相当于简化双高斯物镜，特性曲线如图 10.5(b) 所示，SPT$=(11,32,52)\mu$m，由于视场较大，边缘的弥散略大。

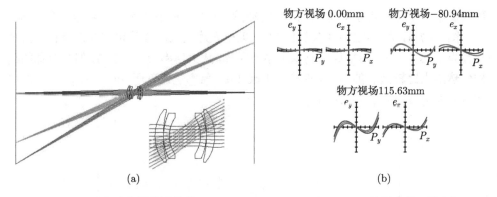

(a)　　　　　　　　　　　　(b)

图 10.5　(a) 全对称四片式物镜 [LM-5]，F=19.3，ω=29.9°；(b) 特性曲线 (横坐标
±200μm)，SPT=(11, 32, 52)μm (彩图见封底二维码)

10.3.3　非对称 −1× 双高斯型物镜典型设计

对于 −1× 物镜，对称结构只是一种优选的结构，但并非必要。图 10.6 为非对
称结构 −1× 物镜 [LM-6][6]，相对孔径为 1:9.5，角视场 ω=2.8°，采用了变形双高斯
结构，使弥散斑达到 1DL。这款非对称结构虽产生了畸变和倍率色差，但数值非常
小，对使用几乎没有影响。

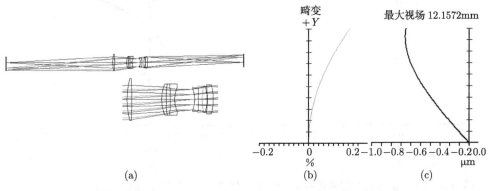

(a)　　　　　　　　　(b)　　　　　　(c)

图 10.6　(a) 非对称双高斯物镜 [LM-6]，F=9.5，ω=2.8°；(b) 畸变 (横坐标 ±0.2%)；(c) 倍
率色差 (横坐标 −1.0μm) (彩图见封底二维码)

10.4　近对称成像

10.4.1　全对称 −0.75× 物镜 [LM-7][7]

横向放大倍率略异于 −1× 物镜的成像称为 "近对称成像"。在 10.3 节讲过，对

称成像不一定要采用全对称结构。反之亦然，近对称成像也可以采用全对称结构。

图 10.7(a) 为 $-0.75\times$ 物镜 [LM-7]，采用五片式全对称简化双高斯结构，相对孔径为 1:13.5，ω=19.8°。尽管物像关系不对称，放大倍率 $\beta = -0.75$，但全对称的结构仍然给出比较满意的结果，畸变 DT<0.1%，倍率色差低于 2μm，参见图 10.7(b) 和 (c)。弥散斑 SPT=(10,14,17)μm。

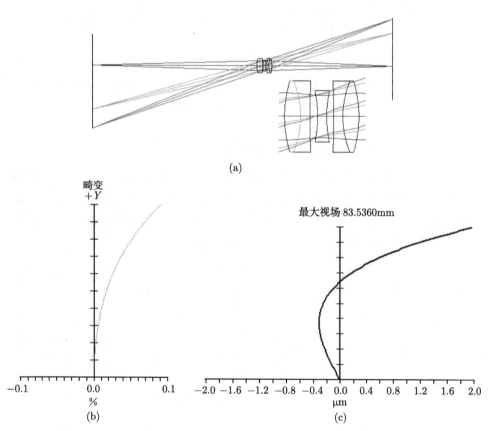

图 10.7　(a) $-0.75\times$ 对称简化双高斯物镜 [LM-7]，F=13.5，ω=19.8°；(b) 畸变 (横坐标 ±0.1%)；(c) 倍率色差 (横坐标 ±2.0μm) (彩图见封底二维码)

10.4.2　全对称 $-0.82\times$ 物镜 [LM-8][8]

图 10.8(a) 为 $-0.82\times$ 物镜 [LM-8]，采用全对称双高斯结构，F=12.5，ω=17.7°，采用了四片 N-PSK53(dP$_{\text{gF}}$ = 0.0053) 玻璃，像质很好，弥散斑 SPT~1DL，参见图 10.8(b)。

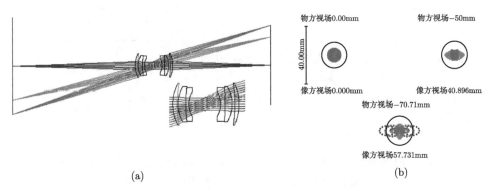

(a)   (b)

图 10.8   (a) −0.82× 对称双高斯物镜 [LM-8]，F=12.5，ω=17.7°；(b) 弥散斑 SPT∼1DL
(彩图见封底二维码)

10.5   −0.5× 成像

10.5.1   小视场 −0.5× 物镜 [LM-9][9]

当放大倍率 β=−0.5 时物像一般不再采用对称结构。图 10.9 为 −0.5× 物镜
[LM-9]，结构完全不对称，F=3.6，ω=3.4°，采用了 N-KZFS2($\mathrm{dP_{gF}}$ = −0.0111) 和
N-PSK57($\mathrm{dP_{gF}}$ = 0.0171) 等特种玻璃，由图 10.8(b) 可以看出像差校正得很好，特
性曲线出现高级量，弥散斑 SPT=(5, 6, 7)μm。

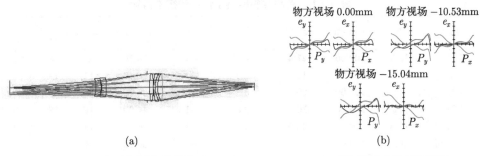

(a)   (b)

图 10.9   (a) 全对称四片式物镜 [LM-9]，F=3.6，ω=3.4°；(b) 特性曲线 (横坐标
±20μm)，SPT=(5, 6, 7)μm (彩图见封底二维码)

10.5.2   中等视场 −0.5× 物镜 [LM-10][10]

图 10.10(a) 为中等孔径、中等视场有限共轭距物镜 [LM-10]，F=3.0，ω=19.2°，
为七片式变形双高斯结构，除了大视场大孔径有较明显的弧矢球差以外，弥散尚不
大，参见图 10.10(b)。弥散斑 SPT=(25, 43, 50)μm。

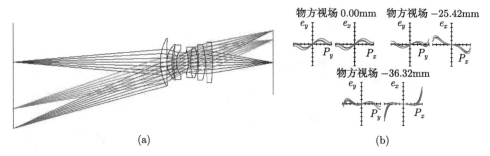

图 10.10　(a) 全对称四片式物镜 [LM-10]，$F=3.0$，$\omega=19.2°$；(b) 特性曲线 (横坐标 $\pm 200\mu m$)，SPT=$(25, 43, 50)\mu m$ (彩图见封底二维码)

10.5.3　小视场高分辨率 $-0.5\times$ 物镜 [LM-11][11]

图 10.11 为小视场高分辨率 $-0.5\times$ 物镜，相对孔径达到 1:3.4，对应的数值孔径为 NA=0.15。从结构上看，第一片厚弯月透镜起到平像场的作用；其后为一片正透镜和一组双胶合透镜，三片透镜材料为特殊色散玻璃 N-PK51($dP_{gF}=0.00258$)、KZFS8($dP_{gF}=-0.037$) 和 N-FK51($dP_{gF}=0.29$)，达到或接近半复消色差，弥散斑 SPT=$(5, 6, 7)\mu m$。亦即平场和复消色差功能由厚弯月透镜和特殊色散玻璃构成的透镜分别承担。

以上各典型设计的技术指标见表 10.1，结构参数和评价函数表参见附录 10.1。

表 10.1　有限共轭距典型设计的技术指标

设计	F	f'/mm	$\omega/(°)$	y'/mm	β	VL/mm	SPT/μm		
							0	0.7	1
[LM-1]	12.5	100.00	27.4	106.2	-1	58.70	6	18	22
[LM-2]	4.8	100.00	10.0	36.3	-1	62.40	11	19	21
[LM-3]	20	100.00	20.6	75.3	-1	25.70	3	9	7
[LM-4]	8.2	100.00	10.0	36.0	-1	44.00	16	18	18
[LM-5]	19.3	100.00	30.0	115.7	-1	26.00	11	32	52
[LM-6]	9.5	100.00	2.8	12.2	-1	56.00	2	2	3
[LM-7]	13.5	100.00	19.8	166.4	-0.75	15.90	10	14	17
[LM-8]	12.5	100.00	17.7	57.7	-0.81	59.96	3	3	4
[LM-9]	3.6	100.00	3.4	7.5	-0.5	148.90	5	6	7
[LM-10]	3.0	100.00	19.2	53.1	-0.5	86.64	25	43	50
[LM-11]	3.4	100.00	2.4	5.3	-0.5	58.10	5	6	7
[LM-21]	3.6	58.40	13.2	20.0	-0.35	54.90	4	6	7
[LM-22]	3.6	57	20.0	26.5	-0.35	26	20	20	44

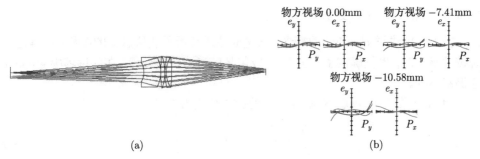

图 10.11 (a) 全对称四片式物镜 [LM-11], F=3.4, ω=2.4°; (b) 特性曲线 (横坐标 $\pm200\mu$m), SPT=(5, 6, 7)μm (彩图见封底二维码)

10.6 "等 etendue 过渡" 有限共轭距物镜设计

10.6.1 物镜设计指标

例如, 要设计一个有限共轭距物镜 [LM-21], 技术指标如表 10.2 所示。

表 10.2 物镜 [LM-21] 的技术指标 (长度单位: mm)

波段	F	y'	L	β
VIS	3.5	20.0	300.0	−0.35

由以上指标以及 10.2 节的公式, 得到

$$f' = \frac{-\beta L}{(1-\beta)^2} = 57\text{mm} \tag{10.6}$$

$$\text{NA}' = u' = \frac{1}{2F} = 0.14 \tag{10.7}$$

$$F_\text{w} = \frac{1}{2u'} = 3.57 \tag{10.8}$$

$$u = \beta u' = -0.05, \quad \text{NA} = -u = 0.05 \tag{10.9}$$

$$F_\text{ima} = F_\infty = \frac{1}{2(u'-u)} = 2.63 \tag{10.10}$$

$$y = \frac{y'}{\beta} = -57.14\text{mm} \tag{10.11}$$

$$l = \frac{L}{\beta-1} = -222.2\text{mm}, \quad l' = \beta l = 77.78\text{mm} \tag{10.12}$$

$$\omega = \frac{y}{l} = 0.257 = 14.7° \tag{10.13}$$

10.6.2　"等 etendue 过渡"

在上文中讲过 etendue 的概念，它是成像系统所承载信息量的度量。在确定系统技术指标时，也就确定了 etendue。成像是信息的传递过程，在此过程中 etendue 应保持不变。

由 10.2 节 (10.3) 式，有限共轭距的偏角公式为

$$\frac{h}{f'} = \frac{1}{2F} = \Delta u = u' - u \tag{10.14}$$

式中，F 显然就是 F_∞。由于归一化的 etendue 可表为 ω/F，所以上式可改写为

$$E = \frac{\omega}{F_\infty} = 2\omega\Delta u = 2\omega(u' - u) \tag{10.15}$$

式中，E 表示 etendue。当物距为无限远时，上式变为

$$E_\infty = \frac{\omega}{F_{\mathrm{ima}}} = \frac{\omega}{F_\infty} = 2\omega u'_\infty \tag{10.16}$$

(10.15) 式、(10.16) 式表明：一个有限共轭距的物镜，可以由 etendue 相当的无限共轭距物镜转换而得。具体来说，就是寻求一个 etendue 相当、视场角 ω 接近的无限共轭距物镜作为初始结构，并将物距从无限大渐次缩减到规定值。在转换过程中，像方孔径角从 u'_∞ 渐次过渡到 u'，F 数则从 $F_\infty(F_{\mathrm{ima}})$ 渐次过渡到 F_{w}。以下由具体的例子来阐明这个变换过程。

10.6.3　设计实例 1

设计步骤如下：

(1) 初始结构选型：根据 $\omega = 14.7°$ 和 $F_{\mathrm{ima}} = F_\infty = 2.63$，选择初始结构为双高斯型，由图 9.7 及表 9.4，选定 [DG-6] ($\omega = 16°$，$F = 2.5$)，另存为 [LM-21]。

(2) 焦距缩放：令 $f' = 57.6\mathrm{mm}$，在评价函数表 m.f. 中焦距不给权。

(3) 设物距 ($T0$)：初步设 $T0 = 222\mathrm{mm}$，观察评价函数中的放大倍率 PMAG(即 β)。反复调节 $T0$ 的值，直至 $\beta = -0.35$，给权 1。

(4) 设共轭距 L (TTHI$_{0\sim13}$)：令 $L = 300$，给权 0.02。

(5) 设视场 y' (paraxial image height)：令 $y' = 20\mathrm{mm}$，$y'_{0.707} = 14.14\mathrm{mm}$。

(6) 设孔径 F_{w} (paraxial working F/#)：令 $F_{\mathrm{w}} = 3.57$。

(7) 恰当给定像距 ($T13$)、物镜长度 VL (TTHI$_{1\sim12}$)。

(8) 设变量：令所有半径和厚度为变量，放开透镜外径 (Semi-Dia.)。

(9) 优化：即得到满意的结果，见图 10.12，各视场弥散均不大，畸变在 0.4% 以内，放大倍率和共轭距符合要求。必要时也可进行 HAMMER 优化。

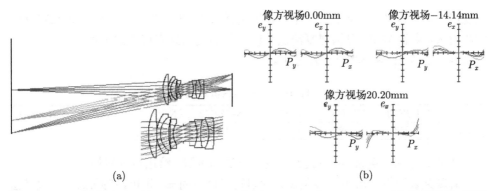

图 10.12 (a) 物镜 [LM-21], F=3.6, ω=13.2°, β=-0.35, L=300.0mm; (b) 特性曲线 (横坐标 $\pm$50μm), SPT=(4, 6, 7)μm (彩图见封底二维码)

10.6.4 设计实例 2

上例的性能固然好, 但物镜由八片透镜组成, 加工成本未免过高。本例按照同样的指标, 选择天塞型物镜作为初始结构。

(1) 根据 $\omega = 14.7°$ 和 $F_{\text{ima}} = F_{\infty} = 2.63$, 初始结构选择天塞型, 由表 8.2, 选定初始结构为 [TS-4] ($\omega = 20.3°$, $F = 2.8$), 另存为 [LM-22]。

(2) 重复上例 (2) 到 (9) 步, 很容易得到结果, 参见图 10.13。系统为四片天塞型物镜, 成本比 [LM-21] 要低得多。尽管弥散大一些, 像质略差, 但对于许多应用也够用了。

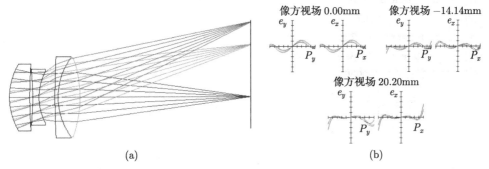

图 10.13 (a) 物镜 [LM-22], F=3.6, ω=20.0°, β=-0.35, L=300.0mm; (b) 特性曲线 (横坐标 $\pm$50μm), SPT=(20, 20, 44)μm (彩图见封底二维码)

10.7 本 章 小 结

本章讲述有限共轭距成像的理想光学基本公式, 讲述全对称和近对称结构成像物镜的典型设计，典型设计中采用特殊色散玻璃，其相对部分色散对阿贝直线的偏离较大，见表 10.3。对构建复消色差或半复消色差具有特别的贡献，在第 6 章已经讲到，在第 21 章还将进一步分析。

表 10.3   特殊色散玻璃

Gls	N-PSK53	TIFN5	N-PSK57	N-PSK53	N-PK51	KZFS8	N-FK51
dP_{gF}	0.0053	0.0096	0.0171	0.0053	0.0026	−0.0037	0.29

本章还介绍 "等 etendue 过渡" 设计方法和步骤，给出设计实例。

有限共轭距设计既可对典型设计加以适当修改而成，也可经等 etendue 过渡法从无限共轭的典型设计变换而得。

本章附带的程序有两套，一套用 SCHOTT 玻璃。另一套修改为 CDGM 玻璃，参见封底二维码。

参 考 文 献

[1]   U. S. Patent 3136804A.
[2]   U. S. Patent 2401324A.
[3]   U. S. Patent 2544901A.
[4]   U. S. Patent 2541014B.
[5]   U. S. Patent 2865252A.
[6]   U. S. Patent 2823583A.
[7]   U. S. Patent 3301130A.
[8]   U. S. Patent 5646788A.
[9]   U. S. Patent 1791276A.
[10] U. S. Patent 3608452A.
[11] U. S. Patent 1790926A.

附录 10.1 技术指标、像差曲线和结构参数

[LM-1] 技术指标

波段	F	y'/mm	$\omega/(°)$	f'/mm	BFL/mm	VL/mm	OD	ω/F	SPT/μm 0	SPT/μm 0.7	SPT/μm 1
VIS	12.5	106.2	27.4	100	160.1	58.7	Inf	0.038	6	18	22

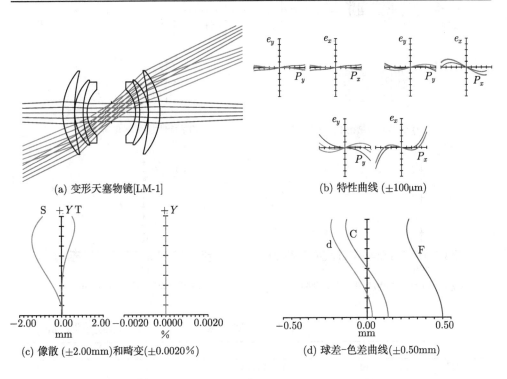

(a) 变形天塞物镜[LM-1]

(b) 特性曲线 (±100μm)

(c) 像散 (±2.00mm)和畸变(±0.0020%)

(d) 球差-色差曲线(±0.50mm)

[LM-1]结构参数 （长度单位：mm）

No.	R	T	Gls	Semi-Dia.
OBJ	Inf	160.076(V)		106.185
1	37.356(V)	7.001(V)	N-PSK53(S)	24.500(U)
2	94.110(V)	0.100(V)		24.300(U)
3	25.915(V)	5.154(V)	N-PSK53(S)	19.000(U)
4	41.869(V)	2.500(V)	TIFN5(S)	17.900(U)
5	18.644(V)	14.600(V)		13.600(U)
STO	Inf	14.600(P)		5.302
7	−18.644(P)	2.500(P)	TIFN5(P)	13.600(P)
8	−41.869(P)	5.154(P)	N-PSK53(P)	17.900(P)
9	−25.915(P)	0.100(P)		19.000(P)
10	−94.110(P)	7.001(P)	N-PSK53(P)	24.300(P)
11	−37.356(P)	160.076(P)		24.500(P)
IMA	Inf	—		106.230

[LM-2] 技术指标

波段	F	y'/mm	ω/(°)	f'/mm	BFL/mm	VL/mm	OD	ω/F	SPT/μm		
									0	0.7	1
VIS	4.8	36.3	10	100	125.3	62.4	Inf	0.036	11	19	21

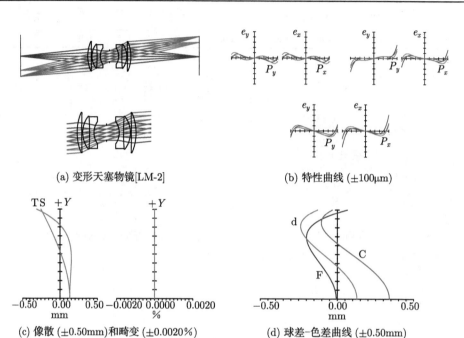

(a) 变形天塞物镜[LM-2]

(b) 特性曲线 (±100μm)

(c) 像散 (±0.50mm)和畸变 (±0.0020%)

(d) 球差-色差曲线 (±0.50mm)

[LM-2]结构参数　　　　　　　　　　　　　（长度单位：mm）

No.	R	T	Gls	Semi-Dia.
OBJ	Inf	125.279(V)		36.319
1	65.274(V)	6.402(V)	LASF35(S)	26.699
2	1120.220(V)	1.367(V)		26.438
3	34.688(V)	9.319(V)	N-PSK57(S)	21.619
4	−292.494(V)	5.859(V)	SF55(S)	20.973
5	25.186(V)	16.774(V)		14.794
STO	Inf	16.774(P)		9.851
7	−25.186(P)	5.859(P)	SF55(P)	14.797
8	292.494(P)	9.319(P)	N-PSK57(P)	20.981
9	−34.688(P)	1.367(P)		21.624
10	−1120.220(P)	6.402(P)	LASF35(P)	26.449
11	−65.274(P)	125.279(P)		26.709
IMA	Inf	—		36.345

[LM-3] 技术指标

波段	F	y'/mm	$\omega/(°)$	f'/mm	BFL/mm	VL/mm	OD	ω/F	SPT/µm 0	0.7	1
VIS	20	75.3	20.6	100	190.5	25.7	Inf	0.018	3	9	7

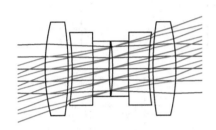

(a) 变形天塞物镜[LM-3]

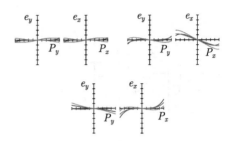

(b) 特性曲线 (±50µm)

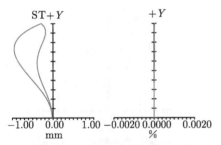

(c) 像散 (±1.00mm)和畸变 (±0.0020%)

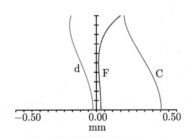

(d) 球差-色差曲线 (±0.50mm)

[LM-3]结构参数   (长度单位：mm)

No.	R	T	Gls	Semi-Dia.
OBJ	Inf	190.536(V)		75.311
1	37.922(V)	4.500(V)	N-LAF34(S)	9.000(U)
2	−60.957(V)	0.787(V)		9.000(U)
3	−48.318(V)	4.098(V)	SF56A(S)	7.000(U)
4	−130.574(V)	3.112(V)	P-SK60(S)	5.300(U)
5	40.824(V)	0.345(V)		4.280
STO	Inf	0.345(P)		4.225
7	−40.824(P)	3.112(P)	P-SK60(P)	5.300(P)
8	130.574(P)	4.098(P)	SF56A(P)	5.300(P)
9	48.318(P)	0.787(P)		7.000(P)
10	60.957(P)	4.500(P)	N-LAF34(P)	9.000(P)
11	−37.922(P)	190.536(P)		9.000(P)
IMA	Inf	—		75.321

[LM-4] 技术指标

波段	F	y'/mm	$\omega/(°)$	f'/mm	BFL/mm	VL/mm	OD	ω/F	SPT/μm 0	0.7	1
VIS	8.2	36.0	10.0	100	169.9	44.0	Inf	0.021	16	18	18

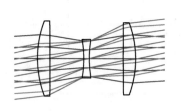

(a) 变形天塞物镜[LM-4]

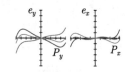

(b) 特性曲线 ($\pm100\mu$m)

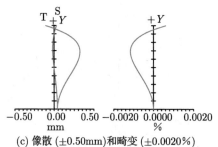

(c) 像散 (±0.50mm)和畸变 ($\pm0.0020\%$)

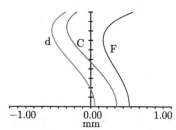

(d) 球差-色差曲线 (±1.00mm)

[LM-4]结构参数　　　　　　　　（长度单位：mm）

No.	R	T	Gls	Semi-Dia.
OBJ	Inf	169.875(V)		36.000
1	45.060(V)	5.500(V)	N-LASF31A(S)	16.366(U)
2	−1553.294(V)	15.225(V)		15.801(U)
3	−47.820(V)	2.500(V)	SF58(S)	8.373(U)
STO	47.820(P)	15.225(P)		7.824(U)
5	1554.294(P)	5.500(P)	N-LASF31A(P)	15.072(U)
6	−45.060(P)	169.875(P)		15.685(U)
IMA	Inf			36.037

[LM-5] 技术指标

波段	F	y'/mm	$\omega/(°)$	f'/mm	BFL/mm	VL/mm	OD	ω/F	SPT/μm		
									0	0.7	1
VIS	19.3	115.7	29.9	100	185.6	26.0	Inf	0.157	11	32	52

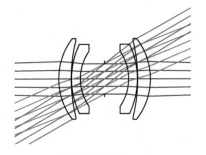

(a) 变形天塞物镜[LM-5]

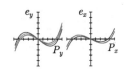

(b) 特性曲线 (±200μm)

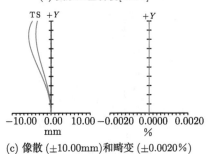

(c) 像散 (±10.00mm)和畸变 (±0.0020%)

(d) 球差-色差曲线 (±1.00mm)

[LM-5]结构参数   （长度单位：mm）

No.	R	T	Gls	Semi-Dia.
OBJ	Inf	185.649(V)		115.630
1	18.083(V)	3.599(V)	PSK2(S)	11.235(U)
2	43.560(V)	0.095(V)		10.604(U)
3	21.937(V)	2.495(V)	TIFN5(S)	9.636(U)
4	13.290(V)	6.812(V)		7.628(U)
STO	Inf	6.812(P)		4.179
6	−13.290(P)	2.495(P)	TIFN5(P)	7.630
7	−21.937(P)	0.095(P)		9.639
8	−43.560(P)	3.599(P)	PSK2(P)	10.608
9	−18.083(P)	185.649(P)		11.238
IMA	Inf	—		115.749

[LM-6] 技术指标

波段	F	y'/mm	$\omega/(°)$	f'/mm	BFL/mm	VL/mm	OD	ω/F	SPT/μm 0	0.7	1
VIS	9.5	12.2	2.8	100	155	56.0	Inf	0.005	2	2	3

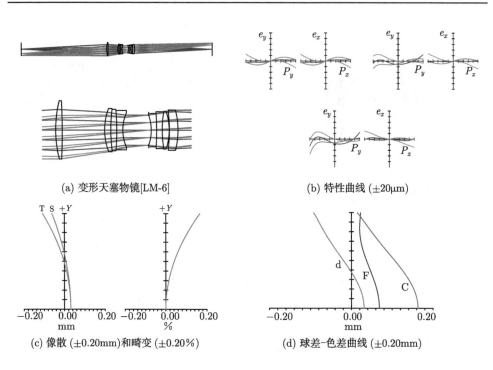

(a) 变形天塞物镜[LM-6]

(b) 特性曲线 (±20μm)

(c) 像散 (±0.20mm)和畸变 (±0.20%)

(d) 球差-色差曲线 (±0.20mm)

[LM-6]结构参数　　　　　　　　　　（长度单位：mm）

No.	R	T	Gls	Semi-Dia.
OBJ	Inf	172.345(V)		12.157
1	53.286(V)	2.937(V)	UK50(S)	13.008
2	−293.253(V)	19.412(V)		12.922
3	25.666(V)	2.863(V)	N-SK4(S)	9.639
4	69.874(V)	2.803(V)	K3(S)	9.244
5	−95.290(V)	2.779(V)	F2HT(S)	8.795
6	18.756(V)	11.854(V)		7.694
STO	Inf	1.230(V)		6.698
7	−18.847(V)	2.503(V)	KZFS12(S)	6.698
8	−98.147(V)	2.500(V)	KZFSN2(S)	7.431
9	46.718(V)	3.143(V)	PSK53A(S)	8.223
10	−25.852(V)	0.100(V)		8.432
11	−68.028(V)	3.870(V)	N-SF56(S)	8.555
12	−35.592(V)	155.000(V)		8.968
IMA	Inf	—		12.180

[LM-7] 技术指标

波段	F	y'/mm	$\omega/(°)$	f'/mm	BFL/mm	VL/mm	OD	ω/F	SPT/μm 0	SPT/μm 0.7	SPT/μm 1
VIS	13.5	62.8	19.8	100	166.4	15.9	Inf	0.025	10	14	17

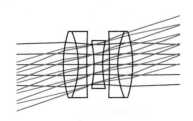

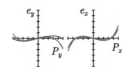

(a) 变形天塞物镜[LM-7]　　　　　　(b) 特性曲线 (±100μm)

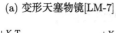

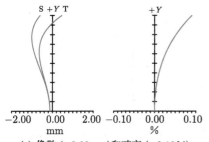

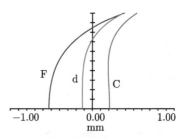

(c) 像散 (±2.00mm)和畸变 ($\pm0.10\%$)　　　　(d) 球差-色差曲线 (±1.00mm)

[LM-7]结构参数　　　　　　　　　　（长度单位：mm）

No.	R	T	Gls	Semi-Dia.
OBJ	Inf	225.212(V)		83.536
1	30.975(V)	4.372(V)	N-SK4(S)	9.400(U)
2	−24.063(V)	2.500(V)	KF9(S)	9.400(U)
3	237.375(V)	1.469(V)		9.400(U)
STO	Inf	0.590(V)		5.644
5	−30.807(V)	2.499(V)	KZFN1(S)	6.000(U)
6	30.807(P)	1.932(V)		6.800(U)
7	−237.375(P)	2.500(P)	KF9(P)	9.400(U)
8	24.063(P)	4.372(P)	N-SK4(P)	9.400(U)
9	−30.975(P)	166.437(V)		9.400(U)
IMA	Inf	—		62.773

[LM-8] 技术指标

波段	F	y'/mm	ω/(°)	f'/mm	BFL/mm	VL/mm	OD	ω/F	SPT/μm		
									0	0.7	1
VIS	12.5	57.7	17.7	100	145.2	59.96	Inf	0.025	3	3	4

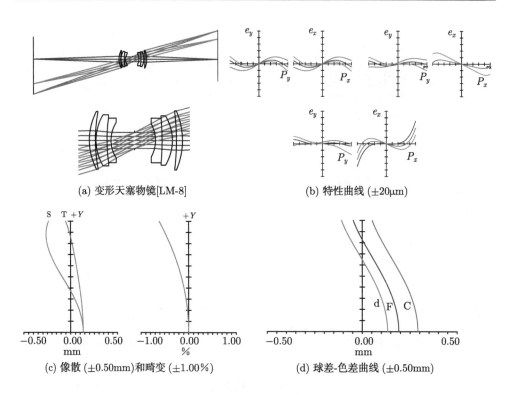

(a) 变形天塞物镜[LM-8]　　　　　　　　(b) 特性曲线 (±20μm)

(c) 像散 (±0.50mm)和畸变 (±1.00%)　　　　(d) 球差-色差曲线 (±0.50mm)

[LM-8]结构参数　　　　　　　　　（长度单位：mm）

No.	R	T	Gls	Semi-Dia.
OBJ	Inf	183.021(V)		70.710(U)
1	36.517(V)	3.644(V)	N-PSK53(S)	17.500(U)
2	84.909(V)	0.784(V)		17.500(U)
3	28.690(V)	6.606(V)	N-PSK53(S)	14.600(U)
4	109.738(V)	2.638(V)	LF6HT(S)	14.600(U)
5	19.264(V)	13.579(V)		10.300(U)
STO	Inf	13.145(V)		4.899
7	−19.639(V)	3.814(V)	LF6HT(P)	10.300(U)
8	−195.157(V)	5.972(V)	N-PSK53(P)	14.000(U)
9	−28.625(V)	2.338(V)		14.600(U)
10	−116.209(V)	3.444(V)	N-PSK53(P)	17.500(U)
11	−42.521(V)	145.142(V)		17.500(U)
IMA	Inf	—		57.735

[LM-9] 技术指标

波段	F	y'/mm	$\omega/(°)$	f'/mm	BFL/mm	VL/mm	OD	ω/F	SPT/μm 0	0.7	1
VIS	3.6	7.5	3.4	100	204.0	148.9	Inf	0.015	5	6	7

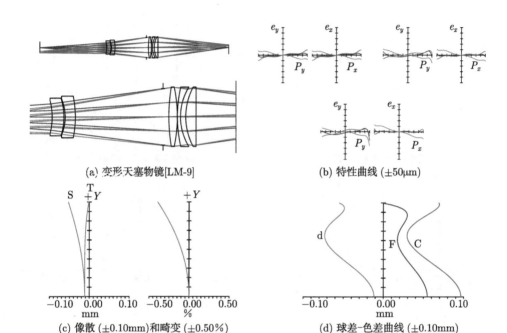

(a) 变形天塞物镜[LM-9]

(b) 特性曲线 (±50μm)

(c) 像散 (±0.10mm)和畸变 (±0.50%)

(d) 球差-色差曲线 (±0.10mm)

[LM-9]结构参数　　　　　　　　　（长度单位：mm）

No.	R	T	Gls	Semi-Dia.
OBJ	Inf	192.925(V)		15.036
1	−65.174(V)	12.000(V)	P-SF67(S)	16.703
2	−61.630(V)	1.364(V)		19.000(U)
3	−46.286(V)	10.474(V)	N-KZFS2(S)	18.165
4	−101.890(V)	91.051(V)		21.000(U)
STO	Inf	6.001(V)		28.524
6	186.016(V)	8.578(V)	N-PSK57(S)	30.000(U)
7	−144.739(V)	0.100(V)		30.000(U)
8	132.558(V)	3.171(V)	LASF32(S)	30.000(U)
9	56.886(V)	5.388(V)		30.000(U)
10	62.290(V)	10.800(V)	N-PSK57(S)	30.000(U)
11	−4516.642(V)	204.000(V)		30.000(U)
IMA	Inf	—		7.497

[LM-10] 技术指标

波段	F	y'/mm	$\omega/(°)$	f'/mm	BFL/mm	VL/mm	OD	ω/F	SPT/μm		
									0	0.7	1
VIS	3.0	53.1	19.2	100	102.57	86.64	Inf	0.015	25	43	50

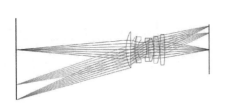

(a) 变形天塞物镜[LM-10]

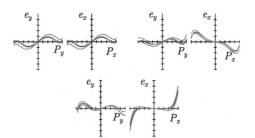

(b) 特性曲线 (±200μm)

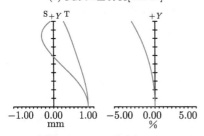

(c) 像散 (±1.00mm)和畸变 (±5.00%)

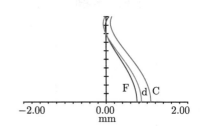

(d) 球差-色差曲线 (±2.00mm)

[LM-10]结构参数　　　　　　　　　　　　（长度单位：mm）

No.	R	T	Gls	Semi-Dia.
OBJ	Inf	249.562(V)		110.131
1	83.207(V)	10.561(V)	N-LASF44(S)	39.000(U)
2	1179.800(V)	0.097(V)		39.000(U)
3	41.259(V)	8.390(V)	N-LAK21(S)	29.400(U)
4	77.501(V)	3.256(V)		28.465
5	189.252(V)	3.856(V)	TIF6(S)	28.500(U)
6	31.804(V)	16.855(V)		21.387
STO	Inf	4.163(V)		16.214
8	−42.774(V)	3.493(V)	F2G12(S)	16.711
9	105.097(V)	11.904(V)	N-LAK33A(S)	25.400(U)
10	−65.331 (V)	0.682(V)		25.400(U)
11	−477.424(V)	12.000(V)	N-LAK14(S)	29.500(U)
12	−93.036(V)	1.380(V)		29.500(U)
13	403.754(V)	10.000	SK8(S)	33.500(U)
14	−385.335(V)	102.579		33.500(U)
IMA	Inf	—		53.111

[LM-11] 技术指标

波段	F	y'/mm	$\omega/(°)$	f'/mm	BFL/mm	VL/mm	OD	ω/F	SPT/μm 0	SPT/μm 0.7	SPT/μm 1
VIS	3.4	5.3	2.4	100	180.0	58.1	Inf	0.012	5	6	7

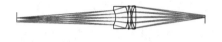

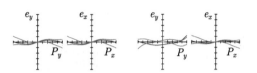

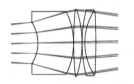

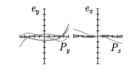

(a) 变形天塞物镜[LM-11]　　　　　　(b) 特性曲线 (±50μm)

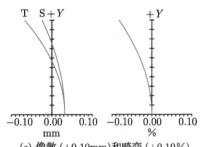

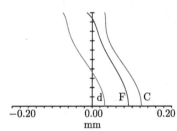

(c) 像散 (±0.10mm)和畸变 (±0.10%)　　　(d) 球差-色差曲线 (±0.20mm)

[LM-11]结构参数　　　　　　(长度单位: mm)

No.	R	T	Gls	Semi-Dia.
OBJ	Inf	249.800(V)		10.584
STO	Inf	5.414(V)		18.368
2	−33.863(V)	32.206(V)	LAK21(S)	18.368
3	−60.502(V)	0.100(V)		27.946
4	296.987(V)	7.612(V)	N-PK51(S)	29.506
5	−91.175(V)	0.100(V)		29.606
6	113.901(V)	2.500(V)	KZFS8(S)	29.130
7	51.769(V)	10.155(V)	N-FK51(S)	28.132
8	−467.107(V)	180.000(V)		28.068
IMA	Inf	—		5.310

[LM-21] 技术指标

波段	F	y'/mm	$\omega/(°)$	f'/mm	BFL/mm	VL/mm	OD	ω/F	SPT/μm		
									0	0.7	1
VIS	3.6	20.0	13.2	58.4	38.6	54.9	Inf	0.06	4	6	7

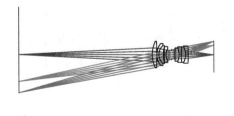

(a) 变形天塞物镜[LM-21]　　　　　　　(b) 特性曲线 (±50μm)

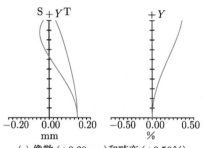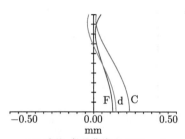

(c) 像散 (±0.20mm)和畸变 (±0.50%)　　　　(d) 球差-色差曲线 (±0.50mm)

[LM-21]结构参数　　　　　　　　（长度单位: mm）

No.	R	T	Gls	Semi-Dia.
OBJ	Inf	206.495(V)		57.144
1	44.311(V)	6.912(V)	H-ZPK1(S)	20.000(U)
2	−483.182(V)	0.058(V)		20.000(P)
3	26.743(V)	3.091(V)	ZF3(S)	16.500(U)
4	17.721(V)	6.912(V)	H-LAF50A(S)	13.500(U)
5	48.629(V)	1.239(V)		12.000(U)
6	272.314(V)	2.574(V)	ZF1(S)	12.000(U)
7	16.598(V)	8.628(V)		9.180
STO	Inf	4.980(V)		6.492
9	266.900(V)	6.276(V)	D-LAK70(S)	10.000(U)
10	−27.825(V)	3.173(V)	D-ZK2(S)	10.000(U)
11	63.871(V)	6.912(V)	H-LAF10L(S)	11.800(U)
12	−23.359(V)	4.137(V)	F6(S)	11.800(U)
13	−196.135(V)	38.612(V)		12.900(U)
IMA	Inf	—		20.042

[LM-22] 技术指标

波段	F	y'/mm	$\omega/(°)$	f'/mm	BFL/mm	VL/mm	OD	ω/F	SPT/μm		
									0	0.7	1
VIS	3.6	26.5	20	57	63.7	26.0	Inf	0.094	20	20	44

(a) 变形天塞物镜[LM-22]

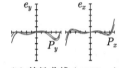

(b) 特性曲线 (±200μm)

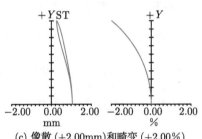

(c) 像散 (±2.00mm)和畸变 (±2.00%)

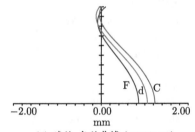

(d) 球差–色差曲线 (±2.00mm)

[LM-22]结构参数 　　　　　　　　　(长度单位: mm)

No.	R	T	Gls	Semi-Dia.
OBJ	Inf	210.334(V)		78.169
1	22.674(V)	6.169(V)	H-ZLAF4LA(S)	12.000(U)
2	153.721(V)	0.536(V)		12.000(U)
STO	Inf	0.455(V)		8.965
4	−124.352(V)	2.725(V)	SFL4(S)	10.000(U)
5	19.298(V)	6.964(V)		9.149
6	415.226(V)	1.147(V)	BASF57(S)	14.500(U)
7	25.047(V)	8.007(V)	LAK33(S)	14.200(U)
8	−42.309(V)	63.661(V)		14.200(U)
IMA	Inf	—		26.504

附录 10.2　评价函数

Oper#	Type	Surf1	Surf2	H_x	H_y	P_x	P_y	Tag.	Wt.	Val.	Ctrb.
1	BLNK	Fixed-3A-SIMPLE									
2	BLNK	ANGLE FIELD									
3	RANG	0	2	0.000	1.000	0.000	0.000	0.000	0.000	0.515	0.000
4	CONS							57.290	0.000	57.290	0.000
5	PROD	3	4					0.000	0.000	29.497	0.000
6	BLNK	EFFL AND PMAG									
7	PMAG	0	2					-0.214	0.000	0.000	0.000
8	EFFL		2					100.000	0.02	99.969	0.054
9	REAR	16	2	0.000	1.000	0.000	0.000	0.000	0.000	55.460	0.000
10	BLNK	CONJUGATE									
11	TTHI	0	15					0.000	0.000	1.000×10^{10}	0.000
12	BLNK	VL									
13	TTHI	2	14					0.000	0.000	37.294	0.000
14	OPLT	13						38.000	0.000	38.000	0.000
15	BLNK	IMAGE DISTANCE									
16	CTGT	7						12.705	0.02	12.705	0.000
17	BLNK	OD									
18	CTGT	0						0.000	0.000	0.000	0.000
19	BLNK	DT									
20	DIMX	0	2	0				15.000	1.000×10^{-3}	15.000	0.000
21	BLNK	BOUNDING FOR THE EDGES									
22	MNCA	2	15					0.100	1.000×10^{-2}	0.100	0.000
23	MNEA	2	15					1.000×10^{-3}	1.000×10^{-2}	1.000×10^{-3}	0.000
24	MNCG	2	15					1.000	1.000×10^{-2}	1.000	0.000
25	MNEG	2	15					0.500	1.000×10^{-2}	0.500	0.000
26	BLNK										
27	MXCG	2	15					12.000	1.000×10^{-2}	12.000	0.000
28	MXEG	2	15					12.000	1.000×10^{-2}	12.000	0.000
29	DMFS										
30	BLNK	Default merit function:RMS wavefront chief chief GQ 3rings 6 arms									
31	… … … … … …										
32											

第11章 远摄物镜

11.1 引　言

光学成像系统的总长 T 显然和焦距 f' 并不一定相等，它们的比称为 "远摄比"：

$$\gamma = T/f' \tag{11.1}$$

一般情况下 $\gamma > 1$。密接透镜组如双胶合、双分离和三片式等，系统总长略大于焦距，$\gamma \approx 1$。在观察远处目标时，为了获得较大的放大率，就得采用长焦距物镜。在一些应用中，例如航拍，既要求物镜的焦距长，同时要求结构紧凑，这相当于要求 $\gamma < 1$，必须采用远摄型设计。图 11.1 为远摄物镜 [TP-1]，$f' = 250\text{mm}$，$T = 175\text{mm}$，$\gamma = 0.7$，第 2 片正透镜材料为 CAF2，使系统同时具备复消色差的特性。

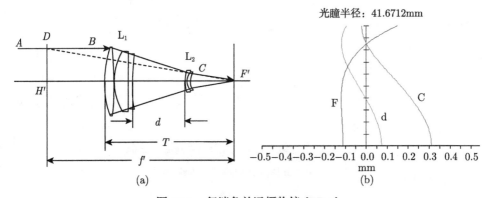

图 11.1　复消色差远摄物镜 [TP-1]

(a) 系统图：前组 L_1，后组 L_2，前后组间隔 d，焦距 $f' = 250\text{mm}$，系统总长 $T = 175\text{mm}$，$\gamma = 0.7$；

(b) 球差–色差曲线

远摄物镜 (telephoto lens) 由正的前组和负的后组构成，前后组具有一定的间隔 d。一条与光轴平行的光线 AB 首先经正透镜组会聚后，再由负透镜发散，出射光为 CF'，交光轴于 F'，F' 显然就是后焦点。将 CF' 反向延长，交入射光于 D。通过 D 并垂直于光轴的平面交光轴于 H'，该平面就是后主面，H' 就是后主点，$H'F'$ 的长度就是焦距 f'。由于正光焦度的前组和负光焦度的后组相分离，后主面被向前推到物空间中，使得系统长度比焦距小，$\gamma < 1$。例如，1m 焦距的航拍物镜，当 $\gamma=0.65$ 时，系统总长约 0.65m，结构很紧凑。

结构紧凑的代价是前后组的复杂化，特别是前组，由于承担较大的光焦度，比后组更复杂。通常前后组分别独立地校正轴向色差，光阑位于前组或位于前后组之间。一般来讲，远摄型物镜用作望远物镜，其角视场不大，彗差、畸变和倍率色差等并不严重。

11.2 典型的远摄物镜

图 11.2 为最简单的远摄物镜 [WS-171]，前后组都是双胶合，材料为常规玻璃，前组焦距 63.71mm，后组焦距 −85.89mm，间隔 34mm，光阑位于前组后面约 12mm 处，半视场角 $\omega=2.8°$，光圈数 $F = 5.6$，远摄比 $\gamma=0.83$。轴上轴外像质都很好，弥散斑 SPT=(6,5,6)μm。物镜结构参数见附录 11.1。

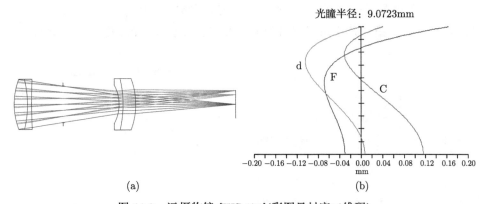

光瞳半径：9.0723mm

(a)   (b)

图 11.2 远摄物镜 [WS-171](彩图见封底二维码)

(a) 系统图; (b) 球差–色差曲线

从图 11.2(b) 可以看出，系统具有较大的带球差。如果从双胶合中分出一片正透镜，负担一部分光焦度，剩余带球差必然变小，物镜 [WS-176](图 11.3) 前组为三片式，后组也变成两片分离式。与 [WS-171] 相比，其像差曲线的剩余带球差小了不少，参见图 11.3(b)。

[WS-176]这款物镜的半视场角 $\omega=6.0°$，光圈数 $F = 5.0$，$\gamma=0.81$，视场孔径都比 [WS-171] 略大，用普通玻璃 SK4(H-ZK6)、SF14(H-ZF12)、F5(H-F1)、SPT=(5,6,11)μm，像质很好。

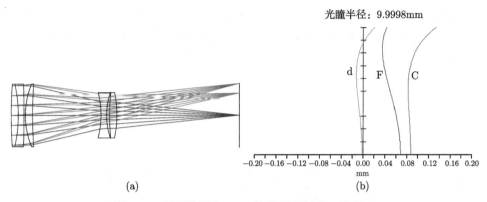

图 11.3 远摄物镜 [WS-176](彩图见封底二维码)

(a) 系统图; (b) 球差–色差曲线

图 11.4 所示的远摄物镜 [WS-175] 的半视场角 $\omega=5.0°$,光圈数 $F=5.8$,$\gamma=0.83$。这款物镜采用了特种玻璃 KZFSN9、KZFS1 和 PK51A,其相对部分色散偏离标准的阿贝直线。

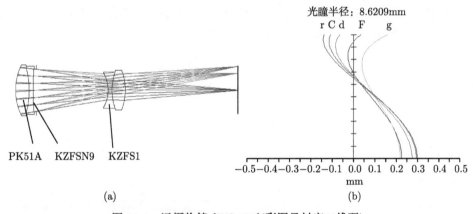

图 11.4 远摄物镜 [WS-175](彩图见封底二维码)

(a) 系统图; (b) 球差–色差曲线

在第 6 章介绍过,凡是校正了二级光谱,使三条谱线的球差曲线在 0.7 孔径附近相交或接近的物镜称为复消色差 (apochromatic) 物镜。在一些像质要求更高的场合,要求四条或更多谱线的焦点基本重合,称为高级复消色差 (superchromatic)。

在图 11.4(b) 中,五条谱线 r(0.7065μm)、C(0.6563μm)、d(0.5876μm)、F(0.4861μm) 和 g(0.4358μm) 在 0.7 带相交,使得可用的光谱带覆盖了波段 0.43~0.71μm。该物镜的缺点是过大的欠校正球差,在一定程度上抵消了高级复消色差的效果。

如图 11.5 所示，物镜 [WS-179] 为七片式，后组为四片分离式，前、后组结构的复杂化使得像质提高，SPT=(2,4,5)μm，半视场角 ω=3.0°，光圈数 $F = 5.6$，γ=0.65。

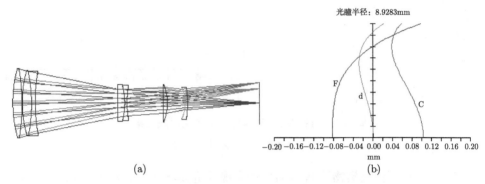

(a)   (b)

图 11.5　远摄物镜 [WS-179](彩图见封底二维码)

(a) 系统图; (b) 球差–色差曲线

物镜 [WS-181] 的第一片正透镜为 CAF2，以减小二级光谱。物镜的半视场角 ω=3.0°，光圈数 $F = 4.5$，γ=0.82。参见图 11.6。

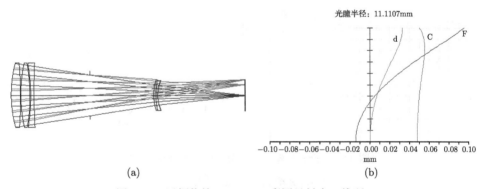

(a)   (b)

图 11.6　远摄物镜 [WS-181](彩图见封底二维码)

(a) 系统图; (b) 球差–色差曲线

物镜 [TP-3] 的正透镜为四片式，承担了更大的光焦度，因此物镜的 γ=0.63，半视场角 ω=2.3°(η'=4.1mm)，光圈数 $F = 5.0$，像质很好。参见图 11.7。

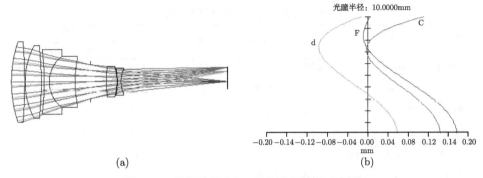

(a)

(b)

图 11.7 远摄物镜 [TP-3](彩图见封底二维码)

(a) 系统图; (b) 球差–色差曲线

物镜 [TP-2](参见图 11.8) 为中等视场远摄物镜, 半视场角 $\omega=16.1°$, 线视场 $y'=31.3$mm, 光圈数 $F = 4.2$, $\gamma=0.78$。它的前组为一个弯月形三胶合透镜加一个弯月正透镜, 该弯月正透镜承担了主要的光焦度。由于视场大, 后组是一个直径与前组相当的弯月形双胶合负透镜, 三组透镜朝向居中的光阑弯曲。图 11.8(b) 为像散、场曲和畸变曲线, 缺点是大视场略有拦光, 且最大视场的畸变达到 10%, 需要后续的图像处理系统加以校正。

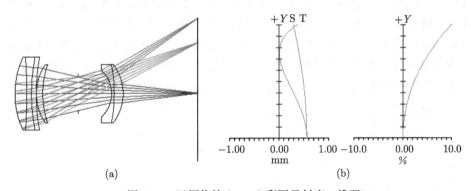

(a)

(b)

图 11.8 远摄物镜 [TP-2](彩图见封底二维码)

(a) 系统图; (b) 像散、场曲 (横坐标 ±1mm) 和畸变 (±10.0%) 曲线

以上典型远摄物镜的参数如表 11.1 所示。

表 11.1 典型远摄物镜的参数

设计编码	ω/F	F	$\omega/(°)$	y'/mm	E(透镜数)	γ (远摄比)	SPT/μm		
							0	0.7	1
[TP-1]	0.0064	3.0	1.10	5.0	5	0.70	9	9	10
[TP-2]	0.0669	4.2	16.10	31.3	6	0.78	13	28	41
[TP-3]	0.0080	5.0	2.30	4.1	6	0.63	5	8	12
[TP-10]	0.0004	10.0	0.23	4.0	5	0.65	0.7	0.8	1.2
[WS-171]	0.0090	5.6	2.80	5.0	4	0.83	6	5	6
[WS-175]	0.0150	5.8	5.00	8.8	4	0.83	6	10	13
[WS-176]	0.0209	5.0	6.00	10.8	5	0.81	5	6	11
[WS-179]	0.0093	5.6	3.00	5.3	7	0.65	2	4	5
[WS-181]	0.0116	4.5	3.00	5.3	5	0.82	5	3	3
[ML-85]	0.0424	2.8	6.80	21.5	9	0.96	21	13	9

11.3 单反相机 180mm 物镜

图 11.9 为单反相机的 180mm 标准物镜 [ML-85](参考书目 [4] 中的实例), 系统由 9 片镜片组成, 前组、后组的界线并不清晰。半视场角并不大, $\omega=6.8°$, 由于焦距长, 线视场 $y'=21.5\text{mm}$, 与 135 胶片的半对角线一致, 光圈数 $F = 2.8$, 远摄比只有 0.96。图 11.9(b) 为球差–色差曲线。由于第一组正透镜采用双分离, 不但减小了剩余带球差, 还诱导出球差的高级分量, 使大孔径的球差欠校正。尽管相对孔径不小, 各孔径的球差均控制在 0.2mm 以内, 像质非常好, 各视场的弥散斑 SPT= $(21,14,9)\mu\text{m}$。

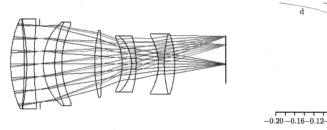

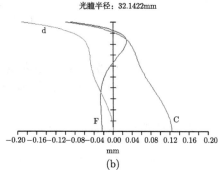

光瞳半径: 32.1422mm

(a)

(b)

图 11.9 远摄物镜 [ML-85](彩图见封底二维码)

(a) 系统图; (b) 球差–色差曲线

11.4 远摄物镜的理想光学模型

11.4.1 系统构成和归一化坐标

远摄物镜由前组和后组两组透镜组成,前组合成光焦度为正,后组合成光焦度为负。在初级近似下,我们把前组和后组分别用正的薄透镜和负的薄透镜表示,如图 11.10 所示。系统的总长与焦距的比为远摄比 $\gamma = \dfrac{T}{f'}$。为了便于公式推导,简化表达方式,取归一化坐标。设一条光线来自无限远且平行于光轴,其入射高 h 为垂轴方向的长度单位,归一化的入射高记为 $\hat{h}$,第一透镜 (即正透镜) 的归一化的入射高为 $\hat{h}_1$,则有

$$\hat{h} = \hat{h}_1 = 1 \tag{11.2}$$

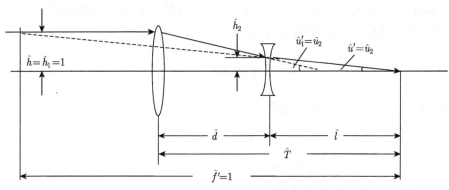

图 11.10 远摄物镜的理想光学模型

再设系统的焦距为沿轴方向的长度单位,归一化的系统焦距记为 $\hat{f}'$,则有

$$\hat{f}' = 1 \tag{11.3}$$

所有沿轴方向的量 ζ 和垂轴方向的量 η 分别满足如下的归一化条件:

$$\zeta = f'\hat{\zeta}, \quad \eta = h\hat{\eta} \tag{11.4}$$

如上所述,其中 f' 和 h 分别是系统真正的焦距和入射高。

11.4.2 偏角公式的修正及"有限共轭距等效 F 数"

由薄透镜的成像公式

$$\frac{1}{l'} - \frac{1}{l} = \frac{1}{f'} \tag{11.5}$$

得到透镜产生的偏角 Δu 和光焦度 φ、入射高 h 的关系式:

$$h\varphi = \frac{h}{f'} = \Delta u = u' - u \tag{11.6}$$

上式表示：偏角与光焦度成正比，比率正是入射高 h，这一关系式曾多次用过。当物距为无限时，$u = 0, \Delta u = u'$，透镜的相对孔径定义为

$$F = \frac{1}{2u'} = \frac{1}{2h\varphi} \tag{11.7}$$

当物距有限时，我们可以合理地定义透镜的"有限共轭距等效 F 数"如下：

$$F^* = \frac{1}{2\Delta u'} = \frac{1}{2h\varphi}, \quad \Delta u' = \frac{1}{2F^*} \tag{11.8}$$

在这样的定义下，光圈数与承担的偏角仍然具有反比的关系。

11.4.3　前后组焦距计算

在理想光学模型中，系统焦距 f' 和远摄比 γ 通常是预先给定的，还余下一个自由参数——前后组的间隔 d，从而前后组的焦距均可表示为 d 的函数。

归一化的透镜组的光焦度 $\hat{\varphi}$ 公式

$$\hat{h}\hat{\varphi} = \frac{\hat{h}}{\hat{f}'} = \Delta\hat{u} = \hat{u}' - \hat{u} \tag{11.9}$$

将 (11.2) 式、(11.3) 式代入，得到

$$\hat{\varphi} = \hat{u}' = 1 \tag{11.10}$$

其中用到物体在无限远的条件，即 $\hat{u} = 0$。

第一个透镜的光焦度公式为

$$\hat{h}_1\hat{\varphi}_1 = \hat{\varphi}_1 = \hat{u}'_1 - \hat{u}_1 = \hat{u}'_1 \tag{11.11}$$

第二个透镜的入射高度可表为

$$\hat{h}_2 = \hat{h}_1 - \hat{d}\hat{u}'_1 = 1 - \hat{d}\hat{\varphi}_1 \tag{11.12}$$

后截距 $\hat{l}$ 可表为

$$\hat{l} = \frac{\hat{h}_2}{\hat{u}'} = \hat{h}_2 = 1 - \hat{d}\hat{\varphi}_1 \tag{11.13}$$

系统总长 $\hat{T}$ 则可表为

$$\hat{T} = \hat{d} + \hat{l} = 1 + \hat{d}(1 - \hat{\varphi}_1) \tag{11.14}$$

远摄比 γ 为系统总长与焦距之比：

$$\gamma = \frac{\hat{T}}{\hat{f}'} = \hat{T} = 1 + \hat{d}(1 - \hat{\varphi}_1) \tag{11.15}$$

远摄系统 $\gamma < 1$。从上式解出

$$\hat{\varphi}_1 = 1 + \frac{1-\gamma}{\hat{d}}, \quad \text{即} \quad \hat{f}_1' = \frac{\hat{d}}{\hat{d} + (1-\gamma)} \tag{11.16}$$

由归一化参量和实际参量的变换公式 (11.4)，用系统的实际焦距 f' 乘上式右边分子和分母，得到归一化的前组焦距

$$\hat{f}_1' = \frac{d}{d + (1-\gamma)\,f'} \tag{11.17}$$

再用 f' 乘上式两边，得到实际的前组焦距

$$f_1' = \frac{f'd}{d + (1-\gamma)\,f'} \tag{11.18}$$

由两个薄透镜的组合焦距公式 (参见 2.2.3 节)

$$\frac{1}{f'} = \frac{1}{f_1'} + \frac{1}{f_2'} - \frac{d}{f_1'f_2'} = \frac{1}{f_1'} + \frac{1}{f_2'}\left(1 - \frac{d}{f_1'}\right) \tag{11.19}$$

解出负透镜的焦距

$$f_2' = \left(1 - \frac{d}{f_1'}\right) \bigg/ \left(\frac{1}{f'} - \frac{1}{f_1'}\right) = \frac{d\,(\gamma - d/f')}{\gamma - 1} \tag{11.20}$$

由 (11.18) 式、(11.20) 式可见，当系统焦距 f' 和远摄比 γ 给定后，前后组焦距是间隔参数 d 的函数。为了尽量减小后组的像差，通常希望后组的光焦度尽量小，即 $|f_2'|$ 尽量大。我们采用本书参考书目 [8] 介绍的方法，在 (11.20) 式中取 f_2' 对 d 的一阶和二阶偏导数

$$\frac{\partial f_2'}{\partial d} = \frac{\gamma - 2d/f'}{\gamma - 1}, \quad \frac{\partial^2 f_2'}{\partial d^2} = \frac{-2}{(\gamma - 1)\,f'} \tag{11.21}$$

令一阶偏导数为 0，得到

$$d = \frac{\gamma f'}{2} = \frac{T}{2} \tag{11.22}$$

就得到 f_2' 的极值。

由于远摄物镜 $\gamma < 1$，(11.21) 式中的二阶导数 > 0，可见该极值为 f_2' 的极大值。$d = L/2$ 表示负透镜大体在系统居中的位置，这从物理的观点来看也是合理的。代入 (11.18) 式和 (11.20) 式，即可解出 f_1' 和 f_2'：

$$\begin{cases} f_1' = \dfrac{\gamma f'}{2 - \gamma} & (11.23) \\[2mm] f_2' = \dfrac{\gamma^2 f'}{4\,(\gamma - 1)} & (11.24) \end{cases}$$

这样一来，只要给定远摄比 γ 和系统焦距 f'，系统前后组焦距的初始值就确定了。图 11.11 给出 $f' = 1\text{mm}$，$\gamma=0.8$ 时的曲线。为表达方便，后组焦距取绝对值。

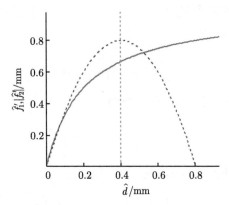

图 11.11　前后组焦距 f_1'(实线)、$|f_2'|$(虚线) 作为间隔 $\hat{d}$ 的函数

系统焦距 $f' = 1\text{mm}$, $\gamma = 0.8$

11.4.4　前后组的相对孔径

前组的相对孔径可直接计算如下：

$$F_1 = \frac{f_1'}{2h} = \frac{\gamma F}{2 - \gamma} \tag{11.25}$$

后组的偏角可表为

$$\Delta u_2' = u' - u_1' = \frac{1}{2}\left(\frac{1}{F} - \frac{1}{F_1}\right) \tag{11.26}$$

由 (11.8) 式，得

$$\frac{1}{F_2^*} = 2\Delta u_2' = \frac{1}{F} - \frac{1}{F_1} \tag{11.27}$$

(11.23) 式~(11.25) 式和 (11.27) 式给出前后组的焦距与相对孔径的初始值。从此处入手，就可进行设计。

11.5　远摄型复消色差航拍物镜设计方法

在 6.1 节中讲过，为了看清远处目标的细节，需要足够的放大倍率，就需要长焦距的物镜。当物距很大时，放大率近似与焦距成正比：

$$\frac{1}{f'} = \left(\frac{1}{l'} - \frac{1}{l}\right)_{|l| \gg l'} \approx \frac{1}{l'}, \quad l' \approx f', \quad \beta = y'/y = l'/l \approx f'/l \tag{11.28}$$

设飞行高度 (物距)$=10000$m，实际放大率公式 (只考虑绝对值，长度单位为 m) 近似为

$$\beta \approx f'/l = f'/10000 \tag{11.29}$$

在第 6 章中曾设计一个口径 100mm，$F = 10$，焦距为 1m 的双胶合型复消色差航拍物镜，它的像质接近衍射极限，但长度太长。在航空、航天器上，空间是非常宝贵的。远摄物镜正好具有减小长度的功能。以下就来设计远摄比 $\gamma = 0.65$、焦距为 1m 的复消色差航摄物镜 [TP-10]，其技术指标如表 11.2 所示。

表 11.2 远摄物镜 [TP-10] 及前组初始设计 [AP-3] 技术指标 （长度单位: mm）

设计	备注	波段	$F = f'/D$	视场 y'	焦距 f'	远摄比 γ
[TP-10](设计目标)	远摄型	VIS	10.0	4.0	1000	0.65
[AP-3]	双胶合	VIS	4.8	4.0	480	1.00

11.5.1 参数计算

由 11.4 节 (11.23) 式~(11.25) 式和 (11.27) 式以及表 11.2 的参数算出

$$\begin{cases} f'_1 = \dfrac{\gamma f'}{2 - \gamma} = 481\text{mm} \\[2mm] f'_2 = \dfrac{\gamma^2 f'}{4(\gamma - 1)} = -302\text{mm} \\[2mm] F_1 = \dfrac{f'_1}{2h} = \dfrac{\gamma F}{2 - \gamma} = 4.8 \\[2mm] |F_2^*| = 1 \Big/ \left(\dfrac{1}{F_1} - \dfrac{1}{F} \right) = 9.2 \\[2mm] d = \dfrac{T}{2} = 325\text{mm} \end{cases} \tag{11.30}$$

11.5.2 前组设计

前组光圈数 F_1 作为远摄比 γ 的函数曲线如图 11.12 所示。F_1 随 γ 的减小而减小，关系接近线性。

当 $\gamma = 0.65$ 时，前组的光圈数 $F_1 = 4.8$，可选用三片式复消色差准直镜 [AP-8](参见第 6 章)，其焦距 $f'_1 = 480$mm，光圈数 $F = 4.8$，第一片正透镜的材料为 CAF2，参见图 11.13。前组也可以重新设计。

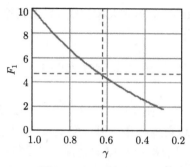

图 11.12　函数 $F_1(\gamma)$

11.5.3　后组设计

后组 $F_2=9.2$，单片负透镜就可满足要求。为了提高像质，可设计为负双胶合，初始设计选对称结构，参见图 11.14。材料初步选为 ZF3 和 H-LAK7，其折射率近似相等 $(\bar{n} = 1.715)$，设 $R7 = -R9 = -R$，$R8=\mathrm{Inf}$，把两个平凹透镜近似算作一个对称的双凹透镜，其曲率半径 R 计算如下：

$$\begin{cases} f_2' = \dfrac{r_1 r_2}{(n-1)\,(r_2 - r_1)}\bigg|_{r_2=-r_1} = \dfrac{r_1}{2\,(n-1)}\bigg|_{n\approx1.715} = -432\mathrm{mm} \\[2mm] R7 = r_1 = -432\mathrm{mm}, \quad R9 = r_2 = 432\mathrm{mm} \end{cases} \tag{11.31}$$

后组两片透镜的厚度均取为 4.0mm。

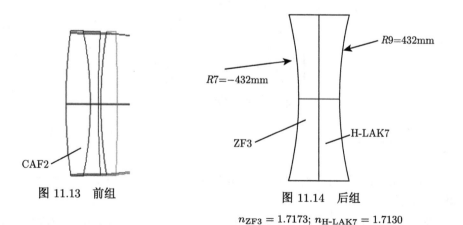

图 11.13　前组　　　　　　　　图 11.14　后组

$n_{\mathrm{ZF3}} = 1.7173;\ n_{\mathrm{H\text{-}LAK7}} = 1.7130$

11.5.4　合成与优化

取前后组的间隔 $d=315\mathrm{mm}$(考虑到透镜的厚度)，光阑在前后组之间，距前组

20mm。初始结构 [TP-10]-0 参数见表 11.3。我们看到，系统焦距 f' 和系统总长 T 与理想光学的计算结果差别不大。

表 11.3　合成系统 [TP-10]-0 的初始结构参数　　　　　　（长度单位: mm）

No.	R	T	Gls	Semi-Dia.
OBJ	Infinity	Infinity		
1	589.282(V)	19.200 (V)	CAF2	52.0(U)
2	−225.062(V)	6.400(V)	TF3(S)	52.0(P)
3	-1.592×10^4(V)	2.133		52.0(P)
4	427.154(V)	12.800(V)	H-ZPK1(S)	52.0(P)
5	−914.314(V)	20.000(V)		52.0(P)
STO	Inf	295.000		47.3
7	−432(V)	4.000	ZF3(S)	18.0(U)
8	Inf(V)	4.000	H-LAK7(S)	18.0(P)
9	432(V)	307.576(M)		18.0(P)
IMA	Infinity	—		
	EFFL(f')=974.43，TOTR(系统总长)=671.11			

调用评价函数 TELEPHOTO-APO，对初始结构进行优化及 HAMMER 优化。该评价函数基本上就是准直镜的评价函数，只是增添了远摄比 γ 的目标值 (见表 11.4 第 7~14 行)，以及对前后组间隔的控制 (见表 11.4 第 15~18 行)。

表 11.4　评价函数 TELEPHOTO-APO(详见附录 11.2)

		Surf1	Surf2	Tag.	Wt.	Val.	Ctrb.
	BLNK	EFFECTIVE LENGTH 焦距模块					
7	EFFL		2	1000	0.02	1000	
8	EFLY	1	5	0	0	461.98	
9	EFLY	7	9	0 0	0	−261.077	
11	BLNK	SYSTEM TRACK 系统总长					
12	TTHI	1	9			650	
13	BLNK	GAMA 远摄比 γ					
14	DIVI	12	7	0.65	22	0.65	
15	BLNK	GAP CONTROL					
16	TTHI	5	6			312.68	
17	OPLT	16		350	0.02	350	
18	OPGT	16		270	0.02	270	

优化操作得到接近衍射极限的设计结果 [TP-10]-1，见图 11.15，结构参数见附录 11.1。前后组参数为：$f'_1 = 462\text{mm}, f'_2 = -261\text{mm}, d = T5 + T6 = 312.7\text{mm}$；系统焦距 $f' = 1000\text{mm}$，全长为 650mm，远摄比 γ=0.65，与理想光学计算的初值很接近；传递函数非常接近衍射极限，完全满足使用要求。说明理想光学模型具备合

理性和有效性。该结构的远摄比 γ 还可进一步做到 0.55。

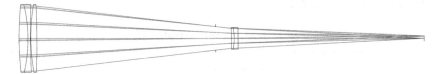

图 11.15　远摄物镜 [TP-10]-1

11.6　光学设计中的物理模型

图 11.16　胡宁院士

北京大学著名的理论物理学家胡宁院士 (图 11.16) 曾论述了模型在近代物理和其他学科发展中的重要作用 [1]。

怎样做研究?什么是物理模型?胡宁院士说过: "研究最重要的精神是独立的和创造性的思考。" 北京大学王竹溪院士 (图 11.17) 对于模型有过非常直白的解读 [2]: "模型是真实情况的某种近似,突出了实际情况中的主要方面,而忽略了次要方面。" 历史上著名的物理学模型,包括哥白尼的太阳系模型、普朗克的热辐射模型、玻尔的原子模型、哈勃的宇宙大爆炸模型、粒子物理的基本模型等,描述了物质结构和宇宙演化的过程,构成了物理学和天文学的基础。

光学设计是实用化的工程光学学科的分支,与物理学完全不在一个层面上,但建立模型的思想观念却是共通的。

对较复杂系统 (例如,包含两个以上组件的系统) 进行总体设计时,首先应当根据课题要求建立理想光学模型, 作为初级近似, 依此选定初始结构,通过优化达到初级像差和高级像差的恰当平衡。正确的理想光学模型, 总是使评价函数平稳、快速收敛,获得符合要求的设计结果。在这里,模型起到了关键的作用。

图 11.17　王竹溪院士

参 考 文 献

[1] 胡宁. 模型在物理学发展中的作用. 物理, 1993,8: 449-451; 岁月留痕编委会. 岁月留痕. 合肥: 中国科学技术大学出版社, 2012: 147.

[2] 王竹溪. 理论物理研究中应当正确对待的几个问题. 物理, 1978,1: 1-3, 17; 岁月留痕编委会. 岁月留痕. 合肥: 中国科学技术大学出版社, 2012: 30.

附录 11.1 技术指标、像差曲线和结构参数

[TP-1] 技术指标

波段	F	y'/mm	ω/(°)	f'/mm	BFL/mm	VL/mm	OD	γ	SPT/μm		
									0	0.7	1
VIS	3.0	5.0	1.1	250	53.7	121.3	Inf	0.7	9	9	10

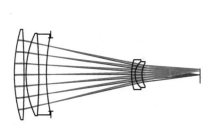

(a) 远摄物镜[TP-1]

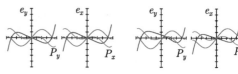

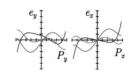

(b) 特性曲线 (±50μm)

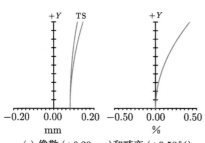

(c) 像散 (±0.20mm)和畸变 (±0.50%)

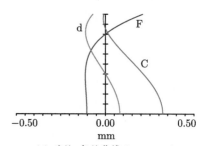

(d) 球差-色差曲线 (±0.50mm)

[TP-1]结构参数　　　　　　　(长度单位: mm)

No.	R	T	Gls	Semi-Dia.
OBJ	Inf	Inf		Inf
1	133.285(V)	9.583(V)	H-LAK5A(S)	40.576
2	−724.195(V)	2.000		40.274
3	83.325(V)	12.010(V)	CAF2	36.937
4	−474.698(V)	7.225(V)	H-ZF5(S)	36.251
5	163.746(V)	4.192(V)		33.136
STO	Inf	76.617(V)		32.937
7	42.134(V)	3.235(V)	H-ZLAF56A(S)	13.453
8	15.059(V)	6.467(V)	ZF52(S)	11.595
9	20.712(V)	53.720(V)		10.430
IMA	Inf	—		5.040

[TP-2] 技术指标

波段	F	y'/mm	ω/(°)	f'/mm	BFL/mm	VL/mm	OD	γ	SPT/μm 0	0.7	1
VIS	4.2	31.3	16.1	100	32.3	45.5	Inf	0.78	13	28	41

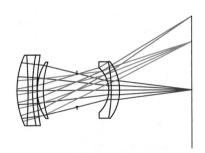

(a) 远摄物镜[TP-2]

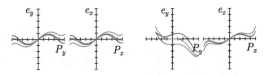

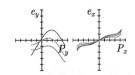

(b) 特性曲线 (±100μm)

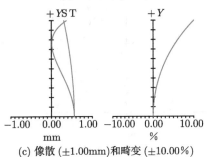

(c) 像散(±1.00mm)和畸变(±10.00%)

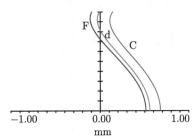

(d) 球差–色差曲线 (±1.00mm)

[TP-2] 结构参数　　　　　　　　　　（长度单位：mm）

No.	R	T	Gls	Semi-Dia.
OBJ	Inf	Inf		Inf
1	34.353	4.984	H-ZK20	15.000(U)
2	−210.061	2.000	ZF13	15.000(P)
3	75.915	2.000	H-KF6	15.000(P)
4	79.604	0.090		15.000(P)
5	20.906	2.713	H-K9L	12.000(U)
6	35.751	14.930		12.000(P)
STO	Inf	13.996		6.914(U)
8	−12.736	1.090	H-LAK53A	9.547(U)
9	−60.255	3.698	F4	12.000(U)
10	−19.354	32.300		12.000(P)
IMA	Inf	—		31.315

[TP-3] 远距型镜头技术指标

波段	F	y'/mm	ω/(°)	f'/mm	BFL/mm	VL/mm	OD	γ	SPT/μm		
									0	0.7	1
VIS	5.0	4.1	2.3	100	31.1	31.9	Inf	0.63	5	8	12

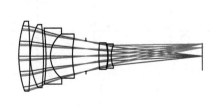

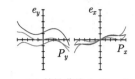

(a) [TP-3]远距型镜头

(b) 特性曲线 (±50μm)

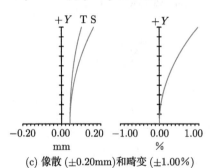

(c) 像散 (±0.20mm)和畸变 (±1.00%)

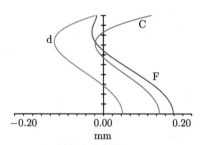

(d) 球差–色差曲线 (±0.20mm)

[TP-3]远距型镜头结构参数   （长度单位：mm）

No.	R	T	Gls	Semi-Dia.
OBJ	Inf	Inf		Inf
1	34.346	3.843	H-BAK4	11.406
2	−151.670	0.150		11.186
3	20.929	4.694	H-K9L	10.273
4	−88.750	0.865		9.728
5	−69.106	1.500	BAF5	9.141
6	8.796	7.513	H-QK3	7.214
7	30.730	4.556		6.070
STO	Inf	4.538		4.964
9	48.609	3.000	ZF7L	4.349
10	−15.998	0.154		4.097
11	−18.408	1.058	ZBAF4	3.976
12	8.859	31.130		3.603
IMA	Inf	—		4.065

[TP-10]-1 技术指标

波段	F	y'/mm	ω/(°)	f'/mm	BFL/mm	VL/mm	OD	γ	SPT/μm 0	0.7	1
VIS	10.0	4.0	0.23	1000	298.4	351.6	Inf	0.65	0.7	0.8	1.2

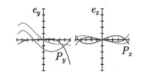

(a) 远摄物镜[TP-10]-1

(b) 特性曲线(±5μm)

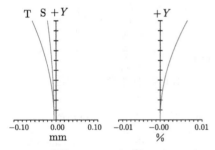

(c) 像散(±0.1mm)和畸变(±0.01%)

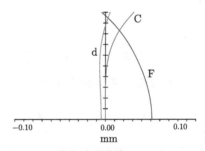

(d) 球差–色差曲线(±0.10mm)

[TP-10]-1 结构参数　　　　　　　　　　(长度单位：mm)

No.	R	T	Gls	Semi-Dia.
OBJ	Inf	Inf		Inf
1	493.266(V)	14.000(V)	CAF2	52.000(U)
2	−218.594(V)	4.000(V)	TF3	52.000(U)
3	1423.168(V)	0.603(V)		52.000(U)
4	289.751(V)	10.000(V)	H-BAK8	52.000(U)
5	−998.652(V)	287.030(V)		52.000(U)
STO	Inf	25.656(V)		18.023(U)
7	−234.824(V)	4.000(V)	H-ZF3	16.500(U)
8	−79.749(V)	6.372(V)	H-ZLAF50B	16.500(U)
9	−2576.052(V)	298.384(V)		16.500(U)
IMA	Inf			4.002

[ML-85] 技术指标

波段	F	y'/mm	ω/(°)	f'/mm	BFL/mm	VL/mm	OD	γ	SPT/μm		
									0	0.7	1
VIS	2.8	21.5	6.8	100	41.51	131.3	Inf	0.96	21	13	9

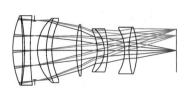

(a) 远摄物镜[ML-85]　　　　　　　　　(b) 特性曲线(±100μm)

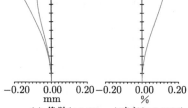

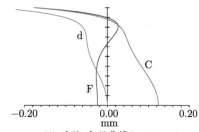

(c) 像散(±0.20mm)畸变(±0.20%)　　　　　(d) 球差–色差曲线(±0.20mm)

[ML-85]结构参数　　　　　　　　　　　　　　(长度单位: mm)

No.	R	T	Gls	Semi-Dia.
OBJ	Inf	Inf		Inf
1	83.906(V)	10.588(V)	PK2(S)	34.785(U)
2	−330.306(V)	1.904(V)		34.785(U)
3	−178.087(V)	5.967(V)	F5(S)	34.785(U)
4	302.729(V)	4.646(V)		34.738(U)
STO	Inf	3.047(V)		29.358
6	42.156(V)	9.395(V)	FPL53	32.246(U)
7	76.167	5.459(V)	SF1	32.246(U)
8	65.086(V)	26.051(V)		29.453(U)
9	103.781(V)	5.561(V)	LLF6	25.644(U)
10	−429.456	16.682		25.644(U)
11	−42.004	7.516	K10	20.312(U)
12	−28.397	3.656	SF1	21.582(U)
13	−73.887	17.900		21.582(U)
14	−41.156	4.494	ZK1	21.582(U)
15	88.628	8404	SF5	23.359(U)
16	−70.111	41.518(M)		23.359(U)
IMA	Inf	—		21.507

[WS-171] 技术指标

波段	F	y'/mm	$\omega/(°)$	f'/mm	BFL/mm	VL/mm	OD	γ	SPT/μm		
									0	0.7	1
VIS	5.6	5.0	2.8	102	37.9	47.0	Inf	0.83	6	5	6

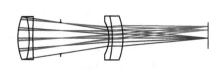

(a) 远摄物镜[WS-171]

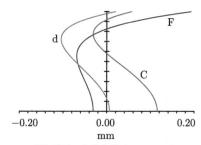

(b) 特性曲线 (±50μm)

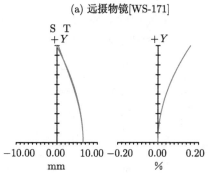

(c) 像散 (±10.00mm)和畸变 (±0.20%)

(d) 球差-色差曲线 (±0.20mm)

[WS-171]结构参数 （长度单位：mm）

No.	R	T	Gls	Semi-Dia.
OBJ	Inf	Inf		Inf
1	24.607(V)	5.080(V)	BK7	9.200(U)
2	−36.347(V)	1.600(V)	N-F2	9.200(U)
3	212.138(V)	12.300(V)		9.000(U)
STO	Inf	21.699(V)		6.700(U)
5	−14.123(V)	1.520(V)	BK7	7.000(U)
6	−38.904(V)	4.800(V)	N-F2	9.400(U)
7	−25.814(V)	37.934(V)		9.400(U)
IMA	Inf	—		5.013

[WS-175] 技术指标

波段	F	y'/mm	ω/(°)	f'/mm	BFL/mm	VL/mm	OD	γ	SPT/μm 0	0.7	1
r/C/d/F/g	5.8	8.8	5.0	100	41.9	41.1	Inf	0.83	6	10	13

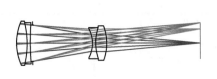

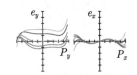

(a) 远摄物镜[WS-175]

(b) 特性曲线 (±50μm)

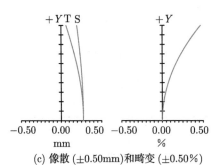

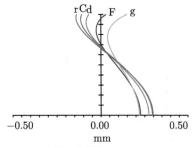

(c) 像散 (±0.50mm)和畸变 (±0.50%)

(d) 球差–色差曲线 (±0.50mm)

[WS-175]结构参数   (长度单位: mm)

No.	R	T	Gls	Semi-Dia.
OBJ	Inf	Inf		Inf
1	21.851(V)	5.008(V)	PK51A	9.500(U)
2	−34.546(V)	1.502(V)	KZFSN9	8.900(U)
3	108.705(V)	1.127(V)		8.300(U)
STO	Inf	26.965(V)		7.819
5	−12.852(V)	1.502(V)	KZFS1	6.300(U)
6	19.813(V)	5.008(V)	BASF5	6.700(U)
7	−20.378(V)	41.900(V)		7.400(U)
IMA	Inf	—		8.804

[WS-176] 技术指标

波段	F	y'/mm	$\omega/(°)$	f'/mm	BFL/mm	VL/mm	OD	γ	SPT/μm		
									0	0.7	1
VIS	5.0	10.8	6.0	100	42.9	37.1	Inf	0.81	5	6	11

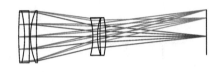

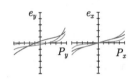

(a) 远摄物镜[WS-176]　　　　(b) 特性曲线 (±20μm)

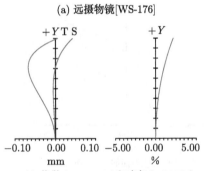

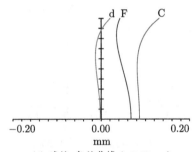

(c) 像散 (±0.10mm)和畸变 (±5.00%)　　(d) 球差–色差曲线 (±0.20mm)

[WS-176]结构参数　　　　(长度单位：mm)

No.	R	T	Gls	Semi-Dia.
OBJ	Inf	Inf		Inf
1	149.035(V)	2.500(V)	SK4	10.500(U)
2	−46.003(V)	2.000(V)	SF14	10.500(U)
3	−477.921(V)	0.500(V)		10.500(U)
STO	26.522	2.500(V)	SK4	10.500(U)
5	132.322(V)	24.060(V)		10.500(U)
6	−28.605(V)	2.000(V)	SK4	7.600(U)
7	22.989(V)	1.050(V)		7.600(U)
8	82.834(V)	2.500(V)	H-F1	7.600(U)
9	−36.911(V)	42.897(V)		7.600(U)
IMA	Inf	—		10.770

[WS-179] 技术指标

波段	F	y'/mm	$\omega/(°)$	f'/mm	BFL/mm	VL/mm	OD	γ	SPT/μm		
									0	0.7	1
VIS	5.6	5.3	3.0	100	18.9	46.7	Inf	0.65	2	4	5

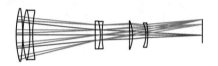

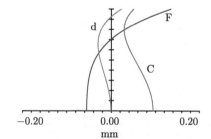

(a) 远摄物镜[WS-179]

(b) 特性曲线 (±20μm)

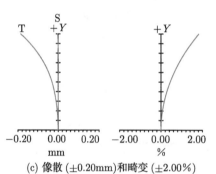

(c) 像散 (±0.20mm)和畸变 (±2.00%)

(d) 球差–色差曲线 (±0.20mm)

[WS-179]结构参数   （长度单位：mm）

No.	R	T	Gls	Semi-Dia.
OBJ	Inf	Inf		Inf
1	33.072(V)	2.386(V)	C3	8.900(U)
2	−53.387(V)	0.077(V)		8.900(U)
3	27.825(V)	2.657(V)	C3	8.400(U)
4	−35.934(V)	1.025(V)	LAF7	8.300(U)
5	40.900(V)	22.084(V)		7.800(U)
STO	Inf	1.794(V)	FD110	4.700(U)
7	−16.775(V)	0.641(V)	TAFD5	4.600(U)
8	27.153(V)	9.607(V)		4.500(U)
9	−120.757(V)	1.035(V)	CF6	4.800(U)
10	−12.105(V)	4.705(V)		4.800(U)
11	−9.386(V)	0.641(V)	TAF1	4.000(U)
12	−24.331(V)	18.960(V)		4.100(U)
IMA	Inf			5.342

[WS-181] 技术指标

波段	F	y'/mm	ω/(°)	f'/mm	BFL/mm	VL/mm	OD	γ	SPT/μm		
									0	0.7	1
VIS	4.5	5.3	3.0	100	30.6	51.5	Inf	0.82	5	3	3

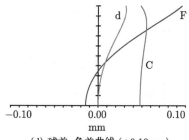

(a) 远摄物镜[WS-181]

(b) 特性曲线 (±20μm)

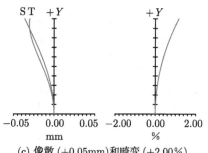

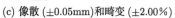

(c) 像散 (±0.05mm)和畸变 (±2.00%)

(d) 球差–色差曲线 (±0.10mm)

[WS-181]结构参数　　　　　　　　　　　　(长度单位：mm)

No.	R	T	Gls	Semi-Dia.
OBJ	Inf	Inf		Inf
1	43.247(V)	3.231(V)	CAF2	11.167(U)
2	−148.982(V)	0.124(V)		11.167(U)
3	55.677(V)	3.106(V)	FK5	11.167(U)
4	−62.690(V)	0.269(V)		11.167(U)
5	−64.866(V)	1.243(V)	LASF3	11.167(U)
6	221.739(V)	19.880(V)		11.167(U)
STO	Inf	22.290(V)		7.072(U)
8	17.314(V)	0.745(V)	SF4	5.318(U)
9	24.334(V)	0.621(V)	N-LAF34	5.140(U)
10	12.873(V)	30.609(M)		5.052(U)
IMA	Inf			5.316

附录 11.2   评价函数 TELEPHOTO-APO

Oper#	Type	Surf1	Surf2						Tag.	Wt.	Val.	Ctrb.
1	BLNK	TELTPHOTO										
2	BLNK	ANGLE FIELD										
3	RANG	0	2	0	1	0	0		0.135	0	4.00×10^{-3}	0
4	CONS								57.295	0	57.295	0
5	PROD	3	4						0	0	0.229	0
6	BLNK	EFFECTIVE LENGTH										
7	EFFL		2						1000	1.00×10^{-2}	1000	5.81×10^{-10}
8	EFLY	1	5						0	0	461.987	0
9	EFLY	7	9						0	0	-261.077	0
10	REAR	10	2						0	0	0	0
11	BLNK	SYSTEM TRACK										
12	TTHI	1	9						0	0	650	0
13	BLNK	GAMA										
14	DIVI	12	7						0.65	22	0.655	2.25×10^{-5}
15	BLNK	GAP CONTROL										
16	TTHI	5	6						0	0	312.686	0
17	OPLT	16							350	0.02	350	0
18	OPGT	16							270	0.02	270	0
19	BLNK	THICK CONTR										
20	MNCT	1	9						0.1	0.02	0.1	0
21	MNET	1	9						0.1	0.02	0.1	0
22	BLNK											
23	MNCG	1	9						4	0.02	4	0
24	MNEG	1	9						4	0.02	4	0
25	MXCG	1	9						14	0.02	14	0
26	MXEG	1	9						14	0.02	14	0

第12章 反远摄物镜

12.1 引 言

如果希望观察到更大的视野，获得更多的信息，常常采用广角物镜，希望视场角 ω 尽量大。此外，光学成像系统的后截距 (又称工作距，在无限共轭时又表示为 BFL) 通常比焦距小。许多系统要在 BFL 范围中放置光学和机械组件 (如分光棱镜和快门)，BFL 短了在结构上有诸多不便。所谓 "反远摄物镜"(reverse telephoto objectives)，指的是同时具备广角和长后截距 (如 BFL> f') 的物镜。本章先讲长后截距的反远摄物镜，其他类型广角物镜在以后章节介绍。

为了达到长工作距或广角的目的，反远摄物镜至少由一片或一组负透镜 L_1 作为前组，前后组有足够大的间隔。图 12.1 是由单片负透镜前组和天塞型正透镜后组构成的反远摄物镜。我们从两方面来理解它的功能。

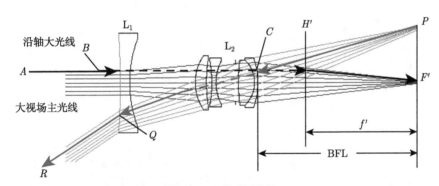

图 12.1 反远摄物镜

图中光线用实线表示，光线的延长线用虚线表示

首先看主光线，假设一条最大线视场主光线 RQ 正向射入物镜，负前组把视场角变小，便于后组天塞物镜处理，因为天塞物镜能承担的半视场角一般不超过 $30°$。反过来，像方最大视场发射的 PQ，逆向经过前组，由负透镜 L_1 放大视场角，变成 QR，使得系统看到了更大的视野。

其次，平行于光轴的大光线经过前组负透镜 L_1，转换成发散光束，再经过后组正透镜 L_2 会聚，系统正负光焦度分离的配置将后主平面 H 向后推到像空间中，使得系统焦距比后截距大。沿轴平行入射的光线 AB 的延长线和系统出射光线 CF'

的交点决定后主平面，后主点 H' 必然位于 L_2 之后，使得 $f' < \mathrm{BFL}$。

定义后截距 BFL 与焦距 f' 之比 κ 为反远摄系数，即

$$\kappa = \frac{\mathrm{BFL}}{f'} \tag{12.1}$$

许多应用要求 $\kappa > 1$，例如，12.2 节要讲的单反相机物镜，需要腾出更大的空间放置可转动的反光镜、快门等。

12.2   单反物镜的法兰距和 135 单反照相物镜

单反物镜的机身卡口和感光面 (胶片或 CCD/CMOS) 的距离称为法兰距 (flange distance)，如图 12.2 所示。近年来，由于安装在该空间的可运动机械件的要求，法兰距增大，其典型值为 46.5mm。如果标准物镜的焦距为 35mm，它必然是反远距的。

图 12.3 为 35mm 焦距的单反照相物镜 [RT-1] 的参考设计。该物镜为七片式，没有胶合镜，焦距 $f' = 35$mm，光圈数 $F=2.8$，后截距 BFL=50mm，$\kappa = 1.43$ 满足法兰距的要求，SPT=(8,10,14)μm，像质很好。像高 $y' = 20.2$mm，与 135 相机胶片或 "全幅" 探测器的半对角线一致。

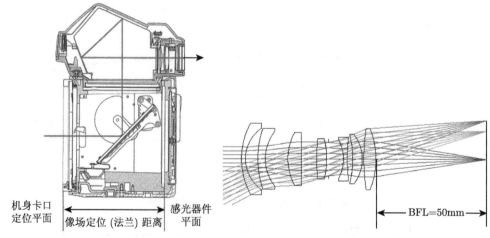

机身卡口
定位平面
像场定位 (法兰) 距离
感光器件
平面

图 12.2   单反物镜的法兰距

BFL=50mm

图 12.3   35mm 焦距的单反照相物镜
[RT-1](彩图见封底二维码)

12.3   反远摄物镜的典型设计

经过多年的积累，反远摄物镜留下许多优秀的设计。本节介绍几款典型的反远摄物镜，除特别说明以外，焦距均为 100mm。

[WS-149] 为六片式反远摄物镜，参见图 12.4。半视场角 ω=18.3°，光圈数 $F=$ 3.0，后截距与焦距之比 $\kappa = 1.51$。

图 12.4 反远摄物镜 [WS-149]($\kappa = 1.51$)(彩图见封底二维码)

[RT-2]为九片式反远摄物镜，参见图 12.5。半视场角 ω=32°，视场大，光圈数 $F = 5.0$；光阑前后有两个三胶合透镜，该物镜的 κ 值高达 1.68；像质较好，SPT= $(13,22,23)\mu m$，且大视场没有拦光；所用材料均为常用玻璃。缺点是畸变大，达到 6％。

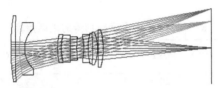

图 12.5 反远摄物镜 [RT-2]($\kappa = 1.68$)(彩图见封底二维码)

[WS-153]为七片式反远摄物镜，参见图 12.6，半视场角 ω=21.5°，光圈数 F=2.8； $\kappa = 1.38$。该物镜的畸变只有 1.6％。

图 12.6 反远摄物镜 [WS-153]($\kappa = 1.38$)(彩图见封底二维码)

[WS-157]为八片式大视场反远摄物镜，光圈数 $F = 4.0$，$\kappa = 1.33$。尽管半视场 角 ω 达到 40°，它的畸变仅 1.8％，这是特别不容易做到的指标，参见图 12.7。

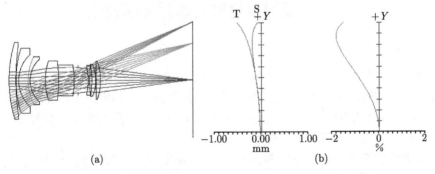

图 12.7 反远摄物镜 [WS-157]($\kappa = 1.33$)(彩图见封底二维码)

(a) 系统图; (b) 像散、场曲 (±1.00mm) 和畸变 (±2％) 曲线

[WS-160]为 13 片的复杂系统, 参见图 12.8。光圈数 $F = 2.0$, $\kappa = 1.78$, 半视场角 $\omega = 47°$, 它的畸变为 3.3%, 也不算大。由于镜片多, 加工装配都不容易。

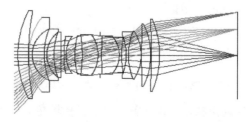

图 12.8　反远摄物镜 [WS-160]($\kappa = 1.78$)(彩图见封底二维码)

一些典型的反远摄物镜的性能指标列在表 12.1 中。

表 12.1　典型反远摄物镜的性能指标

设计编码	ω/F	F	$\omega/(°)$	y'/mm	E	BFL/mm	κ	T/mm	SPT/μm		
									0	0.7	1
[RT-1]	0.187	2.8	30.0	20.2	7	50	1.43	75.2	8	10	14
[RT-2]	0.112	5.0	32.0	58.6	9	168	1.68	142.2	13	22	23
[WS-149]	0.106	3.0	18.3	33.0	6	151	1.51	250.8	45	50	53
[WS-153]	0.134	2.8	21.5	39.1	7	138.6	1.38	146.4	21	31	48
[WS-154]	0.279	2.0	32.0	61.4	7	109	1.09	155.0	56	411	579
[WS-157]	0.174	4.0	40.0	80.3	8	133	1.33	132.5	51	77	148
[WS-158]	0.366	2.0	42.0	88.2	11	158	1.58	228.4	50	340	833
[WS-160]	0.410	2.0	47.0	104.6	13	178	1.78	326.3	131	144	438

注: E 为透镜数; κ 为反远摄系数; T 为系统长度。

12.4　反远摄物镜的理想光学模型

12.4.1　简介

反远摄物镜简化的理想光学模型如图 12.9 所示。在初级近似下, 反远摄物镜由分离的一对薄透镜组成: 前组为负透镜, 光焦度为 φ_1; 后组为正透镜, 光焦度为 φ_2。间距为 d, 光阑在后组上。由于正负透镜组的分离, 后主面 H' 向后推出透镜组, 使工作距 l'(即 BFL) 大于焦距。

首先给定系统的焦距 f'、视场角 2ω、光圈数 F。一般情况下, 还对后截距 l'(BFL) 提出预期, 这相当于 κ 的期望值。理想光学模型要算出前后组的焦距 f'_1 和 f'_2, 以及对应的光圈数 F_1 和 F_2。

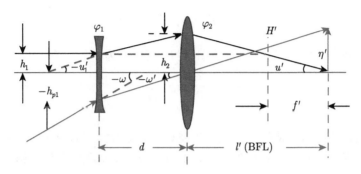

图 12.9 反远摄物镜简化的理想光学模型

12.4.2 前后组焦距

设前组的角放大率为 A,

$$A = \frac{\omega}{\omega'} \tag{12.2}$$

其中, ω 为最大视场主光线的半视场角, 前组负透镜将它转换为 ω'。再设主光线在第 1 透镜上的高度为 h_{p1}, 则有

$$\frac{h_{p1}}{d} = \omega' \tag{12.3}$$

应用主光线的光焦度公式, 就有

$$h_{p1}\varphi_1 = \frac{h_{p1}}{f_1'} = \omega' - \omega \tag{12.4}$$

将 (12.3) 式代入 (12.4) 式得到

$$f_1' = \frac{h_{p1}}{\omega' - \omega} = \frac{d}{1 - A} \text{ 或 } \varphi_1 = \frac{1 - A}{d} \tag{12.5}$$

由分离透镜的焦距公式:

$$\frac{1}{f'} = \frac{1}{f_1'} + \frac{1}{f_2'} - \frac{d}{f_1'f_2'} \tag{12.6}$$

将 (12.5) 式代入, 从中解出

$$f_2' = \frac{A}{1/f' - 1/f_1'} \text{ 或 } \varphi_2 = \frac{\varphi - \varphi_1}{A} \tag{12.7}$$

12.4.3 前后组相对孔径

应用沿轴光线通过第 1 透镜的光焦度公式, 有

$$h_1\varphi_1 = \Delta u_1 = u_1' = u_2 \tag{12.8}$$

$$h_2 = h_1 + du_1' = h_1 (1 - d\varphi_1) = h_1 A \tag{12.9}$$

在推导中用到 (12.5) 式的结果。后截距为 l'，可以表为

$$l' = \frac{h_2}{u'} = Af' \tag{12.10}$$

我们看到负前组的引入使得主光线的半视场角 ω 放大 A 倍，入射高 h_1 抬高 A 倍变成 h_2，从而使后截距为焦距的 A 倍，即 $\kappa = A$，于是我们有如下结果：

$$\frac{\omega}{\omega'} = \frac{h_2}{h_1} = \frac{l'}{f'} = A \tag{12.11}$$

注意 $\kappa = A$ 只是理想光学近似，由于后组的实际厚度，应用中以 BFL 代替 l'，从而 $\kappa < A$。像高 η' 则为

$$\eta' = -l'\omega' = -f'\omega \tag{12.12}$$

前组的 F 数计算如下：

$$F_1 = \frac{f_1'}{2h_1} = \frac{1}{2h\varphi_1} = \frac{Fd}{(1 - A)f'} \tag{12.13}$$

应用沿轴光线通过第 2 透镜的光焦度公式，

$$u_2' - u_2 = \Delta u_2 = h_2\varphi_2 = Ah_1 \cdot \frac{\varphi - \varphi_1}{A} = h_1(\varphi - \varphi_1) \tag{12.14}$$

由于第 2 透镜为有限共轭，应用 11.4.2 节经过修正的偏角公式，得到第 2 透镜 "等效 F 数"

$$F_2^* = \frac{1}{2\Delta u_2} = \frac{Fd}{d + l' - f'} = \frac{Fd}{d + (A - 1)f'} \tag{12.15}$$

12.4.4   小结

在设计中，一般预先给定整组焦距 f'、光圈数 F 和半视场角 ω。前组的焦距、光圈数和半视场角由以下各式算出：

$$\begin{cases} f_1' = -\dfrac{d}{A - 1} \\ F_1 = -\dfrac{Fd}{(A - 1)f'} \\ \omega_1 = \omega, \quad \Delta\omega_1 = -(A - 1)\omega \end{cases} \tag{12.16}$$

后组的焦距、光圈数和半视场角由以下各式算出：

$$
\begin{cases}
f_2' = \dfrac{A}{1/f' - 1/f_1'} \\
F_2^* = \dfrac{Fd}{d + (A - 1)\, f'} \\
\omega_2 = \dfrac{\omega}{A}
\end{cases}
\tag{12.17}
$$

由 (12.17) 式的第二式可知 $F_2^* \leqslant F$，等号当 $A = 1$(即不具备反远摄特性) 时才成立。也就是说，反远摄特性 (如 BFL> f') 要求后组的相对孔径大于系统的相对孔径，使后组负担的偏角变大，引起与孔径有关的像差的高级量急剧增大，解决的方案通常就是分散光焦度，增加透镜数目，从而使结构复杂化。

此外，系统总长

$$
T = d + l' = d + Af'
\tag{12.18}
$$

如果预先给出 A 的估值，以上各式就只是间隔 d 的函数。再把后截距和像高公式重新列在下面：

$$
\begin{cases}
l' = Af' \\
\eta' = -f'\omega
\end{cases}
\tag{12.19}
$$

由 (12.16) 式~(12.19) 式就能解出初始结构的主要参数。

12.5 反远摄物镜的设计方法

12.5.1 设计 (Ⅰ)——反远摄物镜 [RT-3]

1. 设计指标

反远摄物镜 [RT-3] 的设计指标见表 12.2。这是一个较小相对孔径的单反物镜，光阑位于后组中心附近。

表 12.2   反远摄物镜 [RT-3] 的技术指标

设计	F	$\omega/(°)$	y'/mm	f'/mm	BFL/mm	κ	T/mm	SPT/μm		
								0	0.7	1.0
[RT-3]	3.5	31.7	20.0	35.0	50.0	1.43	<95			
[RT-3]-1	3.5	31.7	20.0	35.0	50.0	1.43	87.49	22	16	17

注: 第二行为预定指标, 第三行为设计达到的实际指标。

将指标代入 12.4 节公式，考虑物镜厚度时 $A > \kappa$，取 $A = 1.5$，得到图 12.10 所示的曲线。取 $d=35\text{mm}$(如虚线所示)，代入 12.4 节公式算出前后组参数，列在表 12.3 中。d 的取值使前后组的焦距恰当，并兼顾 F 数和系统长度 T。

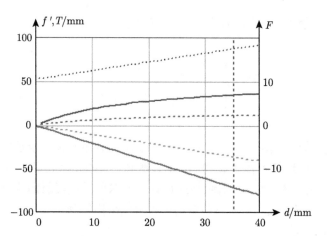

图 12.10　反远摄物镜 [RT-3] 的前后组参数设计曲线

自上而下：$T(d), f_1'(d), F_1(d), f_2'(d), F_2(d)$；取 $d = 35\text{mm}$

表 12.3　反远摄物镜 [RT-3] 的前后组参数

前组			后组			总长 T/mm
焦距 f_1'/mm	F 数 F_1	半视场角 ω_1	焦距 f_2'/mm	F 数 F_2	半视场角 $\omega_2 = \omega'$	
-70	7.0	31.7°	35.0	2.3	21.1°	<95

2. 前组初始结构

前组 F 值较大，相对孔径很小，可设为单片弯月透镜，两个球面均朝向光阑弯曲，作为初始参数，可设 $R2 = d = 35\text{mm}$，材料选折射率较大、色散较小的玻璃，如 H-LAK7(713-539)，$R1$ 可由下式算出：

$$c_1 - c_2 = \frac{\varphi}{n-1} \tag{12.20}$$

其中，$c_1 = 1/R1$，$c_2 = 1/R2$，$\varphi = 1/f'$，得出 $R1 = 117\text{mm}$。

3. 后组初始结构

由 $F_2 = 2.3$ 以及 $\omega_2 = \omega' = 21.1°$，后组可选天塞物镜。表 8.2 中的 [TS-1]($F = 2.2$, $\omega = 25.0°$) 显然符合要求。执行以下操作：

(1) 焦距缩放到 35mm，前主面位于 $l_H = 9.17$ 处。

(2) 设定 $F = 2.3$，像高 $y' = 21.6\text{mm}$。

4. 合成

将前组插入后组前面，合成系统如图 12.11 所示，图中还标出前后组的主面。

当间隔 $T2$=26.35mm 时，系统焦距 $f'=35.00$mm，由图可见，从主面算起的前后组间隔 d=35.01mm，后截距 l'=51.68mm，均与理想光学模型相符。

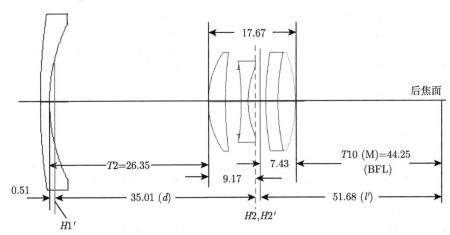

图 12.11　反远摄物镜 [RT-3] 的合成系统示意图 (长度单位：mm)

$H1'$ 为前组的后主面；$H2, H2'$ 为后组的前后主面

5. 设定评价函数

调用评价函数 "REVERSE-TELEPHOTO-2"，对焦距设定目标值 35.00mm 并给权，要求后截距 BFL>50mm 并给权，对系统长度、物镜长度和透镜厚度、边缘厚度给边界条件即可。评价函数的主要条目见表 12.4。

表 12.4　评价函数 REVERSE TELEPHOTO-2 主要条目 (参见附录 12.2)

Oper#	Type	Surf1	Surf2					Tag.	Wt.	Val.	Ctrb.
7	BLNK					PMAG AND EFFL(横向放大率和焦距)					
8	PMAG		2					-0.109	0	0	0
9	EFFL		2					35	0.02	35.000	7.87×10^{-5}
10	REAR	11	2	0	1	0	0	0	0	19.998	0
16	BLNK					SYSTEM TRACK(系统长度)					
17	TTHI	1	10					0	0	83.487	0
18	OPLT	17						95	0.1	95	0
19	BLNK					VL(物镜长度)					
20	TTHI	1	9					0	0	33.487	0
21	OPLT	20						50	0.02	50	0
22	BLNK					IMAGE DISTANCE(像距)					
23	CTGT	10						50	0.02	50	0

续表

Oper#	Type	Surf1	Surf2		Tag.	Wt.	Val.	Ctrb.
24	BLNK			KAI(反远摄系数 κ)				
25	DIVI	23	9		0	0	1.429	0
26	OPGT	25			1.490	0.1	1.429	22.007
27	BLNK			DT(畸变)				
28	DIMX	0	2	0	6	1.00×10^{-3}	6.251	3.689
30	BLNK			BOUNDING FOR THE CENTERS AND EDGES				
33	MNCA	1	10		0.1	0.02	0.1	0
34	MNEA	1	10		0.1	0.02	0.09	0.069
35	BLNK							
36	MNEG	1	2		1.5	0.02	1.5	0
37	MNCG	1	2		1.5	0.02	1.496	0.016
38	MXCG	1	2		4.5	0.02	4.5	0
39	MXEG	1	2		4.5	0.02	4.5	0
40	BLNK							
41	MNEG	3	10		1.5	0.02	1.457	2.14
42	MNCG	3	10		1.5	0.02	1.5	0
43	MXCG	3	10		4.5	0.02	4.24	1.98
44	MXEG	3	10		4.5	0.02	4.2	2.54

6. 优化结果

实施优化，并经过足够长时间的 HAMMER 优化，得到的结果 [RT-3]-1 列在表 12.2 中，与预定的设计指标相符。图 12.12(a) 为系统图，结构比初始模型更为紧凑，物镜总长只有 33.4mm；(b) 为特性曲线，可以看到轴上轴外差别不算大，弥散斑大小也接近，说明像场很平，全视场清晰度一致；(c) 为畸变曲线。该设计的畸变大了点 (1 视场 DT=6%)，这是反远摄物镜最常见的缺点。该设计的结构数据见附录 12.1。

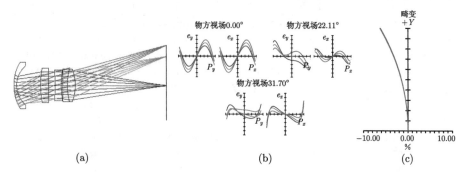

图 12.12 反远摄物镜 [RT-3]-1(彩图见封底二维码)

(a) 系统示意图；(b) 特性曲线 (纵坐标 ±50mm)；(c) 畸变 (横坐标 ±10.00%)

12.5.2 设计（Ⅱ）——反远摄物镜 [RT-4]

反远摄物镜的特性要求后组的相对孔径大于系统的相对孔径，如果系统 F 数低于 3.0，天塞物镜不足以承担后组的光焦度。本例就采用高斯物镜作为后组，设计一个较大相对孔径的反远摄物镜 [RT-4]。

1. 设计指标（表 12.5）

表 12.5 反远摄物镜 [RT-4] 的技术指标

设计	F	$\omega/(°)$	y'/mm	f'/mm	BFL/mm	κ	T/mm	SPT/μm 0	0.7	1.0
[RT-4]	2.8	31.7	20.8	35	50	1.43	< 106.2			
[RT-4]-1	2.8	31.7	20.8	35	50	1.43	115	27	36	27

注：第二行为预定指标，第三行为设计后达到的实际指标。

将指标代入 12.4 节公式，考虑双高斯物镜厚度更大，取 $A = 1.75$，得到图 12.13 所示的曲线。基于同样的原因，取 $d=45\text{mm}$(如虚线所示)，代入 12.4 节公式算出前后组参数，列在表 12.6 中。

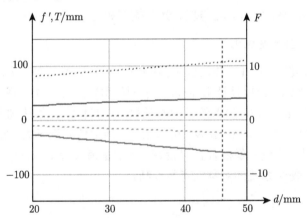

图 12.13 反远摄物镜 [RT-4] 的前后组参数设计

自上而下：$T(d), f_1'(d), F_1(d), f_2'(d), F_2(d)$；取 $d=35\text{mm}$

表 12.6 反远摄物镜 [RT-4] 的前后组参数 （长度单位：mm）

前组			后组			总长 T
焦距 f_1'	F 数 F_1	半视场角 ω_1	焦距 f_2'	F 数 f_2	半视场角 $\omega_2 = \omega'$	
−60	4.8	31.6°	38.7	1.8	21.1°	<106.2

2. 前组初始结构

前组仍设为单片弯月透镜，两个球面均朝向光阑弯曲，作为初始结构，可设 $R2 = d = 45\text{mm}$，材料选 H-LAK7(713-539)，$R1$ 可由下式算出：

$$c_1 - c_2 = \frac{\varphi}{n-1} \tag{12.21}$$

其中，$c_1 = 1/R1, c_2 = 1/R2, \varphi = 1/f'$，算出 $R1 = -867\text{mm}$。

3. 后组初始结构

后组选择 [DG-5]P，$F = 2.0$，$\omega = 22.5°$，恰能基本满足表 12.6 的要求。实施以下操作：

(1) 焦距缩放到 38.7mm，前主面位于 $l_H = 22.2\text{mm}$ 处。

(2) 设定 $F = 1.8$，像高 $y' = 21.6\text{mm}$。

4. 合成

将前组插入后组前面，系统布局仍如图 12.11 所示，但数据不同。图中还标出前后组的主面。当间隔 $T2 = 22.8\text{mm}$ 时，系统焦距 $f' = 35.00\text{mm}$；由于 A 取得较大，后截距 BFL = 49.70mm，均与理想光学模型相符。

5. 设定评价函数及优化

调用评价函数 "REVERSE-TELEPHOTO-2" 并参照上文设定，即可进行优化和 HAMMER 优化，最后设计 [RT-4]-1 结果填写在表 12.5 中，系统图、像散、场曲和畸变曲线见图 12.14。除系统长度略长以外，其他指标都达到要求。最终设计的前后组焦距分别为 −55.8mm 及 40.2mm，与预定值差别不大，充分说明理想光学系统的合理性。系统的像散校正得较好，特别是最大畸变为 3%，这是因为采用双高斯为后组，使全系统的对称性有所提高。

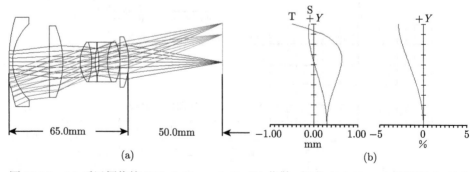

图 12.14　(a) 反远摄物镜 [RT-4]-1，$\kappa = 1.43$; (b) 像散、场曲 (± 1.00mm) 和畸变 ($\pm 5\%$) 曲线 (彩图见封底二维码)

12.6 本 章 小 结

本章介绍一类具有重要应用价值的物镜——反远摄物镜，给出 135 照相机 35mm 标准物镜的实例，列出一系列光圈数 F 从 5.0 到 2.0、全视场角 2ω 从 43° 到 94° 的典型反远摄物镜，其后截距与焦距之比 κ 从 1.4 到 1.7。

本章还介绍反远摄物镜的理想光学模型，以及两个 135 相机反远摄物镜的设计实例。

反远摄和远摄物镜由于系统较为复杂，因此需要先建立理想光学模型，并作为初级近似，解出前后组的参数。随后前后组分别选型，再进行优化，可使系统平稳收敛，容易得到性能好的设计结果。这种设计理念具有普遍的意义。

附录 12.1　技术指标、像差曲线和结构参数

[RT-1] 技术指标

波段	F	$\omega/(°)$	$f'/$mm	BFL/mm	VL/mm	OD	κ	SPT/μm		
								0	0.7	1
VIS	2.8	30.0	35	50	75.2	Inf	1.43	8	10	14

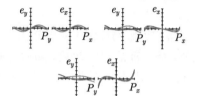

(a) 反远摄物镜[RT-1]　　　　　　　(b) 特性曲线 (±100μm)

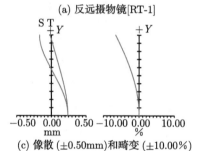

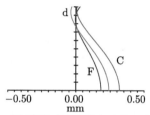

(c) 像散 (±0.50mm) 和畸变 (±10.00%)　　　(d) 球差–色差曲线 (±0.50mm)

[RT-1]结构参数　　　　　　　　　　　　　（长度单位：mm）

No.	R	T	Gls	Semi-Dia.
OBJ	Inf	Inf		Inf
1	Inf	15.000		29.191
2	43.103(V)	1.745(V)	H-LAK12(S)	18.484
3	21.071(V)	5.627(V)		15.838
4	55.540(V)	3.376(V)	H-BAK5(S)	15.661
5	26.055(V)	10.053(V)		14.236
6	33.621(V)	5.795(V)	ZF10(S)	13.665
7	438.111(V)	7.056(V)		13.001
8	146.377(V)	4.408(V)	H-ZK50(S)	10.407
9	−48.835(V)	0.731(V)		9.659
STO	Inf	6.811(V)		8.607
11	−24.320(V)	1.746(V)	ZF52(S)	9.789
12	120.834(V)	2.403(V)		11.232
13	−60.027(V)	4.309(V)	H-LAK53A(S)	11.867
14	−23.773(V)	0.698(V)		12.816
15	115.863(V)	5.440(V)	H-LAK52(S)	15.469
16	−48.330(V)	50.000(V)		15.805
IMA	Inf	—		20.151

[RT-2] 技术指标

波段	F	ω/(°)	f′/mm	BFL/mm	VL/mm	OD	κ	SPT/μm		
								0	0.7	1
VIS	5.0	32.0	100	168	142.2	Inf	1.68	13	22	23

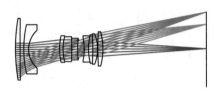

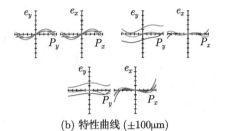

(a) 反远摄物镜[RT-2]　　　　　　　(b) 特性曲线 (±100μm)

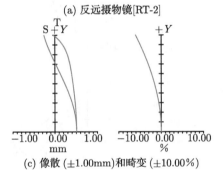

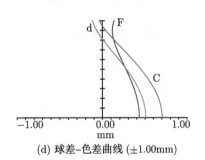

(c) 像散 (±1.00mm)和畸变 (±10.00%)　　　(d) 球差–色差曲线 (±1.00mm)

[RT-2]结构参数　　　　　　　　　　（长度单位：mm）

No.	R	T	Gls	Semi-Dia.
OBJ	Inf	Inf		Inf
1	298.895(V)	7.508(V)	BAF8	49.399(U)
2	3958.334(V)	6.077(V)		47.822(U)
3	177.564(V)	7.925(V)	H-LAK5A	39.534(U)
4	40.654(V)	50.669(V)		30.391(U)
5	97.995(V)	5.665(V)	H-ZK3	21.358(U)
6	75.331(V)	14.127(V)	H-ZF50	19.992(U)
7	−312.720(V)	9.436(V)	QF8	17.477(U)
8	230.884(V)	0.956(V)		14.652(U)
STO	Inf	9.613(V)		14.456(U)
10	−88.230(V)	6.980(V)	H-ZF13	17.651(U)
11	90.275(V)	6.917(V)	H-K5	21.214(U)
12	−370.140(V)	7.734(V)	H-LAK1	22.846(U)
13	−64.626(V)	0.491(V)		24.335(U)
14	470.024(V)	8.101(V)	H-ZK4	26.754(U)
15	−105.589(V)	167.546(V)		27.544(U)
IMA	Inf	—		58.565

[RT-3] 技术指标

波段	F	$\omega/(°)$	f'/mm	BFL/mm	VL/mm	OD	κ	SPT/μm 0	0.7	1
VIS	3.5	31.7	35	50.0	33.5	Inf	1.43	22	16	17

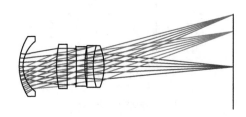

(a) 反远摄物镜[RT-3]

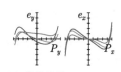

(b) 特性曲线 (±50μm)

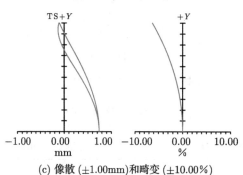

(c) 像散 (±1.00mm)和畸变 (±10.00%)

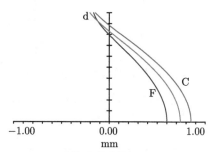

(d) 球差–色差曲线 (±1.00mm)

[RT-3]结构参数   （长度单位：mm）

No.	R	T	Gls	Semi-Dia.
OBJ	Inf	Inf		Inf
1	21.203(V)	1.496(V)	H-ZLAF1(S)	11.500(U)
2	11.787(V)	13.345(V)		9.600(U)
3	40.851(V)	4.190(V)	H-ZF62(S)	8.519
4	−990.244(V)	3.279(V)		7.919
STO	Inf	0.201(V)		6.633
6	−269.032(V)	3.391(V)	ZF13(S)	6.678
7	39.879(V)	0.790(V)		7.584
8	1069.804(V)	2.553(V)	H-ZF62(S)	8.000(U)
9	27.666(V)	4.241(V)	H-ZLAF55A(S)	8.000(U)
10	−20.775(V)	50.000(V)		8.000(U)
IMA	Inf			20.086

[RT-4] 技术指标

波段	F	$\omega/(°)$	f'/mm	BFL/mm	VL/mm	OD	κ	SPT/μm		
								0	0.7	1
VIS	2.8	31.7	35	50	41.8	Inf	1.43	27	36	27

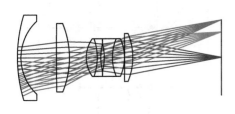

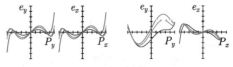

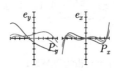

(a) 反远摄物镜[RT-4]

(b) 特性曲线 (±100μm)

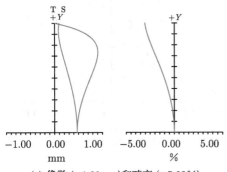

(c) 像散 (±1.00mm)和畸变 (±5.00%)

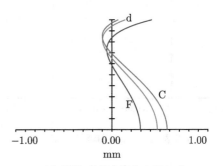

(d) 球差-色差曲线 (±1.00mm)

[RT-4]结构参数   (长度单位：mm)

No.	R	T	Gls	Semi-Dia.
OBJ	Inf	Inf		Inf
1	79.644(V)	2.000(V)	H-LAF6LA(S)	23.689
2	27.304(V)	20.000(V)		20.209
3	1408.759(V)	7.248(V)	H-ZF13(S)	19.000(U)
4	−49.900(V)	9.441(V)		19.000(P)
5	17.808(V)	6.251(V)	H-K51(S)	10.500(U)
6	−31.091(V)	1.993(V)	H-ZLAF78(S)	10.500(P)
7	30.435(V)	0.975(V)		7.498
STO	Inf	1.038(V)		7.499
9	−28.492(V)	4.605(V)	H-ZLAF56A	7.500
10	27.105(V)	6.735(V)	H-LAK10	10.500(U)
11	−25.246(V)	0.089(V)		10.500(U)
12	−1190.908(V)	4.625(V)	D-ZLAF85L	12.817
13	−34.355(V)	49.998(V)		13.351
IMA	Inf	—		20.821

[WS-149] 技术指标

波段	F	$\omega/(°)$	f'/mm	BFL/mm	VL/mm	OD	κ	SPT/μm		
								0	0.7	1
VIS	3.0	18.3	100	151	250.8	Inf	1.51	45	50	53

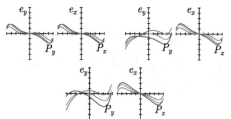

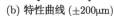

(a) 反远摄物镜[WS-149]

(b) 特性曲线 (±200μm)

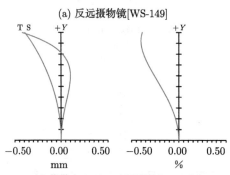

(c) 像散 (±0.50mm)和畸变 (±0.50%)

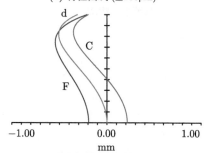

(d) 球差-色差曲线 (±1.00mm)

[WS-149]结构参数　　　　　　　　　　（长度单位：mm）

No.	R	T	Gls	Semi-Dia.
OBJ	Inf	Inf		Inf
1	313.397(V)	13.228(V)	SF1	54.200(U)
2	−946.808(V)	0.529(V)		54.200(U)
3	356.969(V)	6.614(V)	SK4	50.300(U)
4	62.886(V)	150.058(V)		42.300(U)
5	80.585(V)	14.815(V)	SK4	34.400(U)
6	−255.538(V)	13.493(V)		34.400(U)
STO	Inf	6.085(V)		24.600(U)
8	−107.490(V)	6.614(V)	SF8	26.500(U)
9	82.225(V)	16.879(V)		26.500(U)
10	−709.945(V)	9.260(V)	SK4	34.400(U)
11	−124.555(V)	0.529(V)		34.400(U)
12	181.964(V)	12.699(V)	SK4	34.400(U)
13	−137.677(V)	151.123(V)		34.400(U)
IMA	Inf	—		32.973

[WS-153] 技术指标

波段	F	$\omega/(°)$	f'/mm	BFL/mm	VL/mm	OD	κ	SPT/μm		
								0	0.7	1
VIS	2.8	21.5	100	138.6	146.4	Inf	1.38	21	31	48

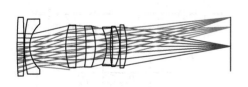

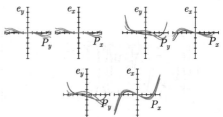

(a) 反远摄物镜[WS-153]

(b) 特性曲线 (±200μm)

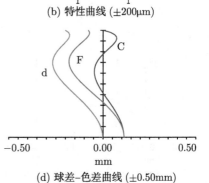

(c) 像散 (±1.00mm)和畸变 (±2.00%)

(d) 球差–色差曲线 (±0.50mm)

[WS-153]结构参数　　　　　　　　　　（长度单位：mm）

No.	R	T	Gls	Semi-Dia.
OBJ	Inf	Inf		Inf
1	608.639(V)	9.176(V)	SK11	39.300(U)
2	−903.196(V)	0.714(V)		39.300(U)
3	165.547(V)	7.141(V)	N-LAK14	36.800(U)
4	41.802(V)	48.093(V)		30.400(U)
5	96.493(V)	14.281(V)	NBFD5	28.600(U)
6	−447.860(V)	12.960(V)		28.600(U)
7	−192.690(V)	12.496(V)	SSK1	27.200(U)
STO	−74.976(V)	14.995(V)		27.500(U)
9	−55.953(V)	4.998(V)	N-SF56	23.900(U)
10	202.827(V)	2.821(V)		25.700(U)
11	−305.158(V)	9.390(V)	LAC10	26.800(U)
12	−63.080(V)	0.714(V)		26.800(U)
13	−3365.077(V)	8.605(V)	LAK14	28.600(U)
14	−104.488(V)	138.642(V)		28.700(U)
IMA	Inf			39.138

[WS-154] 技术指标

波段	F	$\omega/(°)$	f'/mm	BFL/mm	VL/mm	OD	κ	SPT/μm 0	0.7	1
VIS	2.0	32.0	100	109	155.0	Inf	1.09	56	411	579

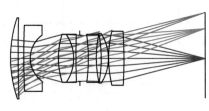

(a) 反远摄物镜[WS-154]

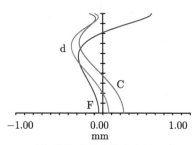

(b) 特性曲线 (±1000μm)

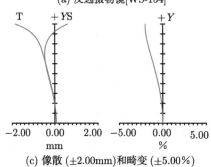

(c) 像散 (±2.00mm)和畸变 (±5.00%)

(d) 球差–色差曲线 (±1.00mm)

[WS-154]结构参数　　　　　　　（长度单位：mm）

No.	R	T	Gls	Semi-Dia.
OBJ	Inf	Inf		Inf
1	155.016(V)	10.915(V)	LASFN2	54.000(U)
2	1677.346(V)	7.811(V)		54.000(U)
3	1106.036(V)	8.612(V)	BK7	44.000(U)
4	37.853(V)	38.053(V)		31.000(U)
5	105.947(V)	20.829(V)	LASFN3	32.000(U)
6	−54.364(V)	3.204(V)	SF8	32.000(U)
7	967.904(V)	5.296(V)		32.000(U)
STO	Inf	11.627(V)		30.800(U)
9	−224.426(V)	10.915(V)	SF11	32.000(U)
10	150.008(V)	6.709(V)		32.000(U)
11	−171.735(V)	9.713(V)	LAK18	33.000(U)
12	−60.875(V)	0.300(V)		33.000(U)
13	151.710(V)	21.029(V)	LAK14	36.000(U)
14	−609.117(V)	109.090(V)		36.000(U)
IMA	Inf	—		61.419

[WS-157] 技术指标

波段	F	ω/(°)	f'/mm	BFL/mm	VL/mm	OD	κ	SPT/μm		
								0	0.7	1
VIS	4.0	40	100	133	132.5	Inf	1.33	51	77	148

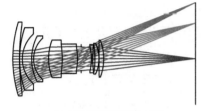

(a) 反远摄物镜[WS-157]

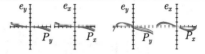

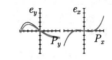

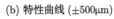

(b) 特性曲线 (±500μm)

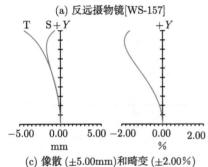

(c) 像散 (±5.00mm)和畸变 (±2.00%)

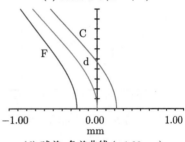

(d) 球差–色差曲线 (±1.00mm)

[WS-157]结构参数

（长度单位：mm）

No.	R	T	Gls	Semi-Dia.
OBJ	Inf	Inf		Inf
1	180.000(V)	9.750(V)	LAKN7	53.000(U)
2	339.300(V)	0.180(V)		49.000(U)
3	140.970(V)	3.970(V)	LAKN7	45.000(U)
4	47.830(V)	13.720(V)		36.000(U)
5	71.300(V)	2.890(V)	LAKN7	33.000(U)
6	40.250(V)	21.840(V)		30.000(U)
7	76.610(V)	19.860(V)	BAF10	27.000(U)
8	−144.400(V)	22.380(V)	LACL4	21.300(U)
9	−92.600	5.400(V)		17.900(U)
STO	Inf	15.000(V)		17.200(U)
11	−75.270(V)	1.800(V)	SF4	18.500(U)
12	161.190(V)	3.250(V)		20.500(U)
13	−124.000(V)	5.780(V)	SK2	20.700(U)
14	−52.710(V)	0.180(V)		22.300(U)
15	6317.000(V)	6.500(V)	LAKN6	26.100(U)
16	−76.790	132.775(V)		26.700(U)
IMA	Inf	—		80.348

[WS-158] 技术指标

波段	F	$\omega/(°)$	$f'/$mm	BFL/mm	VL/mm	OD	κ	SPT/μm		
								0	0.7	1
VIS	2.0	42.0	100	158	228.4	Inf	1.58	50	340	833

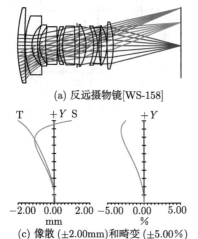

(a) 反远摄物镜[WS-158]

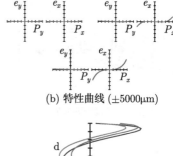
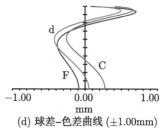

(b) 特性曲线 (±5000μm)

(c) 像散 (±2.00mm)和畸变 (±5.00％)

(d) 球差-色差曲线 (±1.00mm)

[WS-158]结构参数　　　　　　　　　（长度单位：mm）

No.	R	T	Gls	Semi-Dia.
OBJ	Inf	Inf		Inf
1	346.939(V)	16.610(V)	LACL7	88.000(U)
2	1632.653(V)	0.780(V)		83.000(U)
3	193.878(V)	15.840(V)	TAF1	69.000(U)
4	60.943(V)	13.270(V)		48.000(U)
5	120.408(V)	5.140(V)	LAK14	48.000(U)
6	60.310(V)	14.650(V)		42.000(U)
7	239.559(V)	27.710(V)	BAFD6	40.000(U)
8	−2487.845(V)	0.410(V)		44.000(U)
9	152.959	4.370(V)	LAK14	44.000(U)
10	91.073(V)	8.490(V)		44.000(U)
11	121.633(V)	29.390(V)	LAF7	44.200(U)
12	−906.759(V)	5.000(V)		45.300(U)
STO	Inf	5.400(V)		43.600(U)
14	−1791.461(V)	15.840(V)	N-SK11	48.900(U)
15	−90.808(V)	18.610(V)		47.000(U)
16	−112.057(V)	9.510(V)	N-LAF35	45.700(U)
17	−91.073(V)	3.180(V)	FD6	42.500(U)
18	220.816(V)	5.550(V)		42.500(U)
19	−676.045(V)	13.470(V)	N-LAF35	46.000(U)
20	−87.347(V)	0.410(V)		46.000(U)
21	808.163(V)	14.650(V)	LAK14	55.000(U)
22	−190.857(V)	157.794(V)		55.000(U)
IMA	Inf	—		88.245

[WS-160] 技术指标

波段	F	$\omega/(°)$	f'/mm	BFL/mm	VL/mm	OD	κ	SPT/μm		
								0	0.7	1
VIS	2.0	47	100	178	326.3	Inf	1.78	131	144	438

(a) 反远摄物镜[WS-160]

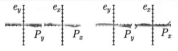

(b) 特性曲线 ($\pm2000\mu m$)

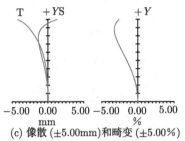

(c) 像散 ($\pm5.00mm$)和畸变 ($\pm5.00\%$)

(d) 球差–色差曲线 ($\pm2.00mm$)

[WS-160]结构参数　　　　　　　　　　　（长度单位：mm）

No.	R	T	Gls	Semi-Dia.
OBJ	Inf	Inf		Inf
1	238.520(V)	24.420(V)	BACD5	105.000(U)
2	566.77(V)	0.730(V)		100.000(U)
3	150.610(V)	7.810(V)	N-LAF33	90.000(U)
4	68.820(V)	27.350(V)		62.500(U)
5	174.880(V)	5.860(V)	LASF3	62.500(U)
6	70.340(V)	16.600(V)		55.000(U)
7	177.050(V)	16.110(V)	FD60	55.000(U)
8	−1764.080(V)	6.350(V)		50.000(U)
9	240.220(V)	4.880(V)	LAK8	45.000(U)
10	79.250(V)	20.360(V)		45.000(U)
11	178.370(V)	17.090(V)	FD4	44.200(U)
12	−303.550(V)	36.530(V)	BK7	45.300(U)
13	−86.890(V)	4.150(V)		48.900(U)
STO	Inf	4.150(V)		46.300(U)
15	1014.000(V)	41.020(V)	TAF1	45.700(U)
16	−69.8200(V)	4.880(V)	FD4	43.300(U)
17	230.520(V)	10.650(V)		42.500(U)
18	−134.410(V)	4.880(V)	N-LASF31A	47.000(U)
19	159.190(V)	29.540(V)	FK5	56.000(U)
20	−107.770(V)	0.730(V)		58.000(U)
21	3555.270(V)	21.490(V)	LAK14	75.000(U)
22	−171.520(V)	0.730(V)		75.000(U)
23	−5794.060(V)	20.020(V)	TAF1	86.000(U)
24	−221.470(V)	178.126(V)		86.000(U)
IMA	Inf			104.580

附录 12.2　评 价 函 数

Oper#	Type	Surf1	Surf2					Tag.	Wt.	Val.	Ctrb.
1	BLNK	REVERSE TELEPHOTO									
2	BLNK	ANGLE FIELD									
3	RANG	0	2	0.000	1.000	0.000	0.000	0.000	0.000	0.553	0.000
4	CONS							57.290	0.000	57.290	0.000
5	PROD	3	4					32.000	0.000	31.678	0.000
6	BLNK										
7	BLNK	PMAG AND EFFL									
8	PMAG		2					−0.109	0.000	0.000	0.000
9	EFFL		2					35.000	0.020	35.000	7.87×10^{-5}
10	REAR	11	2	0.000	1.000	0.000	0.000	0.000	0.000	19.998	0.000
11	BLNK										
12	EFLY	1	2					0.000	0.000	−35.630	0.000
13	EFLY	1	10					0.000	0.000	28.273	0.000
14	BLNK	CONJUGATE									
15	TTHI	0	10					0.000	0.000	1.000×10^{10}	0.000
16	BLNK	SYSTEM TRACK									
17	TTHI	1	10					0.000	0.000	83.487	0.000
18	OPLT	17						95.000	0.100	95.000	0.000
19	BLNK										
20	TTHI	1	9					0	0	33.487	0
21	OPLT	20						50	0	50	0
22	BLNK	IMAGAE DISTANCE									
23	CTGT	10						50	0.02	50	0
24	BLNK			KAI							
25	DIVI	23	9					0.000	0.000	1.429	0.000
26	OPGT	25						1.490	0.100	1.429	22.007
27	BLNK	DT									
28	DIMX	0	2	0.000				6.000	1.000×10^{-3}	6.251	3.689
29	BLNK										
30	BLNK	BOUNDING FOR THE EDGES									
31	BLNK										
32	BLNK										
33	MNCA	1	10					0.100	0.020	0.100	0.000
34	MNEA	1	10					0.100	0.020	0.092	0.069
35	BLNK										
36	MNEG	1	2					1.500	0.020	1.500	0.000
37	MNCG	1	2					1.500	0.020	1.496	0.016
38	MXCG	1	2					4.500	0.020	4.500	0.000
39	MXEG	1	2					4.500	0.020	4.500	0.000
40	BLNK										
41	MNEG	3	10					1.500	0.020	1.457	2.138
42	MNCG	3	10					1.500	0.020	1.500	0.000
43	MXCG	3	10					4.500	0.020	4.241	1.981
44	MXEG	3	10					4.500	0.020	4.201	2.54×10^{-3}
45	BLNK										
46	DMFS										

第13章　双端负镜式广角物镜

13.1　引　　言

为了获取更大的信息量，视场角的增大是非常有吸引力的。全视场角 $2\omega \leqslant 80°$ 的设计可选择双高斯及其变形结构，如第 9 章表 9.4 列出的双高斯物镜的最大视场角 $2\omega=85°$。图 13.1 是变形双高斯物镜 [WS-352](参见第 9 章) 系统图。图中用虚线大体描出大视场主光线走向，可以看出光阑处主光线的角度 ω' 比像空间主光线角度 ω 更大，当物镜的视场角继续递增时，像差会非线性地增大，超出光阑两侧物镜组的校正范围，致使光线很难收敛。

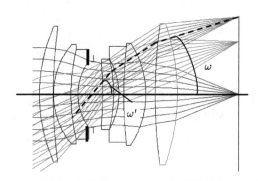

图 13.1　变形双高斯物镜 [WS-352](彩图见封底二维码)
虚线表示主光线

当 $2\omega \geqslant 120°$ 时为超大视场 (超广角)，超广角物镜采用特别的设计，将在第 14 章介绍。

本章介绍双端负镜式广角物镜，$80° \leqslant 2\omega < 120°$，正好填补了双高斯和超广角物镜之间的空缺。所谓 "双端负镜"，即最前端和最后端均为较大负光焦度的负透镜，多采用大弯月透镜，朝向物镜中心的光阑弯曲，使得光阑前后中间组胶合面的视场角 ω' 变小，以便校正像差。图 13.2 为典型的双端负镜式广角物镜 [WA-1]，焦距 $f' = 100\text{mm}$，视场角 $\omega=55°$，$F = 6.5$。

除非特别说明，本章物镜的焦距统一归一化为 100mm。

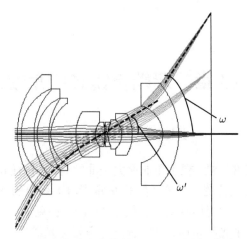

图 13.2　双端负镜式广角物镜 [WA-1](彩图见封底二维码)

虚线表示主光线, $\omega = 55°$, $F = 6.5$

13.2　结构特点及像差分析

图 13.3 所示为经过校正的双端负镜式广角物镜 [WA-2], 光阑大体位于系统中心, 光阑前后则均是胶合透镜组。前组还有三片负弯月透镜, 使得主光线角度从光阑前胶合面的 ω'=31.7° 起, 渐次增大, 直到物方视场角 ω=60°。后组则是两片弯月透镜, 其功能与前组相似。

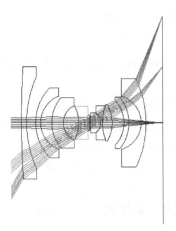

图 13.3　广角物镜 [WA-2](彩图见封底二维码)

$\omega = 60°$, $F = 5.7$

如 13.1 节所述，两端负透镜承担了相当一部分大视场主光线的偏角，居中的胶合透镜组上主光线角度仅为三十多度，比较容易校正像差，这是该物镜的主要特色。

图 13.4(a) 和 (b) 为该物镜的像散、场曲、畸变曲线和特性曲线。物镜的配置接近对称，使得非对称像差非常容易校正。本章几乎所有物镜的畸变均校正到 3% 以内。

由于居中的组件胶合面较多，在校正位置色差的同时，也校正了倍率色差。在图 13.4(b) 中，0.7 视场和 1 视场各色光主光线几乎相交，表明倍率色差校正得很完善，对于全视场角达到 120° 的广角物镜而言，畸变和倍率色差的校正显然是重要的性能优势。

但所有的双端负镜式广角物镜都有一个共同的缺点：由于负光焦度后组的作用，相对孔径很难做大。这类双端广角物镜还有一个缺点：由于大视场像方主光线的视场角很大，边视场的照度下降很严重，参见图 13.4(d)。

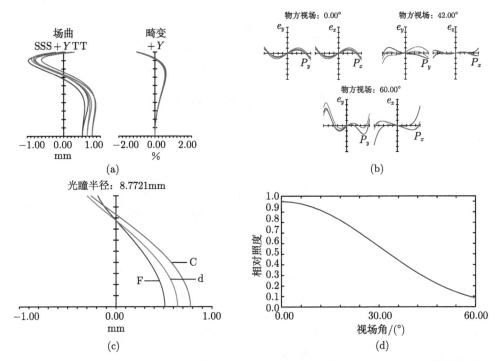

图 13.4 (a) 广角物镜 [WA-2] 像散、场曲 (±1.00mm) 和畸变 (±2.00%)；(b) 特性曲线 (±100μm)；(c) 纵向色差曲线；(d) 像面相对照度 (横轴 0° ~ 60°)(彩图见封底二维码)

13.3　典型的双端负镜式广角物镜

13.3.1　视场角 $112° \leqslant 2\omega \leqslant 120°$ 的广角物镜

广角物镜 [WA-3] 是一款非常优秀的设计，视场角 $\omega=63°$，$F = 7.2$，参见图 13.5。其前组为负双胶合透镜，中组和后组的界线很难划清。如果把最后一片看作后组，则光阑后的中组趋向于四胶合透镜，间隔 $T14=0.23$mm，但如果该间隔设为 0，像差就将明显增大，它的作用犹如双分离透镜。为保证这个间隔，结构设计和装配工艺都很特殊。该物镜的畸变和倍率色差都校得很完善，视场角为 $2\omega=120°$，1 视场弥散斑为 11μm，0.7 视场以内的弥散斑在 7μm 以下，像质非常好。

物镜 [WA-4] 的技术指标与 [WA-3] 相似，但前组为分离的两片分离的负弯月透镜，参见图 13.6，其中第二片弯月透镜两个曲率半径接近同心圆，加工非常困

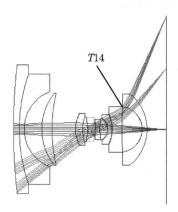

图 13.5　广角物镜 [WA-3](彩图见封底二维码)

$\omega = 63°, F = 7.2; T14$ 为三胶合透镜和单片透镜的间隔

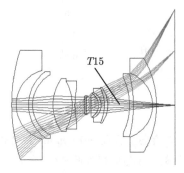

图 13.6　广角物镜 [WA-4](彩图见封底二维码)

$\omega = 56°, F = 5.3$

难。广角物镜都有大弯月透镜, 还有三胶合甚至四胶合透镜, 同样构成工艺加工的难点。

物镜 [WA-4] 在优化过程中, 第 12 面和第 13 面的曲率半径趋于接近, 其间隔趋于零。用一个胶合面代替这两面 (删去间隔 $T12$) 再优化后弥散 SPT 变小, 从而用胶合面代替两个非常接近的表面是合理的操作。与 [WA-3] 对比, 何时将胶合面拆开, 何时将两个曲率半径接近的面用胶合面替代, 并无确定的规律, 需要逐例试验和优化。该物镜的畸变小、倍率色差几乎完全校正, 全视场像质均好。

13.3.2 视场角 $80° \leqslant 2\omega < 113°$ 的广角物镜

图 13.7~图 13.10 列出四款广角物镜 [WA-5]、[WA-6]、[WA-7] 和 [WS-363], 视场角 2ω 为 $80° \sim 112.6°$, 前后组都是一片或数片大弯月透镜, 其中 [WA-5] 和 [WA-6] 的前组为弯月形物镜, 中组则由两组双胶合或三胶合透镜构成, 分布在光阑两侧。这些广角物镜的像差特点和上文介绍的设计一致或相近。

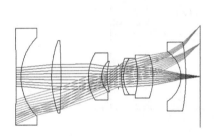

图 13.7 广角物镜 [WA-5](彩图见封底二维码) $\omega = 40°, F = 3.4$

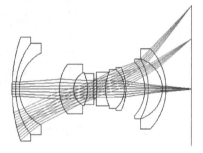

图 13.8 广角物镜 [WA-6](彩图见封底二维码) $\omega = 50°, F = 5.0$

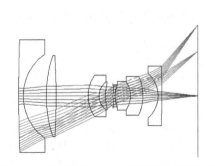

图 13.9 广角物镜 [WA-7](彩图见封底二维码) $\omega = 45°, F = 4.7$

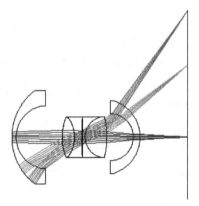

图 13.10 广角物镜 [WS-363](彩图见封底二维码) $\omega = 56.3°, F = 8.3$

13.4　广角物镜的定义域和 $F\text{-}\omega$ 空间

以上各设计的 F 数和视场角 ω 的分布如图 13.11 所示,即广角物镜的定义域或 $F\text{-}\omega$ 空间。可以看出,视场角 ω 大体分布在 $40°\sim60°$,并位于图中曲线 (虚线) 近旁或曲线下方,具有如下特征:

(1) 典型的参考设计在 $F\text{-}\omega$ 定义域内的分布充分稠密。也就是说,对于指标位于该曲线下方的任何新设计 (F,ω),总可以在其邻域内找到指标比较接近的参考设计。从该参考设计出发,优化过程平稳收敛。

(2) 从曲线上方逸出定义域,则视场角 ω 过大或 F 过小 (相对孔径过大),都将导致设计困难或趋于发散。

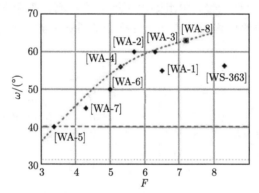

图 13.11　广角物镜的 $F\text{-}\omega$ 空间

括号中的数字为设计编号

由此可见,双侧负镜广角物镜的一般设计问题已经解决了。例如,[WA-7] 就是通过修改邻近的 [WA-12] 的指标重新优化得到的,收敛的速度很快。

以上各物镜的技术指标列在表 13.1 中,结构参数和像差曲线见附录 13.1。

表 **13.1**　双端负镜式广角物镜技术指标

编号	f'/mm	$\omega/(°)$	F	y'/mm	SPT/μm		
					0	0.7	1
[WA-1]	100	55	6.5	135	13	23	42
[WA-2]	100	60	5.7	170	15	12	35
[WA-3]	100	63	7.2	190	6	7	11
[WA-4]	100	56	5.3	140.2	11	17	31
[WA-5]	100	40	3.4	80	8	11	16
[WA-6]	100	50	5.0	114	12	15	35
[WA-7]	100	45	4.7	94.7	14	22	21
[WA-8]	100	63	72	190	6	7	11
[WS-363]	100	56.3	8.3	143	21	23	36

13.5 本章小结

本章介绍全视场角 $80° \leqslant 2\omega \leqslant 120°$ 的广角物镜, 正好位于双高斯和超广角物镜之间。所谓 "双端负镜", 即最前端和最后端均为较大负光焦度的大弯月负透镜, 朝向物镜中心的光阑弯曲, 结构接近对称, 具有视场角很大、非对称像差 (畸变、倍率色差等) 很小的优势, 但具有相对孔径很难做大、大视场引起边视场的照度下降较多等缺点。

本章给出多个设计实例, 在 F-ω 空间的分布充分稠密, 可作为参考设计。

附录 13.1　技术指标、像差曲线和结构参数

[WA-1] 技术指标

波段	F	y'/mm	$\omega/(°)$	f'/mm	BFL/mm	VL/mm	OD	SPT/μm 0	0.7	1
VIS	6.5	135	55	100	36.6	220	Inf	13	23	42

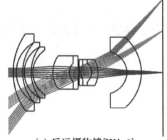

(a) 反远摄物镜[WA-1]

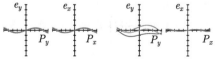

(b) 特性曲线 (±200μm)

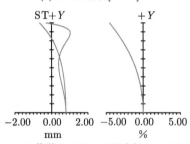

(c) 像散 (±2.00mm)和畸变 (±5.00%)

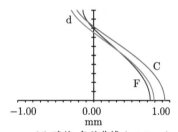

(d) 球差–色差曲线 (±1.0mm)

[WA-1]结构参数　　　　　　　　　（长度单位：mm）

No.	R	T	Gls	Semi-Dia.
OBJ	Inf	Inf		Inf
1	Inf	10.000(V)		115.952
2	131.235(V)	5.102(V)	PK1(S)	71.454
3	65.235(V)	10.950(V)		55.402
4	86.724(V)	2.800(V)	N-FK5(S)	55.320
5	55.050(V)	12.143(V)		47.090
6	83.643(V)	2.800(V)	N-FK56(S)	47.036
7	52.407(V)	34.341(V)		41.459
8	52.855(V)	28.619(V)	SF18(S)	30.947
9	24.169(V)	16.044(V)	SSKN8(S)	16.930
10	−132.510(V)	1.172(V)		12.464
STO	Inf	0.617		9.774
12	−93.186(V)	2.797(V)	LF7(S)	9.861
13	32.347(V)	17.999(V)	SSKN8(S)	13.165
14	−23.940(V)	11.017(V)	N-LAF3(S)	17.131
15	−54.410(V)	49.493(V)		23.792
16	−40.525(V)	24.105(V)	SK6(S)	38.556
17	−91.379(V)	36.586(V)		65.109
IMA	Inf	—		135.471

[WA-2] 技术指标

波段	F	y'/mm	ω/(°)	f'/mm	BFL/mm	VL/mm	OD	SPT/μm 0	0.7	1
VIS	5.7	170	60	100	27	203	Inf	15	12	35

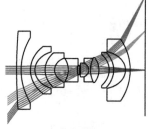

(a) 反远摄物镜[WA-2]

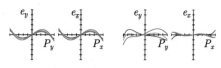
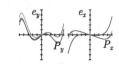

(b) 特性曲线 (±100μm)

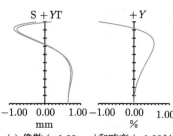

(c) 像散 (±1.00mm)和畸变 (±1.00%)

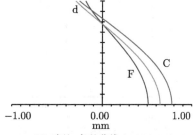

(d) 球差-色差曲线 (±1.00mm)

[WA-2]结构参数　　　　　　　　（长度单位：mm）

No.	R	T	Gls	Semi-Dia.
OBJ	Inf	Inf		Inf
1	Inf	20.000(V)		128.410
2	1526.257(V)	8.000(V)	P-SK60(S)	89.246
3	175.498(V)	16.894(V)		74.152
4	75.796(V)	8.000(V)	UBK7(S)	54.181
5	44.459(V)	18.062(V)		41.552
6	59.992(V)	16.747(V)	LAK33(S)	39.479
7	30.915(V)	24.365(V)	N-BAF51(S)	27.503
8	−59.922(V)	16.223(V)	TIFN5(S)	26.759
9	47.438(V)	3.881(V)	LAK28(S)	10.743
10	311.344(V)	0.225(V)		9.000
STO	Inf	1.566(V)		8.810
12	−300.326(V)	14.793(V)	N-SK5(S)	11.174
13	−18.665(V)	2.956(V)	F13(S)	15.633
14	77.316(V)	15.336(V)	BASF54(S)	26.967
15	−55.255(V)	18.501(V)		28.452
16	−53.034(V)	8.000(V)	LLF7(S)	35.500
17	−67.118(V)	20.902(V)		40.724
18	−43.172(V)	8.546(V)	SK4(S)	41.897
19	−153.473(V)	27.000(V)		70.749
IMA	Inf	—		170.128

[WA-3] 技术指标

波段	F	y'/mm	ω/(°)	f'/mm	BFL/mm	VL/mm	OD	SPT/μm		
								0	0.7	1
VIS	7.2	190	63	100	29.9	196	Inf	6	7	11

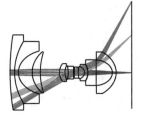

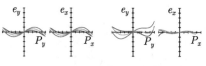

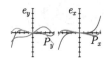

(a) 反远摄物镜[WA-3]　　　　　　　　(b) 特性曲线 (±50μm)

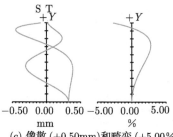

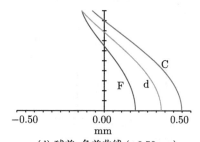

(c) 像散 (±0.50mm)和畸变 (±5.00%)　　　(d) 球差–色差曲线 (±0.50mm)

[WA-3]结构参数　　　　　　　　　　(长度单位：mm)

No.	R	T	Gls	Semi-Dia.
OBJ	Inf	Inf		Inf
1	869.171(V)	9.000(V)	K4(S)	99.936
2	203.022(V)	7.446(V)	K11(S)	82.550
3	60.471(V)	26.704(V)		57.032
4	86.758(V)	15.923(V)	LAKN22(S)	54.777
5	240.074(V)	36.812(V)		53.445
6	50.245(V)	10.640(V)	FK3(S)	23.708
7	55.227(V)	6.416(V)	N-PSK53A(S)	18.160
8	−98.328(V)	10.289(V)	LF6HT(S)	16.891
9	110.548(V)	0.860(V)		8.195
STO	Inf	0.860(P)		7.264
11	2800.534(V)	7.389(V)	K7(S)	8.764
12	78.000(V)	12.250(V)	LAFN23(S)	14.896
13	−19.685(V)	6.224(V)	LAFN7(S)	16.186
14	−52.518(V)	0.230(V)		21.895
15	−54.688(V)	15.381(V)	LITHOSIL-Q(S)	22.121
16	1719.392(V)	31.186(V)		34.232
17	−34.513(V)	7.446(V)	N-K5(S)	34.310
18	−70.717(V)	29.943(V)		55.476
IMA	Inf	—		190.168

[WA-4] 技术指标

波段	F	y'/mm	ω/(°)	f'/mm	BFL/mm	VL/mm	OD	SPT/μm		
								0	0.7	1
VIS	5.3	140.2	56	100	28	212	Inf	11	17	31

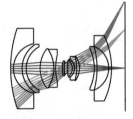

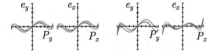

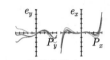

(a) 反远摄物镜[WA-4] (b) 特性曲线 (±100μm)

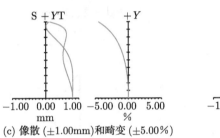

(c) 像散 (±1.00mm)和畸变 (±5.00%) (d) 球差–色差曲线 (±1.00mm)

[WA-4]结构参数   (长度单位: mm)

No.	R	T	Gls	Semi-Dia.
OBJ	Inf	Inf		Inf
1	264.894(V)	6.007(V)	FK5(S)	84.747
2	53.365(V)	18.326(V)		52.341
3	60.220(V)	8.708(V)	K4(S)	51.122
4	51.639(V)	30.097(V)		45.834
5	65.878(V)	30.120(V)	N-LAK9(S)	41.588
6	−71.953(V)	4.000(V)	LF5HT(S)	40.188
7	118.191(V)	14.762(V)		27.993
8	75.905(V)	4.015(V)	N-PSK53A(S)	15.766
9	108.563(V)	3.263(V)		13.842
STO	Inf	4.528(V)		11.284
11	374.195(V)	9.716(V)	K7(S)	16.487
12	−22.497(V)	4.700(V)	BASF10(S)	17.198
13	−23.433(V)	5.185(V)	BAF50(S)	18.937
14	−75.154(V)	5.416(V)	SK51(S)	25.033
15	−44.339(V)	31.984(V)		25.852
16	−97.391(V)	6.000(V)	N-SF15(S)	41.768
17	−167.864(V)	25.174(V)		46.217
18	−49.666(V)	6.000(V)	N-BK7(S)	46.262
19	−158.858(V)	28.000(V)		69.221
IMA	Inf	—		140.269

[WA-5] 技术指标

波段	F	y'/mm	ω/(°)	f'/mm	BFL/mm	VL/mm	OD	SPT/μm		
								0	0.7	1
VIS	3.4	80.0	40	100	23	268.5	Inf	8	11	16

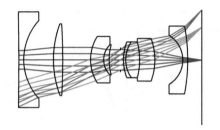

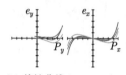

(a) 反远摄物镜[WA-5]　　　　　　　　(b) 特性曲线 (±100μm)

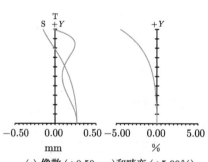

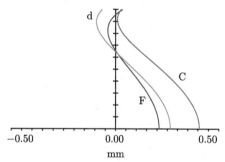

(c) 像散 (±0.50mm)和畸变 (±5.00%)　　　(d) 球差–色差曲线 (±0.50mm)

[WA-5]结构参数　　　　　　　　　　（长度单位: mm）

No.	R	T	Gls	Semi-Dia.
OBJ	Inf	Inf		Inf
1	−3799.451(V)	8.000(V)	H-BAK2(S)	76.000(U)
2	87.532(V)	49.626(V)		62.000(U)
3	160.038(V)	15.143(V)	H-F13(S)	57.000(U)
4	−986.438(V)	45.306(V)		57.000(P)
5	67.698(V)	21.573(V)	H-ZF62(S)	37.000(U)
6	32.879(V)	8.989(V)	F5(S)	24.000(U)
7	85.975(V)	18.515(V)		24.000(U)
STO	Inf	4.936(V)		16.365
9	80.635(V)	3.500(V)	H-ZF39(S)	28.500(U)
10	48.789(V)	22.911(V)	H-ZK10(S)	28.500(P)
11	−107.384(V)	25.000(V)	H-ZF4AGT(S)	28.500(P)
12	−98.565(V)	45.058(V)		34.000(U)
13	−45.428(V)	8.000(V)	H-ZPK1A(S)	39.000(U)
14	−287.191(V)	23.000(V)		54.000(U)
IMA	Inf	—		79.902

[WA-6] 技术指标

波段	F	y'/mm	ω/(°)	f'/mm	BFL/mm	VL/mm	OD	SPT/μm		
								0	0.7	1
VIS	5.0	114	50	100	36.0	184.7	Inf	12	15	35

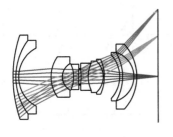

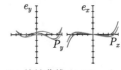

(a) 反远摄物镜[WA-6]

(b) 特性曲线 (±200μm)

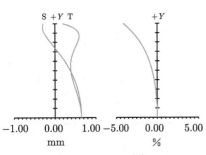

(c) 像散 (±1.00mm)和畸变 (±5.00%)

(d) 球差–色差曲线 (±1.00mm)

[WA-6]结构参数 　　　　　　　　(长度单位：mm)

No.	R	T	Gls	Semi-Dia.
OBJ	Inf	Inf		Inf
1	214.663(V)	5.000(V)	H-K10(S)	71.000(U)
2	101.708(V)	4.997(V)	H-K9LGT(S)	62.000(U)
3	54.944(V)	56.017(V)		49.000(U)
4	57.730(V)	19.584(V)	N-LAK33(S)	34.072
5	25.653(V)	19.478(V)	P-SK60(S)	22.199
6	−50.055(V)	8.703(V)	N-LLF1(S)	21.242
7	-2.455×10^{4}(V)	1.850(V)		13.764
STO	Inf	2.000(V)		12.400(U)
9	−155.188(V)	12.449(V)	KF3(S)	12.976
10	54.839(V)	26.114(V)	N-LAK12(S)	22.729
11	−35.600(V)	1.999(V)	N-SF10(S)	26.465
12	−69.341(V)	26.528(V)		29.451
13	−53.681(V)	5.000(V)	H-K10(S)	36.485
14	−79.817(V)	19.288(V)		40.834
15	−42.681(V)	4.996(V)	H-K5(S)	40.884
16	−80.640(V)	36.000(V)		54.732
IMA	Inf	—		113.542

[WA-7] 技术指标

波段	F	y'/mm	ω/(°)	f'/mm	BFL/mm	VL/mm	OD	SPT/μm 0	0.7	1
VIS	4.7	94.7	45	100	50	194	Inf	14	22	21

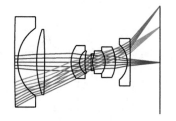

(a) 反远摄物镜[WA-7]

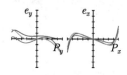

(b) 特性曲线 (±100μm)

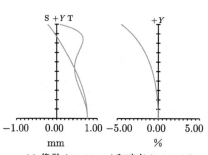

(c) 像散 (±1.00mm)和畸变 (±5.00%)

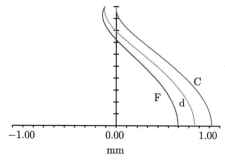

(d) 球差–色差曲线 (±1.00mm)

[WA-7]结构参数　　　　　　　　（长度单位：mm）

No.	R	T	Gls	Semi-Dia.
OBJ	Inf	Inf		Inf
1	2507.861(V)	5.560(V)	H-K11(S)	75.664
2	68.771(V)	32.144(V)		56.914
3	163.121(V)	14.009(V)	H-BAK8(S)	54.627
4	−1023.463(V)	45.570(V)		53.815
5	46.472(V)	14.890(V)	H-LAK61(S)	27.739
6	22.823(V)	9.549(V)	H-ZK4(S)	18.784
7	70.875(V)	10.393(V)		17.761
STO	Inf	0.099(V)		11.866
9	115.358(V)	2.800(V)	H-K12(S)	12.535
10	35.308(V)	21.519(V)	D-ZK79(S)	14.100
11	−32.662(V)	17.329(V)	H-ZF13(S)	19.013
12	−57.055(V)	20.739(V)		25.670
13	−38.954(V)	4.999(V)	H-BAK4(S)	29.592
14	−2196.963(V)	50.000(V)		39.680
IMA	Inf	—		94.690

[WA-8] 技术指标

波段	F	y'/mm	$\omega/(°)$	f'/mm	BFL/mm	VL/mm	OD	SPT/μm 0	SPT/μm 0.7	SPT/μm 1
VIS	7.2	190	63	100	30.0	196	Inf	6	6	11

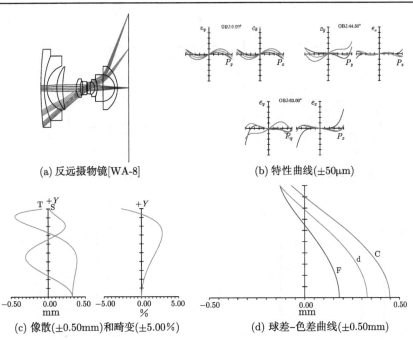

(a) 反远摄物镜[WA-8]

(b) 特性曲线(±50μm)

(c) 像散(±0.50mm)和畸变(±5.00%)

(d) 球差–色差曲线(±0.50mm)

[WA-8]结构参数　　　　　　　　(长度单位: mm)

No.	R	T	Gls	Semi-Dia.
OBJ	Inf	Inf		Inf
1	869.171(V)	9.000	K4(S)	99.936
2	203.022(V)	7.446(V)	K11(S)	82.550
3	60.471(V)	26.704(V)		57.032
4	86.758(V)	15.923(V)	LAKN22(S)	54.777
5	240.074(V)	36.812(V)		53.445
6	50.227(V)	10.640(V)	FK3(S)	23.708
7	55.227(V)	6.416(V)	N-PSK53A(S)	18.160
8	−98.328(V)	10.289(V)	LF6HT(S)	16.891
9	110.548(V)	0.860		8.195
STO	Inf	0.860(P)		7.264
11	2800.534(V)	7.389(V)	K7(S)	8.764
12	78.000(V)	12.250(V)	LAFN23(S)	14.896
13	−19.685(V)	6.224(V)	LAFN7(S)	16.186
14	−52.518(V)	0.230(V)		21.896
15	−54.688(V)	15.381(V)	LITHOSIL-Q(S)	22.121
16	1719.392(V)	31.186(V)		34.232
17	−34.513(V)	7.446(V)	N-K5(S)	34.310
18	−70.717(V)	29.943(V)		55.476
IMA	Inf	—		190.168

[WS-363] 技术指标

波段	F	y'/mm	ω/(°)	f'/mm	BFL/mm	VL/mm	OD	SPT/μm		
								0	0.7	1
VIS	8.3	143	56.3	100	55.4	143.6	Inf	21	23	36

(a) 反远摄物镜[WS-363]

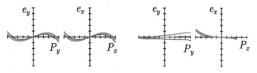
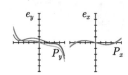

(b) 特性曲线 (±200μm)

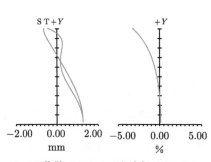

(c) 像散 (±2.00mm) 和畸变 (±5.00%)

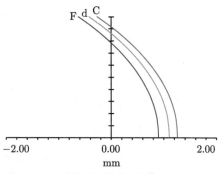

(d) 球差–色差曲线 (±2.00mm)

[WS-363] 结构参数   (长度单位: mm)

No.	R	T	Gls	Semi-Dia.
OBJ	Inf	Inf		Inf
1	65.706(V)	4.999(V)	H-FK61(S)	53.215
2	35.743(V)	53.467(V)		35.708
3	61.805(V)	14.195(V)	D-ZPK1A(S)	23.000(U)
4	−36.964(V)	8.385(V)	H-BAF2(S)	23.000(P)
5	298.274(V)	0.988(V)		23.000(P)
STO	Inf	0.350(V)		7.500(U)
7	−1040.588(V)	2.798(V)	BAF2(S)	23.000(P)
8	23.631(V)	25.001(V)	H-ZK10L(S)	23.000(P)
9	−94.567(V)	30.476(V)		23.000(P)
10	−26.708(V)	8.001(V)	H-ZF1(S)	27.000(U)
11	−42.565(V)	55.415(V)		41.000(U)
IMA	Inf	—		143.209

附录 13.2 评价函数

Oper#	Type	Surf1	Surf2	H_x	H_y	P_x	P_y	Tag.	Wt.	Val.	Ctrb.
1	BLNK	Fixed-3A-SIMPLE									
2	BLNK	ANGLE FIELD									
3	RANG	0	2	0.000	1.000	0.000	0.000	0.000	0.000	0.515	0.000
4	CONS							57.290	0.000	57.290	0.000
5	PROD	3	4					0.000	0.000	29.497	0.000
6	BLNK	EFFL AND PMAG									
7	PMAG	0	2					−0.214	0.000	0.000	0.000
8	EFFL		2					100.000	0.02	99.969	0.054
9	REAR	16	2	0.000	1.000	0.000	0.000	0.000	0.000	55.460	0.000
10	BLNK	CONJUGATE									
11	TTHI	0	15					0.000	0.000	1.000×10^{10}	0.000
12	BLNK	VL									
13	TTHI	2	14					0.000	0.000	37.294	0.000
14	OPLT	13						38.000	0.000	38.000	0.000
15	BLNK	IMAGE DISTANCE									
16	CTGT	7						12.705	0.02	12.705	0.000
17	BLNK	OD									
18	CTGT	0						0.000	0.000	0.000	0.000
19	BLNK	DT									
20	DIMX	0	2	0				15.000	1.000×10^{-3}	15.000	0.000
21	BLNK	BOUNDING FOR THE EDGES									
22	MNCA	2	15					0.100	1.000×10^{-2}	0.100	0.000
23	MNEA	2	15					1.000×10^{-3}	1.000×10^{-2}	1.000×10^{-3}	0.000
24	MNCG	2	15					1.000	1.000×10^{-2}	1.000	0.000
25	MNEG	2	15					0.500	1.000×10^{-2}	0.500	0.000
26	BLNK										
27	MXCG	2	15					12.000	1.000×10^{-2}	12.000	0.000
28	MXEG	2	15					12.000	1.000×10^{-2}	12.000	0.000
29	DMFS										
30	BLNK	Default merit function:RMS wavefront chief chief GQ 3rings 6 arms									
31		....									
32											

第14章　广角和超广角监控监视物镜

14.1　引　言

本章介绍监控监视物镜的特点，给出各种典型的广角和超广角监控监视物镜，介绍基于主光线保角映射的畸变补偿校正算法。

光学监控监视系统已大量使用在公共场所 (商场、学校、机场、车站⋯⋯)、交通工具 (飞机、火车、汽车、船舶)、银行和 ATM 机、电梯轿厢、工厂和办公区域、居住小区、作战演练区等，用作道路的监视光学系统是智能交通的重要组成部分。可以说，在当今社会，监控监视已经无处不在。

一般系统由光学成像物镜、图像探测器 (如 CCD 或 CMOS) 和信息处理器三部分组成。本章只讨论光学成像物镜部分。

14.2　监控监视物镜的特点

用作监控监视的物镜有如下特点:

(1) 视场、孔径和 etendue: 一般来说，被监控的空间被分割成若干子区域，每个子区域由一个或数个监控器监控，在监控中心实时监视每个子区域，将各子区域图像合成、拼接为一个完整的大图像。显然，增大视场角不仅可以减少监控器的数量，节约成本，还可以避免图像拼接合成时的误差和死角。

etendue 定义为

$$\text{Etd} = \frac{2n'D\omega}{\lambda} = \frac{2n'y'}{\lambda F} = \frac{4n'y'u'}{\lambda} \tag{14.1}$$

其中，n' 为像空间介质折射率，y' 为像高，D 为入射光孔径，ω 为视场角 (半角)，F 为相对孔径的倒数。对于一个确定的设计 (如双高斯结构)，etendue 有一个大体确定的取值范围。当视场加大后一般会挤占 etendue 值，使相对孔径值变小 (F 增大)，当视场增加幅度过大时，必然引起高级像差的非线性增大，且不容易校正，也导致分辨率迅速恶化。监控物镜的分辨率不高，必将影响监视识别效果。

(2) 畸变与视场: 随视场角的增大，图形的欠校正畸变也会非线性地增大，参见图 14.2(a)。由于图像探测器芯片为矩形，所以拍摄到的场景是"枕形"，呈现高度的非线性 (参见图 14.3(a))。图像探测器件对角线对应的视场角通常是不用的，监控物镜的视场通常指的是水平视场角 $2\omega_{\text{H}}$，或同时给出垂直视场角 $2\omega_{\text{V}}$。对于长宽比为 4:3 的芯片, 水平视场角与垂直视场角之比并不准确为 4:3。有关内容将在 14.3 节进一步讨论。

　　超大视场监控物镜的剩余畸变可以由数字图像处理系统进行后续补偿。

　　(3) 波段和材料: 如夜间监视 (夜视), 光波长必须为近红外。如需昼夜监视, 物镜的使用波段将覆盖从可见光到近红外波段。一般光学玻璃在波长大于 2.8μm 后吸收变得很大, 这主要由于该波长近旁有氢氧根 (水) 的很强的吸收峰, 在玻璃的生产过程中不可避免会有 OH⁻ 进入, 因此中长波段的光学系统设计需要采用特殊材料, 如各种晶体。

　　(4) 图像探测器: 与使用的波段相匹配, 选用宽波段的或指定波段的图像探测器, 如 CCD 和 CMOS。在光学设计中, 波长选择应与探测器的适用波段相匹配。本章选用 2/3in CCD, 半对角线 ρ=5.5mm, $a/2$=4.4mm, $b/2$=3.3mm。如采用其他规格的探测器, 可以通过焦距缩放操作。

　　(5) 物镜尺寸: 许多场合下监控头 (物镜加图像传感器) 的尺寸不能大, 除了方便布置以外, 还有隐秘性的考虑。

　　(6) 成本: 大量使用的监控物镜成本不能过高, 要求物镜结构紧凑, 镜片数量不能多。

　　综上所述, 监控物镜一般性要求为: 短焦距、大视场 (广角) 或超大视场 (超广角)、结构简约、较宽或特定的波段。这显然给监控物镜的设计提出了非常特别的要求。

14.3　0.85 视场配置和 etendue 的 "占空比"

14.3.1　广角物镜 [UA-1]-A

　　图 14.1 为广角物镜 [UA-1]-A, 水平视场角 $2\omega_H$=114.7°, 垂直视场角 $2\omega_V$=87.0°, 适用于从可见光扩展到近红外的宽波段 (VIS+0.65~ 1.1μm)。 物镜的焦距 f= 4.27mm, 相对孔径为 1:4.2。相对孔径是一个颇为重要的指标, 大相对孔径物镜可以在夜间微光下收集到足够的光能量。半对角线长 ρ=6.0mm, 可根据 CMOS 的尺寸进行缩放。

　　物镜由五片透镜组成, 第一片和第二片均为负弯月镜, 与后面的正透镜组拉开距离, 使视场大大增大, 并使得大视场主光线的角度 ω 变小, 以便后组处理, 这是典型的反远摄型设计。总长度 (从物镜第一表面到像面, 又称 total track, 下同) 仅为 28.0mm, 直径为 18.6mm。

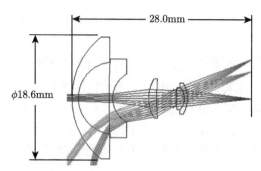

图 14.1　宽带广角物镜 [UA-1]-A

(VIS+0.65 ∼ 1.1μm)

　　物镜的材料为 SCHOTT 玻璃，采用了 N-PSK53、N-KZFS8 等特种玻璃，确保从可见光到近红外的宽波段的球差、色差曲线一致收敛 (参见图 14.2(b))，达到较高的分辨率，是一款优秀的设计。合成系统的相关程序 [MS-CB] 见本书封底二维码。

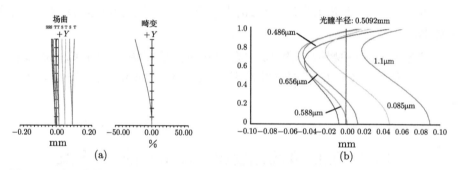

图 14.2　广角物镜 [UA-1]-A 的场曲、畸变和球差–色差曲线 (彩图见封底二维码)

(a) 场曲 (±0.2mm) 和畸变曲线 (±50.00%); (b) 球差–色差曲线 (±0.10mm)

14.3.2　0.85 视场配置和奇异区

　　设物距为 10m，对于短焦距物镜而言，这相当于无限远。物像的严重不对称和超大视场角，导致很大的欠校正 (负) 畸变。图 14.3(b) 为图像探测器的第一象限，其边缘和中心分别用数字标识；图 14.3(a) 则为物平面上对应的图形，可以看出，畸变导致被观察图形严重地偏离矩形，其中与探测器对角线端点 (第 5 点) 对应的邻域远离需要观察的场景。此外，该区域对应的视场角很大 ($2\omega_D = 141.4°$)，光线容易从系统中逸出，导致光线追迹和优化处理无法进行。可以说第 5 点是 "奇点"，它的邻域是视场的 "奇异区"，去除这一区域有利于视场的增大。

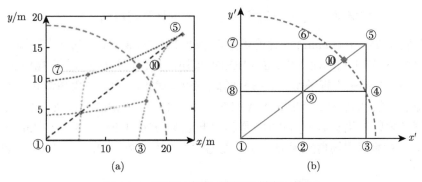

图 14.3   畸变示意图 (彩图见封底二维码)

(a) 物面第一象限; (b) 像面 (探测器) 第一象限。对角线上的菱形 ♦ 表示归一化的 0.85 像高，虚线表示对
　　应的圆形视场，探测器的半对角线长 (第①点和第⑤点的距离) 为 5.5mm

与像面坐标对应的物空间入射角见表 14.1。

表 14.1   像面坐标 (x', y') 与对应的水平入射角 ω_H、垂直入射角 ω_V 和对角线入射角 ω_D

视场标号		3	7	5	10	9
像面 $(H_x, H_y)^*$		(0.8, 0)	(0, 0.6)	(0.8, 0.6)	(0.68, 0.51)	(0.4, 0.3)
物方入射角	$2\omega_H$	114.7°	0°	—	—	—
	$2\omega_V$	0°	87.0°	—	—	—
	$2\omega_D$	—	—	141.4°	121.4°	72.9°

注: * 归一化视场。

通常的处理方案是取对角线上 0.85 处 (图 14.3 中用菱形 ♦ 表示) 为最大视
场，即可去除归一化像高大于 0.85 的区域，该处理称为 “0.85 视场配置” (0.85 FOV
allocation)。视不同的应用需求也可执行 0.8 或 0.707 视场配置。

设芯片的半对角线为 ρ，0.85 视场配置的要点如下:

(1) 在 ZEMAX 软件视场 Fie 目录中选择 Real Image Height(实际像高)，并设

$$\rho_3 = 0.85\rho, \quad \rho_2 = 0.707\rho_3 \tag{14.2}$$

其中，ρ_2 和 ρ_3 分别表示第二和第三视场，即以 0.85 视场代替 1 视场，这样就去除
了奇异区。

(2) 在 Gen\Ray Aiming(光阑像差纠正) 中选择 Real，确保大视场主光线通过
光阑中心。

14.3.3　水平视场角 $2\omega_H$ 和垂直视场角 $2\omega_V$ 的计算与控制

设物距 $T0=10000$mm, 在评价函数表 (如 "FIXED-3-SIMPLE") 中增添 "HOR-IZONTAL & VERTICAL ANGLE FIELD" 模块, 就可计算并控制水平视角 $2\omega_H$, 注意不能同时控制垂直视场角, $2\omega_V$ 是计算出来的。表 14.2 为超广角物镜 [UA-1]-R 评价函数表中的 "HORIZONTAL & VERTICAL ANGLE FIELD" 模块, 其中第 6 行水平视场角归一化坐标 $H_x=0.94$, 是芯片半宽度 $a/2(=4.4\text{mm})$ 与 $\rho_3(=4.68\text{mm})$ 之比；第 13 行垂直视场角坐标 $H_y=0.71$ 是芯片半高度 $b/2(=3.3\text{mm})$ 与 $\rho_3(=4.68\text{mm})$ 之比。

表 14.2　评价函数 "HORIZONTAL & VERTICAL ANGLE FIELD" 模块 (设物距 $T0=10000$mm)

Oper#	Type	Surf1	Surf2	(H_x,H_y,P_x,P_y)	Tag.	Wt.	Val.	Ctrb.	说明	
1	BLNK			ULTRA-WIDE ANGLE-R						
2	BLNK			HORIZONTAL & VERTICAL ANGLE FIELD						
3	CONS				0	0	57.295	0	弧度角度比	
4	CONS				0	0	2	0		
5	BLNK			HORIZONTAL						
6	REAX	0	2	(0.94,0,0,0)	0	0	−31750	0	物方水平视场	x 分量
7	REAY	0	2	(0.94,0,0,0)	0	0	0	0		y 分量
8	BLNK									
9	RANG	0	2	(0.94,0,0,0)	0	0	1.266	0		
10	PROD	9	3		52.50	0.1	72.5	1.5×10^{-5}		
11	PROD	10	4		145	0	145.0	0	$2\omega_H$	
12	BLNK			VERTICAL						
13	REAX	0	2	(0,0.71,0,0)	0	0	0	0	物方垂直视场	x 分量
14	REAY	0	2	(0,0.71,0,0)	0	0	−14630	0		y 分量
15	BLNK									
16	RANG	0	2	(0,0.71,0,0)	0	0	0.971	0		
17	PROD	9	3		0	0	55.64	0		
18	PROD	10	4		0	0	111.28	0	$2\omega_V$	

14.3.4　etendue 的 "占空比" 和图像探测器的利用率

光学成像系统是轴对称的。假设校正了最大视场的弥散, 则可用的视场是圆形, 但探测器通常是矩形的, 如 4:3 或 16:9 的探测器, 参见图 14.4。对全部可用视场的利用率分别为 0.61 及 0.55, 称 etendue(信息量) 的 "占空比"；此时芯片设为利用率为 100%。在 0.85 视场配置情况下，芯片的利用率下降到 92%，但 etendue 占空比则上升为 77%。

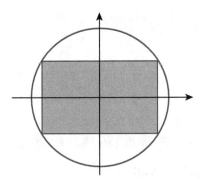

图 14.4 矩形探测器 etendue 占空比 (彩图见封底二维码)

14.4 典型超广角监控监视物镜

本节将给出超广角监控监视物镜的典型设计。像高有两种规范：5.5mm(2/3in 传感器) 和 3.0mm(简约型超广角物镜，1/3in 传感器)，均可按照其他规格图像传感器进行等比例缩放。将 $90° < \omega_H \leqslant 120°$ 的物镜归于广角物镜，将 $\omega_H \geqslant 120°$ 的物镜归于超广角物镜。

14.4.1 超广角物镜 [UA-1]-R

这款物镜是将 [UA-1]-A 的焦距缩到 3.35mm 而得。焦距缩小后视场角增大变成超广角，$2\omega_H=145.0°$，$2\omega_V=111.3°$，弥散斑 SPT=(3,7,8)μm，同时具备超广角和宽带的特征。

14.4.2 超广角物镜 [UA-2]-R

图 14.5(a) 是另一款超广角高清晰物镜 [UA-2]-R，$2\omega_H=129°$，$2\omega_V=92.8°$，$f=4.30$mm，$F=2.0$。物镜由十片七组透镜构成，全部采用 H-ZK6、ZF3、F1 等常用玻璃，成本很低，但清晰度却非常高，全视场弥散斑 $\leqslant 3$μm。由于接近像方远心，而像平面的照度取决于主光线的入射角，所以像面相对照度非常均匀，见图 14.5(b)。

以上两款物镜的第二透镜的第一面紧贴在第一透镜的第二面的棱边上，类似的设计并不少见，14.7 节要专门对这一细节的设计方法加以说明。

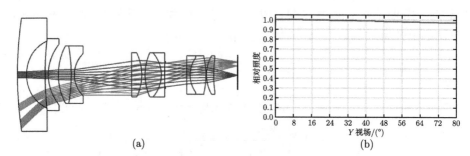

(a)　　　　　　　　　　　　　　　　　(b)

图 14.5　(a) 超广角物镜 [UA-2]-R：$2\omega_H=129°$，$2\omega_V=92.8°$，$f=4.30\text{mm}$，$F=2.0$;

(b) 相对照度 (彩图见封底二维码)

14.4.3　近红外超广角物镜 [UA-4]-R

该物镜 (图 14.6) 适用于近红外波段 $0.7\sim1.1\mu\text{m}$，$2\omega_H=130°$，$2\omega_V=90.6°$，$f=4.60\text{mm}$，$F=3.5$，清晰度很高，全视场弥散圆 SPT 小于 $13\mu\text{m}$，适用于近红外的监控监视和成像，例如，夜晚的交通监视、较暗环境的监控等。

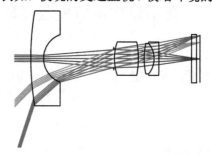

图 14.6　近红外超广角物镜 [UA-4]-R(彩图见封底二维码)

适用波段 $0.7\sim1.1\mu\text{m}$；$2\omega_H=130°$，$2\omega_V=90.6°$，$f=4.60\text{mm}$，$F=3.5$

14.4.4　大相对孔径超广角物镜 [UA-5]-R

物镜 [UA-5]-R(图 14.7) 的相对孔径达到 $1:2.2(F=2.2)$，对于较暗的环境或亮度低的目标，较大的相对孔径显然是有意义的。该物镜 $2\omega_H=127°$，$2\omega_V=89.1°$，$f=4.60\text{mm}$。

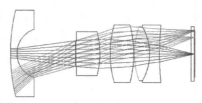

图 14.7　超广角大相对孔径物镜 [UA-5]-R(彩图见封底二维码)

$2\omega_H=127°$，$2\omega_V=89.1°$，$f=4.60\text{mm}$，$F=2.2$

14.4.5 超广角物镜 [UA-6]-R

该物镜 (图 14.8(a)) 的弥散斑 SPT 在 4μm 以内，像质较好，像面相对照度相当均匀 (参见图 14.8(b))；$2\omega_H$=128°，$2\omega_V$=89.7°，f=4.50mm，F=4.6；物镜的第一个透镜前表面接近平面，有利于安装。

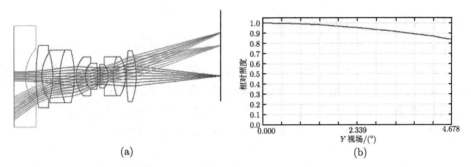

(a)   (b)

图 14.8   (a) 超广角物镜 [UA-6]-R：$2\omega_H$=128°，$2\omega_V$=89.7°，f=4.50mm，F=4.6;
(b) 相对照度 (彩图见封底二维码)

14.5   水下超广角检测物镜

水下目标检测，特别是超大视场水下目标检测是令人感兴趣的课题。物镜 [UA-7]-R(参见图 14.9) 正是为此目的设计的。

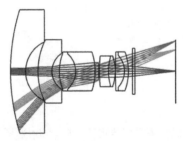

图 14.9   水下超广角检测物镜 [UA-7]-R(彩图见封底二维码)
$2\omega_H = 156°$，$2\omega_V = 111.4°$，f=2.9mm，F–3.0

物镜 [UA-7]-R 前组由三片 ZK 系列弯月透镜构成，同时由于水的折射率和玻璃接近，视场角做得特别大，$2\omega_H$=156°，$2\omega_V$=111.4°，f=2.9mm，F=3.0，弥散斑 SPT 在 6μm 以内，像质较好，像面相对照度也相当均匀。

物镜的第一片透镜前表面浸没在水中，在 ZEMAX 数据表中，物空间 (OBJ) 对应的材料设定为 (1.33, 54.0)，正是水的折射率和阿贝数。此外，物镜整体的密封设计也至关重要。

水对于光波有吸收，蓝绿光是透过窗口。上述物镜究竟能观察多深的目标，是有关课题的研究内容。

14.6 简约结构系列广角物镜及设计方法

14.6.1 典型的简约结构系列物镜

[UA-8]-R1~R4 四款物镜均由一个负弯月前组，以及双胶合加一个单片的后组构成，结构相当紧凑，水平视场角从 105° 到 120°，相对孔径 1:3，清晰度很高，覆盖了大部分监控类的应用领域。图像探测器为 1/3in，半对角线为 3.0mm，也采用"0.85 视场配置"。系统最后包含一片 0.4mm 的 CMOS 保护玻璃。对这些物镜进行修改，就可适用于不同规格的图像传感器。图 14.10 为系统图。

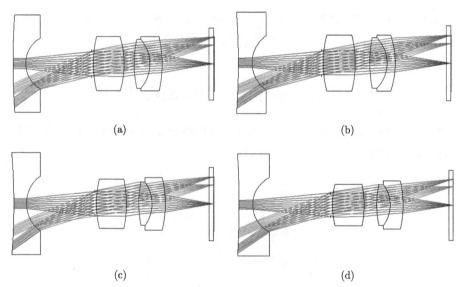

(a)   (b)

(c)   (d)

图 14.10 简约结构系列广角物镜 $(F = 3.0)$(彩图见封底二维码)
(a)[UA-8]-R1:f=2.8mm, $2\omega_H$=110°, $2\omega_V$=77.9°;
(b)[UA-8]-R2:f=2.8mm, $2\omega_H$=120°, $2\omega_V$=81.4°;
(c)[UA-8]-R3:f=2.7mm, $2\omega_H$=127°, $2\omega_V$=84.2°;
(d)[UA-8]-R4:f=2.6mm, $2\omega_H$=133°, $2\omega_V$=87.0°

与 2/3in 物镜相比，图像探测器面积较小，会引起灵敏度下降，但成本较低。设计应当在灵敏度和成本之间寻求平衡。

14.6.2 简约结构系列物镜的特征

表 14.3 为简约结构系列物镜的技术指标和内部结构参数。可以看出，四个物镜后组的入射视场角均设为 20.6°，前组焦距 f_1'、后组焦距 f_2' 的差别都不大，因而这四组物镜的理想光学模型几乎没有差别。但前组弯月透镜从 R1 到 R4 渐次向物方弯曲，引起水平视场主光线的放大倍率 $A = \omega_H/\omega_H'$ 非线性地增大，从而前后组间隔 d 和系统长度 T 渐次增大，其规律近似为线性。

表 14.3 简约结构系列物镜 [UA-8]-R1~R4 参数，[UA-8]-RK 为新设计

(长度单位: mm)

物镜	F	f'	f_1'	f_2'	$\omega_H/(°)$	$\omega_H'/(°)$	$A = \omega_H/\omega_H'$	d	T
[UA-8]-R1	3.0	2.8	−4.58	4.86	55.0	20.6	2.67	6.55	19.41
[UA-8]-R2	3.0	2.8	−4.53	5.01	60.0	20.6	2.91	6.60	19.62
[UA-8]-R3	3.0	2.7	−4.56	5.00	63.5	20.6	3.08	6.98	19.87
[UA-8]-R4	3.0	2.6	−4.68	4.96	66.5	20.6	3.23	7.50	20.04
[UA-8]-RK	3.0	2.7	−4.68	5.01	62.0	20.1	3.08	7.39	19.80

注: f' 为整组焦距；f_1'、f_2' 为前后组焦距；ω_H 为整组水平半视场角；ω_H' 为后组半视场角；d 为前后组的间隔；T 为系统长度。

如果以半视场角 ω_H 为自变量，经拟合得到图 14.11 所示曲线，焦距方程如下：

$$f'(\omega_H) = -0.000702\omega_H^2 + 0.068369\omega_H + 1.192967 \tag{14.3}$$

式中，ω_H 单位为度。

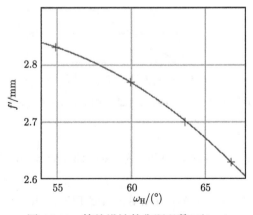

图 14.11 简约设计的焦距函数 $f'(\omega_H)$

14.6.3　简约结构系列物镜的设计方法

广角物镜的物距通常远大于像距，在初始设计中总是设物距为无限，在本章中设物距为 10000mm。又因为系统长度 (从物镜前表面到探测器) 远小于物距，系统被物方视场 (如 $2\omega_{\rm H}$)、像方视场 (如图像探测器尺寸 a 和 b，或半对角线长 ρ) 和 F 完全确定了。可以根据视场角 $\omega_{\rm H}$、F 和实际像高 ρ 对物镜独立设计，必要时还可以按照探测器的尺寸加以缩放。以下举例说明简约型广角物镜的设计流程。

(1) 假设要设计物镜的水平视场角 $\omega_{\rm H}=62°$，F=2.8，采用 1/3in 图像探测器，半对角线长 ρ=3.0mm。

(2) 代入 (14.3) 式得到 $f' = 2.73$mm。选择设计指标最接近的物镜 [UA-8]-R3，另存为 [UA-8]-RK。

(3) 将焦距缩放到 2.73mm。

(4) 取 “0.85 视场配置”，设置像方实际像高 (Real Image Height)

$$\rho_3 = 0.85\rho = 2.55\text{mm}, \quad \rho_2 = 1.8\text{mm} \tag{14.4}$$

其中，ρ_3 为第 3 视场，ρ_2 =0.707ρ_3 为第 2 视场，参见图 14.12。

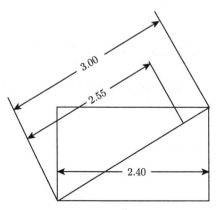

图 14.12　探测器第一象限 (单位: mm)

探测器半对角线长 $\rho = 3.00$mm，最大视场 $\rho_3 = 0.85\rho = 2.55$mm

(5) 令 F=2.8。

(6) 设置 General 中的 Ray Aiming 为 Rear 或 Paraxial，使不同视场主光线均能够通过光阑中心。

(7) 调用评价函数 “ULTRA-WIDE ANGLE FIELD-R”，它与常用的 “FIXED-3-SIMPLE” 的主要差别，在于增加了模块 “HORIZOTAL & VERTICAL ANGLE FIELD”，参见表 14.2，在其中计算水平视场角 $2\omega_{\rm H}$ 和垂直视场角 $2\omega_{\rm V}$。

(8) 令 $\omega_H = 62°$，并给权，放开透镜半径 Semi-Dia.，令曲率半径 R 和间隔 T 可变，优化后很快得到结果，成像质量很好。前后组参数列在表 14.3 中，本章介绍的各设计系统参数列在表 14.4 中。

表 14.4 广角和超广角物镜技术指标

设计	特点	探测器	F	f'/mm	$2\omega_H$/(°)	$2\omega_V$/(°)	SPT/μm		
							0	0.7	1
[UA-1]-R	超广角，宽波段(VIS+0.6~1.1μm)		4.2	3.35	145.0	111.3	3	7	8
[UA-2]-R	超广角，高清晰，高均匀照明		2.0	4.30	129.0	92.8	2	3	3
[UA-4]-R	超广角，近红外 (0.7~1.05μm)	2/3in	3.5	4.60	130.0	90.6	4	6	13
[UA-5]-R	超广角，大相对孔径		2.2	4.60	127.0	89.1	6	7	17
[UA-6]-R	超广角		4.6	4.50	128.0	89.7	1	4	4
[UA-7]-R	水下，简约结构		3.0	2.90	156.0	111.4	3	5	6
[UA-8]-R1	简约结构		3.0	2.80	110.0	77.9	2	3	4
[UA-8]-R2	简约结构		3.2	2.80	120.0	81.4	2	3	4
[UA-8]-R3	简约结构	1/3in	3.0	2.70	127.0	84.4	3	4	3
[UA-8]-R4	简约结构		3.0	2.60	133.0	87.0	2	4	3
[UA-8]-RK	简约结构		3.0	2.70	124.0	84.0	2	4	5

(9) 对样板、厚度圆整、给压边量等工艺修正。

典型广角和超广角监测物镜的指标参数如表 14.4 所示，结构参数和像差曲线见附录 14-1。

14.7 "透镜棱边接触"处理

广角或超广角物镜大视场光线的路径非常弯曲，在设计上有时两个相邻透镜的棱边不得不相互接触，例如图 14.1 和图 14.5。一个透镜的后表面 Σ_m 的棱边紧贴在第二个透镜的前表面 Σ_{m+1}。对这种情况的处理如下。

14.7.1 "透镜棱边接触"的评价函数

由于接触点 Q 恰恰是最大视场下光线 $(H_x, H_y, P_x, P_y) = (0, 1, 0, -1)$ 通过第 m 面和第 $m+1$ 面的共同点，参见图 14.13。令第 m 面和第 $m+1$ 面下光线的 z 坐标相等，就确保了第一透镜的棱边紧贴在第二透镜的球面上，保证了准确的间隔，且没有拦光。评价函数的设置见表 14.5(设 $m=3$)，其中 RAGZ 操作给出全局 z 坐标，第 28、29 行用 RAGZ 分别调出 1 视场第 3 面和第 4 面的下光线坐标 z_3 和 z_4，第 30 行计算 $(z_4 - z_3)$，设定其目标值为 0，并给出权重。此外，第 4 面的透镜外径 (Semi. Dia.)r_4 设置得比第 3 面的 r_3 略大，经过优化，第 3 面的棱边就紧贴在第 4 面表面。

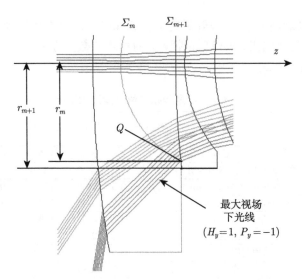

图 14.13　透镜 "边缘接触" 示意图

表 14.5　"透镜棱边缘接触" 的评价函数

No.	Type	Surf		H_x	H_y	P_x	P_y	Tag.	Wt.	Val.	Ctrb.
27	BLNK			BOUNDING FOR THE EDGES							
28	RAGZ	3	2	0	1	0	−1	0	0	6.36	0
29	RAGZ	4	2	0	1	0	−1	0	0	6.36	0
30	DIFF	29	28					0	1.0	0	0

14.7.2　透镜边缘接触加工工艺要求

上述设计非常精密,对结构设计和工艺水平提出了相应的要求:

(1) 第 1 透镜的后表面 Q 处本来就不是锐棱,不倒边,也不允许有破损。

(2) Σ_m 面弧高的公差,以及第 1 透镜的平面对光轴的不垂直度公差从严。

(3) 据此进行结构设计,棱边对于球面的压力大小恰当,过大会产生应力,过小会有间隙。

14.8　超广角物镜的特殊结构设计

超广角物镜最大视场的光线紧贴着物镜的前表面射出,如图 14.14 所示。所以镜框不能超过前表面的边缘,否则就将引起拦光。通常的设计把结构做出台阶,将第一片大弯月镜用胶粘接在台阶上。

对图 14.14 所示接续的两个台阶的间隔 d 必须给出严的公差,以控制透镜的间距。

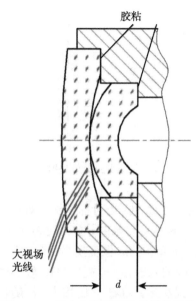

图 14.14 超广角物镜特殊的结构设计

14.9 主光线 "保角映射" 和畸变补偿算法

在本节中, 用 r 和 ρ 分别表示物面和像面 (图像探测器) 最大线视场的值。

14.9.1 大畸变导致放大率公式失效

有限共轭距系统的焦距和放大率公式为

$$\begin{cases} \dfrac{1}{l'} - \dfrac{1}{l} = \dfrac{1}{f'} \\[2mm] f' = \dfrac{-\beta L}{(1-\beta)^2} \end{cases} \tag{14.5}$$

上述公式都是实际成像公式的近轴近似, 即假定轴上光线的孔径角 u' 和主光线的视场角 ω 都不大, 它们的正弦、正切与弧度值近似相等, 横向放大率 β 为常数, 与物高 (或视场角) 无关。超广角物镜的视场角 ω 显然不符合近似条件, (14.5) 式完全不能用。

14.9.2 对称性和主光线的保角映射

在图 14.15 中, 设 Oxy 为物平面, $O'x'y'$ 为像平面, P 为物平面上一点, P' 为对应的像, S 为成像物镜的入瞳中心; $OP = r$, 与 x 轴的夹角为 ϕ; $O'P' = \rho$, 与 x' 的夹角为 ϕ'。显然 PSP' 为主光线。OP 与 z 轴构成的平面称 "主截面"。

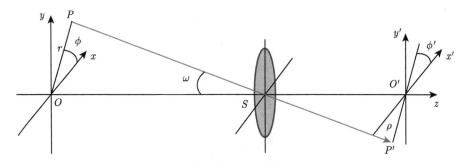

图 14.15　主光线的保角映射 $(\phi' = \phi)$

一般同轴成像系统以光轴 (z 轴) 为对称轴旋转对称。由于入瞳中心在光轴上，入射光线在主截面内，由对称性可以推断，主光线必然保持在主截面内传播，所以有 $\phi' = \phi$，从而得到结论：主光线的成像变换为保角映射。主光线的保角性 $(\phi'=\phi)$ 与视场角 ω 无关。当主光线的入射角 (即视场角)ω 较小时，横向放大率 $\beta=\rho/r$ 为常数，由 (14.5) 式的第 2 式决定。随着 ω 的增大，β 随视场角 ω 而变，在视场增大时 β 呈现非线性，ρ/r 与 β 的偏差就是畸变。

14.9.3　畸变成像的补偿算法

该算法由物面坐标 $P\,(x,y)$ 推算对应的像面坐标 $P'\,(x',y')$，设

$$\begin{cases} r = \sqrt{x^2 + y^2} \\ \rho = \sqrt{x'^2 + y'^2} \end{cases} \tag{14.6}$$

则有

$$P\,(r) = \mathscr{L}\,\{P'\,(\rho)\} \tag{14.7}$$

$\mathscr{L}$ 即主光线的保角变换，它只与向径有关，与幅角 ϕ 无关。

以物镜 [UA-1]-A 为例，图 14.16 (a) 为物平面坐标系，物距 $L=10000$mm。在物面上虚线框出的范围内任取一点，如第 4 点，其坐标

$$P_4\,(x,y) = (1.691, 6.341) \times 10^3 \tag{14.8}$$

算出

$$\begin{cases} r = \sqrt{x^2 + y^2} = 1.806 \times 10^4 \text{mm} \\ \phi = \arctan\left(\dfrac{y}{x}\right) = 20.55° \end{cases} \tag{14.9}$$

视场角

$$\omega_4 = \arctan\left(\frac{r}{L}\right) = 61.0° \tag{14.10}$$

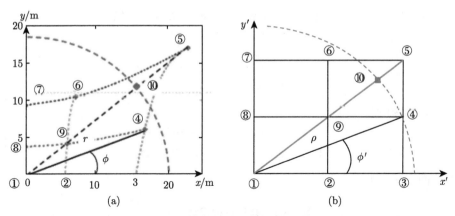

图 14.16　物平面坐标系 (a) 和像平面坐标系 (b)(图中数字为视场的序号)

在 Analysis\Miscellaneous\Field Curv-Distortion\Text 目录 (参见表 14.6) 中查
61.0° 对应的物高 (Real Height)。根据保角映射的原理，并经内插得到

$$
\begin{cases}
\rho \approx 4.70\text{mm} \\
\phi' = \phi = 20.55°
\end{cases}
\tag{14.11}
$$

该点正是像面上第 4 点，保角映射畸变补偿的精度非常高。

表 14.6　畸变的数据文本（I）

y Angle(ω)/(°)	$\cdots$	$\cdots$	Real Height (ρ)/mm	Ref. Height (η')/mm	Distortion /%
60.52			4.659		-38.41
61.41			4.731		-39.70

14.9.4　逆问题

绝大多数情况是已知探测器 (像面) 坐标 $P'(x', y')$，需要计算相应的物面坐标
$P(x, y)$。这是保角映射的逆变换，即

$$
P'(\rho) = \mathscr{L}^{-1}\{P(r)\}
\tag{14.12}
$$

已知探测面第 6 点的坐标为

$$
P'(x', y') = (2.2, 3.3)
\tag{14.13}
$$

由此算出

$$
\begin{cases}
\rho = \sqrt{x'^2 + y'^2} = 3.97\text{mm} \\
\varphi' = \arctan\left(\dfrac{y'}{x'}\right) = 56.3°
\end{cases}
\tag{14.14}
$$

由 ρ 的值，以及畸变的数据表 (参见表 14.7) 经插值得到视场角

$$\omega = 52.0° \tag{14.15}$$

$$r = L\tan\omega = 1.28 \times 10^4 \text{mm} \tag{14.16}$$

从 $\phi = \phi'$ 得到

$$\begin{cases} x = r\cos\phi = 7.102 \times 10^3 \text{mm} \\ y = r\sin\phi = 1.065 \times 10^4 \text{mm} \end{cases} \tag{14.17}$$

就是物面上第 6 点。

表 14.7　畸变的数据文本 (Ⅱ)

y Angle(ω)/(°)	...	...	Real Height (ρ)/mm	Ref. Height (η')/mm	Distortion/%
51.62			3.940		−27.02
52.51			4.011		−28.05

保角映射只给出物像平面的对应点，畸变图像的校正则是数字图像处理的任务。

14.10　本 章 小 结

本章介绍广角和超广角监控监视物镜的特点，列举十余种典型的设计，分别具有宽带 (可见光到近红外)、高清晰度、大相对孔径、近像方远心等特点，介绍超广角水下检测物镜，讲解密接透镜棱边接触的设计方法和工艺处理，推荐广角物镜结构设计，介绍去除由大畸变造成的奇异区的 "0.85 视场配置" 算法，以及超广角检测物镜的设计方法。

超广角物镜不可避免的像差是大畸变，本章对大畸变导致的效应进行分析，由对称性推导出主光线的保角映射原理，讨论查表法畸变补偿的实例。

附录 14 技术指标、像差曲线和结构参数

[UA-1]-A 技术指标

波段	F	ρ(半对角线)/mm	$2\omega_H/(°)$	$f'/$mm	BFL/mm	VL/mm	OD	SPT/μm			
								(1)*	(3)	(7)	(5)
0.6~1.1μm	4.2	5.5	114.7	4.3	10	18.0	Inf	3	6	5	6

注: * 归一化视场: (1)(H_x, H_y)=(0.0); (3) (H_x, H_y)=(0.8, 0); (7) (H_x, H_y) = (0, 0.6); (5) (H_x, H_y)=(0.8, 0.6)。

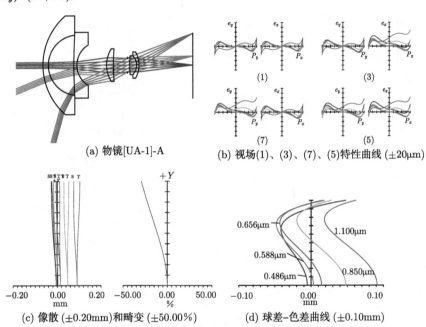

(a) 物镜[UA-1]-A

(b) 视场(1)、(3)、(7)、(5)特性曲线 (±20μm)

(c) 像散 (±0.20mm)和畸变 (±50.00%)

(d) 球差-色差曲线 (±0.10mm)

[UA-1]-A 结构参数 （长度单位：mm）

No.	R	T	Gls	Semi-Dia.
OBJ	Inf	1.000×10^4		2.859×10^4
1	11.818(V)	1.000	LAKN13(S)	9.000(U)
2	5.519(V)	4.780(V)		5.490(U)
3	90.071(V)	0.575(V)	N-PSK53(S)	6.000(U)
4	4.246(V)	5.584(V)		3.678(U)
5	5.499(V)	1.283(V)	N-KZFS8(S)	3.000(U)
6	34.313(V)	2.624(V)		2.713(U)
STO	Inf	0.426(V)		1.237(U)
8	15.873(V)	1.270(V)	N-PK52A(S)	1.546(U)
9	−2.460(V)	0.460(V)	N-SF6HT(S)	1.713(U)
10	−4.748(V)	10.000(V)		2.400(U)
IMA	Inf	—		6.011(U)

[UA-1]-R 技术指标

波段	F	$\rho_{0.85}$/mm	$2\omega_H$/(°)	f'/mm	BFL/mm	VL/mm	OD	SPT/μm		
								0	0.7	1
VIS+0.6 ~ 1.1μm	4.2	4.7	145	3.35	8.1	14.7	Inf	3	7	8

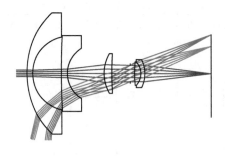

(a) 物镜[UA-1]-R

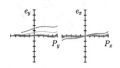

(b) 特性曲线 (±50μm)

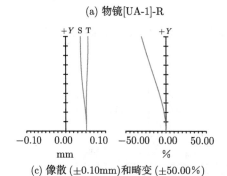

(c) 像散 (±0.10mm)和畸变 (±50.00％)

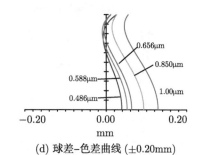

(d) 球差–色差曲线 (±0.20mm)

[UA-1]-R 结构参数   (长度单位: mm)

No.	R	T	Gls	Semi-Dia.
OBJ	Inf	1.00×10^4		4.296×10^4
1	10.010(V)	0.777	LAKN13(S)	7.328(U)
2	4.485(V)	3.589(V)		4.402(U)
3	82.142(V)	0.746(V)	N-PSK53(S)	4.580(U)
4	3.575(V)	4.566(V)		3.054
5	4.772(V)	0.944(V)	N-KZFS8(S)	2.403
6	36.292(V)	2.272(V)		2.280
STO	Inf	0.547(V)		0.993
8	14.090(V)	0.779(V)	N-PK52A(S)	1.370
9	−2.037(V)	0.500(V)	N-SF6HT(S)	1.416
10	−3.769(V)	8.078(V)		1.696
IMA	Inf	—		4.699

[UA-2]-R 技术指标

波段	F	$\rho_{0.85}$/mm	$2\omega_H$/(°)	f'/mm	BFL/mm	VL/mm	OD	ω/F	SPT/μm 0	SPT/μm 0.7	SPT/μm 1
VIS	2.0	3.1	129	4.3	8.5	71.1	Inf	0.57	2	3	3

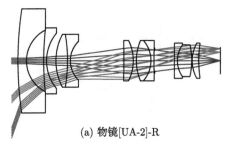

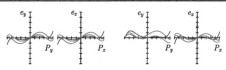

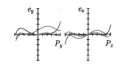

(a) 物镜[UA-2]-R

(b) 特性曲线 (±20μm)

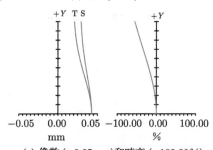

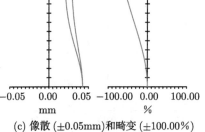

(c) 像散 (±0.05mm)和畸变 (±100.00%)

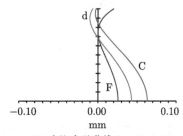

(d) 球差-色差曲线 (±0.10mm)

[UA-2]-R 结构参数　　　　　(长度单位: mm)

No.	R	T	Gls	Semi-Dia.
OBJ	Inf	1.00×10^4		2.795×10^4
1	134.544(V)	3.387(V)	H-ZK6(S)	20.000(U)
2	13.190(V)	6.774(V)		11.868(U)
3	112.738(V)	1.123(V)	H-ZK6(S)	12.701(U)
4	16.519(V)	3.691(V)		10.669(U)
5	21.283(V)	4.570(V)	ZF3(S)	10.161(U)
6	−59.767(V)	1.117(V)	H-ZK6(S)	10.161(U)
7	10.294(V)	20.896(V)		7.451(U)
8	−717.344(V)	3.706(V)	F1(S)	7.790(U)
9	−17.127(V)	1.233(V)		7.790(U)
10	19.370(V)	5.767(V)	H-ZK6(S)	7.790(U)
11	−11.574(V)	1.185(V)	ZF3(S)	7.790(U)
12	155.965(V)	0.311(V)		4.227(U)
STO	Inf	7.725(V)		4.109(U)
13	8376.680(V)	1.185(V)	ZF3(S)	6.774(U)
14	10.309(V)	5.659(V)	H-ZK6(S)	6.097(U)
15	−27.478(V)	0.203(V)		6.097(U)
16	13.539(V)	2.593(V)	H-ZK6(S)	6.774(U)
17	44.364(V)	8.468(V)		6.198(U)
IMA	Inf	—		5.089(U)

[UA-4]-R 技术指标

波段	F	$\rho_{0.85}$/mm	$2\omega_H$/(°)	f'/mm	BFL/mm	VL/mm	OD	ω/F	SPT/μm 0	SPT/μm 0.7	SPT/μm 1
$0.7 \sim 1.05$μm	3.5	4.7	130	4.6	6.6	26.0	Inf	0.32	4	6	13

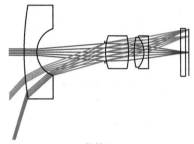

(a) 物镜[UA-4]-R

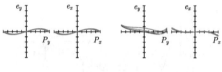

(b) 特性曲线(±50μm)

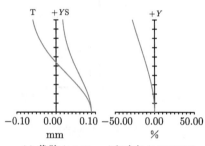

(c) 像散 (±0.10mm)和畸变 (±50.00%)

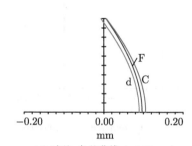

(d) 球差–色差曲线 (±0.20mm)

[UA-4]-R 结构参数 　　　　　　　　　(长度单位: mm)

No.	R	T	Gls	Semi-Dia.
OBJ	Inf	1.00×10^4		3.066×10^4
1	56.907(V)	2.618(V)	H-LAK2(S)	9.500(U)
2	5.040(V)	14.253(V)		4.759
STO	Inf	0.138(V)		1.921(U)
4	9.913(V)	4.847(V)	N-LAK33A(S)	3.324(U)
5	−16.773(V)	1.174(V)		3.324(U)
6	13.584(V)	2.032(V)	LAKN12(S)	3.047(U)
7	−4.709(V)	0.969(V)	N-SF66(S)	3.047(U)
8	−304.277(V)	6.645(V)		3.324(U)
9	Inf	1.039(V)	H-K9L(S)	4.847(U)
10	Inf	0.692(V)		4.847(U)
IMA	Inf	—		4.712

[UA-5]-R 技术指标

波段	F	$\rho_{0.85}$/mm	$2\omega_H$/(°)	f'/mm	BFL/mm	VL/mm	OD	ω/F	SPT/μm 0	SPT/μm 0.7	SPT/μm 1
VIS	2.2	4.7	127	4.6	6.6	30.6	Inf	0.5	6	7	17

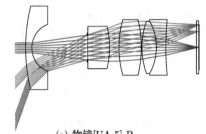

(a) 物镜[UA-5]-R

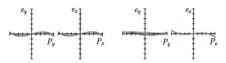

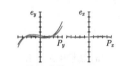

(b) 特性曲线(±100μm)

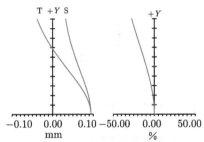

(c) 像散 (±0.10mm)和畸变 (±50.00%)

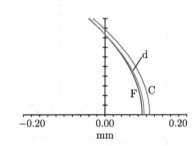

(d) 球差–色差曲线 (±0.20mm)

[UA-5]-R 结构参数　　　　　　　　　　（长度单位：mm）

No.	R	T	Gls	Semi-Dia.
OBJ	Inf	1.00×10^4		2.634×10^4
1	34.568(V)	1.375(V)	H-LAK52(S)	8.663(U)
2	5.141(V)	12.055(V)		4.868
STO	Inf	0.137(V)		2.572
4	121.581(V)	4.813(V)	H-ZLAF2(S)	2.679
5	−17.974(V)	2.088(V)		4.400(U)
6	20.019(V)	4.813(V)	H-LAK5A(S)	5.775(U)
7	−23.474(V)	0.137(V)		5.775(U)
8	15.522(V)	3.129(V)	H-LAK12(S)	5.440(U)
9	−10.791(V)	2.030(V)	H-ZF72(S)	5.440(U)
10	56.420	6.620(V)		5.775(U)
11	Inf	0.500(V)	H-K9L(S)	5.500(U)
12	Inf	0.100(V)		5.500(U)
IMA	Inf	—		4.741

[UA-6]-R 技术指标

波段	F	$\rho_{0.85}$/mm	$2\omega_H$/(°)	f'/mm	BFL/mm	VL/mm	OD	ω/F	SPT/μm		
									0	0.7	1
VIS	4.6	5.0	128	4.5	9.4	13.4	Inf	0.24	1	4	4

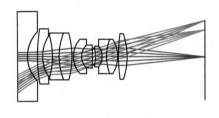

(a) 物镜[UA-6]-R

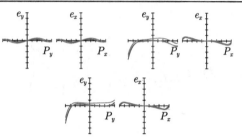

(b) 特性曲线(±20μm)

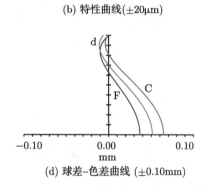

(c) 像散 (±0.10mm)和畸变 (±50.00%)

(d) 球差–色差曲线 (±0.10mm)

[UA-6]-R 结构参数　　　　　　　　(长度单位：mm)

No.	R	T	Gls	Semi-Dia.
OBJ	Inf	1.00×10^4		2.887×10^4
1	−1174.654(V)	1.241(V)	H-ZK9A(S)	5.438(U)
2	4.403(V)	1.175(V)		3.000(U)
3	20.769(V)	0.636(V)	H-ZK4(S)	3.347(U)
4	4.448(V)	1.211(V)		2.471(U)
5	−9.115(V)	0.802(V)	H-ZK9A(S)	2.429(U)
6	7.643(V)	1.575(V)	H-ZF3(S)	2.845(U)
7	−10.526(V)	0.191(V)		2.845(U)
8	3.080(V)	1.022(V)	H-LAF6LA(S)	2.092(U)
9	1.915(V)	1.342(V)	H-K9L(S)	1.384(U)
10	−14.632(V)	0.167(V)		1.074(U)
STO	Inf	0.167(V)		0.920(U)
12	−6.872(V)	0.837(V)	BAF3(S)	0.952(U)
13	−2.048(V)	0.539(V)	H-LAF7(S)	1.255(U)
14	5.975(V)	1.345(V)	H-BAK4(S)	2.092(U)
15	−3.950(V)	0.110(V)		2.092(U)
16	20.963(V)	1.066(V)	H-ZK3(S)	2.761(U)
17	−8.432(V)	9.354(V)		2.761(U)
IMA	Inf	—		5.042

[UA-7]-R 技术指标

波段	F	$\rho_{0.85}$/mm	$2\omega_H$/(°)	f'/mm	BFL/mm	VL/mm	OD	ω/F	SPT/μm		
									0	0.7	1
VIS	3.0	5.1	156	2.9	7.0	26.7	Inf	0.45	3	5	6

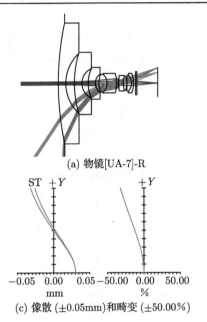

(a) 物镜[UA-7]-R

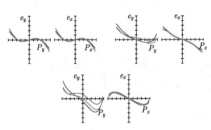

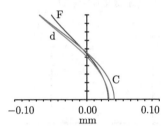

(b) 特性曲线(±20μm)

(c) 像散 (±0.05mm)和畸变 (±50.00%)

(d) 球差–色差曲线 (±0.10mm)

[UA-7]-R 结构参数　　　　　　　　　　（长度单位：mm）

No.	R	T	Gls	Semi-Dia.
OBJ	Inf	1.00×10^4	1.33, 54.0	1.598×10^5
1	93.666(V)	2.556(V)	H-ZK9A(S)	20.000(U)
2	13.427(V)	2.910(V)		10.000(U)
3	34.736(V)	2.556(V)	H-ZK4(S)	10.300(U)
4	5.328(V)	2.134(V)		4.902(U)
5	11.534(V)	2.414(V)	H-ZK8(S)	5.283(U)
6	3.580(V)	1.254(V)		3.006(U)
7	8.307(V)	2.767(V)	H-F4(S)	2.960(U)
8	−3.883(V)	3.317(V)	H-LAF7(S)	2.960(U)
9	−10.127(V)	0.543(V)		3.283(U)
STO	Inf	0.192(V)		1.473(U)
11	29.685(V)	1.518(V)	H-LAF7(S)	2.556(U)
12	8.320(V)	1.178(V)	H-ZPK1(S)	2.202(U)
13	−6.920(V)	9.374×10^{-3}(V)		2.381(U)
14	60.951(V)	1.553(V)	H-ZK3(S)	2.578(U)
15	−3.869(V)	0.686(V)	ZF51(S)	2.674(U)
16	−9.126(V)	0.686(V)		3.238(U)
17	Inf	0.426(V)	H-K9L(S)	3.835(U)
18	Inf	6.987(V)		3.835(U)
IMA	Inf	—		5.117

[UA-8]-R1 技术指标

波段	F	$\rho_{0.85}$/mm	$2\omega_H$/(°)	f'/mm	BFL/mm	VL/mm	OD	ω/F	SPT/μm 0	0.7	1
VIS	3.0	2.6	110	2.8	4.5	14.5	Inf	0.32	2	3	4

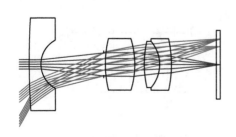

(a) 物镜[UA-8]-R1

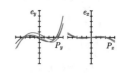

(b) 特性曲线(±20μm)

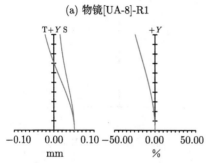

(c) 像散 (±0.10mm)和畸变 (±50.00%)

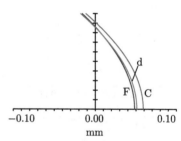

(d) 球差–色差曲线 (±0.10mm)

[UA-8]-R1 结构参数 　　　　　(长度单位: mm)

No.	R	T	Gls	Semi-Dia.
OBJ	Inf	1.00×10^4		1.726×10^4
1	67.510(V)	1.271(V)	H-ZPK1(S)	4.577(U)
2	2.700(V)	6.376(V)		2.380(U)
STO	Inf	0.170(V)		1.124(U)
4	10.495(V)	2.966(V)	H-ZLAF68(S)	2.543(U)
5	−8.483(V)	0.981(V)		2.543(U)
6	9.852(V)	1.548(V)	H-ZPK1(S)	2.288(U)
7	−3.491(V)	1.171(V)	H-ZF72(S)	2.288(U)
8	−11.607(V)	4.534(V)		2.543(U)
9	Inf	0.400(V)	H-K9L(S)	3.390(U)
10	Inf	1.00×10^{-3}(V)		3.390(U)
IMA	Inf	—		2.558

[UA-8]-R2 技术指标

波段	F	$\rho_{0.85}$/mm	$2\omega_H$/(°)	f'/mm	BFL/mm	VL/mm	OD	ω/F	SPT/μm 0	0.7	1
VIS	3.2	2.6	120	2.8	4.8	14.4	Inf	0.33	2	3	4

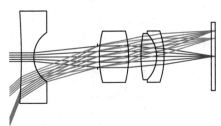

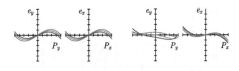

(a) 物镜[UA-8]-R2

(b) 特性曲线(±20μm)

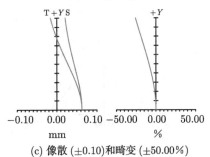

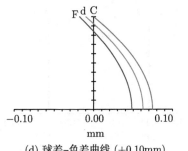

(c) 像散 (±0.10)和畸变 (±50.00%)

(d) 球差-色差曲线 (±0.10mm)

[UA-8]-R2 结构参数　　　　　　（长度单位：mm）

No.	R	T	Gls	Semi-Dia.
OBJ	Inf	1.00×10^4		2.417×10^4
1	−63.615(V)	1.270	H-ZPK1(S)	4.572(U)
2	2.947(V)	6.427(V)		2.445(U)
STO	Inf	0.169		1.051(U)
4	10.165(V)	2.963(V)	H-ZLAF68(S)	2.540(U)
5	−10.216(V)	1.270(V)		2.540(P)
6	12.289(V)	1.582(V)	H-ZPK1(S)	2.286(U)
7	−3.239(V)	0.756(V)	H-ZF72(S)	2.286(P)
8	−7.693(V)	4.789(V)		2.540(U)
9	Inf	0.400(V)	H-K9L(S)	3.386(U)
10	Inf	1.00×10^{-3}(V)		3.386(U)
IMA	Inf	—		2.557

[UA-8]-R3 技术指标

波段	F	$\rho_{0.85}$/mm	$2\omega_H$/(°)	f'/mm	BFL/mm	VL/mm	OD	ω/F	SPT/μm		
									0	0.7	1
VIS	3.0	2.6	127	2.7	4.3	15.1	Inf	0.37	3	4	3

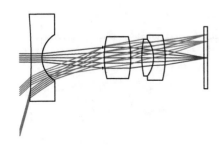

(a) 物镜[UA-8]-R3

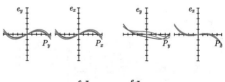

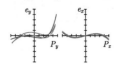

(b) 特性曲线(±20μm)

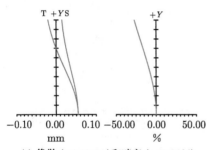

(c) 像散 (±0.10mm)和畸变 (±50.00%)

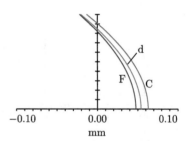

(d) 球差–色差曲线 (±0.10mm)

[UA-8]-R3 结构参数　　　　　　　　　(长度单位: mm)

No.	R	T	Gls	Semi-Dia.
OBJ	Inf	1.00×10^4		3.478×10^4
1	−57.666(V)	1.275(V)	H-ZPK1(S)	4.759(U)
2	2.989(V)	6.811(V)		2.533(U)
STO	Inf	0.170(V)		1.056(U)
4	8.973(V)	2.974(V)	H-ZLAF68(S)	2.295(U)
5	−10.259(V)	1.278(V)		2.295(U)
6	9.916(V)	1.303(V)	H-ZPK1(S)	2.001(U)
7	−3.359(V)	1.314(V)	H-ZF72(S)	2.018(U)
8	−10.010(V)	4.348(V)		2.465(U)
9	Inf	0.400(V)	H-K9L(S)	3.399(U)
10	Inf	1.00×10^{-3}(V)		3.399(U)
IMA	Inf	—		2.566

[UA-8]-R4 技术指标

波段	F	$\rho_{0.85}$/mm	$2\omega_H$/(°)	f'/mm	BFL/mm	VL/mm	OD	ω/F	SPT/μm		
									0	0.7	1
VIS	3.0	2.6	133	2.6	4.3	15.3	Inf	0.39	2	4	3

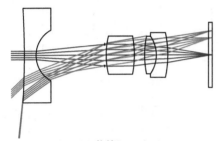

(a) 物镜[UA-8]-R4

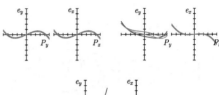

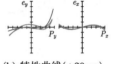

(b) 特性曲线(±20μm)

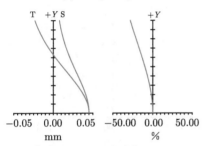

(c) 像散 (±0.05mm)和畸变 (±50.00%)

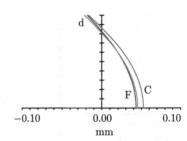

(d) 球差-色差曲线 (±0.10mm)

[UA-8]-R4 结构参数 （长度单位：mm）

No.	R	T	Gls	Semi-Dia.
OBJ	Inf	1.00×10^4		5.903×10^4
1	−81.521(V)	1.275(V)	H-ZPK1(S)	4.929(U)
2	3.017(V)	7.319(V)		2.642(U)
STO	Inf	0.170(V)		1.055(U)
4	8.589(V)	2.974(V)	H-ZLAF68(S)	1.997(U)
5	−10.660(V)	1.096(V)		1.997(U)
6	9.692(V)	1.250(V)	H-ZPK1(S)	1.949(U)
7	−3.394(V)	1.202(V)	H-ZF72(S)	1.966(U)
8	−11.080(V)	4.349(V)		2.337(U)
9	Inf	0.400(V)	H-K9L(S)	3.399(U)
10	Inf	1.00×10^{-3}(V)		3.399(U)
IMA	Inf	—		2.558

[UA-8]-RK 技术指标

波段	F	$\rho_{0.85}$/mm	$2\omega_H$/(°)	f'/mm	BFL/mm	VL/mm	OD	ω/F	SPT/μm 0	0.7	1
VIS	3.0	2.6	124	2.7	4.5	15.0	Inf	0.36	2	3	4

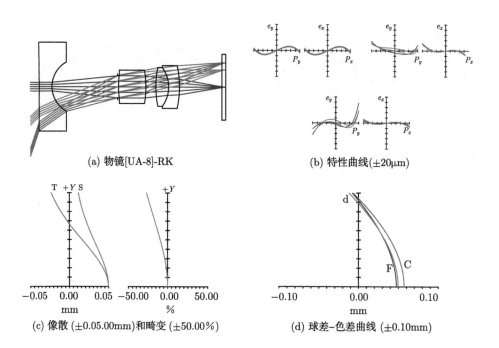

(a) 物镜[UA-8]-RK

(b) 特性曲线(±20μm)

(c) 像散 (±0.05.00mm)和畸变 (±50.00％)

(d) 球差-色差曲线 (±0.10mm)

[UA-8]-RK 结构参数　　　　　　　（长度单位：mm）

No.	R	T	Gls	Semi-Dia.
OBJ	Inf	1.007×10^4		2.740×10^4
1	−274.583(V)	1.369(V)	H-ZPK1(S)	4.620(U)
2	2.908(V)	7.054(V)		2.568(U)
STO	Inf	0.094(V)		1.147(U)
4	9.148(V)	2.951(V)	H-ZLAF68(S)	1.241(U)
5	−10.103(V)	1.072(V)		1.734(U)
6	9.925(V)	1.349(V)	H-ZPK1(S)	2.002(U)
7	−3.387(V)	1.122(V)	H-ZF72(S)	2.018(U)
8	−10.567(V)	4.489(V)		2.231(U)
9	Inf	0.400(V)	H-K9L(S)	3.422(U)
10	Inf	1.00×10^{-3}(V)		3.422(U)
IMA	Inf	—		2.583

第15章 投影系统概论和定焦投影物镜

15.1 引　　言

传统的投影仪如幻灯机，又称胶片投影仪 (slide projector)，参见图 15.1，用强光源通过聚光系统均匀照亮胶片 (负片或反转片)，并将胶片的像投影到显示屏或白墙上。传统的幻灯机一直到现在还在使用，特别是摄影爱好者仍然使用感光胶片照相，用幻灯机看片。多年前学术会上使用的投影仪则称为教学投影仪 (overhead projector)。

图 15.1　幻灯机 (胶片投影仪)

从 20 世纪 90 年代起，空间光调制器 (spatial light modulator，SLM)研制成功，成为计算机电子图像和光学信息显示系统的接口。SLM 主要包括液晶显示器 (LCD)和数字光处理器 (DLP)。由金属化卤钨灯、高压汞灯发射的光束，经过聚光、反射和光强均匀化处理手续，照射空间光调制器，形成透射或反射的图像，经过投影物镜成像在投影屏或墙上。

投影仪目前已广泛应用于教学、科研、娱乐场所、商业广告和军事指挥等领域，是光学信息显示研究领域的重大成果，并与扫描仪等一起构成计算机的必备外设，成为 IT 产业中的一个重要组成部分。投影仪的核心设备是空间光调制器、投影物镜和信息处理单元。

本章首先简单介绍幻灯机的光学系统，特别介绍科勒照明的原理，列出几款典型的 135 胶片投影物镜，并介绍空间光调制器的原理，讲解 LCD 和 DLP 投影仪的光学系统、匀光组件和照明光耦合模式等，给出用于 LCD 和 DLP 的典型定焦投影物镜的结构和像差分析，建立投影物镜的理想光学模型，以及定焦物镜的设计方法。变焦投影物镜将在第 16 章介绍。

15.2　典型的幻灯机放映物镜

幻灯机的放映物镜一般具有中等偏小的相对孔径和视场角，物距从几米到十几米，通常采用柯克、天塞等相对简单的设计。线视场根据胶片的规格而定，部分规格见表 15.1。其中最常用的为 135 胶片，对角线长 43.2mm。120 胶片的尺寸则有 6cm×4.5cm，6cm×6cm，6cm×7cm，6cm×9cm，6cm×12cm 等规格。

表 15.1　部分胶片规格　　　　　　　　　　（长度单位: mm）

胶片名称	宽	高	对角线	比例
8mm 电影胶片	4.39	3.30	2×2.74	4:3
8.75mm 电影胶片	6.01	4.03	2×3.36	4:3
16mm 电影胶片	9.65	7.21	2×6.02	4:3
普通电影胶片	24	18	2×15	4:3
135 胶片 (全幅)	36	24	2×21.6	4:3
半幅 *	24.9	16.6	2×15.0	4:3

注:* 又称 APS-C(advanced photo system type-C)。

摄影爱好者对像质的要求近乎苛刻，他们要求幻灯机放映图像的分辨率高、亮度一致、反差适中、色调软硬恰当、层次丰富、杂光少、彩色还原正确、成像变形小，同时希望画面各处的成像和感光均匀、景物的质感强。他们对数码相机并不满意，仍然使用彩色甚至黑白胶片。

光学设计师并不完全理解摄影家的语言，毕竟后者包含较多的摄影专业知识和艺术成分。光学设计师首先必须设计出高清晰度的物镜，然后再由摄影家去做深加工。

设计 [PS-1] 为天塞型物镜，适用于标准的 135 胶片；光圈数 $F=4.5$，像高为 21.6mm，相当于胶片对角线的一半，当像距 (投射距) 为 3m 时，图像宽 1m。图 15.2(a) 为物镜的系统图，物距为 3m，弥散斑 SPT=(5,5,7)μm，畸变只有 0.1%。特别是各视场像质相当一致，这从光学传递函数图 15.2(b) 可以看出。该系统结构简单，是一款优秀的幻灯机放映物镜。

放映物镜 [PS-2] 为柯克物镜，参见图 15.3，适用于 135 胶片，结构更加简单。光圈数 $F=4.5$，半视场角 $\omega=22.5°$，当投射距离为 1.5m 时，放映画面宽 1m，适于较小的放映空间。各视场亮度均匀，清晰度一致，畸变仅为 0.1%。

放映物镜 [PS-3] 为天塞物镜，参见图 15.4，适用于 135 胶片，光圈数 $F=5.6$，半视场角 $\omega=27.8°$，投射距离设计为无限远，表 15.2 给出不同放映距时的弥散斑，可见幻灯机在放映距 >1m 后就能使用。

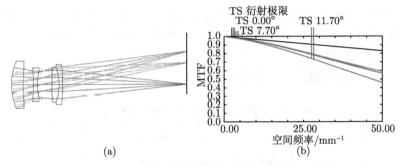

(a)

图 15.2 幻灯机放映物镜 [PS-1](彩图见封底二维码)

(a) 系统图; (b) 光学传递函数 ($\nu_{\rm c} = 50{\rm mm}^{-1}$)

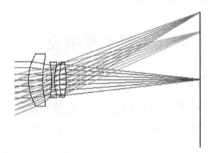

图 15.3 幻灯机放映物镜 [PS-2](彩图见封底二维码)

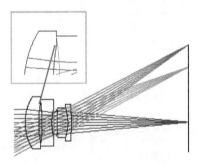

图 15.4 幻灯机放映物镜 [PS-3](彩图见封底二维码)

表 15.2 物镜 [PS-3] 改变放映距对指标的影响

放映距/mm	$\Delta l'$/mm	图形宽/mm	SPT/μm		
			0	0.7	1
1000	1.51	830	10	10	12
1500	1.02	1264	8	10	9
3000	0.50	2560	7	10	8
Inf	0(32.61)		9	16	10

注: $\Delta l'$ 是不同放映距下像距 l' 的变化量。

该物镜第二透镜的边缘与第一透镜的间隔为零, 在装配时第二透镜的棱边直接压在第一透镜的倒边上, 参见图 15.4 左上角的放大图, 有关尺寸均须精密加工控制, 以保证装配精度。

以上三个典型物镜的技术规格见表 15.3。

表 15.3　典型幻灯机放映物镜的技术规格

| 设计编号 | F | $\omega/(°)$ | y'/mm | f'/mm | BFL/mm | SPT/μm | | | 物镜类型 |
						0	0.7	1	
[PS-1]	4.6	11.7	21.5	100.6	83.9	5	5	7	天塞
[PS-2]	4.5	22.5	20.9	48.98	42.5	8	11	16	柯克
[PS-3]	5.6	27.8	21.9	40.82	34.7	10	16	10	天塞

15.3　照明系统设计

15.3.1　照明组件和成像组件的匹配

假设有图 15.5(a) 所示的幻灯片投影成像系统, 其入瞳位于胶片右端 47.5mm 处 (可从 Prescription 中查出)。聚光镜的设计有如下要求:

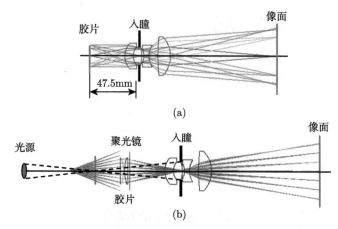

图 15.5　照明组件和成像组件的匹配 (彩图见封底二维码)

(a) 成像组件; (b) 加入照明组件

(1) 光源通过聚光镜成像在成像物镜组件的入瞳上, 光源的大小应恰当, 它的像应与入瞳大小匹配, 超出部分对成像没有贡献, 甚至成为系统的背景杂散光。

(2) 照明光束的像差 (特别是球差) 不能太大, 但结构又不能过于复杂, 一般用两片平凸透镜大致校正球差就够了, 见图 15.5(b)。

(3) 聚光镜的尺寸须足够大, 要充分覆盖胶片。胶片与聚光镜较近, 聚光系统

的孔径角 u'_c 必须大于成像系统的半视场角 ω，使得像面 (投影面) 得到充分均匀的照明。

15.3.2 胶片照度均匀性和照度

参见图 15.6，设胶片所在的平面为 $\xi\eta$ 平面，从光源上面元 $\Delta\sigma$ 发出的光线 (图中带箭头的光线) 照射到胶片上一点 (ξ', η')，对该点照度的贡献可表为

$$E(\xi', \eta')\Delta\sigma = \frac{B(x,y)f(\theta)}{L(\theta)^2}\Delta\sigma \tag{15.1}$$

其中，(x, y) 为 $\Delta\sigma$ 所在位置的坐标，$B(x, y)$ 为该点的亮度，$f(\theta)$ 是一个和 $\cos\theta$ 有关的系数，$L(\theta)$ 为 $\Delta\sigma$ 与 (ξ', η') 的距离。(ξ', η') 的总照度为

$$E(\xi', \eta') = \iint\limits_S \frac{B(x,y)f(\theta)}{L(\theta)^2}\mathrm{d}x\mathrm{d}y \tag{15.2}$$

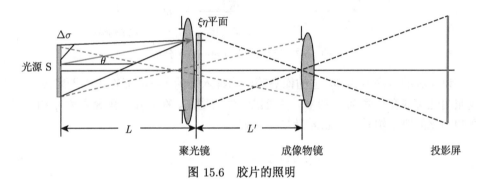

图 15.6 胶片的照明

如果聚光镜的相对孔径不大，$L(\theta) \approx L$，$f(\theta) \approx 1$，(15.2) 式化为

$$E(\xi', \eta') = \frac{\iint\limits_S B(x,y)\mathrm{d}x\mathrm{d}y}{L^2} \tag{15.3}$$

在推导中还假设聚光镜与被照明胶片距离很近，聚光镜孔径大于胶片。光源各点的亮度 $B(x, y)$ 肯定不会均匀，但式中积分 $\iint\limits_S B(x,y)\mathrm{d}x\mathrm{d}y$ 表示光源相对于观察点 (ξ', η') 所张的锥角内的光通量。有关光度学的论述请参见 2.9 节。当 L 较大时该积分近似与观察点位置无关，胶片上任意一点的照度都是光源各点贡献之和，光源的不均匀性被平均掉了。聚光镜将光源成像在物镜的入瞳处，而物镜将胶片成像在投影屏上，屏上的照度是均匀的。光源的像应不大于物镜入瞳，超出入瞳的部分的光束将被入瞳拦掉，不能通过系统参与照明。所以说，光源的要求为短弧、高强度、高色温，符合这条件的光源包括金属化卤钨灯、高压汞灯、短弧氙灯、镝灯等。老

式的幻灯机用钨丝白炽灯照明,而对屏幕亮度要求高的 LCD、DLP 投影仪则采用上述新型的光源。近年来,LED 和 OLED 光源快速进入投影仪市场,专家估计十年内投影仪光源还将发生很大的变化。

15.3.3　临界匹配条件下照明组件的 etendue 分析

假设照明组件与成像组件为临界配合 (图 15.7),即满足:

(1) 聚光镜孔径等于被照明物体 (如胶片) 的大小;

(2) 光源经过聚光镜所成的像恰好充满成像物镜的入瞳。

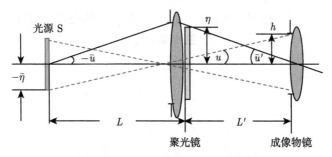

图 15.7　照明组件的 etendue 分析

设光源的半高度为 $\tilde{\eta}$,它的像高等于物镜入瞳的一半,即物镜的入射高 h;再设照明光束的孔径角为 $\tilde{u}$ 和 $\tilde{u}'$,设成像组件的物高、物方孔径角分别为 η 和 u。则非归一化的照明组件 etendue 满足关系式

$$\tilde{\eta}\tilde{u} = h\tilde{u}' = \tilde{u}'L' \cdot \frac{h}{L'} = \eta u \tag{15.4}$$

亦即在临界匹配条件下,照明光束的 etendue((15.4) 式左方) 和成像光束的 etendue ((15.4) 式右方) 相等。可见 etendue 不仅是信息传递的度量,也是能量传递的度量。

15.4　空间光调制器简介

15.4.1　空间光调制器:多媒体与投影仪的接口

本节介绍投影仪的关键器件 —— 空间光调制器 (SLM),它是多媒体信息源与投影光学系统的接口器件。在信息处理中,信源产生的信号,必须通过接口器件,才能耦合到处理系统进行处理。

由于技术的发展与更新,特别是投影仪市场的巨大推动,薄膜晶体管–液晶显示器 (TFT-LCD) 和数字光处理器 (DLP) 两类空间光调制器发展非常快,用途最广,本节简单介绍这两种器件的主要技术指标,以及照明组件和成像组件的信息耦合。

15.4.2　空间光调制器的主要指标

1. 显示模式

SLM 的显示模式如表 15.4 所示。

表 15.4　SLM 的显示模式

显示模式	水平像素 (N_x)	垂直像素 (N_y)	像素总数/($\times 10^6$)
VGA	640	480	0.31
SVGA	800	600	0.48
XGA	1024	768	0.79
SXGA	1400	1050	1.47
UXGA	1600	1200	1.92
HD*	1920	1080	2.07
WUXGA	1920	1200	2.30

注: * 高清 (high definition, HD), 又称 1080p。

2. 器件和像素尺寸

设像素尺寸为 p, 则器件水平、垂直的线度和对角线的半长度分别为

$$a = N_x p, \quad b = N_y p, \quad \rho = \frac{\sqrt{a^2 + b^2}}{2} = \frac{\sqrt{N_x^2 + N_y^2}}{2} p \tag{15.5}$$

3. SLM 器件的截止频率和最小分辨长度

根据抽样定律, 像素阵列器件的截止频率:

$$\tilde{\nu}_{\rm c} = \frac{1}{2p} \tag{15.6}$$

式中, 器件的截止频率 $\tilde{\nu}_{\rm c}$ 决定了系统的最高分辨率, 如信号的频率 $\tilde{\nu}_{\rm c}$ 高, 抽样将不完全, 抽样值的集合不能完全确定信号。截止频率 $\tilde{\nu}_{\rm c}$ 的倒数 $2p$ 就是 SLM 所能表征的最小可分辨长度。为了获得高像质, 充分利用器件的 etendue, 通常光学系统的弥散斑尺度 ε(RMS 半径) 应小于 p, 至少小于 $2p$。

有关 SLM 和光学系统的匹配, 请参见 3.10 节。

15.5　LCD 的原理简介

液晶的结构、性能介于液体、固体之间, 称为中间态, 或中间相。因此, 液晶具有双重性质, 在一定程度上, 既具有液体的流动性, 又具有晶体所特有的各向异性。分子结构的各向异性, 必然导致电、磁、光、力学的各向异性, 在外场下会发

生显著变化。液晶分子一般呈长棒状，每个液晶分子的中心在液晶空间中的分布是随机的，但分子的取向具有有序性，长棒状分子的长轴方向倾向于彼此平行，该方向称液晶分子的指向矢量方向。

如图 15.8 所示，把向列相 (TN) 液晶放在一个经特殊处理的盒中，两个端面为透明电极 ITO，表面具有导向的微结构，两端微结构方向正交。端面附近的液晶分子的指向矢趋向于与微结构方向一致。随着距离 z 的变化，分子长轴发生旋转，总的旋转角为 90°。ITO 外有一对平行的偏振片 P、A。可以证明，当 P 向的偏振光沿 z 轴进入液晶后，其振动平面会跟随液晶分子逐渐旋转，这一物理效应称为偏振光在扭曲型介质中传播时的扭曲效应 (nematic effect)。偏振光的振动平面在整个液晶盒中转过 90°，通不过第二个偏振片 A，形成暗场。

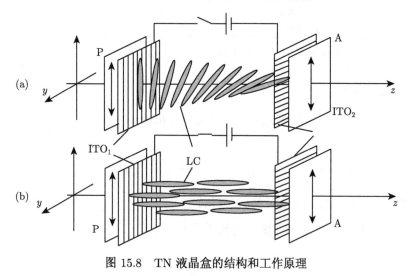

图 15.8　TN 液晶盒的结构和工作原理

(a) 未加电压; (b) 加电压。其中: P 为起偏振片，A 为检偏振片; ITO$_1$、ITO$_2$ 为氧化铟钛透明电极; LC 为向列扭曲型液晶

如果在两个透明电极上加 5V 左右的电压，则液晶分子作为电偶极子，将趋向于电场方向排列，从而破坏扭曲效应，偏振光将直接通过液晶层，并通过第二个偏振片，形成亮场。当电压较低时扭曲效应将部分破坏，从而外加电压可以控制液晶盒的透过率，即灰度。LCD 的每个像素都是这样的液晶盒。图 15.9 为 TFT-LCD 的等效电路，当某一像素的行、列电极同时加上电信号时，TFT 型场效应管接通，该像素透光。顺序选通各行电极，并同步地选通列电极，就可以控制各像素的明暗，电压的大小可控制灰阶。在各个像素上顺序贴上红 (R)、绿 (G)、蓝 (B) 的滤光片，以一组 R、G、B 像素为一个彩色显示单元，就构成了全彩色 TFT-LCD 空间光调制器。液晶空间光调制器不仅具有驱动电压低 (<5V)、功耗小 (每平方厘米微瓦级)

的特点，而且由于场效应管的隔离，有效地消除了相邻像素之间的干扰。

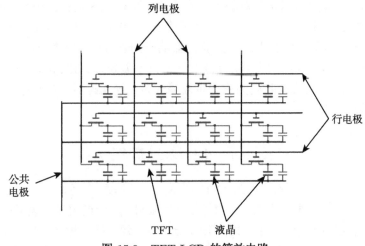

图 15.9　TFT-LCD 的等效电路

15.6　LCD 照明光均匀化功能设计

如上文所述，用于 LCD 投影仪的光源发光区域小，亮度高，色温接近日光。灯源带有非球面 (如椭球面) 反光镜，使得反射光接近平行光或聚焦。但光束各处仍然不均匀，而且发射光谱中包含的紫外和红外成分很丰富，对液晶有害，不能直接用它照明 LCD。

经常采用的均匀化设计如图 15.10[1] 所示：在灯源前有两组微透镜阵列，两组微透镜单元的空间位置一一对应。在第二个阵列后有一个大孔径的场镜，LCD 位于场镜的后焦面上。由光源发出经反光镜反射的一束平行光束，经过阵列 A 最上

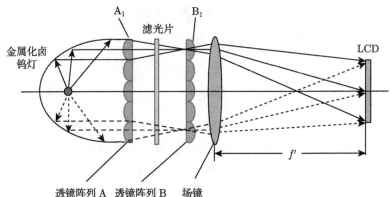

图 15.10　微透镜阵列匀光组件

端的透镜 A_1 后聚焦在阵列 B 对应的透镜 B_1 中心，通过这一对微透镜中心的光线与光轴平行。亦即所有微透镜对的中心光线互相平行，并与光轴平行，经过场镜后射到 LCD 中心；透镜 B_1 和场镜共同将透镜 A_1 成像在 LCD 上。该设计解决了两个问题：首先，光源发射的大部分光能量都耦合到系统中，效率很高；其次，LCD 面上的光强分布是阵列 A 所有微透镜出射孔径光强分布的叠加，均匀性很好。

此外，在两个微透镜阵列间放置带通滤光片，既滤掉对 LCD 有害的紫外光，又滤掉发热的红外光。

15.7　LCD 投影仪

LCD 投影仪的光学系统如图 15.11 所示. 由高亮度、高色温的短弧金属化卤钨灯或高压汞灯经非球面镜反射后，滤掉紫外及红外光，经过匀光手续形成接近平行的光束，然后通过两个分光镜 BS_1、BS_2 分成红、绿、蓝三种单色光，分别由三个 TFT-LCD 调制。在这三个空间光调制器上分别加上 R、G、B 三路视频图像信号后从三个侧面射入 R-G-B 合成棱镜，俗称 "X 棱镜"。X 棱镜的一个对角面镀透蓝光、绿光反红光分光膜，另一对角面镀透红光、绿光反蓝光分光膜，将 R、G、B 三路不同颜色的光束重新合成，并通过高分辨率、大视场投影物镜 L 把合成后的图像投射到屏幕上，该屏幕也可以是白色的墙壁，这种设计称 "前向投影"(front projector)，简称前投。

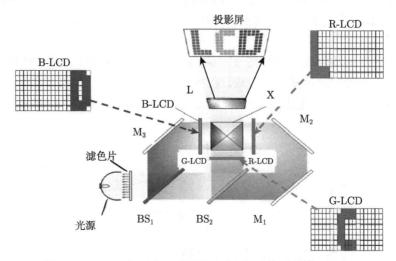

图 15.11　LCD 投影仪光学系统示意图 (彩图见封底二维码)

BS_1, BS_2 为分色镜；M_1, M_2: 反射镜；X: 合色棱镜；L: 投影物镜；B-LCD, G-LCD, R-LCD 分别为蓝、绿、红 LCD-SLM。分光镜 BS_1 反射蓝光透过红、绿光，分光镜 BS_2 反射绿光透过红光，X 棱镜将三色光合成

15.8 DLP 投影仪

15.8.1 引言

1987 年,美国得克萨斯仪器公司 (TI) 的科学家 L. J. Hornbeck 基于微电子–机械系统 (micro-electromechanical system, MEMS) 的理念和大规模集成电路技术,设计出一款新颖的空间光调制器 —— 数字微反射镜器件 (digital micromirror device, DMD),构思极为巧妙。从 1996 年来,DMD 主要的应用为投影显示,由于信息处理的全过程是数字化的,称数字光处理 (digital light processing)。

15.8.2 DMD 的结构和工作原理

DMD 的结构如图 15.12 所示。器件的基底是硅,用大规模集成电路的技术,在硅片上制出 RAM, 每一个存储器有两条寻址电极 (address electrodes) 和两个搭接电极 (landing electrodes)。两个支撑柱上,通过扭臂梁铰链 (torsion hinge) 安装一个微型反射镜,恰似 "跷跷板" 的结构。

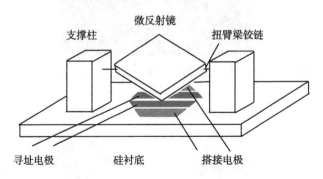

图 15.12 DMD 的结构示意图

器件工作时,在反射镜上加负偏压,一个寻址电极上加 +5V(数字 "1"),另一寻址电极接地 (数字 "0"),这样一来,就形成一个差动电压,它产生一个力矩,使反光镜绕扭臂梁旋转,直到触及搭接电极为止。在扭转力矩的作用下,反射镜将一直锁定于这一位置,不管它下面的存储器的数据是否变化,直到复位信号出现,对应旋转角 $\theta_L = 12°$。这样一来,每一单元都有三个稳态:$+12°$、$-12°$ 和 $0°$,$\theta = 0°$ 对应于没有寻址信号 (两个寻址电极都是 0) 的情况。DMD 是通过半导体微细加工技术精密制作的,因此反射镜阵列的三个稳态一致性相当好,对应于 DMD 的三个平面:与基平面成 $\pm\theta_L$ 角的倾斜平面及平行于基面的平面。

DMD 用于投影显示的工作原理参见图 15.13。光源发出的光束与光学系统光轴的夹角为 $2\theta_L$,倾斜照射 DMD,图中右面的像素反射镜 $\theta = -\theta_L$,反射光通不过投影物镜，射到镜筒壁上被吸收了，对应于 DMD 的 "关"(OFF) 态。左面的像素被寻址，$\theta = \theta_L$，它反射的光束正好沿光轴方向通过投影物镜，成像到屏上，此状态为 "开"(ON) 态。DMD 由视频信号驱动，在每一帧的时间内，某一像素处于两种状态的占空比，决定了该像素的灰阶，亦即灰阶由入射光的二元脉冲宽度调制实现。在 DMD 器件上加载图形，利用如图 15.14 所示照明和成像系统，就可将数字图像投射到屏幕上。

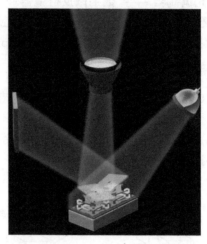

图 15.13   DMD 像素的 "开"(ON) 态 (左) 和 "关"(OFF) 态 (右)(彩图见封底二维码)

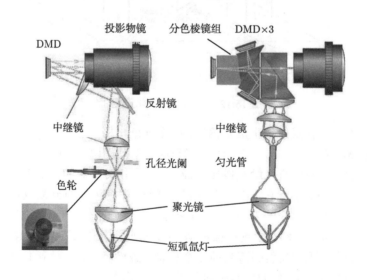

图 15.14   DLP 投影仪光学系统示意图 (彩图见封底二维码)

15.8.3 顺序颜色模式单板投影仪

数字图像中的颜色通过两种方式加到投影仪图像中去, 一个方法是在照明光路中加一个三原色 R、G、B 滤色镜的色轮 (color wheel), 它与视频信号严格同步, 在每一帧的时间 Δt 内转一圈, 在各颜色的扇形角度范围内再分别用像素 ON/OFF 的占空比调节 R、G、B 的比例, 从而在一帧的时间 Δt 内合成所要求的颜色, 称 "顺序颜色模式"(sequential color mode), 参见图 15.14(左)。由于每秒 25 帧, 利用 "视觉暂留" 效应, 人的眼睛把这一滚动的 "数字" 图像翻译成稳定的 "模拟" 图像。设每种颜色的灰阶均为 8bit 即 256 种, 总共可产生 256^3 约 1600 万种不同的颜色, 色彩是相当丰富的。为了兼顾色饱和度和总光通量, 通常色轮上还有一段扇形是透明的 (W), 即 R-G-B-W。DLP 及其配套的驱动、控制电路成本较高, 而顺序颜色模式仅用一个 DMD 就实现彩色投影, 成本相对较低, 是大批量生产的便携式投影仪的首选设计, 广泛应用于办公、教学和科研。

15.8.4 空间分色模式三板投影仪

更先进的系统是所谓三板式 DLP 投影仪, 参见图 15.14(右)。由短弧、高光强、高色温光源 (金属化卤钨灯、高压汞灯、氙灯或镝灯) 发出的白光首先经过聚光镜射入 "匀光管", 光线在管壁反射层上多次反射, 在出口处形成均匀的 4:3 或 16:9 矩形光源, 再通过中继镜进入一个颇为复杂的分光棱镜系统分成 R、G、B 三色光, 分别照射三个 DMD, 三个 DMD 用各自的数字图像分别寻址, 三个 DMD 器件中处于 ON 态的像素的反射光再通过该棱镜系统重新合成, 通过一个变焦物镜投影到屏幕上。由于 3-DMD 投影系统中各单色光用各自的 DMD 分别调制, 因而其信号是连续的, 称为空间分色模式 (spatial color-separating mode), 亮度更高 (理论上是单 DMD 系统的 3 倍), 而灰阶更丰富, 可达 2^{11} (11bit), 因此可以合成更多种类的颜色。3-DMD 系统适用于超大屏幕或需要更明亮投影像的情形, 如数字影院 (digital cinema)。匀光管也用于单板 DLP。

15.8.5 照明光束的耦合

由于 DMD 特殊的工作原理, DLP 投影仪的照明光束通过专门设计的 TIR 棱镜 (全内反射棱镜)耦合到系统中, 如图 15.15(a) 所示, 照明光从棱镜 (I) 射入, 在 Σ' 上满足全反射条件, 照射到 Σ'' 面上的入射角约为 15.5°, 投射到空气中变成 $\theta' = 24°$, 该光束照射到 DMD 上, 如某个微镜被激活 (ON), $\theta'' = 12°$, 则从该微镜反射的光线与 DMD 垂直, 再次射到 Σ' 上时不满足全反射条件, 通过 Σ' 和 Σ'' 进入物镜, 从而器件上所有处于 "ON" 态的像素构成的图像, 通过物镜成像在屏幕上。

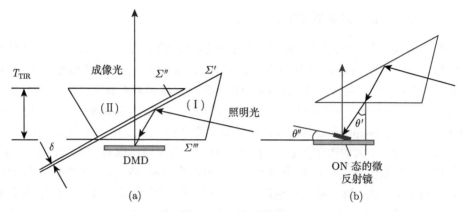

图 15.15　TIR 棱镜

(a) 照明光束的耦合, T_{TIR} 为耦合棱镜等效厚度; (b) 局部放大, $\theta' = 24°$, $\theta'' = 12°$

Σ' 和 Σ'' 间的空气间隔 δ 非常敏感, δ 太小时一部分隐失波将透过间隔, 破坏了全反射条件; 而 δ 太大则引起成像光束子午和弧矢的不对称, 产生非对称像差, TIR 棱镜经过精心设计, 由专门的公司精心制作。目前单板 DLP 投影仪全部采用 TIR 棱镜 (在图 15.14 中没有表示出来)。

DLP 投影仪的 TIR 棱镜、匀光管、色轮等都是非常规的特殊器件, 可以说整个 DLP 系统设计和制作都是矫揉造作的, 尽管如此, 由于它在功能上的优势, 还是赢得了投影仪的半壁江山。

15.9　投影显示的新趋势

15.9.1　大屏幕数字影院和手机型 (PICO) 微型投影仪

投影显示出现多元化的发展趋势, 就屏幕尺寸而言, 一个趋势是大屏幕。目前 3-DLP 投影系统已经用在数字影院和高清数字广告。另一个平行的趋势则是微型化, DLP 手机式投影仪见图 15.16, 用于小规模的交流演示和商贸洽谈。

图 15.16　DLP 手机式投影仪

15.9.2　LED 投影仪

此外, 一些新的器件、新的技术也在投影显示领域广泛应用。硅基液晶 (LCOS) 也应用于微型化投影显示; LED 和 OLED 作为节能的新光源, 使投影仪实现小型化、微型化、节能化。

投影仪的照明和成像的光学系统整体, 又称 "光引擎", 它的功能是将视频信号转换为光学图像, 并用投影显示。图 15.17 为 LED 投影仪光引擎的照片 (未装投影物镜)。

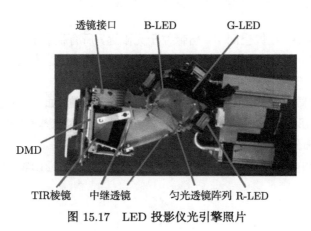

图 15.17　LED 投影仪光引擎照片

15.10　投 影 物 镜

15.10.1　投影物镜的特点

近代投影物镜通常指 LCD、DLP、LED 等投影仪使用的物镜, 如图 15.18 所示。投影物镜有以下特点:

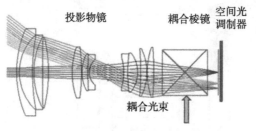

图 15.18　投影物镜 (彩图见封底二维码)

(1)SLM: 投影物镜的 "物" 是空间光调制器 SLM, 包括上文谈到的 LCD 和 DLP, 它决定了物镜的线视场和分辨率, 从而影响系统外形尺寸和信息量。SLM 的主要技术参数如表 15.5 所示。

表 15.5   空间光调制器主要技术参数

宽 a	高 b	对角线 2ρ	最小分辨长度 δ	截止频率 ν_c	最多分辨点数 $\tilde{N}$
$N_x \times p$	$N_y \times p$	$2 \times \dfrac{p\sqrt{N_x^2 + N_y^2}}{2}$	$2p$	$\dfrac{1}{2p}$	$\dfrac{N}{4} = \dfrac{N_x N_y}{4}$

注：p 为像素边长；N_x 和 N_y 分别为水平及垂直像素数；$N = N_x \times N_y$。

(2) 像方远心：在像空间中，出瞳位于无限远，所有视场的主光线都和光轴平行，从而与 SLM 垂直，按照光学设计反追的习惯，称为 "像方远心"，这是空间光调制器物理效应的基本要求。

(3) 照明光耦合棱镜：大部分物镜带有一个耦合棱镜，如 LCD 投影仪的 "X 棱镜" 和 DLP 投影仪的 TIR 棱镜。这些棱镜厚度较大，对像差有较大影响，是整个成像光路的一部分。

(4) 定焦和变焦物镜：为了适应不同的应用环境，投影物镜大部分是变焦物镜。

15.10.2   偏置

投影仪分为两类：一类悬挂在上方；另一类放在桌面上，投影到正面的屏幕上。图 15.19 表现的正是放在桌面上的投影仪，投影像位于光轴上方，称为 100% 偏置 (100% offset)。100% 偏置使得 SLM 整体位于光轴之下。

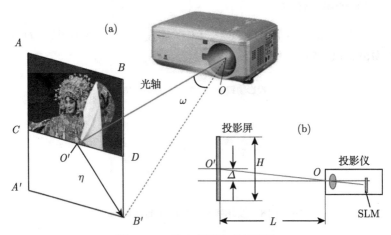

图 15.19   放在桌面上的投影仪

(a) 投影图像的 100% 偏置：O' 为投影物镜光轴与投影面的交点；(b) 偏置的几何：Δ 为绝对偏置

投影仪的像距 (image distance) 为 L(在反追设计时为 "物距"),业界又称投影距 (projection distance)或 "投射距"(throw distance)。设光轴与投影像中心的距离为 Δ,称 "绝对偏置",投影屏的高度为 H,则相对偏置

$$\text{OFFSET} = \frac{\Delta}{H/2} \times 100\% \tag{15.7}$$

业内谈到偏置,一般都是指相对偏置。由图 15.19 可知,投影图像 $ABCD$ 的中心与物镜光轴和图像的交点 O' 并不重合,完整的图像为 $ABB'A'$,所以计算物高和像高时必须考虑偏置。图中物高 $\eta = O'B'$,视场角 $\omega = \angle O'OB'$,业界称 "投射角"(throw angle)。

15.11　典型投影物镜

图 15.20 为定焦投影物镜 [PF-1],光圈数 F=2.8,半视场角 $\omega = 22.5°$,系统明显地分成两组,前组为 6 片变形双高斯,后组又称场镜,它使主光线偏折,与光轴平行,形成像方远心。照明光束耦合棱镜厚度为 18mm,在像面前还有 3.0mm 的 DMD 保护玻璃,材料为 K4A(ZKN7),这是 DLP 投影物镜的典型配置。

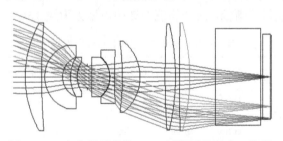

图 15.20　定焦投影物镜 [PF-1](彩图见封底二维码)

图 15.21 为定焦投影物镜 [PF-2],光圈数 F=2.4,半视场角 ω=37.7°,视场角大,前后组的界线已经不明确。

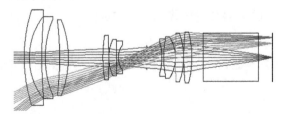

图 15.21　定焦投影物镜 [PF-2](彩图见封底二维码)

图 15.22 为定焦物镜 [PF-3]，光圈数 F=2.8，半视场角 $\omega = 20.0°$，物镜由 5 片透镜构成，结构非常简洁，但用料很考究，包括两片高折射率的 H-ZF52 和 H-ZF62(n_d 分别为 1.846 和 1.922)，一片高折射率、低色散的 H-ZLAF68(n_d=1.883，ν_d=40.8mm^{-1})，以及一片特种玻璃 TF3(其部分色散显著偏离阿贝曲线)，确保了系统的高清晰度和低畸变，像散也校正得很好，见图 15.22(b)。

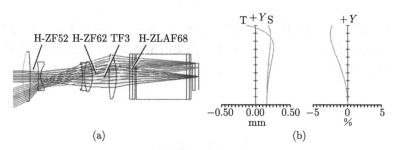

图 15.22　定焦物镜 [PF-3](彩图见封底二维码)

(a) 系统图; (b) 场曲–像散 (±0.50mm) 和畸变曲线 (±5%)

在耦合棱镜前面是胶合的长波通滤光片和红外截止滤光片，棱镜后面还有特殊功能的滤光片，最后一片是 SLM 的保护玻璃。

三个物镜的技术指标见表 15.6。给定的物距为 4.5m，通过微量调焦，在 1.5~10m 的大范围内均能获得清晰像。三个物镜的结构数据见附录 15。

表 15.6　典型定焦物镜的技术指标

设计编号	F	$\omega/(°)$	y'/mm	f'/mm	OD/mm	耦合棱镜厚度/mm	SPT/μm		
							0	0.7	1
[PF-1]	2.8	22.5	16.00	40.00	4500	18.00	5	10	15
[PF-2]	2.4	37.7	16.2	14.78	4500	32.00	12	18	23
[PF-3]	2.8	20.0	3.30	9.24	1190	16.00	3	7	7
[PF-4]*	2.8	27.7	11.1	21.53	Inf	19.25	6	10	8

注:* 见 15.13 节。

上文曾谈过，玻璃材料的选取非常困难，人工更换也很不容易得到最合理的组合。现在换玻璃是通过 HAMMER 优化自动完成的。

15.12　定焦投影物镜的简化理想光学模型

15.12.1　引言

投影物镜系统分为三个组件，如图 15.23(a) 所示：前组可以是天塞或变形双高斯物镜，光阑在前组上；后组接近于像面，它的功能在于使主光线方向偏折构成像方远心光束，通过第三个组件耦合棱镜射到像面 (SLM)。在投影物镜的演变过程中，前后组的界线已经打破，为了方便讨论，在简化模型图 15.23(b) 中，将前后组的光焦度集中在两个薄透镜上，前后组的间隔为 d，图中标出轴上大光线和大视场主光线。在简化模型中暂不加入棱镜。

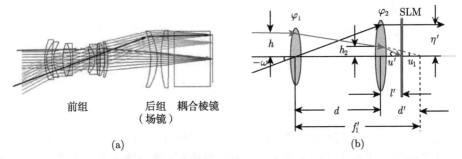

前组   后组   耦合棱镜
(场镜)

(a)   (b)

图 15.23 投影物镜的理想光学模型 (彩图见封底二维码)

一般预先给定系统的 F 数、全视场角 2ω、SLM 的对角线 $2\eta'$、耦合棱镜的厚度 T_{TIR} 和折射率 n'，并给出 SLM 保护玻璃的厚度及折射率 n''。

设前组光焦度为 φ_1，后组光焦度为 φ_2，轴上大光线的高度为 h，经过前组的折射，在后组上的高度为 h_2；主光线视场角为 $-\omega$；像高 η' 等于 SLM 的对角线长度的一半。

15.12.2 由主光线偏角公式解出后组焦距和系统视场角

先考虑主光线。由于像方主光线与光轴平行，因此得到

$$f' = f_2' = d, \quad \varphi = \varphi_2 = \frac{1}{d} \tag{15.8}$$

$$\omega = \frac{\eta'}{f'} = \frac{\eta'}{d} \tag{15.9}$$

15.12.3 由轴上光偏角公式导出前组焦距和 F 数

后组偏角公式为

$$h_2 \varphi_2 = u' - u_1' \tag{15.10}$$

由于后组接近像面，h_2 很小，所以有

$$u_1' \approx u' \tag{15.11}$$

前组偏角公式为

$$h\varphi_1 = h/f_1' = u_1' \approx u' \tag{15.12}$$

从而前组焦距可以如下算出：

$$f_1' \approx h/u' = f' \tag{15.13}$$

前组 F 数则为

$$F_1 = \frac{1}{2u_1'} \approx \frac{1}{2u'} = F \tag{15.14}$$

场镜接近像面,对系统光焦度贡献很小。

15.12.4 小结

由以上各公式得到

$$\begin{cases} f' = \dfrac{\eta'}{-\omega} \\ f_1' \approx f_2' \approx f' \approx d \\ F_1 \approx F \end{cases} \tag{15.15}$$

这样我们就建立了投影物镜的简化理想光学模型。(15.15) 式中的近似号表示:当两组的间隔 d 比后工作距大得多时,前后组焦距近似相等,并大约等于间隔 d,前组相对孔径约等于系统相对孔径。这是一个简化模型,轴上光线的偏角由前组承担,大视场主光线的偏角由后组承担。由于前后组都不是薄透镜,前后组功能的划分只是近似。15.13 节就从这个简化模型出发,设计定焦投影物镜。

15.13 定焦投影物镜设计

15.13.1 设计指标及前后组参数

假定要设计一个 DLP 的定焦投影物镜 [PF-4],使用 0.9in DMD,见图 15.24。设计指标见表 15.7 第二行。

表 15.7 定焦投影物镜 [PF-20] 的技术指标

设计编码	ω/F	F	ω	ω'	y'/mm	f/mm	SPT/μm		
							0	0.7	1
[PF-4]	0.172	2.8	27.7°(0.484)		11.4	23.55			
[DG-3]	0.302	1.6	27.7°	5.33°	50.8				
[DG-7]	0.174	2.5	25.0°	30.89°	46.4				
[PF-4]		2.8	27.7°		10.9	21.53	6	10	8

注: (1) 表中用 y' 表示实际像高。

(2) 第二行为预定指标,第三行为参考设计 (I)[DG-3] 的指标,第四行为为参考设计 (II)[DG-7] 的指标,第 5 行为最终设计达到的指标。

(3) 最小分辨长度 $2p=36$μm;耦合棱镜厚度为 19.25mm(H-K9L), DMD 保护玻璃厚度为 3.0mm(ZKN7)。

以表 15.5 中的数值代入 (15.15) 式,得到前后组的技术参数,如表 15.8 所示。

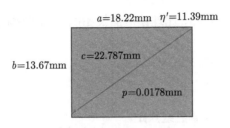

图 15.24 0.9in DMD

XGA (1024 × 768), $p = 0.0178$mm, $\eta' = 11.39$mm

表 15.8 前后组参数

前组		后组焦距 f_2'	间隔 d
焦距 f	F 数 F_1		
23.55mm	2.8	23.55mm	23.55mm

15.13.2 前组设计

(1) 前组选择。根据以下原则选择前组：①参数 ω 和 F 相近；②参考设计的 ω/F 比设计指标略高。选择第 10 章双高斯物镜：[DG-3] 和 [DG-7]，其主要指标与要求接近，见表 15.7, [DG-3] 的系统图见图 15.25。

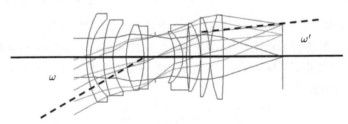

图 15.25 双高斯变形物镜 [DG-3](彩图见封底二维码)

这两个物镜的物方视场角 ω 差别不大，但像方视场角 ω' 差别较大, [DG-3] 的像方视场角 ω' 小于物方视场角 ω，参见图 15.25。由主光线的偏角公式：

$$h_p\varphi_2 = \frac{h_p}{f_2'} = \frac{\eta'}{f_2'} = \Delta u_{2p} = \omega' \tag{15.16}$$

采用 [DG-3] 后，像方视场角 ω' 小，相当于前组已经承担了一部分原来由后组承担的主光线的偏角，致使后组的光焦度较小，焦距较长，对减小后组引入的像差显然有利，也使得后组结构简单。亦即在同样的指标 (F, ω) 下，尽量选择像方视场角 ω' 较小的物镜作为前组。在本设计中选择 [DG-3] 作为前组。执行以下操作：

(2) 焦距缩放到 25.9mm, 比理论值加长 10%, 加长焦距的目的是容纳后组及耦合棱镜。

(3) 修改技术指标, $F=2.8$, $y'=11.4$mm。

15.13.3　后组设计

(4) 确定出瞳位置, 计算后组焦距。

从参数表 Report\Prescription 中查出该物镜的出瞳位置 EXPP$=-102.2$mm, 参见图 15.26。EXPP 位于像面向左 102.2mm 处。

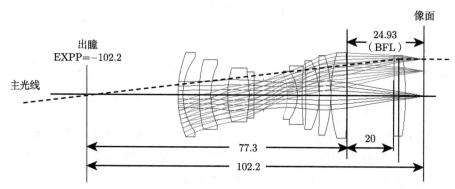

图 15.26　在前组物镜 [DG-3] 后加入后组 (单位: mm)(彩图见封底二维码)

在初始状态下, 后组 (平凸透镜) 应位于像面略靠前处, 例如, 距最后镜面中心 20mm 处。考虑到透镜的厚度, 当后组焦距 $f_2' \approx 97.3$mm 时, 它的前焦点位于前组出瞳, 就能将主光线折转, 与光轴平行。选高折射率、低色散的玻璃 H-LAK7($n=1.713$, $\nu=53.8$), 由焦距公式

$$\frac{1}{f_2'} = (n-1)\left(\frac{1}{r_1} - \frac{1}{r_2}\right) \tag{15.17}$$

令 $r_1 = \infty$, 得到

$$r_2 = -(n-1)f_2' = -69.4 \tag{15.18}$$

15.13.4　合成

(5) 在 [PF-4]-A1 的后截距 $T18$ 插入后组, 将所有的 R、T 改成可变, 得到 [PF-20]-1, 参数如表 15.9 所示。

表 15.9　[PF-4]-A1

No.	R	T	Gls
OBJ	Inf	Inf	
1	Inf	2.590	
2	38.713(V)	1.700(V)	H-BAK7(S)
3	21.015(V)	5.541(V)	
4	46.199(V)	4.002(V)	H-QF1(S)
5	24.429(V)	5.679(V)	
6	29.645	7.406(V)	H-ZLAF1(S)
7	−37.384(V)	1.677(V)	K4A(S)
8	1229.673(V)	3.211(V)	
STO	Inf	8.170(V)	
10	−20.443(V)	3.468(V)	H-ZLAF1(S)
11	−13.342(V)	1.553(V)	ZF13(S)
12	104.099(V)	1.384(V)	
13	−169.160(V)	4.556(V)	H-LAF6LA(S)
14	−25.920(V)	0.024(V)	
15	−963.272(V)	4.005(V)	H-LAF6LA(S)
16	−43.455(V)	0.026(V)	
17	50.218(V)	5.552(V)	H-LAK7(S)
18	−235.152(V)	20.000(V)	
19	Inf(V)	4.000(V)	H-LAK7(S)
20	−69.4(V)	2.685(M)	
IMA	Inf		

15.13.5　调用评价函数 "PROJECT FIXED FOCUS"

(6) 调用评价函数 PROJECT FIXED FOCUS，它由 FIXED-3A-SIMPLE 加上 TELECENTRIC 模块构成，参见表 15.10。

表 15.10　评价函数 TELECENTRIC 模块

Oper#	Type	Surf1	Surf2	Hx	Hy	Px	Py	Tag.	Wt.	Val.	Ctrb.
1	BLNK				FIXED FOCUS PROJECT						
2	CONS							1000			
3	BLNK				TELECENTRIC						
4	EXPP									4300	
5	RANG	21	2	0	0.7	0	0	0	0	0.013	0
6	PROD	5	2					0	0	13.16	0
7	OPLT	6						1	6	13.16	98

第 4 行显示出瞳位置 EXPP=4300mm，已经足够远，第 5 行为像面上 0.7 视场主光线与光轴的夹角 (弧度值)，执行乘法操作 (第 6 行)，乘以常数 1000(第 2 行)，单位变成毫弧度，并要求目标值 < 1(第 7 行)，满足条件后主光线垂直于像面 (空

间光调制器), 偏差小于 1mrad。

15.13.6　优化和 HAMMER 优化

(7) 设所有的 R(物面、像面和光阑面除外)、T(物面除外) 为变量, 执行优化操作。

(8) 在场镜和像面间插入 K9 平板 ($T20$), 从 1mm 起, 逐渐加大厚度, 每次增加 2.5mm, 并做 50 次优化, 保持 m.f. 递减, 一直做到 $T20=19.5$mm。

(9) 如果 SLM 为 DMD, 在像面前加 3mm 厚的 ZKN7 玻璃 (相当于 K4A), 继续优化操作。

(10) 对后截距 (BFL) 的限制: 后截距是像面和 TIR 棱镜之间的厚度, 加入 DMD 盖板玻璃后, 是盖板玻璃与 TIR 棱镜间的厚度。对后截距加以限制, 令其大于 5mm。

(11) 令所有的玻璃为可替代 (S), 执行 HAMMER 优化, 达到要求后将设计存为 [PF-4], 参见图 15.27, 指标见表 15.7 第四行, 结构参数见附录 15。

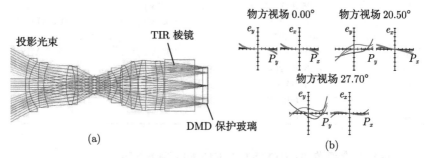

图 15.27　定焦投影物镜 [PF-4](彩图见封底二维码)

(a) 系统图; (b) 特性曲线 (纵坐标 ±50µm)

15.14　本 章 小 结

投影仪是常用的显示终端设备。本章首先介绍传统的幻灯机放映物镜, 讨论照明组件与成像组件的匹配; 然后介绍近代投影仪的核心器件 —— 空间光调制器, 分析液晶投影仪 LCD 的照明光均匀化设计方案, 介绍 LCD 投影仪和 DLP 投影仪两种主流的投影仪原理、TIR 棱镜耦合的方案, 指出投影物镜的特点, 给出三个典型的定焦投影物镜, 建立投影物镜简化的理想光学模型; 最后举例说明定焦投影物镜的设计方法。

参 考 文 献

[1]　张国. 复眼阵列用于数字投影仪的均匀照明. 光研科学有限公司.

附录 15 技术指标、像差曲线和结构参数

[PS-1] 技术指标

波段	F	y'/mm	$\omega/(°)$	f'/mm	BFL/mm	VL/mm	OD/mm	SPT/μm 0	0.7	1
VIS	4.6	21.6	11.7	100.6	83.9	34.1	3023	5	5	7

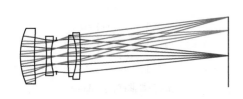

(a) 天塞物镜[PS-1]

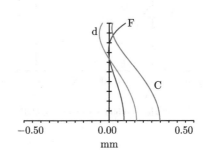

(b) 特性曲线(±50μm)

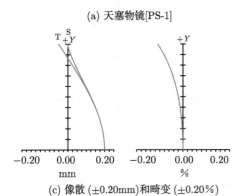

(c) 像散 (±0.20mm)和畸变 (±0.20%)

(d) 球差–色差曲线 (±0.50mm)

[PS-1]结构参数   （长度单位: mm）

No.	R	T	Gls	Semi-Dia.
OBJ	Inf	3000.000		630.543
1	Inf	22.973		20.449
2	38.358(V)	8.000(V)	H-ZLAF68(S)	15.500(U)
3	155.937(V)	6.801(V)		13.035
4	−116.563(V)	2.654(V)	ZF7L	11.000(U)
5	34.991(V)	2.937(V)		9.009
STO	Inf	6.683(V)		8.684
7	146.248(V)	4.764(V)	H-ZLAF68	11.221
8	−33.741(V)	2.300(V)	H-QF14(S)	11.543
9	−151.195(V)	83.860(V)		13.000(U)
IMA	Inf	—		21.563

[PS-2] 技术指标

波段	F	y'/mm	ω/(°)	f'/mm	BFL/mm	VL/mm	OD/mm	SPT/μm		
								0	0.7	1
VIS	4.5	20.9	22.5	48.98	42.5	12.00	1500	6	11	16

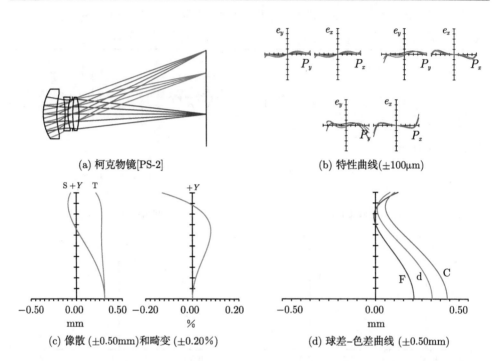

(a) 柯克物镜[PS-2]

(b) 特性曲线(±100μm)

(c) 像散 (±0.50mm)和畸变 (±0.20%)

(d) 球差–色差曲线 (±0.50mm)

[PS-2]结构参数　　　　　　　　（长度单位：mm）

No.	R	T	Gls	Semi-Dia.
OBJ	Inf	1490.000		625.552
1	Inf	10.000		13.196
2	15.093(V)	4.503(V)	H-LAK53A(S)	8.117
3	27.379(V)	2.835(V)		6.630
4	−30.358(V)	0.998(V)	D-ZF10(S)	5.500
5	16.758(V)	1.490(V)		4.887
STO	Inf	0.100(V)		4.693
7	32.610(V)	2.070(V)	H-LAF62(S)	5.133
8	−22.603(V)	42.506(V)		5.443
IMA	Inf	—		20.898

[PS-3] 技术指标

波段	F	y'/mm	$\omega/(°)$	f'/mm	BFL/mm	VL/mm	OD	SPT/μm 0	SPT/μm 0.7	SPT/μm 1
VIS	5.6	21.9	27.8	40.82	34.7	12.8	Inf	10	16	10

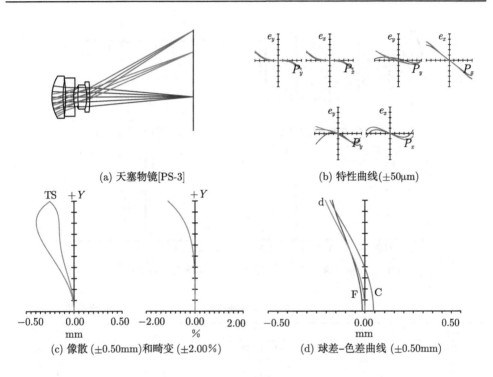

(a) 天塞物镜[PS-3]

(b) 特性曲线(±50μm)

(c) 像散 (±0.50mm)和畸变 (±2.00%)

(d) 球差–色差曲线 (±0.50mm)

[PS-3]结构参数　　　　　　　　　（长度单位：mm）

No.	R	T	Gls	Semi-Dia.
OBJ	Inf	1490		759.070
1	Inf	10.000		12.689
2	13.489	3.800	H-LAK52(S)	7.000(U)
3	30.384	0.870		5.012
4	−46.179	2.700	F2(S)	6.350(U)
5	13.062	1.330		3.429
STO	Inf	0.100		2.995
7	28.304	3.000	H-LAK3(S)	3.250
8	−13.282	1.000	H-QF3(S)	3.988
9	−53.703	34.746(V)		5.000(U)
IMA	Inf	—		21.970

[PF-1] 技术指标

波段	F	y'/mm	ω/(°)	f'/mm	耦合棱镜厚度/mm	工作距离/mm	VL/mm	OD/mm	SPT/μm 0	0.7	1
VIS	2.8	16	22.5	40.0	18.0	9.1	77.0	4500	5	10	15

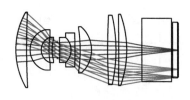

(a) 定焦投影物镜[PF-1]

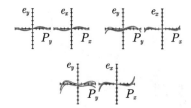

(b) 特性曲线(±100μm)

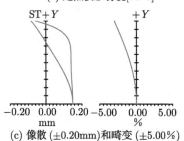

(c) 像散 (±0.20mm)和畸变 (±5.00%)

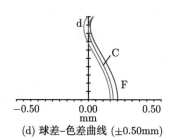

(d) 球差–色差曲线 (±0.50mm)

[PF-1]结构参数　　　　　　　　（长度单位：mm）

No.	R	T	Gls	Semi-Dia.
OBJ	Inf	4500.000		1884.370
1	Inf	7.481		28.046
2	45.178(V)	6.493(V)	F6(S)	22.487
3	462.204(V)	2.111(V)		22.003
4	12.379(V)	7.001(V)	H-ZK7(S)	12.052
5	7.880(V)	4.862(V)		7.539
6	39.612(V)	2.000(V)	H-ZF6(S)	7.539
7	22.565(V)	3.173(V)		6.321
STO	Inf	1.650(V)		4.436
9	−63.625(V)	6.828(V)	H-LAK2(S)	5.644
10	−10.191(V)	2.326(V)	H-ZF6(S)	7.448
11	−770.337(V)	3.200(V)		10.141
12	−86.269(V)	7.000(V)	H-ZK10(S)	12.912
13	−18.114(V)	9.876(V)		13.876
14	401.790(V)	4.970(V)	D-ZLAF85L(S)	20.348
15	−95.151(V)	1.620(V)		20.715
16	−3306.850(V)	4.739(V)	D-ZLAF85L(S)	21.186
17	−64.236(V)	9.145(V)		21.267
18	Inf	18.000(V)	H-K9L	18.898
19	Inf	0.748(V)		16.726
20	Inf	3.000	K4A	16.587
21	Inf	0.500		16.230
IMA	Inf	—		16.147

[PF-2] 技术指标

波段	F	y'/mm	ω/(°)	f'/mm	耦合棱镜厚度/mm	工作距离/mm	VL/mm	OD/mm	SPT/μm 0	0.7	1
VIS	2.4	16.2	37.7	14.78	32.0	6.0	102	4500	12	18	23

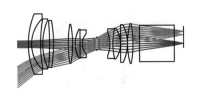

(a) 定焦投影物镜[PF-2]

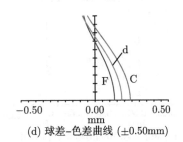

(b) 特性曲线(±200μm)

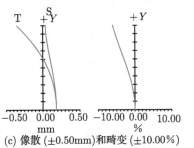

(c) 像散 (±0.50mm)和畸变 (±10.00%)

(d) 球差–色差曲线 (±0.50mm)

[PF-2]结构参数 　　　　(长度单位: mm)

No.	R	T	Gls	Semi-Dia.
OBJ	Inf	4500.000		3515.723
1	Inf	10.000		39.153
2	70.069(V)	3.000	H-LAK6A(S)	27.194
3	30.991(V)	8.394(V)		22.672
4	130.836(V)	2.000	H-ZLAF3(S)	22.495
5	52.701(V)	6.266(V)		21.246
6	−260.065(V)	3.684(V)	H-LAK59(S)	21.112
7	−120.669(V)	13.398(V)		20.974
8	117.246(V)	3.979(V)	H-ZLAF2(S)	17.531
9	−91.348(V)	2.321(V)		17.351
10	25.766(V)	4.500	H-ZF7LA(S)	12.991
11	−9.505E+004(V)	1.998(V)	H-LAF6LA(S)	12.417
12	13.055(V)	13.279(V)		8.996
STO	Inf	11.967(V)		5.138
14	−29.009(V)	2.730(V)	H-ZF52A	10.432
15	61.029(V)	7.001(V)	H-ZK11(S)	13.257
16	−23.377(V)	0.100		13.845
17	1.940E+004(V)	6.209(V)	H-LAK5A(S)	16.267
18	−37.805(V)	0.100		16.898
19	67.511(V)	5.076(V)	D-LAK6(S)	17.850
20	−95.957(V)	5.999(V)		17.820
21	Inf	32.000	H-K9L	16.353
22	Inf	8.100		12.378
IMA	Inf	—		16.163

[PF-3] 技术指标

波段	F	y'/mm	$\omega/(°)$	f'/mm	耦合棱镜厚度/mm	工作距离/mm	VL/mm	OD/mm	SPT/μm 0	0.7	1
VIS	2.8	3.3	20.0	9.28	16.0	3.2	30.8	1190	3	7	7

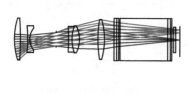

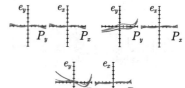

(a) 定焦投影物镜[PF-3]　　　　　　　　(b) 特性曲线(±50μm)

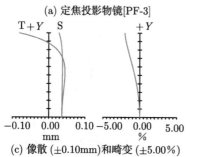

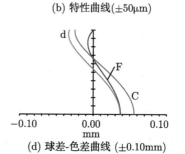

(c) 像散 (±0.10mm)和畸变 (±5.00%)　　　(d) 球差-色差曲线 (±0.10mm)

[PF-3]结构参数　　　　　　　　（长度单位：mm）

No.	R	T	Gls	Semi-Dia.
OBJ	Inf	1190.000		441.798
1	Inf	11.000		11.320
2	22.046(V)	2.034(V)	H-ZF52A(S)	6.935
3	−104.615(V)	2.451(V)		6.692
4	−43.294(V)	0.700(V)	H-ZK9A(S)	4.424
5	5.562(V)	9.070(V)		3.548
STO	Inf	4.261(V)		2.246
7	−52.728(V)	1.169(V)	H-ZF62(S)	3.787
8	13.088(V)	2.512(V)	TF3(S)	4.229
9	−9.491(V)	6.352(V)		4.477
10	38.600(V)	2.230(V)	H-ZLAF68(S)	6.573
11	−23.081(V)	3.200		6.607
12	Inf	0.900	H-BAK4	7.000(U)
13	Inf	0.700	H-K9L	7.000(U)
14	Inf	0.400		7.000(U)
15	Inf	16.020	H-ZF11	7.000(U)
16	Inf	0.900	H-K5	7.000(U)
17	Inf	0.500	H-K9L	7.000(U)
18	Inf	0.550		7.000(U)
19	Inf	0.750	H-K9L	4.200(U)
20	Inf	1.130		4.200(U)
IMA	Inf	—		3.323

[PF-4] 技术指标

波段	F	y'/mm	ω/(°)	f'/mm	工作距离/mm	VL/mm	OD/mm	SPT/μm 0	0.7	1
VIS	2.8	11.1	27.7	21.53	0.5	88.0	Inf	6	10	8

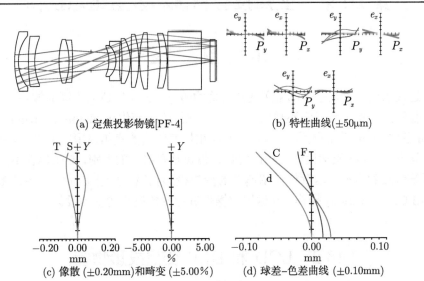

(a) 定焦投影物镜[PF-4]　　　(b) 特性曲线 (±50μm)

(c) 像散 (±0.20mm)和畸变 (±5.00%)　　(d) 球差–色差曲线 (±0.10mm)

[PF-4]结构参数 　　　　　(长度单位：mm)

No.	R	T	Gls	Semi-Dia.
OBJ	Inf	Inf		Inf
1	52.642(V)	2.206(V)	H-ZK3(S)	16.427
2	21.491(V)	5.821(V)		14.208
3	98.606(V)	3.629(V)	BAF4(S)	13.867
4	31.465(V)	14.088(V)		12.782
5	40.566(V)	5.692(V)	H-ZLAF1	11.971
6	−36.902(V)	2.001(V)	H-BAK3	11.628
7	−125.694(V)	10.547(V)		10.714
STO	Inf	10.270(V)		5.122
9	−18.157(V)	4.137(V)	H-ZLAF1	7.719
10	−11.447(V)	1.999(V)	ZF13	8.499
11	113.989(V)	1.519(V)		10.818
12	−124.364(V)	4.791(V)	H-LAF6LA	11.309
13	−24.705(V)	0.491(V)		12.333
14	632.725(V)	4.345(V)	H-LAF6LA	14.158
15	−49.983(V)	0.491(V)		14.625
16	51.929(V)	4.873(V)	H-LAK67	15.527
17	−247.447(V)	7.097(V)		15.477
18	−71.024(V)	4.000	H-LAK50A	14.969
19	−46.782(V)	0.491(V)		15.078
20	Inf	19.250	H-K9L	16.000(U)
21	Inf	5.000(V)		16.000(U)
22	Inf	3.000	K4A	11.517
23	Inf	0.807(M)		11.176
IMA	Inf	—		11.089

第16章 变焦投影物镜和多重组态操作

16.1 引　言

近代的投影仪几乎全部采用变焦投影物镜 (zoom)，以适应不同的放映环境。投影仪物镜的变焦范围通常不算大。例如，焦距 f' 的变化从 22mm 到 27mm，或从 35mm 到 50mm，变倍比为 1.2~1.4，而照相机变焦头的变焦范围要大得多。尽管变焦区间不大，但在光学设计上相比定焦物镜还是有很大的差别，必须确保不同焦距的系统参数和像质。本章将介绍典型的变焦投影物镜，介绍 ZEMAX 中的多组态 (Multi-Configuration) 操作，并运用此操作进行变焦投影物镜的设计。

16.2 LCD 和 DLP 变焦投影物镜

16.2.1 LCD 变焦投影物镜 [PZ-1]

图 16.1 为投影物镜 [PZ-1]，调焦范围为 29~36mm，使用 0.7in LCD 作为空间光调制器，其像素数为 1024×768，器件边长为 14.2mm×10.7mm，像素边长 $p=14\mu m$。

该物镜由 8 组 11 片透镜构成，光阑位于第 12 面，透镜后方有 27mm 厚的耦合棱镜，在 LCD 前还有保护玻璃。投影系统 100% 偏置，像高 $y' = -12.8mm$，参见图 16.1。

三个 "变焦 (zooming)间隔" $T9$、$T12$ 和 $T19$ 遵循恰当的规律变化，就可以连续改变焦距，从而改变放大率，导致投影图像的线度变化。$T6$ 为 "调焦 (focusing)间隔"，在每个给定的焦距上，微量改变 $T6$，就可以使投影距在 1.5~5m 的范围内成清晰像，在变焦和调焦的全过程确保系统具有足够好的像质，参见表 16.1 和表 16.2。

在这里，每个 Config 表示一组参数，为变焦物镜的一个组态。其中 Config 1~Config 3 的焦距大致相同，为一个焦距组，在该组内变焦间隔 $T9$、$T12$ 和 $T19$ 不变，而调焦间隔 $T6$ 不同，导致不同的投影距 $T0$ 及不同的投影像的线度。Config 4~Config 6 以及 Config 7~Config 9 为另两个焦距组。在全部调焦的过程中物镜长度变化很小。

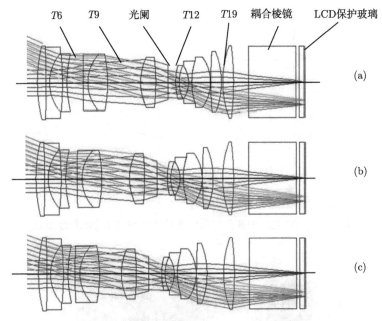

图 16.1 LCD 变焦投影物镜 [PZ-1](彩图见封底二维码)

(a) Config 1；(b) Config 4；(c) Config 7

表 16.1 变焦物镜 [PZ-1] 的 9 个 Config (长度单位: mm)

Multi-Configuration Editor								
Edit Solves Tools View Help								
Active:9/9	Config 1	Config 2	Config 3	Config 4	Config 5	Config 6	Config 7	Config 8	Config 9*
1: THIC	0	3000.000	1500.000	5000.000	3000.000 P	1500.000 P	5000.000 P	3000.000 P	1500.000 P	5000.000
2: THIC	6	9.175 V	9.576 V	8.991 P	6.430 V	6.830 V	6.260 V	4.050 V	4.350 V	3.850
3: THIC	9	19.070 V	19.070 V	19.070 P	15.854 V	15.854 V	15.854 P	12.528 V	12.528 P	12.528
4: THIC	12	4.347 V	4.347 V	4.347 P	5.718 V	5.718 V	5.718 P	7.399 V	7.399 P	7.399
5: THIC	19	0.800 V	0.800 P	0.800 P	5.441 V	5.441 P	5.441 P	9.480 V	9.480 P	9.480

表 16.2 各组 Config 的焦距、半视场角和 RMS 弥散斑半径

	Config	1	2	3	4	5	6	7	8	9
	f'/mm	29.0	28.9	29.1	32.4	32.2	32.5	36.2	36.1	36.3
	ω/(°)	24.1	24.2	24.1	21.8	21.9	21.8	19.7	19.8	19.7
SPT /µm	0 视场	10	8	12	5	8	6	18	17	10
	0.7 视场	9	10	9	10	13	9	13	17	11
	1 视场	11	12	13	8	10	8	15	24	18

三个变焦间隔的连续变化曲线 (投影距设定为 3m) 如图 16.2 所示。在镜筒结构中设计曲线槽 (参见图 16.3(a))，就可以通过变焦在一定范围获得图像大小连续变化的清晰像。由于变焦区间不大，每个厚度的变化都接近直线。

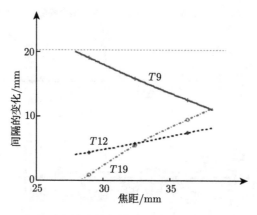

图 16.2　调焦过程中变焦间隔的连续变化曲线 (投影距为 3m)

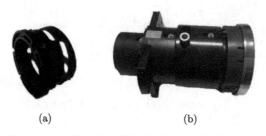

(a)　　　　　　　　　　(b)

图 16.3　(a) 带有曲线槽的镜筒；(b) 变焦投影物镜

光学传递函数 (MTF) 的截止频率 $\nu_c = 1/(2p) = 36\text{mm}^{-1}$，图 16.4 给出 MTF 曲线。

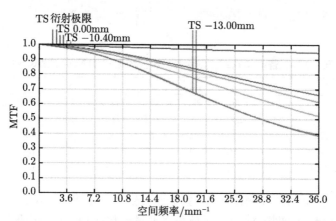

图 16.4　光学传递函数 (MTF) 曲线 (彩图见封底二维码)

截止频率 $\nu_c = 1/(2p) = 36\text{mm}^{-1}$

16.2.2 部分偏置

偏置并非一定要求 100%，不足 100% 的偏置称为部分偏置，如图 16.5 所示，如下关系式成立：

$$
\begin{cases}
a = N_x p \\
b = N_y p \\
\rho = \left(\sqrt{N_x^2 + N_y^2} \right) p \\
y' = \sqrt{\left(\dfrac{a}{2} \right)^2 + \left(\dfrac{b}{2} + \Delta \right)^2} \\
y_0 = \left[\sqrt{\left(\dfrac{N_x}{2} \right)^2 + N_y^2} \right] p
\end{cases}
\tag{16.1}
$$

其中，ρ 为器件对角线长度，y' 为系统的像高，y_0 为 100% 偏置时的像高。绝对偏置 Δ 表示系统光轴和器件水平中心线的距离，相对偏置：

$$
\text{OFFSET} = \frac{\Delta}{b/2} \times 100\%
\tag{16.2}
$$

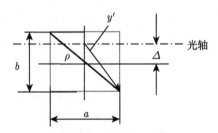

图 16.5　部分偏置

16.2.3 DLP 变焦投影物镜 [PZ-2]

图 16.6 为典型的 DLP 投影物镜 [PZ-2]，调焦范围为 23.0~28.0mm，使用 0.65in DMD 作为空间光调制器，其像素数为 1920×1080，器件边长为 14.4mm×8.1mm，像素边长 p=7.6μm，绝对偏置 $\Delta = 3.52$mm，代入 (16.1) 式和 (16.2) 式，得到相对偏置：

$$
\text{OFFSET} = 87\%
\tag{16.3}
$$

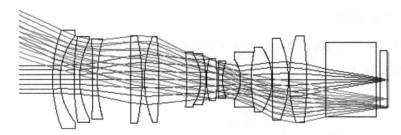

图 16.6　DLP 投影物镜 [PZ-2](彩图见封底二维码)

　　该物镜前三片为一个负光焦度组合,可见投影物镜为反远摄型,后截距较长,以容纳 19.25mm 厚的耦合棱镜。DMD 的保护玻璃为 ZKN7(相当于 CDGM 的 K4A),厚度为 3mm。表 16.3 和表 16.4 为该变焦投影物镜 [PZ-2] 的参数设置。

表 16.3　变焦物镜 [PZ-2] 的 9 个 Config　　　(长度单位: mm)

Multi-Configuration Editor									
Edit SolvesTools View Help									
Active:8/9		Config 1	Config 2	Config 3	Config 4	Config 5	Config 6	Config 7	Config 8*	Config 9
1: THIC	0	2191.000	859.000	6391.000	2191.000 P	859.000 P	6391.000 P	2191.000 P	859.000 P	6391.000 P
2: THIC	7	13.124 V	13.590 V	12.915 V	9.005 V	9.460 V	8.804 V	5.053 V	5.495 V	4.858 V
3: THIC	9	0.202 V	0.202 P	0.202 V	0.360 V	0.360 P	0.360 P	0.379 V	0.379 P	0.379 P
4: THIC	16	0.424 V	0.424 P	0.424 P	1.467 V	1.467 P	1.467 P	2.933 V	2.933 P	2.933 P
5: THIC	23	3.950 V	3.950 P	3.950 P	4.915 V	4.915 P	4.915 P	2.879 V	2.879 P	2.879 P

表 16.4　变焦物镜 [PZ-2] 各 Config 的焦距、半视场角和 RMS 弥散斑半径

Config		1	2	3	4	5	6	7	8	9
f'/mm		23.0	23.0	23.0	25.4	25.4	25.5	28.0	27.9	28.0
ω/(°)		23.5	23.6	23.5	21.4	21.5	21.4	19.7	19.8	19.6
SPT /μm	0 视场	4	4	5	5	6	5	8	12	7
	0.7 视场	9	7	10	6	6	7	6	10	6
	1 视场	12	10	13	8	8	10	7	10	7

16.3　典型的变焦投影物镜

　　图 16.7 物镜 [PZ-3]~[PZ-7] 为典型的变焦投影物镜,表 16.5 为其技术规格。这些物镜的焦距变化区间不大,$\Delta f'/\bar{f}' = 20\% \sim 30\%$,$F$ 数在 2.0~3.5,全视场角 2ω 为 $34° \sim 52°$,并随调焦略有变化;各物镜均带有棱镜 (在系统中以平板处理),并具有像方远心的特征;结构复杂,含镜片 10 片以上;各焦距的像质很好,全视场照度均匀,畸变不大 (<3%)。其中 [PZ-6] 未设调焦间隔。

　　以上物镜的像差曲线及结构参数见附录 16。注意在附录中并未将所有 Config 的数据列出,但给出 Multi-Configuration 表,包含了有差别的参数,可适用于各种规格的投影仪。

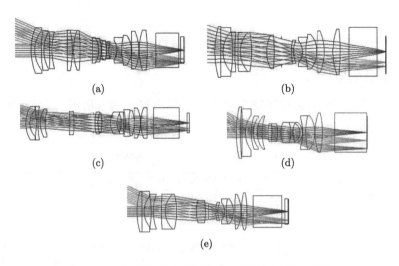

(a) (b)

(c) (d)

(e)

图 16.7 典型的变焦投影物镜 (彩图见封底二维码)

(a) 物镜 [PZ-3]；(b) 物镜 [PZ-4]；(c) 物镜 [PZ-5]；(d) 物镜 [PZ-6]；(e) 物镜 [PZ-7]

表 16.5 典型变焦投影物镜的技术规格

设计编号	Config1		Config	$\omega/(°)$	f'/mm	SPT/μm			变焦间隔	调焦间隔	投影距/mm
	F	y'/mm				0	0.7	1			
[PZ-1]	2.0	13.0	1	24.1	29.0	10	9	11	T9,		1500
			4	21.8	32.4	5	10	8	T12,	T6	3000
			7	19.7	36.2	18	13	15	T19		5000
[PZ-2]	2.1	10.1	1	23.5	23.0	4	9	11	T9,		859
			4	21.4	25.4	5	6	8	T16,	T7	2191
			7	19.7	28.0	8	6	7	T23		6391
[PZ-3]	2.3	13.0	1	24.1	29.0	4	7	8	T9,		1500
			4	21.8	32.5	4	8	9	T12,	T6	3000
			7	19.9	36.0	5	8	9	T19		5000
[PZ-4]	3.0	16.5	1	22.7	39.5	5	11	10	T9,		1500
			2	20.6	44.0	6	11	10	T12,	T6	3000
			3	18.6	49.1	5	9	11	T19		4075
[PZ-5]	2.8	10.0	1	17.3	31.4	3	5	7	T9,		600
			4	14.7	37.4	3	5	6	T24	T7	1800
			7	12.7	43.4	3	5	7			10000
[PZ-6]	2.0	13.0	1	26.0	26.6	12	24	27	T9,		
			2	23.6	29.7	16	17	20	T24		
			3	20.7	34.3	16	13	14			
[PZ-7]	3.2	11.5	1	25.9	23.7	3	6	4	T9,		600
			4	23.5	26.4	3	6	5	T12,	T6	2136
			7	19.9	31.7	3	5	6	T19		3648

16.4　Multi-Configuration 操作和变焦投影物镜设计

16.4.1　设计指标

假定要设计一个变焦投影物镜 [PZ-10]，指标如表 16.6 所示。设焦距变化的区间 $\Delta f' = 9.0$mm。设计流程如下。

表 16.6　变焦物镜 [PZ-10] 设计指标

设计编号	F	y'/mm	投影距 ($T0$)	棱镜厚度/mm	保护玻璃	Config*	ω /(°)	f'/mm
[PZ-8]	3.5	15.7	1.5~6m	22.5(H-K9L)	3(K4A)		≈ 24.6	30.0~39.0
[176]	3.5	15.7	Inf	22.5(H-K9L)	0(K4A)		24.6	35.5
						1	27.6	30.0
[PZ-10]	3.5	15.7	1.5~6m	22.5(H-K9L)	3(K4A)	4	24.5	34.5
						7	21.9	39.0

注: *共有 9 个 Config。

16.4.2　定义三组态 (3-Config)

由焦距区间定义三个组态 (Config)：取变焦区间的两端和中点，构成 f' 的三个 "组态"，分别标以 Config 1，Config 2 和 Config 3，其焦距分别为 $f'^{(1)}$，$f'^{(2)}$ 和 $f'^{(3)}$，显然有

$$\begin{cases} \Delta f' = f'^{(3)} - f'^{(1)} \ (= 9.0\text{mm}) \\ f'^{(2)} = \dfrac{f'^{(1)} + f'^{(3)}}{2} \ (= 34.5\text{mm}) \end{cases} \tag{16.4}$$

16.4.3　初始设计 —— Config 2

一般先按照第 15 章的方法设计一个定焦投影物镜，或选择技术指标相近的定焦投影物镜进行修改。如表 16.6 的定焦投影物镜 [176]，其 F 数、半视场角 ω 与技术指标接近。执行以下操作：

(1) 焦距缩放到 34.5mm，即 Config 2 的焦距。

(2) 参数设置：

a. 物距: $T0$=3000mm。

b. 波段: VIS(可见光)。

c. 孔径: Gen Apt. Paraxial Working F/#=3.5。

d. 视场 $y'_1 = 15.7$mm，$y'_{0.7} = 11.0$mm。注意，在投影物镜中，偏置后的像高是确定的，但调焦过程引起投影区域尺寸变化，物高和视场角 ω 是可变的，所以只能设定像方线视场。

e. 在路径 Gen Ray Aiming 中选择 Paraxial，即光阑初级像差自动校正。

(3) 充分优化: 必要时进行 HAMMER 优化, 满足主要的技术指标, 并具有优良的像质, 另存为 [PZ-10]-K0。注意在扩大变焦区间的过程中, 像质一般只会退化, 因而作为初始设计的定焦物镜必须充分优化。

图 16.8 为初始设计 [PZ-10]-K0 的系统图, 光阑在第 12 面, $T20$ 和 $T22$ 分别为物镜与棱镜的间隔, 以及棱镜与 DMD 保护玻璃的间隔, $T22$ 为定值。此外, 为了操作便利, 在物镜前 10mm 处设置参考面 (第 1 面)。

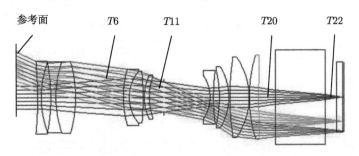

图 16.8　定焦投影物镜 [PZ-10]-K0 的系统图 (彩图见封底二维码)

(4) 预留调焦间隔: $T20$ 为工作距离, 投影仪的投影距通常是可变的, 如表 16.5 中 1.5~6m。在不同的投影距下, 需要微量改变 $T20$ 进行调焦, 以获得清晰的画面。[PZ-10]-0 的物距初值设置为 $T0=3000mm$, 便于向长短两个方向延伸。

16.4.4　设置三组态

(1) 选择变焦间隔: 可以看出参考设计物镜明显由三个透镜组加上棱镜构成。可以设前组和中组的间隔 $T6$ 以及中组和光阑的间隔 $T11$ 作为变焦间隔。

(2) 设置三组态: 从 Editor 菜单调出多组态编辑器 "Multi-Configuration Editor"(快捷键为 F7), 插入四行, 操作符为间隔 THIC/0(物距)、THIC/6(变焦间隔 -1)、THIC/11(变焦间隔 -2) 和 THIC/20(调焦间隔), 并运用操作 "Insert Config with Pickups" 插入 Config 2 和 Config 3, 在初始状态下 $T0$、$T6$ 和 $T11$ 都是定值, 其中 Config 2 和 Config 3 的 $T0$ 都跟随 Config 1, 而 $T6$ 和 $T11$ 独立变化, 参见表 16.7。

表 16.7　"3-Config" 编辑器　　　　　　　　(长度单位: mm)

Multi-Configuration Editor							
Edit　Solves　Tools　View　Help							
Active:1/3		Config 1*		Config 2		Config 3	
1: THIC	0	3000.000		3000.000	P	3000.000	P
2: THIC	6	20.599	V	20.599	V	20.599	V
3: THIC	11	6.025	V	6.025	V	6.025	V
4: THIC	20	7.289		7.289	P	7.289	P

16.4.5　调用、设置评价函数 "ZOOM-3CONFIG"

评价函数 (m.f.) 的初态如表 16.8 所示，该表的实质是三个定焦投影物镜的评价函数子块 "PROJECTOR FIXED FOCUS" 的连续排列，在第一个子块前加上运算符 "CONF=1" 表明以下的各运算符都只对 Config 1 起作用，其中厚度 $T6$ 和 $T11$ 由 Multi-Configuration 编辑器规定。"CONF=2" 以及 "CONF=3" 的作用相似。

表 16.8　评价函数 "ZOOM-3CONFIG" 结构　　(长度单位: mm)

(标识)		1111111111111111111111	
CONF	1		
运算符		Target	Weight
EFFL		34.5	34.5
CTGT	20	6.5	0.02
CTLT	20	7.5	0.02
(标识)		2222222222222222222222	
CONF	2		
运算符		Target	Weight
EFFL		34.5	34.5
CTGT	20	6.5	0.02
CTLT	20	7.5	0.02
(标识)		3333333333333333333333	
CONF	2		
运算符		Target	Weight
EFFL		34.5	34.5
CTGT	20	6.5	0.02
CTLT	20	7.5	0.02

为了监视方便起见，把需要控制的焦距 (EFFL) 和像距 $T20$ 从子块中分离出来单列在 m.f. 的最前面，如表 16.8 所示。评价函数详见封底二维码中 [PZ-10]-K4 的电子文档。

将所有的评价函数分别置于三个 Config 之下，对三个组态的相关评价函数都予以观察，或给出权重。在初始状态三个 Config 的焦距均为 34.5mm，即

$$\Delta f' = f'^{(3)} - f'^{(1)} = 0 \tag{16.5}$$

结果存文件 [PZ-10]-K1。

16.4.6　扩大变焦范围

在 Multi-Configuration 编辑器中已经插入 $T20$ (调焦间隔)，在评价函数 "ZOOM-3CONFIG" 的前部给出 $T20$ 的小幅变动区间 (上下限分别为 7.5mm 和 6.5mm)。

令 EFFL$^{(1)}$=34mm，EFFL$^{(3)}$=35mm，维持 EFFL$^{(2)}$=34.5mm 不变，优化 10～50 次，以此类推，将 $\Delta f'$ 扩大到 9mm 为止 ($f'^{(1)} = 30$mm，$f'^{(2)} = 34.5$mm，$f'^{(3)} = 39$mm)，每次扩大 $\Delta f'$ 均充分优化，保持评价函数 m.f. 为较低的值，即像质不得明显退化。将设计结果存文件 [PZ-10]-K2，相应的 Multi-Configuration 编辑器见表 16.9。

表 16.9　[PZ-10]-K2 的 Multi-Configuration 编辑器 （长度单位：mm）

Multi-Configuration Editor						
Edit　Solves　Tools　View　Help						
Active:1/4		Config 1*	Config 2		Config 3	
1: THIC	0	3000.000	3000.000	P	3000.000	P
2: THIC	20	6.500 V	6.500	P	6.500	P
3: THIC	6	33.338 V	23.555	V	16.201	V
4: THIC	11	1.683 V	4.874	V	8.150	V

16.4.7　调用、设置评价函数 "ZOOM-9CONFIG"

在 Multi-Configuration 编辑器中，在 Config 1 后通过 Insert Config with Pickups 插入两个 Config，原来的 Config 2 和 Config 3 退居 Config 4 和 Config 5；在 Config 4 后重复上面的操作，变成 7-Config；在 Config 7 后重复上面的操作，原来的 Config 1，Config 2 和 Config 3 分别成为 Config 1，Config 4 和 Config 7。新的 9 组态编辑器见表 16.10-1。在表中用符号 "P-N" 表示对 Config N 的跟随。

调用 "ZOOM 9CONFIG" 评价函数，其结构与 "ZOOM 3CONFIG 是相似的，只是增加了 Config。每三个 Config 为一组，具有同样（或相近）的焦距，但投影距不同。在评价函数表中将 $T20$ 的上下限放大，9 个 Config 的 $T20$ 均设为可变。存文件 [PZ-10]-K3，相应的 9-Config 编辑器见表 16.10-2。

表 16.10-1　Pick-up 功能 （长度单位：mm）

Active: 9/9		Config 1	Config 2	Config 3	Config 4	Config 5	Config 6	Config 7	Config 8	Config 9
THIC	0+	3000	1500	6000	P-1	P-2	P-3	P-1	P-2	P-3
THIC	20*	6.5(V)	6.5(V)	6.5(V)	6.5(V)	6.5(V)	6.5(V)	6.5(V)	6.5(V)	6.5(V)
THIC	6**	33.33(V)	P-1	P-1	23.55(V)	P-4	P-4	16.20(V)	P-7	P-7
THIC	11**	1.663(V)	P-1	P-1	4.874(V)	P-4	P-4	8.150(V)	P-7	P-7

注：+ 物距；* 调焦间隔；** 变焦间隔。

表 16.10-2　[PZ-10]-K3(新)：9-Config 编辑器 （长度单位：mm）

Multi-Configuration Editor										
Edit Solves Tools View Help										
Active:9/9		Config 1	Config 2	Config 3	Config 4	Config 5	Config 6	Config 7	Config 8	Config 9*
1: THIC	0	3000.000	1500.000	6000.000	3000.000	1500.000	6000.000	3000.000	1500.000	6000.000
2: THIC	20	6.500 V	6.500 V	6.500 V	6.500 V	6.500 V	6.500 V	6.500 V	6.500 V	6.500 V
3: THIC	6	33.338 V	33.338 P	33.338 P	23.555 V	23.555 P	23.555 P	16.201 V	16.201 P	16.201 P
4: THIC	11	1.683 V	1.683 P	1.683 P	4.874 V	4.874 P	4.874 P	8.150 V	8.150 P	8.150 P

16.4.8　9-Config 态的优化

对 m.f. 表进行细致的检查，如发现 m.f. 的数值过大 (例如 >1)，应适当调整降低贡献 (contribution) 过大的条目的权重，包括但不限于透镜中心厚度的上下限 MXCG 和 MNCG，或边缘厚度的上下限 MXEG 和 MNEG 等，然后进行优化。此轮是对三个不同焦距、三个不同投影距共计 9 个 Config 的同步优化，参数设置如表 16.11 所示。

表 16.11　[PZ-10]-K4：9-Config 的编辑器　　　　(长度单位：mm)

	Active:9/9	Config 1	Config 2	Config 3	Config 4	Config 5	Config 6	Config 7	Config 8	Config 9*
1	THIC ▾　0	3000.000	1500.000	6000.000	3000.000 P	1500.000 V	6000.000 P	3000.000 P	1500.000 P	6000.000 P
2	THIC ▾　6	32.851 V	32.851 P	32.851 P	23.443 V	23.366 V	23.443 P	15.196 V	15.196 P	15.196 V
3	THIC ▾　11	1.986 V	1.986 P	1.986 P	5.460 V	5.425 V	5.460 P	8.427 V	8.427 P	8.427 V
4	THIC ▾　20	5.370 V	5.653 V	5.224 V	5.178 V	5.624 V	5.000 V	5.899 V	6.380 V	5.649 V

经过充分优化后，再给定各透镜的外径，将尽可能多的玻璃换成 CDGM 的玻璃后，最终结果存文件 [PZ-10]-K4，如图 16.9 所示。该物镜各 Config 的像质均好，全部 SPT 均小于 10μm，全视场照度均匀，在 1.5~6m 的投影距范围内，调焦量不大，是一款优秀的设计。中间设计 [PZ-10]-K0 和最终设计 [PZ-10]-K4 的像差曲线及结构参数列在附录 16 中。

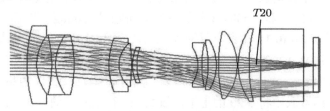

图 16.9　变焦投影物镜 [PZ-10]-K4(彩图见封底二维码)

调焦间隔设为 $T20$，意味着调焦时整个物镜需要沿轴向移动。在许多设计中，把调焦间隔选在靠前的某个间隔，调焦时物镜整体是不动的，表 16.5 中有若干这样的例子。

16.5　本 章 小 结

本章介绍变焦投影物镜，分析变焦物镜的特点，给出多个典型的 LCD 和 DLP 投影物镜的实例。重点介绍多组态(Multi-Configuration) 操作，讲述如何运用这一操作同时实现变焦 (改变投影像大小) 和调焦 (改变投影距) 功能，完成变焦投影物镜的设计。Multi-Configuration 是 ZEMAX 设计软件的重要操作，在以后有关章节中还将介绍该操作的其他应用。

附录 16　技术指标、像差曲线和结构参数

[PZ-1]-Config1 技术指标

波段	F	y'/mm	ω/(°)	f'/mm	工作距离/mm	VL/mm	OD/mm	SPT/μm		
								0	0.7	1
VIS	2.0	13.0	24.1	29.0	8.75	113.0	3000	10	9	11

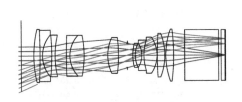

(a) 变焦投影物镜[PZ-1]-Config1

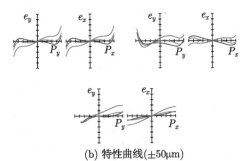

(b) 特性曲线(±50μm)

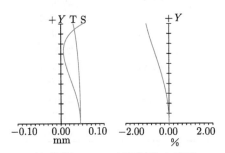

(c) 像散(±0.10mm)和畸变(±2.00%)

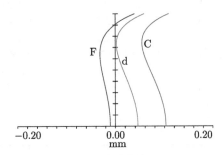

(d) 球差-色差曲线(±0.20mm)

[PZ-1]-Config1 结构参数　　　　（长度单位：mm）

No.	R	T	Gls	Semi-Dia.
OBJ	Inf	3000.000		1362.472
1	Inf	10.000		29.415
2	87.156(V)	5.000	H-ZF7LA	20.800(U)
3	−417.570(V)	2.000	H-ZK3	20.100(U)
4	24.367(V)	7.490		16.400(U)
5	−176.016(V)	2.700	H-ZK3	16.300(U)
6	69.190(V)	9.175(V)		15.900(U)
7	431.882(V)	2.800	H-ZF7LA	16.000(U)
8	22.834(V)	11.500	H-ZLAF56A	15.950(U)
9	−77.457(V)	19.070(V)		15.900(U)
10	32.414(V)	8.650	H-ZBAF3	14.000(U)
11	−122.173(V)	7.170		14.000(U)
STO	Inf	4.347(V)		9.495(U)
13	34.660(V)	2.000	ZF2	9.450(U)
14	21.300(V)	5.340		9.250(U)
15	−16.598(V)	1.800	H-ZF7LA	9.300(U)
16	37.848(V)	10.650	H-ZK3	11.900(U)
17	−24.171(V)	0.200		14.150(U)
18	255.326(V)	6.000	H-QK3	16.550(U)
19	−46.255(V)	0.800(V)		17.100(U)
20	59.035(V)	6.200	ZF13	20.500(U)
21	−160.085(V)	8.750(V)		20.500(U)
22	Inf	27.000	H-K9L	20.000(U)
23	Inf	2.000		20.000(U)
24	Inf	3.000	H-QK3	20.000(U)
25	Inf	0.500		20.000(U)
IMA	Inf	—		20.000(U)

（长度单位：mm）

Config	No.	1	2	3
1:THIC	0	3000.000	1500.000	5000.000
2:THIC	6	9.175(V)	9.576(V)	8.991(V)
3:THIC	9	19.070(V)	19.070(P)	19.070(P)
4:THIC	12	4.347(V)	4.347(P)	4.347(P)
5:THIC	19	0.800(V)	0.800(P)	0.800(P)

[PZ-1]-Config4 技术指标

波段	F	y'/mm	ω/(°)	f'/mm	工作距离/mm	VL/mm	OD/mm	SPT/μm 0	0.7	1
VIS	2.0	13.0	21.8	32.4	8.75	113.0	3000	5	10	8

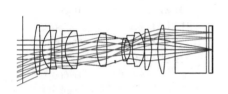

(a) 变焦投影物镜[PZ-1]-Config4

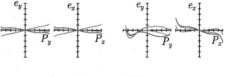

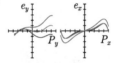

(b) 特性曲线(±50μm)

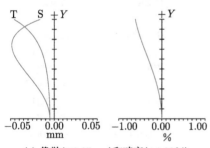

(c) 像散(±0.05mm)和畸变(±1.00%)

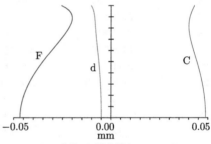

(d) 球差–色差曲线(±0.05mm)

[PZ-1]-Config4 结构参数　　　　　　（长度单位：mm）

No.	R	T	Gls	Semi-Dia.
OBJ	Inf	3000		1220.840
1	Inf	10.000		27.341
2	87.156(V)	5.000	H-ZF7LA	20.800(U)
3	−417.570(V)	2.000	H-ZK3	20.100(U)
4	24.367(V)	7.490		16.400(U)
5	−176.016(V)	2.700	H-ZK3	16.300(U)
6	69.190(V)	6.430(V)		15.900(U)
7	431.882(V)	2.800	H-ZF7LA	16.000(U)
8	22.834(V)	11.500	H-ZLAF56A	15.950(U)
9	−77.457(V)	15.854(V)	H-ZLAF1	15.900(U)
10	32.414(V)	8.650	H-ZBAG3	14.000(U)
11	−122.173(V)	7.170		14.000(U)
STO	Inf	5.718(V)		9.495(U)
13	34.660(V)	2.000	ZF2	9.450(U)
14	21.300(V)	5.340		9.250(U)
15	−16.598(V)	1.800	H-ZF7LA	9.300(U)
16	37.848(V)	10.650	H-ZK3	11.900(U)
17	−24.171(V)	0.200		14.150(U)
18	255.326(V)	6.000	H-QK3	16.550(U)
19	−46.255(V)	5.441(V)		17.100(U)
20	59.035(V)	6.200	ZF13	20.500(U)
21	−160.085(V)	8.750(V)		20.500(U)
22	Inf	27.000	H-K9L	20.000(U)
23	Inf	2.000		20.000(U)
24	Inf	3.000	H-QK3	20.000(U)
25	Inf	0.500		20.000(U)
IMA	Inf	—		20.000(U)

（长度单位：mm）

Config	No.	4	5	6
1:THIC	0	3000.000(P)	1500.000(P)	5000.000(P)
2:THIC	6	6.430(V)	6.830(V)	6.260(V)
3:THIC	9	15.854(V)	15.854(P)	15.854(P)
4:THIC	12	5.718(V)	5.718(P)	5.718(P)
5:THIC	19	5.441(V)	5.441(P)	5.441(P)

[PZ-1]-Config7 技术指标

波段	F	y'/mm	ω/(°)	f'/mm	工作距离/mm	VL/mm	OD/mm	SPT/μm 0	0.7	1
VIS	2.0	13.0	19.7	36.2	8.75	113.0	3000	18	13	15

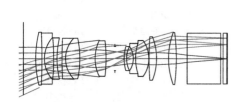

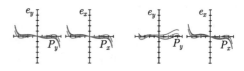

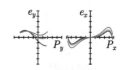

(a) 变焦投影物镜[PZ-1]-Config7

(b) 特性曲线(±100μm)

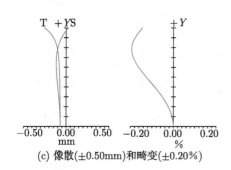

(c) 像散(±0.50mm)和畸变(±0.20%)

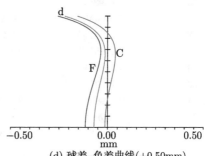

(d) 球差–色差曲线(±0.50mm)

[PZ-1]-Config7 结构参数　　　　（长度单位：mm）

No.	R	T	Gls	Semi-Dia.
OBJ	Inf	3000		1363.299
1	Inf	10.000		27.925
2	87.156(V)	5.000	H-ZF7LA	20.800(U)
3	−417.570(V)	2.000	H-ZK3	20.100(U)
4	24.367(V)	7.490		16.400(U)
5	−176.016(V)	2.700	H-ZK3	16.300(U)
6	69.190(V)	4.060(V)		15.900(U)
7	431.882(V)	2.800	H-ZF7LA	16.000(U)
8	22.834(V)	11.500	H-ZLAF56A	15.950(U)
9	−77.457(V)	12.528(V)	H-ZLAF1	15.900(U)
10	32.414(V)	8.650	H-ZBAG3	14.000(U)
11	−122.173(V)	7.170		14.000(U)
STO	Inf	7.399(V)		9.495(U)
13	34.660(V)	2.000	ZF2	9.450(U)
14	21.300(V)	5.340		9.250(U)
15	−16.598(V)	1.800	H-ZF7LA	9.300(U)
16	37.848(V)	10.650	H-ZK3	11.900(U)
17	−24.171(V)	0.200		14.150(U)
18	255.326(V)	6.000	H-QK3	16.550(U)
19	−46.255(V)	9.480(V)		17.100(U)
20	59.035(V)	6.200	ZF13	20.500(U)
21	−160.085(V)	8.750(V)		20.500(U)
22	Inf	27.000	H-K9L	20.000(U)
23	Inf	2.000		20.000(U)
24	Inf	3.000	H-QK3	20.000(U)
25	Inf	0.500		20.000(U)
IMA	Inf	—		20.000(U)

（长度单位：mm）

Config	No.	7	8	9
1:THIC	0	3000.000(P)	1500.000(P)	5000.000(P)
2:THIC	6	4.050(V)	4.350(V)	3.850(V)
3:THIC	9	12.528(V)	12.528(P)	12.528(P)
4:THIC	12	7.399(V)	7.399(P)	7.399(P)
5:THIC	19	9.480(V)	9.480(P)	9.480(P)

[PZ-2]-Config1 技术指标

波段	F	y'/mm	ω/(°)	f'/mm	工作距离/mm	VL/mm	OD/mm	SPT/μm 0	0.7	1
VIS	2.1	10.1	23.5	23.0	7.37	101.7	2191	4	9	11

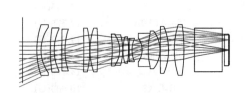

(a) 变焦投影物镜[PZ-2]-Config1

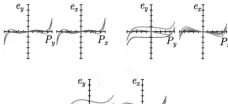

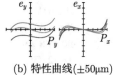

(b) 特性曲线(±50μm)

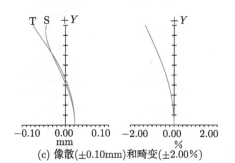

(c) 像散(±0.10mm)和畸变(±2.00%)

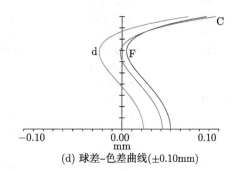

(d) 球差–色差曲线(±0.10mm)

[PZ-2]-Config1 结构参数　　　　（长度单位：mm）

No.	R	T	Gls	Semi-Dia.
OBJ	Inf	2191.000		971.551
1	Inf	10.000		22.060(U)
2	52.134(V)	2.936	H-ZK9A	17.247(U)
3	26.330(V)	6.401		15.429(U)
4	104.219(V)	2.654	H-QK3	15.009(U)
5	32.787(V)	5.290		14.239(U)
6	1154.931(V)	2.202	H-QK3	14.228(U)
7	43.918(V)	13.124(V)		14.195(U)
8	−556.946(V)	4.161	H-LAF50A	14.575(U)
9	−66.133(V)	0.202(V)		14.849(U)
10	44.157(V)	5.490	H-ZLAF53A	14.866(U)
11	−208.429(V)	9.777		14.479(U)
12	−90.432(V)	5.094	H-QK3	10.803(U)
13	−18.129(V)	2.144	H-ZBAF21	10.297(U)
14	−35.708(V)	0.173		10.064(U)
15	30.329(V)	3.903	H-ZK9A	8.992(U)
STO	−51.029(V)	0.424(V)		8.363(U)
17	519.883(V)	1.989	S-TIM39	7.893(U)
18	18.200(V)	6.931		7.597(U)
19	−13.901(V)	4.240	ZF7	8.068(U)
20	48.362(V)	8.145	H-QK3	11.303(U)
21	−20.779(V)	0.205		12.767(U)
22	1392.151(V)	5.599	H-LAF54	15.320(U)
23	−40.989(V)	3.950(V)		15.933(U)
24	56.608(V)	6.656	H-ZLAF56A	17.232(U)
25	−113.082(V)	7.367		17.054(U)
26	Inf	19.250	H-K9L	14.798(U)
27	Inf	1.500		10.799(U)
28	Inf	3.000	ZKN7	10.450(U)
29	Inf	0.500		10.008(U)
IMA	Inf	—		10.100

（长度单位：mm）

Config	No.	1	2	3
1:THIC	0	2191.000	859.000	6391.000
2:THIC	7	13.124(V)	13.590(V)	12.915(V)
3:THIC	9	0.202(V)	0.202(P)	0.202(P)
4:THIC	16	0.424(V)	0.424(P)	0.424(P)
5:THIC	23	3.950(V)	3.950(P)	3.950(P)

[PZ-2]-Config4 技术指标

波段	F	y'/mm	ω/(°)	f'/mm	工作距离/mm	VL/mm	OD/mm	SPT/μm 0	0.7	1
VIS	2.1	10.1	21.4	25.4	7.37	99.7	2191	5	6	8

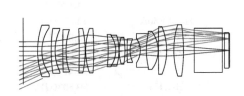

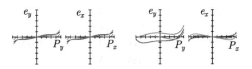

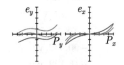

(a) 变焦投影物镜[PZ-2]-Config4　　　　　　　(b) 特性曲线(±50μm)

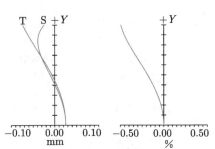

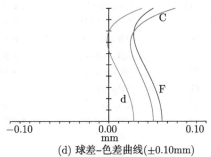

(c) 像散(±0.10mm)和畸变(±0.50%)　　　　　(d) 球差–色差曲线(±0.10mm)

[PZ-2]-Config4 结构参数　　　　　　（长度单位：mm）

No.	R	T	Gls	Semi-Dia.
OBJ	Inf	2191.000		876.444
1	Inf	10.000		22.060(U)
2	52.134(V)	2.936	H-ZK9A	17.247(U)
3	26.330(V)	6.401		15.429(U)
4	104.219(V)	2.654	H-QK3	15.009(U)
5	32.787(V)	5.290		14.239(U)
6	1154.931(V)	2.202	H-QK3	14.228(U)
7	43.918(V)	9.005(V)		14.195(U)
8	−556.946(V)	4.161	H-LAF50A	14.575(U)
9	−66.133(V)	0.360(V)		14.849(U)
10	44.157(V)	5.490	H-ZLAF53A	14.866(U)
11	−208.429(V)	9.777		14.479(U)
12	−90.432(V)	5.094	H-QK3	10.803(U)
13	−18.129(V)	2.144	H-ZBAF21	10.297(U)
14	−35.708(V)	0.173		10.064(U)
15	30.329(V)	3.903	H-ZK9A	8.992(U)
STO	−51.029(V)	1.467(V)		8.363(U)
17	519.883(V)	1.989	S-TIM39	7.893(U)
18	18.200(V)	6.931		7.597(U)
19	−13.901(V)	4.240	ZF7	8.068(U)
20	48.362(V)	8.145	H-QK3	11.303(U)
21	−20.779(V)	0.205		12.767(U)
22	1392.151(V)	5.599	H-LAF54	15.320(U)
23	−40.989(V)	4.915(V)		15.933(U)
24	56.608(V)	6.656	H-ZLAF56A	17.232(U)
25	−113.082(V)	7.367		17.054(U)
26	Inf	19.250	H-K9L	14.798(U)
27	Inf	1.500		10.799(U)
28	Inf	3.000	ZKN7	10.450(U)
29	Inf	0.500		10.008(U)
IMA	Inf	—		10.100

（长度单位：mm）

Config	No.	4	5	6
1:THIC	0	2191.000(P)	859.000(P)	6391.000(P)
2:THIC	7	9.005(V)	9.460(V)	8.804(V)
3:THIC	9	0.360(V)	0.360(P)	0.360(P)
4:THIC	16	1.467(V)	1.467(P)	1.467(P)
5:THIC	23	4.951(V)	4.951(P)	4.951(P)

[PZ-2]-Config7 技术指标

波段	F	y'/mm	$\omega/(°)$	f'/mm	工作距离/mm	VL/mm	OD/mm	SPT/μm 0	0.7	1
VIS	2.1	10.1	19.7	28.0	7.37	95.2	2191	8	6	7

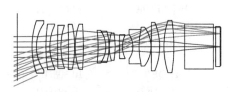

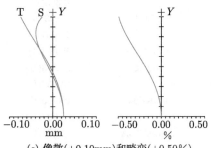

(a) 变焦投影物镜[PZ-2]-Config7

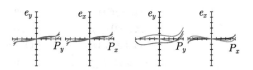

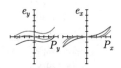

(b) 特性曲线(±50μm)

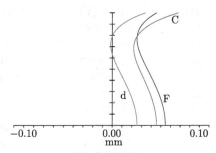

(c) 像散(±0.10mm)和畸变(±0.50%)

(d) 球差-色差曲线(±0.10mm)

[PZ-2]-Config7 结构参数　　　　　　　（长度单位：mm）

No.	R	T	Gls	Semi-Dia.
OBJ	Inf	2191.000		797.895
1	Inf	10.000		22.060(U)
2	52.134(V)	2.936	H-ZK9A	17.247(U)
3	26.330(V)	6.401		15.429(U)
4	104.219(V)	2.654	H-QK3	15.009(U)
5	32.787(V)	5.290		14.239(U)
6	1154.931(V)	2.202	H-QK3	14.228(U)
7	43.918(V)	5.053(V)		14.195(U)
8	−556.946(V)	4.161	H-LAF50A	14.575(U)
9	−66.133(V)	0.379(V)		14.849(U)
10	44.157(V)	5.490	H-ZLAF53A	14.866(U)
11	−208.429(V)	9.777		14.479(U)
12	−90.432(V)	5.094	H-QK3	10.803(U)
13	−18.129(V)	2.144	H-ZBAF21	10.297(U)
14	−35.708(V)	0.173		10.064(U)
15	30.329(V)	3.903	H-ZK9A	8.992(U)
STO	−51.029(V)	2.933(V)		8.363(U)
17	519.883(V)	1.989	S-TIM39	7.893(U)
18	18.200(V)	6.931		7.597(U)
19	−13.901(V)	4.240	ZF7	8.068(U)
20	48.362(V)	8.145	H-QK3	11.303(U)
21	−20.779(V)	0.205		12.767(U)
22	1392.151(V)	5.599	H-LAF54	15.320(U)
23	−40.989(V)	2.879(V)		15.933(U)
24	56.608(V)	6.656	H-ZLAF56A	17.232(U)
25	−113.082(V)	7.367		17.054(U)
26	Inf	19.250	H-K9L	14.798(U)
27	Inf	1.500		10.799(U)
28	Inf	3.000	ZKN7	10.450(U)
29	Inf	0.500		10.008(U)
IMA	Inf	—		10.100

（长度单位：mm）

Config	No.	7	8	9
1:THIC	0	2191.000(P)	859.000(P)	6391.000(P)
2:THIC	7	5.053(V)	5.495(V)	4.858(V)
3:THIC	9	0.379(V)	0.379(P)	0.379(P)
4:THIC	16	2.933(V)	2.933(P)	2.933(P)
5:THIC	23	2.879(V)	2.879(P)	2.879(P)

[PZ-3]-Config1 技术指标

波段	F	y'/mm	ω/(°)	f'/mm	工作距离/mm	VL/mm	OD/mm	SPT/μm		
								0	0.7	1
VIS	2.3	13.0	24.1	29.0	12.80	156.4	3000	4	7	8

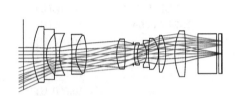

(a) 变焦投影物镜[PZ-3]-Config1

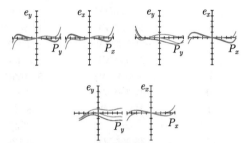

(b) 特性曲线(±50μm)

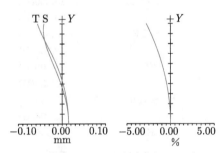

(c) 像散(±0.10mm)和畸变(±5.00%)

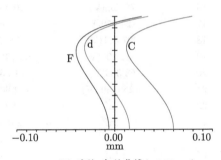

(d) 球差-色差曲线(±0.10mm)

[PZ-3]-Config1 结构参数　　　　　　（长度单位：mm）

No.	R	T	Gls	Semi-Dia.
OBJ	Inf	3000.000		1371.621
1	Inf	10.000		35.566
2	71.396(V)	10.999	H-ZF7LA	28.000(U)
3	1673.078(V)	2.679	H-ZK3	25.200(U)
4	30.241(V)	9.640		20.340(U)
5	−136.042(V)	3.499	H-ZK3	20.000(U)
6	44.327(V)	12.468(V)		21.000(U)
7	−504.369(V)	4.107	H-ZF7LA	20.000(U)
8	31.032(V)	11.002	H-ZLAF56A	19.000(U)
9	−68.076(V)	31.169(V)		19.000(U)
10	37.720(V)	8.650	H-ZBAF3	15.000(U)
11	−139.757(V)	8.393		15.000(U)
STO	Inf	0.832(V)		10.000(U)
13	36.935(V)	3.174	ZF2	11.000(U)
14	22.557(V)	9.917		9.800(U)
15	−17.689(V)	1.800	H-ZF7LA	10.600(U)
16	76.755(V)	10.398	H-ZK3	13.500(U)
17	−24.675(V)	0.300		15.500(U)
18	227.321(V)	7.012	H-QK3	18.500(U)
19	−44.390(V)	9.319(V)		18.500(U)
20	58.306(V)	11.000	ZF13	23.000(U)
21	−256.698(V)	12.802		23.000(U)
22	Inf	19.250	H-K9L	20.000(U)
23	Inf	2.000		20.000(U)
24	Inf	3.000	K4A	20.000(U)
25	Inf	0.500		20.000(U)
IMA	Inf	—		20.000(U)

（长度单位：mm）

Config	No.	1	2	3
1:THIC	0	3000	1500	5000
2:THIC	6	12.468(V)	12.952(V)	12.269(V)
3:THIC	9	31.169(V)	31.169(P)	31.169(P)
4:THIC	12	0.832(V)	0.832(P)	0.832(P)
5:THIC	19	9.319(V)	9.319(P)	9.319(P)

[PZ-3]-Config4 技术指标

波段	F	y'/mm	$\omega/(°)$	f'/mm	工作距离/mm	VL/mm	OD/mm	SPT/μm 0	0.7	1
VIS	2.3	13.0	21.8	32.50	12.80	154.3	3000	4	8	9

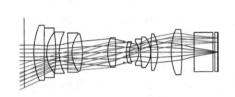

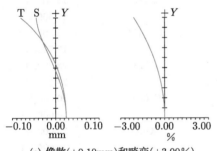

(a) 变焦投影物镜[PZ-3]-Config4

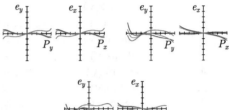

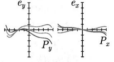

(b) 特性曲线(±50μm)

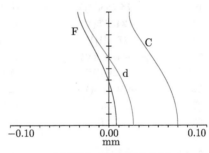

(c) 像散(±0.10mm)和畸变(±3.00%)

(d) 球差–色差曲线(±0.10mm)

[PZ-3]-Config4 结构参数　　　　　（长度单位：mm）

No.	R	T	Gls	Semi-Dia.
OBJ	Inf	3000.000		1224.293
1	Inf	10.000		32.458
2	71.396(V)	10.999	H-ZF7LA	28.000(U)
3	1673.078(V)	2.679	H-ZK3	25.200(U)
4	30.241(V)	9.640		20.340(U)
5	−136.042(V)	3.499	H-ZK3	20.000(U)
6	44.327(V)	9.129(V)		21.000(U)
7	−504.369(V)	4.107	H-ZF7LA	20.000(U)
8	31.032(V)	11.002	H-ZLAF56A	19.000(U)
9	−68.076(V)	26.249(V)		19.000(U)
10	37.720(V)	8.650	H-ZBAF3	15.000(U)
11	−139.757(V)	8.393		15.000(U)
STO	Inf	2.606(V)		10.000(U)
13	36.935(V)	3.174	ZF2	11.000(U)
14	22.557(V)	9.917		9.800(U)
15	−17.689(V)	1.800	H-ZF7LA	10.600(U)
16	76.755(V)	10.398	H-ZK3	13.500(U)
17	−24.675(V)	0.300		15.500(U)
18	227.321(V)	7.012	H-QK3	18.500(U)
19	−44.390(V)	13.728(V)		18.500(U)
20	58.306(V)	11.000	ZF13	23.000(U)
21	−256.698(V)	12.802		23.000(U)
22	Inf	19.250	H-K9L	20.000(U)
23	Inf	2.000		20.000(U)
24	Inf	3.000	K4A	20.000(U)
25	Inf	0.500		20.000(U)
IMA	Inf	—		20.000(U)

（长度单位：mm）

Config	No.	4	5	6
1:THIC	0	3000.000(P)	1500.000(P)	5000.000(P)
2:THIC	6	9.129(V)	9.611(V)	8.930(V)
3:THIC	9	26.249(V)	26.249(P)	26.249(P)
4:THIC	12	2.606(V)	2.606(P)	2.606(P)
5:THIC	19	13.728(V)	13.728(P)	13.728(P)

[PZ-3]-Config7 技术指标

波段	F	y'/mm	$\omega/(°)$	f'/mm	工作距离/mm	VL/mm	OD/mm	SPT/μm		
								0	0.7	1
VIS	2.3	13.0	19.9	36.0	12.80	154.4	3000	5	8	9

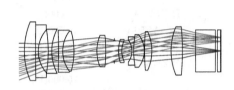

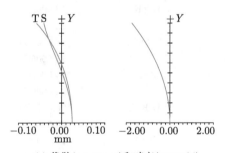

(a) 变焦投影物镜[PZ-3]-Config7

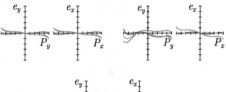

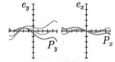

(b) 特性曲线(±50μm)

(c) 像散(±0.10mm)和畸变(±2.00%)

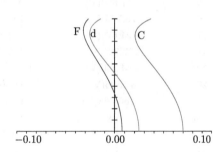

(d) 球差–色差曲线(±0.10mm)

[PZ-3]-Config7 结构参数　　　　　　（长度单位：mm）

No.	R	T	Gls	Semi-Dia.
OBJ	Inf	3000.000		1105.891
1	Inf	10.000		30.186
2	71.396(V)	10.999	H-ZF7LA	28.000(U)
3	1673.078(V)	2.679	H-ZK3	25.200(U)
4	30.241(V)	9.640		20.340(U)
5	−136.042(V)	3.499	H-ZK3	20.000(U)
6	44.327(V)	6.717(V)		21.000(U)
7	−504.369(V)	4.107	H-ZF7LA	20.000(U)
8	31.032(V)	11.002	H-ZLAF56A	19.000(U)
9	−68.076(V)	22.392(V)		19.000(U)
10	37.720(V)	8.650	H-ZBAF3	15.000(U)
11	−139.757(V)	8.393		15.000(U)
STO	Inf	4.169(V)		10.000(U)
13	36.935(V)	3.174	ZF2	11.000(U)
14	22.557(V)	9.917		9.800(U)
15	−17.689(V)	1.800	H-ZF7LA	10.600(U)
16	76.755(V)	10.398	H-ZK3	13.500(U)
17	−24.675(V)	0.300		15.500(U)
18	227.321(V)	7.012	H-QK3	18.500(U)
19	−44.390(V)	18.510(V)		18.500(U)
20	58.306(V)	11.000	ZF13	23.000(U)
21	−256.698(V)	12.802		23.000(U)
22	Inf	19.250	H-K9L	20.000(U)
23	Inf	2.000		20.000(U)
24	Inf	3.000	K4A	20.000(U)
25	Inf	0.500		20.000(U)
IMA	Inf	—		20.000(U)

（长度单位：mm）

Config	No.	7	8	9
1:THIC	0	3000.000(P)	1500.000(P)	5000.000(P)
2:THIC	6	6.717(V)	7.196(V)	6.519(V)
3:THIC	9	22.392(V)	22.392(P)	22.392(P)
4:THIC	12	4.169(V)	4.169(P)	4.169(P)
5:THIC	19	18.510(V)	18.510(P)	18.510(P)

[PZ-4]-Config1 技术指标

波段	F	y'/mm	ω/(°)	f'/mm	工作距离/mm	VL/mm	OD/mm	SPT/μm 0	SPT/μm 0.7	SPT/μm 1
VIS	3.0	16.5	22.7	39.5	10.0	144.0	4075	5	11	10

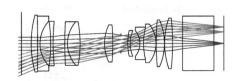

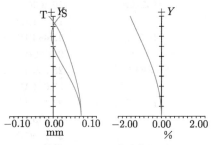

(a) 变焦投影物镜[PZ-4]-Config1

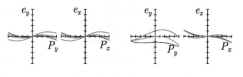

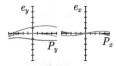

(b) 特性曲线(±50μm)

(c) 像散(±0.10mm)和畸变(±2.00%)

(d) 球差-色差曲线(±0.20mm)

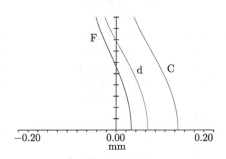

[PZ-4]-Config1 结构参数　　　　　　（长度单位：mm）

No.	R	T	Gls	Semi-Dia.
OBJ	Inf	4075.439		1726.846
1	Inf	10.000		32.352
2	105.260(V)	6.547	H-ZF7LA	28.256(U)
3	−1316.580(V)	2.400	H-ZK3	27.305(U)
4	32.399(V)	10.810		22.279(U)
5	−148.345(V)	2.461	H-ZK3	22.143(U)
6	211.559(V)	11.850(V)		21.600(U)
7	469.740(V)	2.653	H-ZF7LA	21.736(U)
8	32.579(V)	12.642	H-ZLAF56A	21.668(U)
9	−118.131(V)	25.197(V)		21.600(U)
10	42.028(V)	8.435	H-LAKL5A	18.500(U)
11	−208.598(V)	8.166		18.500(U)
STO	Inf	6.982(V)		12.641(U)
13	56.423(V)	2.397	ZF3	12.838(U)
14	29.334(V)	10.170		12.566(U)
15	−19.521(V)	3.800	H-ZF7LA	12.634(U)
16	66.238(V)	12.684	H-ZK9A	16.166(U)
17	−30.477(V)	0.193		19.222(U)
18	250.440(V)	8.346	H-K11	22.483(U)
19	−57.085(V)	0.200(V)		23.230(U)
20	75.944(V)	8.068	ZF13	25.200(U)
21	−230.802(V)	9.999		25.064(U)
22	Inf	32.000	H-K9L	27.170(U)
23	Inf	10.000		27.170(U)
24	Inf	0.000		27.170(U)
IMA	Inf	—		27.170(U)

（长度单位：mm）

Config	No.	1	2	3
1:THIC	0	4075.439	4075.439(P)	4075.439(P)
2:THIC	6	11.850(V)	7.269(V)	3.463(V)
3:THIC	9	25.197(V)	21.071(V)	17.115(V)
4:THIC	12	6.982(V)	8.973(V)	11.099(V)
5:THIC	19	0.200(V)	4.563(V)	9.644(V)

[PZ-4]-Config2 技术指标

波段	F	y'/mm	ω/(°)	f'/mm	工作距离/mm	VL/mm	OD/mm	SPT/μm 0	SPT/μm 0.7	SPT/μm 1
VIS	3.0	16.5	20.6	44.0	10.0	141.6	4075	6	11	10

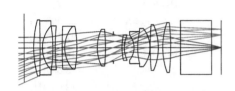

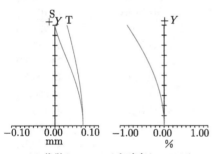

(a) 变焦投影物镜[PZ-4]-Config2

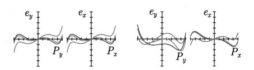

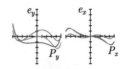

(b) 特性曲线(±50μm)

(c) 像散(±0.10mm)和畸变(±1.00%)

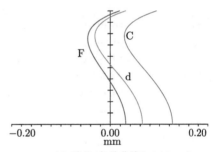

(d) 球差–色差曲线(±0.20mm)

[PZ-4]-Config2 结构参数　　　　　　（长度单位：mm）

No.	R	T	Gls	Semi-Dia.
OBJ	Inf	4075.439		1550.768
1	Inf	10.000		29.523
2	105.260(V)	6.547	H-ZF7LA	28.256(U)
3	−1316.580(V)	2.400	H-ZK3	27.305(U)
4	32.399(V)	10.810		22.279(U)
5	−148.345(V)	2.461	H-ZK3	22.143(U)
6	211.559(V)	7.269(V)		21.600(U)
7	469.740(V)	2.653	H-ZF7LA	21.736(U)
8	32.579(V)	12.642	H-ZLAF56A	21.668(U)
9	−118.131(V)	21.071(V)		21.600(U)
10	42.028(V)	8.435	H-LAKL5A	18.500(U)
11	−208.598(V)	8.166		18.500(U)
STO	Inf	8.973(V)		12.641(U)
13	56.423(V)	2.397	ZF3	12.838(U)
14	29.334(V)	10.170		12.566(U)
15	−19.521(V)	3.800	H-ZF7LA	12.634(U)
16	66.238(V)	12.684	H-ZK9A	16.166(U)
17	−30.477(V)	0.193		19.222(U)
18	250.440(V)	8.346	H-K11	22.483(U)
19	−57.085(V)	4.563(V)		23.230(U)
20	75.944(V)	8.068	ZF13	25.200(U)
21	−230.802(V)	9.999		25.064(U)
22	Inf	32.000	H-K9L	27.170(U)
23	Inf	10.000		27.170(U)
24	Inf	0.000		27.170(U)
IMA	Inf	—		27.170(U)

（长度单位：mm）

Config	No.	1	2	3
1:THIC	0	4075.439(V)	4075.439(P)	4075.439(P)
2:THIC	6	11.850(V)	7.269(V)	3.463(V)
3:THIC	9	25.197(V)	21.071(V)	17.115(V)
4:THIC	12	6.982(V)	8.973(V)	11.099(V)
5:THIC	19	0.200(V)	4.563(V)	9.644(V)

[PZ-4]-Config3 技术指标

波段	F	y'/mm	ω/(°)	f'/mm	工作距离/mm	VL/mm	OD/mm	SPT/μm		
								0	0.7	1
VIS	3.0	16.5	18.6	49.1	10.0	141.1	4075	5	9	11

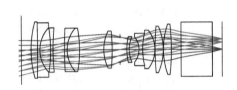

(a) 变焦投影物镜[PZ-4]-Config3

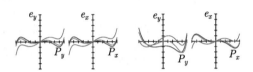
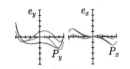

(b) 特性曲线(±50μm)

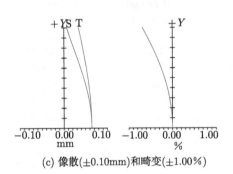

(c) 像散(±0.10mm)和畸变(±1.00%)

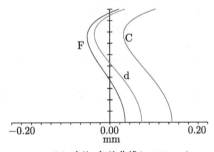

(d) 球差–色差曲线(±0.20mm)

[PZ-4]-Config3 结构参数　　　　　（长度单位：mm）

No.	R	T	Gls	Semi-Dia.
OBJ	Inf	4075.439		1389.445
1	Inf	10.000		27.189
2	105.260(V)	6.547	H-ZF7LA	28.256(U)
3	−1316.580(V)	2.400	H-ZK3	27.305(U)
4	32.399(V)	10.810		22.279(U)
5	−148.345(V)	2.461	H-ZK3	22.143(U)
6	211.559(V)	3.463(V)		21.600(U)
7	469.740(V)	2.653	H-ZF7LA	21.736(U)
8	32.579(V)	12.642	H-ZLAF56A	21.668(U)
9	−118.131(V)	17.115(V)		21.600(U)
10	42.028(V)	8.435	H-LAKL5A	18.500(U)
11	−208.598(V)	8.166		18.500(U)
STO	Inf	11.099(V)		12.641(U)
13	56.423(V)	2.397	ZF3	12.838(U)
14	29.334(V)	10.170		12.566(U)
15	−19.521(V)	3.800	H-ZF7LA	12.634(U)
16	66.238(V)	12.684	H-ZK9A	16.166(U)
17	−30.477(V)	0.193		19.222(U)
18	250.440(V)	8.346	H-K11	22.483(U)
19	−57.085(V)	9.644(V)		23.230(U)
20	75.944(V)	8.068	ZF13	25.200(U)
21	−230.802(V)	9.999		25.064(U)
22	Inf	32.000	H-K9L	27.170(U)
23	Inf	10.000		27.170(U)
24	Inf	0.000		27.170(U)
IMA	Inf	—		27.170(U)

（长度单位：mm）

Config	No.	1	2	3
1:THIC	0	4075.439(V)	4075.439(P)	4075.439(P)
2:THIC	6	11.850(V)	7.269(V)	3.463(V)
3:THIC	9	25.197(V)	21.071(V)	17.115(V)
4:THIC	12	6.982(V)	8.973(V)	11.099(V)
5:THIC	19	0.200(V)	4.563(V)	9.644(V)

[PZ-5]-Config1 技术指标

波段	F	y'/mm	ω/(°)	f'/mm	工作距离/mm	VL/mm	OD/mm	SPT/μm 0	SPT/μm 0.7	SPT/μm 1
VIS	2.8	10.0	17.3	31.4	8.16	151.6	1800	3	5	7

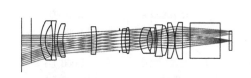

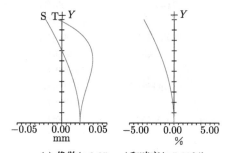

(a) 变焦投影物镜[PZ-5]-Config1

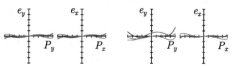

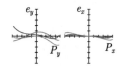

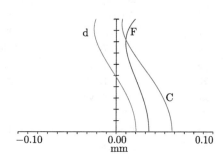

(b) 特性曲线(±50μm)

(c) 像散(±0.05mm)和畸变(±5.00%)

(d) 球差-色差曲线(±0.10mm)

[PZ-5]-Config1 结构参数　　　　　（长度单位：mm）

No.	R	T	Gls	Semi-Dia.
OBJ	Inf	1800.000		579.087
1	Inf	10.000		22.886
2	38.721(V)	5.000	H-LAK6A	20.000(U)
3	23.282(V)	8.025		16.000(U)
4	−95.280(V)	2.000	H-K9L	16.000(U)
5	109.648(V)	2.969		20.000(U)
6	34.912(V)	6.000	ZF6	17.000(U)
7	47.950(V)	30.667(V)		15.000(U)
8	−196.593(V)	5.316	H-LAK6A	14.000(U)
9	−96.091(V)	24.156(V)		14.000(U)
STO	Inf	2.083		10.400(U)
11	52.027(V)	4.000	H-ZF7LA	12.000(U)
12	40.232(V)	4.743	H-QK3	12.000(U)
13	−79.458(V)	10.933		13.000(U)
14	25.074(V)	8.000	H-ZF7LA	13.000(U)
15	21.171(V)	5.443		11.000(U)
16	−25.567(V)	3.064	H-QF1	10.000(U)
17	−200.459(V)	2.036		13.000(U)
18	−60.397(V)	4.334	H-ZF7LA	16.000(U)
19	75.331(V)	7.043	H-QK3	15.000(U)
20	−39.021(V)	0.300		15.000(U)
21	−267.095(V)	7.221	H-LAK6A	17.500(U)
22	−42.349(V)	0.300		18.000(U)
23	47.898(V)	8.000	H-LAK51	18.500(U)
24	2662.728(V)	8.160(V)		18.500(U)
25	Inf	32.000	H-ZF1	18.500(U)
26	Inf	9.588		16.000(U)
27	Inf	3.000	H-K9L	12.000(U)
IMA	Inf	—		9.489

（长度单位：mm）

Config	No.	1	2	3
1:THIC	0	1800.000	5000.000	10000.000
2:THIC	7	30.667(V)	29.060(V)	28.589(V)
3:THIC	9	24.156(V)	24.156(P)	24.156(P)
4:THIC	24	8.160(V)	8.160(P)	8.160(P)

[PZ-5]-Config4 技术指标

波段	F	y'/mm	ω/(°)	f'/mm	工作距离/mm	VL/mm	OD/mm	SPT/μm		
								0	0.7	1
VIS	2.8	10.0	14.7	37.4	12.7	125.9	1800	3	5	6

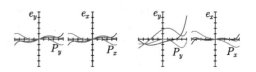

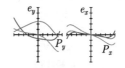

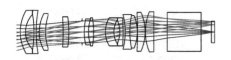

(a) 变焦投影物镜[PZ-5]-Config4

(b) 特性曲线(±20μm)

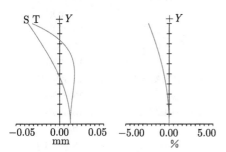

(c) 像散(±0.05mm)和畸变(±5.00%)

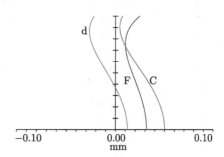

(d) 球差–色差曲线(±0.10mm)

[PZ-5]-Config4 结构参数　　　　　（长度单位：mm）

No.	R	T	Gls	Semi-Dia.
OBJ	Inf	1800.000		483.805
1	Inf	10.000		22.886
2	38.721(V)	5.000	H-LAK6A	20.000(U)
3	23.282(V)	8.025		16.000(U)
4	−95.280(V)	2.000	H-K9L	16.000(U)
5	109.648(V)	2.969		20.000(U)
6	34.912(V)	6.000	ZF6	17.000(U)
7	47.950(V)	16.584(V)		15.000(U)
8	−196.593(V)	5.316	H-LAK6A	14.000(U)
9	−96.091(V)	12.507(V)		14.000(U)
STO	Inf	2.083		10.400(U)
11	52.027(V)	4.000	H-ZF7LA	13.000(U)
12	40.232(V)	4.743	H-QK3	12.000(U)
13	−79.458(V)	10.933		12.000(U)
14	25.074(V)	8.000	H-ZF7LA	13.000(U)
15	21.171(V)	5.443		11.000(U)
16	−25.567(V)	3.064	H-QF1	10.000(U)
17	−200.459(V)	2.036		13.000(U)
18	−60.397(V)	4.334	H-ZF7LA	16.000(U)
19	75.331(V)	7.043	H-QK3	15.000(U)
20	−39.021(V)	0.300		15.000(U)
21	−267.095(V)	7.221	H-LAK6A	17.500(U)
22	−42.349(V)	0.300		18.000(U)
23	47.898(V)	8.000	H-LAK51	18.500(U)
24	2662.728(V)	12.654(V)		18.500(U)
25	Inf	32.000	H-ZF1	18.500(U)
26	Inf	9.588		16.000(U)
27	Inf	3.000	H-K9L	12.000(U)
IMA	Inf	—		9.581

（长度单位：mm）

Config	No.	4	5	6
1:THIC	0	1800.000(P)	5000.000(P)	10000.000(P)
2:THIC	7	16.584(V)	14.968(V)	14.495(V)
3:THIC	9	12.507(V)	12.507(P)	12.507(P)
4:THIC	24	12.654(V)	12.654(P)	12.654(P)

[PZ-5]-Config7 技术指标

波段	F	y'/mm	ω/(°)	f'/mm	BFL/mm	VL/mm	OD/mm	SPT/μm		
								0	0.7	1
VIS	2.8	10.0	12.7	43.4	17.3	109.0	1800	3	5	7

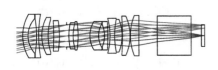

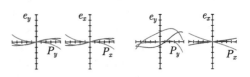

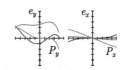

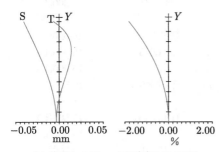

(a) 变焦投影物镜[PZ-5]-Config7

(b) 特性曲线(±20μm)

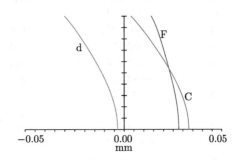

(c) 像散(±0.05mm)和畸变(±2.00%)

(d) 球差–色差曲线(±0.05mm)

[PZ-5]-Config7 结构参数　　　　（长度单位：mm）

No.	R	T	Gls	Semi-Dia.
OBJ	Inf	1800.000		415.021
1	Inf	10.000		22.886
2	38.721(V)	5.000	H-LAK6A	20.000(U)
3	23.282(V)	8.025		16.000(U)
4	−95.280(V)	2.000	H-K9L	16.000(U)
5	109.648(V)	2.969		20.000(U)
6	34.912(V)	6.000	ZF6	17.000(U)
7	47.950(V)	5.306(V)		15.000(U)
8	−196.593(V)	5.316	H-LAK6A	14.000(U)
9	−96.091(V)	6.889(V)		14.000(U)
STO	Inf	2.083		10.400(U)
11	52.027(V)	4.000	H-ZF7LA	13.000(U)
12	40.232(V)	4.743	H-QK3	12.000(U)
13	−79.458(V)	10.933		12.000(U)
14	25.074(V)	8.000	H-ZF7LA	13.000(U)
15	21.171(V)	5.443		11.000(U)
16	−25.567(V)	3.064	H-QF1	10.000(U)
17	−200.459(V)	2.036		13.000(U)
18	−60.397(V)	4.334	H-ZF7LA	16.000(U)
19	75.331(V)	7.043	H-QK3	15.000(U)
20	−39.021(V)	0.300		15.000(U)
21	−267.095(V)	7.221	H-LAK6A	17.500(U)
22	−42.349(V)	0.300		18.000(U)
23	47.898(V)	8.000	H-LAK51	18.500(U)
24	2662.728(V)	17.336(V)		18.500(U)
25	Inf	32.000	H-ZF1	18.500(U)
26	Inf	9.588		16.000(U)
27	Inf	3.000	H-K9L	12.000(U)
IMA	Inf	—		9.457

（长度单位：mm）

Config	No.	7	8	9
1:THIC	0	1800.000	5000.000	10000.000
2:THIC	7	5.306(V)	3.682(V)	3.206(V)
3:THIC	9	6.889(V)	6.889(P)	6.889(P)
4:THIC	24	17.336(V)	17.336(P)	17.336(P)

[PZ-6]-Config1 技术指标

波段	F	y'/mm	$\omega/(°)$	f'/mm	BFL/mm	VL/mm	OD/mm	SPT/μm		
								0	0.7	1
VIS	2.0	13.0	26.0	26.6	5.0	105.0	1800	12	24	27

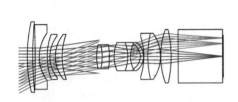

(a) 变焦投影物镜[PZ-6]-Config1

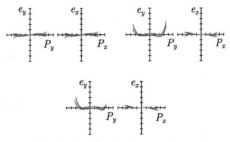

(b) 特性曲线(±200μm)

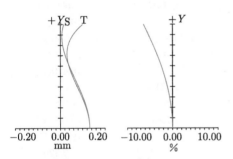

(c) 像散(±0.20mm)和畸变(±10.00%)

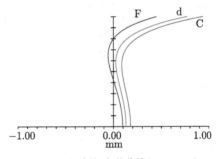

(d) 球差–色差曲线(±1.00mm)

[PZ-6]-Config1 结构参数　　　　　（长度单位：mm）

No.	R	T	Gls	Semi-Dia.
OBJ	Inf	2500.000		1240.208
1	Inf	10.000		27.442
2	108.805(V)	4.000	H-ZK21	25.000(U)
3	252.045(V)	1.763		25.000(U)
4	−821.458(V)	3.000	D-ZK2	23.000(U)
5	27.869(V)	5.812		17.000(U)
6	44.704(V)	2.000	H-LAK52	16.000(U)
7	23.766(V)	3.969(V)		15.000(U)
8	25.195(V)	4.846	ZF1	16.000(U)
9	45.808(V)	25.335(V)		16.000(U)
STO	37.025	3.999	H-F2	8.500(U)
11	−36.440(V)	5.254	H-ZK7	8.500(U)
12	−56.278(V)	3.439		8.500(U)
13	25.781(V)	9.780	H-LAK5A	10.000(U)
14	−26.880(V)	1.998	H-ZF7LA	10.000(U)
15	19.504(V)	7.302		8.200(U)
16	−9.910(V)	2.446	H-LAK5A	8.500(U)
17	−12.163(V)	0.198		10.000(U)
18	−44.622(V)	2.967	H-ZF7LA	14.000(U)
19	71.021(V)	9.239	H-LAK5A	16.400(U)
20	−27.927(V)	0.198		16.400(U)
21	56.959(V)	7.454	ZF11	19.000(U)
22	−83.378(V)	5.010(V)		19.000(U)
23	Inf	32.000	H-K9L	19.000(U)
24	Inf	0.500		19.000(U)
IMA	Inf	—		12.326

（长度单位：mm）

Config	No.	1	2	3
1:THIC	9	25.335(V)	16.332(V)	6.066(V)
2:THIC	22	5.010(V)	7.793(V)	11.947(V)

[PZ-7]-Config1 技术指标

波段	F	y'/mm	ω/(°)	f'/mm	BFL/mm	VL/mm	OD/mm	SPT/μm		
								0	0.7	1
VIS	3.2	11.5	25.9	23.7	5.6	103.0	2136	3	6	4

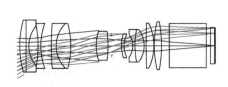

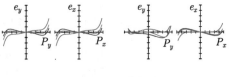

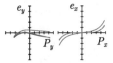

(a) 变焦投影物镜[PZ-7]-Config1　　　　　(b) 特性曲线(±50μm)

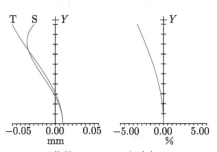

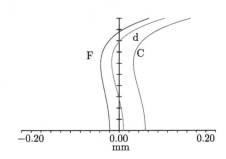

(c) 像散(±0.05mm)和畸变(±5.00%)　　　　(d) 球差–色差曲线(±0.20mm)

[PZ-7]-Config1 结构参数　　　　（长度单位：mm）

No.	R	T	Gls	Semi-Dia.
OBJ	Inf	2136.000		1056.711
1	Inf	10.000		23.315
2	65.661(V)	4.695	ZF7L	18.500(U)
3	−4610.703(V)	1.999	H-ZK3	18.500(U)
4	21.412(V)	6.751		14.065(U)
5	−77.035(V)	1.999	H-ZK3	14.014(U)
6	46.067(V)	7.587(V)		16.000(U)
7	197.915(V)	3.587	ZF7L	16.000(U)
8	22.009(V)	10.721	H-LAF4	16.000(U)
9	−58.669(V)	18.396(V)		16.000(U)
10	31.883	8.460	H-ZBAF3	10.250(U)
11	−75.696(V)	2.875		10.250(U)
STO	Inf	6.882(V)		7.250(U)
13	29.095(V)	1.851	ZF2	8.500(U)
14	18.914(V)	6.250		7.757(U)
15	−13.619(V)	1.600	ZF7L	8.145(U)
16	57.113(V)	6.706	H-ZK3	11.500(U)
17	−18.826(V)	1.464		11.408(U)
18	492.847(V)	5.664	H-QK3	16.000(U)
19	−35.594(V)	0.266(V)		16.000(U)
20	70.772(V)	5.246	ZF13	17.000(U)
21	−92.172(V)	5.615		17.000(U)
22	Inf	27.000	H-K9L	14.512(U)
23	Inf	3.000		12.033(U)
24	Inf	3.000	H-QK3	11.611(U)
25	Inf	0.500		11.330
26	Inf	0.000		11.259
IMA	Inf	—		11.259

（长度单位：mm）

Config	No.	1	2	3
1:THIC	0	2136.00	600.000	3648.000
2:THIC	6	7.587(V)	8.372(V)	7.452(V)
3:THIC	9	18.396(V)	18.396(P)	18.396(P)
4:THIC	12	6.882(V)	6.882(P)	6.882(P)
5:THIC	19	0.266(V)	0.266(P)	0.266(P)

[PZ-7]-Config4 技术指标

波段	F	y'/mm	ω/(°)	f'/mm	BFL/mm	VL/mm	OD/mm	SPT/μm		
								0	0.7	1
VIS	3.2	11.5	23.5	26.4	5.6	104.3	2136	3	6	5

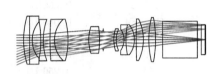

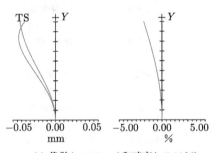

(a) 变焦投影物镜[PZ-7]-Config4

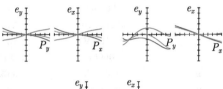

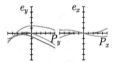

(b) 特性曲线(±20μm)

(c) 像散(±0.05mm)和畸变(±5.00%)

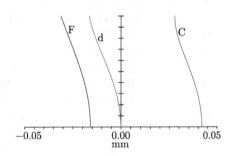

(d) 球差–色差曲线(±0.05mm)

[PZ-7]-Config4 结构参数　　　　　　　（长度单位: mm）

No.	R	T	Gls	Semi-Dia.
OBJ	Inf	2136.000		946.959
1	Inf	10.000		21.392
2	65.661(V)	4.695	ZF7L	18.500(U)
3	−4610.703(V)	1.999	H-ZK3	18.500(U)
4	21.412(V)	6.751		14.065(U)
5	−77.035(V)	1.999	H-ZK3	14.014(U)
6	46.067(V)	2.437(V)		16.000(U)
7	197.915(V)	3.587	ZF7L	16.000(U)
8	22.009(V)	10.721	H-LAF4	16.000(U)
9	−58.669(V)	13.096(V)		16.000(U)
10	31.883	8.460	H-ZBAF3	10.250(U)
11	−75.696(V)	2.875		10.250(U)
STO	Inf	11.154(V)		7.250(U)
13	29.095(V)	1.851	ZF2	8.500(U)
14	18.914(V)	6.250		7.757(U)
15	−13.619(V)	1.600	ZF7L	8.145(U)
16	57.113(V)	6.706	H-ZK3	11.500(U)
17	−18.826(V)	1.464		11.408(U)
18	492.847(V)	5.664	H-QK3	16.000(U)
19	−35.5941(V)	11.807(V)		16.000(U)
20	70.772(V)	5.246	ZF13	17.000(U)
21	−92.172(V)	5.615		17.000(U)
22	Inf	27.000	H-K9L	14.512(U)
23	Inf	3.000		12.033(U)
24	Inf	3.000	H-QK3	11.611(U)
25	Inf	0.500		11.330
26	Inf	0.000		11.257
IMA	Inf	—		11.257

（长度单位: mm）

Config	No.	4	5	6
1:THIC	0	2136.000(P)	600.000(P)	3648.000(P)
2:THIC	6	5.371(V)	6.154(V)	5.236(V)
3:THIC	9	16.323(V)	16.323(P)	16.323(P)
4:THIC	12	8.396(V)	8.396(P)	8.396(P)
5:THIC	19	4.312(V)	4.312(P)	4.312(P)

[PZ-7]-Config7 技术指标

波段	F	y'/mm	ω/(°)	f'/mm	BFL/mm	VL/mm	OD/mm	SPT/μm		
								0	0.7	1
VIS	3.2	11.5	19.9	31.7	5.6	114.3	2136	3	5	6

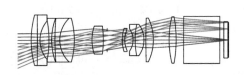

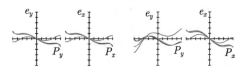

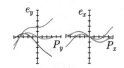

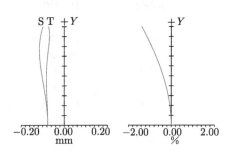

(a) 变焦投影物镜[PZ-7]-Config7

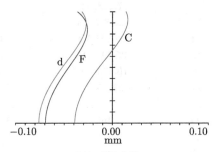

(b) 特性曲线(±20μm)

(c) 像散(±0.20mm)和畸变(±2.00%)

(d) 球差–色差曲线(±0.10mm)

[PZ-7]-Config7 结构参数　　　　（长度单位：mm）

No.	R	T	Gls	Semi-Dia.
OBJ	Inf	2136.000		788.429
1	Inf	10.000		18.867
2	65.661(V)	4.695	ZF7L	18.500(U)
3	−4610.703(V)	1.999	H-ZK3	18.500(U)
4	21.412(V)	6.751		14.065(U)
5	−77.035(V)	1.999	H-ZK3	14.014(U)
6	46.067(V)	2.437(V)		16.000(U)
7	197.915(V)	3.587	ZF7L	16.000(U)
8	22.009(V)	10.721	H-LAF4	16.000(U)
9	−58.669(V)	13.096(V)		16.000(U)
10	31.883	8.460	H-ZBAF3	10.250(U)
11	−75.696(V)	2.875		10.250(U)
STO	Inf	11.154(V)		7.250(U)
13	29.095(V)	1.851	ZF2	8.500(U)
14	18.914(V)	6.250		7.757(U)
15	−13.619(V)	1.600	ZF7L	8.145(U)
16	57.113(V)	6.706	H-ZK3	11.500(U)
17	−18.826(V)	1.464		11.408(U)
18	492.847(V)	5.664	H-QK3	16.000(U)
19	−35.5941(V)	11.807(V)		16.000(U)
20	70.772(V)	5.246	ZF13	17.000(U)
21	−92.172(V)	5.615		17.000(U)
22	Inf	27.000	H-K9L	14.512(U)
23	Inf	3.000		12.033(U)
24	Inf	3.000	H-QK3	11.611(U)
25	Inf	0.500		11.330
26	Inf	0.000		11.382
IMA	Inf	—		11.382

（长度单位：mm）

Config	No.	4	5	6
1:THIC	0	2136.000(P)	600.000(P)	3648.000(P)
2:THIC	6	2.437(V)	3.215(V)	2.303(V)
3:THIC	9	13.096(V)	13.096(P)	13.096(P)
4:THIC	12	11.154(V)	11.154(P)	11.154(P)
5:THIC	19	11.807(V)	11.807(P)	11.807(P)

[PZ-10]-K0 技术指标

波段	F	y'/mm	$\omega/(°)$	f'/mm	BFL/mm	VL/mm	OD/mm	SPT/μm		
								0	0.7	1
VIS	3.5	15.0	27.6	34.5	7.29	134.0	3000	3	5	6

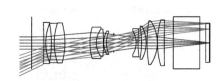

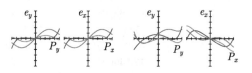

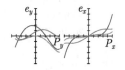

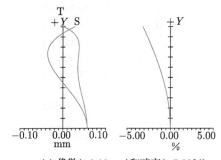

(a) 变焦投影物镜[PZ-10]-K0

(b) 特性曲线(±20μm)

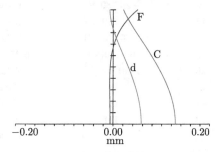

(c) 像散(±0.10mm)和畸变(±5.00%)

(d) 球差–色差曲线(±0.20mm)

[PZ-10]-K0 结构参数　　　　　　　（长度单位：mm）

No.	R	T	Gls	Semi-Dia.
OBJ	Inf	3000.000		1379.304
1	Inf	10.000		20.321
2	−295.530(V)	1.559	LASF3	16.114(U)
3	40.204(V)	4.487		15.118(U)
4	−80.086(V)	2.262	H-LAF1	15.115(U)
5	47.265(V)	8.746	ZF4	15.483(U)
6	−56.083(V)	20.599(V)		15.671(U)
7	42.340(V)	5.262	ZF3	12.302(U)
8	17.540(V)	5.750	H-LAK7	10.823(U)
9	−128.159(V)	0.265(V)		10.503(U)
10	19.161	2.117	H-K9L	9.160(U)
11	20.453(V)	6.025		8.401(U)
STO	Inf	18.340(V)		6.327(U)
13	−16.801(V)	1.561	ZF3	9.184(U)
14	76.194(V)	2.941		11.049(U)
15	−57.744(V)	3.677	H-LAK7	12.008(U)
16	−26.780(V)	0.799		12.987(U)
17	104.799(V)	8.179	FEL3	16.663(U)
18	−30.354(V)	0.097		17.126(U)
19	61.130(V)	5.456(V)	H-LAK59	17.944(U)
20	1010.760(V)	7.289		17.746(U)
21	Inf	21.725	H-K9L	20.408(U)
22	Inf	4.859		20.408(U)
23	Inf	2.915	K4A	15.385(U)
24	Inf	0.500		15.237(U)
IMA	Inf	—		15.207

[PZ-10]-K4-Config1 技术指标

波段	F	y'/mm	ω/(°)	f'/mm	BFL/mm	VL/mm	OD/mm	SPT/μm 0	0.7	1
VIS	3.5	15.0	27.6	30.0	5.37	164.96	3000	4	9	9

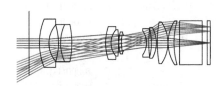

(a) 变焦投影物镜[PZ-10]-K4-Config1

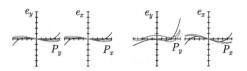

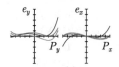

(b) 特性曲线(±50μm)

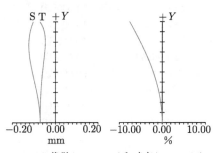

(c) 像散(±0.20mm)和畸变(±10.00%)

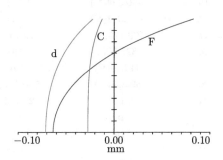

(d) 球差–色差曲线(±0.10mm)

[PZ-10]-K4-Config1 结构参数　　　（长度单位：mm）

No.	R	T	Gls	Semi-Dia.
OBJ	Inf	3000.000		1594.507
1	Inf	10.000		29.128
2	55.721(V)	9.052	LASF3(S)	22.000(U)
3	24.513(V)	9.048		16.500(U)
4	−55.184(V)	2.000	H-LAF1(S)	17.000(U)
5	38.361(V)	10.970	ZF4(S)	17.000(U)
6	−75.425(V)	32.851(V)		17.000(U)
7	44.408(V)	5.262	ZF3(S)	15.000(U)
8	17.802(V)	7.317	H-LAK7(S)	13.000(U)
9	−104.225(V)	0.205		13.000(U)
10	35.899(V)	2.549	H-K9L(S)	12.000(U)
11	42.259(V)	1.986(V)		11.000(U)
STO	Inf	22.375		8.000(U)
13	−18.087(V)	2.115	ZF3(S)	11.000(U)
14	91.934(V)	2.592		13.000(U)
15	−50.334(V)	4.703	H-LAK7(S)	13.000(U)
16	−27.911(V)	0.959		14.000(U)
17	108.175(V)	10.155	FEL3(S)	19.000(U)
18	−32.050(V)	0.198		19.000(P)
19	34.619(V)	5.716	H-LAK59	20.000(U)
20	69.338(V)	5.370(V)		20.000(U)
21	Inf	21.725	H-K9L	20.000(U)
22	Inf	4.859		20.000(U)
23	Inf	2.915	K4A	20.000(U)
24	Inf	0.041		20.000(U)
IMA	Inf	—		14.545

　　　　　　　　　　　　　　　　　　　　　　　　（长度单位：mm）

Config	No.	1	2	3
1:THIC	0	3000.000	1500.000	6000.000
2:THIC	6	32.851(V)	32.851(P)	32.851(P)
3:THIC	11	1.986(V)	1.986(P)	1.986(P)
4:THIC	20	5.370(V)	4.653(V)	5.224(V)

[PZ-10]-K4-Config4 技术指标

波段	F	y'/mm	ω/(°)	f'/mm	BFL/mm	VL/mm	OD/mm	SPT/μm		
								0	0.7	1
VIS	3.5	14.9	24.5	34.5	5.18	158.8	3000	3	6	6

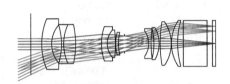

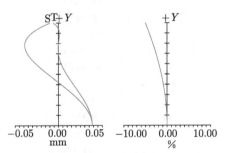

(a) 变焦投影物镜[PZ-10]-K4-Config4

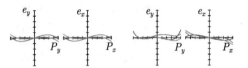

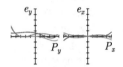

(b) 特性曲线(±50μm)

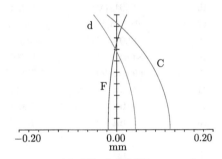

(c) 像散(±0.05mm)和畸变(±10.00%)

(d) 球差-色差曲线(±0.20mm)

[PZ-10]-K4-Config4 结构参数　　　　（长度单位：mm）

No.	R	T	Gls	Semi-Dia.
OBJ	Inf	3000.000		1386.074
1	Inf	10.000		26.431
2	55.721(V)	9.052	LASF3(S)	22.000(U)
3	24.513(V)	9.048		16.500(U)
4	−55.184(V)	2.000	H-LAF1(S)	17.000(U)
5	38.361(V)	10.970	ZF4(S)	17.000(U)
6	−75.425(V)	23.443(V)		17.000(U)
7	44.408(V)	5.262	ZF3(S)	15.000(U)
8	17.802(V)	7.317	H-LAK7(S)	13.000(U)
9	−104.225(V)	0.205		13.000(U)
10	35.899(V)	2.549	H-K9L(S)	12.000(U)
11	42.259(V)	5.460(V)		11.000(U)
STO	Inf	22.375		8.000(U)
13	−18.087(V)	2.115	ZF3(S)	11.000(U)
14	91.934(V)	2.592		13.000(U)
15	−50.334(V)	4.703	H-LAK7(S)	13.000(U)
16	−27.911(V)	0.959		14.000(U)
17	108.175(V)	10.155	FEL3(S)	19.000(U)
18	−32.050(V)	0.198		19.000(P)
19	34.619(V)	5.716	H-LAK59	20.000(U)
20	69.338(V)	5.178(V)		20.000(U)
21	Inf	21.725	H-K9L	20.000(U)
22	Inf	4.859		20.000(U)
23	Inf	2.915	K4A	20.000(U)
24	Inf	0.041		20.000(U)
IMA	Inf	—		14.929

（长度单位：mm）

Config	No.	4	5	6
1:THIC	0	3000.000	1500.000	6000.000
2:THIC	6	23.4431(V)	23.4431(P)	23.4431(P)
3:THIC	11	5.460(V)	5.460(P)	5.460(P)
4:THIC	20	5.178(V)	5.624(V)	5.000(V)

[PZ-10]-K4-Config7 技术指标

波段	F	y'/mm	ω/(°)	f'/mm	BFL/mm	VL/mm	OD/mm	SPT/μm		
								0	0.7	1
VIS	3.5	15.0	21.9	39.0	5.89	154.3	3000	4	6	5

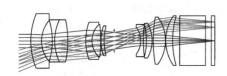

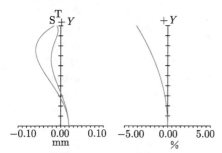

(a) 变焦投影物镜[PZ-10]-K4-Config7

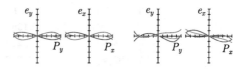

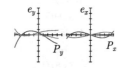

(b) 特性曲线(±50μm)

(c) 像散(±0.10mm)和畸变(±5.00%)

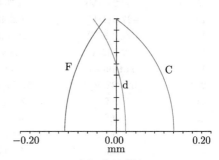

(d) 球差–色差曲线(±0.20mm)

[PZ-10]-K4-Config7 结构参数　　　（长度单位：mm）

No.	R	T	Gls	Semi-Dia.
OBJ	Inf	3000.000		1386.074
1	Inf	10.000		26.431
2	55.721(V)	9.052	LASF3(S)	22.000(U)
3	24.513(V)	9.048		16.500(U)
4	−55.184(V)	2.000	H-LAF1(S)	17.000(U)
5	38.361(V)	10.970	ZF4(S)	17.000(U)
6	−75.425(V)	15.196(V)		17.000(U)
7	44.408(V)	5.262	ZF3(S)	15.000(U)
8	17.802(V)	7.317	H-LAK7(S)	13.000(U)
9	−104.225(V)	0.205		13.000(U)
10	35.899(V)	2.549	H-K9L(S)	12.000(U)
11	42.259(V)	8.427(V)		11.000(U)
STO	Inf	22.375		8.000(U)
13	−18.087(V)	2.115	ZF3(S)	11.000(U)
14	91.934(V)	2.592		13.000(U)
15	−50.334(V)	4.703	H-LAK7(S)	13.000(U)
16	−27.911(V)	0.959		14.000(U)
17	108.175(V)	10.155	FEL3(S)	19.000(U)
18	−32.050(V)	0.198		19.000(P)
19	34.619(V)	5.716	H-LAK59	20.000(U)
20	69.338(V)	5.899(V)		20.000(U)
21	Inf	21.725	H-K9L	20.000(U)
22	Inf	4.859		20.000(U)
23	Inf	2.915	K4A	20.000(U)
24	Inf	0.041		20.000(U)
IMA	Inf	—		14.929

（长度单位：mm）

Config	No.	7	8	9
1:THIC	0	3000.000(P)	1500.000(P)	6000.000(P)
2:THIC	6	15.196(V)	15.196(P)	15.196(P)
3:THIC	11	8.427(V)	8.427(P)	8.427(P)
4:THIC	20	5.899(V)	6.380(V)	5.649(V)

第17章 远心物镜

17.1 引 言

从现代信息论的观点来看，光波既是支持生命的能量流，又是传递图像的信息流。据估计，人类接收的信息 90% 以上来自光波。图像信息经由人眼接收后传递到大脑进行后处理。近代测量中用成像物镜 + 图像传感器 (如 CCD，CMOS) 部分代替人眼的视觉功能，接收图像信息，传递到计算机进行图像处理，称 "机器视觉"(machine vision)。

在近代检测和制造业中，机器视觉具有广泛的应用，包括 (但不限于): 代码特征识别 (code & characteristic recognition)，目标识别 (object recognition)，位置识别 (position recognition)，完备性检测 (completeness check)，外形和尺寸检测 (shape & dimension check)，表面检测 (surface inspection)。机器视觉根据任务和环境的要求，设计、选择、搭建 (集成化) 一个性能、指标、尺寸、重量和价格基本合适的光学成像系统和传感器。

以上所说的外形和尺寸检测的目标多数是三维的，在测量中有两个基本要求:

(1) 成像系统的物方景深必须足够大。

(2) 对于沿光轴一定的深度区间内的不同位置，系统的放大率不变。

在一般情况下，如果被拍摄的物空间是三维的，通过镜头的像是三维空间在二维探测器上的投影，如图 17.1 所示。当我们用常规物镜拍摄远而高的电视塔和近而较矮的楼房时，它们的图像重叠在二维的 CMOS 上，看上去高度差不多，造成错觉，即物体距离投影中心 (如照相机物镜的入瞳) 越远，它的投影像就越小 ("中心透视定律")。

在近代制造业中，常常用同一台机器视觉系统测量物体的尺寸，例如，测量传送带上不同位置物体的线度，如图 17.2 所示。系统要快速准确地测出随机地放在传送带上不同轴向位置的轮毂的尺寸 (如直径)，满足该要求的物镜为 "物方远心"(以下简称 "远心") 物镜。

远心物镜还有许多别的应用，例如，第 15 章和第 16 章讲的投影物镜均要求像方远心。

本章将介绍远心测量的原理，建立远心物镜的理想光学模型，介绍远心物镜的设计方法，并简单说明 "远心照明"。

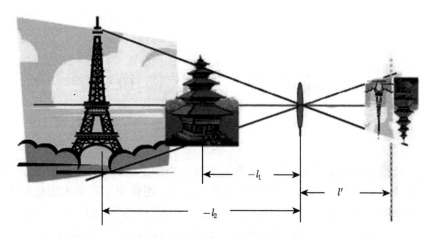

图 17.1　常规 (非远心) 拍摄

图 17.2　传送带上产品 (轮毂) 的外形 (直径) 测量示意图

轮毂随机地放在传送带上

17.2　远心物镜和非远心成像

假设有两个相同目标 A 和 B，物高相同，均为 y。这两个目标经过一个物镜成像，光阑在物镜中部，如图 17.3 所示。由于两个目标的物距不相等 $(l_A \neq l_B)$，最大视场主光线不一致，或者说它们对应的视场角 ω 不相等，在像面上对应的像高也不相等 $(y'_A \neq y'_B)$。如果用这个系统测量物体的线度，就会出现误差。尽管物体的高度相同，不同的物距对应于不同的主光线，不同的主光线又导致不同的像高，最终产生放大率测量的误差。可见等高物体的主光线不一致是测不准的关键因素。

如果把光阑后移到后焦面，在物空间中就把入瞳向前推向无限远，则 A、B 两个物体的主光线重合并且平行于光轴，构成远心成像 (telecentric imaging)，如

图 17.4 所示。由于入瞳位于无限远，所以物空间的主光线与光轴平行。尽管物体 A 和 B 具有不同的物距，两个物体的像高相同，物体纵向位置的差别并未引起放大率测量的误差，亦即物空间的横向放大率近似为常数。

远心物镜对于物体的纵向位置不敏感，已广泛应用于机器视觉和精密测量中。

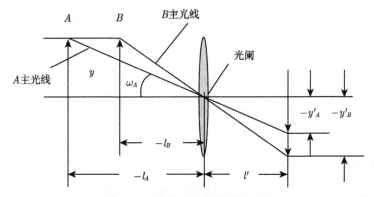

图 17.3 等物高目标的常规成像

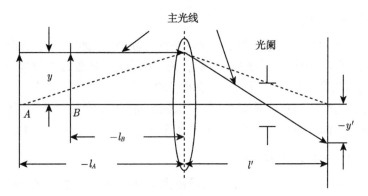

图 17.4 远心物镜 (虚线表示成像关系)

17.3 远心物镜的理想光学模型

17.3.1 远心物镜的构成

如果在主物镜 L_2 前加一个 "场镜" L_1，它的焦点和主物镜 L_2 的入瞳重合，物空间的主光线就和光轴平行，L_1 的入瞳作为上文所述的 "投影中心"，即主光线的交点，必然位于无限远，就构成远心物镜，如图 17.5(a) 所示。加场镜后，物平面位于场镜 L_1 的前焦面。

在理想光学模型中，把前后组都用薄透镜代替，如图 17.5(b) 所示。

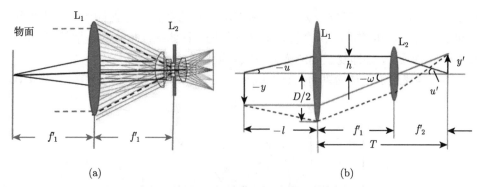

图 17.5　远心物镜的构成 (彩图见封底二维码)

(a) 加场镜构成远心物镜；(b) 理想光学模型，光阑位于后组物镜中心

17.3.2　轴上大孔径光线

物面与 L_1 的前焦点重合，因而由物平面中心 (0 视场) 发出的最大孔径光线经 L_1 后与光轴平行，像面与 L_2 的后焦点重合。

17.3.3　最大视场主光线

由于后组入瞳位于前组后焦点，在物空间大视场主光线与光轴平行，经 L_1 折射后通过 L_2 的入瞳中心，并通过 L_2 的孔径光阑中心。参数 ω 非常重要，一方面，它是后组的视场角，另一方面，它又是前组的孔径角。增大 ω 的值使系统总长变小，但同时引起前组相对孔径变大，使后组视场角变大，必然导致高级像差非线性地增大。为了确保成像质量，前后组必将复杂化，所以 ω 的取值很有讲究。

17.3.4　理想光学模型的关系式

通常已知相对孔径 $(1/F)$，横向测量范围 $(-2y)$ 决定了物高，探测器的对角线 $(2y')$ 决定了像高。由图 17.5(b) 容易得到以下公式：

$$
\begin{cases}
\beta = \dfrac{y'}{y} \\
u' = \dfrac{1}{2F} \\
u = \dfrac{\beta}{2F}
\end{cases}
\tag{17.1}
$$

前组的后焦距：

$$
f_1' = \frac{y}{\omega}
\tag{17.2}
$$

物距等于前组的前焦距：

$$
l = -f_1' = -\frac{y}{\omega}
\tag{17.3}
$$

前组的孔径：

$$D = -2y + 2f_1'(-u) = -2y\left(1 + \frac{\beta}{2\omega F}\right) \tag{17.4}$$

显然前组孔径必须大于物方线视场。前组的 F 数由下式给出：

$$F_1 = \frac{f_1'}{D} = -\frac{F}{\beta + 2F\omega} \tag{17.5}$$

由图 17.5(b) 还可得到后组的焦距：

$$f_2' = \frac{y'}{\omega} = -\frac{\beta y}{\omega} \tag{17.6}$$

后组的 F 数直接等于系统的 F 数 (即 paraxial working F/#)：

$$F_2 = F \tag{17.7}$$

系统总长等于前后组焦距之和：

$$T = f_1' + f_2' = (1-\beta)\frac{y}{\omega} \tag{17.8}$$

共轭距由下式给出：

$$L = T - l = (2-\beta)\frac{y}{\omega} \tag{17.9}$$

(17.2) 式～(17.9) 式可合并表为

$$\begin{cases} f_1' = \dfrac{y}{\omega} \\[2mm] F_1 = \dfrac{f_1'}{D} = -\dfrac{F}{\beta + 2F\omega} \\[2mm] f_2' = \dfrac{y'}{\omega} = -\dfrac{\beta y}{\omega} \\[2mm] F_2 = F \\[2mm] D = -2y\left(1 + \dfrac{\beta}{2\omega F}\right) \\[2mm] T = f_1' + f_2' = (1-\beta)\dfrac{y}{\omega} \\[2mm] L = T - l = (2-\beta)\dfrac{y}{\omega} \end{cases} \tag{17.10}$$

在预先给定物方视场 $2y$、光圈数 F 和系统倍率 β 后，(17.10) 式所有的参数均为后组视场角 ω 的函数。图 17.6 就是这样一组函数，系统参数 F、$-2y$ 和 y' 如表 17.1 所示。由后组视场角 ω 的 "中肯值" $-\omega = 0.2\,(= 11.5°)$ 作直线垂直于横轴，就得到所有前后组的参数。

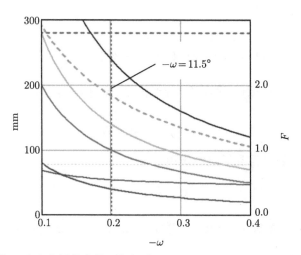

图 17.6　以参数 ω 为自变量的曲线，从上到下：$F_2, L, F_1, T, f_1', D, f_2'$(彩图见封底二维码)

17.3.5　物方孔径角

物方孔径角 u 是系统的重要参数之一。17.6 节会讲到，物方孔径角将影响到远心物镜的纵向测量范围。由几何光学的一般原理或图 17.5 可知

$$u = \beta u' = \frac{\beta}{2F} \tag{17.11}$$

为了得到较大的焦深，通常放大率取得很小，即 β 值很小。

17.4　远心物镜的设计方法

17.4.1　确定系统和前后组参数

假定要设计一个远心物镜 [TC-10]，其主要技术指标见表 17.1。

表 17.1　远心物镜 [TC-10] 的主要技术指标　　　　(长度单位：mm)

设计	F	物方视场 $(-2y)$	像方视场 (y')	远心度	β
[TC-10]	2.8	$40(y = -20)$	8.0	$0.001(3')$	-0.4

由已知参数 η、β、F，并以 ω 为自变量，可得到一组曲线

$$f_1'(\omega), F_1(\omega), f_2'(\omega), F_2(\omega), T(\omega), D(\omega)$$

17.4.2　选择前后组初始结构

根据原则：F_1、F_2 较大，而系统总长 T 又不太大，初步选定 $\omega = -11.5°$，得

到一组中肯的数据, 见表 17.2。后组选择天塞物镜, 如 [TS-1], 其指标高于后组的
要求; 前组则选择双胶合 + 单片 [TE-2], 其指标恰好满足前组要求。

表 17.2 前后组初始参数   (长度单位: mm)

	F_1	f_1'	F_2	f_2'	$-\omega$	T	D	$-l$
整组	1.8	100	2.8	40	11.5°	140	54	100
后组 [TS-1]			2.2	6.15	25°			
前组 [TE-2]	1.8	100						

17.4.3 后组设计流程

对后组 [TS-1] 进行以下操作:

(1) 焦距缩放 =40mm;

(2) $y' = 8.0$, $y_{0.7}' = 5.7$;

(3) F=2.8;

(4) $T0$(物距)=Inf;

(5) 优化后另存为文件 [TC-10]-B(后组);

(6) 在 Reports\System Data 中查出入瞳位置, 记为 $l_p = 6.56$mm; 入瞳直径
$2h_p$=14.29mm; 从透镜数据表中查出后截距 BFL=30.25mm, 如图 17.7 所示。

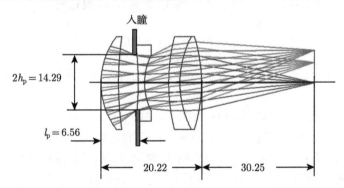

图 17.7 后组 [TC-10]-B(长度单位: mm)(彩图见封底二维码)

17.4.4 前组设计

(1) 前组 [TE-2] 的焦距和 F 数符合要求, 设像方线视场 $y' = 7.15$mm, 等于后
组的入瞳半径。

(2) 在 Reports\Prescription Data\Cardinal Points 中查出物空间 (object space)
的前焦面 (focal plane) 位置 $l_F = -83.81$mm; 从 Lens Data 中查出 BFL=95.72mm,
如图 17.8 所示。

(3) 另存文件 [TC-10]-F(前组)。

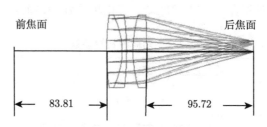

图 17.8　前组 [TC-10]-F(长度单位: mm)(彩图见封底二维码)

17.4.5　合成

(4) 将 [TC-10]-F 另存为 [TC-10]-M(中间组),在 $T5$ 后插入后组 [TC-10]-B 的 $T1 \sim T8$。

(5) 令 $T0=83.81$mm,将物镜改成有限物距,物面位于前组的前焦面。

(6) 令两组间隔

$$T5 = \mathrm{BFL}_1 - l_\mathrm{p} = 89.15\mathrm{mm} \tag{17.12}$$

标记为 Interval,这正是前后组的间隔。这一步骤的要点在于使前组的后焦面与后组的入瞳面重合,确保物方远心。

(7) 设定孔径。物方 NA 由系统倍率 β 以及像方 F 数算出:

$$u = \beta u' = \frac{\beta}{2F} \approx 0.071 \tag{17.13}$$

取 Gen\Aperture\Object Space NA=0.071,物方 NA 是有限物距常用的孔径设计参数。

(8) 设定视场。物方线视场 y(Fie\Object Height)=0mm, -14.1mm, -20mm。

(9) 令第 8 面为光阑面 (STO),即恢复后组的光阑面。

删去后缀,合成后的系统 [TC-10]-M 见图 17.9。由于前组原来是准直镜,轴上不同入射高的光线均与光轴平行。当我们把光阑从前组移到它的后焦面上时,这些光线转换成不同视场的主光线,并保持与光轴平行,确保了系统的物方远心。

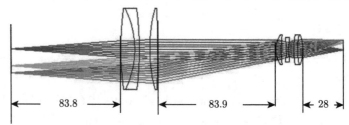

图 17.9　合成后的系统 [TC-10]-M(长度单位: mm)(彩图见封底二维码)

合成系统的倍率准确等于 -0.4，弥散斑不大，为进一步优化打下基础。合成的结果也非常理想，再次说明理想光学模型的意义。

17.4.6 调用评价函数和优化

(1) 调用评价函数 TELECENTRIC-4。对远心度、共轭距、系统长度、物距、像距、前后组的间隔，透镜中心和边缘厚度做了松紧适度的要求和限定，参见附录 17。

(2) 经优化及 HAMMER 优化，即得到满意的结果 [TC-10]，物方视场、倍率、外形等均符合要求，弥散很小，SPT=(6, 10, 11)μm，特别是畸变很小 (DT<0.05%)，参见图 17.10。[TC-10] 的结构参数和像差曲线见附录 17。

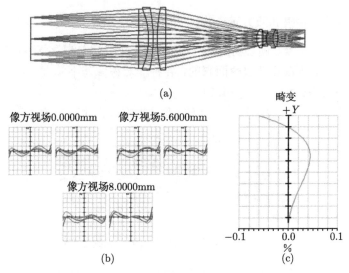

图 17.10 远心物镜 [TC-10](彩图见封底二维码)

(a) 系统图；(b) 特性曲线 (±50μm)；(c) 畸变 (±0.1%)

17.5 典型的远心物镜

17.5.1 机器视觉用物方远心物镜

图 17.11 给出一个机器视觉用的远心物镜 [TC-1]，物方视场为 $\phi96$mm，系统全长 291mm，探测器件的半对角线 $\eta'=8.0$mm，畸变很小 (0.9%)，还有进一步减小的余地。与 17.4 节设计的 [TC-10] 相比，它的物方孔径角更小 $(u=0.025)$。由 17.6 节的讨论可知，对应的纵向探测距离更大。

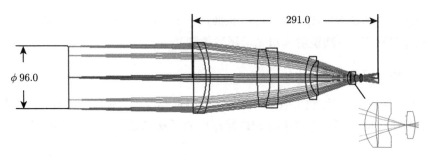

图 17.11　机器视觉用的远心物镜 [TC-1](长度单位：mm)(彩图见封底二维码)

该物镜的前后组已经不明确，如果以前三组双胶合为前组，后组就是柯克物镜。0.7 视场以内弥散斑在 10μm 以下。

17.5.2　像方远心物镜和双方远心物镜

图 17.12 是一款像方远心物镜 [TC-2]，像面直径 (横向测量范围) 达到 112mm。从结构上看，它是从双高斯演变而来的，各种非对称像差不算大，像质较好，畸变为 2.5%，只是物镜全长较长 (=421.0mm)。

物镜名谓 "像方远心"，其实 "物方""像方" 都是相对而言的。

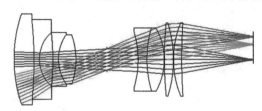

图 17.12　像方远心物镜 [TC-2](彩图见封底二维码)

图 17.13 为 (物像) 双方远心 (dual-side telecentric) 物镜 [TC-3]，物方的离焦和像方的离焦对测量结果的影响都不大，结构布局大体关于光阑对称，物面直径为 2×16mm，像面直径为 2×8mm，像质非常好，像面弥散斑 SPT≤3μm。

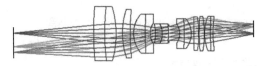

图 17.13　双方远心物镜 [TC-3](彩图见封底二维码)

17.5.3　超大视场像方远心物镜

图 17.14 为超大视场像方远心物镜 [TC-4]，全视场角 $2\omega = 127.3°$，像面直径为 190mm，采用 114mm×152mm 的 LCD，紧贴在负双胶合镜后。物镜前端为大光

焦度负透镜,将主光线的视场角放大,可实现在很短距离 (0.5m) 获得非常大的投影像 (2.16m×1.62m)。如果把物像关系反过来,又可用作监控物镜。但一般监控物镜没有远心的要求。

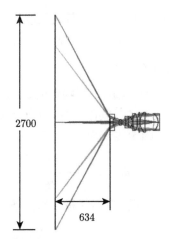

图 17.14 超大视场像方远心物镜 [TC-4](长度单位: mm)(彩图见封底二维码)

超大视场物镜的最大问题在于欠校正的畸变 (桶形负畸变)。本物镜最大畸变出现在图像角上,达到 50%,只能通过电子图像校正。此外,由于畸变太大,近轴放大率 β 与实际放大率差别很大。

以上各物镜的技术指标见表 17.3,结构数据和像差曲线见附录 17.1。

表 17.3 典型远心物镜的技术指标

设计	特点	F	物方视场 $-2y$/mm	像方视场 $2y'$/mm	f'/mm	β	物镜长度 VL/mm	系统长度 T/mm	SPT/μm 0 0.7 1		
[TC-1]	物方远心	3.4	96	16	148	−0.169	265.0	291.0	3	9	43
[TC-2]	像方远心	2.8	$2\omega = 60°$	112	100	—	421.0	601.0	52	100	94
[TC-3]	双方远心	2.5	32	16	100	−0.5	103.2	138.1	3	3	3
[TC-4]	超大视场 像方远心	3.5	$2\omega = 127.2°$ $-2y = 2700$	190	100	−0.069	581.0	584.5	23	47	53

17.6 测量范围和景深

17.6.1 物镜孔径对测区线度的横向限制

从以上讨论可以看出,远心系统的测量范围在横向和纵向都受到限制。在横向,物平面的大小 $2y$ 受到物镜孔径的限制,由 (17.4) 式,物面线度与物镜孔径

之比

$$\frac{-2y}{D} = \frac{1}{1 + \dfrac{\beta}{2\omega F}} \approx 1 - \frac{\beta}{2\omega F} \tag{17.14}$$

近似符号在 F 数较大时成立。为了测量大尺度的工件,就得使用更大孔径的物镜。远心物镜的价格随孔径增大非线性地增大。

17.6.2 焦深对测区纵向线度的限制

在纵向,由于主光线平行于光轴,不同物距的目标所对应的放大倍率不变,但实际上只有符合物像关系的目标才能清晰成像,由于离焦效应,在像面前后的像都是模糊的。由 (2.43) 式,焦深的表达式为

$$\delta_{\text{DOF}} = \pm \frac{B}{2\text{NA}} \tag{17.15}$$

式中,B 为焦深对应的弥散斑直径,在衍射极限情况下,$B = 1.22\lambda/\text{NA}$,(17.15) 式给出焦深

$$\delta_{\text{DOF}} = \pm 0.61 \frac{\lambda}{(\text{NA})^2} \approx \pm \frac{\lambda}{2\,(\text{NA})^2} = \pm 2\lambda F \tag{17.16}$$

用 CCD、CMOS 测量时,$B = 2p$,p 为像素边长,焦深由下式表达:

$$\delta = \pm \frac{p}{\text{NA}'} = \pm 2pF \tag{17.17}$$

由于横向分辨率 $=2p$,上式表明纵向测量深度是横向分辨率的 F 倍,可见在远心测量中,相对孔径较小有利于扩大焦深。(17.14) 式 $\sim$(17.16) 式中的数值孔径 NA、像素边长 p 和光圈数 F 既可以为像方的值,也可以为物方的相应值,分别给出像方和物方的焦深。例如,在设计例 [TC-10] 中,$F_{\text{OBJ}} = 1/(2\text{NA}) = 7.0$;而典型远心物镜之一 [TC-1] 的物方孔径角 $u=0.025$,$F=20$,纵向测量深度很大。

17.6.3 光电混合处理增加测区纵向线度

如果目标处于离焦位置,弥散斑直径 B 会显著增大。在弥散斑的结构尚有中心特征的情况下,运用数字图像处理,可以找到弥散斑的中心位置,这样做可以大大扩大纵向测量范围。假设在弥散斑一个剖面 (x 剖面或 y 剖面) 上具有 Q 个像素,则 (17.16) 式变为

$$\delta^* = \pm \frac{Qp}{\text{NA}} = \pm 2QpF \tag{17.18}$$

亦即光电混合处理可以使得纵向测量范围扩大 Q 倍,测区增大到 $4QpF$。远心测量是典型的光电混合测量。

17.7 远 心 照 明

在一些透射照明测量中，不仅要用远心物镜成像，照明光路的设计也有考究。例如，图 17.15 所示的圆柱体直径测量，在图 17.15(a) 所示的系统中使用常规的面光源照明，尽管使用远心物镜进行探测，但圆柱体的阴影呈现弯曲的截面曲线，如图 17.15(c) 的虚线所示；而在图 17.15(b) 所示的系统中使用远心照明，截面曲线如图 17.15(c) 中的实线所示，准确显示了被测圆柱的线度。

关于远心照明和机器视觉的进一步研究，可参见文献 [1]。

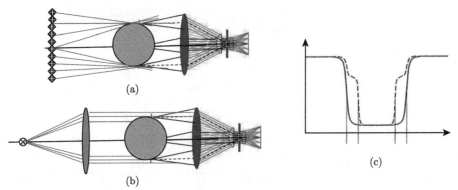

图 17.15　(a) 常规照明；(b) 远心照明；(c) 灰度曲线 (实线为远心照明，虚线为常规照明)
(彩图见封底二维码)

17.8 本 章 小 结

本章讨论远心和非远心成像的重大差别，介绍远心物镜在机器视觉中的应用；给出远心物镜的理想光学模型，介绍远心物镜的设计方法；列举四种典型的远心物镜，包括物方远心、像方远心、双方远心物镜，以及超大视场像方远心物镜；分析横向和纵向测量范围的限制，介绍光电混合处理在扩大纵向测量深度方面的优势；最后简单说明远心照明的必要性。

参 考 文 献

[1] Hornberg A. Handbook of Machine Vision. WILEY-VCH Verlag GmbH & Co. KGaA, 2006.

附录 17.1　技术指标、像差曲线和结构参数

[TC-10]-M 技术指标

波段	F	y'/mm	$\omega/(°)$	f'/mm	BFL/mm	VL/mm	OD/mm	SPT/μm		
								0	0.7	1
VIS	2.8	7.4	3.8	110.7	30.0	137.4	83.8	25	26	92

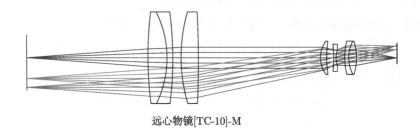

远心物镜[TC-10]-M

[TC-10]-M 结构参数　　　　　　（长度单位：mm）

No.	R	T	Gls	Semi-Dia.
OBJ	Inf	83.810(V)		17.856
1	222.247(V)	10.344(V)	QF8(S)	30.000(U)
2	−67.675(V)	3.500(V)	H-ZF62(S)	30.000(P)
3	−240.789(V)	8.042(V)		30.000(P)
4	115.880(V)	6.129(V)	H-ZLAF78(S)	30.000(U)
5	−512.611(V)	89.150(V)		30.000(P)
6	19.652(V)	4.005(V)	H-ZLAF68(S)	11.214(U)
7	87.952(V)	3.026(V)		11.214(U)
STO	Inf	0.680(V)		5.859
9	−61.402(V)	1.596(V)	H-ZF52A(S)	9.212(U)
10	19.350(V)	4.103(V)		5.865
11	63.313(V)	2.804(V)	H-ZF50(S)	11.214(U)
12	53.270(V)	4.007(V)	H-ZLAF68(S)	11.214(P)
13	−31.834(V)	30.251(V)		11.214(P)
IMA	Inf	—		7.393(U)

[TC-10] 技术指标

波段	F	y'/mm	ω/(°)	f'/mm	BFL/mm	VL/mm	OD/mm	SPT/μm		
								0	0.7	1
VIS	2.8	8.0	24.1	107	26.0	159.5	100	6	10	11

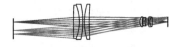

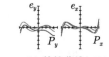

(a) 远心物镜[TC-10]　　　　(b) 特性曲线(±50μm)

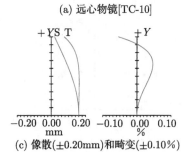

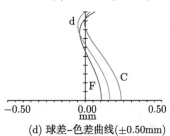

(c) 像散(±0.20mm)和畸变(±0.10%)　　(d) 球差-色差曲线(±0.50mm)

[TC-10]结构参数　　　　　　(长度单位: mm)

No.	R	T	Gls	Semi-Dia.
OBJ	Inf	100.512(V)		19.969
1	607.617(V)	10.000(V)	H-LAKL5A(S)	27.053
2	−72.414(V)	5.795(V)	H-ZF72(S)	27.500(U)
3	−135.510(V)	2.706(V)		29.000(P)
4	98.563(V)	8.000	H-ZLAF52(S)	29.000(U)
5	328.830(V)	85.480(V)		29.000(P)
6	13.887(V)	4.495(V)	H-ZLAF68(S)	8.250(U)
7	53.111(V)	0.671(V)		6.263(U)
STO	Inf	0.300(V)		6.205(U)
9	9335.244(V)	3.253(V)	ZF7L(S)	7.000(U)
10	10.526(V)	6.191(V)		5.800(U)
11	47.654(V)	2.307(V)	H-ZBAF21(S)	8.250(U)
12	13.964(V)	4.290(V)	H-ZLAF68(S)	7.700(U)
13	−63.125(V)	26.000(V)		7.700(U)
IMA	Inf	—		7.983

[TC-1] 技术指标

波段	F	y'/mm	ω/(°)	f'/mm	BFL/mm	VL/mm	OD/mm	SPT/μm		
								0	0.7	1
VIS	3.4	8	24.1	148.0	26.0	265.0	197.0	3	9	43

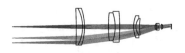
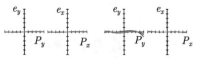
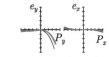

(a) 远心物镜[TC-1]　　　　　　(b) 特性曲线(±200μm)

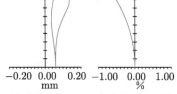
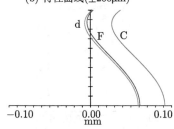

(c) 像散(±0.20mm)和畸变(±1.00%)　　　(d) 球差-色差曲线(±0.10mm)

[TC-1]结构参数　　　　　　　（长度单位：mm）

No.	R	T	Gls	Semi-Dia.
OBJ	Inf	197.000(V)		48.000
1	−1684.236(V)	19.513(V)	H-KF6(S)	51.505
2	−114.837(V)	6.000(V)	BAF5(S)	55.000(U)
3	−166.996(V)	74.630(V)		55.000(P)
4	409.368(V)	19.929(V)	BAF3(S)	41.619
5	−134.275(V)	13.652(V)	H-F13(S)	40.271
6	−528.554(V)	42.429(V)		46.000(U)
7	86.060(V)	7.060(V)	H-ZBAF1(S)	33.000(U)
8	38.700(V)	10.983(V)	H-ZK7(S)	24.773
9	146.691(V)	47.459(V)		23.740
10	15.706(V)	4.965(V)	H-ZLAF68(S)	10.000(U)
11	49.804(V)	1.110(V)		6.828
12	−275.738(V)	4.937(V)	H-ZF52A(S)	10.000(U)
13	8.951(V)	8.475(V)		4.444
STO	Inf	0.300(V)		6.527
15	42.799(V)	3.508(V)	H-LAF50A(S)	6.000(U)
16	−17.805(V)	26.048(V)		6.000(P)
IMA				8.003

[TC-2] 技术指标

波段	F	y'/mm	ω/(°)	f'/mm	BFL/mm	VL/mm	OD/mm	SPT/μm		
								0	0.7	1
VIS	2.8	56.0	30	100.0	180	421	Inf	52	100	94

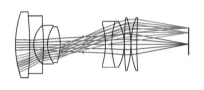

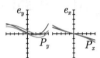

(a) 远心物镜[TC-2]   (b) 特性曲线(±500μm)

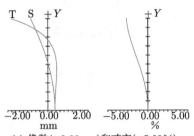

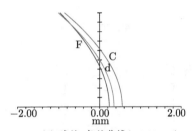

(c) 像散(±2.00mm)和畸变(±5.00%)   (d) 球差-色差曲线(±2.00mm)

[TC-2]结构参数   (长度单位: mm)

No.	R	T	Gls	Semi-Dia.
OBJ	Inf	Inf		Inf
1	340.102(V)	50.001(V)	P-SF68(S)	112.000(U)
2	−949.732(V)	14.000	BAF51(S)	98.000
3	86.485(V)	33.928(V)		65.729
4	−644.033(V)	13.999(V)	N-SF11(S)	65.622
5	106.712(V)	43.247(V)	TIFN5(S)	60.592
6	−176.090(V)	78.493(V)		59.555
STO	Inf	77.623(V)		25.434
8	−236.269(V)	22.487(V)	SF6HT(S)	67.000(U)
9	263.368(V)	43.777(V)	LAKN22(S)	78.000(U)
10	−156.182(V)	0.300(V)		77.065
11	874.186(V)	22.521(V)	P-LAK35(S)	90.000(U)
12	−298.775(V)	0.300(V)		90.000(U)
13	234.904(V)	20.334(V)	N-LAK9	90.000(U)
14	1363.779(V)	180.000(V)		90.000(U)
IMA	Inf	—		56.552

[TC-3] 技术指标

波段	F	y′/mm	ω/(°)	f′/mm	BFL/mm	VL/mm	OD/mm	SPT/μm 0	0.7	1
VIS	2.5	8.0	4.6	100.0	35.0	103.2	70.0	3	3	3

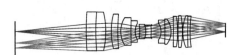

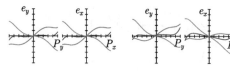

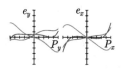

(a) 远心物镜[TC-3]　　　　　　　　　(b) 特性曲线(±10μm)

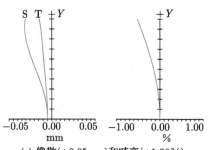

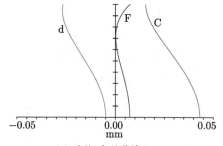

(c) 像散(±0.05mm)和畸变(±1.00%)　　　(d) 球差-色差曲线(±0.05mm)

[TC-3]结构参数 （长度单位：mm）

No.	R	T	Gls	Semi-Dia.
OBJ	Inf	70.000(V)		15.917
1	261.728(V)	9.635(V)	LAF11A(S)	18.768
2	198.356(V)	9.996(V)	LAK8(S)	18.691
3	−78.385(V)	5.560(V)		18.652
4	63.462(V)	6.664(V)	LASFN31(S)	16.729
5	182.301(V)	2.949(V)		15.563
6	24.881(V)	10.000(V)	LAKN7(S)	13.321
7	337.373(V)	4.117(V)	SF5(S)	10.396
8	14.738	4.609(V)		7.609
9	−36.494(V)	6.084(V)	LAKN12(S)	6.931
10	−16.304(V)	5.289(V)	SF5(S)	6.244
11	−91.815(V)	0.566(V)		5.677
STO	Inf	9.164(V)		5.889
13	−14.193(V)	3.866(V)	SF53(S)	8.134
14	−226.047(V)	6.000(V)	P-LAK35(S)	11.107
15	−19.876(V)	2.284(V)		12.160
16	−940.516(V)	4.214(V)	N-LAF21(S)	14.242
17	−84.226(V)	0.406(V)		14.795
18	191.618(V)	4.342(V)	N-LAF3(S)	15.231
19	−83.562(V)	0.300(V)		15.399
20	40.392(V)	4.914(V)	P-LAK35(S)	15.351
21	1049.825(V)	2.233(V)	N-SF5(S)	15.008
22	98.961(V)	35.000(V)		14.455
IMA	Inf	—		7.964

[TC-4] 技术指标

波段	F	y′/mm	ω/(°)	f′/mm	BFL/mm	VL/mm	OD/mm	SPT/μm		
								0	0.7	1
VIS	3.5	95.0	63.6	100.0	0.5	581.0	1350	23	47	53

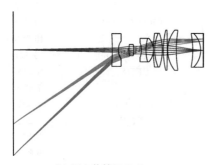

(a) 远心物镜[TC-4]

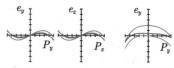

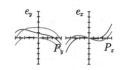

(b) 特性曲线(±200μm)

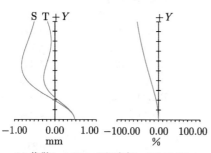

(c) 像散(±1.00mm)和畸变(±100.00%)

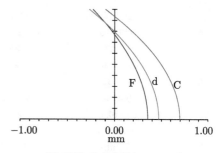

(d) 球差–色差曲线(±1.00mm)

[TC-4]结构参数　　　　　　　　　　　（长度单位: mm）

No.	R	T	Gls	Semi-Dia.
OBJ	Inf	634.316		1350.000
1	−1980.595(V)	39.428(V)	H-LAF3A(S)	88.805
2	91.895(V)	69.528(V)		55.405
3	240.032(V)	30.825(V)	H-ZF52A(S)	32.702
4	−262.885(V)	9.641E-004(V)		24.801
STO	Inf	50.479(V)		23.917
6	−115.804(V)	27.409(V)	H-ZF7LA(S)	45.314
7	264.690(V)	44.773(V)	H-K9L(S)	66.862
8	−108.136(V)	7.839E-003(V)		72.625
9	771.560(V)	8.113(V)	H-ZF52A(S)	93.319
10	254.406(V)	48.845(V)	H-LAK10(S)	98.403
11	−305.697(V)	13.070(V)		102.079
12	471.211(V)	25.000(V)	H-ZK21(S)	115.473
13	−1026E+004(V)	0.024(V)		116.209
14	197.810(V)	53.449(V)	H-K9L(S)	120.952
15	716.871(V)	103.867(V)		116.989
16	−485.464(V)	48.380(V)	BAF3(S)	101.055
17	−140.616(V)	17.833(V)	H-K9L	100.402
18	Inf	3.000(V)	K4A	95.286
19	Inf	0.500(V)		95.029
IMA	Inf	—		95.019

附录 17.2　评 价 函 数

Oper#	Type	Surf1	Surf2					Tag.	Wt.	Val.	#Ctrb.
1	BLNK	TELECENTRIC-4									
2	BLNK	TELECENTRIC									
3	RANG	0	2	0	0.7	0	0	0	0	7.8×10^{-6}	0
4	CONS							1000.0	0	1000.0	0
5	PROD	3	4					1.0×10^4	0	7.8×10^{-3}	0
6	OPLT	5						1.0	0.1	1.0	0
7	BLNK	ANGLE FIELD									
8	RANG	14	2	0	1.0	0	0	0	0	0.16	0
9	CONS							57.295	0	57.295	0
10	PROD	8	9					0	0	9.178	0
11	BLNK	PMAG AND EFFL									
12	PMAG		2					−0.4	1.0	−0.4	2.5×10^{-6}
13	EFFL		2					100.0	0	120.8	0
14	REAR	14	2	0	1.0	0	0	0	0	8.012	0
15	EFLY	1	5					0	0	100.018	0
16	EFLY	6	13					0	0	40.0	0
17	BLNK	CONJUGATE									
18	TTHI	0	13					0	0	255.667	0
19	BLNK	SYSTEM TRACK									
20	TTHI	1	13					0	0	171.867	0
21	OPLT	20						180.0	0	180.0	0
22	BLNK	VL									
23	TTHI	1	12					0	0	143.867	0
24	OPLT	23						150.0	0	150.0	0
25	BLNK	OBJECT AND IMAGE									
26	CTGT	0						80.0	0.1	80.0	0
27	CTGT	13						26.0	0.1	26.0	0
28	BLNK	DT									
29	DIMX	0	2	0				3.0	0.1	3.0	0
30	BLNK	GAP CONTROL									
31	CTGT	5						73.0	0.1	73.0	0
32	CTLT	5						93.0	0.1	93.0	0
33	BLNK	BOUNDING FOR THE THICKNESS CENTERS AND EDGES									
34	MNCT	1	13					0.3	1.0	0.3	0
35	MNET	1	13	0				0.3	1.0	0.038	47.861
36	BLNK										
37	MNCG	1	5					2.0	0.02	2.0	0
38	MNEG	1	5	0				2.0	0.02	2.0	0
39	MXCG	1	5					12.0	0.02	13.358	25.769
40	MXEG	1	5	0				12.0	0.02	12.000	0
41	BLNK										
42	MNCG	6	13					1.5	0.02	1.5	0
43	MNEG	6	13	0				1.5	0.02	0.639	10.352
44	MXCG	6	13					6.0	0.02	6.0	0
45	MXEG	6	13	0				6.0	0.02	6.0	0
46											

第18章 变焦物镜

18.1 引　言

第 16 章介绍了变焦投影物镜，这些物镜的变焦比 (zoom ratio，ZR) 一般不到 2。但是在照相物镜和许多科研领域、光学测量仪器中，变焦比通常较大。表 18.1 是一些典型变焦照相物镜的主要技术规格，其变焦比从 1.94 到 11.11。

表 18.1　典型变焦照相物镜的主要技术规格

f'/mm	F	ZR
18~35	3.5~4.5	1.94
18~55	3.5~5.6	3.05
24~85	3.5~4.5	3.54
55~200	4.0~5.6	3.63
18~105	3.5~5.6	5.80
18~140	3.5~5.6	7.78
18~200	3.5~5.6	11.11

在新闻采访、电影电视、体育赛事和文艺节目的拍摄以及科研和军事等领域，有时需要跟踪快速运动的目标，有时需要在很短的时间间隔内拍摄物体由远及近，由大视野 (大视场) 到特写镜头，需要获得可缓可急、连续变化的场景，以实现艺术上的特殊表现力，因此要在这些特殊场景下获得连续、清晰的系列图像，就需要物镜的焦距大跨度变化。

为了确保在很大的焦距范围内均能得到清晰像，一般变焦物镜包含较多的部件，每个部件包含若干镜片，通过调节其中的若干间隔 $(T_{n_1}, T_{n_2}, \cdots, T_{n_P})$ 的连续变化来改变焦距，同时确保像面 (即图像探测器 CCD 或 CMOS) 的位置不变，各位置的清晰度都足够高。

当 ZR 变大后，用第 16 章的方法不容易得到满意的结果，一般要参考已有的变焦物镜的设计，适当修改参数。在许多光学手册、光学设计书籍及专利中有许多变焦物镜的设计结果 (有的只是 "半成品") 可作为初始结构。即使有了参数相近的初始数据，变焦物镜的设计仍然不容易。

本章给出若干典型的变焦物镜设计，其变焦比从 2.2 渐次增大到 9.0，在设计变焦物镜时可作为初始结构。本章提出变焦物镜简化的理想光学模型，即 "伽利略望远镜 + 固定后组" 模型，并详细描述运用该模型设计变焦物镜的流程，给出了

ZR=3.0 和 5.0 的设计实例。

　　本章还讨论变焦物镜优化过程的特性，介绍变焦区间伸缩、校正倍率色差的更换玻璃操作。

18.2　变焦物镜结构的特点

18.2.1　基本特性

　　图 18.1 为变焦物镜 [ZM-1]，详细的技术指标见表 18.1，特征如下：

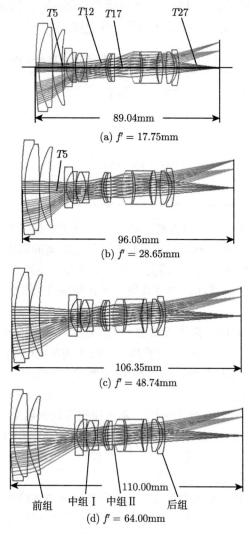

(a) $f' = 17.75\text{mm}$

89.04mm

(b) $f' = 28.65\text{mm}$

96.05mm

(c) $f' = 48.74\text{mm}$

106.35mm

(d) $f' = 64.00\text{mm}$

110.00mm

前组　中组 I　中组 II　后组

图 18.1　变焦物镜 [ZM-1](彩图见封底二维码)

(1) 系统由四个部件组成,分别为前组、中组 I、中组 II 及后组 (又称前后固定组、变焦组、补偿组等),具有四个变焦间隔 $T5$、$T12$、$T17$ 和 $T27$,按照不同的规律同时变化,引起焦距变化,区间为 17.75~64.00mm,变焦比 ZR=3.6。

(2) 相应视场角 2ω 的变化区间为 73.4° ~ 21.5°。

(3) 系统总长从 89.04mm 变到 110.00mm。

(4) 变焦过程中,像高不变。在本例中,像面上使用 Foveon X3 F7-35X3-A25B 探测器,对角线长 24.88mm,本章各物镜,除特别说明,均采用这个探测器。如改用别的探测器,需要对系统修改缩放。

表 18.2 变焦物镜 [ZM-1] 技术指标(ZR=3.6)

Config	f'/mm	ω/(°)	F	y'/mm	SPT/μm			ST/mm
					0	0.7	1	
1	17.74	36.7	4.2	12.45	12	29	31	89.04
2	28.67	23.2	5.1	12.44	11	15	17	96.05
3	48.75	14.0	6.6	12.44	7	7	10	106.35
4	64.00	10.8	6.6	12.44	4	9	16	110.00

从表 18.2 可以看出,变焦操作引起技术指标在很大的区间中变化,但各视场的像质都较好。

18.2.2 结构特点

由于焦距的变化率一般都大于 2,在区间的短焦端角视场很大,所以前组的孔径往往很大,这是变焦物镜在结构上的显著特点。为了校正倍率色差,通常前组都包含一组双胶合透镜,或双胶合加单片,由单片透镜承担一部分光焦度。为了获得反远摄的效果 (参见第 12 章),前组有时包含负光焦度很大的弯月透镜。

中组、后组一般也包含若干双胶合、双分离及单片透镜,甚至厚透镜,例如,本例中后组厚度很大的负透镜。光阑一般位于中组前后。

普通物镜只要确保在给定的焦距有足够好的像质就行,变焦物镜却要求在一条连续的曲线上各点的像质都好,变焦比越大,系统包含的镜片越多,以提供足够多的变量,确保系统生成图像的连续性。对此还将进一步讨论。

18.3 变焦和补偿

18.3.1 变焦物镜 [WS-380] 和经典变焦–补偿

变焦物镜 [WS-380] 系文献 [1] 中实例 20.3 修改缩放而成,参见图 18.2。这是一款非常经典的变焦物镜,焦距变化区间为 46.10~115.24mm,变焦比 ZR=2.5,短焦端的视场角 2ω=31°,相对孔径约为 1:3.0。其前组、变焦组 I 和变焦组 II 构成 "+

− +" 的无光焦度 (afocal) 系统 ($\varphi = 1/f' \approx 0$)。其中前组由双胶合加单片透镜构成，变焦组 I 为负双胶合加负单片构成，变焦组 II 为正光焦度的双胶合透镜，正光焦度的后组由四片的分离式透镜构成。物镜的技术指标见表 18.3。

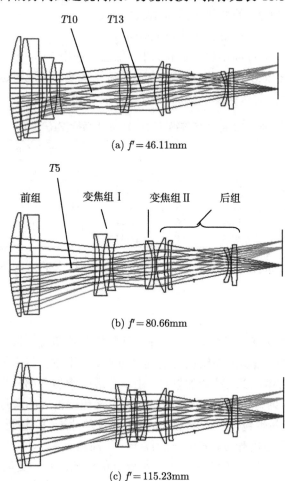

(a) $f' = 46.11$mm

(b) $f' = 80.66$mm

(c) $f' = 115.23$mm

图 18.2　变焦物镜 [WS-380] 的变焦和补偿 (ST=147mm，ϕ64mm)(彩图见封底二维码)

表 18.3　变焦物镜 [WS-380] 技术指标(ZR=3.6, ST=147.0mm)

Config	f'/mm	ω/(°)	F	y'/mm	SPT/μm		
					0	0.7	1
1	46.11	15.52	3.6	12.33	20	25	28
2	80.66	8.69	3.6	12.37	17	17	11
3	115.23	6.06	3.6	12.47	13	22	18

图 18.3 给出 $T5$, $T10$, ω 及 $T13$ 作为焦距的函数。可以看出，随着焦距的增大，负变焦组 I 和 II 的间隔 $T10$ 线性递减，而变焦组 II 与后组的间隔 $T13$ 以及前组和变焦组 I 的间隔 $T5$ 非线性变化，补偿了变焦过程引起的像面移动，确保像面位置不变。变焦物镜的孔径光阑不变，在变焦过程中，后组焦距不变，从而相对孔径不变，系统总长也不变。这是非常经典的变焦-补偿方案。此后，又出现了 "− + − +" 型变焦物镜，后截距 BFL 也参与变化，增加了自由度，但不同焦距的系统总长也略有不同，相对孔径也不同。

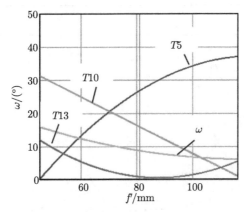

图 18.3 变焦与补偿

18.3.2 大变焦比物镜 [ZM-2] 和复杂变焦–补偿

变焦物镜 [ZM-2](参见图 18.4) 的焦距区间为 24.42～187.67mm，ZR=7.7，其长度为 400mm，前组物镜孔径达 ϕ168mm，可谓是 "长枪短炮"。与物镜 [WS-380] 具有相似的特征，即变焦过程中，系统全长和相对孔径都保持不变。其技术指标见表 18.4，但各组间的间隔变化都是非线性的，见图 18.5。

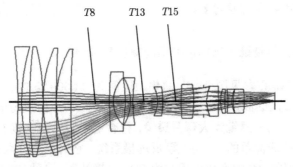

图 18.4 大变焦比物镜 [ZM-2](彩图见封底二维码)

$T8$、$T13$ 和 $T15$ 为变焦间隔，$f' = 24.42 \sim 187.67$mm，ST=400mm，ϕ168mm

表 18.4   变焦物镜 [ZM-2] 技术指标(ZR=7.7, ST=400.01mm)

Config	f'/mm	ω/(°)	F	y'/mm	SPT/μm		
					0	0.7	1
1	24.42	27.6	2.0	12.31	29	43	61
2	54.37	12.7	2.0	12.43	30	48	49
3	107.91	6.5	2.0	12.55	14	43	32
4	147.88	4.7	2.0	12.49	15	25	32
5	187.67	3.7	2.0	12.51	39	38	57

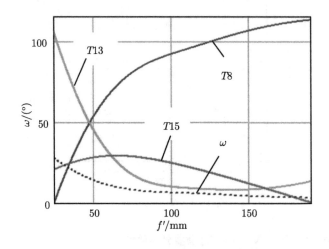

图 18.5   物镜 [ZM-2] 的变焦和补偿

全系统由 13 片镜片构成, 前组为 4 片分离式, 在非常大的变焦区间中保持较好的像质。近年来, 图像探测器件发展很快, 如果采用较小尺寸的高分辨率器件, 例如, 采用 1in CCD, $y' = 8$mm, 系统长度即缩减到 257mm, 镜片直径缩减到 108mm, 携带使用将会方便得多。

18.3.3   超广角变焦物镜 [ZM-3] 和两间隔调焦–补偿

变焦物镜 [ZM-3](参见图 18.6) 的焦距区间为 11.59~25.77mm, ZR 仅为 2.2, 但短焦端的角视场 2ω 高达 162°。物镜长度 ST≤100mm, 前组物镜孔径 ϕ47.5mm, 由 4 片透镜构成, 第一透镜为大弯月透镜, 符合一般超广角物镜的特征。后组为 8 片。前组与后组构成简单的 "– +" 型反远摄系统, 它的显著特点在于只有两个变焦间隔, 前后组间隔 $T7$ 的变化由后截距 $T22$ 直接补偿, 这种 "直接变焦–补偿" 方案很少见到。后截距 $T22$ 几乎是线性增大, 由 $T7$ 非线性地补偿, 见图 18.7。各点的像质均好, 其技术指标见表 18.5。

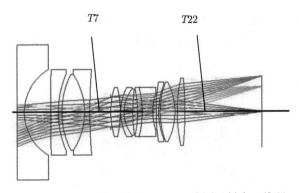

图 18.6 两间隔变焦物镜 [ZM-3](彩图见封底二维码)

$f' = 11.59 \sim 25.77\mathrm{mm}$, ZR $= 2.2$, ST$\leqslant$100mm, ϕ47.5mm

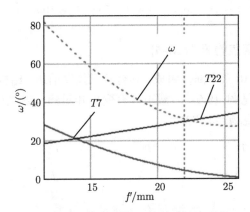

图 18.7 物镜 [ZM-3] 的变焦和补偿

表 18.5 变焦物镜 [ZM-3] 技术指标(ZR=2.2, ST<100mm)

Config	f'/mm	ω/(°)	F	y'/mm	SPT/μm		
					0	0.7	1
1	11.59	81.20	3.2	12.53	6	14	16
2	19.90	36.40	3.8	12.52	7	7	9
3	25.77	27.20	4.2	12.31	3	7	12

18.4 典型的变焦物镜

18.4.1 变焦物镜 [ZM-4]

以下对各典型物镜介绍中一般只给出一个组态的系统图,详细资料见附录18.1。

变焦物镜 [ZM-4] 由四个部件组成,结构形式为 "$+ - + +$",共四个变焦间隔,后截距 BFL 参与变焦,图 18.8 为 Config2 的系统图。对有限远目标成像时后截距同时具有对焦功能。物镜变焦比 ZR=4.0, 短焦端角视场 2ω 达到 $80.7°$。这一款物镜采用系统总长 ST=199~221mm, 镜片最大外径 ϕ87mm, 结构较紧凑, 物镜像质很好。

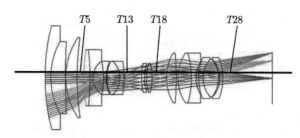

图 18.8   变焦物镜 [ZM-4]Config 2 的系统图 (彩图见封底二维码)

$f' = 27.13 \sim 110.05\text{mm}$, ZR = 4.0, ST=199~221mm, ϕ87mm

18.4.2   紧凑型广角变焦物镜 [ZM-5]

变焦物镜 [ZM-5] 由三个部件组成, 具有负光焦度前组, 结构形式为 "– + –", 共三个变焦间隔, 参见图 18.9。后截距具有变焦和对焦双重功能。物镜变焦比为 ZR=4.4, 短焦端的角视场 2ω=73.4°。

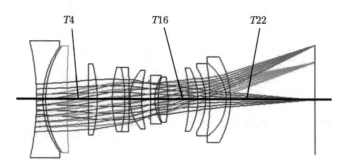

图 18.9   变焦物镜 [ZM-5](彩图见封底二维码)

$f' = 19.30 \sim 85.73\text{mm}$, ZR = 4.4, ST=66~90mm, ϕ26.4mm

该系统总长 ST 的变化区间为 66~90mm, 镜片最大外径 ϕ26.4mm, 结构紧凑是它的特色, 适合于手持小型摄像机等应用。

18.4.3   小型变焦物镜 [ZM-6]

物镜 [ZM-6] 的变焦比 ZR=4.5, 由 13 片镜片构成, 结构形式为 "+ + –", 包含后截距在内共有三个间隔参与变焦, 短焦端角视场 $2\omega = 48.8°$, 系统总长 ST 为 52~117mm, 镜片最大外径 ϕ22mm, 结构也相当紧凑, 像质很好。参见图 18.10。

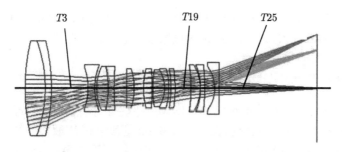

图 18.10 变焦物镜 [ZM-6](彩图见封底二维码)

$f' = 27.74 \sim 124.75\text{mm}$, ZR $= 4.5$, ST$\leqslant 117.4\text{mm}$, $\phi22\text{mm}$

该物镜实际上是远摄物镜, 前组、中组合成正光焦度前组, 其焦距可变, 与后组构成远摄系统, 使系统的结构紧凑。中组为 8 片 6 组的复杂组件。可见变焦物镜的构成和变焦–补偿方式具有多样性。

18.4.4 大变焦比物镜 [ZM-7]

这是一款大变焦比物镜, ZR=6.5, 由 13 个分立的透镜构成 "− + −" 系统。由图 18.11 可以看出变焦过程中三个变焦间隔的变化幅度不小。短焦端角视场 $2\omega =$

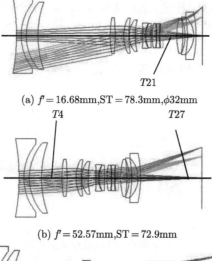

(a) $f' = 16.68\text{mm}$, ST $= 78.3\text{mm}$, $\phi32\text{mm}$

(b) $f' = 52.57\text{mm}$, ST $= 72.9\text{mm}$

(c) $f' = 108.43\text{mm}$, ST $= 96.3\text{mm}$

图 18.11 大变焦比物镜 [ZM-7](ZR=6.5)(彩图见封底二维码)

76.4°。光学系统总长 ST 为 78.3～96.4mm，镜片最大外径 ϕ32mm。这是一款角视场和变焦区间都比较大的物镜，结构尚属紧凑，像质也较好。

18.4.5 高清晰度 6×ZOOM[ZM-J4]-C

图 18.12 为高清晰度长焦 6×ZOOM[ZM-J4]-C，在较大的变焦范围内一致清晰，短焦端 $2\omega = 28.6°$，光学系统总长 ST=460mm 不变，镜片最大外径 ϕ106mm。长焦物镜有许多特殊的应用范围。缺点是参与变焦的间隔较多，达到 6 个。

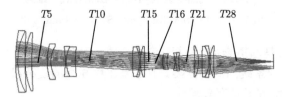

图 18.12   变焦物镜 [ZM-J4]-C(彩图见封底二维码)

$f' = 48.73 \sim 325.00mm$，ZR = 6.0，ST≡460mm，ϕ106mm

18.4.6 大变焦比物镜 [ZM-8]

[ZM-8]是一款大变焦比物镜，ZR 高达 9.0，由 16 个透镜构成，参见图 18.13。前组为负双胶合加两个单片，中组 I 为弯月透镜加一个三胶合透镜，中组 II 为负双胶合透镜；后组由两组双分离和两个单片构成，系统复杂，可归结为 "+− − +" 结构，如图 18.13 所示。短焦端角视场 $2\omega = 50°$，在整个变焦范围内像质较好。

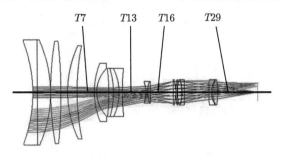

图 18.13   变焦物镜 [ZM-8](彩图见封底二维码)

$f' = 27.11 \sim 244.00mm$，ZR = 9.0，ST≤384mm，ϕ140.6mm

光学系统总长 ST 为 323～384mm，镜片最大外径 ϕ140mm。可见，为了达到大变焦比，结构趋向于复杂化，整体尺寸变得很大。如上所述，如采用较小的图像探测器，可以减小物镜尺度，例如，采用 1in CCD，总长可减小到 281mm，镜片直径减小到 90mm。

18.4.7 大变焦比物镜 [ZM-J1]-C

图 18.14 为一组大变焦比物镜 [ZM-J1]-C, ZR 高达 11.7, 有 5 个变焦间隔, 构成 "− + − +" 的变焦机构, 最后间隔 $T22$ 兼有变焦和调焦功能。最后的棱镜通常是 DMD 的照明耦合棱镜。

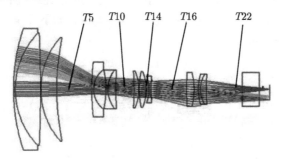

图 18.14 变焦物镜 [ZM-J1]-C(彩图见封底二维码)

$f' = 19.42 \sim 227.00mm$, $ZR = 11.7$, ST=319~358mm, ϕ144mm

短焦端 $2\omega = 65.28°$, 特点是大变焦范围内相对孔径几乎不变 $(F=6.4\sim7.0)$, 这是非常重要的性能。在如此大的变焦范围内像质尚好 (短、中焦端 SPT<12μm, 长焦端 SPT<50μm), 实属不易。

在变焦过程中, 光学系统总长 ST=319~358mm, 镜片最大外径 ϕ144mm, 这些都是很有吸引力的指标。

18.4.8 大变焦比物镜 [ZM-J2]-C

另一款物镜 [ZM-J2]-C 的 ZR=9.7, 变焦比亦不小, 如图 18.15 所示, 具有四个调焦间隔, 最后一个间隔 $T20$ 兼有变焦和调焦功能, 最后的棱镜为 DMD 的耦合棱镜。

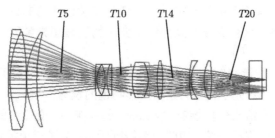

图 18.15 变焦物镜 [ZM-J2]-C(彩图见封底二维码)

$f' = 25.0 \sim 243.0mm$, $ZR = 9.7$, ST=302mm, ϕ144mm

短焦端 $2\omega = 52.86°$。该物镜具有两个特点: 首先是总长度 ST=302mm 保持不变; 其次是在大调焦过程中相对孔径变化很小 $(F=5.4\sim6.3)$, 在大的变焦范围内清

晰度均匀一致 (短、中焦端 SPT<21μm，长焦端 SPT<31μm)。与 [ZM-J1]-C 均为大变焦比物镜的优选初始设计。

18.4.9 高清晰度大变焦比物镜 [ZM-J3]-C

物镜 [ZM-J3]-C 的 ZR=16.8，变焦比相当大，如图 18.16 所示，具有四个调焦间隔，最后一个间隔 $T29$ 兼有变焦和调焦功能。与别的设计不同，使用 1/2in CCD，半对角线长度为 4.0mm。

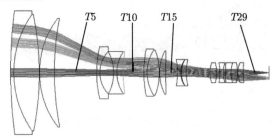

图 18.16 变焦物镜 [ZM-J2]-C(彩图见封底二维码)

$f' = 8.95 \sim 150.48\text{mm}$, $\text{ZR} = 16.8$, $\text{ST}=165\sim170\text{mm}$, $\phi 75\text{mm}$, $y'=4.0\text{mm}$

短焦端 $2\omega = 47.44°$。该物镜具有两个特点：首先是总长度变化不大，ST=165～170mm；其次是在大调焦过程中相对孔径变化很小 ($F=8.4\sim9.0$)。特别是在大的变焦范围内具有均匀一致的高清晰度，短、中、大焦端的 SPT 一致趋近 1DL，为高清晰度大变焦比物镜的优秀设计。

18.5 变焦物镜的简化模型

18.5.1 变焦物镜 [WS-380]

变焦物镜并没有规范的设计方法，大部分光学设计的书籍只给出设计的原则或变焦物镜的实例。只有少数文献介绍了变焦物镜理想光学的计算公式和设计方法，如参考文献 [7] 和 [8]。

本节参考变焦物镜 [WS-380] 的经典变焦–补偿方案，分析系统的构成和组件功能，建立简化的理想光学模型，介绍变焦物镜的设计方法。

图 18.17 中再次给出变焦物镜 [WS-380] 的系统图。变焦组的前组和两个中组构成 afocal 系统，即望远系统，如图中虚线框所示。为了避免混淆，我们把 Config 的顺序标注为 A,B,C，把透镜组标为 1,2,3 等。

在短焦端 Config A(即 Config1)，中组Ⅰ紧贴前组，合成负光焦度的复合前组，中组Ⅱ为正光焦度的后组，构成倒置的伽利略望远镜，相当于反远摄物镜，角放大率为 $1/\rho$，加上后组，系统焦距为 f'_A；在长焦端 Config C(即 Config3)，中组Ⅰ紧贴中组 II，构成负光焦度的复合后组，前组为正光焦度，构成正置的伽利略望远镜，角放大率为 ρ，加上后组，系统焦距为 f'_C。显然 $f'_C > f'_A$，比率 f'_C/f'_A 就是变焦比 ZR。

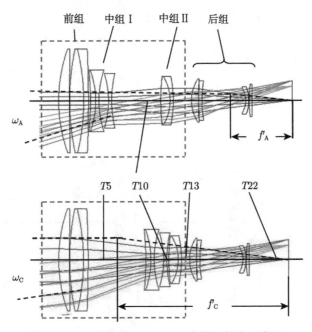

图 18.17 变焦物镜 [WS-380](彩图见封底二维码)

上图为 Config A，下图为 Config C；$T5$、$T10$ 和 $T13$ 为变焦间隔，$T22$ 为 BFL

18.5.2 理想光学模型

如果把前、中、后组都近似看作薄透镜，就得到理想光学模型，其中第 1、第 2 和第 3 透镜构成 afocal 系统，即伽利略望远镜。我们只研究焦距最短和最长的极端情况。图 18.18(a) 表示短焦端 Config A，(b) 表示长焦端 Config C。

1. 短焦端 Config A

假定透镜 1 和 2 是密接透镜组，则有

$$\varphi_{12} = \varphi_1 + \varphi_2, \quad f'_{12} = \frac{f'_1 f'_2}{f'_1 + f'_2} \tag{18.1}$$

通常有 $f'_{12} < 0$。望远镜的反向角放大率 (参见图 18.18)

$$\rho_A = \frac{\omega}{\omega'} = \frac{f'_3}{-f'_{12}} > 1 \tag{18.2}$$

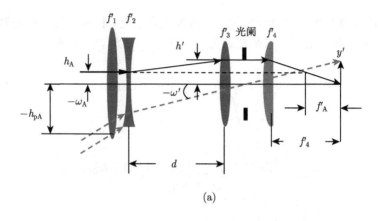

(a)

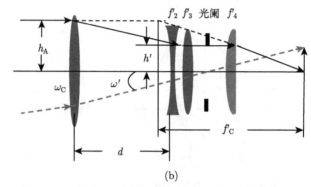

(b)

图 18.18 变焦物镜的理想光学模型

(a) Config A; (b) Config C。主光线用虚线表示, 轴上大光线用实线表示

假定光阑在透镜 3 和透镜 4 之间, 且这两个透镜的间隔很小, 略去主光线通过两个透镜的角度变化, 则在前后组间隔内主光线与光轴的夹角由下式给出:

$$\omega' \approx -\frac{y'}{f'_4} \tag{18.3}$$

它也是像空间的角视场。

(12.5) 式给出前后组的间隔的表达式

$$d = (1 - \rho_A) f'_{12} \tag{18.4}$$

设轴上大光线入射高为 h_A, 后组的入射高为 h', 则有

$$h_A = \frac{h'}{\rho_A} \tag{18.5}$$

系统焦距

$$f'_A = \frac{f'_4}{\rho_A} < f'_4 \tag{18.6}$$

以上各式均符合反远摄物镜的特征。

2. 长焦端 Config C

$$\varphi_{23} = \varphi_2 + \varphi_3, \quad f_{23}' = \frac{f_2' f_3'}{f_2' + f_3'} \tag{18.7}$$

望远镜的反向角放大率

$$\rho_{\mathrm{C}} = \frac{\omega}{\omega'} = \frac{-f_{23}'}{f_1'} < 1 \tag{18.8}$$

设轴上大光线入射高为 h_{C}，则有

$$h_{\mathrm{C}} = \frac{h'}{\rho_{\mathrm{C}}} \tag{18.9}$$

系统焦距：

$$f_{\mathrm{C}}' = \frac{f_4'}{\rho_{\mathrm{C}}} > f_4' \tag{18.10}$$

由 (18.6) 式和 (18.10) 式，变焦比：

$$\mathrm{ZR} = \frac{f_{\mathrm{C}}'}{f_{\mathrm{A}}'} = \frac{\rho_{\mathrm{A}}}{\rho_{\mathrm{C}}} > 1 \tag{18.11}$$

18.5.3 简化模型

作为设计的初值，假定

$$\begin{cases} f_1' = f_3' = f_0 \\ f_2' = -r f_0 \end{cases} \tag{18.12}$$

我们得到一组解，各参数的关系为

$$\begin{cases} \rho = \dfrac{1-r}{r} \\ r = \dfrac{1}{\rho+1} \\ \rho_{\mathrm{C}} = \dfrac{1}{\rho_{\mathrm{A}}} = \rho \\ \mathrm{ZR} = \rho^2 \end{cases} \tag{18.13}$$

在短焦端 Config A：

$$\begin{cases} f_{\mathrm{A}}' = \dfrac{f_4'}{\rho} \\ \omega_{\mathrm{A}} = \rho \omega' \\ h_{\mathrm{A}} = \dfrac{h'}{\rho} \\ -h_{\mathrm{pA}} = -\omega' d + h_{\mathrm{A}} \end{cases} \tag{18.14}$$

式中，$-h_{\mathrm{pA}}$ 正是前组透镜外径的一半。在长焦端 Config C:

$$
\begin{cases}
f_{\mathrm{C}}' = \rho f_4' \\[2mm]
\omega_{\mathrm{C}} = \dfrac{\omega'}{\rho} \\[2mm]
h_{\mathrm{C}} = \rho h' \\[2mm]
-h_{\mathrm{pC}} = -\omega'd + h_{\mathrm{C}}
\end{cases}
\tag{18.15}
$$

系统参数如下：

(1) 变焦区间：

$$
\Delta f' = \left(\rho - \frac{1}{\rho} \right) f_4'
\tag{18.16}
$$

(2) 角视场变化范围：

$$
\Delta \omega = - \left(\rho - \frac{1}{\rho} \right) \omega'
\tag{18.17}
$$

(3) 望远镜前后组间隔：

$$
d = \frac{f_0}{\rho}
\tag{18.18}
$$

(4) 系统总长：

$$
L = f_4' + d
\tag{18.19}
$$

(5) 像空间角视场：

$$
\omega' = -\frac{y'}{f_4'}
\tag{18.20}
$$

(6) 后组入射高：

$$
h' = \frac{f_4'}{2F}
\tag{18.21}
$$

式中，F 为光圈数。

设计课题一般预先给出像高 y'、相对孔径 $1{:}F$ 和变焦比 ZR，由 (18.13) 式算出参数 ρ 及 r，再通过后组焦距 f_4' 调节变焦区间 $\Delta f'$ 和角视场变化区间 $\Delta \omega$。最后还剩一个自由参数 f_0，f_0 过大系统过长，f_0 过小则高级像差非线性地增大，在中低变焦比设计中可以取 $f_0 \approx 1.5 f_4'$，ZR 越大，望远镜倍率越高，比率 f_0/f_4' 越大。

由于简化设计中忽略了透镜的厚度和间隔，基于该模型得到的结果会有偏差。此外，简化模型值只顾及变倍区间的两端，中间的 Config B 也需补充，将在 18.6 节进一步讨论。

18.5.4 小结

在理想光学模型中，短焦端和长焦端相当于倒置和正置的伽利略望远镜，系统正是通过"内调焦"实现变焦。本节提出了一个简化模型，由此出发，可以完成中等以下变焦比 (如 ZR ⩽5) 的变焦物镜设计。

18.6 变焦物镜的设计实例

18.6.1 设计指标

系统的设计指标如表 18.6 前三列所示。设 $f_4' = 65.3\text{mm}$，$f_0' = 100\text{mm} \approx 1.5f_4'$，由 18.5 节公式算出其他参数，一并列在表中。

表 18.6 变焦物镜 [ZM-21] 技术指标 （长度单位: mm）

ZR	ρ	r	F	ST(L)	y'	$\Delta f'$	f_A'	f_C'	$f_1'(=f_3')$
3.0	1.73	0.366	4.5	<150	12.44	75.4	37.7	113	100

f_2'	f_4'	$\omega_{\text{MAX}*}/(°)$	$\Delta\omega/(°)$	h_A	h_C	h_{pA}	h_{pC}	d	h'
−36.6	65.3	18.7	12.4	5.38	16.1	−16.4	−27.1	57.5	7.25

注: * ω_{MAX} 指的是 ω_A，因为在短焦端角视场最大。

18.6.2 望远镜设计

1. 初始设计

前组外径大，主光线高度很高 (参见图 18.18)，孔径为 $D_1 = 2 \times (-h_{pC}) \approx 55\text{mm}$，相对孔径为 1:1.8，所以选用双胶合加单片，按照准直镜的要求设计，存文件 Design\Front 中。

中组 I 初始结构采用一对密接的平凹透镜，两片透镜对称，材料暂选高折射率、低色散的玻璃 H-LAK7(713-538)，紧贴前组放置，孔径暂为 $D_2 = 36\text{mm}$，曲率半径 $R_6 = -45\text{mm} = -R_9$ 时中组 I 的焦距 $f_2' = -30\text{mm}$，也比计算参数略小，另存文件 [CBN-1]。

中组 II 的外径 $D_3 = 2h' = 18.64\text{mm} \approx 20\text{mm}$，焦距 $f_3' = 100\text{mm}$，相对孔径 1:5，直接选用双胶合消色差物镜 [DB-5]，通过 Tool 菜单中的 Reverse Element 操作，将该物镜反转，放置在中组 I 后方。

根据理想光学模型，间隔 d 应为 57.7mm，但实际取间隔 $T9=45\text{mm}$，主要是考虑到透镜的厚度以及间隔不为零。由于望远镜为 afocal 系统，为了工作方便，在中组 II 后面 8mm 处设置理想透镜 (在 Type 中选择 Paraxial)，后截距及焦距均取为 65.3mm，即 f_4'，理想透镜代替了后组。

光阑设置在中组 II 与理想透镜后组之间，光阑半径取为 7.25mm(参见表 18.7)。在 Gen 中选择孔径 Aperture 为 "Float By Stop Size"，视场 Fie 则给一个很小的角视场 3°，全系统合成结果见图 18.19，结构数据见表 18.7。其中各组透镜的外径均恰当给定，既不能拦光过多，尺寸又不至于过大，存文件 [CBN-2]。

表 18.7　[CBN-2]的结构数据　　　　　　　　(长度单位: mm)

No.	R	T	Gls	Semi-Dia.
OBJ	Inf	Inf		Inf
1	104.748(V)	8.000	D-LAK6(S)	28.000(U)
2	268.368(V)	1.000		28.000(U)
3	68.662(V)	16.000	H-QK3(S)	28.000(U)
4	−112.446(V)	6.000	H-ZF62(S)	28.000(P)
5(Z-1)	−328.537	3.000(V)		28.000(P)
6	−45.000	3.000	H-LAK7	18.000(U)
7	Inf	2.000		18.000(U)
8	Inf	3.000	H-LAK7	18.000(U)
9(Z-2)	45.000	45.000(V)		18.000(U)
10	200.800	2.000	H-ZF1	9.861
11	44.800	5.000	H-K9L	9.928
12	−53.100	4.000(V)		11.000(U)
STO	Inf	4.000		7.25
14(Paraxial)		65.300		9.792
15	Inf	0.000		2.199
16	Inf	0.000		2.199
IMA	Inf	—		2.199

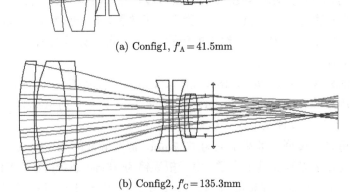

(a) Config1, $f'_A = 41.5$mm

(b) Config2, $f'_C = 135.3$mm

图 18.19　初始结构 [CBN-2](彩图见封底二维码)

2. 2-Config 设置以及优化

在 Editor 的 Multi-Configuration 中增加一个 Config, 在操作符中选择 THIC 5 和 THIC 9, 并将 Config 2 中的间隔 $T5$ 和 $T9$ 数据与 Config 1 交换填写, 参照表 18.8 "Multi-Configuration Editor (I)"。

表 18.8 **Multi-Configuration Editor(I)**

Active		Config 1	Config 2
1:THIC	5	3.000(V)	45.000(V)
2:THIC	9	45.000(V)	3.000(V)

打开 Config 2 会发现离焦, 见图 18.19(b), 短焦端 Config 1 和长焦端 Config 2 的焦距与目标值相比都有偏差。对中组 I 进行优化的流程如下:

(1) 设置评价函数 ZOOM 3-CONFIG-NEW。

(2) 评价函数表的构成:

该评价函数表由四个部分组成: 第一部分为 Config 1, 由操作符 CONF(=1) 引导, 包含以下模块。

a. 焦距控制 "EFFL": 由操作符 EFFL 设定 Config 1 的焦距 $f'_A = 37.7$mm。

b. 像高和角视场计算 "IMAGE HEIGHT & ANGLE FIELD"。注意, 此模块只做计算观察, 不给权重。

c. 系统长度控制 "SYSTEM TRACK", 给定 ST 的上限为 175mm。

d. 对畸变和倍率色差的控制 "DT & LACL"。即对畸变的控制和对倍率色差的校正, 这两类像差正是大视场物镜常有的像差。变焦物镜的短焦端角视场可能相当大, 因此对畸变和倍率色差的控制和校正是必要的。

e. 对第 1 面光束孔径的限制 "APERTURE CTR"(即给定 h_{pA} 和 h_{pC} 的上限)。

f. 变焦间隔 $T5$ 的下限 "ZOOM THICK CTR"。

g. 对中心间隔和边缘间隔的限制 "EDGE & CENTRAL THICK CTR"。

第二部分为 Config 2, 由操作符 CONF(=2) 引导, 模块 a~e 与 Config 1 相同, 模块 f 对 $T9$ 进行控制, 模块 g 缺省。

第三部分应为 Config 3, 由于只有两个 Config, 首先删去 Config 3 有关的部分。

第四部分由 DMFS 引导, 恰当设置后自动生成两个 Config 的弥散斑评价表。

另存文件为 [CBN-2]。

(3) 对中组 II 进行优化, 校正短焦端焦距 $f'_A(= 37.7$mm) 及长焦端焦距 $f'_C(= 113$mm)。

三个组件中, 只有中组 II 尚未校正过。在透镜数据表 (Lens Data Editor) 中设两个负透镜曲率半径为变量，在 Multi-Configuration Editor 中设 $T5$、$T9$ 为变量，进行优化；再设中组 I 两个负透镜的玻璃为可更换 (S)，另存文件为 [CBN-2H]，执行 HAMMER 优化。其结果表明短焦端 Config 1 及长焦端 Config 2 的焦距均已符合要求；两片负透镜弯向光阑，其玻璃分别换成折射率更高的玻璃 H-LAK11 和 H-LAF50A。注意，每次 HAMMER 优化的结果未必相同，但都是进步。优化前后的系统见图 18.19 及图 18.20。至此，仅对轴上和近轴像差进行纠正，但两端变焦功能已经实现了。

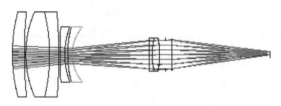

(a) Config 1, $f'_A = 37.7\text{mm}$

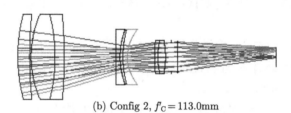

(b) Config 2, $f'_C = 113.0\text{mm}$

图 18.20　优化后的初始结构，设计 COMBINER-A2(彩图见封底二维码)

18.6.3　后组选择，系统设计及优化

后组显然可以用天塞物镜，选择 [TS-3]-N，将它的焦距缩放到 65.3mm 后，代替理想透镜，修改透镜的外径，文件另存为 [CBN-3]，后续流程如下：

(1) 增加 Config：在 Multi-Configuration Editor 中 Config 1 后增加一个 Config 2，原来的 Config 2 变为 Config 3。

(2) 增加变焦间隔：在 Multi-Configuration 中增加一个变量 $T21$。与变焦物镜 [WS-380] 有所不同，我们选择后截距为变焦间隔，系统更易收敛。

(3) 设视场：选择 Paraxial Image Height=12.44mm/8.8mm($y'_{1.0}/y'_{0.7}$)。

(4) 校正光阑像差：在 Gen\Ray Aiming 中设置 Paraxial，以消除"光阑像差"，确保大视场光线也全部进入光阑。

(5) 在 m.f. 中增设 Config2。

注意事项：

a. 增加 Config 后，CONF 等操作符应修改。

b. 对中心间隔和边缘间隔的限制 "EDGE & CENTRAL THICK CTR" 模块给出间隔的上限和下限，一般要对前组、中组和后组分别加以限制。开始优化时可以给得较松，优化完成后再做进一步处理，以满足工艺要求。

c. ABSO、OPLT、OPGT 等操作符都是 "行操作"，在复制过程中要随时修改操作符对应的行数，以免控制错误。

d. 在优化过程中，以上介绍的各部分评价函数根据需要可能随时变化，并没有一成不变的规律。从这个意义上来说，光学设计在相当程度上仍然依赖设计师的经验，是所谓艺术而非单纯的技术。

(6) DMFS 操作。

以上设置完成后，运用一次 DMFS 操作，就自动生成了三个 Config 的弥散斑评价函数。详细的 m.f. 请参见附录 18.1。

(7) f'_B 目标值的递增。

开始 Config 2 和 Config 1 是相同的，优化时逐步增大 Config 2 对应的焦距 f'_B(例如，每次增加 3~5mm)，直到 $f'_B = 70mm$，即 Config 2 大体居中。准确地说，三个焦距的倒数 (光焦度) 应构成等差级数。在这一过程中，m.f. 应持续变小，表明优化方向正确，参见图 18.21。

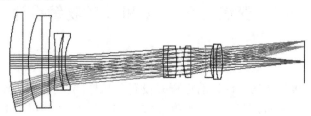

(a) Config 1, $f' = 37.70$mm, ST $= 195.0$mm

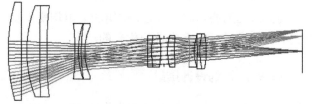

(b) Config 2, $f' = 70.00$mm, ST $= 181.1$mm

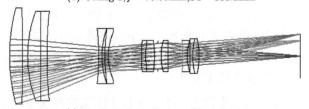

(c) Config 3, $f' = 113.00$mm, ST $= 196.6$mm

图 18.21　变焦物镜 [ZM-21] (ZR=3.0)(彩图见封底二维码)

　　变焦透镜包含多个透镜，变量多，HAMMER 优化需要更长的时间。尽管如此，HAMMER 优化的任何进展，对像质的提高还是有重要的意义。

18.6.4　变焦比 ZR=3 的设计结果

　　[ZM-21]正是经过 HAMMER 优化的最后结果。更新的玻璃包括 ZLAF、ZPK 等，轴上、轴外的像质均好，透镜的形状规则，易于加工。由于加入了实际透镜的厚度和间隔，总长比理想光学的数值大，其余指标均满足要求，是一款很优秀的设计，参见表 18.9。

表 18.9　变焦物镜 [ZM-21] 技术指标(ZR=3.0, ST<200mm)

Config	f'/mm	ω/(°)	F	y'/mm	ST/mm	SPT/μm 0	0.7	1.0
1	37.70	19.4	3.9	12.44	195.0	6	9	9
2	70.00	10.2	5.0	12.44	181.1	6	9	12
3	113.00	6.3	6.4	12.44	196.6	9	12	17

18.7　变焦比 ZR=4 和 5 的物镜设计

18.7.1　引言

　　当变焦比继续增大时，设计的流程并没有实质性的变化，但 m.f. 表中各个参量的控制必须更加细致周到，设计难度加大。一般而言，3 倍以下的物镜可以参考 18.6 节的流程，每次都设计成功，HAMMER 优化将使技术指标进一步提高。但设计 4 倍、5 倍或更高变焦比的物镜时，前组、中组和后组均变得复杂，而且每个组件需要有若干种选择，组合后可能得到较为优秀的结果。

18.7.2　变焦比 ZR=4 和 5 的设计结果

　　遵照 18.6 节的流程设计了 4 倍和 5 倍变焦物镜。设计 [ZM-22] 为 4.1 倍变焦物镜，参见图 18.22，其前组为两个单片加一组双胶合，中组 I 为一组负双胶合加一个负单片，后组包含一个三胶合透镜。由于胶合透镜的共同作用，变焦过程中倍率色差不大，像质较好。三个变焦间隔为 $T7$、$T12$ 和 $T25$，其中 $T7$ 的变化不大，小幅补偿变焦过程中的像面位置变化。

　　设计 [ZM-23] 为 5 倍变焦物镜，参见图 18.23，结构形式与 [ZM-22] 非常相近，但长度和孔径都相应变大。

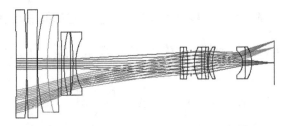

图 18.22 变焦物镜 [ZM-22](彩图见封底二维码)

$f' = 29.00 \sim 118.00\text{mm}$，ZR=4.1，ST≤161.0mm，$\phi62.0$mm

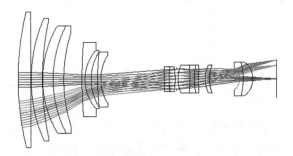

图 18.23 变焦物镜 [ZM-23](彩图见封底二维码)

$f' = 29.60 \sim 148.14\text{mm}$，ZR=5.0，ST≤196.0mm，$\phi88.0$mm

以上介绍的均为 "+ − +" 型变焦物镜，其物理模型比较清晰，可以简化处理，其缺点是系统的总长 ST 较大，而且会随着变焦比的增大而增大。紧凑型变焦物镜 (如 [ZM-5]、[ZM-7]) 则多采取 "− + −" 的形式。

18.8　变焦曲线的重整化

一般变焦物镜只给出 3~4 个 Config，包含了变焦区间 $[f'_{\min}, f'_{\max}]$ 的两端和中间位置 f'_{mid}，实际应用中整个变焦区间都要覆盖，结构设计需要完整的变焦曲线，即以焦距为自变量，以变焦间隔为函数的曲线方程，或充分稠密的数据表，即变焦曲线的 "重整化" 操作。

假设有三个 Config，具体流程如下：

(1) 除变焦间隔可变，其他所有的曲率半径 R 和间隔 T 都设置为固定值。

(2) 在 Multi-Configuration 表格中增添第四个 Config。

(3) 在评价函数表 m.f. 中增加 Config 4，删去 Config 1~Config 3。

(4) 操作符只留下 EFFL(焦距) 和变焦间隔控制模块。

(5) 在弥散斑控制模块中也只保留 Config 4，参见表 18.10。

(6) 对 Config 4 的焦距，从最小值到最大值按一定的间隔赋值如下：

$$f'_1, f'_2, \cdots, f'_k, \cdots, f'_K, \quad f'_1 < f'_{\min}, \quad f'_K > f'_{\max} \tag{18.22}$$

其中

$$f'_k = f'_1 + (k-1)\,\Delta, \quad \Delta = \frac{f'_K - f'_1}{K}, \quad K \geqslant 10 \tag{18.23}$$

$K \geqslant 10$ 表示 K 必须足够大。

表 18.10   变焦间隔"重整化"的 Multi-Configuration Editor （长度单位：mm）

Active		Config 1	Config 2	Config 3	Config 4
1:THIC	4	30.731	8.031	1.7871	2.371
2:THIC	21	6.051	2.312	1.997	1.997
3:THIC	27	2.478	23.528	53.455	48.992
4:MOFF	0	16.70	52.57	108.43	100

注：表中第 4 行记录焦距。

以 [ZM-7] 为例进行上述操作，表 18.10 为 Multi-Configuration Editor。表 18.11 为 m.f.，注意在其中对三个变焦间隔的下限都给出了权重。

表 18.11   [ZM-7]变焦物镜评价函数表

Type	Surf1	Surf2	Tag.	Wt.	Val.	Ctrb.
1:CONF	4					
2:EFFL		2	100.0	0.02	99.9	0
3:CTGT	4		2.0	0.1	2.0	0
4:CTGT	21		2.0	0.1	2.0	0
5:CTGT	27		2.0	0.1	2.0	0
6:DMFS						
7:BLNK	Sequential merit function:RMS spot radius chief GQ 3 rings 6					
8:CONF	1					
9:BLNK	No default air thickness boundary constraints.					
10:BLNK	No default glass thickness boundary constraints.					
11:BLNK	Operands for field 1.					

由于 $f'_{\min} = 16.69\text{mm}$, $f'_{\max} = 108.43\text{mm}$，定义焦距系列如下：

$$f' = 16, 16 + \delta = 25, 16 + 2\delta = 34, \cdots, 115, \quad \delta = 9 \tag{18.24}$$

对于每一焦距进行逐次优化，得到表 18.12 所示的数据，包含三个变焦间隔及对应的弥散斑 SPT 的一系列数值，覆盖了整个变焦区间，参见图 18.24 及图 18.25 中的曲线，这一操作称变焦曲线的"重整化"。重整化的结果与原设计结果略有差别，结构设计应当使用重整化的结果。

表 18.12 "重整化"的变焦间隔和弥散斑半径

f'/mm		16	25	34	43	52	61	70	79	88	97	106	115
$T4/\text{mm}$		31.990	20.307	14.060	10.442	8.101	6.467	5.127	4.080	3.248	2.570	2.007	1.581
$T21/\text{mm}$		6.125	3.918	3.372	2.897	2.450	2.035	1.999	1.998	1.998	1.997	1.997	1.861
$T27/\text{mm}$		1.995	7.975	12.961	17.989	23.097	28.284	33.102	37.873	42.639	47.404	52.169	57.159
	0	7	5	5	3	3	4	6	8	10	12	14	15
SPT/μm	0.7	49	19	8	7	9	12	14	16	18	20	22	24
	1	37	15	16	19	21	22	24	27	29	32	34	35

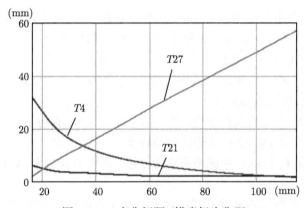

图 18.24 变焦间隔 (横坐标为焦距)

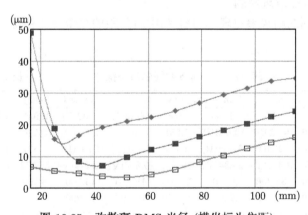

图 18.25 弥散斑 RMS 半径 (横坐标为焦距)

◆ 为 1 视场,■ 为 0.7 视场,□ 为 0 视场

由 SPT 的数值及变化趋势可以看出:

(1) 在短焦端 SPT 迅速变大,且 $T27 \approx 2\text{mm}$ 已经很小;在长焦端 $T4$ 和 $T21$ 的值都很小,也就是说,区间 $f' \in [16.68\text{mm}, 108.43\text{mm}]$ 已到极致,不能再扩大。

(2) 评价函数在整个变焦区间内 "收敛",SPT 都不大。

18.9 有限共轭的对焦操作

以上所有物镜均为无限共轭，而实际拍摄的目标有远有近，对不同物距的目标成像，不仅需要变焦操作 (zooming)，还需要 "对焦" 操作 (focusing)，这在第 16 章已经讲过。本章讲过的大部分设计实例，后截距 BFL 一般都参与变焦。设计一个系统，能够独立地控制后截距的调焦和变焦功能，就可达到目的。

以 [ZM-5] 为例，执行以下操作：

(1) 除变焦间隔以外，所有的曲率半径 R 和间隔 T 都设置为固定值。

(2) 在 Multi-Configuration 表格中第 1、第 2 和第 3 个 Config 后分别增添两个 Config，形成 9-Config 群组。

(3) 增加操作符 $T0$(物距)，分别设为 "无限"(Config 1,4,7)，5000mm(Config 2,5,8) 和 1500mm(Config 3,6,9)。

(4) 其中 $T4$、$T16$ 均保持不变，$T22$ 的 Config 1,4,7 保持不变，其余 6 个后截距为变量，以补偿由物距变化引起的像面移动。

(5) 在评价函数表 m.f. 中删去所有操作符，运用 DMFS 导入 9 个 Config 的弥散斑控制。

这样一来，系统只有 6 个变量，对应于 2 个有限物距的 6 个 Config，变量却有 567 个，均为弥散斑控制。

优化后得到的结果参见表 18.13，利用后截距的少量变化补偿了有限共轭导致的像距变化。

表 18.13 有限共轭的对焦操作　　　　　　　　　（长度单位：mm）

Active	Config 1	Config 2	Config 3	Config 4	Config 5	Config 6	Config 7	Config 8	Config 9
1:THIC 0	Inf	5000	1500	Inf(P)	5000(P)	1500(P)	Inf(P)	5000(P)	1500(P)
2:THIC 4	19.836	19.836(P)	19.836(P)	5.261	5.261(P)	5.261(P)	0.524	0.524(P)	0.524(P)
3:THIC 16	8.404	8.404(P)	8.404(P)	4.731	4.731(P)	4.731(P)	1.327	1.327(P)	1.327(P)
4:THIC 22	2.249	2.311(V)	2.434(V)	19.514	19.878(V)	20.774(V)	52.572	54.098(V)	57.934(V)
5:YFIE 3	36.700	36.700	36.700	15.700	15.700	15.700	8.100	8.100	8.100
6:YFIE 2	25.950	25.950	25.950	10.990	10.990	10.990	5.700	5.700	5.700
7:MOFF 0	19.29	19.29	19.29	43.90	43.90	43.90	85.70	85.70	85.70

18.10 "−＋−" 型变焦物镜设计方法

18.10.1 引言

以上详细介绍了 "＋−＋＋" 型变焦物镜的物理模型和设计方法。这类物镜有一个缺点，就是系统总长 ST 较长，例如，变焦比 ZR=3 的总长 ST≈170mm。而

"−+−"型变焦物镜如 [ZM-5] 和 [ZM-7] 的总长则短得多,均小于 100mm,其变焦比 ZR 却分别达到 4.4 和 6.5。从结构上看,后者比前者少了一组,这是系统长度较短的重要原因。细看"−+−"型变焦物镜,却似曾相识,其结构与第 13 章"双侧负镜广角物镜"非常像,广角物镜也是"−+−"结构。本节介绍从广角物镜出发设计变焦物镜的流程。

18.10.2 变焦比 ZR=5.0"−+−"型物镜设计流程

我们设计的目标是"−+−"型 4.4 倍变焦物镜 [ZM-24],其变焦区间为 $f' \in [19.0\text{mm}, 76.0\text{mm}]$,变焦比 ZR=4.0,短焦端的半视场角 $\omega=33.2°$。设计指标如表 18.14 所示。

表 18.14   变焦比 ZR=4.0 物镜 [ZM-24] 的技术指标

ZR	焦距 f'/mm	F(短焦端)	y'/mm	ST/mm
4.0	19~76	4.5	11.90	<150

(1) 选取初始结构:从第 13 章选择物镜 [WA-4],如图 18.26 所示,其前组及后组由两片负弯月透镜构成,中组为较复杂的胶合及单片,视场角高达 56°,焦距 $f' = 100\text{mm}$,F=5.3。

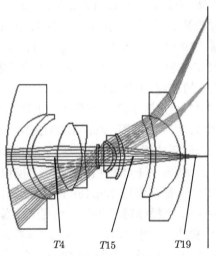

图 18.26   广角物镜 [WA-4](彩图见封底二维码)

(2) 焦距缩放和起点选择:将焦距缩放到最短焦距 19.0mm。注意,必须将最短焦距作为设计的起点,因为短焦端的视场角大,像差最大,这从图 18.26 可以看出。

(3) 孔径和视场设置:孔径设为"Float By Stop Size",如表 18.15 所示,其中第 1 行 APER_0=3.118mm 表示光阑半孔径;视场设为近轴像高"Paraxial Image

Height", $y' = 12.44\text{mm}$。

(4) 变焦间隔选取和设置：根据广角物镜的 "−+−" 的结构判断变焦间隔应为 $T4$、$T15$、$T19$。利用 F7 快捷键调出多重组态编辑器 "Multi-Configuration Editor"，设置三个焦距组态，同时设置 $T4$、$T15$、$T19$ 的 THIC，如表 18.15 所示。

表 18.15　多重组态的变焦间隔设置　　　　（长度单位：mm）

Active		Config 1	Config 2	Config 3
1:APER	0	3.118	3.118 (P)	3.118 (P)
2:THIC	4	5.718(V)	5.718(V)	5.718(V)
3:THIC	15	6.077(V)	6.077(V)	6.077(V)
4:THIC	19	5.320(V)	5.320(V)	5.320(V)

(5) 评价函数的设置与优化：同 18.6 节中的优化函数相近，不同之处增加了一个 F#控制模块，来避免程序自动优化造成的 F 数变得过大。

该评价函数表由四个板块组成：第一部分为 Config 1，由操作符 CONF(=1) 引导，包含以下模块：

a. 焦距控制 "EFFL"：由操作符 EFFL 设定 Config 1 的焦距 $f'_A = 19\text{mm}$。

b. 像高和角视场计算 "IMAGE HEIGHT & ANGLE FIELD"。注意，此模块不同于 18.6 节的像高只做观察处理，这里像高设置为 12.44mm 并给出权重 0.1。

c. 系统孔径角控制 "F# CTR"，给出 Config 1 的孔径角的下限。

d. 系统长度控制 "SYSTEM TRACK"，给定 ST 的上限。

e. 对畸变和倍率色差的控制 "DT & LACL"。

f. "APERTURE CTR" 给定第 1 面光束孔径的上限 DMLT(=25mm)。

g. 变焦间隔 $T4$、$T15$、$T19$ 的下限 "ZOOM THICK CTR"。

h. 对中心间隔和边缘间隔的限制 "EDGE & CENTRAL THICK CTR"。

第二板块为 Config 2，由操作符 CONF(=2) 引导，模块 a～h 与 Config 1 相同，在变焦优化的过程中焦距 f'_B 每次步进 1.5mm。F#控制每次略小于 value 值。

第三板块应为 Config 3，由操作符 CONF(=3) 引导，模块 a～h 与 Config 1 相同，在变焦优化的过程中焦距 f'_C 每次步进 3.0mm。F#控制每次略小于 value 值。

第四板块由 DMFS 引导，恰当设置后自动生成三个 Config 的弥散斑评价表。

(6) 分步优化控制：除了 STO 面的 "Semi-Dia." 不放开，释放其余所有的孔径限制，此时 Config 1～Config 3 焦距统一设置为 19mm。开始进行第一步优化。

a. 第一步优化完成时 "Current MF" 应尽量充分小，一般小于 0.01 时再进行下一步的优化设置。

b. 修改优化函数中的 CONF.2 的 EFFL 使焦距依次递增 1.5mm，即 $f'_B = 20.5\text{mm}$，同时修改 Config 3 中的 EFFL 依次递增 3mm，即 $f'_C = 22\text{mm}$。同时检查

优化函数中是否有 "Ctrb." 特别大的项, 如有适当调整 "Tag." 使贡献变小。进行第二次优化, 优化后的 "Current MF" 也应充分小, 同样一般小于 0.02 时再进行后续优化。

c. 依次在前一步的优化结果上修改优化函数中的 Config 2 及 Config 3 的焦距, 在重复上述优化过程的同时, 及时核验各模块, 在不断扩大焦距的过程中 "Current MF" 逐渐增大, 但每次优化都应尽量充分使其值最小, 这样焦距在达到预定值时像质较好。

d. 在重复数次修改后, Config 2 的焦距达到 43mm, Config 3 的焦距达到 67mm, 为 Config 1 焦距的 3.5 倍, 此时完成了变焦倍率 ZR=3.5 的变焦物镜设计。

(7) HAMMER 优化操作: 设置每一块玻璃为 "Substitute" 变量, 执行 HAMMER 优化操作。在完成 ZR=3.5 的变焦物镜后, 还需进行 HAMMER 优化。

(8) 变焦物镜的焦距扩展: 完成 HAMMER 优化操作后 SPT 应充分小, 在 "Multi-Configuration Editor" 中增加 Config 4 组态, 在评价函数 m.f. 中增加 Config 4 组态的板块, 复制 Config 3 的优化模块变成 Config 4 的优化模块。注意修改 Config 3 及 Config 4 中的操作数项使对应正确, 同时要更新生成 4 个 DMFS 的默认弥散斑评价表。保持 Config 1~ Config 3 的焦距不变, 逐步增大 Config 4 的焦距到 $f'_4 = 76.0\text{mm}$, 并不断优化, 即完成变焦倍率 ZR=4 的物镜设计, 参见图 18.27。

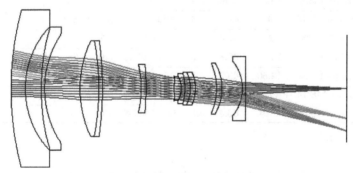

图 18.27　4× 变焦物镜 [WA-24](彩图见封底二维码)

$f' = 19.00 \sim 76.00\text{mm}$, ZR=4.0, ST≤124.0mm, ϕ46.0mm

在优化过程中需要根据设计者的经验不断调整优化参数及相应权重。在进行分步优化的过程中, 参数 Tag.、权重 Wt. 都需要格外细致的修改; 对于每增加的一个优化模块均应仔细检查操作数所对应的行列是否有误, 并且每次增加优化模块后都应重新进行 DMFS 操作, 使得弥散斑优化包含每一个 Config; 在每进行一次优化后都需要检查系统的 Ray 及 SPT 项是否有十分不合理的地方, 据此再对优化函数进行反馈修改。

18.11   变焦物镜技术指标一览表

至此，我们已介绍过各种类型、不同指标的变焦物镜，包括设计完成的物镜。其主要技术指标如表 18.16 所示。

表 18.16   典型变焦物镜技术指标

代号	f' 区间/mm	短焦端			ST/mm	ZR	ϕ/mm	变焦–补偿形式	参考文献
		y'/mm	2ω/(°)	F					
[ZM-1]	17.75~64.0	12.5	73.4	4.3	89.04~110.0	3.6	42	+ − + (+)*	[1]
[WS-380]	46.1~115.23	12.33	31.04	3.6	147.0	2.5	64	+ − + (+)*	
[ZM-2]	24.42~187.67	12.5	55.2	2.0	400	7.7	168	+ − + (+)*	[2]
[ZM-3]	11.59~25.77	12.50	162.4	3.2	87.7~100.0	2.2	47.5	− +	[3]
[ZM-4]	27.13~110.05	21.5	80.6	3.5	199~221	4.1	87	+ − + (+)*	[4]
[ZM-5]	19.3~85.73	12.5	73.4	3.4	66~90	4.4	26.4	− + −	[5]
[ZM-6]	27.74~124.75	12.4	55	5.3	51.8~ 117.4	4.5	22	+ − + (+)*	[6]
[ZM-7]	16.68~108.43	12.5	73.6	4.2	72.9~ 96.3	6.5	32	− + −	[7]
[ZM-8]	27.11~244	12.5	50	2.8	323~384	9.0	144	+ − + (+)*	[8]
[ZM-J1]-C	19.42~227	11.7	65.28	6.4	319~358	11.7	144		[9]
[ZM-J2]-C	25.0~243.0	12	52.86	5.4	302	9.7	117		[10]
[ZM-J3]-C	8.95~150.48	4	47.4	8.4	165~170	16.9	75.2	+ − + (+)*	[11]
[ZM-J4]-C	48.73~325	12.4	47.4	7.2	460	6.7	106		[12]
[ZM-21]	37.7~113.0	12.44	38.8	3.9	181.1~196.6	3.0	68	+ − + (+)*	
[ZM-22]	29.0~118.0	12.50	49.2	3.4	151~161	4.1	62		
[ZM-23]	29.6~148.14	12.3	45.6	4.9	180.5~196.0	5.0	88	+ − + (+)*	
[ZM-24]	19.0~76.0	11.9	66.4	4.6	100~124.34	4.0	46		

注: *(+) 为固定组。

18.12   本 章 小 结

本章介绍变焦物镜的特性和结构特点，讨论变焦 (zooming) 和补偿 (compensation) 的基本原理；介绍一系列典型的变焦物镜，其变焦比 ZR 从 2.5 到 16.9；提出了 "伽利略望远镜 + 定焦后组" 模型，由此得到理想光学的简化模型，据此给出 "＋ − ＋ ＋" 型变焦物镜的设计方法，并介绍 "− ＋ −" 型变焦物镜的设计方法，完成 3 倍、4 倍和 5 倍的变焦物镜的设计。为方便结构设计，我们提出变焦曲线的 "重整化" 流程。为适用于不同物距的成像，还介绍 "对焦"(focusing) 操作。

参 考 文 献

[1] U.S.Patent 4523814.

[2] U.S.Patent 3820876.

[3] U.S.Patent 5724132.

[4] U.S.Patent 4256381.

[5] U.S.Patent 5289317.

[6] U.S.Patent 5696632.

[7] U.S.Patent 5111338.

[8] U.S.Patent 3736048.

[9] Japan Patent 5388004.

[10] Japan Patent 3296706.

[11] Japan Patent 4230397.

[12] Japan Patent 9189895.

附录 18.1　技术指标、像差曲线和结构参数

[ZM-1] 技术指标

波段	F	y'/mm	$\omega/(°)$	f'/mm	BFL/mm	ST/mm	OD	Config1的SPT/μm		
								0	0.7	1
VIS	4.2~6.6	12.5	36.7~10.8	17.75~64.0	21.0~37.4	89.04~110.0	Inf	12	29	31

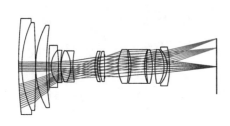

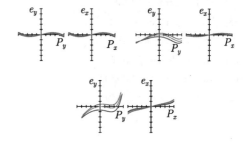

(a) 变焦物镜[ZM-1]　　　　　　　　　　　(b) 特性曲线(±200μm)

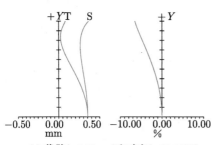

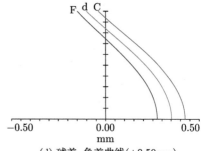

(c) 像散(±0.50mm)和畸变(±10.00%)　　　　(d) 球差–色差曲线(±0.50mm)

[ZM-1]-Config1 结构参数 （长度单位：mm）

No.	R	T	Gls	Semi-Dia.
OBJ	Inf	Inf		Inf
1	194.116(V)	1.496(V)	SF57HT(S)	21.000(U)
2	43.041(V)	6.501(V)	N-LAK34(S)	19.200(U)
3	304.606(V)	0.096(V)		19.200(U)
4	37.781(V)	4.815(V)	N-LASF31A(S)	18.000(U)
5	117.154(V)	1.092(V)		17.000(U)
6	171.747(V)	1.000(V)	N-LASF31A(S)	9.200(U)
7	10.172(V)	3.363(V)		7.092(U)
8	−67.956(V)	0.999(V)	N-LASF31A(S)	7.092(U)
9	44.835(V)	0.107(V)		6.866(U)
10	16.609(V)	4.292(V)	SF56A(S)	6.818(U)
11	−13.626(V)	1.004(V)	N-LASF31A(S)	6.818(U)
12	38.824(V)	10.029(V)		6.163(U)
13	18.690(V)	1.081(V)	SF57HT	6.660(U)
14	16.414(V)	1.143(V)		6.514(U)
15	22.752(V)	2.151(V)	N-PSK53A(S)	6.609(U)
16	−129.991(V)	0.096(V)		6.609(U)
STO	Inf	5.956(V)		4.287(U)
18	16.812(V)	4.679(V)	N-LASF44(S)	7.400(U)
19	−41.710(V)	1.002(V)		7.400(P)
20	−23.627(V)	6.050(V)	SF6(S)	7.400(U)
21	20.154(V)	0.853(V)		7.400(P)
22	42.153(V)	2.679(V)	K11(S)	7.400(U)
23	−27.223(V)	1.151(V)		7.400(P)
24	40.441(V)	4.001(V)	F5(S)	7.400(U)
25	−14.679(V)	1.391(V)		7.400(P)
26	−11.130(V)	1.000(V)	N-LASF31A(S)	7.400(U)
27	−37.868(V)	21.010(V)		8.500(U)
IMA	Inf	—		12.458

（长度单位：mm）

ACTIVE		Config 1	Config 2	Config 3	Config 4
1:THIC	5	1.092(V)	6.190(V)	13.544(V)	18.304(V)
2:THIC	12	10.029(V)	6.317(V)	3.718(V)	2.597(V)
3:THIC	17	5.956(V)	3.728(V)	1.649(V)	0.798(V)
4:THIC	27	21.010(V)	28.865(V)	36.485(V)	37.352(V)
5:YFIE	3	36.680	23.150	14.035	10.750
6:YFIE	2	25.930	16.370	9.920	7.600
7:MOFF	—	17.74	28.67	48.75	64

[WS-380] 技术指标

波段	F	y'/mm	ω/(°)	f'/mm	BFL/mm	VL/mm	OD	Config1 的 SPT/μm		
								0	0.7	1
VIS	3.6	12.33	6.06~15.52	46.1~115.23	25.3	121.7	Inf	20	25	28

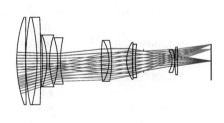

(a) 变焦物镜[WS-380]

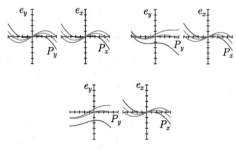

(b) 特性曲线(±100μm)

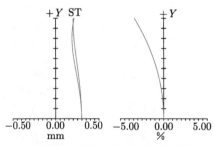

(c) 像散(±0.50mm)和畸变(±5.00%)

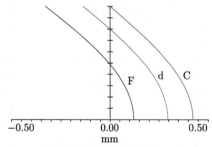

(d) 球差–色差曲线(±0.50mm)

[WS-380]-Config1 结构参数　　　　(长度单位：mm)

No.	R	T	Gls	Semi-Dia.
OBJ	Inf	Inf		Inf
1	93.292(V)	6.873(V)	SK11	32.000(U)
2	1786.225(V)	0.114(V)		32.000(U)
3	153.882(V)	8.797(V)	SK5	32.000(U)
4	−131.927(V)	2.951(V)	SF6	32.000(U)
5	−733.320(V)	1.331(V)		32.000(U)
6	−175.700(V)	3.258(V)	SF4	19.000(U)
7	−53.365(V)	2.000(V)	UBK7	19.000(U)
8	57.162(V)	6.120(V)		19.000(U)
9	−53.934(V)	2.000(V)	SK5	17.000(U)
10	72.015(V)	30.742(V)		17.000(U)
11	131.086(V)	5.908(V)	LAK11	15.000(U)
12	−28.606(V)	2.000(V)	LAF9	15.000(U)
13	−71.609(V)	11.326(V)		15.000(U)
14	24.650(V)	4.342(V)	BAFN10	13.467(U)
15	187.360(V)	0.165(V)		13.145(U)
16	180.888(V)	2.000(V)	SF6	12.257(U)
17	67.114(V)	6.317(V)		11.693(U)
STO	Inf	21.378(V)		7.258(U)
19	−14.247(V)	1.984(V)	LAK8	7.580(U)
20	−22.051(V)	0.121(V)		8.467(U)
21	71.847(V)	2.000(V)	LAFN28	9.274(U)
22	−391.496(V)	25.287(V)		10.161(U)
IMA	Inf	—		12.328

(长度单位：mm)

ACTIVE		Config 1	Config 2	Config 3
1:THIC	5	1.331(V)	26.638(V)	36.901(V)
2:THIC	10	30.742(V)	15.969(V)	1.285(V)
3:THIC	13	11.326(V)	0.796(V)	5.213(V)
4:YFIE	3	15.520	8.690	6.063
5:YFIE	2	10.970	6.140	4.290
6:MOFF	0	46.099	80.670	115.240

[ZM-2] 技术指标

波段	F	y'/mm	$\omega/(°)$	f'/mm	BFL/mm	ST/mm	OD	Config1 的 SPT/μm		
								0	0.7	1
VIS	2.0	12.5	3.7~27.6	24.42~187.67	47.7	400.0	Inf	29	43	61

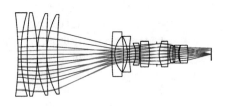

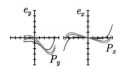

(a) 变焦物镜[ZM-2]   (b) 特性曲线(±200μm)

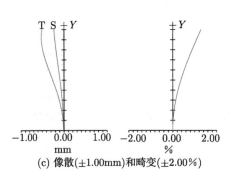

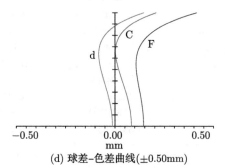

(c) 像散(±1.00mm)和畸变(±2.00%)   (d) 球差–色差曲线(±0.50mm)

[ZM-2]-Config1 结构参数　　　　　　（长度单位：mm）

No.	R	T	Gls	Semi-Dia.
OBJ	Inf	Inf		Inf
1	−646.605(V)	5.988(V)	H-ZF12(S)	84.000(U)
2	283.528(V)	12.596(V)		84.000(U)
3	685.921(V)	20.893(V)	H-ZK9A(S)	84.000(U)
4	350.002(V)	0.100(V)		84.000(U)
5	203.580(V)	20.578(V)	H-ZK9A	82.000(U)
6	1559.304(V)	0.091(V)		82.000(U)
7	167.746(V)	22.550(V)	H-ZK9A	80.000(U)
8	992.340(V)	1.357(V)		80.000(U)
9	520.826(V)	5.995(V)	H-LAK59(S)	45.000(U)
10	50.559(V)	18.343(V)		36.000(U)
11	−205.308(V)	8.091(V)	H-ZF7LA(S)	36.000(U)
12	−68.221(V)	3.999(V)	H-LAK4L(S)	36.000(U)
13	218.038(V)	104.849(V)		34.000(U)
14	−46.184(V)	8.057(V)	H-K2(S)	21.096(U)
15	−147.896(V)	21.106(V)		22.138(U)
16	313.403(V)	19.179(V)	H-ZK20(S)	25.801(U)
17	−152.205(V)	15.315(V)		25.801(U)
STO	Inf	4.997(V)		20.801(U)
19	56.171(V)	18.001(V)	H-LAK59	22.499(U)
20	−554.247(V)	3.057(V)		25.801(U)
21	57.462(V)	6.711(V)	H-LAK59	18.000(U)
22	198.743(V)	4.495(V)		18.000(U)
23	−122.296(V)	6.302(V)	H-ZF7LA	18.000(U)
24	38.289(V)	2.070(V)		18.000(U)
25	65.587(V)	17.602(V)	H-LAK7(S)	18.000(U)
26	−101.604(V)	47.691(V)		18.000(U)
IMA	Inf	—		12.511

（长度单位：mm）

ACTIVE		Config 1	Config 2	Config 3	Config 4	Config 5
1:THIC	8	1.357(V)	60.334(V)	94.581(V)	106.095(V)	112.925(V)
2:THIC	13	104.849(V)	38.157(V)	9.610(V)	8.464(V)	13.189(V)
3:THIC	15	21.106(V)	28.820(V)	23.121(V)	12.752(V)	1.196(V)
4:YFIE	3	27.600	12.700	6.500	4.700	3.700
5:YFIE	2	19.500	8.980	4.600	3.330	2.610
6:MOFF	—	24.42	54.37	107.91	147.88	187.67

[ZM-3] 技术指标

波段	F	y'/mm	ω/(°)	f'/mm	BFL/mm	ST/mm	OD	Config1 的 SPT/μm		
								0	0.7	1
VIS	3.2~4.2	12.5	27.2~81.2	11.59~25.77	18.8~33.9	87.7~100.0	Inf	6	14	16

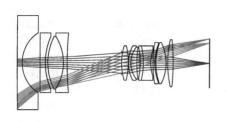

(a) 变焦物镜[ZM-3]

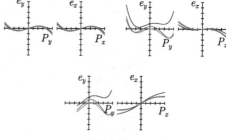

(b) 特性曲线(±50μm)

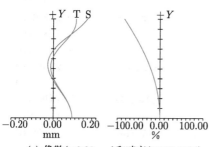

(c) 像散(±0.20mm)和畸变(±100.00%)

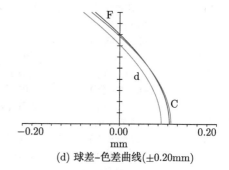

(d) 球差–色差曲线(±0.20mm)

[ZM-3]-Config1 结构参数 （长度单位：mm）

No.	R	T	Gls	Semi-Dia.
OBJ	Inf	Inf		Inf
1	1794.763	2.644	H-LAK4L	23.771(U)
2	17.463	9.581		15.074(U)
3	3867.180	2.624	H-ZBAF21	15.074(U)
4	33.262	1.269		13.335(U)
5	28.990	8.135	ZF50	13.335(U)
6	−24.144	1.875	H-ZLAF53B	13.335(P)
7	172.277	28.281(V)		15.074(P)
STO	Inf	0.086		5.167(U)
9	28.743	3.491	H-ZPK1A	8.697(U)
10	−36.085	0.087		8.697(P)
11	18.259	1.247	H-ZF7LA	8.697(P)
12	12.910	3.133	H-LAK12	8.106(U)
13	55.166	1.769		8.106(P)
14	−37.945	1.670	H-ZF7LA	7.537(U)
15	−33.802	3.811	H-ZLAF53B	8.697(U)
16	19.868	1.159		6.644(U)
17	61.792	0.939	H-ZF7LA	10.436(U)
18	25.934	0.564		9.620(U)
19	29.733	5.259	H-QK3L	10.436(P)
20	−23.052	0.823		10.436(P)
21	54.410	2.770	H-ZLAF50E	11.885(U)
22	−120.739	18.784(V)		11.885(P)
IMA	Inf	—		12.535(U)

（长度单位：mm）

ACTIVE		Config 1	Config 2	Config 3
1:THIC	7	28.281(V)	7.454(V)	0.838(V)
2:THIC	22	18.784(V)	27.531(V)	33.922(V)
3:YFIE	3	81.200	36.400	27.200
4:YFIE	2	57.400	25.700	19.200
5:MOFF	0	11.59	19.90	25.77

[ZM-4] 技术指标

波段	F	y'/mm	ω/(°)	f'/mm	BFL/mm	VL/mm	OD	Config1 的 SPT/μm		
								0	0.7	1
VIS	3.6	21.5	10.5~40.3	27.13~110.05	28.9~67.0	199.0~221	Inf	19	27	25

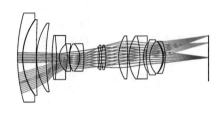

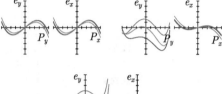

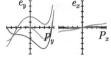

(a) 变焦物镜[ZM-4]　　　　　　　　　　(b) 特性曲线(±50μm)

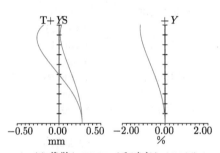

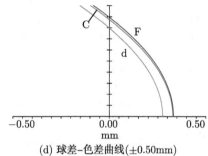

(c) 像散(±0.50mm)和畸变(±2.00%)　　　　(d) 球差–色差曲线(±0.50mm)

[ZM-4]-Config2 结构参数 　　　　(长度单位: mm)

No.	R	T	Gls	Semi-Dia.
OBJ	Inf	Inf		Inf
1	156.194(V)	4.997(V)	H-ZF7LA(S)	43.500(U)
2	60.392(V)	0.221(V)		37.000(U)
3	59.735(V)	14.001(V)	H-QK3L(S)	37.000(P)
4	821.545(V)	0.275(V)		37.000(P)
5	57.325(V)	9.849(V)	H-ZLAF68B(S)	33.500(U)
6(Z-1)	184.314(V)	5.976(V)		33.000(U)
7	148.327(V)	4.312(V)	ZF52(S)	21.500(U)
8	−186.729(V)	2.812(V)	H-ZLAF68B	21.500(P)
9	16.477(V)	7.948(V)		13.000(U)
10	−64.337(V)	1.979(V)	H-ZLAF55D(S)	13.500(U)
11	38.936(V)	0.198(V)		10.840(U)
12	29.193(V)	10.366(V)	H-ZF4(S)	13.200(U)
13	−18.942(V)	4.081(V)	H-ZLAF71(S)	13.200(P)
14(Z-2)	−94.888(V)	14.464(V)		13.500(U)
STO	Inf	0.129(V)		9.000(U)
16	54.015(V)	1.504(V)	H-ZF52(S)	12.000(U)
17	39.076(V)	2.060(V)		10.500(U)
18	50.596(V)	4.559(V)	H-QK3L(S)	12.000(U)
19(Z-3)	−45.370(V)	13.000(V)		12.000(P)
20	40.577(V)	8.832(V)	H-QK3L	21.000(U)
21	−274.960(V)	1.308(V)		21.000(P)
22	36.885(V)	11.117(V)	H-QK1(S)	21.000(U)
23	−74.292(V)	3.511(V)	F1(S)	21.000(P)
24	26.535(V)	2.955(V)		13.963(U)
25	45.412(V)	3.513(V)	H-LAK53A(S)	17.200(U)
26	23.368(V)	13.007(V)	H-QK1(S)	15.600(U)
27	−25.025(V)	0.919(V)		15.700(U)
28	−22.677(V)	1.500(V)	H-LAK53A(S)	15.700(P)
29(Z-4)	−43.807(V)	42.801(V)		15.700(P)
IMA	Inf			21.450

(长度单位: mm)

ACTIVE		Config 1	Config 2	Config 3	Config 4
1:THIC	6	1.789(V)	5.976(V)	28.553(V)	32.402(V)
2:THIC	14	26.137(V)	14.464(V)	4.936(V)	0.896(V)
3:THIC	19	25.977(V)	13.000(V)	3.998(V)	4.512(V)
4:THIC	29	28.948(V)	42.801(V)	56.490(V)	66.983(V)
5:YFIE	3	40.300	28.400	14.000	10.500
6:YFIE	2	28.500	20.100	9.900	7.420
7:MOFF	0	27.13	40.13	84.77	110.00

[ZM-5] 技术指标

波段	F	y'/mm	ω/(°)	f'/mm	BFL/mm	ST/mm	OD	Config1 的 SPT/μm		
								0	0.7	1
VIS	3.4	12.5	8.1~36.7	19.3~85.73	2.2~52.6	66~90	Inf	15	34	26

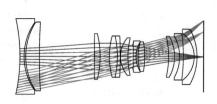

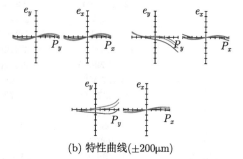

(a) 变焦物镜[ZM-5]

(b) 特性曲线(±200μm)

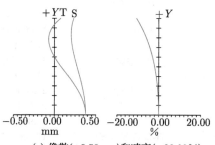

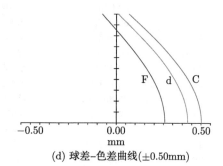

(c) 像散(±0.50mm)和畸变(±20.00%)

(d) 球差-色差曲线(±0.50mm)

[ZM-5]-Config1 结构参数   （长度单位：mm）

No.	R	T	Gls	Semi-Dia.
OBJ	Inf	Inf		Inf
1	−57.509(V)	1.548(V)	H-ZLAF68B(S)	13.200(U)
2	19.688(V)	0.619(V)		11.800(U)
3	21.129(V)	5.037(V)	ZF6(S)	12.000(U)
4	200.843(V)	19.836(V)		12.000(P)
5	−1234.149(V)	2.009(V)	H-K1(S)	8.000(U)
6	−32.215(V)	3.258(V)		8.000(P)
7	26.172(V)	2.846(V)	H-KF6(S)	7.203(U)
8	−31.468(V)	1.000(V)	H-ZF52TT(S)	7.203(U)
9	−176.136(V)	0.100(V)		7.055(U)
10	9.918(V)	2.687(V)	H-ZPK1A(S)	6.562(U)
11	25.975(V)	1.584(V)		6.373(U)
STO	Inf	0.340(V)		3.695(U)
13	161.334(V)	1.026(V)	H-ZLAF53B(S)	5.490(U)
14	9.634(V)	0.732(V)		5.097(U)
15	16.552(V)	2.390(V)	H-F4(S)	5.157(U)
16	−30.170(V)	8.404(V)		5.157(U)
17	−31.011(V)	2.129(V)	H-QF14(S)	7.017(U)
18	−14.291(V)	1.803(V)		7.177(U)
19	−14.616(V)	1.347(V)	H-LAK52(S)	7.263(U)
20	−58.529(V)	3.905(V)		8.094(U)
21	−10.072(V)	1.000(V)	H-QK3L(S)	8.235(U)
22	−19.546(V)	2.249(V)		9.657(U)
IMA	Inf	—		12.646

（长度单位：mm）

ACTIVE		Config 1	Config 2	Config 3
1:THIC	4	19.836(V)	5.261	0.524
2:THIC	16	8.404(V)	4.731	1.327
3:THIC	22	2.249(V)	19.514	52.572
4:YFIE	3	36.700	15.700	8.100
5:YFIE	2	25.950	10.990	5.700
6:MOFF	—	19.29	43.90	85.70

[ZM-6] 技术指标

波段	F	y'/mm	ω/(°)	f'/mm	BFL/mm	ST/mm	OD	Config1 的 SPT/μm		
								0	0.7	1
VIS	5.3	12.4	6.1~27.5	27.74~124.75	11.2~71.5	51.8~117.4	Inf	41	37	35

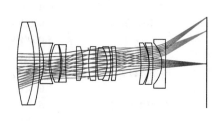

(a) 变焦物镜[ZM-6]

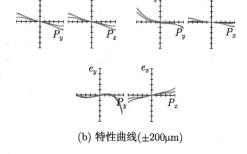

(b) 特性曲线(±200μm)

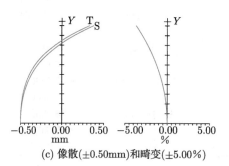

(c) 像散(±0.50mm)和畸变(±5.00%)

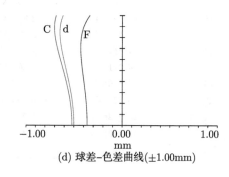

(d) 球差–色差曲线(±1.00mm)

[ZM-6]-Config1 结构参数　　　　　　（长度单位：mm）

No.	R	T	Gls	Semi-Dia.
OBJ	Inf	Inf		Inf
1	45.647(V)	4.869(V)	D-PK3(S)	11.000(U)
2	−30.735(V)	1.495(V)	H-ZF52TT(S)	11.000(U)
3	−45.316(V)	0.999(V)		11.000(U)
4	−13.553(V)	1.497(V)	H-LAF54(S)	4.800(U)
5	14.192(V)	0.441(V)		5.400(U)
6	11.375(V)	2.727(V)	H-ZF4A(S)	5.000(U)
7	−22.259(V)	0.395(V)		5.000(U)
8	−14.900(V)	0.999(V)	H-LAF54(S)	5.000(U)
9	62.184(V)	2.938(V)		4.500(U)
10	−2072.020(V)	1.808(V)	D-PK3(S)	4.500(U)
11	−13.657(V)	1.460(V)		4.500(U)
STO	Inf	0.127(V)		3.500(U)
13	19.695(V)	1.998(V)	H-K10(S)	4.500(U)
14	−251.475(V)	0.335(V)		4.500(U)
15	23.568(V)	2.719(V)	D-PK3(S)	4.186(U)
16	−8.136(V)	1.001(V)	H-ZF7LA(S)	4.228(U)
17	−16.194(V)	0.498(V)		4.500(U)
18	−26.766(V)	0.998(V)	H-ZF7LA	4.500(U)
19	−32.211(V)	6.694(V)		4.500(U)
20	−34.622(V)	2.176(V)	H-ZF7LA	5.500(U)
21	−10.193(V)	0.068(V)		5.500(U)
22	−13.423(V)	1.000(V)	H-ZLAF55D(S)	5.500(U)
23	−43.677(V)	2.393(V)		5.500(U)
24	−8.080(V)	1.000(V)	H-LAF50B(S)	5.500(U)
25	−472.646(V)	11.175(V)		6.500(U)
IMA	Inf			12.454

（长度单位：mm）

ACTIVE		Config 1	Config 2	Config 3	Config 4
1:THIC	3	0.999(V)	9.359(V)	13.051(V)	12.719(V)
2:THIC	9	2.938(V)	2.309(V)	1.391(V)	2.979(V)
3:THIC	11	1.460(V)	2.362(V)	4.199(V)	0.695(V)
4:THIC	19	6.694(V)	4.368(V)	3.262(V)	0.698(V)
5:THIC	25	11.175(V)	20.830(V)	33.083(V)	71.487(V)
6:YFIE	3	12.440	12.440	12.440	12.440
7:YFIE	2	8.800	8.800	8.800	8.800
8:MOFF	0	27.74	48.96	76.42	124.70

[ZM-7] 技术指标

波段	F	y'/mm	$\omega/(°)$	f'/mm	BFL/mm	ST/mm	OD	Config1 的 SPT/μm		
								0	0.7	1
VIS	4.2	12.5	6.5～36.8	16.68～108.43	2.5～53.5	72.9～96.3	Inf	17	480	29

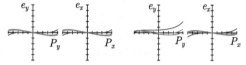

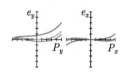

(a) 变焦物镜[ZM-7]　　　　　　　　　　　(b) 特性曲线(±200μm)

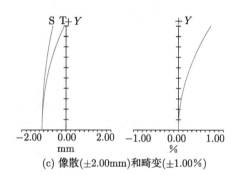

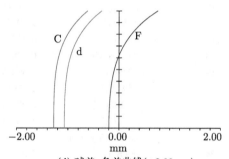

(c) 像散(±2.00mm)和畸变(±1.00%)　　　　(d) 球差–色差曲线(±2.00mm)

[ZM-7]-Config3 结构参数　　　　　(长度单位: mm)

No.	R	T	Gls	Semi-Dia.
OBJ	Inf	Inf		Inf
1	−91.832(V)	1.983(V)	H-LAF50B(S)	16.000(U)
2	21.721(V)	2.252(V)		13.800(U)
3	21.389(V)	4.967(V)	H-ZF39(S)	14.300(U)
4	41.059(V)	1.871(V)		14.100(U)
5	41.368(V)	2.041(V)	H-FK61(S)	7.526(U)
6	−69.160(V)	2.044(V)		7.526(U)
7	15.696(V)	2.143(V)	H-QK3L(S)	7.362(U)
8	38.720(V)	0.146(V)		7.123(U)
9	10.560(V)	2.697(V)	H-QK3L	6.714(U)
10	27.638(V)	1.832(V)		6.311(U)
STO	Inf	1.414(V)		2.929(U)
12	−288.127(V)	1.031(V)	H-ZLAF53B(S)	5.400(U)
13	9.597(V)	0.409(V)		5.057(U)
14	12.714(V)	2.151(V)	H-QK3L	5.200(U)
15	−132.753(V)	1.000(V)		5.141(U)
16	27.568(V)	1.814(V)	H-QF6A(S)	5.200(U)
17	−36.659(V)	0.143(V)		5.200(U)
18	−45.591(V)	1.000(V)	H-LAF52(S)	5.200(U)
19	40.553(V)	0.203(V)		5.200(U)
20	48.096(V)	1.197(V)	H-QF56(S)	5.200(U)
21	304.678(V)	1.997(V)		5.200(U)
22	29.483(V)	2.745V)	H-ZF10(S)	8.000(U)
23	−47.536(V)	1.034(V)		8.000(U)
24	−20.901(V)	1.019(V)	H-LAK7A(S)	8.000(U)
25	−55.744(V)	2.768(V)		9.300(U)
26	−12.078(V)	0.999(V)	H-LAK51A(S)	8.400(U)
27	−82.485(V)	53.455(V)		10.000(U)
IMA	Inf			12.563

(长度单位: mm)

ACTIVE		Config 1	Config 2	Config 3
1:THIC	4	30.731(V)	8.031(V)	1.871(V)
2:THIC	21	6.051(V)	2.312(V)	1.997(V)
3:THIC	27	2.478(V)	23.528(V)	53.455(V)
4:YFIE	3	12.440	12.440	12.440
5:YFIE	2	8.800	8.800	8.800
6:MOFF	0	16.68	52.57	109.56

[ZM-8] 技术指标

波段	F	y'/mm	$\omega/(°)$	f'/mm	BFL/mm	ST/mm	OD	Config1 的 SPT/μm		
								0	0.7	1
VIS	2.9	12.5	2.9~25.0	27.11~244.0	46.4~80.0	323.0~384.0	Inf	11	18	45

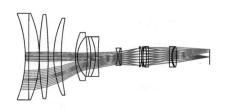

(a) 变焦物镜[ZM-8]

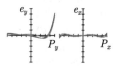

(b) 特性曲线(±200μm)

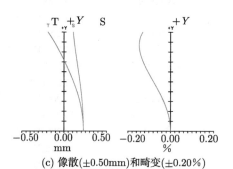

(c) 像散(±0.50mm)和畸变(±0.20%)

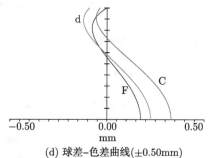

(d) 球差-色差曲线(±0.50mm)

[ZM-8]-Config2 结构参数　　　　　　（长度单位：mm）

No.	R	T	Gls	Semi-Dia.
OBJ	Inf	Inf		Inf
1	−191.837(V)	6.252(V)	ZF51(S)	70.300(U)
2	4.561E+004(V)	18.915(V)	D-PK3(S)	72.000(V)
3	−172.360(V)	0.101(V)		72.000(U)
4	390.512(V)	14.747(V)	H-LAF2(S)	70.000(U)
5	−645.382(V)	9.233(V)		70.000(U)
6	148.470(V)	12.956(V)	H-LAF2(S)	64.000(U)
7	317.095(V)	23.841(V)		64.000(U)
8	103.954(V)	3.406(V)	H-LAK51A(S)	40.000(U)
9	45.669(V)	17.093(V)		32.700(U)
10	−249.963(V)	6.412(V)	H-LAK51A	32.000(U)
11	−115.130(V)	8.001(V)	ZF51(S)	33.000(U)
12	−73.519(V)	4.498(V)	H-LAK51A	33.000(U)
13	284.016(V)	33.122(V)		28.000(U)
14	−35.937(V)	2.157(V)	H-LAK51A(S)	13.500(U)
15	39.192(V)	3.937(V)	ZF51(S)	14.500(U)
16	−8520.672(V)	31.891(V)		14.500(U)
STO	Inf	0.087(V)		14.492(U)
18	1703.996(V)	3.740(V)	H-K50(S)	17.000(U)
19	−56.143(V)	0.098(V)		17.000(U)
20	87.525(V)	2.171(V)	H-K51(S)	17.000(U)
21	291.689(V)	0.097(V)		17.000(U)
22	63.238(V)	6.135(V)	H-ZK4(S)	17.000(U)
23	−65.723(V)	0.328(V)		17.000(U)
24	−61.196(V)	3.117(V)	H-ZF4(S)	17.000(U)
25	1185.358(V)	34.922(V)		16.367(U)
26	878.852(V)	3.377(V)	H-ZF4(S)	17.000(U)
27	30.381(V)	1.773(V)		17.000(U)
28	35.270(V)	7.096(V)	H-LAK51A	17.000(U)
29	−95.228(V)	56.107(V)		17.000(U)
IMA	Inf			12.555

（长度单位：mm）

ACTIVE		Config 1	Config 2	Config 3	Config 4	Config 5
1:THIC	7	1.498(V)	23.841(V)	63.242(V)	89.607(V)	106.926(V)
2:THIC	13	64.906(V)	33.122(V)	27.959(V)	34.504(V)	15.000(V)
3:THIC	16	39.941(V)	31.891(V)	24.364(V)	13.792(V)	3.997(V)
4:THIC	29	46.469(V)	56.107(V)	63.807(V)	76.431(V)	87.373(V)
5:YFIE	3	25.000	15.700	9.000	5.000	2.900
6:YFIE	2	17.600	11.100	6.300	3.500	2.000
6:MOFF	0	27.133	44.200	77.137	137.559	244.000

[ZM-J1]-C 技术指标

波段	F	y'/mm	$\omega/(°)$	f'/mm	工作距离/mm	VL/mm	OD	Config1 的 SPT/μm		
								0	0.7	1
VIS	6.4~7.0	11.7	32.64	19.42~227.0	5.0	319~358	Inf	12	22	24

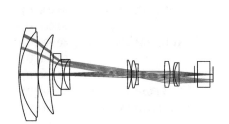

(a) 变焦物镜[ZM-J1]-C

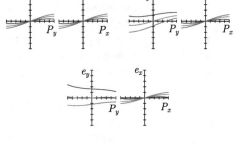

(b) 特性曲线(±100μm)

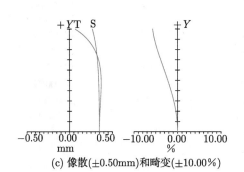

(c) 像散(±0.50mm)和畸变(±10.00%)

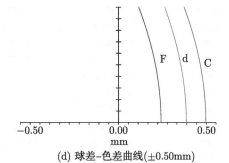

(d) 球差-色差曲线(±0.50mm)

[ZM-J1]-C-Config1 结构参数 　　(长度单位: mm)

No.	R	T	Gls	Semi-Dia.
OBJ	Inf	Inf		Inf
1	220.205(V)	2.250(V)	H-ZF7LA	72.000(U)
2	95.340(V)	30.172(V)	H-K11	66.176(U)
3	−1481.546(V)	0.192(V)		66.176(U)
4	92.240(V)	19.000(V)	H-LAK51A	61.111(U)
5	303.982(V)	4.633(V)		60.952(U)
6	312.340(V)	2.250(V)	H-LAF2	32.417(U)
7	28.488(V)	14.653(V)		23.101(U)
8	−102.590(V)	2.250(V)	H-LAF50B	23.101(U)
9	37.156(V)	9.233(V)	H-ZF52GT	23.101(U)
10	313.036(V)	95.854(V)		22.661(U)
11	−324.705(V)	5.895(V)	H-ZK21	22.000(U)
12	−54.448(V)	0.200(V)		22.000(U)
13	99.592(V)	8.385(V)	H-QK1	21.000(U)
14	−55.224(V)	0.187(V)		21.000(U)
15	−45.994(V)	2.249(V)	H-ZK10L	16.000(U)
16	246.050(V)	0.720(V)		16.000(U)
STO	Inf	42.376(V)		4.659(U)
18	270.749(V)	8.957(V)	H-LAK51A	20.000(U)
19	−79.506(V)	4.935(V)		20.000(U)
20	67.947(V)	2.200(V)	H-ZF52GT	18.000(U)
21	32.710(V)	7.281(V)	D-ZPK1A	18.000(U)
22	1390.990	25.446(V)		18.000(U)
23	Inf	5.000		12.509
24	Inf	20.323	D-ZK3	20.000(U)
25	Inf	5.000		20.000(U)
IMA	Inf	—		11.746

(长度单位: mm)

Config	No.	1	2	3
1:APER	0	9.319	9.319	9.319
2:THIC	0	1.920E+019	4147.634	1000
3:THIC	5	4.633(V)	4.633(P)	4.633(P)
4:THIC	10	95.854(V)	95.854(P)	95.854(P)
5:THIC	14	0.187(V)	0.187(P)	0.187(P)
6:THIC	16	0.720(V)	0.720(P)	0.720(P)
7:THIC	22	25.446(V)	25.446(P)	25.446(P)
8:THIC	23	5.000(V)	5.100(V)	5.300(V)

[ZM-J2]-C 技术指标

波段	F	y'/mm	ω/(°)	f'/mm	工作距离/mm	VL/mm	OD	Config1 的 SPT/μm		
								0	0.7	1
VIS	5.4~6.3	12.0	26.43	25.0~243.0	5.0	302	Inf	4	16	17

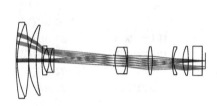

(a) 变焦物镜[ZM-J2]-C

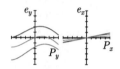

(b) 特性曲线(±50μm)

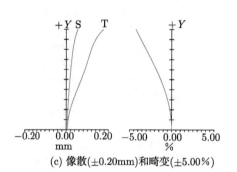

(c) 像散(±0.20mm)和畸变(±5.00%)

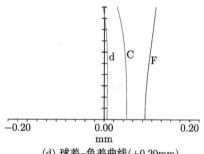

(d) 球差–色差曲线(±0.20mm)

[ZM-J2]-C-Config1 结构参数 　　（长度单位：mm）

No.	R	T	Gls	Semi-Dia.
OBJ	Inf	Inf		Inf
1	354.743(V)	2.000(V)	H-ZF7LAGT	57.437(U)
2	125.508(V)	19.277(V)	H-BAK6	54.562(U)
3	−311.510(V)	0.099(V)		54.477(U)
4	96.443(V)	12.019(V)	H-LAK7A	53.000(U)
5	223.671(V)	8.982(V)		51.500(U)
6	194.450(V)	2.000(V)	D-LAF50	21.750(U)
7	32.199(V)	9.448(V)		18.400(U)
8	−41.178(V)	1.999(V)	H-LAK51A	18.000(U)
9	44.607(V)	5.780(V)	H-ZF52	18.000(U)
10	−1728.629(V)	95.241(V)		18.009(U)
STO	Inf	1.561(V)		7.525
12	56.601(V)	18.458(V)	BAF4	20.000(U)
13	−43.966(V)	2.000(V)	H-ZF52	20.000(U)
14	−187.893(V)	32.507(V)		20.000(U)
15	84.870(V)	6.647(V)	D-ZK79	21.000(U)
16	−112.103(V)	31.289(V)		21.000(U)
17	87.093(V)	2.000(V)	ZF7L	21.000(U)
18	35.644(V)	14.919(V)		18.500(U)
19	49.526(V)	8.572(V)	BAF4	22.000(U)
20	−171.662(V)	7.249(V)		22.000(U)
21	Inf	14.954(V)	H-K9L	22.000(U)
22	Inf	5.000(V)		22.000(U)
IMA	Inf	—		11.954

（长度单位：mm）

Config	No.	1	2	3
1:APER	0	15.050	15.050	15.050
2:THIC	5	8.982(V)	68.716(V)	85.555(V)
3:THIC	10	95.241(V)	22.508(V)	0.100(V)
4:THIC	14	32.507(V)	8.445(V)	2.459(V)
5:THIC	20	7.249(V)	44.303(V)	56.034(V)
6:THIC	22	5.000(V)	5.000(V)	5.000(V)

[ZM-J3]-C 技术指标

波段	F	y'/mm	ω/(°)	f'/mm	工作距离/mm	VL/mm	OD	Config1 的 SPT/μm		
								0	0.7	1
VIS	8.4~9.0	4.0	23.7	8.95~150.48	13.18	165~170	Inf	1	3	2

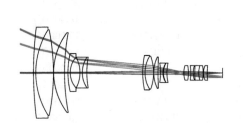

(a) 变焦物镜[ZM-J3]-C

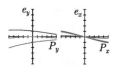

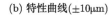

(b) 特性曲线(±10μm)

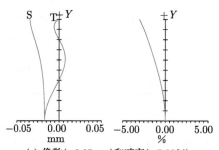

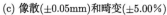

(c) 像散(±0.05mm)和畸变(±5.00%)

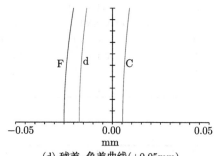

(d) 球差-色差曲线(±0.05mm)

[ZM-J3]-C-Config1 结构参数 （长度单位：mm）

No.	R	T	Gls	Semi-Dia.
OBJ	Inf	500.000		250.579
1	282.333(V)	2.000(V)	ZF6	37.591(U)
2	61.372(V)	15.870(V)	H-ZK9A	35.319(U)
3	−170.677(V)	0.200(V)		35.295(U)
4	53.579(V)	9.217(V)	H-LAK10	32.924(U)
5	168.595(V)	3.006(V)		32.689(U)
6	66.018(V)	2.010(V)	H-ZK11	15.680(U)
7	18.540(V)	8.423(V)		12.734(U)
8	−26.752(V)	2.000(V)	H-ZK9A	12.750(U)
9	22.340(V)	3.847(V)	ZF7L	12.750(U)
10	72.217(V)	49.055(V)		12.750(U)
11	68.827(V)	2.014(V)	H-ZF7LAGT	14.260(U)
12	25.063(V)	7.520(V)	H-LAK4L	13.608(U)
13	−38.049(V)	0.200(V)		13.576(U)
14	28.641(V)	3.671(V)	H-LAK51A	12.989(U)
15	153.292(V)	2.245(V)		8.000(U)
16	−45.251(V)	2.049(V)	H-LAK59A	8.000(U)
17	13.825(V)	0.417(V)		8.000(U)
18	15.469(V)	3.021(V)	H-ZF12	8.000(U)
19	32.579(V)	11.554(V)		8.000(U)
STO	Inf	3.044(V)		2.400(U)
21	19.420(V)	3.915(V)	H-LAF3B	6.000(U)
22	−34.378(V)	2.158(V)		6.000(U)
23	−30.423(V)	2.000(V)	H-ZF7LAGT	6.000(U)
24	15.717(V)	1.409(V)		6.000(U)
25	57.969(V)	3.541(V)	H-ZF52	6.000(U)
26	19.598(V)	3.886(V)	H-LAF3B	6.000(U)
27	−31.946(V)	0.295(V)		6.000(U)
28	14.419(V)	3.254(V)	D-LAF82L	6.000(U)
29	54.609(V)	13.181(V)		6.000(U)
IMA	Inf	—		3.990

（长度单位：mm）

Config	No.	1	2	3
1:APER	0	2.400	2.400	2.400
2:THIC	0	500.000	500.000	500.000
3:THIC	5	3.006(V)	3.748(V)	26.083(V)
4:THIC	10	49.055(V)	41.623(V)	12.599(V)
5:THIC	15	2.245(V)	3.752(V)	7.539(V)
6:THIC	29	13.181(V)	13.159(V)	16.094(V)

[ZM-J4]-C 技术指标

波段	F	y'/mm	ω/(°)	f'/mm	工作距离/mm	VL/mm	OD	Config1 的 SPT/μm		
								0	0.7	1
VIS	7.2~10.7	12.4	23.7	48.73~325.00	113.0	460.0	Inf	4	8	12

(a) 变焦物镜[ZM-J4]-C

(b) 特性曲线(±50μm)

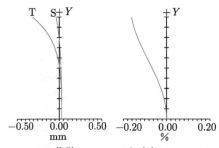

(c) 像散(±0.50mm)和畸变(±0.20%)

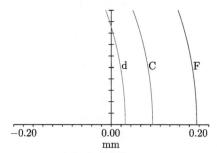

(d) 球差-色差曲线(±0.20mm)

[ZM-J4]-C-Config1 结构参数   (长度单位：mm)

No.	R	T	Gls	Semi-Dia.
OBJ	Inf	1840.646		507.197
1	236.986(V)	4.135(V)	ZF13	53.186(U)
2	109.862(V)	13.035(V)	H-ZK10	51.959(U)
3	660.882(V)	0.100(V)		51.751(U)
4	124.344(V)	12.381(V)	H-BAK6	49.978(U)
5	769.451(V)	4.955(V)		49.238(U)
6	105.819(V)	6.354(V)	H-LAK54	30.534(U)
7	48.742(V)	25.252(V)		27.196(U)
8	−221.673(V)	2.030(V)	H-LAK53A	25.959(U)
9	55.813(V)	16.000(V)	H-ZF52TT	25.271(U)
10	187.999(V)	120.255(V)		24.785(U)

续表

No.	R	T	Gls	Semi-Dia.
11	244.944(V)	12.369(V)	H-FK61	25.532(U)
12	−66.943(V)	2.000(V)	ZF7L	25.721(U)
13	−114.971(V)	0.100(V)		26.384(U)
14	76.842(V)	7.208(V)	H-K2	26.279(U)
15	−621.451(V)	1.574(V)		25.978(U)
STO	Inf	3.577(V)		6.396(U)
17	67.069(V)	7.781(V)	H-ZK3	13.388(U)
18	39.271(V)	13.759(V)		13.433(U)
19	−50.050(V)	2.000(V)	H-ZK14	13.803(U)
20	52.520(V)	5.548(V)	ZF12	15.092(U)
21	198.362(V)	52.918(V)		15.803(U)
22	−225.788(V)	6.586(V)	H-LAK61	26.317(U)
23	−61.463(V)	6.363(V)		26.747(U)
24	866.259(V)	12.110(V)	H-QK1	26.690(U)
25	−52.059(V)	2.000(V)	H-ZF13	26.605(U)
26	−153.399(V)	0.100(V)		27.121(U)
27	66.277(V)	6.470(V)	H-FK61	27.138(U)
28	268.155(V)	113.041(V)		26.780(U)
IMA	Inf	—		12.445

（长度单位：mm）

Config	No.	1	2	3
1:YFIE	1	0.000	0.000	0.000
2:YFIE	2	−8.800	−8.800(P)	−8.800(P)
3:YFIE	3	−12.440	−12.440(P)	−12.440(P)
4:APER	0	12.792	12.792	12.792
5:THIC	5	4.955(V)	27.666(V)	72.439(V)
6:THIC	10	120.255(V)	101.341(V)	17.363(V)
7:THIC	15	1.574(V)	13.670(V)	56.575(V)
8:THIC	16	3.577(V)	18.682(V)	18.122(V)
9:THIC	21	52.918(V)	28.380(V)	24.125(V)
10:THIC	28	113.041(V)	106.581(V)	107.696(V)

[ZM-21] 技术指标

波段	F	y'/mm	$\omega/(°)$	f'/mm	BFL/mm	ST/mm	OD	Config1 的 SPT/μm		
								0	0.7	1
VIS	3.9~6.4	12.44	6.3~19.4	37.7~113.0	56.2~113.0	181.1~196.6	Inf	6	9	9

(a) 变焦物镜[ZM-21]

(b) 特性曲线($\pm50\mu$m)

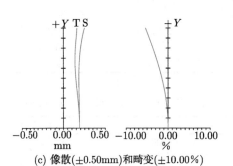

(c) 像散(±0.50mm)和畸变(±10.00%)

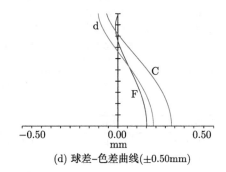

(d) 球差–色差曲线(±0.50mm)

[ZM-21]-Config1 结构参数　　　　　（长度单位：mm）

No.	R	T	Gls	Semi-Dia.
OBJ	Inf	Inf		Inf
1	−263.320(V)	7.000(V)	D-ZLAF52LA	34.000(U)
2	−116.788(V)	2.000(V)		34.000(U)
3	−399.982(V)	7.015(V)	H-K2	32.000(U)
4	178.551(V)	8.707(V)	H-ZF5	32.000(P)
5	−282.755(V)	3.000(V)		20.000(U)
6	−262.869(V)	2.500(V)	H-BAK1	20.000(U)
7	70.372(V)	8.545(V)		20.000(U)
8	−39.150(V)	2.500(V)	H-ZPK2	20.000(U)
9	−312.085(V)	60.896(V)		20.000(U)
10	130.509(V)	2.000(V)	H-ZLAF66	12.000(U)
11	73.805(V)	5.000(V)	H-ZK9A	12.000(U)
12	−81.023(V)	0.500(V)		12.000(U)
STO	Inf	0.149(V)		9.320(U)
14	26.123(V)	6.001(V)	H-ZLAF1	12.000(U)
15	218.636(V)	1.769(V)		12.000(P)
16	−275.580(V)	1.500(V)	H-ZF13	12.000(U)
17	23.836(V)	15.239(V)		12.000(U)
18	159.227(V)	2.093(V)	H-ZF12	12.000(U)
19	−512.741(V)	2.396(V)	H-LAK8A	12.000(P)
20	−70.000(V)	56.192(V)		12.000(P)
IMA	Inf			12.457

（长度单位：mm）

ACTIVE		Config 1	Config 2	Config 3
1:THIC	5	3.000	4.577	5.626
2:THIC	9	60.896	21.068	3.000
3:THIC	20	56.192	80.538	113.017
4:YFIE	3	12.440	12.440	12.440
5:YFIE	2	8.800	8.800	8.800
6:MOFF	—	37.7	70.0	113.0

[ZM-22] 技术指标

波段	F	y'/mm	ω/(°)	f'/mm	BFL/mm	ST/mm	OD	Config1 的 SPT/μm		
								0	0.7	1
VIS	4.8	12.5	5.9~24.6	29.0~118.0	13.27~65.61	151~161	Inf	23	30	38

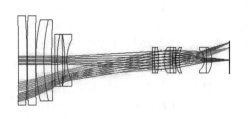

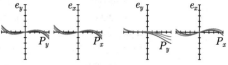

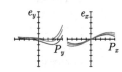

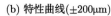

(a) 变焦物镜[ZM-22]

(b) 特性曲线(±200μm)

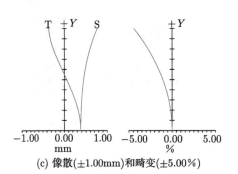

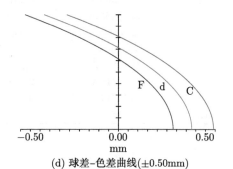

(c) 像散(±1.00mm)和畸变(±5.00%)

(d) 球差–色差曲线(±0.50mm)

[ZM-22]-Config1 结构参数　　　　(长度单位：mm)

No.	R	T	Gls	Semi-Dia.
OBJ	Inf	Inf		Inf
1	−1123.423(V)	6.000	H-ZPK2(S)	31.000(U)
2	−445.084(V)	0.150(V)		31.000(U)
3	825.800(V)	6.000	H-BAK2(S)	31.000(U)
4	1796.866(V)	0.150(V)		31.000(P)
5	117.178(V)	6.000	H-BAK4(S)	28.000(U)
6	113.634(V)	6.000	H-ZF6(S)	28.000(U)
7(Z-1)	674.185(V)	2.248(V)		26.000(U)
8	−900.874(V)	1.500(V)	H-LAF2(S)	18.000(U)
9	78.030(V)	3.824(V)	ZF2(S)	18.000(U)
10	−619.751(V)	1.526(V)		16.500(U)
11	−102.337(V)	1.500(V)	H-ZBAF3(S)	18.000(U)
12(Z-2)	30.878(V)	60.796(V)		14.410
13	266.429(V)	1.535(V)	H-ZF10(S)	9.000(U)
14	60.715(V)	2.843(V)	H-K9L(S)	9.000(U)
15	−60.565(V)	2.000		9.000(U)
STO	Inf	2.000		6.200(U)
17	19.533(V)	4.292(V)	H-ZK20(S)	9.000(U)
18	−884.390(V)	1.577(V)	ZF13(S)	9.000(U)
19	39.749(V)	1.969(V)	H-BAK7(S)	9.000(U)
20	71.177(V)	0.241(V)		9.000(U)
21	16.710(V)	2.496(V)	H-K9L(S)	9.000(U)
22	25.502(V)	17.821(V)		9.000(U)
23	−8.857(V)	1.500(V)	H-LAK53A(S)	7.000(U)
24	−180.122(V)	3.764(V)	F4(S)	9.000(U)
25(Z-3)	−17.515(V)	13.271(V)		9.000(U)
IMA	Inf			12.542

(长度单位：mm)

ACTIVE		Config 1	Config 2	Config 3
1:THIC	7	2.248(V)	2.500(V)	2.000(V)
2:THIC	12	60.796(V)	29.915(V)	18.697(V)
3:THIC	25	13.271(V)	33.649(V)	65.617(V)

[ZM-23] 技术指标

波段	F	y'/mm	ω/(°)	f'/mm	BFL/mm	ST/mm	OD	Config1 的 SPT/μm		
								0	0.7	1
VIS	4.9~11.1	12.3	4.8~22.8	29.6~148.14	4.1~64.9	180.5~196.0	Inf	26	42	43

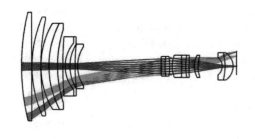

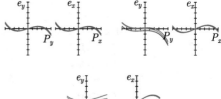

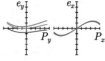

(a) 变焦物镜[ZM-23]   (b) 特性曲线(±200μm)

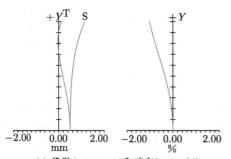

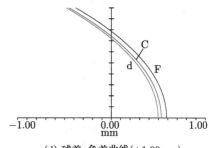

(c) 像散(±2.00mm)和畸变(±2.00%)   (d) 球差–色差曲线(±1.00mm)

[ZM-23]-Config1 结构参数　　　　　　（长度单位：mm）

No.	R	T	Gls	Semi-Dia.
OBJ	Inf	Inf		Inf
1	183.532(V)	8.440(V)	H-ZPK2(S)	44.000(U)
2	−1.039E+004(V)	0.150(V)		43.000(U)
3	94.425(V)	7.689(V)	H-ZPK2(S)	40.000(U)
4	173.931(V)	0.151(V)		38.000(P)
5	65.529(V)	6.997(V)	H-BAK4(S)	35.000(U)
6	75.449(V)	7.000(V)	H-ZF52A(S)	35.000(U)
7(Z-1)	96.709(V)	4.312(V)		30.000(U)
8	292.988(V)	1.998(V)	D-LAF82L(S)	24.000(U)
9	28.409(V)	4.069(V)	ZF2(S)	19.000(U)
10	32.959(V)	4.353(V)		17.800(U)
11	159.726(V)	2.138(V)	H-LAK7(S)	18.000(U)
12(Z-2)	29.182(V)	70.020(V)		16.000(U)
13	256.335(V)	3.208(V)	H-ZF1(S)	8.000(U)
14	46.107(V)	3.985(V)	H-K9L(S)	8.000(U)
15	−56.226(V)	1.000		8.000(U)
STO	Inf	1.000		6.294(U)
17	22.820(V)	7.819(V)	H-ZK20(S)	9.000(U)
18	−189.160(V)	3.064(V)	ZF13(S)	9.000(U)
19	43.502(V)	2.718(V)	H-KF6(S)	9.000(U)
20	156.049(V)	4.482(V)		9.000(U)
21	19.914(V)	2.911(V)	H-K9L(S)	9.000(U)
22	26.083(V)	20.079(V)		9.000(U)
23	−8.766(V)	2.255(V)	H-LAK53A(S)	7.000(U)
24	−45.085(V)	6.552(V)	F4(S)	11.000(U)
25(Z-3)	−13.359(V)	4.089(V)		11.000(U)
IMA	Inf			12.256

（长度单位：mm）

ACTIVE		Config 1	Config 2	Config 3
1:THIC	7	4.312(V)	12.091(V)	12.906(V)
2:THIC	12	70.020(V)	41.694(V)	16.162(V)
3:THIC	25	4.089(V)	15.778(V)	64.876(V)

[ZM-24] 技术指标

波段	F	y'/mm	ω/(°)	f'/mm	BFL/mm	ST/mm	OD	Config1 的 SPT/μm		
								0	0.7	1
VIS	4.6	11.9	10.5～33.2	19.0～76.0	5.0～64.5	100.0～124.34	Inf	6	8	10

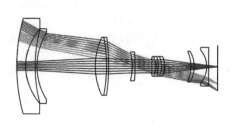

(a) 变焦物镜[ZM-24]

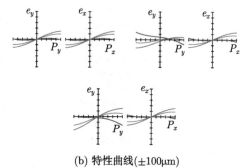

(b) 特性曲线(±100μm)

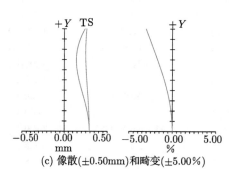

(c) 像散(±0.50mm)和畸变(±5.00%)

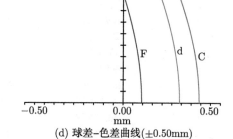

(d) 球差-色差曲线(±0.50mm)

[ZM-24]-Config1 结构参数 （长度单位：mm）

No.	R	T	Gls	Semi-Dia.
OBJ	Inf	Inf		Inf
1	85.856(V)	4.292(V)	PK50(S)	23.000(U)
2	25.924(V)	4.772(V)		18.000(U)
3	62.565(V)	1.000(V)	N-SK16(S)	18.000(U)
4(Z-1)	28.133(V)	29.205(V)		16.000(P)
5	32.479(V)	5.529(V)	N-SK18(S)	14.000(U)
6	−72.923(V)	1.085(V)	LF5(S)	14.000(U)
7	−98.351(V)	11.561(V)		14.000(U)
8	−29.324(V)	1.408(V)	UBK7(S)	7.000(U)
9	−86.561(V)	8.199(V)		7.000(U)
STO	Inf	0.150(V)		1.559(U)
11	45.973(V)	2.064(V)	BK8(S)	3.500(U)
12	−7.048(V)	1.061(V)	LAFN7(S)	3.500(U)
13	−17.773(V)	1.598(V)	N-F2(S)	4.400(U)
14	−11.145(V)	1.476(V)	N-SK14(S)	4.700(U)
15(Z-2)	−12.259(V)	12.880(V)		4.700(U)
16	−17.915(V)	1.653(V)	LF5G19(S)	7.100(U)
17	−14.324(V)	6.069(V)		7.500(U)
18	−12.404(V)	1.000(V)	N-BK7	8.000(U)
19(Z-3)	−1268.015(V)	4.998(V)		9.300(U)
IMA	Inf			11.910

（长度单位：mm）

ACTIVE		Config 1	Config 2	Config 3	Config 4
1:APER		3.118(V)	3.118(P)	3.118(P)	3.118(P)
2:THIC	4	29.205(V)	10.662(V)	5.889(V)	3.934(V)
3:THIC	15	12.880(V)	6.270(V)	3.105(V)	3.000(V)
4:THIC	19	4.998(V)	30.112(V)	56.509(V)	64.497(V)

附录 18.2　优化函数

Oper#	Surf1	Surf2	H_x	H_y	P_x	P_y	Tag.	Wt.	Val.	Ctrb.
1:CONF	1									
2:CONS							0.5			
3:BLNK	变焦 SIMPLE									
4:BLNK	(第一个 Config)11111111									
5:CONF	1									
6:BLNK	EFFL									
7:EFFL		2					19.0	1.0	19.0	0
8:BLNK	IMAGE HEIGHT AND ANGLE FIELD									
9:REAR	21	2	0	1	0	0	12.44	0.10	12.42	0.15
10:CONS							57.30	0	57.30	0
11:RANG	0	2	0	1	0	0	0	0	0.604	0
12:PROD	11	10					0	0	34.63	0
13:BLNK	F# CTR									
14:RANG	21	2	0	0	0	1	0	0	0.12	0
15:DIVI	2	14					0	0	4.08	0
16:OPLT	15						6.50	0.1	6.50	0.08
17:BLNK	SYSTEM TRACK									
18:RANG	1	20	0	0	0	1	0	0	70.5	0
19:OPLT	18						100	0.02	100	0
20:BLNK	DT&LACL									
21:DIMX	0	2					3.0	0.1	3.0	0
22:LACL	0	0					0	0.02	0.03	0.2
23:BLNK	APERTURE CTL									
24:REAY	1	2	0	1	0	−1	0	0	−20.0	0
25:ABSO	24						0	0.02	20.0	0
26:OPLT	25						20.0	0.1	20.0	0
27:BLNK	APERTURE CTL									
28:CTGT	4						5.0	0.02	5.0	0
29:CTGT	16						5.0	0.02	5.0	0
30:CTGT	20						5.0	0.02	5.0	0
31:BLNK	EDGE AND CENTRAL THICK CTL									
32:MNCA	1	21					0.1	0.02	0.1	0
33:MNEA	1	21					0.1	0.02	0.1	0

续表

Oper#	Surf1	Surf2	H_x	H_y	P_x	P_y	Tag.	Wt.	Val.	Ctrb.
34:BLNK	GROUP-1									
35:MNEG	1	4					1.0	0.02	1.0	0
36:MNCG	1	4					2.0	0.02	2.0	0
37:BLNK										
38:MXEG	1	4					5.0	0.02	5.0	0
39:MXCG	1	4					6.0	0.02	6.0	0
40:BLNK	GROUP-2									
41:MNEG	5	16					1.0	0.02	1.0	0
42:MNCG	5	16					1.0	0.02	1.0	0
43:BLNK										
44:MXEG	5	16					6.0	0.02	6.0	0
45:MXCG	5	16					8.0	0.02	8.0	0
46:BLNK	GROUP-3									
47:MNEG	17	21					1.0	0.02	1.0	0
48:MNCG	17	21					2.0	0.02	2.0	0
49:BLNK										
50:MXEG	17	21					8.0	0.02	8.0	0
51:MXCG	17	21					8.0	0.02	8.0	0
52:BLNK										
53:BLNK	(第 2 个 Config)222222222									
......										
......										
101:BLNK	(第 3 个 Config)333333333									
......										
......										
150:DMFS										
151:BLNK	Default merit function:RMS spot radius chief GQ 3 rings 6 arms									
152:CONF	1									
153:BLNK	No default air thickness boundary constraints.									
154:BLNK	No default glass thickness boundary constraints.									
155:BLNK	Operands for field 1.									
156:TRAR		1	......							
......		1								
......		......								

第 19 章　$f\theta$ 扫描物镜

19.1　引　言

激光扫描在激光加工、文件和图形图像处理、考古等诸多方面具有应用价值，3D(三维) 扫描则是 3D 打印的重要环节。以激光打标为例，如果局限于 2D(二维) 扫描，通常有两类方案，第一类是激光束聚焦到被扫描的平面上，扫描平面运动得到激光加工的图形。第二类是被加工平面不动，激光束经由一对旋转轴正交的振镜 (galvano mirror)，再通过 "$f\theta$ 物镜" 聚焦到扫描平面上，入瞳与第一个振镜 (x 轴振镜) 重合，第一振镜和第二振镜 (y 轴振镜) 遵循一定的规律旋转，即刻画出图形图像。显然，第二类加工更加方便合理。

在本章中，依据行业习惯，我们用 θ 表示视场角。$f\theta$ 物镜用于沿 x 轴和 y 轴两个方向的扫描，为了避免混淆，像高不记为 y'，而记为 ρ'。在常规的成像系统中，像高 ρ' 与视场角 θ 的关系为正切：

$$\rho' = f' \tan\theta \tag{19.1}$$

由于像高和扫描角度不成线性关系，因此以等角速度扫描的入射光束在焦平面上的扫描速度不是常数，设计和数据处理都不方便。通常要求像高与视场角 θ 成正比：

$$\rho' = f'\theta \tag{19.2}$$

称 $f\theta$ 条件，因此称扫描物镜为 $f\theta$ 透镜。(19.2) 式正是近轴近似公式，在近轴小视场角情况下，

$$\tan\theta \approx \theta \tag{19.3}$$

当视场角增大后，$\theta < \tan\theta$。要维持 (19.2) 式成立，系统必须有负的畸变，并满足条件：

$$\Delta\rho' = f'\left(\theta - \tan\theta\right) \tag{19.4}$$

实际像高

$$\rho' = f'\tan\theta + \Delta\rho' = f'\theta \tag{19.5}$$

图 19.1 为一个 $f\theta$ 扫描物镜示意图。它也正是二维激光打标机系统，激光束经过扩束，依次通过 x 振镜和 y 振镜，然后经由 "平场扫描物镜" 照射到被刻划表

面, 即像面。所谓振镜, 指的是绕轴旋转给定角度的精密反射镜。所谓平场扫描物镜, 表明物镜最佳像质的像面为平面。

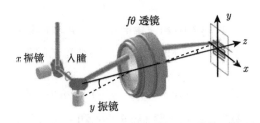

图 19.1 $f\theta$ 扫描物镜示意图 (彩图见封底二维码)

x 轴振镜生成沿 y 轴的扫描; y 轴振镜生成沿 x 轴的扫描

通过一对正交振镜的旋转角 (分别等于 $\theta_x/2$ 和 $\theta_y/2$) 对输入光线进行编码, 使进入扫描物镜的光线的视场角符合 (19.2) 式的要求, 在像面上就可以得到所需的图形图像。

本章介绍典型的扫描物镜, 讲述带可见指示光的近红外扫描物镜的设计方法, 给出光线编码的方案, 介绍常用的二维 $f\theta$ 扫描物镜的设计方法, 给出典型的 $f\theta$ 物镜, 最后介绍变焦 $f\theta$ 物镜的设计方法。

19.2 $f\theta$ 扫描物镜的理想光学模型和特性

19.2.1 $f\theta$ 扫描物镜的理想光学模型

图 19.2 为 $f\theta$ 扫描物镜的简化模型。输入光束直径为 D, 入瞳 (光阑) 到物镜第一表面的距离又称 "入瞳距", 记为 L_{p}。轴上光线的方程为

$$h\varphi = u' = \frac{1}{2F}, \quad \varphi = \frac{1}{f'} \tag{19.6}$$

主光线的方程为

$$h_{\mathrm{p}}\varphi = L_{\mathrm{p}}\theta\varphi = \theta' - \theta \tag{19.7}$$

$$\rho' = h_{\mathrm{p}} - f'\theta' \tag{19.8}$$

遵从行业习惯, 物方视场角 ω 和像方视场角 ω' 分别用 θ 和 θ' 表示。

设入瞳在前焦面上, 则有

$$L_{\mathrm{p}} = -f' \tag{19.9}$$

以及

$$\theta' = 0 \tag{19.10}$$

代入 (19.8) 式及 (19.7) 式就得到 $f\theta$ 条件 (与业内常用的 $f\theta$ 条件 (19.2) 差一个负号, 实质相同):

$$\rho' = -f'\theta \tag{19.11}$$

可见在理想光学范畴内, 只要入瞳和前焦面重合, $f\theta$ 条件是自然满足的, 由 (19.10) 式, 系统必然是像方远心。但当 θ 持续增大, 偏离理想光学时, 由 (19.8) 式和 (19.11) 式, 得

$$\rho' = -f' \tan\theta - f'\theta' = -f' (\tan\theta + \theta') \tag{19.12}$$

系统必须诱导出一定量的畸变来补偿 $\tan\theta + \theta'$ 和 θ 的差别, 其结果是, 像方主光线必然产生一定量的偏角 θ', 使系统略微偏离像方远心, 以符合 $f\theta$ 条件。

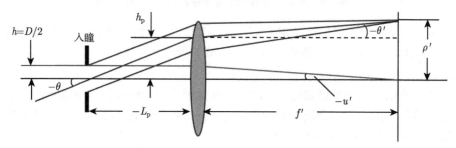

图 19.2　$f\theta$ 扫描物镜的简化模型

19.2.2　$f\theta$ 扫描物镜的特性

根据以上论述, $f\theta$ 扫描物镜应具备以下特征:

(1) 各视场角一致满足 $f\theta$ 条件, 像高和视场角成正比。

(2) 扫描区间内各点具有高像质, 并一致趋于衍射极限, $f\theta$ 物镜必然是平场物镜。

(3) 各视场趋于均匀一致的照度, 不存在渐晕。

19.2.3　$f\theta$ 扫描物镜 [FT-1]

$f\theta$ 扫描物镜 [FT-1] 使用波长为 1.064μm 的 YAG 激光, 入瞳 (即光阑) 在系统的前焦面处, 在此处放置扫描反射镜 (即振镜)。扩束的激光射到反射镜上, 反射镜将光束偏转, 通过 $f\theta$ 物镜聚焦到被刻划面上, 参见图 19.3(a)。图 19.3(c) 为相对照度, 均匀性较好, 大视场相对照度的下降符合 $\cos^4\theta'$ 条件 (参见 2.9 节)。

由于入瞳在系统之外, 结构是高度非对称的, 诱导出负畸变, 如图 19.3(b) 所示。但正是这份欠校正的畸变, 使系统满足了 (19.2) 式的 $f\theta$ 条件。图 19.4 为像高作为归一化视场角的函数, 可见线性非常好。

从结构上来看, $f\theta$ 扫描物镜由几个弯月形单片或双胶合构成, 大体朝向光阑弯曲, 以减小像差。

在通用评价函数 (如 FIXED-3-SIMPLE) 的 DT(畸变) 模块中专门为 $f\theta$ 扫描物镜设置了操作符 DISC 代替通用的操作符 DIMX 等, 计算出像高相对于 $f\theta$ 直线的最大偏离, 对该操作数给权, 令目标值为 0, 优化后就能得到 $f\theta$ 扫描物镜。

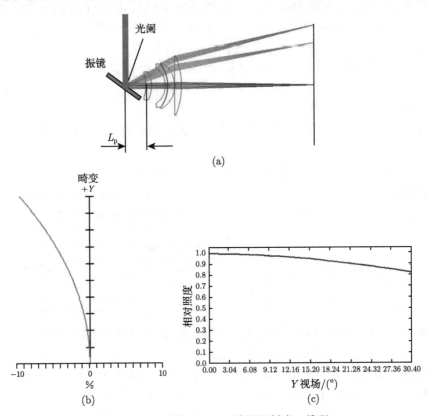

图 19.3 $f\theta$ 物镜 [FT-1] (彩图见封底二维码)

(a) 光学系统图; (b) 畸变; (c) 相对照度

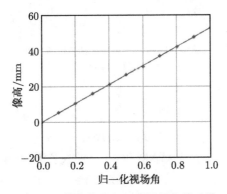

图 19.4 像高作为归一化视场角的函数

19.3 带指示光的双波长扫描物镜

激光打标等设备所使用的常常是 YAG 激光或 CO_2 激光,由于波长为红外,在调试和使用时颇感不便。有的设备将可见光作为指示光一同耦合到打标设备中,此时要求两个波长的焦点重合,并同时满足 $f\theta$ 条件。

设计此类物镜,在 Multi-Configuration 菜单中设置两个波长 WAVE,见表 19.1。主波长 1.064μm 的权重 WLWT 取 1,指示光波长 0.532μm 的权重取 0.3。评价函数表如下设置:

(1) 在两个 Config 中均使用 DISC 操作,迫使系统对两个波长同时满足 $f\theta$ 条件。

(2) 在每个 Config 中分别提取 1 视场和 0.7 视场的像高,并要求两个 Config 相应像高之差 ≈ 0。

(3) 利用 DMFS 操作符同时设置两个 Config 的 SPT 的评价函数。

表 19.1   双波长扫描物镜

Active1/2		Config 1	Config 2
1:WAVE	1	1.064	0.532
2:WLWT	1	1.000	0.300

图 19.5 为 [FT-1] 对双波长优化结果的弥散斑图,可以看到两个波长的焦点几乎重合,并大体等于艾里斑,在业内称艾里斑为 DL(diffraction limited)。从而本物镜的弥散斑 $\approx$1DL, 是一款像质非常好的设计。所谓几何光学弥散的特征线度小于艾里斑,并不意味着 "超分辨",因为衍射效应最终限制了分辨率。

物方视场 0.00°   物方视场 21.28°

像方视场 0.000mm   像方视场 37.242mm

物方视场 30.40°

像方视场 53.175mm

图 19.5   双波长 $f\theta$ 扫描物镜 [FT-1] 对双波长优化结果的弥散斑图

图中的圆为艾里斑

详细的评价函数说明见附录 19-3。

19.4 典型的 $f\theta$ 扫描物镜

图 19.6 为三片式 $f\theta$ 扫描物镜 [FT-2]。焦距 $f' = 100.0\text{mm}$，视场角 $2\theta = 58.2°$，线视场 $2\rho' = 102.4\text{mm}$，线性度非常好，弥散斑小于艾里斑，但入射光束孔径很小，$D_0 = 2.0\text{mm}$，相对孔径为 1:50，相当于入射光束未扩束的情况。

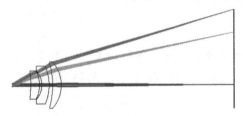

图 19.6　三片式 $f\theta$ 扫描物镜 [FT-2] (彩图见封底二维码)

图 19.7 为五片式 $f\theta$ 扫描物镜 [FT-3]，焦距 $f' = 100.0\text{mm}$。视场角 $2\theta = 60.0°$，线视场 $2\rho' = 105.0\text{mm}$，由于镜片多，可变参量增加，入射光束孔径 $D_0 = 4.2\text{mm}$，相对孔径为 1:24，线性度和像质都很好。

图 19.7　五片式 $f\theta$ 扫描物镜 [FT-3] (彩图见封底二维码)

图 19.8 为显微扫描物镜 [FT-4]。焦距 $f' = 10.0\text{mm}$，数值孔径 NA=0.18(相对孔径为 1:2.8)，线视场 $2\rho' = 3.28\text{mm}$，使用两个波长 1.064μm 及 0.532μm，弥散斑略小于 1DL。

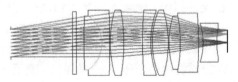

图 19.8　显微扫描物镜 [FT-4] (彩图见封底二维码)

图 19.9 是一款四片式 $f\theta$ 扫描物镜 [FT-5]。图 19.10 则是七片式可见光宽波段 $f\theta$ 扫描物镜 [FT-6]，特点是输入光束孔径大 $(D_0 = 8.0\text{mm})$，系统的相对孔径达到

1:12.4, 扫描角度不大 ($\theta = 12.2°$)。由于视场角不大, 物镜非常接近像方远心系统。

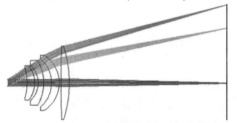

图 19.9   四片式 $f\theta$ 扫描物镜 [FT-5] (彩图见
封底二维码)

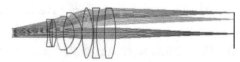

图 19.10   七片式可见光宽波段 $f\theta$ 扫描物镜
[FT-6] (彩图见封底二维码)

典型的一维 $f\theta$ 扫描物镜的技术指标如表 19.2 所示。在扫描角一栏中同时给出角度值和弧度值, 弧度值正是扫描长度 ρ' 与焦距的比值, 注意扫描区间长度为 $2\rho'$。

表 19.2   典型的一维 $f\theta$ 扫描物镜的技术指标

设计	f'/mm	F	BFL/mm	扫描角 θ 角度/(°)	弧度	扫描区间 ($2\rho'$)/mm	L_p/mm	DISC/mm	SPT/μm 0	0.7	1
[FT-1]	100.0	22.2	120.0	±30.4	±0.531	106.4	15.6	0.045	10	15	22
[FT-2]	100.0	50.1	120.0	±29.1	±0.508	102.0	13.0	0.073	8	19	25
[FT-3]	100.0	23.9	134.7	±30.0	±0.523	105.0	13.0	0.021	6	5	6
[FT-4]	10	2.78	1.5	±9.4	±0.164	1.6	8.2	0.005	1.2	1.5	1.7
[FT-5]	100	22.2	120.0	±33.4	±0.583	116.2	15.0	0.034	7	3	5
[FT-6]	100	12.3	124.4	±12.2	±0.213	42.2	36.5	0.087	2	6	6

注: BFL 为后截距; L_p 为入瞳距; DISC 为最大线性误差。

19.5   正交振镜二维扫描物镜

19.5.1   二维 $f\theta$ 扫描物镜

在实际应用中, 二维 $f\theta$ 扫描物镜显然用得更多。图 19.1 就是激光打标系统示意图, 系统具有一对正交的振镜, 使输入的光束沿两个方向扫描。二维扫描系统比一维扫描物镜复杂。首先, 在一维扫描的情况下, 光阑位于振镜中心; 在二维扫描系统中, 光阑位于第一个振镜 (x 轴振镜) 中心, 但第二个振镜 (y 轴振镜) 与光阑不一致, 或者说, 二维扫描物镜的子午 (xz 平面) 入瞳距 $L_\mathrm{p}^{(y)}$ 和弧矢 (yz 平面) 入瞳距 $L_\mathrm{p}^{(x)}$ 不相等, $\Delta L_\mathrm{p} = L_\mathrm{p}^{(x)} - L_\mathrm{p}^{(y)} \neq 0$, ΔL_p 称为入瞳距偏离量 (pupil relief shift), 影响了物镜设计的对称性。其次, 为了放置两个振镜, 入瞳距 L_p 要足够大。

以下通过两个例子来讲述。

19.5.2 二维 $f\theta$ 扫描物镜 [FT-7]

[FT-7]技术指标见表 19.3。选择具有大入瞳距的扫描物镜 [FT-7],显然,$\Delta L_{\mathrm{p}}/L_{\mathrm{p}}$ 较小时,子午和弧矢的不对称性不显著。如果入瞳距 L_{p} 不够大,首先将其逐次增大,并按照 $f\theta$ 扫描物镜的要求进行充分的优化,物镜 [FT-7] 如图 19.11(a) 所示,焦距 $f'=100$mm,入瞳距 $L_{\mathrm{p}}=114.47$mm。弥散斑 SPT 见图 19.11(b)。由于相对孔径小,全视场的弥散斑均小于 1DL。物镜的线性也足够好,像面 $\approx\phi50$mm,但实际使用的扫描区域只是它的内接正方形 (35mm×35mm),需要更大扫描区域时可对物镜实施焦距缩放。

表 19.3 $f\theta$ 扫描物镜 [FT-7] 技术指标　　　（长度单位：mm）

f'	θ	F	ρ'	扫描区域	L_{p}	BFL
100.00	14°	20.0	24.5	35×35	114.47	94.27

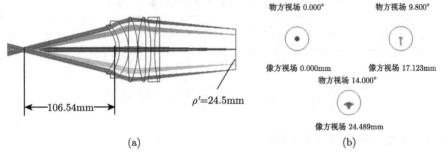

图 19.11　(a) 长入瞳距 $f\theta$ 扫描物镜 [FT-7]; (b) 弥散斑 SPT (彩图见封底二维码)

然后插入一对正交的反射镜,即 x 轴和 y 轴振镜,插入后系统的横向扫描和纵向扫描配置参见图 19.12(a) 和 (b)。插入操作参见 19.6 节。

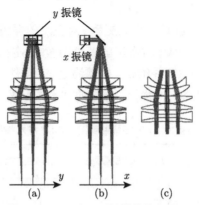

图 19.12　二维 $f\theta$ 扫描物镜 [FT-7]

(a) x 振镜沿 y 轴的横向扫描; (b) y 振镜沿 x 轴的纵向扫描; (c) 透镜结构

由于 x 振镜和 y 振镜分离的不对称性引起弥散加大,设置完成后扫描区间的不同位置及弥散斑见图 19.13 及表 19.4,SPT≈1DL。

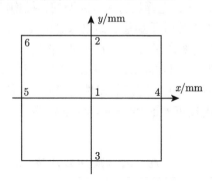

图 19.13 焦面上的扫描区域

表 19.4 [FT-7]被扫描区域不同位置的弥散斑

位置序号	1	2	3	4	5	6
SPT/μm	1	6	6	6	6	10

19.6 二维 $f\theta$ 扫描物镜的设计

19.6.1 一维 $f\theta$ 扫描物镜初始模型

例如,设计二维 $f\theta$ 扫描物镜 [FT-8],技术指标如表 19.5 所示。首先设计一个一维 $f\theta$ 扫描物镜 [FT-8]-A,特点在于:

(1) 角视场 $\omega = 20.2° \approx \sqrt{2} \times \theta_x$,确保最大线视场 ρ' 与二维扫描区域的对角线相等,即 $\rho' = \sqrt{2} \times 25.0 = 35.4$mm。

(2) 确保入瞳距 L_p 足够长,可以放下一对正交的振镜。

(3) 评价函数 "F-THETA" 与常用的评价函数 "fixed-3A-SIMPLE" 基本一致,仅将畸变的操作符改为 DISC 并给权,确保满足 $f\theta$ 条件。

(4) 优化并进行 HAMMER 优化,结果的技术指标见表 19.5。

表 19.5 $f\theta$ 扫描物镜 [FT-8] 技术指标

设计	f'/mm	$\theta_x = \theta_y$	F	ρ'_max/mm	扫描区域/mm	L_p/mm	DISC/mm	BFL/mm	SPT/μm 0	0.7	1
[FT-8]	100.0	14.32°	17	35.4	50×50	70		> 110	—	—	—
[FT-8]-A	100.0	20.2°	17	35.35		70	0.003	120.43	5	5	8

注: $\rho'_\mathrm{max} = \sqrt{2} \times 25.0$。

如需进行工艺调整, 例如, 给透镜的外径加压边量、厚度圆整等, 均在一维运作中做完, 原则上在二维振镜设置运作中不再修改设计。

19.6.2 正交振镜插入设置

(5) 首先在一维情况下已经完成设计, 并符合以下条件:

a. 确保入瞳距足够长, 可以放下一对正交的振镜;

b. 系统满足 $f\theta$ 条件, 线性很好;

c. 最大线视场 ρ' 等于扫描区域对角线长度的一半。

(6) 设置第 2 面为光阑, 第 2 面和第 4 面为坐标断点 (Coordinate Break), 绕 x 轴的转角 (Tilt About x) 均为 45°, 参见表 19.6。

(7) 设孔径和波长: 在路径 Gen\Apt. 下设定 Entrance Pupil Diameter=6.0mm, 即激光束的直径; 在路径 Wav 中给定波长为 1.064μm。

(8) 设定视场: 在路径 Fie 中仅设 0 视场, 亦即 $f\theta$ 扫描物镜的 "视场" 是由振镜旋转实现的, 这一点是 $f\theta$ 物镜与其他物镜的重要区别。

(9) 设置 x 轴振镜的形状: 双击第 3 面 Surf: Type\Aperture\Type, 选矩形, 半宽度 (x-Half Width) 和半长度 (y-Half Width) 分别为 5.0mm 和 7.0mm; 同时设该面的 Gls 为 MIRROR(反射镜)。

(10) 设置两个振镜的中心间隔, 令第 4 面的间隔为 −25mm, 负号是反射操作引起的。就此完成对 x 轴振镜的设置。

(11) 第 5 面及第 7 面设置为 Coordinate Break, Tilt About y 设置为 45°。

(12) 设置 y 轴振镜的形状: 第 6 面 Surf: Type\Aperture\Type 设为矩形, 半宽度和半长度分别为 8.5mm 和 12.0mm, 即完成坐标轴的旋转, 这时光轴通过反射镜折转 90°, 两次反射后曲率半径和间隔长度不再变号。

以上操作见表 19.6。

表 19.6　插入振镜操作

					Par 1	Par 2	Par 3	Par 4	Par 5
No.	注释	R	T	玻璃	x 位移	y 位移	x 旋转	y 旋转	z 旋转
OBJ		Inf	Inf		0	0	0	0	0
1	REF	Inf	10		0	0	0	0	0
STO	CB		0		0	0	45.0	0	0
3	Set Apt.		0	MIRROR	0	0	0	0	0
4	CB	Inf	−25.0		0	0	45.0	0	0
5	CB		0		0	0	0	45.0	0
6	Set Apt.		0	MIRROR	0	0	0	0	0
7	CB		70.00		0	0	0	45.0	0

注: CB 表示 Coordinate Break。

19.6.3　振镜转角设置

(13) 设置振镜的转角：由 Multi-Configuration Editor 或快捷键 F7 调出 Multi-Configuration 表，设 6 个组态，见表 19.7。

表 19.7　振镜转角设置

Active:6/6	Config 1	Config 2	Config 3	Config 4	Config 5	Config 6
1:PRAM 2/3	45.000	52.150	37.850	45.000	45.000	37.850
2:PRAM 4/3	45.000	37.850	52.150	45.000	45.000	52.150
3:PRAM 5/4	45.000	45.000	45.000	37.850	52.150	52.150
4:PRAM 7/4	45.000	45.000	45.000	52.150	37.850	37.850

(14) PRAM m/n 表示设置第 m 行的第 n 个参数，例如，Config 2 第 1 行的 "Par 2/3" 表示将第 2 行的第 3 个参数 (Tilt About x) 设为 52.15°，第 2 行的 "Par 4/3" 表示将第 4 行的第 3 个参数 (Tilt About x) 设为 37.85°，综合效果使得 x 振镜转动了 $\theta_x/2 = 7.16°$。以此类推，Config 3 使得 x 振镜转动了 $-7.15°$，Config 4 使得 y 振镜转动了 7.15°，Config 5 使得 x 振镜转动了 $-7.15°$；而 Config 6 使得 x 振镜转动了 7.15°，同时使得 x 振镜转动了 $-7.15°$。注意，镜面法线在子午面 (xz 平面) 内转动 $\theta/2$，光线在该平面内转动 θ，焦点移动 $f'\theta(\theta$ 单位为 rad)。在本例中，焦点单向的最大移动量 $\Delta \approx 25.0$mm，扫描区域即为 50.0mm×50.0mm。

19.6.4　振镜转角效应的视图

(15) 将 L3d 的图样绕 x 轴转 90°，并显示所有的 Config，得到图 19.14(a)，即 x 振镜横向扫描；同时绕 x 轴和 z 轴转 90°，得到图 19.14(d)，即 y 振镜纵向扫描。恰当的设置可以显示 x 振镜的局部图样 (b) 和 y 振镜的局部图样 (c)。

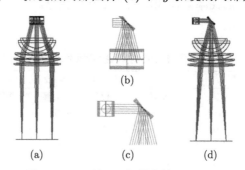

(a)　　　　　(c)　　　　　(d)

图 19.14　二维 $f\theta$ 扫描物镜 [FT-8]-Q

(a) x 振镜横向扫描；(b) x 振镜；(c) y 振镜；(d) y 振镜纵向扫描

加入正交振镜后的弥散斑见表 19.8，弥散斑并不大 ($\approx$1DL)，像质很好。由于使用激光束作为光源，设计时可在孔径菜单中设光束截面 (Apodization) 为高斯型

(Gaussian) 而不是均匀型 (Uniform)，但结果差别很小。

表 19.8　[FT-8]被扫描区域不同位置的弥散斑

位置序号	1	2	3	4	5	6
SPT/μm	5	5	5	5	5	8

19.7　二维 $f\theta$ 扫描物镜的评价函数

评价函数 "F-THETA-Q" 由三部分组成。

19.7.1　焦距、物镜长度控制，透镜中心和边缘厚度控制

这部分的操作符与以往各评价函数的设置相同，焦距用操作符 EFFL 加权；同时对透镜中心和边缘厚度控制加权。物镜长度 (VL) 则用 $\mathrm{TTHI}_{8\text{-}15}$ 表示，如图 19.15 所示。

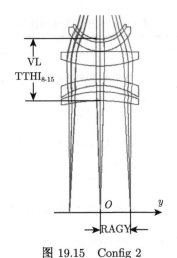

图 19.15　Config 2

VL 为物镜长度，RAGY 为横向扫描区间，O 为全局坐标原点

19.7.2　全局坐标系

振镜导致光路折转，使得局部坐标系的数值产生歧义，宜采用全局坐标系。在 Gen\Miscellaneous 中规定第 17 面 (像面或焦面) 为全局坐标的参考坐标面 (Global Coordinate Reference Surface)，则焦面中心 O 就是全局坐标系原点，这样一来，x 振镜引起的横向扫描就可以用全局坐标 RAGY 来确定，y 振镜引起的纵向扫描就可以用全局坐标 RAGX 来确定。

19.7.3 扫描区间模块

Multi-Configuration 表中的 Config 2 给定了 x 振镜横向扫描的角度 $\theta_x/2=7.15°$，光束转角 $\theta_x=14.3°$。$f\theta$ 扫描物镜的基本特性是扫描长度 ρ' 与角度 θ 成正比，比例系数为焦距 $f'(=100\text{mm})$，从而 Config 2 对应的扫描区间

$$\rho_y = f'\theta_x = 25.0\text{mm} \tag{19.13}$$

其中，θ 的单位采用 rad。在评价函数中，ρ_y 用全局坐标 RAGY 表示，如图 19.15 所示，对应于图 19.13 中的位置 2。与此相应，在评价函数表的横向扫描区间模块 (TRANSVERSE SCANNING RANGE, Config 2) 中，给定 y 方向扫描区间的目标值 2×RAGY=50.0mm，并加权。

与此类似，给定"纵向扫描区间模块"(LONGITUDINAL SCANNING RANGE) x 方向扫描区间的目标值 2×RAGX=50.0mm，并给定"对角线扫描区间模块" (DIAGNAL SCANNING RANGE) x 方向扫描区间和 y 方向扫描区间的目标值，并加权，参见表 19.9。

表 19.9 扫描区间模块

Oper #	Op#1	Op#2	H_x, H_y, P_x, P_y	Tag.	Wt.	Val.
7:CONS				2.0		
			TRANSVERSE SCANNING RANGE			
11: CONF	2					
12: RAGY	(Surf) 17	(Wav) 1	0,0,0,0	25.0		25.024
13: PROD	12	7				50.048
			LONGITUDINAL SCANNING RANGE			
16: CONF	4					
17: RAGX	(Surf) 17	(Wav) 1	0,0,0,0	25.0		25.030
18: PROD	17	7				50.061
			DIAGNOL SCANNING RANGE			
21: CONF	6					
22: RAGX	(Surf) 17	(Wav) 1	0,0,0,0	−25.0	0.003	24.752
23: PROD	22	7				49.504
25: RAGY	(Surf)12	(Wav) 1	0,0,0,0	25.0	0.003	−25.510
26: PROD	25	7				−51.019

19.7.4 弥散斑和优化

在评价函数最后键入 DMFS，其后自动生成 6 个 Config 的弥散斑默认评价函数。

一维物镜得到了非常满意的线性 (DISC 非常小)，但加入一对振镜后光路有了变化，即振镜未能精确重复原来的光线方向。振镜的间隔越大，差别越大，其结果

是对于 $f\theta$ 条件的偏离。可使用评价函数 F-THETA-Q 对结果进一步优化，对减小 SPT 有利，但对于偏离线性的校正效果并不明显，要慎用。此外，这个评价函数还用于计算和评估线性，以便在图像处理单元中对偏离线性的部分进行补偿。

19.7.5　线性

表 19.10 给出最大扫描角的情况，如果令 θ_x(或 θ_y) 逐渐增大，就可以得到 GARY(或 GARX) 与 θ_x(或 θ_y) 的函数关系，并观察该函数偏离 $f\theta$ 直线的程度。

表 19.10　典型二维 $f\theta$ 扫描物镜技术指标

设计	f'/mm	F	BFL/mm	θ_x/(°)	θ_y/(°)	扫描区域/mm	SPT/μm
[FT-7]	100.0	20	94.3	±10.0	±5.0	≈ 35.0 × 35.0	2～6，<1DL
[FT-8]	100.0	17	90.4	±14.1	±7.2	≈ 50.0 × 50.0	5～8，<1DL

Config 2 和 Config 4 所表示的扫描线性都很好，参见图 19.16；而 Config 6 所表示的对角线顶角近旁的坐标 RAGX、RAGY 数值和目标值已经有了明显的差别（≈0.5mm），参见图 19.17，表明适用范围不应包含正方形的四角邻域。

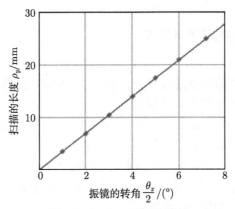

图 19.16　Config 2 的线性

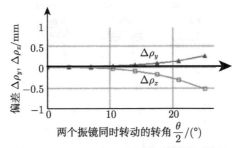

图 19.17　Config 6 对角像对线性的偏离

以上两款物镜的技术指标参见表 19.10。

19.8　变焦 $f\theta$ 扫描物镜设计

19.8.1　变焦 $f\theta$ 扫描物镜 [FT-21]

在一些科研项目及工程产品中,如果物镜既符合 $f\theta$ 条件又具备变焦功能,显然是方便的。[FT-21] 就是一例,其焦距变化范围为 100~166mm,同时具备 $f\theta$ 扫描特性,如图 19.18 所示。

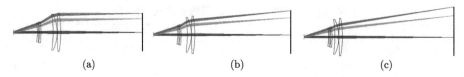

(a)　　　　　　　　　　(b)　　　　　　　　　　(c)

图 19.18　变焦 $f\theta$ 扫描物镜 [FT-21] (彩图见封底二维码)

(a) $f' = 100.0\text{mm}$; (b) $f' = 131.0\text{mm}$; (c) $f' = 166.1\text{mm}$

注意在不同的焦距下扫描角相同,以确保振镜的转角一致。线视场的变化则由焦距的变化引起。

19.8.2　变焦 $f\theta$ 扫描物镜设计要点

设计要点如下:

(1) 将较小入瞳距的物镜通过优化函数中的 OPGT 操作符,逐渐扩大系统的入瞳距,使入瞳空间足够放下两片振镜。

(2) 在 "Multi-Configuration Editor"(快捷键为 F7) 中增加两个 Config。

(3) 在现有优化函数的基础上复制出另外两个 Config,更新默认 DMFS 弥散斑优化函数,按照 18.10 节中所介绍的方法逐步扩大 Config 2 及 Config 3 的焦距。

(4) 在每个 Config 后插入两个 Config 来控制 x-y 振镜的转角,即完成了变焦二维扫描物镜的设计。如图 19.19 所示。

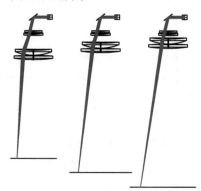

图 19.19　焦距分别为 100mm, 133mm, 166mm 的二维扫描物镜

在二维扫描物镜的设计过程中，要先完成一维扫描物镜的优化及变焦过程，再进行二维振镜设置。

19.9　本 章 小 结

$f\theta$ 扫描物镜在文件扫描、图形图像复制、激光扫标等领域有重要应用。本章介绍 $f\theta$ 扫描物镜的特点，建立扫描物镜的物理模型，讲述带可见指示光的双波长 $f\theta$ 扫描物镜设计方法，并给出光线编码的方案；介绍常用的二维 $f\theta$ 扫描物镜的设计方法，给出典型的 $f\theta$ 扫描物镜；最后介绍变焦 $f\theta$ 扫描物镜的设计要点。

参 考 文 献

[1]　谢洪波，郁道银. 扫描物镜//中国大百科全书第三版物理卷. 北京: 中国大百科全书出版社，2018.

附录 19.1　技术指标、像差曲线和结构参数

[FT-1] 技术指标

波段/μm	ENPD/mm	y'/mm	ω/(°)	f'/mm	BFL/mm	VL/mm	OD	SPT/μm		
								0	0.7	1
1.064	4.5	53.2	30.4	100	120.0	32.0	Inf	10	15	22

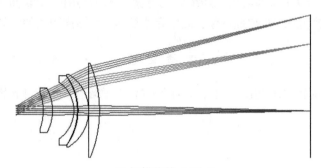

$f\theta$ 扫描物镜 [FT-1]

[FT-1] 结构参数　　　　　　　　（长度单位：mm）

No.	R	T	Gls	Semi-Dia.
OBJ	Inf	Inf		Inf
STO	Inf	15.618(V)		2.250(U)
2	−29.507(V)	5.183(V)	LAKN6(S)	10.320(U)
3	−25.599(V)	12.361(V)		12.270(U)
4	−18.480(V)	1.993(V)	P-SF67(S)	15.548(U)
5	−32.265(V)	0.337(V)		19.187(U)
6	−31.531(V)	6.008(V)	LASFN30(S)	19.273(U)
7	−23.364(V)	0.095(V)		20.176(U)
8	−1403.178(V)	6.009(V)	N-PSK53(S)	25.837(U)
9	−67.365(V)	120.000(V)		26.122(U)
IMA	Inf	—		53.192

（长度单位：mm）

ACTIVE		Config 1	Config 2
1:WAVE	1	1.064	0.532
2:WLWT	1	1.0	0.3

[FT-2] 技术指标

波段/μm	ENPD/mm	y'/mm	θ/(°)	f'/mm	BFL/mm	VL/mm	OD	SPT/μm		
								0	0.7	1
1.064	2	51.2	29.1	100	120.0	21.1		8	19	25

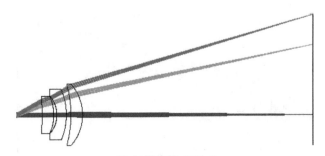

$f\theta$ 扫描物镜 [FT-2]

[FT-2]结构参数　　　　　　　　　　（长度单位：mm）

No.	R	T	Gls	Semi-Dia.
OBJ	Inf	Inf		Inf
STO	Inf	12.998(V)		1.000(U)
2	−78.135(V)	6.000(V)	H-ZK3(S)	8.006(U)
3	−22.061(V)	1.641(V)		9.573(U)
4	−14.201(V)	5.019(V)	H-ZF7LA(S)	9.601(U)
5	−31.627(V)	2.398(V)		12.880(U)
6	−56.911(V)	6.007(V)	H-ZK3(S)	14.867(U)
7	−23.416(V)	119.999(V)		15.774(U)
IMA	Inf	—		51.227

　　　　　　　　　　　　　　　　　　　　（长度单位：mm）

ACTIVE		Config 1	Config 2
1:WAVE	1	1.064	0.532
2:WLWT	1	1.0	0.3

[FT-3] 技术指标

波段/μm	ENPD/mm	y'/mm	θ/(°)	f'/mm	BFL/mm	VL/mm	OD	SPT/μm		
								0	0.7	1
1.064	4.2	52.5	30.0	100	134.7	19.8	Inf	6	5	6

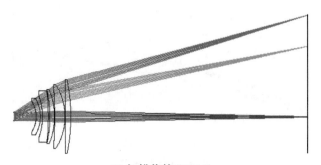

fθ 扫描物镜 [FT-3]

[FT-3]结构参数　　　　　　　　　　　　　（长度单位：mm）

No.	R	T	Gls	Semi-Dia.
OBJ	Inf	Inf		Inf
STO	Inf	13.000(V)		2.109(U)
2	−12.971(V)	2.382(V)	H-ZF13(S)	8.011(U)
3	−17.120(V)	1.200(V)		9.512(U)
4	−29.463(V)	3.242(V)	H-ZF13GT(S)	10.840(U)
5	−104.099(V)	0.904(V)		13.238(U)
6	−54.647(V)	2.572(V)	H-ZF7LA(S)	13.339(U)
7	−33.886(V)	0.100(V)		14.057(U)
8	−192.060(V)	5.981(V)	H-QK3L(S)	15.935(U)
9	−27.837(V)	0.100(V)		16.522(U)
10	1283.798(V)	3.322(V)	H-QK3L(S)	18.674(U)
11	−82.942(V)	134.695(V)		18.916(U)
IMA	Inf	—		52.519

（长度单位：mm）

ACTIVE		Config 1	Config 2
1:WAVE	1	1.064	0.532
2:WLWT	1	1.0	0.3

[FT-4] 技术指标

波段/μm	ENPD/mm	y'/mm	θ/(°)	f'/mm	BFL/mm	VL/mm	OD	SPT/μm		
								0	0.7	1
1.064	3.6	1.6	9.4	10	1.5	19.0	Inf	1.2	1.5	1.7

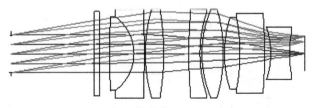

$f\theta$ 扫描物镜 [FT-4]

[FT-4] 结构参数　　　(长度单位: mm)

No.	R	T	Gls	Semi-Dia.
OBJ	Inf	Inf		Inf
STO	Inf	8.151(V)		1.776(U)
2	Inf	0.500(V)	BK7(S)	4.000(U)
3	Inf	1.000(V)		4.000(U)
4	71.101(V)	2.344(V)	SF15(S)	3.500(U)
5	−4.308(V)	1.000(V)	N-SF6HT(S)	3.500(U)
6	−228.770(V)	0.099(V)		4.200(U)
7	14.788(V)	1.778(V)	F2HT(S)	4.200(U)
8	−24.472(V)	2.448(V)		4.000(U)
9	47.691(V)	1.098(V)	N-SF14(S)	4.200(U)
10	12.015(V)	0.197(V)		4.000(U)
11	10.586(V)	2.099(V)	N-LAK9(S)	4.200(U)
12	−14.313(V)	0.108(V)		4.200(U)
13	11.150(V)	1.499(V)	SSK2(S)	3.400(U)
14	−17.335(V)	2.421(V)	BASF57(S)	3.400(U)
15	−44.307(V)	0.600(V)		3.800(U)
16	−7.654(V)	1.810(V)	SF58(S)	2.500(U)
17	10.002(V)	1.502(V)		2.000(U)
IMA	Inf	—		1.642

(长度单位: mm)

ACTIVE		Config 1	Config 2
1:WAVE	1.0	1.064	0.532
2:WLWT	1	1.0	0.3

[FT-5] 技术指标

波段/μm	ENPD/mm	y'/mm	$\omega/(°)$	f'/mm	BFL/mm	VL/mm	OD	SPT/μm		
								0	0.7	1
1.064	4.5	58.1	33.4	100	120.0	32.0	Inf	7	3	5

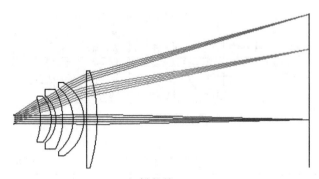

$f\theta$ 扫描物镜 [FT-5]

[FT-5]结构参数   （长度单位：mm）

No.	R	T	Gls	Semi-Dia.
OBJ	Inf	Inf		Inf
STO	Inf	15.000(V)		2.250(U)
2	−36.100(V)	6.003(V)	LAK8(S)	10.993(U)
3	−19.782(V)	2.661(V)		12.605(U)
4	−17.069(V)	3.979(V)	N-SF14(S)	12.987(U)
5	−33.163(V)	5.910(V)		16.457(U)
6	−22.995(V)	5.999(V)	N-LAF32(S)	17.727(U)
7	−23.522(V)	1.447(V)		20.206(U)
8	1504.830(V)	6.000(V)	PSK54(S)	26.413(U)
9	−89.899(V)	120.006(V)		26.867(U)
IMA	Inf	—		58.062(U)

（长度单位：mm）

ACTIVE		Config 1	Config 2
1:WAVE	1	1.064	0.532
2:WLWT	1	1.0	0.3

[FT-6] 技术指标

波段/μm	ENPD/mm	y'/mm	ω/(°)	f'/mm	BFL/mm	VL/mm	OD	SPT/μm 0	0.7	1
0.532	8.1	21.2	12.2	100	124.4	70.0	Inf	1	5	6

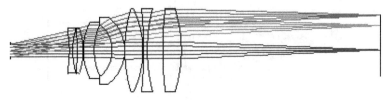

$f\theta$ 扫描物镜 [FT-6]

[FT-6]结构参数　　　　　　　　　（长度单位：mm）

No.	R	T	Gls	Semi-Dia.
OBJ	Inf	Inf		Inf
STO	Inf	36.500(V)		4.040(U)
2	−65.467(V)	2.000(V)	PK50(S)	11.728(U)
3	46.200(V)	2.658(V)		14.000(U)
4	−971.723(V)	3.991(V)	LF7(S)	13.500(U)
5	−39.208(V)	0.100(V)		14.000(U)
6	38.614(V)	6.855(V)	N-BALF5(S)	17.000(U)
7	37.888(V)	11.143(V)		16.000(U)
8	−20.644(V)	7.924(V)	N-SF11(S)	16.000(U)
9	−25.376(V)	0.100(V)		20.500(U)
10	89.920(V)	11.219(V)	N-PK52A(S)	25.500(U)
11	−56.952(V)	0.438(V)		25.500(U)
12	−250.740(V)	2.322(V)	N-SF11(S)	25.500(U)
13	97.402(V)	9.560(V)		25.500(U)
14	212.689(V)	11.691(V)	N-PK52A(S)	25.500(U)
15	−80.824(V)	124.428(V)		25.500(U)
IMA	Inf	—		21.241

（长度单位：mm）

ACTIVE		Config 1	Config 2
1:WAVE	1	1.064	0.532
2:WLWT	1	1.0	0.3

[FT-7] 技术指标

波段/μm	ENPD/mm	y'/mm	θ/(°)	f'/mm	BFL/mm	VL/mm	OD	SPT/μm		
								Config 2	Config 4	Config 6
1.064	5	17.5	1.4	100	94.3	48.2	Inf	6	6	10

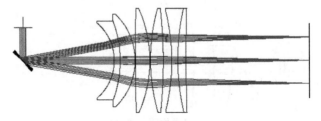

$f\theta$ 扫描物镜 [FT-7]

[FT-7]结构参数   （长度单位：mm）

No.	R	T	Gls	Semi-Dia.
OBJ	Inf	Inf		0.000
1	Inf	10.000		2.500
2:C Break(STO)		0.000		0.000
3	Inf	0.000	MIRROR	3.536
4:C Break		−24.470		0.000
5:C Break		0.000		0.000
6	Inf	0.000	MIRROR	2.500
7:C Break		70.000		0.000
8	−36.586(V)	4.537	N-SF11	28.000(U)
9	−82.727(V)	11.383	LAFN28	29.500(U)
10	−47.564(V)	0.100		34.500(U)
11	1123.804(V)	11.063	LAFN7	39.000(U)
12	−94.879(V)	0.495		39.000(U)
13	140.015(V)	9.696	N-LAK8	39.000(U)
14	−353.958(V)	6.399		39.000(U)
15	−154.981(V)	4.500	N-SF57HT	37.000(U)
16	172.346(V)	6.230	N-LAF2	39.000(U)
17	1338.879(V)	94.274		39.000(U)
IMA	Inf	—		17.546

（长度单位：mm）

ACTIVE: 6/6	Config 1	Config 2	Config 3	Config 4	Config 5	Config 6
1:PRAM 2/3	45.000	50.020	39.980	45.000	45.000	39.980
2:PRAM 4/3	45.000	39.980	50.020	45.000	45.000	50.020
3:PRAM 5/4	45.000	45.000	45.000	50.020	39.980	39.980
4:PRAM 7/4	45.000	45.000	45.000	39.980	50.020	50.020

[FT-8] 技术指标

波段/μm	ENPD/mm	y′/mm	θ/(°)	f′/mm	BFL/mm	VL/mm	OD	SPT/μm		
								Config 2	Config 4	Config 6
1.064	6.0	35.5	14.32	100	90.44	50.0	Inf	5	5	8

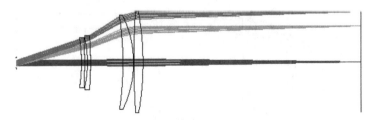

fθ 扫描物镜 [FT-8]

[FT-8]-Config 6 结构参数 (长度单位：mm)

No.	R	T	Gls	Semi-Dia.
OBJ	Inf	Inf		Inf
1	Inf	10.000		3.000
2: C Break (STO)		0.000		0.000
3		0.000	MIRROR	10.280(U)
4:C Break		−25.000		0.000
5:C Break		0.000		0.000
6	Inf	0.000	MIRROR	10.280(U)
7:C Break		45.000	—	0.000
8	−23.492(V)	2.516(V)	N-LAK8(S)	20.500(U)
9	−25.799(V)	7.312(V)	K7HT(S)	22.000(U)
10	−29.297(V)	0.100(V)		25.500(U)
11	824.206(V)	11.775(V)	H-ZLAF68N(S)	31.000(U)
12	−95.275(V)	10.525(V)		32.000(U)
13	88.776(V)	5.433(V)	N-LAK7(S)	32.000(U)
14	57.808(V)	5.039(V)		32.000(U)
15	86.506(V)	7.302(V)	H-SF57HTULTRA(S)	32.000(U)
16	141.913(V)	90.441(V)		30.000(U)
IMA	Inf	—		35.546

(长度单位：mm)

ACTIVE: 6/6	Config 1	Config 2	Config 3	Config 4	Config 5	Config 6
1:PRAM 2/3	45.000	52.150	37.850	45.000	45.000	37.850
2:PRAM 4/3	45.000	37.850	52.150	45.000	45.000	52.150
3:PRAM 5/4	45.000	45.000	45.000	37.850	52.150	52.150
4:PRAM 7/4	45.000	45.000	45.000	52.150	37.850	37.850

[FT-21] 技术指标

波段/μm	ENPD/mm	y'/mm	θ/(°)	f'/mm	BFL/mm	VL/mm	OD	SPT/μm		
								0	0.7	1
0.808	3.2	31.5	18.0	100	140.07	39.3	Inf	16	12	13

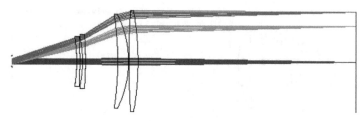

$f\theta$ 扫描物镜 [FT-21]

[FT-21]结构参数　　　　　　　　　　（长度单位：mm）

No.	R	T	Gls	Semi-Dia.
OBJ	Inf	Inf		Inf
1: STO	Inf	42.493(V)		3.163
2	−93.519(V)	2.000(V)	N-LAF36(S)	15.010
3	−497.306(V)	1.847(V)		15.756
4	−68.685(V)	2.000(V)	N-SF57(S)	15.864
5	−192.652(V)	20.501(V)		16.952
6	−196.015(V)	6.819(V)	P-SF68(S)	28.767
7	−65.718(V)	0.240(V)	—	29.478
8	463.551(V)	5.910(V)	SF59(S)	31.446
9	−174.837(V)	140.070(V)		31.616
IMA	Inf			31.523

（长度单位：mm）

ACTIVE		Config 1	Config 2	Config 3
1:TTHC	1	42.493(V)	42.493	42.493
2:TTHC	5	20.501(V)	11.162(V)	4.792(V)
3:TTHC	9	140.070(V)	168.494(V)	197.397(V)
4:YFIE	3	18.000	18.000(P)	18.000(P)
5:YFIE	2	12.700	12.700(P)	12.700(P)

附录 19.2　$f\theta$ 物镜的线性观察

为验证 $f\theta$ 的线性关系, 在优化函数中仅利用 DISC 尚不足以切实体现, 这里通过 REAX 结合 RANG 来判断 x 轴、y 轴及对角线是否满足线性关系。

在一维 $f\theta$ 扫描物镜中, 若不采用振镜设置, 可以直接通过 REAX 或 REAR 的 "H_x、H_y、P_x、P_y" 子午及弧矢视场设置来读取每一个位置的长度分量, 利用 RANG 确定当前振镜的旋转角度, 即可以计算出成像位置与角度的关系。

在设置的二维 $f\theta$ 扫描物镜中, x、y 振镜均为旋转镜, 则利用 REAX 观察每一个 CONF (组态) 下的位置分量, 通过把 x、y 振镜的旋转角度分别划分为多个等份小角度, 观察每份旋转的角度所对应的成像位置, 即可计算出它们之间的关系, 如附表 19.1 所示。

附表 **19.1**　$f\theta$ 扫描物镜的线性观察

Oper#	Surf1	Surf2	H_x	H_y	P_x	P_y	Tag.	Wt.	Val.	Ctrb.
1:CONF	1、2、$\cdots$									
2:RANG	12	1	0	1	0	0	0	0	0.59	0
3:REAX	22	1	0	1	0	0	0	0	49.0	0
$\cdots\cdots$										

Active1/16		Config 1	Config 2	Config 3	Config 4	Config 5	$\cdots\cdots$
1:PAR3	2	−51.0	−49.5	−48.0	−46.5	−45.0	$\cdots\cdots$
2:PAR3	6	−39.0	−40.5	−42.0	−43.5	−45.0	$\cdots\cdots$
3:PAR4	7	−38.6	−40.2	−41.8	−43.4	−45.0	$\cdots\cdots$
4:PAR4	11	−51.4	−49.8	−48.2	−46.6	−45.0	$\cdots\cdots$

附录 19.3　$f\theta$ 物镜的优化函数

Oper#	Surf1	Surf2	H_x	H_y	P_x	P_y	Tag.	Wt.	Val.	Ctrb.
1:CONF	1									
2:BLNK	F-THETA									
3:BLNK	CONFIG.1									
4:CONF	1									
5:BLNK	ANGLE FIELD									
6:RANG	1	1					0.000	0.000	0.42	0.000
7:CONS							57.295	0.000	57.295	0.000
8:PROD	6	7					0.000	0.000	24.00	0.000
9:BLNK	EFFL									
10:EFFL		1					100.000	0.100	100.000	0.000
11:REAR	11	1	0.000	1.000	0.000	0.000	0.000	0.000	44.080	0.000
12:REAR	11	1	0.000	0.700	0.000	0.000	0.000	0.000	30.310	0.000
13:BLNK	VL									
14:TTHI	2	10					0.000	0.000	38.922	0.000
15:OPLT	14						43.000	0.100	43.000	0.000
16:BLNK	BFL									
17:CTGT	11						110.000	0.100	110.000	0.100
18:CTGT	11						145.000	0.100	145.000	0.100
19:BLNK	DT									
20:DISC		1					0.000	0.100	0.0136	0.226
21:OPLT	20						0.008	0.000	0.008	0.000
22:BLNK	ENTRANCE PUPLE POSITION									
23CTVA	1						70.000	0.100	69.997	0.013
24:BLNK	APERATURE CONTROL									
25:REAY	2	1	0.000	1.000	0.000	0.000	0.000	0.000	27.225	0.000
26:OPLT	25						29.000	0.100	29.000	0.000
27:BLNK										
28:BLNK	BOUNDING FOR THICKNESS OF CENTERS AND EDGES									
29:MNCA	2	11					0.100	0.100	0.0964	0.0154
30:MNEA	2	11					0.100	0.100	0.0964	0.0154
31:MNCG	2	11					3.000	0.020	3.000	0.000
32:MNEG	2	11					3.000	0.020	2.958	0.431
33:MXCG	2	11					9.100	0.020	9.145	0.597
34:MXEG	2	11					9.300	0.020	9.300	0.000
35:BLNK	CONFIG.2									
36:CONF	2									
37:BLNK					DT					
38:DISC		1					0.000	0.100	8.54×10^{-3}	0.088

Oper#	Surf1	Surf2	H_x	H_y	P_x	P_y	Tag.	Wt.	Val.	Ctrb.
39:OPLT	38						0.080	0.000	0.08	0.000
40:BLNK										
41:REAR	11	1	0.000	1.000	0.000	0.000	0.000	0.000	44.054	0.000
42:DIFF	41	11					0.000	0.300	−0.029	3.187
43:REAR	11	1	0.000	1.000	0.000	0.000	0.000	0.000	30.308	0.000
44:DIFF	43	12					0.000	0.300	-8.019×10^{-3}	0.234
45:BLNK										
46:DMFS										
47:BLNK			Default merit function: RMS spot radius chief GQ 3 rings 6							
48:CONF	1									
49:BLNK			No default air thickness boundary constraints.							
50:BLNK			No default glass thickness boundary constraints.							
51:BLNK			Operands for field 1.							
52:TARA		1	0.000	0.000	0.336	0.000	0.291	3.653	0.000	0.000
......										

第20章 目　　镜

20.1　引　　言

　　望远镜和显微镜的目镜是以眼睛作为接收终端的特殊光学器件，是望远镜、显微镜等目视光学仪器的组成部分，使用时它的入瞳与人眼的瞳孔重合，位于目镜以外。目镜的作用是把物镜所成的实像进行二次放大，成像于无穷远或明视距离处，供眼睛观察。入瞳与第一片透镜的间距 (入瞳距)L_{p} 又称 "镜目距" 或 "眼点距"(eye relief)。

　　图 20.1 为开普勒望远镜的光学系统图。望远物镜把远处目标 (右方) 成像在目镜的后焦面附近，焦面上有一个圆形的镜框，它的直径 ϕ 等于目镜线视场，称目镜的视场光阑，也是系统的视场光阑，光阑直径限定目镜的角视场为

$$\omega = \frac{\phi/2}{f'_{\mathrm{E}}} \tag{20.1}$$

式中，f'_{E} 为目镜焦距；物镜的角视场则为

$$\omega' = \frac{\phi/2}{f'_{\mathrm{O}}} \tag{20.2}$$

其中，f'_{O} 为物镜焦距；显然 $\omega > \omega'$。对于望远系统，视场角的放大率

$$\Gamma = \frac{\omega}{\omega'} = \frac{f'_{\mathrm{O}}}{f'_{\mathrm{E}}} \tag{20.3}$$

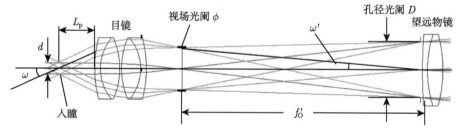

图 20.1　开普勒望远镜的光学系统图 (注意真正的物方在右侧) (彩图见封底二维码)

　　从轴上光线来看，系统的孔径光阑位于物镜第三表面，它通过目镜的像就是目镜的入瞳，也是系统的入瞳。设孔径光阑直径为 D，则目镜的入瞳直径

$$d = \frac{f'_{\mathrm{E}}}{f'_{\mathrm{O}}} D = \frac{D}{\Gamma} \tag{20.4}$$

式中, f'_E 为目镜的焦距, Γ 为望远镜的主光线角放大率。由于 $f'_E < f'_O$, 即 $\Gamma > 1$, 所以 $d < D$。开普勒望远镜中看到的是倒像, 需要用转像棱镜 (例如, 图 5.19 中的阿米西棱镜) 来实现正像。

由此可见, 目镜有以下特点:

(1) 目镜自身并没有孔径光阑, 物镜 (望远物镜、显微物镜等) 的光阑才是它的孔径光阑, 孔径光阑经由目镜成的像是目镜的入瞳, 入瞳的直径和位置由物镜和目镜共同决定。本章中的目镜实例均以入瞳为孔径光阑, 并给定入瞳直径 (即入射光束的直径) 的参考值, 当目镜与物镜配合使用时, 则以物镜光阑相对目镜的入瞳位置和直径进行修正, 在 20.7 节中将举例予以说明。

(2) 目镜一般带有视场光阑。视场光阑是目镜后焦面上的一个镜框, 它限定了物方和像方视场角。

(3) 由于目镜的像位于眼的明视距离 250mm 处, 目镜的 "物" 则位于后焦面, 所以它的放大倍率由焦距决定:

$$\Gamma_E = \frac{250}{f'_E} \tag{20.5}$$

焦距越短, 倍率越高, 目镜倍率一般位于 5× ~25× 内。

(4) 目镜是短焦距、大视场、小孔径系统, 设计时主要考虑轴外像差。

(5) 镜目距 L_p 与焦距的比

$$\rho = \frac{L_p}{f'} \tag{20.6}$$

一般称 $\rho \geqslant 1$ 的目镜为长镜目距物镜 (long-eye-relief eyepiece)。

本章介绍各种目镜的特点和用途, 给出典型设计的实例, 并论述目镜和系统的接续操作。由于目镜的设计非常成熟, 一般根据应用要求直接缩放、略加修改即可, 不必重新设计。

20.2 常 用 目 镜

20.2.1 早期的目镜

早期的目镜是惠更斯目镜和拉姆斯登目镜, 均由两片正透镜构成, 近年来只用在低档生物显微镜中。

20.2.2 凯涅尔目镜

图 20.2(a) 为 10× 凯涅尔目镜 (Kellner eyepiece)[EP-1] [1] 的系统图, 全视场角 $2\omega = 36°$, 入瞳直径 $d = 4.9\text{mm}$, 技术指标参见表 20.1。从本节起目镜焦距记为 f'。

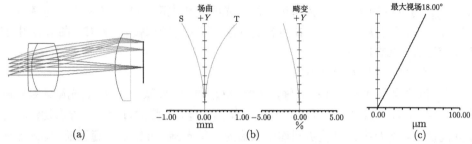

图 20.2　(a) 10× 凯涅尔目镜 [EP-1]；(b) 像散 (±1.00mm) 和畸变 (±5.00%)；(c) 倍率色差 (100.00μm) (彩图见封底二维码)

表 20.1　[EP-1]技术指标　　　　(长度单位：mm)

指标	数值
f'	25.00
$2\omega/(°)$	36.00
L_{p}	6.90
d	4.90
F	5.10
$\phi(2y')$	16.00
ρ	0.28

　　凯涅尔目镜由双胶合消色差接目镜(接近眼睛的透镜) 和单片场镜(接近视场光阑的透镜) 构成，色差校正得很好，但镜目距 L_{p} 较小。此外，由于场镜和焦面很近，要求场镜具有较高的光洁度，场镜上很小的麻点和细划痕都会观察到。图 20.2(b) 和 (c) 为像散、畸变和倍率色差曲线，这是大视场的主要像差。

　　凯涅尔目镜一般只用在学生用生物显微镜、双目望远镜等普通光学仪器中。

20.2.3　对称式目镜

　　图 20.3 为 10× 对称式目镜 (Ploessl eyepiece)[EP-2]的系统图及其像散、畸变和倍率色差曲线，技术指标参见表 20.2。

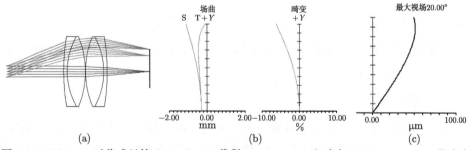

图 20.3　(a) 10× 对称式目镜 [EP-2]；(b) 像散 (±2.00mm) 和畸变 (±10.00%)；(c) 倍率色差 (100.00μm) (彩图见封底二维码)

表 20.2 [EP-2]技术指标 （长度单位：mm）

指标	数值
f'	25.00
$2\omega/(°)$	40.00
L_p	25.00
d	4.00
F	6.20
$\phi(2y')$	17.00
ρ	1.00

该目镜由两组结构完全对称的双胶合消色差透镜组构成，透镜组各自校正纵向色差，整个目镜的倍率色差也得到改善，镜目距 $L_\mathrm{p} > 0.7f'$，本例中则达到 1 倍焦距，视场角大于凯涅尔目镜，是一款常用的优秀目镜。

20.2.4 无畸变目镜

图 20.4 为 16× 无畸变目镜 (orthoscopic eyepiece)[EP-3]的系统图及其像散、畸变和倍率色差曲线，技术指标参见表 20.3。

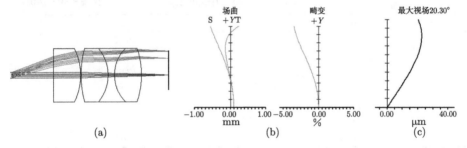

图 20.4 (a) 16× 无畸变目镜 [EP-3]；(b) 像散 (±1.00mm) 和畸变 (±5.00%)；(c) 倍率色差 (40.00μm) (彩图见封底二维码)

表 20.3 [EP-3]技术指标 （长度单位：mm）

指标	数值
f'	15.50
$2\omega/(°)$	40.60
L_p	12.90
d	3.10
F	5.00
$\phi(2y')$	11.00
ρ	0.83

该类目镜为火石玻璃或钡冕玻璃的平凸透镜，平面朝向眼睛，第二组为接近对称的三胶合透镜组。畸变比对称式目镜略好一点，倍率色差不大。

20.2.5　10× 简化艾尔弗广角目镜

图 20.5 为 10× 简化艾尔弗 (simplified Erfle) 广角目镜 (又称 Berthele 目镜)[EP-4][2] 的系统图及其像散、畸变和倍率色差曲线，技术指标参见表 20.4。

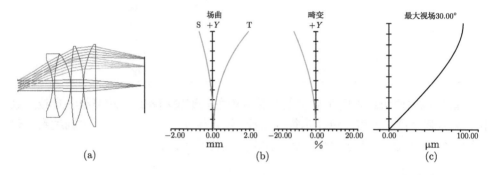

(a)　　　　　　　　　　　　　　　　(b)　　　　　　　　　　　(c)

图 20.5　(a) 10× 简化艾尔弗目镜 [EP-4]；(b) 像散 (±2.00mm) 和畸变 (±20.00%)；(c) 倍率色差 (100.00μm) (彩图见封底二维码)

表 20.4　[EP-4]技术指标　　　　　　　　(长度单位：mm)

指标	数值
f'	25.00
$2\omega/(°)$	60.00
L_p	17.20
d	4.90
F	5.10
$\phi(2y')$	26.2
ρ	0.69

该目镜的视场角 $2\omega = 60.00°$，线视场 $2y' = 25.70$mm，但畸变和倍率色差很大，这是增大视场付出的代价。一些军用望远镜要求较大的线视场，这款目镜正好符合要求。

20.3　广　角　目　镜

20.3.1　艾尔弗广角目镜

图 20.6 为 16× 艾尔弗广角目镜 [EP-5] 的系统图及其像散、畸变和倍率色差曲线，技术指标参见表 20.5。

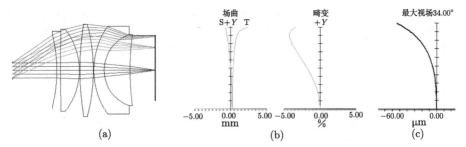

图 20.6 (a) 16× 艾尔弗目镜 [EP-5]；(b) 像散 (±5.00mm) 和畸变 (±5.00%)；(c) 倍率色差
(−60.00μm) (彩图见封底二维码)

表 20.5 [EP-5]技术指标   (长度单位：mm)

指标	数值
f'	15.40
$2\omega/(°)$	68.00
L_p	13.10
d	4.40
F	3.50
$\phi(2y')$	20.00
ρ	0.85

该目镜由两组双胶合加一个单片构成，视场角 $2\omega = 68.00°$，是视场角最大的
广角目镜之一，线视场 $\phi(2y') = 20.00\mathrm{mm}$，与大视场显微物镜的像方视场相符。该
目镜畸变曲线出现高级量，使得最大畸变仅为 −4.3%，倍率色差也不算大，是一款
高性能的广角目镜。

20.3.2 变形艾尔弗广角目镜

图 20.7 为 16× 变形艾尔弗 (Erfle modification) 广角目镜 [EP-6] 的系统图及
其像散、畸变和倍率色差曲线，技术指标参见表 20.6。

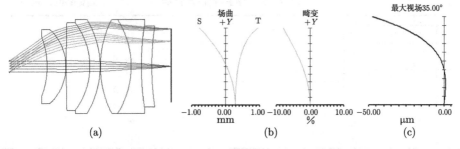

图 20.7 (a) 16× 变形艾尔弗目镜 [EP-6]；(b) 像散 (±1.00mm) 和畸变 (±10.00%)；(c) 倍
率色差 (−50.00μm) (彩图见封底二维码)

表 20.6   [EP-6]技术指标   （长度单位：mm）

指标	数值
f'	15.50
$2\omega/(°)$	70.00
L_p	10.30
d	2.80
F	5.50
$\phi(2y')$	19.80
ρ	0.66

该目镜系将艾尔弗物镜的场镜变为三胶合而成，视场角 2ω 高达 70.00°，线视场 $\phi = 19.80$mm。畸变较大。

20.3.3   广角小畸变目镜

图 20.8 为 16× 艾尔弗广角目镜 [EP-7] 的系统图及其像散、畸变和倍率色差曲线，技术指标参见表 20.7。该目镜系的显著特点在于非常大的视场角 (70.00°) 和非常小的畸变 (DT<1.1%)，倍率色差也不大，像质很好。

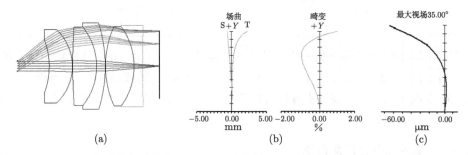

图 20.8   (a) 16× 变形艾尔弗目镜 [EP-7]；(b) 像散 (±5.00mm) 和畸变 (±2.00%)；(c) 倍率色差 (−60.00μm) (彩图见封底二维码)

表 20.7   [EP-7]技术指标   （长度单位：mm）

指标	数值
f'	15.74
$2\omega/(°)$	70.00
L_p	11.60
d	3.10
F	5.10
$\phi(2y')$	22.00
ρ	0.74

目镜的第一、二片透镜采用高折射率、低色散的 H-ZLAF68(883-408)，第三、五片透镜采用超高折射率、高色散的 D-ZF93($n_\mathrm{d} = 2.0017$, $\nu_\mathrm{d} = 20.7$mm^{-1})，第四

片透镜则采用 D-ZPK1A，玻璃的合理组合得到了较好的性能。

20.4 长镜目距目镜

20.4.1 远摄型 10× 长镜目距目镜

长镜目距目镜适用于戴眼镜的观察者，许多军用目视光学仪器要求长镜目距。目镜 [EP-8] 的镜目距达到 40mm，$\rho = 1.6$，参见图 20.9。大光焦度弯月形负场镜将前主面向前推出系统，整个系统为远摄型，镜目距 L_p 比焦距大得多。

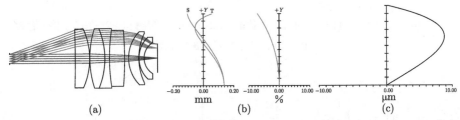

图 20.9　(a) 10× 艾尔弗目镜 [EP-8]；(b) 像散 (± 0.20mm) 和畸变 ($\pm 10.00\%$)；(c) 倍率色差 (10.00μm) (彩图见封底二维码)

这款目镜由六片透镜构成，其核心是一个负双胶合透镜以及与它密接的正透镜构成的三透镜部件，该部件的光焦度并不大，主要作用在于校正轴外像差，前后两片正透镜负担了主要的光焦度，最后一片大弯月透镜一方面有平像场的功能，另一方面又增大了镜目距。

该目镜的特征是像散和倍率色差校正得非常好，倍率色差出现高级量。弥散很小，SPT=7～14μm。技术指标见表 20.8。

表 20.8　[EP-8]技术指标　　　　　　　　　(长度单位：mm)

指标	数值
f'	25.5
$2\omega/(°)$	37.6
L_p	40.0
d	5.4
F	4.8
$\phi(2y')$	16.2
ρ	1.6

20.4.2 变形艾尔弗长镜目距目镜

三款长镜目距目镜 [EP-9]、[EP-10] 和 [EP-11] 都是艾尔弗目镜的变形或简化，镜目距分别为 21.86mm($\rho = 1.07$)、24.39mm($\rho = 1.25$) 和 16.2mm($\rho = 1.04$)，见图 20.10～图 20.12。其中 [EP-10] 最后一片负透镜显然起到增大镜目距的作用。此

外，由于艾尔弗系列目镜为大视场目镜，这个目镜兼具长镜目距和大视场的功能，轴外像差校正得较好，技术指标见表 20.9～表 20.11。

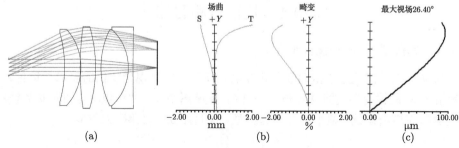

图 20.10　(a) 12.3×目镜 [EP-9]；(b) 像散 (±2.00mm) 和畸变 (±2%)；(c) 倍率色差
(100.00μm) (彩图见封底二维码)

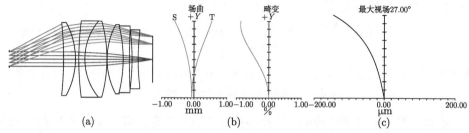

图 20.11　(a) 12.8×目镜 [EP-10]；(b) 像散 (±1.00mm) 和畸变 (±1.00%)；(c) 倍率色差
(200.00μm) (彩图见封底二维码)

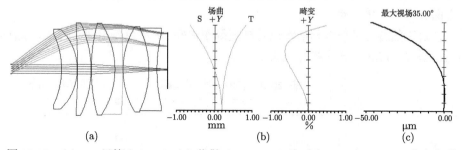

图 20.12　(a) 16×目镜 [EP-11]；(b) 像散 (±1.00mm) 和畸变 (±1.00%)；(c) 倍率色差
(−50.00μm) (彩图见封底二维码)

表 20.9　[EP-9]技术指标　　　　　　　　(长度单位：mm)

指标	数值
f'	20.40
$2\omega/(°)$	52.80
L_p	21.90
d	6.10
F	3.30
$\phi(2y')$	20.2
ρ	1.07

表 20.10 [EP-10]技术指标 (长度单位: mm)

指标	数值
f'	19.50
$2\omega/(°)$	54.00
L_p	24.40
d	6.30
F	3.10
$\phi(2y')$	20.00
ρ	1.25

表 20.11 [EP-11]技术指标 (长度单位: mm)

指标	数值
f'	15.60
$2\omega/(°)$	70.00
L_p	16.20
d	2.70
F	5.80
$\phi(2y')$	22.00
ρ	1.04

20.4.3 长镜目距目镜 [EP-12]

该目镜的构造形式略有不同，由最后一片负透镜的远摄结构导致长镜目距，各项像差都校正得很好，用到高折射率、低色散的玻璃 H-LAK53A、H-LAF10L 以及更高折射率的 H-ZF62，见图 20.13。技术指标参见表 20.12。

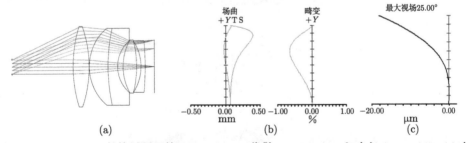

图 20.13 (a) 12.5× 长镜目距目镜 [EP-12]；(b) 像散 (±0.50mm) 和畸变 (±1.00%)；(c) 倍率色差 (−20.00μm) (彩图见封底二维码)

表 20.12 [EP-12]技术指标 (长度单位: mm)

指标	数值
f'	20.00
$2\omega/(°)$	50.00
L_p	22.40
d	5.00
F	4.00
$\phi(2y')$	18.60
ρ	1.12

20.5 变焦目镜

图 20.1 为望远镜光学系统, 由望远物镜和目镜构成, 望远镜的角放大率等于物镜焦距与目镜焦距之比。由 (20.2) 式, 物方视场角为常量:

$$\omega' = \frac{\phi/2}{f'_\mathrm{O}} = \frac{\omega}{M} \tag{20.7}$$

例如, 20× 望远镜像方 (目镜方) 视场角为 ±20° 时, 物方视场为 ±1°, 且不可调。如要观察不同大小的视场, 就得引入调焦机构。一般望远物镜直径都很大, 物镜变焦的结构重大, 调节不方便。如果在目镜中设计变焦机构, 就可以连续改变物方视场角, 在使用上显然是方便的。

图 20.14 为变焦目镜 [EP-21], 镜目距 $L_\mathrm{p} = 19.5\mathrm{mm}$, 变焦比 ZR=2.0, 共有四个变焦间隔 $T3$、$T5$、$T9$ 和 $T14$, 在焦面上设置可变光阑, 光阑直径跟随焦距变化。在变焦过程中目镜的角视场不变, 视场光阑直径 ϕ 从 14.0mm 递次增大到 28.0mm。

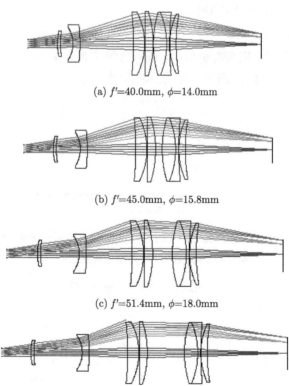

(a) f'=40.0mm, ϕ=14.0mm

(b) f'=45.0mm, ϕ=15.8mm

(c) f'=51.4mm, ϕ=18.0mm

(d) f'=60.0mm, ϕ=21.0mm

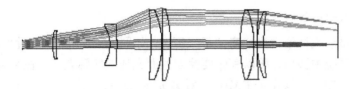

(e) $f'=70.9\text{mm}$, $\phi=24.8\text{mm}$

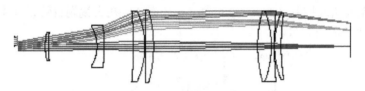

(f) $f'=80.0\text{mm}$, $\phi=28.0\text{mm}$

图 20.14 变焦目镜 [EP-21] (彩图见封底二维码)

目镜各个 Config 的像质都很好, 见表 20.13。畸变 DT< 1%, 倍率色差 < 25μm。

表 20.13 变焦目镜 [EP-21]-4 的技术指标 ($2\omega = 20°$, $L_p = 19.45\text{mm}$, $d = 5.0\text{mm}$)

		Config 1	Config 2	Config 3	Config 4	Config 5	Config 6
f'/mm		40.0	45.0	50.0	60.0	70.0	80.0
F		16.0	18.0	20.0	24.0	28.0	32.0
ϕ/mm		14.0	15.7	17.8	21.0	24.7	28.0
ST/mm		153.2	162.7	175.0	189.0	204.8	216.4
SPT/μm	0	3	2	1	1	2	3
	0.7	12	9	7	8	8	8
	1.0	12	10	12	13	13	13

注: ST 为系统长度 (从第一面到像面), ϕ 为视场光阑直径。

20.6 主光线轮廓控制和目镜设计评价函数

20.6.1 大视场像差控制, 主光线轮廓控制和镜目距下限控制模块

目镜设计已经非常成熟, 一般情况下, 根据视场角要求选择目镜的类型, 再根据线视场 (即视场光阑直径 ϕ) 对原型设计进行焦距缩放即可。

目镜设计程序的评价函数类似于一般的定焦物镜, 如 FIXED-3A-SIMPLE, 但需要做如下修改。

1. 大视场像差控制

对于目镜而言, 主要像差为轴外像差, 特别是畸变和倍率色差。所以在评价函数中要加入相关的目标值 DIMX(最大畸变)、LACL(倍率色差) 并设定权重。

2. 主光线轮廓控制

广角目镜的大视场主光线弯曲得很厉害, 如图 20.15 所示, 优化时稍有不慎, 光线容易从系统中溢出, 所以有必要控制各面光线的实际孔径, 在目镜优化程序 EYEPIECE-2 中引入操作符 $DMLT_m$ 对第 m 面的最大光线高度进行大致的限定。一般需对若干敏感的面进行轮廓控制, 就可达到控制主光线轨迹的目标, 称这一操作为 "主光线轮廓控制"(chief ray contour control), 在大视场目镜设计中有效地规避了主光线的溢出。

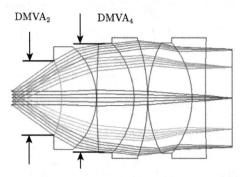

图 20.15   目镜主光线轮廓控制 (彩图见封底二维码)

$DMVA_2$ 和 $DMVA_4$ 分别为第 2、4 面的光线最大直径

例如, 一个目镜评价函数中的主光线轮廓控制模块如表 20.14 所示。前两个面完全达到目标值, 后三个面的直径略偏大, 影响并不大。

表 20.14   主光线轮廓控制模块 (APT CTR)   (长度单位: mm)

#Oper	Surf	Tag.	Wt.	Val.	Ctrb.
1:DMLT	2	16.757	0.100	16.757	0.00
2:DMLT	4	23.646	0.100	23.646	0.00
3:DMLT	6	24.900	0.100	24.949	4.424
4:DMLT	8	24.900	0.100	24.949	4.424
5:DMLT	10	24.900	0.100	24.949	4.424

3. 镜目距下限控制

设计长镜目距目镜时, 可以运用 $CTGT_1$ 给定 $T1$ 的下限。

20.6.2   变焦目镜评价函数

变焦目镜评价函数的组成方式与一般变焦物镜一致, 第一部分为各个 Config 的评价函数, 第二部分为弥散斑控制函数, 由 DMFS 导引。

对评价函数的详细描述请参见附录 20.2。

20.7 目镜和显微物镜的接续（I）：光阑像差和 Ray Aiming 操作

20.7.1 目镜和显微物镜的接续

前面讲过，目镜不能独立工作，总是和显微物镜或望远物镜结合工作。图 20.16 是 16× 艾尔弗目镜 [EP-7] 和 10× 李斯特显微物镜 [HO-4-6] 构成 160× 显微镜系统 [EP-CB] 示意图。物镜光阑就是系统的孔径光阑，一般位于物镜后部，它通过目镜反向成像，形成系统的入瞳。目镜的后焦面与物镜的像面重合，标本首先经由物镜放大 10 倍于目镜焦面上，通过目镜再放大 16 倍形成虚像。目镜焦面上通常还有一个视场光阑，限定了目镜视场的同时，也限制了物镜视场的大小。

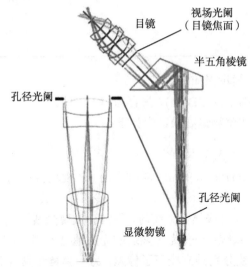

图 20.16　160× 显微镜系统 [EP-CB] (彩图见封底二维码)

由目镜 [EP-7]、半五角棱镜和显微物镜 [HO-4-6] 接续而成

常规显微镜目镜像面直径为 15~20mm，对应的标本视场直径为 1.5~2.0mm。通常还用一个半五角棱镜 (half-penta prism) 使目镜呈 45° 倾斜，以便观察。

20.7.2 系统合成，光阑像差和 Ray Aiming 操作

物镜和目镜技术指标如表 20.15 所示，光阑在物镜第一面。注意物镜的像面直径 $2y'$ 和目镜的后焦面直径 ϕ 一致。一般选择原则是，目镜的后焦面直径应大于或等于物镜像面直径：$\phi \geqslant 2y'$，亦即选择原则以物镜为主，必要时更换目镜。

表 20.15-1   10× 显微物镜技术指标   （长度单位：mm）

指标	数值
f'	15.60
$2y$	15.20
CJ(共轭距)	185.00
NA	0.25
β	−10.00
DT/%	−0.22

表 20.15-2   16× 目镜 [EP-7] 技术指标   （长度单位：mm）

指标	数值
f'	15.74
$2\omega/(°)$	70.00
L_p	11.60
d	3.10
F	5.10
$\phi(2y')$	22.00
ρ	0.74

目镜和物镜的接续步骤如下：

(1) 调出物镜数据 (Lens Data)，另存为 [EP-CB]。

(2) 孔径和视场按照物镜要求设定如下：

Image Space F/# $= \dfrac{1}{2\text{NA}} = 2.0$;

Paraxial Image Height=0.9mm，同时给定 0.7 视场像高为 0.63mm。

(3) 将目镜数据复制到物镜数据之前，并令 $T0 = \text{Inf}$。

在目镜与物镜接续合成显微系统时，经常会发现光线溢出。注意，在这个系统中实际存在两套成像系统：一套为无限远的光束通过入瞳、目镜、光阑和物镜成像到标本上，物镜和目镜分别独立校正了像差；另一套是光阑成像，即物镜上的光阑反向通过目镜形成入瞳，这个成像过程并未经过优化，可能存在像差，称为 "光阑像差"，亦即通过入瞳的光束并未完整地通过真正的光阑。由若干部件构成的较长系统，或主光线角度很大的广角系统，光阑像差往往影响设计过程，在非常精密的系统设计中，优化成像系统时要兼顾光阑像差。

在 ZEMAX 的 Gen 中有一个 Ray Aiming(光线 "瞄准")操作，平时是 Off 状态，在长系统中，令 Ray Aiming=Paraxial 或 Real，就可确保经过入瞳的主光线从光阑中心通过，避免光线溢出。

(4) 经过以上操作，就会得到正确的系统，如图 20.17 所示。我们发现入瞳距 $L_p \approx 10.8$mm, $d = 0.39$mm，均与原来目镜的参数不同，前者是因为物镜的光阑 (也就是系统光阑) 经过目镜的像和目镜原来的入瞳位置不一致。入瞳直径可以如下算出：

$$d \approx f'_E \times \frac{NA}{\beta} = 0.39\text{mm} \tag{20.8}$$

式中，NA 为物镜的数值孔径，即 u'；β 为物镜倍率；f'_E 为目镜焦距。目镜与物镜的简单合成对最终弥散斑 SPT 影响很小。

图 20.17　160× 显微镜系统 (未带棱镜) (彩图见封底二维码)

(5) 系统的畸变 DT= −1.2%，并不算大。畸变系由目镜和物镜共同决定。一般而言，显微物镜为小视场成像系统，畸变并不大 (例如，本系统用到的 10× 显微物镜 [HO-4-6] 的畸变仅 −0.23%)，系统畸变主要是目镜贡献的。由于一般显微镜用于观察标本，对畸变要求不高。如果显微镜用于测量，则应选用小畸变目镜，必要时将目镜与物镜合成后修改目镜参数以减小畸变。

合成系统 [EP-CB] 的结构参数请参见附录 20.1。

20.8　目镜和系统的接续 (II)：加入棱镜和 Non-Sequential 操作

20.8.1　加入棱镜等效平板

上文谈到，为了改变光路的方向或 "转像"，例如要求得到正立的像，常常需要加入反射棱镜，如图 20.16 所示的半五角棱镜。棱镜材料通常为 K9，其入射面 (靠近目镜的面) 为 40mm×40mm 的正方形，边长 D=40mm，棱镜内轴上光线的长度

$$L = \left(1 + 1/\sqrt{2}\right) D = 68.28\text{mm} \tag{20.9}$$

在设计时用一块 K9 平板来等效，它对应空气中的光路长度

$$L_0 = \frac{\left(1 + 1/\sqrt{2}\right) D}{n_d} = 45.02\text{mm} \tag{20.10}$$

在系统中恰当位置加入厚度为 $L(=68.28\text{mm})$ 的平板，相当空气中的长度 $L_0(=45.02\text{mm})$。物镜的 $T0(=156.552\text{mm})$ 与 L_0 的差分配到 L_1 和 L_2 中去，如图 20.18 所示。由于光束的孔径角很小，加入等效平板后像差变化不大。必要时，应当带着

棱镜等效平板修正系统的像差。20.8.2 节要讲述棱镜的加入。注意所有的优化尽量在等效平板的情况下做完，因为一些操作在 Non-Sequential 状态下不能使用。

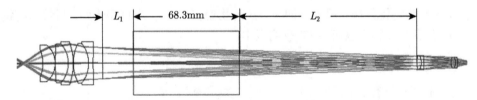

图 20.18   160× 显微镜系统 [EP-CB] (彩图见封底二维码)

目镜 [EP-7]+10× 物镜 [HO-4-6]+ 棱镜等效平板

20.8.2   运用 Non-Sequential 操作加入棱镜

为了更加准确地显示，运用 Non-Sequential 操作插入半五角棱镜，操作过程简单介绍如下：

(1) 坐标轴的设置：坐标系如图 20.19 所示，原点 O 位于棱镜第一面的光线入射点，坐标 $(y, z) = (0, 0)$；入射面为正方形，边长为 D，容易算出光线出射点 A 的坐标为

$$y_A = \frac{D}{2\sqrt{2}} = 14.141 \tag{20.11}$$

$$z_A = \frac{\left(1 + \sqrt{2}\right) D}{2\sqrt{2}} = 34.143 \tag{20.12}$$

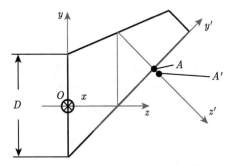

图 20.19   半五角棱镜的坐标变换

(2) 在透镜数据表中目镜后适当位置插入一行，其类型 Type=Non-Sequential，并填写参数，见表 20.16。

表 20.16   非序列参数

引出端口	出口 x 坐标	出口 y 坐标	出口 z 坐标	出口 x 旋转	出口 y 旋转	出口 z 旋转
3	0	14.141	34.143	45	0	0

表 20.16 中出口 x 坐标 (Exit Loc X)、出口 y 坐标 (Exit Loc Y) 和出口 z 坐标 (Exit Loc Z) 表示 A' 点的坐标，该点位于 A 近旁棱镜外，即 Exit Loc y 略小于 y_A, Exit Loc z 略大于 z_A; Exit Tilt 则是棱镜引起坐标轴的旋转。

(3) 填写 Non-Sequential Component Editor(参见表 20.17)。

表 20.17 Non-Sequential Component Editor 参数

物体类型	数据文件名	x, y, z 位置	x, y, z 旋转	材料	缩放尺度 ($D/2$)	是否实体
Polygon	半五角	0	0	H-K9L	20	1

表 20.17 中 Polygon 指多面体，在该菜单中选择半五角棱镜 Half_penta。再指定材料为 H-K9L，设定入射面尺寸 $D/2=20$mm 等，就此完成操作，合成的系统参见图 20.20。

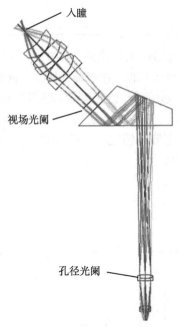

入瞳

视场光阑

孔径光阑

图 20.20 全系统合成 (彩图见封底二维码)
16× 目镜 [EP-7]+ 半五角棱镜 +10× 物镜 [HO-4-6]

有关棱镜的特性、用途及相关的 Non-Sequential 操作的详细说明请参见本书附录 E"反射棱镜"。

20.8.3 图形图像通过系统的变换

物空间的二维图形图像在物镜成像过程中旋转 180° 形成倒像，再经过半五角棱镜。一个复杂系统可能包含物镜、中继镜、反射镜和棱镜等，需用准确又简单的方法计算像的变换 (image transform)，包括旋转和镜面反射等。

在评价函数表 m.f. 中设立图形变换模块，见表 20.18。

表 20.18　图形变换 (IMAGE TRANSFORM) 模块

Oper	Surf	物面坐标				(归一化)	像面 Value	(归一化)
		H_x	H_y	P_x	P_y			
4: REAX	11	1.0	0.0	0.0	0.0	$A(1,0)$	-7.745	$A'(-1,0)$
5: REAY	11	1.0	0.0	0.0	0.0		0.000	
7: REAX	11	0.0	1.0	0.0	0.0	$B(0,1)$	0.000	$B'(0,-1)$
8: REAY	11	0.0	1.0	0.0	0.0		-7.745	
10: REAX	11	-1.0	0.0	0.0	0.0	$C(-1,0)$	7.745	$C'(1,0)$
11: REAY	11	-1.0	0.0	0.0	0.0		0.000	
13: REAX	11	0.0	-1.0	0.0	0.0	$D(0,-1)$	0.000	$D'(0,1)$
14: REAY	11	0.0	-1.0	0.0	0.0		7.745	

　　由于视场取标本面 (像面) 上的像高，表中 $A \sim D$ 四点分别标注在图 20.21(a) 中；这四点在中间像面 (目镜焦面，即视场光阑面，也即第 11 面) 上的像则标注在图 20.21(b) 中，可见整个系统仍然给出倒像，亦即半五角棱镜中的物像关系为 "正像"，使用半五角棱镜虽然使观察方向旋转 45°，但不能补偿显微物镜形成的倒像。在 5.9.1 节中曾用阿米西屋脊棱镜完成了正像操作。关于反射棱镜的功能，在本书附录 E "反射棱镜" 中还将介绍。

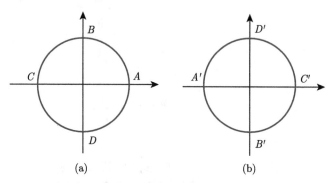

(a)　　　　　　　　　　　(b)

图 20.21　图形变换 (倒像)

图形变换也可以用数学方法严格计算出来，参见文献 [3]。

20.9　目镜技术参数

　　表 20.19 列出本章所有目镜 (变焦目镜除外) 的技术指标和弥散斑，以供选用，这些目镜的像差曲线以及结构参数参见附录 20.1。

表 20.19　目镜技术指标 (指标与以上各节可以重复)

设计编码	名称	f'/mm	ρ	F	2ω/(°)	ϕ/mm	ST/mm	L_p/mm	d/mm	SPT/μm 0	SPT/μm 0.7	SPT/μm 1
[EP-1]	凯涅尔	25	0.3	5.10	36	16	49.7	6.9	4.9	24	38	61
[EP-2]	对称式	25	1.0	6.2	40	17	63.0	25	4	31	57	65
[EP-3]	无畸变	15.5	0.83	5	40.6	11.2	37.4	12.9	3.1	18	44	48
[EP-4]	艾尔弗	25	0.69	5.1	60	26	62.2	17.2	5.0	12	57	102
[EP-5]	长镜目距	15.4	0.85	3.5	68	20	42.4	13.1	4.4	8	67	134
[EP-6]	艾尔弗	15.5	0.67	5.5	70	19.8	44.6	10.3	2.8	9	38	65
[EP-7]	艾尔弗	15.74	0.74	5.1	70	22	50.8	11.6	3.1	4	59	109
[EP-8]	长镜目距	25.5	1.6	4.8	37.6	16.2	79.9	40	5.4	7	14	12
[EP-9]	长镜目距	20.4	1.07	3.3	52.8	20.2	58.8	21.9	6.1	30	119	158
[EP-10]	长镜目距	19.5	1.25	3.1	54	20	64.3	24.4	6.2	33	78	127
[EP-11]	长镜目距	15.6	1.04	5.8	70	22	50.9	16.2	2.7	6	34	58
[EP-12]	长镜目距	20	1.12	4.0	50	18.6	52.0	22.4	5	4	17	16
[EP-21]-Config 1	变焦目镜	40	0.49	16	20	14	153.2	19.5	5	3	12	12

20.10　本 章 小 结

　　本章介绍目镜的特点，列出各类常用目镜的系统图、技术指标和像差图；20.3 节和 20.4 节分别给出广角目镜、长镜目距目镜的多个实例；20.5 节讨论变焦目镜的特点和用途；20.6 节则论及主光线轮廓控制和目镜设计评价函数。

　　目镜是显微镜、望远镜等系统的一个部件，不能独立使用，20.7 节以显微镜为例，讲述目镜和物镜的接续方式，讨论光阑像差的影响及处理方法；20.8 节以半五角棱镜为例，叙述在系统中加入棱镜的操作。

　　各类目镜的技术指标和像质参数在 20.9 节列出。参考书目 [1]、[15] 和 [16]，以及文献 [4] 对目镜进行了详细的叙述。

参 考 文 献

[1]　参考书目 1, P95.

[2]　参考书目 1, P99.

[3]　李林. 反射棱镜//中国大百科全书第三版物理卷. 北京: 中国大百科全书出版社, 2018.

[4]　李晓彤, 吴兰. 目镜//中国大百科全书第三版物理卷. 北京: 中国大百科全书出版社, 2018.

附录 20.1 技术指标、像差曲线和结构参数

[EP-1] 技术指标

波段	F	y'/mm	$\omega/(°)$	f'/mm	BFL/mm	VL/mm	OD	ρ	SPT/μm		
									0	0.7	1
VIS	5.1	8.0	18	25	5.2	37.5	Inf	0.28	24	38	61

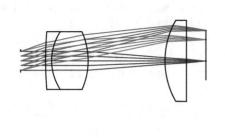

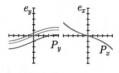

(a) 凯涅尔目镜[EP-1]

(b) 特性曲线 (±200μm)

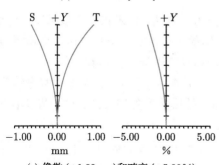

(c) 像散 (±1.00mm)和畸变 (±5.00%)

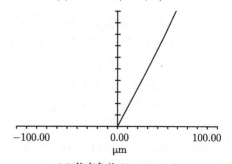

(d) 倍率色差 (±100.00μm)

[EP-1]结构参数   （长度单位：mm）

No.	R	T	Gls	Semi-Dia.
OBJ	Inf	Inf		Inf
STO	Inf	6.929		2.457(U)
2	94.592	1.563	F3	7.500(U)
3	13.294	9.779	H-BAK2	7.500(P)
4	−17.788	20.531		7.500(P)
5	20.915	5.671	H-BAK2	10.500(U)
6	Inf	5.225		10.500(P)
IMA	Inf	—		8.012

[EP-2] 技术指标

波段	F	y'/mm	$\omega/(°)$	f'/mm	BFL/mm	VL/mm	OD	ρ	SPT/μm		
									0	0.7	1
VIS	6.2	8.5	20	25	18.9	19.1	Inf	1.0	31	57	65

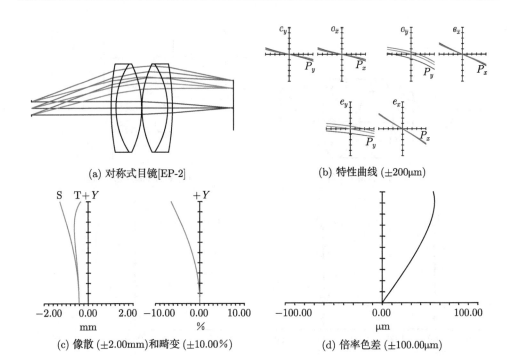

(a) 对称式目镜[EP-2]

(b) 特性曲线 (±200μm)

(c) 像散 (±2.00mm)和畸变 (±10.00％)

(d) 倍率色差 (±100.00μm)

[EP-2]结构参数   (长度单位：mm)

No.	R	T	Gls	Semi-Dia.
OBJ	Inf	Inf		Inf
STO	Inf	25.000(V)		2.000
2	74.650(V)	1.500(V)	F2	13.500(U)
3	24.590(V)	8.000(V)	H-K9L	13.500(U)
4	−30.600(V)	0.100(V)		13.500(U)
5	30.600(P)	8.000(P)	H-K9L(P)	13.500(U)
6	−24.590(P)	1.500(P)	F2(P)	13.500(U)
7	−74.650(P)	18.880(V)		13.500(U)
IMA	Inf	—		8.491

[EP-3] 技术指标

波段	F	y'/mm	ω/(°)	f'/mm	BFL/mm	VL/mm	OD	ρ	SPT/μm		
									0	0.7	1
VIS	5	5.5	20.3	15.5	7.7	16.8	Inf	0.83	18	44	48

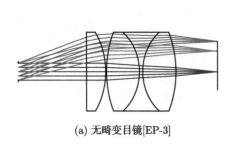

(a) 无畸变目镜[EP-3]

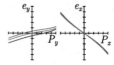

(b) 特性曲线 (±100μm)

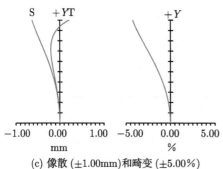

(c) 像散 (±1.00mm)和畸变 (±5.00%)

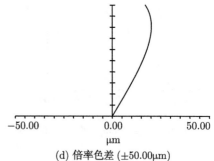

(d) 倍率色差 (±50.00μm)

[EP-3]结构参数　　　　　　　　　　（长度单位：mm）

No.	R	T	Gls	Semi-Dia.
OBJ	Inf	Inf		Inf
STO	Inf	12.890(V)		1.561(U)
2	Inf	3.635(V)	H-BAK8(S)	7.200(U)
3	−14.200(V)	0.172(V)		7.200(U)
4	20.217(V)	6.195(V)	H-KF6(S)	7.200(U)
5	−9.944(V)	0.632(V)	F2(S)	7.200(U)
6	9.944(P)	6.195(V)	H-KF6	7.200(U)
7	−20.217(P)	7.679(V)		7.200(U)
IMA	Inf	—		5.473

[EP-4] 技术指标

波段	F	y'/mm	ω/(°)	f'/mm	BFL/mm	VL/mm	OD	ρ	SPT/μm 0	SPT/μm 0.7	SPT/μm 1
VIS	5.1	13.1	30.0	25.0	24.3	20.7	Inf	0.69	12	57	102

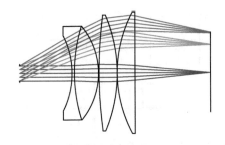

(a) 简化艾尔弗目镜[EP-4]

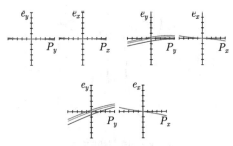

(b) 特性曲线 (±500μm)

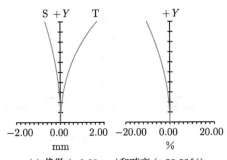

(c) 像散 (±2.00mm)和畸变 (±20.00%)

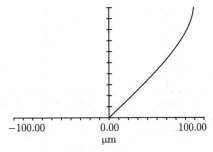

(d) 倍率色差 (±100.00μm)

[EP-4]结构参数 　　　　(长度单位: mm)

No.	R	T	Gls	Semi-Dia.
OBJ	Inf	Inf		Inf
STO	Inf	17.204		2.468(U)
2	−26.153(V)	0.790(V)	D-ZF10(S)	12.042(U)
3	49.351(V)	7.896(V)	H-ZK9B(S)	15.003(U)
4	−23.289(V)	0.197(V)		15.003(U)
5	138.237(V)	5.922(V)	H-ZK9B(S)	18.260(U)
6	−46.844(V)	0.000(V)		18.556(U)
7	40.253(V)	5.922(V)	H-ZK9B(S)	19.444(U)
8	Inf	24.275(V)		19.444(U)
IMA	Inf	—		13.061

[EP-5] 技术指标

波段	F	y'/mm	ω/(°)	f'/mm	BFL/mm	VL/mm	OD	ρ	SPT/μm		
									0	0.7	1
VIS	3.5	10.0	34.0	15.4	7.6	21.6	Inf	0.85	8	67	134

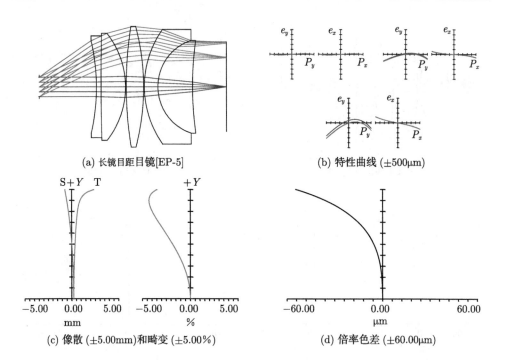

(a) 长镜目距目镜[EP-5]

(b) 特性曲线 (±500μm)

(c) 像散 (±5.00mm)和畸变 (±5.00%)

(d) 倍率色差 (±60.00μm)

[EP-5]结构参数 （长度单位：mm）

No.	R	T	Gls	Semi-Dia.
OBJ	Inf	Inf		Inf
STO	Inf	13.093		2.187(U)
2	−44.315(V)	1.075(V)	H-ZF62(S)	10.214(U)
3	468.574(V)	5.590(V)	H-ZLAF50B(S)	11.283(U)
4	−18.897(V)	0.164(V)		11.884(U)
5	82.903(V)	3.912V)	H-ZLAF55A(S)	13.294(U)
6	−52.005(V)	0.164(V)		13.361(U)
7	21.767(V)	3.041(V)	H-ZF72(S)	12.700(U)
8	10.844(V)	7.707(V)	H-ZK5(S)	10.285(U)
9	74.950(V)	7.614(V)		10.203(U)
IMA	Inf	—		9.902

[EP-6] 技术指标

波段	F	y'/mm	$\omega/(°)$	f'/mm	BFL/mm	VL/mm	OD	ρ	SPT/μm 0	0.7	1
VIS	5.5	9.9	35.0	15.5	5.6	28.6	Inf	0.67	9	38	65

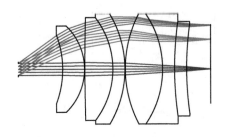

(a) 变形艾尔弗目镜[EP-6]

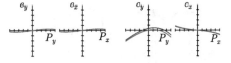

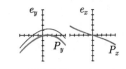

(b) 特性曲线 (±200μm)

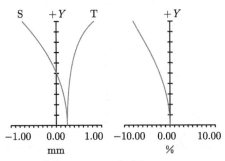

(c) 像散 (±1.00mm)和畸变 (±10.00%)

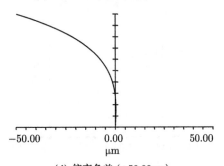

(d) 倍率色差 (±50.00μm)

[EP-6]结构参数　　　　　　　　　　（长度单位：mm）

No.	R	T	Gls	Semi-Dia.
OBJ	Inf	Inf		Inf
STO	Inf	10.310		1.396(U)
2	−21.492	5.095	H-LAK51	7.820(U)
3	−13.256	0.086		9.775(U)
4	448.332	6.449	H-LAK4L	11.637(U)
5	−18.892	2.789	H-ZF62	11.637(U)
6	−23.933	0.093		12.475(U)
7	26.572	8.575	H-LAK53A	12.475(U)
8	−22.021	2.793	D-ZF93	12.475(U)
9	75.165	2.793	H-ZK21	10.706(U)
10	71.426	5.584		10.226(U)
IMA	Inf	—		9.939

[EP-7] 技术指标

波段	F	y′/mm	ω/(°)	f′/mm	BFL/mm	VL/mm	OD	ρ	SPT/μm 0	0.7	1
VIS	5.1	11.0	35.0	15.74	6.2	33.1	Inf	0.74	4	59	109

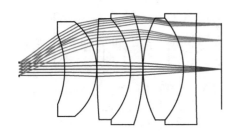

(a) 艾尔弗广角目镜[EP-7]

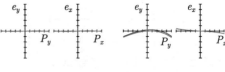

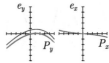

(b) 特性曲线 (±500μm)

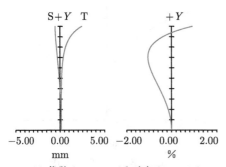

(c) 像散 (±5.00mm)和畸变 (±2.00％)

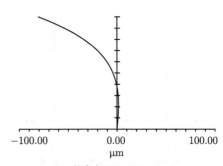

(d) 倍率色差 (±100.00μm)

[EP-7]结构参数 (长度单位：mm)

No.	R	T	Gls	Semi-Dia.
OBJ	Inf	Inf		Inf
STO	Inf	11.567		1.544(U)
2	−21.894	8.067	H-ZLAF68	8.627(U)
3	−14.994	0.103		11.613(U)
4	167.277	8.538	H-ZLAF68	12.387(U)
5	−17.870	3.088	D-ZF93	12.387(U)
6	−40.852	0.075		13.604(U)
7	26.701	10.130	D-ZPK1A	12.498(U)
8	−19.260	3.076	D-ZF93	12.498(U)
9	415.930	6.173		13.604(U)
IMA	Inf	—		11.040

[EP-8] 技术指标

波段	F	y'/mm	$\omega/(°)$	f'/mm	BFL/mm	VL/mm	OD	ρ	SPT/μm 0	SPT/μm 0.7	SPT/μm 1
VIS	4.8	8.1	18.8	25.5	8.1	28.6	Inf	1.6	7	14	12

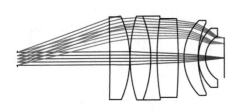

(a) 长镜目距目镜[EP-8]

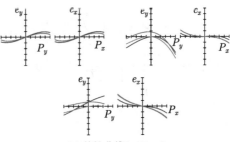

(b) 特性曲线(±50μm)

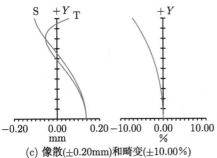

(c) 像散(±0.20mm)和畸变(±10.00%)

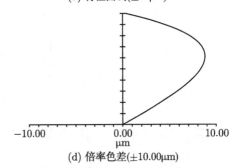

(d) 倍率色差(±10.00μm)

[EP-8]结构参数　　　　　　　　　　　　　　　（长度单位：mm）

No.	R	T	Gls	Semi-Dia.
OBJ	Inf	Inf		Inf
STO	Inf	40.000		2.693(U)
2	−545.904(V)	8.699(V)	H-LAK1	16.800(U)
3	−39.402(V)	0.093(V)		16.800(P)
4	53.265(V)	9.025(V)	H-LAK53A	17.000(U)
5	−43.575(V)	0.045(V)		17.000(P)
6	−42.985(V)	2.740(V)	H-ZF62	17.000(U)
7	102.698(V)	9.101(V)	H-ZLAF50E	16.000(U)
8	−199.886(V)	2.472(V)		16.000(U)
9	20.976(V)	6.189(V)	H-ZLAF92	15.200(U)
10	31.829(V)	0.109(V)		14.195(U)
11	16.186(V)	3.045(V)	H-ZF62	12.000(U)
12	10.206(V)	8.091(V)		8.866(U)
IMA	Inf	—		8.109

[EP-9] 技术指标

波段	F	y'/mm	ω/(°)	f'/mm	BFL/mm	VL/mm	OD	ρ	SPT/μm		
									0	0.7	1
VIS	3.3	10.1	26.4	20.4	9.9	27.0	Inf	1.07	30	119	158

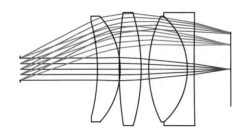

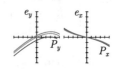

(a) 长镜目距目镜[EP-9]　　　　(b) 特性曲线 (±500μm)

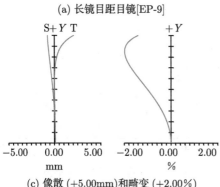

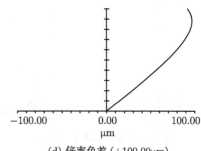

(c) 像散 (±5.00mm)和畸变 (±2.00%)　　　(d) 倍率色差 (±100.00μm)

[EP-9]结构参数　　　　　　　　　　（长度单位：mm）

No.	R	T	Gls	Semi-Dia.
OBJ	Inf	Inf		Inf
STO	Inf	21.863(V)		3.051(U)
2	−48.938(V)	6.431(V)	H-ZK8(S)	13.100(U)
3	−21.274(V)	−0.298(V)		14.500(U)
4	104.800(V)	6.085(V)	H-ZK8(S)	15.500(U)
5	−54.530(V)	2.156(V)		15.500(U)
6	32.107(V)	10.700(V)	H-ZK10L(S)	14.500(U)
7	−19.510(V)	1.914(V)	ZF3(S)	14.500(U)
8	769.767(V)	9.939(V)		15.500(U)
IMA	Inf	—		10.078

[EP-10] 技术指标

波段	F	y'/mm	$\omega/(°)$	f'/mm	BFL/mm	VL/mm	OD	ρ	SPT/μm		
									0	0.7	1
VIS	3.1	10.0	27.0	19.5	6.5	33.5	Inf	1.25	33	78	127

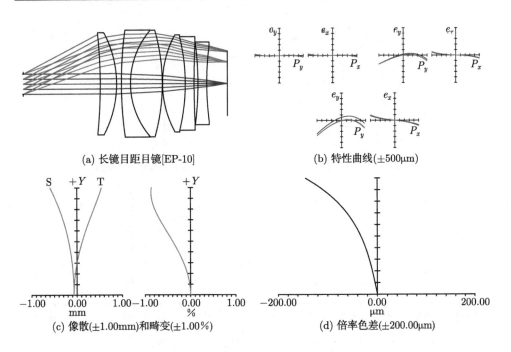

(a) 长镜目距目镜[EP-10]

(b) 特性曲线(±500μm)

(c) 像散(±1.00mm)和畸变(±1.00%)

(d) 倍率色差(±200.00μm)

[EP-10]结构参数 　　　　　（长度单位：mm）

No.	R	T	Gls	Semi-Dia.
OBJ	Inf	Inf		Inf
STO	Inf	24.393		3.125(U)
2	−145.328	5.182	H-ZLAF68	15.150(U)
3	−32.480	1.501		15.734(U)
4	121.051	2.793	H-ZF88	16.452(U)
5	24.853	9.972	H-ZLAF68	16.359(U)
6	−58.813	0.085		16.386(U)
7	30.919	7.128	H-ZLAF68	14.927(U)
8	−58.345	2.793	D-ZF93	14.368(U)
9	270.955	1.213		12.752(U)
10	−95.738	2.785	H-ZF88	12.705(U)
11	91.389	6.495		11.707(U)
IMA	Inf	—		9.778

[EP-11] 技术指标

波段	F	y'/mm	ω/(°)	f'/mm	BFL/mm	VL/mm	OD	ρ	SPT/μm 0	SPT/μm 0.7	SPT/μm 1
VIS	5.8	11.0	35.0	15.6	4.4	30.3	Inf	1.04	6	34	58

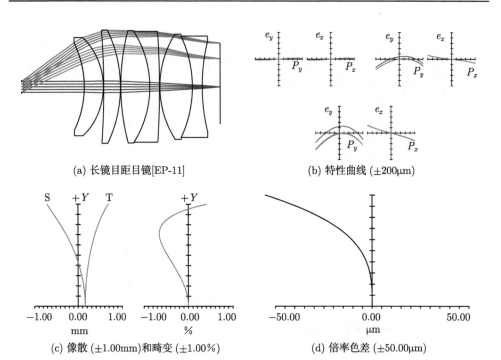

(a) 长镜目距目镜[EP-11]

(b) 特性曲线 (±200μm)

(c) 像散 (±1.00mm)和畸变 (±1.00%)

(d) 倍率色差 (±50.00μm)

[EP-11]结构参数   （长度单位：mm）

No.	R	T	Gls	Semi-Dia.
OBJ	Inf	Inf		Inf
STO	Inf	16.201(V)		1.350(U)
2	−24.780(V)	4.947(V)	H-LAF10L(S)	10.919(U)
3	−16.700(V)	0.100(V)		12.223(U)
4	−187.296(V)	4.332(V)	H-ZLAF50E(S)	13.791(U)
5	−31.427(V)	0.100(V)		14.101(U)
6	53.092(V)	7.484(V)	H-LAK53A(S)	14.001(U)
7	−25.285(V)	2.500(V)	D-ZF93(S)	13.811(U)
8	−210.912(V)	0.100(V)		13.645(U)
9	23.974(V)	8.249(V)	H-LAK7A(S)	13.116(U)
10	−29.454(V)	2.500(V)	D-ZF93(S)	12.626(U)
11	46.565(V)	4.400(V)		11.339(U)
IMA	Inf	—		10.922

[EP-12] 技术指标

波段	F	y'/mm	$\omega/(°)$	f'/mm	BFL/mm	VL/mm	OD	ρ	SPT/μm		
									0	0.7	1
VIS	4.0	9.3	25.0	20.0	3.2	26.4	Inf	1.12	4	17	16

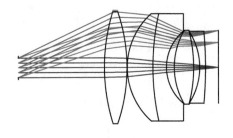

(a) 长镜目距目镜[EP-12]

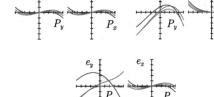

(b) 特性曲线 (±50μm)

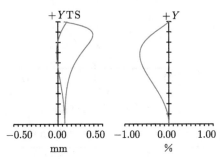

(c) 像散 (±0.50mm)和畸变 (±1.00%)

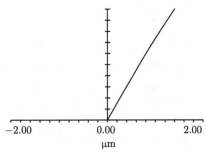

(d) 倍率色差 (±2.00μm)

[EP-12]结构参数　　　　　　　　（长度单位: mm）

No.	R	T	Gls	Semi-Dia.
OBJ	Inf	Inf		Inf
STO	Inf	22.399		2.500(U)
2	46.846	5.843	H-LAK53A	14.239(U)
3	−43.009	0.076		14.239(U)
4	17.801	6.760	H-LAF10L	13.599(U)
5	61.738	3.534	H-ZF62	13.599(U)
6	11.676	2.029		9.141(U)
7	18.016	5.064	H-LAK53A	9.359(U)
8	−35.764	1.581		9.359(U)
9	−16.367	1.507	H-ZF62	8.850(U)
10	−98.316(V)	3.221(V)		9.112
IMA	Inf	—		9.347

[EP-21]-Confing 1 技术指标

波段	F	y'/mm	ω/(°)	f'/mm	BFL/mm	VL/mm	OD	ρ	SPT/μm 0	0.7	1
VIS	16	7.0	10.0	40.0	57.1	76.6	Inf	0.49	3	12	12

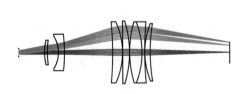

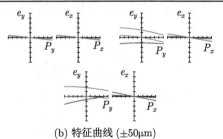

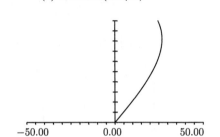

(a) 变焦目镜[EP-21]-Confing 1　　　　　(b) 特征曲线 (±50μm)

(c) 像散 (±0.50mm)和畸变 (±1.00%)　　　(d) 倍率色差 (±50.00μm)

[EP-21]-Confing 1 结构参数　　　（长度单位：mm）

No.	R	T	Gls	Semi-Dia.
OBJ	Inf	Inf		Inf
STO	Inf	19.450		2.500(U)
2	38.136(V)	2.000(V)	H-K9L(S)	8.630(U)
3	62.482(V)	7.797(V)		8.630(U)
4	−21.476(V)	4.378(V)	F4(S)	11.500(U)
5	−120.258(V)	35.111(V)		12.800(U)
6	−226.596(V)	7.216(V)	H-ZK14(S)	21.300(U)
7	−49.658(V)	0.100(V)		21.500(U)
8	−6362.315(V)	4.917(V)	H-ZK3(S)	22.000(U)
9	−72.204(V)	0.097(V)		22.000(U)
10	73.853(V)	8.964(V)	H-K50(S)	21.500(U)
11	−56.307(V)	1.993(V)	ZF4(S)	21.500(U)
12	236.387(V)	0.100(V)		21.500(U)
13	51.576(V)	3.939(V)	H-ZK3(S)	20.200(U)
14	122.152(V)	57.146(V)		20.200(U)
IMA	Inf	—		7.002

（长度单位：mm）

ACTIVE		Config 1	Config 2	Config 3	Config 4	Config 5	Config 6
1:THIC	3	7.797	15.588	24.625	32.454	36.062	35.452
2:THIC	5	35.111	31.917	29.050	25.673	22.023	19.089
3:THIC	9	0.097	5.324	12.764	24.466	44.271	66.577
4:THIC	14	57.146	56.765	55.504	53.393	49.413	45.195

[EP-CB] 技术指标

波段	F	y'/mm	$\omega/(°)$	f'/mm	BFL	VL	OD	ρ	SPT/μm		
									0	0.7	1
VIS	2	0.96	—	−1.6	—	—	Inf	—	3	6	9

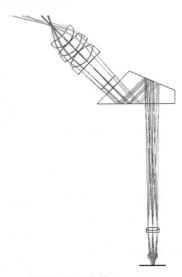

常规生物显微镜 [EP-CB]

[EP-CB]结构参数　　　　（长度单位: mm）

No.	R	T	Gls	Semi-Dia.
OBJ	Inf	Inf		Inf
STO	Inf	20.000		11.718(U)
2	Inf	11.567(V)		3.706(U)
3	−21.894	8.067	H-ZLAF68	8.627(U)
4	−14.994	0.103		11.613(U)
5	167.277	8.538	H-ZLAF68	12.387(U)
6	−17.870	3.088	D-ZF93	12.387(U)
7	−40.852	0.075		13.604(U)
8	26.701	10.130	D-ZPK1A	12.498(U)
9	−19.260	3.076	D-ZF93	12.498(U)
10	415.930	6.137		13.604(U)
11(Non-Seq)	Inf	20.000		9.259(U)
12	Inf			8.488(U)
13	Inf	91.530		6.773(U)
14(STO)	12.314	2.840	H-K10	4.200(U)
15	−12.603	1.960	H-BAF8	4.200(U)
16	76.289	10.920		4.200(U)
17	8.650	2.940	H-BAK2	3.600(U)
18	−5.495	1.920	F5	3.600(U)
19	−31.724	7.635		3.600(U)
20	Inf	0.170	H-K10	2.000(U)
21	Inf			0.963

附录 20.2　变焦目镜的评价函数

Oper#	Surf1	Surf2	H_x	H_y	P_x	P_y	Tag.	Wt.	Val.	Ctrb.
1:CONF	1									
2:BLNK	EYEPIECE									
3:BLNK										
4:CONF	1									
5:BLNK	ANGLE FIELD									
6:RANG	1	2	0	1	0	0	0.00	0.00	0.175	0.00
7:CONS							57.295	0.00	57.295	0.00
8:PROD	6	7					0.00	0.00	10.000	0.00
9:BLNK	EFFL AND HEIGHT									
10:EFFL		2					40.000	0.10	40.000	0.00
11:REAR	14	2	0	1	0	0	15.000	0.00	15.000	0.00
12:BLNK	VL									
13:TTHI	2	13					0.00	0.00	76.612	0.00
14:BLNK	EYE RELIEF									
15:CTGT	1						10.240	0.100	10.240	0.00
16:BLNK	IMAGE DISTANCE									
17:CTGT	14						5.586	0.100	5.586	0.00
18:BLNK	DT AND LATERAL COLOR									
19:DIMX	0	2	0				8.000	0.02	8.000	0.00
20:LACL	0	0					0.000	1.000	0.048	0.070
21:BLNK	APT CTR									
22:DMLT	2						17.26	0.100	17.26	0.00
23:DMLT	4						23.64	0.100	23.64	0.00
24:DMLT	6						42.60	0.100	42.60	0.00
25:DMLT	8						44.00	0.100	44.00	0.00
26:DMLT	10						43.00	0.100	43.00	0.00
27:DMLT	11						43.00	0.100	43.00	0.00
28:DMLT	13						40.40	0.100	40.40	0.00
29:BLNK										
30:BLNK										
31:BLNK	BOUNDING FOR THE THICKNESS OF CENTERS AND EDGES									
32:MNCT	2	14					0.093	0.02	0.093	0.00
33:MNET	2	14					0.000	0.02	0.000	0.00
34:MNCG	2	14					2.793	0.02	1.200	1.51
35:MNEG	2	14					2.793	0.02	2.793	0.00
36:BLNK										
37:MXCG	2	14					9.309	0.02	9.309	0.00
38:MXEG	2	14					7.447	0.02	7.447	0.00
39:BLNK										
40:BLNK										

Oper#	Surf1	Surf2	H_x	H_y	P_x	P_y	Tag.	Wt.	Val.	Ctrb.
41:CONF	2									
42:······	······									
43:BLNK										
64:BLNK										
65:CONF	3									
66:······	······									
······										
······										
······										
······										
······										
134:BLNK										
135:CONF	6									
136:······	······									
150:DMFS										
151:BLNK	Default merit function: RMS spot radius chief GQ3 rings 6 arms									
152:CONF	1									
153:BLNK	No default air thickness boundary constraints.									
154:BLNK	No default glass thickness boundary constraints.									
155:BLNK	Operands for field 1.									
156:TRAR	······									
157:TRAR										
······										

第21章 显微物镜

21.1 引 言

显微镜是实验室、科研院所和学校常用的目视光学仪器。生物显微镜用于观察细微物体和细菌、病毒标本；医院使用手术显微镜进行手术过程的监控；光刻机显微镜用来观察对准集成电路芯片的线条；金相显微镜用来观察矿石的微细结构；测量显微镜和工具显微镜用于精密检测等。

显微镜通常由照明系统、成像系统和探测系统组成。成像系统主要由显微物镜、目镜和转像棱镜构成。显微镜长期、大量用于目视观察。近年来，CCD、CMOS和显示屏常常代替人眼用于探测、显示被高倍放大的目标。

显微物镜是显微镜最重要的部件，用于对微细目标进行第一次放大；放大的像再由目镜或数字显示系统第二次放大。显微物镜不仅用于显微镜，在科研和工程领域还经常独立使用。

一台显微镜或显微系统最重要的性能是分辨率，而分辨率的高低主要是由显微物镜决定的。与之前介绍的各类光学部件不同，大部分显微物镜的分辨率接近或达到衍射极限，即最小分辨长度

$$\delta = 0.61 \frac{\lambda}{\text{NA}} \approx \frac{\lambda}{2\text{NA}} \tag{21.1}$$

式中，NA 为显微物镜的数值孔径，

$$\text{NA} = n' \sin u' \tag{21.2}$$

其中，n' 为被观察标本环境介质的折射率。常用显微物镜的典型技术指标参见表 21.1。由于 $\text{NA} \approx 1/(2F)$，大数值孔径意味着很大的相对孔径 (或很小的 F 数)。

表 21.1　常用显微物镜的典型技术指标

放大倍率	NA(F)	分辨率 δ**/μm	f'/mm	$2y'$/mm	BFL***/mm
4	0.1(5.0)	3.2	36.0	5.0	44.0
10	0.25(2.0)	1.3	15.6	2.0	7.75
25	0.40(1.25)	0.79	10.1	0.8	1.05
40	0.65(0.77)	0.49	4.4	0.5	0.60
60	0.85(0.59)	0.37	3.9	0.34	
100*	1.25(0.40)	0.25	2.7	0.2	0.38

注：*100 倍油浸物镜，油的折射率 1.51，阿贝数 41.5；** (21.1) 式算出的最小分辨长度；***BFL 为像距。

与照相、投影类物镜不同，显微物镜称"小像差系统"，各种轴上和近轴像差，如球差、彗差、纵向色差等都要严格校正。由于像方 (接近标本方) 的孔径角很大，完善校正轴上像差并不易。业内简称衍射极限为 DL(diffraction limit)，例如，分辨率达到或接近一倍或两倍衍射极限的物镜分别称为"1DL"和"2DL"物镜。

显微物镜显然也要遵循 etendue 的限制。由于空间带宽积的限制，分辨率很高意味着物镜带宽很大，反过来视场就变得很小，参见表 21.1。

显微镜是人类最早使用的光学仪器，一些常用消色差类物镜早已定型 (参见21.3 节)。近年的发展方向主要是平场 (flat-field)、复消色差 (apochromatic)和长工作距 (long working distance)。平场即平像场，指的是在整个视场内均匀一致的清晰度；复消色差指的是同时校正 F、d、C 三色光的球差，即校正或接近校正二级光谱。由于像方孔径角很大，一般后截距不易做大，给操作带来不便。长工作距显然对某些细分领域有吸引力。为了实现或部分实现这三个目标，付出的代价是元件的增加和系统的复杂化，以及采用特殊材料，如肖特厂的 KZFS 系列、PSK 系列和FK 系列的特种光学玻璃。早年复消色差物镜采用氟化钙晶体，如今 N-FK56 和氟化钙晶体性能已经非常接近。

显微镜是非常成熟而又精密的光学仪器，各种标准型号的显微镜在显微镜厂家大批生产。作为显微镜的重要部件，显微物镜也可单独订购。但用于科研的一些非标的显微物镜，仍需自行设计加工。本章首先简单讲述有关显微物镜的行业规范，介绍常规的显微物镜，并用较大篇幅介绍具有特点的显微物镜的设计实例，简单讲述这些物镜的结构特点，在 21.15 节介绍时下非常流行的"超分辨"显微镜方案。

有关显微镜系统已在"目镜"一章提及，在后面章节中也将简单介绍。

21.2 显微镜的规范

21.2.1 共轭距、物镜长度和机械筒长

根据中国国家标准 (GB 2609—1981)，显微物镜的共轭距规定为 195mm 和无限远两类。第一类物镜的共轭距指的是从目镜焦面到物镜像面 (标本面) 的距离，如图 21.1 所示。此时物镜的长度 (从螺纹端面到物面) 为 45.00mm。

显微镜镜筒的上端面即目镜的定位端面，规定目镜的焦面位于该定位端面以下 10mm 处，因此从镜筒上端面到转换器端面的长度为 160mm，称"机械筒长"。

老一代的显微物镜的共轭距为 185mm，相应的物镜长度为 35mm。后来由于长工作距、平场和复消色差等要求，物镜中的透镜数增加，就将物镜长度增加到45mm，共轭距相应改为 195mm。

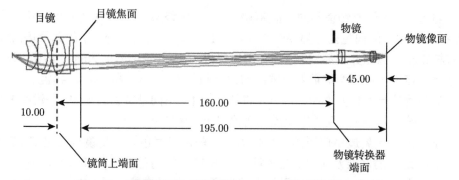

图 21.1　显微镜系统 (长度单位：mm) (彩图见封底二维码)

物镜共轭距为 195.00mm，机械筒长为 160.00mm，物镜长度 45.00mm

如果物镜和目镜之间有棱镜，如图 20.16 所示，则棱镜中的光程 L_p 应转换为对应空气中的光程，即 L_p/n_d。

第二类物镜的共轭距为无限大，必须使用辅助物镜将平行光束聚焦到目镜焦面，将在 21.13 节中介绍。

21.2.2　物镜的螺纹、物镜转换器和 "定中心齐焦"

物镜螺纹外径为 0.8in (20.32mm)，螺距为 1/36in，即 4/5in×1/36in。这是一个国际通用标准，确保不同厂家生产的物镜可以在同一台显微镜上使用。数个 (3~4 个) 不同倍率的显微物镜装在一个物镜转换器上，参见图 21.2(b)。如果使用其中一个物镜准确对焦，旋转物镜转换器换用其他物镜后，略加调焦就能获得不同倍率的清晰像，而且像的中心位移不大，业内称为 "定中心齐焦"，是由一系列复杂而精确的加工工艺来保证的。物镜定位端面又称 "物镜转换器端面"。

21.2.3　放大率

国家标准还规定了物镜的放大倍率、最小数值孔径等参数，见表 21.2。对于特殊要求的物镜，即所谓 "custom design objective"，可允许参数不完全符合该表的规定。

表 21.2　不同显微物镜的放大率与对应最小数值孔径

	1.6×	2.5×	4.0×	6.3×	10×	16×	25×	40×	50×	63×	80×	100× 油浸	代号
消色差物镜	—	—	0.10	—	0.22	—	0.40	0.65	—	0.85	—	1.25	
平场消色差物镜	0.04	0.07	0.10	0.15	0.22	0.32	0.40	0.65	0.75	0.85	0.95	1.25	PC
平场半复消色差物镜	—	—	—	0.20	0.30	0.40	0.60	0.75	—	0.90	—	1.25	PB
平场复消色差物镜	—	—	0.16	0.20	0.30	0.40	0.60	0.80	—	0.95	—	1.25	PF

注：除 100× 油浸外的其他物镜为干燥系统，对于特殊需要的水浸、长工作距离等特殊物镜的放大率应按照本标准系列，但数值孔径不作规定。

当共轭距为 195mm 时，放大率规定为像高与物高的比。由于计算设计物镜时均为 "反追"，目镜焦面上视场光阑的半径称为 "物高"，记为 y；而物镜观察标本平面上的视场的一半称为 "像高"，记为 y'，以下就沿用这样的称呼。放大率则按照物镜标称的值，即

$$M = \frac{y}{y'} \tag{21.3}$$

并以 M 的绝对值对物镜冠名，例如，$10\times$ 物镜，$40\times$ 物镜，$100\times$ 油浸物镜等。

在无限共轭的情况下，放大率则规定如下：

$$M = \frac{250}{f'} \tag{21.4}$$

式中，f' 为物镜的焦距，相当于用一个 250mm 焦距的辅助物镜对平行光成像。

放大率并无规定严格的高、中、低的分割法则。本章规定：

低倍物镜：$M \leqslant 10$；

中倍（I）：$10 < M < 40$；中倍（II）：$40 \leqslant M < 65$；

高倍：$M \geqslant 65$。

21.2.4 线视场

显微物镜目镜的视场通常从 15mm 到 20mm，即

$$y \in [7.5, 10] \tag{21.5}$$

$2y > 20$ 就称大视场。用 y 除以物镜倍率，就得到物镜的像高 y'。

21.2.5 数值孔径和油浸物镜

显微物镜不用相对孔径，而用数值孔径 NA 来表示物镜的像方（标本方）的孔径角，即

$$\mathrm{NA} = n' \sin u' \tag{21.6}$$

其中，n' 为像方折射率，通常为 1，而在高倍 "油浸" 物镜情况下，标本和物镜最后一片之间用专门的油浸没，例如，"A-immersion" 油的折射率和阿贝数分别为

$$n'_{\mathrm{oil}} = 1.51, \quad \nu_{\mathrm{oil}} = 41.5 \tag{21.7}$$

相对于不用油浸的 "干镜"，物镜的数值孔径增大了 n'_{oil} 倍，由于物镜的衍射极限分辨率取决于 NA：

$$\delta = 0.61 \frac{\lambda}{\mathrm{NA}} = 0.61 \frac{\lambda}{n' \sin u'} \tag{21.8}$$

将标本浸没在油中显然有利于提高分辨率。

此外，浸渍介质还包括水和甘油。

21.2.6　盖玻片

一般生物显微镜的标本都夹在一块薄的 "盖玻片"(coverslip) 和厚的 (1.1mm) "载玻片"(microscope slide) 之间，盖玻片的厚度为 0.17mm，折射率 $n_d = 1.523 \pm 0.005$，阿贝数 $\nu = 56 \pm 2$，通常使用 SCHOTT 的 K4(519-574) 和 K5(522-595)，或 CDGM 的 H-K51(523-587)。盖玻片显然在光路中参与成像。在中等以下的数值孔径，盖玻片的影响尚不大，但在大数值孔径高倍物镜中，盖玻片将影响像质。

观察岩矿标本的金相显微镜则不需要盖玻片，物镜是否用盖玻片须明确标识。如果用带 0.17mm 盖玻片的物镜去观察没有盖玻片的标本，成像质量会退化。

21.2.7　工作距和物镜止动弹簧

由于高倍物镜的工作距 (working distance)很短，例如，100× 油浸物镜的工作距只有 0.2mm 左右，在调焦时容易碰到并碰破标本，为此，高级物镜都带弹性止动器，物镜接触标本后会主动缩进去以保护标本和物镜。

21.2.8　显微物镜的标识

由于显微镜是高度标准化的产品，它的主要技术指标，包括放大率、数值孔径、浸渍介质、机械筒长、盖玻片厚度等都要求在物镜外壳上明确标识。放大率和浸渍介质还可用不同的色圈标识，而物镜主要技术性能则用字母标识，如消色差 (Ach)、复消色差 (Apo)、平视场 (Plan) 等，请参见参考书目 [15]。

图 21.2 为物镜的标识，有关说明参见表 21.3。

(a)

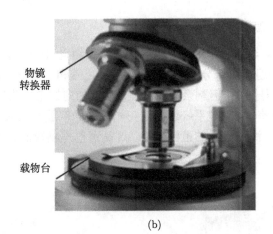

(b)

图 21.2 (a) 显微物镜的标识; (b) 物镜转换器和载物台

表 21.3 显微物镜标识

名称	英文	标识	说明
生产厂	Manufacturer	Nikon	
平像场	Flat-Field Correction	Plan	平场校正
机械筒长	Tube Length	∞/160	
盖玻片厚度	Coverslip Thickness	0.17	
色差校正		Ach	
复消色差		Apo	
放大倍率及 NA	Lateral Magnification/NA	60×/1.40	
浸渍介质	Immersion Medium	Oil	
倍率色圈	Magnification Color Code		
工作距离	Working Distance		
萤石	Fluor		用 CAF2 复消色差
特殊光学指标	Specialized Optical Properties		
物镜转换器螺纹	Nosepiece Mounting Thread		
物镜弹性止动器	Spring-Loaded Retraction Stopper		

21.3 常规消色差显微物镜

21.3.1 引言

图 21.3~图 21.5 为常规的生物显微镜 10×、40× 和 100× 消色差物镜。这类显微物镜轴上球差、色差和近轴彗差 (又称 OSC) 校正得很好,但随着视场加大弥散非线性地增大,清晰范围只占全视场的 30%~50%。由于成本低,这些物镜一直在大批量生产,至今还在学校生物实验室使用。

21.3.2 10× 消色差显微物镜

图 21.3 为 10× 李斯特 (Lister) 型消色差显微物镜 [HO-4-6]。它由两组双胶合构成，NA=0.24，两组双胶合分别独立校正球差、色差和近轴彗差，合成后再略作优化，轴上像差校正得很好，但剩余的带球差较大，轴向的最大弥散 $\Delta z = 0.062$mm，并有较大的轴外像差。特别是系统由两组正光焦度的双胶合构成，根据三级像差理论，像面弯曲较大，清晰成像的范围较小。这是消色差物镜的普遍问题，下文还要专门讨论。

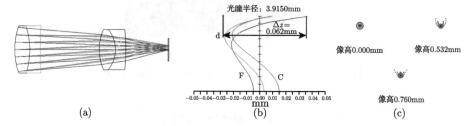

图 21.3　(a) 10× 消色差显微物镜 (李斯特型)[HO-4-6]；(b) 球差–色差曲线 (横坐标区间为
±0.05mm)；(c) 弥散斑 SPT=(3.1,4.7,6.6)μm (彩图见封底二维码)

本章以下各图略去"横坐标区间"

21.3.3 40× 消色差显微物镜

图 21.4 为 40× 阿米西 (Amici) 型消色差显微物镜 [HO-4-11]，由两组双胶合加一个平凸透镜构成，NA=0.65。标本经过该平凸透镜平面后的折射像相对于球面的轴向位置 l(物距)，以及经过球面折射后的轴向位置 l'(像距) 满足齐明条件：

$$\begin{cases} l = R\left(\dfrac{1}{n} + 1\right) \\[2mm] l' = R\left(n + 1\right) \end{cases} \tag{21.9}$$

确保孔径角很大的光束球差得到校正，近轴彗差不大，称"不晕 (aplanatic) 半球"。

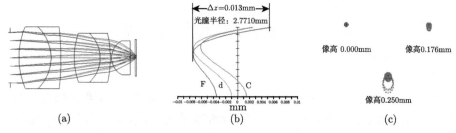

图 21.4　(a) 40× 消色差显微物镜 (阿米西型)[HO-4-11]；(b) 球差–色差曲线
(±0.01mm)；(c) 弥散斑 SPT=(2.9,5.1,11.3)μm (彩图见封底二维码)

单凸透镜产生的色差,与两组双胶合透镜组合后整体优化校正。两个胶合组与正透镜光焦度 $(\varphi = 1/f')$ 之比为 0.23:0.31:1,这是非常典型的数据,说明不晕半球承担了一多半的光焦度。

球差和轴上色差校正很到位,参见图 21.4(b),但剩余带球差还是较大,三色光的轴向弥散范围 $\Delta z \approx 0.013$mm。随着视场增大,轴外弥散斑的 RMS 半径也非线性地变大。

此外,随着数值孔径加大,工作距离变得很小,WD=0.53mm。

21.3.4　100× 消色差油浸显微物镜

图 21.5 为 100× 消色差油浸显微物镜 [HO-4-16]。不晕半球半径为 0.828mm,厚度为 0.94mm,业界俗称 "超半球",加工非常不易。后面又增加一个不晕弯月镜,两个单片透镜承担了相当大的偏角,由标本射来的大孔径角光线的孔径角变小,其后的两组双胶合透镜得以校正剩余的像差,特别是色差。半球透镜和盖玻片的间距 (工作距 WD) 仅 0.208mm,其中充满特制的油,折射率和阿贝数分别为 1.51 和 41.5,如 (21.7) 式所示。因介质浸渍,物镜的数值孔径提高了 n_{oil} 倍,这里 n_{oil} 为介质的折射率。

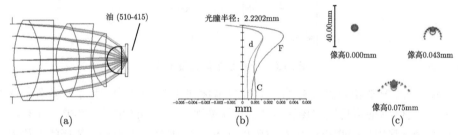

图 21.5　(a) 100× 消色差油浸显微物镜 (阿贝型)[HO-4-16];(b) 球差–色差曲线
(±0.005mm);(c) 弥散斑 SPT=(1.4, 2.8, 3.6)μm (彩图见封底二维码)

100× 油镜的球差曲线出现高级量,使得视场中心弥散斑半径仅为 1.4μm,这是经典光学所能达到的极限分辨率,但与 40× 物镜一样,随着视场增大,弥散非线性地迅速加大,清晰范围很小。

21.3.5　油浸不晕半球

不晕超半球透镜结构见图 21.6。超半球透镜、浸渍介质、盖玻片和载玻片的折射率都很接近,设折射率 $n' = 1.51$。由 (21.9) 式,满足齐明条件的物点位于球面右方,$l = (1 + 1/n')R = 1.38$,其中 R 为超半球的曲率半径。设轴上物点发出的最大孔径角 u' 的光线恰好通过半球的直径,则有

$$u' = \arctan \frac{R}{R/n'} = \arctan n' = 56.49° \qquad (21.10)$$

对应的数值孔径

$$\mathrm{NA} = n' \sin u' = 1.258 \tag{21.11}$$

恰好满足油浸物镜的要求。考虑到轴外光线 (图 21.6 中虚线) 及镜片装配必须留下的余量,实际的镜片为超半球。加工时首先做精密的玻璃球,然后磨去一个球台,加工抛光平面。

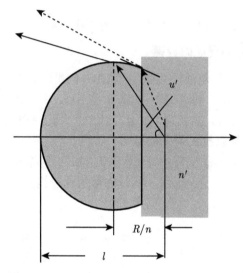

图 21.6　不晕超半球透镜结构

以上三个常规消色差显微物镜的技术指标列在表 21.4 中。为了与业界的称呼一致,放大倍率采用目镜视场直径 $2y$ 与物镜视场直径 $2y'$ 的比,并略去了倍率前的 "–" 号。常规显微物镜结构参数可以在参考文献 [16] 中查到,各例的结构参数均列在附录 21.1 中。

表 21.4　常规消色差显微物镜的技术指标

编号	M	f'/mm	NA	$2y'$/mm	$2y$/mm	ST*/mm	WD**/mm	R_{Petz}^+/mm	ρ^{++}	SPT/μm		
										0	0.7	1
[HO-4-6]	10	15.57	0.25	1.6	16.0	28.4	7.64	−15.2	0.48	3.1	4.7	6.5
[HO-4-11]	40	4.43	0.65	0.50	20.0	14.4	0.53	3.6	0.27	2.9	5.1	11.3
[HO-4-16]	100	1.81	1.26	0.14	15.0	7.2	0.208	−1.5	0.39	1.4	2.8	3.6

注: * ST 为系统长度; ** WD 为工作距离,有盖玻片时为物镜最后表面到盖玻片的距离; + R_{Petz} 为佩茨瓦尔 (Petzval) 半径; ++ρ 为清晰度比率。

21.3.6　显微物镜的评价函数

显微物镜的评价函数分成三类:第一类 "MICROSCOPE-OBJ-1" 适用于一

般的显微物镜，增添了数值孔径 NA 的计算模块，直接采用 NA 的定义式，即 (21.2) 式，以及计算佩茨瓦尔半径 R_{Petz} 的操作符 (参见 21.4 节的说明)，其中放大倍率则采用 y/y'，以符合习惯；第二类油浸物镜则采用 "MICROSCOPE-OBJ-IMMERSION"，默认浸渍介质为 "A-immersion"，自动将折射率代入 NA 公式中；第三类 "MICROSCOPE-OBJ-INF" 则适用于无限共轭的显微物镜，参见 21.13 节。

以上三类评价函数的进一步说明参见附录 21.7。

21.4 佩茨瓦尔 (Petzval) 半径和视场清晰度比率

以上三组常规物镜的清晰度范围不大，指的是观察者对视场中心精确对焦时，视场边缘甚至 0.5 视场、0.7 视场的弥散已经变大，标本的细节变得模糊，我们说物镜的视场不平，或者说视场是弯曲的，近似为一个球面。

在三级像差理论中，可以用 "佩茨瓦尔" (Petzval) 半径 R_{Petz} 来表征像面弯曲，如图 21.7 所示。由于像场弯曲，视场中心和距离中心为 r 处的光波波前的差为 ε，这相当于离焦效应，且有

$$\varepsilon = R - \sqrt{R^2 - r^2} \tag{21.12}$$

其中，$R = R_{\text{Petz}}$，以及

$$r = \sqrt{\varepsilon\,(2R - \varepsilon)} \approx \sqrt{2R\varepsilon} \tag{21.13}$$

可以认为，当 ε 小于焦深时，半径为 r 的圆内像是清晰的。由焦深公式

$$\text{DOF} = \frac{\lambda}{2\text{NA}^2} \tag{21.14}$$

导出成像清晰的圆的直径与视场直径的比为

$$\rho = \frac{2r}{2y'} = \frac{\sqrt{2R\varepsilon}}{y'} \tag{21.15}$$

称 "清晰度比率"，其中

$$\varepsilon = \frac{\lambda}{2\text{NA}^2} \tag{21.16}$$

虽然以上对清晰度范围的定义的基础为三级像差理论，但毕竟具有参考意义。ZEMAX 的评价函数可以计算 R_{Petz} (操作符为 PETZ)，根据 (21.15) 式、(21.16) 式就得到清晰度比率。由于同一倍率物镜的视场大小不一定相同，(21.15) 式只是清晰度范围相对于本物镜视场的比率。

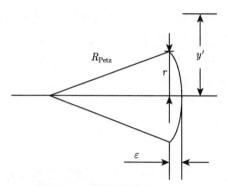

图 21.7   清晰度比率 $\rho = r/y'$

以上三款常规 10× 消色差物镜 [HO-4-6]、40× 消色差物镜 [HO-4-11] 和 100× 消色差油浸物镜 [HO-4-16] 的佩茨瓦尔半径均与焦距大体相近，简化的模型是一片单凸透镜，佩茨瓦尔圆的半径等于焦距，透镜孔径光阑中心是佩茨瓦尔圆的圆心，不同视场的光束聚焦在圆周上，参见图 21.8。

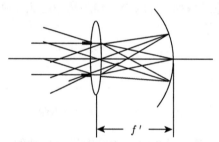

图 21.8   单凸透镜的佩茨瓦尔圆

三个物镜的清晰度比率 ρ 分别为 0.48、0.27 和 0.39，与实际观察的效果大体一致，即中高倍消色差物镜只有视场中心附近约 30% 的视场是清晰的。扩大清晰度范围、提高全视场像质的努力一直没有停止。有两条技术路线，第一条是结构的复杂化，第二条是采用特种玻璃材料，或者是二者的综合。透镜数目的增加使物镜长度增加，以下所有设计范例的物镜长度均为 45mm。

21.5   40× 平场复消色差显微物镜 [MS-M21]

21.5.1   平场特性

由三级像差理论，薄透镜组的像场弯曲系数

$$S_{\text{IV}} \sim \sum_i \frac{\varphi_i}{n_i} \tag{21.17}$$

式中，φ_i 和 n_i 分别为第 i 个薄透镜的光焦度和折射率，由此可见全部由正透镜构成的物镜的场曲系数很大。为了平场，必须加入负透镜，或加入厚的弯月透镜。

图 21.9(a) 为 40× 平场显微物镜 [MS-M21][1] 的系统图，它由 7 组 9 片透镜构成，包括两片厚的弯月透镜，并采用 PK51、N-FK56、PSK58 等特种玻璃。

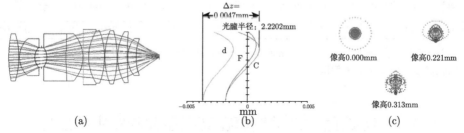

图 21.9　(a) 40× 平场显微物镜 [MS-M21]；(b) 球差–色差曲线 (±0.005mm)；
(c) 弥散斑 SPT=(0.9, 0.8, 0.9)μm (彩图见封底二维码)

精心设计的颇为复杂的结构，以及特殊的材料使该物镜具有以下特征：

(1) 平场：物镜的佩茨瓦尔半径非常大 ($R_{Petz} = 316$mm)，清晰度比率 ρ 高达 2.4，像场几乎完全是平的。

(2) 长工作距：物镜的工作距 (WD) 达到 3.3mm，为相同倍率普通消色差物镜的 5 倍以上。

(3) 大视场：物方线视场 $2y' = 0.63$mm，对应目镜的线视场 $2y = 25$mm。

21.5.2　复消色差

在长焦距物镜的场合，我们用 F 光和 C 光 0.7 孔径球差曲线的交点与 d 光球差曲线的距离 δ 作为二级光谱的度量。在显微物镜的场合，由于大数值孔径，剩余带球差很大，已经达到甚至超过 δ，因此我们只能用弥散斑来作为综合性的像质指标。由于该物镜第 6、第 8 片玻璃采用了 N-FK56(430-950)，其光学性能与 CAF2 非常接近；第 4、第 7 片透镜用到特种玻璃 PK51 和 N-PSK58，在可见光波段，各色光的弥散斑接近重合，达到了复消色差的效果，三色光的轴向弥散范围 $\Delta z \approx 0.0047$mm，约为常规 40× 消色差物镜的四分之一，可对比图 21.9 和图 21.4(b)。

当然，更准确的判据为弥散斑半径。该物镜三个视场的 SPT 分别为 0.9μm、0.8μm 和 0.9μm，远小于常规 40× 消色差物镜 [HO-4-11] 的弥散斑值，全视场清晰度一致，几乎接近一倍衍射极限 (≈1DL)，是名副其实的平场复消色差物镜。为了达到这一目标所付出的代价是结构的复杂化，加工和装配调试的难度大大增加。

高端物镜还有 "半平场" "半复消色差" 等类别，与平场和复消色差间并无严格的界限。

物镜 [MS-M21] 的技术指标如表 21.5 所示，物镜的像差曲线和结构参数参见附录 21.3。

表 21.5   40× 平场复消色差显微物镜 [MS-M21] 的技术指标

编号	M	f'/mm	NA	$2y'$/mm	$2y$/mm	ST*/mm	WD**/mm	R_{Petz}^+/mm	ρ^{++}	SPT/μm 0	SPT/μm 0.7	SPT/μm 1
[MS-M21]	40	4.65	0.55	0.62	25.0	21.6	3.3	319	2.4	0.9	0.8	0.9

注：* ST 为系统长度；** WD 为工作距离，有盖玻片时为物镜最后表面到盖玻片的距离；$+R_{Petz}$ 为佩茨瓦尔半径；$++\rho$ 为清晰度比率。

21.6   特殊色散光学玻璃在高级显微物镜中的应用

光学玻璃的 g-F 光的相对部分色散由下式定义：

$$P_{gF} = \frac{n_g - n_F}{n_F - n_C} \tag{21.18}$$

在 P_{gF} 与 ν 值的关系图上，大部分玻璃基本位于一条直线上，见图 21.10，这条直线被称为 "正常线" 或 "基准线"。而偏离这条直线较远的玻璃称为 "特殊相对部分色散玻璃"。目前的复消色差光学系统首先考虑的是消除短波区的二级光谱，所以在特殊色散光学玻璃的发展过程中，也以短波区的色散性能作为主要指标。特殊色散光学玻璃按光学性质可分为两类：第一类是高色散 (阿贝数小) 而短波区相对部分色散较小的玻璃，属于火石类光学玻璃。CDGM 有 TF1~TF6 等几个牌号；SCHOTT 有 KZF(短火石)，KZFS(特短火石)；HOYA 有 ADF(反常色散火石) 等。第二类是低色散 (阿贝数较大) 而短波区相对部分色散较大的玻璃，属于冕牌类光学玻璃。CDGM 只有一个牌号 TK1；SCHOTT 有 LgSK(长冕)；HOYA 有 ADC(反常色散冕)。有些玻璃虽然未划入这个类别，但也有非常优异的短波特殊色散性能，例如，氟磷冕类光学玻璃 (FK) 和部分含氟的轻冕玻璃 (QK)，如 SCHOTT 的 PK、PSK 等。

根据阿贝公式，谱线 x 和 y 的相对部分色散和中部色散系数呈近似直线关系：

$$P_{x,y} \approx A_{x,y}\nu_d + B_{x,y} \tag{21.19}$$

选用 K9 和 F2 为基准玻璃，并假设 K9 和 F2 符合上述直线公式，则对于 g 线和 F 线就可算出

$$A_{g,F} = -1.733 \times 10^{-3}, \quad B_{g,F} = 0.6457 \tag{21.20}$$

为了表达某玻璃偏离正常 $P_{g,F}$-ν_d 基准直线的程度，引入 $\Delta P_{g,F}$，各种玻璃的相对部分色散可表示为

$$P_{g,F} = A_{g,F}\nu_d + B_{g,F} + \Delta P_{g,F} \tag{21.21}$$

或

$$\Delta P_{g,F} = P_{g,F} - (A_{g,F}\nu_d + B_{g,F}) \tag{21.22}$$

$\Delta P_{g,F}$ 显然就是相对部分色散 $P_{g,F}$ 与基准直线的偏离。在 ZEMAX 的玻璃表中可以查到 $\Delta P_{g,F}$ (表为 d PgF)。

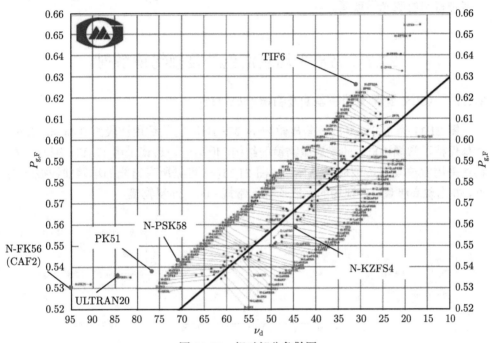

图 21.10　相对部分色散图

对于高色散火石类玻璃，当 $\Delta P_{g,F} < 0$ 时，绝对值越大表明短波区的特殊色散性能越优异；对于低色散光学玻璃，当 $\Delta P_{g,F} > 0$ 时，数值越大表明短波区的特殊色散性能越优异，其他波段的特殊色散依此类推。一些显微物镜用到的特种玻璃的 $\Delta P_{g,F}$、$P_{g,F}$ 等列在表 21.6 中。

表 21.6　特种玻璃参数表

玻璃	ν_d	$\Delta P_{g,F}$	$P_{g,F}$
N-FK56	95.0	0.0488	0.53
N-PK51	77.0	0.0258	0.538
N-PSK58	71.2	0.02	0.542
N-KZFS4	44.5	−0.01	0.559
N-PSK53	63.5	0.053	0.541
ULTRAN30	74.2	0.0224	0.540
ULTRAN20	84.5	0.034	0.533
TIF6	31.0	0.0306	0.623

安防监控光学系统大多具备红外成像功能, 可见光长波段以及近红外波段具有特殊相对部分色散性能的光学玻璃可以用于这一领域。

平场复消色差显微物镜 [MS-M21] 所用到的玻璃 N-FK56(相当于 CAF2) 和 PK51、N-PSK58 均标在图 21.10 中, 可以看出这三种材料均偏离基准直线, 其中 N-FK56 偏离最大。所有具备平场和复消色差性能的高级显微物镜都至少采用一种或多种特殊色散光学玻璃。

21.7   高倍平场复消色差显微物镜系列

21.7.1   100× 宽带复消色差油浸物镜 [MS-H1]

图 21.11 为 100× 复消色差显微物镜 [MS-H1], 它的适用波段为 0.43～0.77μm, 大体保持了常规 100× 油浸显微物镜的结构, 但第一正透镜采用 CAF2, 且全部材料均采用宽波段高透玻璃或晶体。由图 21.11(b) 可见所有谱线的球差曲线彼此接近, 并出现高级量, 各视场的弥散均优于常规 100× 油浸物镜。

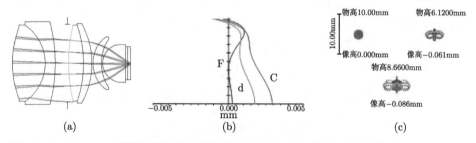

图 21.11   (a) 100× 宽带复消色差显微物镜 [MS-H1]; (b) 球差–色差曲线 (±0.005mm);
(c) 弥散斑 SPT=(0.7, 0.9, 1.3)μm (彩图见封底二维码)

21.7.2   100× 半平场复消色差 (干) 物镜 [MS-H2]

图 21.12 为 100× 干镜 [MS-H2][2]。由于采用三片指标非常接近 CAF2 的特种玻璃 LITHOTEC-CAF2(也可用 N-FK56), 三条球差曲线靠得更近, 达到半复消色差的效果。第一片透镜和接物镜均为厚弯月镜, 分别采用低色散玻璃 P-PK53 和 PK50, 其相对部分色散略微偏离标准直线。

物镜中有一个三胶合组件, 参见图 21.13, 两面的正透镜用 LITHOTEC-CAF2, 而中间的负透镜则用高折射率、高色散的 LASF18A。物镜全视场像质较好, 弥散斑为 0.4～1.0μm。

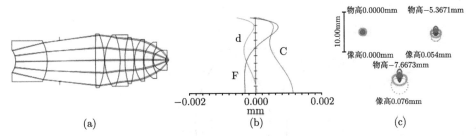

图 21.12 (a) 100× 平场复消色差显微物镜 [MS-H2]；(b) 球差–色差曲线 (±0.002mm)；
(c) 弥散斑 SPT=(0.4, 0.7, 1.1)μm (彩图见封底二维码)

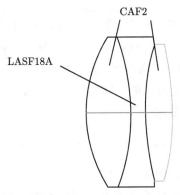

图 21.13 复消色差物镜中的三胶合组件 (Ⅰ)

21.7.3 100× 平场复消色差油浸物镜 [MS-H3]

图 21.14 为 100× 油镜 [MS-H3][3]，其特征是包含了两个三胶合透镜组。第一个胶合组非常厚，其中第一片弯月镜采用偏离基准直线很远的特种玻璃 TIF6，胶合组其他两种玻璃参数很接近。第二组三胶合是复消色差显微物镜另一种常见的结构，参见图 21.15，居中的正透镜为 N-FK56，即 CAF2，前片即所谓 "特短玻璃" KZFS4，结构与图 21.13 大体相反。在随后的双胶合正透镜还采用了特种玻璃 N-PSK58。

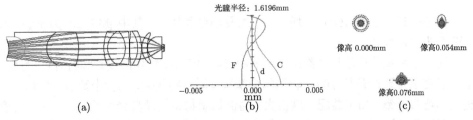

图 21.14 (a) 100× 平场复消色差油浸显微物镜 [MS-H3]；(b) 球差–色差曲线
(±0.005mm)；(c) 弥散斑 SPT=(0.5, 0.7, 1.0)μm (彩图见封底二维码)

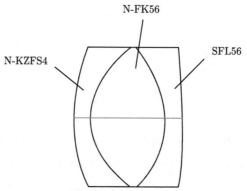

图 21.15　复消色差物镜中的三胶合组件 (Ⅱ)

三条球差曲线互相交织并出现高级量, 达到复消色差的效果。虽然清晰度比率 $\rho = 0.51$, 但实际的像场很平, 弥散斑 SPT 为 0.5~1.0μm。ρ 只是三级像差理论得到的参考指标, 在 NA 较大时可能有明显的误差。该物镜仍归入平场系列。

由衍射极限的艾里斑公式

$$r_{\text{Airy}} = 0.61\frac{\lambda}{\text{NA}} \approx 0.29\mu m \tag{21.23}$$

可见该物镜的像质与衍射极限尚有差距。

三个设计实例的技术指标列在表 21.7 中, 结构参数请参见附录 21.2。

表 21.7　100× 高端显微镜的技术指标

| 编号 | M | f'/mm | NA | $2y'$/mm | $2y$/mm | ST*/mm | WD**/mm | R_{Petz}^+/mm | ρ^{++} | SPT/μm | | |
										0	0.7	1
[MS-H1]	100	1.9	1.1	0.17	17.3	7.9	0.33	−2.0	0.35	0.7	0.9	1.3
[MS-H2]	100	1.7	0.84	0.15	15	20.8	0.415	17.3	1.56	0.4	0.7	1.0
[MS-H3]	100	1.7	1.1	0.2	20	40.9	0.465	−5.7	0.51	0.5	0.7	1.0

注: * ST 为系统长度; ** WD 为工作距离, 有盖玻片时为物镜最后表面到盖玻片的距离; +R_{Petz} 为佩茨瓦尔半径; ++ρ 为清晰度比率。

21.7.4　小结

本节介绍了三个 100× 平场、半平场复消色差物镜, 其中 [MS-H2] 为干镜, 其余两个为油浸物镜。

这三个物镜的像质比传统的 100× 物镜高出许多, 特殊的设计和特种玻璃产生了明显高于普通消色差 100× 物镜的分辨率。但结构复杂, 元件个数多, 且包含厚透镜和弯月透镜, 加工装配难度很大。高倍显微镜是经典光学的高端产品, 尽管平场复消色差设计已经很完善, 但由于工艺上的困难, 至今仅少数厂家能提供高质量的产品。

21.8　55×～60× 特殊性能显微物镜系列

21.8.1　引言

中倍显微物镜（Ⅱ）指的是 $40 \leqslant M < 65$ 的显微物镜，这仅是本书的规定，没有通用性。中倍显微镜有许多设计实例，本节仅介绍性能特殊的高端物镜，即至少具备以下特性之一：①平场、半平场；②复消色差、半复消色差；③长工作距；④大视场。

21.8.2　55× 平场复消色差显微物镜 [MS-M2][4]

该物镜为 7 组 9 片，参见图 21.16。物镜包含三个负光焦度镜组：第 1 组是几乎同心的弯月透镜，材料为特种玻璃 KZFS7A；第 4 组是三胶合透镜组，居中的负透镜为高折射率、高色散的 SF57HTULTRA(847-238)，两侧则为低色散的 SK 玻璃及特种玻璃 N-PSK57；第 5 组是 LAK 玻璃的负弯月组。此外，接物镜为厚弯月镜。这些负光焦度组以及厚弯月镜起到了平像场的作用，使得佩茨瓦尔半径达到19.3mm，清晰度比率达到 0.93。

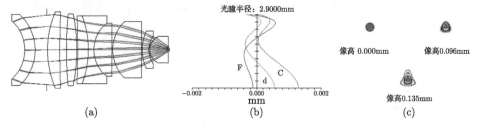

图 21.16　(a) 55× 平场复消色差显微物镜 [MS-M2]；(b) 球差–色差曲线 (±0.002mm)；
　　　　　(c) 弥散斑 SPT=(0.6，0.7，0.8)μm (彩图见封底二维码)

物镜采用了 N-PSK57、N-PSK58、KZFS7A 等特种玻璃，其余的玻璃则为 LAK、LAF，以及折射率高达 2.00 的 P-SF68 等玻璃，达到复消色差的效果。三色光的球差曲线互相逼近，并出现高级量，使得弥散很小，SPT 为 0.6～0.8μm，但视场略小 $(2y = 15\text{mm})$。

21.8.3　60× 长工作距平场复消色差显微物镜 [MS-M3][5]

图 21.17 为 6 组 11 片不带盖玻片的物镜系统，其显著特点在于反远摄结构，很大的负光焦度双胶合透镜的前组，使物镜在 60× 的较高倍率下的工作距依然达到 4.8mm，这是非常可贵的指标。

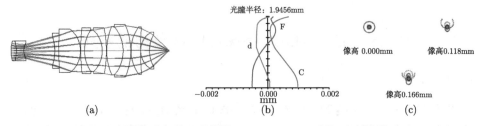

图 21.17　(a) 60× 平场复消色差显微镜 [MS-M3]；(b) 球差–色差曲线 (±0.002mm)；

(c) 弥散斑 SPT=(0.5, 0.6, 0.7)μm (彩图见封底二维码)

第 3 组三胶合的构成与 [MS-H3] 的复消色差典型构件类似，居中的 ULTRAN20 远离基准直线，两侧分别为 LAK12 和 KZFS7A。物镜中共有两片 ULTRAN20，还用到两片 N-PSK52A，可以说高端显微物镜主要是由特种玻璃构成的，使得三色光的球差–色差曲线靠得很近，并出现更高级的量。

大负光焦度前组远离物镜其他各组，使得佩茨瓦尔 (Petzval) 半径很大，$R_{Petz} = -37.2$mm，像场很平，清晰度比率很高，$\rho = 1.2$。全视场弥散 SPT=0.5～0.7μm。

21.8.4　60× 长工作距半平场复消色差显微镜 [MS-M4][6]

图 21.18 为 6 组 12 片带盖玻片的物镜。与 [MS-M3] 相似，也是反远摄型，工作距为 3.9mm。

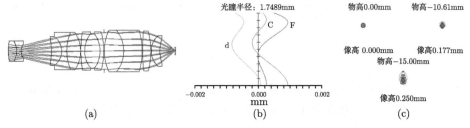

图 21.18　(a) 60× 平场复消色差显微镜 [MS-M4]；(b) 球差–色差曲线 (±0.002mm)；

(c) 弥散斑 SPT=(0.5, 0.5, 0.7)μm (彩图见封底二维码)

第 3 组也是复消色差典型三胶合，居中的材料为 N-FK56，两侧则为 LAK。物镜还用到 N-PK51 和 N-FK51A，后者的性能和 ULTRAN20 接近。球差–色差曲线具有高级量。

佩茨瓦尔半径 $R_{Petz} = -23.5$mm，清晰度比率 $\rho = 0.71$。全视场弥散 SPT=0.5～0.7μm，注意视场中心附近的分辨率略高于 [MS-M3]。

[MS-M3] 和 [MS-M4] 还有一个重要优点就是透镜曲率半径都较大，工艺性较好。

21.8.5　采用普通玻璃的 60× 半平场显微物镜 [MS-M5][7]

物镜 [MS-M5] 具有 4 组 6 片的简约结构，参见图 21.19，全部采用普通玻璃，仅接物镜为弯月透镜 (最后一面为凹面)，使得物镜的像场略平，但达不到半平场。弥散斑比以上两款 60× 物镜都差一些，但加工成本较低。该物镜的另一缺点在于工作距小。

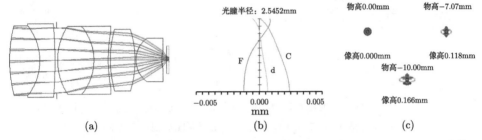

图 21.19　(a) 60× 半平场显微物镜 [MS-M5]；(b) 球差–色差曲线 (±0.005mm)；(c) 弥散斑
SPT=(0.7, 0.7, 1.0)μm (彩图见封底二维码)

以上四款物镜的技术指标列在表 21.8 中，结构参数参见附录 21.3。

表 21.8　55× ∼60× 高端显微物镜的技术指标

编号	M	f'/mm	NA	$2y'$/mm	$2y$/mm	ST*/mm	WD**/mm	R_{Petz}^+/mm	ρ^{++}	SPT/μm		
										0	0.7	1
[MS-M2]	55	3.3	0.82	0.28	15	14.0	0.15	−19.2	0.89	0.6	0.7	0.8
[MS-M3]	60	2.7	0.68	0.34	20	39.8	4.8	−37.2	1.23	0.5	0.6	0.7
[MS-M4]	60	2.6	0.64	0.50	30	45	3.9	−23.5	0.71	0.5	0.5	0.7
[MS-M5]	60	3.1	0.79	0.33	20	11.5	0.33	−4.9	0.4	0.7	0.7	1.0

注：* ST 为系统长度；** WD 为工作距离，有盖玻片时为物镜最后表面到盖玻片的距离；+R_{Petz} 为佩茨瓦尔 (Petzval) 半径；++ρ 为清晰度比率。

21.9　40× 特殊性能显微物镜系列

21.9.1　40× 平场复消色差显微物镜

1. 40× 平场半复消色差显微物镜 [MS-M6][8]

在 21.5 节已详细讲述了 40× 平场复消色差物镜的实例 [MS-M21]。40× 物镜的实例很多，图 21.20 为 40× 平场半复消色差显微物镜 [MS-M6]，由 7 组 8 片构成，只用了一片特种玻璃 H-ZPK1A，纵向像差曲线与 [MS-M21] 相似，与常规 40× 消色差物镜相比，带球差的校正好得多。第一片弯月镜和接物弯月镜使得像场非常平, $R_{\mathrm{Petz}} = -423\mathrm{mm}$, 清晰度比率 $\rho = 2.24$, 全视场像质非常好。弥散斑 SPT 在 $0.4\sim0.5\mu\mathrm{m}$ 范围, 已接近 1DL(1 倍艾里斑), 分辨率远高于常规消色差物镜; 除了接物弯月透镜以外, 各镜片加工工艺性均好, 缺点是工作距略短 (WD=0.33mm)。

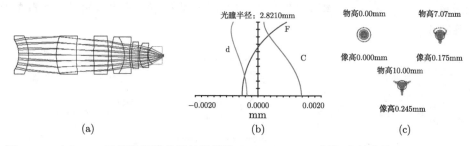

(a)　　　　　　　　　(b)　　　　　　　　　(c)

图 21.20　(a) 40× 平场半复消色差显微物镜 [MS-M6]; (b) 球差–色差曲线 (±0.002mm);
(c) 弥散斑 SPT=(0.4, 0.4, 0.5)μm (彩图见封底二维码)

2. 40× 平场复消色差显微物镜 [MS-M7][9]

图 21.21 为另一款 40× 平场复消色差显微物镜 [MS-M7], 由 5 组 9 片构成, 像场也很平, $R_{\mathrm{Petz}} = 86.5\mathrm{mm}$, $\rho = 1.4$。除接物镜为厚弯月镜以外, 其余均为胶合透镜, 并采用 KZFS8、FK-51 和 N-PSK58 等特种玻璃, F 光和 C 光的球差曲线出现两个交点, 色差校正得更好, 中心视场的分辨率更高, 参见图 21.21(b)。

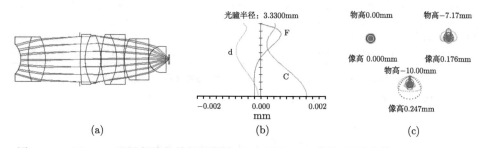

(a)　　　　　　　　　(b)　　　　　　　　　(c)

图 21.21　(a) 40× 平场复消色差显微物镜 [MS-M7]; (b) 球差–色差曲线 (±0.002mm);
(c) 弥散斑 SPT=(0.3, 0.5, 0.6)μm (彩图见封底二维码)

21.9.2　40× 特长工作距半平场复消色差显微物镜 [MS-M8][10]

在一些特殊的应用场合, 要求物镜离标本足够远, 因而长工作距成为特别的指标。图 21.22 为特长工作距物镜 [MS-M8], 第二组双胶合负透镜使系统成为反远摄型, 工作距长达 9.0mm。

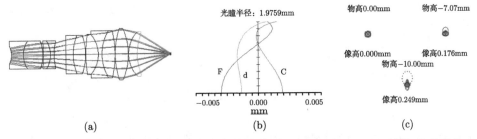

图 21.22   (a) 40× 特长工作距半平场复消色差显微物镜 [MS-M8]；(b) 球差–色差曲线
(±0.005mm)；(c) 弥散斑 SPT=(0.4, 0.4, 0.5)μm (彩图见封底二维码)

本物镜采用了 N-PSK53、KZFS12 和 N-PK52A 构成的三胶合透镜，以及 UL-TRAN30 等特种玻璃，使三色光球差曲线在中大孔径非常靠近，获得复消色差的效果；像场也很平，除边视场外弥散斑均接近 1DL。

此外，所有镜片的加工工艺性均好，是一款设计得非常成功的长工作距物镜。

其他 40× 高端物镜的设计实例 ([MS-M19]～[MS-M22][11~14]) 参见附录 21.3。

[MS-M6]～[MS-M8] 及 [MS-M19]～[MS-M22] 具体设计指标详见表 21.9。

表 21.9   40× 高端显微镜的技术指标

编号	M	f'/mm	NA	$2y'$/mm	$2y$/mm	ST*/mm	WD**/mm	R_{Petz}^+/mm	ρ^{++}	SPT/μm		
										0	0.7	1
[MS-M6]	40	4.4	0.62	0.5	20.0	28.3	0.33	−423	2.24	0.4	0.4	0.5
[MS-M7]	40	4.2	0.62	0.50	20.0	31.8	0.7	−86.5	1.40	0.3	0.5	0.6
[MS-M8]	40	3.9	0.51	0.50	20.0	44	9.0	−99.5	1.83	0.4	0.4	0.5
[MS-M19]	40	4.4	0.69	0.73	30.0	35.5	0.23	−67.7	0.28	0.7	0.8	1.2
[MS-M20]	40	4.7	0.63	0.60	24.0	38.2	0.33	−28.3	0.66	0.6	0.9	1.0
[MS-M21]	40	4.7	0.55	0.62	25.0	21.6	3.3	−319	3.4	1.0	0.8	0.9
[MS-M22]	40	4.2	0.64	0.62	25.0	33.5	0.61	61.0	0.92	0.5	0.5	0.5

注：* ST 为系统长度；** WD 为工作距离，有盖玻片时为物镜最后表面到盖玻片的距离；+R_{Petz} 为佩茨瓦尔半径；++ρ 为清晰度比率。

21.10   12.5×～30× 特殊性能显微物镜系列

21.10.1   30× 复消色差显微物镜 [MS-M9][15]

中倍显微镜（Ⅰ）指的是 $10 < M < 40$ 的显微物镜。图 21.23 为 30× 复消色差显微物镜 [MS-M9]，它的特点是数值孔径大，NA=0.68。从结构上看，第一组三胶合透镜由 N-LAK33、FK54 和 SSK50 构成，FK54 的参数与 CAF2 非常接近，这一结构在上文数例中用过。此外还用了特种玻璃 PSK53A，达到复消色差的效果。

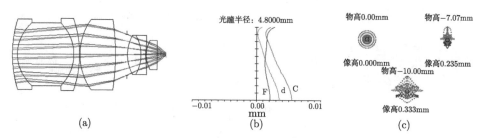

图 21.23　(a) 30× 复消色差显微物镜 [MS-M9]；(b) 球差–色差曲线 (±0.01mm)；(c) 弥散斑
SPT=(1.1，1.4，2.5)μm (彩图见封底二维码)

21.10.2　20× 平场复消色差显微物镜 [MS-M10][16] 和 [MS-M11][17]

两个 20× 平场复消色差显微物镜 [MS-M10] 和 [MS-M11] 分别见图 21.24 和
图 21.25。它们的 NA 略有差别，但结构上都有弯月透镜或负透镜，视场非常平；此
外，二者均用到特种玻璃，如 KZFS8、FK54、N-PK52A 和 FK56 等，达到复消色
差的效果，全视场弥散均接近 1DL，工作距也不小。[MS-M11] 带盖玻片，[MS-M10]
不带盖玻片，但增减盖玻片并不困难。此外，[MS-M11] 的线视场 $2y = 22.0$mm，比
标准视场 (20.0mm) 略大。

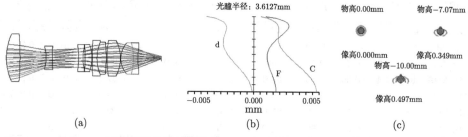

图 21.24　(a) 20× 平场复消色差显微物镜 [MS-M10]；(b) 球差–色差曲线 (±0.005mm)；
(c) 弥散斑 SPT=(0.6，0.7，0.8)μm (彩图见封底二维码)

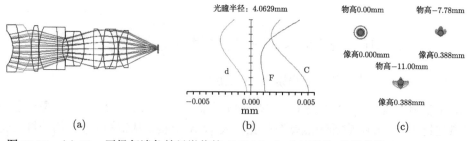

图 21.25　(a) 20× 平场复消色差显微物镜 [MS-M11]；(b) 球差–色差曲线 (±0.005mm)；
(c) 弥散斑 SPT=(0.9，0.8，1.0)μm (彩图见封底二维码)

21.10.3 大视场 20× 和 15× 显微物镜

大视场也是具有优势的特定应用 (custom design)，物镜 [MS-M12][18] 和 [MS-M13][19] 的线视场分别为 $2y = 26.0$mm 和 $2y = 40.0$mm，已经超出常规显微目镜的范围，一般显微目镜最大视场为 20mm。

1. 20× 大视场平场复消色差显微物镜 [MS-M12]

物镜 [MS-M12] 的结构主体为双高斯，参见图 21.26。双高斯具有两组弯月胶合透镜，特征是大视场和平场，该物镜相当于有限共轭的小视场双高斯成像系统。此外，该物镜的工作距长，加工难度不大。

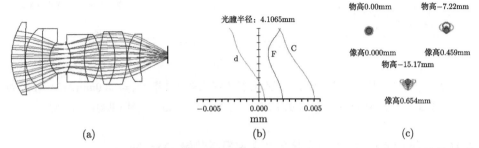

图 21.26 (a) 20× 大视场平场复消色差显微物镜 [MS-M12]，$2y = 26.0$mm；(b) 球差–色差曲线 (±0.005mm)；(c) 弥散斑 SPT=(1.0, 1.0, 0.9)μm (彩图见封底二维码)

2. 20× 超大视场平场复消色差显微物镜 [MS-M13]

物镜 [MS-M13] 的前组就是一个大弯月双胶合透镜组，接物镜也是厚的弯月透镜，参见图 21.27。在增大的视场内，边视场的弥散斑与中心视场实际差别较小，清晰范围较大。

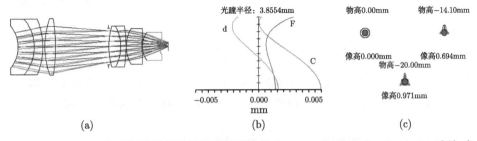

图 21.27 (a) 20× 超大视场平场复消色差显微物镜 [MS-M13]，$2y = 40.0$mm；(b) 球差–色差曲线 (±0.005mm)；(c) 弥散斑 SPT=(0.6, 0.7, 0.9)μm (彩图见封底二维码)

以上两组物镜用到特种玻璃N-KZFS11、PSK53A、PSK52、PSK57、LITHOTEC-CAF2(相当于 N-FK56) 和 ULTRAN30 等，达到复消色差的效果。两组透镜的 NA

均达到 0.4 以上，视场很大，弥散斑都接近 1DL。

　　3. 15× 超大视场平场复消色差显微物镜 [MS-M14][20]

　　图 21.28 所示的 15× 超大视场物镜 [MS-M14]，线视场 $2y = 35.0$mm。对于 15× 物镜，9 片式结构略显复杂，但所用的全部是常规玻璃。佩茨瓦尔半径很大 ($R_{\text{Petz}} = -169$mm)，但因数值孔径略大 (NA=0.48)，视场清晰度比率 ρ 只达到 0.56。但由于视场大，实际的清晰范围并不小。

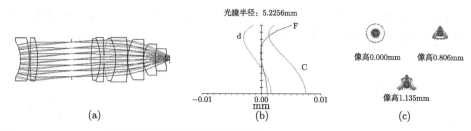

图 21.28　(a) 15× 超大视场平场复消色差显微物镜 [MS-M14]，$2y = 35.0$mm；(b) 球差–色差曲线 (±0.01mm)；(c) 弥散斑 SPT=(1.1, 1.1, 1.5)μm (彩图见封底二维码)

21.10.4　结构简约的 20× 平场复消色差显微物镜 [MS-M15][21]

　　图 21.29 所示的 20× 物镜 [MS-M15] 仅由 5 片构成，结构很简单，并未使用所谓的特种玻璃，纵向像差也没有特别之处，但全视场像质均接近 1DL。其数值孔径 NA 略小 (0.38)，视场较小 ($2y = 17$mm)，但在许多应用中也足够了。在追求高像质的同时，材料成本低、工艺性好、加工成本低显然也是优势。

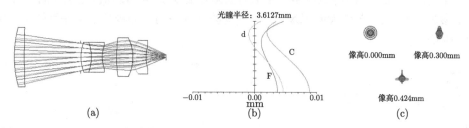

图 21.29　(a) 20× 平场复消色差显微物镜 [MS-M15]，$2y = 17$mm，NA=0.38；(b) 球差–色差曲线 (±0.01mm)；(c) 弥散斑 SPT=(0.7, 0.7, 1.0)μm (彩图见封底二维码)

21.10.5　12.5× 显微物镜

　　1. 12.5× 平场复消色差显微物镜 [MS-M16][22]

　　从结构上看，12.5× 物镜 [MS-M16] 采用负光焦度的双胶合前组和很厚的接物镜实现了平场；从选材上看，除了前组正透镜采用高折射率、高色散的 SF63 以外，几乎清一色由 KZFS、PSK 和 N-FK56 等特种玻璃构成，实现了平场复消色差，因而全视场像质达到 1DL，参见图 21.30。

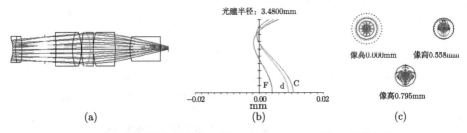

图 21.30　(a) 12.5× 平场复消色差显微镜 [MS-M16]；(b) 球差–色差曲线 (±0.02mm)；
(c) 弥散斑 SPT=(0.8, 0.6, 0.7)μm (彩图见封底二维码)

2. 12.5× 平场显微物镜 [MS-M17][23]

[MS-M17] 的视场略大，$2y = 24$mm。第三片大光焦度负透镜不但有利于平场，还使物距加长到 7.6mm；虽未用特种玻璃，还不能算作复消色差物镜，但剩余的带球差不大，全视场弥散仍然接近 1DL，参见图 21.31。

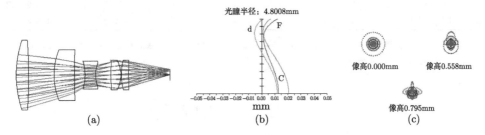

图 21.31　(a) 12.5× 平场显微物镜 [MS-M17]，$2y = 24$mm，WD=7.6mm；(b) 球差–色差曲线 (±0.05mm)；(c) 弥散斑 SPT=(1.3, 1.2, 1.3)μm (彩图见封底二维码)

3. 12.5× 复消色差显微物镜 [MS-M18][24]

图 21.32 显微物镜 [MS-M18] 的特点为数值孔径大，NA=0.49，提高了被观察标本的亮度。在较大的孔径下，采用比较复杂的结构，有 5 片透镜采用特种玻璃，如 N-KZFS4 和 NPK52A 等，还包含一个复消色差的典型三胶合结构，实现了复消色差。但整个系统缺乏有利于平场的元素，随着视场加大弥散也渐次增大。

以上各物镜的技术指标见表 21.10，结构参数参见附录 21.4。

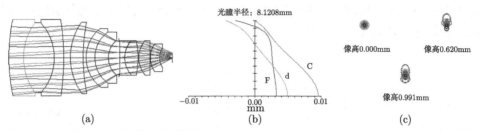

图 21.32　(a) 12.5× 复消色差显微物镜 [MS-M18]，$2y = 25$mm，NA=0.49；(b) 球差–色差曲线 (±0.01mm)；(c) 弥散斑 SPT=(1.1, 1.5, 1.9)μm (彩图见封底二维码)

表 21.10　12.5× ～30× 高端显微物镜的技术指标

编号	M	f'/mm	NA	$2y'$/mm	$2y$/mm	ST*/mm	WD**/mm	R_{Petz}^{+}/mm	ρ^{++}	SPT/μm 0	SPT/μm 0.7	SPT/μm 1
[MS-M9]	30.0	5.9	0.68	0.67	20.0	24.1	1.3	−5.7	0.21	1.1	1.4	2.5
[MS-M10]	20.0	9.8	0.36	1.0	20.0	35.0	5.2	−30.9	0.73	0.6	0.7	0.8
[MS-M11]	20.0	8.4	0.44	1.1	22.0	37.7	8.1	−54	0.71	0.9	0.8	1.0
[MS-M12]	20.0	9.4	0.46	1.3	26.0	23.1	4.2	−47.7	0.54	1.0	1.0	0.9
[MS-M13]	20.0	8.1	0.43	1.9	40.0	36.2	2.1	−112.4	0.30	0.6	0.7	0.9
[MS-M14]	15.0	10.1	0.48	2.3	35.0	49.8	1.5	−169.3	0.55	1.1	1.1	1.5
[MS-M15]	20.0	9.6	0.38	0.84	17.0	23.4	3.0	−12.7	0.52	0.7	0.7	1.0
[MS-M16]	12.5	11.5	0.29	1.6	20.0	55.4	2.9	−53.3	0.74	0.8	0.6	0.7
[MS-M17]	12.5	14.6	0.27	1.9	24.0	28.0	7.6	−32.9	0.26	1.3	1.2	1.3
[MS-M18]	12.5	13.0	0.49	2.0	25.0	34.4	2.6	−32.9	0.27	1.1	1.5	1.9

注：* ST 为系统长度；** WD 为工作距离，有盖玻片时为物镜最后表面到盖玻片的距离；+R_{Petz} 为佩茨瓦尔半径；++ρ 为清晰度比率。

21.11　10× 显微物镜系列

10× 超大视场平场复消色差物镜 ($M \leqslant 10$) 可归入低倍显微物镜，不仅用于显微镜整机中，在光学和其他领域的科研、实验、仪器系统中用途也很广。

1. 10× 平场复消色差显微物镜 [MS-L1][25]

参见图 21.33，10× 显微物镜 [MS-L1] 是一款非常优秀的设计，其中的三胶合透镜居中的透镜材料为 N-FK56。该三胶合既是复消色差的标准结构，又包含一个厚的负透镜，其后续正透镜采用 PSK53A，加上弯月形接物镜的共同作用，实现了平场和复消色差，弥散斑 <1DL。该物镜同时具有超大视场特性，$2y = 30.0$mm。当然弥散斑 <1DL 并不意味着超分辨，即使弥散斑再小，最终决定分辨率的还是衍射，几何弥散斑叠加在艾里斑上，使分辨率低于衍射极限。

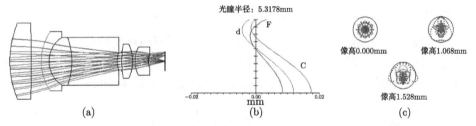

图 21.33　(a) 10× 平场复消色差显微物镜 [MS-L1]，$2y = 30.0$mm；(b) 球差–色差曲线
(±0.02mm)；(c) 弥散斑 SPT=(0.6, 0.6, 0.7)μm (彩图见封底二维码)

2. 10× 平场复消色差显微物镜 [MS-L2][26] 和 [MS-L3][27]

图 21.34，10× 显微物镜 [MS-L2] 第二正透镜采用 N-PSK57；第三透镜为大光
焦度的负透镜，采用高折射率、高色散的 SF57(846-238)，使得工作距拉长，WD=
6.4mm。与常规 10× 消色差物镜对比可知，该物镜的轴向弥散 $\Delta z = 0.029$mm，而
常规 10× 消色差物镜的轴向弥散 $\Delta z = 0.062$mm，大体上为 1:2，而横向像差弥散
斑之比则为 1:4。

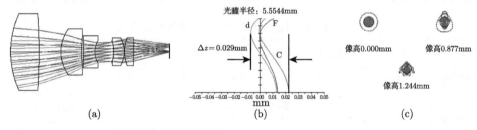

图 21.34　(a) 10× 平场复消色差显微物镜 [MS-L2]，$2y = 25.0$mm，WD=6.4mm；(b) 球
差–色差曲线 (±0.05mm)；(c) 弥散斑 SPT=(0.8, 0.9, 1.0)μm (彩图见封底二维码)

10× 平场复消色差显微物镜 [MS-L3] 参见图 21.35，设计思想与 [MS-L2] 一致，
采用两片 N-PSK57。

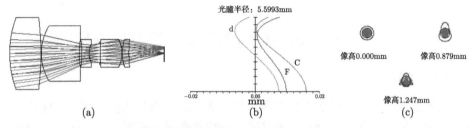

图 21.35　(a) 10× 平场复消色差显微物镜 [MS-L3]，$2y = 25.0$mm，WD=7.4mm；(b) 球
差–色差曲线 (±0.02mm)；(c) 弥散斑 SPT=(0.9, 0.9, 1.0)μm (彩图见封底二维码)

3. 10× 长工作距超大视场复消色差显微物镜 [MS-L4][28]

10× 复消色差显微物镜 [MS-L4] 是另一个由变形双高斯变换而来的设计实例,四片透镜采用特种玻璃 N-PSK53、N-FK56、N-PSK52 和 N-PSK58,参见图 21.36,兼具长工作距和超大视场的特点,线视场和工作距分别达到 30.00mm 和 11.84mm。

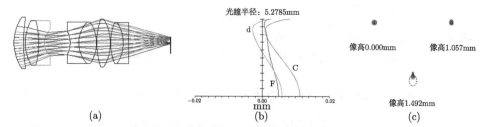

图 21.36　(a) 10× 长工作距超大视场复消色差显微物镜 [MS-L4],$2y = 30.00$mm,WD = 11.8mm;(b) 球差–色差曲线 (±0.02mm);(c) 弥散斑 SPT = (0.8, 0.9, 2.0)μm

(彩图见封底二维码)

以上四款物镜的技术参数列在表 21.11 中,结构参数见附录 21.5;其他 10× 高端显微物镜的设计实例 [MS-L5][29]、[MS-L6][30] 和 [MS-L7][31] 也参见附录 21.5。

表 21.11　10× 高端显微物镜的技术指标

编号	M	f'/mm	NA	$2y'$/mm	$2y$/mm	ST*/mm	WD**/mm	R_{Petz}^+/mm	ρ^{++}	SPT/μm 0	0.7	1
[MS-L1]	10.0	15.3	0.24	3.0	30.0	28.0	3.1	−103.6	0.66	0.6	0.6	0.7
[MS-L2]	10.0	18.1	0.25	2.5	25.0	28.0	6.4	−57.2	0.57	0.8	0.9	1.0
[MS-L3]	10.0	18.1	0.25	2.5	25.0	32.0	7.4	−76.0	0.65	0.9	0.9	1.0
[MS-L4]	10.0	17.0	0.30	3.0	30.0	43.9	11.8	−112	0.55	0.8	0.9	2.0
[MS-L5]	10	14.4	0.27	2.4	24.4	40.0	1.9	−92.6	0.38	0.8	0.7	0.7
[MS-L6]	10	15.5	0.35	3.0	30	44.1	5.5	−50	0.32	1.9	2.3	3.3
[MS-L7]	10	15.7	0.41	3.0	30	37.9	3.5	−101	0.38	1.2	1.6	2.2

注: * ST 为系统长度;** WD 为工作距离,有盖玻片时为物镜最后表面到盖玻片的距离;+R_{Petz} 为佩茨瓦尔半径;++ρ 为清晰度比率。

21.12　低倍显微物镜系列和有限共轭成像

21.12.1　引言

低倍显微物镜和一般的有限共轭成像系统已经没有什么实质区别,只是必须遵守显微物镜的一些规范而已。本节仍按照规范介绍共轭距为 195mm,物镜长度为 45mm 的低倍显微物镜。在其他小视场、高清晰度的有限共轭成像应用中,这些设计都有参考价值。

21.12.2 低倍平场复消色差显微物镜

1. 6.4× 平场复消色差显微物镜 [MS-L8][32]

图 21.37 为 6.4× 显微物镜 [MS-L8]，采用了 N-FK56 和 PSK54 实现复消色差，运用两组厚弯月物镜达到半平场，全视场弥散斑不大。

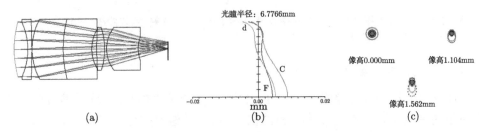

图 21.37 (a) 6.4× 平场复消色差显微物镜 [MS-L8]；(b) 球差–色差曲线 (±0.02mm)；
(c) 弥散斑 SPT=(2.1, 1.8, 2.1)μm (彩图见封底二维码)

2. 4× 平场复消色差显微物镜 [MS-L9][33]

图 21.38 为 4× 显微物镜 [MS-L9]，由 4 组 5 片构成，第二组双胶合用于校正色差，最后一片负透镜将工作距拉长，形成远摄结构；系统用 N-PSK58、N-FK56 和 KZFS12 实现复消色差，像场非常平，全视场达到 1DL。

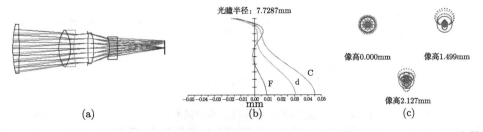

图 21.38 (a) 4× 平场复消色差显微物镜 [MS-L9]；(b) 球差–色差曲线 (±0.05mm)；(c) 弥散
斑 SPT=(1.4, 1.4, 1.3)μm (彩图见封底二维码)

3. 4× 平场复消色差显微物镜 [MS-L10][34]

图 21.39 为另一款 4× 显微物镜 [MS-L10]，由 4 组 7 片构成，第二组为三胶合，居中的透镜材料为 N-FK56，第二片很厚的负透镜采用 KZFS12；紧接着的厚双胶合弯月透镜采用 KZFSN4 和 LAKN6；系统前片则采用 ULTRAN30。像场非常平，特殊的设计和特种玻璃构建了平场复消色差物镜。全视场达到 1DL。

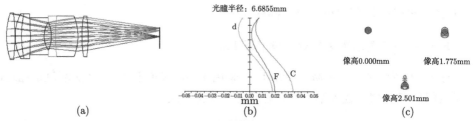

图 21.39　(a) 4× 平场复消色差显微镜 [MS-L10]；(b) 球差–色差曲线 (±0.05mm)；
(c) 弥散斑 SPT=(1.3, 1.4, 1.5)μm (彩图见封底二维码)

21.12.3　光焦度和偏角分配

图 21.40 为 3.5× 显微物镜 [MS-L11][35]，是一个典型的平场设计。表 21.12 给出三组的焦距 f'、光焦度 φ 和承担的偏角 $\Delta u'$。前组双胶合的正光焦度不大，产生了少量正偏角；后组为负光焦度的厚弯月透镜，产生少量的负偏角，前、后组产生的偏角是对消的，而单片正透镜则承担大部分偏角。双胶合透镜组主要用于校正色差和球差，弯月透镜主要用于平场，这显然是一个典型的合理配置。同时后组与中组的间隔较大，将工作距拉长。中组材料为 TIF6，离基准直线很远，使系统实现复消色差。

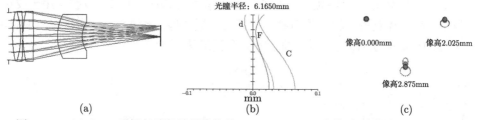

图 21.40　(a) 3.5× 平场复消色差显微镜 [MS-L11]；(b) 球差–色差曲线 (±0.1mm)；
(c) 弥散斑 SPT=(1.6, 2.2, 3.0)μm (彩图见封底二维码)

表 21.12　三组的焦距、光焦度和承担的偏角　　　　　　(长度单位: mm)

	前组	中组	后组	Σ
f'	101.589	37.866	−44.146	
φ	0.0098	0.0260	−0.0230	
$\Delta u'$	0.058	0.166	−0.045	0.179

21.12.4　2× 半平场复消色差显微镜 [MS-L12][36]

2× 显微物镜 [MS-L12] 参见图 21.41，其长度已经超出显微物镜的规范，不能装到物镜转换器上去，是特制物镜。其结构与 [MS-L11] 的顺序相反，前组为大弯月负透镜，中组为单片正透镜，后组为双胶合镜，但同样达到半平场的效果。双胶合的正透镜采用 PSK58，全视场的弥散斑接近 2DL。

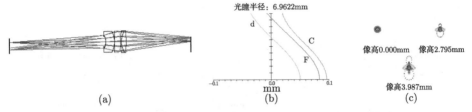

图 21.41　(a) 2× 半平场复消色差显微物镜 [MS-L12]；(b) 球差–色差曲线 (±0.1mm)；
(c) 弥散斑 SPT=(2.9, 3.3, 5.2)μm (彩图见封底二维码)

以上物镜的技术指标列在表 21.13 中，物镜结构及其余低倍显微物镜设计实例 [MS-L13][37]、[MS-L14][38] 见附录 21.5。

表 21.13　低倍显微物镜的技术指标

编号	M	f'/mm	NA	$2y'$/mm	$2y$/mm	ST*/mm	WD**/mm	R_{Petz}^+/mm	ρ^{++}	SPT/μm 0	0.7	1
[MS-L8]	6.4	20.7	0.28	3.1	20	39.4	7.7	−63.7	0.43	2.1	1.8	2.1
[MS-L9]	4.0	30.0	0.16	4.3	17	46.6	14.7	−96.0	0.67	1.4	1.4	1.3
[MS-L10]	4.0	32.2	0.18	5.0	20	47.5	22.3	−507.3	1.17	1.3	1.4	1.5
[MS-L11]	3.5	30.9	0.14	5.8	20	41.0	21.3	−625.5	1.45	1.6	2.2	3.0
[MS-L12]	2.0	40.0	0.14	8.0	16	93.8	70.0	−144.0	0.5	2.9	3.3	5.2
[MS-L13]	4.0	26.6	0.14	7.6	30	51.7	6.9	−213.0	0.64	1.0	1.5	2.0
[MS-L14]	4.0	29.2	0.16	5.3	21	40.0	22.4	959.0	1.71	2.2	3.0	4.4

注：* ST 为系统长度；** WD 为工作距离，有盖玻片时为物镜最后表面到盖玻片的距离；+R_{Petz} 为佩茨瓦尔半径；++ρ 为清晰度比率。

21.13　无限共轭显微物镜

21.13.1　引言

还有一类重要的显微物镜，其共轭距为无限，有利于加入照明系统和分光镜。但必须使用辅助物镜才能成像。在 21.2 节中讲过，这类物镜的放大倍率以 $250/f'$ 来定义。无限共轭物镜也可由有限共轭物镜渐次加长物距并优化得到。

21.13.2　高倍无限共轭显微物镜 [MS-IF1][39]

100× 无限共轭消色差油浸显微物镜 [MS-IF1] 见图 21.42，与传统的 100× 物镜相比，像质有所改进，但结构略有不同，以一个三胶合代替两组双胶合。弥散随着视场的增大而加大，清晰视场不足一半。工作距略长，WD=0.42mm。

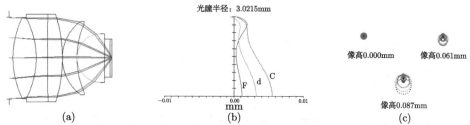

图 21.42　(a) 100× 无限共轭消色差显微物镜 [MS-IF1]；(b) 球差–色差曲线
(±0.01mm)；(c) 弥散斑 SPT=(1.4，1.3，2.1)μm (彩图见封底二维码)

21.13.3　中倍无限共轭显微物镜

1. 60× 无限共轭平场复消色差物镜 [MS-IF2][40]

图 21.43 显微物镜 [MS-IF2] 由 6 组 11 片构成。清晰度范围超过 $60\%(\rho = 0.60)$，由于采用了 KAFSN4、N-FK56 和 PSK53 等特种玻璃和四个双胶合透镜，球差和色差校正很到位，曲线出现高级量，使得全视场弥散斑达到或接近 1DL。

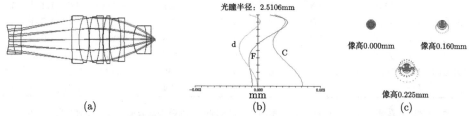

图 21.43　(a) 60× 无限共轭平场复消色差显微物镜 [MS-IF2]；(b) 球差–色差曲线
(±0.002mm)；(c) 弥散斑 SPT=(0.3，0.4，0.7)μm (彩图见封底二维码)

2. 25× 无限共轭平场复消色差物镜 [MS-IF3][41]

显微物镜 [MS-IF3] 的接物镜为一片厚的弯月镜，最后一面为凹面，该结构已经见到多次，具有平场的作用，参见图 21.44；负光焦度的前组也有利于场曲的校正；系统用到两片 N-FK56 和一片 PSK52A，实现复消色差，全视场弥散达到或接近 1DL。

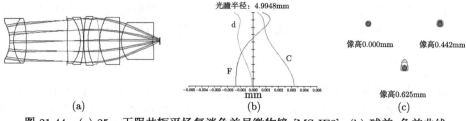

图 21.44　(a) 25× 无限共轭平场复消色差显微物镜 [MS-IF3]；(b) 球差–色差曲线
(±0.005mm)；(c) 弥散斑 SPT=(0.5，0.5，0.6)μm (彩图见封底二维码)

3. 20× 无限共轭平场复消色差物镜 [MS-IF4][42]

物镜 [MS-IF4] 前片为特殊的三胶合透镜, 特种玻璃 N-FK56 为三胶合的第一片正透镜。接物镜为厚双胶合, 最后一面为凹面, 起到平场的作用, 参见图 21.45。物镜清晰度范围大于 70%($\rho = 0.7$); 接物镜正透镜玻璃为 FK51, 相当于 ULTRAN20, 它与 N-FK56 的共同作用实现复消色差, 全视场弥散斑达到 1DL。

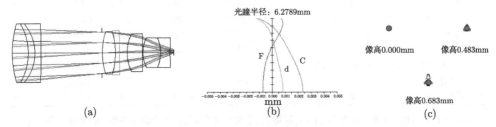

图 21.45 (a) 20× 无限共轭平场复消色差显微物镜 [MS-IF4]; (b) 球差–色差曲线 (± 0.005mm); (c) 弥散斑 SPT=(0.5, 0.6, 0.8)μm (彩图见封底二维码)

4. 30× 无限共轭长工作距复消色差物镜 [MS-IF5][43]

物镜 [MS-IF5] 为 7 组 9 片, 其中第三组为很厚的负双胶合镜, 起到反远摄的作用, 工作距 WD=7.29mm, 参见图 21.46。物镜用到 KZFS5、N-FK56 和 ULTRAN20, 得到半复消色差的效果。

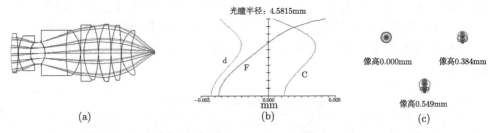

图 21.46 (a) 30× 无限共轭长工作距半复消色差显微物镜 [MS-IF5]; (b) 球差–色差曲线 (± 0.005mm); (c) 弥散斑 SPT=(1.4, 2.1, 2.7)μm (彩图见封底二维码)

以上物镜的技术指标见表 21.14, 物镜结构参数及其他无限共轭的设计结果 [MS-IF6]~[MS-IF12][44~50] 见附录 21.6。

表 21.14　无限共轭显微物镜的技术指标

编号	M	f'/mm	NA	$2y'$/mm	$2y$/mm	ST*/mm	WD**/mm	R_{Petz}^+/mm	ρ^{++}	SPT/μm 0	0.7	1
[MS-IF1]	100	2.5	0.79	0.18	—	8.0	0.42	-3.2	0.59	1.4	1.3	2.1
[MS-IF2]	60	4.2	0.60	0.46	—	46.8	0.97	-11.6	0.6	0.3	0.4	0.7
[MS-IF3]	25	10.0	0.49	1.30	—	47.0	2.10	-343.0	1.36	0.5	0.5	0.6
[MS-IF4]	20	12.5	0.48	1.40	—	41.7	1.05	-100.1	0.70	0.5	0.6	0.8
[MS-IF5]	30	8.3	0.58	0.55	—	44.5	7.30	-97.3	1.50	1.4	2.1	2.7
[MS-IF6]	53	4.7	0.79	0.61	—	28.0	0.55	-38.0	0.61	0.6	0.8	0.9
[MS-IF7]	63	4.0	0.71	0.50	—	40.0	5.20	-35.5	0.79	2.8	3.5	4.4
[MS-IF8]	30	8.3	0.70	0.93	—	47.2	1.50	-1.2×10^4	7.89	1.1	1.3	1.4
[MS-IF9]	27	9.3	0.72	1.10	—	45.7	0.86	-99.5	0.50	0.5	0.8	0.9
[MS-IF10]	25	10.0	0.39	1.10	—	45.0	2.60	-55.8	0.69	0.4	0.7	0.7
[MS-IF11]	13.5	18.5	0.24	2.50	—	32.0	6.10	-21.5	0.37	2.8	2.7	3.7
[MS-IF12]	13.5	18.5	0.22	2.50	—	24.9	6.60	-52.4	0.61	1.3	1.6	1.8

注: * ST 为系统长度; ** WD 为工作距离, 有盖玻片时为物镜最后表面到盖玻片的距离; $+R_{\text{Petz}}$ 为佩茨瓦尔半径; $++\rho$ 为清晰度比率。

21.14　显微系统和照明组件通过分光镜集成

21.14.1　在显微系统中插入 45° 分光平板

首先建立无限共轭显微系统 [MS-CB]-A, 包括 $f'_1 = 250.0$mm 的准直镜和 $f'_1 = 16.24$mm、NA=0.25 的显微物镜, 合成系统的放大倍率 $M = 15.4$。

在显微物镜和辅助镜 (准直镜) 之间的光路为平行光, 插入倾斜的分光平板对像质没有影响。插入手续借助坐标断点 (Coordinate Break) 操作实现, 步骤如下:

(1) 在准直镜后加入数行, 见表 21.15。第 1~4 行为辅助镜 (表中未列入)。

(2) 第 5 行为坐标断点 (C.B.), 该行中, Tilt About $X = 45°$ 表示 y 轴顺时针旋转 45°。

表 21.15　插入 45° 平板操作

Comment	R	T	Gls.	Decent X	Decent Y	Tilt About X	Tilt About Y	Tilt About Z
5: C.B.				0.000	0.000	45.000	0.000	0.000
6: Std. APT 12×17INF 3.0 H-K9L								
7: Std. APT 12×17INF 0.0								
8: C.B.		10.0		0.000	1.580	-45.000(P)	0.000	0.000

注: Std. 表示 Standard; Gls. 表示 Glass; APT 表示 Aperture。

(3) 用第 6、7 两行定义一个平板, 在路径 Standard\Aperture 中选择矩形孔径 (Rectangular Aperture), 给定 x、y 边长的一半分别为 6mm 和 8.5mm, 材料为 K9,

厚度 $T_6 = 3.0\text{mm}$。

(4) 第 8 行将 y 轴旋转 $-45°$，程序默认出射点为孔径中心 O。但由折射定律，出射光线的起点 A 相对于孔径中心位移 $+1.58\text{mm}$，参见图 21.48。用 Decent Y 给出该位移，就完成了插入 $45°$ 平板的操作。

21.14.2　聚光组件设计

聚光镜组件由光源、聚光镜和反射镜构成，参见图 21.47。根据应用需求，光源一般选用光谱灯或 LED 等。设计要点如下:

(1) 聚光镜通常为一对焦距不等的平凸透镜，光源位于第一透镜 L_1 的前焦面，两个透镜间近似为平行光，这样的设计近似满足球差极小条件。

(2) 平凸透镜焦点与平面的距离为 $f' - d/n$，其中 d 为透镜厚度，n 为折射率，f' 为焦距。一对透镜通过反射镜将光源成像在显微物镜的光阑 (或入瞳) 上，放大倍率 $M = f_2'/f_1'$。

(3) 光源的像是光束截面最小处，只要光源大小恰当，照明光束可以完全通过物镜光阑。如果照明光束截面太大，超过物镜光阑，照射到边缘的光就形成杂散光，使得标本的反差变小。光束耦合部件必须氧化发黑，甚至加上消光纹，以降低杂散光本底。

(4) 光源通过显微物镜后在标本面上形成大体均匀的照明光斑。

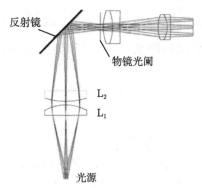

图 21.47　聚光镜组件 (彩图见封底二维码)

21.14.3　反射镜插入操作

(1) 第 14 行为坐标断点，坐标轴绕 x 轴旋转 $-45°$。

(2) 第 15 行为光轴位置的调整。反射镜的孔径与平板出射面必须一致，合成后反射面变成分光面。光轴在反射镜面上的位置也须与平板上的出射点 (图 21.48 中 A 点) 一致。因此，y 轴须首先位移 -1.58mm 到孔径中心 O，然后在第 15 面路径 Standard\Aperture 中选择矩形 (Rectangular Aperture)，给定 x、y 边长的一半分别为 6mm 和 8.5mm。

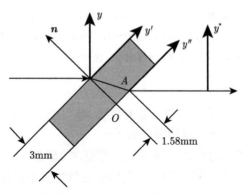

图 21.48   插入平板

(3) 在第 16 行中令 y 轴位移 $+1.58$mm 复位，与平板第二面的 A 点一致，坐标系再绕 x 轴旋转 $-45°$，完成了反射操作，见表 21.16。

表 21.16   插入反射镜操作

	Comment	R	T	Gls.	Decent X	Decent Y	Tilt About X	Tilt About Y	Tilt About Z
14: C.B.					0.000	-1.58	-45.000	0.000	0.000
15: Std.	APT 12×17		INF	3.0	MIRROR				
16: C.B.			INF	10.0		1.58(P)	-45.000	0.000	0.000

(4) 反射镜到物镜光阑的距离 AB 要和显微系统的对应间隔一致，参见图 21.49。

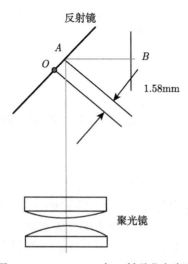

图 21.49   ZEMAX 中 y 轴移位与复位

21.14.4 聚光组件和显微系统合成

系统合成的要点如下：

(1) 全局坐标参考面：对于两个子系统而言，显微物镜部分是共用的，所以在路径 Gen\Miscellaneous\Global Reference Surface 中选择物镜光阑面为全局坐标系参考面，把两个子系统写在一个程序中。系统合成的关键是显微系统平板的出射面与聚光组件的反射面严格重合。

(2) 在 Editor 中选择 Multi-Configuration(多组态)，或用快捷键调出 Multi-Configuration，建立两个 Config。Config 1 为显微系统，Config 2 为聚光镜组件。凡是两个子系统不一致的参数和编辑行都要在 Multi-Configuration 表中定义，包括物方视场 (YFIE)、物方数值孔径 (APER)、光阑面位置 (STPS) 等。

(3) Multi-Configuration 还有个重要的功能，是用操作符 IGNR 将 Lens Editor 中的一些无关的 Config 行 "隐藏" 起来，参见表 21.17，例如，第 1~7 行 (显微系统中准直镜和平板) 在 Config 2 中看不到，而第 8~14 行 (照明组件) 在 Config 1 中看不到，这样就可以把两个子系统在一个 Editor 中分别编辑，互不干扰。这些功能在前几章已经介绍过了。合成系统如图 21.50 所示，相关程序 [WAVE DIVISION] 见本书封底二维码。被照亮的标本经过显微物镜、分光镜和准直镜后成像在图像探测器上。

表 21.17　Multi-Configuration 设置

Active		Config 1	Config 2	注释
1:YFIE	2	7.500	0.540	0.7 视场物高
2:YFIE	3	5.300	0.390	1 视场物高
4:APER		0.017	0.200	物方 NA
5:THIC	0	244.78	−18.00	物距
6:STPS		15	8	
8~14:IG*	1~7	0	1	Config 2 隐藏 1~7 行
16~22:IG*	8~14	1	0	Config 1 隐藏 8~14 行

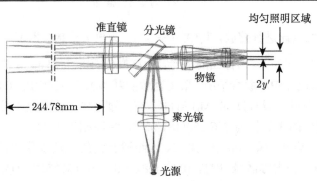

图 21.50　合成系统 (彩图见封底二维码)

21.15　显微物镜设计流程的起源和演变

21.15.1　引言

显微物镜是非常经典的产品,多年来积累了许多成熟的、优秀的设计,从各种光学手册、数据库中都可以查到。一般情况下,总可以找到与客户要求的技术指标和目标成本 (target price) 相近的设计作为原始设计,然后进行后续优化。

本章提供约 50 个参考设计,基本上涵盖了各种规格 (倍率、NA、无限共轭等)、各种特殊性能 (复消色差、平场、长工作距等) 的显微物镜。

如果要 "溯源",本章大部分物镜的原型是美国专利 (US Patent),是设计的 "第一版";根据客户要求,修改原型的设计指标,包括视场、NA、倍率和共轭距等,再经过后续优化,演变为 "第二版"。为照顾国际客户的需求,仍采用 SCHOTT 玻璃,第二版与原型设计相比已经有了不同程度的变化和进步;根据国内客户的需求和本书的规范,大部分设计更改为 CDGM 玻璃 (可能有少数透镜仍采用 SCHOTT 玻璃),演变为 "第三版"。在本章附录中提供第二版的数据,使用国产玻璃的第三版设计,可从封底二维码中查到。

21.15.2　20× 平场物镜的设计演变

设计原型 (第一版) 为美国专利 US Patent No. 4989957,可由数据库 LensVIEW 经检索得到,参见图 21.51。经过以下步骤修改设计:

(1) LensVIEW 的材料用 (n_d, ν_d) 的形式给出,用操作符 substitute 将 (n_d, ν_d) 转换成最接近的 SCHOTT 光学玻璃。

(2) LensVIEW 的绝大部分透镜组焦距为 100mm,利用公式

$$f' = \frac{-\beta L}{(1-\beta)^2}\bigg|_{L=195, \beta=-0.05} \tag{21.24}$$

算出焦距,对原设计进行缩放,其中 $\beta = -\dfrac{1}{M}$ 为放大倍率。也可用共轭距操作符 $\text{TTHI}|_{0,N'}$,其中 $N = 24$ 为像面的序号,令该操作符等于 195mm 进行缩放。

(3) 删去原设计中的胶合平板,采用评价函数 MICROSCOPE OBJ-1 进行优化和 HAMMER 优化,设计变成 [MS-M11]。在此过程中,玻璃组成发生变化。第一版第四个双胶合的正透镜为 NFK56(434-950),性能相当于 CAF2,使得系统趋向于复消色差;在更新的第二版中,第三、四组胶合镜的正透镜分别采用 NFK56 和 NFK54(437-907) 使得弥散斑 SPT=(0.9, 0.8, 1.0)μm,已经接近 1DL,且工作距从 6.15mm 增大到 8.11mm,性能已明显优于原设计。

(4) 将玻璃全部替换成 CDGM 玻璃，设计演变成第三版，参见图 21.52。由于 CDGM 尚不提供相当于 CAF2 的玻璃，系统自动运作，第三、四组胶合镜的正透镜均采用 H-FK71(457-902)，性能接近于 CAF2，仍使得弥散斑 SPT=(0.8, 0.9, 1.0)μm，保持了第二版的水平。

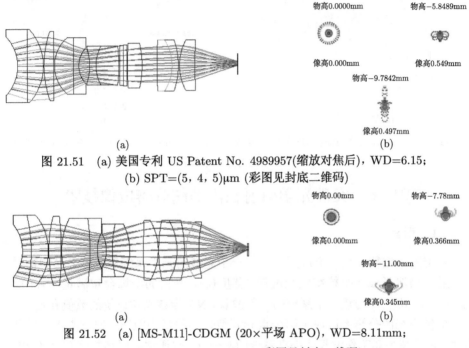

图 21.51　(a) 美国专利 US Patent No. 4989957(缩放对焦后)，WD=6.15；

(b) SPT=(5, 4, 5)μm (彩图见封底二维码)

图 21.52　(a) [MS-M11]-CDGM (20×平场 APO)，WD=8.11mm；

(b) SPT=(0.7, 0.9, 1.0)μm (彩图见封底二维码)

21.15.3　10× 平场物镜 [MS-L1] 的设计演变

10× 平场物镜 [MS-L1] 的原型系美国专利 US Patent 3756698，参见图 21.53。三胶合的中间正透镜采用 N-FK56；演变为第三版的结果 [MS-L1]-CDGM 参见

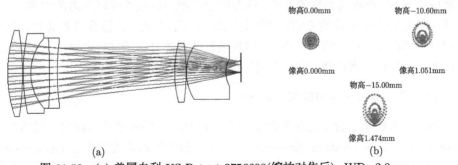

图 21.53　(a) 美国专利 US Patent 3756698(缩放对焦后)，WD=2.0mm；

(b) SPT=(28, 45, 62)μm (彩图见封底二维码)

图 21.54，除三胶合的中间正透镜仍采用 N-FK56 外，其余玻璃均改为 CDGM 产品，透镜的形状也发生明显变化，全视场弥散斑小于 1DL，像场很平，性能优秀。

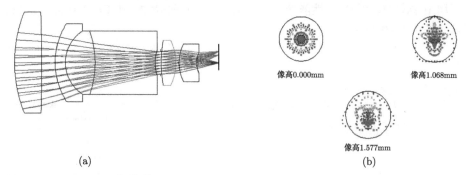

(a)   (b)

图 21.54   (a) 10× 平场物镜 [MS-L1]-CDGM，WD=3.1mm；(b)SPT=(0.6，0.6，0.7)μm

(彩图见封底二维码)

21.16   突破光学衍射极限的超分辨成像技术

21.16.1   引言

根据阿贝定律，当一个点光源经过一个完善的光学系统后，由于光的衍射效应，最终仍然形成一个模糊的光斑像 (艾里斑)，光斑的半峰全宽满足 FWHM $\approx$ $0.61\lambda/NA$，其中 λ 为该光学系统的工作波长，NA 为该光学系统的数值孔径。一个光学成像系统的分辨率取决于两个点光源像之间的最小距离，如果要提高成像分辨率，则需减小其工作波长或提高系统的数值孔径 (通常采用高数值孔径的物镜)。对于常见的工作在可见光波段的光学显微镜，其分辨率极限约为 200nm。那么如何在现有的情况下进一步提高系统的成像分辨率，从而突破衍射极限限制的分辨率成像呢? 随着科研人员的不断探索，通过多种不同的光学系统设计，小于 100nm 的分辨率得以实现。这些可以突破衍射极限成像的高分辨率光学显微技术，称为超分辨成像技术。根据其原理的不同，现有的超分辨成像技术可以分为两大类: 一类是基于单分子定位成像的方法，利用特殊荧光分子的光开关特性或者其他机制在不同时刻随机激发稀疏的荧光点，通过相应算法对荧光分子进行定位；另一类则改造成像系统的点扩散函数，进而实现突破衍射极限分辨率的成像。

21.16.2   基于单分子定位的超分辨成像

第一类方法基于分子定位实现的超分辨成像，主要包括光激活定位显微技术 (photoactivated localization microscopy, PALM) 和随机光学重构显微技术 (stochastic optical reconstruction microscopy, STORM)。具有光开关特性的荧光蛋白是这类技术的关键。2002 年，Patterson 等 [51] 首次发现了一种荧光蛋白 PA-GFP，它在未激活状态下不发光，用 405nm 的激光激活一段时间后，才能被 488nm 激发光激发，发出绿色荧光信号。2006 年，Betzig 等 [52] 利用这种具有开关特性的荧光蛋白结合单分子荧光成像技术，首次提出了 PALM。同年，庄小威等 [53] 利用荧光蛋白 Cy5 在不同激发波长下表现出的开关特性，提出了"随机光学重构显微技术"(STORM)。

PALM 与 STORM 的原理大致相同，都是利用反复激活–漂白荧光分子，从而获得稀疏的荧光分子的位置信息，经过上百次的循环迭代，将得到的细胞内所有荧光分子的精确定位重构到同一张图像上，最后可以获得分辨率比传统光学显微镜至少高 10 倍的显微图像。不同的是，STORM 可以用来研究细胞内源蛋白的超分辨定位。然而，从 PALM 和 STORM 的基本原理中可以发现，这两类超分辨成像技术所依赖的还是传统的光学显微系统，其光学点扩散函数并没有发生改变，即单次成像分辨率依然处于衍射极限内，它是"用时间换空间"，通过牺牲时间分辨率来获得高的空间分辨率。

21.16.3 基于点扩散函数改造的超分辨成像

第二类方法通过改造光源来压缩光学系统的点扩散函数 (PSF)，实现超分辨成像，这类成像手段主要包括受激发射损耗 (stimulated emission depletion, STED) 显微技术 [54,55]，结构光照明显微技术 (structured illumination microscopy, SIM)[56-58]，可逆饱和线性荧光跃迁 (reversible saturable optical linear fluorescence transitions) 显微技术 [59] 等。

STED 显微技术最早于 1994 年，由 Stefan W. Hell 等 [54] 提出，通过受激发射损耗的方式来改变荧光基团发射荧光的点扩散函数。一些荧光分子在激发光照明下处于激发态，但当用另一束比激发光波长更长的激光照射时，荧光分子可以从激发态猝灭回到基态，即在两束激光同时照射时发光。基于这样一种荧光特性，Hell 等用一束激光照射样品的同时，用另一束高能脉冲激光形成紧挨的环形激光照明，波长比激发光稍长，这样被短波激发的荧光大部分通过受激发射损耗的过程猝灭，压缩了点扩散函数，提高了显微镜的分辨率。然而 STED 的成像需要对样品进行点扫描，并且所采用的激光光强过大，可能导致观测样品的光漂白甚至光毒性。同时 STED 成像的光路复杂，系统搭建成本也较高。

不同于 STED 需要经过逐点扫描成像，SIM 是一种宽场显微成像技术，可以获得更高的成像速度，更适合活体、低漂白的生物研究。SIM 利用非均匀的正弦条纹照明光照明样品，当被测样品精细形貌与条纹状照明光相互叠加时，可以获得一个比两者空间频率都低的"莫尔条纹"。而这个莫尔条纹中同时带有样品和照明光的信息，换句话说，利用结构光照明可以将无法被光学系统采集的高频样品信息编码形成空间频率相对较低、可以被收集的莫尔条纹信号。利用后期图像重构技术，样品的高频信息可以重现在所获得的图像上, 从而实现了突破衍射极限的超分辨成像。同时利用多束光干涉的办法, 可以将二维结构光照明成像扩展到三维成像领域。目前已经实现横向 100nm, 轴向 200nm 左右的分辨率 [60]。虽然 SIM 的分辨率低于其他超分辨成像技术, 但其方法简单, 不需要特殊的荧光标记, 同时可以实现快速、动态、三维的超分辨成像。

总的来说, 由于光学衍射效应所带来的成像分辨率的限制, 通过单分子定位和改造光学系统点扩散函数的方式, 牺牲一定时间分辨率来获得突破衍射极限的成像, 是目前的主流方法。除上述所提到的依据荧光成像原理的远场超分辨成像技术外, 采用近场扫描光学显微技术 (NSOM) 也可以获得突破衍射极限的成像。近场光学成像不同于经典光学, 其探针距样品仅波长量级的长度, 可以收集远场成像所收集不到的近场信息, 进而获得与原子力显微镜相当的成像分辨率。

目前国内对超分辨成像技术已经展开了广泛而深入的研究, 中国科学院西安光学精密机械研究所采用数字微镜器件和 LED 照明的结构光照明方案, 减少了散斑干涉等不利因素造成的背景噪声, 能够获得 90nm 的空间分辨率以及 190ms 的切片速度 [61]。2015 年, 中国科学院生物物理研究所与美国霍华德·休斯医学研究所等单位的科学家在《科学》上发表利用一种新型反复激活荧光蛋白 Skylan-NS 和结构光激活非线性 SIM 技术, 获得了在细胞运动和改变形状的过程中骨架蛋白的解体和自组装过程, 以及在细胞膜表面称为 "caveolae" 的微小内吞体动态过程的影像, 其分辨率能达到 62nm [62]。同年, 北京大学习鹏结合了量子点、光谱方法和 SOFI 超分辨技术, 在普通宽场显微镜上, 实现了 3s 获得 85nm 的超高时空分辨率的成像 [63], 使用不同发射波长的量子点的联合标记, 有效减少了高阶成像的伪影, 更加真实地还原出生物样品的完整结构和细节信息。2017 年, 浙江大学杨青、刘旭将纳米线作为局域光源, 提出了一种称为 "纳米线环形照明显微术" (nanowire ring illumination microscopy, NWRIM) 的技术, 首次实现了大视场、无标记的超分辨成像, 其视场目前达数千平方微米, 比以往报道的无标记型远场超分辨显微方法扩展了 1 个数量级以上 [64]。中国科学院半导体研究所将集成光学与 SIM 技术相结合, 利用 SOI 光栅耦合器和分束器等实现了红外波段片上结构光的照明, 为超分辨系统的小型化提供了一种新的方案 [65]。

21.17　本 章 小 结

显微物镜具有小视场、大数值孔径和高分辨率的特征。本章介绍显微物镜的规范, 定义清晰度范围的度量 ——"清晰度比率", 给出高倍、中倍和低倍的常规物镜, 以及多款平场、复消色差、长工作距物镜的例子。由于这些范例覆盖了大部分应用领域的技术指标, 一般设计不需从初始结构入手, 而只需寻找最接近的范例,经缩放、修改和优化得到更新的结果。简单介绍从透镜数据库 LensVIEW 中选择原型设计，经优化、更换玻璃演变为所需结果的流程。在无限共轭物镜一节中介绍内照明组件、分光镜与显微系统的耦合。本章还专门讲述特殊色散光学玻璃在高端显微物镜中的应用。

近年来，超过衍射极限的所谓"超分辨"显微成像技术的研究取得初步成果，21.16 节介绍有关的进展。

参 考 文 献

[1] 美国专利：US Patent No. 3102158.
[2] 美国专利：US Patent No. 3822931.
[3] 美国专利：US Patent No. 3912378.
[4] 美国专利：US Patent No. 3138651.
[5] 美国专利：US Patent No. 4588264.
[6] 美国专利：US Patent No. 4666256.
[7] 美国专利：US Patent No. 4251131.
[8] 美国专利：US Patent No. 3102158.
[9] 美国专利：US Patent No. 4084885.
[10] 美国专利：US Patent No. 4591243.
[11] 美国专利：US Patent No. 3572972.
[12] 美国专利：US Patent No. 4279476.
[13] 美国专利：US Patent No. 3806231.
[14] 美国专利：US Patent No. 3879111.
[15] 美国专利：US Patent No. 2363770.
[16] 美国专利：US Patent No. 3514185.
[17] 美国专利：US Patent No. 4989957.
[18] 美国专利：US Patent No. 3925910.
[19] 美国专利：US Patent No. 4212515.
[20] 美国专利：US Patent No. 3701588.
[21] 美国专利：US Patent No. 3244074.
[22] 美国专利：US Patent No. 3471219.
[23] 美国专利：US Patent No. 4283123.
[24] 美国专利：US Patent No. 4232941.
[25] 美国专利：US Patent No. 3756698.
[26] 美国专利：US Patent No. 4176912.
[27] 美国专利：US Patent No. 4150871.
[28] 美国专利：US Patent No. 5191473.

[29]　美国专利: US Patent No. 3041934.

[30]　美国专利: US Patent No. 4403835.

[31]　美国专利: US Patent No. 5191473.

[32]　美国专利: US Patent No. 2822728.

[33]　美国专利: US Patent No. 4146304.

[34]　美国专利: US Patent No. 4227773.

[35]　美国专利: US Patent No. 3262363.

[36]　美国专利: US Patent No. 1790926.

[37]　美国专利: US Patent No. 3647282.

[38]　美国专利: US Patent No. 5216545.

[39]　美国专利: US Patent No. 3790254.

[40]　美国专利: US Patent No. 5940220.

[41]　美国专利: US Patent No. 5789870.

[42]　美国专利: US Patent No. 5920432.

[43]　美国专利: US Patent No. 4231637.

[44]　美国专利: US Patent No. 3902791.

[45]　美国专利: US Patent No. 5739958.

[46]　美国专利: US Patent No. 5920432.

[47]　美国专利: US Patent No. 5739957.

[48]　美国专利: US Patent No. 5889618.

[49]　美国专利: US Patent No. 3876291.

[50]　美国专利: US Patent No. 3876291.

[51]　Patterson G H, Lippincott-Schwartz J. A photoactivatable GFP for selective photola-beling of proteins and cells. Science, 2002, 297(5588): 1873-1877.

[52]　Betzig E, Patterson G H, Sougrat R, et al. Imaging intracellular fluorescent proteins at nanometer resolution. Science, 2006, 313(5793): 1642-1645.

[53]　Rust M J, Bates M, Zhuang X. Sub-diffraction-limit imaging by stochastic optical re-construction microscopy (STORM). Nature Methods, 2006, 3(10): 793-796.

[54]　Hell S W, Wichmann J. Breaking the diffraction resolution limit by stimulated emission: stimulated-emission-depletion fluorescence microscopy. Optics Letters, 1994, 19(11): 780-782.

[55]　Klar T A, Hell S W. Subdiffraction resolution in far-field fluorescence microscopy. Optics Letters, 1999, 24(14): 954-956.

[56]　Neil M A A, Juškaitis R, Wilson T. Method of obtaining optical sectioning by using structured light in a conventional microscope. Optics Letters, 1997, 22(24): 1905-1907.

[57]　Heintzmann R, Cremer C G. Laterally modulated excitation microscopy: improvement of resolution by using a diffraction grating//BiOS Europe'98. International Society for Optics and Photonics, 1999: 185-196.

[58] Gustafsson M G L, Agard D A, Sedat J W. Doubling the lateral resolution of wide-field fluorescence microscopy using structured illumination//BiOS 2000 The International Symposium on Biomedical Optics. International Society for Optics and Photonics, 2000: 141-150.

[59] Hofmann M, Eggeling C, Jakobs S, et al. Breaking the diffraction barrier in fluorescence microscopy at low light intensities by using reversibly photoswitchable proteins. Proceedings of the National Academy of Sciences of the United States of America, 2005, 102(49): 17565-17569.

[60] Schermelleh L, Carlton P M, Haase S, et al. Subdiffraction multicolor imaging of the nuclear periphery with 3D structured illumination microscopy. Science, 2008, 320(5881): 1332-1336.

[61] Dan D, Lei M, Yao B, et al. DMD-based LED-illumination super-resolution and optical sectioning microscopy. Scientific Reports, 2013, 3.

[62] Li D, Shao L, Chen B C, et al. Extended-resolution structured illumination imaging of endocytic and cytoskeletal dynamics. Science, 2015, 349(6251): aab3500.

[63] Zeng Z, Chen X, Wang H, et al. Fast super-resolution imaging with ultra-high labeling density achieved by joint tagging super-resolution optical fluctuation imaging. Scientific Reports, 2015.

[64] Liu X, Kuang C, Hao X, et al. Fluorescent nanowire ring illumination for wide-field far-field subdiffraction imaging. Physical Review Letters, 2017, 118(7): 076101.

[65] Liu Y, Wang C, Nemkova A, et al. Structured illumination chip based on integrated optics. Chinese Physics Letters, 2016, 33(5): 054204.

附录 21.1   经典显微物镜技术指标、像差曲线和结构参数

[HO-4-6] 技术指标

波段	M	f'/mm	NA	$2y'$/mm	$2y$/mm	ST/mm	WD/mm	R_{Petz}/mm	ρ	SPT/μm 0	0.7	1
VIS	-10	15.6	0.24	1.6	16.0	28.4	7.64	-15.2	0.47	3.1	4.7	6.5

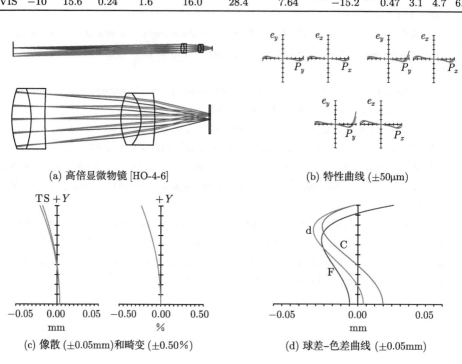

(a) 高倍显微物镜 [HO-4-6]

(b) 特性曲线 (±50μm)

(c) 像散 (±0.05mm)和畸变 (±0.50%)

(d) 球差-色差曲线 (±0.05mm)

[HO-4-6]结构参数   (长度单位：mm)

No.	R	T	Gls	Semi-Dia.
OBJ	Inf	156.552		7.608
1	12.314(V)	2.840(V)	H-K10(S)	4.200(U)
2	-12.603(V)	1.960(V)	H-BAF8(S)	4.200(U)
STO	76.289(V)	10.920(V)		4.200(U)
4	8.650(V)	2.940(V)	H-BAK2(S)	3.600(U)
5	-5.495(V)	1.920(V)	F5(S)	3.600(U)
6	-31.724(V)	7.635(V)		3.600(U)
7	Inf	0.170	H-K10	2.000(U)
IMA	Inf	—		0.787

[HO-4-11] 技术指标

波段	β	f'/mm	NA	$2y'$/mm	$2y$/mm	ST/mm	WD/mm	R_{Petz}/mm	ρ	SPT/μm 0	0.7	1
VIS	−40	4.4	0.65	0.5	20.0	14.4	2.1	−3.6	0.27	2.9	5.1	11.3

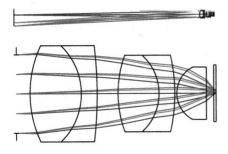

(a) 高倍显微物镜 [HO-4-11]

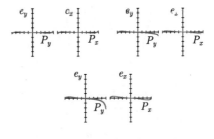

(b) 特性曲线 (±100μm)

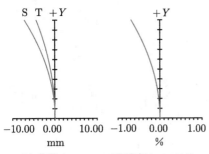

(c) 像散 (±10.00μm) 和畸变 (±1.00%)

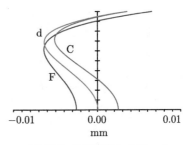

(d) 球差–色差曲线 (±0.01mm)

[HO-4-11] 结构参数 （长度单位：mm）

No.	R	T	Gls	Semi-Dia.
OBJ	Inf	170.500		10.048
STO	Inf	1.000(V)		2.771(U)
2	7.967(V)	3.680(V)	H-K10(S)	3.400(U)
3	−4.674(V)	1.140(V)	H-ZF1(S)	3.400(U)
4	−28.195(V)	1.490(V)		3.400(U)
5	7.663(V)	2.980(V)	H-K5(S)	2.700(U)
6	−3.590(V)	1.140(V)	H-ZF1(S)	2.700(U)
7	−11.809(V)	0.150(V)		2.700(U)
8	2.073(V)	2.120(V)	H-BAK2(S)	1.850(U)
9	Inf	0.530(V)		0.968(U)
10	Inf	0.170(V)	H-K10(S)	2.000(U)
IMA	Inf	—		0.252

[HO-4-16] 技术指标

波段	β	f'/mm	NA	$2y'$/mm	$2y$/mm	ST/mm	WD/mm	R_{Petz}/mm	ρ	SPT/μm		
										0	0.7	1
VIS	−100	1.8	1.3	0.14	15.0	7.2	0.21	−1.5	0.32	1.4	2.8	3.6

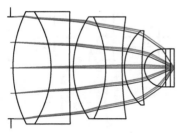

(a) 高倍显微物镜 [HO-4-16]

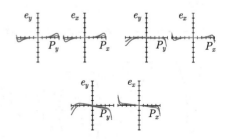

(b) 特性曲线 (±20μm)

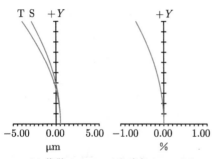

(c) 像散 (±5.00μm)和畸变 (±1.00％)

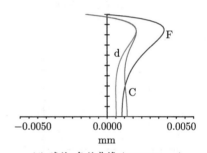

(d) 球差–色差曲线 (±0.0050mm)

[HO-4-16]结构参数　　　　　　　　　　　　（长度单位：mm）

No.	R	T	Gls	Semi-Dia.
OBJ	Inf	177.600		7.528
STO	Inf	0.100(V)		2.220
2	5.557(V)	1.660(V)	H-K9L(S)	2.445(U)
3	−4.513(V)	0.830(V)	ZF2(S)	2.445(P)
4	128.180(V)	0.170(V)		2.445(U)
5	3.927(V)	1.440(V)	H-K9L(S)	2.220(U)
6	−4.864(V)	0.730(V)	ZF3(S)	2.220(P)
7	14.989(V)	0.100(V)		2.220(P)
8	2.170(V)	0.776(V)	N-BAK2(S)	1.620(U)
9	14.837(V)	0.104(V)		1.588(U)
10	0.828(V)	0.940(V)	N-BAK2(S)	0.827(U)
11	Inf	0.208	1.51，41.5	0.828(U)
12	Inf	0.170	H-K10	0.828(U)
IMA	Inf	—	H-K10	0.072

[MS-M21] 技术指标

波段	β	f'/mm	NA	$2y'/mm$	$2y/mm$	ST/mm	WD/mm	R_{Petz}/mm	ρ	SPT/μm 0	0.7	1
VIS	−40	4.65	0.55	0.62	25.0	21.6	3.3	319	3.4	0.9	0.8	0.9

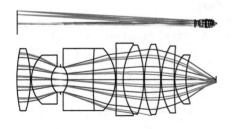

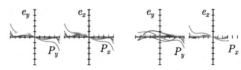

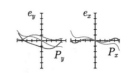

(a) 中倍显微物镜 [MS-M21]　　　　　　(b) 特性曲线 (±5μm)

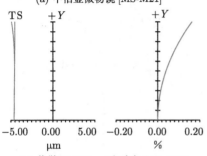

(c) 像散 (±5.00μm)和畸变 (±0.20%)

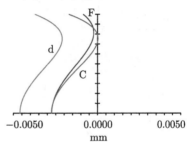

(d) 球差-色差曲线 (±0.0050mm)

[MS-M21]结构参数　　　　　　　　(长度单位: mm)

No.	R	T	Gls	Semi-Dia.
OBJ	Inf	173.364(V)		12.500
1	15.949(V)	1.475(V)	K11(S)	3.300(U)
2	−11.047(V)	0.109(V)		3.300(P)
3	3.474(V)	2.168(V)	SK1(S)	2.600(U)
4	1.965(V)	0.985(V)		1.430(U)
STO	Inf	0.770(V)		1.339
6	−2.142(V)	2.773(V)	SF1(S)	1.359
7	47.795(V)	2.408(V)	PK51A(S)	3.300(U)
8	−4.814(V)	0.080(V)		3.300(U)
9	−322.190(V)	0.750(V)	SF16(S)	3.850(U)
10	6.708(V)	2.262(V)	N-FK56(S)	3.650(U)
11	−10.110(V)	0.076(V)		3.650(U)
12	9.900(V)	1.757(V)	N-PSK58(S)	3.720(U)
13	−13.004(V)	0.076(V)		3.680(U)
14	7.014(V)	1.400(V)	N-FK56(S)	3.550(U)
15	44.186(V)	0.076(V)		3.555(U)
16	4.064(V)	1.202(V)	K4(S)	2.600(U)
17	7.425(V)	3.270(V)		2.500(U)
IMA	Inf	—		0.314

附录 21.2　高倍显微镜物镜技术指标、像差曲线和结构参数

[MS-H1] 技术指标

波段	β	f'/mm	NA	$2y'$/mm	$2y$/mm	ST/mm	WD/mm	R_{Petz}/mm	ρ	SPT/μm 0	0.7	1
VIS	−100	1.9	1.1	0.17	17.3	7.9	0.33	−2.0	0.35	0.7	0.9	1.3

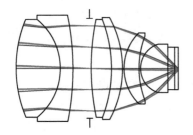

(a)高倍显微物镜[MS-H1]

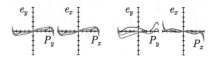

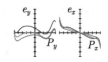

(b) 特性曲线 (±5μm)

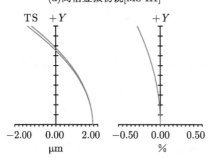

(c) 像散 (±2.00μm)和畸变 (±0.50%)

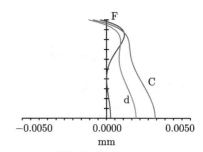

(d) 球差–色差曲线 (±0.0050mm)

[MS-H1]结构参数　　　　　（长度单位：mm）

No.	R	T	Gls	Semi-Dia.
OBJ	Inf	187.142(V)		8.660
1	5.911(V)	2.114(V)	CAF2(S)	2.300(U)
2	−2.949(V)	0.624(V)	LAF11A(S)	2.300(U)
3	−12.260(V)	0.827(V)		2.500(U)
STO	Inf	0.076(V)		2.350(U)
5	11.090(V)	0.981(V)	SRF2(S)	2.303(U)
6	−6.253(V)	0.540(V)	IRGN6(S)	2.303(U)
7	−4.865(V)	0.076(V)		2.400(U)
8	2.311(V)	0.720(V)	P-SK57(S)	1.669
9	4.126(V)	0.076(V)		1.515
10	1.192(V)	1.321(V)	N-BK7(S)	1.138
11 IMMERSION OIL	Inf	0.330(V)	1.51，41.5	0.623
12 COVER PLATE	Inf	0.170	N-K5	1.000(U)
IMA	Inf	—	N-K5	0.087

[MS-H2] 技术指标

波段	β	f'/mm	NA	$2y'$/mm	$2y$/mm	ST/mm	WD/mm	R_{Petz}/mm	ρ	SPT/μm 0	SPT/μm 0.7	SPT/μm 1
VIS	−100	1.7	0.84	0.15	15	20.8	0.415	17.3	1.56	0.4	0.7	1.0

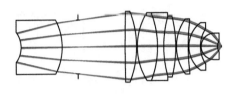

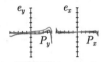

(a) 高倍显微物镜[MS-H2]

(b) 特性曲线 (±10μm)

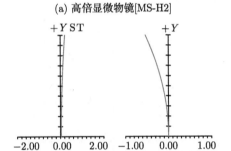

(c) 像散 (±2.00μm)和畸变 (±1.00%)

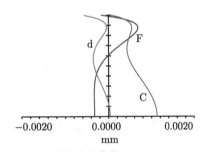

(d) 球差–色差曲线 (±0.0020mm)

[MS-H2]结构参数 （长度单位：mm）

No.	R	T	Gls	Semi-Dia.
OBJ	Inf	174.170(V)		7.667
1	−2.547(V)	4.296(V)	P-PK53(S)	1.544
2	−5.849(V)	1.647(V)		2.750(U)
STO	Inf	4.855(V)		2.734
4	135.781(V)	1.201(V)	N-SK14(S)	3.600(U)
5	−9.560(V)	0.081(V)		3.600(P)
6	6.393(V)	2.105(V)	LITHOTEC-CAF2(S)	3.450(U)
7	−9.591(V)	0.650(V)	LASF18A(S)	3.450(P)
8	11.048(V)	1.257(V)	LITHOTEC-CAF2(S)	3.000(U)
9	−12.463(V)	0.076(V)		3.100(U)
10	4.727(V)	1.216(V)	N-FK51(S)	2.800(U)
11	20.366(V)	0.076(V)		2.629
12	2.997(V)	1.197(V)	LITHOTEC-CAF2(S)	2.420(U)
13	3.224(V)	0.078(V)		1.800
14	1.335(V)	1.679(V)	PK50(S)	1.334
15	0.906(V)	0.415(V)		0.544
IMA	Inf			0.077

[MS-H3] 技术指标

波段	β	f'/mm	NA	$2y'$/mm	$2y$/mm	ST/mm	WD/mm	R_{Petz}/mm	ρ	SPT/μm 0	SPT/μm 0.7	SPT/μm 1
VIS	−100	1.7	1.1	0.2	20	40.9	0.465	−5.7	0.51	0.5	0.7	1.0

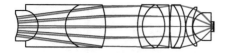

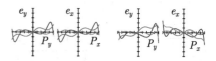

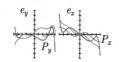

(a) 高倍显微物镜[MS-H3]　　　　　　(b) 特性曲线 (±2μm)

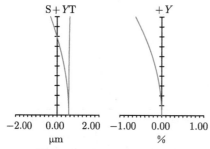

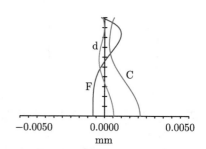

(c) 像散 (±2.00μm)和畸变 (±1.00%)　　(d) 球差–色差曲线 (±0.0050mm)

[MS-H3]结构参数　　　　　　(长度单位: mm)

No.	R	T	Gls	Semi-Dia.
OBJ	Inf	158.533(V)		10.000
1	−5.891(V)	4.263(V)	TIF6(S)	2.400(U)
2	−3.126(V)	5.654(V)	SK16(S)	3.100(U)
3	4.695	8.336(V)	SK51(S)	4.300(U)
4	−13.313(V)	6.638(V)		4.300(P)
5	11.065(V)	1.009(V)	N-KZFS4(S)	4.400(U)
6	4.972(V)	4.717(V)	N-FK56(S)	4.350(U)
7	−6.223(V)	1.080(V)	SFL56(S)	4.350(P)
8	−45.501(V)	0.076(V)		4.350(P)
9	31.086(V)	2.130(V)	N-PSK58(S)	4.400(U)
STO	−7.140(V)	1.000(V)	N-FK5(S)	4.400(U)
11	−9.509(V)	0.076(V)		4.400(U)
12	5.014(V)	1.391(V)	LAK33(S)	3.950(U)
13	7.159(V)	0.098(V)		3.508(U)
14	2.963(V)	3.790(V)	SK16(S)	2.816(U)
15 IMMERSION	Inf	0.465(V)	1.51，41.5	0.911(U)
16	Inf	0.170	K4	1.000(U)
IMA	Inf		K4	0.101

附录 21.3　　中倍（Ⅱ）显微物镜技术指标、像差曲线和结构参数

[MS-M2] 技术指标

波段	β	f'/mm	NA	$2y'$/mm	$2y$/mm	ST/mm	WD/mm	R_{Petz}/mm	ρ	SPT/μm 0	0.7	1
VIS	−55.0	3.3	0.82	0.28	15.0	14.0	0.15	−19.2	0.89	0.6	0.7	0.8

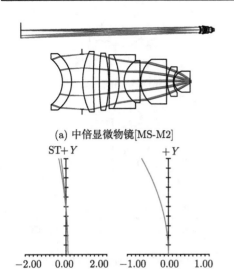

(a) 中倍显微物镜[MS-M2]

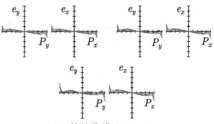

(b) 特性曲线 (±5μm)

(c) 像散 (±2.00μm)和畸变 (±1.00%)

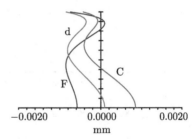

(d) 球差–色差曲线 (±0.0020mm)

[MS-M2]结构参数　　　　　　　　　　（长度单位：mm）

No.	R	T	Gls	Semi-Dia.
OBJ	Inf	181.048(V)		7.500
1	−3.665(V)	1.002(V)	KZFS7A(S)	2.747
2	−4.490(V)	1.143(V)		3.350(U)
STO	Inf	0.080(V)		3.279
4	9.002(V)	1.181(V)	P-SF68(S)	3.600(U)
5	83.917(V)	0.633(V)		3.600(P)
6	34.268(V)	1.003(V)	P-SK60(S)	3.400(U)
7	−16.890(V)	0.091(V)		3.400(P)
8	−73.280(V)	1.038(V)	N-ZK7(S)	3.000(U)
9	−8.675(V)	0.542(V)	SF57HTULTRA(S)	3.200(U)
10	3.159(V)	1.716(V)	N-PSK57(S)	2.500(U)
11	Inf	0.076(V)		2.500(P)
12	3.618(V)	2.785(V)	N-PSK58(S)	2.650(U)
13	Inf	0.078(V)		2.650(P)
14	3.918(V)	0.654(V)	LAKN22(S)	1.750(U)
15	2.241(V)	0.087(V)		1.300(U)
16	1.366(V)	1.695(V)	N-LAF2(S)	1.250(U)
17	1.412(V)	0.149(V)		0.335(U)
IMA	Inf	—		0.137

[MS-M3] 技术指标

波段	β	f'/mm	NA	$2y'$/mm	$2y$/mm	ST/mm	WD/mm	R_{Petz}/mm	ρ	SPT/μm 0	SPT/μm 0.7	SPT/μm 1
VIS	−60	2.7	0.68	0.34	20.0	39.8	4.8	−37.2	1.23	0.5	0.6	0.7

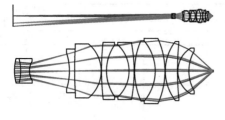

(a) 中倍显微物镜[MS-M3]

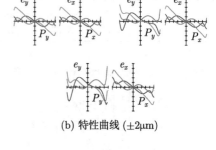

(b) 特性曲线 (±2μm)

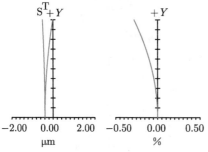

(c) 像散 (±2.00μm)和畸变 (±0.50%)

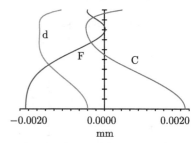

(d) 球差–色差曲线 (±0.0020mm)

[MS-M3]结构参数   （长度单位：mm）

No.	R	T	Gls	Semi-Dia.
OBJ	Inf	155.198(V)		10.000
1	8.899(V)	1.304(V)	SF13(S)	2.308(U)
2	−8.409(V)	1.853(V)	N-LAK33(S)	2.400(U)
3	3.419(V)	7.926(V)		1.827(U)
STO	−11.530(V)	1.041(V)	N-LAK33(S)	3.547(U)
5	72.873(V)	5.388(V)	N-PK52A(S)	4.300(U)
6	−6.752(V)	0.080(V)		5.300(U)
7	48.808(V)	1.000(V)	LAKL12(S)	5.600(U)
8	8.704(V)	4.542(V)	ULTRAN20(S)	5.058(U)
9	−6.859(V)	1.034(V)	KZFS7A(S)	5.097(U)
10	−28.800(V)	0.109(V)		5.600(U)
11	14.571(V)	4.074(V)	ULTRAN20(S)	5.900(U)
12	−9.086(V)	1.909(V)	LAF11A(S)	5.900(P)
13	−15.448(V)	0.076(V)		6.400(U)
14	9.502(V)	2.394(V)	N-PK52A(S)	5.800(U)
15	55.235(V)	0.076(V)		5.500(U)
16	5.209(V)	2.196(V)	SSK2(S)	4.500(U)
17	7.836(V)	4.800(V)		3.900(U)
IMA	Inf	—		0.170

[MS-M4] 技术指标

波段	β	f'/mm	NA	$2y'$/mm	$2y$/mm	ST/mm	WD/mm	R_{Petz}/mm	ρ	SPT/μm 0	0.7	1
VIS	−60	2.6	0.64	0.50	30.0	45	3.9	−23.5	0.71	0.5	0.5	0.7

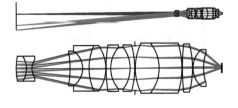

(a) 中倍显微镜[MS-M4]

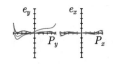

(b) 特性曲线（±5μm）

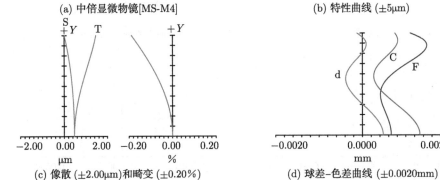

(c) 像散（±2.00μm）和畸变（±0.20%）

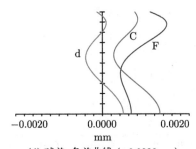

(d) 球差–色差曲线（±0.0020mm）

[MS-M4] 结构参数　　　　　　　　（长度单位：mm）

No.	R	T	Gls	Semi-Dia.
OBJ	Inf	150.038(V)		15.000
1	14.558(V)	2.202(V)	N-SF6HTULTRA(S)	2.482(U)
2	−5.000(V)	1.199(V)	N-LAK8(S)	2.700(U)
3	3.372(V)	8.284(V)		1.911(U)
4	−18.672(V)	2.766(V)	SK6(S)	3.519(U)
5	−4.534(V)	1.392(V)	LF7(S)	3.753
6	12.025(V)	3.668(V)	N-PK51(S)	4.900(U)
7	−8.269(V)	0.076(V)		4.797
8	31.812(V)	1.020(V)	LAKL21(S)	5.000(U)
9	6.808(V)	4.259(V)	N-FK56(S)	4.495
10	−7.304(V)	1.000(V)	LAKN14(S)	4.518
11	−18.815(V)	0.076(V)		5.000(P)
STO	Inf	0.076(V)		4.811
13	12.274(V)	5.202(V)	N-FK51A(S)	5.400(U)
14	−8.508(V)	4.960(V)	LAF11A(S)	5.400(P)
15	−17.722(V)	0.129(V)		5.400(P)
16	49.976(V)	2.208(V)	PK1(S)	5.200(U)
17	−19.837(V)	0.117		5.200(P)
18	5.397(V)	2.259	LAK10(S)	4.000(U)
19	10.426(V)	3.900		3.241
20	Inf	0.170	BAK2(S)	1.000(U)
21	Inf	9.970×10^{-9}		1.000(U)
IMA	Inf	—		0.252

[MS-M5] 技术指标

波段	β	f'/mm	NA	$2y'$/mm	$2y$/mm	ST/mm	WD/mm	R_{Petz}/mm	ρ	SPT/μm		
										0	0.7	1
VIS	−60.0	3.1	0.79	0.33	20.0	11.5	0.33	−4.9	0.40	0.7	0.7	1.0

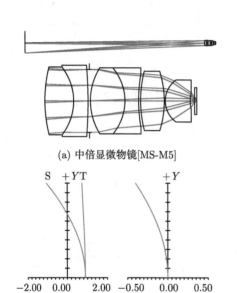

(a) 中倍显微物镜[MS-M5]

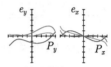
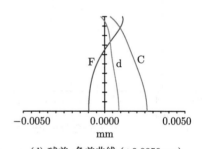

(b) 特性曲线 (±5μm)

(c) 像散 (±2.00μm)和畸变 (±0.50%)

(d) 球差–色差曲线 (±0.0050mm)

[MS-M5]结构参数　　　　　　　　　（长度单位：mm）

No.	R	T	Gls	Semi-Dia.
OBJ	Inf	183.464(V)		10.000
1	10.322(V)	2.187(V)	K50(S)	2.511(U)
2	−4.040(V)	1.097(V)	N-LAK14(S)	2.511(U)
3	−31.250(V)	0.112(V)		2.650(U)
STO	Inf	0.076(V)		2.334
5	4.553(V)	2.614(V)	K11(S)	2.450(U)
6	−3.787(V)	1.041(V)	SF4(S)	2.450(P)
7	10.994(V)	0.156(V)		2.008
8	8.553(V)	1.793(V)	N-LASF44(S)	2.200(U)
9	−7.281(V)	0.076(V)		2.200(P)
10	1.922(V)	1.879(V)	N-LAK33A(S)	1.560(U)
11	2.501(V)	0.330(V)		0.619
12	Inf	0.170	H-K10(S)	1.000(U)
13	Inf	6.435×10^{-3}		1.000(U)
IMA	Inf	—		0.167

[MS-M6] 技术指标

波段	β	f'/mm	NA	$2y'$/mm	$2y$/mm	ST/mm	WD/mm	R_{Petz}/mm	ρ	SPT/μm 0	0.7	1
VIS	−40.0	4.4	0.62	0.5	20.0	28.3	0.33	−423	2.24	0.4	0.4	0.5

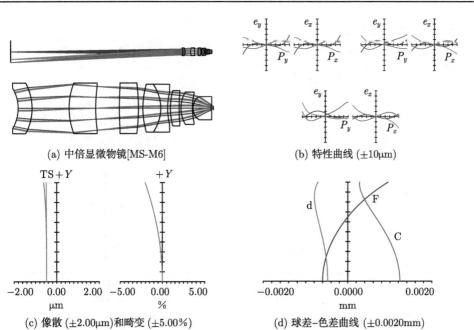

(a) 中倍显微镜[MS-M6]

(b) 特性曲线 (±10μm)

(c) 像散 (±2.00μm)和畸变 (±5.00%)

(d) 球差-色差曲线 (±0.0020mm)

[MS-M6]结构参数　　　　（长度单位：mm）

No.	R	T	Gls	Semi-Dia.
OBJ	Inf	166.745(V)		10.000
1	−5.431(V)	2.000(V)	BAK50(S)	2.885
2	−7.509(V)	5.426(V)		3.600(U)
3	9.789(V)	3.810(V)	F1(S)	3.600(U)
STO	23.329(V)	3.395(V)		3.102
5	56.073(V)	2.815(V)	H-ZK6(S)	3.015
6	−27.682(V)	0.600(V)		3.600(U)
7	12.107(V)	2.580(V)	H-ZPK1A(S)	3.400(U)
8	−5.858(V)	1.002(V)	H-ZF7LAGT(S)	3.400(U)
9	9.815(V)	0.357(V)		2.320
10	9.472(V)	1.271(V)	H-ZK8(S)	2.500(U)
11	23.364(V)	0.273(V)		2.234
12	4.448(V)	1.684(V)	H-BAK8(S)	2.300(U)
13	9.142(V)	0.098(V)		2.009(U)
14	1.966(V)	2.614(V)	H-LAK50A(S)	1.650(U)
15	1.496(V)	0.330(V)		0.531(U)
IMA	Inf	—		0.246

[MS-M7] 技术指标

波段	β	f'/mm	NA	$2y'$/mm	$2y$/mm	ST/mm	WD/mm	R_{Petz}/mm	ρ	SPT/μm 0	SPT/μm 0.7	SPT/μm 1
VIS	−40	4.2	0.62	0.50	20.0	31.8	0.7	−86.5	1.40	0.3	0.5	0.6

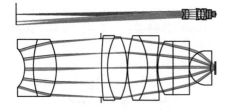

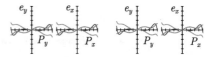

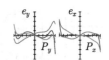

(a) 中倍显微物镜[MS-M7]　　　　　　　　(b) 特性曲线 (±2μm)

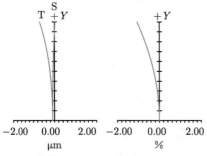

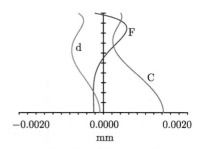

(c) 像散 (±2.00μm)和畸变 (±2.00%)　　　　(d) 球差–色差曲线 (±0.0020mm)

[MS-M7]结构参数　　　　　　　　（长度单位：mm）

No.	R	T	Gls	Semi-Dia.
OBJ	Inf	163.209(V)		10.000
1	−4.626(V)	1.538(V)	N-ZK7(S)	3.168(U)
2	15.318(V)	3.831(V)	BASF2(S)	4.600(U)
3	−10.146(V)	7.372(V)		4.600(P)
STO	Inf	0.076(V)		4.732(U)
5	45.298(V)	1.000(V)	KZFS8(S)	5.200(U)
6	11.128(V)	3.282(V)	N-FK51(S)	5.000(U)
7	−11.959(V)	0.076(V)		5.000(P)
8	16.156(V)	3.328(V)	N-PSK58(S)	5.200(U)
9	−10.123(V)	1.543(V)	N-SF1(S)	5.200(P)
10	25.160(V)	0.143(V)		4.149(U)
11	8.914(V)	2.507(V)	SK51(S)	4.300(U)
12	−253.236(V)	2.654(V)	SF54(S)	4.300(P)
13	83.639(V)	0.061(V)		3.197(U)
14	2.771(V)	3.499(V)	N-SK14(S)	2.750(U)
15	2.040(V)	0.710(V)		0.917(U)
16	Inf	0.170	SK3(S)	1.000(U)
17	Inf	1.043×10^{-3}		1.000(U)
IMA	Inf	—		0.248

[MS-M8] 技术指标

波段	β	f'/mm	NA	$2y'/\text{mm}$	$2y/\text{mm}$	ST/mm	WD/mm	$R_{\text{Petz}}/\text{mm}$	ρ	SPT/μm		
										0	0.7	1
VIS	−40	3.9	0.51	0.50	20.0	44	9.0	−99.5	1.83	0.4	0.4	0.5

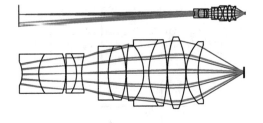

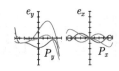

(a) 中倍显微物镜[MS-M8]

(b) 特性曲线 (±2μm)

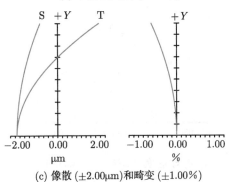

(c) 像散 (±2.00μm)和畸变 (±1.00％)

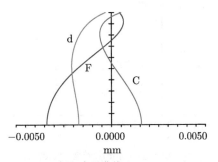

(d) 球差–色差曲线 (±0.0050mm)

[MS-M8]结构参数　　　　　　　　　　（长度单位：mm）

No.	R	T	Gls	Semi-Dia.
OBJ	Inf	151.000(V)		10.000
1	−5.113(V)	3.290(V)	LAK23(S)	2.313(U)
2	6.636(V)	5.360(V)	N-SF57HTULTRA(S)	3.800(U)
3	−11.401(V)	0.108(V)		3.800(P)
STO	−118.200(V)	2.057(V)	P-BK7(S)	3.800(P)
5	−7.064(V)	1.001(V)	SF3(S)	3.800(P)
6	13.163(V)	3.288(V)		3.367(U)
7	4730.304(V)	1.988(V)	SF56A(S)	5.200(U)
8	13.199(V)	3.478(V)	N-PK52A(S)	5.200(P)
9	−14.620(V)	0.076(V)		5.200(P)
10	33.742(V)	3.417(V)	N-PSK53(S)	5.257(U)
11	−8.132(V)	1.000(V)	KZFS12(S)	5.346(U)
12	12.041(V)	3.620(V)	N-PK52(S)	6.400(U)
13	−26.708(V)	0.076(V)		6.400(P)
14	21.141(V)	3.595(V)	ULTRAN30(S)	6.900(U)
15	−17.278(V)	0.076(V)		6.900(P)
16	8.643(V)	2.369(V)	N-LASF46(S)	6.000(U)
17	13.984(V)	9.031(V)		5.323(U)
18	Inf	0.170	UK50(S)	1.000(U)
19	Inf	2.245×10^{-8}		0.252(U)
IMA	Inf	—		0.249

[MS-M19] 技术指标

波段	β	f'/mm	NA	$2y'$/mm	$2y$/mm	ST/mm	WD/mm	R_{Petz}/mm	ρ	SPT/μm 0	0.7	1
VIS	−40.0	4.4	0.69	0.73	30.0	0.23	35.5	−67.7	0.28	0.7	0.8	1.2

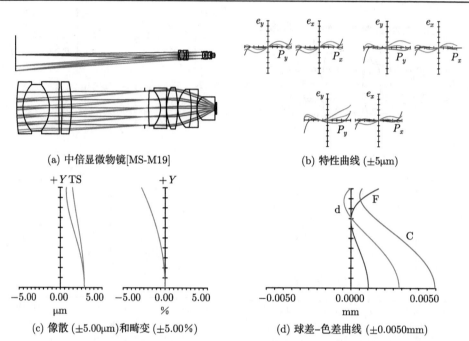

(a) 中倍显微镜[MS-M19]

(b) 特性曲线 (±5μm)

(c) 像散 (±5.00μm)和畸变 (±5.00%)

(d) 球差–色差曲线 (±0.0050mm)

[MS-M19]结构参数　　　　　　　　　　（长度单位：mm）

No.	R	T	Gls	Semi-Dia.
OBJ	Inf	159.512(V)		15.000
1	35.453(V)	1.121(V)	N-PSK3(S)	4.500(U)
2	5.755(V)	4.771(V)	K5G20(S)	4.037
3	−6.437	1.722(V)	N-PSK53(S)	3.910
4	169.158(V)	0.543(V)		4.500(P)
5	−55.506(V)	1.636(V)	BK1(S)	3.845
6	−23.313(V)	13.121(V)		4.500(U)
STO	Inf	0.708(V)		2.946
8	53.782(V)	2.060(V)	P-BK7(S)	3.020(U)
9	−4.632(V)	1.000(V)	F6(S)	3.055(U)
10	61.590(V)	0.050(V)		3.500(U)
11	8.888(V)	1.907(V)	PSK3(S)	3.600(U)
12	−16.346(V)	0.050(V)		3.600(P)
13	4.710(V)	2.366(V)	N-PK52A(S)	3.300(U)
14	−15.447(V)	1.000(V)	KZFSN4(S)	3.300(P)
15	11.482(V)	0.050(V)		2.305
16	2.623(V)	2.983(V)	LAKN6(S)	2.000
17	1.716(V)	0.230(V)		0.574
18	Inf	0.170	PK50(S)	1.000(U)
IMA	Inf	—		0.367

[MS-M20] 技术指标

波段	β	f'/mm	NA	$2y'$/mm	$2y$/mm	ST/mm	WD/mm	R_{Petz}/mm	ρ	SPT/μm 0	0.7	1
VIS	−40	4.7	0.63	0.60	24.0	38.2	0.33	−28.3	0.66	0.6	0.9	1.0

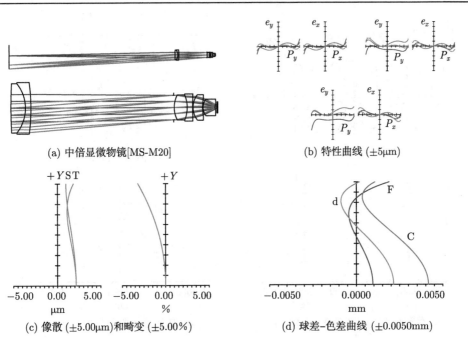

(a) 中倍显微物镜[MS-M20]

(b) 特性曲线 (±5μm)

(c) 像散 (±5.00μm)和畸变 (±5.00%)

(d) 球差–色差曲线 (±0.0050mm)

[MS-M20]结构参数　　　　　　　　（长度单位：mm）

No.	R	T	Gls	Semi-Dia.
OBJ	Inf	156.845(V)		12.003
1	87.371(V)	2.680(V)	BK6(S)	4.480
2	−7.196(V)	1.004(V)	SK16(S)	4.480(P)
3	−35.480(V)	26.369(V)		4.700(U)
STO	Inf	0.097(V)		2.216
5	4.873(V)	2.394(V)	N-BK7(S)	2.265
6	−5.819(V)	1.000(V)	SF57HTULTRA(S)	2.265(P)
7	70.923(V)	0.076(V)		2.450(U)
8	3.729(V)	1.749(V)	N-LAK8(S)	2.300(U)
9	10.610(V)	0.076(V)		1.661
10	2.426(V)	2.210(V)	P-LASF51(S)	1.500(U)
11	1.630(V)	0.330(V)		0.535
12	Inf	0.170	BK6(S)	1.000(U)
13	Inf	1.000×10^{-3}		0.293
IMA	Inf	—		0.292

[MS-M21] 技术指标

波段	β	f'/mm	NA	$2y'$/mm	$2y$/mm	ST/mm	WD/mm	R_{Petz}/mm	ρ	SPT/μm 0	SPT/μm 0.7	SPT/μm 1
VIS	−40	4.7	0.55	0.62	25.0	21.6	3.3	−319	3.4	1.0	0.8	0.9

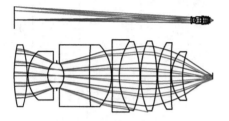

(a) 中倍显微物镜[MS-M21]

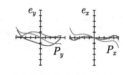

(b) 特性曲线 (±5μm)

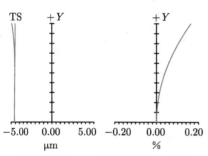

(c) 像散 (±5.00μm)和畸变 (±0.20%)

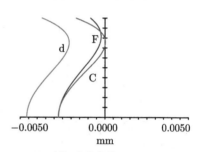

(d) 球差–色差曲线 (±0.0050mm)

[MS-M21]结构参数   （长度单位：mm）

No.	R	T	Gls	Semi-Dia.
OBJ	Inf	173.364(V)		12.500
1	15.949(V)	1.475(V)	K11(S)	3.300(U)
2	−11.047(V)	0.109(V)		3.300(P)
3	3.474(V)	2.168(V)	SK1(S)	2.600(U)
4	1.965(V)	0.985(V)		1.430(U)
STO	Inf	0.770(V)		1.339
6	−2.142(V)	2.773(V)	SF1(S)	1.359
7	47.795(V)	2.408(V)	PK51A(S)	3.300(U)
8	−4.814(V)	0.080(V)		3.300(U)
9	−322.190(V)	0.750(V)	SF16(S)	3.850(U)
10	6.708(V)	2.262(V)	N-FK56(S)	3.650(U)
11	−10.110(V)	0.076(V)		3.650(U)
12	−9.900(V)	1.757(V)	N-PSK58(S)	3.720(U)
13	−13.004(V)	0.076(V)		3.680(U)
14	7.014(V)	1.400(V)	N-FK56(S)	3.550(U)
15	44.186(V)	0.076(V)		3.555(U)
16	4.064(V)	1.202(V)	K4(S)	2.600(U)
17	7.425(V)	3.270(V)		2.500(U)
IMA	Inf	—		0.314

[MS-M22] 技术指标

波段	β	f'/mm	NA	$2y'$/mm	$2y$/mm	ST/mm	WD/mm	R_{Petz}/mm	ρ	SPT/μm 0	0.7	1
VIS	−40.0	4.2	0.64	0.62	25.0	33.5	0.61	61.0	0.92	0.5	0.5	0.5

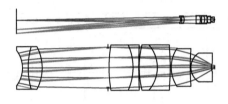

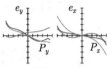

(a) 中倍显微镜[MS-M22]

(b) 特性曲线 (±2μm)

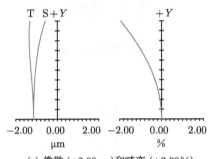

(c) 像散 (±2.00μm)和畸变 (±2.00%)

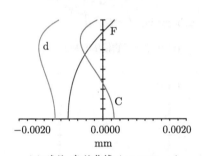

(d) 球差-色差曲线 (±0.0020mm)

[MS-M22]结构参数　　　　　　　(长度单位：mm)

No.	R	T	Gls	Semi-Dia.
OBJ	Inf	161.470(V)		12.500
1	−4.980(V)	1.000(V)	PK3(S)	3.034(U)
2	12.862(V)	2.460(V)	BAF52(S)	3.668(U)
3	−7.732(V)	11.506(V)		3.668(U)
STO	Inf	0.183(V)		3.373(U)
5	23.067(V)	4.225(V)	PSK54(S)	3.889(U)
6	−9.345(V)	1.000(V)	SF1(S)	3.889(U)
7	91.345(V)	0.076(V)		3.761(U)
8	16.066(V)	3.117(V)	ULTRAN30(S)	3.889(U)
9	−5.985(V)	2.215(V)	F6(S)	3.889(U)
10	−44.854(V)	0.186(V)		3.510(U)
11	5.865(V)	3.290(V)	BAK2(S)	3.240(U)
12	34.114(V)	0.127(V)		3.025(U)
13	2.965(V)	3.536(V)	N-PSK53(S)	2.476(U)
14	1.835(V)	0.610(V)		0.767(U)
IMA	Inf	—		0.308

附录 21.4 中倍 (I) 显微物镜技术指标、像差曲线和结构参数

[MS-M9] 技术指标

波段	β	f'/mm	NA	$2y'$/mm	$2y$/mm	ST/mm	WD/mm	R_{Petz}/mm	ρ	SPT/μm 0	0.7	1
VIS	−30.0	5.9	0.68	0.67	20.0	24.1	1.3	−5.7	0.21	1.1	1.4	2.5

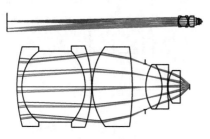

(a) 中倍显微镜[MS-M9]

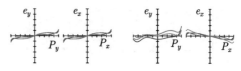
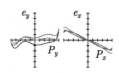

(b) 特性曲线 (±10μm)

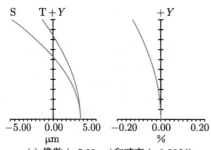

(c) 像散 (±5.00μm)和畸变 (±0.20%)

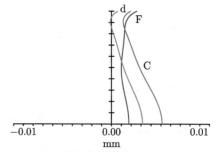

(d) 球差–色差曲线 (±0.01mm)

[MS-M9]结构参数 （长度单位: mm）

No.	R	T	Gls	Semi-Dia.
OBJ	Inf	170.881(V)		10.000
1	18.448(V)	0.750(V)	N-LAK33	5.400(U)
2	6.040(V)	8.895(V)	FK54	4.800(U)
3	−6.816(V)	0.901(V)	SSK50	4.800(P)
4	−16.376(V)	0.076(V)		5.500(U)
5	8.952(V)	5.623(V)	PSK53A	5.400(U)
6	−36.144(V)	1.801(V)		5.400(P)
STO	Inf	0.076(V)		3.094
8	5.945(V)	2.193(V)	PK3	3.000(U)
9	−5.647(V)	0.750(V)	SF8	3.000(P)
10	14.714(V)	0.076(V)		2.078
11	4.407(V)	1.679(V)	LAK21	2.200(U)
12	Inf	1.300(V)		1.417
IMA	Inf	—		0.337

[MS-M10] 技术指标

波段	β	f'/mm	NA	$2y'$/mm	$2y$/mm	ST/mm	WD/mm	R_{Petz}/mm	ρ	SPT/μm 0	0.7	1
VIS	−20.0	9.8	0.36	1.0	20.0	35	5.2	−30.9	0.73	0.6	0.7	0.8

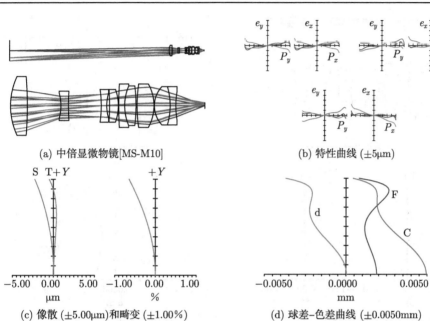

(a) 中倍显微物镜[MS-M10]

(b) 特性曲线 (±5μm)

(c) 像散 (±5.00μm)和畸变 (±1.00%)

(d) 球差–色差曲线 (±0.0050mm)

[MS-M10]结构参数 （长度单位：mm）

No.	R	T	Gls	Semi-Dia.
OBJ	Inf	160.000(V)		10.000
1	12.271(V)	3.000(V)	SK18A(S)	5.200(U)
2	−64.344(V)	6.040(V)		5.200(P)
3	−8.197(V)	1.358(V)	P-LASF51(S)	2.274
4	38.839(V)	5.880(V)		2.600(U)
STO	−19.509(V)	1.000(V)	N-SF57(S)	2.900(U)
6	7.504(V)	0.508(V)		2.200(U)
7	−34.647(V)	1.578(V)	N-SK18(S)	2.200(U)
8	−8.583(V)	0.076(V)		2.900(P)
9	71.442(V)	1.087(V)	KZFS8(S)	3.850(U)
10	8.755(V)	2.078(V)	SK18A(S)	3.500(U)
11	−27.874(V)	0.202(V)		3.500(P)
12	26.708(V)	3.024(V)	SSKN5(S)	3.850(P)
13	−7.851(V)	0.076(V)		3.850(P)
14	4.950(V)	2.860(V)	FK54(S)	3.400(U)
15	−11.634(V)	1.033(V)	N-SK16(S)	3.400(P)
16	15.021(V)	5.200(V)		2.502
IMA	Inf	—		0.498

[MS-M11] 技术指标

波段	β	f'/mm	NA	$2y'$/mm	$2y$/mm	ST/mm	WD/mm	R_{Petz}/mm	ρ	SPT/μm 0	0.7	1
VIS	−20.0	8.4	0.44	1.1	22.0	37.7	8.1	−54	0.71	0.9	0.8	1.0

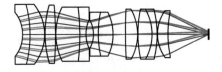

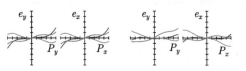

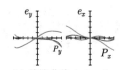

(a) 中倍显微物镜[MS-M11]　　　　　　(b) 特性曲线 (±5μm)

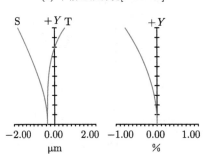

(c) 像散 (±2.00μm)和畸变 (±1.00%)

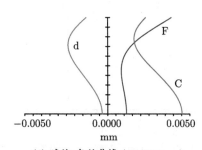

(d) 球差–色差曲线 (±0.0050mm)

[MS-M11]结构参数　　　　　　（长度单位：mm）

No.	R	T	Gls	Semi-Dia.
OBJ	Inf	157.336(V)		11.000
1	−6.922(V)	1.642(V)	BAF8(S)	4.334
2	−20.319(V)	3.005(V)	LAK23(S)	5.864(U)
3	−9.237(V)	0.076(V)		5.864(U)
4	20.456(V)	2.054(V)	SF6(S)	5.700(U)
5	−66.834(V)	0.084(V)		5.700(P)
6	11.699(V)	4.757(V)	N-PK52A(S)	5.300(S)
7	−42.573(V)	1.239(V)	LASF32(S)	5.300(P)
8	6.588(V)	1.514(V)		2.858(U)
9	−5.612(V)	1.001(V)	BASF54(S)	2.809(U)
10	19.530(V)	3.019(V)	N-FK56(S)	4.300(U)
11	−9.364(V)	2.469(V)		4.300(P)
STO	95.776(V)	2.452(V)	N-PK52A(S)	4.900(U)
13	−9.720(V)	0.076(V)		4.900(P)
14	22.946(V)	2.863(V)	FK54(S)	4.900(P)
15	−9.668(V)	1.000(V)	LAF9(S)	4.900(P)
16	−19.289(V)	0.076(V)		4.900(P)
17	7.857(V)	2.065(V)	N-LAF34(S)	4.600(U)
18	21.111(V)	8.100(V)		4.200(U)
19	Inf	0.170	LLF6HT(S)	1.000(U)
20	Inf	1.000×10^{-3}		0.547
IMA	Inf	—		0.547

[MS-M12] 技术指标

波段	β	f'/mm	NA	$2y'$/mm	$2y$/mm	ST/mm	WD/mm	R_{Petz}/mm	ρ	SPT/μm 0	0.7	1
VIS	−20.0	9.4	0.46	1.3	26.0	23.1	4.2	−47.7	0.54	1.0	1.0	0.9

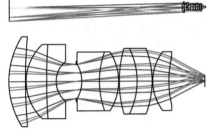

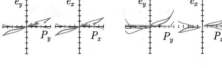

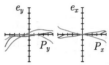

(a) 中倍显微镜[MS-M12]

(b) 特性曲线 (±5μm)

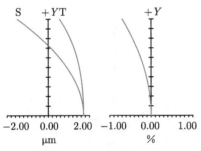

(c) 像散 (±2.00μm)和畸变 (±1.00%)

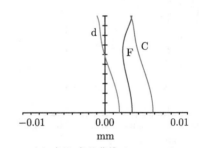

(d) 球差–色差曲线 (±0.01mm)

[MS-M12]结构参数 　　　　　(长度单位: mm)

No.	R	T	Gls	Semi-Dia.
OBJ	Inf	171.853(V)		13.167
1	9.564(V)	1.963(V)	SSKN5(S)	5.200(U)
2	60.524(V)	0.076(V)		5.200(P)
3	5.738(V)	2.447(V)	N-SK10(S)	4.300(U)
4	65.397(V)	1.127(V)	N-KZFS11(S)	4.300(P)
5	2.947(V)	2.384(V)		2.320
STO	Inf	0.661(V)		1.980
7	−3.850(V)	2.077(V)	SFL4(S)	1.988
8	9.758(V)	2.286(V)	N-PSK53A(S)	3.400(U)
9	−6.158(V)	0.076(V)		3.400(P)
10	13.157(V)	2.136(V)	PSK52(S)	3.800(U)
11	−8.268(V)	1.756(V)	F8(S)	3.800(P)
12	−10.500(V)	0.080(V)		3.800(P)
13	5.602(V)	1.879(V)	LAK33(S)	3.400(U)
14	12.150(V)	4.200(V)		2.785
IMA	Inf	—		0.654

[MS-M13] 技术指标

波段	β	f'/mm	NA	$2y'$/mm	$2y$/mm	ST/mm	WD/mm	R_{Petz}/mm	ρ	SPT/μm 0	0.7	1
VIS	−20.0	8.1	0.43	1.9	40.0	36.2	2.1	−112.4	0.30	0.6	0.7	0.9

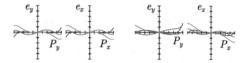

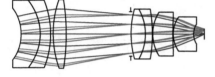

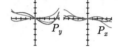

(a) 中倍显微物镜[MS-M13]

(b) 特性曲线 ($\pm5\mu$m)

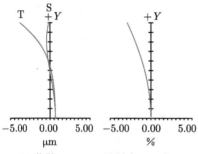

(c) 像散 ($\pm5.00\mu$m)和畸变 ($\pm5.00\%$)

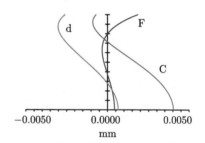

(d) 球差-色差曲线 (±0.0050mm)

[MS-M13]结构参数   (长度单位：mm)

No.	R	T	Gls	Semi-Dia.
OBJ	Inf	158.765(V)		20.000
1	−8.035(V)	3.904(V)	LF7(S)	4.955(U)
2	−10.032(V)	2.042(V)	LAKL12(S)	6.479(U)
3	−16.925(V)	0.512(V)		6.479(U)
4	19.374(V)	2.548(V)	N-PSK57(S)	6.600(U)
5	−41.826(V)	12.837(V)		6.600(P)
STO	Inf	0.076(V)		4.281(U)
7	17.035(V)	2.859(V)	LITHOTEC-CAF2(S)	4.800(U)
8	−9.622(V)	1.340(V)	N-SF57HTULTRA(S)	4.800(P)
9	−28.283(V)	0.076(V)		4.800(P)
10	8.012(V)	3.845(V)	ULTRAN30(S)	4.200(U)
11	60.569(V)	0.076(V)		3.300(U)
12	5.717(V)	4.023(V)	N-LAK33(S)	3.300(U)
13	3.437(V)	2.100(V)		1.906(U)
IMA	Inf	—		0.973

[MS-M14] 技术指标

波段	β	f'/mm	NA	$2y'/mm$	$2y/mm$	ST/mm	WD/mm	R_{Petz}/mm	ρ	SPT/μm 0	0.7	1
VIS	−15.0	10.1	0.48	2.3	35.0	49.8	1.5	−169	0.56	1.1	1.1	1.5

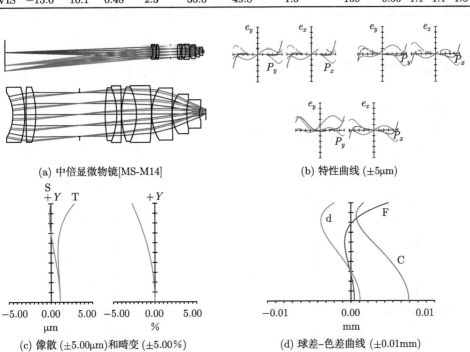

(a) 中倍显微镜[MS-M14]

(b) 特性曲线 (±5μm)

(c) 像散 (±5.00μm)和畸变 (±5.00%)

(d) 球差–色差曲线 (±0.01mm)

[MS-M14]结构参数　　　　　　　　　(长度单位: mm)

No.	R	T	Gls	Semi-Dia.
OBJ	Inf	145.155(V)		17.500
1	−11.104(V)	3.092(V)	BAF52(S)	5.840
2	−25.004(V)	0.344(V)		7.000(U)
3	238.444(V)	2.513(V)	BASF2(S)	7.000(U)
4	−23.488(V)	11.264(V)		7.000(P)
STO	Inf	6.707(V)		5.563
6	41.490(V)	2.997(V)	BK8(S)	6.700(U)
7	−17.401(V)	1.200(V)	SF63(S)	6.700(P)
8	−255.532(V)	0.076(V)		7.200(U)
9	19.637(V)	3.898(V)	BK8(S)	6.900(U)
10	−15.290(V)	3.863(V)	SF5(S)	6.900(P)
11	−68.331(V)	0.076(V)		7.200(P)
12	12.426(V)	5.230(V)	SK55(S)	6.600(U)
13	72.446(V)	0.076(V)		5.087
14	8.708(V)	3.775(V)	SK55(S)	5.000(U)
15	15.422(V)	3.244(V)	SF9(S)	3.600(U)
16	4.469(V)	1.490(V)		1.723
IMA	Inf	—		1.137

[MS-M15] 技术指标

波段	β	f'/mm	NA	$2y'$/mm	$2y$/mm	ST/mm	WD/mm	R_{Petz}/mm	ρ	SPT/µm 0	0.7	1
VIS	−20.0	9.6	0.38	0.84	17.0	23.4	3.0	−12.7	0.52	0.7	0.7	1.0

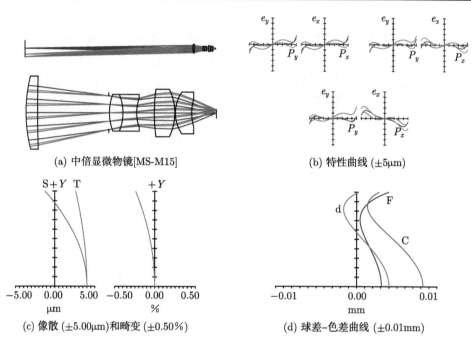

(a) 中倍显微镜[MS-M15]

(b) 特性曲线 (±5µm)

(c) 像散 (±5.00µm)和畸变 (±0.50%)

(d) 球差–色差曲线 (±0.01mm)

[MS-M15]结构参数　　　　　　　　　（长度单位：mm）

No.	R	T	Gls	Semi-Dia.
OBJ	Inf	171.593(V)		8.500
1	16.430(V)	1.522(V)	N-LASF9HT(S)	4.400(U)
2	124.088(V)	8.757(V)		4.400(P)
STO	Inf	0.076(V)		2.029
4	6.055(V)	1.653(V)	PK50(S)	2.200(U)
5	−5.730(V)	1.685(V)	SF66(S)	2.200(P)
6	5.105(V)	2.184(V)		1.752
7	21.919(V)	2.468(V)	LASFN15(S)	2.850(U)
8	−6.479(V)	0.076(V)		2.850(P)
9	4.425(V)	1.985(V)	N-LASF31A(S)	2.500(U)
10	5.615(V)	3.000(V)		1.654
IMA	Inf	—		0.426

[MS-M16] 技术指标

波段	β	f'/mm	NA	$2y'$/mm	$2y$/mm	ST/mm	WD/mm	R_{Petz}/mm	ρ	SPT/μm 0	0.7	1
VIS	−12.5	11.5	0.29	1.6	20.0	55.4	2.9	−53.3	0.74	0.8	0.6	0.7

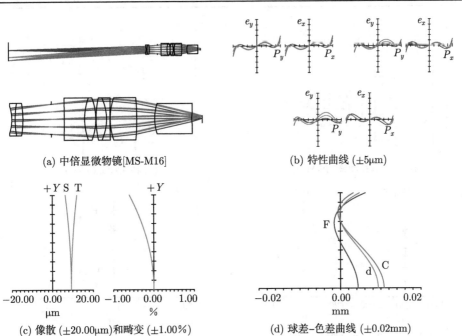

(a) 中倍显微物镜[MS-M16]

(b) 特性曲线 (±5μm)

(c) 像散 (±20.00μm)和畸变 (±1.00%)

(d) 球差-色差曲线 (±0.02mm)

[MS-M16]结构参数　　　　　　　　（长度单位：mm）

No.	R	T	Gls	Semi-Dia.
OBJ	Inf	139.605(V)		10.000
1	−11.853(V)	1.000(V)	KZFSN4(S)	3.759
2	25.494(V)	2.269(V)	SF63(S)	4.600(U)
3	−26.648(V)	8.297(V)		4.600(P)
STO	Inf	3.828(V)		4.251
5	−138.360(V)	5.906(V)	KZFSN4(S)	4.733
6	17.261(V)	3.189(V)	N-FK56(S)	6.000(U)
7	−16.730(V)	0.076(V)		6.000(P)
8	26.833(V)	3.032(V)	N-FK56(S)	6.000(P)
9	−13.982(V)	1.000(V)	KZFSN4(S)	6.000(P)
10	221.550(V)	0.076(V)		5.703
11	18.236(V)	7.747(V)	PSK52(S)	6.000(P)
12	−63.509(V)	5.248(V)		6.000(P)
13	13.571(V)	10.836(V)	PSK52(S)	4.300(U)
14	10.372(V)	2.890(V)		1.589
IMA	Inf	—		0.795

[MS-M17] 技术指标

波段	β	f'/mm	NA	$2y'$/mm	$2y$/mm	ST/mm	WD/mm	R_{Petz}/mm	ρ	SPT/μm 0	0.7	1
VIS	−12.5	14.6	0.27	1.9	24.0	28.0	7.6	−32.9	0.26	1.3	1.2	1.3

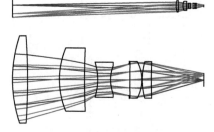

(a) 中倍显微物镜[MS-M17]

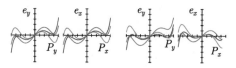

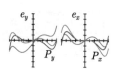

(b) 特性曲线 (±5μm)

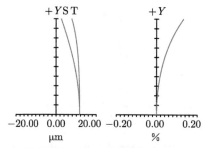

(c) 像散 (±20.00μm)和畸变 (±0.20%)

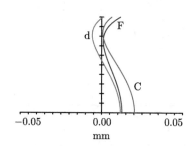

(d) 球差–色差曲线 (±0.05mm)

[MS-M17]结构参数 （长度单位: mm）

No.	R	T	Gls	Semi-Dia.
OBJ	Inf	166.981(V)		12.000
1	19.050(V)	2.266(V)	N-SK2HT(S)	6.200(U)
2	−84.218(V)	4.669(V)		6.200(P)
3	11.604(V)	3.672(V)	LAKN12(S)	4.500(U)
4	97.119(V)	1.943(V)		4.500(P)
5	−8.260(V)	1.890(V)	SF57HT(S)	2.500(U)
6	5.507(V)	2.746(V)		1.990
STO	Inf	0.076(V)		2.259
8	82.967(V)	1.763(V)	PSK52(S)	2.600(U)
9	−5.372(V)	0.076(V)		2.600(P)
10	9.279(V)	1.319(V)	N-LAK33A(S)	2.600(P)
11	64.295(V)	7.600(V)		2.600(P)
IMA	Inf	—		0.963

[MS-M18] 技术指标

波段	β	f'/mm	NA	$2y'$/mm	$2y$/mm	ST/mm	WD/mm	R_{Petz}/mm	ρ	SPT/μm 0	0.7	1
VIS	−12.5	13.0	0.49	2.0	25.0	34.4	2.6	−32.9	0.27	1.1	1.5	1.9

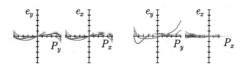

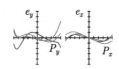

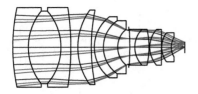

(a) 中倍显微物镜[MS-M18]

(b) 特性曲线 (±10μm)

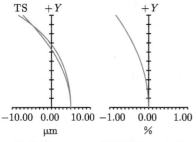

(c) 像散 (±10.00μm)和畸变 (±1.00%)

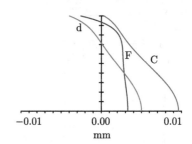

(d) 球差–色差曲线 (±0.01mm)

[MS-M18]结构参数 　　　　(长度单位: mm)

No.	R	T	Gls	Semi-Dia.
OBJ	Inf	160.628(V)		12.500
1	37.425(V)	3.100(V)	N-KZFS4(S)	7.800(U)
2	11.251(V)	6.502(V)	N-PK52A(S)	7.133
3	−10.612(V)	1.996(V)	LAKN6(S)	7.080
4	−49.986(V)	1.390(V)		7.800(U)
5	12.410(V)	2.692(V)	BASF52(S)	7.300(U)
6	35.968(V)	0.619(V)		7.300(P)
7	7.431(V)	1.829(V)	BK7HT(S)	6.000(U)
8	6.250(V)	2.895(V)	KZFSN4(S)	5.200(U)
9	4.495(V)	2.221(V)		3.527
STO	Inf	0.209(V)		3.340
11	−61.117(V)	1.000(V)	N-SF4(S)	3.500(U)
12	5.038(V)	2.827(V)	PSK3(S)	3.500(P)
13	−15.861(V)	0.155(V)		3.500(P)
14	5.281(V)	2.325(V)	N-PK52A(S)	3.500(U)
15	7408.549(V)	0.074(V)		3.128
16	4.773(V)	1.938(V)	SF11(S)	2.850(U)
17	3.586(V)	2.600(V)		1.907
IMA	Inf	—		0.997

附录 21.5 低倍显微物镜技术指标、像差曲线和结构参数

[MS-L1] 技术指标

波段	β	f'/mm	NA	$2y'$/mm	$2y$/mm	ST/mm	WD/mm	R_{Petz}/mm	ρ	SPT/μm 0	0.7	1
VIS	−10.0	15.3	0.24	3.0	30.0	28.0	3.1	−103.6	0.66	0.6	0.6	0.7

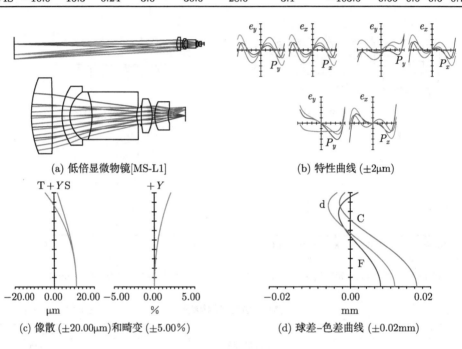

(a) 低倍显微镜[MS-L1]

(b) 特性曲线 (±2μm)

(c) 像散 (±20.00μm)和畸变 (±5.00%)

(d) 球差–色差曲线 (±0.02mm)

[MS-L1]结构参数   （长度单位：mm）

No.	R	T	Gls	Semi-Dia.
OBJ	Inf	167.046		15.000
1	17.531(V)	3.810(V)	SK1(S)	6.700(U)
2	−245.636(V)	1.797(V)		6.700(P)
3	9.346(V)	1.386(V)	SK4(S)	5.200(U)
4	4.993(V)	4.053(V)	N-FK56(S)	4.200(U)
5	−12.274(V)	8.184(V)	F3(S)	4.200(P)
6	5.251(V)	0.749(V)		1.612(U)
STO	Inf	0.076(V)		1.500(U)
8	16.756(V)	1.969(V)	PSK53A(S)	3.000(U)
9	−6.797(V)	0.452(V)		3.000(P)
10	5.361(V)	2.422(V)	N-SF57(S)	2.500(U)
11	3.676(V)	3.056(V)		1.363(U)
IMA	Inf	—		1.530

[MS-L2] 技术指标

波段	β	f'/mm	NA	$2y'/\text{mm}$	$2y/\text{mm}$	ST/mm	WD/mm	$R_{\text{Petz}}/\text{mm}$	ρ	SPT/μm 0	0.7	1
VIS	−10.0	18.1	0.25	2.5	25.0	28.0	6.4	−57.2	0.57	0.8	0.9	1.0

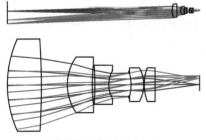

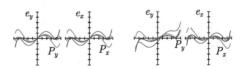

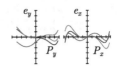

(a) 低倍显微物镜[MS-L2]　　　　　　(b) 特性曲线 (±5μm)

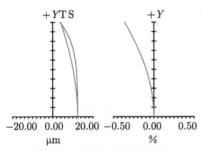

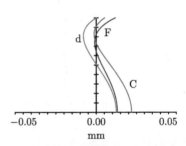

(c) 像散 (±20.00μm)和畸变 (±0.50%)　　　(d) 球差-色差曲线 (±0.05mm)

[MS-L2]结构参数　　　　（长度单位：mm）

No.	R	T	Gls	Semi-Dia.
OBJ	Inf	167.014		12.500
1	15.862(V)	4.991(V)	N-SK10(S)	6.600(U)
2	−99.612(V)	3.807(V)		6.600(P)
3	6.813(V)	3.628(V)	N-PSK57(S)	4.000(U)
4	25.818(V)	0.363(V)		2.972(U)
5	−40.641(V)	2.026(V)	SF57HTULTRA(S)	2.800(U)
6	3.931(V)	2.907(V)		1.992(U)
STO	Inf	0.337(V)		1.640(U)
8	−6.167(V)	1.865(V)	N-SK4(S)	1.664(U)
9	−4.884(V)	0.076(V)		2.400(P)
10	6.929(V)	1.587(V)	LAKN13(S)	2.400(U)
11	−220.624(V)	6.399(V)		2.400(U)
IMA	Inf	—		1.246

[MS-L3] 技术指标

波段	β	f'/mm	NA	$2y'$/mm	$2y$/mm	ST/mm	WD/mm	R_{Petz}/mm	ρ	SPT/μm 0	SPT/μm 0.7	SPT/μm 1
VIS	−10.0	18.1	0.25	2.5	25.0	32	7.4	−76.0	0.65	0.9	0.9	1.0

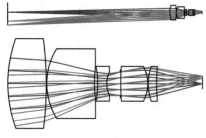

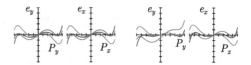

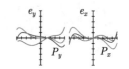

(a) 低倍显微物镜[MS-L3]

(b) 特性曲线 (±5μm)

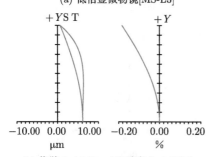

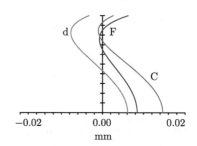

(c) 像散 (±10.00μm)和畸变 (±0.20%)

(d) 球差–色差曲线 (±0.02mm)

[MS-L3]结构参数　　　　　　（长度单位：mm）

No.	R	T	Gls	Semi-Dia.
OBJ	Inf	163.000		12.500
1	20.493(V)	6.412(V)	LAKN6(S)	7.200(U)
2	−54.993(V)	0.084(V)		7.200(P)
3	10.375(V)	7.863(V)	N-PSK57(S)	5.600(U)
4	18.973(V)	0.545(V)		2.503(U)
5	−14.585(V)	1.492(V)	SF57HT(S)	2.800(U)
6	4.348(V)	2.217(V)		1.914(U)
STO	Inf	0.076(V)		1.908(U)
8	36.329(V)	4.472(V)	N-PSK57(S)	2.800(U)
9	−5.717(V)	0.076(V)		2.800(P)
10	8.602(V)	1.363(V)	LAK23(S)	2.800(U)
11	27.994(V)	7.400(V)		2.470(U)
IMA	Inf	—		1.249

[MS-L4] 技术指标

波段	β	f'/mm	NA	$2y'$/mm	$2y$/mm	ST/mm	WD/mm	R_{Petz}/mm	ρ	SPT/μm 0	0.7	1
VIS	−10.0	17.0	0.30	3.0	30.0	43.9	11.8	−112	0.55	0.8	0.9	2.0

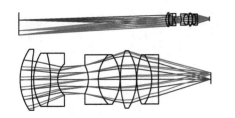

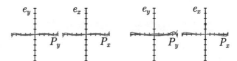

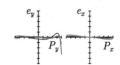

(a) 低倍显微物镜[MS-L4]　　　　　(b) 特性曲线 (±20μm)

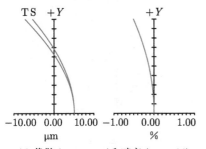

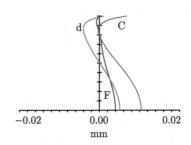

(c) 像散 (±10.00μm)和畸变 (±1.00%)　　　(d) 球差–色差曲线 (±0.02mm)

[MS-L4]结构参数　　　　　　（长度单位：mm）

No.	R	T	Gls	Semi-Dia.
OBJ	Inf	151.066(V)		15.000
1	12.107(V)	2.631(V)	N-PSK53(S)	6.900(U)
2	39.282(V)	0.489(V)		6.309(U)
3	11.711(V)	3.914(V)	K7HT(S)	6.000(U)
4	−22.431(V)	1.643(V)	LLF1(S)	6.000(P)
5	4.727(V)	7.137(V)		3.527(U)
STO	−6.573(V)	2.337(V)	UK50(S)	3.188(U)
7	7.886(V)	4.999(V)	N-FK56(S)	5.600(U)
8	−9.550(V)	0.080(V)		5.600(P)
9	19.281(V)	3.801(V)	N-PSK58(S)	6.500(U)
10	−12.104(V)	0.076(V)		6.500(P)
11	14.795(V)	3.451(V)	N-PK52A(S)	5.550(U)
12	−10.210(V)	1.538(V)	N-LAF33(S)	5.550(P)
13	355.284(V)	11.838(V)		4.693(U)
IMA	Inf	—		1.493

[MS-L5] 技术指标

波段	β	f'/mm	NA	$2y'/\text{mm}$	$2y/\text{mm}$	ST/mm	WD/mm	$R_{\text{Petz}}/\text{mm}$	ρ	SPT/μm 0	0.7	1
VIS	−10	14.4	0.27	2.4	24.4	40.0	1.9	−92.6	0.38	0.8	0.7	0.7

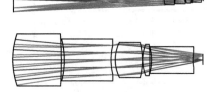

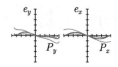

(a) 低倍显微物镜[MS-L5]

(b) 特性曲线 (±5μm)

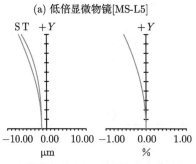

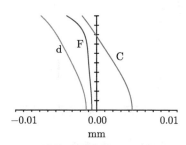

(c) 像散 (±10.00μm)和畸变 (±1.00%)

(d) 球差–色差曲线 (±0.01mm)

[MS-L5]结构参数　　　　　　　　　　（长度单位：mm）

No.	R	T	Gls	Semi-Dia.
OBJ	Inf	155.000(V)		12.193
1	16.423(V)	10.402(V)	LAKN12(S)	5.350(U)
2	−86.680(V)	0.621(V)		5.350(U)
3	−17.061(V)	9.916(V)	KZFS12(S)	4.300(U)
STO	12.648(V)	0.883(V)		3.015(U)
5	8.014(V)	5.734(V)	SSK2(S)	3.600(U)
6	−14.264(V)	0.076(V)		3.600(U)
7	9.055(V)	1.481(V)	N-LAK12(S)	3.200(U)
8	−35.058(V)	0.337(V)		3.200(U)
9	−10.273(V)	8.631(V)	LAF11A(S)	2.750(U)
10	8.460(V)	1.920(V)		1.428(U)
IMA	Inf	—		1.215

[MS-L6] 技术指标

波段	β	f'/mm	NA	$2y'$/mm	$2y$/mm	ST/mm	WD/mm	R_{Petz}/mm	ρ	SPT/μm 0	0.7	1
VIS	−10.0	15.5	0.35	3.0	30.0	44.1	5.5	−50.0	0.32	1.9	2.3	3.3

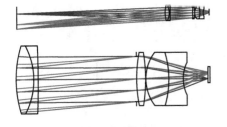

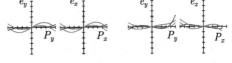

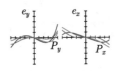

(a) 低倍显微物镜[MS-L6]

(b) 特性曲线 (±20μm)

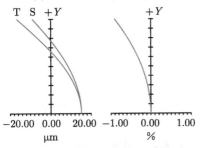

(c) 像散 (±20.00μm)和畸变 (±1.00%)

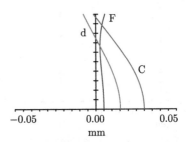

(d) 球差-色差曲线 (±0.05mm)

[MS-L6]结构参数　　　　　　　　　(长度单位：mm)

No.	R	T	Gls	Semi-Dia.
OBJ	Inf	150.851		15.000
1	25.501(V)	4.102(V)	BAK50(S)	7.650(U)
2	−16.146(V)	1.000(V)	N-LASF31(S)	7.650(P)
3	−198.628(V)	22.577(V)		7.650(P)
STO	Inf	0.076(V)		5.119(U)
5	31.090(V)	2.075(V)	N-LASF44(S)	6.000(U)
6	−36.901(V)	0.076(V)		6.000(P)
7	9.810(V)	5.273(V)	N-LAK14(S)	6.000(U)
8	−21.175(V)	3.299(V)	SF57HTULTRA(S)	6.000(P)
9	8.175(V)	5.500(V)		3.667(U)
10	Inf	0.170(V)	SK5(S)	2.588(U)
11	Inf	1.00×10^{-3}(V)		2.588(U)
IMA	Inf	—		1.494

[MS-L7] 技术指标

波段	β	f'/mm	NA	$2y'$/mm	$2y$/mm	ST/mm	WD/mm	R_{Petz}/mm	ρ	SPT/μm 0	0.7	1
VIS	−10.0	15.7	0.41	3.0	30.0	37.9	3.5	−101	0.38	1.2	1.6	2.2

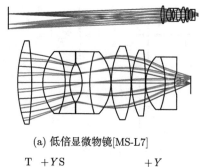

(a) 低倍显微物镜[MS-L7]

(b) 特性曲线 (±5μm)

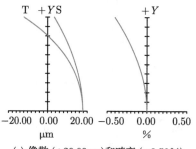

(c) 像散 (±20.00μm)和畸变 (±0.50%)

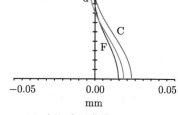

(d) 球差−色差曲线 (±0.05mm)

[MS-L7]结构参数　　　　　　　　(长度单位: mm)

No.	R	T	Gls	Semi-Dia.
OBJ	Inf	157.136(V)		15.000
1	24.674(V)	3.217(V)	N-SK18(S)	8.850(U)
2	−68.365(V)	2.364(V)		8.850(P)
3	9.903(V)	4.876(V)	N-FK56(S)	6.600(U)
4	−16.792(V)	1.000(V)	KZFS7A(S)	6.600(P)
5	8.191(V)	2.744(V)		4.335(U)
6	−7.389(V)	1.692(V)	N-BK10(S)	4.321(U)
STO	22.489(V)	4.610(V)	N-FK56(S)	6.600(P)
8	−9.623(V)	0.076(V)	\	6.600(P)
9	17.351(V)	4.355(V)	N-BK7(S)	7.800(U)
10	−23.717(V)	0.144(V)		7.800(P)
11	16.489(V)	2.964(V)	N-FK56(S)	7.000(U)
12	−62.248(V)	0.076(V)		7.000(P)
13	8.291(V)	4.207(V)	N-FK56(S)	5.600(U)
14	−15.727(V)	2.065(V)	N-LAK7(S)	5.600(P)
15	6.602(V)	3.473(V)		2.415
IMA	Inf	—		1.495

[MS-L8] 技术指标

波段	β	f'/mm	NA	$2y'$/mm	$2y$/mm	ST/mm	WD/mm	R_{Petz}/mm	ρ	SPT/μm 0	0.7	1
VIS	−6.4	20.7	0.28	3.1	20.0	39.4	7.7	−63.7	0.43	2.1	1.8	2.1

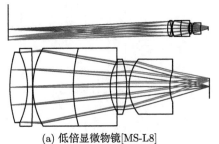

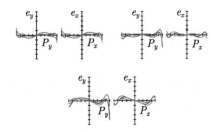

(a) 低倍显微物镜[MS-L8] 　　　　　　(b) 特性曲线 (±10μm)

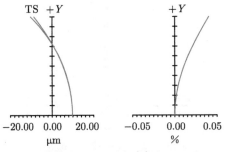

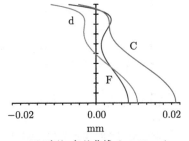

(c) 像散 (±20.00μm)和畸变 (±0.05％) 　　　(d) 球差–色差曲线 (±0.02mm)

[MS-L8]结构参数　　　　　　　　（长度单位: mm）

No.	R	T	Gls	Semi-Dia.
OBJ	Inf	155.614(V)		10.000
STO	24.401	3.516(V)	N-FK56	6.800(U)
2	−15.697(V)	1.000(V)	P-LASF50	6.800(P)
3	−167.503(V)	0.076(V)		7.500(U)
4	15.142(V)	8.000(V)	BASF54	7.500(U)
5	28.376(V)	7.314(V)	SF57HTULTRA	7.500(P)
6	9.405(V)	1.276(V)		4.854
7	76.844(V)	2.018(V)	LAFN23	5.300(U)
8	−17.239(V)	0.481(V)		5.300(P)
9	8.533(V)	8.008(V)	PSK54	5.300(U)
10	8.600(V)	7.698(V)		3.021
IMA	Inf	—		1.562

[MS-L9] 技术指标

波段	β	f'/mm	NA	$2y'$/mm	$2y$/mm	ST/mm	WD/mm	R_{Petz}/mm	ρ	SPT/μm		
										0	0.7	1
VIS	−4.0	30.0	0.16	4.3	17.0	46.6	14.7	−96.0	0.67	1.4	1.4	1.3

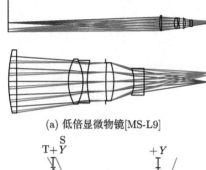

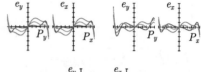

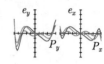

(a) 低倍显微物镜[MS-L9]　　　　　　　　(b) 特性曲线 (±5μm)

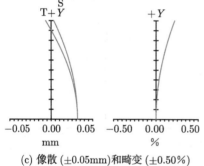

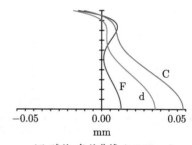

(c) 像散 (±0.05mm)和畸变 (±0.50%)　　　　(d) 球差–色差曲线 (±0.05mm)

[MS-L9]结构参数　　　　　　　　　　（长度单位：mm）

No.	R	T	Gls	Semi-Dia.
OBJ	Inf	148.359		8.500
1	31.482(V)	1.904(V)	N-PSK58	7.175(U)
2	−2101.653(V)	12.212(V)		7.080(U)
3	10.346(V)	3.539(V)	N-FK56	5.131(U)
4	−10.646(V)	1.003(V)	KZFS12	4.866(U)
5	18.868(V)	4.300(V)		4.511(U)
STO	Inf	0.076(V)		4.319(U)
7	53.915(V)	1.845(V)	LASF14A	4.340(U)
8	−14.437(V)	4.714(V)		4.348(U)
9	−8.550(V)	2.348(V)	K50	3.049(U)
10	−186.542(V)	14.700(V)		2.958(U)
IMA	Inf	—		2.130

[MS-L10] 技术指标

波段	β	f'/mm	NA	$2y'$/mm	$2y$/mm	ST/mm	WD/mm	R_{Petz}/mm	ρ	SPT/μm 0	0.7	1
VIS	−4.0	32.2	0.18	5.0	20.0	47.5	22.3	−507.3	1.17	1.3	1.4	1.5

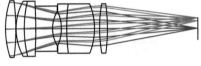

(a) 低倍显微镜[MS-L10]

(b) 特性曲线 (±10μm)

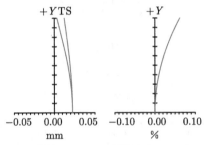

(c) 像散 (±0.05mm)和畸变 (±0.10%)

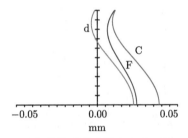

(d) 球差–色差曲线 (±0.05mm)

[MS-L10]结构参数　　　　　　　　（长度单位：mm）

No.	R	T	Gls	Semi-Dia.
OBJ	Inf	147.523		10.000
1	22.061(V)	2.537(V)	ULTRAN30	6.900(U)
STO	−55.569(V)	0.076(V)		6.900(P)
3	13.767(V)	2.024(V)	LAKN12	6.700(U)
4	28.392(V)	2.848(V)	N-FK56	6.700(P)
5	−105.789(V)	4.198(V)	KZFS12	5.500(U)
6	7.911(V)	2.196(V)		4.155(U)
7	−9.958(V)	1.314(V)	KZFSN4	4.156(U)
8	48.458(V)	6.783(V)	LAKN6	6.000(U)
9	−15.665(V)	1.258(V)		6.000(P)
10	34.041(V)	1.956(V)	N-PSK57	6.000(U)
11	−42.709(V)	22.287(V)		6.000(P)
IMA	Inf	—		2.507

[MS-L11] 技术指标

波段	β	f'/mm	NA	$2y'$/mm	$2y$/mm	ST/mm	WD/mm	R_{Petz}/mm	ρ	SPT/μm 0	0.7	1
VIS	−3.5	30.9	0.14	5.8	20	41	21.3	−625.5	1.45	1.6	2.2	3.0

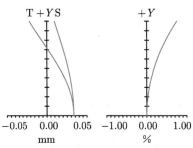

(a) 低倍显微物镜[MS-L11]

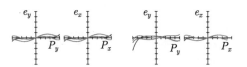

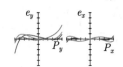

(b) 特性曲线 (±20μm)

(c) 像散 (±0.05mm)和畸变 (±1.00%)

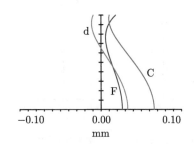

(d) 球差–色差曲线 (±0.10mm)

[MS-L11]结构参数   (长度单位: mm)

No.	R	T	Gls	Semi-Dia.
OBJ	Inf	154.000(V)		10.000
STO	Inf	1.000(V)		6.165(U)
2	30.028(V)	2.112(V)	PK51A	6.341(U)
3	−21.668(V)	0.542(V)	N-SF57HTULTRA	6.338(U)
4	−125.697(V)	0.076(V)		6.500(U)
5	26.409(V)	2.899(V)	TIF6	6.500(U)
6	−192.739(V)	6.475(V)		6.500(U)
7	12.022(V)	6.531(V)	BALKN3	5.700(U)
8	6.420(V)	21.366(V)		3.660(U)
IMA	Inf	—		2.886

[MS-L12] 技术指标

波段	β	f'/mm	NA	$2y'$/mm	$2y$/mm	ST/mm	WD/mm	R_{Petz}/mm	ρ	SPT/μm 0	SPT/μm 0.7	SPT/μm 1
VIS	−2.0	40.0	0.14	8.0	16.0	93.8	70.0	−144	0.50	2.9	3.3	5.2

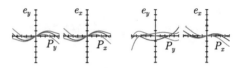

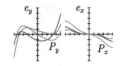

(a) 低倍显微镜[MS-L12]　　　　　　　(b) 特性曲线 (±20μm)

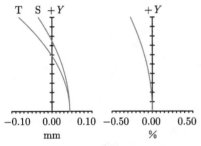

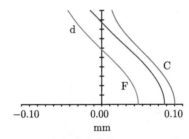

(c) 像散 (±0.10mm)和畸变 (±0.50%)　　　(d) 球差–色差曲线 (±0.10mm)

[MS-L12]结构参数　　　　　　　　　（长度单位：mm）

No.	R	T	Gls	Semi-Dia.
OBJ	Inf	101.214(V)		8.000
STO	Inf	2.055(V)		5.488(U)
2	−13.482(V)	9.267(V)	LAKN14	6.978
3	−23.440(V)	0.076(V)		11.000(U)
4	290.118(V)	6.296(V)	SK10	11.500(U)
5	−33.167(V)	0.076(V)		11.500(P)
6	63.515(V)	1.000(V)	LAF11A	11.500(U)
7	21.193(V)	5.017(V)	N-PSK58	11.500(P)
8	−106.090(V)	70.000(V)		11.500(P)
IMA	Inf	—		4.003

[MS-L13] 技术指标

波段	β	f'/mm	NA	$2y'$/mm	$2y$/mm	ST/mm	WD/mm	R_{Petz}/mm	ρ	SPT/μm 0	SPT/μm 0.7	SPT/μm 1
VIS	−4.0	26.6	0.14	7.6	30.0	51.7	6.9	−213.0	0.64	1.0	1.5	2.0

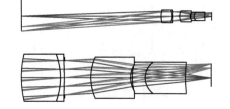

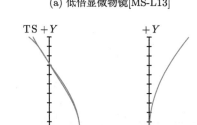

(a) 低倍显微物镜[MS-L13]

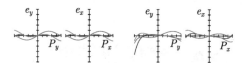

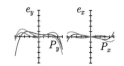

(b) 特性曲线 (±10μm)

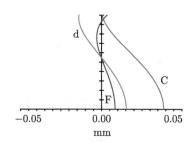

(c) 像散 (±20.00μm)和畸变 (±1.00%)

(d) 球差–色差曲线 (±0.05mm)

[MS-L13]结构参数　　　　　　　　　　（长度单位：mm）

No.	R	T	Gls	Semi-Dia.
OBJ	Inf	143.289(V)		15.000
1	25.353(V)	10.825(V)	P-PK53	6.300(U)
2	−18.111(V)	1.000(V)	SF8	6.300(P)
3	−106.823(V)	0.076(V)		4.626
STO	Inf	7.286(V)		4.595
5	13.033(V)	10.846(V)	LAFN23	5.500(U)
6	6.640(V)	0.467(V)		3.556
7	13.424(V)	3.489(V)	KZFN2	4.200(U)
8	5.217(V)	10.831(V)	PSK53A	4.200(P)
9	32.062(V)	6.890(V)		3.534
IMA	Inf	—		3.783

[MS-L14] 技术指标

波段	β	f'/mm	NA	$2y'$/mm	$2y$/mm	ST/mm	WD/mm	R_{Petz}/mm	ρ	SPT/μm 0	0.7	1
VIS	−4.0	29.2	0.16	5.3	21.0	40	22.4	959	1.71	2.2	3.0	4.4

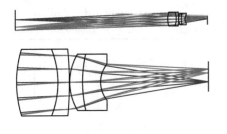

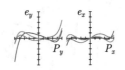

(a) 低倍显微物镜[MS-L14]

(b) 特性曲线 (±20μm)

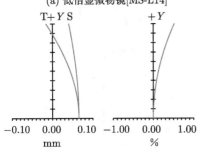

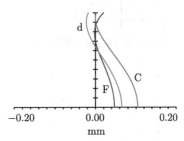

(c) 像散 (±0.10mm)和畸变 (±1.00%)

(d) 球差–色差曲线 (±0.20mm)

[MS-L14]结构参数 　　　　(长度单位：mm)

No.	R	T	Gls	Semi-Dia.
OBJ	Inf	155.000		10.504
1	23.155(V)	8.640(V)	N-PSK57	6.800(U)
2	−18.515(V)	2.362(V)	SF57	6.800(P)
STO	−69.468(V)	0.076(V)		6.800(P)
4	11.097(V)	2.657(V)	N-LASF44	5.750(U)
5	26.226(V)	3.741(V)	LITHOSIL-Q	5.750(P)
6	5.800(V)	22.353(V)		3.719(U)
7	Inf	0.170(V)	LITHOSIL-Q	4.000(U)
8	Inf	4.282×10^{-7}(V)		4.000(P)
IMA	Inf	—		2.647

附录 21.6   无限共轭显微物镜技术指标、像差曲线和结构参数

[MS-IF1] 技术指标

波段	β	f'/mm	NA	$2y'/\text{mm}$	$2y$	ST/mm	WD/mm	$R_{\text{Petz}}/\text{mm}$	ρ	SPT/μm		
										0	0.7	1
VIS	−100	2.5	0.79	0.18	—	8.0	0.420	−3.2	0.59	1.4	1.3	2.1

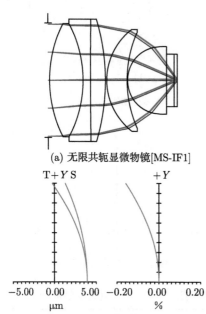

(a) 无限共轭显微物镜[MS-IF1]

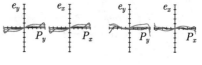

(b) 特性曲线 (±10μm)

(c) 像散 (±5.00μm)和畸变 (±0.20%)

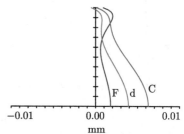

(d) 球差–色差曲线 (±0.01mm)

[MS-IF1]结构参数   （长度单位：mm）

No.	R	T	Gls	Semi-Dia.
OBJ	Inf	Inf		Inf
STO	Inf	0.289(V)		3.088(U)
2	6.642(V)	1.846(V)	K50	3.058(U)
3	−6.330(V)	0.874(V)	SF58	3.058(P)
4	239.235(V)	1.130(V)	P-SK57	3.300(U)
5	−11.002(V)	2.203E-08(V)		3.300(P)
6	3.416(V)	1.124(V)	LASF3	2.751(U)
7	6.127(V)	−2.834E-04(V)		2.600(U)
8	1.816(V)	2.146(V)	PSK50	1.823(U)
9 IMMERSION	Inf	0.420(V)	1.51, 41.5	1.417(U)
10	Inf	0.170	N-K5	1.417(U)
IMA	Inf	—	N-K5	0.088

[MS-IF2] 技术指标

波段	β	f'/mm	NA	$2y'/mm$	$2y$	ST/mm	WD/mm	R_{Petz}/mm	ρ	SPT/μm 0	SPT/μm 0.7	SPT/μm 1
VIS	−60	4.2	0.6	0.46	—	46.8	0.97	−11.6	0.6	0.3	0.4	0.7

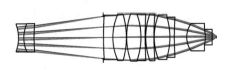

(a) 无限共轭显微镜[MS-IF2]

(b) 特性曲线 (±2μm)

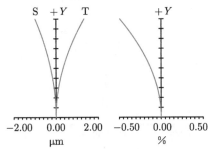

(c) 像散 (±2.00μm)和畸变 (±0.50%)

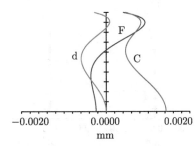

(d) 球差–色差曲线 (±0.0020mm)

[MS-IF2]结构参数　　　　　　　（长度单位：mm）

No.	R	T	Gls	Semi-Dia.
OBJ	Inf	Inf		Inf
1	−8.456(V)	1.284(V)	N-FK5	3.010
2	7.548(V)	2.421(V)	SF5	3.238
3	36.604(V)	16.279(V)		3.278
STO	Inf	0.076(V)		4.878
5	91.851(V)	2.180(V)	KZFSN4	4.910
6	12.644(V)	3.215(V)	N-FK56	5.150
7	−18.584(V)	0.076(V)		5.343
8	15.830(V)	3.417(V)	N-FK56	5.489
9	−15.714(V)	1.000(V)	F13	5.405
10	93.058(V)	0.143(V)		5.394
11	15.401(V)	1.929(V)	N-PSK53	5.421
12	60.686(V)	0.082(V)		5.274
13	13.762(V)	3.704(V)	SK5	5.146
14	−15.722(V)	1.043(V)	N-LAK8	4.663
15	61.410(V)	2.946(V)		4.290
16	5.358(V)	4.381(V)	N-PSK58	3.169
17	−8.208(V)	1.627(V)	BAFN6	1.785
18	707.256(V)	0.973(V)		1.006
IMA	Inf	—		0.226

[MS-IF3] 技术指标

波段	β	f'/mm	NA	$2y'$/mm	$2y$	ST/mm	WD/mm	R_{Petz}/mm	ρ	SPT/μm 0	0.7	1
VIS	−25	10.0	0.49	1.3	—	47	2.1	−343	1.36	0.5	0.5	0.6

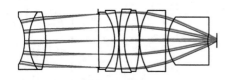

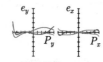

(a) 无限共轭显微物镜[MS-IF3]

(b) 特性曲线 (±5μm)

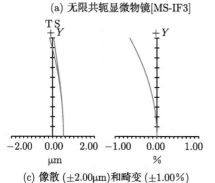

(c) 像散 (±2.00μm)和畸变 (±1.00%)

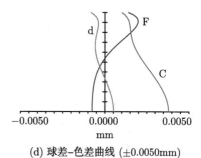

(d) 球差–色差曲线 (±0.0050mm)

[MS-IF3]结构参数   (长度单位：mm)

No.	R	T	Gls	Semi-Dia.
OBJ	Inf	Inf		Inf
1	−10.952(V)	1.134(V)	K10	5.712(U)
2	12.331(V)	3.997(V)	F5	6.850(U)
3	−25.980(V)	12.835(V)		6.850(P)
STO	Inf	0.100(V)		6.338
5	159.457(V)	3.983(V)	N-FK56	6.603(U)
6	−11.368(V)	1.000(V)	SF8	6.810(U)
7	−28.368(V)	0.077(V)		7.210(U)
8	40.660(V)	1.292(V)	F5	7.500(U)
9	16.579(V)	3.642(V)	N-FK56	7.250(U)
10	−31.782(V)	0.105(V)		7.250(P)
11	14.140(V)	6.307(V)	N-PK52A	7.250(P)
12	7432.401(V)	0.520(V)		6.403(U)
13	9.538(V)	9.742(V)	N-SK11	5.677(U)
14	5.371(V)	2.096(V)		1.713(U)
15	Inf	0.170	K4	1.000(U)
16	Inf	4.041×10^{-5}		0.627
IMA	Inf	—		0.627

[MS-IF4] 技术指标

波段	β	f'/mm	NA	$2y'/\text{mm}$	$2y$	ST/mm	WD/mm	$R_{\text{Petz}}/\text{mm}$	ρ	SPT/μm 0	0.7	1
VIS	−20	12.5	0.48	1.4	—	41.7	1.05	−100.1	0.70	0.5	0.6	0.8

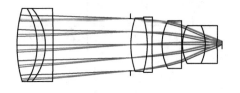

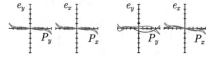

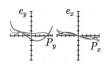

(a) 无限共轭显微物镜[MS-IF4]　　　　　(b) 特性曲线 (±5μm)

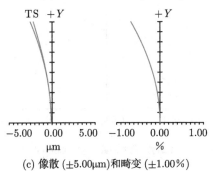

(c) 像散 (±5.00μm)和畸变 (±1.00%)

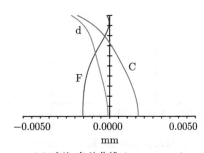

(d) 球差–色差曲线 (±0.0050mm)

[MS-IF4]结构参数　　　　　　　　（长度单位：mm）

No.	R	T	Gls	Semi-Dia.
OBJ	Inf	Inf		Inf
1	25.694(V)	4.119(V)	N-FK56	7.300(U)
2	−13.965(V)	1.707(V)	N-BASF2	7.300(P)
3	−11.013(V)	1.586(V)	N-SK16	7.300(P)
4	−244.502(V)	15.793(V)		7.300(P)
STO	Inf	0.076(V)		5.200
6	16.412(V)	3.347(V)	ULTRAN30	5.300(U)
7	−19.202(V)	1.000(V)	KZFS12	5.300(P)
8	252.348(V)	2.018(V)		5.500(U)
9	10.193(V)	3.970(V)	PK51A	4.750(U)
10	−192.392(V)	0.148(V)		3.916
11	7.918(V)	4.575(V)	FK51	3.750(U)
12	−8.720(V)	2.324(V)	F1	3.750(P)
13	4.503(V)	1.050(V)		1.075
IMA	Inf	—		0.686

[MS-IF5] 技术指标

波段	β	f'/mm	NA	$2y'$/mm	$2y$	ST/mm	WD/mm	R_{Petz}/mm	ρ	SPT/μm 0	0.7	1
VIS	−30	8.3	0.58	0.55	—	44.5	7.3	−97.3	1.5	1.4	2.1	2.7

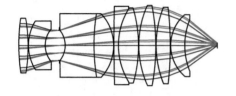

(a) 无限共轭显微物镜[MS-IF5]

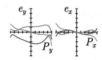

(b) 特性曲线 (±10μm)

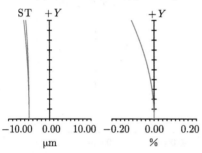

(c) 像散 (±10.00μm)和畸变 (±0.20%)

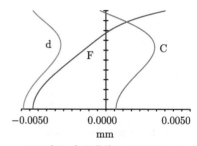

(d) 球差–色差曲线 (±0.0050mm)

[MS-IF5]结构参数　　　　　　　　　　（长度单位：mm）

No.	R	T	Gls	Semi-Dia.
OBJ	Inf	Inf		Inf
1	41.988(V)	2.153(V)	SK2	5.900(U)
2	−33.235(V)	0.116(V)		5.950(P)
3	9.473(V)	3.790(V)	N-KZFS5	5.300(U)
4	5.419	3.201(V)		3.552
STO	Inf	1.313(V)		3.288
6	−5.126(V)	6.498(V)	N-SF5	3.297
7	41.763(V)	4.447(V)	ULTRAN20	6.950(U)
8	−9.927(V)	0.076(V)		6.950(P)
9	333.987(V)	1.000(V)	F14HT	8.550(U)
10	15.273(V)	4.464(V)	BK8	7.992
11	−28.380(V)	0.076(V)		8.184
12	20.553(V)	3.774(V)	N-FK56	8.750(U)
13	−47.197(V)	0.076(V)		8.750(P)
14	22.384(V)	3.093(V)	ULTRAN20	8.350(U)
15	−73.244(V)	0.076(V)		8.350(P)
16	8.840(V)	3.105(V)	N-PSK53	6.750(U)
17	14.657(V)	7.289(V)		5.606
IMA	Inf	—		0.553

[MS-IF6] 技术指标

波段	β	f'/mm	NA	$2y'$/mm	$2y$	ST/mm	WD/mm	R_{Petz}/mm	ρ	SPT/μm 0	0.7	1
VIS	−53	4.7	0.79	0.61	—	28	0.550	−38	0.61	0.6	0.8	0.9

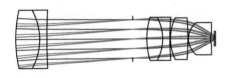

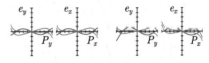

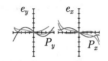

(a) 无限共轭显微物镜[MS-IF6]

(b) 特性曲线 (±5μm)

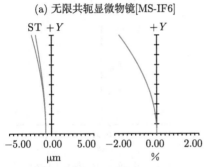

(c) 像散 (±5.00μm)和畸变 (±2.00%)

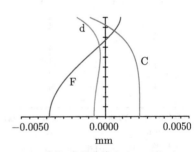

(d) 球差–色差曲线 (±0.0050mm)

[MS-IF6]结构参数　　　　　　　　(长度单位: mm)

No.	R	T	Gls	Semi-Dia.
OBJ	Inf	Inf		Inf
1	17.831(V)	3.374(V)	FN11	4.000(U)
2	−8.108(V)	1.001(V)	P-LASF51	4.000(P)
3	82.765(V)	12.009(V)		4.000(P)
4	Inf	1.992(V)		2.631
STO	10.037(V)	2.205(V)	N-LAK7	2.950(U)
6	−6.096(V)	1.004(V)	N-SF6	2.950(P)
7	28.526(V)	0.090(V)		2.652
8	6.326(V)	2.451(V)	SK1	2.850(U)
9	−35.837(V)	0.076(V)		2.850(P)
10	2.785(V)	3.074(V)	LAK33	2.200(U)
11	1.935(V)	0.550(V)		0.710
12	Inf	0.170	BAK2	1.000(U)
13	Inf	3.900×10^{-8}		0.307
IMA	Inf	—		0.307

[MS-IF7] 技术指标

波段	β	f'/mm	NA	$2y'$/mm	$2y$	ST/mm	WD/mm	R_{Petz}/mm	ρ	SPT/μm		
										0	0.7	1
VIS	−63	4.0	0.71	0.5	—	40	5.2	−35.5	0.79	2.8	3.5	4.4

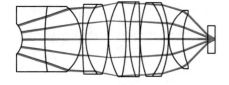

(a) 无限共轭显微镜[MS-IF7]

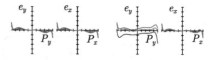

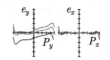

(b) 特性曲线 (±20μm)

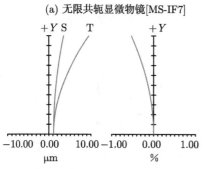

(c) 像散 (±10.00μm)和畸变 (±1.00%)

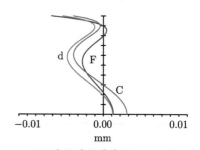

(d) 球差–色差曲线 (±0.01mm)

[MS-IF7]结构参数　　　　　　　　　（长度单位：mm）

No.	R	T	Gls	Semi-Dia.
OBJ	Inf	Inf		Inf
1	−4.490(V)	4.828(V)	BASF57	3.047
2	44.429(V)	7.464(V)	N-PK52A	6.600(U)
3	−8.729(V)	0.272(V)		6.600(P)
4	100.015(V)	0.700(V)	N-LASF31A	7.050(U)
5	11.610(V)	4.675(V)	N-FK56	7.050(P)
6	−20.129(V)	0.104(V)		7.050(P)
STO	15.555(V)	3.580(V)	N-PK52A	7.550(U)
8	−35.039(V)	0.700(V)	KZFSN4	7.550(P)
9	22.175(V)	2.183(V)	N-FK56	7.550(P)
10	−180.244(V)	0.076(V)		7.550(P)
11	22.522(V)	4.950(V)	N-FK56	7.300(U)
12	−12.600(V)	0.839(V)	KZFSN4	7.450(U)
13	−19.752(V)	0.131(V)		7.450(U)
14	7.242(V)	2.872(V)	N-LASF31A	5.900(U)
15	13.231(V)	5.159(V)		5.256
16	Inf	1.500(V)	K50	2.650(U)
17	Inf	1.000×10^{-3}		2.772(U)
IMA	Inf	—		0.249

[MS-IF8] 技术指标

波段	β	f'/mm	NA	$2y'$/mm	$2y$	ST/mm	WD/mm	R_{Petz}/mm	ρ	SPT/μm 0	0.7	1
VIS	−30	8.3	0.7	0.93	—	47.2	1.5	−1.2E4	7.89	1.1	1.3	1.4

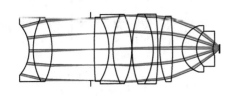

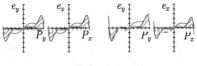

(a) 无限共轭显微物镜[MS-IF8]

(b) 特性曲线 (±5μm)

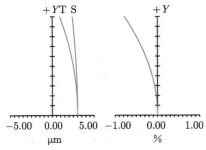

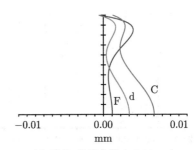

(c) 像散 (±5.00μm)和畸变 (±1.00%)

(d) 球差–色差曲线 (±0.01mm)

[MS-IF8]结构参数　　　　　　　　（长度单位：mm）

No.	R	T	Gls	Semi-Dia.
OBJ	Inf	Inf		Inf
1	−9.306(V)	1.000(V)	N-FK5	6.200
2	17.094(V)	4.656(V)	F15	7.750(U)
3	−17.615(V)	9.596(V)		7.750(P)
STO	Inf	0.880(V)		7.581
5	119.259(V)	3.684(V)	ULTRAN20	7.750(U)
6	−14.694(V)	1.000(V)	F13	7.750(U)
7	20.660(V)	4.671(V)	FK54	8.400(U)
8	−19.646(V)	0.076(V)		8.400(P)
9	26.084(V)	5.148(V)	FK54	8.450(U)
10	−17.857(V)	1.126(V)	SF12	8.450(P)
11	−82.295(V)	0.475(V)		8.450(P)
12	22.130(V)	3.156(V)	N-PSK58	7.950(U)
13	−88.962(V)	2.379(V)		7.950(P)
14	5.864(V)	3.551(V)	SK11	5.600(U)
15	5.991(V)	4.102(V)	N-BALF5	4.250(U)
16	3.853(V)	1.500(V)		1.696
17	Inf	0.170	SK1	1.000(U)
18	Inf	1.337×10^{-5}		1.000(U)
IMA	Inf	—		0.464

[MS-IF9] 技术指标

波段	β	f'/mm	NA	$2y'$/mm	$2y$	ST/mm	WD/mm	R_{Petz}/mm	ρ	SPT/μm 0	0.7	1
VIS	−27	9.3	0.72	1.1	—	45.7	0.86	−99.5	0.50	0.5	0.8	0.9

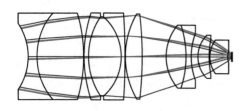

(a) 无限共轭显微物镜[MS-IF9]

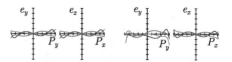

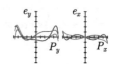

(b) 特性曲线 (±5μm)

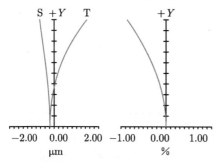

(c) 像散(±2.00μm)和畸变(±1.00％)

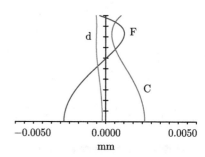

(d) 球差–色差曲线 (±0.0050mm)

[MS-IF9]结构参数   (长度单位：mm)

No.	R	T	Gls	Semi-Dia.
OBJ	Inf	Inf		Inf
1	−12.943(V)	2.040(V)	FK5	7.213
2	13.940(V)	10.458(V)	H-QF14	9.400(U)
3	−32.431(V)	0.094(V)		9.400(P)
4	28.673(V)	1.025(V)	BASF12	9.450(U)
5	14.854(V)	7.420(V)	N-FK56	8.600(U)
6	−11.286(V)	0.850(V)	TIF3	8.600(P)
STO	−143.946(V)	0.076(V)		9.450(U)
8	18.289(V)	3.767(V)	N-PSK58	9.250(U)
9	−77.262(V)	5.359(V)		9.250(P)
10	10.678(V)	4.316(V)	N-FK56	6.850(U)
11	−21.979(V)	1.147(V)	F3	6.850(P)
12	14.579(V)	1.486(V)		5.065
13	6.543(V)	2.498(V)	BK7G18	4.700(U)
14	19.788(V)	0.170(V)		3.832
15	6.126(V)	3.915(V)	LAF2	3.650(U)
16	3.788(V)	0.860(V)		1.266
17	Inf	0.170	BK6	1.000(U)
18	Inf	1.000×10^{-3}		1.000(U)
IMA	Inf	—		0.562

[MS-IF10] 技术指标

波段	β	f'/mm	NA	$2y'$/mm	$2y$	ST/mm	WD/mm	R_{Petz}/mm	ρ	SPT/μm 0	SPT/μm 0.7	SPT/μm 1
VIS	−25	10.0	0.39	1.1	—	45	2.6	−55.8	0.69	0.4	0.7	0.7

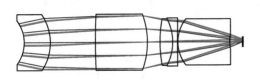

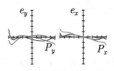

(a) 无限共轭显微物镜[MS-IF10]

(b) 特性曲线 (±5μm)

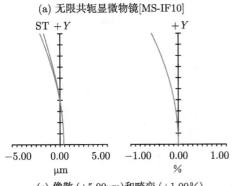

(c) 像散 (±5.00μm)和畸变 (±1.00%)

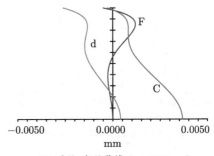

(d) 球差–色差曲线 (±0.0050mm)

[MS-IF10]结构参数 　　　　(长度单位：mm)

No.	R	T	Gls	Semi-Dia.
OBJ	Inf	Inf		Inf
1	−7.272(V)	5.309(V)	BK7HT	4.396
2	−10.101(V)	9.286(V)		5.650(U)
3	126.303(V)	10.779(V)	N-PSK58	5.650(U)
STO	−15.968(V)	2.585(V)		5.650(P)
5	25.649(V)	2.599(V)	LITHOTEC-CAF2	4.701
6	10.072(V)	1.000(V)	KZFS8	4.701(P)
7	604.043(V)	0.076(V)		4.850(U)
8	7.422(V)	10.626(V)	N-PSK57	4.650(U)
9	8.404(V)	2.570(V)		1.500(U)
10	Inf	0.170	K4	1.000(U)
11	Inf	-1.513×10^{-5}		0.557
IMA	Inf	—		0.577

[MS-IF11] 技术指标

波段	β	f'/mm	NA	$2y'$/mm	$2y$	ST/mm	WD/mm	R_{Petz}/mm	ρ	SPT/μm 0	0.7	1
VIS	−13.5	18.5	0.24	2.5	—	32	6.1	−21.5	0.37	2.8	2.7	3.7

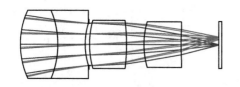

(a) 无限共轭显微镜[MS-IF11]

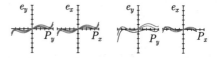
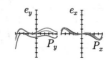

(b) 特性曲线 (±20μm)

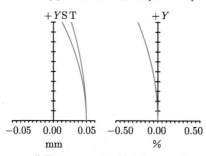

(c) 像散 (±0.05mm)和畸变 (±0.50%)

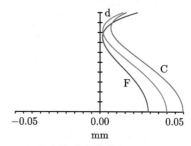

(d) 球差–色差曲线 (±0.05mm)

[MS-IF11]结构参数　　　　　　（长度单位：mm）

No.	R	T	Gls	Semi-Dia.
OBJ	Inf	Inf		Inf
1	12.379(V)	6.094(V)	SK10	5.400(U)
2	−13.937(V)	4.491(V)	P-LASF47	5.400(P)
3	10.910(V)	0.631(V)		3.337
STO	Inf	0.076(V)		3.335
5	13.858(V)	6.001(V)	PSK53A	3.800(U)
6	−30.053(V)	2.804(V)		3.800(P)
7	12.672(V)	5.977(V)	N-PSK57	3.600(U)
8	41.708(V)	6.099(V)		2.395
9	Inf	0.170	N-BK7	4.000(U)
10	Inf	1.155×10^{-7}		4.000(U)
IMA	Inf	—		1.226

[MS-IF12] 技术指标

波段	β	f'/mm	NA	$2y'$/mm	$2y$	ST/mm	WD/mm	R_{Petz}/mm	ρ	SPT/μm 0	0.7	1
VIS	−13.5	18.5	0.22	2.5	—	24.9	6.6	−52.4	0.61	1.3	1.6	1.8

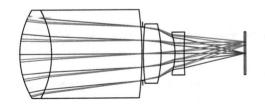

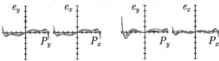

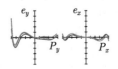

(a) 无限共轭显微物镜[MS-IF12]　　　　　(b) 特性曲线 (±10μm)

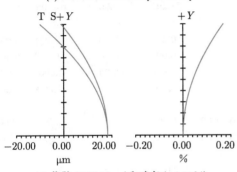

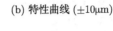

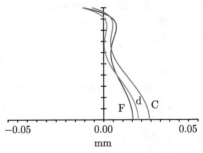

(c) 像散 (±20.00μm)和畸变 (±0.20%)　　　(d) 球差-色差曲线 (±0.05mm)

[MS-IF12]结构参数　　　　　　(长度单位：mm)

No.	R	T	Gls	Semi-Dia.
OBJ	Inf	Inf		Inf
1	9.133(V)	3.506(V)	N-PSK57(S)	4.750(U)
2	−9.972(V)	9.929(V)	N-LASF31A(S)	4.750(P)
3	−35.633(V)	0.076(V)		4.600(U)
STO	Inf	0.076(V)		2.873
5	29.655(V)	1.961(V)	LAKN13(S)	3.200(U)
6	−12.642(V)	1.539(V)		3.200(U)
7	−6.618(V)	1.000(V)	KZFS7A(S)	2.035(U)
8	40.080(V)	6.621(V)		2.300(U)
9	Inf	0.170	K4(S)	2.300(U)
10	Inf	$1.116×10^{-7}$		1.237(U)
IMA	Inf	—		1.237

附录 21.7　评价函数

Oper#	Type	Surf1	Surf2	H_x	H_y	P_x	P_y	Tag.	Wt	Val.	Ctrb
1	BLNK	MICROSCOPE-OBJ-1									
2	BLNK	NA									
3	RANG	12		0.00	0.00	0.00	1.000	0.00	0.00	0.241	0.00
4	SINE	3						0.00	0.00	0.238	0.00
5	BLNK	CONJUGATE									
6	TTHI		11					195.000	0.02	195.000	0.00
7	BLNK	VL									
8	TTHI	1	10					0.00	0.00	24.000	0.00
9	OPLT	8						45.000	0.02	45.000	0.00
10	BLNK	IMAGE DISTANCE									
11	CTGT	11						57.295	0.00	57.295	0.00
12	BLNK	EFFL AND POWER									
13	EFFL		2					0.00	0.00	15.000	0.00
14	PMAG		2					0.00	0.00	-0.100	0.00
15	CONS							1.000	0.00	1.000	0.00
16	DIVI	15	14					-10.000	0.1	-10.000	0.00
17	BLNK	OBJ AND IMA HEIGHT									
18	REAR		2	0.00	1.000	0.00	1.000	0.00	0.00	15.000	1.000
19	REAR	12	2	0.00	1.000	0.00	1.000	0.00	0.00	1.500	1.000
20	BLNK	DT									
21	DIMX		2					2.000	0.02	2.000	0.00
22	BLNK	PETZVAL RADIUS									
23	PETZ		2					0.00	0.00	-120.00	1.000
24	BLNK	BOUDING FOR THE CENTRAL AND EDGES									
25	MNCA	1	11					0.100	1.000×10^{-2}	0.100	0.00
26	MNEA	1	11					0.100	1.000×10^{-2}	0.100	0.00
27	MNCG	1	11					2.000	1.000×10^{-2}	2.000	0.00
28	MNEG	1	11					2.000	1.000×10^{-2}	2.000	0.00
29	BLNK										
30	MXCG	1	11					10.00	1.000×10^{-2}	10.00	0.00
31	MXEG	1	11					10.000	1.000×10^{-2}	10.000	0.00
32	DMFS										
33	BLNK	Default merit function:RMS wavefront chief chief GQ 3rings 6 arms									
34	......	......									
35											

Oper#	Type	Surf1	Surf2	H_x	H_y	P_x	P_y	Tag.	Wt	Val.	Ctrb
1	BLNK	MICROSCOPE-OBJ-IMMERSION									
2	BLNK	NA									
3	RANG	12		0.00	0.00	0.00	1.000	0.00	0.00	0.840	0.00
4	SINE	3						0.00	0.00	0.744	0.00
5	CONS							1.510	0.00	1.510	0.00
6	PROD	5	4					0.00	0.00	1.124	0.00
7	BLNK	CONJUGATE									
8	TTHI		16					195.000	0.02	195.000	0.00
9	BLNK	VL									
10	TTHI	1	14					0.00	0.00	24.000	0.00
11	OPLT	10						45.000	0.02	45.000	0.00
12	BLNK	IMAGE DISTANCE									
13	CTGT	15						0.330	0.2	0.330	0.00
14	BLNK	EFFL AND POWER									
15	EFFL		2					0.00	0.00	1.640	0.00
16	PMAG		2					0.00	0.00	−0.010	0.00
17	CONS							1.000	0.00	1.000	0.00
18	DIVI	17	16					−100.000	0.1	−100.000	0.00
19	BLNK	OBJ AND IMA HEIGHT									
20	REAR		2	0.00	1.000	0.00	1.000	10.00	0.00	10.000	1.000
21	REAR	17	2	0.00	1.000	0.00	1.000	0.00	0.00	0.099	1.000
22	BLNK	DT									
23	DIMX		2					2.000	0.02	2.000	0.00
24	BLNK	PETZVAL RADIUS									
25	PETZ		2					0.00	0.00	−5.600	1.000
26	BLNK	BOUDING FOR THE CENTRAL AND EDGES									
27	MNCA	1	14					0.100	$1.000×10^{-2}$	0.100	0.00
28	MNEA	1	14					0.100	$1.000×10^{-2}$	0.100	0.00
29	MNCG	1	14					2.000	$1.000×10^{-2}$	2.000	0.00
30	MNEG	1	14					2.000	$1.000×10^{-2}$	2.000	0.00
31	BLNK										
32	MXCG	1	14					10.00	$1.000×10^{-2}$	10.00	0.00
33	MXEG	1	14					10.000	$1.000×10^{-2}$	10.000	0.00
34	DMFS										
35	BLNK	Default merit function:RMS wavefront chief chief GQ 3rings 6 arms									
36	……	……									
37											

Oper#	Type	Surf1	Surf2	H_x	H_y	P_x	P_y	Tag.	Wt	Val.	Ctrb
1	BLNK	MICROSCOPE-OBJ-INF									
2	BLNK	NA									
3	RANG	18		0.00	0.00	0.00	1.000	0.00	0.00	0.840	0.00
4	SINE	3						0.00	0.00	0.744	0.00
5	BLNK	CONJUGATE									
6	TTHI		17					195.000	0.02	1.00×10^{10}	0.00
7	BLNK	VL									
8	TTHI	1	17					0.00	0.00	44.000	0.00
9	OPLT	8						45.000	0.02	45.000	0.00
10	BLNK	IMAGE DISTANCE									
11	CTGT	17						0.330	0.2	0.330	0.00
12	BLNK	EFFL AND POWER									
13	EFFL		2					0.00	0.00	8.300	0.00
14	CONS							−250.000	0.00	−250.000	0.00
15	DIVI	17	16					−30.000	0.1	−30.000	0.00
16	BLNK	OBJ AND IMA HEIGHT									
17	REAR		2	0.00	1.000	0.00	1.000	0.00	0.00	0.700	1.000
18	REAR	18	2	0.00	1.000	0.00	1.000	0.00	0.00	0.549	1.000
19	BLNK							DT			
20	DIMX		2					2.000	0.02	2.000	0.00
21	BLNK	PETZVAL RADIUS									
22	PETZ		2					0.00	0.00	−97.06	1.000
23	BLNK	BOUDING FOR THE CENTRAL AND EDGES									
24	MNCA	1	17					0.100	1.000×10^{-2}	0.100	0.00
25	MNEA	1	17					0.100	1.000×10^{-2}	0.100	0.00
26	MNCG	1	17					2.000	1.000×10^{-2}	2.000	0.00
27	MNEG	1	17					2.000	1.000×10^{-2}	2.000	0.00
28	BLNK										
29	MXCG	1	17					10.00	1.000×10^{-2}	10.00	0.00
30	MXEG	1	17					10.000	1.000×10^{-2}	10.000	0.00
31	DMFS										
32	BLNK	Default merit function:RMS wavefront chief chief GQ 3rings 6 arms									
33	......	......									
34											

第 22 章　激光耦合-聚光镜

22.1　引　言

激光耦合-聚光镜既可传递信息，又可传递能量。它可用于两个光纤端口间能量或信息的传递，又可应用于激光微加工、激光医疗等领域。光纤激光以数值孔径 NA=0.22(12.7°) 从光纤端口辐射，经过透镜准直聚焦，再耦合进入下一段光纤，或聚焦到工作介质上。准直和聚焦是可逆的操作，参见图 22.1。激光准直镜和第 4 章介绍的通用型准直镜没有本质区别，只是特征波长不同而已。我们设计专门用于某一波长的激光准直镜时，需要在 Wav 栏设定该波长。本章介绍典型的激光聚光镜和耦合镜 (以下统一简称 "激光耦合镜")，并讲述设计方法。

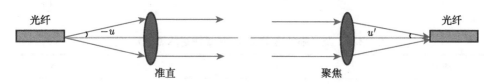

图 22.1　激光准直和聚焦

22.2　典型的激光耦合镜

图 22.2(a) 为激光耦合镜 [LC-4]，工作波长为 0.78~0.98μm，其输入端的数值孔径 NA=0.22，显然为光纤输出；输出端 NA′ = 0.72。不确定关系式可以表达为

$$\Delta x \Delta u = \Delta x \cdot \mathrm{NA}' = \frac{1}{4\pi} \tag{22.1}$$

增大输出端的数值孔径显然有利于减小焦斑线度 Δx，使焦斑的功率密度成平方增大。

聚光镜为 4 组 5 片，明显分成前组和后组，前组由双胶合透镜和平凸透镜组成；后组由平凸透镜和弯月型齐明透镜组成，两组间的轴上光线与光轴平行，这是典型的激光耦合镜设计。

各组透镜承担的偏角 Δu 见表 22.1，偏角公式为

$$h_i \varphi_i = \frac{h_i}{f_i'} = \Delta u_i, \quad \sum_i \Delta u_i = \Delta u \approx \mathrm{NA} + \mathrm{NA}' \tag{22.2}$$

亦即每个透镜组贡献的偏角 Δu_i 等于该透镜组上的光线入射高 h_i 和透镜组的焦距 f_i' 之比，偏角之和 $\sum\limits_i \Delta u_i = \Delta u = 1$，大约等于输入与输出数值孔径之和 NA+NA'。

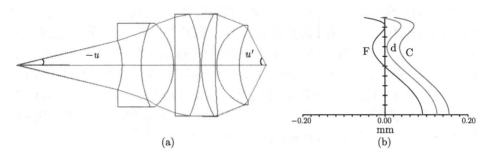

(a)   (b)

图 22.2　激光耦合镜 [LC-4] (NA=0.22，NA'=0.72) (彩图见封底二维码)

表 22.1　激光耦合镜 [LC-4] 各透镜组承担的光焦度

透镜	1/2	3	4	5	Σ
$h\varphi = \Delta u$	−0.085	0.312	0.334	0.439	1.000

在评价函数中，采用偏角和透镜组单元焦距模块 (APTURE ANGLE & PARTIAL FOCAL LENGTH-1) 计算各透镜组单元的焦距和偏角，以及偏角之和，请参见附录 22.2。

双胶合的前组透镜对应的偏角为负，它的主要功能为校正各单片透镜的剩余球差和色差，使聚光镜在 0.78~0.98μm 波段有清晰一致的像。

大孔径角耦合镜或聚光镜最后一片常采用弯月透镜，近似满足齐明条件，球差和彗差很小，却承担了较大的偏角，这具有普遍性，在 22.4 节还要讲解其特性和设计方法。系统中有两片平凸透镜 (或接近平凸镜)，平面朝向会聚光，球面朝向平行光，单透镜的球差都不大。图 22.2(b) 为球差–色差曲线，球差出现高级量，弥散较小。

透镜 [LC-4] 和本章其他设计实例的结构参数参见附录 22.1。激光耦合镜其他设计实例 [LC-2]、[LC-3] 和 [LC-5] 参见图 22.3~图 22.5，各耦合镜的技术参数见表 22.2。

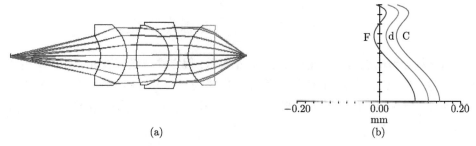

图 22.3　激光耦合镜 [LC-2] (NA=0.22，NA′=0.49) (彩图见封底二维码)

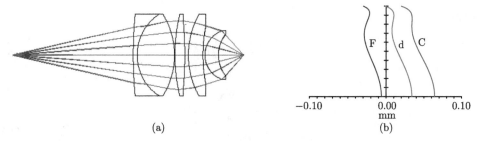

图 22.4　激光耦合镜 [LC-3] (NA=0.22，NA′=0.60) (彩图见封底二维码)

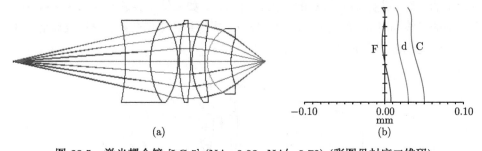

图 22.5　激光耦合镜 [LC-5] (NA=0.22，NA′=0.72) (彩图见封底二维码)

表 22.2　激光耦合镜的技术参数

名称	F	f'/mm	y'/mm	NA	NA′	β	L_0/mm	Wav/μm	SPT/μm		
									0	0.7	1
[LC-1]	1.35	18.4	0.30	0.37	0.37	−1.000	86.0	VIS	4.0	4.1	4.6
[LC-2]	0.93	5.94	0.10	0.22	0.49	−0.4030	36.4	0.78~0.98	15	16	19
[LC-3]	0.68	6.80	0.06	0.22	0.61	−0.290	46.0	0.78~0.98	18	18	18
[LC-4]	0.57	5.10	0.11	0.22	0.72	−0.220	50.0	0.78~0.98	40	40	40
[LC-5]	0.81	7.00	0.06	0.22	0.53	−0.360	45.0	0.78~0.98	11	11	11

22.3　激光耦合镜的理想光学模型

激光耦合镜的理想光学模型如图 22.6 所示。假定耦合镜可以分成前后两组件，用两个薄透镜表示，焦距分别为 f_1' 和 f_2'，间隔为 d，中间通过平行于光轴的光线，高度为 h；输入和输出孔径角分别为 $u(=\mathrm{NA})$ 和 $u'(=\mathrm{NA'})$，耦合镜总长为 L_0，则容易导出以下公式：

$$L_0 - d = f_1' + f_2' = \frac{h}{-u} + \frac{h}{u'} = h\left(\frac{1}{\mathrm{NA}} + \frac{1}{\mathrm{NA'}}\right) \tag{22.3}$$

从而有

$$h = \frac{L_0 - d}{1/\mathrm{NA} + 1/\mathrm{NA'}} \tag{22.4}$$

$$f_1' = \frac{h}{\mathrm{NA}} \tag{22.5}$$

$$f_2' = \frac{h}{\mathrm{NA'}} \tag{22.6}$$

由于间隔 $d \ll L_0$，由系统总长 L_0、输入和输出的数值孔径 NA 和 NA' 就可得到前后组的焦距，焦距与入射高的比为相对孔径。如果给定共轭距 L_0，就得到前后组间隔的光线高度 h，再由 (22.5) 式、(22.6) 式得到两组的焦距。分别设计前后组，合起来优化就得到合成系统。

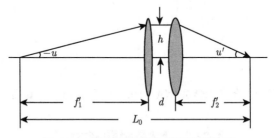

图 22.6　激光耦合镜的理想光学模型

22.4　激光耦合镜设计方法

根据激光耦合镜 [LC-4] 的结构，可以假定系统是由双胶合透镜 + 单片透镜的前组和齐明透镜 + 平凸透镜的后组构成，两组间隔过平行光。以下分别设计前组和后组再合成。

22.4.1 前组: 双胶合透镜 + 单片透镜设计

(1) 由于对应的 $\mathrm{NA}' = 0.22$, 可以用第 5 章中的三片式准直物镜, 如 [TE-4], 孔径选定为 Paraxial F/#=$1/(2\times0.22) = 2.27$, 如图 22.7 所示。

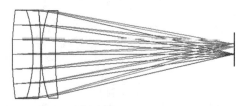

图 22.7 双胶合透镜 + 单片透镜 [TE-4](前组) (彩图见封底二维码)

(2) 对结果进行缩放, 使得输入光孔径 =30mm。

22.4.2 后组: 齐明透镜 + 平凸透镜设计

1. 齐明透镜设计

耦合镜的孔径角非常大, 只有齐明透镜才满足要求。图 22.8 是一个弯月透镜, $|R_1| > |R_2|$, 点光源位于第一面球面的中心, 物与像重合, 这一面没有像差, 第二面为齐明面。

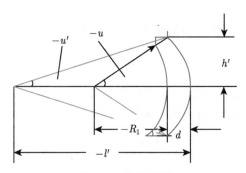

图 22.8 齐明透镜

根据第一类齐明透镜的定义: 齐明面 (第二面) 的物距和像距满足条件

$$\begin{cases} l = R_2 \left(\dfrac{1}{n} + 1 \right) \\ l' = R_2 \left(n + 1 \right) = nl \end{cases} \tag{22.7}$$

参见图 22.8, 将 $l = R_1 - d$ 代入 (22.7) 式, 得到

$$u = \frac{h'}{R_1 - d} = -\mathrm{NA} \tag{22.8}$$

$$u' = \frac{h'}{n\left(R_1 - d \right)} = \frac{u}{n} = -\frac{\mathrm{NA}}{n} \tag{22.9}$$

$$\Delta u = u' - u = -\frac{n-1}{n}\text{NA} \tag{22.10}$$

由 (22.8) 式得到

$$R_1 = -\frac{h'}{\text{NA}} + d \tag{22.11}$$

$$R_2 = \frac{n}{n+1}(R_1 - d) = -\frac{nh'}{(n+1)\,\text{NA}} \tag{22.12}$$

像距则为

$$l' = -\frac{nh'}{\text{NA}} \tag{22.13}$$

一般先由 NA 和偏角 Δu 经 (22.10) 式确定折射率 n, 再由光线高度 h' 和透镜厚度 d, 借助 (22.11) 式和 (22.12) 式算出 R_1 和 R_2, 齐明透镜的设计就完成了。

给定一组初始数据如下:

$$\text{NA} = -u = 0.65, \quad h' = 15\text{mm}, \quad d = 4.0\text{mm} \tag{22.14}$$

选用高折射率的 H-ZLAF2, $n = 1.803(\Delta u = -0.29)$, 则由 (22.11) 式、(22.12) 式得到

$$u' = -0.36, \quad \Delta u' = 0.29, \quad R_1 = -19.077\text{mm}, \quad R_2 = -14.843\text{mm} \tag{22.15}$$

像距 (从像点到第二面顶点的距离, 见图 22.8)

$$-l' = 41.603\text{mm} \tag{22.16}$$

这样齐明透镜就设计完了, 图 22.9 给出球差曲线, 在 $-u = 0.65$ 这样大的孔径角下, 球差只有 -0.023mm, 满足齐明条件。

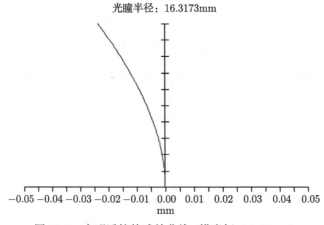

图 22.9　齐明透镜的球差曲线 (横坐标 $\pm 0.05\text{mm}$)

2. 平凸透镜设计

平凸透镜如图 22.10 所示,设焦距为 f',则前焦点与透镜平面的间距为

$$f' - \frac{d'}{n} = \frac{-R_3}{n-1} - \frac{d'}{n} \tag{22.17}$$

式中,R_3 和 d' 分别是透镜的曲率半径和厚度。当入射角取 (22.9) 式中的 u' 时,透镜上光线高度

$$h \approx -u'\left(\frac{-R_3}{n-1} - \frac{d'}{n}\right) = -\frac{\mathrm{NA}}{n}\left(\frac{R_3}{n-1} + \frac{d'}{n}\right) \tag{22.18}$$

$$R_3 = -(n-1)\left(\frac{nh}{\mathrm{NA}} + \frac{d'}{n}\right) \tag{22.19}$$

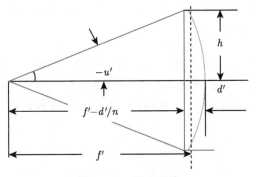

图 22.10　平凸透镜

3. 合成

设齐明透镜输出端光线高度 h' 近似等于平凸透镜的光线高度 h,参考 (22.19) 式,我们得到一组公式

$$\begin{cases} R_1 = -\dfrac{h}{\mathrm{NA}} + d \\[2mm] R_2 = -\dfrac{nh}{(n+1)\,\mathrm{NA}} \\[2mm] R_3 = -(n-1)\left(\dfrac{nh}{\mathrm{NA}} + \dfrac{d'}{n}\right) \end{cases} \tag{22.20}$$

可以看出,系统结构由入射光线高度 h(光束孔径的一半)、数值孔径 NA 及适当给定的透镜厚度 d 和 d' 决定。第一面间隔 $T1$ 取 $-R_1$,在初始设计时只考虑轴上光 (0 视场) 的行为。

在上例中取 $h = 15.0\mathrm{mm}$, $d' = 5.0\mathrm{mm}$,得到 $R_3 = -35.63\mathrm{mm}$,由于输出光束接近平行,为处理方便,用一个理想透镜面 (Paraxial) 将光束聚焦,如图 22.11 所示,此时输出光束的高度 h 略大于 15.0mm。对系统进行焦距缩放,使得输出光线高度 =15.0mm。

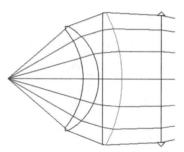

图 22.11　齐明透镜 + 平凸透镜 (后组)

再运用 Tools\Modify\Reverse Elements 操作将系统反过来变成聚光镜，在
Aperture 中令输入光束直径 =30.0mm，优化后就完成前组设计。

22.4.3　激光耦合镜系统合成

(1) 用 "Reverse Elements" 操作将前组 "双胶合透镜 + 单片透镜" 反转，然后
插入后组 "齐明透镜 + 平凸透镜" 之前，合成系统的指标已经接近要求，共轭距比
理想光学模型算出来的结果略长。注意输出端的数值孔径是用公式 $NA' = \sin u'$ 算
出来的。

(2) 设定波长：可见光 F, d, C；设定孔径：Aperture\Obj. NA=0.22；设定视
场：Fie\Obj Height=0.4mm，即假设输入光纤芯径为 0.8mm，芯径的一半就是物方
线视场。

(3) 对共轭距 L_0、NA' 给权，由于放大倍率 $\beta \approx NA/NA'$，给定 NA' 相当于给
定倍率。

(4) 设置物镜长度 VL、透镜中心厚度、边缘厚度的上限。

(5) 优化、HAMMER 优化后得到结果。优化后还可对系统缩放，使共轭距
$L_0 = 40.0$mm，就得到 [LC-11]，参见图 22.12(a)；球差–色差曲线见图 22.12(b)，焦
斑弥散很小，是一款非常优秀的设计。技术指标见表 22.3。

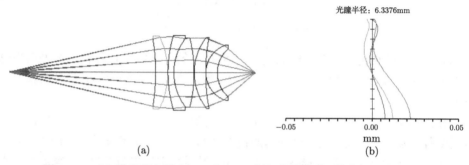

光瞳半径: 6.3376mm

−0.05　　　　　0.00　　　　0.05

mm

(a)　　　　　　　　　　　　(b)

图 22.12　(a) 激光耦合镜 [LC-11]；(b) 球差–色差曲线 (横坐标 ±0.05mm)

(彩图见封底二维码)

表 22.3 激光耦合镜 [LC-11] 技术指标

名称	F	f'/mm	y'/mm	NA	NA$'$	β	L_0/mm	Wav/μm	SPT/μm		
									0	0.7	1
[LC-11]	0.77	6.83	0.04	0.22	0.65	-0.346	40	VIS	1.5	2.3	2.8

22.4.4 激光分光耦合镜

如在前后组之间的平行光束中放置分光镜或分光棱镜，在 45° 面上镀分光膜，就可实现分色，如图 22.13 所示，相关程序 [WAVE DIVISION] 见本书封底二维码。

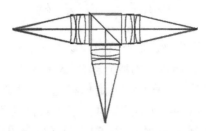

图 22.13 激光分光耦合镜 [WAVE DIVISION] (彩图见封底二维码)

22.5 通用聚光镜设计

以上设计方法还可用于一般的聚光镜设计，但前组只用单片平凸透镜就够了。例如，设计倍率为 $1/2.9 = 0.345$ 的聚光镜，输入端 NA=0.22，输出端 NA$' = 0.65$，后组已经设计完了。根据 (22.5) 式，前组的焦距为

$$f'_1 = \frac{h}{\text{NA}} = 68.2\text{mm} \tag{22.21}$$

代入平凸透镜的焦距公式:

$$f'_1 = \frac{-R}{n-1} = 68.2\text{mm}, \quad R = 0.80297 \times 68.2 = 54.76\text{mm} \tag{22.22}$$

仍取 H-ZLAF2 为透镜材料。物距

$$T1 = f'_1 - \frac{d}{n} = 65.98\text{mm} \tag{22.23}$$

如果用聚光镜照明显微物镜的标本，则聚光镜的光源像应位于物镜入瞳位置，使得照明光束尽可能与物的成像光束相匹配，标本则靠近聚光镜的最后一片透镜，被均匀照亮。合成系统见图 22.14。

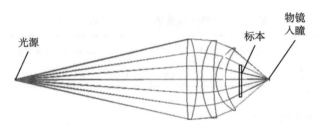

图 22.14　通用聚光镜 [CONDENSER]-1 (彩图见封底二维码)

22.6　本章小结

　　本章讲述激光耦合–聚光镜。激光由光纤输出，经过耦合镜后聚焦，或再次耦合到下一段光纤中。本章给出典型的激光耦合–聚光镜设计，建立激光耦合镜的理想光学模型，并介绍设计方法。在近代光通信和光电子系统中，激光束的耦合已经由微透镜及光波导实现，但本章介绍的设计方法仍具有意义，其中齐明透镜组的设计方法适用于一般显微镜和其他聚光镜。22.5 节简单介绍通用聚光镜的设计。

附录 22.1　技术指标、像差曲线和结构参数

[LC-1] 技术指标

波段	F	f'/mm	y'/mm	NA	NA'	β	L_0/mm	OD/mm	SPT/μm		
									0	0.7	1
VIS	1.35	18.4	0.3	0.37	0.37	−1	86.0	18	4.0	4.1	4.6

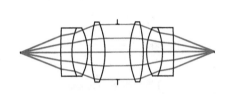

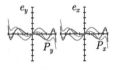

(a) 激光耦合镜[LC-1]　　　　　　　　(b) 特性曲线 (±20μm)

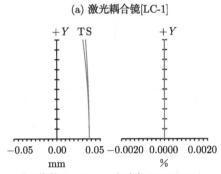

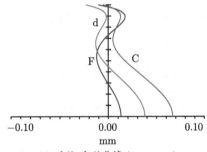

(c) 像散 (±0.05mm)和畸变 (±0.0020%)　　　　(d) 球差–色差曲线 (±0.10mm)

[LC-1]结构参数　　　　　　　　　　　　　（长度单位: mm）

No.	R	T	Gls	Semi-Dia.
OBJ	Inf	18.000(V)		0.300
1	201.339(V)	5.000	LASF35(S)	10.500(U)
2	27.177(V)	7.000	LITHOTEC-CAF2(S)	10.500(P)
3	−22.410(V)	1.511(V)		10.500(P)
4	53.144(V)	6.000	N-PSK57(S)	13.000(U)
5	−34.587(V)	5.489(V)		13.000(P)
STO	Inf	5.489(P)		11.985
7	34.587(P)	6.000(P)	N-PSK57(P)	13.000(P)
8	−53.144(P)	1.511(P)		13.000(P)
9	22.410(P)	7.000(P)	LITHOTEC-CAF2(P)	10.500(P)
10	−27.177(P)	5.000(P)	LASF35(P)	10.500(P)
11	−201.339(P)	17.999		10.500(P)
IMA	Inf	—		0.311

[LC-2] 技术指标

波段	F	f'/mm	y'/mm	NA	NA'	β	L₀/mm	OD/mm	SPT/μm 0	SPT/μm 0.7	SPT/μm 1
0.78~0.98	0.93	5.94	0.1	0.22	0.49	−0.403	36.4	13.9	15	16	19

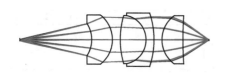

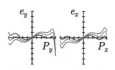

(a) 激光耦合镜[LC-2]　　　　　　　(b) 特性曲线 (±100μm)

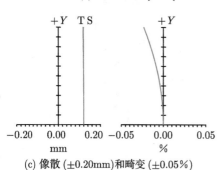

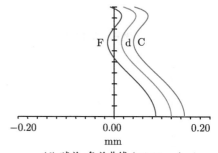

(c) 像散 (±0.20mm)和畸变 (±0.05％)　　　(d) 球差–色差曲线 (±0.20mm)

[LC-2]结构参数　　　　　　　　　（长度单位：mm）

No.	R	T	Gls	Semi-Dia.
OBJ	Inf	13.910		0.248
1	−5.391(V)	4.000	ZF13(S)	3.023
2	−5.746(V)	1.500		4.600(U)
STO	15.759(V)	5.000	H-K9L(S)	4.500(U)
4	−4.572(V)	1.500	ZF4(S)	4.500(U)
5	−15.828(V)	1.500		5.000(U)
6	5.554(V)	4.000	H-ZK9A(S)	4.500(U)
7	66.351(V)	5.000(V)		4.500(U)
IMA	Inf	—		0.120

[LC-3] 技术指标

波段	F	f'/mm	y'/mm	NA	NA′	β	L_0/mm	OD/mm	SPT/μm		
									0	0.7	1
0.78~0.97	0.68	6.8	0.06	0.22	0.61	−0.29	46.0	24.0	18	18	18

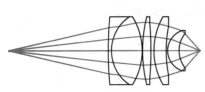

(a) 激光耦合镜[LC-3]

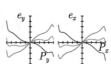

(b) 特性曲线 (±100μm)

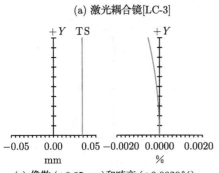
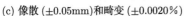

(c) 像散 (±0.05mm)和畸变 (±0.0020%)

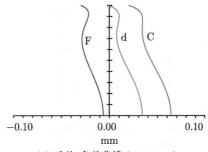

(d) 球差-色差曲线 (±0.10mm)

[LC-3]结构参数　　　　　　　　　　（长度单位：mm）

No.	R	T	Gls	Semi-Dia.
OBJ	Inf	23.992		0.100
1	83.264(V)	0.800(V)	ZF2(S)	8.000(U)
2	9.491(V)	7.411(V)	H-K9L(S)	8.000(U)
3	−14.917(V)	0.099(V)		8.000(U)
STO	32.892(V)	1.983(V)	H-LAK7(S)	8.000(U)
5	−75.210(V)	0.720(V)		6.659
6	15.917(V)	2.933(V)	H-LAF7(S)	8.000(U)
7	29.773(V)	0.353(V)		5.760
8	4.995(V)	2.703(V)	H-LAF7(S)	4.748
9	6.456(V)	5.000		4.065
IMA	Inf	—		0.056

[LC-4] 技术指标

波段	F	f'/mm	y'/mm	NA	NA'	β	L_0/mm	OD/mm	SPT/μm 0	0.7	1
0.78~0.98	0.57	5.1	0.11	0.22	0.72	−0.22	50.0	21.3	40	40	40

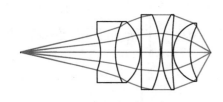

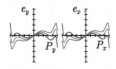

(a) 激光耦合镜[LC-4]　　　　　　　(b) 特性曲线 (±200μm)

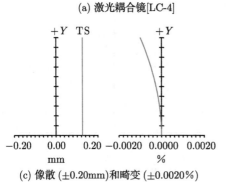

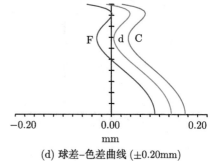

(c) 像散 (±0.20mm)和畸变 (±0.0020％)　　　(d) 球差-色差曲线 (±0.20mm)

[LC-4]结构参数　　　　　　（长度单位：mm）

No.	R	T	Gls	Semi-Dia.
OBJ	Inf	21.298		0.100
1	−12.162(V)	3.865(V)	P-SF68(S)	4.629
2	17.761(V)	6.506(V)	SK11L(S)	7.800(U)
3	−10.060(V)	0.300(V)		7.800(U)
STO	−2332.720(V)	4.939(V)	D-ZLAF52LA(S)	8.975
5	−22.760(V)	0.300(V)		9.555
6	19.794(V)	2.716(V)	LASFN15(S)	9.580
7	93.005(V)	0.293(V)		9.404
8	7.828(V)	4.427(V)	H-ZLAF2(S)	7.440
9	14.124(V)	5.355(V)		6.694
IMA	Inf	—		0.110

[LC-5] 技术指标

| 波段 | F | f'/mm | y'/mm | NA | NA$'$ | β | L_0/mm | OD/mm | SPT/μm | | |
									0	0.7	1
0.78~0.98	0.81	7.0	0.06	0.22	0.53	−0.36	45.0	20.1	11	11	11

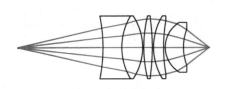

(a) 激光耦合镜[LC-5]

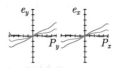

(b) 特性曲线 (±50μm)

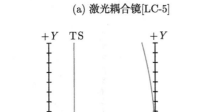

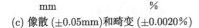

(c) 像散 (±0.05mm)和畸变 (±0.0020%)

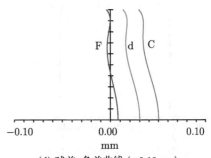

(d) 球差–色差曲线 (±0.10mm)

[LC-5]结构参数　　　　　　　　　（长度单位：mm）

No.	R	T	Gls	Semi-Dia.
OBJ	Inf	20.068		0.100
1	−35.693(V)	4.475(V)	N-SF57HT(S)	7.236(U)
2	13.659(V)	4.905(V)	N-PSK57(S)	7.236(U)
3	−13.015(V)	0.271(V)		7.236(U)
STO	30.305(V)	1.964(V)	N-SK10(S)	7.236(U)
5	−47.922(V)	0.293(V)		6.583
6	13.815(V)	2.325(V)	SK11(S)	7.236(U)
7	36.525(V)	0.387(V)		6.148
8	6.706(V)	4.255(V)	LAK21(S)	5.750(U)
9	11.462(V)	6.056(V)		4.130
IMA	Inf	—		0.055

[LC-11] 技术指标

波段	F	f'/mm	y'/mm	NA	NA$'$	β	L_0/mm	OD/mm	SPT/μm 0	SPT/μm 0.7	SPT/μm 1
VIS	0.77	6.83	0.04	0.22	0.65	-0.346	40.0	24.0	1.5	2.3	2.8

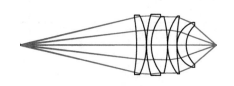

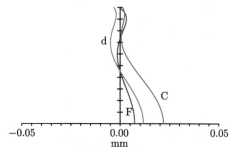

(a) 激光耦合镜[LC-11]　　　　　　　(b) 特性曲线(±10μm)

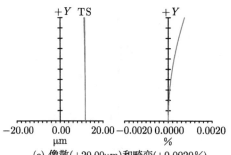

(c) 像散(±20.00μm)和畸变(±0.0020%)　　　(d) 球差–色差曲线(±0.05mm)

[LC-11]结构参数　　　　　　　　　（长度单位：mm）

No.	R	T	Gls	Semi-Dia.
OBJ	Inf	23.976		0.132
1	-31.826(V)	1.974(V)	PSK52(S)	5.327
2	-12.7763(V)	0.034(V)		5.750(U)
3	20.380(V)	0.931(V)	H-ZF72(S)	5.900(U)
4	8.909(V)	3.217(V)	FK51(S)	5.418
5	-21.818(V)	0.033(V)		5.469
STO	8.870(V)	1.867(V)	LAK31(S)	5.600(U)
7	30.167(V)	0.033(V)		5.600(P)
8	4.564(V)	1.849(V)	LAK31(S)	4.350(U)
9	4.978(V)	6.086(V)		3.775
IMA	Inf	—		0.044

附录 22.2 评 价 函 数

Oper#	Surf1	Surf2	H_x	H_y	P_x	P_y	Tag.	Wt.	Val.	Ctrb.
1:BLNK	LASER COUPLER(以 [LC-4] 为例)									
2:BLNK	APTURE ANGLE AND PARTIAL FOCAL LENGTH									
3:REAY	1	2	0.000	0.000	0.000	1.000	0.000	0.000	4.600	0.000
4:EFLY	1	3					0.000	0.000	−55.240	0.000
5:DIVI	3	4					0.000	0.000	−0.083	0.000
6:PARB	0	2	0.000	0.000	0.000	1.000	0.000	0.000	0.220	0.000
7:PARB	3	2	0.000	0.000	0.000	1.000	0.000	0.000	0.237	0.000
8:DIFF	6	7					0.000	0.000	−0.017	0.000
9:BLNK										
10:REAY	4	2	0.000	0.000	0.000	1.000	0.000	0.000	8.975	0.000
11:EFLY	4	3					0.000	0.000	28.951	0.000
12:DIVI	10	11					0.000	0.000	0.310	0.000
13:PARB	3	2	0.000	0.000	0.000	1.000	0.000	0.000	0.237	0.000
14:PARB	5	2	0.000	0.000	0.000	1.000	0.000	0.000	−0.097	0.000
15:DIFF	13	14					0.000	0.000	0.334	0.000
16:BLNK										
17:REAY	6	2	0.000	0.000	0.000	1.000	0.000	0.000	9.560	0.000
18:EFLY	6	7					0.000	0.000	28.794	0.000
19:DIVI	17	18					0.000	0.000	0.332	0.000
20:PARB	5	2	0.000	0.000	0.000	1.000	0.000	0.000	−0.097	0.000
21:PARB	7	2	0.000	0.000	0.000	1.000	0.000	0.000	−0.403	0.000
22:DIFF	20	21					0.000	0.000	0.306	0.000
23:BLNK										
24:REAY	8	2	0.000	0.000	0.000	1.000	0.000	0.000	7.427	0.000
25:EFLY	8	9					0.000	0.000	17.018	0.000
26:DIVI	24	25					0.000	0.000	0.436	0.000
27:PARB	7	2	0.000	0.000	0.000	1.000	0.000	0.000	−0.403	0.000
28:PARB	9	2	0.000	0.000	0.000	1.000	0.000	0.000	−0.717	0.000
29:DIFF	27	28					0.000	0.000	0.313	0.000
30:BLNK										
31:DIFF	6	28					0.000	0.000	0.937	0.000
32:BLNK										
33:BLNK	ANGLE FIELD									
34:RANG	1	2	0.000	1.000	0.000	0.000	0.000	0.000	1.353×10^{-3}	0.000
35:BLNK	PMAG AND EFFL									
36:PMAG		2					−0.217	0.500	0.000	0.000
37:OPLT	36						−0.218	1.000	0.000	0.000
38:OPGT	36						−0.216	1.000	0.000	0.000

Oper#	Surf1	Surf2	H_x	H_y	P_x	P_y	Tag.	Wt.	Val.	Ctrb.
39:EFFL		2					0.000	0.000	5.105	0.000
40:BLNK	CONJUGATE									
41:TTHI	0	9					50.000	0.02	50.000	0.000
42:BLNK	SYSTEM LENGTH									
43:TTHI	2	9					0.000	0.000	24.836	0.000
44:OPLT	43						60.000	0.02	60.000	0.000
45:BLNK	IMAGE DISTANCE									
46:CTGT	9						3.400	0.02	3.400	0.000
47:BLNK	OBJECT DISTANCE									
48:BLNK	IMAGE HIGHT AND DT									
49:DIMX	0	1	0				2.000	1.000×10^{-3}	2.000	0.000
50:BLNK	BOUNDING FOR THE EDGES									
51:MNCA	1	9					0.300	1.000×10^{-2}	0.300	0.000
52:MNEA	1	9					0.300	1.000×10^{-2}	0.300	0.000
53:MNCG	1	9					0.700	1.000×10^{-2}	0.700	0.000
54:MCEG	1	9					0.700	1.000×10^{-2}	0.700	0.000
55:BLNK										
56:MXCG	1	9					7.000	1.000×10^{-2}	7.000	0.000
57:MXEG	1	9					8.000	1.000×10^{-2}	8.000	0.000
58:BLNK	Default merit function :RMS spot radius chief GQ 3 rings 6									
59:CONF	1									
60······										

第23章 激光扩束、整形及激光测距仪设计

23.1 引　言

本章讨论科学实验和仪器系统中常用的激光器件的设计，包括定倍、变倍扩束器，可见光波段消色差扩束器，以及近紫外 ～ 近红外 (0.23～1.1μm) 超宽带扩束器设计；介绍采用非序列模式的多高斯激光匀光线光源；给出异形棱镜光束整形系统设计，可用于半导体激光器和板条激光放大器输出椭圆光束的整形；最后给出激光测距仪较为完整的光学系统设计的实例。

23.2　激光定倍及连续变倍扩束镜

23.2.1　引言

扩束 (或缩束，即扩束的反向应用) 是实验室中常用的操作，在仪器和激光系统中用途广泛。通常的扩束镜是定倍的，而连续变倍扩束镜的应用显然更加方便。

变焦系统是指在保持像面不动的情况下，焦距可以在一定范围内改变，而成像质量保持良好的光学系统。由于光电子技术的飞速发展，变焦镜头在望远镜、天文、现代武器、消费光学 (如照相机的变焦物镜) 等方面的应用需求日渐迫切。在第 18 章已经介绍了连续变焦物镜 (ZOOM)，本节讨论定倍和连续变倍激光扩束镜设计。

激光扩束镜具有单一波长、视场角小、像质要求高的特点，特别是应用于高功率激光系统内的扩束镜，要求弥散斑做到 1DL(1 倍衍射极限)，因此在设计上需要重点关注成像质量。在成像特性上，扩束镜又是 afocal 系统(输入和输出均为平面波)，这些特点与常规 ZOOM 的不同，决定了扩束镜设计的特殊性。

23.2.2　变焦过程的主要规律

1. 以间隔参数的改变实现变焦

以最简单的两组透镜为例，把两组透镜简化成单薄透镜，光焦度分别为 φ_1, φ_2，则系统总光焦度为

$$\varphi = \varphi_1 + \varphi_2 - d\varphi_1\varphi_2 \tag{23.1}$$

因为 φ_1, φ_2 为设计时定下来的光焦度，透镜参数和材料折射率是无法改变的，那

么只能改变 d, 也就是两组之间的间隔实现变焦。通过调节光学系统内部的零件或组件沿光轴方向移动, 改变光学间隔, 理论上就能实现系统焦距变化。

2. 像面保持相对稳定

像面位移补偿各运动组共轭距改变量的总和应为零, 即

$$\sum_i \Delta d_i = 0 \tag{23.2}$$

亦即在改变倍率的过程中, 像空间中所有间隔变动 Δd_i 的代数和为零。

3. 物像交换原则

一个完善的成像系统, 当物距与像距交换后, 仍为完善像, 这一规律就是物像交换原则。物像交换原则说明在一个变焦系统中, 当变倍组移动时, 补偿组可以有几个补偿点满足像面稳定。

多透镜 $\{\varphi_1, \varphi_2, \cdots, \varphi_K\}$ 遵照一定的规律改变各光学零 (组) 件之间的若干个空气间隔 $\{d_1, d_2, \cdots, d_{K'}\}$, 其中 $K' \leqslant K - 1$, 理论上就能改变系统扩束比 M。所有的调焦间隔作为扩束比 M 的函数, 得到方程组

$$\begin{cases} d_1 = F_1(M) \\ d_2 = F_2(M) \\ \cdots\cdots \\ d_{K'} = F_{K'}(M) \end{cases} \tag{23.3}$$

方程 (23.3) 构成阻尼最小二乘法求解评价函数 (即优化函数) 的 "约束条件"。换言之, 设计连续变倍扩束器, 就是在满足约束条件 (23.3) 的前提下求评价函数 m.f. 的极小值。

由于扩束器的物像距均为无限, 为了处理方便, 一般在像方设置近轴理想透镜, 这样一来, 问题就变为小视场变焦设计。

变焦可通过旋钮、滑轨等方式实现, 获得连续无间断的变焦光学系统, 去除近轴理想透镜后就是连续变倍激光扩束镜。

23.2.3　12× 激光扩束镜设计

1. 设计指标

首先设计一个可见光波段 12× 扩束镜组, 设计指标如表 23.1 所示。

表 23.1　12× 连续变倍激光扩束镜的技术指标

入射激光束直径 D'/mm	激光波长/nm	变焦比 (扩束比)	出射激光束直径 D''/mm	系统总长/mm
2	VIS	12	24	<220

2. 12× 定焦扩束镜组设计

(1) 12× 定焦扩束镜组的入射激光束直径 $D'=2$mm，12 倍扩束后 $D''=24$mm。为了处理方便，采用单片平凹负透镜和双胶合正透镜构成，并满足

$$\begin{cases} f_1 + f_2 = 200\text{mm} \\ M - f_1/f_2 = 12 \end{cases} \tag{23.4}$$

从中解出

$$\begin{cases} f_1 = -18.18\text{mm} \\ f_2 = 218.18\text{mm} \end{cases} \tag{23.5}$$

(2) 前组设计。

由于输入激光束直径为 2mm，前组的光圈数 $F_1 \approx 9$，初始结构可以是简单的平凹透镜，凹面朝向入射的激光束，选用玻璃 (H-K9L)，利用平凹透镜的焦距公式

$$R = (n-1)f' \tag{23.6}$$

算出凹面的曲率半径 $R = -9.4$mm，厚度取为 3mm，直径取 10mm，参见图 23.1。

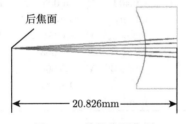

后焦面

20.826mm

图 23.1　前组焦面位置

(3) 后组设计及合成。

后组的初始结构为双胶合物镜，焦距 $f_2=218.18$mm，光圈数：

$$F_2 = f_2/D'' = 9.09 \tag{23.7}$$

光圈数接近 10，选用第 4 章双胶合物镜 [DB-7]，并将焦距缩放到 218.18mm，参见图 23.2。

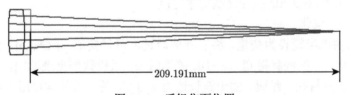

209.191mm

图 23.2　后组焦面位置

前后两组的间隔初步设为焦距之和：

$$T3 = 188.365\text{mm} \tag{23.8}$$

扩束镜合成系统如图 23.3 所示。合成系统的输出光束的发散度 <0.01mrad，弥散斑 RMS 半径为 3.1μm(≈1DL)，12× 定焦扩束镜组设计就此完成。合成系统的透镜数据见表 23.2，其中第一面为参考面。相应的程序 [BE-1]-12× 见封底二维码。

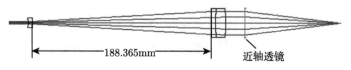

图 23.3　12× 扩束镜第一次合成

表 23.2　扩束镜 [BE-1]-12× 透镜数据表（Ⅰ）

Surf:Type		Comment	Radius		Thickness		Glass		Semi-Diameter	
OBJ	Standard		Infinity		Infinity				0.000	
1	Standard	REFERENCE	Infinity		20.000				0.000	U
*	Standard	L1	−9.400	V	4.000		H-K9L	S	4.000	U
3*	Standard		Infinity		188.365	V			5.000	U
4*	Standard	L2-1	466.668	V	4.361		H-ZF1	S	16.000	U
5*	Standard	L2-2	98.349	V	10.903		H-K9L	S	15.000	P
6*	Standard		−113.832	V	20.000				15.000	P
7	Paraxial				100.000				15.000	U
IMA	Standard		Infinity		—				8.742×10⁻³	

(4) 评价函数。

采用表 23.3 的评价函数，其中第一模块为输出光束的准直度，利用最大孔径光线的孔径角 RANG 乘以 1000，单位变成 mrad，加权后即可。第二模块计算扩束比，用 "部分焦距" 算符 EFLY 分别计算前组和后组的焦距，它们的比用算符 DIVI 得到。对后组焦距和扩束比加权，既控制了扩束比，又限定了系统总长。第三模块系统总长为观察量。最后的默认弥散斑优化模块非常简单，只包含三个色光 0.707 孔径光线的弥散斑。弥散斑越小，扩束镜输出光的平行度越好。第一、第四模块分别控制了 1 孔径和 0.707 孔径光线的平行度。

(5) 进一步优化。

将全部曲率半径设为变量，将三种玻璃设为可替换 (Substitute)，进行优化和 HAMMER 优化，很快就得到 ≈0.3DL 的弥散斑，透镜数据见表 23.4，对应的程序 [BE-1]-12×-2 见封底二维码。由于波长选为 F,d,C，两个设计均可用于可见光范围的激光扩束。

表 23.3 定倍激光扩束镜评价函数

Oper/Type	Surf	Wav	$H(x,y)/P(x,y)$	Tag.	Wt.	Val.	Ctrb.
1: BLNK	EXIT BEAM COLLIMATION(输出光束准直度)						
2: RANG	6	2	(0,0,0,1)			9.97×10^{-6}	
3: CONS				1000			
4: PROD	2	3		0.0	0.1	9.97×10^{-3}	27.381
5: BLNK	BEAM EXPANDING RATIO(扩束比)						
6: EFLY	2	3				-18.189	
7: EFLY	4	6				218.19	
8: DIVI	7	6		-12.0	1.0	-11.996	50.062
9: BLNK	SYSTEM TRACK						
10: TTHI	2	5				207.63	
	(以下为默认的弥散斑优化函数)						
12: DMFS							
17: TRAR		1	(0,0,0.707,0)	0.0	0.336	5.241×10^{-3}	22.008
18: TRAR		2	(0,0,0.707,0)	0.0	0.336	2.767×10^{-4}	0.061
19: TRAR		3	(0,0,0.707,0)	0.0	0.336	7.804×10^{-4}	0.488

表 23.4 12× 扩束镜 [BE-1]-12×-2 数据表 (Ⅱ)

Surf:Type		Comment	Radius		Thickness		Glass		Semi-Diameter	
OBJ	Standard		Infinity		Infinity				0.000	
1	Standard	REFERENCE	Infinity		20.000				0.000	U
*	Standard	L1	-9.397	V	4.000		H-K9L	S	4.500	U
3*	Standard		Infinity		189.718	V			5.000	U
4*	Standard	L2-1	411.118	V	4.000		H-ZF1	S	15.000	U
5*	Standard	L2-2	92.229	V	10.000		H-BAK1	S	15.000	P
6*	Standard		-123.292	V	20.000				15.000	P
7	Paraxial				100.000				15.000	U
IMA	Standard		Infinity		—				2.758×10^{-3}	

23.2.4 8× ~ 16× 连续变比 1053nm 激光扩束镜设计

1. 技术指标

8×~16× 连续变比激光扩束镜技术指标见表 23.5，扩束镜的视场角一般不大。

表 23.5 8×~16× 连续变比激光扩束镜技术指标

入射激光束直径 D'/mm	激光波长/nm	变焦比	出射激光束直径 D''/mm	系统总长/mm	视场角 ω/(°)
2	1053	8×~16×	16~32	<260	0.1

2. 利用多组态 (Multi-Configuration) 增大扩束比

利用多组态，在定焦扩束镜组 [BE-1]-12× 的基础上，增加 2 个组态，设置扩束倍率为 10×，12× 和 14× 的三重组态，[BE-2]-8×-16× 程序见封底二维码。

在 L1 前加一个参考面 (REFERENCE-1)，在 L1，L2 的正中间加一个厚度为 4mm 的透镜 L2，将 L2 改名为 L3 并在其后加一个参考面 (REFERENCE-2)。将所有透镜的曲率半径和厚度设置为变量，参见表 23.6。

表 23.6　增加一片透镜后的 LENS-DATA

Surf:Type		Comment	Radius		Thickness		Glass	Semi-Diameter	
OBJ	Standard		Infinity		Infinity			Infinity	
1	Standard	REFERENCE-1	Infinity	V	5.000			0.000	U
2*	Standard	L1	−9.400	V	4.000	V	H-K9L	4.500	U
3*	Standard	ZOOMING-1	Infinity	V	98.260	V		5.000	U
4	Standard	L2	Infinity	V	4.000	V	H-K9L	11.943	
5	Standard	ZOOMING-2	Infinity	V	98.000	V		12.227	
6*	Standard	L3-1	466.668	V	4.361	V	H-ZF1	15.000	U
7*	Standard	L3-2	98.349	V	10.903	V	H-K9L	15.000	P
8*	Standard	ZOOMING-3	−113.832	V	35.000	V		15.000	P
9	Standard	REFERENCE-2	Infinity		30.000			23.601	
10	Paraxial				100.000			15.000	U
IMA	Standard		Infinity		—			0.449	

用 Editor 或快捷键 F7 调出多组态 Multi-Configuration，以 L1 和 L2 的间隔 $T3$ 为第一个变量 (THIC$_3$)，L2 和 L3 的间隔为第二个变量 (THIC$_5$)，L3 和 REFERENCE-2 的间隔为第三个变量 (THIC$_8$)。在初始状态下，三个 Config 的变量相等，如表 23.7 所示。经过优化后，对于不同的 Config，多组态编辑器中的参数 (三个间隔) 不相同，而其余参数在不同 Config 中是相同的，亦即多组态编辑器提取不同 Config 的差异。

表 23.7　初始的 3-Config 表

ACTIVE:1/3		Config 1*		Config 2		Config 3	
1: THIC	3	98.260	V	98.260	V	98.260	V
2: THIC	5	98.000	V	98.000	V	98.000	V
3: THIC	8	35.000	V	35.000	V	35.000	V

3. Merit Function Editor 设置

Merit Function Editor 分成 3 节 (k=1,2,3)，每节包含以下模块：

(1) CONF=k, 即每一节由 CONF 导引, k=1,2,3。

(2) MECHANICAL TOTAL TRACK(操作符 TTHI$_{1\text{-}8}$), 即参考面 REFERENCE-1 和 REFERENCE-2 之间的厚度设定为 265mm 并给权, 这大体上相当于整个扩束器的结构总长。

(3) VL CTR(vertex length control, 操作符 TTHI$_{2\text{-}7}$), 即透镜部分的总长, 只给上限。

(4) EXIT-BEAM SEMI-DIA(BEAM EXPANDING RATIO, 操作符 REAY$_{9,k}$, k=1,2,3), 即第 2 参考面轴上最大光束孔径之半, 由于输入光束半径 =1mm, 该操作直接返回扩束比 M。对于第 1、第 2 和第 3 Config, REAY$_{9,k}$ 的目标值如下设定:

$$
\text{REAY}_{9,k} = \begin{cases} 10, & k = 1 \\ 12, & k = 2 \\ 14, & k = 3 \end{cases} \tag{23.9}
$$

(5) BOUNDING FOR CENTER AND EDGE THICK 给出透镜间隔和厚度的上下限, 该模块只需在 Config 1 中引用。

(6) COLLIMATION, 输出光束准直度, 采用操作符 RANG$_9$, 即第 2 参考面上 0 视场最大孔径光线 $(H_x, H_y, P_x, P_y) = (0,0,0,1)$ 的孔径角, 以及 0.7 孔径 $(H_x, H_y, P_x, P_y) = (0,0,0,0.7)$ 的孔径角, 并乘以常数 1000, 单位变成 mrad, 目标值设定为 0 并给权。

各节按照 CONF=1,2,3 依次排列, 最后由 DMFS 引导默认的弥散斑优化函数。表 23.8 给出 3-Config 对应的评价函数。

4. 优化

优化过程很快收敛, 得到满足要求的 10× ～14× 扩束镜, 弥散斑均在 1DL 之内。优化后的 3-Config Editor 见表 23.9, 三个间隔均发生变化, 导致扩束比的变化。

5. 变倍区间扩展

遵照上述步骤, 继续增加 Config, 扩展倍率并逐次优化, 最终得到 9-Config 的设计结果 "[BE-2]- 8×-16×", 扩束比连续变化范围 8× ～16×, 9 个 Config 分别对应于 8×, 9×, ⋯, 16×。多组态中每个组态下 $T3$、$T5$、$T8$ (纵坐标) 相对于倍率 M(横坐标) 的函数曲线见图 23.4。

表 23.8　3-Config 激光扩束镜评价函数

Oper/Type	Surf	Wav	HP	Tag.	Wt.	Val.	Ctrb.
49: BLNK			33333333333333333333(标识)				
50: CONF	3						
51: BLNK			MECHANICAL TOTAL TRACK(组件总长)				
52: TTHI	1	8		265.0	0.1	265.0	7.1×10^{-16}
53: BLNK			VL CTR(光学系统总长控制)				
54: TTHI	2	7				191.565	
55: OPLT	54			220	0.1	220	
56: BLNK			EXIT BEAM SEMI DIA (BEAM EXPANTION)				
57: REAY	9	1	(0, 0, 0, 1)	10.0	0.1	10.0	
58: BLNK			COLLIMATION(准直度)				
59: CONS				1000			
60: RANG	9	1	(0, 0, 0, 1.0)			7.60×10^{-7}	
61: RANG	9	1	(0, 0, 0, 0.7)			1.89×10^{-7}	
62: PROD	60	59					
63: OPLT	62			5	0.1	5	0
64: PROD	61	59					
63: OPLT	62			5	0.1	5	

(以下为默认的弥散斑优化函数，既可采用弥散斑 spots radius，也可采用波前 wavefront)

67: DMFS							
68: BLNK							

表 23.9　优化后的 3-Config Editor

ACTIVE:3/3		Config 1		Config 2		Config 3*	
1 THIC	3	10.113	V	31.776	V	53.372	V
2 THIC	5	139.731	V	137.921	V	136.634	V
3 THIC	8	75.162	V	55.310	V	35.000	V

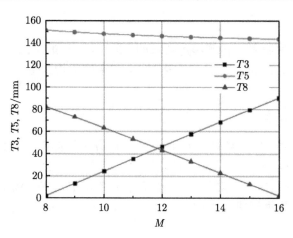

图 23.4　扩束比 M 与变倍间隔 $T3$、$T5$ 和 $T8$ 的函数关系

图 23.5 为 8×、12× 和 16× 连续变化激光扩束镜 [BE-2]-8×-16× 的光学系统图及弥散斑图。系统具有以下特点：

(1) 输出光束的准直度达到 5μrad；

(2) 弥散斑 ≪1DL；

(3) 结构紧凑，从第 1 参考面到第 2 参考面的距离为 265mm 不变，大体就是器件结构长度；

(4) 由图 23.4 看出三个间隔的运动轨迹近似为直线，补偿关系比较简单，工艺性好。

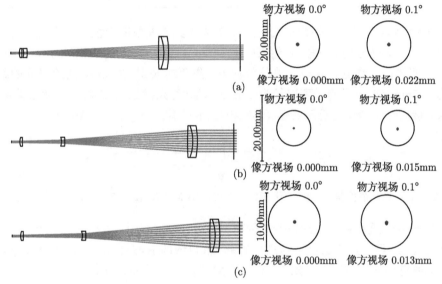

图 23.5 8×、12× 和 16× 连续变比激光扩束镜 [BE-2]- 8×-16× 的光学系统图 (左) 及弥散斑图 (右)

(a) 8×；(b) 12×；(c) 16×

23.3 可见光和近紫外 ~ 近红外波段消色差扩束镜

23.3.1 引言

目前，在激光应用中广泛涉及对激光光束、光斑的调整。除了实现单波长的激光扩束，经常需要同时完成多个波长的扩束。扩束镜对不同波长激光进行扩束时，必须校正各个波长激光经扩束镜后的色差。本节根据扩束镜的具体应用，设计了两款消色差扩束镜，一款为可见光消色差扩束镜，另一款为近紫外 ~ 近红外 (0.23~1.064μm) 超宽带扩束镜。

23.3.2　可见光消色差 8× 扩束镜设计

为了减小扩束镜尺寸，避免激光在扩束过程中出现实焦点，通常选用伽利略型扩束镜结构，包括一个负输入透镜和一个正输出透镜。当输入光束为准直的光束时，要求不同波长的输出光束均为准直光束，并满足相同的扩束比。设计技术指标如表 23.10 所示，其初始结构设计与一般扩束镜的设计方法相同，可参见 23.2 节。

表 23.10　可见光消色差 8× 扩束镜技术指标

设计	波段	扩束比 M	入射光束孔径 D/mm
[BE-3] VIS BEAM EXPANDER	VIS	8	3.0

示例 [BE-3] VIS BEAM EXPANDER 为可见光波段的消色差扩束镜，该设计主要满足可见光应用。选取有效焦距为 −15mm 和 120mm 的透镜进行设计，负透镜为平凹镜；正透镜为双胶合消色差物镜，焦距缩放到 120mm。两透镜间的距离约为 105mm；扩束后的光束口径为 24mm。设计结果参见图 23.6。为了得到收敛的光束，最后一个透镜为近轴透镜 (paraxial lens)，焦距 $f'_{\text{paraxial}} = 100\text{mm}$。

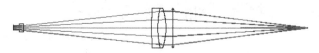

图 23.6　可见光消色差 8× 扩束镜 [BE-3] VIS BEAM EXPANDER (彩图见封底二维码)

第一片负透镜和第三片正透镜的材料都是 H-FK71(n_d=1.4560, ν=90.3)，非常接近 CAF2，第二片负透镜采用高折射率、低色散的 H-LAK61，二级光谱校正得很好，弥散斑 ≈6μm，换算成输出光束准直度综合误差 ≈0.06mrad。

23.3.3　近紫外到近红外 (0.23∼1.064μm) 超宽带扩束镜设计

本设计的目的是满足 YAG 激光及其倍频激光器的共同使用要求，设计技术指标如表 23.11 所示，适用波段为 0.23∼1.064μm，可以容纳 YAG 及其二倍频、四倍频激光共同使用，包括 1.064μm、0.532μm 和 0.266μm，以及通过倍频、和频、差频方式产生的其他波长激光束，技术指标参见表 23.11。

表 23.11　近紫外到近红外 (0.23∼1.1μm) 超宽带扩束镜技术指标

设计	波段	扩束比 M	入射光束孔径 D/mm
[BE-4] NUV-NIR BEAM EXPANDER	0.23∼1.1μm	8	3.0

超宽波段设计的主要困难为选择合适的材料，本设计采用了 CAF2(透过波段 0.23∼ 1.20μm) 和熔融石英 (fused silica，透过波段 0.21∼3.71μm)，第一片为厚度较大的负弯月透镜，第一片和第二片负透镜均采用熔融石英，第三片正透镜则采用

CAF2, 系统图参见图 23.7。在非常宽的波段内, 轴上像差校正得很好, 输出光束准直度综合误差 ≈0.38mrad。

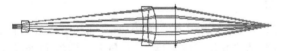

图 23.7　近紫外 ~ 近红外 8× 扩束镜 [BE 4] NUV~NIR BEAM EXPANDER (彩图见封底二维码)

23.4　用非序列模式生成多高斯激光匀光线光源

至今为止, 本书使用的均为序列和非序列的混合模式 "Sequential or Mixed Sequential/Non-Sequential Mode", 采用序列模式编辑器, 在遇到棱镜、光栅、MEMS 等特殊器件时插入非序列元件 (non-sequential component, NSC)。本节将采用非序列模式来构建高斯激光匀光线光源, 又称激光片光源。

23.4.1　用多个激光束构建多高斯激光匀光线光源

在某些科研、工业测量等特殊应用场合, 需要使用单一波长的线光源。而通常线光源是在激光光源出射端直接加装柱面透镜或柱面玻璃棒来获得。该线光源在光传播方向上呈扇形, 因此产生的线光源照度分布并不均匀。在某些高精度测量场合下要求线光源更薄 ($\Delta x < 3$mm)、更宽 ($\Delta y > 200$mm), 且在宽度方向上照度均匀 (大于 90%), 又称 "片光源"。而只通过柱面透镜变换展宽实现的线光源在宽度方向上的照度均匀性很难达到更高要求, 且大尺寸柱面透镜在加工中亦较难实现。

激光束传播的同一波前各点的振幅是不相等的, 以光束截面中心为原点, 其振幅与截面半径之间的关系为

$$A = A_0 \exp\left(\frac{-r^2}{\omega^2}\right) \tag{23.10}$$

式中, A_0 为激光束截面中心振幅, ω 为与半径有关的常数。从 (23.10) 式可以看出激光束截面振幅分布为高斯分布, 参见图 23.8。

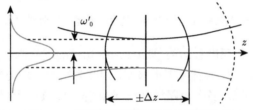

图 23.8　激光在传播方向上的高斯分布

　　一个解决方案为多路高斯激光光源在宽度方向的非相干叠加积分, 可获得宽度方向较为均匀的线光源, 激光在展宽成线光源之前通常都需要进行扩束准直, 以获得更好的光束质量。

　　经过准直扩束后的单路激光光束在厚度 x 方向和宽度 y 方向上仍为高斯分布, 如图 23.9 所示。为得到线光源, 在宽度 y 方向上使用柱面透镜进行一维展宽。在保持了厚度 x 方向激光能量分布基本不变的基础上, 展宽了激光光束在宽度 y 方向上的能量分布 (图 23.10)。

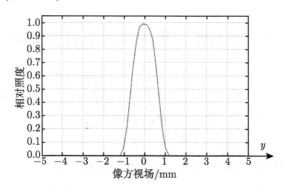

图 23.9　准直后单路激光宽度 (y) 方向的能量分布

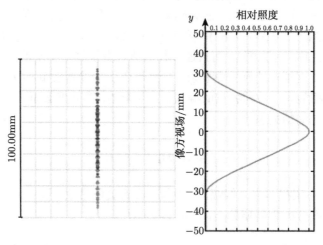

图 23.10　准直后单路激光宽度 (y) 方向经柱面透镜展宽后的能量分布 (彩图见封底二维码)

　　由图 23.9 可见, 扩束准直后的单路激光线光束的线光源在宽度 y 方向分布仍为高斯分布, 照度不均匀, 且宽度也不够宽。因此为实现高均匀性及更宽的线光源, 在宽度 y 方向上周期排列多个单路激光线光束 (图 23.11), 可根据单路激光束的尺寸大小及光强分布来设计调整单路激光排布的周期, 这一处理称为在宽度 y 方向多路高斯分布激光能量的"近线性积分"，从而获得任意宽度且在厚度 x 方向足够薄的高均匀性的线光源 (图 23.12)。理论分析指出，有效宽度内均匀性可达 95% 以上。需要注意的是线光源均匀性高的有效部分不含线光源的边缘部分，且在不同传播距离，线光源能量分布也会有差异，均匀的"光片"只分布在传播方向的某一区间 $\pm\Delta z$，参见图 23.8，远场的能量分布又回归到高斯分布。

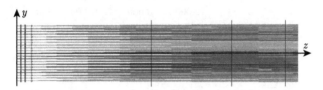

图 23.11　多高斯激光匀光线光源光路图 (彩图见封底二维码)

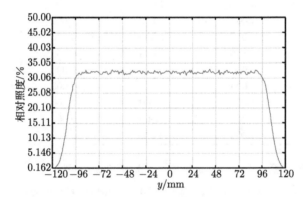

图 23.12　多高斯激光匀光线光源宽度 y 方向上的能量分布

"光片"总宽度 $\approx$200mm

　　多高斯激光匀光线光源在宽度方面理论上没有限制，可以实现无限宽的线光源。但实际应用上会受限于多路激光光源出射光束的方向性、一致性和稳定性差别的影响，需通过个单路激光功率监控并反馈调整，由此来保障高均匀宽线光源的稳定性。相关程序 [NS_Multi_Gauss_Source] 见本书封底二维码。

23.4.2　用 ZEMAX 非序列模式设置多高斯激光匀光线光源

　　(1) 首先在文件 "File" 菜单选择非序列模式 "Non-Sequential Mode"，并执行如下操作:

　　(2) 调用非序列编辑器: 打开ZEMAX软件非序列程序[NS_Multi_Gauss_Source]，在非序列模式编辑器 Non-sequential Component Editor\Non-Sequential Components 下面输入参数 (表 23.12)，选择高斯光源，每路高斯光源对应两个柱面透镜，其功能分别为 y 方向展宽和 x 方向压窄整形。具体设置如下:

表 23.12　非序列模式编辑器 ([NS_Multi_Gauss_Source.zmx])

Object Type	Comment	X Position	Y Position	Z Position	Tilt About X	Tilt About Y	Tilt About Z	Material
1 Source Ga...	Source	0.000	0.000	0.000	0.000	0.000	0.000	—
2 Toroidal...	Cylindrical L...	0.000	0.000	15.000	0.000	0.000	0.000	BK7
3 Toroidal...	Cylindrical L...	0.000	0.000	30.000	0.000	0.000	90.000	BK7
4 Source Ga...		0.000	10.000	0.000	0.000	0.000	0.000	—
5 Toroidal...		0.000	10.000	15.000	0.000	0.000	0.000	BK7
6 Toroidal...		0.000	10.000	30.000	0.000	0.000	90.000	BK7
7 Source Ga...		0.000	−10.000	0.000	0.000	0.000	0.000	—
8 Toroidal...		0.000	−10.000	15.000	0.000	0.000	0.000	BK7
9 Toroidal...		0.000	−10.000	30.000	0.000	0.000	90.000	BK7

Radial Height	X Half-Width	Thickness	Rotation $R1$	Radius1
20	50000	1.000	0.150	0.000
4.000	4.000	2.000	0.000	−5.000
4.000	4.000	3.000	0.000	200.000
20	50000	1.000	0.150	0.000
4.000	4.000	2.000	0.000	−5.000
4.000	4.000	3.000	0.000	200.000
20	50000	1.000	0.150	0.000
4.000	4.000	2.000	0.000	−5.000
4.000	4.000	3.000	0.000	200.000

(3) 设定光源 (第 1 行)：Object Type 选择 Source Gaussian；Y Position 输入 0；Z Position 输入 0；Layout Rays 输入 20；Analysis Rays 输入 50000；Power 输入 1(1W)；Beam Size 输入 0.15(光腰半径 0.15mm)；Position 输入 0；其余默认。

(4) 柱面透镜 (第 2 行)：Object Type 选择 Toroidal Lens；Y Position 输入 0；Z Position 输入 15；Material 输入 H-K9L；Radial Height 输入 4；X Half-Width 输入 4；Thickness 输入 2；Radius1 输入 −5(柱面曲率半径)；其余默认。

(5) 柱面透镜 (第 3 行)：Object Type 选择 Toroidal Lens；Y Position 输入 0；Z Position 输入 30；Tilt About Z 输入 90(表示正交的柱面镜)；Material 输入 H-K9L；Radial Height 输入 4；X Half-Width 输入 4；Thickness 输入 3；Radius1 输入 200；其余默认。

以上三行参数输入代表一组整形的高斯光源，需要多组整形的高斯光源时，输入方法同上，所不同的是不同组的 Y Position 位置不同，而每一组 Y Position 的位置是相同的。示例中第一组前三行的 Y Position 都是 0，第二组的 Y Position 都是 10，第三组的 Y Position 都是 −10，等等。

(6) 设定探测器 "Detector"(第 65 行)：Object Type 选择 Detector Rect；Y Position 输入 0；Z Position 输入 1000；X Half-Width(探测器宽度的一半) 输入

20; Y Half-Width 输入 120(探测器长度的一半); # X Pixels 输入 50; # Y Pixels 输入 256。

(7) 3D Layout 显示。

单击 Analysis\ Layout\NSC 3D Layout 得到图 23.13。

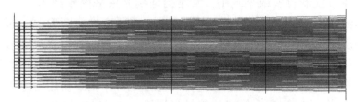

图 23.13　3D Layout (彩图见封底二维码)

(8) 照度分布。

分析 "Detector" 处 y 方向的照度分布步骤如下：

a. 光线追迹: 单击 Analysis\ Ray Tracing，单击 Trace，操作完成后单击 "Exit" 退出。

b. y 方向的照度分布: 单击 Analysis\ Ray Tracing\ Detector Viewer，弹出窗口单击 Settings，在弹出窗口的 Detector 选项选择 Detector Object 67\ Show As，选择 Cross Section Column，单击 "OK"，图 23.14 显示 z=500mm, 800mm 和 1000mm 的 y 方向光强分布。可以看出，随着纵向距离的增大，光强分布渐趋均匀。当 z 继续增大时，光束回归到高斯型，仅在纵向的一定范围内近似为片状光束。

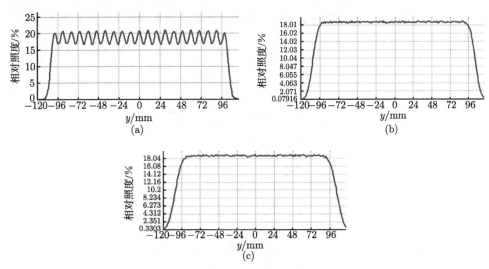

图 23.14　y 方向光强分布

(a) z=500mm; (b) z=800mm; (c) z=1000mm

23.5　利用异形棱镜对激光束整形

23.5.1　引言

在实验室、仪器设备或系统中，常常会遇到光束截面整形的需求。典型的例子为半导体激光器，出射的光束截面接近椭圆，需要变换成圆形；板条激光放大器 (slab laser amplifier) 的输出光束截面也近似为椭圆，有必要变换成圆形光束。常用的方法是运用柱面镜对，但柱面镜加工比较困难，输出光束的像质不容易做好。

利用异形棱镜 (anamorphic prism, AP) 整形是一个简单实用的方法。本节运用序列模式和序列/非序列混合模式构建异形棱镜，实现光束的单向扩大或缩减，从而实现整形。

23.5.2　单个棱镜折射的光束放大率函数

参见图 23.15，其中平面 Σ 的左侧为空气 (真空)，右侧为介质 (光学玻璃，如 H-ZF13)，折射率为 n，N 为平面 Σ 的法线。一束截面宽度为 D_1 的平行光束以 i_1 角入射到 Σ 上，折射角为 i_2，出射光束的截面宽度为 D_2。光的折射定律：

$$\sin i_1 = n \sin i_2 \tag{23.11}$$

由图 23.15 中两个三角形可得

$$D_1 = AB \cos i_1, \quad D_2 = AB \cos i_2 \tag{23.12}$$

由 (23.11) 式和 (23.12) 式得到子午面内的光束截面的放大率 (以下简称 "光束放大率")

$$M = \frac{D_2}{D_1} = \frac{\cos i_2}{\cos i_1} \tag{23.13}$$

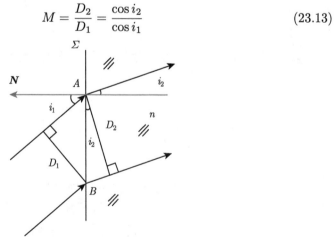

图 23.15　折射对光束线度的缩放效应

其中

$$i_2 = \arcsin\left(\frac{\sin i_1}{n}\right) \tag{23.14}$$

考察一个直角棱镜, 如图 23.16 所示, 设光束从斜面入射, 出射光和直角面垂直. 令入射角 $i_1 = i$, 则光束放大率 M 可表为顶角 θ 和折射率 n 的函数:

$$M(n,\theta) = \frac{D_2}{D_1} = \frac{\cos\theta}{\cos i} = \frac{\cos\theta}{\cos[i(n,\theta)]} \tag{23.15}$$

其中, i 为入射角,

$$i(n,\theta) = \arcsin(n\sin\theta) \tag{23.16}$$

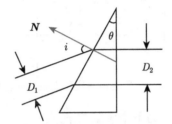

图 23.16 用棱镜实现光束单向整形

$M(n,\theta)$ 如图 23.17 所示, 采用光学玻璃, 由上至下分别为 H-ZLAF90($n_d = 2.001$), H-ZF13($n_d = 1.7847$) 和 H-K9L($n_d = 1.5168$). 常用的 H-K9L 显然并不适用. 当 $\theta = 30°$ 时, 并采用 H-ZF13, $\lambda=1.064\mu\text{m}$ 时 $n=1.7539$, 由 (23.15) 式, 有

$$M_{\text{H-ZF13},30°} = 1.802 \tag{23.17}$$

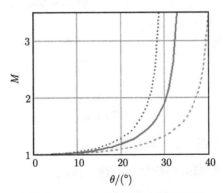

图 23.17 光束截面放大率函数曲线

由上至下: H-ZLAF90, ZF13, H-K9L

入射角

$$i\left(n, \theta\right) = \arcsin\left(n \sin\theta\right) = 61.27° \tag{23.18}$$

光束的偏转角

$$\psi = i - \theta = 31.27° \tag{23.19}$$

23.5.3　棱镜对

如果采用棱镜对，并恰当配置，就可得到图 23.18 的效果，其特点如下：

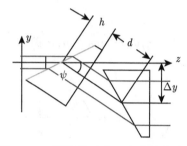

图 23.18　用棱镜对实现光束单向整形

(1) 棱镜对的光束放大率为单个棱镜的平方：

$$\left[M\left(n, \theta\right)\right]^2 = 3.245 \tag{23.20}$$

并可由材料折射率 n 以及棱镜顶角 θ 调节。

(2) 输出光束与输入光束平行，光轴向 $-y$ 方向平移，平移量

$$\Delta y = \left(h + d\right) \sin\psi \tag{23.21}$$

其中，h 为梯形棱镜中线的长度，d 为两个棱镜的间隔。按照图 23.19 所示棱镜几何，得到 h=4.825mm；设光束位移

$$\Delta y = 6.00\text{mm} \tag{23.22}$$

代入 (23.21) 式解出

$$d = 6.734\text{mm} \tag{23.23}$$

该组件可以实现光束的整形 (y 单向扩束)。

23.5.4　在序列模式下利用表面旋转操作建立棱镜

棱镜在 ZEMAX 中一般可以用两种方法建立：① 在序列模式下利用表面旋转 (surface tilt) 构建棱镜，对应的程序为 [AP-1]-ANAMORPIC PRISM-SEQ；② 在非

序列模式下编写 POB 文件插入棱镜，对应的程序为 [AP-2]-ANAMORPIC PRISM-NSC。

首先介绍在 ZEMAX 序列模式下建立棱镜对，设棱镜的结构参数如图 23.19 所示。操作步骤如下：

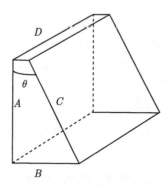

图 23.19 棱镜结构图

A=11mm; B=8mm; C=12.7mm; D=11mm; θ=30°; n=1.7847

(1) 波长、视场和孔径设置。

a. 在 Wav 菜单中设 λ=1.064μm；

b. $T0$=inf(输入平行光)，在 Fie 菜单中只选 0 视场；

c. 在 Gen\Aperture 菜单中令 Entrance Pupil Dia.(输入光束孔径)=2.0mm。

(2) 全局坐标设置。

在 Gen\Miscellaneous 菜单中选取 Global reference(全局坐标)，令系统以第 1 面 (REF-1) 中心为全局坐标原点。

(3) 透镜数据表设置。

透镜数据表 (Lens Data) 如表 23.13 所示，其中第 1 面和第 6 面为参考面，在第 3 面和第 6 面填写两个棱镜材料均为 H-ZF13。

表 23.13 棱镜对数据表

Surf:Type		Comment	Radius	Thickness		Gla	Semi-Dia.	
OBJ	Standard		Infinity	Infinity			0.000	
1	Standard	REF-1	Infinity	10.000			2.000	U
2	Standard		Infinity	2.500			1.000	
3*	Standard	PRSM APT TILT	Infinity	4.825		H-ZF13	2.080	
4*	Standar	APT	Infinity	6.734			6.000	U
5#	Standard	PRSM APT TILT	Infinity	4.825		H-ZF13	3.750	
6*	Standard	REF-2 APT	Infinity	10.000	V		3.248	
IMA	Standard		Infinity	—			5.000	U

注：REF 为参考面；PRSM 为棱镜；APT 为设置矩形表面；TILT 为面旋转。

(4) 棱镜前面孔径设置。

双击第 3 面的 Standard，调出 "Aperture" 菜单，设置矩形孔径：

$$X \text{ Half Width}=5.5\text{mm}, \quad Y \text{ Half Width}=6.35\text{mm} \tag{23.24}$$

(5) 棱镜前后表面转动设置。

双击第 3 面的 Standard，调出 "Tilt/Decenter" 菜单，可以设置第 3 面和第 4 面的转动，如图 23.20 所示：在 "Before Surf.\Order" 栏设 Tilt X=61.27，即表面法线绕 x 轴顺时针旋转 61.3°；在 "After Surf" 栏设 Tilt X=−30，即棱镜的顶角。

(6) 棱镜后表面孔径设置。

双击第 4 面的 Standard，调出 "Aperture\Aperture" 菜单，设置矩形孔径：

$$X \text{ Half Width}=5.5\text{mm}, \quad Y \text{ Half Width}=5.5\text{mm} \tag{23.25}$$

就完成了第一个棱镜的插入。

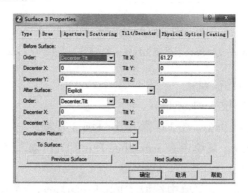

图 23.20　第 3 面转动操作

(7) 第二棱镜前后表面孔径设置。

仿照步骤 (4)~(6)，双击第 5 面的 Standard，调出 "Aperture\Aperture Type" 菜单，设置第 5 面孔径：

$$X \text{ Half Width}=5.5\text{mm}, \quad Y \text{ Half Width}=6.35\text{mm} \tag{23.26}$$

以及第 6 面孔径：

$$X \text{ Half Width}=5.5\text{mm}, \quad Y \text{ Half Width}=5.5\text{mm} \tag{23.27}$$

(8) 第二棱镜前后表面转动设置。

调出第 5 面 "Tilt/Decenter" 菜单，设置第 5 面和第 6 面的转动。

由于两个棱镜顶角相等，且转动的角大小相等，符号相反，所以输出光束与输入光束平行。就此完成了棱镜对的插入。全部操作见表 23.14，插入结果系统图如图 23.21 所示。

表 23.14 棱镜对表面孔径 (Aperture) 和转动 (Surface Tilt) 设置

Surface	Aperture Type	X Half Width	Y Half Width	Before Surface Tilt X	After Surface Tilt X	操作
3	Rectangular Aperture	5.5	6.35	61.3	−30	1. 棱镜 APT 2. 面旋转
4	Rectangular Aperture	5.5	5.5	—	—	棱镜 APT
5	Rectangular Aperture	5.5	6.35	−61.3	30	1. 棱镜 APT 2. 面旋转
6	Rectangular Aperture	5.5	5.5	—	—	棱镜 APT

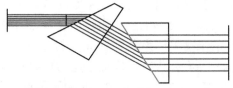

图 23.21 用棱镜对实现光束的整形输出光束与输入光束平行

(9) 用评价函数复核光束直径。

建立如表 23.15 所示的评价函数, 第 1 模块计算波长为 1.064μm 时玻璃 H-ZF13 的折射率; 第 2、3 模块用 y 方向的全局坐标 RAGY 分别计算全孔径光线在输入参考面和输出参考面的高度, 它们的比 (第 16 行) 给出 y 方向的扩束比 $M=3.246$, 与初始理论计算值一致。

表 23.15 评价函数

Oper#		Tag.	Wt.	Val.	%Ctr.
1:BLNK	H-ZF13 INDEX				
2:INDX		0.000	0.000	1.754	0.000
3:CONS		1000.000	0.000	1000.000	0.000
4:PROD		0.000	0.000	1753.912	0.000
5:BLNK	OPTICAL AXIS OFFSET				
6:RAGY	0.000	0.000	0.000	−6.001	0.000
7:BLNK	ENTRANCE BEAM DIAMETER				
8:REAY	1.000	0.000	0.000	1.000	0.000
9:REAY	−1.000	0.000	0.000	−1.000	0.000
10:DIFF		0.000	0.000	2.000	0.000
11:BLNK	EXTTBEAM DIAMETER				
12:REAY	1.000	0.000	0.000	3.245	0.000
13:REAY	−1.000	0.000	0.000	−3.248	0.000
14:DIFF		0.000	0.000	6.493	0.000
15:BLNK	Y DIRECTION BEAM EXPASION				
16:DIVI		0.000	0.000	3.246	0.000

23.5.5 在非序列模式下编写 POB 文件建立棱镜

在非序列模式中，ZEMAX 中的光线能够以任意顺序通过光学元件，所有的光学元件都可用三维物体来模拟。POB 是指 NSC 物体中多边形物体的自定义文件，多边形物体由用户定义，既可用于定义开放的多边形面或闭合的多面体，又可定义表面为反射、折射或吸收面。ZEMAX 对于多边形物体的多边形数目或顶点数目没有固定的限制。ZEMAX 非序列模式设计步骤如下。

1. 建立所需棱镜的 POB 文件

打开空白记事本。以棱镜直角面的中心为原点建立直角坐标，确定各点的坐标，参见图 23.22 及图 23.23。物体的坐标原点以及各点的序号可根据实际情况选取。注意 ZEMAX 默认的长度单位为毫米 (mm)。符号 "! " 用于定义一个注释行，例如，! front face vertices；符号 "V" 后面加上顶点序号以及顶点的 X，Y 和 Z 坐标来定义该顶点，例如，V 1 −5.5 −5.5 −3.175 表示顶点 1 的 X、Y、Z 的坐标。需要注意的是，顶点序号必须是一个整数，且这些数之间用空格隔开；利用矩形符号 "R" 标识由各个顶点连线构成矩形或四边形，三角形的符号为 "T"，如表 23.16 所示。

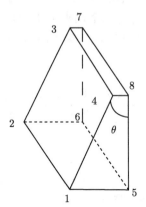

图 23.22 棱镜 PRISM30 顶点序号标识

矩形通过 4 个顶点连接来定义。例如，R 1 2 3 4 就表示矩形的顶点 1、顶点 2、顶点 3 和顶点 4；顶点序号必须为整数，必须是图 23.23 所示文件中定义过的顶点，并且顶点的次序不能任意，它们必须以顺时针方向或逆时针方向排列。最后一个数为表面物理性质的标识，参见表 23.17，使用这个标识，可以定义反射面、折射面或吸收面。

编写好的 POB 文件需要保存在 ZEMAX 中的特定文件夹，才可以在 ZEMAX 中被调用，具体保存路径为 ZEMAX→ Objects→ Polygon Object。

```
文件(F)  编辑(E)  格式(O)  查看(V)  帮
! front face vertices
V 1 -5.5 -5.5 -3.175
V 2  5.5 -5.5 -3.175
V 3  5.5  5.5  3.175
V 4 -5.5  5.5  3.175
! back face vertices
V 5 -5.5 -5.5 4.825
V 6  5.5 -5.5 4.825
V 7  5.5  5.5 4.825
V 8 -5.5  5.5 4.825
! Front
R 1 2 3 4 0
! Back
R 5 6 7 8 0
! Top
R 4 3 7 8 0
! Bottom
R 1 2 6 5 0
! Left side
R 1 4 8 5 0
! Right side
R 2 3 7 6 0
```

图 23.23 记事本窗口 (插入棱镜顶点坐标)

表 23.16 表面形状的规定

表面形状	矩形	三角形	直线
标识	R	T	I

以上讲述了单个棱镜的建立操作。一旦建立了棱镜对,该组合就相当于一个特定的 Object,可以用第 5 章处理阿米西棱镜的方法处理。

表 23.17 表面折射、吸收或反射的规定

表面物理性质	吸收	反射	折射
标识	−1	1	0

2. ZEMAX 的非序列模式和混合模式

有两种方式:纯非序列模式和序列/非序列混合模式。

(1) 纯非序列模式:打开 ZEMAX→ 在 File 中选择非序列模式 (Non-Sequential Mode)→ 物体类型选择多边形物体 (Polygon Object)→ 数据文件 (选择 ZEMAX 自带的 POB 文件或用户自定义的 POB 文件)。

(2) 序列/非序列混合模式: 打开 ZEMAX→ 在 File 中选择混合模式 (Sequential or Mixed Sequential/Non-Sequential Mode), 这正是第 5 章处理阿米西棱镜和第 20 章处理 "显微物镜 + 半五角棱镜 + 目镜" 的方法。

3. 非序列元件/非序列群和光线追迹

单个棱镜属于非序列元件 (NSC)。非序列群 (non-sequential group, NSG) 由一个以上的 NSC 构成, 如棱镜对。常用棱镜可从 ZEMAX 的 Objects 表 (POB 文件) 中调用, 其他 NSC 或 NSG 可以是自己编写的 POB 文件。

插入 NSC 或 NSG 的主要步骤如下:

(1) 在 Lens Data 表中插入一个 Non-Sequential Components 行, 该行构成非序列元件或非序列群的出口, 在对应的参数表中定义出口参数。

(2) 在 Editor\Non-Sequential Components 菜单中调用 NSC 或 NSG, 并定义入口参数; 对于两个棱镜, 需分别定义入口参数。

(3) ZEMAX 的光线追迹顺序通过入口、NSC/NSG、出口。

4. 插入 NSC/NSG 操作

1) 波长、视场、孔径和全局坐标原点设置

波长、视场、孔径和全局坐标原点设置同上, 设第 2 面 (参考面 REFERENCE) 为非序列 Object 的入口, 在 Gen\Miscellaneous 菜单中设该面为全局坐标原点。

2) 棱镜对几何

棱镜对的几何图形参见图 23.24。根据图 23.18, 图 23.24 中的各参数如下算出:

$$
\begin{cases}
\Delta y = -6.00\text{mm} \\
d = 6.734\text{mm} \\
h = 4.825\text{mm} \\
\psi = 31.27° \\
b = (d+h)\cos\psi + 2.50 = 12.38\text{mm} \\
a = 17.20\text{mm}
\end{cases}
\tag{23.28}
$$

3) 设置 NSG 的入口和出口面

表 23.18 为透镜数据编辑表, 把第 2 面改为非序列元件 "Non-sequential component", 如上所述, 第 2 面 (全局坐标系原点) 即 NSG 入口, 第 3 面则为 NSG 出口。

4) 设置出口参数

根据图 23.24, 在第 2 行填入相应出口参数, 见表 23.19。注意出口必须位于 NSG 外面一点, 故设 Exit Loc $Z > a$。

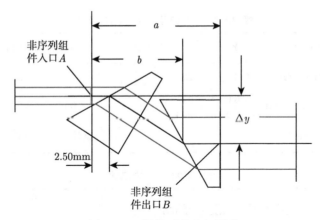

图 23.24 棱镜对的几何图形

表 23.18 序列和非序列混合透镜数据编辑表

		Comment	Radius	Thichness	Gla	Semi-Dia.	
OBJ	Standard		Infinity	Infinity		0.000	
STO	Standard	REFERENCE	Infinity	10.000		2.000	U
2	Non-Seque...	NSG	Infinity	—		1.000	
3	Standard		Infinity	10.000		5.000	U
IMA	Standard		Infinity	—		5.000	U

表 23.19 出口参数

Surf: Type	Exit Loc X	Exit Loc Y	Exit Loc Z	Exit Tilt X	Exit Tilt Y	Exit Tilt Z
Non-Sequential Component	0.0	−6.00 (=Δy)	17.21 (略大于 a)	0.0	0.0	0.0
非序列元件	出射点 X 坐标	出射点 Y 坐标	出射点 Z 坐标	出射光轴旋转		

5) 插入棱镜对并设置入口参数

根据图 23.24，从 Editors\Non-Sequential Components\ Objects Type\Polygon Object 菜单调出自编的棱镜 PRISM30.POB，并填写参数表 23.20。第一个棱镜的入口坐标为 (0,0,2.5)；第二个棱镜的入口坐标为 (0,−6.00,12.38)，并设置 Tilt Z=180。程序会自动插入大小和方向符合要求的棱镜对，其中第二棱镜相对于第一棱镜绕 z 轴转动 180°，三维图形的 YZ 截面图形与图 23.18 完全相同。

5. 评价函数

建立如表 23.21 所示的评价函数，第 12 行算出的棱镜对的扩束比 M=3.246，与初始理论计算值一致。

表 23.20　入口参数及 NSG 参数

Obj Type	Comment	X	Y	z	Tilt X	Tilt Y	Tilt Z	Material	Scale	Is Volume
Polygon Object	PRISM30.POB	0	0	2.5	31.27 $(=\psi)$	0	0	H-K9L	1	1
Polygon Object	PRISM30.POB	0	-6.00 $(=-\Delta y)$	12.38 $(=b)$	0	0	180	H-K9L	1	1
多边形物体	自定义棱镜					旋转 180°		材料	缩放尺度	

表 23.21　评价函数

Oper#			Tag.	Wt.	Val.
1:BLNK	OPTICAL AXIS OFFSET				
2:BAGY	0.000		0.000	0.000	-6.000
3:BLNK	ENTRANCE BEAM DIAMETER				
4:REAY	1.000		0.000	0.000	1.000
5:REAY	-1.000		0.000	0.000	-1.000
6:DIFF	4	5	0.000	0.000	2.000
7:BLNK	EXITBEAM DIAMETER				
8:REAY	1.000		0.000	0.000	3.245
9:REAY	-1.000		0.000	0.000	-3.246
10:DIFF	8	9	0.000	0.000	6.491
11:BLNK	Y DIRECTION BEAM EXPANSION				
12:DIVI			0.000	0.000	3.246

23.5.6　利用棱镜组合对板条激光放大器光束整形

1. 概述

当板条激光放大器输出的近似椭圆截面光束反向进入异形棱镜对时，就可实现整形。如一级截面放大率不够，还可将棱镜对串联使用。棱镜的表面面形可以做得非常好，斜面和直角面可镀不同入射角的减反射膜。

参见图 23.25，系统由一对反向放置的异形棱镜对及一个斜方棱镜 (菱形棱镜) 构成，棱镜对使 y 向的光束截面压缩，斜方棱镜使系统出射光束与入射光束同轴。其中棱镜对用序列模式实现，它仅仅是 23.5.4 节的逆操作；斜方棱镜则用非序列模式插入。

2. 操作顺序

1) 构建棱镜对

程序 [AP-3]-RETRO-TRACING 的第一部分是上述棱镜对的逆向光线追迹，透镜数据表见表 23.22。在第 1 面设置了椭圆形光阑，轴长为 $6.000\mathrm{mm}(y)\times 1.848\mathrm{mm}(x)$；各面孔径 (Aperture) 和表面转动 (Surface Tilt) 设置如表 23.23 所示，经过棱镜对

完成光束 y 向压缩操作。

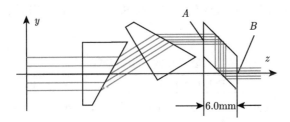

图 23.25 用棱镜对实现板条激光放大器光束整形 ($M < 1$)

A 为 NSC 入口，B 为出口

表 23.22 逆向追迹程序 [AP-3]-RETRO-TRACING 的透镜数据表

		Comment	Radius	Thickness	Gla	Semi-Dia.	
OBJ	Standard		Infinity	Infinity		0.000	
1*	Standard	REF-1	Infinity	5.000		2.990	
2*	Standard	PRSM-1 APT	Infinity	4.825	H-ZF13	2.990	
3#	Standard	APT TILT	Infinity	6.734		3.453	
4*	Standard	PRSM-2 APT	Infinity	4.825	P H-ZF13	1.660	
5#	Standard	APT TILT	Infinity	6.500		1.917	
6	Non-Seque..	RHOMBIC PRSM	Infinity	—		0.922	
7	Standard	REF-2	Infinity	5.000		1.000	U
IMA	Standard		Infinity	—		3.000	U

表 23.23 棱镜对表面孔径 (Aperture) 和转动 (Surface Tilt) 设置

Surface	1	2	3	4	5
Aperture Type	Elliptical Aperture	Rectangular Aperture	Rectangular Aperture	Rectangular Aperture	Rectangular Aperture
X Half Width	0.924	5.5	5.5	5.5	5.5
Y Half Width	3.0	5.5	6.35	5.5	6.35
Before Surface Tilt X	—		30	—	−30
After Surface Tilt X	—		−61.3	—	61.3
操作	设置椭圆光阑	设置棱镜 APT	1. 棱镜 APT 2. 面旋转	棱镜 APT	1. 棱镜 APT 2. 面旋转

2) 插入 NSC 行并填写出口参数

把第 6 面改为非序列元件 "Non-Sequential Component"，出口参数见表 23.24。斜方棱镜的输入面为正方形，边长为 6.0mm，厚度也等于 6.0mm，因此取 Exit Loc Z =6.01mm，出射光束 Δy=−6.0mm，确保出射光束和入射光束同轴，参见图 23.25。

3) 调用斜方棱镜 POB 文件并填写入口参数

从 Editors\Non-Sequential Components\Objects Type\Polygon Object 菜单调

出 ZEMAX 自带的棱镜 Rhombic.POB，并填写入口参数，见表 23.25。自带斜方棱镜 Scale 等于输入面正方形边长的一半，取 Scale=3.0mm，出射光束就和入射光束同轴。

表 23.24　出口参数

Surf: Type	Exit Loc X	Exit Loc Y	Exit Loc Z	Exit Tilt X	Exit Tilt Y	Exit Tilt Z
Non-Sequential Component	0.0	−6.0	6.01 (>6.0)	0.0	0.0	0.0
非序列元件		出射点位于 B 点				

表 23.25　入口参数

Surf: Type	Exit Loc X	Exit Loc Y	Exit Loc Z	Exit Tilt X	Exit Tilt Y	Exit Tilt Z	Material	Scale	Is Volume
NSC	0.0	0.0	0.0	0.0	0.0	0.0	H-K9L	3.0	1

3. 评价函数

设置类似于表 23.21 的评价函数，得到 y 向压缩比为 3.247，参见本书封底二维码给出的程序 [AP-3]-RETRO-TRACING。

图 23.26 为输入光束和输出光束截面，可以看出椭圆形截面变换为圆形截面。

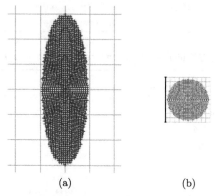

　　　　　　　(a)　　　　　　　　　　　　　　(b)

图 23.26　(a) 输入光束截面；(b) 输出光束截面

4. 结论

本节提出用异形棱镜对实现激光束截面整形 (单向扩束) 的方法，较为详细地介绍如何运用序列模式，经过表面转动 (Surface Tilt) 构建棱镜对，以及运用混合模式，在非序列模块中自定义棱镜的方法构建棱镜对，实现光束的单向扩束。最后构建的组件，经过反向追迹 (retro-tracing)，由异形棱镜对单向压缩，再经由斜方棱镜补偿光轴平移。该组件同时实现光束整形及出射光束与入射光束的同轴。

23.6 激光测距仪

23.6.1 引言

激光测距仪是重要的大地测量仪器,在建筑、航空航天、天文及军事等许多领域有重要的应用。

通常激光测距仪由发射和接收两个子系统构成。发射系统由激光器和扩束器构成,扩束的目的是压缩激光的发散角。扩束器设计已经在 23.1 节介绍过了,本节讨论接收器。

接收器有如下功能和要求:

(1) 观察、对准目标:在通常情况下,目标为可见光,所以接收系统的波段为 VIS。在一些应用中,既需要目视对准,又需要远程观察。目视系统 "分总"(分总体,即子系统或通道) 就是采用长焦距物镜和大视场长镜目距目镜加棱镜构成的望远镜,而远程观察分总的探测器为 CCD/CMOS,其对角线尺寸一般与目镜焦面直径并不一致。但 "目视分总" 视场中心必须和 "远程分总" 视场中心精密重合,两路的对焦也必须一致。

(2) 接收脉冲激光信号、测距:信号为目标 (通常是非合作目标) 发射的很微弱的散射激光信号,经过接收系统聚焦在探测器上。信号光一般是 YAG 激光,所以 "信号分总" 的波长为 1.064μm,探测器通常为雪崩光电二极管 (APD)。近年来,人眼安全的波长 1.535μm 用得越来越多。各分总的信号用滤色镜严格分隔。

(3) 远程信息显示:信息中心发出的信息通过 OLED 叠加显示在目镜焦面上,使观察员同时观察目标和阅读信息。

(4) 体积和重量:用于机载和车载的测距仪结构必须紧凑,航空航天对测距仪的空间和重量都有严格的限制。

(5) etendue:接收系统有三路输出,即三个 "分总体",其孔径、视场、焦距和波长均不相等,设计时必须兼顾三路的 etendue。

(6) 环境试验:激光测距仪一般为野外使用,或在高空、高温或低温下使用,环境温度变动范围很大;船载测距仪还需防盐雾侵蚀;使用时可能有剧烈的振动,需具备防振、防跌落损坏等功能。

综上所述,激光测距仪是要求很高、综合性很强的光学系统,本节介绍一个典型的光学系统设计实例。

23.6.2 设计指标和主光学系统选型

1. 技术指标

为了与 etendue 分析的表达方式一致,本节用 η' 表示像高。典型设计 [LR-1]

的技术指标如下 (未注长度单位为 mm):

(1) 主望远物镜入瞳孔径 D_0=64，焦距 480，相对孔径 1:7.5，视场角 ω_M = 1.08°。

(2) 物距 $l = 1.0 \times 10^7 (10\text{km})$。

(3) 系统长度 ST<340。

(4) 目镜倍率 $M_E = 12.25$，线视场半径 $\eta_E = 9.0$，目镜像方全视场角 $2\omega'$=50°，镜目距 $L_p > 18$。

(5) CCD/CMOS 规格: a=12.8, b=9.6, ρ=16(1in)，1024×768 像素, p=12.5μm; 即 $\eta'_D = 8.0$, $\omega_D = 1.0°$。

(6) APD: 接收孔径 ϕ=0.5, $\eta'_A = 0.25$, $\omega_A = 0.16°$。

由公式:

$$f' = \frac{\eta'}{\omega}, \quad u' = \frac{1}{2F} \tag{23.29}$$

算出三个分总的焦距和像方孔径角，列在表 23.26 中。

表 23.26　激光测距仪 [LR-1] 的设计指标　　　　　(长度单位: mm)

| 分总 | 标识 | 波段/μm | F | u' | 视场角 ω | | 焦距 f' | 系统长度 ST | 像高 η' | etendue/($\times 10^3$) |
					(°)	rad				
目视	M	0.450~0.650	7.47	0.0833	1.08	0.0188	478	336	9.0	4.38
远程 (CCD/CMOS)	D	0.450~0.650	7.14	0.0877	1.00	0.0175	457		8.0	4.07
APD	A	1.535	1.38	0.462	0.163	2.84×10^{-3}	88.0		0.25	0.236

2. etendue 简析

由 etendue 的定义 (参见第 3 章):

$$\text{etendue} = \frac{4h\omega'}{\lambda} = \left.\frac{2n'f'\omega'}{\lambda F}\right|_{n'=1} = \frac{2\eta'}{\lambda F} \tag{23.30}$$

计算出来的 etendue 列在表 23.26 中。可见目视分总和 CCD 远程观察分总的 etendue 尚接近，但与 APD 分总的差别甚大，三个分系统要集成到一个仪器中。首先设计 etendue 最大的分总，即将目视分系统看作 "主光学系统"。

3. 主光学系统选型

由于系统总长比焦距小得多，激光测距仪的主光学系统设计为远摄型，远摄系数

$$\gamma = \frac{\text{ST}}{f'} = 0.70 \tag{23.31}$$

4. 观察方向及目镜选型

为了便于观察，要求目视光路折转 45° 向上，因此选用斯密特屋脊棱镜，该棱镜与物镜共同作用保证观察到正像。目镜选用长镜目距变形艾尔弗目镜 [EP-10]。

5. 孔径处理

由于三个分系统共用一个物镜，在 Gen\Aperture 中选择 "Float by Stop Size"，共用主光学系统的光阑。

23.6.3 主光学系统设计

1. 选型

主物镜的初始结构采用远摄物镜 [TP-1]，将焦距缩放到 477mm；在负透镜后面孔径角较小的光路中插入两个厚 28mm 的 H-K9L 分光棱镜，分出两路光分别中继到 CCD 和 APD；斯密特屋脊棱镜的入射面设为 24mm×24mm，等效的平板厚度为

$$L = 3.040D = 72.96\text{mm} \tag{23.32}$$

式中，$D = 24\text{mm}$。

2. 反射棱镜的临界角和玻璃选择

具有给定视场、孔径角的光束在棱镜的反射面发生全反射时，大视场、大孔径光线可能超过全反射的临界角而逸出反射面。临界角的定义为

$$i_c = \arcsin(1/n) \tag{23.33}$$

表 23.27 给出几种光学玻璃反射棱镜的临界角。由表 23.27 可知，CCD 和 APD 的分系统的视场角都比主系统的视场角小，为确保所有进入棱镜的光线都满足全反射条件，主系统的屋脊棱镜材料选为 H-LAK7。

表 23.27　几种光学玻璃反射棱镜的临界角

玻璃牌号	折射率 n_d	$i_c/(°)$
H-K9L	1.5168	41.24
H-ZK9A	1.6204	38.11
H-LAK7	1.7130	35.70

目视和 CCD 分系统的焦距都很长，为了校正二级光谱，玻璃目录中应当加入 CAF2 或对应的特种玻璃 (如 SCHOTT 的 N-FK56)。经设计后的主光学系统见图 23.27(a)，远摄系数 $\gamma = 0.67$，结构紧凑；弥散斑不到 8μm，其中第二个透镜材料为 CAF2，二级光谱校正得很好，参见图 23.27(b)。相应的程序为 [LR-1]-MAIN-U-2，详细的设计步骤可参考第 11 章 "远摄物镜"。

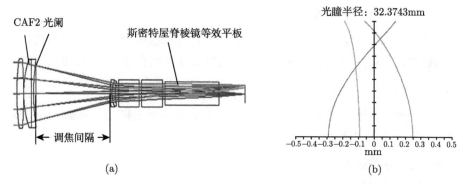

图 23.27   (a) 主光学系统；(b) 二级光谱 (横坐标 ±0.5mm) (彩图见封底二维码)

将第 15 行棱镜等效平板改为非序列模式 "Non-Sequential Component"，在非序列编辑 "Editor\Non-Sequential Components" 中选择物体的文件名为 "Polygon Object\ 斯密特屋脊.POB"，按照表 23.28 及表 23.29 填写出口及入口参数，就能插入斯密特屋脊棱镜，得到图 23.28 的效果。

表 23.28   斯密特屋脊棱镜的出口参数

Surf: Type	Exit Loc X	Exit Loc Y	Exit Loc Z	Exit Tilt X	Exit Tilt Y	Exit Tilt Z
Non-Sequential Component	0.00	4.43	10.70	−45	0.0	0.0
非序列元件		出射点 P' 坐标		出射光轴旋转		

表 23.29   入口参数 Non-Sequential Component Editor:
Component Group on Surf. 15

Obj Type	Comment	X Position	Y Position	Z Position	Material	Scale	Is Volume
Polygon Object	斯密特屋脊.POB	0.0	0.0	0.0	H-LAK7	12.000 $(=D/2)$	1
多边形物体	五角棱镜		入射点 P 坐标		材料	入射面尺度	

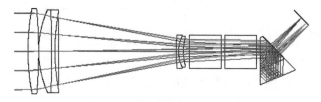

图 23.28   等效平板改成斯密特屋脊棱镜 (彩图见封底二维码)

23.6.4   远程分总 (CCD/CMOS 分总) 设计

由表 23.26，CCD 分总和主光学系统的孔径角之差

$$\Delta u' = u'_{\mathrm{D}} - u'_{\mathrm{M}} = 0.0044 \tag{23.34}$$

根据光焦度的公式

$$h_{\mathrm{D}} \varphi_{\mathrm{D}} = \Delta u' \tag{23.35}$$

式中，h_{D} 为轴上最大孔径光线的高度，$h_{\mathrm{D}} \approx 10\mathrm{mm}$，代入 (23.35) 式算出的附加透镜的光焦度 φ_{D} 不大。用两片分离的平板作为初始结构，任选材料，例如，取 H-ZF13 和 H-LAK7。主光学系统中所有参数和材料均不变，平板四个曲率半径设为变量，两种玻璃设为 "可替换" (S)，在评价函数中设像高

$$\eta'_{\mathrm{D}} = 8.0\mathrm{mm} \tag{23.36}$$

可用 REAY 操作符控制像高并给权，历经优化变成特种玻璃 TF3 和 H-ZPK1A，$f' = 84.35\mathrm{mm}$，光焦度虽不大，却补偿了主光路中斯密特棱镜的球差和色差，弥散斑在 $7\mu\mathrm{m}$ 以下。对应的程序为 [LR-1]-CCD-U-2。

将第二块棱镜改成 45° 直角反射棱镜后，CCD 分总光学系统见图 23.29(a)。图 23.29(b) 为对应的 MTF，截止频率为

$$\nu_{\mathrm{c}} = \frac{1}{2p} = 40\mathrm{mm}^{-1} \tag{23.37}$$

其中，$p=0.0125\mathrm{mm}$ 为像素边长。系统对低频到高频的响应都足够高，像质很理想。

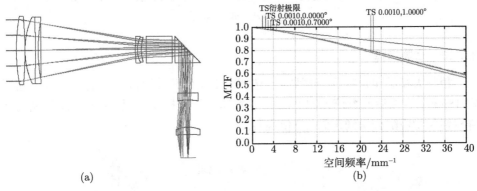

图 23.29 (a)CCD 分总光学系统；(b) MTF (截止频率为 40mm^{-1}) (彩图见封底二维码)

23.6.5 APD 分总设计

由表 23.26，由于 $u'_{\mathrm{A}} \gg u'_{\mathrm{M}}$，孔径角主要由附加透镜贡献，由偏角公式

$$h_{\mathrm{A}} \varphi_{\mathrm{A}} = \Delta u' = u'_{\mathrm{A}} - u'_{\mathrm{M}} = 0.379 \tag{23.38}$$

设

$$h_{\mathrm{A}} \approx 6.0\mathrm{mm} \tag{23.39}$$

代入 (23.38) 式得到

$$f'_{\text{A}} = \frac{1}{\varphi_{\text{A}}} = 16\text{mm} \qquad\qquad (23.40)$$

可选用 3 组 4 片式低倍显微物镜，将焦距缩放到 16mm。在主光学系统第一个立方棱镜后插入显微物镜，经过优化后得到非常小的 SPT，相应的程序为 [LR-1]-APD-U，光学系统见图 23.30(a)，经 45° 直角反射棱镜后的 APD 系统见图 23.30(b)。为了提高信噪比，在显微物镜前加了一片 1.535μm 的窄带滤光片。当激光信号很强时，可将 APD 适当离焦，以增加器件的使用寿命。APD 分总对应的程序为 [LR-1]-APD-U。

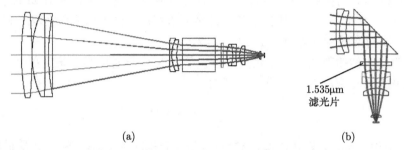

(a)　　　　　　　　　　　　　　　　　　　(b)

图 23.30　(a) APD 分总光学系统；(b) 经 45° 直角反射棱镜后的 APD 系统
(彩图见封底二维码)

23.6.6　目镜选择

根据大视场和长镜目距的要求，选择变形艾尔弗长镜目距目镜 [EP-10]，镜目距 18mm。合成后的系统见图 23.31。由斯密特屋脊棱镜实现 45° 转向，斯密特屋脊棱镜和物镜配合得到正像，方便观察。

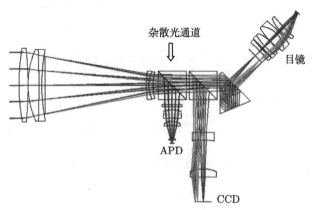

图 23.31　激光测距仪光学系统合成 (彩图见封底二维码)

23.6.7 系统合成

1. 3-Config 设置

把三个分系统合并在一个程序中，不仅是为了好看，更为了统筹考虑和检查分系统间信号的流向、隔离，以及合理的结构配置，这对于后续的结构设计也是至关重要的。

在程序中采用 3-Config 方案。用快捷键 F7 调出 Multi-Configuration Editor，并建立三个 Config，分别对应于目视分系统，以及 CCD、APD 分系统，在其中填写三个分系统不相同的参数，参见表 23.30。

表 23.30 3-Config

ACTIVE:2/3		Config 1	Config 2*	Config 3
1:WAVE	1	0.486	0.486	1.535
2:WAVE	2	0.588	0.588	1.535
3:WAVE	3	0.656	0.656	1.535
4:MOFF	0			
5:XFIE	2	1.000×10^{-3}	1.000×10^{-3}	1.000×10^{-3}
6:XFIE	3	1.000×10^{-3}	1.000×10^{-3}	1.000×10^{-3}
7:YFIE	2	0.760	0.707	0.120
8:YFIE	3	1.080	1.000	0.163
9:MOFF	0			
10:IG*	11	0	0	1
11:IG*	12	0	0	1
12:IG*	13	0	1	1
13:IG*	14	0	1	1

第一部分是波长 WAVE，注意 APD 波长为 1.535μm。

第二部分是视场，三个通道的 Y 视场不相同；为了避免光线射到屋脊棱上溢出，X 视场取一个相同的小量 1.000×10^{-3}。

2. IGNR 算符的使用

第三部分采用 IGNR 算符来屏蔽其他 Config 的数据行，说明如下：

透镜数据表 Lens Data 的第 1 行到第 10 行是主物镜，是三个 Config 共用的。从第 11 行起，每一行由不同的 Config 调用，凡是属于本 Config 的行，IGNR=0；不属于本 Config 的行，IGNR=1，该行就被屏蔽了。表 23.30 给出第 11 行到第 13 行的屏蔽例子。Multi-Configuration Editor 规定了第 11 行到第 64 行 IGNR 算符的赋值。

3. 全局坐标参考面设置和激光测距仪光学系统合成

首先要在 Gen\Miscellaneous 菜单中设置 Global Coordinate Reference Sur-face(全局坐标的参考面)，必须设在三个 Config 的公共部分，如第 1 面。正确、完备地编写了 Multi-Configuration Editor 表，就可以打开 3D 显示，既可单独显示某个子系统，又可同时显示三个子系统，得到系统合成的效果，参见图 23.31。由于主物镜采用远摄型，远摄系数 $\gamma = 0.65$，系统 (包括目镜) 全长仅 280mm。

合成系统程序为 [LR-1]-E-NSC。

4. 信号分流和隔离

在第一个分光棱镜的分光面上镀 "短通" 膜，透过可见光，反射红外光，反射率曲线如图 23.32(a) 所示，对 1535nm，反射率接近 100%，而可见光几乎完全透过。在 APD 通道中再设置窄带滤光膜，其透过率曲线见图 23.32(b)，FWHM(半峰全宽)≈20nm，该通道的信噪比就可以做得很高。第二个棱镜的分光面上只需镀简单的 VIS 分光膜。

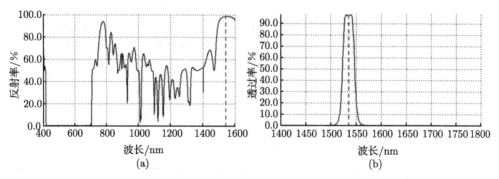

图 23.32　(a)"短通" 膜反射率曲线，虚线对应波长为 1535nm；(b) 1535nm 窄带滤光膜透过率曲线，FWHM≈20nm

5. "杂散光通道" 和 APD 激发脉冲

APD 分光棱镜上方有一个 "杂散光通道" 与发射激光器相通，激光脉冲发射时的杂散光就可以激发 APD，定义为发射时刻 t'；目标散射光被系统探测的时间定义为接收时刻 t''，通过时差 Δt 算出距离。

6. 分总体视场中心的精确重合和补偿

目视视场 ω_M 最大，CCD/CMOS 观察视场 ω_D 略小，而 APD 视场 ω_A 最小，只探测视场中心部分。三个分总体视场中心必须精确重合，必要时可加微调机构补偿。

7. 调焦

当目标位置变化时，望远镜就需要调焦，一般调整主物镜的前组和后组的间距 $T7$，参见图 23.33，当物距从 10.0km 缩短到 0.1km 时，$\Delta T7$ 仅加长 0.3mm。

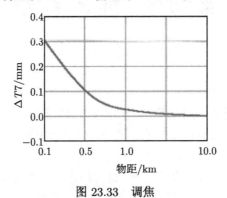

图 23.33　调焦

23.6.8　小结

本节给出激光测距仪接收系统的设计实例，全系统包含目视观察、远程观察 (即 CCD/CMOS 分系统) 和 APD 探测三个分总体；主系统为远摄型物镜，通过中继物镜构建 CCD 和 APD 分系统；在各小节简要讲述各分系统的设计方法。

23.7　本章小结

本章讨论与激光应用有关的器件和系统，首先介绍定倍宽波段扩束镜和变倍扩束镜。由多路激光构成的多高斯激光匀光线光源用非序列模式编写。"异形棱镜"一节介绍用序列模式和非序列模式构建特殊棱镜的方法，异形棱镜对可实现激光束的截面整形。23.6 节比较详细、系统地介绍 "激光测距仪" 接收部分光学系统的设计方法。

第24章 折反系统

24.1 引 言

24.1.1 折反系统的优点

至今为止，我们所论及的光学系统均由折射型元件构成，包括透镜和棱镜。与折射元件相比，反射镜具有以下优点：第一，反射镜天然就没有色差；第二，只要恰当镀膜，反射镜可以运用在紫外到红外非常宽的波段，而透射元件的运用波段则受制于材料的透过率，可用波段窄得多，目前绝大部分天文望远镜采用反射式或折反式，主要也是因为许多天文目标的光谱从可见延伸到红外，而且在红外波段更方便使用自适应技术 (adaptive optics) 来校正大气湍动引起的弥散，天文学界称"大气视宁度"(seeing)；第三，反射镜的球差大约比等同光焦度的透镜小近一个数量级；第四，反射镜的佩茨瓦尔曲面与透镜的佩茨瓦尔曲面曲率相反，暗示由反射镜加上透镜构成的所谓折反系统 (catadioptric optics) 会有较平的视场；第五，从结构上看，折反系统由于光路的折叠而更为紧凑。

24.1.2 中心拦光和 MTF 修正

包含反射镜系统的最大缺点就是拦光，例如，图 24.1 所示的卡塞格林 (Cassegrain) 系统由主反射镜 (first mirror)、副反射镜 (second mirror)和辅助透镜组构成。显然副镜会构成孔径的中心拦光 (central obscuration)，其后果不仅是能量的损失，传递函数的低频至中频成分也随着中心拦光面积的增大而显著下降。

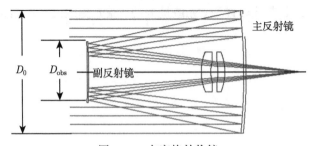

图 24.1 卡塞格林物镜

定义拦光系数为拦光部分的直径 D_{obs} 与输入光束直径之比

$$\varepsilon = \frac{D_{obs}}{D_0} \tag{24.1}$$

ε^2 即拦光部分与输入全孔径面积之比。图 24.2 为不同拦光系数下的 MTF，可以看出，当 $\varepsilon=0.25$，即拦光面积与全孔径面积之比为 6.25% 时，MTF 的变化尚不明显，但随着 ε 增大到 0.5，即 $\varepsilon^2=0.25$ 时，MTF 的中低频段显著下跌，像质退化。

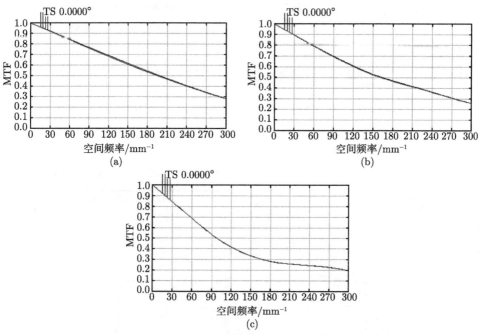

图 24.2　不同拦光系数下的 MTF($\nu_c=200\text{mm}^{-1}$)

(a) $\varepsilon=0$; (b) $\varepsilon=0.25$; (c) $\varepsilon=0.5$

此外，折反系统的视场通常不大，主要的设计类型为准直镜及望远物镜。

尽管有这些缺点，折反系统在一些特定的领域内还是获得重要的应用。由于天文观察的波段很宽，天文望远镜物镜孔径非常大 (例如，位于夏威夷的天文望远镜 Keck Ⅰ 和 Keck Ⅱ 的直径达 10m)，焦距又非常长，而对于大气湍动的自适应修正主要应用在近红外波段，只能使用反射型物镜。至今为止，大型天文望远镜几乎无一例外采用折反系统。

24.2　折反物镜的宽波段运用

在一些特定的应用中，要求对宽光谱准直或成像，例如，可见光加上近红外的扩展波段，0.4~1.064μm。图 24.3(a) 为双胶合消色差物镜，$F=3.9$，$f'=100.0\text{mm}$。由图 24.3(b) 可以看出，可见光 (VIS) 波段校正了球差，F 光和 C 光在 0.7 孔径相交；在可见 + 近红外的扩展波段，短波端 0.4μm 球差曲线和长波端 1.064μm 球差曲线在 0.75 孔径相交，这显然是一个非常完善的色差校正方案。但由于波段过宽，二级光谱 $\delta \approx 0.61\text{mm}$，影响了物镜对信息的传递性能，MTF 下跌非常明显，参见图 24.3(c)；像的弥散很大，$\text{SPT}_0=40\mu\text{m}$, $\text{SPT}_{0.7}=39\mu\text{m}$, $\text{SPT}_1=38\mu\text{m}$。

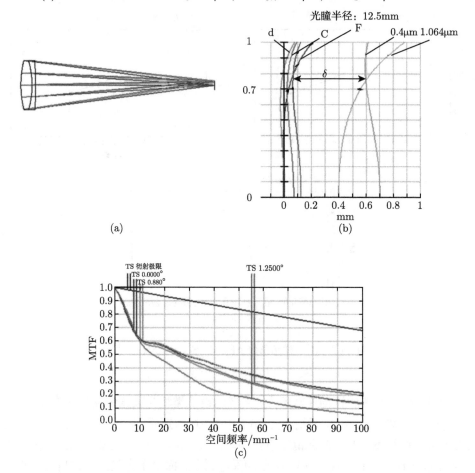

(a)   (b)

(c)

图 24.3　(a) 双胶合消色差物镜；(b) 球差–色差曲线 (0~1.0mm)；(c) MTF 曲线

$(\nu_c=100\text{mm}^{-1})$ (彩图见封底二维码)

图 24.4 则为相同规格的卡塞格林型折反物镜 [CA-1]，具有两个反射面，整个反射镜系统相当于一个伽利略望远镜，结构很简单，系统总长不到焦距的一半。在主镜中开一个孔，让光线透射出去，拦光系数 $\varepsilon=0.45$。

输出端的两个透镜合成焦距很长，光焦度很小，基本上不承担偏角，只是用来补偿球面的剩余像差，偏角主要由两个反射球面承担。

主要由反射系统承担系统的光焦度，而由无光焦度或弱光焦度 (weak power) 透镜组补偿球面反射镜的剩余像差，正是折反射系统的主要设计理念。

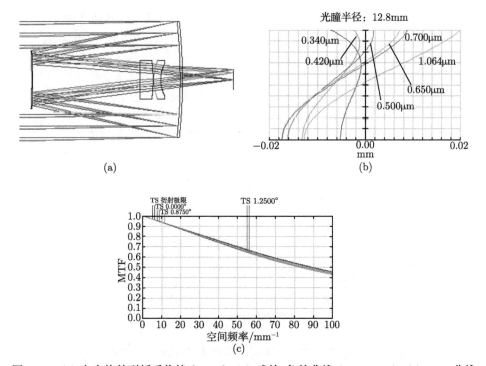

图 24.4 (a) 卡塞格林型折反物镜 [CA-1]；(b) 球差–色差曲线 (±0.02mm)；(c)MTF 曲线
($\nu_\mathrm{c}=100\mathrm{mm}^{-1}$)(彩图见封底二维码)

由于反射球面本身没有色散，所以系统的色差很小，宽波段各色光的球差曲线彼此靠得很近，二级光谱的范围为 $-0.02\sim+0.02\mathrm{mm}$，比双胶合透镜低一个数量级以上，MTF 接近甚至达到衍射极限，见图 24.4(b) 和 (c)；弥散很小，$\mathrm{SPT}_0=0.8\mu\mathrm{m}$，$\mathrm{SPT}_{0.7}=1.2\mu\mathrm{m}$，$\mathrm{SPT}_1=1.6\mu\mathrm{m}$；此外，佩茨瓦尔半径 $R_\mathrm{Petz}=170\mathrm{mm}$，接近二倍焦距，像场很平。这个例子充分说明了折反系统在宽波段运用中的优越性能。

在附录 24-1 和附录 24-2 中给出折反物镜 [CA-1] 的结构参数以及评价函数。

24.3　典型的折反物镜

24.3.1　"反射镜 + 透镜" 系统

卡塞格林型折反物镜 [CA-2]

图 24.5 为卡塞格林型折反物镜 [CA-2]，结构与 [CA-1] 相似，但副镜是一个透镜，它的第二个面镀内反射膜。透镜系统较复杂，将像引出系统。光谱也很宽，从 $0.365\mu\mathrm{m}$ 到 $1.064\mu\mathrm{m}$。弥散斑 $\mathrm{SPT}<1\mathrm{DL}$。拦光系数 $\varepsilon=0.17$。由于拦光系数 ε 比较小，这个物镜的传递函数要高于 [CA-1]，这从图 24.5(b) 可以看出。

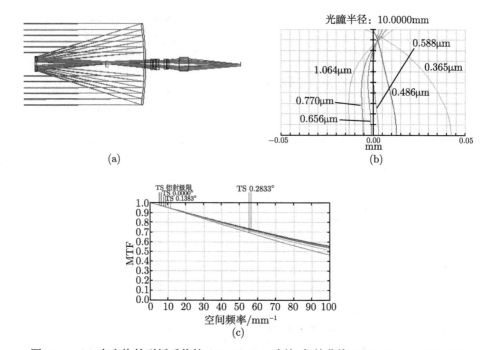

图 24.5　(a) 卡塞格林型折反物镜 [CA-2]; (b) 球差–色差曲线 (±0.05mm)；(c)MTF，
$\nu_c = 100\mathrm{mm}^{-1}$，弥散斑 (SPT$_0$=0.6μm, SPT$_{0.7}$=1.1μm, SPT$_1$=1.6μm) (彩图见封底二维码)

24.3.2　"透镜 + 反射镜"系统

1. 马克苏托夫型折反物镜 [WS-300]

著名的马克苏托夫 (Maksytov) 型折反物镜参见图 24.6。它由一个弱光焦度的
弯月透镜作为输入物镜，该透镜向物空间弯曲，以补偿反射系统的过校正球差和彗
差，该透镜也就称为马克苏托夫弯月镜。本例中使用波段仍然为可见光加近红外的
扩展波段，马克苏托夫系统的相对孔径一般只能做到 1:4。

2. 折反物镜 [CA-3]

折反物镜 [CA-3] 输入光束首先经过一组无光焦度双分离透镜，第二反射镜就
镀在第二片负透镜的中心区域；在输出部分还有一组透镜，两组透镜均为无光焦度，
不承担偏角，设计理念与上述折反系统是相同的。像场很平，像质较好，SPT<1DL，
拦光系数 ε=0.49，系统总长约为焦距的 53%，参见图 24.7。

这是一个很典型的设计，进一步阐述了折反物镜的设计理念：偏角全部或大部
分由反射镜承担，一前一后两透镜组的功能仅在于校正剩余像差。在 24.3 节中我
们就以此出发建立折反系统的简化设计模型。

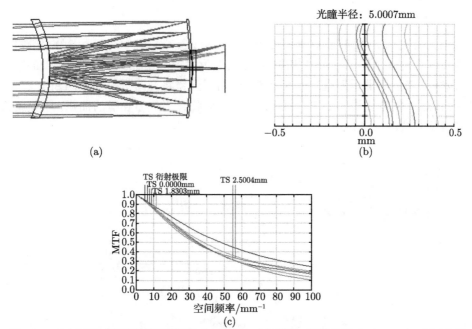

图 24.6 (a) 马克苏托夫型折反物镜 [WS-300]; (b) 球差-色差曲线 (±0.5mm); (c) MTF, $\nu_c = 100\text{mm}^{-1}$, 弥散斑 ($\text{SPT}_0 = 4.8\mu\text{m}$, $\text{SPT}_{0.7} = 5.0\mu\text{m}$, $\text{SPT}_1 = 6.4\mu\text{m}$) (彩图见封底二维码)

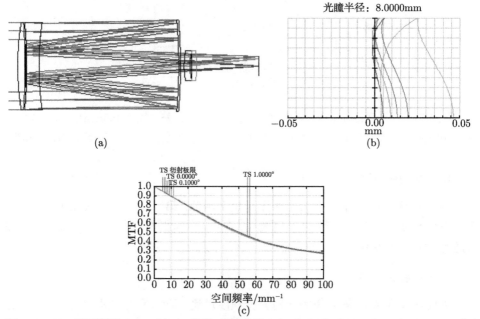

图 24.7 (a) 折反物镜 [CA-3]; (b) 球差-色差曲线 (±0.05mm); (c) MTF, $\nu_c = 100\text{mm}^{-1}$, 弥散斑 ($\text{SPT}_0 = 1.0\mu\text{m}$, $\text{SPT}_{0.7} = 0.9\mu\text{m}$, $\text{SPT}_1 = 0.9\mu\text{m}$) (彩图见封底二维码)

3. 折反物镜 [CA-4]

折反物镜 [CA-4] 的前组双胶合物镜的焦距 $f'_{\mathrm{FRONT}} = 96.0\mathrm{mm}$，接近焦距值，亦即双胶合透镜承担了全部光焦度，后面两个反射镜 (包括镀在透镜最后一面中心的反射镜) 接近平面反射镜，相当于是用一对反光镜将光路折叠，图 24.8(b) 和 (c) 分别为球差–色差曲线和 MTF 曲线，完全是双胶合消色差物镜的曲线，于是就失去了折反系统的优越性。

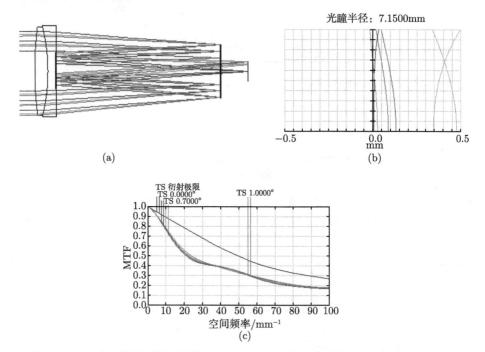

图 24.8　(a) 卡塞格林型折反物镜 [CA-4]; (b) 球差–色差曲线 (±0.5mm); (c)MTF, $\nu_{\mathrm{c}} = 100\mathrm{mm}^{-1}$，弥散斑 (SPT$_0$=14μm, SPT$_{0.7}$=14μm, SPT$_1$=14μm) (彩图见封底二维码)

4. 折反物镜 [CA-5]

折反物镜 [CA-5] 输入镜为一对无光焦度透镜，第二反射镜就镀在第二片负透镜的中心区域，没有输出镜，拦光系数 ε=0.35，像质很好，达到衍射极限，结构非常简约，如图 24.9 所示。

5. 折反物镜 [CA-6]

折反物镜 [CA-6] 输入镜为一对无光焦度透镜，第二反射镜就镀在第二片负透镜的中心区域，一对输出镜承担部分光焦度，拦光系数 ε=0.45，像质很好，达到衍射极限，如图 24.10 所示。

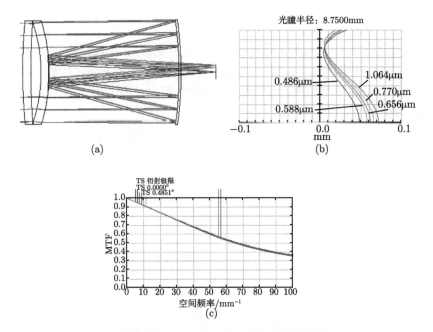

图 24.9　(a) 卡塞格林型折反物镜 [CA-5]; (b) 球差–色差曲线 (±0.1mm); (c) MTF,
$\nu_c = 100\text{mm}^{-1}$，弥散斑 ($\text{SPT}_0=1.5\mu\text{m}$, $\text{SPT}_{0.7}=0.8\mu\text{m}$, $\text{SPT}_1=1.1\mu\text{m}$) (彩图见封底二维码)

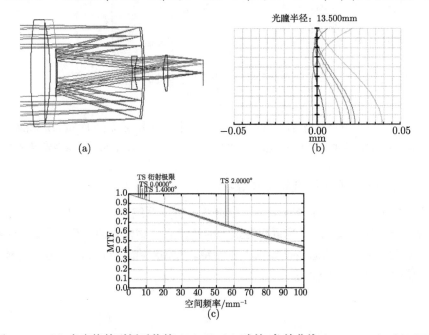

图 24.10　(a) 卡塞格林型折反物镜 [CA-6]; (b) 球差–色差曲线 (±0.05mm); (c)MTF,
$\nu_c = 100\text{mm}^{-1}$，弥散斑 ($\text{SPT}_0=0.6\mu\text{m}$, $\text{SPT}_{0.7}=0.8\mu\text{m}$, $\text{SPT}_1=1.2\mu\text{m}$) (彩图见封底二维码)

6. 折反物镜 [CA-7]

折反物镜 [CA-7] 输入镜为正透镜,第一反射镜系大透镜的后表面,第二反射镜系在第三片负透镜的第二表面,一对输出镜具有弱的负光焦度,拦光系数 $\varepsilon=0.5$。由于透镜多,球差–色差曲线比较分散,纵向像差略大。尽管如此,全视场像质仍然很好,弥散斑 SPT<1DL。如图 24.11 所示。

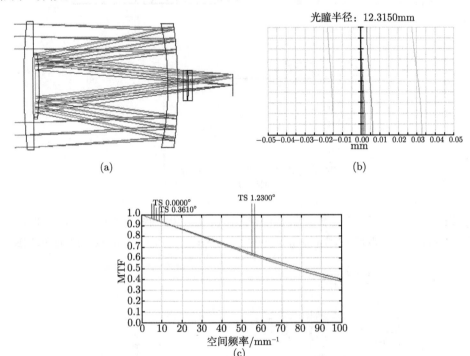

图 24.11　(a) 卡塞格林型折反物镜 [CA-7]; (b) 球差–色差曲线 (±0.05mm); (c)MTF,$\nu_c = 100\mathrm{mm}^{-1}$,弥散斑 ($\mathrm{SPT}_0=1.2\mu\mathrm{m}$, $\mathrm{SPT}_{0.7}=1.2\mu\mathrm{m}$, $\mathrm{SPT}_1=1.2\mu\mathrm{m}$) (彩图见封底二维码)

24.3.3　探测器位于内部的系统 [CA-8]

图 24.12(a) 给出一个单反射面卡塞格林型折反系统 [CA-8],包括输入透镜、中继透镜和一个反射镜,反射光再次经过中继透镜后射到内置的探测器上。反射镜承担的光焦度不高,因此像质不如以上各物镜。大相对孔径 (1:1.4) 则是它的显著特点,这使探测器的照度较高。

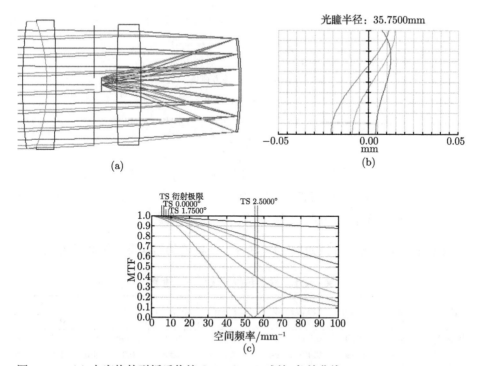

图 24.12 (a) 卡塞格林型折反物镜 [CA-8]; (b) 球差–色差曲线 (±0.05mm); (c) MTF,
$\nu_c = 100\text{mm}^{-1}$, 弥散斑 ($\text{SPT}_0 = 2.9\mu\text{m}$, $\text{SPT}_{0.7} = 3.9\mu\text{m}$, $\text{SPT}_1 = 7.3\mu\text{m}$) (彩图见封底二维码)

24.3.4 红外折反物镜 [CA-9]

由于反射镜没有色差, 折反系统可以应用在更远的红外, 但其中的透镜却不能用光学玻璃, 因为玻璃中 OH^- 在 $2\mu\text{m}$ 附近有很强的吸收峰, 适用的透镜材料为晶体。图 24.13(a) 为卡塞格林型红外折反物镜 [CA-9], 其中用到 ZnSe(硒化锌) 和 CsBr(溴化锶) 两种晶体, 适用波段为 $2\sim5\mu\text{m}$; 图 24.13(b) 和 (c) 分别为 MTF 和弥散斑图, 像质很好, SPT 达到 1DL。

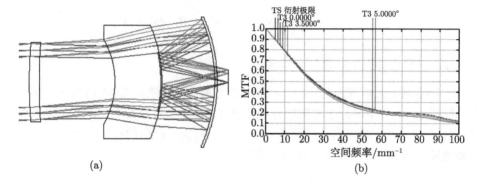

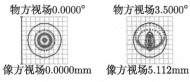

物方视场0.0000°   物方视场3.5000°

像方视场0.0000mm   像方视场5.112mm

物方视场5.0000°

像方视场8.737mm

(c)

图 24.13 (a) 卡塞格林型红外折反物镜 [CA-9]; (b) MTF($\nu_c = 100 \text{mm}^{-1}$); (c) 弥散斑
(SPT_0=2.9μm, $\text{SPT}_{0.7}$=3.8μm, SPT_1=4.9μm) (彩图见封底二维码)

以上各物镜的设计参数如表 24.1 所示。各物镜的结构参数见附录 24.1。

表 24.1   典型折反物镜的技术参数

设计	F	y'/mm	波段/μm	ST*/mm	D_0/mm	ε^{**}	SPT/μm		
							0	0.7	1
[CA-1]	3.9	2.19	0.34~1.064	45.0	27.36	0.46	0.8	1.2	1.6
[CA-2]	5.0	0.49	0.49~1.064	52	20.3	0.17	0.6	1.1	1.6
[CA-3]	6.3	1.8	0.49~1.064	45	16.3	0.49	1.0	0.9	0.9
[CA-4]	7.0	1.8	0.49~1.064	39	16.3	0.40	14	14.0	14.0
[CA-5]	5.7	1.2	0.49~1.064	35	17.50	0.35	1.5	0.8	1.1
[CA-6]	3.7	3.5	0.49~1.064	51	29.4	0.45	0.6	0.8	1.1
[CA-7]	4.1	2.1	0.49~1.064	43.0	25.0	0.50	1.2	1.2	1.2
[CA-8]	1.4	4.3	VIS	140.9	59.10	0.11	2.9	3.9	7.3
[CA-9]	1.9	8.7	2~5	144.2	56.00	0.75	2.9	3.8	4.9
[CA-10]	4.5	2.0	0.42~1.064	48.0	23.6	0.54	0.4	0.6	1.0
[WS-300]	10.0	2.6	0.49~1.064	27.0	11.00	0.26	4.8	5.0	6.4

注: * 系统总长 (system track); ** 拦光系数。

24.4   卡塞格林型折反物镜设计

24.4.1   卡塞格林系统的理想光学模型

一个由两个反射球面 Σ_1 和 Σ_2 组成的卡塞格林系统如图 24.14 所示, 两个球面的间隔为 d。一条平行于光轴的光线射到 Σ_1 面上, 入射高为 h_0, 经反射后射到 Σ_2 上, 高度为 h, 光线的孔径角为 u_1'; 经 Σ_2 再次反射后的孔径角为 u'。两根光线和光轴交点与 Σ_2 的间距分别为 p 和 b。

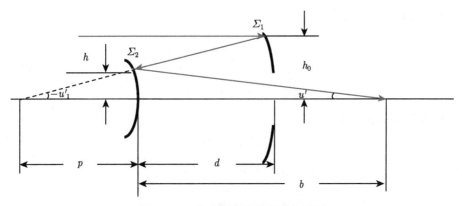

图 24.14 卡塞格林系统的简化模型

在近轴近似下，第一反射镜的焦距可表为

$$f_1' = \frac{r_1}{2} = -\frac{h_0}{u_1'} \tag{24.2}$$

式中，r_1 为曲率半径。系统焦距可表为

$$f' = \frac{h_0}{u'} \tag{24.3}$$

由几何关系直接得到

$$h = -pu_1' = bu' \tag{24.4}$$

$$-u_1' = \frac{h_0 - h}{d} \tag{24.5}$$

将 (24.3) 式、(24.4) 式代入 (24.5) 式得到

$$-u_1' = \frac{(f' - b)\,u'}{d} \tag{24.6}$$

代入 (24.2) 式得到

$$r_1 = -\frac{2f'd}{f' - b} \tag{24.7}$$

运用第二反射面的成像公式

$$\frac{1}{f_2'} = \frac{1}{b} + \frac{1}{-p} \tag{24.8}$$

由偏角公式

$$\frac{h}{f_2'} = u' + u_1' = u'\frac{d + b - f'}{d} \tag{24.9}$$

注意在反射情况下偏角公式的第二项前的符号为 +。将 (24.4) 式代入，得

$$r_2 = -\frac{2bd}{d + b - f'} \tag{24.10}$$

最后得到反射镜曲率半径的表达式

$$
\begin{cases}
r_1 = -\dfrac{2f'd}{f' - b} \\[3mm]
r_2 = -\dfrac{2bd}{d + b - f'}
\end{cases}
\tag{24.11}
$$

拦光系数则由下式给出:

$$
\varepsilon = \frac{h}{h_0} = \frac{b}{f'}
\tag{24.12}
$$

代入 (24.11) 式得到曲率半径的另一表达式

$$
\begin{cases}
r_1 = -\dfrac{2d}{1 - \varepsilon} \\[3mm]
r_2 = -\dfrac{2\varepsilon f'd}{d - f'(1 - \varepsilon)}
\end{cases}
\tag{24.13}
$$

亦即给定系统结构配置后反射镜的参数就确定了。此外, 由 (24.12) 式, $\varepsilon = b/f'$ 也就是系统总长和焦距之比。

24.4.2 卡塞格林折反系统设计方法

1. 设计指标与反射系统初始设计

折反物镜 [CA-10] 的设计指标列在表 24.1 中, 焦距 $f' = 100$mm, 波段为 $0.42\sim$ 1.064μm。设 $\varepsilon = 0.45$, $d = 0.75b$, 则 $b = 45$mm, $d = 33.75$mm。代入 (24.11) 式解出 $r_1 = -122.72$mm, $r_2 = -142.94$mm, 设计出来的卡塞格林系统如图 24.15(a) 所示, 图 24.15(b) 为球差–色差曲线, 可以看出, 反射面虽然没有色差, 但有严重的过校正球差。

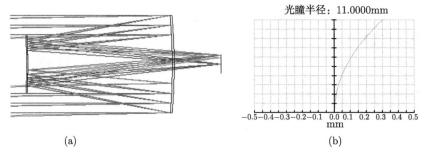

光瞳半径: 11.0000mm

| |
| (a) |
| (b) |

图 24.15   (a) 卡塞格林系统; (b) 球差–色差曲线 (± 0.5mm) (彩图见封底二维码)

2. 加入透镜

在输出端插入两个玻璃平板, 厚度为 2mm, 间隔 1mm, 玻璃的四个表面半径设为变量, 任意给定玻璃 (如 H-ZK9A), 玻璃设为可置换 (substitute)。

3. 设定边界条件

包括 SYSTEM TRACK 模块和 IMAGE DISTANCE 模块等。

4. 优化及全局优化

结果见图 24.16，轴上像差得到有效的校正，轴向弥散降低了一个数量级，达到衍射极限；结构紧凑，全面达到了技术要求。

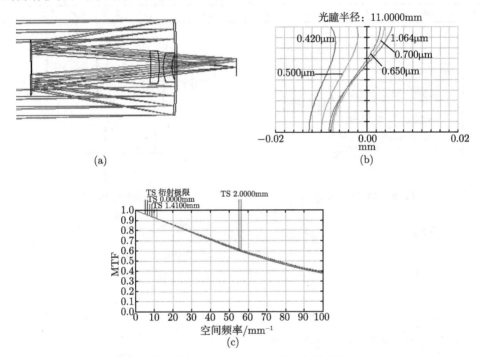

图 24.16　(a) 卡塞格林型折反物镜 [CA-10]; (b) 球差–色差曲线 (±0.02mm); (c) MTF，$\nu_c = 100\text{mm}^{-1}$，弥散斑 ($\text{SPT}_0 = 0.4\mu\text{m}$, $\text{SPT}_{0.7} = 0.6\mu\text{m}$, $\text{SPT}_1 = 1.0\mu\text{m}$) (彩图见封底二维码)

24.5　本 章 小 结

本章介绍卡塞格林、马克苏托夫型折反物镜及其变形，给出典型的折反物镜实例。这些系统主要由反射面承担光焦度，再由无光焦度或弱光焦度透镜组校正剩余的球差和彗差。由于反射面天然不存在色差，系统在 $0.4 \sim 1.064\mu\text{m}$ 的扩展波段内获得很好的像质。本章描述卡塞格林系统的理想光学模型，并给出设计实例。

附录 24.1　技术指标、像差曲线和结构参数

[CA-1] 技术指标

波段	F	y'/mm	$\omega/(°)$	f'/mm	BFL/mm	VL/mm	ε	SPT/μm 0	SPT/μm 0.7	SPT/μm 1
0.34~1.064	3.9	2.19	1.25	100	16.4	33.0	0.46	0.8	1.2	1.6

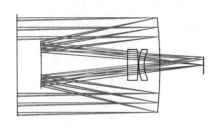

(a) 超广角物镜[CA-1]　　　　　(b) 特性曲线(±10μm)

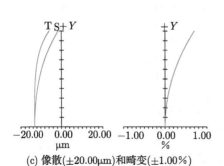

(c) 像散(±20.00μm)和畸变(±1.00%)

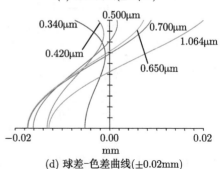

(d) 球差-色差曲线(±0.02mm)

[CA-1]结构参数　　　　　　　　　　　　　　　（长度单位：mm）

No.	R	T	Gls	Semi-Dia.
OBJ	Inf	Inf		Inf
1 OBS	Inf	40.000		13.678
STO	−118.869(V)	−33.000(V)	MIRROR	12.820
3 APTR	−127.484(V)	24.000(V)	MIRROR	6.340(μ)
4	158.270(V)	2.933(V)	FK5(S)	4.200(U)
5	−33.674(V)	0.200(V)		4.067
6	11.425(V)	1.500(V)	N-LAK21(S)	4.200(U)
7	7.712(V)	16.367(V)		3.482
IMA	Inf	—		2.203

[CA-2] 技术指标

波段	F	y'/mm	ω/(°)	f'/mm	BFL/mm	VL/mm	ε	SPT/μm		
								0	0.7	1
0.49~1.064	5.0	0.49	0.28	−100	13.0	36.3	0.17	0.6	1.1	1.6

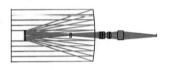

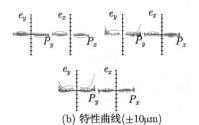

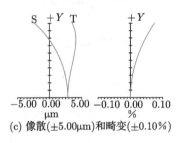

(a) 超广角物镜[CA-2]

(b) 特性曲线(±10μm)

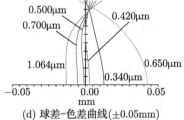

(c) 像散(±5.00μm)和畸变(±0.10%)

(d) 球差-色差曲线(±0.05mm)

[CA-2]结构参数　　　　　　　(长度单位：mm)

No.	R	T	Gls	Semi-Dia.
OBJ	Inf	Inf		Inf
1 OBS	Inf	33.000		10.159
STO	−66.022(V)	−27.390	MIRROR	10.000
3	12.473(V)	−0.460	PK2(S)	1.829
4 APT CTR	−66.908(V)	0.460(P)	MIRROR	1.744
5	12.473(P)	17.544(V)		1.693
6	5.374(V)	0.622(V)	N-K5(S)	0.800(U)
7	−76.330(V)	10.891(V)		0.800(U)
8	6.344(V)	0.573(V)	UBK7(S)	1.300(U)
9	−12.797(V)	0.128(V)		1.198
10	3.702(V)	0.590(V)	UBK7(S)	1.300(U)
11	11.650(V)	0.255(V)		1.080
12	−5.109(V)	0.542(V)	K50(S)	1.300(U)
13	6.957(V)	1.380(V)		1.009
14	−5.858(V)	0.507(V)	BK1(S)	0.973
15	6.309(V)	0.214(V)		1.200(U)
16	−10.245(V)	0.502(V)	PSK52(S)	1.020
17	−4.039(V)	2.543(V)		1.200(U)
18	8.063(V)	2.419(V)	BK1(S)	1.700(U)
19	−6.683	13.000(V)		1.700(U)
IMA	Inf	—		0.495

[CA-3] 技术指标

波段	F	y'/mm	$\omega/(°)$	f'/mm	BFL/mm	VL/mm	ε	SPT/μm		
								0	0.7	1
0.49~1.06	6.3	1.8	1.0	100	11.4	33.0	0.49	1.0	0.9	0.9

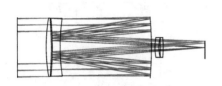

(a) 超广角物镜[CA-3]

(b) 特性曲线(±5μm)

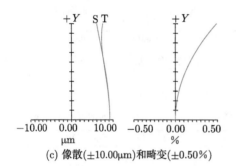

(c) 像散(±10.00μm)和畸变(±0.50%)

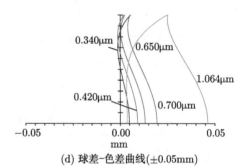

(d) 球差-色差曲线(±0.05mm)

[CA-3]结构参数   (长度单位: mm)

No.	R	T	Gls	Semi-Dia.
OBJ	Inf	Inf		Inf
1 OBS	Inf	8.334		8.157
STO	49.152(V)	1.396(V)	P-BK7(S)	8.000
3	−98.486(V)	0.288(V)		7.982
4	−82.301(V)	2.234(V)	N-BK7(S)	7.957
5	51.843(V)	25.791(V)		7.834
6	−96.915(V)	−25.791(P)	MIRROR	8.322
7	51.843(P)	−2.234(P)		4.448
8 APT	−82.301(P)	2.234(P)	MIRROR	3.900(U)
9	51.843(V)	26.791(V)		3.927
10	15.177(V)	1.076(V)	SK10(S)	2.700(U)
11	9.340(V)	0.380(V)		2.373
12	286.353(V)	0.835(V)	LAKN7(S)	2.373
13	−28.981(V)	11.436(V)		2.700(U)
IMA	Inf	—		1.756

[CA-4] 技术指标

波段	F	y'/mm	$\omega/(°)$	f'/mm	BFL/mm	VL/mm	ε	SPT/μm		
								0	0.7	1
0.49~1.064	7.0	1.8	1.0	100	35.0	33.98	0.4	14	14	14

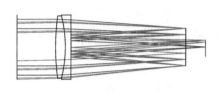

(a) 超广角物镜[CA-4]

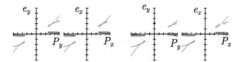

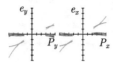

(b) 特性曲线(±50μm)

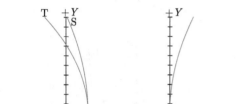

(c) 像散(±0.05mm)和畸变(±0.05%)

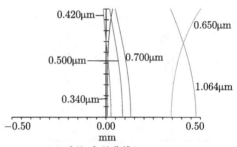

(d) 球差-色差曲线(±0.50mm)

[CA-4]结构参数　　　　　　　　　　（长度单位：mm）

No.	R	T	Gls	Semi-Dia.
OBJ	Inf	Inf		Inf
1 OBS	Inf	10.000		8.151
2	59.652(V)	2.512(V)	N-LAK22(S)	7.967
3	−32.464(V)	1.488(V)	KZFS7A(S)	7.904
4	−1695.722(V)	29.976(V)		8.200(U)
STO	Inf	−29.976(P)	MIRROR	4.768(U)
6 APT CTR	−1695.722(P)	35.000(V)	MIRROR	3.255(U)
IMA	Inf	—		1.767

[CA-5] 技术指标

波段	F	y'/mm	ω/(°)	f'/mm	BFL/mm	VL/mm	ε	SPT/μm		
								0	0.7	1
0.49~1.064	5.7	1.2	0.7	100	30.2	28.3	0.35	1.5	0.8	1.1

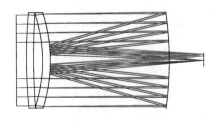

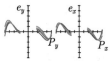

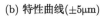

(a) 超广角物镜[CA-5]　　　　　　　　　　　　(b) 特性曲线(±5μm)

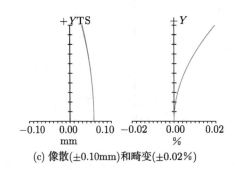

(c) 像散(±0.10mm)和畸变(±0.02%)

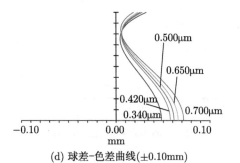

(d) 球差-色差曲线(±0.10mm)

[CA-5]结构参数　　　　　　　　　　　　（长度单位：mm）

No.	R	T	Gls	Semi-Dia.
OBJ	Inf	Inf		Inf
STO OBS	Inf	2.000		8.750
2	94.047(V)	1.500	SK51(S)	9.200(U)
3	122.708(V)	1.849(V)		8.740
4	−27.296(V)	1.500	N-LAK33A(S)	8.740
5	−29.689(V)	23.483		9.200(U)
6	−66.712(V)	−23.483(P)	MIRROR	9.299
7 APT CTR	−29.689(P)	30.151(V)	MIRROR	3.042
IMA	Inf	—		1.209

[CA-6] 技术指标

波段	F	y'/mm	ω/(°)	f'/mm	BFL/mm	VL/mm	ε	SPT/μm		
								0	0.7	1
0.49~1.064	3.7	3.5	0.7	100	10.0	28.0	0.45	0.6	0.8	1.2

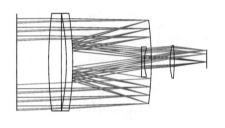

(a) 超广角物镜[CA-6]

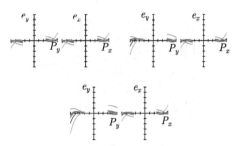

(b) 特性曲线(±10μm)

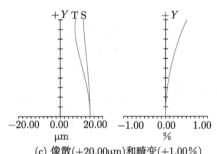

(c) 像散(±20.00μm)和畸变(±1.00%)

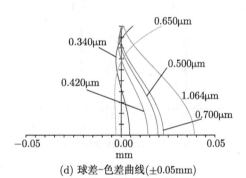

(d) 球差-色差曲线(±0.05mm)

[CA-6]结构参数 （长度单位：mm）

No.	R	T	Gls	Semi-Dia.
OBJ	Inf	Inf		Inf
1 OBS	Inf	10.000		14.724
2	116.152(V)	4.00(V)	N-PK52A(S)	14.900(U)
3	3316.902(V)	1.583(V)		14.140
4	−69.483(V)	2.000(V)	LAK23(S)	14.130
5	−92.144(V)	24.417(V)		14.900(U)
STO	−96.418(V)	−24.417(P)	MIRROR	12.733
7 APT CTR	−92.144(P)	24.417(V)	MIRROR	6.600
8	−85.862(V)	0.833(V)	BAK5(S)	4.600(U)
9	14.433(V)	7.999(V)		4.166
10	19.577(V)	1.297(V)	SK55(S)	5.000(U)
11	−54.322(V)	10.000(V)		5.000(U)
IMA	Inf	—		3.512

[CA-7] 技术指标

波段	F	y'/mm	ω/(°)	f'/mm	BFL/mm	VL/mm	ε	SPT/μm		
								0	0.7	1
0.49~1.064	4.1	2.1	1.2	100	8.3	34.7	0.5	1.2	1.2	1.2

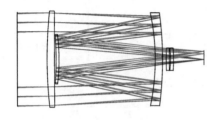

(a) 超广角物镜[CA-7]

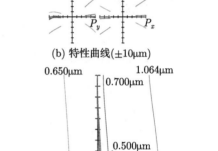

(b) 特性曲线(±10μm)

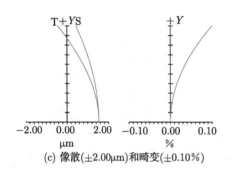

(c) 像散(±2.00μm)和畸变(±0.10%)

(d) 球差-色差曲线(±0.05mm)

[CA-7]结构参数　　　　　　　　　　（长度单位: mm）

No.	R	T	Gls	Semi-Dia.
OBJ	Inf	Inf		Inf
1 OBS	Inf	8.252		12.506
STO	122.044(V)	1.981	BK7G18(S)	12.800(U)
3	1493.811(V)	27.740(V)		12.287
4	−58.896V	1.981	SSK51(S)	12.361(U)
5	−94.880(V)	−1.981(P)	MIRROR	12.361(U)
6	−58.896(V)	−26.440(V)		12.361(U)
7	−50.487(V)	−0.825	N-BASF64(S)	6.600(U)
8 APT CTR	−84.425(V)	0.825(P)	MIRROR	6.300
9	−50.487(P)	29.440(V)		6.293
10	137.175(V)	0.825	ZKN7(S)	2.921
11	364.689(V)	0.330		3.000(U)
12	−23.162(V)	0.825	SF2(S)	2.838
13	−44.715(V)	8.253(V)		3.000(U)
IMA	Inf	—		2.153

[CA-8] 技术指标

波段	F	y'/mm	$\omega/(°)$	f'/mm	BFL/mm	VL/mm	ε	SPT/μm		
								0	0.7	1
VIS	1.4	4.3	2.5	100	10.0	140.9	0.11	2.9	3.9	7.3

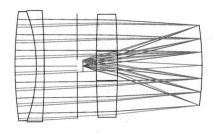

(a) 超广角物镜[CA-8]

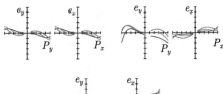
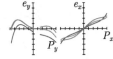

(b) 特性曲线(±20μm)

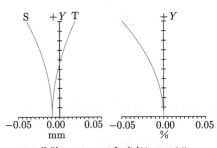

(c) 像散(±0.05mm)和畸变(±0.05%)

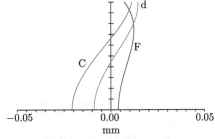

(d) 球差-色差曲线(±0.05mm)

[CA-8]结构参数 （长度单位：mm）

No.	R	T	Gls	Semi-Dia.
OBJ	Inf	Inf		Inf
1	304.245(V)	16.000(V)	K10(S)	40.264
2	−116.225(V)	6.000(V)	N-LASF44(S)	39.801
3	−562.243(V)	25.000		41.000(U)
4 APT CTR	Inf	14.425		38.336
5	681.046(V)	16.000(V)	ULTRAN20(S)	38.000(U)
6	−572.305(V)	63.496(V)		38.000(U)
STO	−213.100(V)	−63.496(P)	MIRROR	29.537
8	−572.305(P)	−16.000(P)	ULTRAN20(P)	10.854
9	681.046(P)	−10.004(V)		7.584
IMA	Inf	—		4.361

[CA-9] 技术指标

波段	F	y'/mm	ω/(°)	f'/mm	BFL/mm	VL/mm	ε	SPT/μm		
								0	0.7	1
2~5	1.9	8.7	5	100	47.7	72.0	0.75	2.9	3.8	4.9

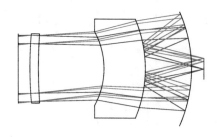

(a) 超广角物镜[CA-9]

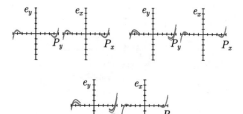

(b) 特性曲线(±20μm)

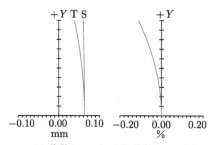

(c) 像散(±0.10mm)和畸变(±0.20%)

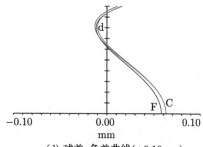

(d) 球差-色差曲线(±0.10mm)

[CA-9]结构参数   (长度单位: mm)

No.	R	T	Gls	Semi-Dia.
OBJ	Inf	Inf		Inf
1 OBS	Inf	10.000		27.876
STO	315.008(V)	7.304(V)	ZNSE(S)	28.000(U)
3	382.045(V)	54.876		26.796
4	−60.180(V)	34.289(V)	CSBR(S)	29.794
5	−100.548(V)	37.711(V)		40.000(U)
6	−112.685(V)	−37.711(P)	MIRROR	46.000(U)
7 APT-CTR	−100.548(P)	47.711(V)	MIRROR	20.800
IMA	Inf	—		8.747

[CA-10] 技术指标

波段	F	y'/mm	ω/(°)	f'/mm	BFL/mm	VL/mm	ε	SPT/μm 0	0.7	1
0.42~1.064	4.5	2.0	1.1	100	15.0	31	0.54	0.4	0.6	1.0

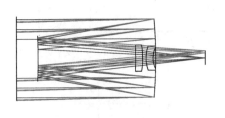

(a) 超广角物镜[CA-10]

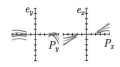

(b) 特性曲线(±5μm)

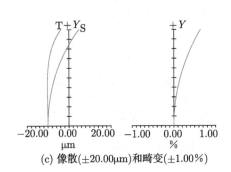

(c) 像散(±20.00μm)和畸变(±1.00%)

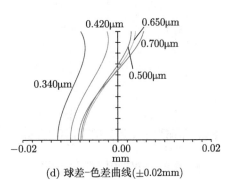

(d) 球差-色差曲线(±0.02mm)

[CA-10]结构参数　　　　　　　　　　（长度单位：mm）

No.	R	T	Gls	Semi-Dia.
OBJ	Inf	Inf		Inf
1 OBS	Inf	40.000		11.791
STO	−128.600(V)	−33.750	MIRROR	11.000
3 APT CTR	−163.959(V)	28.000(V)	MIRROR	6.340(U)
4	−98.811(V)	2.000	N-FK56(S)	3.732
5	−25.538(V)	1.000		3.655
6	10.168(V)	2.000	LITHOSIL-Q(S)	3.420
7	6.809(V)	15.000(V)		3.007
IMA	Inf	—		2.014

[WS-300] 技术指标

波段	F	y'/mm	ω/(°)	f'/mm	BFL/mm	VL/mm	ε	SPT/μm		
								0	0.7	1
0.48~1.06	10.0	2.6	1.5	100	8.8	17.7	0.26	4.8	5.0	6.4

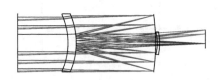

(a) 超广角物镜[WS-300]

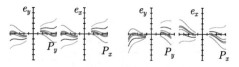

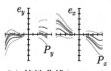

(b) 特性曲线(±20μm)

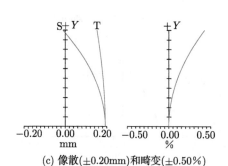

(c) 像散(±0.20mm)和畸变(±0.50%)

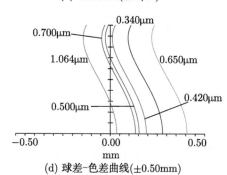

(d) 球差-色差曲线(±0.50mm)

[WS-300]结构参数   (长度单位: mm)

No.	R	T	Gls	Semi-Dia.
OBJ	Inf	Inf		Inf
1 OBS	Inf	10.001(V)		5.588
2	−12.754(V)	1.604(V)	BK8(S)	5.359
3	−13.899(V)	15.765		5.579
STO	−40.9221(V)	−15.765(P)	MIRROR	5.501(U)
5 APT CTR	−13.899(P)	16.098	MIRROR	1.480(U)
6	−8.676(V)	0.454(V)	BK8(S)	2.105
7	−11.025(V)	8.844(V)		2.156
IMA	Inf	—		2.603

附录 24.2 评 价 函 数

Oper#	Type	Surf1	Surf2	H_x	H_y	P_x	P_y	Tag.	Wt.	Val.	Ctrb.
1	BLNK	CATADIOPTICS									
2	BLNK	ANGLE FIELD									
3	RANG	1	2	0.000	1	0.000	0.000	0.000	0.000	0.438	0.000
4	CONS							57.295	0.000	57.295	0.000
5	PROD	3	4					25.167	0.020	25.167	0.000
6	BLNK	EFFL AND PMAG									
7	PMAG		2					0.000	0.000	0.000	0.000
8	EFFL		2					100.000	0.100	100.000	0.000
9	REAR	8	2	0.000	1	0.000	0.000	0.000	0.000	2.592	0.000
10	BLNK	SYSTEM TRACK									
11	RAGZ	2	2	0.000	0.000	0.000	0.000	0.000	0.000	−27.000	0.000
12	ABSO	11						0.000	0.000	27.000	0.000
13	OPLT	12						27.000	0.100	27.000	0.000
14	BLNK	GAMA									
15	DIVI	12	8					0.000	0.000	0.027	0.000
16	BLNK	VL									
17	RAGZ	2	2					0.000	0.000	−27.000	0.000
18	RAGZ	6	2					0.000	0.000	−9.298	0.000
19	DIFF	18	17					0.000	0.000	17.702	0.000
20	OPLT	19						18.000	0.100	18.000	0.000
21	BLNK	IMAGE DISTANCE									
22	CTGT	7						3.000	0.100	3.000	0.000
23	BLNK	OD									
24	TTHI	0	0					0.000	0.000	1.000×10^{10}	0.000
25	BLNK	DT									
26	DIMX	0	2	0				3.000	0.100	3.000	0.000
27	BLNK	LATERAL COLOR									
28	LACL	0	0					0.000	0.000	-3.669×10^{-3}	3.501
29	BLNK	APT CTR									
30	DMVA	5						0.000	0.000	2.960	0.000
31	OPLT	30						3.110	0.020	3.110	0.000
32	BLNK	ETA									
33	DMVA	1						0.000	0.000	11.117	0.000
34	DIVI	30	33					0.000	0.000	0.265	0.000
35		BOUNDING FOR THE THICKNESS OF CENTERS AND EDGES									
36	CTVA	8						−29.172	0.000	0.000	0.000

Oper#	Type	Surf1	Surf2	H_x	H_y	P_x	P_y	Tag.	Wt.	Val.	Ctrb.
37	CTVA	5						0.000	0.000	16.098	0.000
38	DIFF	36	37					0.000	0.000	−16.098	0.000
39	OPGT	38						1.000	0.000	−16.098	0.000
40	BLNK										
41	MNCT	2	4					0.100	0.000	−15.765	0.000
42	MNET	2	4					0.100	0.000	−15.473	0.000
43	BLNK										
44	MNCT	6	7					0.083	0.100	0.083	0.000
45	MNET	6	7					0.083	0.100	0.083	0.000
46	BLNK										
47	MNCG	2	3					0.833	0.100	0.833	0.000
48	MNEG	2	3					0.417	0.100	0.417	0.000
49	MXCG	2	3					5.001	0.100	5.001	0.000
50	MXEG	2	3					5.001	0.100	5.001	0.000
51	BLNK										
52	MNCG	2	3					0.300	0.100	0.300	0.000
53	MNEG	2	3					0.200	0.100	0.200	0.000
54	MXCG	2	3					0.500	0.100	0.500	0.000
55	MXEG	2	3					0.500	0.100	0.500	0.000
56	DMFS										
57	BLNK	Default merit function:RMS wavefront chief chief GQ 3rings 6 arms									
58	⋯ ⋯	⋯ ⋯									
59											

第 25 章 红 外 物 镜

25.1 红 外 材 料

通常红外波段指的是 $1\sim3\mu m$、$3\sim5\mu m$ 和 $8\sim14\mu m$ 三个波段,称三个红外窗口,又称三个 "大气窗口"。红外成像又称热成像。近年来,以红外探测器组件为核心部件的红外测温仪已广泛应用于人的体温筛查、高压及超高压输电线路的温度巡查、工业温度监测等。

具有标志意义的产品红外热像仪 (又称 "红外相机"),由于工艺的创新,特别是基于焦平面器件 (focal plane array, FPA)的运用,实现了 "凝视成像",获得高品质的像质。

红外成像已广泛应用于医学图像的特征识别及疾病诊断、夜视、资源卫星、侦察卫星和气象卫星中,以及飞机的对地航测、目标识别、跟踪、制导等领域。

半导体激光器辐射 $0.808\mu m$、$0.980\mu m$ 的激光,Nd:YAG 固体激光器辐射 $1.064\mu m$ 的激光,光通信激光器 (如 C- 波段,$1.55\mu m$) 和人眼安全的激光测距辐射 $1.5\mu m$ 的激光,均位于第一窗口;运用自适应光学的夜天文观察常常位于第二窗口;而激光加工常用的 CO_2 激光器辐射的光束波长则为 $10.6\mu m$,位于第三窗口。

红外物镜与可见光物镜的主要区别在于材料。由于玻璃中含有羟基 (OH^-),在近红外有很强的吸收峰,普通光学玻璃只能工作到 $2.8\mu m$ 左右的近红外,中远红外光学系统则完全依赖红外材料。图 25.1 给出光学玻璃 H-F4 的近红外透过率曲线。

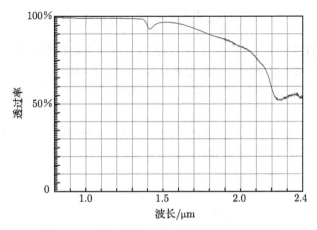

图 25.1 光学玻璃 H-F4 的近红外透过率曲线

许多卤化物 (氟化物、氯化物、溴化物和碘化物) 在红外波段透过率很高, 并具有特殊的色散, 但物理化学稳定性较差。硅、锗、硫化锌、硒化锌和其他硫化物也是常用的红外材料, 这些材料的折射率很高而色散很低。较高的折射率意味着像差较小, 一般无需专门构建消色差系统就能得到较好的像质。

红外材料的供应商 (如 "INFRARED") 还专门研制一些合成的红外材料, 如 AMTIR(由 Ge、As 和 Se 构成)、IRG 等。

此外, 在可见光区, 火石玻璃 (F) 的色散高于冕牌玻璃 (K); 当波长增加到 $1.0 \sim 1.5 \mu m$ 范围, 火石玻璃和冕牌玻璃的色散趋于相同 (阿贝数 ν 趋于相等), 已经无法构造出消色差物镜, 在该区域, 消色差物镜的正透镜必须改用别的材料, 如 CAF2。

大部分红外材料成本都很高, 所以红外透镜在满足成像质量和工艺要求的前提下, 尽量做得薄一些。

根据瑞利极限公式

$$\delta = 0.61 \frac{\lambda}{u'} \tag{25.1}$$

波长增大意味着最小可分辨长度 δ 的增大, 分辨率降低, 但弥散斑的容限也随之增大。

根据热辐射的原理, 任何温度下物体都发出一定的热辐射, 当温度降低后, 辐射强度变小, 热辐射波长的峰值也向长波偏移。任何温度下, 黑体辐射曲线都有一个极大值, 由维恩位移定律

$$\lambda_{\mathrm{M}} T = b, \qquad b = 0.288 \mathrm{cm} \cdot \mathrm{K} \tag{25.2}$$

其中, T 为绝对温度, λ_{M} 就是该温度下极大值对应的波长。例如, 夜晚当温度为 $10°C = 283K$ 时,

$$\lambda_{\mathrm{M}} = \frac{0.288 \mathrm{cm} \cdot \mathrm{K}}{283 \mathrm{K}} \approx 10 \mu m \tag{25.3}$$

即夜晚热辐射的峰值波长为 $10 \mu m$。在长波段, 镜筒和物镜本身都构成辐射源, 致使热辐射背景增大。检测器和物镜都得制冷, 以减少热噪声。

表 25.1 给出红外材料的光学特性, 主要参考了文献 [1] 和 ZEMAX 设计软件的玻璃表。

本章给出不同大气窗口红外物镜的典型设计, 并介绍红外接收检测器件。

表 25.1 红外材料的光学特性

中文名	英文名	化学式	折射率	透过率谱/μm	ZEMAX 名称
氯化银	silver chloride	AgCl	2.001@3.5	0.54~21	AGCL
			2.154/50.7	0.22~5	ALN
			1.7889/58.2	0.4~2.3	ALON
			2.516@3.5	1~14	AMTIR1
			2.623@3.5	1~14	AMTIR3
氧化铍	beryllium oxide	BeO	1.7186/93.3	0.4~7.0	BEO
			1.655@3.5		
氟化钡	barium fluoride	BaF_2	1.4744/81.60	0.27~10.3	BAF2
			1.459@3.5		
氟化钙	calcium fluoride	CaF_2	1.4338/95.0	0.23~9.7	CAF2
			1.414@3.5		
碳酸钙 (方解石)	calcite	$CaCO_3$	1.6586/48.5	0.2~2.2	CALCITE
硒化铬	chromium selenide	CdSe	2.452@3.5	1.0~22	CDSE
碲化镉	cadmium telluride	CdTe	2.677@8.0	6.0~22	CDTE
			2.3678/15.61	0.4~13	CLEARTRAN
			2.223@8.0		
溴化铯	cesium bromide	CsBr	1.6970/34.1	0.36~39	CSBR
			1.668@3.5		
熔融石英, 石英玻璃	fused silica		1.4585/67.8	0.21~3.71	F_SILICA
			1.406@3.5		
砷化镓	gallium arsenide	GaAs	3.311@3.5	2.5~14	GAAS
			3.288@8.0		
二氧化锗	germanium dioxide	GeO_2	1.6084/41.7	0.36~4.3	GEO2
			1.564@3.5		
锗	germanium	Ge	4.033@3.5	2.0~15	GERMANIUM
			4.007@8.0		
锗	germanium	Ge	4.005@8.0	6.0~12.0	GE_LONG
			1.8917/29.9	0.36~4.58	IRG2
			1.821@3.5		
			1.8448/32.2	0.404~4.58	IRG3
			1.771@3.5		
			1.5644/43.7	0.365~3.3	IRG7
			1.4860/81.2	0.365~3.3	IRG9
			1.6809/44.4	0.48~4.59	IRG11
			1.5342/55.7	0.365~3.3	IRG15
			2.623@3.5	1.0~14	IRG100
			2.607@8.0		
			1.541@3.5	0.404~4.258	IRGN6
溴化钾	potassium bromide	KBr	1.5600/32.0	0.2~30	KBR
			1.535@3.5		
			1.529@8.0		

续表

中文名	英文名	化学式	折射率	透过率谱/μm	ZEMAX 名称
氯化钾	potassium chloride	KCl	1.4902/43.3		
			1.473@3.5	0.2~30	KCL
			1.463@8.0		
			2.384@3.5	0.6~39	KRS5
			2.375@8.0		
氟化锂	lithium fluoride	LiF	1.3921/97.3		
			1.359@3.5	0.1~10	LIF
氟化镁	magnesium fluoride	MgF$_2$	1.218@8.0		
			1.377/106.2	0.2~7.04	MGF2
			1.355@3.5		
氧化镁	magnesium oxide	MgO	1.7375/53.5	0.36~5.4	MGO
			1.681@3.5		
氯化钠	sodium chlorid	NaCl	1.523@3.5	1.0~20	NACL
			1.506@8.0		
氟化铅	lead fluoride	PbF$_2$	1.7666/28.4		
			1.72@3.5	0.3~11.9	PBF2
			1.671@8.0		
蓝宝石	sapphire	Al$_2$O$_3$	1.7682/72.2	0.2~5.5	SAPPHIRE
			1.695/3.5		
硅	silicon	Si	3.428@3.5	1.36~11	SILICON
			3.419@8.0		
尖晶石	spinel		1.7162/60.6	0.35~5.5	SPINEL
			1.654@3.5		
氟化锶	strontium fluoride	SrF$_2$	1.4379/91.6		
			1.418@3.5	0.21~11.5	SRF2
			1.354@8.0		
钛酸锶	strontium titanate	SrTiO3	2.4089/12.7	0.43~3.8	SRTIO3
			2.209@3.5		
			2.625@3.5	3.0~12	TI_1173
			2.610@8.0		
		ZbLa	1.496@3.5	0.64~4.8	ZBLA
			1.454@3.5	0.5~4.8	ZBLAN
硒化锌	zinc selenide	ZnSe	2.435@3.5	0.55~18	ZNSE
			2.417@8.0		
硫化锌	zinc sulfide	ZnS	2.3672/15.3		
			2.255@3.5	0.42~18.2	ZNS_BROAD
			2.223@8.0		
			2.223@8.0	4~18	ZNS_IR
			2.3674/15.6	0.42~1.1	ZNS_VIS

注: 表中, 例如, 2.223@8.0 表示在 8μm 的波长下折射率为 2.223; 2.367/15.6 表示折射率为 2.367, 阿贝数为 15.6。

25.2 覆盖近紫外、可见光到红外的准直物镜

25.2.1 覆盖 0.532~1.064μm 波段的复消色差物镜

物镜 [IR-1] 为 0.532~1.064μm 波段的复消色差双分离准直物镜，$F-3.5$，见图 25.2(a)，1.064μm 为主要的信号，0.808μm 为泵浦光，0.532μm 为指示光。由于波长不算长，所用的材料仍然是普通的光学玻璃，其中 N-PSK57 是复消色差或半复消色差物镜常用的材料。物镜的球差–色差曲线见图 25.2(b)。

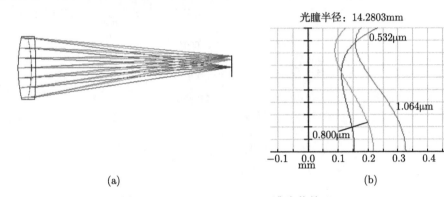

图 25.2 (a) 0.532~1.064μm 准直物镜 [IR-1]；

(b) 球差–色差曲线 (横坐标 0.5mm) (彩图见封底二维码)

物镜 [IR-2] [2] 为另一款 0.532~1.064μm 的复消色差双胶合准直物镜，见图 25.3(a)，物镜的球差–色差曲线见图 25.3(b)，相对孔径比 [IR-1] 略大，$F=2.9$。由于胶合面不能耐受强激光，这款物镜适用于弱激光的应用。

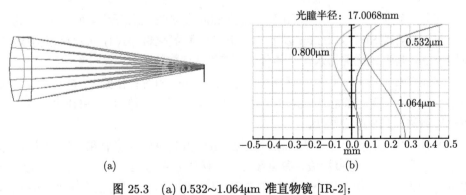

图 25.3 (a) 0.532~1.064μm 准直物镜 [IR-2]；

(b) 球差–色差曲线 (横坐标 ±0.5mm) (彩图见封底二维码)

25.2.2　覆盖 0.4~5.35μm 的超宽波段准直物镜

准直物镜 [IR-3] [3] 的适用区间从可见区的 0.4μm 一直扩展到 5.35μm，采用在这些区域透明的晶体 MgO 和 CaF$_2$，弥散几乎接近 1DL，参见图 25.4。

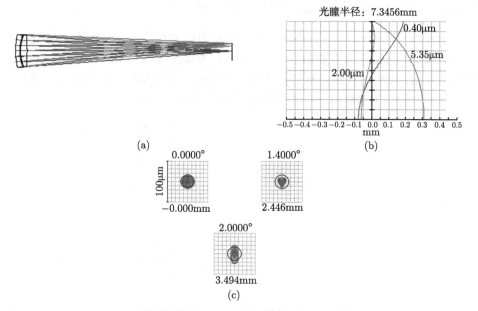

图 25.4　(a) 0.4~5.35μm 准直物镜 [IR-3]；(b) 球差–色差曲线 (横坐标 ±0.5mm)；(c) 弥散斑 SPT~1DL (彩图见封底二维码)

25.3　波长 3~5μm 窗口的红外物镜

红外准直物镜 [IR-4] [4] 适用于单波长 3.5μm，相对孔径很大，$F=1.45$，视场角 $\omega=2.0°$，弥散斑 SPT 为 23μm 以下，由锗 (Ge) 和氯化钾 (KCl) 两片透镜构成，参见图 25.5。其中氯化钾为水溶性晶体，加工工艺比较特殊。

红外准直物镜 [IR-5] [5] 也适用于单波长 3.5μm，相对孔径更大，F 达到 1.0，角视场 $\omega=5.0°$，但弥散斑较大，SPT$_{1.0}$ 达到 200μm 以上，由锗 (Ge) 和砷化镓 (GaAs) 两片透镜构成，参见图 25.6。

如果增加元件数，适当减小相对孔径，可以得到更好的像质和更宽的波段。物镜 [IR-6] [6] 由三片透镜构成，参见图 25.7，材料分别为硒化锌 (ZnSe)、二氟化铅 (PbF$_2$) 以及 IRG2 加上硅 (Si) 的保护玻璃，相对孔径为 1:1.73，工作波段 2.5~4μm，视场角 $\omega=8.0°$，弥散斑 SPT 却在 20μm 以下，能量很集中。

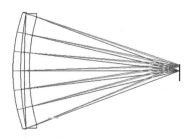

图 25.5 适用于 3.5μm 的红外物镜 [IR-4] (彩图见封底二维码)

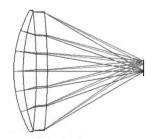

图 25.6 适用于 3.5μm 的红外物镜 [IR-5] (彩图见封底二维码)

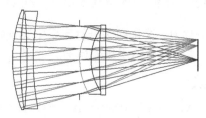

图 25.7 适用于 2.5~4μm 的红外物镜 [IR-6] (彩图见封底二维码)

25.4 波长 8~14μm 窗口的红外物镜

25.4.1 第三窗口两片式准直物镜

红外物镜 [IR-7] [7] 和 [IR-8] [8] 均为两片式红外准直物镜，参见图 25.8 和图 25.9，适用波段为 8~14μm 的所谓第三红外窗口。两个物镜所采用的材料均为溴化钾 (KBr) 和锗，相对孔径和视场角不同，但球差和色差不大，弥散斑约为 1DL，是非常优秀的设计。

图 25.8(b) 为物镜 [IR-7] 的球差–色差曲线，可以看出 8μm、10μm 和 14μm 三条谱线的球差曲线靠得很近，说明轴向色差和校正得很好。

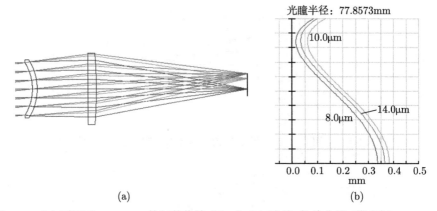

(a)　　　　　　　　　　　　　　　　　(b)

图 25.8　(a) 适用于 8~14μm 的红外物镜 [IR-7]; (b) 球差–色差曲线 (横坐标 0~0.5mm)

(彩图见封底二维码)

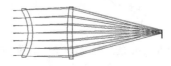

图 25.9　适用于 8~14μm 的红外物镜 [IR-8] (彩图见封底二维码)

当波长在 8~14μm 变化时, 溴化钾的折射率变化 ≈1%, 而锗的折射率变化仅为 0.12%, 这正是色差和二级光谱不明显的原因。

25.4.2　第三窗口红外物镜

[IR-9] [9]、[IR-10] [10] 和 [IR-11] [11] 均为第三窗口红外物镜, 使用波段有所不同, 各包含 3~4 片镜片, 采用了锗、AMTIR、硫化锌等红外材料, 弥散斑均达到 1DL, 像质很好, 参见图 25.10~ 图 25.12。

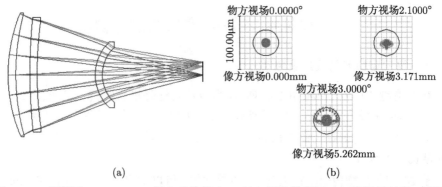

(a)　　　　　　　　　　　　　　　　　(b)

图 25.10　适用于 8.5~11.5μm 的红外物镜 [IR-9](a) 及弥散斑图 (b)(彩图见封底二维码)

$F=2.0$, $\omega=3.0°$

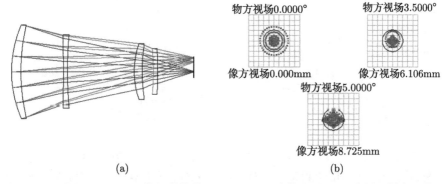

(a)

物方视场0.0000° 像方视场0.000mm
物方视场3.5000° 像方视场6.106mm
物方视场5.0000° 像方视场8.725mm

(b)

图 25.11 适用于 8~12μm 的红外物镜 [IR-10](a) 及弥散斑图 (b) (彩图见封底二维码)
$F=1.7$, $\omega=5.0°$

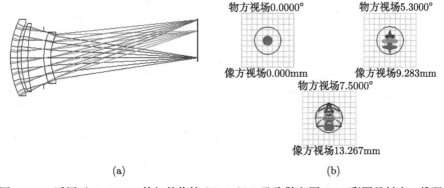

(a)

物方视场0.0000° 像方视场0.000mm
物方视场5.3000° 像方视场9.283mm
物方视场7.5000° 像方视场13.267mm

(b)

图 25.12 适用于 8~12μm 的红外物镜 [IR-11](a) 及弥散斑图 (b) (彩图见封底二维码)
$F=4.1$, $\omega=7.5°$

25.4.3 第三窗口大相对孔径红外物镜

红外信号强度一般很弱, 增大相对孔径显然有利于探测和显示图像。红外物镜 [IR-12] [12] 和 [IR-13] [13] 的相对孔径分别达到 1:0.75 和 1:0.60。各包含 3~4 片透镜, 参见图 25.13 及图 25.14, 材料为锗、溴化铯 (CrBr) 等, 在探测器前还有锗和 AMTIR1 的保护窗口。

物镜 [IR-12] 的弥散斑不大, SPT 为 13~25μm, 而 [IR-13] ($F = 0.60$) 的 SPT 则高达 67~84μm。从图 25.15(a) 可以看出, 最大孔径附近球差急剧变大, 引起边缘孔径特性曲线非线性地增大。如果适当压缩孔径, 设 $F=0.65$, 对能量的影响很有限, 但球差和特性曲线都得到明显改善, SPT 减小到 19~39μm, 参见图 25.15(b)。

一个优秀的设计总在寻求平衡, 业内常常称为 "像差平衡", 其实不仅是不同像差间的平衡, 还应包含技术指标与像差要求的平衡。

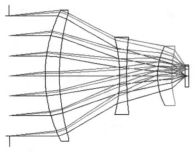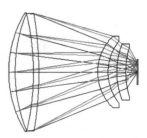

图 25.13　适用于 8～13μm 的　　　　　图 25.14　适用于 8～14μm 的

红外物镜 [IR-12] (彩图见封底二维码)　　　红外物镜 [IR-13](彩图见封底二维码)

F=0.75，ω=6.0°；SPT=13μm，　　　　　　F=0.60，ω=8.25°；

13μm，25μm　　　　　　　　SPT=80μm，67μm，84μm

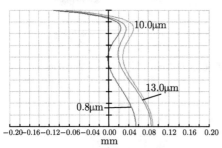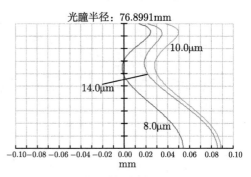

光瞳半径：84.7781mm　　　　　　　　光瞳半径：76.8991mm

球差-色差(横坐标±0.2mm)　　　　　　　球差-色差(横坐标±0.1mm)

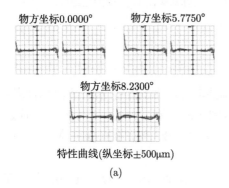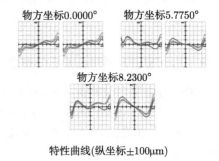

特性曲线(纵坐标±500μm)　　　　　　特性曲线(纵坐标±100μm)

(a)　　　　　　　　　　　　　　(b)

图 25.15　[IR-13]的球差-色差和特性曲线 (彩图见封底二维码)

(a) F=0.60, SPT=80μm, 67μm, 84μm; (b) F=0.65, SPT=22μm, 19μm, 39μm

25.4.4　第三窗口无光焦度物镜

　　红外物镜 [IR-14] [14] 为无光焦度 (afocal) 物镜，即输入和输出均为平行光，或等价地说, 物和像均在无限远, 如图 25.16 所示。在处理上可用一个近轴镜 (paraxial) 将输出的平行光聚焦。系统相对孔径不大, $F=10$, 视场角 $\omega=3.4°$, 由六片透镜构成, 包括一个厚弯月镜, 达到平场的要求。材料为硒化锌、硫化锌和锗。像质很好, SPT~1DL。对于无光焦度系统而言, 经过近轴理想透镜转换得到的弥散斑越小, 表明系统输出光束的平行性越好。例如, 本设计中弥散斑约 30μm, 相当于输出光束的不平行度在 0.3mrad 以内。

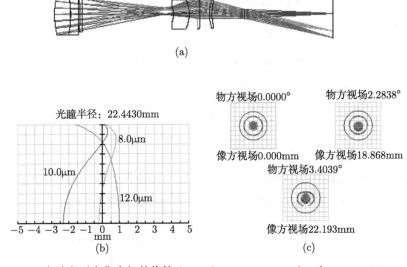

图 25.16　(a) 宽波段无光焦度红外物镜 [IR-14], $F=10$, $\omega=3.4°$; $f'_{\mathrm{paraxial}}=100\mathrm{mm}$; (b) 球差–色差曲线 (横坐标 ± 5mm); (c) 弥散斑 SPT~1DL (彩图见封底二维码)

25.5　覆盖两个以上窗口的红外物镜

25.5.1　跨越三个红外窗口的物镜

红外物镜 [IR-15] [15] 由四片透镜构成, 材料为硅和锗, 工作区间为 3~8μm, 跨越了三个红外窗口, 但球差和色差仍然校正得很好, 弥散斑 SPT~1DL, 参见图 25.17。事实上, 两种材料的折射率在 3~8μm 区间的值仅变动了不足 0.5%, 所以色散效应不显著。

红外物镜 [IR-16] [16] 由四片透镜构成, 材料为锗、硅、溴化铯 (CsBr) 和氯化银 (AgCl), 工作区间为 3~8μm, 像质比 [IR-15] 略差, 但弥散斑仍不大, SPT~1DL, 参见图 25.18。与 [IR-15] 相比, 本物镜的视场角大了不少。

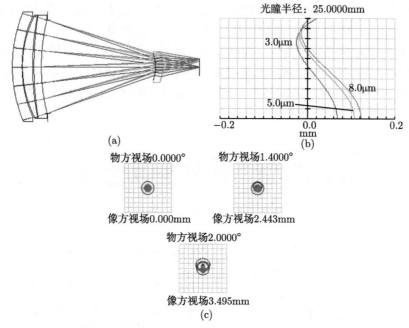

图 25.17　(a) 宽波段红外物镜 [IR-15]，$F=2.2$，$\omega=2°$；(b) 球差–色差曲线 (横坐标
±0.2mm)；(c) 弥散斑 SPT～1DL (彩图见封底二维码)

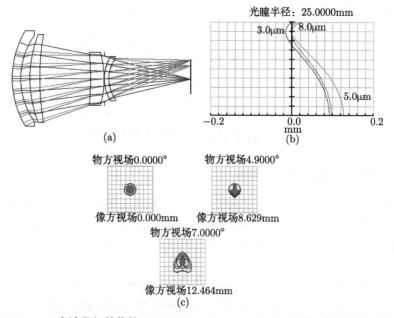

图 25.18　(a) 宽波段红外物镜 [IR-16]，$F=2.1$，$\omega=7°$；(b) 球差–色差曲线 (横坐标
±0.2mm)；(c) 弥散斑 SPT～1DL (彩图见封底二维码)

25.5.2 应用波段从近紫外、可见到近红外的物镜

在一些特殊的应用中，需要用一个物镜观察近紫外、可见和近红外的目标。宽带物镜 [IR-17] [17] 可同时观察波长为 0.3~0.365μm 的近紫外目标以及 0.8μm 的近红外目标，略加调焦，还可观察可见光目标。相对孔径为 1:3.5，而视场角 $\omega=15°$。元件数较多，参见图 25.19。由于绝大部分玻璃在近紫外的透过率很低，物镜所用材料为三种在近紫外透过率较高的玻璃 N-PSK7、BK10 和 K10，以及氟化铅 (PbF2)、CALCITE(方解石，分子式为 $CaCO_3$)、ALN 等晶体。物镜像质较好。

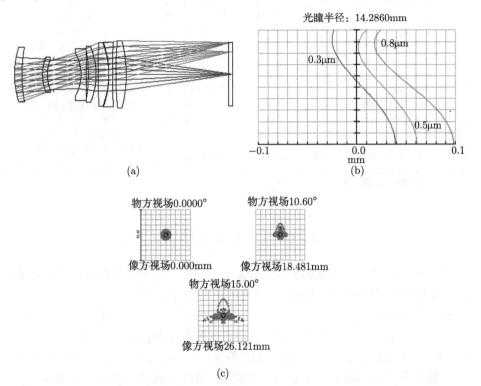

图 25.19 (a) 宽波段红外物镜 [IR-17]，$F=3.5$，$\omega=15°$；(b) 球差–色差曲线 (横坐标 ±0.1mm)；(c) 弥散斑 SPT=2μm，3μm，5μm (彩图见封底二维码)

以上各节介绍的红外物镜的技术指标见表 25.2，结构参数等见附录 25。

表 25.2　红外物镜的技术指标 (焦距 =100mm)

| 设计名称 | F | $\omega/(°)$ | $y'/$mm | VL/mm | Wav/μm | SPT/μm | | | E^* | 材料 ** |
						0	0.7	1		
[IR-1]	3.4	3.0	5.3	8.6	0.532~1.064	19	9	26	2	N-PSK57,H-ZF3
[IR-2]	3.0	1.0	1.9	12.0	0.532~1.064	28	27	26	2	SK6,N-SF15
[IR-3]	6.8	2.0	3.5	5.4	0.4~5.35	7	6	9	2	MgO,CaF$_2$
[IR-4]	1.45	2.0	3.5	9.9	3.5	21	10	23	2	Ge,KCl
[IR-5]	1.0	5.0	8.9	28.0	3.5	196	91	206	2	Ge,GaAs
[IR-6]	1.73	8.0	14.1	66.0	2.5~4	15	15	19	4	ZnSe,PbF2,IRG2,Si
[IR-7]	2.8	6.0	10.4	44.9	8~14	15	16	23	4	KBr,Ge
[IR-8]	2.0	2.0	3.50	51.2	8~14	12	10	13	2	KBr,Ge
[IR-9]	2.0	3.0	5.3	40.0	8.5~11.8	4	7	12	3	Ge,AMTIR1,Ge
[IR-10]	1.7	5.0	8.7	93.8	8~12	14	9	13	4	AMTIR3,ZnS, AMTIR3,Ge
[IR-11]	4.1	7.5	13.3	17.8	8~12	9	30	40	3	Ge,AMTIR1,ZnS
[IR-12]	0.75	6.0	10.6	186	8~13	13	13	25	4	Ge,CsBr,Ge,Ge
[IR-13]	0.6	8.3	4.3	172.0	8~14	80	67	84	5	Ge,KRS5,Ge,Ge,AMTIR1
[IR-14]	10	3.4	27.4	178.0	8~12	30	36	38	6	ZnSe,ZnS,Ge,Ge,Ge,Ge
[IR-15]	2.2	2.0	3.5	66.0	3~8	4	6	8	4	Si,Si,Ge,Ge
[IR-16]	2.1	7.0	12.46	65.1	3~8	4	7	9	4	Ge,Si,CsBr,AgCl
[IR-17]	3.5	15.0	26.12	95.0	0.3~0.8	2.5	3.1	5.2	8	N-PSK3,PBF2,CALCITE, ALN,ALN,PBF2,BK109,K10

注: * 元件数; ** 指红外材料。

25.6　红外接收器件

　　红外接收器件的学术名称为红外探测器, 它是应用于红外波段的光电转换器件, 即接收来自目标的红外辐射, 并将其转换为电信号输出。

　　红外探测器有制冷型和非制冷型之分。下面重点介绍制冷型红外探测器。在 25.1 节中提及的三个红外波段具有代表性的红外探测器依次为硫化铅 (PbS, 可在非制冷状态下工作)、锑化铟 (InSb) 和碲镉汞 (HgCdTe, 缩写为 MCT) 红外探测器, 分别称作 PbS、InSb、MCT 红外探测器。其工作模式不外乎光导型和光伏型两种, 往往在探测器的名称上予以注明, 如光伏 MCT 红外探测器。

　　红外探测器的研制经历了从单元、多元 (线列、阵列) 到焦平面器件 (FPA) 的发展过程。焦平面器件已系列化, 早年产品有 256 元 (16×16)、1024 元 (32×32) 以及更多数目响应元的面阵, 近年来开发了 320×256、640×512 以及 1280×1024 像素的 FPA, 参见表 25.3。

　　红外探测器的主要技术指标包括: 响应元尺寸、响应元结构 (响应元间距及排列形式等)、探测率 D^*、响应率 R、光谱响应曲线 (峰值波长 λ_p 及截止波长 λ_c)、多元指标的均匀性要求及制冷要求等。

　　工作在 3~5μm 的 InSb 红外探测器芯片和工作在 8~14μm 的 MCT 红外探测

器芯片均须在低温下工作。芯片真空封装在玻璃杜瓦瓶或金属杜瓦瓶内，芯片前设置具有高透过率的红外材料制作的窗口。

3～5μm 波段常用白宝石 (Al_2O_3) 窗口或锗 (Ge) 镀增透膜窗口，8～14μm 波段采用锗 (Ge) 镀增透膜窗口或硫化锌 (ZnS) 窗口。由于硫化锌易潮解，须在干燥环境中使用。

通常制冷剂选用液氮 (LN_2、77K)，采用节流制冷器或直接灌入液氮的方式制冷。可选用的其他制冷剂和制冷方式不再详述。

为实用计，红外探测器与制冷器集于一体，统称为红外探测器组件。

现在除了在高端军事领域使用的高灵敏度红外相机是用制冷型红外焦平面器件制作以外，用非制冷型红外焦平面器件制作的红外相机性能也能满足一些军事应用的要求，并在民用领域得到了广泛应用。

表 25.3 为典型的制冷型红外探测器组件。

表 25.3 典型的制冷型红外探测器组件: IRE Infrared Camera

型号		IRE-320S	IRE-320M	IRE-320L	IRE-320VL
红外 FPA	Infrared Focal Plane Array	Sofradir Mars SWIR	Sofradir Mars MWIR	Sofradir Mars LWIR	Sofradir Mars VLWIR
探测器像素	Detector size	320×256	320×256	320×256	320×256
像素边长	Pixel Pitch	30μm	30μm	30μm	30μm
光谱响应	Spectrum Response	0.8 ～2.5μm	3.7～4.8μm	7.7～9.5μm	7.7～11.5μm
热分辨率	Thermal resolution		<10mK	<20mK	<20mK
量子效率	Quantum efficiency	>90%	>90%	>90%	>90%
A/D		14bit	14bit	14bit	14bit
帧频	Frame Rate	1～320Hz	1～200Hz	1～320Hz	1～200Hz
工作温度	Operational temperature	−30～55℃	−30～55℃	−30～55℃	−30～55℃

型号		IRE-640M, IRE-640BB	IRE-640L	IRE-1280M
红外 FPA	Infrared Focal Plane Array	Sofradir	Sofradir	Sofradir
探测器像素	Detector size	640×512	640×512	1280×1024
像素边长	Pixel Pitch	15μm	15μm	15μm
光谱响应	Spectrum Response	3.7～4.8μm(M) 1.55～5.1μm(M)	7.7～9.5μm	3.7～4.8μm; 1.55～5.1μm
热分辨率	Thermal resolution	<20mK	<20mK	<20mK
量子效率	Quantum efficiency	>90%	>90%	>90%
A/D		14bit	14bit	1bit
帧频	Frame Rate	1～120Hz	1～120Hz	1～30Hz
工作温度	Operational temperature	−30～55℃	−30～55℃	−30～55℃

注: 摘自 sales@pembrokeinstruments.com。

图 25.20 和图 25.21 给出典型的光谱曲线。

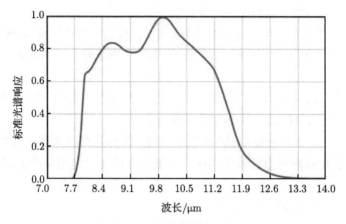

图 25.20　IRE-320L 光谱曲线

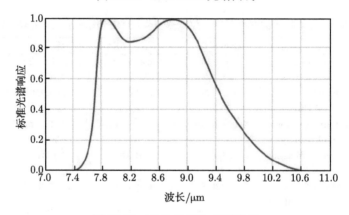

图 25.21　IRE-320VL 光谱曲线

25.7　本 章 小 结

由于波长向红外扩展，绝大部分可见光使用的光学玻璃的透过率降低甚至完全不透明，因而红外波段适用的材料就成为红外成像的首要的和决定性的因素。本章首先介绍红外材料，包括各种晶体和特殊的玻璃。

本章介绍应用于第一红外窗口 (1~3μm)、第二红外窗口 (3~5μm) 和第三红外窗口 (8~14μm) 的准直镜和成像物镜；介绍覆盖两个以上窗口的物镜，以及跨越近紫外、可见和近红外的物镜，给出多个典型设计。

本章最后介绍红外接收器件，以及探测器的构成材料、分类和主要技术指标，简述制冷型和非制冷型红外焦平面器件。

参 考 文 献

[1] Bass M, Van Stryland E W, Williams D R, et al. Handbook of Optics. New York: Optical Society of America, McGRAW-HILL, Inc, 1995.

[2] U. S. Patent 5225928A.

[3] U. S. Patent 5781336A.

[4] U. S. Patent 2865253A.

[5] U. S. Patent 3217596A.

[6] U. S. Patent 3321264A.

[7] U. S. Patent 3622218A.

[8] U. S. Patent 3622218A.

[9] U. S. Patent 4494819A.

[10] U. S. Patent 4505535A.

[11] U. S. Patent 5202992A.

[12] U. S. Patent 3363962A.

[13] U. S. Patent 4030805A.

[14] U. S. Patent 4679891A.

[15] U. S. Patent 3433551A.

[16] U. S. Patent 3433551A.

[17] U. S. Patent 5699202A.

附录 25　技术指标、像差曲线和结构参数

[IR-1] 技术指标

波段/μm	F	$\omega/(°)$	y'/mm	f'/mm	BFL/mm	VL/mm	E	SPT/μm		
								0	0.7	1
0.532~1.064	3.5	3	5.3	100	95.1	8.6	2	19	9	26

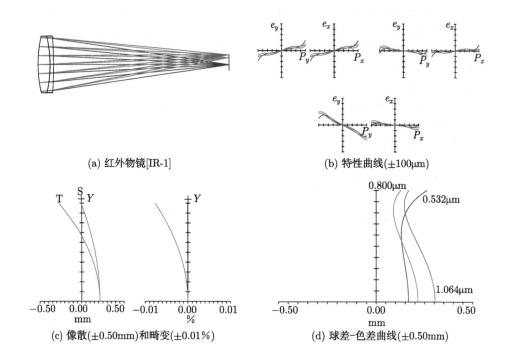

(a) 红外物镜[IR-1]

(b) 特性曲线(±100μm)

(c) 像散(±0.50mm)和畸变(±0.01%)

(d) 球差-色差曲线(±0.50mm)

[IR-1]结构参数　　　　　　　　　　（长度单位：mm）

No.	R	T	Gls	Semi-Dia.
OBJ	Inf	If		Inf
STO	65.365(V)	6.500	N-PSK57(S)	15.000(U)
2	−63.220(V)	0.097(V)		15.000(P)
3	−60.032(V)	2.000	H-ZF3(S)	15.000(P)
4	−200.758(V)	95.149(V)		14.116
IMA	Inf	—		5.278

[IR-2] 技术指标

波段/μm	F	$\omega/(°)$	y'/mm	f'/mm	BFL/mm	VL/mm	E	SPT/μm		
								0	0.7	1
0.532~1.064	2.9	1.0	1.9	100	93.4	12	2	28	27	26

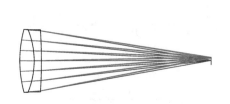

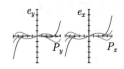

(a) 红外物镜[IR-2]　　　　　　　　　(b) 特性曲线(±500μm)

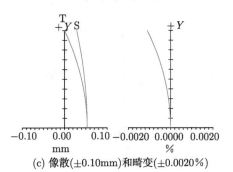

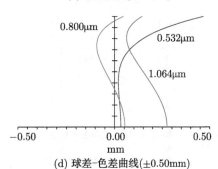

(c) 像散(±0.10mm)和畸变(±0.0020%)　　　　(d) 球差-色差曲线(±0.50mm)

[IR-2]结构参数　　　　　　　　　　(长度单位: mm)

No.	R	T	Gls	Semi-Dia.
OBJ	Inf	Inf		Inf
STO	64.205(V)	8.000	SK6(S)	17.007
2	−43.662(V)	4.000	N-SF15(S)	16.792
3	−283.218(V)	93.406(V)		16.336
IMA	Inf	—		1.901

[IR-3] 技术指标

波段/μm	F	ω/(°)	y′/mm	f′/mm	BFL/mm	VL/mm	E	SPT/μm 0	0.7	1
0.4~5.35	6.8	2.0	3.5	100	96.3	5.4	2	7	6	9

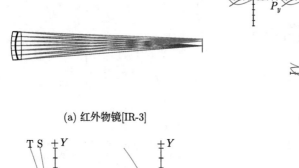

(a) 红外物镜[IR-3]　　　　　　　　　(b) 特性曲线(±50μm)

(c) 像散(±0.50mm)和畸变(±0.0020%)　　　　(d) 球差-色差曲线(±0.50mm)

[IR-3]结构参数　　　　　　　　　　　（长度单位：mm）

No.	R	T	Gls	Semi-Dia.
OBJ	Inf	Inf		Inf
STO	33.148(V)	1.999(V)	MGO(S)	7.346
2	19.772(V)	0.348(V)		7.180
3	19.169(V)	3.022(V)	CAF2(S)	7.239
4	−214.380(V)	96.296		7.212
IMA	Inf	—		3.514

[IR-4] 技术指标

波段/μm	F	$\omega/(°)$	y'/mm	f'/mm	BFL/mm	VL/mm	E	SPT/μm 0	SPT/μm 0.7	SPT/μm 1
3.5	1.45	2	3.5	100	90.9	9.9	2	21	10	23

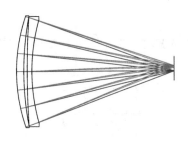

(a) 红外物镜[IR-4]

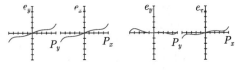

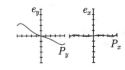

(b) 特性曲线(±100μm)

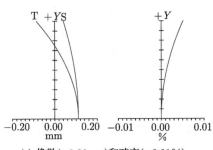

(c) 像散(±0.20mm)和畸变(±0.01%)

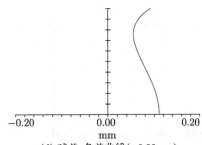

(d) 球差-色差曲线(±0.20mm)

[IR-4]结构参数   (长度单位: mm)

No.	R	T	Gls	Semi-Dia.
OBJ	Inf	Inf		Inf
STO	104.034(V)	4.719(V)	GERMANIUM(S)	35.029(U)
2	179.203(V)	2.196(V)		34.515(U)
3	514.588(V)	3.000(V)	KCL(S)	34.515(U)
4	117.347(V)	90.882(V)		32.458(U)
IMA	Inf	—		3.526

[IR-5] 技术指标

波段/μm	F	ω/(°)	y'/mm	f'/mm	BFL/mm	VL/mm	E	SPT/μm		
								0	0.7	1
3.5	1.0	5	8.9	100	80.0	28.0	2	196	91	206

(a) 红外物镜[IR-5]

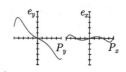
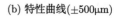

(b) 特性曲线(±500μm)

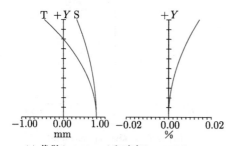

(c) 像散(±1.00mm)和畸变(±0.02%)

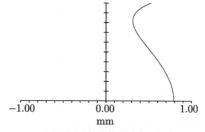

(d) 球差-色差曲线(±1.00mm)

[IR-5]结构参数　　　　　　　　　　　　　　　　（长度单位：mm）

No.	R	T	Gls	Semi-Dia.
OBJ	Inf	Inf		Inf
STO	100.577(V)	7.817(V)	GERMANIUM(S)	50.000
2	145.289(V)	11.132(V)		48.825
3	−438.606(V)	9.055(V)	GAAS(S)	48.849
4	−485.482(V)	79.997(V)		48.293
IMA	Inf	—		8.897

[IR-6] 技术指标

波段/μm	F	ω/(°)	y'/mm	f'/mm	BFL/mm	VL/mm	E	SPT/μm 0	SPT/μm 0.7	SPT/μm 1
2.5～4.0	1.73	8	14.1	100	65	66.0	4	15	15	19

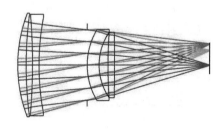

(a) 红外物镜[IR-6]

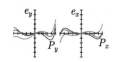

(b) 特性曲线(±100μm)

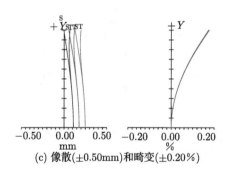

(c) 像散(±0.50mm)和畸变(±0.20%)

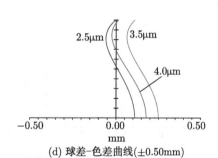

(d) 球差-色差曲线(±0.50mm)

[IR-6]结构参数　　　　　　　　　　(长度单位: mm)

No.	R	T	Gls	Semi-Dia.
OBJ	Inf	Inf		Inf
1	93.984(V)	5.694(V)	ZNSE(S)	34.281
2	252.209(V)	4.382(V)		33.853
3	−377.391(V)	4.500(V)	PBF2(S)	33.529
4	165.653(V)	32.818(V)		31.373
STO	Inf	0.100(V)		23.203
6	44.498	8.122(V)	IRG2(S)	23.541
7	38.170	5.895		21.585
8	293.203	4.500	SILICON(S)	21.585
9	−1619.433	65.000		21.501
IMA	Inf	—		14.119

[IR-7] 技术指标

波段/μm	F	ω/(°)	y'/mm	f'/mm	BFL/mm	VL/mm	E	SPT/μm 0	SPT/μm 0.7	SPT/μm 1
8.0~14.0	2.8	6	10.4	100	106.3	44.9	2	15	16	23

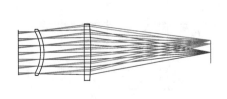

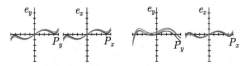

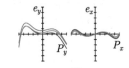

(a) 红外物镜[IR-7]　　　　　　　　　　　(b) 特性曲线(±100μm)

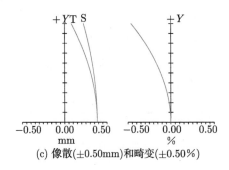

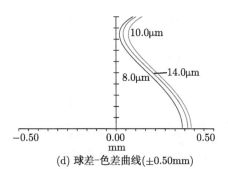

(c) 像散(±0.50mm)和畸变(±0.50%)　　　　　　(d) 球差-色差曲线(±0.50mm)

[IR-7]结构参数　　　　　　　　　　（长度单位：mm）

No.	R	T	Gls	Semi-Dia.
OBJ	Inf	Inf		Inf
1	Inf	20.000		19.431
STO	−34.191(V)	3.292(V)	KBR(S)	18.000(U)
3	−37.497(V)	35.858(V)		20.000(U)
4	1.812×10^4(V)	5.762(V)	GERMANIUM(S)	24.500(U)
5	−299.183(V)	106.302(V)		24.500(P)
IMA	Inf	—		10.407

[IR-8] 技术指标

波段/μm	F	ω/(°)	y'/mm	f'/mm	BFL/mm	VL/mm	E	SPT/μm 0	0.7	1
8.0~14.0	2.0	2	3.5	100	103.0	51.2	2	12	10	13

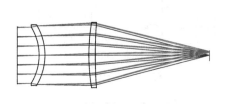

(a) 红外物镜[IR-8]

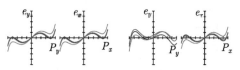

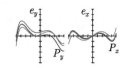

(b) 特性曲线(±50μm)

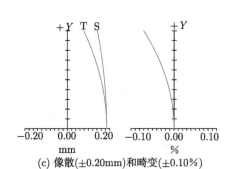

(c) 像散(±0.20mm)和畸变(±0.10%)

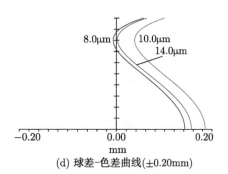

(d) 球差-色差曲线(±0.20mm)

[IR-8]结构参数　　　　　　　　　　(长度单位: mm)

No.	R	T	Gls	Semi-Dia.
OBJ	Inf	Inf		Inf
1	Inf	20.000(V)		25.446
STO	−46.899(V)	5.299(V)	KCL(S)	25.000(U)
3	−51.258(V)	40.090(V)		27.000(U)
4	176.148(V)	5.762(V)	GERMANIUM(S)	29.000(U)
5	412.517(V)	102.986(V)		29.000(P)
IMA	Inf	—		3.484

[IR-9] 技术指标

波段/μm	F	ω/(°)	y′/mm	f′/mm	BFL/mm	VL/mm	E	SPT/μm 0	0.7	1
8.5~11.8	2	3	5.3	100	42.5	40.0	3	4	7	12

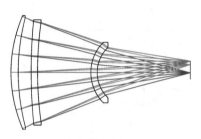

(a) 红外物镜[IR-9]

(b) 特性曲线(±50μm)

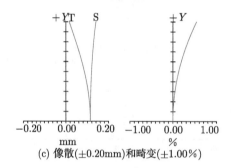

(c) 像散(±0.20mm)和畸变(±1.00%)

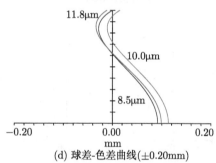

(d) 球差-色差曲线(±0.20mm)

[IR-9]结构参数　　　　　　　　　　（长度单位：mm）

No.	R	T	Gls	Semi-Dia.
OBJ	Inf	Inf		Inf
STO	61.987(V)	3.297(V)	GERMANIUM(S)	25.400(U)
2	88.508(V)	6.278(V)		24.532
3	220.752(V)	3.000(V)	AMTIR1(S)	23.500(U)
4	158.368(V)	24.429(V)		22.277
5	18.437(V)	2.996(V)	GERMANIUM(S)	13.500(U)
6	15.091(V)	42.475(V)		11.208
IMA	Inf	—		5.290

[IR-10] 技术指标

波段/μm	F	ω/(°)	y'/mm	f'/mm	BFL/mm	VL/mm	E	SPT/μm		
								0	0.7	1
8.0~12.0	1.7	5.0	8.7	100	24.0	93.8	4	14	9	13

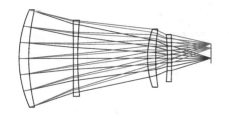

(a) 红外物镜[IR-10]

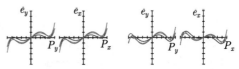

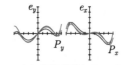

(b) 特性曲线(±50μm)

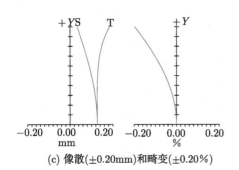

(c) 像散(±0.20mm)和畸变(±0.20%)

(d) 球差-色差曲线(±0.20mm)

[IR-10]结构参数 (长度单位: mm)

No.	R	T	Gls	Semi-Dia.
OBJ	Inf	Inf		Inf
SO	70.744(V)	6.000(V)	AMTIR3(S)	29.412
2	121.129(V)	27.469(V)		28.676
3	−1851.408(V)	2.647(V)	ZNS_BROAD(S)	22.964
4	252.777(V)	42.878(V)		22.580
5	51.989(V)	5.000(V)	AMTIR3(S)	17.485
6	111.932(V)	7.219(V)		16.647
7	−146.893(V)	2.647(V)	GERMANIUM(S)	14.238
8	−411.919(V)	24.000(V)		14.150
IMA	Inf	—		8.743

[IR-11] 技术指标

波段/μm	F	ω/(°)	y'/mm	f'/mm	BFL/mm	VL/mm	E	SPT/μm 0	SPT/μm 0.7	SPT/μm 1
8.0~12.0	4.1	7.5	13.3	100	64.6	17.8	3	9	30	40

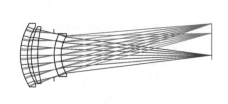

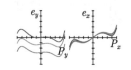

(a) 红外物镜[IR-11]　　　　　　　　　(b) 特性曲线(±100μm)

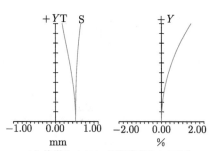

(c) 像散(±1.00mm)和畸变(±2.00%)

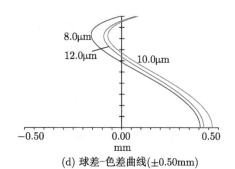

(d) 球差-色差曲线(±0.50mm)

[IR-11]结构参数　　　　　　　　　　(长度单位：mm)

No.	R	T	Gls	Semi-Dia.
OBJ	Inf	Inf		Inf
1	24.860(V)	3.004(V)	GERMANIUM(S)	13.374
2	21.340(V)	1.664(V)		11.987
3	25.262(V)	3.000(V)	AMTIR1(S)	11.957
4	44.274(V)	7.010(V)		11.469
STO	Inf	0.100(V)	ZNS_BROAD(S)	9.197
6	20.464(V)	2.989(V)		9.049
7	15.244(V)	64.627(V)		8.118
IMA	Inf	—		13.292

[IR-12] 技术指标

波段/μm	F	ω/(°)	y'/mm	f'/mm	BFL/mm	VL/mm	E	SPT/μm 0	0.7	1
8.0~13.0	0.75	6	10.6	100	15.1	186.0	4	13	13	25

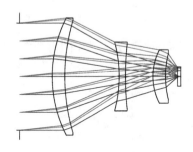

(a) 红外物镜[IR-12]

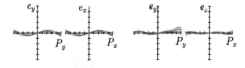

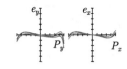

(b) 特性曲线(±200μm)

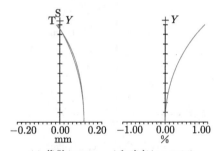

(c) 像散(±0.20mm)和畸变(±1.00%)

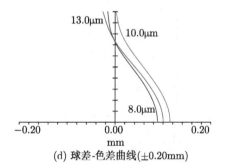

(d) 球差-色差曲线(±0.20mm)

[IR-12]结构参数   (长度单位: mm)

No.	R	T	Gls	Semi-Dia.
OBJ	Inf	Inf		Inf
STO	Inf	41.442(V)		66.665
2	157.670(V)	16.000(V)	GERMANIUM(S)	72.898
3	235.651(V)	69.757(V)		69.796
4	−160.108(V)	8.064(V)	CSBR(S)	42.882
5	394.522(V)	34.736(V)		40.515
6	71.330(V)	16.000(V)	GERMANIUM(S)	33.282
7	118.466(V)	15.101(V)		28.420
8	Inf	4.167	GERMANIUM(S)	12.000(U)
9	Inf	$5.290×10^{-3}$		12.000(U)
IMA	Inf	—		10.590

[IR-13] 技术指标

波段/μm	F	ω/(°)	y′/mm	f′/mm	BFL/mm	VL/mm	E	SPT/μm		
								0	0.7	1
8.0~14.0	0.60	8.25	14.3	100	16.3	172	5	80	67	84

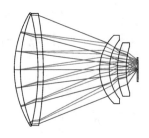

(a) 红外物镜[IR-13]

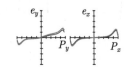

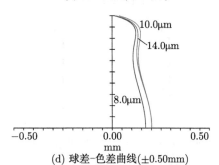

(b) 特性曲线(±500μm)

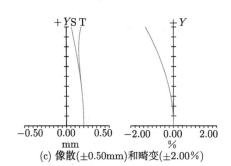

(c) 像散(±0.50mm)和畸变(±2.00%)

(d) 球差-色差曲线(±0.50mm)

[IR-13]结构参数　　　　　　　　　　　　　　　　　(长度单位: mm)

No.	R	T	Gls	Semi-Dia.
OBJ	Inf	Inf		Inf
STO	160.600(V)	9.332(V)	GERMANIUM(S)	84.778(U)
2	217.190(V)	27.085(V)		83.947(U)
3	−349.605(V)	8.000(V)	KRS5(S)	83.958(U)
4	−482.115(V)	86.688(V)		83.862(U)
5	69.903(V)	15.001(V)	GERMANIUM(S)	51.209(U)
6	69.352(V)	12.713(V)		44.140(U)
7	104.366(V)	13.181(V)	GERMANIUM(S)	40.080(U)
8	119.958(V)	16.298(V)		34.842(U)
9	Inf	1.500	AMTIR1(S)	18.000(U)
10	Inf	0.100		18.000(U)
IMA	Inf	—		14.276

[IR-14] 技术指标

波段/μm	F	ω/(°)	y′/mm	f′/mm	BFL/mm	VL/mm	E	SPT/μm 0	SPT/μm 0.7	SPT/μm 1
8.0~12.0	10	3.4	27.4	−448	100.0	178	6	30	36	38

(a) 红外物镜[IR-14]

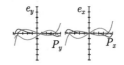

(b) 特性曲线(±200μm)

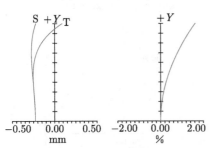

(c) 像散(±0.50mm)和畸变(±2.00%)

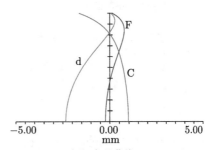

(d) 球差-色差曲线(±5.00mm)

[IR-14]结构参数　　　　　　　　　　(长度单位：mm)

No.	R	T	Gls	Semi-Dia.
OBJ	Inf	Inf		Inf
STO	90.234(V)	18.001(V)	ZNSE(S)	23.000(U)
2	−120.741(V)	0.141(V)		23.000(U)
3	−119.359(V)	8.628(V)	ZNS_BROAD(S)	23.000(U)
4	1896.594(V)	1.681(V)		19.218
5	−362.676(V)	3.000(V)	GERMANIUM(S)	19.500(U)
6	1352.737(V)	103.124(V)		19.500(U)
7	−26.457(V)	17.645(V)	GERMANIUM(S)	9.261
8	−38.623(V)	9.020(V)		16.500(U)
9	3643.168(V)	3.000(V)	GERMANIUM(S)	16.500(P)
10	−253.159(V)	10.763(V)		16.500(P)
11	49.750(V)	2.997(V)	GERMANIUM(S)	15.500(U)
12	59.124(V)	36.862(V)		14.910
13 Paraxial		100.000		4.988(U)
IMA	Inf	—		27.352

[IR-15] 技术指标

波段/μm	F	ω/(°)	y′/mm	f′/mm	BFL/mm	VL/mm	E	SPT/μm 0	SPT/μm 0.7	SPT/μm 1
3.0~8.0	2.2	2.0	3.5	100	16.4	66.0	4	4	6	8

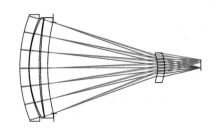

(a) 红外物镜[IR-15]

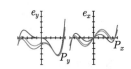

(b) 特性曲线(±20μm)

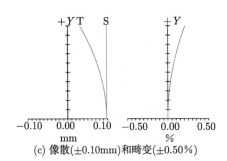

(c) 像散(±0.10mm)和畸变(±0.50%)

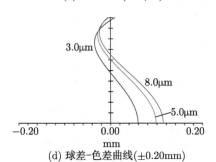

(d) 球差-色差曲线(±0.20mm)

[IR-15]结构参数   (长度单位: mm)

No.	R	T	Gls	Semi-Dia.
OBJ	Inf	Inf		Inf
1	60.513(V)	4.249(V)	SILICON(S)	23.600(U)
2	51.406(V)	0.200(V)		21.830
3	46.877(V)	4.504(V)	ILICON(S)	22.200(U)
4	110.014(V)	0.614(V)		21.496
5	134.319(V)	3.233(V)	GERMANIUM(S)	22.200(U)
6	82.576(V)	2.706(V)		20.192
STO	Inf	47.495(V)		20.114
8	−16.401(V)	3.000(V)	GERMANIUM(S)	5.731
9	−20.201(V)	16.382(V)		6.600(U)
IMA	Inf	—		3.509

[IR-16] 技术指标

波段/μm	F	ω/(°)	y′/mm	f′/mm	BFL/mm	VL/mm	E	SPT/μm 0	SPT/μm 0.7	SPT/μm 1
3.0~8.0	2.1	7.0	12.5	100	54.6	65.1	4	4	7	9

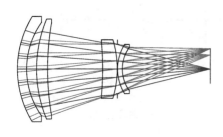

(a) 红外物镜[IR-16]

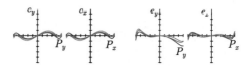

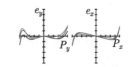

(b) 特性曲线(±50μm)

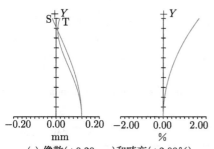

(c) 像散(±0.20mm)和畸变(±2.00%)

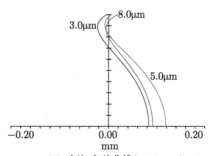

(d) 球差-色差曲线(±0.20mm)

[IR-16]结构参数　　　　　　　　　　　　（长度单位：mm）

No.	R	T	Gls	Semi-Dia.
OBJ	Inf	Inf		Inf
1	60.260(V)	5.738(V)	GE_OLD(S)	32.000(U)
2	48.057(V)	6.235(V)		28.377
3	77.203(V)	6.879(V)	SILICON(S)	30.400(U)
4	164.491(V)	34.052(V)		28.122
5	−180.593(V)	9.000(V)	CSBR(S)	17.463
6	−60.342(V)	0.100(V)		17.800(U)
STO	Inf	0.100(V)		15.010
8	27.665(V)	3.000(V)	AGCL(S)	15.000(U)
9	22.122(V)	54.611(V)		13.269
IMA	Inf	—		12.483

[IR-17] 技术指标

波段/μm	F	ω/(°)	y′/mm	f′/mm	BFL/mm	VL/mm	E	SPT/μm 0	SPT/μm 0.7	SPT/μm 1
0.3~0.8	3.5	15.0	26.1	100	86.2	95.0	8	2.5	3.1	5.2

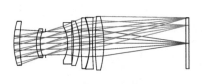

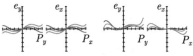

(a) 红外物镜[IR-17]　　　　　　(b) 特性曲线(±20μm)

(c) 像散(±0.10mm)和畸变(±5.00%)

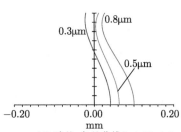

(d) 球差-色差曲线(±0.20mm)

[IR-17]结构参数　　　　　　　　　(长度单位: mm)

No.	R	T	Gls	Semi-Dia.
OBJ	Inf	Inf		Inf
1	71.200(V)	6.425(V)	N-PSK3(S)	22.574
2	121.441(V)	17.329(V)		21.229
3	37.848(V)	4.056(V)	PBF2(S)	14.663
4	32.624(V)	5.608(V)		13.176
STO	Inf	23.048(V)		12.229
6	−35.692(V)	4.671(V)	CALCITE(S)	17.576
7	−560.466(V)	1.583(V)		21.176
8	−117.027(V)	6.632(V)	ALN(S)	21.212
9	−58.567(V)	1.675(V)		22.838
10	506.312(V)	9.000(V)	ALN(S)	25.624
11	−71.368(V)	0.100(V)		26.084
12	−78.043(V)	3.000(V)	PBF2(S)	25.965
13	507.192(V)	2.873V		26.536
14	262.797(V)	9.000(V)	BK10(S)	27.186
15	−107.271(V)	86.228(V)		27.512
16	Inf	3.000	K10	26.164
17	Inf	0.200		26.136
IMA	Inf	—		26.133

附录 A 光 学 玻 璃

A.1 引   言

迄今为止，光学玻璃制造者已能为光学设计提供数以百计不同光学常数的光学玻璃品种，以满足各领域光学设计对材料的需求。可以说没有光学玻璃就没有当今的光学设计。

A.2 光学玻璃简介以及分类

光学玻璃是制作光学系统透镜、棱镜、反射镜和窗口等的主要材料。光学玻璃在可见光、近紫外和近红外区域具有很高的透过率，其化学结构及物理性能高度均匀，并具有特定和精确的光学常数 (主要是中部折射率 n_d 和阿贝数 ν_d)。按化学构成可分为硅酸盐、硼酸盐、磷酸盐、氟化物以及硫系化合物系列。前几个系列主要用于可见光及近紫外光谱区域，硫系化合物系列则主要用于中远红外光谱区域。常用的光学玻璃品种有 200 多个。传统上光学玻璃分为冕牌和火石两大类，$n_d>1.60$，$\nu_d>50$ 和 $n_d<1.60$，$\nu_d>55$ 的各类玻璃定为冕牌 (K) 玻璃，其余则定为火石 (F) 玻璃。更详细分类见折射率 (n_d)-阿贝数 (ν_d) 的领域图 (图 A.1)。

A.3 无色光学玻璃的主要参数

1. 折射率

玻璃的折射率定义：单色光从真空射入玻璃介质发生折射时，入射角 γ 的正弦值与折射角 β 的正弦值的比值 $(\sin\gamma/\sin\beta)$ 叫做介质的 "绝对折射率"，简称 "折射率"，即

$$n = \sin\gamma / \sin\beta \tag{A.1}$$

折射率不仅与介质种类有关，还与入射光波长有关，光学玻璃常用的单色光源 (标识谱线) 如表 A.1 所示。

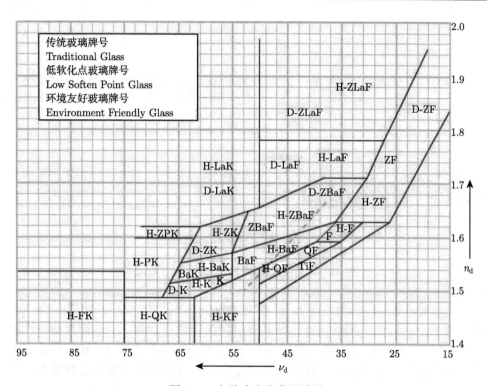

图 A.1　光学玻璃分类领域图

表 A.1　光学玻璃常用的单色光源

光谱线	元素	波长/μm	光谱线	元素	波长/μm
汞紫外线 i	Hg	0.36501	钠黄线 D	Na	0.58929
汞紫线 h	Hg	0.40466	氦氖激光线	He-Ne	0.63280
汞蓝线 g	Hg	0.43584	镉红线 C′	Cd	0.64385
镉蓝线 F′	Cd	0.47999	氢红线 C	H	0.65627
氢蓝线 F	H	0.48613	氦红线 r	He	0.70652
汞绿线 e	Hg	0.54607	汞红线 t	Hg	1.01398
氦黄线 d	He	0.58756			

玻璃的折射率还与温度、压力等因素有关。

2. 色散系数 (阿贝数)

色散系数定义如下:

$$\nu_{\mathrm{d}} = \frac{n_{\mathrm{d}} - 1}{n_{\mathrm{F}} - n_{\mathrm{C}}} \tag{A.2}$$

或

$$\nu_{\mathrm{e}} = \frac{n_{\mathrm{d}} - 1}{n_{\mathrm{F}'} - n_{\mathrm{C}'}} \tag{A.3}$$

阿贝数 ν_{d} 常简记为 ν，它描述 F 光 (0.4861μm) 和 C 光 (0.6563μm) 相对于 d 光 (0.5876μm) 的相对色散，光学设计常用的可见光波段的 "消色差"，就指的是 F 光 (蓝光) 和 C 光 (红光) 的球差曲线在 0.7 孔径相交，又称纵向色差校正。

3. 相对部分色散

一般物镜校正纵向色差后，F 光和 C 光的交点与中心波长 (d 光或 e 光) 仍有差别，称为 "二级光谱"。对于长焦距望远物镜、高级显微物镜和光刻机物镜，不仅要求校正 F 光和 C 光的色差，还要求校正二级光谱。光学玻璃的 g-F 光的相对部分色散由下式定义：

$$P_{\mathrm{gF}} = \frac{n_{\mathrm{g}} - n_{\mathrm{F}}}{n_{\mathrm{F}} - n_{\mathrm{C}}} \tag{A.4}$$

在 P_{gF} 与 ν 值的关系图上，大部分玻璃基本位于一条直线上，见图 21.10，这条直线被称为 "正常线" 或 "基准线"，而偏离这条直线较远的玻璃称为 "特殊相对部分色散玻璃"。要校正二级光谱，必须采用特殊相对部分色散玻璃。

4. 透过率

对光学玻璃而言，光透过性能是至关重要的。通常光学玻璃的短波透射光谱特性用着色度 (λ_{80}/λ_5) 来表示。当样品厚度为 10mm 时，λ_{80} 是指玻璃的光透过率达到 80% 时所对应的波长，λ_5 是指玻璃的光透过率达到 5% 时所对应的波长，并以 10nm 为单位表示 (例如，某玻璃的 λ_5=326nm，λ_{80}=384nm，则着色度 λ_{80}/λ_5=38/33)。当 $n_{\mathrm{e}} \geqslant 1.85$ 时，由于光反射损失太大，着色度改用 λ_{70}/λ_5 来表示。光学玻璃的短波光透过性能还常用 400nm 处的内透过率来表示；对近紫外 i 线透过有特殊要求的则用 365nm 处的内透过率来表示。通常氧化物玻璃光透过的后截止波长在 4~5μm，而一般的光学玻璃的应用波段不超过 2.4μm，这是因为玻璃中含有羟基 (OH^-)，在 2.7μm 附近有一强吸收峰，若用到 2.4μm 以后的近红外波段，则玻璃在制造过程中必须采用除水工艺。

光学玻璃并不局限于上述这些品种，还包括滤光所用的有色光学玻璃以及耐高能辐射光学玻璃、防高能辐射玻璃和光学石英玻璃等。

A.4　光学玻璃近年来的进展

近年来，光学玻璃有了长足的发展，尤其镧系光学玻璃折射率已达到 2.0，可供光学设计选择的品种非常丰富；火石类光学玻璃因无铅化成了环境友好光学玻璃，密度大幅下降，硬度和化学稳定性显著提高；多品种的低折射低色散的氟磷酸盐光学玻璃商品化；低软化点光学玻璃系列化；非球面透镜的精密模压直接成型技术不断完善，使得光学系统可以应用更多的非球面镜头。

　　常见的应用还包括: 用于 CMOS 低通滤波器, 可见光区 400~630nm 高透过而近红外 700~1100nm 截止的光学滤光片; 用于高、中、低温辐射测量, 生产过程中的温度自动控制; 光谱气象分析、报警、热成像、航测海水以及地面和森林火灾监测等的透中远红外玻璃等。

附录 B　光学加工和在线测量

B.1　光学加工工艺

B.1.1　引言

光学零件的加工，主要分为热加工、特种加工和冷加工。目前热加工多用于光学原材料的毛坯加工；特种加工是指不改变光学元件的厚度和外形，只对抛光表面的性能进行加工，包括镀膜、胶合、刻画、复制等；而我们通常所使用的光学透镜，也即我们通过光学设计完成的透镜，是通过冷加工的工艺流程完成的。

B.1.2　古典加工工艺流程

古典研磨抛光是一种历史悠久的加工工艺，也是目前仍然在使用的工艺流程。其主要有以下步骤：

下料—粗磨—细磨—胶垫—上盘—粘接—抛光—下盘—清洗—定中心磨边—镀膜—胶合—总检—包装。

下料：根据设计图纸和每个加工工序的加工余量计算出透镜的毛坯尺寸，包括中心厚度、边缘厚度、外形大小以及材料类型，选择合适的毛坯条料进行切割加工。

粗磨：采用散粒金刚砂磨料研磨表面，一般会选用两种不同粒度的磨料进行粗研磨，使表面无凹坑、破边和明显砂眼，粗糙度 Ra 达到 6.3，并具备初步外形轮廓尺寸，通常为圆形、方形或柱形，有时为多边形或异形结构。

细磨：采用散粒金刚砂磨料研磨表面，一般会选用两种不同粒度的磨料进行细研磨，使表面无划痕、坑点、细微砂眼，粗糙度 Ra 达到 1.6，为抛光提供坯料。

胶垫—上盘—粘接：该过程为辅助工序，使用主要材料为沥青的胶垫粘贴在坯料上，然后选用合适的粘接盘让坯料粘接在镜盘上，为抛光作准备。

抛光：该过程为加工关键过程，通过抛光粉和胶盘对坯料表面进行抛光加工，粗糙度 Ra 达到 0.012 以上。最终使光学元件达到设计图纸的要求，包括表面粗糙度、光洁度和表面面形，图 B.1 和图 B.2 分别为六轴和四轴研磨抛光机。

下盘—清洗：该过程为辅助工序，使元件与胶垫及粘接镜盘分离，并清洗擦拭干净送检。

定中心磨边：对于外形尺寸是圆形的元件，需要通过定心磨边工序让光轴与几何中心轴重合，使偏心达到设计要求，同时外圆尺寸达到配合要求，光学定心透镜磨边机参见图 B.3。

图 B.1　六轴研磨抛光机

图 B.2　四轴研磨抛光机

该工艺步骤完成后，根据要求可以直接是成品，也可以进行后面的工序。

镀膜：主要是使透镜表面达到特定设计要求。例如，增透膜、反射膜、红外膜、紫外膜、滤光膜、偏振膜、三防膜、半反半透膜等。另有专门章节详述。

胶合：对于设计时为无空气间隔的两个透镜，在加工时需要通过光敏胶胶合在一起达到光轴重合、转折等成像要求。一般为双胶合或者三胶合，甚至可以拼接成复眼透镜。

总检：根据图纸要求，检验各项指标，包括表面面形 N、ΔN，表面光洁度 B，偏心 C 等。

包装：由于透镜表面容易出现划伤、腐蚀等表面疵病，因此要用专门的防潮纸、油亮纸等进行包装，干燥保存。

总结古典研磨抛光工艺流程：

该工艺流程使用普通机床，以轮廓成形法使用散粒金刚砂磨料研磨，以沥青和松香组成的抛光胶、抛光粉等辅料进行低速抛光，工序繁多，影响工艺的因素多且易变。与传统作业类似，一般来说受机床设备精度、工装磨具精度的影响较小，但是人工操作量大，对人员的技术要求很高，透镜加工的精度很高，能达到超精密超光滑；但是效率很低，适合于样品的试制、少量加工和科研需要等。

图 B.3 光学定心透镜磨边机

B.1.3 一般高速加工工艺流程

20 世纪 70、80 年代，随着机械设备、光学技术的发展，逐渐出现高速研磨抛光机床，随之出现高速研磨抛光加工工艺。它是建立在古典研磨抛光方式基础上的，较大地提高了加工的效率，能够批量生产。主要的工艺流程如下：

压型毛坯—铣磨—胶垫—上盘—粘接—精磨—抛光—下盘—清洗—磨边—镀膜—胶合—总检—包装。

压型毛坯：根据透镜图纸，设计毛坯加工图纸，材料供应商加工成具有一定外形、尺寸规格要求的光学毛坯型料。

铣磨：在铣磨机床上，毛坯型料装夹在夹具上，根据范成法原理用金刚砂磨环进行铣磨切削加工，加工形成半径 R 和中心厚度 D。图 B.4 为 QM300 立式铣磨机。

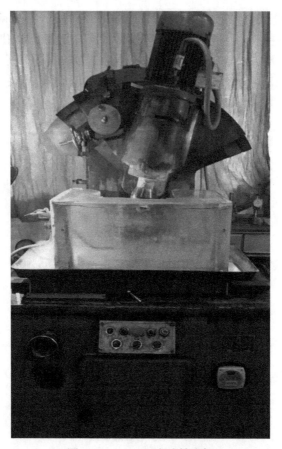

图 B.4　QM300 立式铣磨机

　　胶垫—上盘—粘接：该过程为辅助工序，使用主要材料为沥青的胶垫粘贴在坯料上，然后选用合适的粘接盘让坯料粘接在镜盘上，为抛光作准备。与古典抛光工艺不同的是，因为是批量生产，因此该过程由专门的操作者完成。

　　精磨：由工艺人员设计专门的精磨模具，然后粘接上金刚石丸片，修改好面形，利用压力转移原理对元件磨削去除厚度、砂眼、划痕。观察水印，具备初步光圈 $N=7\sim8$，粗糙度 Ra 达到 1.6。通常该过程选用两种不同粒度的金刚石丸片，完成精磨过程。

　　抛光：采用固马龙、石蜡、毛毡熬制而成的混合物制作高速抛光胶盘，能承受较大的压力和转速，根据压力转移原理进行高速抛光。光圈 N、局部光圈 ΔN、中心厚度 D 均达到图纸要求。

　　下盘—清洗：该过程为辅助工序，与古典抛光工艺不同的是，因为是批量生产，所以该过程由专门的操作者完成。

磨边—镀膜—胶合—总检—包装：该工艺过程与古典加工工艺相同，不再详述，SCM-2.0 自动定心透镜磨边机参见图 B.5。

图 B.5　SCM-2.0 自动定心透镜磨边机

光学元件在每个工序进行加工时操作者需自检，加工完成之后转入下个工序需要专检，所有工序完成后，进行总检并包装、储存。

总结一般高速加工工艺流程：

该工艺流程使用铣磨机床、弧摆式高速精磨抛光机床设备；以范成法原理铣磨切削；以压力转移原理，采用固体金刚石丸片高速精磨；根据准球心法，采用固马龙抛光胶高速抛光，能进行批量加工生产。该工艺过程受机床设备精度、工装磨具精度的影响增大，对人员的技术要求相对降低，透镜加工精度适中，但是提高了效率，适合于批量加工中等精度的透镜。

B.1.4　现代高速生产线工艺流程

20 世纪末 21 世纪初，随着光学应用技术的发展，光学元件的应用范围逐步拓展，对其需求也越来越广泛。而对于光学元件 (包括光学透镜) 的加工要求也越来越高，随之出现了各种不同性能、不同精度的机床设备，也使得加工工艺再步入一个新的阶段，标准工厂可以采用高精度机床设备，以生产线管理方式进行光学透镜制造。本节就对两种主要的加工工艺加以说明：平摆式高速精磨抛光工艺，下摆式高速精磨抛光工艺。主要工艺流程如下：

压型毛坯—铣磨—精磨—超精磨—抛光—磨边—镀膜—胶合—总检—包装

　　　　　　　　　　　　—磨边—抛光

　　压型毛坯—铣磨：该过程与一般高速加工工序相同。

　　精磨–超精磨：由工艺人员根据选择加工工艺方式设计精磨模具，研修磨具面形，然后粘接上金刚石丸片，修改好半径及面形，利用压力转移原理、准球心原理对元件磨削去除厚度、砂眼、划痕。具备初步光圈 $N=5\sim6$，粗糙度 Ra 达到 1.6 或 0.63。根据图纸要求，该过程选用两种或三种不同粒度的金刚石丸片，避免跳砂情况，完成精磨或超精磨过程。

　　抛光：先修改抛光模具的半径 R 及面形，再粘接上聚氨酯，用作高速抛光工具，元件垫上阻尼布装夹在铝壳里，根据压力转移原理、准球心原理进行高压力高速度抛光。光圈 N、局部光圈 ΔN、中心厚度 D 均达到图纸要求。

　　磨边：对于通光孔径是圆形的透镜，需要通过定心磨边工序切削外径轮廓让光轴与几何中心轴重合，使偏心达到设计要求，同时外径尺寸达到机械配合偏差要求。SPCM-M1 自动定心透镜磨边机参见图 B.6。

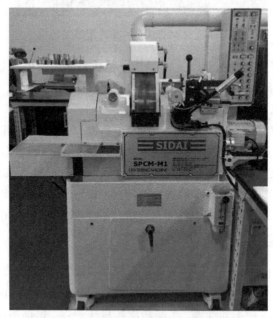

图 B.6　SPCM-M1 自动定心透镜磨边机

　　平摆式高速精磨抛光和下摆式高速精磨抛光工艺过程类似，只是使用的模具和加工原理、操作方式略微有些区别。特别地，对于一些大口径透镜或者特殊材料透镜，会先定心磨边，然后进行抛光过程，以确保偏心要求或者表面光洁度要求。

镀膜—胶合—总检—包装：该工艺过程与之前相同，不再详述。

同样地，光学元件在每个工序进行加工时操作者需自检，加工完成之后转入下个工序需要专检，所有工序完成后进行总检，表面疵病、光洁度、面形、厚度、外径、偏心等各项指标达到设计图纸要求后包装、储存。

总结现代高速生产线工艺流程：

该工艺流程使用球面、平面铣磨机床，平摆式、定摆式、下摆式高速精磨抛光机床设备；以范成法原理铣磨切削球面半径；以压力转移原理、准球心原理采用固体金刚石丸片高速精磨、超精磨；采用聚氨酯高压高速抛光，能进行批量、大批量流水线生产加工。该工艺过程受机床设备精度、工装磨具精度的影响很大，在各个关键点上需要有专业的技术人员，但对普通操作者的技术要求相对不高，加工透镜精度能达到中高级以上。由于去除了很多辅助过程，工序间周转灵活，缩短了加工周期，因此效率非常高，能够形成现代化流水线生产作业，适合于批量、大批量加工中高级精度的透镜。

B.2 生 产 制 造

B.2.1 古典光学加工常用设备及精度

用古典方法加工的机床种类很多，样式各异。常用的有两轴、四轴、六轴、十二轴、二十轴机床。此外，还有单轴机、脚踏研磨抛光机等。

用散粒磨料细磨时，常用细磨抛光机进行。例如，H015 型两轴细磨抛光机，机床主要由变速部分、主传动轴、主轴、摆动轴、三脚架、床身等几部分组成，参见图 B.7。两轴细磨抛光机主要用来加工直径较大的镜盘或元件。通常加工的最大平面镜盘直径约 250mm。与两轴机构造原理相同的四、六或更多轴细磨抛光机，主要用来加工中等直径和小直径的镜盘。又例如，用于加工中等镜盘的 Q8412 型四轴细磨抛光机，主轴转速分六挡，38~350r/min，摆盘偏心可调范围为 0~45mm，能加工的最大镜盘直径约 130mm。再例如，H018 型六轴细磨抛光机，偏心轴无级调速转速为 32~470r/min，主轴转速为 55~250r/min，主要用来加工 70mm 以下的直径较小的镜盘。

一般机床的功率常以加工最大平面镜盘直径表示，球面镜盘最大直径为平面镜盘最大直径的 0.7 倍。加工平面镜盘时，以机床的加工范围为主要考虑因素；加工球面镜盘时，需要考虑转速、摆速、摆幅等因素。对需要单块或成对修正面形误差、表面疵病或角度、平行差的元件，一般在单轴研磨抛光机上进行手工抛光，参见图 B.8。

图 B.7　平面两轴细磨抛光机

图 B.8　单轴研磨抛光机

B.2.2　一般高速加工常用设备及精度

　　一般机床的组成主要由以下几部分：① 传动系统；② 抛光液循环系统；③ 压力头机构、电器控制系统。例如，适合加工中等透镜口径的抛光机，其特点是：主轴转速较高，摆架可调且摆架绕透镜球心左右摆动，压力始终指向球心并保持恒定，气压缓冲装置减少摆架振动。抛光液自动循环供给，可以内喷也可以外喷，液温可以调节并恒温，并且机床可以定时管理。

1. 一般高速生产设备

Q835A 型高速抛光机的主要技术参数：加工半径 $R10{\sim}R50$ 的凹凸镜盘；从主轴定位端面到摆动中心的距离为 70mm，摆架最大摆幅为 45°；摆架摆动范围为 70°；摆速为 28r/min；主轴转速为 250r/min、500r/min、750r/min；顶针最大压力为 100N。本节以八轴弧摆式抛光机为例，加工半径范围 $R10{\sim}R30$ 的凹凸镜盘，参见图 B.9。

图 B.9　八轴弧摆式抛光机

Q8312 型高速抛光机的主要技术参数：加工半径 $R50{\sim}R120$ 的凹凸镜盘；从主轴定位端面到摆动中心的距离为 145~150mm，摆架摆动范围为 ±50°；摆速为 18r/min；主轴转速为 80r/min、110r/min、165r/min、230r/min；顶针压力范围为 100~350N。

2. 小结

目前，这种弧摆式加工方式因为仍然需要熬胶、做胶垫、上下粘胶盘、清洗等辅助工序，没有降低对人的依赖，已经很少被采用，逐步有新型设备替代。详细见下文。

B.2.3　现代高速生产线常用加工设备及精度

现代高速精磨抛光生产线主要采用平摆、下摆、上摆等精磨抛光机，依靠高精度的工装磨具和技术人员的现场管理，实现标准化流水线生产作业。

1. 高速铣磨设备

首先，介绍一下铣磨机。ZGX70 球面铣磨机参见图 B.10，这是球面光学元件高效加工设备，主要借助弹簧拉力柔性进给，能加工出满足曲率半径精度、表面粗糙度、弧高要求的元件。加工透镜范围为 5~70mm；工件轴转速为 15r/min、22r/min；工件轴纵横向调整距离为 50mm；磨轮转速为 8500r/min、11000r/min；倒边轴转速为 7000r/min；磨轮轴转角为 0°~45°；倒边轴转角为 0°~90°。该机床是光学毛坯材料铣磨成型的理想加工设备。

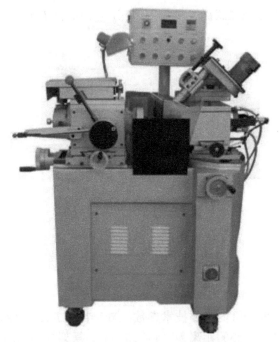

图 B.10　ZGX70 球面铣磨机

2. 生产线高速精磨抛光设备

其次，介绍一下高速精磨抛光机。例如，HB-8 平摆高速抛光机参见图 B.11。由 8 个主轴及对应的压力头组成工作系统，采用两轴一控制及气动加压的加工原理，极大地提高了加工效率和工作面形精度。主轴转速为 897r/min，间距为 210mm、220mm，摆轴转速为 72r/min，摆臂轨迹为曲柄带动的椭圆运动又转换为圆弧运动，回转方向是主轴为逆时针方向运动和摆臂为顺时针方向回转。摆架摆幅为 0~65mm，摆臂压力为 20~280N，脚踏阀控制气压，时间 0~9999s 可调。

又例如 HH-4 平摆高速精磨抛光机 (图 B.12)，它是由 4 个主轴及对应的压力头组成的工作系统，采用两轴一控制及气动加压的加工原理，是理想的光学冷加工机床。主轴转速为 2040r/min，间距为 210mm、220mm，摆轴转速为 72r/min，摆臂轨迹为曲柄带动的椭圆运动又转换为圆弧运动，回转方向是主轴为逆时针方向旋转和摆臂为顺时针方向回转。摆架摆幅为 0~65mm，偏心量在 0~40mm 内调整，摆臂压力为 55~750N，手动旋钮控制气压，时间 0~99s 可调。

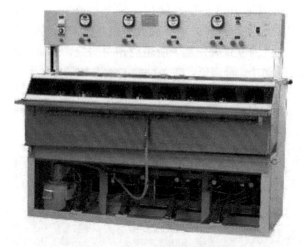

图 B.11 HB-8 平摆高速抛光机

图 B.12 HH-4 平摆高速精磨抛光机

再例如 JP1 下摆精磨抛光机 (图 B.13)：由机械和电气系统组成，单片机控制。主轴 4 个，摆动电机分别由 4 个变频器驱动，主轴转速为 250~3600r/min，可实现主轴转动和摆座摆动的平滑调速，满足元件加工范围内的速度需要。工件主轴工作前通过丝杠可在 0°~45° 范围内调整，并且以这一位置为平衡点在 0°~25° 范围内摆动，摆轴转速为 10～100r/min，摆架摆动范围为 0°～45°，连续可调。该机床属于下摆设备，加工半径 $R \leqslant R80$ 的凹凸镜盘，直径 ≤90mm，特别适合凸透镜加工。机床的加工时间根据元件外径和曲率半径大小在 0～999s 设置，有自动和手动两种控制方式。特别地，主轴位置确定后，滑座能相对固定，消除了冲击间隙，从而使设备运行更平稳，振动小，噪声低，在工件磨削效率和质量上较一般光学设备有很大的提高。

图 B.13　JP1 下摆精磨抛光机

另外，JP13.6 上摆精磨抛光机 (图 B.14) 是球心型加压，加压方向总是指向被加工透镜球心，压力在任意位置均相等，加工时元件不塌边、不翘边、光圈规则、

图 B.14　JP13.6 上摆精磨抛光机

精度稳定。本机床由机械和电气部分组成：主轴分别由 6 个变频器控制电机，实现转动的无级调速，主轴转速为 600~3000r/min，满足速度需要。摆轴可在 ±40° 范围内调整，并在 0°~25° 范围内摆动，摆轴转速为 50r/min，摆轴上下调节量为 ±25mm，摆臂压力为 0~65N，加工时间根据元件外径和曲率半径大小在 0~999s 设置。该机床属于上摆设备，可以加工半径 $R2 \sim R30$ 的凹凸镜盘，直径 $\Phi3 \sim \Phi30$，特别适合凹透镜加工。由于加工凹透镜时，摆动部分 (铁笔) 伸出长度较短，因此加工更稳定。总之，整机结构合理，工作时振动小、运行平稳、加工质量稳定。不但适合于批量生产，而且可满足小批量多品种生产的需要，目前广泛应用于光学和电子行业的高精度较小透镜的精磨和抛光加工。

B.3 光学零件技术要求

光学零件的技术要求反映了光学系统像差设计的要求，这也是对加工后的光学系统成像质量的保证。

对光学零件加工要求主要体现在以下几个方面。

1. 光学零件表面误差

光学零件的表面误差是指球面半径误差、平面的平面性偏差和表面的局部误差。造成表面误差的原因有两种：① 光学样板自身的表面误差；② 光学元件表面与样板表面之间的误差，即光学零件的面形偏差。表面误差的给定可参考表 B.1[1]。

表 B.1 光学零件表面误差参考数值

仪器类型	零件性质	表面误差		仪器类型	零件性质	表面误差	
		N	ΔN			N	ΔN
显微镜和精密仪器	物镜	1~3	0.1~0.5	棱镜	反射面	1~2	0.1~0.5
	目镜	3~5	0.5~1.0		折射面	2~4	0.3~0.5
照相系统、投影系统	物镜	2~5	0.1~1.0	望远镜系统	屋脊面	0.1~0.4	0.05~0.1
	滤光镜	1~5	0.1~1.0		反射镜	0.1~1.0	0.05~0.1
望远系统	物镜	3~5	0.5~1.0		场镜	5~15	0.5~5.0
	转像透镜	3~5	0.5~1.0		滤光镜		
	目镜	3~6	0.5~1.0		分划板		

2. 圆形光学零件与镜框的配合公差

圆形光学零件与镜框的配合公差见表 B.2。

表 B.2　圆形光学零件与镜框的配合公差

零件性质		公差与配合	
		透镜	镜框
高倍显微物镜和高精度望远镜的物镜、照相物镜	配合的	h6,h7	H7
	非配合的	b11,c10,c11	
低倍显微物镜和较高精度望远镜的物镜，具有调节视度装置的高倍目镜	配合的	h8,h9	H8,H9
	非配合的	B11,c10,c11	
一般望远镜的物镜和目镜、聚光镜、转像透镜	配合的	f9	H8,H9
	非配合的	b11,c10,c11	
聚光镜、反光镜		d11	H11

3. 光学零件的中心最小厚度及边缘最小厚度

光学零件的中心最小厚度及边缘最小厚度见表 B.3。

表 B.3　光学零件的中心最小厚度及边缘最小厚度

直径 D/mm	正透镜边缘最小厚度 t/mm	负透镜中心最小厚度 d/mm
3~6	0.4	0.6
6~10	0.6	0.8
10~18	0.8~1.2	1.0~1.5
18~30	1.2~1.8	1.5~2.2
30~50	1.8~2.4	2.2~3.5
50~80	2.4~3.0	3.5~5.0
80~120	3.0~4.0	5.0~8.0
120~150	4.0~6.0	8.0~12.0

4. 光学零件的厚度公差

光学零件中心厚度公差随光学零件的不同而不同，具体光学零件的厚度公差见表 B.4。

表 B.4　光学零件的厚度公差

光学零件类别	仪器种类	厚度公差/mm
物镜	显微镜及实验仪器	±(0.01~0.05)
	照相物镜及放映镜头	±(0.05~0.3)
	望远镜	±(0.1~0.3)
目镜	各种仪器	±(0.1~0.3)
聚光镜	各种仪器	±(0.1~0.5)

B.4 光学透镜在线加工检验

B.4.1 光学样板 (标准样板、工作样板) 加工及公差

日前, 光学样板在干涉仪镜头检测范围内都直接采用干涉仪配备的光栅尺通过光学干涉直接读出半径值, 属非接触法检测, 比采用球径仪更具优越性, 不会损伤样板的光洁度, 对检测人员的经验要求不高, 且不需要制作标准样板, 成本上节约不少 (一副 $D100$ 的准样板一般售价在 250 美元)。但超出检测范围的 ($R>1000$mm 与 $R<-1000$mm) 则还需采用球径仪 (图 B.15) 检测 (接触式检测, 对检测人员操作要求高), 先制作标准样板, 再制作工作样板。另外, 为了加工出来的产品与理论设计的产品更接近, 工作样板设计时一般补负 $3F$(样板光圈略偏 +, 使零件光圈 $N=0\sim-3$), 使加工出来的零件半径更接近图面设计的公称值, 参见表 B.5。干涉仪行业内主要用 ZYGO GPI 4INCH, 干涉仪镜头配备资料参见图 B.16。球径仪常用的是德国 TRIOPTICS 公司的全自动球径仪。

图 B.15 Spherometer 全自动球径仪

表 B.5 球面标准样板的曲率半径允差

精度等级	曲率半径 R/mm					
	0.5~5	>5~10	>10~35	>35~350	>350~1000	>1000~40000
	允差 ($\pm$)					
	μm			R 公称尺寸的百分数		
A	0.5	1.0	2.0	0.02	0.03	0.03R/1000
B	1.0	3.0	5.0	0.03	0.05	0.05R/1000

Transmission Spheres

Part Number	Aperture	$f/\#$	R_1/mm	D_1/mm	D_0/mm	R_2/mm	D_2/mm
6024-0472-01	25 mm	0.58	8	14	14	7	12
6024-0474-01	25 mm	0.7	12	17	19	11	16
6024-0476-01	25 mm	1.0	20	20	24	17	17
6024-0454-××	4 inch	0.65	39	60	61	36	56
6024-0444-××	4 inch	0.75	48	64	65	45	60
6024-0430-××	4 inch	1.5	121	81	93	115	76
6024-0399-××	4 inch	3.3	298	90	89	282	85
6024-0404-××	4 inch	7.1	682	96	98	674	95
6024-0410-××	4 inch	10.7	1040	97	100	1030	96
6024-0458-××	6 inch	0.8	80	100	104	77	97
6024-0455-××	6 inch	1.1	123	112	128	118	107
6024-0414-××	6 inch	2.2	290	132	164	274	125
6024-0413-××	6 inch	3.5	476	149	164	458	130
6024-0417-××	6 inch	5.4	776	147	164	761	141
6024-0405-××	6 inch	7.2	1045	145	164	1022	142

$-××$Key: $-11 = \lambda/10$ PV, $-13 = \lambda/20$ PV, $-14 = \lambda/10$ PV Dynaflect, $-15 = \lambda/50$ PVr

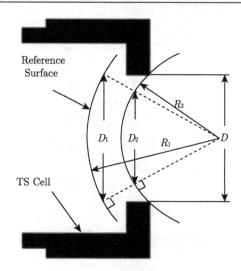

图 B.16　ZYGO 干涉仪镜头数据

透镜中心偏 (差) 是指透镜外圆的几何轴与光轴在曲率中心处的偏离量, 用 C 表示。中心偏差会使轴上点产生彗差、像散等像差。

中心偏检测分为反射式和透射式两种检测方式。中心偏的定义分为线性制中心偏 C 和角度制中心偏 α。C 表示透镜外圆几何轴 (机械轴) 与光轴的距离, 在焦面上测量; α 则为 C 对于透镜中心的张角, 如图 B.17 所示。显然有

$$C = 0.291\alpha l'_F \times 10^{-3} \approx 0.291\alpha f' \times 10^{-3} \qquad (\text{B}.1)$$

其中，α 的单位为分，l_F' 为 "后焦距"BFL，约等于 f'。

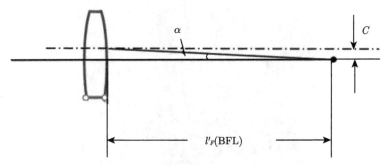

图 B.17　透镜中心偏的定义

C-线性制中心偏；α-角度制中心偏；点划线-机械轴 (几何轴)；实线-光轴

一个偏心的透镜可以看作由一个焦距为 f' 的理想透镜和一个顶角为 χ 的光楔组成，参见图 B.17。光楔材料的折射率为 n，光线透过光楔的偏角为 $(n-1)\chi$。χ 又称 "面倾角"，容易算出透镜的中心偏

$$C = 0.291\,(n-1)\,\chi l_F' \times 10^{-3} \approx 0.291\,(n-1)\,\chi f' \times 10^{-3} \qquad (\text{B.2})$$

其中，χ 的单位为分。图 B.18 为面倾角 χ 与透镜中心偏 C 的关系。

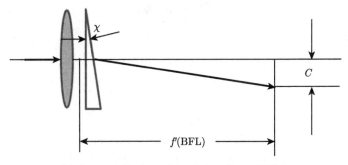

图 B.18　面倾角 χ 与透镜中心偏 C 的关系

当透镜两面均有面倾角时，以一面为基准，把第二面的面倾角作为 χ。

光学冷加工多采用透射式检测，线性制中心偏采用专用的线性制偏心仪，角度制中心偏采用对应的角度制偏心仪。目前角度制偏心仪使用较为广泛。图 B.19 为透射式偏心仪。

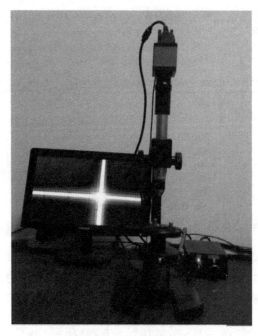

图 B.19   透射式偏心仪

参 考 文 献

[1]   参考书目 [16].

附录 C 光 学 镀 膜

C.1 引 言

光学镀膜是光学加工中应用最广的工艺之一，甚至可以说凡是有光学镜片的地方就有光学镀膜。

光学镀膜是利用沉积技术，将一种或多种镀膜材料沉积在光学表面的过程。形成这些有规律的光学薄膜层，产生干涉效应，用于增强光学系统中的透射或反射光。光学镀膜层的性能取决于膜的层数、各个层的厚度和层间的折射率差。

C.2 常见的光学镀膜种类

(1) 减反射膜：也就是常说的增透膜，目的是最大限度地减少光学表面的反射，以实现增加透射光强度。这种薄膜是在光学透镜上应用最多的。

(2) 高反射膜：用来增加特定波长范围内的反射光强度。

(3) 分束膜：用于将入射光分成特定的透射光和反射光输出。

(4) 滤光片：目的是使部分特定波长透过同时截止其他特定波长，例如，短波通、长波通、带通滤光膜和负滤光膜等。

(5) 功能性薄膜：例如，憎水膜、硬碳膜和透明导电膜等。

以上光学镀膜种类的英文表达及图纸中的符号见表 C.1。

表 C.1 光学镀膜种类的英文表达及图纸中的符号

光学镀膜种类	英文表达	图纸中的符号
减反射膜	anti-reflection (AR) coatings	
高反射膜	high reflective (mirror) coatings	
分束膜	beamsplitter coatings	
滤光片	filter coatings	
短波通滤光膜	short-pass filter coatings	
长波通滤光膜	long-pass filter coatings	
带通滤光膜	band-pass filter coatings	

光学镀膜种类	英文表达	图纸中的符号
负滤光膜	notch filter coatings	
憎水膜	hydrophobic coatings	
硬碳膜	diamond-like carbon coatings, DLC	
透明导电膜	transparent conductive film, TCF	

C.3   常见的镀膜制备方法

C.3.1   真空蒸发镀膜

图 C.1 为真空蒸发镀膜 (evaporative deposition) 原理示意图。真空蒸发镀膜指在真空室中，通过加热或电子束轰击使得镀膜材料蒸发，由此产生的蒸汽冷凝到光学表面上而形成薄膜层的组合。在当代的镀膜设备中，通常会配备离子源的辅助部件，它可以使蒸发后的镀膜材料获得离子束的能量，从而获得更加牢固、致密的膜层，同时也能够减少膜层的内部应力。这种工艺的缺点是可蒸镀材料有限、真空室内温度较高 (树脂材料基底、易高温变形基底均不适用)、受蒸发角度限制均匀区域较小等。而它的优点也很明显，比如设备价值较低、技术要求不高及薄膜沉积速度快等。所以离子源辅助真空蒸发镀膜是目前最为广泛地用于光学元件镀膜的工艺。

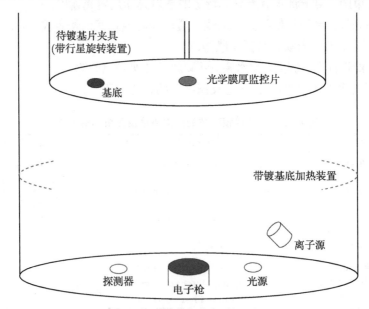

图 C.1   真空蒸发镀膜原理示意图

C.3.2 溅射镀膜

溅射镀膜 (sputtering) 包括离子束溅射镀膜 (ion-beam sputtering, IBS)、等离子体溅射镀膜 (plasma sputtering) 等,而等离子体溅射镀膜又包括等离子溅射镀膜和磁控溅射镀膜。总的来说,溅射镀膜是一种物理气相沉积过程,最关键的三个部分是:

(1) 在真空室内注入气体 (sputtering gas) (通常为惰性气体),利用低压使其辉光放电产生入射离子,作为能量来源。

(2) 镀膜材料作为阴极靶,我们称之为靶材 (sputtering target)。

(3) 待镀光学基片作为阳极 (substrate and film growth)。

溅射镀膜就是利用入射离子轰击靶材,把靶原子溅出沉积在待镀光学基片上,形成薄膜。原理如图 C.2 所示。

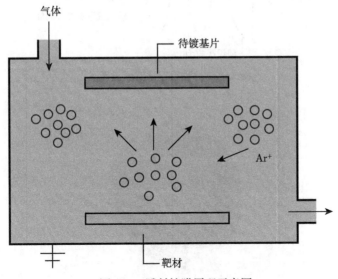

图 C.2 溅射镀膜原理示意图

目前使用比较多的是磁控溅射镀膜,由于其工艺易控、重复性好、可用镀膜材料广泛 (金属、非金属、树脂材料、非导电材料等),被应用在太阳能板、建筑玻璃、航空航天、显示器及工艺装饰品等领域。

C.4   与光学镜头设计相关的镀膜

C.4.1   剩余反射和减反射膜

如我们所知,每一个未镀膜的光滑光学表面都会有 4% 左右的剩余反射,所以在光学镜头中最常见的镀膜就是减反射膜,这能大大提高系统透射光能量,同时减少回波的干扰 (即所谓的鬼影 (ghost images))。

以图 C.3 为例,一个三镜片 (六个光学表面) 式的透镜系统 (假定材料吸收为 0),若不镀膜总透过率约为 78.3%,镀减反射膜 (如剩余反射 $R < 1\%$) 后总透过率约为 94%。图 C.4 为一个带有减反射膜的镜头。

图 C.3   镀膜后透过率示意图

图 C.4   一个带有减反射膜的镜头

C.4.2   入射角度

光线入射角度也是影响镀膜性能的关键因素,不同类型的薄膜入射角度的影响大小不等。其中入射角的变化对于减反射膜和金属反射膜的影响是最小的,而对滤光膜的影响最大,甚至会因为角度的微小变化而使得滤光膜性能显著改变。如果系统中需要滤光片,一般必须单独配制,不会选择镀在带有曲率的透镜表面上;同理,对于反射膜,一般只可选择金属反射膜镀在透镜表面,而避免多层的介质反射膜。

以可见光区 425~675nm 的减反射膜为例，常规的镀膜结果是：0° 入射的剩余反射率为 $R<0.5\%$；45° 入射的平均剩余反射率为 $R<1.5\%$。对于常见的带宽不超过 40nm 的减反射膜来说，15° 以内的入射角度差异对薄膜性能的影响可以忽略。

C.4.3 性能和成本评估

制定镀膜指标时，在考虑光学性能的基础上应兼顾加工成本。在一般的宽角度可见光区应用中可以选择镀 $\lambda/4(\lambda=550\text{nm})$ 厚度的单层 MgF_2 作为减反射膜，这种薄膜的减反性能略差 (图 C.5) 且容易吸潮影响性能，薄膜层的强度也很一般，但是加工成本低且对于入射角的变化不甚敏感，很适合在宽角度下的可见光区应用。在一些精密应用中，则需要选择多层减反射膜。图 C.5 给出常规减反射膜 0° 入射 (可见光 ~ 近红外波段) 的指标。

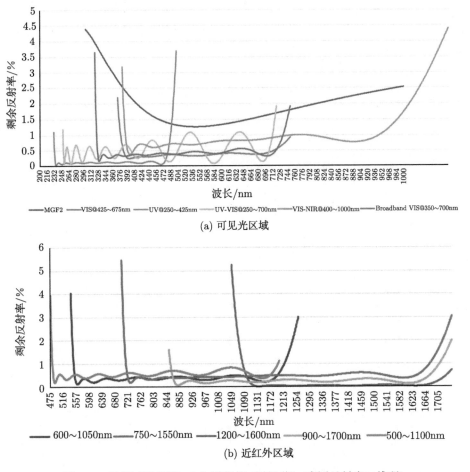

(a) 可见光区域

(b) 近红外区域

图 C.5　常规减反射膜 0° 入射指标 (设计值) (彩图见封底二维码)

C.4.4 损伤阈值

激光应用中,要明确提出对薄膜的抗激光损伤阈值 (damage threshold) 要求。因为薄膜层的致密性、镀膜材料在工作波段的吸收性、薄膜层表面的瑕疵等对该阈值有很大的影响,所以镀膜工作者需要按照明确的要求来具体考量所需要的镀膜工艺。

C.4.5 憎水膜及硬碳膜

光学镜头中常见的功能性薄膜是憎水膜及硬碳膜。憎水膜是在光学表面镀一层树脂材料,以达到防雾、减少水滴停留的作用,适用于湿度较大的环境;硬碳膜主要应用在红外成像镜头最外侧光学表面,用以提高镜片表面的抗划伤和抗擦拭的强度,适合用在户外条件下。

附录 D　光学元件的测量

D.1　光学棱镜角度测量

本附录的编写参考了《光学零件的面形偏差》[1]《光学系统参数的测定》[2]《光学传递函数》[3] 和《光学系统像质评价》[4] 等国家标准。

D.1.1　光学棱镜 (包括屋脊棱镜) 车间测量方法

运用标准棱镜比对方法进行测量 (图 D.1)。标准棱镜的角度 β 是实验室计量检定确定的。

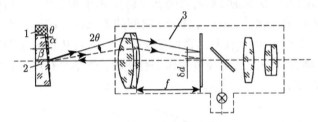

图 D.1　光学棱镜车间测量原理图

1-标准棱镜；2-被测棱镜；3-光学比较测角仪；α-标准棱镜的角度；β-被测棱镜的角度；θ-两棱镜的角度差

图 D.1 中 δd 为光学比较测角仪发出的光，分别经两个棱镜后返回至光学比较测角仪后所成像的线位移，f 为光学比较测角仪的焦距。

$$\theta = \frac{\arctan(\delta d/f)}{2} \tag{D.1}$$

θ 可由光学比较测角仪直接读出，此公式为光学比较测角仪的测量原理。

被检棱镜工作角度

$$\beta = \alpha + \theta \tag{D.2}$$

D.1.2　光学棱镜实验室测量

运用光学测角仪 (由转台和自准直仪组成) 测量光学棱镜工作角度补角并进行计算 (图 D.2)。测量过程为将光学棱镜放置在光学测角仪转台的工作台面上，用自准直仪瞄准棱体一工作面，旋转转台角度为 β，使自准直仪瞄准棱体另一工作面。则被测棱体工作角度为

$$\theta = 180° - \beta \tag{D.3}$$

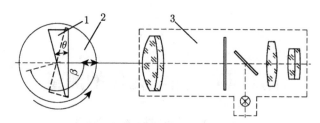

图 D.2   光学棱镜实验室测量原理图

1-被测棱体；2-精密转台；3-自准直仪；θ-被测棱体的工作角；β-转台旋转的角度

D.1.3   光学元件平行度 θ 的测量

1. 反射棱镜光学平行度 θ_I 和 θ_{II} 的定义

图 D.3 为五角棱镜的主截面 $y'z'$ 平面，设光线单位矢量从第一面 Σ 垂直入射，经过棱镜内的若干次反射 (本例为两次反射)，由于加工误差，出射前的光线矢量 α' 与出射面 Σ' 的法线矢量 n 不重合，它们的差 $\Delta\alpha = \alpha' - n$ 在主截面内的分量称棱镜的第一平行差 θ_I，在与主截面正交的 $z'x'$ 平面内的分量则为棱镜的第二平行差 θ_{II}。光学设计中把反射棱镜看作平行平板，光学平行度 θ_I 和 θ_{II} 表征了该平板的不平行度。

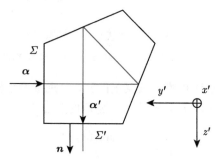

图 D.3   五角棱镜的主截面

α 为入射光线矢量；α' 为出射前的光线矢量

2. 光学平行度的测量

光学平行度运用自准直仪测量。由自准直仪发出的平行光在光学元件两表面反射光的夹角为 2β，如图 D.4 所示，则平行度 θ 为

$$\theta = \beta/n \tag{D.4}$$

式中，n 为被测元件的折射率。

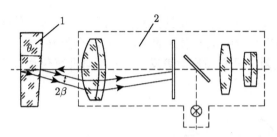

图 D.4 自准直仪测量光学元件平行度原理图 [5]

1-被测光学元件；2-自准直仪；θ-光学元件平行度；2β-光学元件两表面反射光的夹角

反射棱镜 (包括屋脊棱镜) 工作角度的测量都可展开成测量光学元件平行度 $\theta_K\,(K=\mathrm{I}\,,\,\mathrm{II})$，反射棱镜的光学平行度

$$\theta_K = \beta/n, \quad K = \mathrm{I}\,,\,\mathrm{II} \tag{D.5}$$

式中，n 为被测反射棱镜的折射率。图 D.5 给出五角棱镜展开为平板的测量示意图。

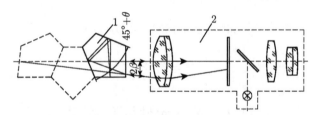

图 D.5 五角棱镜展开为平板的测量示意图

1-五角棱镜；2-自准直仪；θ-五角棱镜的角度差；2β-光学元件两表面反射光的夹角

D.1.4 直角棱镜工作角的测量

所有棱镜工作角度的测量都可用运用辅助平面反射镜将出射光线自准直反射回去，用自准直仪进行测量。具体测量方法为先将平面反射镜放置在转台的工作台面上，用自准直仪瞄准其反射回的像；将转台旋转 α 角到被测棱镜出射光的理论位置，再放上被测棱镜，使被测棱镜出射光经平面反射镜反射回，用自准直仪测量返回光的位置变位为 β 角，则被测棱镜工作面的夹角 θ 为

$$\theta = (\alpha + \beta)/(2n) \tag{D.6}$$

式中，n 为被测元件的折射率。

如图 D.6 所示为直角棱镜的测量方法，入射光和出射光相差 $180°$，出射光会进入自准直仪干扰测量。具体做法是将小平面反射镜镶在具有同样大小通孔的机

械件上，平面反射镜与通孔有一定的距离，如图 D.6 所示，将平面反射镜放在转台工作面上，用自准直仪瞄准反射回的像。再将转台旋转 180° 后放上被测直角棱镜，使被测棱镜出射光经平面反射镜反射回，用自准直仪测量返回光的位置变位为 β 角。

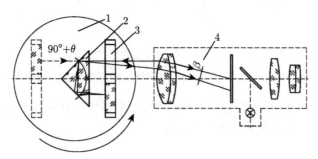

图 D.6   运用辅助平面反射镜测量直角棱镜

1-转台；2-被测棱镜；3-带孔的平面镜组件；4-自准直仪；θ-被测棱镜的角度差；β-两次自准直光路的角度差

被测棱镜工作面的夹角为

$$90° + \theta = 180°/2 + \beta/(2n)$$

$$\theta = \beta/(2n) \tag{D.7}$$

D.2   光学元件面形测量

D.2.1   小型光学元件面形测量

一般小口径光学元件 (通光口径 $\leqslant 100\text{mm}$) 在车间大都用菲佐干涉仪测量，原理如图 D.7(a) 所示，激光束经扩束镜后聚焦在光阑中心处，由光阑光点发出的球面波依次经过分光镜和准直物镜形成准直光射向标准镜组，由标准镜组的标准面的反射光原路返回，形成参考光波 $\sum$；另一路光波通过干涉仪到达被测平面再返回，与参考光波形成等厚干涉条纹。由于光路是垂直射向标准面的，故相应两条纹间的光程差为 λ，相应的空气隙厚度为 $\lambda/2$。当减小空气隙厚度时，同级序的干涉条纹将保持原来光程差值方向移动，由此确定面形偏差。具体识别方法可参照国家标准 GB/T 2831—2009 的规定。球面测量方法与平面测量差不多，只是将干涉仪的标准镜组换成球面标准镜组。

在实验室一般采用干涉仪测量，干涉仪的种类很多，国内主要运用 ZYGO 干涉仪 (图 D.8) 进行测量。干涉仪平面光波的口径可达 $\phi600\text{mm}$，其测量精度可达 $\lambda/40$，但在实际测量过程中，测量精度还要受到标准镜头的限制。

　　凹球面 (非球面) 镜及平面镜均可直接更换标准镜头进行测量,对于凸面镜则要借助辅助镜测量,如图 D.9 所示。

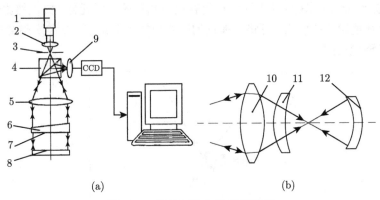

图 D.7　菲佐干涉仪测量原理图

(a) 平面测量原理图 (来自网络配图); (b) 球面测量原理图。1-激光器; 2-扩束镜; 3-光阑; 4-分光镜; 5-准直物镜; 6-平面平晶; 7-标准面; 8-被测面; 9-成像镜头; 10-固定透镜; 11-标准镜组; 12-被测球面镜

图 D.8　ZYGO 干涉仪

(a) 卧式干涉仪; (b) 立式干涉仪

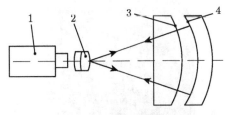

图 D.9　凸面镜测量原理图

1-干涉仪; 2-标准镜组; 3-被测面; 4-标准镜面

近年来, 大型高精度光学元件加工技术日益成熟, 相对口径比较大。在测量面形时, 由于干涉仪所配的标准镜头满足不了测量要求, 需要专门为此做一个补偿镜, 测量方法原理如图 D.10 所示。运用补偿镜测量的光学元件, 口径都比较大, 测量过程中环境影响比较大, 可将干涉仪的原始数据提取出来, 以多次测量求平均值作为最终测量结果。

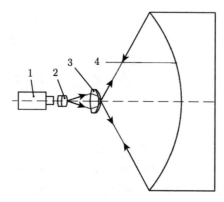

图 D.10　补偿镜组测量面形原理图

1-干涉仪; 2-标准镜组; 3-补偿镜组; 4-被测镜面

D.2.2　大型光学元件

由于大型光学元件材料本身就很昂贵, 故每道加工工序都要严格控制。大型光学元件加工主要为粗磨、精磨和抛光这三道工序, 粗磨和精磨工序需进行几何外形尺寸测量, 抛光工序主要测量工作面面形。粗磨和精磨加工目前主要用三坐标进行检测, 如图 D.11 所示。抛光加工主要用干涉仪检测, 如图 D.8 和图 D.10 所示。

图 D.11　三坐标检测

　　在大型光学元件抛光检测过程中, 可以用刀口仪进行检测, 对于有经验的加工人员来说, 用刀口仪进行检测可直观地反映面形情况, 如图 D.12 所示, 现在已有数字刀口仪。加工人员可根据刀口仪显示的干涉图进行局部抛光研磨, 修改面形。

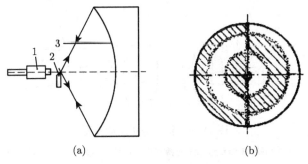

(a)　　　　　　　　　　　　　　　　　　　　(b)

图 D.12　刀口仪检测原理图

(a) 原理图; (b) 刀口仪检测阴影图。1-显微镜; 2-刀口仪; 3-被检测镜面

D.3　光学系统常用光学参数的测量

D.3.1　焦距的测量

1. 放大倍率法测焦距

　　如图 D.13 所示, 被测光学系统放置在平行光管 (焦距为 f_0) 物镜前, 平行光管物镜焦面上放置玻罗板 (一组已知刻线间隔的精密分划板); 在被测光学系统焦面上用显微镜瞄准玻罗板的像, 设玻罗板某一对线宽为 d, 在被测光学系统的焦面上所成像的线宽为 d', 则被测系统的焦距 f 为

$$f = f_0 \frac{d'}{d} \tag{D.8}$$

平行光管的焦距 f_0 为被测光学系统的焦距 f 的 3∼5 倍。

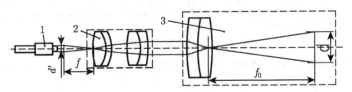

图 D.13　放大倍率法测焦距

1-测量显微镜; 2-被测光学系统; 3-平行光管; f_0-精密测角法测焦距

2. 精密测角法测焦距

　　如图 D.14 所示, 分划板放置在被检平行光管的焦面上, 将经纬仪放置在被检

平行光管的物镜前面,用经纬仪测量某一线对 (线对宽度为 L) 对应的夹角为 ω,则被检平行光管的焦距为

$$f = d/\tan\omega \tag{D.9}$$

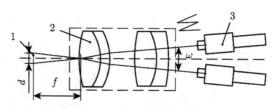

图 D.14   精密测角法测焦距

1-标准网格线; 2-被测光学系统; 3-带望远系统的精密测角装置 (如经纬仪); ω-标准网格线某一线对的角度

D.3.2   视场检测

1. 运用精密测角装置测量视场

如图 D.15 所示,将测量显微镜放置在被测光学系统的像方并与被测光学系统一并安放在转台上。被测光学系统的物方安放带目标点的平行光管。将转台转到一边缘能看到目标像,记下转台的示值 ω_1,再转到另一边缘能看到目标像,记下转台的示值 ω_2,则被测光学系统的视场为

$$\omega = \omega_2 - \omega_1$$

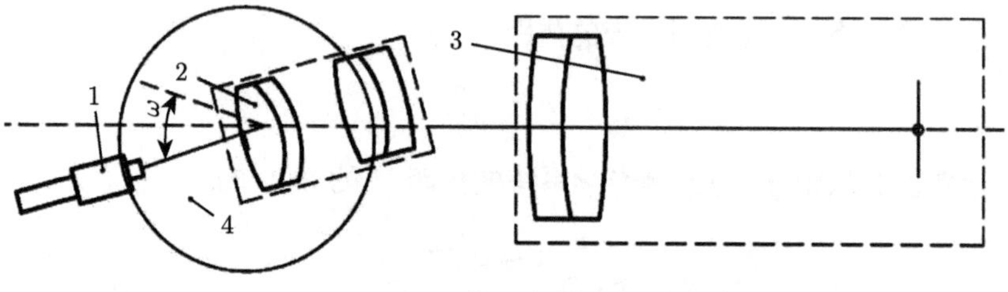

图 D.15   精密测角法测视场

1-测量显微镜; 2-被测光学系统; 3-带目标点的平行光管; 4-精密测角转台; ω-视场角

2. 运用大视场平行光管测量光学系统的视场

如图 D.16 所示,大视场平行光管主要用于角度测量,在大视场平行光管的焦面处放置一刻有角度值的分划板。检测视场时,将被测光学系统瞄准大视场平行光管,能看清分划板上标有的视场角度值,就是被测光学系统的视场。

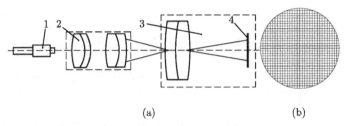

图 D.16 运用大视场平行光管测视场

(a) 检测原理图; (b) 大视场平行光管分划板。1-测量显微镜; 2-被测光学系统; 3-大视场平行光管; 4-视场
分划板

D.3.3 像质测量

1. 分辨率的检测

照相系统空间分辨率 (又称分辨力) 用平行光管加分辨率板进行测量，如
图 D.17 所示。在平行光管的焦面上放上相应板号的栅格分辨率板 (图 D.18)，在
平行光管的物方放置被测光学系统，在被测光学系统的像方用测量显微镜观测，能
将分辨率板最小栅格四个方向上的条纹看清晰，记下分辨率板板号和单元号，在表
D.1 中查看相应的条纹线宽 b 和空间频率 N_0。

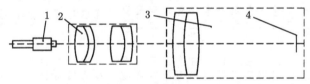

图 D.17 运用大视场平行光管测量分辨率

1-测量显微镜; 2-被测光学系统; 3-平行光管; 4-分辨率板

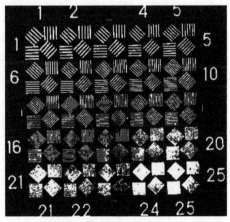

图 D.18 栅格分辨率板 [5]

表 D.1　栅格分辨率板参数 [5]

单元号	A_1 线宽 b/μm	A_1 空间分辨率 N_0	A_2 线宽 b/μm	A_2 空间分辨率 N_0	A_3 线宽 b/μm	A_3 空间分辨率 N_0	A_4 线宽 b/μm	A_4 空间分辨率 N_0	A_5 线宽 b/μm	A_5 空间分辨率 N_0	A_6 线宽 b/μm	A_6 空间分辨率 N_0	A_7 线宽 b/μm	A_7 空间分辨率 N_0
1	160.0	3.13	80.0	6.25	40.0	12.50	20.00	25.00	10.00	50.00	7.50	66.67	5.00	100.00
2	151.0	3.31	75.3	6.64	37.8	13.23	18.90	26.46	9.44	52.97	7.08	70.62	4.72	105.93
3	143.0	3.50	71.3	7.01	35.6	14.04	17.80	28.09	8.91	56.12	6.68	74.85	4.45	112.36
4	135.0	3.70	67.3	7.43	33.6	14.88	16.80	29.76	8.41	59.45	6.31	79.24	4.20	119.05
5	127.0	3.94	63.5	7.87	31.7	15.77	15.90	31.45	7.94	62.97	5.95	84.03	3.97	125.94
6	120.0	4.17	59.5	8.40	30.0	16.67	15.00	33.33	7.49	66.76	5.62	88.97	3.75	133.33
7	113.0	4.42	56.6	8.83	28.3	17.67	14.10	35.46	7.07	70.72	5.30	94.34	3.54	141.24
8	107.0	4.67	53.4	9.36	26.7	18.73	13.30	37.59	6.67	74.96	5.01	99.80	3.34	149.70
9	101.0	4.95	50.4	9.92	25.2	19.84	12.60	39.68	6.30	79.37	4.72	105.93	3.15	158.73
10	95.1	5.26	47.6	10.50	23.8	21.01	11.90	42.02	5.95	84.03	4.46	112.11	2.97	168.35
11	89.8	5.57	44.9	11.14	22.4	22.32	11.20	44.64	5.61	89.13	4.21	118.76	2.81	177.94
12	84.8	5.90	42.4	11.79	21.2	23.58	10.60	47.17	5.30	94.34	3.97	125.94	2.65	188.68
13	80.0	6.25	40.0	12.50	20.0	25.00	10.00	50.00	5.00	100.00	3.75	133.33	2.50	200.00
14	75.3	6.64	37.8	13.23	18.9	26.46	9.44	52.97	4.72	105.93	3.54	141.24	2.36	211.86
15	71.3	7.01	35.6	14.04	17.8	28.09	8.91	56.12	4.45	112.36	3.34	149.70	2.23	224.22
16	67.3	7.43	33.6	14.88	16.8	29.76	8.41	59.45	4.20	119.05	3.15	158.73	2.10	238.10
17	63.5	7.87	31.7	15.77	15.9	31.45	7.94	62.97	3.97	125.94	2.98	167.79	1.98	252.53
18	59.5	8.40	30.0	16.67	15.0	33.33	7.49	66.76	3.75	133.33	2.81	177.94	1.87	267.38
19	56.6	8.83	28.3	17.67	14.1	35.46	7.07	70.72	3.54	141.24	2.65	188.68	1.77	282.49
20	53.4	9.36	26.7	18.73	13.3	37.59	6.67	74.96	3.34	149.70	2.50	200.00	1.67	299.40
21	50.4	9.92	25.2	19.84	12.6	39.68	6.30	79.37	3.15	158.73	2.36	211.86	1.57	318.47
22	47.6	10.50	23.8	21.01	11.9	42.02	5.95	84.03	2.97	168.35	2.23	224.22	1.49	335.57
23	44.9	11.14	22.4	22.32	11.2	44.64	5.61	89.13	2.81	177.94	2.10	238.10	1.40	357.14
24	42.4	11.79	21.2	23.58	10.6	47.17	5.30	94.34	2.65	188.68	1.99	251.26	1.32	378.79
25	40.0	12.50	20.0	25.00	10.0	50.00	5.00	100.00	2.50	200.00	1.88	265.96	1.25	400.00

被测光学系统的空间分辨率 N 可表为

$$N = N_0 \times f_0/f \tag{D.10}$$

式中，f_0 为平行光管的焦距，f 为被测光学系统的焦距。被测光学系统的角分辨率 α 则为

$$\alpha = \frac{2b \times 10^{-3}}{f_0} \times 206265'' \tag{D.11}$$

分辨率检测时还有如图 D.19 所示分辨率板，只不过现在用得比较少，也可定制。

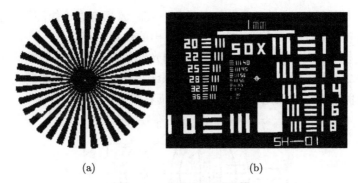

(a)　　　　　　　　　　　　　　　(b)

图 D.19　分辨率板图样 [5]

(a) 辐射式分辨力图案；(b)SH-01 型标准分辨力图案

2. 畸变检测

如图 D.20 所示，对于无限远视场角为 ω 的目标经被测光学系统后成像在焦面 F 处，对应的像高为 y'，若近轴焦距为 f，相应的理论像高 y 为

$$y = f \tan\omega \tag{D.12}$$

则绝对畸变 δd 为

$$\delta d = y' - f \tan\omega \tag{D.13}$$

视场角 ω 定义了光学系统的实际焦距 f'，则有

$$f' = y'/\tan\omega \tag{D.14}$$

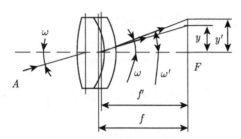

图 D.20　光学系统的畸变 [5]

畸变 δd 则为

$$\delta d = (f' - f)\tan\omega \tag{D.15}$$

式 (D.15) 表明：畸变定义为各视场角下实际像高与理论像高的差值，同时也可定义为各视场角下实际焦距与近轴理论算出的焦距的差值。

畸变的检测方法有两种：一种是按被测光学系统工作光路的逆向光路检测畸变，如图 D.21 所示；另一种是按被测光学系统工作光路方向检测畸变，如图 D.22 所示。这两种检测方法只是检测光路相反，而在畸变计算上差不多。

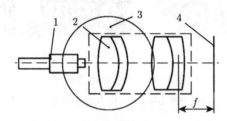

图 D.21　逆向光路检测畸变原理图

1-望远镜；2-被测光学系统；3-转台；4-网格板

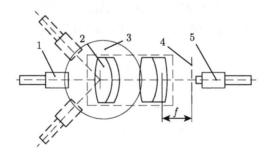

图 D.22　工作光路方向检测畸变原理图

1-带目标的平行光管；2-被测光学系统；3-转台；4-光学系统焦面；5-测量显微镜

现就第一种方法简单介绍一下，在转台上安装望远镜，将转台放在被测光学系统下，并使转台的转轴与光学系统的入瞳重合。调整网格板 (图 D.23)，使网格板的网格线在被测光学系统的焦面上, 并垂直于光轴。检测时, 用望远镜瞄准网格板光轴附近的刻线, 记下此时转台位置 ω_0(或者转台清零) 和网格板刻线位置 d_0(记为网格零点), 旋转转台, 读取被测光学系统视场内所有网格刻线对位置 d_0 的夹角 $\omega_i(i = 1, 2, 3, \cdots)$, 网格线宽都是等间隔 (间隔为 d), 对应实际像高为 id, 则每检测点实际焦距 f' 为

$$f_i' = id/\tan\omega_i \tag{D.16}$$

根据最小二乘法原则, 即可求焦距的平均值 $\bar{f}$。

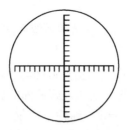

图 D.23　网格板示意图

各对应点的畸变 δd_i 则为

$$\delta d_i = id - \bar{f}\tan\omega_i \tag{D.17}$$

3. 星点检验法

由于任意物的分布都可以看成是无数个具有不同强度的、独立的发光点的集合; 任意物的像就是这无数个星点像的集合。因此, 星点像的光强分布函数就决定了该系统的成像质量。另外, 星点像的光强分布比较易于描述, 所以星点检验法是检验成像光学系统质量时最基本、最简单的一种方法。

传统的星点检验法如图 D.24 所示, 光源通过聚光镜照亮位于平行光管焦面的星点板小孔, 从平行光管出射的平行光经待测物镜, 在其焦面上成像, 然后用目镜 (测量显微镜) 对所成的像进行观察。

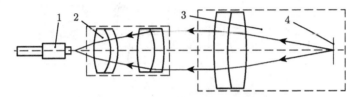

图 D.24　传统的星点检验法原理图

1-测量显微镜; 2-被测光学系统; 3-平行光管; 4-星点靶标

根据星点衍射图的特征准确可靠地判断光学系统的像质及影响像质的主要因

素, 但对检测人员要求比较高, 除了要求检测人员掌握星点检验的基本原理外, 还必须了解单独具有某种像差或缺陷的星点衍射镜的特征。星点检验法可检测光学系统的共轴性、球差、位置色差、彗差、像散及其客观存在的工艺疵病。

随着 CCD 和计算机技术的发展, 光学图像数字化已成为必然的趋势。用计算机采集星点图像, 能够减轻人眼观察的疲劳, 而且可以同时再现焦前、焦面和焦后的星点图像, 判断像差的性质和大小。

4. 干涉仪法

光学系统的波像差是指通过被检光学系统后的实际波面相对于理想波面的偏差, 最常用的测量方法为干涉法。

干涉法的原理为被测光学系统的实际波面与参考波面 (理想波面) 之间相互干涉, 从干涉图中求出实际波面的形状和理想波面的偏差。参考波面 (理想波面) 可由参考镜产生, 如泰曼–格林干涉仪、菲佐干涉仪; 参考波面由像面上小孔衍射形成, 如点衍射干涉仪; 参考波面由被测光学系统本身不同部分产生, 如波面剪切干涉仪。

5. 哈特曼法测量

几何像差是指测量被检光学系统对不同色光、不同视场、不同入射高度的细光束在光轴上交点位置来评价成像质量, 较常用的方法为哈特曼法。

哈特曼法是检测远摄光学系统几何像差的常用方法, 如图 D.25 所示, 其特点是借助一米字形排列的小孔光阑 (哈特曼光阑如图 D.26 所示), 在被检光学系统的物方形成采样光束, 在被检光学系统的焦面用哈特曼采集器采集焦前、焦后两截面的光斑间距确定成像光束的像差。

哈特曼法可检测光学系统的球差、位置色差、彗差、场曲和像散。

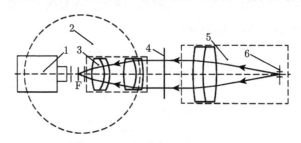

图 D.25   哈特曼法检像质原理图

1-哈特曼采集器; 2-调整检测移动/旋转装置; 3-被检光学系统; 4-哈特曼光阑; 5-平行光管; 6-点光源

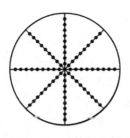

图 D.26　哈特曼光阑

D.3.4　光学传递函数

光学传递函数是指以空间频率为变量，表征成像过程中调制度和横向相移的相对变化的函数。光学传递函数是光学系统对空间频谱的滤波变换。一个非相干照明的光学成像系统，像的强度也是线性的，满足叠加原理。

观察到的各类物体，通过光学仪器 (如照相机、望远镜、显微镜) 和光学系统看到、探测到的图像和目标，通过 CCD、数码相机和计算机多媒体获得的图形、图像，具有颜色和亮度两个重要的参数。限于考虑二维的非相干单色光平面图像，则图像的光强分布就成为描绘、规定该图像的主要参数。一幅单色光图像总是由缓慢变化的背景、粗大的物体和急剧变化的边缘、局部细节构成。傅里叶光学中用空间频率 ν 来描述光强空间变化的快慢程度，把图像中缓慢变化的成分看作图像的 "低频"，而把急剧变化的成分看作图像的 "高频"，单位是 mm^{-1}，即每毫米中光强变化的周期数。空间频率等于 0 表明图像中没有光强变化 (如一张白纸)。一幅图像中既有零频分量，又有非零频分量，后者包含了各种空间频率的分量。零频分量代表平均光强，称图像的直流分量；非零频分量又称图像的交流分量。光学成像系统对于各种空间频率成分的传递性能反映了该系统的成像质量，可借助于系统对于不同空间频率余弦光栅的传递特性来表征，检测原理如图 D.27 所示。

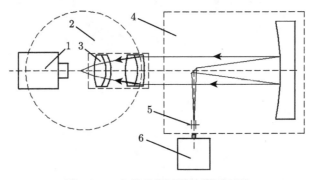

图 D.27　光学传递函数检测原理图

1-数据采集分析组件；2-调整检测移动/旋转装置；3-被检光学系统；4-平行光管；5-狭缝；6-光源

 测量时，先将被测光学系统放置在调整装置上，调整被测光学系统使光轴与平行光管的光轴重合，旋转装置的转轴与被测光学系统和入瞳中心 (主点) 重合，平行光管发出的光经被测光学系统后成像在数据采集单元上。

 计算时，需要得知被测系统的焦距。然后根据平行光管和被测系统的倍率关系，求取狭缝在被测系统焦面上的大小，此时需保证狭缝像的截止频率高于被测系统的截止频率。对数据采集分析组件的图像进行一次傅里叶变换，然后每个空间频率的幅值相对于零频归一化；再根据数据采集分析组件的放大倍率及 CCD 大小对横坐标进行赋值；最后狭缝的影响通过对 MTF 进行修正实现，最终修正值即为系统某一视场角位置一系列不同空间频率的 MTF。

 转动被测光学系统及数据采集单元，按上述方法测量另一视场角位置不同空间频率的 MTF。

参 考 文 献

[1] 中华人民共和国国家质量监督检验检疫总局, 中国国家标准化管理委员会. GB/T 2831—2009 光学零件的面形偏差. 北京：中国标准出版社, 2009.

[2] 中华人民共和国国家质量监督检验检疫总局, 中国国家标准化管理委员会. GB/T 10987—2009 光学系统参数的测定. 北京：中国标准出版社, 2009.

[3] 中华人民共和国国家质量监督检验检疫总局, 中国国家标准化管理委员会. GB/T 4315.2—2009 光学传递函数 第 2 部分：测量导则. 北京：中国标准出版社, 2009.

[4] 中华人民共和国国家质量监督检验检疫总局, 中国国家标准化管理委员会. GB/T 27667—2011 光学系统像质评价 畸变的测定. 北京：中国标准出版社, 2011.

[5] 杨志文. 光学测量. 北京：兵器工业出版社, 2011.

[6] 计量测试技术手册编委会. 计量测试技术手册. 第 10 卷光学. 北京：中国计量出版社, 1996.

附录 E　反射棱镜

E.1　反射棱镜对图像的变换

反射棱镜 (reflection prism) 在光学系统中不仅反射光束, 改变光路方向, 同时对图像进行如下变换 (image transformation)。共有四类基本变换:

(1) **反射**: 图像关于 ϕ 角的任意轴线的镜像反射 (reflection);

(2) **旋转**: 图像围绕光轴旋转 θ 角 (rotation);

(3) 图像关于水平轴镜面**镜像反射**(invertion);

(4) 图像关于垂直轴**镜像反射**(revertion), 参见图 E.1。

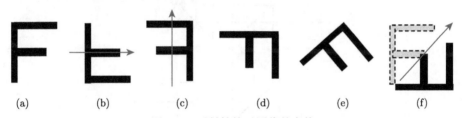

(a)　　　　(b)　　　　(c)　　　　(d)　　　　(e)　　　　(f)

图 E.1　反射棱镜对图像的变换

(a) 原图像; (b) 关于水平轴反射 (inversion); (c) 关于垂直轴反射 (reversion); (d) 顺时针旋转

(rotation) 90°; (e) 顺时针旋转 45°; (f) 关于 45° 轴反射 (45° reflection)

任何图像变换均可分解为有限次的反射操作和旋转操作, 例如:

Inversion+Reversion=Rotation by 180°

Inversion+Rotation by 180°=Reversion

Reversion+Rotation by 90°= Reflection at 45°

E.2　反射棱镜对光轴的折转和平移

图 E.2 为斯密特屋脊棱镜用于小型望远镜的情形 ([PR-1] SCHMIDT ROOF+EYEPIECE), 棱镜将光路向上折转 45°, 以便观察; 同时, 棱镜与物镜的共同作用, 使目镜观察到正立的像。

图 E.3 为使用斜方 (菱形) 棱镜与直角棱镜组合, 产生分光和光轴平移的例子。该组合在多普勒激光测速仪等光学系统中得到应用。

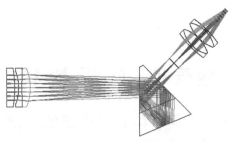

图 E.2   应用于小型望远镜的斯密特屋脊棱镜

([PR-1] SCHMIDT ROOF+EYEPIECE) (彩图见封底二维码)

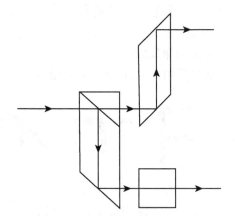

图 E.3   菱形棱镜与直角棱镜组合产生分光和光轴平移

E.3   反射棱镜展开为平板

反射棱镜利用玻璃介质内反射平面的反射作用使光路发生转折,能展开成等效平板。图 E.4 表示一等腰反射棱镜,光线依次射到各表面上 A、B、C、D 和 E 各点,可将棱镜展开成等效平板,C、D 和 E 分别位于 C'、D' 和 E',构成一条直线,图中 L 为等效平板厚度。

在优化过程中应注意以下两点:

(1) 应当用等效平板代替棱镜,完成设计后,再用非序列方法插入棱镜,得到接近实际系统的显示效果。

(2) 棱镜插入系统后会引入较大的像差,特别是球差和色差,用常规的优化未必能校正,应当用 HAMMER 优化换玻璃。

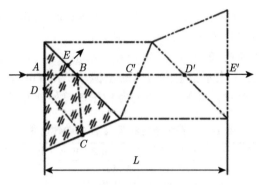

图 E.4 将等腰反射棱镜展开成等效平板

E.4 反射棱镜的主要参数

以图 E.5 所示的直角屋脊棱镜 (即阿米西棱镜, Amici prism) 为例, 给出反射棱镜的主要参数, 其中 D 为最大输入孔径。图样及参数的表示方法见参考书目 [16]。

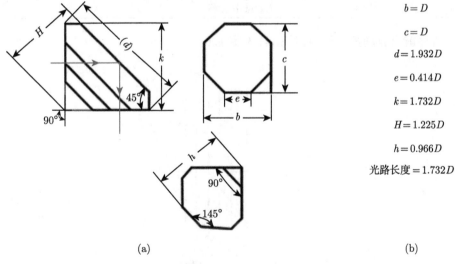

$$b = D$$
$$c = D$$
$$d = 1.932D$$
$$e = 0.414D$$
$$k = 1.732D$$
$$H = 1.225D$$
$$h = 0.966D$$

光路长度 $= 1.732D$

(a)   (b)

图 E.5 (a) 直角屋脊棱镜 (阿米西棱镜); (b) 棱镜参数

E.5 插入棱镜操作

以五角棱镜 (penta prism) 为例 (对应程序为 [PR-2] PENTA PRISM), 操作步骤如下:

(1) 在 Gen\Miscellaneous 菜单中设 Global Coordinate Reference Surface=2, 这相当于设棱镜入射面中心 P 点为全局坐标原点。

(2) 设棱镜所在的第 2 面为 "Non-Sequential Component", 并在该行填写表 E.1, 其中 Exit Loc 表示出射点 P' 的坐标, Exit Tilt 表示出射光轴方向的转动。对 Exit Loc 赋值时, 注意出射点必须位于棱镜外部靠近 P' 处。

表 E.1 棱镜所在的第 2 面的参数设置

Surf: Type	Exit Loc X	Exit Loc Y	Exit Loc Z	Exit Tilt X	Exit Tilt Y	Exit Tilt Z
Non-Sequential Component	0.0	-10.01 $(=-D/2)$	10.01 $(=D/2)$	90	0.0	0.0
非序列元件		出射点 P' 坐标		出射光轴旋转		

(3) 在 Editors\Non-Sequential Components 菜单中填写表 E.2。

表 E.2 入口参数 Non-Sequential Component Editor: Component Group on Surf.6

Obj Type	Comment	X Position	Y Position	Z Position	Material	Scale	Is Volume
Polygon Object	penta.POB	0.0	0.0	0.0	H-K9L	20.0(=D)	1
多边形物体	五角棱镜		入射点 P 坐标		材料	入射面尺度	

程序就会自动插入五角棱镜, 参见图 E.6。

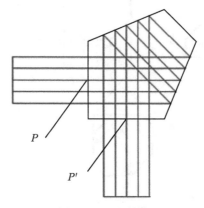

图 E.6 五角棱镜

ZEMAX 库中包含了常用的反射棱镜, 例如, 直角棱镜、斯密特棱镜 (Schmidt prism)、斜方棱镜 (rhombic prism)、半五角镜 (Half_penta)、道威棱镜 (DOVE) 等, 均以 POB 作后缀。一些未列入的棱镜, 可以自定义, 参见 E.6 节或 23.4 节。

E.6　斯密特屋脊棱镜的构建和插入操作

E.6.1　引言

有些很有用的棱镜在 ZEMAX 的 Polygon Objects 库中找不到。例如，在库中只有普通斯密特棱镜 (Schmidt prism)，它与望远物镜的共同作用得到的是镜像，观察使用不便。解决的方案是设计者自行设计 Object，在 23.3 节中曾介绍构建异形棱镜 (anamorphic prism) 的操作，本节介绍更加复杂的斯密特屋脊棱镜 (Schimidt roof prism) 的构建步骤。

E.6.2　斯密特屋脊棱镜几何

斯密特屋脊棱镜图形和参数见图 E.7，光轴的入射点与棱边的距离为 t，δ 为倒棱宽度。

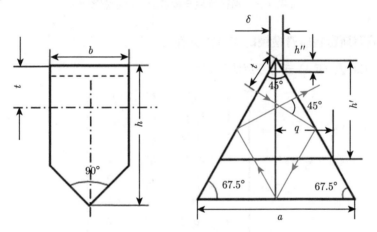

图 E.7　斯密特屋脊棱镜图形和参数

假定 $b = D$，$\delta = 0.1D$，则有

$$
\begin{cases}
t = 0.63D \\
a = 4\sqrt{2}\,t\sin\theta = 1.3638D \\
h = 2\sqrt{2}\,t\cos\theta = 1.6463D \\
h' = h - \dfrac{D}{2} = 1.1463D \\
q = h'\tan\theta = 0.4748D \\
h'' = \dfrac{\delta}{2\tan\theta} = 0.121D \\
L = 3.040D
\end{cases}
\tag{E.1}
$$

其中, L 为棱镜内的光轴长度。图 E.8 为斯密特屋脊棱镜的立体示意图, 各点用数字标出。

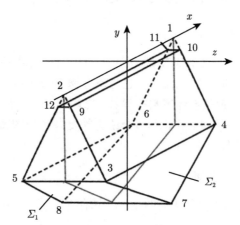

图 E.8   斯密特屋脊棱镜的立体示意图

E.6.3   编写斯密特屋脊棱镜的 POB 文件

由图 E.8 及 (E.1) 式, 各点的坐标为

$$DT = \begin{pmatrix} 3 & -b/2 & -h' & q \\ 4 & b/2 & -h' & q \\ 5 & -b/2 & -h' & -q \\ 6 & b/2 & -h' & -q \\ 7 & 0 & -h & a/2 \\ 8 & 0 & -h & -a/2 \\ 9 & -b/2 & -h'' & \delta/2 \\ 10 & b/2 & -h'' & \delta/2 \\ 11 & b/2 & -h'' & -\delta/2 \\ 12 & b/2 & -h'' & -\delta/2 \end{pmatrix} \tag{E.2}$$

其中, 第一列为点的序号 k, 第 2、3、4 列为坐标分量 (x_k, y_k, z_k)。由于棱镜使用时第一面 (5-6-11-12 面) 与光轴垂直, 所以把上面的棱镜绕 x 轴逆时针旋转 $\theta = 22.5°$, 坐标旋转可表为下式:

$$\begin{pmatrix} DT'_y \\ DT'_z \end{pmatrix} = \begin{pmatrix} \cos\theta & \sin\theta \\ -\sin\theta & \cos\theta \end{pmatrix} \begin{pmatrix} DT_y \\ DT_z \end{pmatrix} \tag{E.3}$$

由于光线入射点与棱边的距离为 t, 将 y 坐标向上平移 t, 使光轴经过棱镜入射面的中心。取 $D = 2$, 得到旋转后的各点坐标为

$$DT'' = \begin{pmatrix} 3 & -1 & -0.49461 & 1.75547 \\ 4 & 1 & -0.49461 & 1.75547 \\ 5 & -1 & -1.22142 & 0 \\ 6 & 1 & -1.22142 & 0 \\ 7 & 0 & -1.2600 & 2.5200 \\ 8 & 0 & -2.30382 & 0 \\ 9 & -1 & 1.07523 & 0.18478 \\ 10 & 1 & 1.07523 & 0.18478 \\ 11 & 1 & 1 & 0 \\ 12 & -1 & 1 & 0 \end{pmatrix} \tag{E.4}$$

经历上述变换，入射点坐标变成

$$P = (0, 0, 0) \tag{E.5}$$

出射点坐标则为

$$P' = \left(0, 1 - \frac{1}{\sqrt{2}}, \frac{1}{\sqrt{2}}\right) t = (0, 0.1844, 0.4454) D \tag{E.6}$$

以上结果也容易由几何关系得到。

从 ZEMAX\Objects\Polygon Objects 中调出任意文件，另存为 "斯密特–屋脊–1.POB"，这是一个记事本文件，后缀为 POB。正文编为新的文件，见图 E.9，在程序中就可调出斯密特屋脊棱镜。

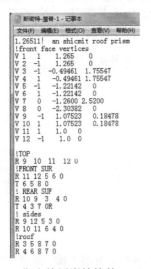

图 E.9　斯密特屋脊棱镜的 POB 文件

E.6.4　调用斯密特屋脊棱镜的实例

假设用斯密特屋脊棱镜构建小型望远镜，操作如下：

(1) 物镜带等效平板优化。

设物镜为双胶合加单片物镜，焦距 $f' = 150$mm，物镜入瞳 $D_0 = 18.0$mm。设棱镜孔径 $D = 30.0$mm，由 (E.1) 式，等效平板的厚度

$$L = 3.040D = 91.2\text{mm} \tag{E.7}$$

选择一个 "2+1" 准直物镜 (如第 5 章 [TE-1])，带着 91.2mm 厚的 H-K9L 平板优化。由于棱镜很厚，引入很大的球差和色差，必须通过 HAMMER 优化更换玻璃。

(2) 插入棱镜。

按照上一小节的方法，将平板换成斯密特屋脊棱镜，出口和入口参数见表 E.3 和表 E.4，设计结果为 [PR-1] OBJ+SCHMIDT-ROOF，系统图见图 E.10。

表 E.3　斯密特屋脊棱镜的出口参数

Surf: Type	Exit Loc X	Exit Loc Y	Exit Loc Z	Exit Tilt X	Exit Tilt Y	Exit Tilt Z
Non-Sequential Component	0.0	5.60	13.4	-45	0.0	0.0
非序列元件		出射点 P' 坐标		出射光轴旋转		

表 E.4　入口参数 Non-Sequential Component Editor: Component Group on Surf.6

Obj Type	Comment	X Position	Y Position	Z Position	Material	Scale	Is Volume
Polygon Object	斯密特–屋脊.POB	0.0	0.0	0.0	H-K9L	15.000 $(=D/2)$	1
多边形物体	五角棱镜		入射点 P 坐标		材料	入射面尺度	

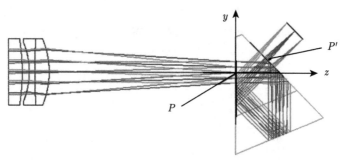

图 E.10　带有斯密特屋脊棱镜的系统 [PR-1] OBJ+SCHMIDT-ROOF (彩图见封底二维码)

E.7 棱镜的 "光学平行差" 和屋脊棱镜的 "双像差"

E.7.1 棱镜的 "光学平行差"

光线从反射棱镜的入射面垂直射入棱镜, 经过传播, 在出射前光线对出射面法线的角度偏差称光学平行差, 参见本书附录 D.1.3 节。如果将棱镜展开为等效玻璃平板, 平板两面的不平行度就是光学平行差 (参考本书附录 D.1.3 节)。设光线矢量为 $\boldsymbol{\alpha}$ 出射面的单位法线矢量为 $\boldsymbol{n}$, 则 $\boldsymbol{\alpha}$ 与 $\boldsymbol{n}$ 的差为

$$\boldsymbol{\delta} = \boldsymbol{\alpha} - \boldsymbol{n} \tag{E.8}$$

矢量 $\boldsymbol{\delta}$ 在子午面 (即主截面, 包含棱镜各个反射面法线矢量的平面) 的分量称第一平行差 θ_{I}, 在弧矢面内的分量称第二平行差 θ_{II}。光学平行差可以展开为各项独立几何偏差的和, 如角度差、棱边和反射面的不平行度 (塔差) 等。在棱镜图纸中只需给出 θ_{I} 和 θ_{II} 的公差, 由工艺师根据加工的难易程度分配到各项几何偏差的公差中去。

E.7.2 屋脊棱镜的 "双像差"

参见图 E.8, 光线通过屋脊棱镜时, 一半光线从屋脊面 $\varSigma_1$ 入射, 从 $\varSigma_2$ 出射, 另一半光线则从屋脊面 $\varSigma_2$ 入射, 从 $\varSigma_1$ 出射。屋脊面法线的夹角 ψ 理论上等于 $90°$。如果屋脊角有误差 ε, 两个屋脊面的出射光线的焦点就不重合, 如图 E.11(a) 所示, 称 "双像差" S, 且历经 $4n$ 倍放大, n 为折射率:

$$S = 4n\varepsilon \tag{E.9}$$

双像差与弥散无关, 但产生两个像。设棱镜的屋脊与像面的距离为 l'_P (包含棱镜外及棱镜内的等效长度), 则双像差分开的间距为 $\varDelta \approx S l'_P = 4n\varepsilon l'_P$, ε 单位取 rad。在图 E.10 的例子中, 如设 $\varepsilon = 1'$, 则像面上双像的间隔为 0.5mm, 可见双像差是一项特殊而严重的像差。

为了校正双像差, 屋脊角的公差非常严, 一般为秒级, 而平行差 θ_{I} 和 θ_{II} 的公差一般都在分级。校正了双像差后两个像就重合了, 如图 E.11(b) 所示。

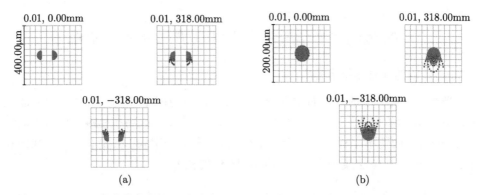

图 E.11 (a) 屋脊棱镜具有双像差的 SPT; (b) 校正了双像差 (彩图见封底二维码)

E.8 直角棱镜的插入操作

45° 直角棱镜是常用的棱镜, 插入方式既可采用序列模式, 又可采用非序列模式。序列模式用坐标断点 (Coordinate Break) 来实现, 如 [PR-3] 45 DEGREE PRISM-SEQ, 透镜数据编辑表 (Lens Data) 参见表 E.5。操作如下:

表 E.5 用序列模式插入 45° 直角棱镜 [PR-3] 45 DEGREE PRISM-SEQ

Surf:type	Coment	R	T	Gla	Semi-Dia.
OBJ		Inf	Inf		0.000
STO		Inf	20.000		6.000
2	Apt 10×10	Inf	10.000	H-K9L	6.000
3 Coordinat..	TILT X 45		0.000	—	0.000
4	Apt 10×14.1	Inf	0.000	MIRROR	8.485
5 Coordinat..	TILT X 45		−10.000	—	0.000
6	Apt 10×10	Inf	0.000		6.000
7		Inf	−20.000		6.000
IMA		Inf	—		

(1) 在第 2 行 Standard\Aperture\Rectangular Apt 菜单中设棱镜输入面孔径

$$X \text{ Half Width}=10\text{mm}, \quad Y \text{ Half Width}=10\text{mm} \tag{E.10}$$

在这一行设材料 H-K9L, 并设置输入面到反射面的光轴长度

$$T2 = 10\text{mm} \tag{E.11}$$

(2) 双击第 3 行, 选择坐标断点 Coordinate Break, 设坐标系统 x 轴旋转 $-45°$(逆时针), 即

$$\text{Tilt } X=-45° \tag{E.12}$$

此时 y 轴旋转到 $-45°$ 方向，参见图 E.12(a)，在该状态下执行下一步操作。

(3) 在第 4 行 Standard\Aperture\Rectangular Apt 菜单中设棱镜反射面孔径

$$X \text{ Half Width}=10\text{mm}, \quad Y \text{ Half Width}=14.1\text{mm} \tag{E.13}$$

并在该面材料栏填 MIRROR。

(4) 双击第 5 行，选择坐标断点 Coordinate Break，设坐标系统 x 轴再旋转 $-45°$，即

$$\text{Tilt } X=-45° \tag{E.14}$$

同时设反射面到输出面的光轴长度为 -10mm：

$$T5 = -10\text{mm} \tag{E.15}$$

注意，经过反射面，光线沿 $-z$ 轴传播，间隔变成负值，参见图 E.12(b)。此外，全局坐标原点(Gen\Miscellaneous\Global Coordinate Surface) 选择棱镜前的第 1 或第 2 面。

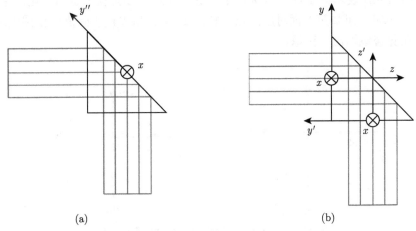

(a)   (b)

图 E.12   (a) 第一次旋转 $-45°$；(b) 第二次旋转 $-45°$

E.9   图像变换判则

反射棱镜种类不同，物像关系也有所不同 (详见本书封底二维码中的反射棱镜表)，有的成正像，有的成倒像，有的成镜像，可用矢量折射定律严格计算像的变换。本书提供一种通过物像坐标变换来判别反射棱镜物像关系的快捷方法。

在五角棱镜 [PR-2] PENTA PRISM 的评价函数中设置 IMAGE TRANSFORMATION 模块，如表 E.6 所示。

表 E.6   IMAGE TRANSFORMATION 模块

Oper#: Type	Surf	Wav	(H_x, H_y)	P_x	P_y	注释	Val.	注释
1:BLNK				IMAGE TRANSFORMATION				
2:BLNK					P1(1,0)			
3:REAX	4	1	(0,0)	1.000	0.0001	P1(1,0)	6.000*	P1'(1,0)
4:REAY	4	1	(0,0)	1.000	0.0001		0.000	
5:BLNK					P2(0,1)			
6:REAX	4	1	(0,0)	0.0001	1.0000	P2(0,1)	0.000	P2'(0,1)
7:REAY	4	1	(0,0)	0.0001	1.0000		6.000	
8:BLNK					P3(−1,0)			
9:REAX	4	1	(0,0)	−1.000	0.0001	P3(−1,0)	−6.000	P3'(−1,0)
10:REAY	4	1	(0,0)	−1.000	0.0001		0.000	
11:BLNK					P4(0,−1)			
12:REAX	4	1	(0,0)	0.0001	−1.0000	P4(0,−1)	0.000	P4'(0,−1)
13:REAY	4	1	(0,0)	0.0001	−1.0000		−6.010	

注: * 输入光束直径 =12.0mm。

图 E.13(a) 表示第 1 面的点 $P1$, $P2$, $P3$ 和 $P4$, 参见表 E.6(归一化值); 由表 E.6 的列 "Val." 可知第 5 面对应的点 $P1'$, $P2'$, $P3'$ 和 $P4'$(实际值), 由图 E.13(b) 表示, 可见棱镜输出为正像。

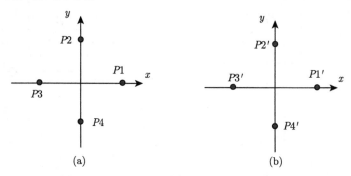

图 E.13   (a) Σ_1 上的光线; (b) Σ_5 上的光线

P_x 和 P_y 的赋值为 1.0000(归一化最大孔径) 或 0。计算屋脊棱镜的物像关系时, P_x 用一个很小的非零值代替零, 避免光线射到屋脊棱上发散。

附录 F　光栅、DMD 和微透镜阵列

本附录介绍一些特殊器件的处理，包括光栅、DMD 和微透镜阵列，这些也是科研和仪器系统中常用的器件。

F.1　光　　栅

F.1.1　引言

光栅也称衍射光栅，是一种衍射单元周期性重复排列的光学元件。光栅的作用是对入射光的振幅和相位或二者之一产生空间调制。当光波在光栅上发生透射或反射时，由于衍射效应，在远场形成一定的衍射图样，如图 F.1 所示。

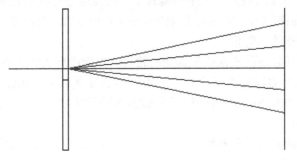

图 F.1　普通光栅

平行单色光通过光栅时，由于每个缝的衍射和透过各缝光束之间的干涉，形成明暗相间的条纹。非单色光入射时，根据光栅衍射方程，不同波长的入射光经光栅衍射后谱线的位置不同，即光栅的色散效应。

ZEMAX 中光栅衍射方程为

$$n_2 \sin \theta_2 - n_1 \sin \theta_1 = \frac{k\lambda}{d} = k\lambda T \tag{F.1}$$

其中，d 为光栅常数；k 为衍射级次，$k=\pm1,\pm2,\cdots$；λ 为波长；θ_1 为入射角，从光栅表面的法线算起，逆时针转向光线时的夹角取正值；θ_2 为衍射角；n_1, n_2 分别为入射空间和衍射空间的折射率。

下面介绍 ZEMAX 中序列模式和非序列模式中光栅面形的创建，并结合实际运用给出两款典型设计实例。

F.1.2　衍射光栅面的创建步骤

衍射光栅面类似于标准面,通过对 "Radius" 和 "Conic" 两项参数的设置可以实现平面、球面或圆锥面等表面类型。如果在一个不透光的屏上刻出一系列透光的等间隔狭缝,称光栅的介质为空气。光栅的介质可以是熔融石英或反射镜 (MIRROR)。

相比标准面,衍射光栅面有两个附加参量,分别是刻线数 (单位: lp/mm) 和衍射级次,光栅刻线与局部 x 轴平行。通常通过在光栅的前表面和后表面增加坐标断点来实现不同的入射角。由于 ZEMAX 对光栅的模拟,本质上是对光程偏离的拓展,因此效率和透过率等参量无法正确定义。

平面衍射光栅的参数设置如下:

1. 序列模式

(1) 在合适的位置插入光栅前表面 (光阑通常设置在光栅前表面之前,详见第 (5) 条),在面形中选择 "Diffraction Grating",需要设置的参数除了和标准面一致的曲率半径、厚度、材料及半直径以外,还需要输入刻线数及衍射级次。

(2) 入射光角度的设置:在序列模式下,需要通过坐标断点来设置入射角度,即在光栅前表面前插入 "坐标断点"(Coordinate Break),设置绕 x 轴旋转角 (Tilt About X) 为光栅的入射角。

(3) 光栅的后表面的表面类型选为标准面,光栅前后表面的设置参见图 F.5。

(4) 由于像面需要垂直于出射光,所以后表面之后需要再添加一个 "坐标断点"。设置厚度 (Thickness) 为光栅后表面到像面的距离,设置 x 轴旋转角为主波长对应的衍射角。

(5) 光阑面的确定:当系统关于光轴旋转对称时,光阑面可以是系统除去物面和像面的任意一面,但由于光栅能改变光轴方向,因此应将光阑放在光栅面之前。

2. 非序列模式

衍射光学元件在 ZEMAX 软件的序列模式和非序列模式中均可模拟,但对于衍射模型来说,非序列模式的优势在于更大的角色散。

在插入物体时,可直接选择光栅模块,需要设置的参数包括光栅的坐标、绕三维坐标的旋转量、材料、厚度、刻线数、衍射级次。不同类型光栅的参数设置和序列模式下基本一致。

F.1.3　光栅设计实例: 双光栅结构设计

设计分析:在光栅刻线数有限的情况下,可通过在合适位置增加光栅个数来实现更大的衍射角。表 F.1 给出一个光栅的参数。

表 F.1 案例中光栅的参数

材料	光栅尺寸	光栅分辨率	适用波长	入射角	厚度
熔融石英	8.1mm×8.1mm	966lp/mm (966 线对)	475~1100nm	17.3°	0.625mm

针对该型号光栅,当入射光波长为 568~608nm 时,衍射角为 2.3°,经过 100mm 后的色散条为 4.0mm。为了在有限距离处得到更大的线色散,可以通过将两个光栅串联的方式来实现。下面将用 ZEMAX 来仿真该结构。

双光栅结构设计规格:① 系统入瞳直径为 0.5mm;② 波长为 568nm、578nm、588nm (主波长)、598nm 和 608nm;③ 光栅的前表面到像面的距离为 100mm。

ZEMAX 设计步骤如下:

(1) 在 General 中设置入瞳孔径 (Entrance Pupil Diameter) 为 0.5mm。如图 F.2 所示。

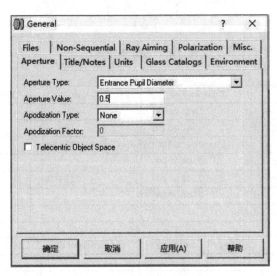

图 F.2 设置入瞳孔径

(2) 在 Wavelength Data 中输入波长 0.568μm、0.578μm、0.588μm (选为主波长 (Primary))、0.598μm、0.608μm,如图 F.3 所示。

(3) 创建双光栅的初始结构,该结构由两个光栅面组成,在像面前先添加四个空白面,并将第 2 面和第 4 面的面形选为光栅面 (Diffraction Grating)。

(4) 光栅的参数设置:厚度为 0.625mm,材料为熔融石英 (SILICA),刻线数 0.966lp/μm,级次 −1 级 (添加材料 SILICA 时会提示添加 MISC 镜头库,单击"确定"即可)。如图 F.4 所示。

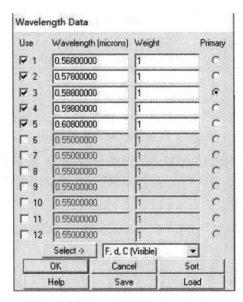

图 F.3   设置系统波长

	Surf:Type	Thickness	Glass	Semi-Diameter
OBJ	Standard	Infinity		0.000000
STO	Standard	0.000000		0.250000
2	Diff. Grat.	0.625000	SILICA	0.250000
3	Standard	0.000000		0.525126
4	Diff. Grat.	0.625000	SILICA	0.525126
5	Standard	0.000000		0.000000
IMA	Standard			0.000000

Conic	Par 0 (unused)	Lines/Micron	Diffract Order
0.000000			
0.000000			
0.000000		0.966000	-1.000000
0.000000			
0.000000		0.966000	-1.000000
0.000000			
0.000000			

图 F.4   光栅参数设置

(5) 由于所使用的光栅是长、宽均为 8.1mm 的矩形光栅，所以需要在面形中将其设置为矩形孔径。双击第 2 面 (Surface 2)，在孔径 (Aperture) 界面的孔径类型 (Aperture Type) 中选择矩形孔径 (Rectangular Aperture)，并设置 x、y 方向半高为 4.05mm(同样操作在 3、4 和 5 号面上进行)。如图 F.5 所示。

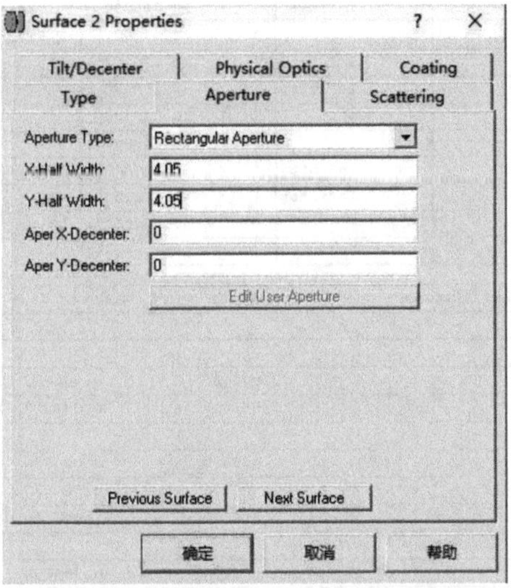

图 F.5 设置光栅前后表面为矩形孔径

(6) 光栅的入射角为 17.3°(厂家直接给出),所以需要在第一个光栅面前加入坐标断点 (Coordinate Break),在参数 "Tilt About X" 栏输入 17.3°;经计算,对于中心波长 588nm 的入射光,衍射角为 15.699°,所以需要在光栅的后表面的后面添加坐标断点,绕 x 轴旋转的角度为衍射角 15.699°。为将两光栅分开,第二个坐标断点的厚度需设置为 10mm。

(7) 对于第二个光栅,同样在其前表面的前面以及后表面的后面分别添加坐标断点。第三个坐标断点设置为绕 x 轴旋转 17.3°,其作用是保证第二个光栅的入射光满足最佳入射角 17.3°。第四个坐标断点设置的量分别是厚度 90mm(为保证总长度仍为 100mm),以及绕 x 轴旋转 15.699°。

(8) 一些后续设置:将入瞳面后的间隔设置为 10mm,如图 F.6 所示。

(9) 此时可打开 3D 视图,在 Settings 中设置 Wavelength 为 All,Color Rays By 为 Wavelength。设置如图 F.7 所示,3D 视图如图 F.8 所示。

(10) 观测点迹图:在 Analysis/Miscellaneous/Footprint Diagram,将 Settings 中 Wavelength 选为 All。可从图 F.9 下方的数据中读出色散条长度 $L=3.8190$(RAY Y MAX)$-(-4.3387)$(RAY Y MIN)$=8.1577$mm。

注意:在光栅的前表面到像面的距离不变的情况下,改变第二个光栅的位置(第 2、4 个坐标断点),可以实现色散条长度的变化。

	Surf:Type	Comment	Radius	Thickness	Glass	Semi-Diameter
OBJ	Standard		Infinity	Infinity		0.000000
STO	Standard		Infinity	10.000000		0.250000
2	Coord Break			0.000000	–	0.000000
3*	Diff. Grat.		Infinity	0.625000	SILICA	0.261846
4*	Standard		Infinity	0.000000		0.388693
5	Coord Break			10.000000	–	0.000000
6	Coord Break			0.000000	–	0.000000
7*	Diff. Grat.		Infinity	0.625000	SILICA	0.597322
8*	Standard		Infinity	0.000000		0.733010
9	Coord Break			90.000000	–	0.000000
IMA	Standard		Infinity			4.338740

Conic	Par 0(unused)	Decenter X	Decenter Y	Tilt About X
0.000000				
0.000000				
		0.000000	0.000000	17.300000
0.000000		0.966000	-1.000000	
0.000000				
		0.000000	0.000000	15.699000
		0.000000	0.000000	17.300000
0.000000		0.966000	-1.000000	
0.000000				
		0.000000	0.000000	15.699000
0.000000				

图 F.6　设置坐标断点

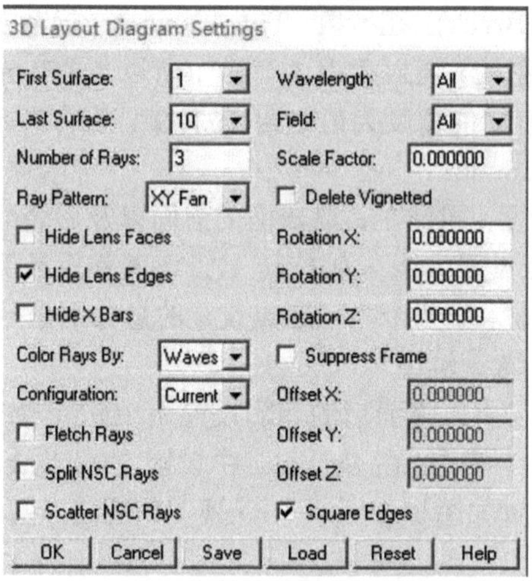

图 F.7　光路图显示中的设置

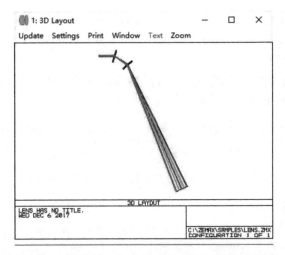

图 F.8　双光栅系统的 3D 视图 (彩图见封底二维码)

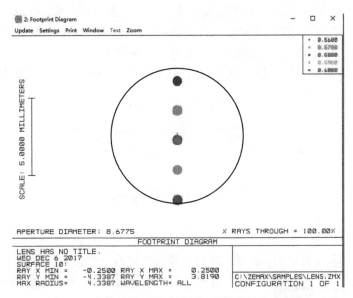

图 F.9　光线追迹后的点迹图 (彩图见封底二维码)

F.2　DMD

DMD 为反射镜元阵列, 参见 15.7 节, 其结构与 ZEMAX 中的 MEMS 结构一致 (在序列模式下和非序列模式下分别有 MEMS.dll 和 MEMS object 的内建表面和物体类型)。除了曲率半径、厚度、材料、孔径大小等常见的参数项, MEMS 还需

要设置 x, y 方向的像素个数，x, y 方向总宽度，以及三个方向角度和旋转角度。

具体实例可参见 Documents\ZEMAX\Samples\Non-sequential\Miscellaneous\MEMS device. ZMX。

设计分析：在非序列模式下直接选择 MEMS 物体类型，在 ZEMAX 中可通过各个参数的设置来实现反射镜阵元的仿真模拟，见图 F.10。

Object Type	# X Pixels	# Y Pixels	X-Width	Y-Width	Angle 0	Angle 1	Angle 2	Rot Angle	P Flag	Rows 1-15	Rows 16-30
ource Rectan(▾	25	100000	1.000	0	0	10.0...	10.000	0.000	0.000	0.000	0.000
MEMS ▾	1	30	24.000	24.000	-10.0...	0.000	10.000	0.000	0	32	12465

图 F.10　非序列模式下的 MEMS 的参数设置

各个参数意义：

X/Y Pixels 为 x, y 方向上 MEMS 像元数；X/Y-Width 为 x, y 方向上 MEMS 像元总宽度，$x(y)$ 方向总宽度 = 单个像元 $x(y)$ 方向宽度 $\times x(y)$ 方向像元数；Angle 0/1/2 为每个像元绕局部坐标 x 轴的倾斜角度，分别对应 0，1，2 这三个状态；Rot Angle 为局部坐标 x 轴绕 z 轴的旋转角度。P Flag 为控制方式，若为 0，像元按整行进行控制；若为 1，像元按整列进行控制；若为 2，像元按单个像元来控制。根据设置值不同，参数 10 之后会相应改变为行、列或像素。

P Flag 以后的参数是所控制像元对应的逻辑值总和。计算公式如下：

$$X = M_1 \times 3^0 + M_2 \times 3^1 + M_3 \times 3^2 + \cdots \tag{F.2}$$

其中，M_1，M_2，M_3，$\cdots$ 分别是第 1~15 个像元 (或行或列) 的逻辑值状态，对应 0，1，2 三种取值。排列计数顺序：从下往上，从左至右，先列后行。

F.3　微透镜阵列

F.3.1　引言

微透镜阵列 (图 F.11) 是直径在微米级的透镜沿一维或二维方向排列而成的，每个微透镜和传统透镜一致，都是具有两个折射表面 (至少一面为曲面) 的光学成像元件。为易于与其他平面元件耦合连接，通常为平凸结构，排列在方形或矩形网格中。阵列中的微透镜元可为圆形或方形，其中方形微透镜组成的微透镜阵列的填充系数 (fill factor) 可达 100%。

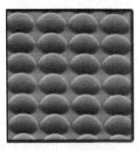

图 F.11　微透镜阵列

微透镜尺寸小、重量轻、集成度高，可以实现很多传统透镜无法实现的功能。微透镜阵列可将一个完整的激光波前分成许多微小部分，每一部分的光经过微透镜聚焦后对应一个焦点，这一系列焦点组成了该微透镜的焦平面。目前，微透镜的适用范围非常广，如在半导体激光器中使用椭圆形微透镜阵列，实现激光器的聚焦和准直；在光纤、光学集成回路之间利用微透镜实现光器件的耦合；在光纤通信中，还可以用来准直光纤中出射的发散光等。

F.3.2 设计案例

设计分析：该设计中将体现微透镜的分束作用。一个平面光源经过一个 1×8 的微透镜阵列分成许多小部分。表 F.2 为微透镜阵列的参数。

表 F.2 案例中微透镜阵列的参数

材料	焦距	厚度	透镜间距	透镜形状	微镜元数
熔融石英	5mm	1mm	500μm	平凸透镜	1×8

该微透镜阵列有效尺寸为 0.5mm×4mm×1mm，因此选择光源为尺寸 0.5mm× 4mm 的椭圆光源。接下来，我们将在 ZEMAX 的非序列模式下仿真该阵列结构。

ZEMAX 设计步骤：

(1) 在 Wavelength Data 中输入波长 632.8nm，如图 F.12 所示。

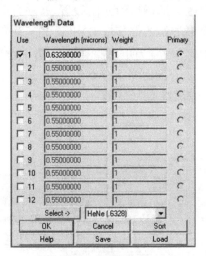

图 F.12 设置系统波长

(2) 接下来创建光源、微透镜阵列和探测器的初始结构。物体 1 选为椭圆光源 (Source Ellipse)，参数设置如下：输出光线数为 200，分析光线数为 1000(合适即可)，功率为 1W，x 方向半宽为 0.25mm，y 方向半宽为 2mm。后部参数为高斯光参数设置，可根据实际光源输入。如图 F.13 所示。

	Object Type	Abou	Material	# Layout Rays	# Analysis Ray	Power(Watts)	Wavenumber	Color #	X Half Width	Y Half Width
1	Source Ellipse ▾	00	-	200	1000	1.000	0	0	0.250	2.000
2	Standard Lens ▾	00	SILICA	2.285	0.000	0.250	0.250	1.000	0.000	0.000
3	Array ▾	00	-	2	1	7	1	0.000	0.500	0.000
4	Detector Rectangle ▾	00	ABS...	0.300	2.500	100	100	0	0	0

图 F.13　　光源参数设置

(3) 添加微透镜元：选择物体 2 为标准透镜 (Standard Lens)，参数设置如下：y 方向位置为 −1.75mm，z 方向位置为 5mm，材料为熔融石英 (SILICA)，前表面曲率半径为 2.285mm，后表面为 0，前后表面的净孔径和边缘孔径均为 0.25mm，透镜厚度为 1mm。为防止后面的阵列化物体与 Parent Object(即该微透镜元) 重叠，将该透镜的 y 方向位置设置为 −1.75mm。如图 F.14 所示。

	Object Type	X Positi	Y Positio	Z Positic	Tilt Ab	Tilt Ab	Tilt Ab	Material	Radius 1	Conic 1	Clear 1	Edge 1	Thickne	Radius 2	Conic 2	Clear 2	Edge 2
1	Source Ellipse ▾	0.000	0.000	0.000	0.0...	0.0...	0.0...		200	1000	1.000	0	0	0.250	2.000	0.000	0.000
2	Standard Lens ▾	0.000	-1.750	5.000	0.0...	0.0...	0.0...	SILICA	2.285	0	0.250	0.250	1.000	0.000	0.000	0.250	0.250
3	Array ▾	0.000	-1.250	5.000	0.0...	0.0...	0.0...		2	1	7	1	0.000	0.500	0.000	0.000	0.000
4	Detector Rectangle ▾	0.000	0.000	9.314	0.0...	0.0...	0.0...	ABS...	0.300	2.500	100	100	0	0	0	0	0.000

图 F.14　　微透镜参数设置

(4) 添加阵列：在物体类型中选择阵列 (Array)，y 方向位置设置为 −1.25mm，选择 Parent Object 为物体 2(即微透镜元)，设置 x、y 方向上微透镜个数分别为 1 和 7。设置 y 方向上每个微透镜的偏移量 (Delta1 Y') 为空间周期 0.5mm。

(5) 放置探测器：物体 4 设置为矩形探测器，z 方向位置为 9.314mm(放置于阵列的焦平面上)，设置 x、y 方向上半宽分别为 0.3mm 和 2.5mm(略大于阵列)。设置探测器 x、y 方向上的像元数均为 100。

(6) 打开 3D 视图，如图 F.15 所示。

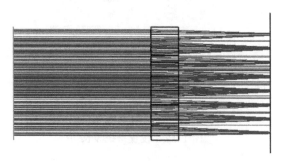

图 F.15　　结构 3D 视图

(7) 查看探测器：在查看探测器前应先进行光线追迹，快捷键为 "Ctrl + D" 选择 "清除并追迹"(Clear & Trace) 后开始进行光线追迹，如图 F.16 所示。此时探测器上出现光辐射量灰度图，在 Setting 中 Show As 选项中选择 "列截面"(Cross

Section Column)，如图 F.17 所示。此时可从探测器上看出微透镜阵列对光的分束效果，如图 F.18 所示。

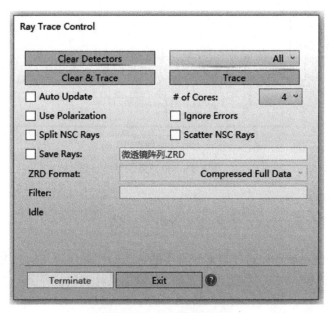

图 F.16　进行光线追迹

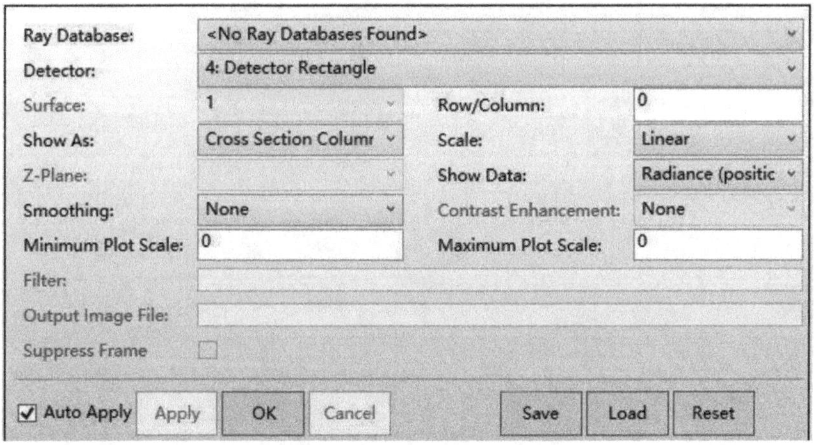

图 F.17　选择列截面

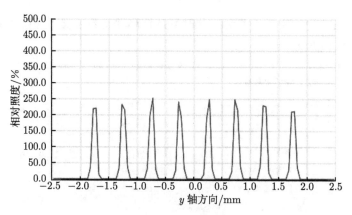

图 F.18　分束效果图

F.4　小　　结

本附录介绍科研和先进仪器系统常用的特殊器件如何用 ZEMAX 程序来建立和处理，包括光栅、DMD 和微透镜阵列，并给出设计实例。

附录 G　光楔对和光束方向微调

G.1　引　言

一般顶角小于 1/10rad(约为 11.46°) 时的棱镜称为光楔,简称楔镜。在光线垂直或接近垂直射入光楔时,偏向角

$$\theta \approx (n-1)\alpha \tag{G.1}$$

其中,α 为光楔的顶角,n 为介质的折射率。因光线经光楔产生的偏折很小,且近似与入射角无关,光学仪器中常将两光楔组合在一起,使二者相对转动以产生不同的偏向角,精密补偿光轴的方向。例如,激光测距仪中,首先将发射激光组件与接收、观察望远镜光轴调到平行,由于机械调节精度有限,这一步调节会有残差。最后利用接收光路中的光楔对将两个组件的光轴调到精准平行。

G.2　光楔的构建

设平行光束经过一个焦距 $f' = 100$mm 的理想透镜垂直照射两片 K9 玻璃平板,如图 G.1(a) 所示。

如表 G.1 所示,在第 4 面和第 5 面 Gen\Tilt Decenter 菜单中运用 Tilt 操作设置楔角 $\alpha=3°$,见图 G.1(b),由于两个光楔反向放置,偏向效应对消。

图 G.1(c) 表示同向放置的一对光楔,总偏角约为 $2(n-1)\alpha$,由于 $n-1 \approx 0.5$,总偏角 $\theta \approx \alpha$。注意此时弥散增大到 66μm;图 G.1(d) 为像面上的焦点位置。图 G.1(e) 表示同向放置,且围绕 z 轴转过 180° 的一对光楔。

表 G.1　Tilt 操作

		(b)	(c)	(e)	(g)
4	Before Suf.	Tilt $X=3$	Tilt $X=3$	Tilt $X=-3$	Tilt $X=3$
	After Sur.	Tilt $X=-3$	Tilt $X=-3$	Tilt $X=3$	Tilt $X=-3$
5	Before Suf.	Tilt $X=3$	Tilt $X=-3$	Tilt $X=3$	Tilt $Y=3$
	After Sur.	Tilt $X=-3$	Tilt $X=3$	Tilt $X=-3$	Tilt $Y=-3$
	$\theta_x/(°)$	0	0	0	1.55
	$\theta_y/(°)$	0	3.09	−3.09	1.55
	SPT/μm	0.8	66	66	47

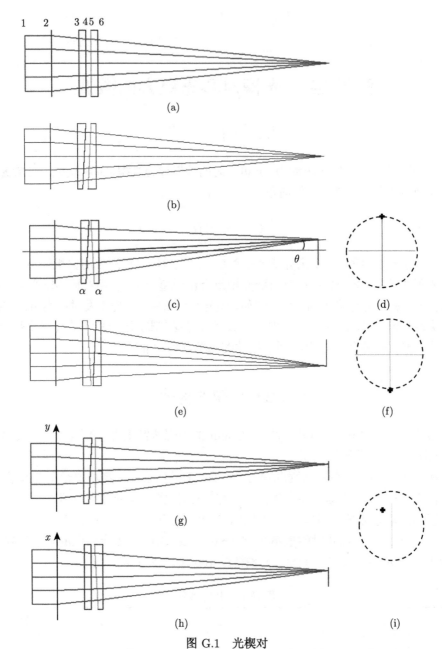

图 G.1   光楔对

(a) 初始平板；(b) 反向放置光楔对；(c) 同向放置光楔对；(d) 像面上的焦点位置；(e) 同向放置光楔对；
(f) 像面上的焦点位置；(g) 正交放置光楔对 (正视图)；(h) 正交放置光楔对 (上视图)；
(i) 像面上的焦点位置

图 G.1(g) 和 (h) 为正交放置的光楔对，第一光楔的第二表面相对于 x 轴偏转

$3°$，第二光楔的第二表面相对于 y 轴偏转 $3°$，像面上焦点位于第二象限对角线上，x 方向的偏角和 y 方向的偏角均为 $(n-1)\alpha \approx \alpha$，像面上的焦点位置见图 G.1(i)，弥散 SPT=47μm。

以上结果表明，以光轴为轴线，顶角为 $2(n-1)\alpha$ 的圆锥内任意方向，均可由两个光楔的恰当转角组合构成，用光楔对可以实现光线方向的微调。

注意输入和输出面必须为光楔的直角面。Tilt 操作的详细说明可参见 23.5.4 节。

G.3 弥散斑和彗差

表 G.1 已经给出了不同组合下的弥散，当光楔方向相同时弥散最大。图 G.2 给出不同楔角下的弥散斑图。当楔角 α 增大时，弥散斑随之非线性地增大，非对称导致的彗差也更加明显。弥散斑的 RMS 半径 SPT 是在物镜焦距为 100mm 时计算出来的。

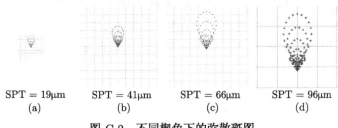

SPT = 19μm	SPT = 41μm	SPT = 66μm	SPT = 96μm
(a)	(b)	(c)	(d)

图 G.2 不同楔角下的弥散斑图

(a) $\alpha = 1°$; (b) $\alpha = 2°$; (c) $\alpha = 3°$; (d) $\alpha = 4°$

G.4 透镜数据表和程序

与图 G.1(c) 对应的透镜数据表 Lens Data 见表 G.2；第 4 面和第 5 面的 Tilt 操作表 (即 Surface Properties 表) 见图 G.3。该程序为 [WG-1]，请参见本书封底二维码。

表 G.2 光楔对程序 [WG-1] 的透镜数据表 　　　　(长度单位: mm)

Surf:Type	R	T	Gla	Semi-Dia.
OBJ	Inf	Inf		0.000
1 Paraxial		10.000		10.000
STO	Inf	10.000		12.000(U)
3	Inf	2.500	H-K9L	12.000(U)
4	Inf	2.000		12.000(U)
5	Inf	2.500	H-K9L	12.000(U)
6	Inf	84.700(M)		12.000(U)
IMA	Inf			6.565

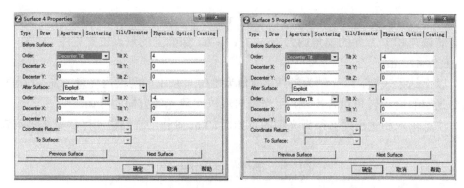

图 G.3　第 4 面和第 5 面的 Surface Properties 表

G.5 结　　论

本附录运用序列模式中的 Tilt 操作构建光楔对，讨论两个光楔的不同相对方位角生成的光束偏角。光轴互相平行的不同光学系统间的光轴方向微量残差可用光楔对补偿。楔角应尽量小，够用即可，以避免失对称导致的像差。

附录 H 公差设定

H.1 引　言

完成设计后,在出加工图纸以前,必须进行公差设定 (tolerancing),以确保根据图纸加工装配后的光学系统满足设计要求。ZEMAX 运用统计算法对公差进行预估,是一项重要的工具。但 ZEMAX 的误差操作项 (以下称为 "ZEMAX 公差") 与光学加工和结构设计的公差的定义不一致。本附录分析 ZEMAX 公差与实际加工公差的关系,再通过实例讨论公差设定和修正的方法。

H.2　ZEMAX 的公差操作项

H.2.1　关于材料的操作项

关于材料的 ZEMAX 公差与玻璃材料技术参数完全相同,参见表 H.1。

表 H.1　关于材料公差的操作项

符号	首序 Int1	尾序 Int2	说明
TIND	Surface#		由 Int1 导引的间隔的材料折射率 n_d 偏差
TABB	Surface#		由 Int1 导引的间隔的材料阿贝数 ν 偏差

H.2.2　透镜表面光圈和局部误差

透镜表面光圈和局部误差也可直接给定,参见表 H.2。

表 H.2　透镜表面光圈和局部误差的 ZEMAX 公差

符号	首序 Int1	尾序 Int2	说明
TFRN	Surface#		由 Int1 导引的表面光圈 N
TIRR	Surface#		由 Int1 导引的表面光圈的局部误差 ΔN

H.2.3　间隔和透镜厚度公差

TTHI 给出由首序 Int1 和尾序 Int2 界定的间隔或厚度的公差。

H.2.4　与表面有关的误差操作项

与表面 Surface 有关的 ZEMAX 公差见表 H.3。

表 H.3   透镜表面误差的操作项

符号	首序 Int1 尾序 Int2	说明
TSDX(Y)	Surface#	由 Int1 指示的表面沿 $x(y)$ 方向的横向位移
TSTX(Y)	Surface#	由 Int1 指示的表面绕 $x(y)$ 的旋转，单位为度 (°)，称 "面倾角"
TIRX(Y)	Surface#	由 Int1 指示的表面，由面倾角引起的楔形 ("偏薄厚")，单位为 mm

1. TSDX 和 TSDY

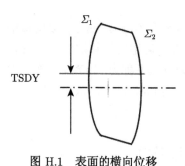

图 H.1   表面的横向位移

TSDX 定义为 Int1 指示的表面沿 x 轴的横向位移 (decentor)，参见图 H.1。Σ_1 和 Σ_2 为透镜的两个表面，Σ_2 为轴对称的正常表面，Σ_1 则沿 y 方向位移 TSDY，单位为 mm。造成该偏斜的原因为透镜定中心磨边工序的加工误差。通常中高精度透镜磨边定心仪 (参见附录 B) 的此项加工误差不大于 0.005mm，亦即 TSDX 和 TSDY 可以直接给定为 0.005mm；在高精度加工条件下可给定为 0.001~0.002mm。

2. TSTX(TSTY) 和 TIRX(TIRY)

图 H.2 给出第一个表面绕 x 轴转动 χ 角，即面倾角，以度 (°) 为单位，对应 ZEMAX 公差为 TSTX(=χ)，单位也是度；以 mm 为单位的 ZEMAX 公差为 TIRX(=Δ)，彼此的关系为

$$\Delta = d\chi, \quad \text{TIRX} = d \times \text{TSTX} \tag{H.1}$$

TSTY 和 TIRY 可以仿此定义。

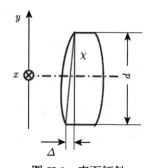

图 H.2   表面倾斜
TSTX=χ; TIRX=Δ

面倾斜 (surface tilt) 也是由透镜的磨边定心加工的偏心差 (简称中心偏) 引起的。一个具有中心偏的透镜可等效于一个理想透镜和一个楔角为 χ 的光楔构成，如图 H.3 所示。

中心偏的定义分为线性制中心偏 C 和角度制中心偏 α。C 表示透镜外圆几何轴 (机械轴) 与光轴的距离，在焦面上测量；C 对于透镜中心的张角则为 α，如图 H.3 所示。显然有

$$C = \frac{\alpha}{57.3} l'_F \approx 0.017\alpha f' \tag{H.2}$$

其中，α 的单位为度，l'_F 为 "后焦距" BFL，约等于 f'。

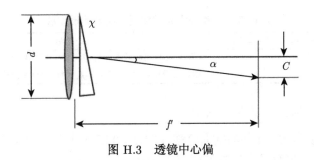

图 H.3 透镜中心偏

设光楔材料的折射率为 n，光线透过光楔后的偏角为 $(n-1)\chi$，χ 即 "面倾角"，容易算出透镜的中心偏

$$\begin{cases} \alpha = (n-1)\chi \\ C = 0.017(n-1)\chi f' \end{cases} \tag{H.3}$$

其中，χ 就是 TSTX，单位为度，因而 (H.3) 式可改写为

$$\begin{cases} \alpha = (n-1) \times \text{TSTX} \\ C = 0.017(n-1)f' \times \text{TSTX} \end{cases} \tag{H.4}$$

当透镜两面均有面倾角时，以第 2 面 ($m+1$ 面) 为基准 ($\text{TSTX}_{m+1}=0$)，把第 1 面 (m 面) 的面倾角作为 $\chi(\text{TSTX}_m=\chi)$；对于双胶合透镜 ($m \sim m+2$)，可以设 $\text{TSTX}_m = \text{TSTX}_{m+1}=\chi$，$\text{TSTX}_{m+2}=0$。$y$ 方向的有关参数可以照此定义。

近年来，透镜的定中心磨边工艺不断改善，设备精度提高，倾向于以角度制的偏心 α 来衡量中心偏，不再考量线性制的偏心 C。对于加工精度的推荐值见表 H.4。

表 H.4 透镜中心偏精度推荐级别

级别	α	χ	TSTX(Y)
高级	$30''$	$50''$	$0.014°$
中级	$1.0' \sim 2.0'$	$1.6' \sim 3.3'$	$0.027° \sim 0.055°$

对于不同形状的透镜，在相同的角度制中心偏 α 下，定中心磨边工序实现的难度并不相同，由 "定心系数" Z 来描述。设计师应与工艺师充分沟通，使得设计出来的透镜既确保性能，又具有尽量好的加工性能。

H.2.5 元件的 ZEMAX 公差

元件的 ZEMAX 公差以元件或元件组作为一个整体来评估，假定元件或元件组本身的加工及装配足够精确，只是放置不准确引起误差，参见表 H.5。

表 H.5   透镜表面光圈和局部误差的操作项

符号	First Surf.	Last Surf.	说明
TEDX(Y)			由第 1 表面和最后表面界定元件 (组) 沿 $x(y)$ 方向的横向位移
TETX(Y)			由第 1 表面和最后表面界定元件 (组) 绕 $x(y)$ 轴的转动 (°)

1. 元件横向位移 TEDX、TEDY

以一个透镜为例, 元件的横向位移 TEDX、TEDY 与以下因素有关:

(1) 可能由透镜直径和镜框的间隙 δ 引起。

(2) 可能由镜框与镜头中心线的不同心度 S 引起。

这两项都不是元件的误差, 而是机械和装配误差, δ 和 S 以统计的方式共同构成 TEDX、TEDY, 极端情况下 TEDY 为两项误差最大值之和。

2. 元件倾斜 TETX、TETY

参见图 H.4, 元件倾斜 TETX、TETY 的单位为度 (°), 图中由 θ 表示, 主要由镜框的端面与轴线的不垂直度 ε(又称端面跳动, 单位为 mm) 引起, 设元件直径为 d, 则有

$$\text{TETY}(\text{TETX}) = \theta = 57.3\frac{\varepsilon}{d} \tag{H.5}$$

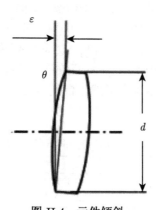

图 H.4   元件倾斜

H.2.6   小结

下面把所有常用的 ZEMAX 公差与元件的加工公差对比, 列在表 H.6 中。

由表 H.6 看到: ZEMAX 公差操作项与元件的加工公差之间大体上有一一对应的关系, 运用是方便的。

表 H.6　ZEMAX 公差与元件的加工公差对比

分类	ZEMAX 公差操作项	单位	Int1	Int2	关系式或推荐值	名称和注释
材料	TIND				$=\Delta n_d$	折射率偏差
	TABB				$=\Delta \nu_d$	阿贝数偏差
表面质量	TFRN				$=N$	N: 光圈
	TIRR				$=\Delta N$	ΔN: 光圈局部误差
厚度间隔	THII		m	n	$\Delta T_{m,n}$	$\Delta T_{m,n}$: 厚度或间隔 $T_{m,n}$的公差
表面公差	TSDX(Y)	mm	Surf#		≈ 0.005	表面的横向位移
	TSTX(Y)	(°)	Surf#		$=\dfrac{\alpha}{n-1}$ $C=0.017\alpha f'$	表面倾斜 (角度) α: 透镜中心偏 (°); C: 透镜中心偏 (mm)
	TIRX(Y)	mm	Surf#		$=d\times$TSTX	表面倾斜 (线性); d: 透镜外径 (mm)
元件公差	TEDX(Y)	mm			(1) δ; (2) $=S$	透镜横向位移; δ: 透镜与镜框间隙; S: 镜框不同心度
	TETX(Y)				$=57.3\varepsilon/d$	透镜倾斜; ε: 端面不垂直度; d: 透镜外径

H.3　ZEMAX 公差的设定实例

H.3.1　引言

以下举例说明如何设定透镜加工公差。例如, 设计一个双高斯物镜 [DG-1]-f11.4, 这是第 9 章的设计实例 [DG-1], 按照图像探测器为 1/2inCCD, 半对角线长为 4mm, 将焦距缩放到 11.4mm 得到的, 系统图参见图 H.5, 表面序号也标在图中。

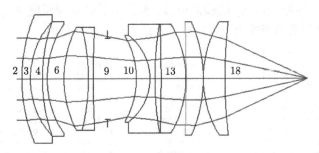

图 H.5　双高斯物镜 [DG-1]-f11.4 系统图

探测器边长为$6.4\mu m \times 4.8\mu m$, 如果显示模式为1024×768, 则像素边长$p=6.25\mu m$。

H.3.2   中高级光学系统推荐公差表

对于中、高精度光学系统，在 Editor\Tolerance Data Editor\Tools\Default Tolerances 中，按照图 H.6 修改 ZEMAX 的默认公差表，计算公差的起始面为第 2 面，最后面为第 18 面；$T18$ 即 BFL，用于补偿统计过程中的残差。确认后 ZEMAX 公差会自动加载到 Tolerance Data Editor 中去。

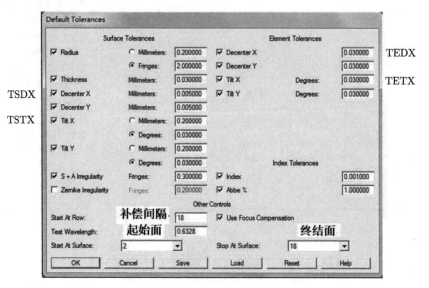

图 H.6   推荐中高级 ZEMAX 公差表

H.3.3   运行 Tolerancing

运行 Tools\Tolerancing 后，得到统计的误差评估表，其中 Worst Offenders(最严重项目) 如图 H.7 所示，可以看出光阑前的双胶合透镜组 (序号 6~8) 以及光阑后的双胶合镜 (序号 10~12) 的横向位移、光阑前后的透镜厚度及间隔公差为 "最严重项目"，这和双高斯物镜设计、加工调试的经验是一致的。

```
Worst offenders:
Type                      Value        Criterion         Change
TEDY    6    8       -0.03000000      0.01029902      0.00260286
TEDY    6    8        0.03000000      0.01029902      0.00260286
TEDX    6    8       -0.03000000      0.01029902      0.00260286
TEDX    6    8        0.03000000      0.01029902      0.00260286
TEDX   10   12       -0.03000000      0.01001497      0.00231881
TEDX   10   12        0.03000000      0.01001497      0.00231881
TEDY   10   12       -0.03000000      0.01001497      0.00231881
TEDY   10   12        0.03000000      0.01001497      0.00231881
TTHI    5    8       -0.03000000      0.00863402      0.00093786
TTHI    9   12       -0.03000000      0.00859001      0.00089385
```

图 H.7   最严重项目

图 H.8 为弥散斑 RMS 半径的设计值 (7.6μm) 改变量统计平均值 (5.4μm) 以及加工装配后弥散斑 RMS 半径的估计值 (13.1μm)，如果认可这一结果，就进入 H.3.4 节，计算元件的加工公差。

```
Estimated Performance Changes based upon Root-Sum-Square method:
Nominal RMS Spot Radius      :      0.00769616
Estimated change             :      0.00539657
Estimated RMS Spot Radius    :      0.01309273
```

图 H.8　弥散斑 RMS 半径的设计值改变量统计平均值以及加工装配后弥散斑 RMS 半径的估计值

H.3.4　转换为加工公差及第一次修正

某些 ZEMAX 公差还不是加工公差，必须通过表 H.6 的关系式转换为加工公差。仅以光阑前后的正双胶合镜 (第 6~8 面) 和负双胶合镜 (第 10~12 面) 为例说明。

1. 各项公差修正

1) TSTX 和透镜中心偏

常规透镜中心偏的级别见表 H.7，TSTX=0.03° 对应的角度制透镜中心偏

$$\alpha = (n-1)\chi = (n-1)\,\text{TSTX} = 0.018° \approx 1.1' \tag{H.6}$$

相当于中等偏紧的中心偏。

表 H.7　透镜中心偏级别

级别	α	TSTX(Y)*
高级	$30''$	0.014
中级	$1'\sim2'$	0.028~0.056

注: * 设 $n-1=0.6$。

2) TEDX，透镜和镜框的配合公差 δ 及镜框不同心度 S

由图 H.6，Tilt X 即 TEDX(Y)=0.03mm, 分配给 δ=0.025mm，例如，透镜外径 -0.005mm/-0.015mm，镜框 $+0.0$mm/$+0.01$mm；分配给 S=0.01mm，考虑到透镜外径 d、镜框内径 ϕ 和镜筒镜框不同心度 S 为统计叠加，三项误差单向相加 (=0.035mm) 的概率应当不大。

3) TETX 和镜框端面不垂直度

由于正透镜直径 d=12mm，允许镜框端面不垂直度

$$\varepsilon = d\tan\theta|_{\text{TETX}=0.03} = 0.006\text{mm} \tag{H.7}$$

偏紧，修正为

$$\varepsilon = d\tan\theta|_{\text{TETX}=0.047} = 0.01\text{mm} \tag{H.8}$$

负双胶合透镜也有类似问题，在 Tolerance Data Editor 中修改 Tilt X=0.047，Tilt Y=0.047，如表 H.8 所示。

表 H.8　在 Tolerance Data Editor 中第 6~12 面对 TEDX、TEDY 的修改

TEDX	6	8	–	0.000	-0.030	0.030
TEDY	6	8	–	0.000	-0.030	0.030
TETX	6	8	–	0.000	-0.047	0.047
TETY	6	8	–	0.000	-0.047	0.047
TOFF	–	–	–	–	–	–
TEDX	10	12	–	0.000	-0.030	0.030
TEDY	10	12	–	0.000	-0.030	0.030
TETX	10	12	–	0.000	-0.047	0.047
TETY	10	12	–	0.000	-0.047	0.047

4) TTHI 和接近光阑的间隔与厚度修正

在 Tolerance Data Editor 中将接近光阑的间隔和透镜厚度 ($T6\sim T11$) 的公差全部改为 ±0.01mm，参见表 H.9。

表 H.9　经过修正的第 5~12 面透镜间隔与厚度

20: TTHI	TTHI	5	6	–	1.987	-1.000×10^{-2}	1.000×10^{-2}
21: TTHI	TTHI	6	7	–	2.848	-1.000×10^{-2}	1.000×10^{-2}
22: TTHI	TTHI	7	8	–	0.566	-1.000×10^{-2}	1.000×10^{-2}
23: TTHI	TTHI	8	9	–	1.690	-1.000×10^{-2}	1.000×10^{-2}
24: TTHI	TTHI	9	10	–	3.371	-1.000×10^{-2}	1.000×10^{-2}
25: TTHI	TTHI	10	11	–	1.567	-1.000×10^{-2}	1.000×10^{-2}
26: TTHI	TTHI	11	12	–	0.565	-1.000×10^{-2}	1.000×10^{-2}

5) 非严重项公差的放宽

对于严重项以外的透镜，如两侧的单透镜，公差可适当放宽，如在 Tolerance Data Editor 中将两侧的单透镜对应 TETX(Y) 放宽到 0.06mm。

将 Tolerance Data Editor 另存为 "1ST CORRECTED TOLERANCES"。

2. 第二次运行 Tolerancing 和第二次修正

修正后再次运行 Tolerancing，RMS 半径的改变量统计平均值为 7.0μm，弥散斑 RMS 半径的估计值为 14.7μm，最严重的前 8 项没有变，第 9~12 项变成靠近双胶合透镜的四个单片透镜的 TEDX(Y)，可见上一轮修正过头，在 Tolerance Data Editor 中将这两片透镜的 TEDX(Y) 再次修正到 0.045mm，另存 Tolerance Data Editor 文件为 "2ND CORRECTED TOLERANCES"。

3. 第三次运行 Tolerancing 及加工公差

第三次运行 Tolerancing 后，RMS 半径的改变量统计平均值为 5.8μm，加工装配后弥散斑 RMS 半径的估计值为 13.5μm，像质略有好转，就算修改结束了。软件可输出公差的最终结果转换成加工公差，参见表 H.10。

表 H.10 光学零件公差 （长度单位: mm）

面 Surf.	透镜	N	ΔN	ΔT	$\alpha=1.1'$ 计算公差	实施公差	Δd	$\Delta\phi$
2	（Ⅰ）H-BAK7	2	0.2	±0.03	1.0	1.1	−0.005	+0.0
3		2	0.2	±0.03			−0.025	+0.015
4	（Ⅱ）H-QF1	2	0.2	±0.03	1.0	1.1	−0.005	+0.0
5		2	0.2	±0.01			−0.025	+0.015
6	（Ⅲ）H-ZLAF68*	2	0.2	±0.01	1.6	3	−0.1	—
							−0.2	—
7	（Ⅳ）H-K4A*	2	0.2	±0.01	0.9/1.1*	1.1	−0.005	+0.0
8		2	0.2	±0.01		1.1	−0.015	+0.01
9	光阑	—	—	±0.01				
10	（Ⅴ）H-ZLAF55A*	2	0.2	±0.01	1.5	3	−0.1	—
							−0.2	—
11	（Ⅵ）H-ZF7LA*	2	0.2	±0.01	1.4/1.1*	1.1	−0.005	+0.0
12		2	0.2	±0.01		1.1	−0.015	+0.01
13	（Ⅶ）H-LAK6A	2	0.2	±0.03	1.2	1.1	−0.005	+0.0
14		2	0.2	±0.03			−0.025	+0.015
15	（Ⅷ）H-LAF6LA	2	0.2	±0.03	1.4	1.1	−0.005	+0.0
16		2	0.2	±0.03			−0.025	+0.015
17	（Ⅸ）H-ZK14	2	0.2	±0.03	1.1	1.1	−0.005	+0.0
18		2	0.2	—			−0.025	+0.015

注: α 为角度制中心偏; d 为透镜直径; ϕ 为镜框内径; * 为胶合件。

对表 H.10 的说明及补充如下:

(1) 未载入表中的机械件 (镜筒镜框) 不同心度为 0.01mm，镜框端面的不垂直度为 0.01mm。

(2) 角度制偏心 α 的计算值系据 (H.8) 式算出，由于折射率不同产生少量偏差，实施公差取 1.1′。

(3) 透镜 (Ⅲ)+(Ⅳ) 为胶合件，分别定中心，胶合定心工序可能引起外径错位，所以索性把正透镜做得小一点，使公差带脱开，负透镜和镜框配合；正透镜的中心偏也可以放松。透镜 (Ⅴ)+(Ⅵ) 类似处置。

H.3.5 进一步修正

如果对结果不满意，应当从最严重项依次作进一步修正，修正结果还必须顾及加工精度的可行性。本例进一步修正的余地已不大。

H.3.6　装配修正

从以上讨论可见，透镜的偏心是一项严重影响像质的误差。传统的小像差系统，保留一个可调整偏心的元件，例如，显微物镜接近标本面的齐明弯月透镜的镜框略小一点，在装配时用 "星点法" 调整到最佳像质，然后夹紧或胶封。

近年来，由于加工机械精度的提高以及人力成本的增加，批量生产光学镜头的理念，在于设计过程中细致地进行公差修正，对透镜和镜框、镜筒提出偏严的要求，确保加工装配后像质有足够高的一次合格率，系统中不再设置调整环节。

H.4　小　　结

ZEMAX 公差和加工公差的定义不完全一致，在完成设计、投入加工前必须细致地计算加工公差，并按照性能要求和加工精度两方面对公差进行反复修正。显然，公差过松导致像质变差，公差过严使得加工成本增大，因此，恰当的公差和像质评估 (tolerance budgeting) 是一项关乎最终性价比的重要环节。

本附录给出 ZEMAX 公差和加工公差的关系，举例说明公差的设定和修正方法，预测加工装配后的像质变化。经验证明，经过反复、细致、合理的公差计算修正后投入加工的透镜系统，像质和预期的差别不大。

附录 I 透镜加工图纸示例

完成光学系统设计后，还必须根据设计和公差设定结果绘制加工图纸，包括光学系统图和零件图，"零件"包括透镜、棱镜、分划板等，并绘制相关的镜筒、镜框等机械零件图。限于篇幅，本附录仅给出典型的正负双胶合透镜图纸供参考。

图 I.1 为胶合透镜图，图 I.2、图 I.3 分别为胶合件的负透镜和正透镜零件图。说明如下。

1. 胶合透镜图

(1) 应标注胶合后的厚度并给出公差，注明镀膜表面，给出技术指标。

(2) 胶合透镜须给出中心偏 C，建议用角度制的中心偏 (参见附录 B 及附录 H)。

(3) 负弯月透镜为"配合透镜"，外径大，公差严，与镜框配合；正弯月透镜为"非配合透镜"。正透镜公差松，与镜框间留有空隙。

(4) D_{01}、D_{02} 和 D_{03} 为胶合后的通光孔径，一般比 Lens Data 中的 $2 \times$ Semi-Diameter 大。

2. 负透镜零件图

(1) 在零件图样中标注出两个表面的曲率半径，注意半径数值 $R > 0$ 时用箭头注在右面，$R < 0$ 时注在左面，也可注明曲率半径的正负。

(2) 当 R 特别大，圆弧接近平直时，建议夸张地画出，参见图 I.4。

(3) 该透镜为"配合透镜"，外圆公差很严。

(4) 台阶面用作定位面，应标出不垂直度的公差。

(5) 透镜厚度 1.40mm 和"弧高"5.18mm 均给出公差。

(6) 粗糙度 (光洁图) 的标注：在图中标出各磨砂面的粗糙度，抛光面的粗糙度则用"其余"标在右上角。

(7) 右上角为"对材料的要求"以及"对零件的要求"。其中 C 为透镜的中心偏差，建议给出角度值的中心偏。B 为"光洁度"；f' 通常为 d 光的焦距数值，如果系统的波段与可见光不一致，应当按照 d 光重新计算焦距值，方便检测。

(8) 参考尺寸用括弧标出。

3. 正透镜零件图

(1) 该透镜为 "非配合透镜"，外圆、台阶均不与镜框配合，外圆公差很松，台阶面不标不垂直度公差。

(2) 中心偏公差较松，在胶合定中心工序中以负透镜的外圆为基准，确保胶合件中心偏达到要求即可。

图样画法请参见国标 GB/T 13323—2009《光学制图》。

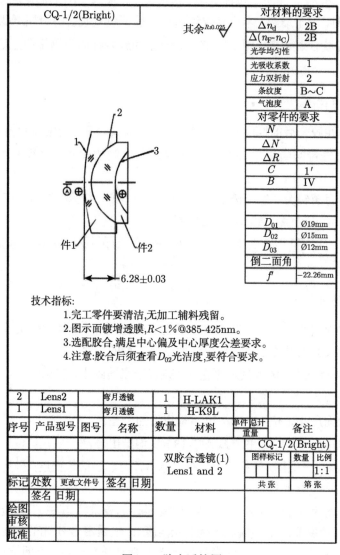

图 I.1　胶合透镜图

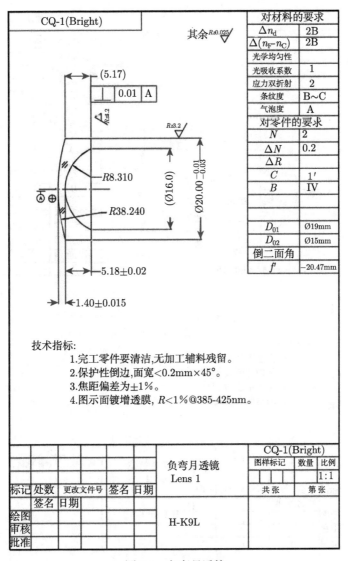

对材料的要求	
Δn_d	2B
$\Delta(n_F-n_C)$	2B
光学均匀性	
光吸收系数	1
应力双折射	2
条纹度	B~C
气泡度	A
对零件的要求	
N	2
ΔN	0.2
ΔR	
C	1′
B	IV
D_{01}	Ø19mm
D_{02}	Ø15mm
倒二面角	
f'	−20.47mm

CQ-1(Bright)

其余 $\sqrt{Rz0.025}$

(5.17)

| ⊥ | 0.01 | A |

$R8.310$

$R38.240$

(Ø16.0)

Ø20.00$^{-0.01}_{-0.03}$

$\sqrt{Rz3.2}$

5.18±0.02

1.40±0.015

技术指标:
1. 完工零件要清洁,无加工辅料残留。
2. 保护性倒边,面宽<0.2mm×45°。
3. 焦距偏差为±1%。
4. 图示面镀增透膜, $R<1\%$@385-425nm。

					负弯月透镜	CQ-1(Bright)		
					Lens 1	图样标记	数量	比例
								1:1
标记	处数	更改文件号	签名	日期		共 张	第 张	
	签名	日期						
绘图					H-K9L			
审核								
批准								

图 I.2   负弯月透镜

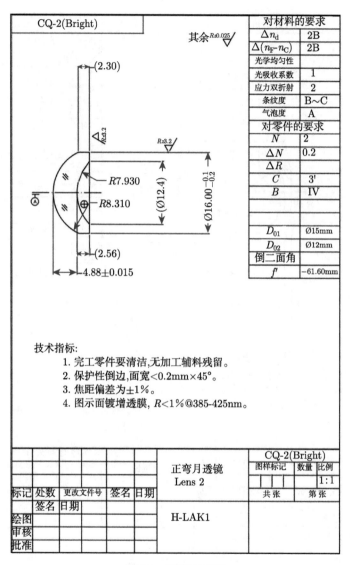

技术指标:
  1. 完工零件要清洁,无加工辅料残留。
  2. 保护性倒边,面宽<0.2mm×45°。
  3. 焦距偏差为±1%。
  4. 图示面镀增透膜, R<1%@385-425nm。

对材料的要求	
Δn_d	2B
$\Delta(n_F - n_C)$	2B
光学均匀性	
光吸收系数	1
应力双折射	2
条纹度	B~C
气泡度	A
对零件的要求	
N	2
ΔN	0.2
ΔR	
C	3'
B	IV
D_{01}	Ø15mm
D_{02}	Ø12mm
倒二面角	
f'	−61.60mm

					CQ-2(Bright)			
					正弯月透镜 Lens 2	图样标记	数量	比例
								1:1
标记	处数	更改文件号	签名	日期		共 张		第 张
	签名	日期						
绘图					H-LAK1			
审核								
批准								

图 I.3   正弯月透镜

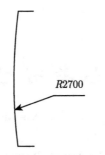

图 I.4　大曲率半径的夸张画法

参 考 书 目

[1] Smith W J. Modern Lens Design, A Resources Manual. New York: McGraw-Hill Inc., 1992.

[2] Liang R G. Optical Design for Biomedical Imaging. Berlin: SPIE Press, 2010.

[3] Kingslake R. Lens Design Fundamentals. Berlin: SPIE Press, 2010.

[4] Laikin M. Lens Design. New York: Marcel Dekker, 1995.

[5] GearyJ M. Introduction to Lens Design with Practical ZEMAX Examples. New York: Willmann-Bell Inc., 2002.

[6] Focus Software Inc. ZEMAX User's Guide. 10th, 2013.

[7] 袁旭沧, 等. 光学设计. 北京: 科学出版社, 1983.

[8] 电影镜头设计组. 电影摄影物镜光学设计. 北京: 中国工业出版社, 1971.

[9] 王之江. 光学设计理论基础. 北京: 科学出版社, 1965.

[10] 赵凯华, 钟锡华. 光学. 北京: 北京大学出版社, 1984.

[11] 宋菲君, Jutamulia S. 近代光学信息处理. 2 版. 北京: 北京大学出版社, 2014.

[12] 郁道银, 谈恒英. 工程光学. 北京: 机械工程出版社, 2005.

[13] 张以谟. 应用光学. 3 版. 北京: 电子工业出版社, 2008.

[14] 李林, 黄一帆, 王涌天. 现代光学设计方法. 2 版. 北京: 北京理工大学出版社, 2015.

[15] 李士贤, 李林. 光学设计手册. 北京: 北京理工大学出版社, 1995.

[16] 光学仪器设计手册编写组. 光学仪器设计手册 (上册). 北京: 国防工业出版社, 1976.

[17] 成都光明光电股份有限公司. 光学玻璃 (产品手册). 成都, 2014.

[18] 李林. 现代光学设计方法. 北京: 北京理工大学出版社, 2009.

[19] 李晓彤, 岑兆丰. 几何光学、像差、光学设计. 杭州: 浙江大学出版社, 2007.

[20] 毛文炜. 现代光学镜头设计方法与实例. 北京: 机械工业出版社, 2013.

[21] 林晓阳. ZEMAX 光学设计超级学习手册. 北京: 人民邮电出版社, 2014.

[22] 浙江大学. 应用光学. 北京: 中国工业出版社, 1961.

索　引

封底二维码包含的内容目录

后　记

　　今天是母校北大成立一百二十周年纪念日，今年又恰逢外公丰子恺　百二十年华诞。

　　就在一个甲子六十年前，我在上海复兴中学读高一，曾和同学一起制作了一台开普勒天文望远镜。用这台简单的望远镜，我们居然看到木星的四颗伽利略卫星、土星的光环、内行星金星的盈亏，还清楚地观察到月亮表面的环形山。外公听说后很高兴，立刻画了一幅画送我："自制望远镜，天空望火星。仔细看清楚，他年去旅行。"外公还为我写了个条幅："盛年不重来，一日难再晨。及时当勉励，岁月不待人。"

1956 年我在上海复兴中学读初二时，外公给小舅和我 (右一) 讲解时事

　　小学、中学期间，我一直向外公学古文诗词；高三文理分班时，外公已经教了我三年绘画，对我的写生和素描都满意。到底是考上海美院、中央美院，还是学数理化，当时我犹豫不决，就去问外公。记得那天外公在上海的寓所"日月楼"，端着一杯茶在阳台上一面走，一面吟诵着他最喜欢的那首诗：

　　"谁解乘舟寻范蠡，五湖烟水独忘机……"

　　听说了我的犹豫和苦恼，外公对我

说："这个大家庭里，你的数理化学得这么好，我看不如学物理考北大。"第二天，

我就进了上海复兴中学高三年级理科班，并顺利考上第一志愿 —— 北京大学物理系。第二、第三志愿都是天文学系。

在北大我刻苦读书，成绩非常优秀。北大是六年制，五年级分专业时，我进了光学专业。1966 年毕业后，我一直从事物理和光学领域的科研、工程和开发，长期担任大恒新纪元科技股份有限公司副总裁兼总工程师，并创办了著名的光学公司 "大恒光电"，2004 年获得美国国际光学工程学会高级专家会员的称号 (Fellow SPIE)。回忆起来，发现自己五十多年的业务生涯，有一个重要的起点，就是当年自制望远镜，就是外公送我的画和条幅；而在北大读书的六年，则打下了深广的数学和物理的基础。

在国际光学工程学会年会上学会主席向宋菲君教授颁发 Fellow SPIE 证书

我曾写过五本学术著作，这本书应当是我的最后一本学术著作。我想，这五十年的经历，恰在 2018 年写完的《近代光学系统设计概论》，也许就是我对母校、对外公最好的回报。至于艺术大师丰子恺当年为什么建议外孙弃文从理，是基于他讲的简单理由，还是像他的漫画那样 "弦外有余音"，就不得而知了。对于我，这是一个永远解不开的谜。

宋菲君

2018 年 5 月 4 日写于北京